材料成形工艺学

宋仁伯　编著

北京
冶金工业出版社
2019

内 容 提 要

本书根据“工科试验班-卓越工程师教育培养计划”的教学要求和专业特点，既详述了材料成形工艺的原理和方法，又介绍了工程生产及应用实例与发展前景，体现了材料成形理论与实际应用的相结合。全书共9章，主要内容包括材料成形工艺概述、铸造工艺、锻造工艺、冲压工艺、拉拔工艺、挤压工艺、轧制工艺、熔化焊接工艺、特种成形工艺；侧重于不同金属材料的成形原理及方法、工艺参数设计、质量控制技术及相关的生产及科研案例的内容介绍。

本书可作为“工科试验班-卓越工程师教育培养计划”中材料科学与工程专业或相关专业的教材，也可供从事金属材料研究、生产和使用的科研人员和工程技术人员参考。

图书在版编目(CIP)数据

材料成形工艺学/宋仁伯编著.—北京：冶金工业出版社，2019.2

卓越工程师教育培养计划配套教材

ISBN 978-7-5024-7983-1

Ⅰ.①材… Ⅱ.①宋… Ⅲ.①工程材料—成形—工艺学—教材 Ⅳ.①TB3

中国版本图书馆CIP数据核字(2019)第022675号

出 版 人 谭学余

地　　址 北京市东城区嵩祝院北巷39号 邮编 100009 电话 (010)64027926

网　　址 www.cnmip.com.cn 电子信箱 yjcbs@cnmip.com.cn

责任编辑 曾 媛 美术编辑 吕欣童 版式设计 孙跃红

责任校对 郑 娟 责任印制 牛晓波

ISBN 978-7-5024-7983-1

冶金工业出版社出版发行；各地新华书店经销；三河市双峰印刷装订有限公司印刷

2019年2月第1版，2019年2月第1次印刷

787mm×1092mm 1/16；30.75印张；745千字；480页

69.00元

冶金工业出版社 投稿电话 (010)64027932 投稿信箱 tougao@cnmip.com.cn

冶金工业出版社营销中心 电话 (010)64044283 传真 (010)64027893

冶金工业出版社天猫旗舰店 yjgycbs.tmall.com

(本书如有印装质量问题，本社营销中心负责退换)

前言

“工科试验班-卓越工程师教育培养计划”的本科教学要求是：“厚学科基础、宽专业领域、重创新实践、强工程训练、懂经营管理”，有别于普通本科的要求。其中材料科学与工程专业本科学生的培养，更强调专业知识的实践性、应用性和技术性，对于实际的工程技术和应用能力的要求更加迫切。与此相应，就需要编写符合“工科试验班-卓越工程师教育培养计划”材料科学与工程专业课程设置，突出创新型人才的培养特色，具有灵活性、实践性和前瞻性的特色教材。

本教材对应的课程为《材料成形工艺》，是“工科试验班-卓越工程师教育培养计划”的材料科学与工程专业的核心课程之一，目的是让学生了解和熟悉各类金属材料的成形工艺理论及技术、工艺设计原理，掌握材料成形工艺的基本理论、组织性能控制方法及成形的新工艺、新技术，因此本课程在材料科学与工程专业本科教学中具有举足轻重的作用。为了使学生能够拥有更加系统、科学的材料成形工艺方面的专业知识，立足于该专业本科创新型人才培养目标，突出应用性和针对性，与通识课、学科平台课的理论教学相配套，培养学生分析和解决问题能力的工程实践能力，尤其针对现有专业教材中材料成形工艺设计与实际应用内容陈旧和偏少，与生产实践结合不足的现状，本教材结合了“工科试验班-卓越工程师教育培养计划”中材料科学与工程专业的培养特点，进行了材料成形工艺理论与实际应用紧密相结合的教材体系及内容的构建。

众所周知，材料成形工艺已成为一个由物理冶金、化学冶金、机械加工和自动控制等环节组成的复杂系统工程，要全面、系统地介绍材料成形工艺学所涉及的基础理论、应用技术基础和工程控制技术，其难度可以想象。因此，本教材以培养和提升学生的知识应用能力为主旨，以“必需、够用”为度，着眼于理论知识的实际应用，突出学生解决与分析能力综合素质的培养。

本教材是作者将十几年的材料成形工艺理论的实际应用和课题研究经验总结而成，系统、全面地介绍了材料成形工艺的原理、工艺过程及发展。教材的特点如下：

(1) 作者结合自己多年的教学和实践经验，将材料成形工艺理论与技术、典型材料的成形工艺及质量控制内容有机地融合，充分体现了材料成形工艺知识体系的理论及实际应用价值。

(2) 本教材讲解详细、条理清晰、图文并茂、通俗易懂，并突出典型材料成形工艺流程的实例介绍，大力培养了学生创造性思维能力和独立分析与解决实际问题的能力。

(3) 本教材所选的材料成形工艺设计实例均来自生产实际和课题研究成果，是得到应用的成功案例，与生产实际息息相关，注重代表性和可学习性，具有很强的实用性。

本教材由北京科技大学宋仁伯教授主编。其中，宋仁伯编写了第5章和第7章，蒋波编写了第1章，张鸿编写了第2章和9.1节，张永军编写了第3章和第4章，石章智编写了第6章，陈树海编写了第8章，赵兴科编写了9.2节和9.6节，王永金编写了9.3节，张朝磊编写了9.4节和9.5节。全书由北京科技大学刘雅政教授、孙建林教授、赵志毅教授和辽宁科技大学李胜利教授审定。

本教材的编写与出版得到了北京科技大学教材建设经费资助和冶金工业出版社的大力支持，在此一并深表谢意。

由于作者水平所限，书中不妥之处，诚请广大读者批评指正。

编著者

2018年8月

目　录

3 锻造工艺

9　特种成形工艺 …… 389

1 材料成形工艺概述

【本章概要】

本章主要介绍材料成形的方法及分类、材料成形工艺选择的依据和材料成形工艺的发展。在方法及分类中重点介绍三种主要的材料成形工艺：金属凝固成形工艺、金属固态塑性成形工艺和金属焊接成形工艺，以及各成形工艺的定义、特点和分类；选择的依据主要包括零件特点、生产批量、生产条件以及新技术的利用；介绍了材料成形工艺的发展概况以及新形势下的发展新方向。

【关 键 词】

材料成形，定义，特点，分类，依据，零件特点，生产批量，生产条件，精密成形，复合成形，绿色制造，发展，新方向。

【章节重点】

本章应重点理解材料成形工艺的定义、特点和分类，在此基础上了解各材料成形工艺的适用范围以及涉及工艺成本与产品品质等因素；掌握选择依据，能够在实际应用中选择合适的成形工艺；了解各种材料成形工艺的发展概况以及未来的发展新方向。

国民经济中，不管是海上巨无霸航空母舰、翱翔太空的航天飞船、空中王者歼-20战机、万吨重型水压机，还是生活中的汽车、铁路车辆、家电、电器与电子产品、高层建筑、仪器仪表等，都是由许许多多的零件、部件及构件组成。这些零件的材料多种多样，有金属材料，也有非金属材料，但都需要经过一定的加工过程，获得一定的形状、尺寸和使用性能，才能满足机械零件的需求。

如图1-1所示，由原材料到最终机械产品的加工过程多种多样，但一般都需要经过材料的成形工艺。目前，常见的材料成形工艺主要分为三大类：金属凝固成形工艺、金属固态塑性成形工艺和金属焊接成形工艺。作为制造业的重要组成部分，材料成形工艺是汽车、电力、石化、造船及机械等支柱产业的基础制造技术，新一代材料成形技术也是先进制造技术的重要内容。

伴随着工业的发展、市场的繁荣，人们对产品的要求越来越多变，个性化的、精制的产品层出不穷，各种单件小批量产品的生产促进了材料成形新工艺、新技术、新材料的多样化发展。当前，材料成形工艺已发展成为一个由物理冶金、化学冶金、机械加工和自动控制等环节组成的复杂系统工程。因此，系统、全面地了解材料成形工艺所涉及的基础理论、应用技术基础和工程控制技术，影响着材料产品的质量、性能、用途等各个方面，也影响着现代工业发展。

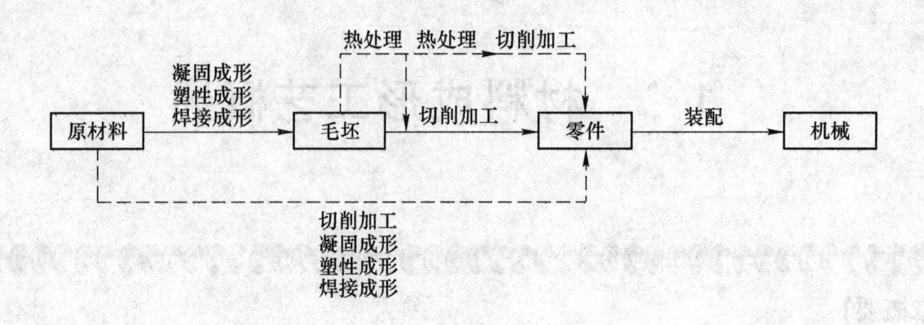

图 1-1 机械加工一般流程

1.1 材料成形的方法及分类

1.1.1 金属凝固成形工艺

1.1.1.1 金属凝固成形工艺的定义与特点

金属凝固成形工艺是将具有一定化学成分的金属材料熔化成液态后，在重力或外力作用下，浇注入与拟成形的零件形状及尺寸相适应的模型空腔（称为铸型）中，待液态金属冷却凝固后将铸型打开（或破坏）取出所形成的铸件毛坯，清理掉由于工艺需要而添加的部分（如浇口、冒口等）后，得到具有一定形状、尺寸和性能的铸件的成形方法。

这种成形方法能够制成外形和内腔都很复杂的零件，而且其大小几乎不受限制，长度尺寸可以从几毫米到十几米，厚度可从 0.3m 至 1m，重量可从几克到上百吨。图 1-2 所示为采用金属凝固成形工艺获得的不同形状的零部件。金属凝固成形后获得的毛坯，形状和尺寸均比较接近零件；同时，具有原材料来源广泛（成本低廉的切屑等）、金属材料利用率高（毛坯加工余量较小）、加工工时较短、产品性能好、产品尺寸规格一致等优点。例如，基于定向凝固原理开发的薄壁光亮铜管连铸技术，可使精密电子铜管的生产工艺缩短 60%，节能 40%，成材率由传统工艺的 60%提高到 85%以上。但由于凝固成形过程中，液

图 1-2 采用金属凝固成形工艺生产的零部件

态金属或合金的充型能力、凝固方式以及凝固过程中液态金属的收缩等共性问题的存在，会导致铸件中缩孔、缩松、气孔、晶粒粗大、应力、裂纹以及冷隔等铸造缺陷的产生，从而导致铸件质量不稳定且力学性能较差。凝固条件千变万化，但从液-固相转变过程来看，可以抽象为从液相到液-固两相混合区，再到固相区转变的过程。这一过程由冷却速率（R）和温度梯度（G）两个参数控制。因此，为了实现对成形件的质量控制，掌握凝固成形过程的工艺特点及其影响因素是很有必要的。

另外，凝固成形所提供的铸件往往是半成品的坯件，需要进一步进行机械加工。随着制造业的不断进步，凝固成形技术的不断发展，凝固成形工艺逐渐由近型向净型发展，很多新的精确铸造成形技术可以生产出少或无机械加工、力学性能更好的铸件。属于精确铸造成形的产品有很多种，广泛应用于医疗、航空、航天、冶金、化工、建筑、军工等领域，例如泵体、阀体、飞机、火车、舰船的叶轮、叶片以及空心叶片等。

1.1.1.2 金属凝固成形工艺的分类

金属凝固成形工艺可按照铸型材料、浇注时受力作用或造型方法的不同，而进行不同的分类。根据铸型材料的不同进行分类，以型砂为材料制备铸型的成形方法称为砂型铸造；与普通砂型铸造不同的其他铸造方法称为特种铸造，目前特种铸造方法已经发展到几十种，常见的有熔模铸造、金属型铸造、压力铸造、低压铸造、离心铸造、陶瓷型铸造、消失模铸造以及磁型铸造等。

根据浇注时受力作用的不同进行分类，可以分为重力和外力作用下的铸造。重力作用下的铸造包括砂型铸造、金属型铸造、熔模铸造以及消失模铸造等。外力作用下的铸造包括压力铸造、低压铸造、离心铸造以及反重力铸造等。

造型方法不同，金属凝固成形工艺又可以分为机械造型铸造、化学造型铸造以及物理造型铸造。机械造型铸造主要依靠手工或机械作用紧实砂型，其工艺技术成熟，随着机械化、自动化水平的提高，生产率明显提高，应用较广。化学造型铸造主要利用诸如水玻璃、呋喃树脂、酚醛树脂等化学黏结剂来紧实型砂；而物理造型铸造则是利用真空、重力、磁力等物理手段来制作铸型，如消失模铸造等，是一种具有发展前景的新工艺。

1.1.2 金属固态塑性成形工艺

1.1.2.1 金属固态塑性成形工艺的定义与特点

金属固态塑性成形工艺，又称为金属压力加工，是指利用金属材料在外力作用下的塑性变形能力，来获得一定形状、尺寸和力学性能的原材料、毛坯或零件的加工方法。因此，金属固态塑性成形工艺的目的就是两个：一是改变材料的形状，另一个是改善其性能。与其他加工方法相比（如金属的切削加工、金属凝固成形以及金属焊接成形），金属固态塑性成形工艺有如下特点：

（1）成材率高。金属固态塑性成形主要靠金属在塑性状态下的体积重新分配成形，坯料的形状和尺寸与成品零件比较接近，只有少量的工艺废料，流线分布合理。

（2）组织与性能好。金属固态塑性成形工艺获得的产品的组织比较致密，内部缺陷少，晶粒细小，性能提高，比如利用锻造成形工艺可有效消除大型铸锭内部的缩孔、疏松等冶金缺陷。

（3）具有较高的尺寸精度。很多塑性成形方法已基本无切削的要求，例如一些采用精密锻造具有复杂曲面的零件，可达到磨削的精度。

(4) 机械化和自动化程度高，生产率高。由于塑性成形的加工工具和设备的改进，可适应大批量生产。

(5) 产品范围广。塑性成形方法的不断发展使得生产产品的种类多样，例如利用微成形等精密成形技术可生产小到几克重的精密零件，利用上万吨的压力机可生产大到几百吨的巨型锻件。

1.1.2.2 金属固态塑性成形工艺的分类

根据塑性成形的特点，金属固态塑性成形工艺可分为体积成形和板料成形。体积成形主要是指利用工具、模具等设备，对金属坯料（块料）进行体积重新分配的塑性变形；板料成形则是对厚度较小的金属板料，利用特定模具的作用产生塑性变形，两者均为获得一定形状、尺寸和性能的零件。图 1-3 所示的冲压工艺为典型的板料成形，图 1-4 所示的曲轴模锻工艺为典型的体积成形，变形过程变形量和形状变化较大。

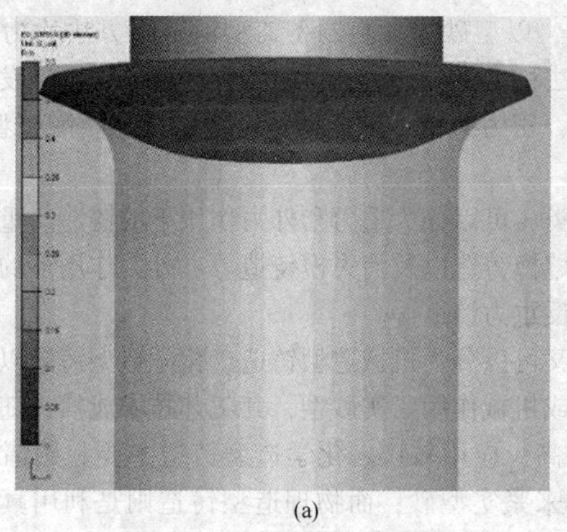
(a)

(b)

图 1-3 冲压工艺

(a) 冲压过程模型图；(b) 冲压成品

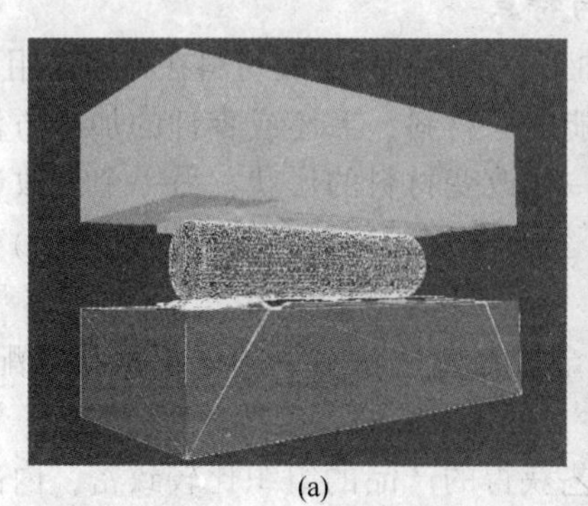
(a)

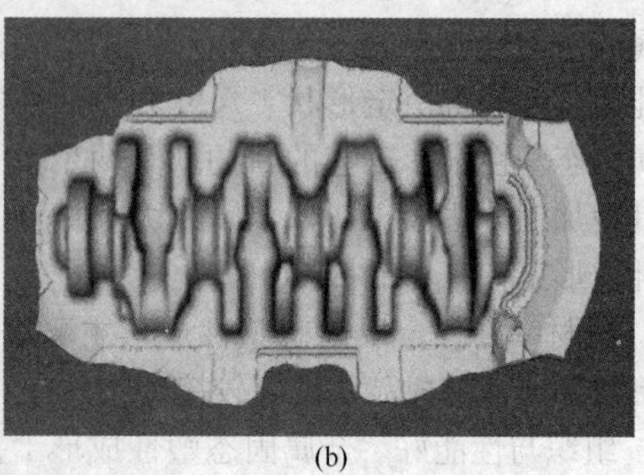
(b)

图 1-4 曲轴模锻工艺

(a) 变形前；(b) 变形后

按成形时工件的温度，一般可以将金属固态塑性成形工艺可分为热成形、温成形和冷成形。热成形指的是金属材料在其再结晶温度以上进行塑性变形，变形温度高，塑性较好，变形抗力低，可进行大量的塑性变形，有利于改善金属内部铸态组织，改善力学性能。温成形指的是金属材料在高于其回复温度但低于其再结晶开始温度的温度范围内进行塑性变形，金属或合金内产生加工硬化的同时，伴随有动态回复软化和变形间隙时间内的静态软化，但加工硬化程度大于软化程度。相对于温成形，冷成形的变形温度一般低于回复温度，变形过程中只有硬化而无回复与再结晶现象，变形的金属中只存在加工硬化特征，因而强度上升，塑性下降。根据产品形状或性能的不同，各分类下的变形方式又形成多种加工方式，应用于国民经济中的各个领域，分类如图 1-5 所示。

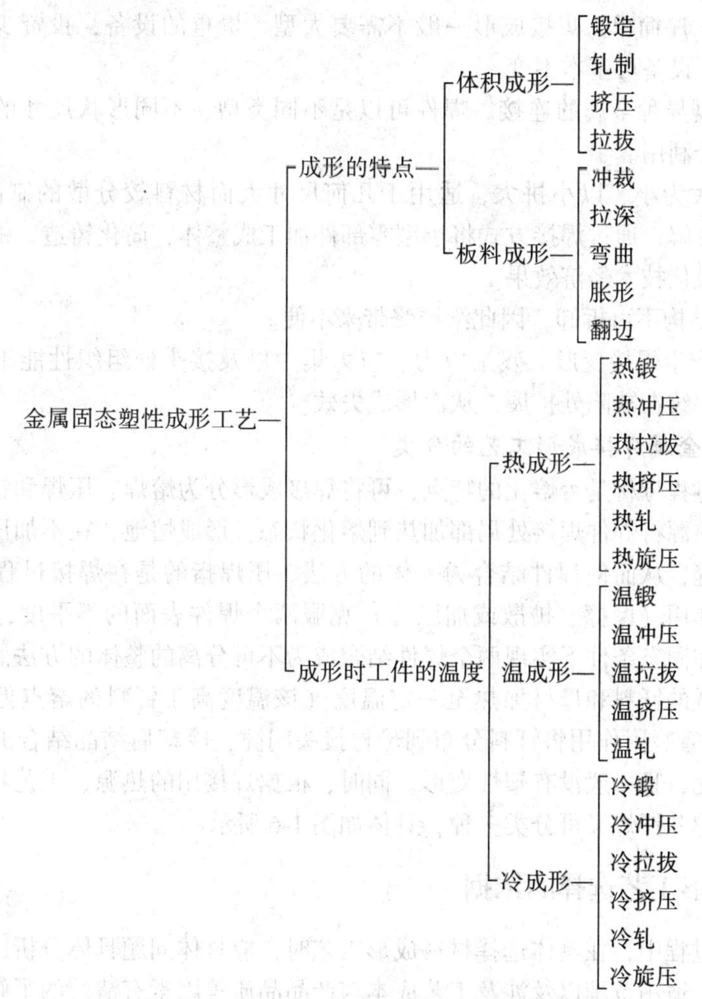

图 1-5 金属固态塑性成形工艺的分类

1.1.3 金属焊接成形工艺

1.1.3.1 金属焊接成形工艺的定义与特点

金属的焊接成形，是指通过加热、加压或加热加压，并且用或不用填充材料，借助金属原子的结合与扩散作用，使两个分离固态表面的金属原子接近到晶格距离（0.3~0.5nm），形成金属键，实现永久性的连接。该工艺广泛应用于航空航天、船舶重工、桥梁制造、石油化工、锅炉与压力容器、建筑机械、电子器件以及汽车制造等行业。据统计，全世界有65%的钢材需要用金属焊接成形工艺来制造结构；从几十万吨的巨轮到不足1克的微电子原件，焊接成形技术的应用无处不在。与其他材料成形工艺，如金属凝固成形、金属固态塑性成形、铆接相比，金属的焊接成形具有如下特点：

（1）刚度大、整体性好、接头气密性和水密性好。焊接成形的连接是通过原子间的结合力实现的，在外力作用下不产生较大的变形。

（2）节省金属材料，结构重量轻，成本低。焊件之间不需要附加的连接件，焊接接头的强度一般能达到母材相同的强度。据统计，焊件一般比铆件轻36%，比铸件轻30%。

（3）制造工序简单。焊接成形一般不需要大型、贵重的设备，投资少、见效快，产品结构变化时，设备可基本不变。

（4）可实现异种金属的连接。焊件可以是不同类型、不同形状尺寸的材料，使材料的性能得到充分利用。

（5）可化大为小、以小拼大，适用于几何尺寸大而材料较分散的制品。可将重型、复杂的结构件分解，通过焊接方式将小型零部件加工成整体，简化铸造、锻造及切削等加工工艺，获得最佳技术经济效果。

（6）焊接结构不可拆卸，因此给维修带来不便。

（7）容易产生焊接变形、残余应力、应力集中以及接头处组织性能不均等，并会产生焊接缺陷，裂纹在缺陷处扩展，从而形成失效。

1.1.3.2 金属焊接成形工艺的分类

根据焊接过程母材是否熔化的特点，可将焊接成形分为熔焊、压焊和钎焊。熔焊指的是利用一定的热源将焊件焊接处局部加热到熔化状态，形成熔池，在不加压力情况下再冷却结晶形成焊缝，从而使焊件结合为一体的方法。压焊指的是在焊接过程中无论加热与否，利用物理作用（摩擦、扩散或加压等）克服两个焊件表面的不平度，除去氧化膜及其他污染物，在固态条件下实现两个焊件结合成为不可分离的整体的方法。钎焊则指的是将熔点比母材低的钎料和母材加热至一定温度（该温度高于钎料的熔点但低于母材的熔点），利用毛细管吸附作用将钎料分布到母材接头间隙，冷却后结晶结合的方法。钎焊过程的焊件不熔化，且一般没有塑性变形。同时，根据焊接用的热源、工艺特点等特征的不同，熔焊、压焊和钎焊又可分类多种，具体如图1-6所示。

1.2 材料成形工艺选择的依据

机械制造过程中，在具体选择材料成形工艺时，应具体问题具体分析，必须对各类成形工艺的特点、适用范围以及涉及工艺成本与产品品质等因素有清楚的了解，在保证使用要求的前提下，力求做到质量好、成本低和制造周期短。材料成形工艺的选择主要有以下依据：

（1）零件特点。零件的特点主要包括零件类别、用途、功能、使用性能要求、结构形状与复杂程度、尺寸精度及技术要求等。根据零件特点可基本确定零件应选用的材料与成形方法。以汽车车身覆盖件为例，这类零件是车身的主体，要求表面质量较好；汽车碰

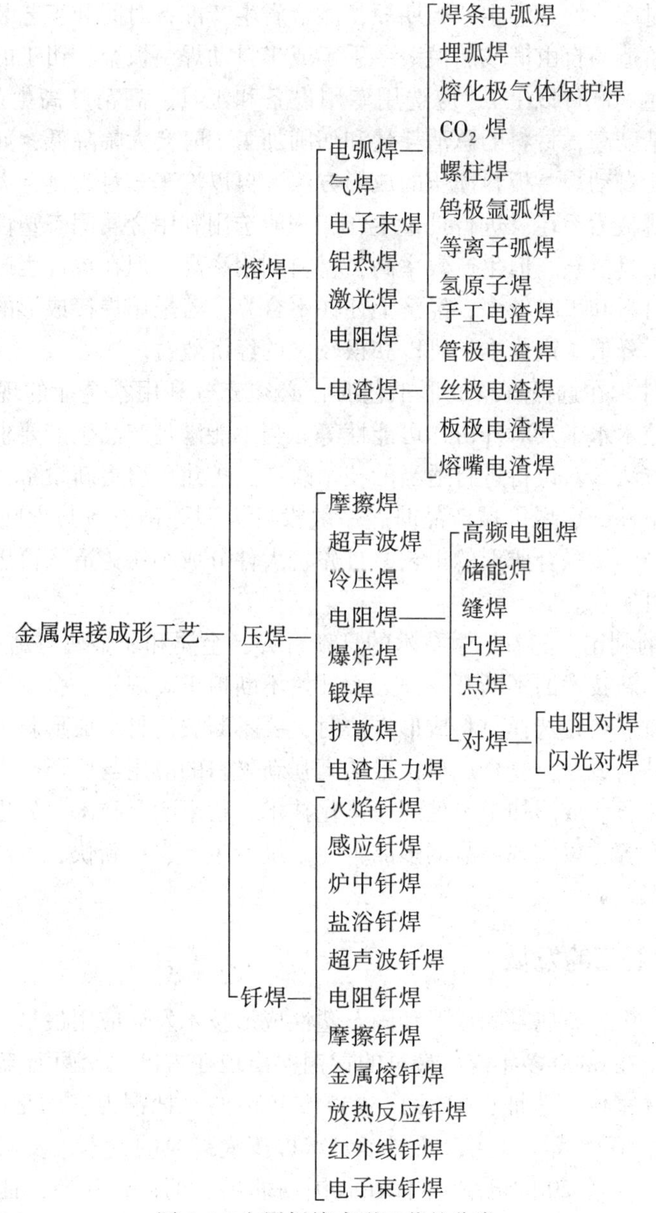

图 1-6 金属焊接成形工艺的分类

撞时，车身承受高速的负荷，其抗碰撞性能受材料在高速应变情况下吸收能量的影响；形状一般较复杂，但有一定的限制，最大板厚 8~10mm；要求原材料具有较好的塑性、变形抗力小。故在大多数情况下，汽车车身钢板一般选用低碳钢薄板或非铁合金薄板为毛坯，其成形工艺一般采用金属固态塑性变形工艺。对于轴类零件，如主轴、心轴、曲轴、凸轮轴等，几乎都采用锻造成形，或直接采用相应的型材加工；又如齿轮等盘套类零件，则是以锻造及铸造成形为主；而一些支架箱体类零件，多数采用铸造成形，也有采用焊接成形。

（2）生产批量。材料成形工艺的选择还应考虑零件的生产批量。单件、小批量生产时（年产量 200 件以下），选用通用设备和工具、低精度低生产率的成形方法，单件产品消耗的材料及工时多，但毛坯生产周期短，能节省生产准备时间和工艺装备的设计制造费用，如手工砂型铸造→自由锻或胎模锻→手工或半自动焊→钣金、钳工的成形方法。大批量生产时（年产量500件以上），应选用专用设备和工具、高精度高生产率的成形方法，毛坯生产率高、精度高，材料的总消耗量和切削加工工时会大幅降低，如机器造型铸造→模锻或轧制→埋弧自动焊→板料冲压的成形方法。再以汽车车身为例，大多情况下采用低碳钢或非铁合金薄板为毛坯，进行批量生产，一般选用利用金属固态塑性成形工艺，生产周期长，设备和工具复杂，但生产效率高，材料利用率高；但在单件生产条件下，采用塑性成形工艺耗费材料和工时较多，经济上往往不合算，若采用焊接成形的方法，则可以大大缩短生产周期，降低生产成本，可以获得较好的经济效益。

（3）生产条件。在选择材料成形工艺时，必须充分利用本企业的现有生产条件，如设备能力、人员技术水平及对外协作可能性等。当不能满足产品生产要求时，可通过调整毛坯种类、成形方法，对设备进行适当的技术改造、扩建厂房更新设备，或对外协作完成生产。例如生产单件、重型机械产品时，一般没有大型炼钢设备与大吨位的起重运输设备，可采用铸造与焊接联合成形的工艺，首先将大件分成小块铸造，再用焊接拼焊成大铸件，一般工厂都可实现。

（4）新技术的利用。随着科学技术的日新月异，金属和非金属等新材料的不断涌现，材料成形新工艺、新技术的不断开发，人们开始不断追求高规格、多变的、个性化的精制制品。因此，这就需要在选择材料成形方法时，要不断关注材料成形新工艺、新技术和新材料的发展，如精密成形，复合成形，轻质高强新材料的应用与成形，先进陶瓷材料的开发与成形，材料制备、成形加工及处理一体化技术，粉末冶金技术，先进焊接技术，数字化成形以及微成形等，以实现产品的多品种、小批量生产、更新快、生产周期短、质量优以及低成本等特点。

1.3 材料成形工艺的发展

材料成形工艺中，金属凝固成形和固态塑性成形技术发展应用最早。液态金属的铸造成形历史悠久，早在6000多年前，最早的青铜器出现在古巴比伦两河流域，我国于1975年在甘肃省东乡林家村古遗址也发现了5000多年前的一把铜刀，均是由铸造工艺制成。公元前6~7世纪，春秋战国时代，我国率先掌握皮囊鼓风的技术，发明了冶铸生铁的技术，比欧洲早1700年。20世纪80年代在我国河北出土的商代兵器，证实其刃口为合金嵌锻而成，距今有3000多年，为我国迄今发现最早的锻件。春秋后期，利用反复加热锻造铁矿石以挤出块铁中夹杂物的成形方法，出现了块炼熟铁。焊接技术的出现是随着金属的应用而出现的，在铜、铁器时代，人们掌握金属的冶炼的同时，开始利用金属制作一些简单的生活与生产的工具，于是钎焊、锻焊的技术就得到应用。

第一次工业革命极大地促进了材料成形工艺的发展，主要表现为手工技术逐渐被大规模的工业生产代替，人们对材料成形工艺的原理有了深入地认识，多种材料成形工艺不断产生。我国进入改革开放以来，材料成形工艺也开始快速发展，相关生产企业数量以及产量都逐年增长。但与工艺发达国家相比，我国的发展主要体现在规模与产量上，质量和效率发展落后，一般设备数量多，高精度高效率专用设备少，计算机技术应用不广，专业人才少，创新力量薄弱。随着我国经济的不断发展，给制造业的发展带来了强大的动力，

“中国制造2025”的提出，为作为汽车、电力、石化、造船及机械等支柱产业基础制造技术的材料成形工艺的发展提供了新方向，主要体现在：

（1）精密成形技术。从节能、节约材料和加工工时的角度出发，发展直接获得近净成形甚至净成形的产品，要求材料成形加工制造向更轻、更薄、更精、更强、更韧、成本低、周期短、质量高的方向发展。比如消失模铸造、压力铸造、定向凝固熔模铸造、挤压铸造以及半固态铸造等精确凝固成形加工技术、精确锻造成形技术、精确连接技术等。图1-7所示为高端轿车的轮毂，主要采用低压铸造生产制造，铸件组织致密，轮廓清晰，表面光洁，力学性能较高。

图1-7　轿车轮毂

（2）快速及自由成形加工技术。该技术以离散/堆积原理为基础和特征，将零件的电子模型（CAD模型）按一定方式离散成为可加工离散面、离散线和离散点，而后采用多种手段将这些离散的面、线和点堆积形成零件的整体形状。大大缩短产品的设计开发周期，具有较强的灵活性，能够以小批量甚至单件生产迎合市场。此外，激光加工技术有多种多样，包括电子元件的精密微焊接、汽车和船舶制造中的焊接、坯料制造中的切割、雕刻与成形等，其中激光加工自由成形制造技术也是重要的发展动向。

（3）复合成形技术。利用不同成形工艺的优点，开发有铸锻复合、锻焊复合、焊铸复合和不同塑性成形方法的复合技术。例如拼焊板冲压工艺就是一种冲、焊复合成形工艺，首先将不同厚度、材质或不同涂层的平板焊接在一起，然后整体冲压成形，可充分利用不同材料的性能来满足零件不同部位的要求。该工艺在汽车、航空航天等工业中有广阔应用前景。

（4）材料制备、成形加工及处理的一体化技术。该技术将材料制备过程、零件成形及处理过程集成，在制备高强耐磨材料的同时，将其成形加工成所需要的形状和尺寸，从而有效地调和材料使用需求和成形需求之间的矛盾。

（5）微成形技术。微成形一般指的是至少两个尺寸达到亚微米级别零件或者结构件的成形技术。有固态和液态微成形两大类，包括固态体积微成形，如模锻、挤压、压印等；固态板料微成形，包括拉伸、冲裁、胀形等；以及流体微成形，包括塑料注射成形、金属和陶瓷粉末注射成形铸造等。图1-8所示为国外学者开发的微成形轧制设备，其中轧辊直径仅25mm，可生产厚度250μm的产品。目前工业上应用比较普遍的是500nm～500μm范围内的微成形，纳米级的成形停留在原子水平上的研究，工业应用尚需进一步开展工作。

（6）绿色制造技术。美国在展望制造业前景时，进一步把“精确成形工艺”发展为“无废弃物成形加工技术”。“无废弃物加工”的新一代制造技术是指加工过程中不产生废弃物；或产生的废弃物能被整个制造过程中作为原料而利用，并在下一个流程中不再产生废弃物。无废物加工减少了废料、污染和能量消耗，并对环境有利。日本铸造工厂最近提出了“3R”的环境保护新概念，即减少废弃物（Reduce）、重用（Reuse）及回用（Recycling），突出了先进材料成形工艺中对绿色制造的要求。

图 1-8 微成形轧制设备

思 考 题

1. 材料成形工艺一般分为哪几大类？简述各工艺的内容。
2. 简述金属焊接成形工艺的特点及分类。
3. 以生活中的一个产品为例，说明其采用的材料成形工艺过程。
4. 简述材料成形工艺的选择依据。
5. 材料成形工艺的发展方向是什么？

参 考 文 献

[1] 杜丽娟．材料成形工艺［M］．哈尔滨：哈尔滨工业大学出版社，2009.

[2] 夏巨谌，张启勋．材料成形工艺［M］．北京：机械工业出版社，2010.

[3] 余世浩，杨梅．材料成形概论［M］．北京：清华大学出版社，2012.

[4] 张彦华，薛克敏．材料成形工艺［M］．北京：高等教育出版社，2008.

[5] 高义民．材料凝固成形方法［M］．西安：西安交通大学出版社，2009.

[6] 介万奇．凝固原理的前沿进展及其应用［J］．中国材料进展，2014，33（6）：321-326.

[7] 谢建新，石力开．高性能金属材料的控制凝固与控制成形［J］．中国材料进展，2010，29（5）：58.

[8] 刘雅政．材料成形理论基础［M］．北京：国防工业出版社，2004.

[9] 雷玉成，于治水．焊接成形技术［M］．北京：化学工业出版社，2004.

[10] 崔令江，郝滨海．材料成形技术基础［M］．北京：机械工业出版社，2003.

[11] 冀秀焕，唐建生．工程材料与成形工艺［M］．武汉：武汉理工大学出版社，2007.

[12] 毛卫民，任学平，张建勋，等．金属材料成形与加工［M］．北京：清华大学出版社，2008.

[13] Qu F，Jiang Z，Xia W. Evaluation and optimisation of micro flexible rolling process parameters by orthogonal trial design［J］. The International Journal of Advanced Manufacturing Technology，2018，95（1-4）：143-156.

2 铸造工艺

【本章概要】

本章主要介绍了铸造工艺的原理，阐述了液态金属的形核、生长和溶质的再分配，详细讲解了铸件凝固组织的形成与控制。列举了铸造的三种工艺方法，介绍了铸造工艺设计内容和步骤，展望了铸造工艺的新进展，系统地介绍了一大批新兴的金属液态成形新工艺方法。

【关 键 词】

充型，形核，结晶，成分过冷，工艺方法，定向凝固。

【章节重点】

本章应重点理解金属凝固的方式，金属凝固的形核与生长和对凝固组织的控制等铸造工艺基本原理，在此基础上掌握铸造工艺的方法和设计，了解铸造工艺的新进展，以及几种特殊凝固成形工艺。

2.1 铸造工艺原理

2.1.1 液态金属的充型能力

将过热的液态金属浇入铸型并使其凝固、冷却而获得铸件是铸造生产的主要特点。为了获得优质健全的铸件，必须控制好铸件充型过程，所以对于合金成分、结晶潜热等影响充型能力的因素的研究，对于液态金属的停止流动机理以及提高充型能力的措施的研究十分必要。

2.1.1.1 液态金属的充型能力的概念

液态金属充满铸型型腔，并使铸件形状完整、轮廓清晰的能力，称为液态金属充填铸型的能力，简称液态金属的充型能力。它是铸件成形过程中的一项重要工艺性能。

实践证明，同一种金属用不同的铸造方法，所能铸造的铸件最小壁厚不同；同样的铸造方法，由于金属不同，所能得到的最小壁厚也不同，见表 2-1。所以，液态金属的充型

表 2-1 不同金属和不同铸造方法的铸件最小壁厚 (mm)

金属种类	铸件最小壁厚				
	砂型	金属型	熔模铸造	壳型	压铸
灰铸铁	3	>4	0.4~0.8	0.8~1.5	—
铸钢	4	8~10	0.5~1.0	2.5	—
铝合金	3	3~4	—	—	0.6~0.8

能力首先取决于金属本身的流动能力，同时又受到外界条件，如铸型性质、浇注条件、铸件结构等因素影响，是各种因素的综合反映。

流动性是指液态金属本身的流动能力，它是金属的铸造性能之一，与金属的成分、温度、杂质含量及其物理性质有关。

金属的流动性对于排出其中的气体、杂质和凝固后期的补缩、防裂获得优质铸件至关重要。流动性好，气体和杂质易于上浮，使金属净化，利于得到没有气孔和夹杂的铸件。良好的流动性，不仅有利于铸件在凝固期间进行补缩，还能使铸件在凝固末期因收缩受阻而出现的热裂得到液态金属的弥合。

因此，利于凝固缺陷的防止。金属液流动性好，则充型能力强；反之，充型能力就差。但是可以通过改善外界条件来提高其充型能力，如提高金属液温度、预热铸型、提高浇注速度等措施。

由于影响液态金属充型能力的因素很多，在工程应用研究中，不能简单地对各种合金在不同的铸造条件下的充型能力进行比较。所以，铸造工艺学中的流动性常用浇注“流动性试样”的方法衡量。

通常，是在相同的浇注条件下，如相同的铸型性质、浇注系统，以及浇注时控制合金液具有相同的过热度或同一浇注温度等，浇注各种合金的流动试样，以试样的长度或试样某处的厚薄程度表示该合金的流动性。因此，可以认为合金的流动性是在确定条件下的充型能力。

2.1.1.2 影响充型能力的因素

影响液态金属充型能力的因素很多。为了便于分析，将所有的因素归为四类因素：金属性质、铸型性质、浇注条件和铸件结构。

A 第一类——金属性质方面的因素

这类因素是充型能力的内在因素，决定了流动性的高低。主要包括合金成分、结晶潜热和过热、密度、比热容、热导率、黏度、表面张力等因素。

a 合金成分

纯金属、共晶成分及化合物是在固定的温度下凝固的。已凝固的固体层从铸件表面逐层向中心推进，固体层内表面比较平滑，对液体的流动阻力小，即流速大。这类合金在析出较多的固相时，才停止流动，流动时间也较长，所以它们的流动性好。

具有宽结晶温度范围的合金在型腔中流动时，由于在铸件断面上存在既有发达的树枝晶，又有未凝固的液体与固相混杂的两相区。合金的结晶温度间隔越宽，两相区就越宽，枝晶也就越发达，金属液也就越早地停止流动，所以流动性不好。

b 结晶潜热和过热

结晶潜热为液态金属热量的85%~90%。在金属过热温度较低时，结晶潜热对充型能力起决定作用；在金属过热温度较高时，结晶潜热作用则下降。另外，结晶热对不同合金流动性的影响也不同。

对于纯金属、共晶和金属间化合物成分的合金，在一般的浇注条件下，释放的潜热越多，凝固过程进行的越慢，流动性越好，将具有相同过热度的纯金属浇入冷的金属型中，其流动性与结晶潜热相对应。在过热50℃时，Zn、Sn、Pb 的结晶潜热分别为 23832. 1J、9420. 3J 和 4768. 1J，而螺旋长度分别为 129cm、93cm 和 74cm。

对于宽结晶温度范围的合金，由于潜热释放15%~20%以后，晶粒就连成网络而停止流动，导致潜热对流动性影响不大。但也有例外的情况。当初生晶为非金属或者合金能在液相线以下呈液固混合状态，在不大的压力下流动时，结晶潜热则可能是一个重要的因素。

金属的过热与过热温度和比热容有关。比热大的合金在过热温度相同时，含有较多的热量，保持液态时间长，流动性好；合金密度大时，单位体积含有质量多，过热也较多，流动性好。

c 比热容、密度和导热系数

在一般的情况下，结晶潜热和过热对金属填充铸型的能力起重要的作用，但某些时间导热性却起到决定性作用。试验发现，铝的单位结晶潜热（364J/g）是锌的（107.1J/g）3倍，虽然铝结晶时放出的热量多，但散失得更快，停止流动也较早。

比热容和密度大的合金，因本身含有较多的热量，在相同的过热度下，保持液态的时间长，流动性好。导热系数大的合金，热量散失快，保持液态的时间短，并且在凝固期间液固并存的两相区大，流动阻力大，流动性差；导热系数小的合金，热量散失慢，保持流动的时间长，在凝固期间液固并存的两相区小，流动阻力小，流动性好。

d 黏度

液态金属的黏度与其成分、温度、夹杂物的含量和状态等有关。根据水力学分析，黏度对层流运动的流速影响大，对紊流影响小。实际测得，金属液在浇注系统或在试样中的流速，除停止流动前的阶段外都大于临界速度，即紊流运动。黏度在充型前期（紊流）对流动性影响小，而在后期（层流）凝固中，由于通道截面积缩小，或由于液流中出现液固混合物时，此时温度下降而使黏度明显增加，黏度对流动性表现出较大的影响。

e 表面张力

铸型材料一般不被液态金属润湿，即润湿角 $\theta>90°$。故液态金属在铸型稀薄部分的液面是凸起的，而由表面张力产生一个指向液态内部的附加压力，阻碍对该部分的填充。故表面张力对薄壁铸件，铸件的细薄部分和棱角处的成形有不利影响。型腔越细薄，棱角的曲率半径越小，表面张力的影响越大，越不利于金属液的流动。为克服附加压力的阻碍，必须在正常的充型压头上增加一个附加的压头 h。

图2-1为液态Al-Si合金充填铸型尖角处能力 φ 与合金的表面张力 σ 和运动黏度 υ 的关系。该充填能力与随成分变化的表面张力和运动黏度有很好的吻合。

B 第二类——铸型性质方面的因素

铸型性质方面的因素对金属液的充型能力有重要的影响，铸型阻力影响金属液的充型速度；铸型与金属的热交换强度影响金属液保持流动的时间。同时，通过调整铸型性质来改善金属液的充型能力，也往往得到较好的效果。

a 铸型蓄热系数 b_2

铸型蓄热系数 b_2（$b_2=\sqrt{c_2\rho_2\lambda_2}$）表示铸型从其中的金属中吸取并储存于本身中热量的能力。铸型蓄热系数越大，铸型激冷能力越强，保持液态时间越短，充型能力越低。铸型材料的 $c_2\rho_2$ 是单位体积铸型温度升高1℃时所吸收的热量。表2-2为几种铸型材料的蓄热系数。$c_2\rho_2$ 大，铸型吸收较多的热量而本身的温升较小，使金属与铸型之间在较长的时间保持较大的温差。铸型的导热系数 λ_2 大，表示从金属吸收的热量能很快地由温度较

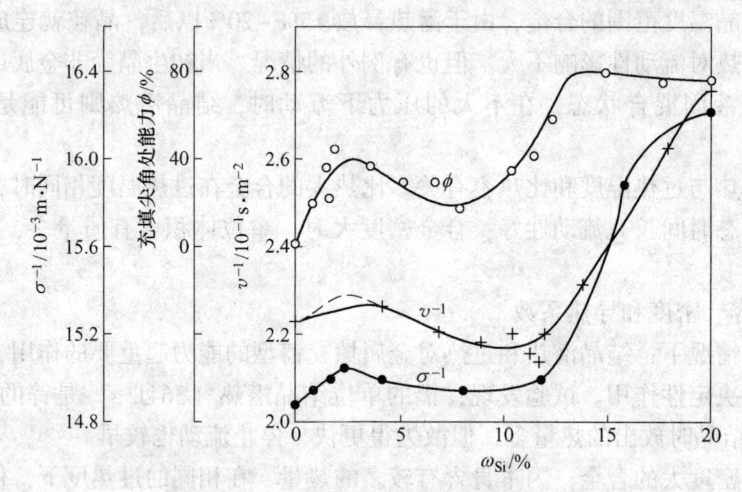

图 2-1 Al-Si 合金充填铸型尖角处能力 ϕ 与表面张力 σ 和运动黏度 v 的关系

高的铸型内表面传导到温度较低的“后方”，使铸型参加蓄热的部分增多，从而能储存更多的热量。并且，由于铸型内表面的热量能迅速传走，温升速度也就比较缓慢，从而保持继续吸收热量的能力。

表 2-2 几种铸型材料的蓄热系数

材料	温度 T/℃	密度 ρ_2/kg·m^{-3}	比热容 c_2/J·(kg·℃)$^{-1}$	导热系数 /W·(m·℃)$^{-1}$	蓄热系数 b_2/10^{-4}J·(m^2·℃)$^{-1}$
铜	20	8930	385.2	392	3.67
铸铁	20	7200	669.9	37.4	1.34
铸钢	20	7850	460.5	46.5	1.3
人造石墨		1560	1356.5	112.8	1.55
镁砂	1000	3100	1088.6	3.5	0.344
铁屑	20	3000	1046.7	2.44	0.28
黏土型砂	20	1700	837.4	0.84	0.11
黏土型砂	900	1500	1172.3	1.63	0.17
干砂（50/100）	900	1700	1256	0.58	0.11
湿砂（50/100）	20	1800	2302.7	1.28	0.23
耐火黏土	500	1845	1088.6	1.05	0.145
锯末	20	300	1674.7	0.174	0.0296
烟黑	500	200	807.4	0.035	0.0076

铸型的单位体积铸型温度升高 1℃时所吸收的热量越多，导热系数越大，蓄热系数越大，铸型的激冷能力就越强，金属液于其中保持液态的时间就越短，充型能力下降。反之，铸型的蓄热系数小，则容易被液态金属充满。

b 铸型温度

预热铸型能减小金属与铸型的温差，从而提高其充型能力。例如，在金属型中浇注铝合金铸件，$t_{浇}$为 760℃，将铸型温度从 340℃提高到 520℃，则螺旋线长度由 525mm 增加到950mm。用金属型浇注灰铸铁件时，铸型温度不但影响充型能力，而且影响铸件是否出现白口组织。在熔模铸造中，为得到清晰的铸件轮廓，将型壳预热到800℃以上进行浇注。在没有加热系统的压铸型或低压铸造铸型进行生产时，常用金属液加热铸型。最先生产的几个铸件往往因欠铸而报废，常称工艺废品。

c 铸型中的气体

铸型有一定的发气能力，能在金属液与铸型之间形成气膜，可减小流动的摩擦阻力，有利于充型（表2-3）。

表2-3 湿砂型与干砂型中钢液流动性的比较

螺旋线长度 l/mm	浇注温度 $t_{浇}$/℃			
	1570	1600	1625	1650
干砂型	515	575	600	665
湿砂型	580	700	750	775

根据实验，湿型中加入质量分数小于6%的水和小于7%的煤粉时，液态金属的充型能力提高，高于此值时，在金属液的热作用下，型腔中的气体膨胀，铸型中的水分蒸发，煤粉及有机物燃烧产生大量气体，型腔中气体反应压力增大，充型能力降低。

C 第三类——浇注条件方面的因素

a 浇注温度 $t_{浇}$

浇注温度对充型能力有决定性的影响。浇注温度越高，液态金属黏度越小，过热度越高，保持液态时间越长，充型能力越好，如图2-2所示。在一定的温度范围内，充型能力随着浇注温度的提高而直线上升。浇注温度超过临界温度后，金属吸气多，氧化严重，充型能力提高幅度越来越小。浇注温度较低时，铸钢的流动性随碳量增加而增加，浇注温度提高时，碳的影响减弱。

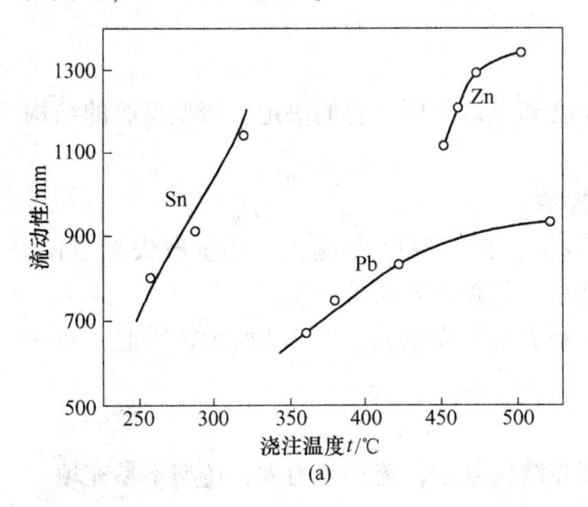

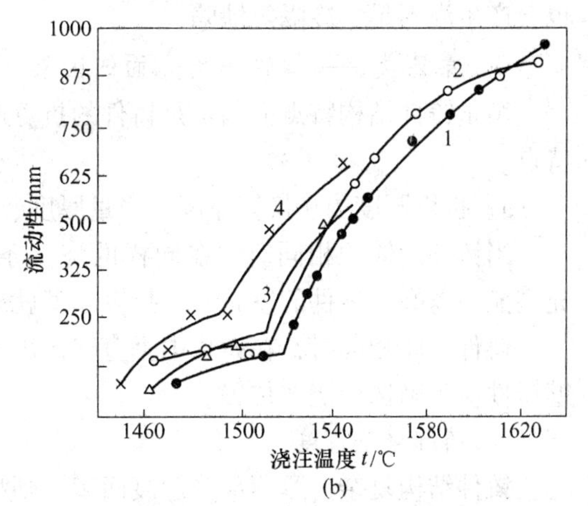

图2-2 液态金属流动性与浇注温度的关系

（a）纯金属；（b）铸钢

1—$w_C=0.2\%$，$w_{Mn}=0.29\%$，$w_{Si}=0.61\%$；2—$w_C=0.3\%$，$w_{Mn}=0.26\%$，$w_{Si}=0.56\%$；

3—$w_C=0.39\%$，$w_{Mn}=0.32\%$，$w_{Si}=0.80\%$；4—$w_C=0.72\%$，$w_{Mn}=0.32\%$，$w_{Si}=0.67\%$

对于薄壁铸件或流动性差的合金，利用浇注温度的提高可以改善充型能力。但是，随着浇注温度的提高，铸件的一次结晶组织粗大，产生缩孔、缩松、粘砂、裂纹等缺陷，因此浇注湿度也不能过高，必须综合考虑。

根据实际生产经验，一般铸钢的浇注温度为1520~1620℃，铝合金为680~780℃。薄壁复杂铸件取上限，厚大铸件取下限。灰铸铁件的浇注温度见表2-4。

表2-4 灰铸铁件的浇注温度

铸件厚度/mm	<4	4~10	10~20	20~50	50~100	100~150	>150
浇注温度/℃	1450~1360	1430~1340	1400~1320	1380~1300	1340~1230	1300~1200	1280~1180

b 充型压力

液态金属在流动方向上所受的压力越大，液态金属流动速度也越大，充型能力就越好。在生产中，用增加金属液静压头的方法提高金属的充型能力，用其他的方式外加压力，如压铸、低压铸造、真空吸铸等，也都可以提高金属液的充型能力。

但是，金属液的充型速度过高时，不仅要发生喷射和飞溅现象，使金属氧化和产生“铁豆”缺陷，而且型腔中气体来不及排除，反压力增加，还造成浇不足或冷隔缺陷，压力提高流动性的效果反而减弱。

c 浇注系统的结构

浇注结构越复杂，流动阻力越大，在静压头相同的情况下，充型能力就越差。在铝镁合金铸造中，为使金属流动平稳，常采用蛇形、片状直浇道，流动阻力大，其充型能力显著下降。在铸件上常用阻流式、缓流式浇注系统。浇口杯一方面有净化作用，另一方面使散热加快，降低充型能力。

在设计浇注系统时，必须合理地布置内浇道在铸件上的位置，选择恰当的浇注系统结构和各组元（直浇道、横浇道和内浇道）的断面积，否则，即使金属液有较好的流动性，也会产生浇不足、冷隔等缺陷。

D 第四类——铸件结构方面的因素

衡量铸件结构特点的因素是铸件的折算厚度和复杂程度，它们决定了铸型型腔的结构特点。

a 折算厚度 R（换算厚度、当量厚度、模数）

当铸件的体积相同时，在同样的浇注条件下，折算厚度 R 越大，热量散失越缓慢，充型能力越好。铸件的壁越薄，折算厚度就越小，就越不容易被充满。

铸件壁厚相同时，在铸型中垂直壁比水平壁更容易充满，如图2-3所示。因此，对薄壁铸件应正确选择浇注位置。

b 铸件复杂程度

铸件结构复杂，厚薄部分过渡面多，则型腔结构复杂，流动阻力大，铸型不易充填。

2.1.1.3 提高充型能力的措施

综上所述，针对影响充型能力的因素提出提高液态金属的充型能力的措施，可从上述四个方面入手：

（1）金属方面：1）正确选择合金成分。在不影响铸件使用性能的情况下，将合金成分调整到实际共晶成分附近，或选用结晶温度范围小的合金。对某些合金进行变质处理使晶粒细化，也有利于提高其充型能力。2）合理的熔炼工艺。正确选择原材料，去除金属上的锈蚀、油污，溶剂烘干；在熔炼过程中尽量使金属液不接触或少接触有害气体；对某些合金充分脱氧或精炼去气，减少其中的非金属夹杂物和气体。多次熔炼的铸铁和废钢，由于其中含有较多的气体，应尽量减少使用。

（2）铸型方面：1）铸型的蓄热系数 b_2。可以采用涂料调整 b_2，使其不要太大。2）铸型的温度。对金属铸型、熔模型壳等提高铸型温度。3）提高铸型的排气能力，减小铸型在金属充填期间的发气性，均有利于充型。

（3）浇注条件方面，适当提高浇注温度、提高充型压头、简化浇注系统均有利于提高充型能力。

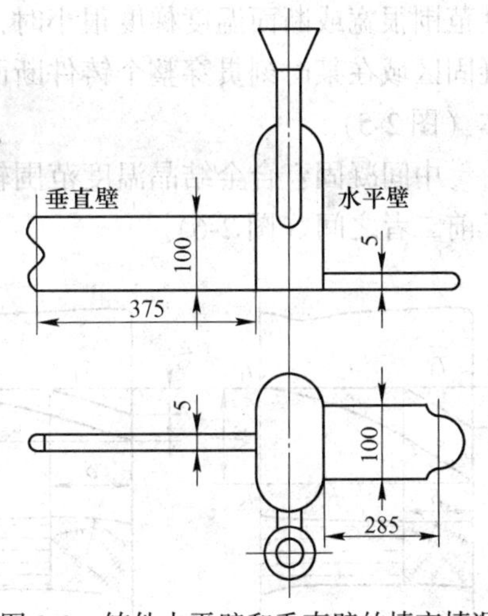

图 2-3 铸件水平壁和垂直壁的填充情况
（铸钢，$t_{浇}=1550℃$）

在生产中，对于要求较高的铸件，在合金成分、铸件结构两方面同时采取措施是不现实的。对于大型薄壁铸件，一般采用以下措施解决成形问题：

1）提高浇注温度。提高浇注温度，一方面可以注重充型能力；另一方面，浇注温度过高，容易使铸体一次结晶粗大，易产生缺陷，因此必须综合考虑。

2）提高充型压头。可采用增加金属液静压头、外加压力等方式提高金属液充型能力。

3）浇注系统的结构。尽量简化浇注系统的结构，使金属液流动阻力小，以改善充型能力。

（4）铸件结构方面。折算厚度大的铸件、垂直壁与结构简单的铸件更易充型。

以上所述，将影响液态金属充型能力的因素划为四类，并对主要因素进行了分析，指出了提高充型能力的途径。但在实际运用中由于影响因素很多，必须根据具体情况，充分考虑各种情况，针对主要问题采取措施，才能有效地提高充型能力，防止和消除浇注不足和冷隔等铸造缺陷，提高铸件的质量。

2.1.2 凝固方式

2.1.2.1 凝固方式分类

根据合金固液相区宽度，可将凝固过程分为三种方式：

逐层凝固：合金结晶温度范围很小或断面温度梯度很大时，铸件断面的凝固区域很窄，固液体几乎由一条界线分开，随温度下降，固体层不断加厚，逐步到达铸件中心（图 2-4）。

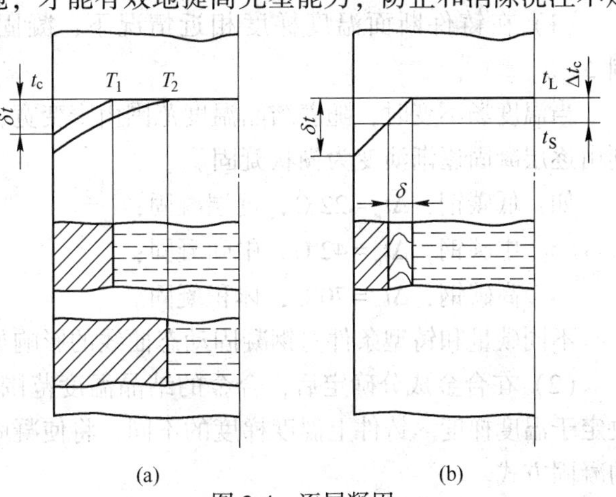

图 2-4 逐层凝固
（a）恒温结晶的纯金属或共晶成分合金；
（b）合金结晶温度范围很小或断面温度梯度很大

体积/糊状凝固：合金结晶温

度范围很宽或断面温度梯度很小时，铸件断面的凝固区域很宽，在凝固的某一段时间内，凝固区域在某时刻贯穿整个铸件断面时，在凝固区域里既有已结晶的晶体也有未凝固的液体（图 2-5）。

中间凝固：合金结晶温度范围较窄或断面温度梯度较大时，铸件断面上的凝固区域界于前二者之间（图 2-6）。

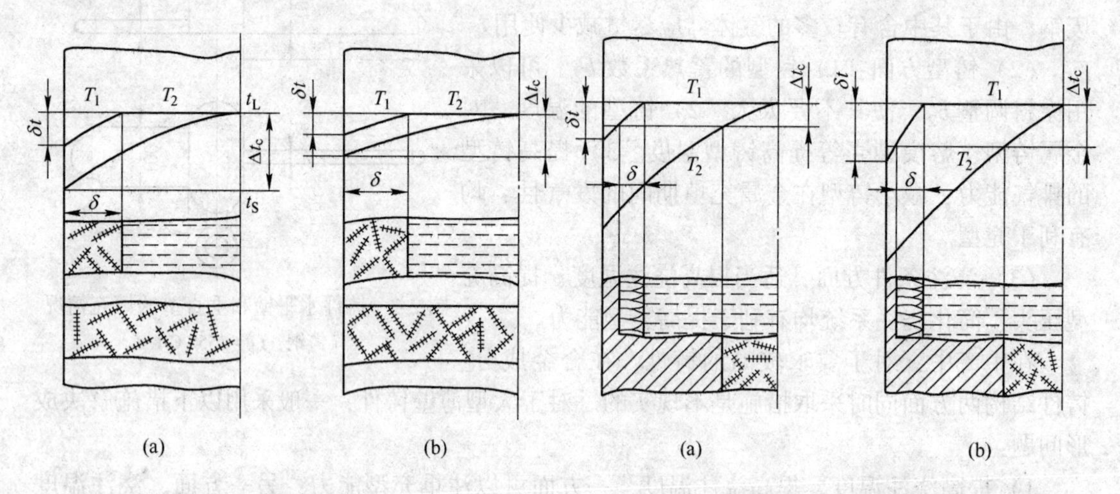

图 2-5 体积/糊状凝固

（a）铸件结晶温度范围很宽；（b）断面温度场较平坦

图 2-6 中间凝固

（a）结晶温度范围较窄；（b）断面温度梯度较大

2.1.2.2 凝固区域宽度

A 概念

凝固动态曲线上液相边界与固相边界之间的纵向距离称为凝固区域宽度。

B 决定因素

凝固区域宽度取决于合金结晶温度范围 Δt_c 和温度梯度。

（1）在铸件断面温度梯度相近情况下，凝固区域宽度取决于合金的结晶温度范围 Δt_c。

当温度场不变时，随着结晶温度范围由窄变宽，凝固区域宽度也由小变大，凝固方式则由逐层凝固逐渐演变为糊状凝固。

如：低碳钢，$\Delta t_c = 22℃$，逐层凝固；

中碳钢，$\Delta t_c = 42℃$，中间凝固；

高碳钢，$\Delta t_c = 70℃$，体积凝固。

不同碳量和铸型条件对钢凝固动态曲线的影响如图 2-7 所示。

（2）在合金成分确定后，合金的结晶温度范围即确定，铸件断面的凝固区域宽度则决定于温度梯度。铸件上温度梯度的不同，将使凝固区域的宽度发生变化，从而影响铸件的凝固方式。

图 2-8 所示为工业用铝（99%Al）在砂型和金属型中铸造时的凝固动态曲线。把它在砂型中的凝固动态曲线与低碳钢的相应曲线加以比较可以看出：尽管 $\Delta t_c[\mathrm{Al}] = 6℃ < \Delta t_c$

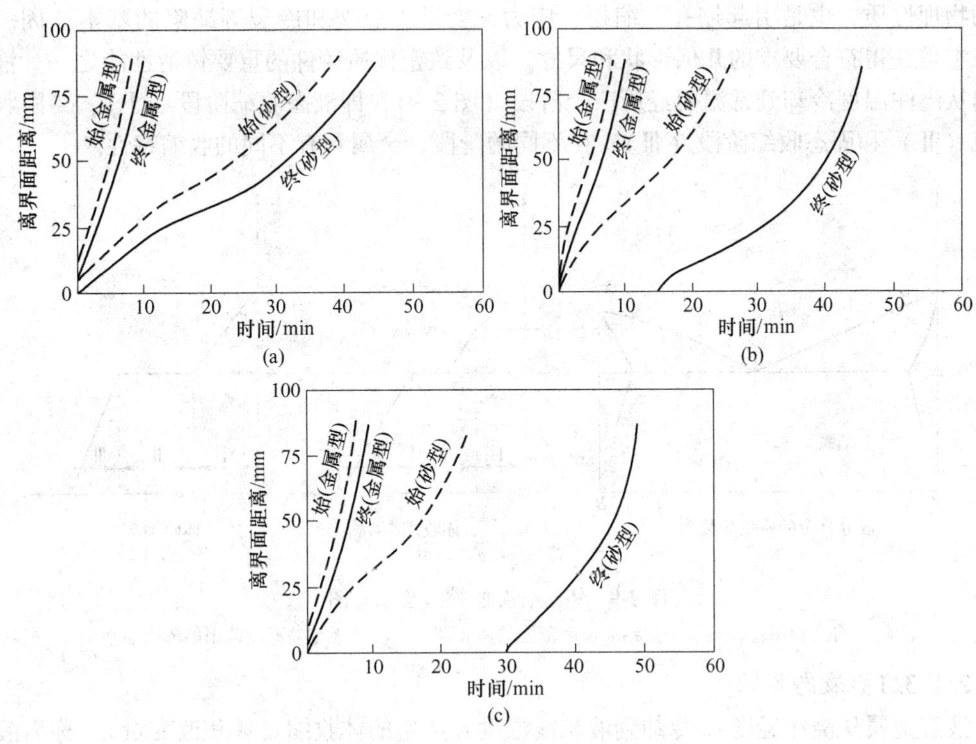

图 2-7　不同碳量和铸型条件对钢凝固动态曲线的影响

[低碳钢] = 22℃，但是铝糊状凝固，而低碳钢逐层凝固，其原因是铝的凝固温度低、结晶潜热大，铸件断面的温度场平坦。

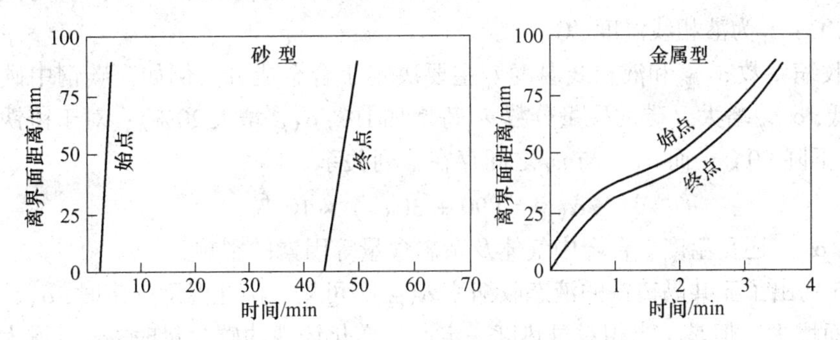

图 2-8　工业用铝（99%Al）在砂型和金属型中的凝固动态曲线

合金结晶温度范围由合金成分决定，温度梯度近似用断面上的温度降 δt 表示。

C　凝固方式的判定

Δt_c、δt 决定凝固区域宽度/凝固方式：

逐层凝固：$\Delta t_c/\delta t \ll 1$；

体积凝固：$\Delta t_c/\delta t > 1$。

2.1.3　铸造合金的收缩特点

金属在液态、凝固态和固态冷却过程中发生的体积减小现象，称为收缩。它是金属本身的物理性质，也是引起缩孔、缩松、应力、变形、热裂和冷裂等缺陷的基本原因。因此，它是获得符合要求的几何形状和尺寸，以及致密优质铸件的重要铸造性能之一。液态金属从浇注温度冷却到常温要经历三个阶段（图 2-9），即液态收缩阶段（Ⅰ）、凝固收缩阶段（Ⅱ）和固态收缩阶段（Ⅲ）。在不同的阶段，金属具有不同的收缩特性。

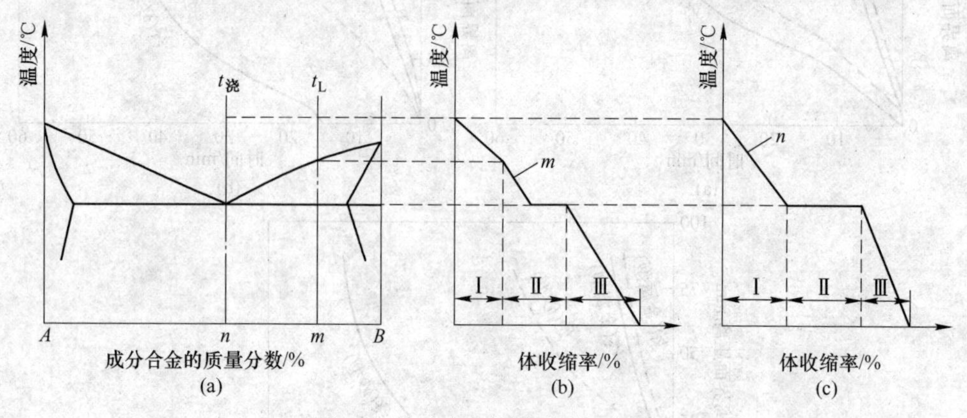

图 2-9 铸造合金收缩过程示意图

（a）合金相图；（b）有一定结晶温度范围的体收缩率；（c）无结晶温度范围的体收缩率

2.1.3.1 液态收缩

液态金属从浇注温度 $t_浇$ 冷却到液相线温度 t_L 产生的体收缩（体积改变量），称为液态收缩。液态收缩的表现形式为金属液面的降低，其大小可用液态收缩率表示：

$$\varepsilon_{V液} = \alpha_{V液}(t_浇 - t_L) \times 100\% \tag{2-1}$$

式中，$\varepsilon_{V液}$ 为液态体积收缩率，%；$\alpha_{V液}$ 为金属的液态体收缩系数，$℃^{-1}$；$t_浇$ 为液态金属的浇注温度，℃；t_L 为液相线温度，℃。

液态收缩系数 $\alpha_{V液}$ 和液相线温度 t_L 主要决定于合金成分。例如，碳钢中碳含量增加时，t_L 降低，$\alpha_{V液}$ 增大（碳的质量分数 w_C 每增加 1%，$\alpha_{V液}$ 增大 20%）；对于铸铁，w_C 每增加 1%，t_L 下降 90℃，而 $\alpha_{V液}$ 与 w_C 之间存在下列关系

$$\alpha_{V液} = (90 + 30w_C) \times 10^{-6} \tag{2-2}$$

此外，$\alpha_{V液}$ 还受温度、合金中气体及杂志含量等因素的影响。

表 2-5 列出了亚共晶铸铁的液态收缩率 $\alpha_{V液}$。可见，浇注温度一定时，$\alpha_{V液}$ 随着碳含量的增加而增大。但是，当相对过热度一定而仅变化铸铁的碳含量时，$\alpha_{V液}$ 增大不多，这是因为 $\alpha_{V液}$ 随碳含量增大比较缓慢。

表 2-5 亚共晶铸铁的 $\varepsilon_{V液}$ （%）

碳的质量分数 w_C	2.0	2.5	3.0	3.5	4.0
$\varepsilon_{V液}$（$t_浇=1400℃$）	0.6	1.4	2.3	3.4	4.6
$\varepsilon_{V液}$（$t_L-t_浇=100℃$）	1.5	1.7	1.8	2.0	2.1

2.1.3.2 凝固收缩

金属从液相线冷却到固相线所产生的体收缩，称为凝固收缩。

对于纯金属和共晶合金，凝固期间的体收缩只与状态改变有关，而与温度无关，故具

有一定的数值。对于有一定结晶温度范围的合金，其凝固收缩率既与状态改变时的体积变化有关，也与结晶温度范围有关。某些合金（Bi-Sb）在凝固过程中，体积不但不收缩反而产生膨胀，故其体积收缩率 $\alpha_{V液}$ 为负值。

钢和铸铁的凝固收缩包括状态改变和温度降低两部分，可表示为：

$$\varepsilon_{V凝} = \varepsilon_{V(L\to S)} + \alpha_{V(L\to S)}(t_L - t_S) \times 100\% \tag{2-3}$$

式中，$\varepsilon_{V凝}$ 为凝固体收缩率，%；$\varepsilon_{V(L\to S)}$ 为因状态改变的体收缩率，%；$\alpha_{V(L\to S)}$ 为凝固温度范围内的体收缩系数，℃$^{-1}$。

钢因状态改变而引起的体收缩为一固定值，而碳含量增加时，其结晶温度范围变宽，由温度降低引起的体收缩增大。碳钢的凝固收缩率见表 2-6。

表 2-6 碳钢的凝固收缩率 $\varepsilon_{V凝}$ （%）

碳的质量分数 w_C	0.10	0.25	0.35	0.45	0.70
凝固收缩率 $\varepsilon_{V凝}$	2.0	2.5	3.0	4.3	5.3

对于亚共晶铸铁，$\varepsilon_{V(L\to S)}$ 和 $\alpha_{V(L\to S)}$ 的平均值分别为 3.0% 和 1.0×10^{-4}℃$^{-1}$；而碳含量 w_C 每增加 1%，t_L 降低 90℃。由此可得铸铁的凝固收缩率为：

$$\varepsilon_{V凝} = 6.9 - 0.9w_C \tag{2-4}$$

灰铸铁在凝固后期共晶转变时，由于石墨的析出膨胀而使体收缩得到一定的补偿。因此其凝固收缩率为：

$$\varepsilon_{V凝} = 10.1 - 2.9w_C \tag{2-5}$$

可见，铸铁的凝固收缩率随着碳含量的增加而减小。对于灰铸铁，当其碳含量足够高时，凝固收缩率将变为负值（表 2-7）。

表 2-7 亚共晶铸铁的凝固体收缩率 $\varepsilon_{V凝}$ （%）

碳的质量分数 w_C		2.0	2.5	3.0	3.5	4.0
凝固收缩率 $\varepsilon_{V凝}$	白口铸铁	5.1	4.6	4.2	3.7	3.3
	灰铸铁	4.3	2.8	1.4	-0.1	-1.5

凝固收缩的表现形式分为两个阶段。当结晶尚少，未搭成骨架时，表现为液面下降；当结晶较多并搭成完整骨架时，收缩的总体表现为三维尺寸减小即线收缩，在结晶骨架间残留的液体表现为液面下降。凝固过程中，首先在表面形成凝固壳，尚处于液态的金属在这个外壳中冷却并继续凝固，由于液态收缩和凝固收缩使体积缩小，如果减小的体积得不到金属液的补充，就会形成缩孔或缩松。

2.1.3.3 固态收缩

金属在固相线以下发生的体收缩，称为固态收缩。固态收缩率表示为

$$\varepsilon_{V固} = \alpha_{V固}(t_S - t_0) \times 100\% \tag{2-6}$$

式中，$\varepsilon_{V固}$ 为金属的固态体收缩率，%；$\alpha_{V固}$ 为固态体收缩系数，℃$^{-1}$；t_S 为固相线温度，℃；t_0 为室温，℃。

固态收缩的表现形式为三维尺寸同时缩小。因此，常用线收缩率 ε_L 表示固态收缩，即

$$\varepsilon_L = \alpha_L(t_S - t_0) \times 100\% \tag{2-7}$$

式中，ε_L 为金属的线收缩率,%，$\varepsilon_L \approx \varepsilon_{V固}/3$；$\alpha_L$ 为金属的固态线收缩系数，℃$^{-1}$，$\alpha_L \approx \alpha_{V固}/3$。

对于纯金属和共晶合金，线收缩在金属形成凝固壳时开始；对于具有结晶范围的合金，线收缩在表面形成凝固骨架后开始。

碳钢和铸铁的线收缩率分别见表 2-8 和表 2-9。

表 2-8 碳钢的线收缩率与碳含量的关系 (%)

w_C	0.08	0.14	0.35	0.45	0.55	0.60
ε_L	2.47	2.46	2.40	2.35	2.31	2.18

表 2-9 铸铁的自由线收缩

材料名称	化学成分（质量分数）/%						碳当量	线收缩率	浇注温度
	C	Si	Mn	P	S	Mg	CE①/%	/%	/℃
白口铸铁	2.65	1.00	0.48	0.06	0.015	—	3.04	2.180	1300
灰铸铁	3.30	3.14	0.66	0.095	0.026	—	4.38	1.082	1270
球墨铸铁	3.00	2.96	0.69	0.11	0.015	0.045	4.02	0.807	1250

① $CE = w_C + (w_{Si} + w_P)/3$。

金属从浇注温度冷却到室温所产生的体收缩称为液态收缩、凝固收缩和固态收缩之和，即

$$\varepsilon_{V总} = \varepsilon_{V液} + \varepsilon_{V凝} + \varepsilon_{V固} \tag{2-8}$$

其中，液态收缩和凝固收缩是铸件产生缩孔和缩松的基本原因，$\varepsilon_{V液} + \varepsilon_{V凝}$ 越大，缩孔的容积就越大；而金属的线收缩是铸件产生尺寸变化、应力、变形和裂纹的基本原因。

2.1.3.4 铸件的收缩

以上所讨论的收缩条件和收缩量，只考虑了金属本身的成分、温度和相变的影响。实际上铸件收缩时还会受到外界阻力的影响。这些阻力包括热阻力（铸件温度分布不均匀所致)、铸型表面摩擦力和机械阻力（铸型和型芯的阻碍作用）等。表面摩擦力和机械阻力均使铸件收缩量减小。铸件收缩时表面与铸型间的摩擦力大小与铸件重量、铸型表面的平滑度有关；机械阻力一般是由于铸件本身的结构特点，如有突起部分或内腔有型芯等，铸件收缩时就会受到铸型和型芯的阻力；而热阻力则与铸件结构有关。

铸件在铸型中的收缩若仅受到可以忽略的阻力影响时，则为自由收缩。否则，称为受阻收缩。显然，对于同一种合金，受阻收缩率小于自由收缩率。生产中应采用考虑各种阻力影响的实际收缩率。

2.1.4 金属凝固的形核与生长

液态金属转变成晶体的过程称为液态金属的结晶或金属的一次结晶。金属的结晶包括晶体形核和晶体生长两个阶段。液态金属的结晶过程是一种相变，是系统自由能由高向低变化的过程，但是在结晶过程中各种相的平衡产生了高能态的界面。这样，结晶过程中一方面体系自由能降低，另一方面界面能又增加，界面能的增加将阻碍结晶过程的进行。因

此液态金属结晶时，必须克服热力学障碍和动力学障碍才能使结晶顺利完成。本节从热力学和动力学的观点出发，通过晶体形核和生长两个过程阐述液态金属结晶的基本规律。

2.1.4.1 结晶的热力学条件

热力学的主要内容是从能量观点出发，研究一个体系的平衡性质，建立平衡的一般规律，判断物质变化的方向和限度。热力学是研究凝固和相变的有力工具。

从热力学观点来看，在许多实际情况中，一个物质状态的稳定性取决于该状态自由能的高低：自由能越高，状态越不稳定；反之，则越稳定。物质总是自发地从自由能较高的状态向较低的状态转变，只有伴随着自由能降低的过程才能自发地进行。对金属结晶而言，当固体金属的自由能低于液体金属的自由能时，结晶过程才可能进行。

由热力学得知，系统的吉布斯自由能 G 可表示为：

$$G = H - TS = U + pV - ST \tag{2-9}$$

式中，H 为焓；T 为热力学温度；S 为熵；U 为内能；p 为压强；V 为体积。

可推导得：

$$dG = Vdp - SdT \tag{2-10}$$

通常情况下，金属结晶时，压强可认为是恒定的，$dp = 0$，有：

$$\left(\frac{\partial G}{\partial T}\right)_{p=\text{常数}} = -S \tag{2-11}$$

由于熵 S 恒为正值，所以自由能随着温度升高而减少。

图 2-10 表示了纯金属的液、固两相的自由能随温度变化的规律。由图可知，液态和固态的自由能都随着温度的升高而降低，但由于液态的熵大于固态的熵，所以液态的自由能降低的速度更大一些，因此，液态和固态金属的自由能随温度而变化的两条曲线相交，交点所对应的温度为平衡结晶温度 T_m，也就是晶体的熔点。在 T_m 时，液相和固相金属的自由能相等，两相之间达到平衡。两相平衡的条件是 $\Delta G = 0$。

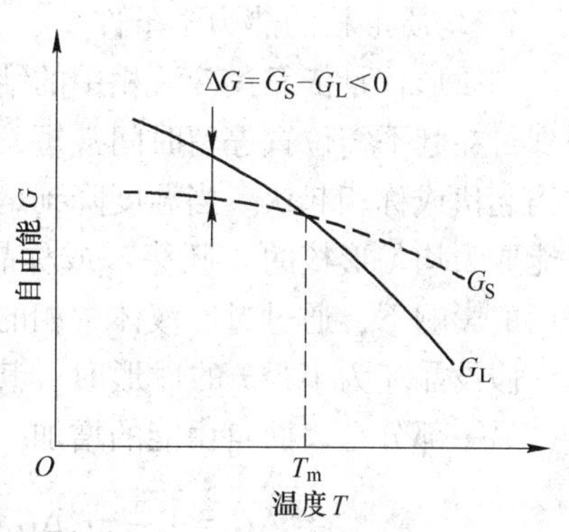

图 2-10 纯金属液体和固体自由能 G 与温度的关系

从图中还可以看出，在温度高于 T_m时，液体的自由能低于固体的自由能，所以结晶不可能进行；当温度低于 T_m时，固体比液体的自由能低，所以液体金属可能自发地结晶，成为固体金属。液体与固体之间的自由能差，提供了相变的驱动力。液体转变成固体时体积自由能的变化为：

$$\Delta G_V = G_L - G_S = (H_L - H_S) - T(S_L - S_S) = \Delta H - T\Delta S \tag{2-12}$$

式中，ΔG_V 为体积自由能之差；ΔH 为结晶潜热；ΔS 为熔化熵。

当 $T < T_m$ 时，$G_L > G_S$，结晶可能自发进行，这时两相自由能的差值 ΔG_V 就构成了结晶（相变）的驱动力。

当 $T = T_m$ 时，

$$(\Delta G_V)_{T=T_m} = \Delta H - T_m\Delta S = 0 \tag{2-13}$$

此时，液、固两相共存，既不能完全结晶，也不能完全熔化。

在平衡温度 T_m 时，由于 $\Delta G_V = 0$，所以因结晶而引起的熵的变化为：

$$\Delta S = \Delta H / T_m \tag{2-14}$$

将式（2-14）代入式（2-12），结晶过程单位体积自由能变化为：

$$\Delta G_V = \Delta H\left(1 - \frac{T}{T_m}\right) = \frac{\Delta H(T_m - T)}{T_m} \tag{2-15}$$

$$\Delta G_V = \frac{\Delta H \Delta T}{T_m} \tag{2-16}$$

式中，$\Delta T = T_m - T$，是熔点 T_m 与实际凝固温度 T 之差，称为过冷度。

对于给定的温度，ΔH 与 T_m 均为定值，故 ΔG_V 仅与 ΔT 有关。因此，液态金属结晶的驱动力是由过冷提供的。过冷度越大，结晶驱动力也就越大；过冷度为零时，驱动力就不复存在。

2.1.4.2 形核过程

结晶过程首先是从形核开始的，晶核形成之后开始生长而使得系统逐步由液态转变为固态。根据构成能障的界面情况的不同，形核可分为均质形核与异质形核两种方式。均质形核是指形核前液相金属或合金中无外来固相质点（对钢铁而言，通常为氧化物、氮化物、碳化物等高熔点微小固相质点），而从液相自身发生形核的过程，所以也称“自发形核”。

A 均质形核

a 均质形核的热力学条件

均质形核是依靠过冷液相中的结构起伏进行形核的方式。由于液相中原子热运动较为强烈，在其平衡位置停留时间甚短，故这种局部有序排列的原子集团此消彼长，即前述的结构起伏或称相起伏。当温度降到熔点以下，在液相中时聚时散的短程有序原子集团，就可能成为均匀形核的“胚芽”或称晶胚。从本质上讲，均质形核是在没有任何杂质和外表面的影响下，通过过冷液体中相的聚集而形成新相结晶核心的过程。

假设晶坯为半径 r 的球形时，其自由能变化包括两部分：一部分是体积自由能的减少，另一部分是表面自由能的增加。由前述公式可知：

$$\Delta G = -\frac{4}{3}\pi r^3 \Delta G_V + 4\pi r^2 \sigma = 4\pi r^2\left(-r\frac{\Delta H \Delta T}{3T_m} + \sigma\right) \tag{2-17}$$

式中，σ 为比表面能，可用表面张力表示。

在一定的温度下，ΔG_V 和 σ 是确定值，所以 ΔG 是 r 的函数。随着晶核半径 r 的变化，自由能的变化如图 2-11 所示。

由图可见，当晶胚尺寸小时，具有正的数值的表面自由能项占优势；当晶胚尺寸大时，具有负的数值的体积自由能相是主要的。当半径 $r < r_c$ 的晶胚若要长大，则总的自由能将要增加，这在热力学上是不可能的，因此在液体金属中 $r < r_c$ 的晶胚要消失。而 $r > r_c$ 的晶坯长大时将引起总的自由能降低，所以可以逐渐长大。

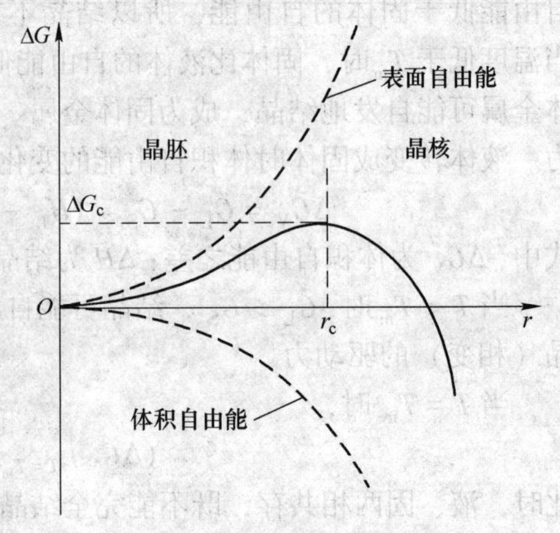

图 2-11 自由能变化与晶核半径关系

这些半径大于 r_c 的晶胚称为晶核，它是金属结晶的核心。r_c 是低于 T_m 的一定温度形核时的临界半径。在半径为 r_c 时，晶胚消失和长大成为稳定晶核的概率是相等的。临界半径 r_c 可通过求极值得到。

式（2-12）两端对 r 求导：

$$\frac{\partial \Delta G}{\partial r} = -4\pi r^2 \frac{\Delta H \Delta T}{T_m} + 8\pi r\sigma = 4\pi r\left(-r\frac{\Delta H \Delta T}{T_m} + 2\sigma\right) \tag{2-18}$$

令 $\frac{\partial \Delta G}{\partial r} = 0$，得临界晶核半径：

$$r_c = \frac{2\sigma T_m}{\Delta H \Delta T_c} \tag{2-19}$$

图 2-12 所示为 r_c 随 ΔT 而变化的曲线。由图可以看出，过冷度越大，则临界半径越小。

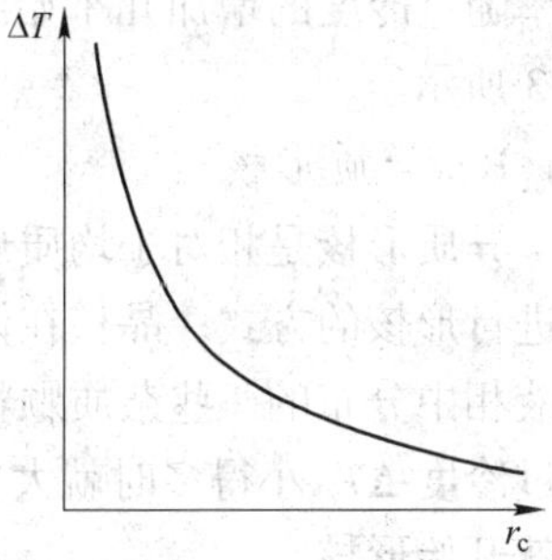

对应 r_c 的 ΔG_c 称为临界形核自由功，它表示形核过程系统需克服的能量障碍，即形核“能垒”。将式（2-14）代入式（2-12），则得：

$$\begin{aligned}\Delta G_c &= 4\pi r_c^2\left(-r_c\frac{\Delta H \Delta T_c}{3T_m} + \sigma\right)\\ &= 4\pi r_c^2\left(-\frac{2\sigma T_m}{\Delta H \Delta T_c}\cdot\frac{\Delta H \Delta T_c}{3T_m} + \sigma\right)\\ &= 4\pi r_c^2 \cdot \frac{\sigma}{3}\\ &= \frac{4}{3}\pi r_c^2 \sigma\end{aligned} \tag{2-20}$$

图 2-12　临界晶核半径 r_c 与过冷度的关系示意图

注意到 $S_c = 4\pi r_c^2$，并代入式（2-20）得：

$$\Delta G_c = \frac{1}{3} S_c \sigma \tag{2-21}$$

由上式可见，临界形核功 ΔG_c 恰好等于临界晶核表面能的 1/3。这表明，形成临界晶核时，新相、旧相（液相、固相）之间总的自由能变化 ΔG_c 只能提供形成新相（固相）所需的表面功 $S_c\sigma$ 的 2/3。研究表明，还有 1/3 的表面功是通过液相中局部的能量起伏而得到补偿的。由于原子的热运动，在液相中各微观范围内的能量并不是绝对均匀一致的，总是此高彼低、时高时低地偏离平均值，这种现象称为能量起伏。

由此可见，在温度低于 T_m 某一数值的液体中，为了形成固相晶核，要求在液相中出现结构起伏和能量起伏。

b　均质形核的形核率

形核过程中，单位体积液态金属在单位时间内形成的晶核数目称为形核速率，一般用 μ 表示。

$$\mu = \frac{NkT}{h}\exp\left(-\frac{\Delta G_A}{kT}\right)\exp\left[-\frac{a\sigma^3}{kT(\Delta G_V)^2}\right] \tag{2-22}$$

式中，N 为单位体积液相中的原子总数；k 为玻尔兹曼常量；h 为普朗克常量；ΔG_A 为原子跃迁穿过液固界面的激活能；a 为晶核形状因子，对于球形晶核，$a=16\pi/3$；ΔG_V 为体积自由能。

由式（2-17）中可见，形核率受能量起伏和原子扩散两个矛盾因素的综合作用。在过冷度较小时，形核率主要受能量起伏控制，随着过冷度的增加，所需的临界形核半径减小，因此形核率增加，并达到最高值；随后当过冷度继续增大时，尽管所需的临界晶核半径继续减小，但由于原子在较低温度下难以扩散，此时，形核率受扩散所控制，即过了最高值后，随温度的降低，形核率随之减小。计算及实验均表明，$\Delta T_c \approx 0.2T_m$ 时，均质形核需要很大的过冷度。而在这之前，均质形核的形核率随过冷度的增加几乎始终为零，即不可能发生形核，如图2-13所示。

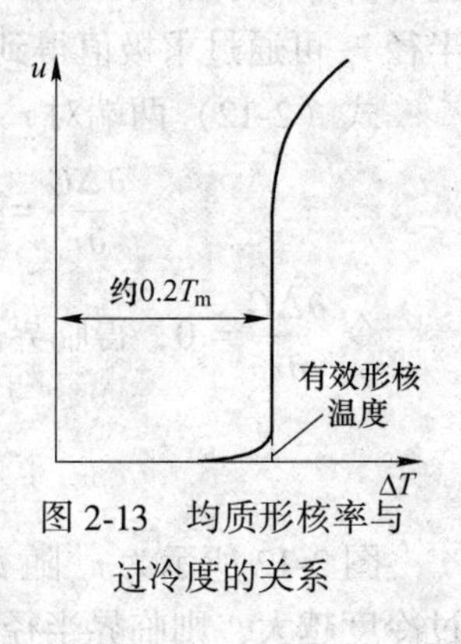

图 2-13　均质形核率与过冷度的关系

B　异质形核

异质形核是相对于均质形核而言的。异质形核是依靠液相中的固相质点表面或各种界面进行形核的方式。晶核在体系内某些区域择优地不均匀地形成，这种不均匀形核通常是在液相中分布的一些杂质颗粒或铸型表面上进行，使得实际上在过冷度 ΔT 比均质形核临界过冷度 ΔT_c 小得多时就大量形核。实际测定表明，大多数金属在温度低于熔点 10℃左右就开始形核。

a　异质形核功

合金液体（L）中存在的大量高熔点微小杂质可作为异质形核的基底（S）。如图 2-14 所示，晶核依附于夹杂物的界面上形成。这不需要形成类似于球体的晶核，新生固相（C）只需在界面上形成一定体积的球冠便可成核。图中，三种界面能分别为 σ_{CS}、σ_{CL}、σ_{LS}。σ_{CS} 和 σ_{CL} 的夹角为接触角 θ。

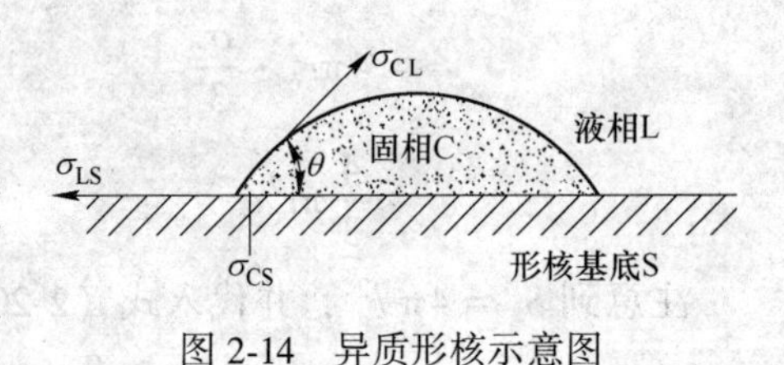

图 2-14　异质形核示意图

异质形核功：

$$\Delta G_{he-c} = f(\theta)\Delta G_{h_{o-c}} \tag{2-23}$$

其中，$f(\theta)=\dfrac{2-3\cos\theta+\cos^3\theta}{4}$，其数值在 0~1 之间变化（$\theta$ 在 0°~180°之间）。

由式可知，接触角大小影响异质形核的难易程度。

当 $\theta=0°$时，即晶体与杂质基底完全相互润湿，异质形核功为 0，此时结晶相无需通过形核而直接在基底上生长；

当 $\theta=180°$时，晶体与杂质完全不润湿，异质形核功与均质形核功相同，此时异质形核不起作用，形核的过冷度最大。

一般地，$0°<\theta<180°$，θ 越小，晶核的相对体积也就越小，因而所需的原子数也就越少，形核功也越低，异质形核过程也就越易进行。

b　形核速率

异质形核的形核速率：

$$\mu_s = \frac{N_s kT}{h}\exp\left(-\frac{\Delta G_A}{kT}\right)\exp\left[-\frac{a\sigma^3 f(\theta)}{kT(\Delta G_V)^2}\right] \tag{2-24}$$

式中，θ 为新生晶体与异质晶核的接触角；N_s 为单位面积上的原子总数。

由于异质形核的形核功较小，所以可在较小的过冷度下便具有较高的形核率。图 2-15 给出了均质形核和异质形核的形核率与过冷度的关系。由图可见，异质形核率随过冷度的增大而缓慢地由小增大，没有均质形核那样有突然增大的现象，并且在过冷度约为 0.02 T_m 时具有最大的形核率。

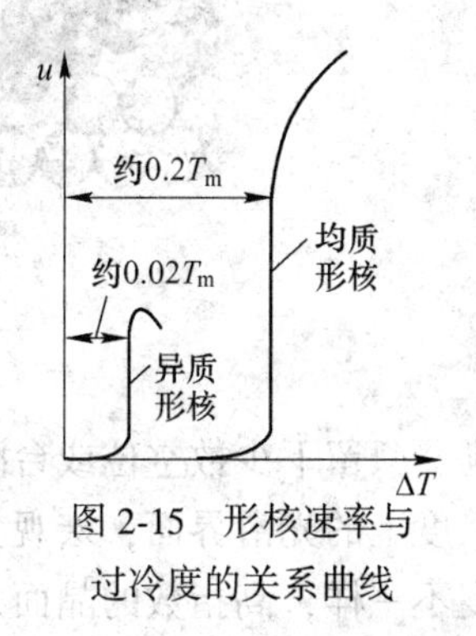

图 2-15 形核速率与过冷度的关系曲线

当形核率达到最大值后，曲线便下降且中断，这是因为异质形核需要合适的界面，当晶核在这些界面上很快地横向铺开时，再适合于新的形核的界面数量大为减少。

C 影响形核的因素

影响形核的因素除了受过冷度和温度的影响外，还受固体杂质结构、数量、形貌及其他一些物理因素的影响。

2.1.4.3 晶体生长

晶核形成后，紧接着就是长大过程。结晶过程的进行，固然依赖于新晶核连续不断地产生，但更依赖于已有晶核的进一步长大。对于单个晶体来说，稳定晶核出现之后，马上就进入了长大阶段。

晶体的长大从宏观上来看，是晶体的界面向液相逐步推移的过程；从微观上看，则是依靠原子逐个由液相中扩散到晶体表面上，并按晶体点阵规律的要求，逐个占据适当的位置而与晶体稳定牢靠地结合起来的过程。由此可见，晶体长大的条件是：第一，要求液相不断地向晶体扩散供应原子，这就要求液相有足够高的温度，以使液态金属原子具有足够的扩散能力；第二，要求晶体表面能够不断而牢固地接纳这些原子，但晶体表面上任意点接纳这些原子的难易程度并不相同，晶体表面接纳这些原子的位置多少与晶体的表面结构有关，并应符合结晶过程的热力学条件，这就意味着晶体长大时的体积自由能的降低应大于晶体表面能的增加。因此，晶体的长大必须在过冷的液体中进行，只不过它所需要的过冷度比形核时小得多而已。一般说来，液态金属原子的扩散迁移并不十分困难，因而，决定晶体长大方式和长大速度的主要因素是晶核的界面结构、界面附近的温度分布及潜热的释放和逸散条件。

A 固-液界面的微观结构

固-液界面的微观结构有两种类型，即粗糙界面和光滑界面，见图 2-16。

a 粗糙界面

粗糙界面（非小晶面）是指固-液界面固相一侧的点阵有一半空缺位置，此时自由能最低，这种坑坑洼洼、凹凸不平的界面结构称为粗糙界面。原子尺度上的粗糙界面，宏观上却是光滑的，显示不出结晶面的特征。这类晶体在生长时，原子在向固-液界面上附着是各向同性的。由于界面能的各向异性，这类晶体在长大方向上有择优取向的倾向，表现在树枝晶的主干有一定的结晶取向。

b 光滑界面

光滑界面（小晶面）是指固-液界面固相一侧的点阵位置几乎全部为固相原子所占

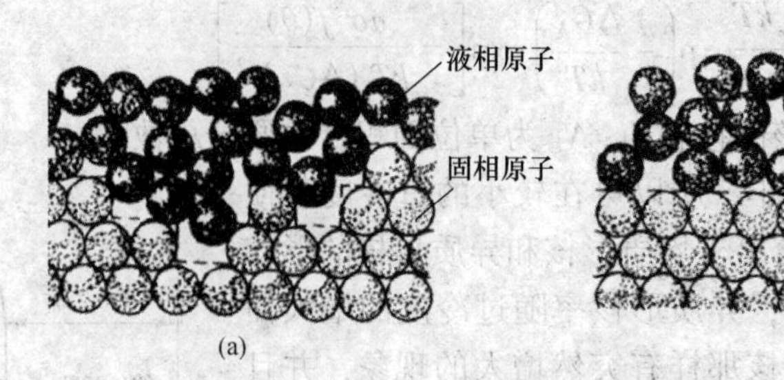

图 2-16 两种界面结构模型
（a）粗糙界面；（b）光滑界面

满，只留下少数空位或台阶，从而形成整体上平整光滑的界面结构，称为光滑界面。原子尺度上的光滑界面，宏观上却是粗糙的，显示出结晶面特征。这种晶体不同晶面的长大速度不一样，高指数的晶面，长大时向前（垂直于晶面方向）推进的速度快，最后晶体被低指数晶面包封，形成有棱角的外形。

B 晶体的生长方式

a 粗糙界面的生长

具有粗糙界面结构的液态金属通常采用连续长大的方式生长。粗糙界面上约有一半的原子位置空着，从液相中扩散来的原子很容易填入这些位置，与晶体连接起来。由于这些位置接纳原子的能力是等效的，在粗糙界面上的所有位置都是生长位置，所以液相原子可以连续、垂直地向界面添加，界面的性质永远不会改变，从而使界面迅速地向液相推进。这种长大方式称为垂直长大，又称为连续生长或法向生长。它的长大速度很快，大部分金属都以这种方式长大。

b 光滑界面的生长

光滑的生长界面具有很强的晶体学特征，都是特定的密排面。在这样的界面上，单个原子与晶面的结合较弱，容易跑走，因此，只有依靠在界面上出现台阶，然后从液相扩散来的原子沉积在台阶边缘，依靠台阶向侧面生长，故称为“侧面生长”。台阶的来源可以是界面上的二维形核，也可以是界面上的晶体缺陷。

C 晶体生长中位错的形成

晶体生长过程中，可能产生各类结构缺陷，如点缺陷（空位、间隙原子等）、线缺陷（位错等）、面缺陷（晶界、相界、层错等）。以下简单概括晶体生长中位错的形成原因：

（1）快速凝固时，晶体中过饱和空位的聚合及随之发生空位团的崩塌。

（2）夹杂诱发位错：点阵差别、膨胀系数不同及晶体绕过杂质生长造成点阵的不平行性，从而形成位错。

（3）平行生长晶体或同一晶体中树枝晶臂之间的会合交界处，由于界面两侧不完全吻合（角度不同或点阵错位），发生错排而形成位错“墙”。

（4）熔体浓度不均时使生长晶体不同部位点阵常数有差异，以及温度梯度、点阵结构改变造成相邻晶体部分膨胀收缩不同，从而造成位错。

（5）冷却过程中受热冲击而局部热应力剧增，会促发位错的增殖。

2.1.5 单相合金结晶过程中的溶质再分配

液态金属溶解合金元素的能力大于固态金属，单相合金在固、液两相区结晶过程中，随温度的下降，液固相平衡成分要发生改变；并且，由于析出固相成分与液相原始成分不同，结晶排出的溶质在固-液界面前沿富集并形成浓度梯度。所以，溶质必然在液、固两相重新分布，此现象称为溶质再分配。溶质再分配是合金结晶过程的一个特点，对合金的结晶过程有很大影响。

结晶过程中的溶质的再分配是合金热力学特性和动力学因素共同作用的结果。不同的凝固条件决定了溶质在固相和液相中有不同的分配规律。

2.1.5.1 平衡结晶

平衡结晶是指在极缓慢结晶条件下，固-液界面附近的溶质发生迁移，固、液相内部的溶质发生扩散，在结晶的每个阶段，固、液两相中的成分均能及时、充分扩散均匀，液、固相溶质成分完全达到平衡状态图对应温度的平衡成分，如图 2-17 所示。

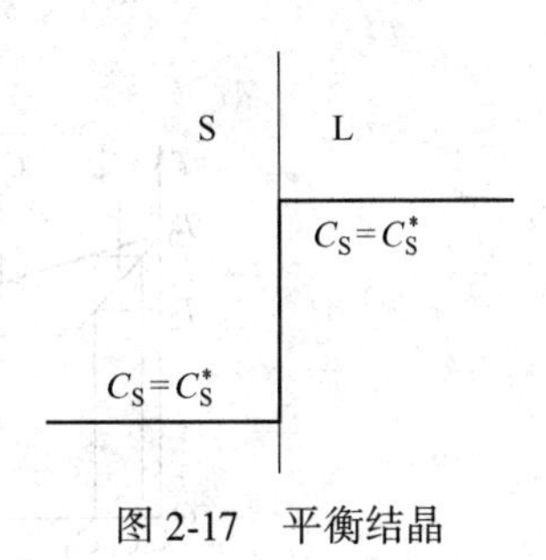

图 2-17 平衡结晶

a 平衡溶质分配因数 k_0

某一温度下，平衡固相溶质浓度 C_S^* 与液相溶质浓度 C_L^* 之比为：

$$k_0 = \frac{C_S^*}{C_L^*} \tag{2-25}$$

图 2-18 所示为合金匀晶转变时的两种情况。$k_0 < 1$ 时，合金熔点随溶质浓度的增加而降低；$k_0 > 1$ 时，合金熔点随溶质浓度的增加而增加。

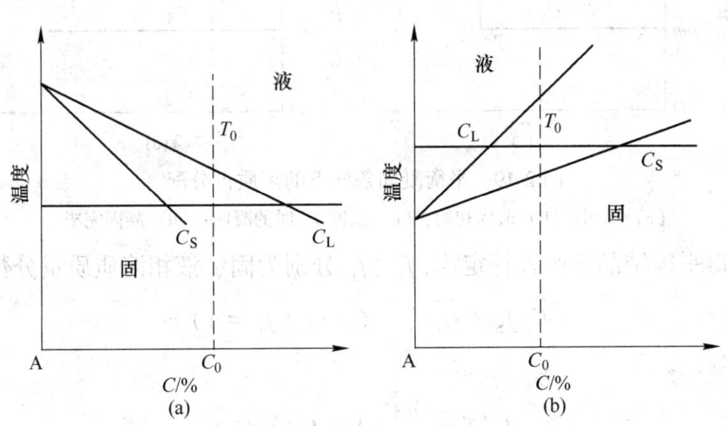

图 2-18 单相合金的平衡溶质分配因数

(a) $k_0 < 1$；(b) $k_0 > 1$

当相图上的液相线和固相线为直线时，溶质平衡分配因数 k_0 为常数。液相线斜率 m_L 和固相线斜率 m_S 分别为：

$$m_L = \frac{dT}{dC} = \frac{T_L - T_m}{C_L} \tag{2-26}$$

$$m_S = \frac{dT}{dC} = \frac{T_L - T_m}{C_S} \tag{2-27}$$

$$k_0 = \frac{C_S}{C_L} = \frac{m_L}{m_S} \tag{2-28}$$

b 平衡结晶时的溶质再分配过程

假设合金原始成分为 C_0，平界面单向结晶。当温度降到 T_L 时，合金结晶开始，析出少量晶体，其成分为 k_0C_0，如图 2-19（b）所示。根据平衡结晶的条件，界面上缓慢排出的溶质原子能够充分扩散到液体中。在以后的冷却和结晶过程中，固相不断增加，液相不断减少，固相成分和液相成分分别沿固相线和液相线变化。假设当温度为 T^* 时，固相成分为 C_S^*，液相为 C_L^*，如图 2-19（c）所示，固相和液相的比例可根据杠杆定律来确定。

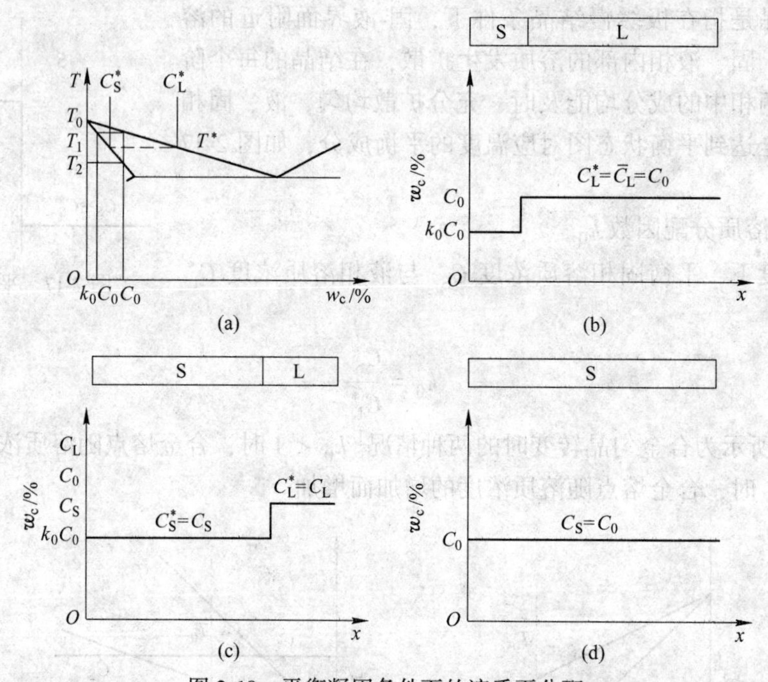

图 2-19 平衡凝固条件下的溶质再分配

（a）相图；（b）凝固初始；（c）温度 T^* 时的凝固；（d）凝固完毕

经推导可得平衡结晶下的杠杆定律，f_S、f_L 分别为固、液相溶质质量分数，有：

$$\overline{C_S}f_S + \overline{C_L}f_L = C_0(f_S + f_L = 1)$$

即

$$C_S^*f_S + \frac{C_S^*}{k_0}(1 - f_S) = C_0$$

$$C_S^*\left[f_S + \frac{1}{k_0}(1 - f_S)\right] = C_0$$

$$C_S^*\left[\frac{f_Sk_0 + (1 - f_S)}{k_0}\right] = C_S^*\left[\frac{1 - f_S(1 - k_0)}{k_0}\right] = C_0 \tag{2-29}$$

因此

$$C_S^* = \frac{k_0 C_0}{1-(1-k_0)f_S} \tag{2-30}$$

$$C_L^* = \frac{C_0}{1-(1-k_0)f_S} \tag{2-31}$$

平衡结晶时，结晶过程中虽然存在溶质再分配现象，但结晶完成以后将得到与液态金属原始成分完全相同的单相均匀固溶体组织。

2.1.5.2 非平衡结晶

非平衡结晶是指单相合金结晶过程中，固、液两相的均匀化来不及通过传质而充分进行，则除界面处能处于局部平衡状态外，两相平均成分势必要偏离平衡相图所确定的数值，此种结晶过程称为非平衡结晶。

一般结晶条件下，热扩散系数 $\alpha \approx 5\times10^{-2}\ \mathrm{cm^2/s}$，溶质原子在液态金属中扩散系数 $D_L = 5\times10^{-5}\ \mathrm{cm^2/s}$，$D_S = 5\times10^{-8}\ \mathrm{cm^2/s}$，故扩散进程远远落后于结晶进程，因此，在分析实际结晶问题时可以忽略固体中的溶质扩散，而仅考虑溶质在液体中的扩散以及由于液体对流或对液体进行搅拌造成的溶质混合现象。平衡结晶是极难实现的，实际结晶过程都是非平衡结晶。

A 固相无扩散、液相均匀混合时的溶质再分配

如果通过对流或搅拌使溶质在液相中完全混合。对于 $k_0 < 1$ 的合金，液体凝固时从固相中排出的溶质在整个液相中均匀分布。如果液相体积足够大，那么在凝固初始阶段内液相中成分总的变化是小的。但是，随着凝固的继续进行，在液相中成分的变化也随之越来越显著，溶质富集越发严重，因此在凝固的固相中所含的溶质也越多。

合金原始成分为 C_0，在长 l 的容器中单向结晶。开始时（图 2-20（b）），$T = T_L$，

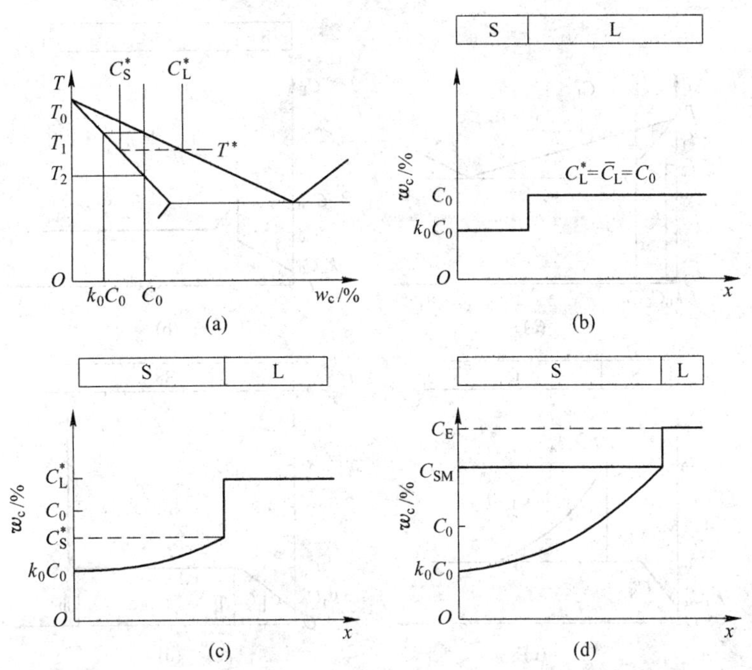

图 2-20 固相无扩散、液相均匀混合时的溶质再分配示意图

（a）相图；（b）凝固初始；（c）温度 T^* 时的凝固；（d）凝固完毕

$C_S = k_0C_0$，$C_L = C_0$。$T = T^*$ 时（图 2-20（c）），C_S^* 与 C_L^* 平衡，由于固相中无扩散，所以，结晶的固相成分沿斜线由 k_0C_0 逐渐上升；而液相由于完全混合，则 $C_L^* = \overline{C}_L$。

当温度降到固相线时，所有固相平均成分必位于 C_0 之左，显然，合金此时不会完全凝固，在平衡结晶结束温度下还剩余有少量液相，最后将结晶成共晶组织。当温度降到某一温度，固相平均成分与合金成分相一致时，结晶才会终结。根据界面处固相增量排出的溶质量与剩余液相浓度升高的溶质量相等，可推导出固相无扩散、液相均匀混合时的溶质再分配规律：

$$C_S^* = k_0C_0(1 - f_S)^{k_0-1} \tag{2-32}$$

$$C_L^* = C_0 f_L^{k_0-1} \tag{2-33}$$

上式称为非平衡结晶时的杠杆定律——Scheil 方程，又称为正常偏析方程。

B 固相无扩散、液相只有有限扩散而无对流或搅拌时的溶质再分配

假设原始成分为 C_0 的合金单方向平界面结晶。结晶时固-液界面上排出的溶质通过扩散向液相传输，由于扩散有限，所以在固-液界面前沿出现溶质富集边界层。边界层以外液相成分保持为 C_0。

如图 2-21 所示，当液态金属左端温度到达 T_L 时，结晶开始进行，析出成分为 k_0C_0 的晶体。由于 $k_0 < 1$，随着晶体的生长，将不断向界面前沿排出溶质原子并以扩散规律向液相内部传输。设 R 为界面生长速度；x 为以界面为原点沿其法向伸向熔体的纵坐标；$C_L(x)$ 为液相中沿 x 方向的浓度分布，$\left.\frac{dC_L(x)}{dx}\right|_{x=0}$ 为界面处液相中的浓度梯度。则单位时间内单位面积界面处排出的溶质量 q_1 和扩散走的溶质量 q_2 分别为：

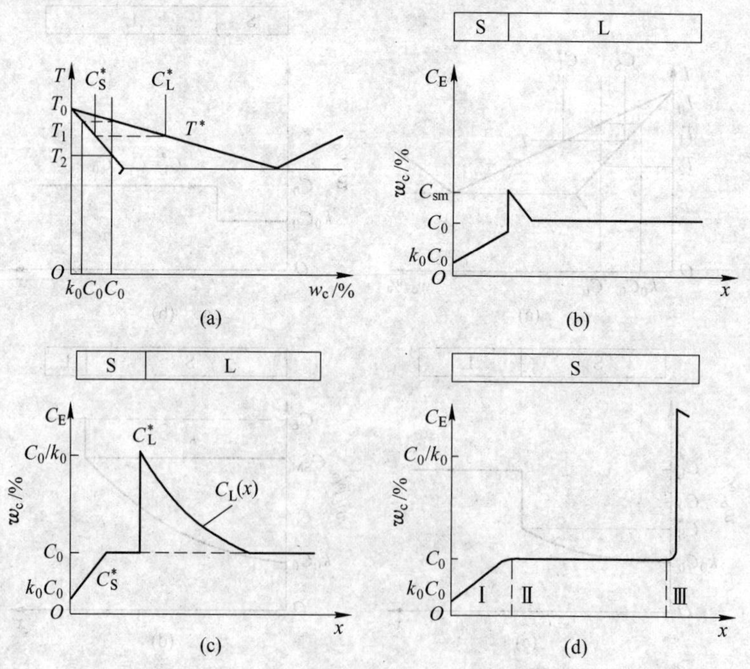

图 2-21 固相无扩散、液相只有有限扩散时的溶质再分配示意图
（a）相图；（b）初期过渡阶段；（c）稳定生长阶段；（d）凝固完毕

$$q_1 = R(C_L^* - C_S^*) = RC_L(1 - k_0) \tag{2-34}$$

$$q_2 = -D\left.\frac{dC_L(x)}{dx}\right|_{x=0} \tag{2-35}$$

根据界面前沿液相溶质分布变化情况，可以将结晶过程分为三个阶段：Ⅰ——最初过滤区，Ⅱ——稳定状态区，Ⅲ——最后过渡区。

（1）在阶段Ⅰ界面处，固相溶质浓度 C_S^* 由 k_0C_0 增加至 C_0，C_L^* 由 C_0 增加至 C_0/k_0。

（2）在阶段Ⅱ界面处，$C_S^* = C_0$，$C_L^* = C_0/k_0$；离开固液界面伸向液相的距离为 x 处的液相溶质浓度 $C_L(x)$ 为：

$$C_L(x) = C_0\left(1 + \frac{1 - k_0}{k_0}e^{-\frac{R}{D_L}}\right) \tag{2-36}$$

上式即蒂勒 Tiller 公式，是固相无扩散、液相有限扩散下稳定阶段界面前方液相溶质浓度分布方程。

（3）在阶段Ⅲ，由于溶质的富集，$C_S^* \gg C_0$，$C_L^* \gg C_0/k_0$。

阶段Ⅱ稳定生长的结果，可以获得成分为 C_0 的单相均匀固溶体。

C　固相无扩散、液相有扩散并有对流（液相部分混合）时的溶质再分配

前已述及，实际中不存在完全平衡的凝固，溶质在液相中完全均匀混合情况也很难达到。

另一方面，实际凝固过程的液相一般除了扩散，还会在液态金属充型过程中产生液相流动，温度和溶质分布的不均匀性会引起密度不均匀，这将导致宏观及微观区域的液相对流，凝固收缩力也会引起枝晶间的液相对流。因此，实际凝固过程的液相往往既有扩散也有对流，从而造成溶质部分混合。

在这种情况下，固-液界面处的液相中存在一扩散边界层（图 2-22）。边界层内只靠扩散传质，边界层外液相因有对流使成分均匀。

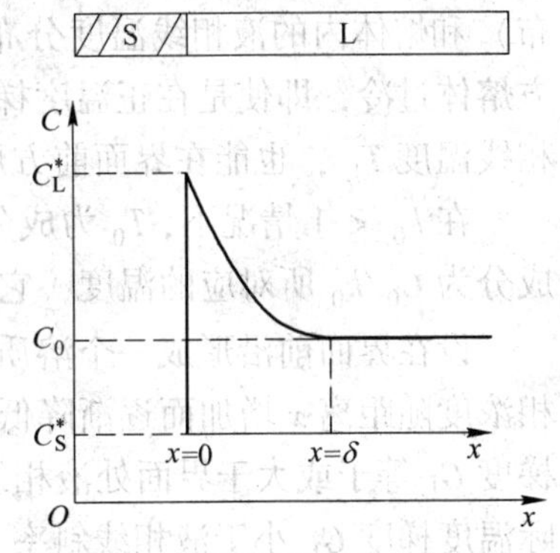

图 2-22　固相无扩散、液相有扩散并有对流时的固、液相成分

如果液相容积很大，边界层以外液相将不受已凝固相的影响，而保持原始成分 C_0；而固相成分 C_S^*，在凝固速度 R、边界层宽度 δ 一定情况下也将保持一定。达到稳态时的液相成分 C_L^* 与固相成分 C_S^* 分别为：

$$C_L^* = \frac{C_0}{k_0 + (1 - k_0)\exp\left(-\frac{R}{D_L}\delta\right)} \tag{2-37}$$

$$\frac{C_S^*}{C_0} = \frac{k_0}{k_0 + (1 - k_0)\exp\left(-\frac{R}{D_L}\delta\right)} \tag{2-38}$$

上式中的 $\frac{C_S^*}{C_0}$ 即有效溶质分配系数 k_e，其可用下式表达：

$$k_e = \frac{C_S^*}{C_0} = \frac{k_0}{k_0 + (1 - k_0)\exp\left(-\frac{R}{D_L}\delta\right)} \tag{2-39}$$

上式是由伯顿（Burton）、普里姆（Prim）和斯利克特（Slichter）导出的著名方程。它说明了有效分配系数 k_e 是平衡分配因数 k_0 和量纲为 1 的参数 $\frac{R}{D_L}\delta$ 的函数。下面分别讨论液体混合的三种情况：

（1）当凝固速度极其缓慢，即 R 趋近于 0 时，则 $\exp\left(-\frac{R}{D_L}\delta\right)$ 趋近于 1，此时 k_e 趋近于 k_0，属于液相充分混合均匀的情况，液体中的充分对流使边界层不存在，从而导致溶质完全混合。

（2）当凝固速度极快时，即 R 趋近于 ∞时，则 $\exp\left(-\frac{R}{D_L}\delta\right)$ 趋近于 0，此时 k_e 趋近于 1，属于液体完全不混合状态，其原因是边界层外的液体对流被抑制，液相只有有限扩散，仅靠扩散无法使溶质得到混合（均匀分布）。此时边界层的厚度为最大。

（3）当凝固速度处于上述两者之间，即 $k_0 < k_e < 1$ 时，属于液相部分混合情况，边界层外的液体在凝固中有时间进行部分的对流（不充分对流），使溶质得到一定程度的混合，此时的边界层厚度较完全不混合状态薄。

2.1.5.3 结晶过程中的成分过冷

A 成分过冷及产生成分过冷的条件

纯金属在凝固时，其理论凝固温度（ T_0 ）不变。当液体金属中的实际温度低于 T_0 时，就引起过冷，这种过冷称为热过冷。

对于一般单相合金，由于其结晶过程中存在着溶质再分配，界面前方熔体中的液相线温度是随其成分而变化的。因此，其过冷状态要由界面前方的实际温度（即局部温度分布）和熔体内的液相线温度分布共同确定。在此情况下，不仅负温度梯度能导致界面前方熔体过冷，即使是在正温度梯度下，只要熔体某处的实际温度 $T(x)$ 低于同一地点的液相线温度 T_L ，也能在界面前方熔体中获得过冷。

在 $k_0 < 1$ 情况下，T_0 为成分为 C_0 的合金液的液相线温度；T_i 为固相成分为 C_0、液相成分为 C_0/k_0 所对应的温度，它相当于“液相只有有限扩散”情况下的固-液界面温度。

设在界面前沿形成一个溶质富集层，在界面上的液相成分 C_L^* 最大。离开界面处，液相浓度随距离 x 增加而逐渐降低，液相线温度 T_L 也逐渐上升。当界面前沿液相实际温度梯度 G_L 等于或大于界面处液相线斜率 T_L 时，界面前沿不出现过冷；当界面前沿液相的实际温度梯度 G_L 小于液相线斜率 T_L 时，则出现过冷，如图 2-23 所示。这种由溶质成分富集引起的过冷称为成分过冷。

当 $k_0 < 1$, $T = T_i$ 时，液相只有有限扩散，$C_S^* = C_0$，$C_L^* = C_0/k_0$，界面上液相成分 C_L^* 最大，随 x 的增大，液相成分 C_L 逐渐减小，液相线温度 T_L 逐渐上升。

B 成分过冷对合金单相固溶体结晶形态的影响

a 热过冷及其对纯金属液固界面形态的影响

在正温度梯度的情况下，如图 2-24 所示，纯金属晶体生长的固-液界面通常为平直形态，而且是等温面（动力学结晶温度），共晶温度低于平衡熔点温度 T_m ，这种过冷正好提供凝固所必需的动力学驱动力，通常称为“动力学过冷”，记为 ΔT_m 。此时，长大着的

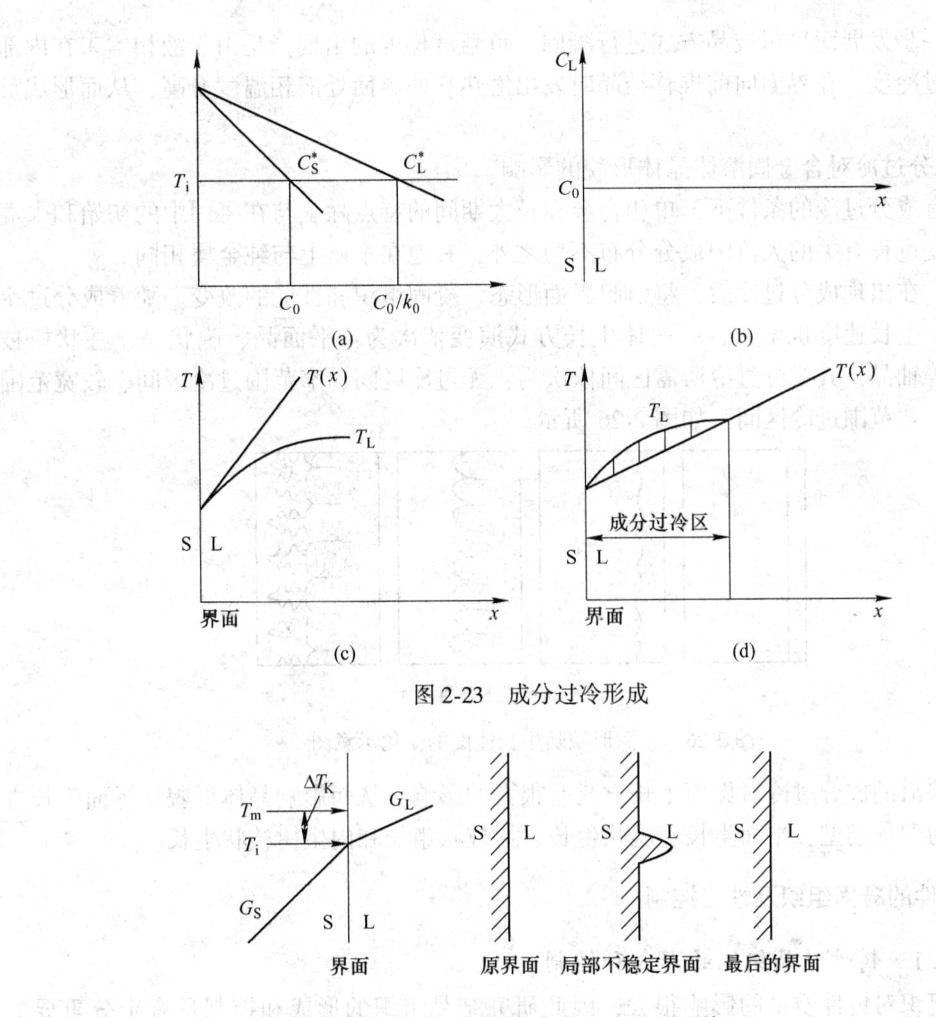

图 2-23 成分过冷形成

图 2-24 正温度梯度与固液界面形貌

界面呈稳定形态向前推进，界面上任何干扰因素所形成的局部不稳定形态，都会突出至温度高于平衡结晶温度的区域中，因此就会重熔而恢复宏观上的平面界面（等温界面）。

当界面液相一侧形成负温度梯度时，如图 2-25 所示，纯金属界面前方获得大于 ΔT_m 的过冷度。这种仅由熔体存在的负温度梯度所造成的过冷，即为前述的“热过冷”。在出现热过冷的情况下，凝固界面将产生不稳定形态。此时，任何干扰因素所形成的界面畸变，局部凸出部分将会深入到比平衡结晶温度更低的温度区域，凸出的晶体将不会重熔，并进一步发展长大。此外，凸出的晶体的侧面也会不稳定，从而长出侧向分枝。于是，界

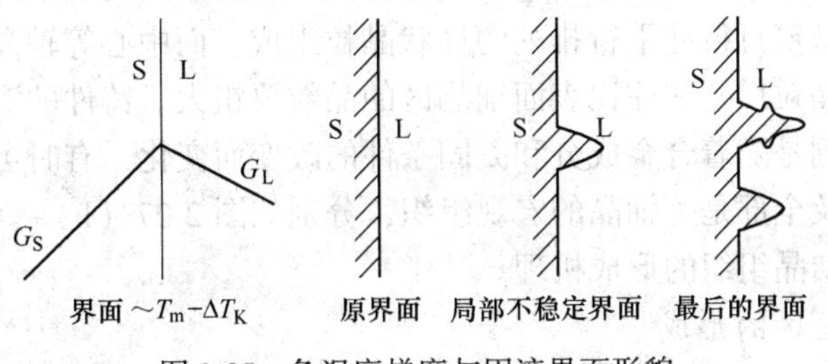

图 2-25 负温度梯度与固液界面形貌

面畸变进一步发展而呈树枝晶方式进行凝固。负温度梯度的出现，是由于液相本来在内部具有较大过冷度，在界面向前推移结晶时发出潜热，使界面处液相温度升高，从而形成负温度梯度。

b 成分过冷对合金固溶体晶体形貌的影响

在没有成分过冷的条件下，单相合金在长大期间的特点除了与在凝固中的初始和末端阶段的瞬变过程有关的大范围成分分布不均之外，其他在本质上与纯金属相同。

但是，在出现成分过冷后，将引起界面形态、凝固组织和性能的改变。随着成分过冷程度增大，生长速度也增大，固溶体生长方式演变依次为：平面晶、胞状晶、柱状树枝晶、内部等轴晶，其成分过冷所需区间依次为：无过冷区间、窄范围过冷区间、较宽范围过冷区间、宽范围过冷区间，如图 2-26 所示。

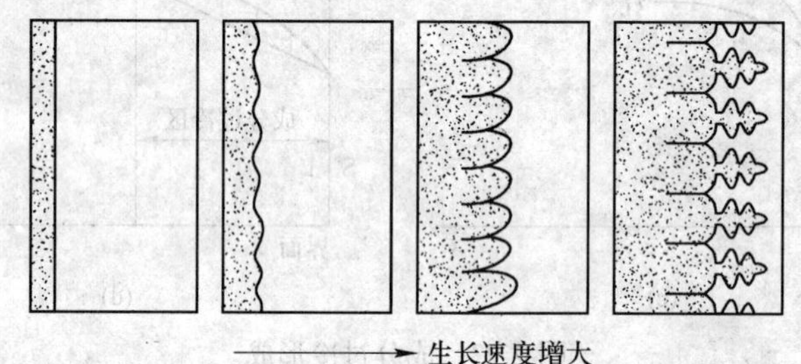

图 2-26 界面形貌随生长速度的变化示意图

界面前沿的成分过冷对界面生长方式有很大的影响，从而影响晶体形貌。界面生长方式可以分为四种类型：平面生长、胞状生长、树枝状生长和内生树枝状生长。

2.1.6 铸件的凝固组织及性能控制

2.1.6.1 铸件结晶组织的形成和控制

结晶组织对铸件质量的影响很大，因此研究结晶组织的形成和控制具有十分重要的意义。

铸件的结晶组织是由合金的成分和铸造条件决定的，它对铸件的各项性能，尤其是力学性能有着直接的影响。因此，生产上控制铸件的性能通常是通过控制凝固组织来实现的。铸件的宏观凝固组织主要是指铸态晶粒的形状、尺寸、取向和分布等。

液态金属在铸型内凝固时，根据液态金属的成分、浇注温度、冷却条件和铸型的性质的不同，可以得到不同的凝固结晶组织，如图 2-27 所示。典型铸件的凝固组织从外到内由三个晶区组成：表面细晶粒区、内部柱状晶区和中心等轴晶区，如图 2-27（a）所示。其中表面细晶粒区是紧靠铸型壁的激冷组织，是由无规则排列的细小等轴晶组成。内部柱状晶区是由垂直于型壁且彼此平行排列的柱状晶粒组成。而中心等轴晶区是由各向同性的等轴晶粒组成，但晶粒尺寸往往比表面细晶区的晶粒要粗大。铸件的宏观凝固组织中的晶区数及其所占的比例是随着合金成分和凝固条件的改变而变化，有时可形成无中心等轴晶或全部是柱状晶以及全部是等轴晶的宏观组织，分别如图 2-27（b）~（d）所示。下面主要介绍铸件中各种结晶组织的形成机理。

A 表面细晶粒区的形成

表面细晶粒区的形成有几种不同的理论。早期的理论认为，当高温的液态金属浇注到

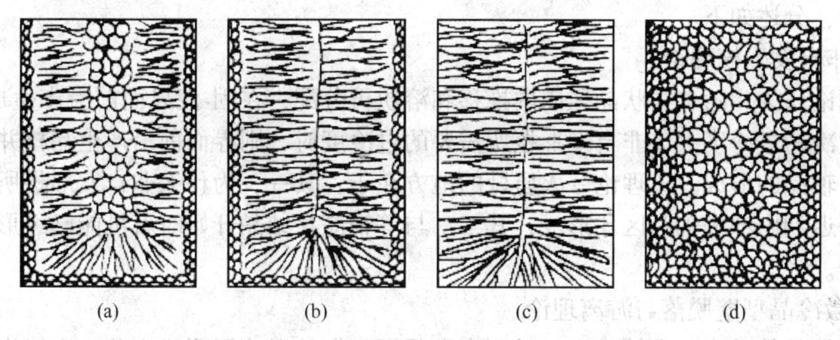

图 2-27 几种不同类型的铸件宏观组织示意图

（a）含三个晶区的典型凝固组织；（b）无中心等轴晶；（c）柱状晶；（d）等轴晶

温度较低的铸型中，靠近型壁的熔体会产生较大的过冷度而大量形核，同时在大的过冷度作用下这些晶核能够迅速长大并互相接触，最终形成无方向性的表面细等轴晶区。

后来的研究表明，形成表面细晶粒区的晶核，除了非均质形核的部分外，各种原因形成的游离晶粒也是表面细晶粒的“晶核”来源。大野笃美研究发现，由于溶质再分配在生长着的枝晶根部产生“缩颈”，在流动的液态金属作用下枝晶熔断或型壁晶粒脱落而游离，从而形成游离晶粒。因此，存在溶质偏析和增加液态金属的流动有利于表面细晶粒区的形成。

需要注意的是，获得表面细晶粒区条件是抑制铸型表面形成稳定的凝固壳层。因为大量游离晶粒的存在有利于表面细晶粒区的形成，一旦形成稳定的凝固层，就形成了有利于单向散热的条件，这样会促使晶粒向与热流相反的方向择优生长而长成柱状晶。

B 柱状晶的形成

一般情况下，柱状晶区是由表面细晶粒区发展而成的，但也可能直接从型壁处长出。由于垂直于型壁方向的散热最快，稳定的凝固壳层一旦形成，处在固-液界面前沿的晶粒在垂直于型壁的单向热流的作用下沿其相反方向择优生长，便转而以枝晶状延伸生长。晶体的长大速度具有各向异性，一次晶轴方向即枝晶主干方向生长最快，而各晶粒枝晶主干方向互不相同，那些主干与热流方向相平行的枝晶，较之取向不利的相邻枝晶生长得更为迅速，它们优先向内伸展并抑制相邻枝晶的生长，在逐渐淘汰掉取向不利的晶体过程中发展成柱状晶组织（图 2-28）。这个互相竞争淘汰的晶体生长过程中称为晶体的择优生长。由于择优生长，在柱状晶向前发展的过程中，离开型壁的距离越远，取向不利的晶体被淘汰得越多，柱状晶的方向就越集中，晶粒的平均尺寸就越大。

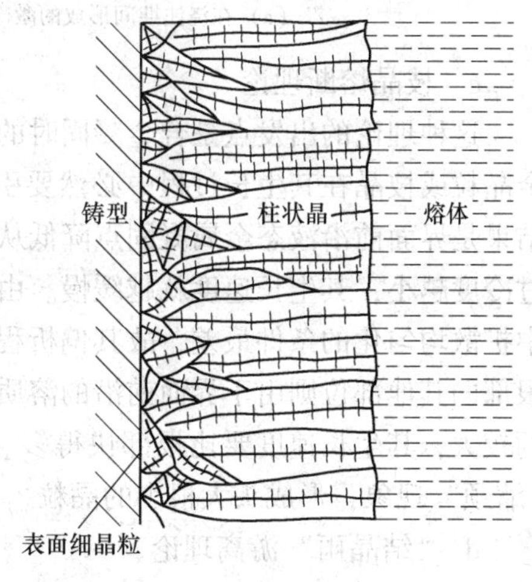

图 2-28 柱状晶择优生长示意图

C 内部等轴晶区的形成

从本质上说，内部等轴晶区的形成是熔体内部晶核自由生长的结果。但是，关于等轴晶晶核的来源以及这些晶核如何发展并最终形成等轴晶的具体过程，目前仍存在着不同的理论解释，分述如下。

a 非自发生核理论

该理论认为，随着柱状晶区向内推移和溶质再分配，在固-液界面前沿产生成分过冷，当成分过冷的过冷度大于非自发形核所需要的过冷度时，则界面前沿产生晶核并长大，导致内部等轴晶的形成。该理论令人质疑的地方在于：其一，为什么非自发形核所需的微小过冷度会迟到内部等轴晶区才形成；其二，与等轴晶在结晶开始时就可能已经形成的实验现象不符。

b 激冷晶型壁脱落与游离理论

大野笃美等认为，在铸件浇注过程中和凝固初期的激冷层形成之前，由于浇道、型壁等处的激冷作用使其附近的熔体过冷，并通过非均质形核作用在熔体内形成大量游离状态的激冷晶体，这些小晶体随金属液的流动游离到铸型的中心区域。如果金属液的浇注温度不高，小晶体就不会全部熔化掉，残存下来的晶体可以作为形成等轴晶的晶核，如图 2-29 所示。

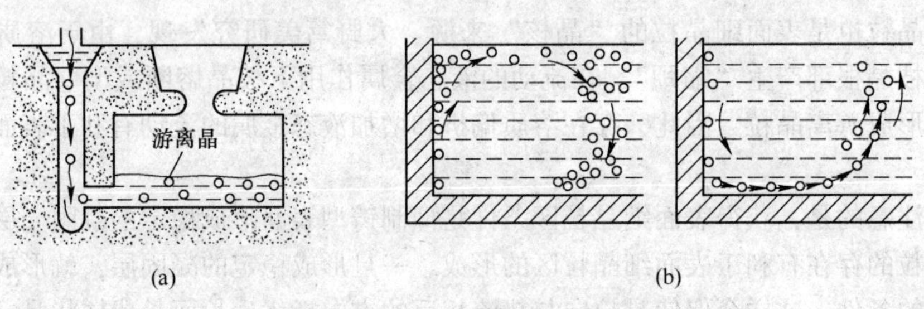

图 2-29 非均质形核的激冷游离晶

(a) 在浇注期间形成的激冷游离晶；(b) 凝固初期形成的激冷游离晶

c 枝晶熔断理论

这种理论的出发点是合金凝固时的熔质再分配。当铸件凝固时，依附于型壁形核的合金晶粒或枝晶在其生长过程中必然要引起固-液界面前沿熔体中熔质浓度的重新分布，其结果是界面前沿液态金属凝固点降低从而使其实际过冷度减小。溶质偏析程度越大，实际过冷度越小，其生长速度就越缓慢。由于紧靠型壁晶体根部和枝晶分枝根部的溶质在液体中扩散均匀化的条件最差，故其偏析程度最为严重，该处侧向生长受到强烈抑制。而远离根部的其他部位则由于界面前沿的溶质易于通过扩散和对流而均匀化，因此获得的过冷度的较大，其生长速度要比根部快得多。故在晶体生长过程中将产生型壁晶体或枝晶根部“缩颈”现象，形成头大根小的晶粒。

d “结晶雨”游离理论

根据这一理论，凝固初期在液面处的过冷熔体中产生过冷并形成晶核及生长成小晶体，这些小晶体或顶部凝固层脱落的分枝由于密度比液态金属大而像雨滴似的降落，形成游离晶体。这些小晶体在生长的柱状晶前面的液态金属中长大形成内部等轴晶。但一般这种晶粒游离现象大多发生在大型铸锭的凝固过程中，而在一般铸件凝固过程中较少发生。

以上介绍了内部等轴晶形成的四种理论。研究表明，上述四种理论均有实验依据，因此可以认为在铸锭或铸件凝固过程中，这四种内部等轴晶形成机理都是存在的，但它们的相对作用取决于凝固的实际条件，在一种条件下可能是某种机理起主导作用，在另一种条件下可能是其他机理起主导作用，或者几种机理共同作用。实际上，内部等轴晶区的形成大多是几种机理综合作用的结果，可以根据上述四种机理采取综合措施对铸锭或铸件的宏观组织予以正确的控制。

2.1.6.2 铸件宏观结晶组织形成的影响因素

影响宏观结晶组织形成的因素归纳起来有三个方面：一是金属性质方面；二是浇注条件方面；三是铸型方面。在金属性质方面，主要因素有合金纯度、化学成分、形核特性、有无形核剂的加入、偏析特性等；在浇注条件方面，主要因素有浇注温度、金属液在浇注和凝固过程的运动情况如强化金属液冲刷、对流等；在铸型方面，主要因素有铸型的热物理性质（如热导率、蓄热系数等）、铸型温度及铸型结构尺寸等。

2.1.6.3 铸件结晶组织的控制

A 铸件结晶组织对铸件质量和性能的影响

宏观凝固组织对铸件的性能有直接的影响，但各个晶区的影响不同，表面细晶粒区较薄，对铸件性能影响较小。铸件的质量和性能主要取决于柱状晶区和等轴晶区的宽度及两者的比例、晶粒的大小。

柱状晶是晶体择优生长形成的细长晶体，分枝少，显微缩松等晶间杂质少，组织致密但晶粒比较粗大，晶界面积相对较小，柱状晶体排列位向一致，因而其性能也具有明显的方向性，纵向好、横向差。另外，柱状晶生长过程中某些杂质元素、非金属夹杂物和气体被排斥在界面前沿，最后分布在柱状晶与柱状晶或柱状晶与等轴晶的交界面处，形成性能“弱面”，凝固末期易于在该处形成热裂纹。对于铸锭而言，还易于在以后的塑性加工或轧制过程中产生裂纹。虽然改进铸件结构可以减轻这种影响，但对于柱状晶发达的铸件，不利作用难以避免。因此，通常铸件不希望获得粗大的柱状晶组织。但柱状晶在轴向具有良好的性能，对于某些特殊的轴向受拉应力的铸件（如航空发动机叶片）则采用定向凝固技术控制单向散热，获得全部单向排列的柱状晶组织，提高铸件的性能和可靠性。

内部等轴晶区的等轴晶粒之间位向各不相同，晶界面积大，而且偏析元素、非金属夹杂物和气体的分布比较分散，等轴枝晶彼此嵌合，结合比较牢固，因而不存在“弱面”，性能比较均匀且稳定，没有方向性，即各向同性。但如果内部等轴晶粗大、显微缩松较多、凝固组织不致密，则其力学性能显著降低。等轴晶细化可以使杂质元素和非金属夹杂物、显微缩松等缺陷分散分布，因此可以显著提高力学性能和抗疲劳性能。实际生产中往往采取各种措施细化等轴晶粒，以获得较多甚至全部是细小等轴晶的组织。

B 细等轴晶组织的获得

控制凝固组织就是控制铸件中等轴晶区和柱状晶区的相对比例及晶粒的大小。除了一些非常特殊的材料和应用外，生产上一般都希望铸锭中柱状晶区小而等轴晶区大，同时要求晶粒细小。根据影响宏观结晶组织形成因素，主要通过以下途径获得细等轴晶组织。

a 孕育处理

孕育处理是向液态金属中加入少量物质从而达到细化晶粒，最终改善组织的方法。一般在铸铁的生产中称为孕育，而在有色金属中称为变质。但从机理上说，孕育主要是影响形核过程并促进晶核游离从而细化晶粒，而变质是通过改变晶体的生长机理，进而影响晶体组织形貌。等轴晶组织的获得和细化采用的是孕育方法。

生产实践表明，多元复合孕育剂联合使用可以达到更加的效果。现代铸造生产中，孕育处理是改善铸件凝固组织最常用的有效工艺方法。常用的孕育剂见表 2-10。

表 2-10 合金常用孕育剂的主要元素

合金种类	孕育剂主要元素	加入量（质量分数）/%	加入方法
碳钢及合金钢	Ti	0.1~0.2	中间合金
	V	0.06~0.30	
	P	0.005~0.01	
铸铁	Ca，Ba，Sr	与 Si-Fe 复合	中间合金
	Si-Fe	0.1~1.0	中间合金
铝合金	Ti，Zr，Ti+B，Ti+C	Ti：0.15，Zr：0.2 复合：Ti 0.01 B 或 C 0.05	Al-Ti，Al-Zr，Al-Ti-B， Al-Ti-C 中间合金
过共晶 Al-Si 合金	P	>0.02	Al-P，Cu-P，Fe-P 中间合金
铜合金	Zr，Zr+B，Zr+Mg， Zr+Mg+Fe+P	0.02~0.04	纯金属或中间合金
镍基高温合金	WC，NbC		碳化物粉末

b 浇注条件的影响

一般在铸造过程中，为获得令人满意的细等轴晶组织，需要控制好浇注条件，主要是浇注温度和浇注工艺的把握。下面分别对以上两方面内容进行介绍：

（1）浇注温度。提高金属液体的浇注温度，可使凝固后的组织变得粗大。浇注温度越高，重新熔化的晶粒越多，导致结晶组织粗大，等轴晶区减小，而柱状晶区相对增大。图 2-30 所示为 Al-0.15%Ti 合金在不同温度时浇注所获得的组织。

（2）合适的浇注工艺。根据前面关于等轴晶形成理论的介绍，等轴晶的晶核来源主要是浇注期间和凝固初期的晶粒游离。因此，常会采取如强化金属液对型壁的冲刷和促使金属内部产生对流的浇注工艺来促进等轴晶的形成，但必须注意其操作，避免由此引入大量气体、夹杂等缺陷。

c 铸型性质的影响

铸型方面主要是热力学条件的影响，实际上满足等轴晶的获得和细化等方面的热力学条件常常是相互矛盾的，需要进行合理的控制。在兼顾铸造的工艺性能的前提下，合理控制铸造条件以达到等轴晶形成和晶粒细化的需求。

d 动态下结晶

大量试验表明液态金属凝固过程中采用不同的方法（如振动、搅拌、冲刷等）使正在生长的枝晶分枝熔断脱落，或促使凝固初期晶体从型壁及一切可能产生它的表面上脱落，有利于等轴晶区的扩大和晶粒细化。所有这些方法都涉及一定程度的物理扰动，故称之为动态下结晶。大多数研究者认为其主要作用机理是已凝固的晶体在外界机械冲击特别是由此产生的内部金属液剧烈运动的冲击下而发生的脱落、破碎、熔断和增殖等晶粒游离过程。

e 电场作用下结晶

在合金凝固过程中通以强电流能改善其凝固组织，从而提高力学性能。当电场加到正在凝固的固-液界面的两端时，电流会降低或提高界面上的溶质浓度，其改变程度取决于电流的大小及方向。界面上溶质浓度的改变导致成分过冷程度发生变化，在单相合金凝固时可用来控制溶质的有效分配系数。施加电场有稳定固-液界面的作用，由于电流易于从低电阻的通道上经过，在界面突出的尖端部位比在基面上产生更多的焦耳热，从而引起突出部分熔断，使固-液界面稳定。

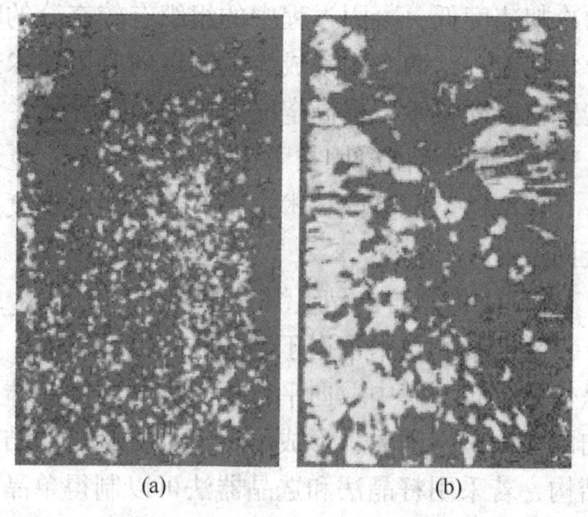

图 2-30 Al-0.15%Ti 合金的铸造组织

(a) 750℃浇注；(b) 900℃浇注

有人研究了在铸件凝固时通电流对铸铁性能的影响。通电时将砂箱作为一个电极，带有金属棒触头的铸件作为另一个电极（图 2-31）。电流通过型砂和凝固着的铸件建立电场。

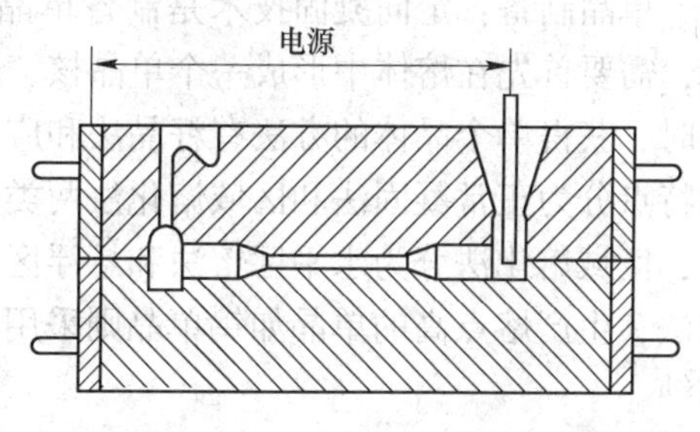

图 2-31 通电凝固示意图

C 定向组织的获得

在凝固过程中采用强制手段，在凝固金属和未凝固熔体中建立起沿特定方向的温度梯度，从而使熔体在型壁上形核后，沿着与热流相反的方向，按要求的结晶取向进行凝固从而获得定向组织，这种铸造工艺称为定向凝固。该技术主要用于制备定向柱状晶和单晶。本节将对定向组织的相关工艺方法及定向凝固组织合金的应用加以简单介绍。其具体原理、工艺过程将在第 9 章进行详细讲解。

定向凝固组织的获得主要取决于合金性质和工艺参数的选择。前者主要包括溶质浓度、液相线斜率和溶质在液相中的扩散参数；后者包括温度梯度和凝固速率。在合金成分确定的情况下，通过工艺参数来控制凝固组织，其中固液界面液相一侧的温度梯度是关键，提高温度梯度是发展定向凝固工艺的核心问题，可以说定向凝固技术的发展历史是不断提高设备温度梯度的历史。下面对定向凝固工艺方法加以简单介绍。

a 常规定向凝固技术

常规定向凝固技术主要有两大类，一类是炉外结晶法，即发热剂法（EP 法）；另一类是炉内单向凝固法，主要有功率降低法（PD 法）、高速凝固法（HRS 法）、液态金属冷却法（LMC 法）等。

传统的定向凝固技术存在着温度梯度和冷却速度低的弱点。由于散热速度慢，为保证界面前沿液相中没有稳定的结晶核心形成，熔体凝固速度不能太大，一般处于平衡结晶状态，这样势必导致凝固界面上的溶质再分配，形成成分偏析；由于温度梯度不高，所获得的冷却速度低，凝固过程中的组织有较充分的时间长大和粗化，造成组织粗大，降低铸件力学性能。这两个因素成为限制定向凝固技术进一步应用的主要原因。为此进一步发展新型定向凝固技术以提高定向凝固材料的性能。

b 新型定向凝固技术

新型的定向凝固技术主要有超高温度梯度定向凝固、深过冷定向凝固、电磁约束定向凝固。

c 柱状晶与单晶组织

定向凝固技术常用于制备柱状晶和单晶。定向凝固过程中，凝固初期产生的晶体取向呈任意分布，其中取向平行于凝固方向的晶体凝固较快，通过晶粒间的竞争生长，其他取向的晶体最终消失，形成平行于抽拉方向的结构。控制工艺参数可以得到所需的晶体取向结构，若采用籽晶法和选晶器法可以制得单晶铸件。

柱状晶的制备：采用定向凝固技术可以有效控制晶体生长方向，使晶体向着与热流方向相反的方向生长，同时，由于定向凝固的特点，可以减少偏析、疏松等缺陷，基本上消除了垂直应力轴的横向晶界，形成取向平行于主应力轴的晶粒，使得合金的高温强度、蠕变强度和热疲劳性能均有大幅度的改善。

单晶制备：定向凝固技术是制备单晶体最有效的方法。为了能够得到高质量的单晶体，需要首先在熔体中形成一个单晶核，然后在晶核和熔体界面上生长出单晶体。制备单晶时，获得单个晶体的方法有籽晶法和应用选晶器法。单晶生长根据生长过程中液体区域的特点分为正常凝固法和区域熔化法两类。正常凝固法又分为坩埚或炉体移动和晶体提拉法，区域熔化法分为水平区熔法和悬浮区熔法。单晶硅的生产多采用晶体提拉法和悬浮区熔法，生产熔点高的单晶如钨单晶则采用悬浮区熔法，而水平区熔法主要用于材料的物理提纯。

D 定向凝固的应用

20 世纪 60 年代初，美国普拉特 · 惠特尼公司就对高温合金采用定向凝固制造航空发动机单晶涡轮叶片。为保证发挥材料性能，要求材料的凝固组织具有择优生长的〈001〉晶向与轴向热流方向一致，同时具有细化的凝固组织和低的枝晶偏析，同时尽可能减少凝固缺陷和有害相。实现上述目标的主要途径是提高定向凝固过程中固液界面前沿的温度梯度。目前，几乎所有的商用和军用先进发动机均使用定向凝固单晶涡轮和导向叶片。制备工艺主要采用传统的高速凝固法。其使用温度、耐热疲劳强度、蠕变强度和耐热腐蚀性能等相比常规方法制备的涡轮叶片有显著提高，而与定向凝固柱状晶相比也有较大改善。图 2-32 所示为定向凝固单晶高温合金叶片。

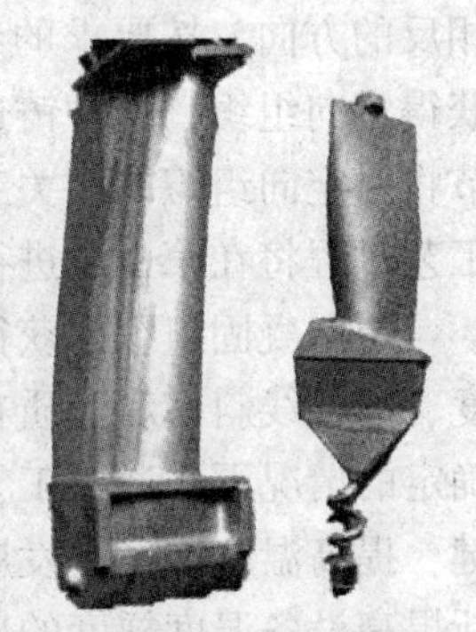

图 2-32 定向凝固单晶高温合金叶片

2.1.6.4 铸件的结构与铸件性能的关系

铸件的缺陷（缩松、缩孔、变形、浇不到、裂纹、冷隔），有时是由于铸件的结构不够合理，未充分考虑合金的铸造性能所导致的。

过厚时铸件晶粒粗大，内部缺陷多，力学性能差；但过薄会导致浇不到以及冷隔。

铸件的内壁散热慢，所以应比外壁薄，这样能使各部分冷却速度趋于一致，防止缩孔及裂纹的产生。另外，壁厚应尽可能的均匀，防止厚壁处金属聚集，产生缩孔缩松等缺陷，厚度差过大时，易在薄厚交接处引起热应力：

（1）铸件壁间转角一般具有结构圆角，因直角连接处的内侧较易产生缩孔、缩松和应力集中。一些合金会形成与铸件表面垂直的柱状晶，转角处力学性能下降，较易产生裂纹，结构圆角应与壁厚相适应，转角处内接圆直径小于相邻壁厚的1.5倍。

（2）减少热节（指铁水在凝固过程中，铸件内比周围金属凝固缓慢的节点或局部区域）和内应力，避免铸件壁间锐角连接，先用直角街头厚在转角。若接头间壁厚差别很大时，减少应力集中，逐步过渡方法，防止壁厚突变。

2.2 铸造工艺方法

铸造是将熔融金属浇注、压射或吸入铸型型腔，冷却凝固后取得一定形状尺寸和性能的零件或毛坯的金属成形工艺。它是金属材料液态成形的一种主要方式。

铸造是获得金属材料制品的主要方式之一，在工业生产的各部门都有广泛应用，尤其对于制造业具有十分重要的作用，在国民经济中也占有非常重要的地位。与其他成形方法相比，铸造具有以下特点：成形能力强；适用范围广，工艺灵活；成本低；组织粗大，易产生铸造缺陷，铸件力学性能一般较锻件差；废品率高；工作条件差等。铸造工艺分为砂型铸造和特种铸造两大类。本节重点介绍了砂型铸造和特种铸造工艺。此外，作为有前景的绿色铸造工艺，将特种铸造工艺中的消失模铸造工艺单独作为一节进行介绍。

2.2.1 砂型铸造

砂型铸造是以型砂和芯砂为造型材料制成铸型，如图2-33所示，通过液态金属在重力作用下充填铸型来生产铸件的铸造方法。砂型的基本原材料是铸造砂和型砂黏结剂。最常用的铸造砂是硅质砂，当高温性能不满足要求时可用锆英砂、铬铁矿砂、刚玉砂等特种砂。应用最广的型砂黏结剂是黏土，也可采用干性油或半性由、水柔性硅酸盐或磷酸盐和各种合成树脂。

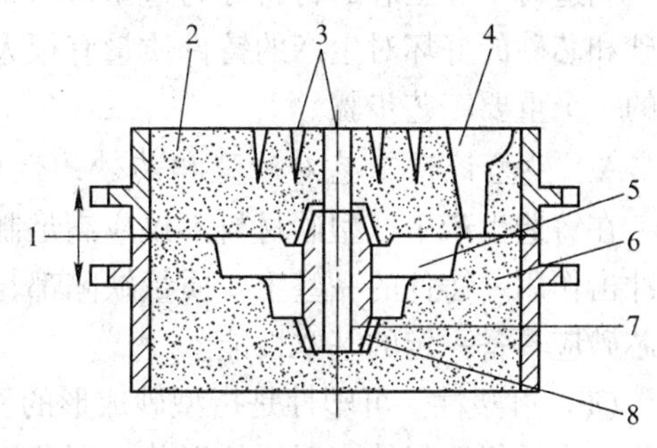

图2-33 铸型造型装配图
1—分型面；2—上型；3—出气孔；4—浇注系统；5—型腔；6—下型；7—型芯；8—芯头芯座

湿砂型以黏土和适量的水为砂型的主要黏结剂，制成砂型后直接在湿态下合型和浇注，砂型生产周期短，效率高，易于实现机械自动化，成本低，因而应用较广，但是砂型强度低，发气量大，易于产生铸造缺陷。干砂型用的型砂湿态水分略高于湿砂型用的型砂，砂型制好后，型腔表面涂以耐火涂料，放烘干炉中烘干，冷却后可合型、浇注。其特点是铸型强度和透气性较高，发气量小，铸造缺陷较少，但生产周期长，成本高，不易实现机械化，一般用于制造铸钢件和较大的铸铁件。化学硬化型所用型砂的黏结剂一般都在硬化剂的作用下能发生分子聚合反应进而成为立体结构的物质产生硬化，铸型强度高，生产效率高，粉尘少，但成本较高，易于产生黏砂等缺陷，目前应用较广，可用于大、中型铸件。

2.2.1.1 砂型铸造的基本工艺过程及工艺特点

A 砂型铸造的基本工艺过程

砂型铸造的基本工艺过程：首先根据零件图绘制铸造工艺图，然后以铸造工艺图为依据再绘制铸件图、模样图和铸型装配图。然后着手制造模样和芯盒，同时配置型砂和芯砂。将熔化的金属液浇注到已合箱的铸型中，待金属溶液完全凝固后，从砂型中取出铸件，清理铸件上的附着物，经检验后获得合格铸件。

B 砂型铸造的工艺特点

砂型铸造是利用具有一定性能的原砂作为主要造型材料的应用最普遍的一种铸型方法。砂型铸造具有以下特点：

(1) 砂型铸造可以制造各种尺寸和形状的铸件，特别适用于具有复杂内腔的毛坯制件；

(2) 砂型铸造可以将低塑性、不能进行压力加工的材料制成具有一定功能的制件；

(3) 生产成本低，原材料来源广，铸件废品、浇冒口等可以重新熔炼；

(4) 手工造型所需设备和工艺装备比较简单，容易组织生产；

(5) 铸件的晶粒粗大，组织疏松，常存在气孔、夹渣等铸造缺陷，力学性能比锻件差；

(6) 铸件表面较粗糙，多用于制造毛坯；

(7) 铸造生产工序多，铸件质量不够稳定，废品率较高。

2.2.1.2 造型材料

制造铸型和型芯的材料称为造型材料，其中，造型用材料为型砂，造芯材料称芯砂。型砂和芯砂的好坏对生产的铸件质量有很大的影响，因此，合理选用型砂和芯砂是型砂铸造的一个重要工艺步骤。

A 砂型铸造工艺对砂型和芯砂的性能要求

在铸造生产中，型砂材料不仅应满足制成铸型型腔的要求，还将直接承受熔融金属液的冲击作用。铸件的一些主要质量缺陷都与型砂或芯砂材料有直接关系，因此，要求型砂和芯砂应具备一定的基本性能：

(1) 可塑性。可塑性是指型砂成形的能力，要求型砂在外力作用下能做相应的变形，去除外力后仍能保持变形后的形状，即可形成轮廓清晰的铸型型腔。

(2) 强度。在外力作用下，能保持砂型或型芯的形状尺寸的能力，称为型砂的强度。

(3) 透气性。型砂造型后，气体能从砂型中逸出的能力，称为型砂的透气性。

(4) 耐火性。耐火性是指型砂在高温金属液冲击作用下不软化、不熔融且不黏附在铸件表面上的性能。

(5) 退让性。退让性是指铸件在冷却、凝固时产生的收缩力作用下，砂型和型芯的体积可被压缩的性能。

B 型砂和芯砂的组成及分类

配制型砂和芯砂的原材料有很多，按照不同成分配制的型砂和芯砂也有很多种类。

a 型砂和芯砂的原材料组成

(1) 原砂。有时也称新砂，是一种石英砂，主要成分是 SiO_2。铸造用型砂要求 SiO_2

含量高，颗粒圆而粗大，以增强其耐火性能。

（2）黏结剂。黏结剂的作用是黏结砂粒，并使型砂或芯砂具有一定的强度和可塑性。

（3）附加物。在型砂和芯砂中掺入附加物的目的是为了提高造型材料的某些性能，如为了提高型砂的退让性和透气性，可加入一定量的木屑。

（4）辅助材料。常用的辅助材料主要有造型涂料和分型砂，其中造型涂料的作用是防止铸件表面黏砂，因而应具有较高的耐火性。造型涂料涂刷在铸型型腔和型芯表面，以弥补型砂或芯砂因耐火性不足而造成铸件表面黏砂等缺陷。

b　型砂和芯砂的分类

（1）黏土砂。可分为湿型砂和干型砂两类，主要是以陶土、白泥等黏土作原料。湿型砂多用于中小型铸件，以陶土做黏结剂，湿强度好，但受热后体积会缩小，烘干易开裂。干型砂以白泥作黏结剂，主要用于铸钢件或质量要求较高的大型铸铁件。黏土砂可用于手工造型也可用于机器造型，由于其储量丰富、价格低廉、旧砂可以重复多次使用的特点，黏土砂应用最广。

（2）水玻璃砂。水玻璃砂是以水玻璃为黏结剂，利用其与 CO_2 进行化学反应而黏结硬化。具有不需要烘干、硬化速度快、型砂强度高、易于实现机械化、生产周期短等优点。但不足之处是铸铁件易黏砂，使得铸件的落砂清理较困难。

（3）油砂。利用桐油等作黏结剂的油砂，可用来制作形状复杂的型芯。这种砂具有较高的干强度、良好的透气性、稳定的耐火性、较好的退让性和良好的出砂性。有时为了节省油料，可以采用制造副产品合脂作黏结剂，组成合脂砂。

（4）树脂砂。以合成树脂（如呋喃树脂等）作黏结剂组成的型砂称为树脂砂。与油砂相比，采用树脂砂制备的砂型或型芯，不需烘干、硬化速度较快，且强度也较高，另外退让性和出砂性也较好，同时便于实现机械化和自动化。

C　型砂和芯砂的配制

型砂是由新砂、旧砂、黏土、附加物和水搅拌碾压配制而成。型砂成分随铸件材料和生产条件而异。芯砂由新砂、黏土或特殊黏结剂配制而成。黏土用于制造型芯，特殊黏结剂用于制备复杂型芯。

型砂或型芯砂大都在混砂机内配制。配制时将各组成物按一定比例放入混砂机，先干混，然后加水或其他液体黏结剂湿混。最后，放出堆存一定时间，将其打松即可使用。

按用途不同，型砂分面砂、填砂和单一砂三种。面砂是在铸型中直接与模型接触的一层型砂，要求有较高的耐火性、较高强度和良好的可塑性；填砂又称为背砂，是用来填满砂箱其余部分的砂，一般用旧砂过筛后作填砂，要求有高的透气性；在用机器造型时，通常只用一种性能符合要求的砂，作为单一砂（即部分面纱和背砂）。

2.2.1.3　造型与造芯方法

造型是砂型铸造中最主要的工序之一，是使用模型和型砂制成与铸件轮廓和尺寸相对应的铸型的方法。该工序的关键是将模样从铸型中顺利取出（起模）而不破坏型腔。造型通常可分为手工造型和机器造型，生产中应该根据铸件的尺寸、形状、生产批量、铸件的技术要求以及生产条件等因素，合理选择造型方法。

模型和芯盒是造型和造芯时的模具。模型的外形相似于铸件的外部形状。用芯盒制出的型芯，其外形相似于铸件的内腔形状。常用的有木模和金属模两种，木模用于单件小批生产，金属模常用于成批、大量生产。

A 制造模型和芯盒的注意事项

a 选择分型面

(1) 铸件上精度要求高或需要加工的表面，应朝下或朝向侧面放置；大平面、薄壁和形状复杂的部分应朝下放置（因铸造时，上表面容易出现气孔、夹渣等缺陷）。

(2) 砂型有突出部分时，应考虑放在下面，要尽量避免上箱有吊砂。

(3) 整个铸件最好在同一砂箱内，以免因错箱而造成废品。

b 拔模斜度

为了使模型容易从砂型中取出，在垂直于分型面的模壁上应做出斜度。同样，为使型芯容易从芯盒中取出，在芯盒的内壁也应有斜度，一般木模斜度为1°~3°。

c 收缩量

常用铸造合金的收缩量为：灰铸铁0.5%~1%，铸钢1.5%~2%，铜合金1.0%~1.6%，铝硅合金1.0%~1.2%。铸件所有加工表面上的加工余量，必须在模型上做出。模型的实际尺寸，应该是零件的尺寸加上加工余量和收缩量。

d 铸造圆角

为了减少铸件壁的连接和转弯处产生裂纹，应将铸件两个相邻表面的交角做成圆角。

e 型芯头

为了造型时能在铸型中做出安置型芯的凹坑（型芯座），在模型上应做出相应的凸出部分，称作型芯头。

B 手工造型

手工造型操作灵活，工艺装备简单，成本低，大小铸件均可适应，特别能铸造出形状复杂、难以起模的铸件。但是手工造型铸件质量较差，生产效率低，劳动强度大，要求工人技术水平高，适用于单件、小批量生产。

a 手工造型分类

常用手工造型方法见表2-11。

b 造型的基本方法

(1) 造下箱：把下半个模型放在底板上，安放砂箱并撒分型砂；填厚度约为20mm

表2-11 常用手工造型方法的特点及使用范围

造型方法名称		特点	适用范围
按砂箱区分	两箱造型	铸型由上、下砂箱组成，便于操作	适用于各种批量和各种尺寸的铸件
	三箱造型	上、中、下三个砂箱组成铸型，中箱高度与两个分型面间的距离适应。造型费工时	主要用于手工造型中，生产有两个分型面的铸件
	地坑造型	用地面砂床为下砂箱，大铸件还需在砂床下面铺焦炭，埋出气管，以便浇注时引气	常用于砂箱不足的条件下制造批量不大的大中型铸件
	拖箱造型	采用活动砂箱造型，合箱后将砂箱脱出，用于造下一个砂型	常用于生产小型铸件，因砂箱无箱带，所以砂箱多小于400mm

续表 2-11

造型方法名称		特　点	适用范围
按模区分	整模造型	模型是整体的，全部型腔在一半砂箱内，分型面是平面，造型简单，不会产生暗箱	适用于铸件的最大截面靠一段且为平面的铸件
	挖砂造型	模型是整体的，但铸件的分型面为曲面，造型时需挖出妨碍起模的型砂，其造型费工，生产率低	适用于铸件最大截面不是平面的单件，小批量铸件的生产
	假箱造型	造型首先做个假箱，再在假箱上造下箱，假箱不参与浇注，它比挖砂操作简便，且分型面整齐	用于成批生产且需要挖砂的铸件
	分模造型	模型沿截面最大处分为两半，型腔位于上、下两半型内，其造型简单，节省工时	常用于成产最大截面在中部的铸件
	活块造型	制造模型时将妨碍起模的小凸台，筋条做成活动部分，起模时先起出主题模型，然后再取出活块	主要用于生产带有突出部分且难以起模的单件，小批量铸件的生产
	刮板造型	用刮板代替实体模造型，降低模型成本，缩短生产周期，但生产率低，要求操作工人技术水平不高	用于等截面或者回转体的大中型铸件的单件，小批量生产

的面砂，再加填砂；每添加一层型砂要均匀捣实，然后撒面砂、填砂捣实，刮去多余型砂；用通气针扎通气孔，增加透气性，但不能扎到模型。

(2) 造上箱：把下箱翻转 180°放在底板上，将分型面修整并撒上型砂，合上上半个模型，再放上砂箱，并安放直浇口棒，然后撒面砂、填砂捣实。

(3) 开外浇口：刮平多余型砂，扎通气孔，拔出浇口棒，把直浇口上部修成外浇口。

(4) 起模：取下上箱，翻转 180°，挖出内浇口，用毛笔把模型边缘湿润，用拔模针分别拔出上下两个砂型中的模型，修整型腔，吹去砂粒，撒上石墨粉，放置型芯，开排气道。

(5) 合型：合箱后紧固上下砂箱，或放上压铁，即可进行浇注。

C　机器造型

用机器全部完成或至少完成紧砂操作的造型工序称为机器造型。与手工造型相比，机器造型生产效率高，改善劳动强度，环境污染小，制出的铸件尺寸精度和表面质量高，加工余量小。但设备、砂箱、模具投资大，费用高，生产准备时间长。因此，机器造型适用于中、小型铸件成批或大批量生产。同时，在各种造型机上只能采用模板进行两箱造型或类似于两箱造型的其他方法，并尽量避免活块和挖沙造型等，提高造型机的生产率。机器造型主要有震压造型、高压造型和抛砂造型等方法，其中最常用的是震压造型。机器造型不能用于干砂型铸造，不适于大型铸件，不能用于三箱造型和活块造型（不易取块）。

a　震压造型

震压造型使用造型机实现紧实型砂和起模两项操作，可以全部或部分实现机械化：

(1) 紧砂：目前震压造型中最常用的主要是以压缩空气为驱动力，靠震动和挤压把型砂紧实，即震压式造型机。其紧砂过程大致如图 2-34 所示。

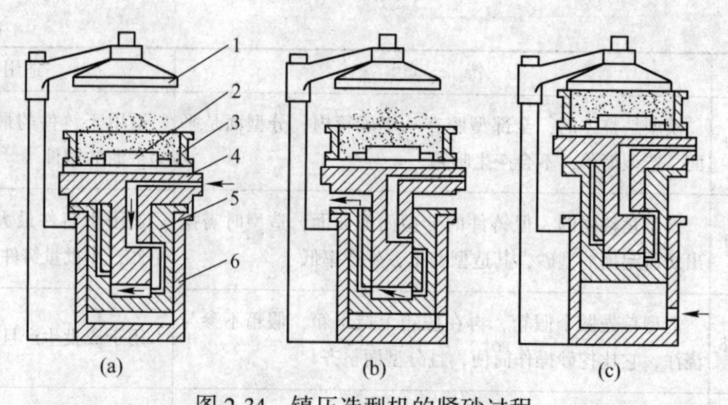

图 2-34 镇压造型机的紧砂过程

1—压头；2—模样；3—砂箱；4—震击活塞；5—压实活塞；6—压实气缸

（2）起模：机器造型常用的起模方法有顶箱、漏模和翻转三种（图 2-35）。

b 高压造型

高压造型方法主要是用于压实比超过 0.7MPa 的机器造型，压实机构以液压为动力。高压造型的砂型紧实度、铸件的尺寸精度和表面质量都比较高。另外，工作时噪声较小，生产效率高。但高压造型使用的设备结构复杂，造价高，常用于中、小铸件的批量生产。

D 造芯

砂芯主要用于形成铸件的内腔及尺寸较大的孔，也可以用来成形铸件的外形。制造型芯，一般采用芯盒造芯和刮板造芯两种方法。

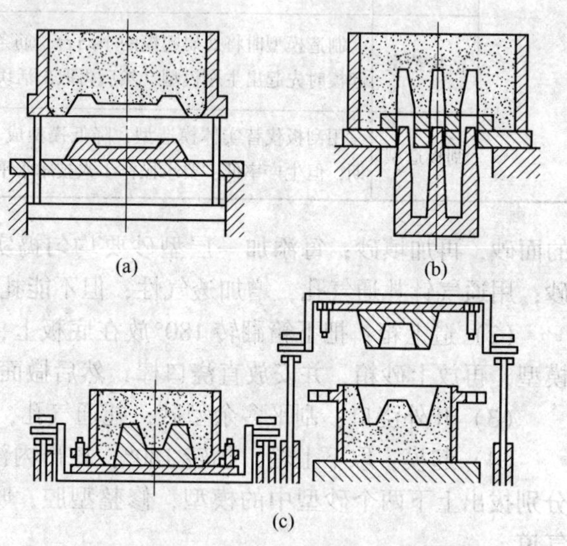

图 2-35 三种起模方法

（a）顶箱起模；（b）漏模起模；（c）翻转起模

2.2.2 特种铸造

随着科学技术的发展，对铸造提出了更高的要求，要求生产出更加精确、性能更好、成本更低的铸件。为适应这些要求，铸造工作者发明了许多新的铸造方法，这些方法统称为特种铸造方法，即特种铸造。主要包括金属型铸造、熔模铸造、压力铸造、离心铸造、消失模铸造等。

2.2.2.1 金属型铸造

将液态金属浇入金属铸型，在重力作用下充型而获得铸件的铸造方法称为金属型铸造，也称为硬模铸造、永久型铸造、铁模铸造、冷硬铸造等。其中的金属铸型可由铸铁、碳钢或低合金钢等材料制作。一套金属型可浇注几百次乃至数万次。该工艺中的型芯多采用金属材料，金属芯不易抽拔时，也可用砂芯或其他材质的型芯取代。金属型铸造主要用于大批量生产的形状简单、壁厚均匀的中小型有色合金铸件，如飞机、汽车、内燃机等用的铝活塞、气缸体、气缸盖、油泵壳体与铜合金轴瓦、轴套等。有时也用于形状简单的中小型黑色金属铸件。

金属型的结构按分型面的不同，可分为整体式、水平分型式、垂直分型式和复合分型式等。整体式金属型（图 2-36）无分型面，结构简单，多用于形成铸件外形轮廓，其内腔多用砂芯形成。水平分型式金属型（图 2-37）的分型面处于水平位置，铸件主要部分或全部在下半型中。此类金属型上型的开合操作不方便，且铸件高度受到限制，多用于形状简单、高度不大的中大型平板类、圆盘类、轮类铸件。垂直分型式金属型（图 2-38）的分型面处于垂直位置，铸件可配置在一个半型或两个半型中，开合型方便，开设浇冒口和取出铸件均较便利，易于实现机械化，应用较多。复合分型式金属型（图 2-39）用于形状复杂的铸件，该种金属型既有水平分型面，也有垂直分型面，有两个或两个以上的分型面。铸件主要部分可配置在铸型本体中，底座主要固定型芯；或铸型本体主要是浇冒口，铸件大部分在底座中。整个金属型由四大部分组成。大多数铸件都可应用这种结构。

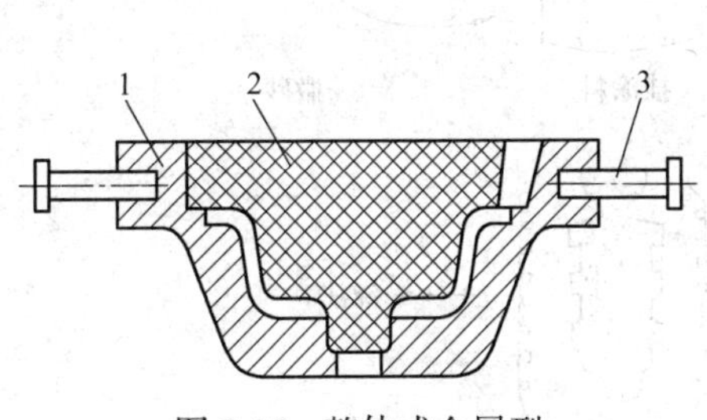

图 2-36 整体式金属型

1—金属型；2—砂芯；3—转轴

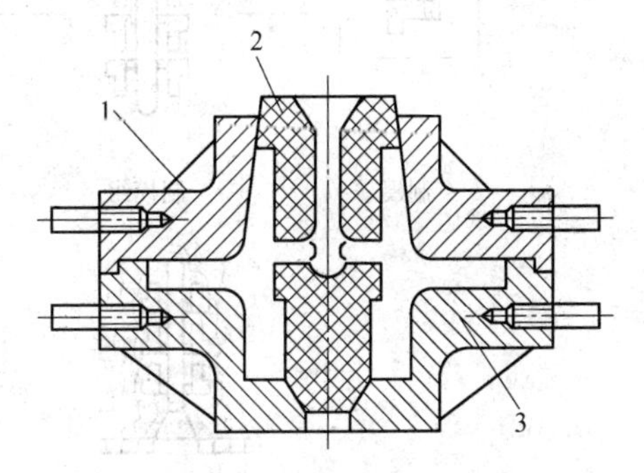

图 2-37 水平分型式金属型

1—上半型；2—砂芯；3—下半型

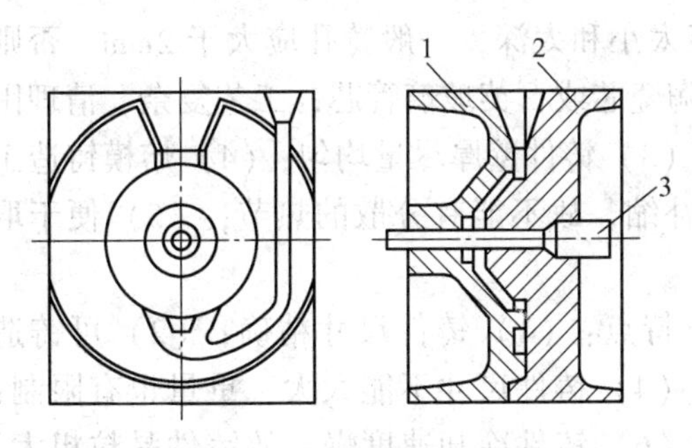

图 2-38 垂直分型式金属型

1—右半型；2—左半型；3—金属型芯

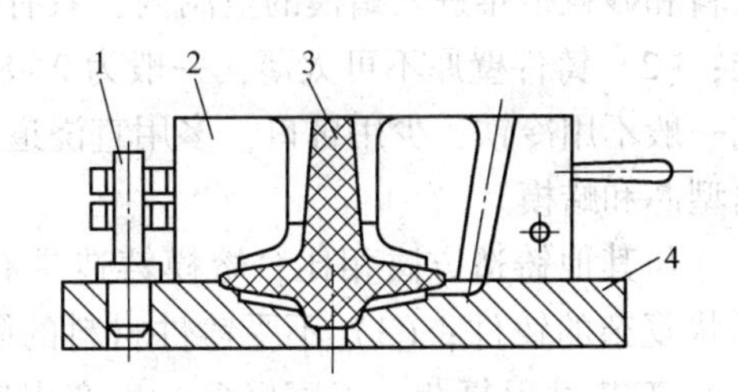

图 2-39 复合分型式金属型

1—轴；2—上半型；3—砂芯；4—底座

金属型铸造的特点是：可反复多次重复使用，能节省造型材料和造型工时；金属型对铸件的冷却能力强，所得铸件的组织细小致密、力学性能好；铸件尺寸精度高，表面粗糙度低，质量稳定性好，成品率高；易实现机械化、自动化，不用砂或少用砂，改善了劳动条件。但是，金属型的制造成本高、周期长、工艺要求严格；金属型的透气性差，易使铸件产生气体；退让性差，铸件易产生浇不到、变形和裂纹等问题，不适用于薄壁、热裂倾向大的合金。

2.2.2.2 熔模铸造

熔模铸造通常是在可熔模样的表面涂覆多层耐火材料，待其硬化干燥后，加热将其中模样熔去，获得具有与模样形状相应型腔的型壳，再经过焙烧，然后在型壳温度很高情况下进行浇注，从而获得铸件的一种方法。

A 熔模铸造的工艺和成形特点

此铸造方法的主要工艺过程示意于图 2-40，因为长期以来主要用蜡料制造可熔模样（简称熔模），人们常把熔模称为蜡模，把熔模铸造称为失蜡铸造。又由于用熔模铸造方法得到的铸件具有较高的尺寸精度，表面光滑，故又称为熔模精密铸造，也常有人简称此法为精密铸造。

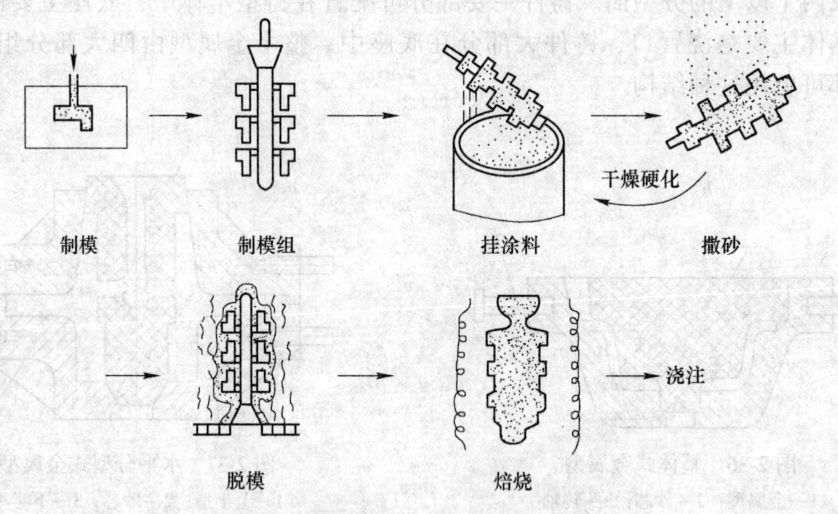

图 2-40 熔模铸造主要工艺过程示意图

熔模铸件的结构工艺性有：（1）铸孔不能太小和太深，一般铸孔应大于 2mm。否则涂料和砂粒很难进入蜡模的空洞内，只有采用陶瓷芯或石英玻璃管芯，工艺复杂，清理困难；（2）铸件壁厚不可太薄，一般为 2~8mm；（3）铸件壁厚尽量均匀；（4）熔模铸造工艺一般不用冷铁，少用冒口，多用直浇道直接补缩，故不能有分散的热节；（5）便于取出型芯和蜡模。

与其他铸造方法相比，熔模铸造具有以下特点：（1）铸件尺寸精确；（2）可铸造形状复杂的铸件；（3）不受铸件材料的限制；（4）铸件尺寸不能太大，重量也有限制；（5）工艺过程复杂、工序繁多，生产周期长；（6）铸件冷却速度慢，故铸件晶粒粗大。因此，熔模铸造法适用于形状复杂、难以用其他方法加工成形的精密铸件的生产，如航空发动机的叶片、叶轮，复杂的薄壁框架，雷达天线，带有很多散热薄片、柱、齿套等。

B 熔模的制造

在熔模铸件的铸造工艺确定以后，生产中的第一道工序就是制造熔模。型壳内表面光滑、尺寸精确的型腔是由熔模形成的，所以熔模本身必须有高的尺寸精度和细的表面粗糙度。熔模材料本身还要满足随后型壳制造工艺的一系列要求。熔模是在压型（制造熔模的模具）中形成的，熔模材料（简称模料）还需适用于制造熔模的工艺。因此，熔模铸造生产准备的工序第一步就是选用合适的模料，然后为设计制造压型，制订合理的熔模压注工艺和组装模组（把铸件熔模和浇注系统的熔模组合在一起）。

合适的模料对性能的要求非常高：（1）模料的熔化温度应在60～90℃，以便于配制模料、制模和脱模。（2）模料的开始熔化温度和终了熔化温度间的范围不应太窄或太宽。若太窄，不易配制糊状模料，往压型压注时，模料可能凝固太快，而使熔模不能形成，或熔模表面粗糙；若太宽，又会使熔化模料的温度与模料开始软化的温度间差别增大。（3）模料的软化点要高于40℃，以保证制好的熔模在室温下不发生变形。（4）熔模在工作温度下应具有良好的流动性，能很好地充填压型型腔，并在充型流动时温度变化范围内，其流动性变化较小，以保证获得表面光滑的熔模，还能充分复制型腔形状。其流动性还应保证脱模时模料容易从型壳流出。（5）模料的热胀（收缩）率要小而稳定，使熔模的尺寸稳定，不易出现缩陷的缺陷，减少脱蜡时胀裂型壳的可能性。（6）要求模料凝固后有高的强度、表面硬度和良好的韧性，防止在制模、制型壳过程中熔模出现破损，表面擦伤。（7）模料应能被型壳涂料很好润湿和附着，使涂料在制壳时能均匀涂覆在熔模表面，正确复制熔模的几何形状。（8）模料在高温灼烧后，遗留的灰分要少，使焙烧后型壳内腔尽可能干净，防止铸件夹渣。通常要求小于0.05%。（9）模料的化学活性要低，不应和生产过程中所遇材料（如压型材料、涂料等）发生化学作用，并对人体无害。（10）模料还需有好的焊接性，便于组合模组；密度要小，以减轻操作过程工人的劳动强度；能多次重复使用，价格便宜，来源丰富。

由前述对模料多方面性能的要求，可知单一的原材料是不能满足的，所以通常需要两种或更多种的原材料来配制模料。熔点温度为60～70℃称为中温模料，还有熔点高于120℃的模料，则称为高温模料，如由松香50%、聚苯乙烯30%和地蜡20%（均为质量分数）组成的模料。此外，还有一些特殊的模料，如填料模料、水溶性模料、汽化性模料等。模料可分为蜡基模料、松香基模料、系列模料和其他模料。

目前熔模铸造时的铸型普遍采用的是多层型壳。

型壳的制作过程是先将模组除油后，在模组上浸涂一层耐火材料，然后在涂料外表面上撒上粒状耐火材料，经干燥硬化后，在涂挂下一层，如此反复多次，直至耐火材料层达到所需厚度为止。待其充分干燥硬化后，脱去耐火材料层中的熔模，便得到壳状的铸型——型壳。这种型壳有时需装入箱内，在型壳外面填砂；有时则不需要。然后将型壳送入高温炉中焙烧，趁热便可进行浇注。

C 熔模铸件的浇注

熔模铸造时常遇到的浇注方法有以下几种：

（1）热型重力浇注。熔模浇注的突出特点是热型浇注，即从焙烧炉中取出温度很高的壳型，直接用浇注包浇注；或把铸型固定在可翻转的感应炉炉口上，翻转感应炉体，让金属液流入型腔。前一种方法用得很普遍，效率高；后一种方法可减少金属液在出炉和浇注过程中的氧化，但效率低，在高温合金浇注时应用。

（2）真空吸气浇注。型壳放在真空浇注箱中，通过型壳中的孔隙吸去型腔中的气体，使金属液能更好地填充型腔，复制型腔形状，提高铸件精度，防止铸件浇不足、产生气孔的缺陷。

（3）离心浇注。铸型以轴对称式固定在立式离心铸造机的工作台上，在铸型旋转情况下浇注金属液，在离心力作用下可提高金属液的充型能力，增大铸件致密度。在钛合金熔模铸造时常用。

(4) 真空吸铸。透气性很好的型壳置于一能抽真空的密封箱内。真空箱下落，使浇口浸入金属液中，抽真空，金属液被吸入型壳，保持一段时间。待型腔内金属凝固后，撤去真空，浇道内未凝固金属液下掉回熔池，真空箱上升。

(5) 定向凝固。熔模铸造生产涡轮发动机的叶片时，为延长铸件的服役寿命，希望铸件上能获得顺叶片长度上的单向柱状晶。主要的措施是在壳型浇注后建立一个壳型内单向散热的条件，促使铸件的凝固次序只有一个方向。所用的工艺方法有多种，共同特点是将铸件型腔在型壳中垂直布置，型壳侧面处于保温环境中；或使型壳下部开口，使型腔内的金属与下面的起强制冷却作用的水冷铜板接触；或使浇注后的型壳在下端被强制冷却的同时，由加热器的下部逐渐移出加热器，创造定向凝固的条件。

D 后续处理

熔模铸件清理的主要内容为：(1) 从铸件上清理型壳；(2) 自浇口系统上取下铸件，去除铸件上的冒口；(3) 去除铸件上黏附的残留耐火材料和铸件中的陶瓷型芯；(4) 铸件热处理后的清理，如去除氧化皮、飞边、浇冒口残余，形状校正等。

2.2.2.3 压力铸造

目前，压力铸造生产的铸件已广泛应用于飞机、汽车、计算机、家用电器、农业机械、医疗器械、国防武器等制造行业，如汽车发动机缸体、气缸盖、变速箱箱体、汽车轮毂、齿轮和叶轮、仪器、仪表和各种机械的上支架、框架、各种壳体（照相机外壳、电锯外壳、电动机外壳等），还有笔记本电脑盖子、摩托车车轮、管接头、机枪盖、导弹的导翼和尾锥等。质量小的铸件只有几克，大的可达 50kg 或更大。

压铸机有热压室和冷压室之分，热压室是指压铸机上给铸件金属施加压力的空间浸泡在熔融金属液中，而冷压室的周围则没有特殊的加热措施。冷压室压铸机根据压室在空间位置的不同又可分为立式、卧式和全立式三种。不同类型压铸机上的铸件压铸过程是不一样的。

A 热压室压铸机上铸件的压铸过程

图 2-41 所示的活塞式和气压式压铸机的压射机构简图。喷嘴左端和压铸型上的直浇道口相接，坩埚和压室（压力容器）一般都用铸铁铸成一体，在坩埚外面用燃气或电阻丝加热。压铸时，活塞式热压室压铸机上的活塞上提，金属液从坩埚流入压室，活塞下压，把压室内金属液经鹅颈、喷嘴压入铸型。而在气压式热压室压铸机上，压铸开始时，用金属流入阀把鹅颈上的孔洞堵死，向压力容器通入一定压力的压缩空气，喷嘴和鹅颈中未凝固的金属液又返回压室或压力容

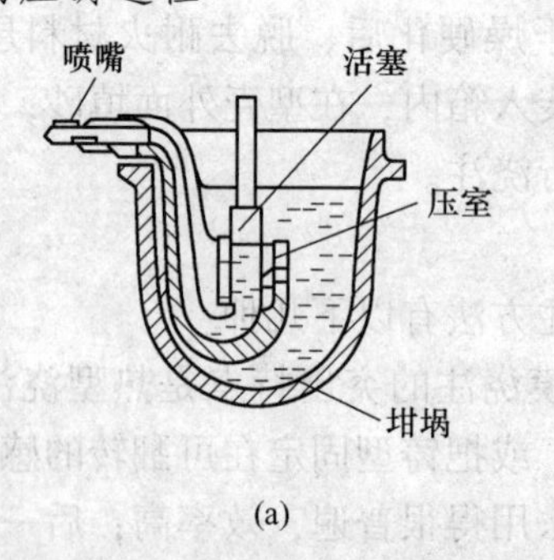

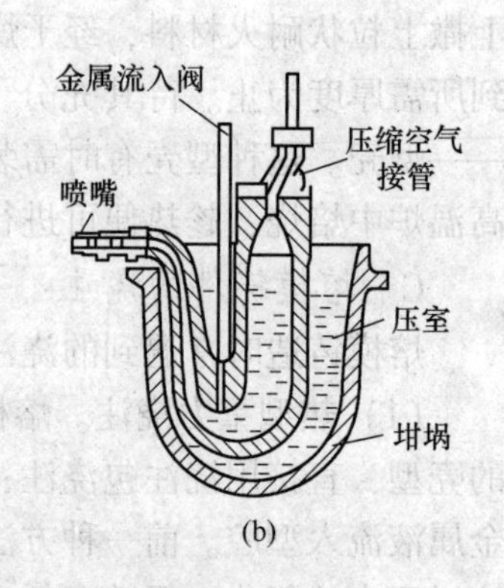

图 2-41 热压式压铸机的压射机构
(a) 活塞式热压室压铸机；(b) 气压式热压室压铸机

器中，在活塞上升的同时，打开压室上的进液口，坩埚中的金属液自动流入压室，补充已经进入铸型形成铸件的金属液。而在气压式热压室压铸机上，通过金属流入阀的开启向压力容器补充金属液。如果压力容器的金属液容量可供几次压铸的需要，则不必每压铸一次就开启一次金属流入阀，可连续压铸数次，因此气压式热压室压铸机的生产效率比活塞式热压室压铸机高。

B 立式冷压室压铸机上的铸件压铸过程

图2-42所示为立式冷压室压铸机的压射机构的简图，表明了一个压铸过程的三个阶段。先用浇勺把一次压铸所需的合金注入压室（图2-42（a）），此时反活塞封住金属进入型腔的通道。而后压射活塞下压，反活塞下移，打开合金进入型腔的通道，压室中金属在活塞压力作用下进入压铸型（图2-42（b））。铸型中铸件成形后，反活塞上升，从直浇道上切断浇注余料，送出压室，动型向左移动，带出铸件和浇道，由顶杆把铸件顶离动型（图2-42（c））。

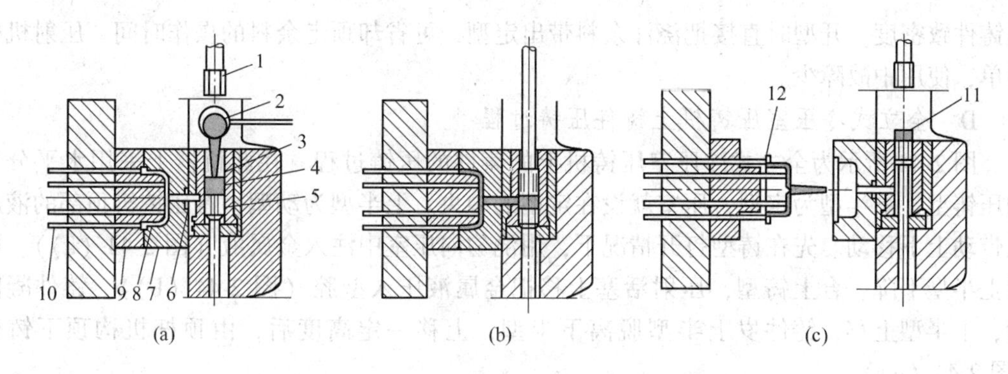

图2-42 立式冷压室压铸机上的铸件压铸过程

（a）浇勺将合金倒入压室；（b）压射合金进入型腔；（c）开型取下铸件

1—压射活塞；2—浇勺；3—压室；4—合金；5—反活塞；6—浇口套；7—定型；8—型腔；9—动型；10—顶杆；11—浇注余料；12—分流锥

立式冷压室压铸机的优点是在此压铸机上既可浇注液态合金，又可浇注粥状半固态合金；并且压射时不会把压室内空气卷入金属一起进入型腔；便于把浇道设置在铸件的中心部位，缩短金属在型腔中的流程。其不足之处是压射机构较复杂；活塞加压方向与压室中金属流动方向成直角，故压力损失大；直浇道长，消耗金属量大。目前新制造的立式冷压室压铸机已越来越少。

C 卧式冷压室压铸机上铸件压铸过程

图2-43所示为卧式冷压室压铸机上铸件的压铸过程，表明了该过程的连续三个阶段。在铸型合拢锁紧后，用浇勺经注口把合金液倒入横卧的压室中（图2-43（a））。压室的左端部分设在定型之中。压室活塞向左移动，把金属液压入压铸型（图2-43（b））。动型左移，打开铸型，形成的铸件连同浇注余料一起随动型左移，最后由顶杆机构把铸件顶离动型，完成一个压铸循环（图2-43（c））。

在此种压铸机上既可浇注液态合金，也可浇注呈固体状态的半固态合金（触变铸造），但较难浇注粥状的半固态合金，因粥状半固态合金在压室中流不开来，不能充分利用压室的容积；其特点是浇道短，拐弯少，金属充型时的压力和热量损失都少，可较好提

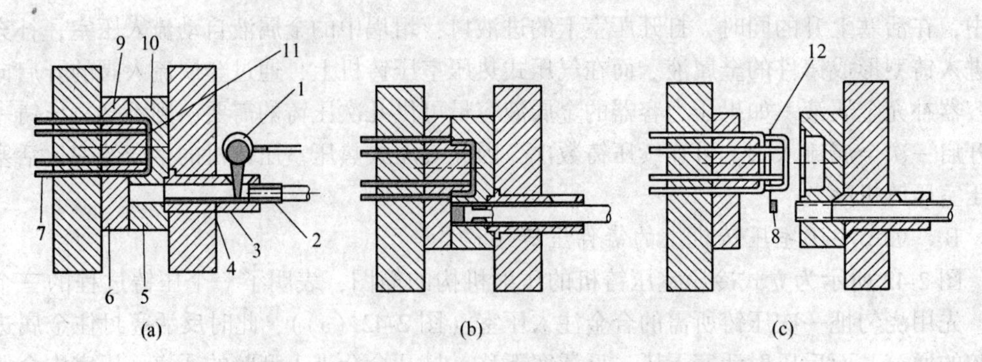

图 2-43 卧式冷压室压铸机上的铸件压铸过程

（a）浇勺将合金倒入压室；（b）压射合金进入型腔；（c）开型取下铸件

1—浇勺；2—压射活塞；3—压室；4—合金；5—反活塞；6—浇口套；

7—顶杆；8—浇注余料；9—动型；10—定型；11—型腔；12—分流锥

高铸件致密度。开型时直接把浇注余料带出定型，可省却顶走余料的操作时间。压射机构简单，使用中故障少。

D 全立式冷压室压铸机上铸件压铸过程

图 2-44 所示为全立式冷压室压铸机上的铸件的压铸过程。在此机器上采用水平分型的压铸型，下半型为定型，压室就设在定型的中央。上半型为动型，有压铸机顶部的液压缸带动上下移动。先在铸型打开情况下，用浇勺向压室中注入金属液（图 2-44（a））。而后上半型下降，合上铸型，压射活塞上移把金属液压入型腔（图 2-44（b））。铸件凝固后，上半型上移，铸件岁上半型脱离下半型，上移一定高度后，由顶杆机构顶下铸件(图 2-44（c））。

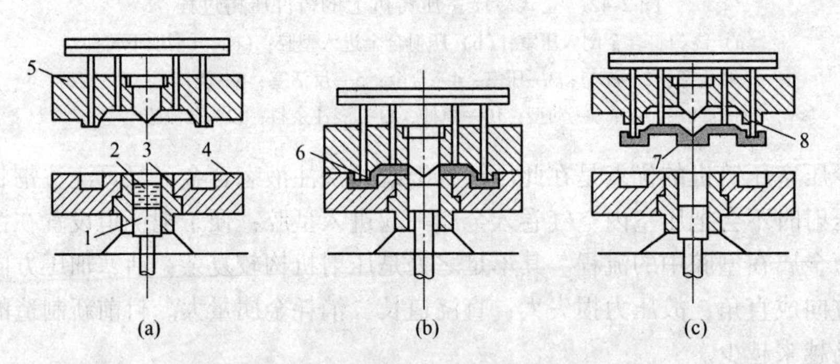

图 2-44 全立式冷压室压铸机上铸件压铸过程

（a）金属液注入压室；（b）压射金属；（c）开型取下铸件

1—压射活塞；2—金属液；3—压室；4—定型；5—动型；6—型腔中的铸件；7—浇注余料；8—顶杆

在此机器上，金属液在型内流程短，活塞压力的流程小。开型时直接带出余料，工序简单，压射机构简单，机器占地面积小，易于放置镶铸件，特别适用于为电动机转子的铁心导线槽压铸铝液，并可同时铸出短路环和风扇叶片。还可在此种机器上利用压铸件装配组合其他零件。但在此机器上装卸荷维护铸型较麻烦，生产效率较前两种冷压室压铸机低。

与其他铸造方法比较，压力铸造具有如下的优缺点：

（1）铸件尺寸精度高，一般可达 CT3～CT6 级；铸件的表面粗糙度可为 R_a 0.4～0.8μm，最细可达 R_a 0.2μm，是所有铸造方法中生产尺寸精度最高、表面粗糙度最细的方法。因此一般铸件可不经机械加工而直接使用，有时只在铸件上的个别配合面轻微机械加工，铸件有较好的互换性。这一方面提高了金属的利用率，又可节省大量的零件机械加工的消耗。

（2）由于铸型的壁厚比压铸件的壁厚大很多倍，并且又是用导热性较好、比热容较大的合金钢制成，因此相对于逐渐凝固时散发的热量，铸型具有很大的热扩散能力（吸收热量的能力）；铸件合金又是在很高压力作用下紧贴铸型壁凝固的，传热条件好，所以金属在型内凝固特别快。在铸件表层易得致密、晶粒细小、强度高、耐磨、耐腐蚀性能好的组织。压铸件上这层组织的铸态强度可较砂型铸件高 25%～40%，但伸长率会有所下降。

（3）由于金属是在高压作用下以高的线速度充填型腔，其充型能力特强，故压力铸造可以生产形状复杂的薄壁铸件。如锌合金件的最小壁厚为 0.3mm，铝合金件可达 0.5mm。一般情况下，对锌合金铸件而言，其最佳壁厚为 0.8～3mm，铝合金和镁合金的最佳壁厚为 1～4mm，铜合金的最佳壁厚为 1.5～4mm。因为高速进入型腔的金属液会卷裹型腔内来不及排出的气体，最后形成的气孔停留在铸件壁的中心部位，铸件壁越厚，这种现象越剧烈，所以压铸件的壁厚不宜太大。

（4）在压铸件上还可镶铸其他材料（如钢、铁、铜合金、钻石等）的零件，以节省贵重材料和加工工时，形成形状复杂、工作性能多重的机件（如铝合金件中镶铸铜螺纹、锌合金件中镶铸磁钢件）。有时还可用压力铸造的方法装配机件，如压铸铝合金箍套装配由钢管组成的自行车架。

（5）压力铸造生产效率高。压铸机的机械化、自动化程度高，一般冷压室压铸机每八小时的工作循环可达 600～700 次，而热压室压铸机每八小时的工作循环可达 3000～7000 次。

但由于前述的压铸金属易裹气体使压铸件中常有气孔的缺陷，铸件不能热处理，也不能焊接，因为铸件受热时会使裹在铸件壁中的气体受热膨胀冲破铸件的表面层或使铸件上出现鼓泡。一般带有气孔的压铸件不能作为承力件使用，但在采用技术措施的前提下，承力压力铸件仍得到了发展。

2.2.3 消失模铸造

消失模铸造又称实模铸造、无型腔铸造、气化模铸造。采用聚苯乙烯发泡塑料模样代替普通模样，造好型后不取出模样就浇入金属液，在金属液的作用下，塑料模样燃烧、气化、消失，金属液取代原来塑料模所占据的空间位置，冷却凝固后获得所需铸件的铸造方法。

2.2.3.1 模型材料的选择和工艺参数的影响

（1）在消失模铸造生产中，原材料的品位，是影响消失模铸造发展的主要因素。原材料主要是指模型材料。目前模型材料主要采用国产包装材料，部分采用进口材料和国产铸造专用材料。

国产包装材料用于消失模铸造生产中主要问题有模型密度大、残留物多、表面粗糙等。虽然我国目前有了国产铸造专用的模型材料，包括聚苯乙烯 EPS、PMMA 以及按不同比例混合的 EPS+PMMA 等，但由于产品品质不稳定等因素，国产的这几种模型材料的品位都还有待提高。

(2) 控制合理的预发和成形工艺参数也是提高模型品质的关键，包括模具、珠粒、水分、蒸气压力、温度和时间等。

模具的好坏直接影响模型的表面光洁度和尺寸精度。模具对模型表面品质的影响因素主要包括通气孔的大小及分布、汽室的壁厚和型腔表面的粗糙度。珠粒品质也是主要影响因素，一般来说进口珠粒优于国产珠粒。

预发珠粒的最佳熟化时间要保证良好的模型品质。不熟化、熟化时间过长或过短在二次成形时都达不到要求。原始珠粒粒径和预发后珠粒粒径应根据铸件的材质和壁厚来确定。

蒸汽压力和加热时间应以模型珠粒膨胀融合、模型表面不出现亮点为原则，合理地控制蒸汽压力和通气时间以及蒸汽温度。

2.2.3.2 涂料及涂敷技术

在消失模铸造中，涂料的主要作用是提高泡沫模型的强度和刚度，防止在运输、填砂振动时模样破坏或变形；浇注时涂料层将金属液和铸型隔离，防止金属液渗入型砂中或出现塌箱。涂料层应能使泡沫模型热分解产生的大量气体等产物顺利逸出，防止铸件产生气孔、碳缺陷等；保证铸件的表面品质。

为此，要求涂料层具有良好的强度、透气性、耐火度、绝热性、耐急冷急热性、低的吸湿性、良好的清理性、涂挂性、滴淌性、悬挂性等。综合起来主要包括工作性能和工艺性能两大类。

由于不同的合金对涂料的要求不同，建议根据合金种类的不同研制相应的涂料，如铸铁涂料、铸钢涂料、有色合金涂料等。在涂料配置和混制过程中，应尽量使用合理的骨料级配，使骨料和黏结剂及其他添加剂混合均匀。除了涂料性能达到要求外，涂敷和烘干工艺对生产也具有一定的影响。生产上多采用浸涂，最好是一次完成。烘干时控制烘干温度的均匀性和烘干时间，保证涂层干燥不开裂。

2.2.3.3 干砂及振动紧实

在消失模铸造中，对金属充型、凝固、合金性能、工艺、涂料和模型材料研究较多，但是对干砂及其振动紧实往往被忽视，这在一定程度上对消失模铸造发展产生不利的影响。

干砂一般选择石英砂，其粒度分布应相对集中，粒径范围可根据铸件大小和壁厚选择。一般情况下，对低熔点合金、负压浇注和要求铸件品质较高的情况可选择适当较小的粒径，反之选择粒径较大的。粒形一般应选择圆形，有利于干砂充填紧实。但尖角形粒形也有利于提高砂型的刚度和稳定性。石英砂中 SiO_2 含量不低于 85%。

模型簇在砂箱中的方位应有利于干砂的充填和紧实，尽量避免模型上的凹陷部位和盲孔朝向底部。干砂充填建议采用雨淋式加砂，从而有利于干砂的均匀加入，避免对模型造成冲刷和撞击。

负压在消失模铸造中起着举足轻重的作用，合理地控制负压度和负压保持时间，是浇注成功的关键。负压的选择应根据合金和铸件的大小和结构，一般情况下，合金密度越大负压度越大，铸件尺寸较大负压度选择较大。对于铸铁件负压度可选择在 0.4~0.5MPa，对铸铝件可采用 0.2~0.3MPa，负压保持时间应保证铸件凝固至能保持其稳定的尺寸结构，一般情况下在浇注结束后大约 5~10min。

消失模铸造主要用于不易起模等复杂铸件的批量及单件生产。

2.2.3.4 消失模铸造的特点

(1) 由于采用了遇金属液即气化的泡沫塑料模样，无需起模，无分型面，无型芯，因而无飞边毛刺，铸件的尺寸精度和表面粗糙度接近熔模铸造，但尺寸却可大于熔模铸造。

(2) 各种形状复杂铸件的模样均可采用泡沫塑料模黏合，成形为整体，减少了加工装配时间，可降低铸件成本。

(3) 简化了铸件生产工序，缩短了生产周期，使造型效率比砂型铸造提高 2~5 倍。

消失模铸造的缺点是消失模铸造的模样只能使用一次，且泡沫塑料的密度小、强度低，模样易变形，影响铸件尺寸精度。浇注时模样产生的气体污染环境。

2.2.3.5 案例分析

2002 年通用汽车公司推出了一种新的运动型多用途家庭车（雪佛兰开拓者、别克雷尼尔山和 GMC 特使），2004 年推出一系列中型车（雪佛兰科罗拉多和 GMC 峡谷），在其中均使用了其卡车的 SUV 系列的发动机。随着车身重量的增加、额外负载的加重，发动机发展面临的挑战是在功率、节能、环保方面性能提升的同时，保持车辆成本在可承担的范围内。一个全面的工程研究在考虑了 V-8、V-6 和内置 6 缸设计后选择了发动机的最佳配置，其研究表明了内嵌式设计有以下优点——设计简单，模块少，内部的平衡，成本低，生产的灵活性比较高。

内嵌式的设计可以适用于 6、5、4 缸的发动机，GM 的 SUV 系列装备的就是内嵌 6 缸的发动机，而中型卡车装备的是内嵌 4 或 5 缸的发动机。在发动机的设计中减轻重量的关键是应用铝合金的气缸体和铸铁的气缸套。而在这个内嵌式系列的发动机的铝合金气缸体的生产均使用的是消失模铸造。在消失模铸造过程中采用聚苯乙烯的发泡塑料作为模具进行浇注，模具置于砂箱中间，填充型砂并紧实，在负压下浇注，使模型气化，液体金属占据模型位置，凝固冷却后形成铸件。

在 GM 铸造工艺设计师在进行设计时必须要考虑以下三个方面：(1) 气缸体的性能；(2) 其材料的浇注性能；(3) 成本的控制。为了达到以上要求，要选择合适的铝合金成分保证抗拉性能和疲劳性能，设计合理的模型和浇注过程来保证质量要求和控制成本，控制铸型的生产过程形成精准的铸型，引导浇注过程从而控制金属液的流动，减少铸造缺陷。

A 合金成分的选择

铝合金是减轻发动机质量的关键因素，但是对合金性能的要求和生产过程中的问题要求我们采用一种最合适的合金成分来保证铸件的机械性能，浇注性能和切削加工性能。有三种铝合金可以作为选择的参考，它们分别是 T77 热处理的成分为 4Cu-2Ni-2.5Mg 的 242 号铝合金，T5 热处理的 6Si-3.5Cu 的 319 铝合金，T6 热处理的 7Si-0.3Mg 的 A356 铝合金。经过其性能的对比，A356 以 280MPa 的极限抗拉强度，215MPa 的屈服强度，6%的伸长率，60MPa 的疲劳强度和良好的透气性和优异的流动性成为最佳的选择。

B 消失模模具的制作和装配

a 模样材料

消失模模样是利用发泡塑料制作的。其特点是密度小、热导率低。最常用的是可发泡聚苯乙烯（RPS）。

b 消失模的制造工艺

（1）预发泡。此工艺与随后的熟化工艺对于获得低密度、表面光洁、质量优良的泡沫模具是不可或缺的。含有以戊烷（5%~7%）作为发泡剂的可发泡聚苯乙烯发泡膨胀为预发珠粒，变成一种闭孔、有公用珠壁的蜂窝状结构。

（2）熟化处理。在预发泡工艺中，由于骤冷造成泡孔中发泡剂以及渗入蒸汽的冷凝，使泡孔内形成真空。如果立即进行发泡成形，珠粒被压扁后很难再复原，模样质量差。因此，必须存储一个时期，让空气渗入泡孔内部中，使残余的发泡剂重新扩散，分布均匀，以消除泡孔内部分真空，保持泡孔内外压力的平衡，使珠粒富有弹性，增加模样成形时的膨胀能力和模样成形后抵抗外压变形、收缩的能力。这个过程成为熟化处理。

（3）模样的分片和黏结。较复杂的泡沫模样若在一个发泡模具中成形，则模具的设计及制作较为困难，成本也比较昂贵。因此可以先将其进行分片处理，分若干简单泡沫模样，在相应模具中各自成形，利用其十分优良的黏结性能，将形状较为简单的模样黏结组合而成复杂模样。

（4）涂料。在消失模铸造中，在泡沫模样的外表面要涂刷涂料，这是为了提高消失模样的强度和刚度，防止变形；保证消失模分解时气体的排出顺畅；隔离金属液与型砂，获得表面光洁的铸件。

（5）填砂和紧实。消失模铸造造型中的干啥的填充和紧实是获得优质铸件的重要工序。组合好的模样涂完涂料、干燥后，放入沙箱中填砂造型。通过振动台的振动，产生对型砂的激振力作用，使干砂间相互挤压，彼此间距缩小，堆积密度增大，达到紧实的效果。

（6）金属液的浇注。消失模在浇注时，型内的泡沫塑料模样将产生收缩、熔融、气化和燃烧等一系列物理、化学变化。因此，其浇注工艺也存在自身的特点，应从浇注速度和浇注温度以及浇注方法方面进行控制。

2.3 铸造工艺设计

2.3.1 铸造工艺设计内容

根据铸件批量的大小、生产要求和生产条件等因素的不同，铸造工艺设计内容不同。一般包括铸造工艺图、铸件（毛坯）图、铸型装备图、工艺卡及操作工艺规程等。同时，铸造工艺设计也包括铸造工艺装备的设计，包括模样图、模板图、芯盒图、砂箱图、压铁图、专用量具图和样板图、组合下芯夹具图等。对大量生产的定型产品、单件生产的重要铸件的工艺一般制定的比较详细，单件、小批量生产的一般性产品设计可以简化，甚至可以只制绘制一张铸造工艺图。

铸造工艺设计步骤可分为：

（1）零件的技术条件和结构工艺性分析；

（2）选择铸造和造型方法；

（3）确定浇注位置和分型面；

（4）选择工艺参数；

（5）设计浇冒口和冷铁及铸筋；

（6）砂芯设计；

（7）在铸造工艺图的基础上画出铸件图；

（8）砂箱设计后画出铸型装配图；

（9）综合整个设计内容编制铸造工艺卡。

2.3.2 铸造工艺方案的制定

铸造工艺方案制定的主要依据为铸造合金的种类、零件的结构和技术要求、生产批量的大小和生产条件等因素。主要是选择合理的浇注位置和分型面。

2.3.2.1 浇注位置的选择

浇注位置是指浇注时铸件在铸型中的位置。确定浇注位置时需考虑以下原则：

（1）铸件的主要加工面、主要工作面和受力面应尽量放在底部或侧面，以防止产生砂眼、气孔、夹杂等缺陷。如图 2-45 所示，齿轮的轮齿是重要的加工面和工作面，应将其朝下，保证组织致密和防止产生铸造缺陷。

（2）使铸件的大平面应朝下。如图 2-46 所示，大平面朝下既可以避免气孔和夹渣，又可以防止在大平面上形成砂眼缺陷。

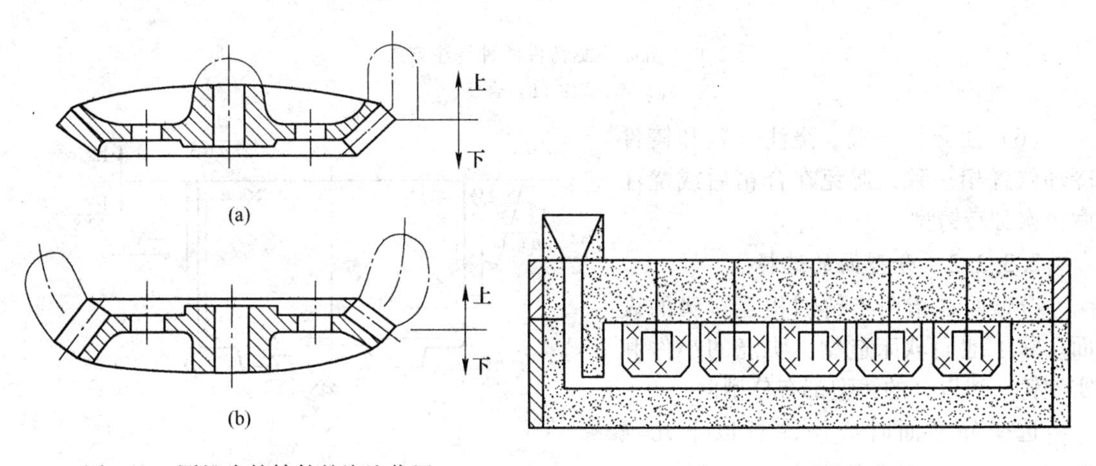

图 2-45 圆锥齿轮铸件的浇注位置

（a）正确；（b）不正确

图 2-46 平台浇注位置

（3）保证铸件能充满，较大而壁薄的铸件部分应朝下、侧立或倾斜以保证金属液的充填。图 2-47 所示为曲轴箱的浇注位置。

（4）应有利于铸件的补缩。图 2-48 所示为双排链轮铸钢件的正确浇注位置。

（5）避免用吊砂、吊芯或悬臂式砂芯，若需使用砂芯时，应保证砂芯定位稳固、排气通畅和下芯及检验方便。图 2-49 所示为机床腿部铸件的两种浇注方式，在图 2-49（b）中，铸件空腔由下砂型凸砂形成，省去芯盒，减少了制芯工作量，工艺简便。

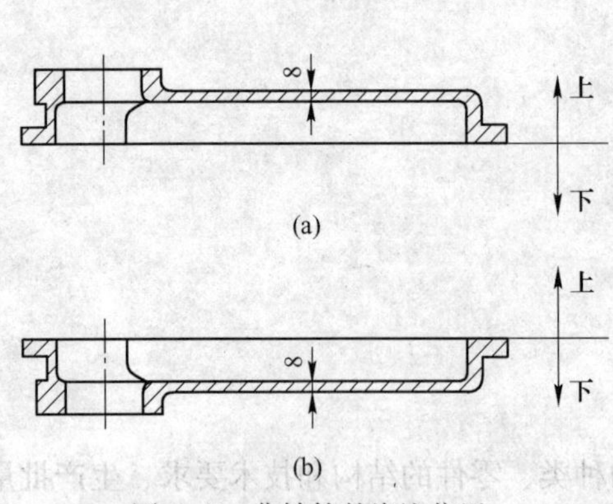

图 2-47 曲轴箱的浇注位置

(a) 不正确；(b) 正确

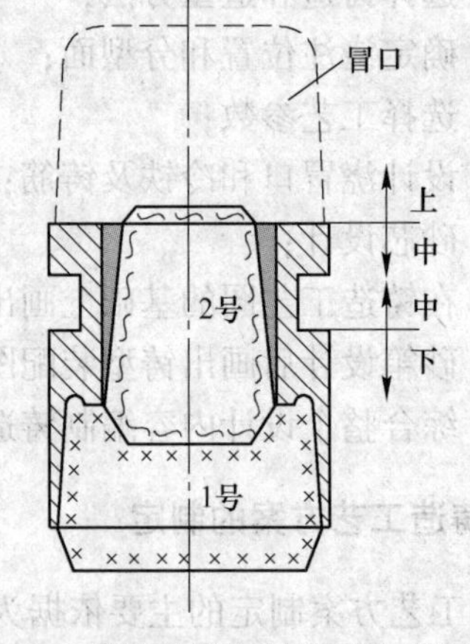

图 2-48 排链轮铸钢件的正确浇注位置

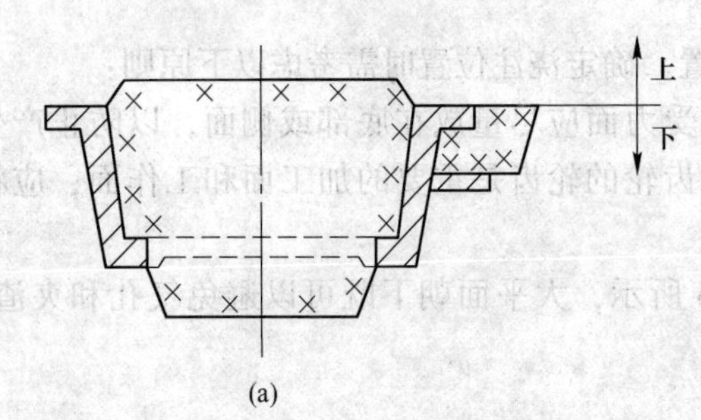

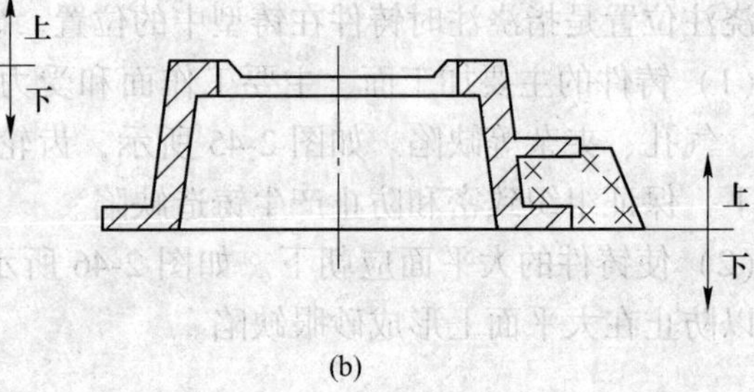

图 2-49 机床床腿铸件两种浇注方式

(a) 不合理；(b) 合理

(6) 使合箱位置、浇注位置和铸件冷却位置相一致，避免在合箱后或浇注后再次翻转铸型。

2.3.2.2 分型面的选择

分型面是指两半铸型相互接触的表面。除了地面软床造型、明浇的小件和实型铸造法以外的铸型都有分型面。

选择分型面时应该注意以下几项原则：

(1) 尽可能将整个铸件或其主要加工面和基准面放置于同一砂箱内，将铸件的全部或大部分放在同一砂箱内，以减少因错型造成的尺寸偏差。如图 2-50 所示，尽管增加了一个砂芯，但加工面的尺寸精度可以保证。

(2) 尽可能减少分型面数目。机器造型的中小件，一般只允许一个分型面。

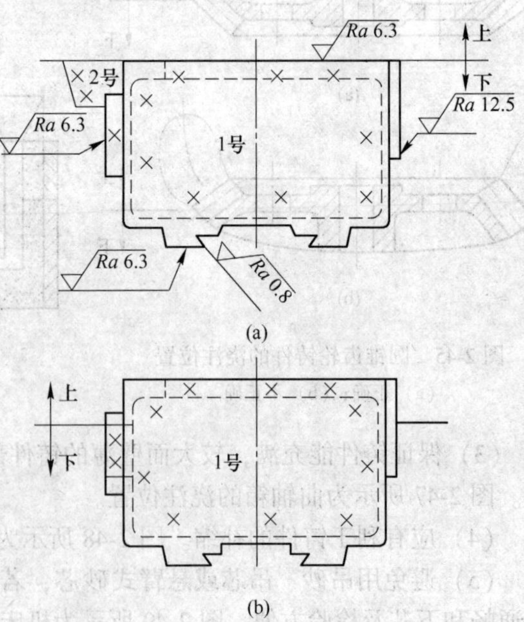

图 2-50 整个铸件置于同一砂箱工艺方案

(a) 合理；(b) 不合理

如图 2-51 所示铸件，利用 1 号和 3 号两个砂芯，使原设计的三个分型面变为一个分型面。

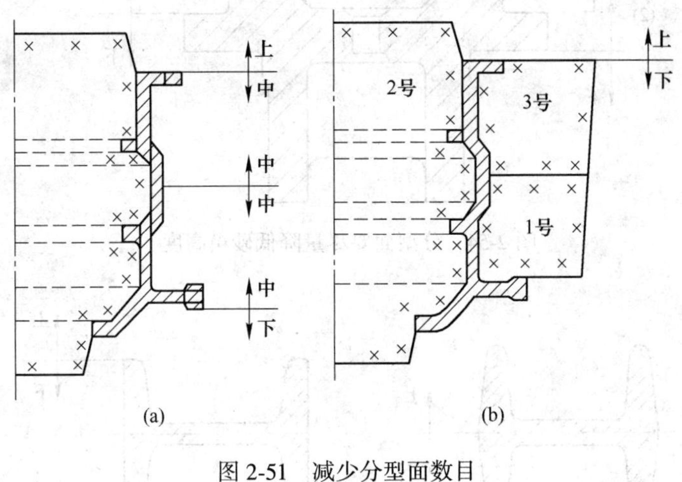

图 2-51 减少分型面数目

（a）三个分型面；（b）一个分型面

（3）分型面尽量选用平面。平直分型面可简化造型过程和模底板制造，易于保证铸件精度，如图 2-52（b）所示。

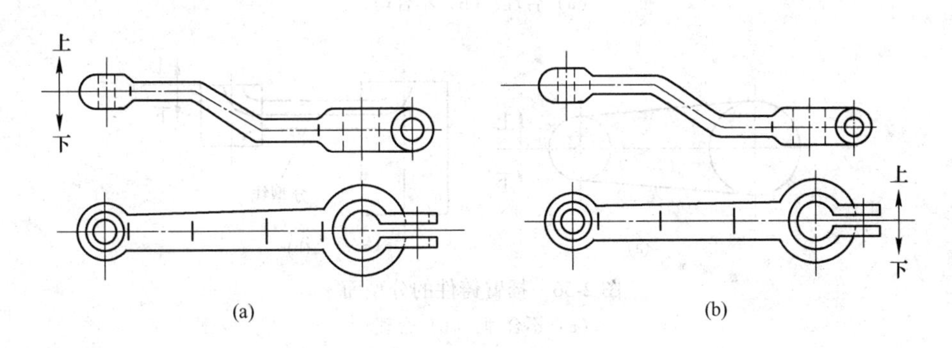

图 2-52 起重臂的分型面

（a）不合理；（b）合理

（4）便于下芯、合箱和检查型腔尺寸。图 2-53 所示为减速箱盖的手工造型方案，采用两个分型面，便于合箱时检查尺寸。

（5）尽量降低砂箱高度。分型面常选在铸件最大断面上，以使砂箱不致过高。图 2-54 所示的方案（2）为大型铸件托架选用的分型面。

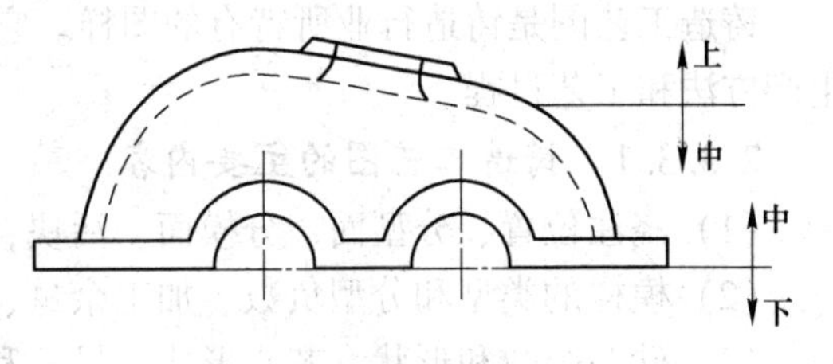

图 2-53 减速箱盖手工造型方案

（6）受力件的分型面的选择不应削弱铸件构强度。图 2-55（b）所示的分型面，合型时若产生偏差将改变工字梁的断面积分布，使一边强度削弱，故不合理。

（7）注意减轻铸件清理和机械加工量。图 2-56 所示的摇臂铸件，当砂轮厚度较大时，图 2-56（a）所示铸件的飞翅将无法打磨。即使改用薄砂轮，因飞翅周长较大也不便。

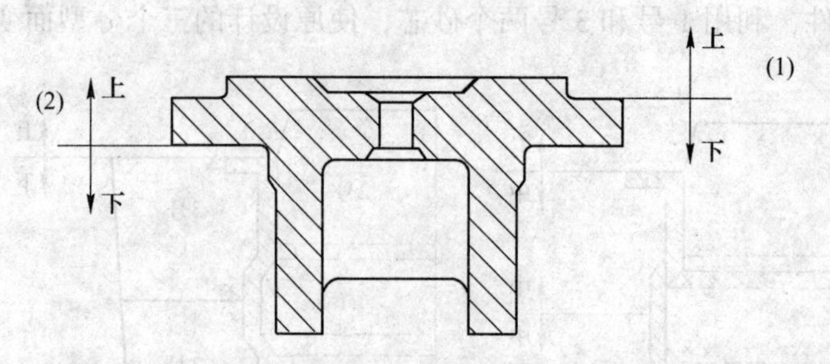

图 2-54 分型面要尽量降低砂箱高度

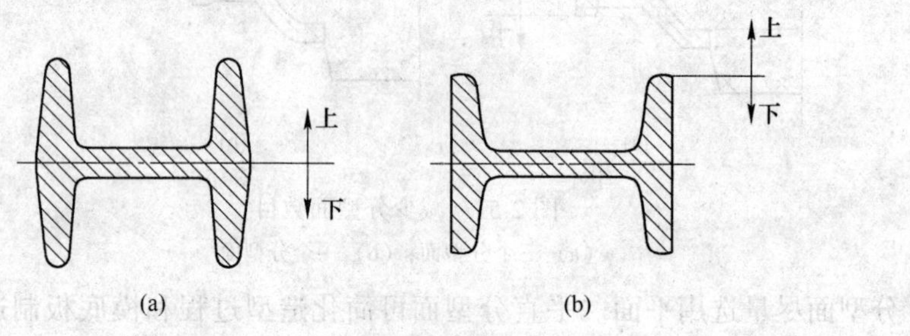

图 2-55 工字梁分型面的选择

（a）合理；（b）不合理

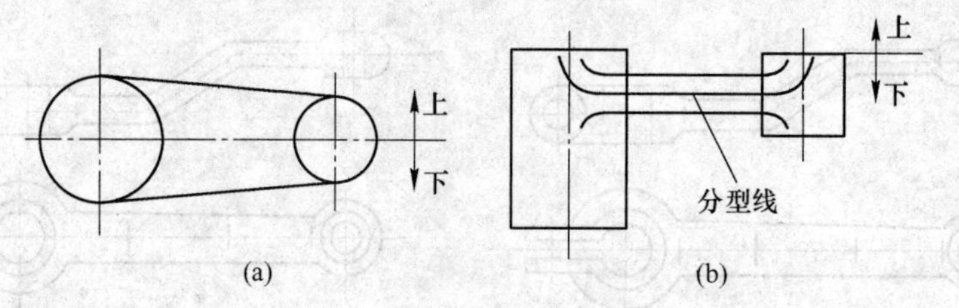

图 2-56 摇臂铸件的分型面

（a）不合理；（b）合理

2.3.3 铸造工艺图的绘制

铸造工艺图是铸造行业所特有的图样。它规定铸件的形状和尺寸，也规定铸件的基本生产方法和工艺过程。

2.3.3.1 铸造工艺图的主要内容

（1）浇注位置、分型面、分模面、活块；

（2）模样的类型和分型负数、加工余量、拔模斜度、不铸孔和沟槽；

（3）砂芯个数和形状、芯头形式、尺寸和间隙；

（4）分盒面、芯盒的填砂（射砂）方向、砂芯负数；

（5）砂型的出气孔、砂芯出气方向、起吊方向、下芯顺序、芯撑的位置、数目和规格；

（6）工艺补正量、收缩肋（割肋）和拉肋形状、尺寸和数量和铸件同时铸造的试样、铸造（件）收缩率；

（7）砂箱规格、造型和制芯设备型号、铸件在砂箱内的布置，并列出几种不同名铸件同时铸出、几个砂芯公用一个芯盒以及其他方面的简要技术说明等。

铸造工艺图是在零件图的基础上绘制，包含铸造工艺的大部分内容，涉及很多参数和数据，因此应注意铸造工艺图的绘制程序和注意事项。

2.3.3.2 铸造工艺图绘制程序

（1）根据产品图及技术条件、产品价格、生产批量和交货日期，结合工厂实际条件选择铸造方法。

（2）分析铸造结构的铸造工艺性，判断缺陷的倾向，提出结构的改进意见和确定铸件的凝固原则。

（3）标出浇注位置和分型面。

（4）绘出各视图上的加工余量及不铸孔、沟槽等工艺符号。

（5）标出特殊的拔模斜度。

（6）绘出砂芯形状、分芯线（包括分芯负数）、芯头间隙、压紧环和防压环、积砂槽及有关尺寸，标出砂芯负数。

（7）画出分盒面、填砂（射砂）方向、砂芯出气方向、起吊方向等符号。

（8）计算并绘出浇注系统、冒口的形状和尺寸，绘出本体试样的形状、位置和尺寸。

（9）计算并绘出冷铁和铸肋的形状、位置、尺寸和数量，固定组合方法及冷铁间距大小等。

（10）绘出并标明模样的分型负数，分模面及活块形状、位置，非加工壁厚的负余量，工艺补正量的加设位置和尺寸等。

（11）绘出并标明大型铸件的吊柄，某些零件上所加的机械加工用夹头或加工基准台等。

（12）说明浇注要求、压重、冒口切割残留量、冷却保温处理、拉肋处理要求、热处理要求等。技术条件中还需说明铸造（件）收缩率（缩尺），一箱布置几个铸件或与某名称铸件同时铸出，选用设备型号及砂箱尺寸等。

2.3.3.3 注意事项

（1）每项工艺符号只在某一视图上表明清楚即可。

（2）若加工余量的尺寸，顶面、孔内和底面、侧面数值及铸造圆角尺寸、拔模斜度相同，图面上不标注尺寸，可写在图样的技术条件中。

（3）若砂芯边界线和零件线或加工余量线、冷铁线等重合，则省去。

（4）在剖视图对砂芯线和加工余量线相互关系处理上有不同做法：一种认为砂芯是“透明体”，因而被芯子遮住的加工余量线部分亦绘出，结果使加工余量红线贯穿整个砂芯剖面；另一种认为砂芯是“非透明体”，因而被砂芯遮住的加工余量线不绘出，常采用这种方法，图面线条较少，便于观察。

（5）单件小批量生产，甚至在某些成批生产的工厂中，铸造工艺图在产品图上绘制，直接用于指导生产。铸造工艺图在投入模样制造之前一次完成。在大批量生产中，铸件先要经过试制阶段，然后依试制修改后的铸造工艺图对金属模样设计。大量生产的铸造工艺图，往往不直接指导生产，它由模样图取代，但在试制阶段起主导作用。

（6）所标注的各种工艺尺寸或数据，不要盖住产品图上的数据。

2.3.3.4 铸造工艺图示实例

图2-57所示为实际应用中的铸造工艺图，图2-57（a）所示的是支架零件的两种选择分型面的工艺方法，方案Ⅰ的分型方式为底部分型。该方案可保证零件的尺寸精度，分型面在零件的底面，不影响零件尺寸。缺点就是需要一个大的砂型，增加了工序和材料成本。方案Ⅱ的分型面在零件的中间，这样分型简单，不需要砂芯。但会增加尺寸的误差，同时也增大零件因错箱而产生缺陷的可能性。图2-57（b）所示为飞轮的铸造工艺图，该类零件采用端面分型。浇注系统采用弧形横浇道、多个内浇道，并在浇注系统的远端设置冒口和出气口，以保证铸件的内部致密性和轮尾的完整性。飞轮的三个圆孔和中心轴孔直接铸出。

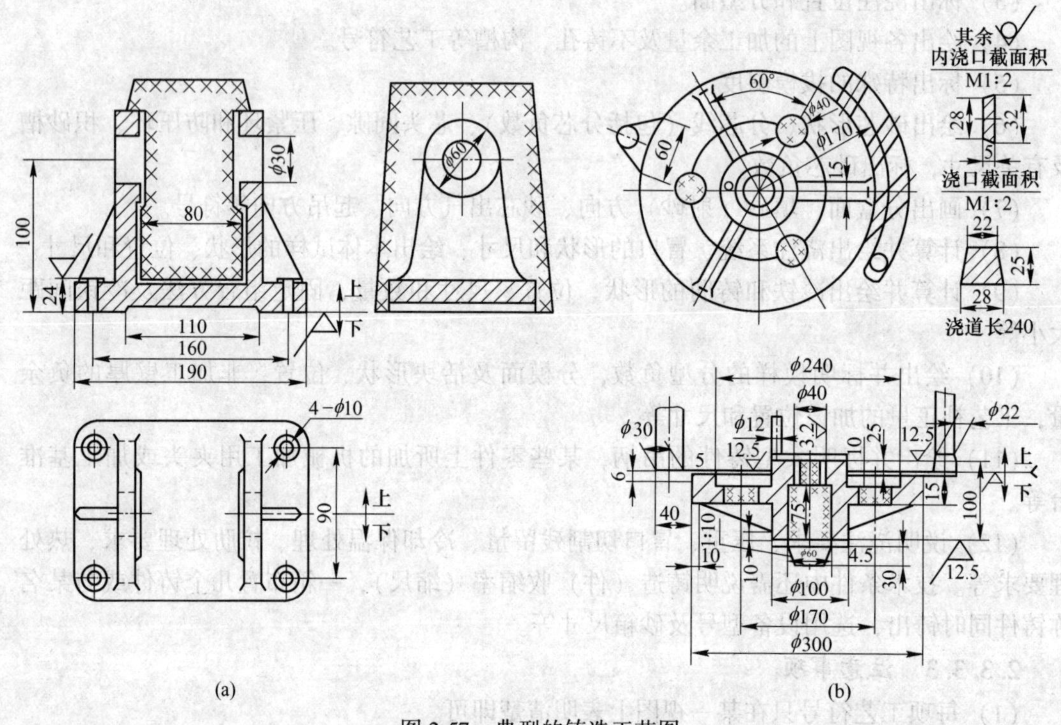

图2-57 典型的铸造工艺图
（a）支架零件；（b）飞轮铸造工艺

2.3.4 铸造工艺参数的确定

2.3.4.1 浇注系统设计

A 浇注系统位置的选择

浇注系统位置的选择就是选择将金属液引进入型腔的位置和考虑怎样安排浇冒口系统以达到有效的充满型腔和控制铸件的凝固过程，从而获得合格铸件。浇注系统开设位置的选择原则如下：

（1）从铸件薄壁处引入：这种方法适用于壁薄而轮廓尺寸又大的铸件。

（2）从铸件厚壁处引入：这是一种为铸件创造方向性（顺序）凝固，有利于补缩铸件，消除缩孔、获得致密铸件。此法一般适合有一定的壁厚差而凝固时合金的收缩量较大的铸件。

(3) 内浇道尽可能不开设在铸件重要部分：流入型腔的金属液都经过内浇口，易造成内浇口附近的铸型局部过热，造成该部分铸件晶粒相粗大，并可能出现疏松。

(4) 内浇道要引导液流不正面冲击铸型型壁及砂芯或型腔中薄弱的突出部分，对于薄而复杂的零件更应注意不使内浇道正对型壁。

(5) 应使金属液在型腔内流动的路程尽可能地短，避免因浇道过长、金属液的温度降得过低而造成浇不到现象。同时，还应考虑浇注系统不妨碍铸件收缩，以避免铸件发生变形或出现裂纹。

(6) 内浇道开在非加工面上时，要尽可能开在隐蔽的或容易打磨的地方，尽可能地保持铸件外表美观。此外，开设浇注系统时要注意使之容易脱箱。

B 浇注系统的计算

浇注系统的类型和引入位置确定后，可进一步确定浇注系统各基本单元的尺寸和结构。浇注系统的计算包括确定浇注时间、阻流基元（或阻流截面）面积和浇注系统各基元的比例等内容。

a 浇注时间的计算

液态金属从开始进入铸型到充满铸型所经历的时间称为浇注时间。合适的浇注时间与铸件结构、铸型工艺条件、合金种类及选用的浇注系统类型等有关，对于每个铸件在已经确定的铸造工艺条件下都应有其适宜的浇注时间。

计算 10t 以下各类铸铁件的浇注时间，公式如下：

$$\tau = s_1 \sqrt[3]{\delta G} \tag{2-35}$$

式中 τ——浇注时间，s；

s_1——系数，对普通灰铸铁一般取 2.0，需快浇时可取 1.7~1.9，对于需要慢浇小浇口（如压边冒口、某些雨淋式浇口等）可取 3~4，铸钢件可取 1.3~1.5；

G——包括冒口在内的铸件总重量，kg；

δ——铸件壁厚，mm，对于宽度大于厚度 4 倍的铸件，δ 即为壁厚，对于圆形或正方形的铸件，δ 取其直径或边长的一半，对于壁厚不均匀的铸件，δ 可取平均壁厚、主要壁厚或最小壁厚。

计算所得的浇注时间是否合适，通常以型内金属液面上升速度来验证，以免在金属液面上产生较厚的氧化层，造成气孔、夹渣等缺陷。铸铁件允许的最小液面上升速度见表 2-12。

表 2-12 型内铁液液面允许的最小上升速度

铸件壁厚 δ/mn	>40mm 水平浇注大平板铸件	>40mm 上箱有大平面	10~40	4~10	<4
最小上升速度值 v/mm · s^{-1}	8~10	20~30	10~20	20~30	31~100

型内铁液液面上升速度可按下式计算：

$$v = \frac{C}{\tau} \tag{2-36}$$

式中 C——铸件最低点到最高点的距离，mm；

τ——浇注时间，s。

按上式求得的上升速度若低于允许的最小上升速度，则要缩短浇注时间或调整铸件浇注位置，使上升速度达到或高于规定值。对易氧化的轻合金铸件，还要注意限制最大上升速度，以免高度紊流而造成大量的氧化夹杂。

b 阻流组元（或内浇道）截面积的计算及各组元之间的比例关系的确定

阻流截面的大小实际上反映了浇注时间的长短。在一定的压头下，阻流截面大，浇注时间就短。生产中有各种确定阻流截面尺寸的方法和实用的图、表，大多以水力学原理为基础，所以着重介绍水力学计算法：

（1）水力学计算法：把金属液看作普通流体，浇注系统视为充满流动金属液的管道，根据流量方程和伯努利方程可推导出铸铁件浇注系统阻流截面面积的计算公式。

$$F_{阻} = \frac{G}{0.31\mu\tau\sqrt{H_{均}}} \tag{2-37}$$

式中 $F_{阻}$——内浇道截面积，cm^2；

G——流经阻流面积的金属液总重量，kg；

μ——流量系数，见表 2-13；

τ——充满型腔的总时间，s；

$H_{均}$——充填型腔时的平均计算静压头，m。

表 2-13 铸铁及铸钢的流量系数 μ 值

种类		铸型能力		
		大	中	小
湿型	铸铁	0.35	0.42	0.50
	铸钢	0.25	0.32	0.42
干型	铸铁	0.41	0.48	0.60
	铸钢	0.30	0.38	0.50

假定铸件（型腔）的横截面面积 F_x 沿高度方向不变，则有：

$$H_{均} = H_0 - \frac{P^2}{2C} \tag{2-38}$$

式中 H_0——阻流截面以上的金属液压头，即阻流截面至浇口杯液面高度，cm；

C——铸件（型腔）总高度，cm；

P——阻流截面以上的型腔高度，cm。

对于封闭式浇注系统，在不同注入位置时公式有以下形式：

顶注式：$P=0$，则 $H_{均}=H_0$；

底注式：$P=C$，则 $H_{均}=H_0-C/2$；

中间注入：$P=C/2$，则 $H_{均}=H_0-C/8$。

平均静压头的计算实例如图 2-58 所示。

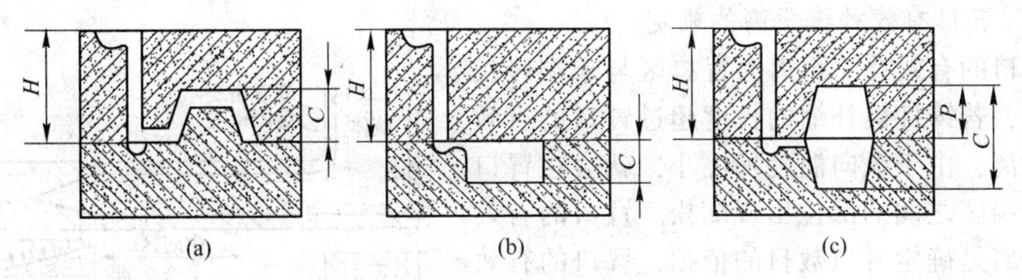

图 2-58 平均静压头的计算实例

按水力学计算法，求出铸件重量 G，选出 μ 值，计算出时间 τ 和平均压力头 $H_{均}$，即可导出阻流截面积。

(2) 浇注系统其他各组元的截面积：求得阻流组元的截面积之后，根据合金和铸件的特点，选定浇注系统各组元截面比例关系的类型，即可得出其他组元的截面积，然后再按选定的形状确定具体尺寸（表 2-14）。

表 2-14 浇注系统各单元截面比例及其应用

截面比例			应用
$F_{直}$	$F_{横}$	$F_{内}$	
2	1.5	1	大型铸铁件砂型铸造
1.4	1.2	1	中、大型及铸铁件砂型铸造
1.15	1.1	1	中、小型及铸铁件砂型铸造
1.11	1.06	1	薄壁及铸铁件砂型铸造
1.5	1.1	1	可锻铸铁件
1.1~1.2	1.3~1.5	1	表面干燥型中、小型铸铁件
1.2	1.4	1	表面干燥型重型机械铸铁件
1.2~1.25	1.1~1.5	1	干型中、小型铸铁件
1.2	1.1	1	干型中型铸铁件
1	2~4	1.5~4	球墨铸铁件
1	2	4	铝合金、镁合金铸件
1.2~3	1.2~2	1	青铜合金铸件
1	1~2	1~2	铸钢件漏包浇注
1.5	0.8~1	1	薄壁球墨铸铁小件底注式

2.3.4.2 冒口的设计

A 冒口设计的基本原则

(1) 冒口的凝固时间应大于铸件被补缩部位的凝固时间。

(2) 有足够的金属液能够补充至铸件的收缩、型腔扩大部位等处。

(3) 在凝固期间、冒口和铸件需要补缩部分之间在整个补缩过程中应存在通道，扩张角向着冒口。

(4) 尽量减小冒口体积，节约金属，提高铸件成品率等。

B 冒口有效补缩距离的确定

冒口的有效补缩距离为冒口区与末端区长度之和，若铸件被补缩的长度超过冒口的有效补缩距离，由于纵向温度梯度小，就会在冒口区和末端区之间的部位出现缩松。冒口的有效补缩距离是确定冒口数目的依据，冒口的有效补缩距离不仅与合金种类、几何形状、铸件结构以及铸件凝固方向上的温度梯度有关，同时也与凝固时气体析出压力、冒口的补缩压力以及铸件质量要求的高低有关。冒口有效补缩距离如图 2-59 所示。

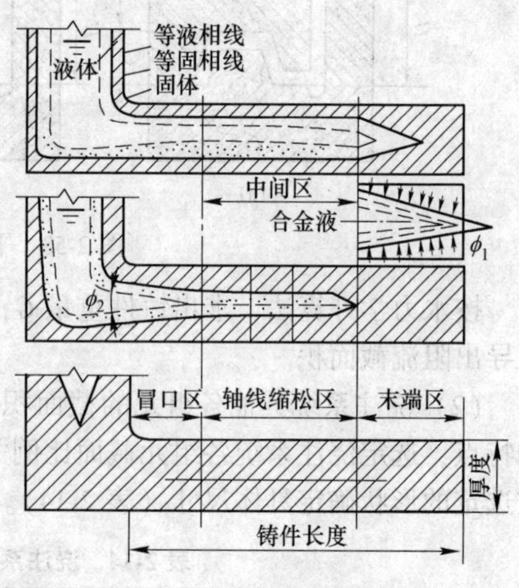

图 2-59 冒口的有效补缩距离

为金属液实现连续的补缩，需保证有畅通的补缩通道。补缩通道的畅通与否主要取决于扩张角 ϕ 的大小，扩张角是在铸件凝固过程中，金属液向着冒口扩张的夹角，它的大小取决于铸件凝固方向上温度梯度的大小。向着冒口方向的温度梯度增加，扩张角也变大，向着冒口张开，补缩通道通畅，促使铸件顺序凝固。合金的种类不同，为保证补缩通道畅通所需的最小的温度梯度也不同。

C 工艺补贴的应用

若实际生产中铸件需补缩的高度超过冒口的有效补缩距离。因铸件结构或铸造工艺上的不便，难以在中部设置暗冒口，单靠增加冒口直径和高度，补缩效果不明显，而且增大冒口会使得大量金属液流经内浇道，使铸件在内浇道附近和冒口根部因过热而产生缩松。因此，在这种情况下需采用增加工艺补贴的方法，增加冒口的有效补缩距离，提高冒口的补缩效率。

D 冒口位置的确定

(1) 冒口应尽量设在铸件最高、最厚的部位。对低处的热节增设补贴或使用冷铁以保证顺序凝固和补缩通道畅通，形成补缩的有利条件。

(2) 冒口应设在铸件热节的上方（顶冒口）或旁侧（边冒口）。

(3) 冒口不应设在铸件重要的、受力大的部位，防止由于组织粗大降低力学性能。

(4) 不同高度上的冒口，应使用冷铁将各个冒口的补缩范围隔开，如图 2-60 所示，以免造成上部冒口对下部冒口的补缩，是铸件上部产生缩孔或疏松。

(5) 冒口应尽可能设在加工面上，可节约铸件精整工时。

(6) 冒口位置不要选在铸造应力集中处，应注意减轻对铸件的收缩阻碍，以免引起裂纹。

(7) 对致密度要求高的铸件，冒口应按其有效补缩距离进行设置。

(8) 冒口位置应与合金液引入位置相配合，最好安置在内浇道上，使金属液通过冒口进入型腔。

(9) 冒口的安置不应使铸件上热量过分集中，否则会加重疏松，产生热裂。若几个热节相距较近时，可用冷铁或一个尺寸较大的冒口同时补缩这几个热节。

(10) 冒口的位置应有利于铸件的清理、切割、打磨等操作。

2.3.4.3 冷铁的设计

为增加铸件局部冷却速度，在型腔内部及工作表面安放的激冷物称为冷铁。冷铁可分为内冷铁和外冷铁两大类。放置在型腔内能与铸件熔为一体的金属激冷块称为内冷铁；造型（芯）时放在模样（芯盒）表面上的金属激冷块称为外冷铁（图 2-60）。内冷铁最终会成为铸件的一部分，因此应与铸件材质相同。外冷铁用后可回收重复使用，可采用铜、铸铁、铜、铝等材质的外冷铁，还可采用蓄热系数比硅砂大的非金属材料，如钻砂、石墨、碳素砂、铬镁砂、铬砂、镁砂等作为激冷物使用。

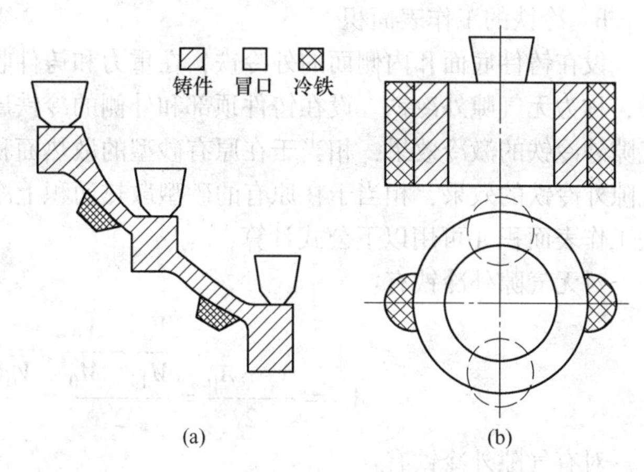

图 2-60 外冷铁对补缩范围的控制

A 冷铁放置的位置

a 从要求冷铁所起作用的角度

(1) 铸型的下部；

(2) 热节部位；

(3) 对于具有较宽结晶温度范围的合金，常在转角处设置冷铁。

b 从铸件结构的角度

(1) 不宜安放冒口的厚大部位；

(2) 有大量合金液经过的地方。

c 从与冒口配合使用的角度

铸件和热节的补缩由冒口供给，所以冷铁位置应与冒口有一定的距离，使铸件凝固时形成从安放冷铁部位向臂口方向顺序凝固的次序。

d 从浇注系统及引入位置的角度

采用底注式浇注系统时，一般在铸件底部放置冷铁；采用缝隙式浇注系统时，除在铸件底部放置冷铁外，还需在远离缝隙处（两个立缝之间）放置冷铁，增大立筒的横向补缩作用。

B 外冷铁尺寸的确定

a 冷铁的厚度

确定冷铁的尺寸主要是确定冷铁的厚度，目前，在生产中是根据冷铁的作用和安放冷铁处铸件热节的大小来确定冷铁的厚度的，见表 2-15。

表 2-15 冷铁的厚度

适用条件	厚 度	适用条件	厚 度
灰铸铁件	$\delta=(0.25\sim0.50)\ T$	铸钢件	$\delta=(0.3\sim0.8)\ T$
球墨铸铁件	$\delta=(0.3\sim0.8)\ T$	铜合金件	铸铁冷铁：$\delta=(1\sim2)\ T$
			铜冷铁：$\delta=(0.6\sim1)\ T$
可锻铸铁件	$\delta=1.0T$	轻合金件	$\delta=(0.8\sim8)\ T$

b 冷铁的工作表面积

设在铸件底面和内侧面的外冷铁，在重力和铸件收缩力的作用下，与铸件表面紧密接触，称为无气隙外冷铁。设在铸件顶部和外侧的冷铁属于有气隙外冷铁。对于铸钢件，无气隙外冷铁的激冷效果，相当于在原有砂型的散热面积上净增2倍的冷铁工作表面积；有气隙外冷铁的效果，相当于在原有的砂型散热面积上净增了1倍的冷铁工作表面积。外冷铁工作表面积A可用以下公式计算：

对无气隙外冷铁有：

$$A_{c1}=\frac{A_s-A_0}{2}=\frac{\dfrac{V_0}{M_1}-\dfrac{V_0}{M_0}}{2}=\frac{V_0(M_0-M_1)}{2M_0M_1} \tag{2-39}$$

对有气隙外冷铁有：

$$A_{c2}=A_s-A_0=\frac{V_0}{M_1}-\frac{V_0}{M_0}=\frac{V_0(M_0-M_1)}{M_0M_1} \tag{2-40}$$

式中，V_0为铸件被激冷处的体积；A_c，A_s，A_0分别为冷铁工作表面积、砂型等效面积、铸件的表面积；M_0，M_1分别为铸件的原模数、使用冷铁后铸件的等效模数。

M_1可按下式计算：

$$M_1=\frac{V_0}{A_s}=\frac{V_0}{A_0+A_{c2}+2A_{c1}} \tag{2-41}$$

可依工艺需要确定M_1的大小，然后计算出外冷铁的工作表面积。当实现同时凝固时，M_1等于热节四周薄壁部分的模数。

C 内冷铁

内冷铁通常是在外冷铁激冷效果不够时才采用，多用于厚大的质量要求不高的铸件，如铁砧子、落锤等。对于承受高温、高压的铸件，不宜采用。图2-61所示为铸钢件常用内冷铁的形状和安置方法示意。

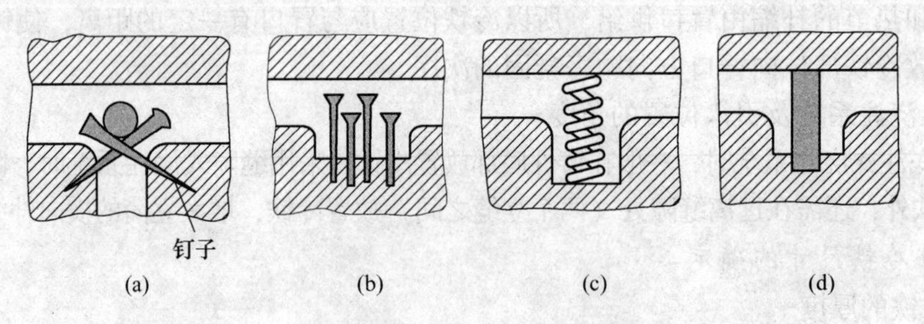

图2-61 常用内冷铁形状和放置方法

(a) 横卧圆钢冷铁；(b) 插钉冷铁；(c) 螺旋形内冷铁；(d) 直立型钢冷铁

内冷铁要有足够的激冷作用以控制铸件的凝固，且能够和铸件本体熔接在一起而不削弱铸件强度。内冷铁的重量$m_{冷}$可根据经验公式计算：

$$m_{冷}=Km_{件} \tag{2-42}$$

式中 $m_{件}$——铸件或热节部分的质量，kg；

K——比例系数，即内冷铁重量占铸件热节部分重量的百分数，见表2-16所列。

表 2-16 *K* 值的选定

铸钢件的类型	$K\times100$	内冷铁直径/mm
小型铸件，或要求高的铸件	2~5	5~15
中型铸件，或铸件上不太重要的部分，如凸肩等	6~7	15~19
大型铸件对熔化内冷铁有利时，如床座、锤头、砧子等	8~10	19~30

2.3.4.4 铸筋的设计

为防止铸件产生热裂和变形，通常使用铸筋，又称工艺筋。铸筋可分为两种：一种称为割筋（收缩筋），用于防止铸件热裂，割筋通常要求在清理时去除，只有在不影响铸件使用时才允许保留在铸件上；另一种称为拉筋（加强筋），用于防止铸件变形，而拉筋一般应在铸件热处理之后去除。

（1）割筋：铸件在凝固收缩时，由于受砂型和砂芯的阻碍，在受拉应力的壁上或在接头处易产生热裂。加割筋后，由于它凝固快，强度建立较早，故能承受较大的拉应力，防止主壁及接头产生裂纹。易产生热裂的铸件典型结构，如图 2-62 所示。铸件在凝固收缩时，承受拉应力的壁称为主壁，与主壁相连的壁是邻壁，它和主壁相交处形成热节并使主壁产生拉应力。邻壁长度和主、邻壁壁厚之间的关系，决定着收缩应力的大小。根据经验，当 $a/b>2$、$l/b<2$ 或 $a/b>3$、$l/b<1$ 时，可不设割筋，超出上述范围就应设割筋。

（2）拉筋：断面呈 U、V 形或半圆环形的铸件，铸出后易变形，使开口尺寸增大。为防止这类铸件的变形，常设置拉筋，如图 2-63 所示。

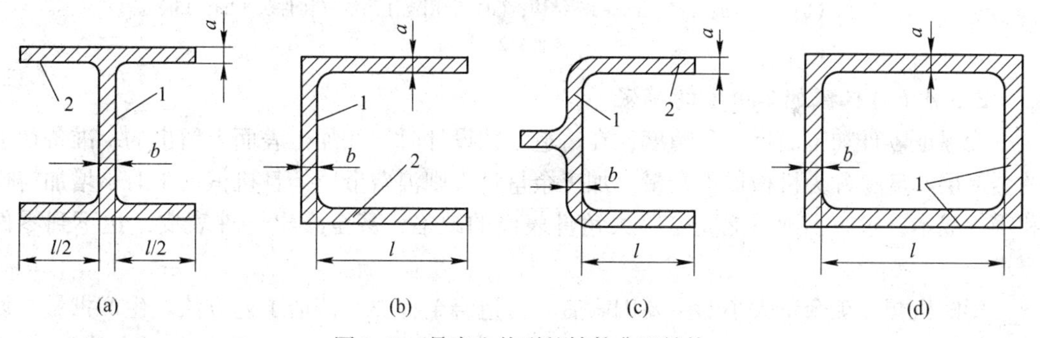

图 2-62 易产生热裂的铸件典型结构

1—主壁；2—邻壁

拉筋的厚度应小于铸件的壁厚，以保证其先凝固。有时可利用浇注系统代替拉筋（图 2-63（d）），以节省金属。拉筋在铸件热处理之前承受很大的拉应力或压应力，它可以减小铸件的变形甚至于完全避免。热处理之后，可去除拉筋。

2.3.4.5 收缩率的确定

金属在凝固过程中有液态收缩、凝固收缩和固态收缩，其中前两种会使铸件最后凝固的部位产生缩孔、缩松。固态收缩则会使铸件长度方向尺寸变短，其变短的量即为线收缩量。为了获取尺寸符合要求的铸件，常在制作模样或芯盒时加上线收缩量，以保证固态收缩后铸件尺寸符合要求。铸造收缩率与合金的种类及成分、铸件冷却收缩时受到阻力的大小、冷却条件的差异等因素有关。

铸造收缩率（缩尺）可用下式表达：

$$K = \frac{L_M - L_J}{L_J} \times 100\% \tag{2-43}$$

式中 K——铸造收缩率；

L_M——模样（或芯盒）工作面的尺寸；

L_J——铸件尺寸。

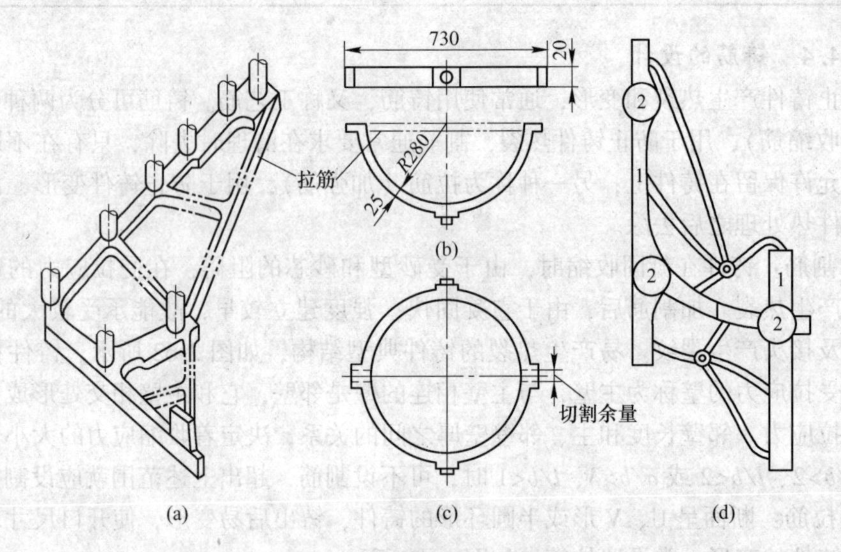

图 2-63 防止铸件变形的拉筋

(a)，(b) 设拉筋；(c) 合成刚性结构；(d) 利用浇注系统（铸件长 12m，15t）

1—铸件；2—冒口

2.3.4.6 机械加工余量的确定

为保证零件加工面尺寸和精度，在铸造工艺设计时，在加工表面上留出的、准备切去的金属层厚度，称为机械加工余量。加工余量过大则浪费金属，且机械加工时，增加铸件和零件成本；过小，则不能完全除去铸件表面的缺陷，甚至露出铸件表皮，达不到零件要求。

影响机械加工余量大小的主要因素有：铸造合金种类、铸造工艺方法、生产批量、设备与工装的水平、加工表面所处的浇注位置、铸件基本尺寸的大小和结构等。表 2-17 为要求的铸件加工余量。

表 2-17 要求的铸件机械加工余量 (mm)

最大尺寸		要求的机械加工余量等级									
大于	至	A	B	C	D	E	F	G	H	J	K
—	40	0.1	0.1	0.2	0.3	0.4	0.5	0.5	0.7	1	1.4
40	63	0.1	0.2	0.3	0.3	0.4	0.5	0.7	1	1.4	2
63	100	0.2	0.3	0.4	0.5	0.7	1	1.4	2	2.8	4
100	160	0.3	0.4	0.5	0.8	1.1	1.5	2.2	3	4	6
160	250	0.3	0.5	0.7	1	1.4	2	2.8	4	5.5	8

续表 2-17

最大尺寸		要求的机械加工余量等级									
大于	至	A	B	C	D	E	F	G	H	J	K
250	400	0.4	0.7	0.9	1.3	1.4	2.5	3.5	5	7	10
400	630	0.5	0.8	1.1	1.5	2.2	3	4	6	9	12
630	1000	0.6	0.9	1.2	1.8	2.5	3.5	5	7	10	14
1000	1600	0.7	1	1.4	2	2.8	4	5.5	8	11	16
1600	2500	0.8	1.1	1.6	2.2	3.2	4.5	6	9	14	18
2500	4000	0.9	1.3	1.8	2.5	3.5	5	7	10	14	20
4000	6300	1	1.4	2	2.8	4	5.5	8	11	16	22
6300	10000	1.1	1.5	2.2	3	4.5	6	9	12	17	24

2.3.4.7 起模斜度的确定

为便于起出模样或取出砂芯，在模样、芯盒的出模方向留有一定斜度，以免损坏砂型或砂芯。这个斜度称为起模斜度。

起模斜度应用在铸件没有结构斜度的、垂直于分型面表面上。其大小应依模样的起模高度、表面粗糙度及造型（芯）方法而定。

设计起模斜度时应注意：起模斜度应小于或等于产品图上所规定的起模斜度值，以防止零件在装配或工作中与其他零件相妨碍。尽量使铸件内、外壁的模样和芯盒斜度取值相同，方向一致，以使铸件壁厚均匀。在非加工面上留起模斜度时，要注意与相配零件的外形一致，保持机器整体美观。同一铸件的起模斜度应尽可能只选用一种或两种斜度。非加工的装配面上留斜度时，最好用减小厚度法，以免安装困难。手工制造木模，斜度用毫米数表示，机械加工金属模斜度用角度表示。起模斜度的三种形式及应用如图 2-64 所示。在铸件上加放起模斜度不应超出铸件的壁厚公差。

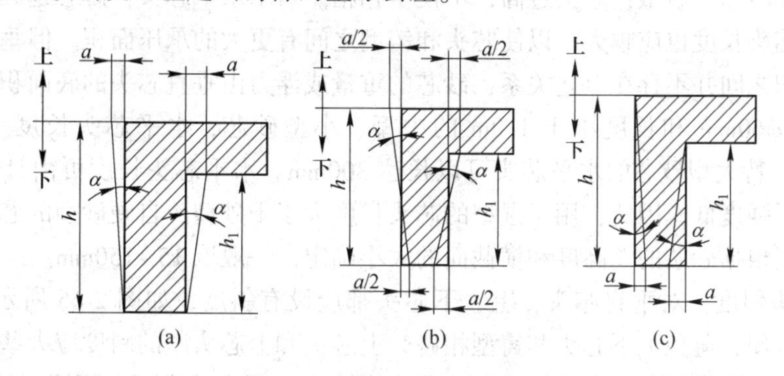

图 2-64 起模斜度的三种形式及应用

（a）增加壁厚法：用于和其他零件配合的加工面；

（b）加减壁厚法：用于不与其他零件配合的加工面；

（c）减小壁厚法：用于和其他零件配合的非加工面

2.3.4.8 铸造圆角的确定

模样壁与壁的连接和转角处要做成圆弧过渡，该圆弧即铸造圆角。铸造圆角可减少或避免砂型尖角损坏，防止产生粘砂、缩孔、裂纹。但是铸件分型面的转角处不能有铸造圆角。铸造内圆角的大小可按相邻两壁平均壁厚的 1/3～1/5 选取，外圆角的半径取内圆角的一半。

2.3.4.9 芯头的确定

芯头是指伸出铸件以外不与金属接触的砂芯部分。典型的芯头它包括芯头长度、斜度、间隙、压环、防压环和积砂槽等结构。它适用于砂型铸造用的金属模、塑料模和木模。芯头可分为垂直芯头和水平芯头（包括悬臂式芯头）两大类，如图 2-65 所示。

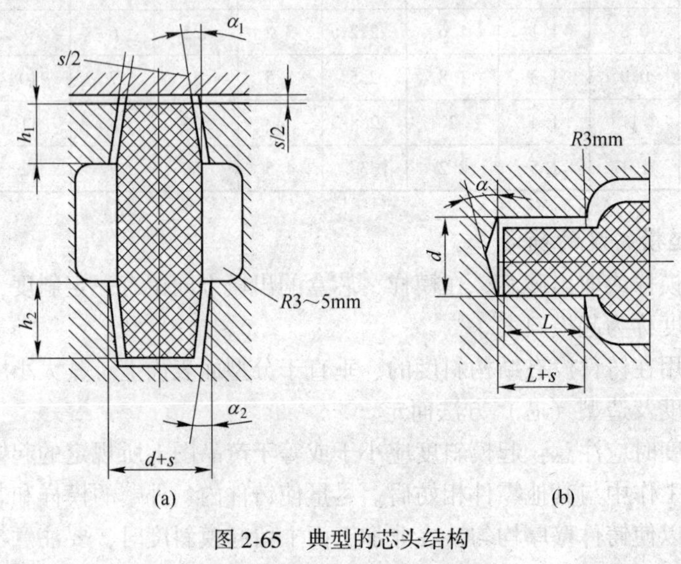

图 2-65 典型的芯头结构

（a）水平芯头；（b）垂直芯头

（1）芯头长度：芯头长度指的是砂芯伸入铸型部分的长度，如图 2-65（b）所示的尺寸 L。垂直芯头长度通常称为芯头高度，如图 2-65 所示的尺寸 h、h_1。过长的芯头会增加砂箱的尺寸，增加填砂量；芯头过高，不便于扣箱。对于水平芯头，砂芯越大，所受浮力也大，因此芯头长度也应越大，以使芯头和铸型之间有更大的承压面积。但垂直芯头的高度和砂芯体积之间并不存在上述关系，砂芯的重量或浮力由垂直芯头的底面积来承受。对于直径小于 ϕ60mm 和长度小于 1.0m 的中型、小型砂芯，水平芯头长度一般在 20～100mm 之间，特大型砂芯的水平芯头可以长达 300mm。水平芯头长度可由计算求得。由于湿型之抗压强度低，因此，用于湿型的芯头长度大于干砂型、自硬砂型的芯头长度。垂直芯头的高度根据砂芯的总高度和横截面的大小确定，一般取 15～150mm。

（2）芯头斜度：对垂直芯头，上、下芯头都应设有斜度，如图 2-66 所示的 α、a 所示。为合箱方便，避免上下芯头和铸型相碰，上芯头和上芯头座的斜度应大些。对水平芯头，如果造芯时芯头不留斜度就能顺利从芯盒中取出，那么芯头可以不留斜度。芯座-模样的芯头总是留有斜度的，至少在端面上要留有斜度，上箱斜度比下箱的大，以免合箱时和砂芯相碰，如图中的 α、α_1、a、a_1 等。

（3）芯头间隙：为便于下芯，常在芯头和芯座之间留有间隙，如图 2-66 中的 s、s_1、s_2。间隙的大小取决于铸型种类、砂芯的大小、精度和芯座本身的精度。机器造型、制芯间隙一般较小，手工造型、制芯则间隙较大，湿型的间隙小，干砂型、自硬型的间隙大；

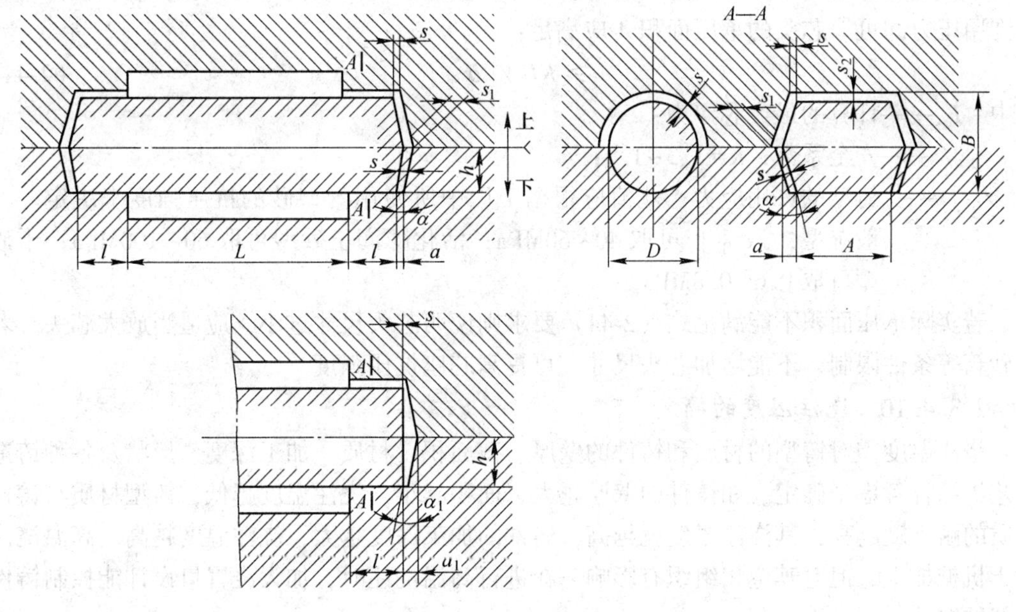

图 2-66 水平芯头的斜度

芯头尺寸大，间隙大，一般为 0.2~6mm。

（4）压环、防压环和积砂槽（图 2-67）：

1）压环：在上模样芯头上车削一道半圆凹沟（$r=2\sim5$mm），造型后在上芯座上凸起一环型砂，合箱后它能把砂芯压紧，避免液体金属沿间隙钻入芯头，堵塞通气道，这种方法只适用于机器造型的湿型。

2）防压环：在水平芯头靠近模样的根部，设置凸起圆环，高度为 0.2~2mm，宽 5~12mm，即防压环。造型后，相应部位形成下凹的一环状缝隙，下芯、合箱时，可防止此处砂型被压塌，从而防止掉砂缺陷。

3）积砂槽：在下芯座模样的边缘上设一道凸环，造型后砂型内形成一环凹槽，即积砂槽，用来存放散落砂粒，可大大加快下芯速度。积砂槽一般深 2~5mm，宽 3~6mm。

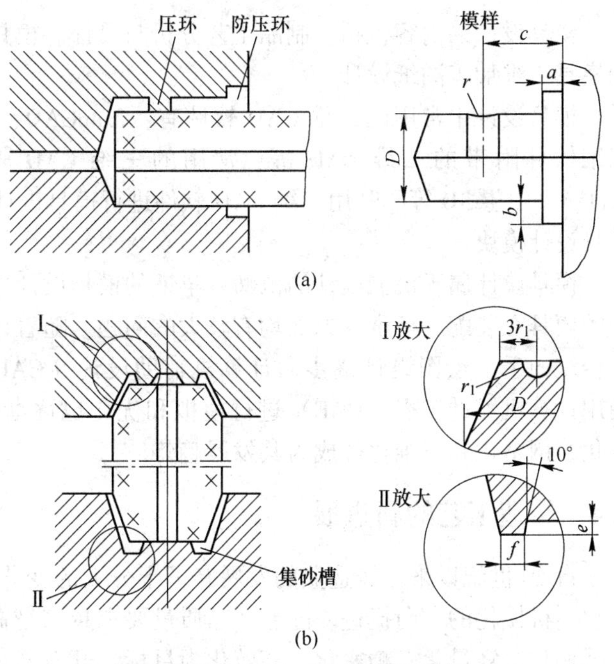

图 2-67 压环、防压环和积砂槽

（a）水平型芯头；（b）垂直型芯头

（5）芯头承压面积的核算：芯头的承压面积应足够大，以保证在金属液的最大浮力作用下不超过铸型的许用压应力。由于砂芯的强度通常都大于铸型的强度，故只核算铸型的许用压力即可。芯头的承压面积 A 应满足：

$$A \geqslant KF_c/[\sigma_{压}] \tag{2-44}$$

式中 F_c——计算的最大芯浮力；

K——安全系数，$K=1.3\sim1.5$；

$[\sigma_{压}]$——铸型的许用应力，此值应根据工厂中所使用的型砂的抗压强度来决定。一般湿型，$[\sigma_{压}]$ 可取 40~60MPa；活化膨润土砂型可取 60~100MPa；干砂型可取 0.6~0.8MPa。

若实际承压面积不能满足式（2-44）要求则说明芯头尺寸过小，应适当放大芯头。若受砂箱等条件限制，不能增加芯头尺寸，可提高芯座抗压强度。

2.3.4.10 浇注温度的确定

浇注温度需对铸型的材质和铸件的壁厚、截面积、材质、加工深度、形状及各种铸造工艺等综合考虑来确定。如铸件的壁厚越大、面积越小，浇注温度越低，铸型材质与铸件材质的耐火度越高，其浇注温度就越高，铸件的加工深度越大，浇注温度越高。高温浇注利于机械加工，但对其金相组织有影响，在进行高温浇注时，加大浇冒口设计能控制铸件内部的缩孔。

2.3.5 模具设计

模具设计的内容包括：制品工艺分析与设计、模具成形零件设计、模具整体结构设计和模具二维加工图纸设计。

模具设计中常用的二维 CAD 软件有：AutoCAD、PICAD、中望 CAD、CAXA CAD 和三维软件附带的二维 CAD 等。常用的三维 CAD 软件有 UGNX、Pro/E、SolidWorks、CATIA、中望 3D 等。利用三维 CAD 软件进行模具设计主要是利用它们的三维造型功能及模具设计模块。

模具设计属于机械设计的范畴，早期的模具设计主要是利用手工绘图，这使得制造出来的模具在装配、精度等方面均有较大的问题。随着计算机的发展，模具的设计方法已经由传统的手工绘图设计逐步向计算机辅助设计（CAD）向发展。同时，在设计过程中，使用计算机辅助工程（CAE）进行模拟和优化也逐渐成为模具设计的主流，集成化、智能化、网络化和三维化等成为其发展趋势。

2.4 铸造工艺的新进展

自 20 世纪以来，铸造业的发展有了十分大的变化，已经开始向数控化、自动化、智能化、机械化的方向挺进。随着产品质量要求越来越高，开发了一系列铸造工艺新技术，以强韧化、轻量化、精密化、高效化为目标，开发新材料。铸造工艺新技术有定向凝固、快速凝固、3D 打印、连续铸造等，以及铸造技术与计算机模拟的结合，大大提高了铸造质量。

2.4.1 定向凝固

定向凝固指的是在凝固过程中采用强制手段，在凝固金属和未凝固熔体中建立起沿特定方向的温度梯度，从而使熔体在型壁上形核后，沿着与热流相反的方向，按要求的结晶取向进行凝固的技术。定向凝固技术可以较好地控制凝固组织的晶粒取向，消除横向晶界，获得柱晶或单晶组织，提高材料的纵向力学性能，因而自它诞生以来得到了迅速发展，并逐渐应用到半导体材料、磁性材料、复合材料等的研制中，并成为凝固过程理论研究的重要手段之一。

传统的定向凝固技术主要有发热剂法（EP 法）、功率降低法（PD 法）、高速凝固法（HRS 法）、液态金属冷却法（LMC 法）等。

2.4.1.1 发热剂法

发热剂法是定向凝固技术发展的起始阶段，是最原始的一种。其基本原理是：将铸型预热到一定温度后，迅速放到激冷板上并立即进行浇注，冒口上方覆盖发热剂，激冷板下方喷水冷却，从而在金属液和已凝固金属中建立起一个自下而上的温度梯度，实现定向凝固。这种方法无法调节温度梯度和凝固速度，单向热流条件很难保证，故不适合大型优质铸件的生产。

2.4.1.2 功率降低法

在这种工艺过程中，铸型加热感应圈分两段，铸件们在凝固过程中不移动，其底部采用水冷激冷板。当模壳被预热到一定过热温度时，向壳型内浇入过热金属液，切断下部电源，上部继续加热，金属自下而上逐渐凝固。温度梯度随着凝固的距离增大而不断减小，通过选择合适的加热器件可以获得较大的冷却速度。

与发热剂法相比，功率降低法虽然在控制单向流及所获得组织方面有所改善，但其设备相对比较复杂，而且耗能较大，故其应用不是很广泛。

2.4.1.3 高速凝固法

功率降低法的缺点在于其热传导能力随着离结晶器底座距离的增加而明显下降。为改善热传导条件，发展了高速凝固法。高速凝固法与功率降低法的主要区别是：铸型加热器始终被加热，在凝固时，铸件与加热器之间产生相对移动。另外，在热区底部使用辐射挡板和水冷套。在挡板附近产生较大的温度梯度。这种方法可以大大缩小两相区，局部冷却速度增大，有利于细化组织，提高力学性能。这种方法是借鉴了 Bridgman 晶体生长技术特点而发展起来的，其主要特点是：铸型以一定速度从炉中移出，或者炉子以一定速度移离铸件，并采用空冷方式。这种方法由于避免了炉膛的影响且利用空气冷却，因而所获得的柱状间距变小，组织较均匀，提高了铸件的性能，在生产中有一定的应用。

2.4.1.4 液态金属冷却法

在提高散热能力和增大界面液相温度梯度方面，功率降低法和高速凝固法都受到一定条件的限制，于是，1974 年出现了一种新的定向凝固方法——液态金属冷却法。液态金属冷却法是目前工业应用较理想的一种定向凝固技术。

这种方法工艺过程与快速凝固法基本相同。当合金液浇入铸型后，按选择的速度将铸型拉出炉体，浸入金属浴，金属浴的水平面保持在凝固的固液界面附近处，并使其在一定温度范围内。液态金属冷却剂要求熔点低、沸点高、热容量大和导热性能好。由于液态金属与已凝固界面之间换热系数很大，因此这种方法加大了铸件冷却速度和凝固过程中的温度梯度，而且在较大的生长速度范围内可使界面前沿温度梯度保持稳定，使结晶在相对稳定的条件下进行，得到比较长的单向柱晶。常用的液态金属有 Ga-In 合金和 Sn 液。前者熔点低但价格昂贵，只适用于实验室小尺寸试样；后者虽然熔点较高，但价格较便宜，冷却效果较好，因而适用于工业应用。液态金属冷却法已被美国、俄罗斯等国用于航空发动机叶片的生产，是目前较理想的一种定向凝固技术。

定向凝固技术从发热剂法发展到液态金属冷却法，目的都是通过改变对已凝固金属的冷却方式来提高对单向热流的更有效的控制，从而获得更理想的凝固组织。然而这些方法所获得的冷却速度都是很有限的。

2.4.2 快速凝固

快速凝固的研究开始于20世纪50年代末60年代初，是在比常规工艺过程快得多的冷却速度或大得多的过冷度，合金以极快的凝固速率由液态转变为固态的过程。1959年美国加州理工学院的P. Duwez等采用一种独特的熔体急冷技术，第一次使液态合金在大于10^7K/s的冷却速度下凝固。他们发现，在这样快的冷却速度下，本来是属于共晶体系的Cu-Ag合金中，出现了无限固溶的连续固溶体；在Ag-Ge合金系中，出现了新的亚稳相；而共晶成分为Au-Si合金竟然凝固为非晶态的结构。这些发现，在世界的物理冶金和材料学工作者面前展开了一个新的广阔的研究领域。

要使合金熔体中发生极快的凝固过程并形成特殊的显微结构与性能，必须具备有效的快凝凝固技术方法。下面按其实现快速凝固的机制将各种技术方法分几类加以简述：

（1）急冷衬底快速凝固法。通过高导热系数衬底上薄层熔体的快速冷却，使合金熔体中形成大的起始形核过冷度，从而实现高的凝固速率。具体方法有：气枪法、锤钻法、旋铸法、旋转叶片打击法。

（2）超声气体雾化法。20世纪70年代以后，从生产制取快速凝固合金的需要出发，美国MIT的Grant发展了超声气体雾化技术。在该方法中，使流动速度达到了2个马赫数，脉冲频率为60000~80000r/s的惰性气体（N、Ar、He）冲击金属流，从而达到更强的雾化效果，并使冷却速度提高到10^4~10^5K/s。

（3）激光或电子束表面快速熔凝。使高能量密度的激光或电子束能以很高的线速度扫描工件表面，在工件表面形成瞬间的薄层小熔池，热量由基底材料迅速吸收，在表面造成一个快速移动低温度场，从而实现快速凝固。由于基底材料与小熔池界面对瞬间熔池层中的金属常有强烈的非均质形核的作用，因而起始核过冷一般并不显著。快速凝固主要由快速移动的温度场所造成。

（4）大块试样深过冷法。上述快速凝固技术主要是利用熔体的快速冷却来达到大的起始形核过冷和高凝固速率，这些方法所要求的制品尺寸至少在一个方向上必须很小。如能开发一种能够在较大尺寸块状试样中实现快速凝固的技术方法，将具有很广阔的工业应用前景。要实现这样的自的，在原则上有两种途径：一是选择某些合金系及合金成分，其熔体固有特征应能保证在不太高的冷却速度下达到大的起始过冷和发生快速凝固；二是通过消除和部分消除合金熔体中非均质形核的作用，使较缓慢的冷却过程亦能达到大的起始形核过冷和发生快速凝固。在这种想法的基础上，已经加以采用的技术方法有：磁悬浮无坩埚熔炼法及有净化作用的玻璃混合料包裹合金熔体法。

2.4.3 3D打印

3D打印（3D Printing）技术作为快速成形领域的一种新兴技术，目前正成为一种迅猛发展的潮流。近一段时间，3D 打印技术吸引了国内外新闻媒体和社会公众的热切关注。英国《经济学人》杂志 2011 年 2 月刊载封面文章，对 3D 打印技术的发展作了介绍和展望，文章认为：3D 打印技术未来的发展将使大规模的个性化生产成为可能，这将会带来全球制造业经济的重大变革。很多新闻媒体乐观地认为：3D 打印产业将成为下一个具有广阔前景的朝阳产业。

3D 打印技术是指通过连续的物理层叠加，逐层增加材料来生成三维实体的技术，与传统的去除材料加工技术不同，因此又称为增材制造（AM，Additive Manufacturing）。作为一种综合性应用技术，3D 打印综合了数字建模技术、机电控制技术、信息技术、材料科学与化学等诸多方面的前沿技术知识，具有很高的科技含量。3D 打印机是 3D 打印的核心装备，它是集机械、控制及计算机技术等为一体的复杂机电一体化系统，主要由高精度机械系统、数控系统、喷射系统和成形环境等子系统组成。此外，新型打印材料、打印工艺、设计与控制软件等也是 3D 打印技术体系的重要组成部分。

目前，3D 打印技术主要被应用于产品原型、模具制造以及艺术创作、珠宝制作等领域，替代这些领域传统依赖的精细加工工艺。3D 打印可以在很大程度上提升制作的效率和精密程度。除此之外，在生物工程与医学、建筑、服装等领域，3D 打印技术的引入也为创新开拓了广阔的空间。如 2010 年澳大利亚 Invetech 公司和美国 Organovo 公司合作，尝试以活体细胞为“墨水”打印人体的组织和器官，是医学领域具有重大意义的创新。

经过十多年的探索和发展，3D 打印技术有了长足的进步，目前已经能够在 0.01mm 的单层厚度上实现 600dpi 的精细分辨率。目前国际上较先进的产品可以实现每小时 25mm 厚度的垂直速率，并可实现 24 位色彩的彩色打印。

2.4.4 连续铸造

连续铸造是将液体金属连续地浇入到通水强制冷却的金属型（即结晶器）中，又不断地从金属型的另一端连续地拉出已凝固或具有一定结壳厚度的铸件。当铸件从金属型中拉出达到一定长度时，可以在不间断浇注的情况下，将铸件切断；也可以在铸件达到一定长度时，停止浇注，以获得一定长度的铸件。

常规连续铸造技术在钢铁制造过程中已经全面取代了模铸，成为占统治地位的材料生产技术。目前，就总的成品钢生产来讲，世界上大部分国家的连铸比已超过 90%。20 世纪 90 年代后，连续铸造技术的发展主要表现在开发和完善新的连铸技术。

2.4.4.1 近终型连铸

近终型连铸是指直接生产出接近产品最终尺寸和形状的连续铸造方式。其目的是减少中间加工工序，节省能源，减少贮存和缩短生产时间，提高生产效率。

2.4.4.2 单晶连铸

单晶连铸技术是建立在日本学者 Ohno 发明的 OCC（Ohno Continuous Casting）技术基础上的。OCC 技术也就是热型连铸技术，它的理论基础是金属凝固过程中的晶核游离理论。其技术关键是在保证连续铸造过程顺利进行的前提下，使得在热型结晶器中的熔体凝固从内部开始，液穴形状与一般连铸是相反的。采用这种技术生产的铸锭内部缺陷少，性能可得到显著地改善。在一定条件下可以获得单晶线材。

2.4.4.3 高效连铸

高效连铸是指以高拉坯速度为核心的生产率显著高于常规连续铸锭的技术。高效连铸技术的特点体现在"五高"上：高拉速、高品质无缺陷、高温铸坯、高浇速率、高作业率。

2.4.4.4 连铸坯热送热装（CC-DHCR）技术

连铸坯热送热装（CC-DHCR）技术与传统工艺的差别是将切割（或剪切）成一定尺寸、具有800~900℃高温的铸坯直接送入与轧机配套的加热炉中。热送热装技术比传统工艺显著节约能源，减少金属消耗，提高成材率，简化工艺流程，提高产品品质。

2.4.5 铸造工艺计算机辅助设计

铸造工艺计算机辅助设计是用高新技术促进铸造学科发展的前沿领域，是当前铸造学科研究的热点。以凝固过程为核心内容的铸造工艺CAD已进入工厂实用阶段，为提高铸件质量发挥了重要作用，为铸造工业带来了显著的经济并及社会效益。对铸件浇冒口系统的设计，实用的三维铸造凝固过程模拟分析软件，温度场、流场和应力场数值分析等方面的国内外研究进展进行了评述。同时指出计算机集成铸造技术将是今后的发展方向。

铸造工艺计算机辅助设计是计算机技术在铸造行业中应用的重要内容。完整的或广义的铸造工艺CAD应包括工艺设计及工艺优化或铸造凝固过程模拟两个方面。铸造凝固过程模拟涉及凝固理论，铸件形成理论、传热学、计算流体力学、工程力学及计算机图形学等多种学科，是铸造工艺CAD的最核心内容，是国际上公认的用高新技术促进铸造学科发展的前沿领域。同时，铸造工艺CAD能够确保铸件质量，优化工艺方案缩短试制周期，提高竞争能力，降低生产成本，因而日益受到铸造行业的重视。

2.4.5.1 浇冒口工艺设计

铸件浇冒口设计（包括冷铁、补贴及出气孔等）是铸造工艺设计的主要内容，主要依赖于专家知识及经验公式。虽然计算机仅起辅助作用，但仍有以下优点：

（1）计算迅速正确；

（2）可以进行多种方案比较；

（3）消除简单重复繁琐的人工运算。

英国Foseco公司的Feedercalc软件是以传统的模数法设计冒口为基础开发而成的，是较有代表性的典型软件。

"七五"期间，我国开发了一大批适用于各种类型材质及各种类型铸件（如缸体类、齿轮类和阀体类等）的浇冒口工艺CAD软件。其中FTCADS软件适用于铸钢件，以修正的三次方程为浇冒口设计基础。适用于球墨铸铁件的FTCAD软件则以S. Karsay的浇冒口理论为基础开发而成，已在数十个生产球墨铸铁件工厂投入运行，在确保铸件质量的前提下，提高了实收率，为工厂取得了显著的经济及社会效益。

2.4.5.2 铸造凝固过程模拟分析系统

经过20多年的努力，铸造凝固过程模拟分析技术在以下三方面取得了突破性进展：

（1）能够处理三维复杂形体的铸件。

（2）软硬件费用大幅度降低，工厂已能承受。

（3）对用户友好（User Friendly），使非计算机专业人员也容易掌握及运用。

因此，国内外都已从实验室研究进入到工厂使用阶段，可以做到以铸造理论为指导，以计算机数值模拟为手段，控制凝固过程及预测铸件缩孔缩松及裂纹等缺陷。

2.4.5.3 充型过程模拟

充型过程三维流场分析的目的有二：一是考虑充型过程流动对初始温度场的影响，用以提高凝固过程模拟分析的正确性；二是预测因充型流动而引起的浇不足、冷隔、气体卷入及夹渣等铸造缺陷以校核及优化浇注系统设计。

目前，国外 MAGMA 软件已可对中等复杂铸件进行三维流场分析，并获得了比较符合实际情况的初始温度场分布。日本丰田汽车公司已用来分析复杂形体铝合金压铸件的充型过程及预测气体缺陷部位并获得了成功。

2.4.5.4 温度场凝固过程模拟

以三维温度场为主要内容的铸件凝固过程模拟技术已进入实用阶段。日本已有 10% 左右的铸造厂采用此项技术。英国 Solstar 软件能预测大型铸钢件的缩孔缩松部位。

我国开发的真三维 FTSolver 系统也达到了 90 年代国际水平，已经在冶金、机械、交通及石化等行业十余个工厂投入运行。系统由三维几何造型、网格自动剖分，有限差分传热计算、缩孔缩松预测、热物性数据库及彩色图形处理等六个模块组成。为首钢机械总厂，北京水泵厂及沈阳铸造研究所等模拟分析的大型复杂铸钢件及铝合金铸件均做到优化工艺后一次浇注成功。

2.4.5.5 应力场模拟

铸造过程的应力场分析因可预测铸件热裂、裂纹及变形等缺陷而显得十分重要。但是，三维应力场模拟涉及弹性-塑性-蠕变理论及高温状态下的力学性能及热物性参数等，研究工作的难度更大国外对简单形体如连续铸锭的应力场分析早已取得很大进展，而对复杂形体铸件的应力场分析则报道较步：最近 P. Sahm 发表了简单形体铸件的三维应力场分析结果。同时还发表了机床类铸件局部二维残余应力场及变形的模拟分析结果，结果表明蜂窝状结构铸件的残余应力及变形最小。国内不少研究着重于利用国外引进的通用有限元软件对有代表性的铸钢件及铝合金气缸盖等应力场进行模拟分析。多数研究着重于建立专门通用于铸造过程的三维应力场分析软件包。

思 考 题

1. 试述液态金属的充型能力和流动性之间的联系与区别，举例说明。
2. 试分析中等结晶温度范围合金的停止流动机理。
3. 用螺旋式样测定金属的流动性时，为了使测得数据稳定和重复性好，应控制哪些因素？
4. 碳钢（$w_C=0.25\%\sim0.4\%$）流动性螺旋式样流束前端常出现豌豆形突出物，经化学分析，突出物 S、P 含量较高，试解释生成原因。
5. 采用高温出炉、低温浇注工艺措施，为什么可提高合金的流动性？
6. 用同一种合金浇注同一种铸件，其中一、二件出现“浇不足”缺陷，可能是由于什么原因？
7. 四类因素中，在一般条件下，哪些是可以控制的，哪些是不可控的，提高浇注温度会带来什么负作用？
8. 某飞机制造厂的一牌号 Al-Mg 合金（成分确定）机翼因铸造常出现“浇不足”缺陷而报废，如果你是该厂工程师，请问可采取哪些措施来提高成品率？

9. 试述金属结晶的热力学条件。
10. 试述等压时物质自由能 G 随温度上升而下降，以及液相自由能 G_L 随温度上升而下降的斜率大于固相 G_S 的斜率的理由。
11. 从热力学（能量）角度分析纯金属在凝固过程中均匀形核时的临界晶核形成过程。
12. 试比较均匀形核和非均匀形核的异同点，说明非均匀形核为何往往比均匀形核容易。
13. 晶核长大的条件是什么，过冷度对长大方式和长大速度的影响是什么？
14. 讨论两类固-液界面结构（粗糙界面和光滑界面）形成的本质及其判据。
15. 结合固-液界面的微观结构和固-液界面前沿液体的温度分布分析金属结晶时的形态。
16. 固-液界面结构如何影响晶体生长方式和生长速度，各生长机制的生长速度对过冷度的关系有何不同？
17. 铸件典型晶粒组织包括哪几部分，它们是怎样形成的，各种因素怎样影响它们的形成和转变，如何获得全部的细等轴晶组织？
18. 试分析溶质再分配对游离晶粒的形成及晶粒细化的影响。
19. 常用的形核剂有哪几类，其作用条件和机理如何？
20. 分析下列措施可能获得的结晶组织：（1）同时采用形核剂及强成分过冷剂；（2）加形核剂，同时分别在固定磁场和交变磁场中浇注；（3）加表面活性元素浇注后施加振动。
21. 在动态下进行结晶时，共晶型合金的组织细化应注意哪些事项？
22. 常规砂型铸造与特种铸造在铸件成形原理上是相同的，他们的铸造工艺是否也相同或相似，为什么？与砂型铸造相比，试分析特种铸造的优点及局限性。
23. 简述机械粘砂的形成机理、影响因素和防止措施。
24. 为什么要测定黏土型砂的湿强度？详细说明测定黏土型砂的湿强度实验步骤。
25. 为什么要设分型面，怎样选择分型面？
26. 何谓"紧实率"？为什么要测定紧实率，如何测定？
27. 何谓型砂的含泥量，它对型砂性能有哪些影响？
28. 什么是铸造工艺设计，铸造工艺设计和铸造工艺方案都包括哪些内容？
29. 如何评价一张铸造工艺图的好坏？
30. 冒口设计的原则是什么？
31. 冷铁如何分类，其尺寸如何确定？
32. 起模斜度是什么，设计起模斜度的注意事项有哪些？
33. 谈谈对芯头的理解。
34. 影响机械加工余量大小的主要因素有哪些？
35. 要想使单件生产的大铸件不报废，你认为应使用哪些铸造工艺参数，为什么？如果是批量生产的小铸件呢？
36. 什么是定向凝固原则和同时凝固原则，如何保证铸件按规定凝固方式进行凝固？
37. 实现快速凝固的机制将各种技术方法分成了几类，各有什么特点？
38. 铸造工艺计算机辅助设计程序的功能主要表现在几方面？

参考文献

[1] 易军，梁洁萍，周敬东. 制造技术基础 [M]. 北京：北京航空航天大学出版社，2011.

[2] 黄天佑，都东，方钢．材料加工工艺［M］．北京：清华大学出版社，2010.
[3] 范金辉，华勤．铸造工程基础［M］．北京：北京大学出版社，2009.
[4] 祖方遒．铸件成型原理［M］．北京：机械工业出版社，2013.
[5] 李远才．金属液态成型工艺［M］．北京：化学工业出版社，2007.
[6] 安阁英．铸件形成理论［M］．北京：机械工业出版社，1990.
[7] 刘全坤．材料成型基本原理［M］．北京：机械工业出版社，2005.
[8] 戴斌煜．金属液态成型原理［M］．北京：国防工业出版社，2010.
[9] 赵洪运．材料成型原理［M］．北京：国防工业出版社，2009.
[10] 刘全坤，等．材料成型基本原理［M］．北京：机械工业出版社，2010.
[11] 崔忠圻，刘北兴．金属学与热处理原理［M］．哈尔滨：哈尔滨工业大学出版社，2007.
[12] 胡汉起．金属凝固原理［M］．北京：机械工业出版社，2000.
[13] 胡赓祥，蔡珣，戎咏华，等．材料科学基础［M］．上海：上海交通大学出版社，2010.
[14] 宋维锡．金属学［M］．北京：冶金工业出版社，1989.
[15] 王寿彭．铸件形成理论及工艺基础［M］．西安：西北工业大学出版社，1994.
[16] 陈平昌，朱六妹，李赞．材料成型原理［M］．北京：机械工业出版社，2001.
[17] 李庆春．铸件形成理论基础［M］．北京：机械工业出版社，1982.
[18] 章舟．消失模铸造生产及应用实例［M］．北京：化学工业出版社，2007.
[19] 董选普，李继强．铸造工艺学［M］．北京：化学工业出版社，2009.
[20] 李荣德，米国发，荣守范，等．铸造工艺学［M］．北京：机械工业出版社，2013.
[21] 李弘英，赵成志．铸造工艺设计［M］．北京：机械工业出版社，2005.
[22] 叶荣茂，李邦盛，徐远跃．铸造工艺设计简明手册［M］．北京：机械工业出版社，1996.
[23] 叶荣茂，吴维冈，高景艳．铸造工艺课程设计手册［M］．哈尔滨：哈尔滨工业大学出版社，1995.
[24] 周尧和，胡壮麒，介万奇．凝固技术［M］．北京：机械工业出版社，1998.
[25] 刘厚才，莫健华，刘海涛．三维打印快速成型技术及其应用［J］．机械科学与技术，2008（9）.
[26] 史宸兴．实用连铸冶金技术［M］．北京：冶金工业出版社，1998.
[27] Ohno A. Continuous metal casting：U S，4515204［P］. 1985-05-07
[28] 殷瑞钰．继续大力发展连铸，推动钢铁工业结构优化，促进两个根本转变［J］．炼钢，1996，12（6）：7-14.
[29] 王雅贞，张岩，刘术国．新编连续铸钢工艺及设备［M］．北京：冶金工业出版社，1999.
[30] 裴清祥．铸钢件浇冒口系统计算机设计程序的开发及应用［J］．热加工工艺，1991（2）：12-18.
[31] Rigaut C. Simulator-A 3-D modellet softwate for casting mou1d filling and metal solidification［J］. Hommes Et Fonderle，1990（10）：18-23.
[32] Guan J，Sabra P R. Numerische untersucbung der thesmischen spannungen in real-en 3D-gusshautelien［J］. Giesserei，1992（8）：318-332.
[33] Guan J，Sahm P R. Eslimalion of residual stress in cooling down castings by the FDM method［J］. Giessereiforschung，1991（1）：10-17.
[34] 杜玉俊，沈军，熊义龙，等．电磁约束成型的技术特点及其发展前景［J］．材料导报 A：综述篇，2012，26（4）：118-121.
[35] 傅恒志，张军．电磁流体力学与材料工程［A］. 1998 中国科学技术前沿（中国工程院版）［C］．北京：高等教育出版社，1998：187-224.
[36] 沈军．电磁约束成型过程研究［D］．西安：西北工业大学，1996.

[37] 张丰收．特种合金软接触电磁成型定向凝固技术研究［D］．西安：西北工业大学，2003.
[38] 郭景杰，张铁军，苏彦庆，等．电磁技术在铸造中的研究与应用［J］．特种铸造及有色合金，2002（3）：37-38.

3 锻造工艺

【本章概要】

锻造工艺具有上千年的发展史，如今正朝着少无切削、机械化、自动化等更高的方向发展，在工业生产中发挥着重要作用。本章主要叙述锻造工艺中的自由锻和模锻，并着重于成形原理、特点、适用范围及其工艺参数计算、设备吨位与工、模具结构等内容叙述。

【关 键 词】

自由锻，模锻，锻造工艺设计，锻模。

【章节重点】

本章应掌握自由锻、模锻件生产工艺过程的主要工序及其作用，在此基础上了解锻造工艺设计方法及锻模具结构。

锻造是在外力作用下，利用工具或模具使坯料、铸锭产生局部或全部塑性变形，以获得一定形状、尺寸和内部组织的锻件的一种材料加工方法。机械、冶金、船舶、航空、航天、兵器以及其他许多工业部门的发展都离不开锻造生产的密切配合，锻造生产能力及其工艺水平，对一个国家的工业、农业、国防和科学技术所能达到的水平具有很大的影响。

根据所用设备和工具的不同，锻造生产还可分成自由锻、模型锻造（又称模锻）、胎模锻造（又称胎模锻）、特种锻造等四类。自由锻是只用简单的通用性工具，或在锻造设备的上、下砧间直接使坯料变形而获得所需的几何形状及内部质量的方法。模锻是利用模具使毛坯变形而获得锻件的锻造方法。胎模锻是在自由锻设备上使用可移动模具生产模锻件的一种锻造方法，胎模不固定在锤头或砧座上，只是在用时才放上去。特种锻造是采用专用模锻设备及专用模具与工装，实现某一特定的锻造工艺，因此也称专用锻造工艺。在相关工厂和车间，通常通过建立专业化特种锻造生产线，实现某种锻件的大批量生产，如辊锻、楔横轧、摆动辗压等。根据金属变形时的温度，锻造生产可分为热锻、温锻及冷锻。热锻是在金属再结晶温度以上进行的锻造工艺，冷锻是在室温下进行的锻造工艺，温锻是在高于室温和低于再结晶温度范围内进行的锻造工艺。

锻造工艺流程是指生产一个锻件所经过的锻造生产过程。以模锻为例，其工艺流程是：备料→加热→模锻（可能在一台设备上完成，也可能依次在几台设备上完成）→切边、冲孔→热处理→酸洗、清理→校正→检查→入库。

用于锻造的原材料应具有良好的塑性，以便锻造时产生较大的塑性变形而不致被破坏。碳钢、合金钢、有色金属及其合金等金属材料在一定条件下具有良好的塑性，可以对其进行锻造成形。大型锻件和某些合金钢锻件主要用钢锭锻制，中小型锻件一般采用轧制、挤压或锻造等方法生产的型材。

3.1 锻造工艺原理

3.1.1 可锻性

可锻性是指金属材料在压力加工时，能改变形状而不产生裂纹的工艺性能，常用材料的塑性和变形抗力来综合衡量。塑性是指材料在外力作用下产生永久变形，而不破坏其完整性的能力。变形抗力指材料对变形的抵抗力。塑性反映了材料塑性变形的能力，而变形抗力反映了塑性变形的难易程度。塑性高，则材料变形不易开裂；变形抗力小，则锻压省力。两者综合起来，材料就具有良好的可锻性。

可锻性同许多因素有关，一方面受化学成分、相组成、晶粒大小等内在因素影响，例如，不同化学成分的材料可锻性不同，一般来说，纯金属的可锻性比合金好，单相组织可锻性好，粗晶粒组织不如细小均匀结构可锻性好。另一方面又受温度、变形方式和速度、材料表面状况和周围环境介质等外部因素影响。例如，适当温度范围的加热可以使材料可锻性显著改善。

3.1.2 锻造时金属的宏观变形规律

3.1.2.1 体积不变定律

在塑性变形过程中，只要金属的密度不发生变化，变形前后的体积就不会产生变化，这一规律称为体积不变定律。

实际上，金属在塑性变形过程中，体积总会发生一些很小的变化。热变形后会使金属的密度增加，而体积稍微减小；冷变形时，由于存在晶体的晶内破坏和晶间破坏，金属的疏松程度增加，使体积稍有增加。这些微小的变化，在锻造生产中常可以忽略不计。因而，在工艺上计算锻件坯料尺寸、工序尺寸设计及模具设计时，均可根据体积不变定律来进行计算。

3.1.2.2 最小阻力定律

在塑性变形过程中，若金属变形内的质点可以在不同方向流动时，则变形体内的每一个质点将是向着阻力最小的方向流动，这个规律称为最小阻力定律。一般来讲，定律中所说最小阻力方向是由质点向剖面轮廓所做的最短法线的方向。

根据最小阻力定律可以确定金属在塑性变形时各部分的流动方向与其流动阻力之间的关系，进而控制金属的流向，从而有利于金属坯料的锻造成形。例如在模锻时，应根据最小阻力定律先确定金属的流动方向，才能合理地设计出锻模。因为在模锻初期，金属坯料首先是向着阻力较小的锻模飞边的桥部和仓部方向流动，随着锤头打击次数增加，飞边逐渐形成，飞边桥部变薄，而且温降较大，致使桥部金属流动阻力增大，迫使金属向模膛的其他部位流动，直至充满整个模膛。

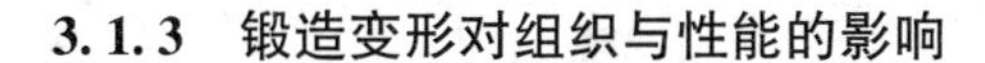

3.1.3 锻造变形对组织与性能的影响

3.1.3.1 锻造变形对钢锭组织的影响

（1）消除粗大的树枝晶并获得均匀细化等轴晶。当钢锭锻造变形达到一定的变形程度（锻比）时，粗大的树枝晶便被击碎，通过再结晶形成新的等轴晶组织，从而提高金属的塑性和强度。锻件的晶粒大小和均匀性取决于变形温度、变形程度和变形的均匀性。只要变形均匀、终锻温度合适，特别是最后一火的变形量，要控制其不在临界变形程度范围内，锻件便能获得均匀细小的晶粒组织。

（2）破碎并改善碳化物及夹杂物在钢中的分布。对钢锭在多个方向反复进行锻造，可将聚集在晶界的碳化物、非金属夹杂物和其他过剩相组织击碎，再加上高温扩散和互相溶解作用，使之较均匀地分散在金属基体内，从而改善了金属组织，提高了锻件使用性能。例如对具有大量碳化物的钢种（如高速钢、高铬钢、高碳钢等），在锻造这类钢种时，为了使碳化物充分击碎并均匀分布，采取轴向反复镦拔、径向十字锻造等工艺，来实现对坯料在各个方向上的反复锻造。

（3）形成纤维组织。锻造钢锭时，当树枝晶沿主变形方向变形的同时，晶界过剩相（如夹杂和化合物）的形态随之也要发生改变，其中，氧化物等质硬而脆，很难变形，只能击碎使其沿着主变形方向呈链状分布；硫化物有较好的塑性，可随晶粒一同变形，沿着主变形方向伸长，呈带状分布。多数晶界过剩相的这种分布，在晶粒再结晶后也不会改变，使金属组织具有一定方向性，通常称为“纤维组织”，其宏观痕迹即“流线”。当只进行拔长时，锻比大于2~3便会出现纤维组织。如先镦粗后拔长，锻比要达到4~5才能形成纤维组织。变形程度越大，纤维方向越明显。

流线在锻件内的分布状况，对锻件使用性能影响很大，而锻件的流线分布又取决于锻造的变形工艺。因此，在制订锻件的锻造变形工艺时，应根据零件的受力情况，正确控制流线在锻件的分布。

（4）锻合内部孔隙。一般在钢锭的内部不可避免存在大量的各种孔隙，通过锻造可将表面未氧化的孔隙焊合，使金属的塑性与致密性都得到改善。为达到此目的，需要三个条件：其一，孔隙表面没有被氧化，且不存在非金属夹杂；其二，处于三向压应力状态，并且要求一定的变形程度或局部锻比；其三，锻造时温度要高。温度高时，原子活动能力强，易于扩散。缺陷收缩后能够很快地焊合。

3.1.3.2 锻造变形对锻件力学性能的影响

通过锻造使钢锭组织发生变化，这必然引起金属的性能发生改变。一般情况下，随着锻比的增加，强度指标 σ_b 变化不大，而塑性、韧性指标 δ、ψ、α_K 变化很大。例如对于碳钢而言，当锻比达到2左右时，由于内部孔隙锻合，铸态组织得到消除或改善，晶界碳化物和夹杂被打碎，因此，纵向和横向力学性能均有显著提高。当锻比等于2~5时，开始逐渐形成纤维组织，力学性能出现各向异性。虽然纵向性能略有提高，但横向性能明显下降。如锻造比超过5以上，将形成一致的纤维组织，纵向性能不再提高，横向性能继续下降。此外，锻造还能提高锻件的疲劳性能。钢锭通过锻造，可以提高组织的致密性和均匀性，宏观及微观缺陷得到改善和消除，无疑这均有利减少产生应力集中（发生疲劳破坏的疲劳源），从而可使锻件的抗疲劳性能提高。

3.2 锻前加热锻后冷却与热处理

3.2.1 锻前加热

金属坯料在锻前加热时，随着温度的升高，将伴随有回复、再结晶的软化过程发生，从而导致临界剪应力降低和滑移系增加；同时，多相组织转变为单相组织，以及热塑性（或扩散塑性）的作用使金属获得良好的塑性和低的变形抗力。此外，金属在高于 $0.5T_m$（T_m为熔点的热力学温度）的条件下进行锻造，由于产生动态回复和动态再结晶过程，塑性变形所引起的硬化得到消除，从而使锻件具有良好的组织与性能。因此，锻前加热的目的可以概括为：提高金属的塑性，降低其变形抗力，使之易于塑性成形并获得良好的锻后组织和力学性能。

3.2.1.1 锻造温度范围

锻造温度范围是指坯料开始锻造时的温度（即始锻温度）至锻造终止时的温度（即终锻温度）之间的温度区间。其确定原则是：在锻造温度范围内进行锻造时，坯料具有良好的塑性和较低的变形抗力，并且还能获得组织性能优质的锻件。锻造温度范围应尽可能宽，以便减少锻造加热火次和提高锻造生产率。

A 始锻温度

始锻温度，即开始锻造时的温度，从减小变形抗力和增加塑性的角度来看，始锻温度应选择较高的温度为宜。因为这样可以节省设备的能量消耗，缩短生产周期，提高锻造生产率。但由于坯料在加热时有“过热”和“过烧”的限制，始锻温度不可能无条件的增高。例如，对于碳钢来讲，其始锻温度一般比铁-碳平衡相图的固相线低150~250℃。

B 终锻温度

终锻温度，即停止锻造的温度，一般希望取其温度的下限，这样可以有较长的锻造操作时间。在确定终锻温度时，如果终锻温度过低，不仅导致锻造后期加工硬化严重，可能引起锻裂，而且会使锻件局部处于临界变形状态，产生粗大晶粒。相反，温度过高，对于亚共析钢会使锻件晶粒粗大，甚至得到粗大的魏氏组织；对于高碳的过共析钢则生成网状碳化物。因此，终锻温度应该是在没有加工硬化和裂纹的前提下采取温度的下限，通常终锻温度稍高于其再结晶温度。这样，既能保证坯料在终锻温度前仍有足够的塑性，又可使锻件在锻后能够获得较好的组织性能。按照上述原则，对于碳钢来讲，其终锻温度约在铁-碳平衡相图 A_1线以上 25~75℃。按此，中碳钢的终锻温度在奥氏体单相区，组织均匀，塑性良好，完全满足终锻要求；低碳钢的终锻温度处在奥氏体和铁素体的双相区内，但因两相塑性均较好，两相间的变形相互协调，不会给锻造带来困难。高碳钢的终锻温度是处于奥氏体和渗碳体的双相区，在此温度区间进行锻造，可借助塑性变形作用将析出的渗碳体破碎呈弥散状，以免高于 A_{cm}线终锻而使锻后沿晶界析出网状渗碳体。

3.2.1.2 锻造的加热规范

在实际锻造生产中，为避免出现加热缺陷，保证锻造变形要求，坯料应按一定加热规范（加热制度）进行加热。加热规范是指坯料从开始装炉升温到加热完毕出炉的整个过程中，对炉温或坯料温随时间变化的规定。加热规范通常是以炉温-时间的变化曲线（又称加热曲线）来表示。锻造生产中常采用的加热规范有：一段、二段、三段、四段及五段加热规范，其对应的曲线类型如图 3-1 所示。

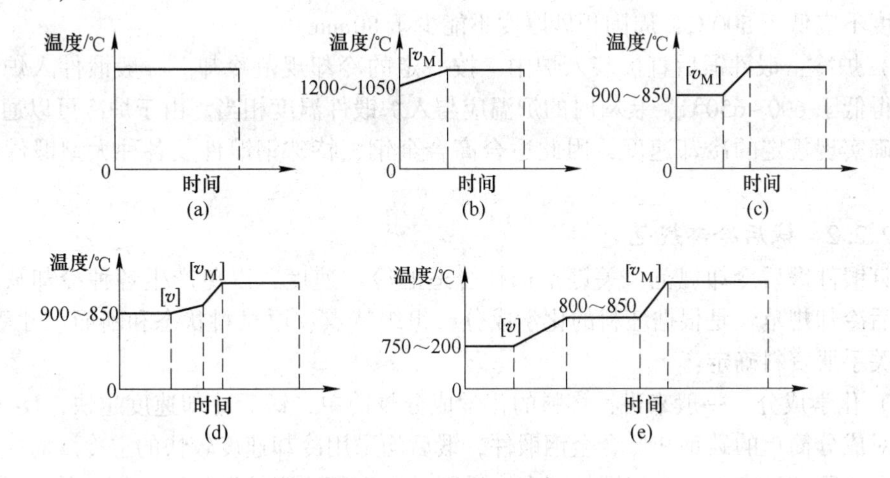

图 3-1 钢的锻造加热曲线类型

（a）一段加热曲线；（b）二段加热曲线；（c）三段加热曲线；（d）四段加热曲线；（e）五段加热曲线

［v］—金属允许的加热速度；［v_M］—最大可能的加热速度

制订加热规范的基本原则是：要求坯料在加热过程中不产生裂纹、过热与过烧，温度均匀，氧化和脱碳少，加热时间短等。即在保证坯料加热质量的前提下，力求加热过程越快越好。

通常，可将坯料的加热过程分为预热、加热和均热三个阶段。在预热阶段，坯料温度低而塑性差，而且还存在蓝脆区，为了避免温度应力过大引起裂纹，则需要规定坯料装炉时的炉温，即装炉温度。加热阶段关键是选择正确的加热速度，否则如果加热过程升温太快，坯料断面将产生很大温差，由此还会导致坯料开裂；均热阶段是为了使坯料断面温度均匀，要求给出适当的保温时间。

因此，制订加热规范一般就是确定坯料装炉温度、升温加热速度、最终加热温度、各段加热（保温）时间和总的加热时间等。

3.2.2 锻后冷却

锻后冷却一般是指锻件从锻后终锻温度一直冷却到室温的降温过程。如果锻后冷却方法不当，锻件在冷却过程中将会产生缺陷以致报废（裂纹、白点、网状碳化物等），也可能因延长生产周期而影响生产率。所以，锻后冷却也是锻造生产中不可忽视的一个重要环节。

3.2.2.1 锻后冷却方法

根据锻后的冷却速度的不同，锻后冷却方法主要有三种，即空冷、坑（箱）冷和炉冷：

（1）空冷：锻件锻后单个或成堆直接放在车间地面上在空气中冷却，速度较快。注意不能放在潮湿地或金属板上，也不要放在有过堂风的地方，以免锻件冷却不均或局部急冷引起缺陷。

（2）坑（箱）冷：锻件锻后放到地坑或铁箱中封闭冷却，或埋入坑内砂子、石灰或炉渣中冷却，其冷却速度，可以通过不同绝缘材料及保温介质厚度来进行调节。一般锻件入砂温度不应低于500℃，周围积砂厚度不能少于80mm。

(3) 炉冷：锻件锻后直接装入炉中，按一定的冷却规范冷却。一般锻件入炉温时的温度不得低于600~650℃，装料时的炉温应与入炉锻件温度相当。由于炉冷可以通过控制炉温准确实现规定的冷却速度，因此适合高合金钢、特殊钢锻件及各种大型锻件的锻后冷却。

3.2.2.2 锻后冷却规范

制订锻件锻后冷却规范，关键是选择合适的冷却速度，以免产生各种冷却缺陷。通常，锻后冷却规范，是根据坯料的化学成分、组织特点、原材料状态和断面尺寸等因素，参照有关手册资料确定：

(1) 化学成分。一般来讲，坯料的化学成分越简单，锻后冷却速度越快，反之越慢。按此，对成分简单的碳钢和低合金钢锻件，锻后均采用冷却速度较快的空冷。而成分较复杂或合金化程度较高的合金钢锻件，在锻后则采用冷却速度较慢的坑（箱）冷或炉冷。

对于碳素工具钢、合金工具钢及轴承钢等含碳较高的钢种，如果锻后缓冷，在晶界会析出网状碳化物，将严重影响锻件的使用性能。因此，这类锻件锻后应用空冷、鼓风或喷雾等快速冷却到600~700℃，然后再把锻件放入到坑中或炉中缓慢冷却。

(2) 组织特点。对于奥氏体不锈钢、铁素体不锈钢等没有相变的钢种，由于锻后冷却过程无相变，可采用快速冷却，尤其是铁素体不锈钢应快冷。这主要是由于在400~520℃温度区间停留时间过长，会产生475℃脆性。所以这类锻件锻后通常采用空冷。但是快冷后的锻件内部会留有残余应力，故快冷后还需要加热到750~800 ℃进行再结晶退火，以消除内应力。对于高速钢、不锈钢、高合金工具钢等空冷自淬的钢种，由于锻后空冷发生马氏体转变，由此会引起较大组织应力，而容易产生冷却裂纹。因此，这类锻件锻后应缓慢冷却。对于白点敏感的钢种，如铬镍钢34CrNi1Mo~34CrNi4Mo，为防止锻后冷却过程中产生白点，应按一定的冷却规范进行炉冷。通常认为，最有效的方法是锻后冷却与锻后热处理结合在一起进行。

(3) 原材料状态和断面尺寸。当锻件以型钢为原料时，锻后的冷却速度可快，而对以钢锭为原料锻造的锻件，锻后的冷却速度要慢。此外，对于断面尺寸大的锻件，因冷却温度应力大，在锻后应缓慢冷却，而对断面尺寸小的锻件，锻后可快速冷却。

3.2.3 锻件热处理

热处理是指把金属或合金（工件）加热到给定的温度，并在此温度下保温一定的时间，然后用选定的速度和方法来冷却，以便达到所需要的组织和性能的一种工艺方法。

锻件在机械加工前后，一般都要进行热处理。机械加工前的热处理称为锻件热处理（也称为毛坯热处理或第一热处理）。机械加工后的热处理称为零件热处理（也称为最终热处理或第二热处理）。

由于在锻造生产过程中，锻件各部位的变形程度、终锻温度和冷却速度不一致，锻后必然导致锻件组织不均匀、残余应力和加工硬化等现象。因此，为保证锻件质量，在锻后还需要对锻件进行热处理。对容易出现白点的锻件，为防止出现该类缺陷也要进行热处理。另外，对切削后不再进行热处理的锻件，要求在锻造车间热处理后就要达到组织和性能要求。因此，锻件热处理的目的在于：

(1) 调整锻件的硬度，以利于锻件进行切削加工；

(2) 消除锻件内应力，以免在机械加工时变形；

(3) 改善锻件内部组织，细化晶粒，防止白点，为零件热处理做好组织准备；

(4) 对于不再进行最终热处理的锻件，应保证达到规定的力学性能要求。

常用的锻件热处理方法有退火、正火、调质和等温退火等。

3.3 锻造工艺方法

3.3.1 自由锻

自由锻是将加热到锻造温度的坯料，在自由锻设备和简单通用工具的作用下，通过人工操作或操作机操作，控制其金属流动以获得所需形状和尺寸锻件的锻造方法。它主要适用于单件、小批量锻件。同时，由于自由锻件是由坯料逐步变形而成，变形过程中，仅局部与工具接触，故所需锻造设备的吨位小，具有省力特点而成为大型锻件生产主要采用的工艺。

自由锻的通用性强、灵活性大，可以锻造多种多样、复杂程度不同的锻件。为了便于安排生产和制订工艺流程，常按锻造的工艺特点对锻件进行分类，即把形状特征相同、变形工序一致、锻造过程类似的锻件归为一类。据此，自由锻件可分为六类：饼块类锻件、空心类锻件、轴杆类锻件、曲轴类锻件、弯曲类锻件和复杂形状锻件。

自由锻件的成形过程是由一系列变形工序所组成的。根据变形性质和变形程度的不同，自由锻工序一般可分为基本工序、辅助工序和修整工序三类。

3.3.1.1 基本工序

自由锻的基本工序是能够较大幅度地改变坯料形状和尺寸的工序，主要有镦粗、拔长、冲孔、扩孔、芯轴拔长、弯曲、错移、扭转、切割等。

A 镦粗

镦粗是使坯料高度减小而横截面增大的锻造工序。主要用于将高径（宽）比大的坯料锻成高径（宽）比小的饼块类锻件锻造；空心类锻件冲孔前坯料横截面增大和平整；提高轴杆类锻件拔长工序锻造比，以及提高锻件的横向力学性能和减少力学性能的异向性等。镦粗的基本方法有平砧镦粗、垫环镦粗和局部镦粗：

(1) 平砧镦粗。平砧镦粗是坯料在锻锤的上、下平砧之间或在水压机上的镦粗平板之间进行的镦粗，如图 3-2 所示。

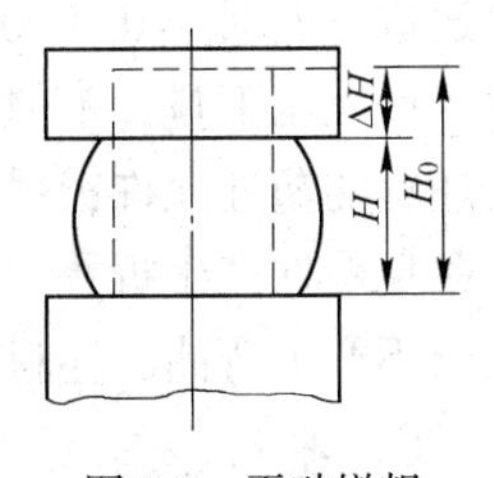

图 3-2 平砧镦粗

镦粗时，通常要求圆截面坯料的高径比 H_0/D_0 不宜超过 2.5~3；方形或矩形截面坯料的高宽比 H_0/B_0 不大于 3.5~4。其原因是，当对高径比 $H_0/D_0>3$ 或高宽比>4 的坯料进行镦粗时，易产生纵向弯曲。这样不但给操作带来困难，而且还会引起坯料轴心偏移。

(2) 垫环镦粗。垫环镦粗是坯料在单个垫环上或两个垫环间进行的镦粗，如图 3-3 所示。其金属流动特点是：金属向两个方向流动，一部分沿着径向流向四周，使锻件的外径增大；另一部分沿着轴向流入环孔，增大锻件凸肩高度。在金属径向流动与轴向流动区间，存在一个不产生流动的分界面，称为分流面。这种镦粗方法主要用于锻造带有单边或双边凸肩，且凸肩直径和高度较小的饼块锻件。

(3) 局部镦粗。局部镦粗是对坯料上某一部分（端部或中间）进行的镦粗，如图 3-4 所示。其金属流动特征与平砧镦粗相似，但受不变形部分的影响，即“刚端”影响。端部镦粗是将加热（全部或局部）坯料的一端置于平砧与垫环之间，使其端部产生镦粗变形，如图 3-4（a）所示。中间镦粗是将加热的坯料直接置于两垫环之间，使坯料中间产生镦粗变形，如图 3-4（b）所示。局部镦粗方法即可以锻造凸肩直径和高度较大的饼块类锻件，也可以锻造端部带有较大法兰的轴杆类锻件。

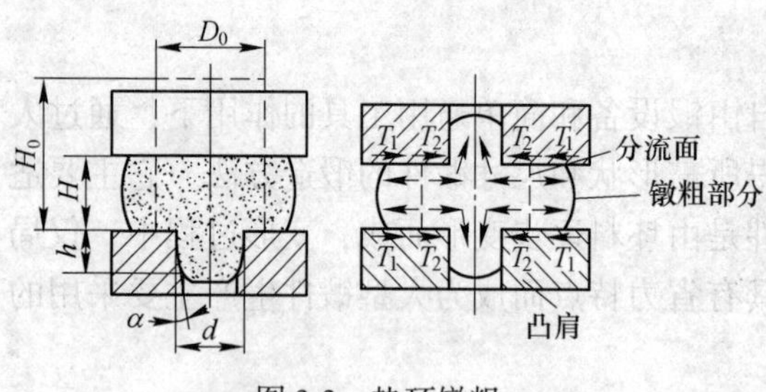

图 3-3 垫环镦粗

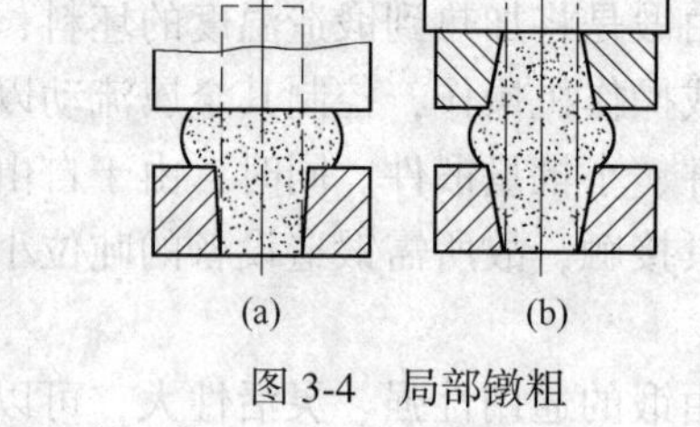

图 3-4 局部镦粗

B 拔长

拔长是使坯料横截面减小而长度增加的锻造工序。它主要用于轴杆类锻件成形，以及改善锻件内部质量。坯料拔长是通过逐次送进和反复转动坯料进行压缩变形来实现的。图 3-5 所示为矩形截面坯料在平砧间的拔长示意图，每送进压下一次，只部分金属变形。拔长前变形区的长为 l_0、宽为 b_0、高为 h_0，其中，l_0 为送进量，l_0/h_0 为相对送进量。拔长后变形区的长为 l、宽为 b、高为 h。$\Delta h = h_0 - h$ 为压下量，$\Delta b = b - b_0$ 为展宽量，$\Delta l = l - l_0$ 为拔长量。

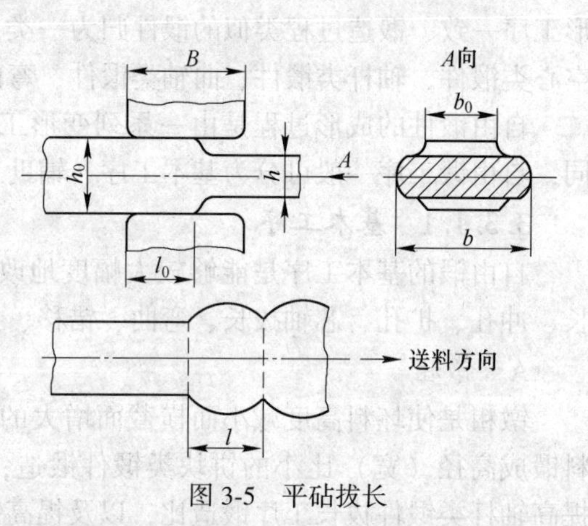

图 3-5 平砧拔长

拔长时，送进量、压下量是影响拔长效率和锻件质量的主要工艺因素。一般认为，相对送进量 $l_0/h_0 = 0.5 \sim 0.8$ 较为合适，绝对送进量常取 $l_0 = (0.4 \sim 0.8)B$，式中，B 为砧宽。增大压下量，不但可提高生产率，还可强化心部变形，有利锻合内部缺陷。因此，只要坯料的塑性允许，尽量采取大压下量拔长。但是，压下量的大小还与变形工艺有关。为了避免锻件产生折叠，单边压下量 $\Delta h/2$ 应小于送进量 l_0。除此还要考虑坯料翻转 90°后拔长不产生弯曲，坯料每次压下后的宽高比应小于 2.5~3。

C 冲孔

冲孔是采用冲子将坯料锻出透孔或不透孔的锻造工序。主要用于锻造各种空心类锻件。根据冲孔工具的不同，常用的冲孔方法有实心冲子冲孔、空心冲子冲孔和在垫环上冲孔三种：

(1) 实心冲子冲孔。采用实心冲子的冲孔过程如图 3-6 所示，冲子从坯料的一面冲入，当孔深达到坯料高度的2/3~3/4时，取出冲子，将坯料翻转180°再用冲子从另一面把孔冲穿。因此这种冲孔方法又称为双面冲孔。这种冲孔方法主要用于孔径小于400~500 mm的锻件。

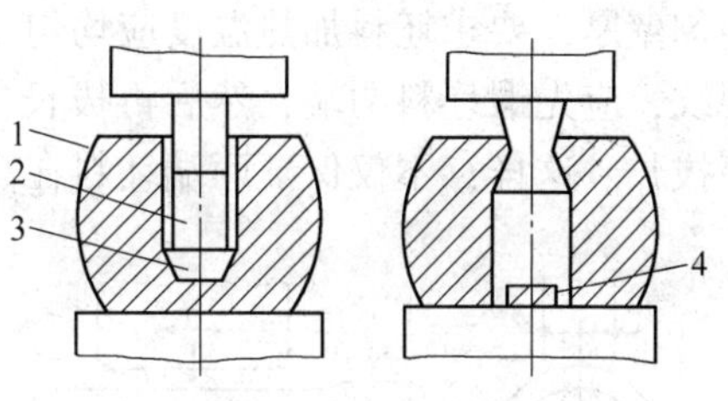

图3-6 实心冲子冲孔
1—坯料；2—冲垫；3—冲子；4—芯料

（2）空心冲子冲孔。采用空心冲子的冲孔过程如图3-7所示。冲孔时坯料形状变化较小，但芯料损失大。冲孔时，空心冲子以外的圆环区的切向拉应力小，可以有效避免产生侧表面裂纹，不仅如此，在锻造大型锻件时，还可以将钢锭中心质量差的部分冲掉。这种冲孔方法广泛用于孔径在400mm以上大锻件。

（3）在垫环上冲孔。在垫环上的冲孔过程如图3-8所示。冲孔时坯料形状变化小，但芯料损失比较大，其高度为$h=(0.7\sim0.75)H$。这种冲孔方法只适用于高径比$H/D<0.125$的薄饼锻件。

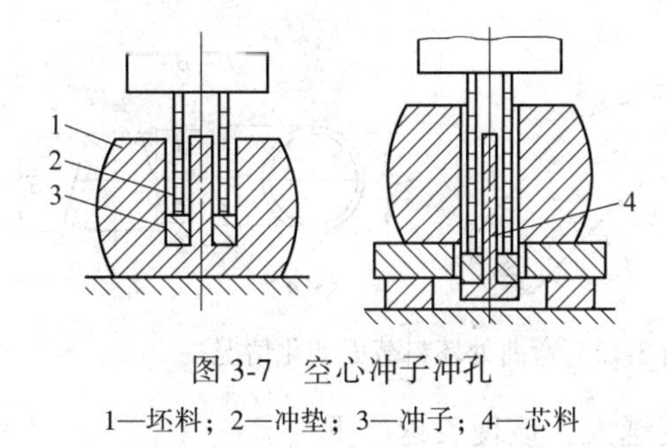

图3-7 空心冲子冲孔
1—坯料；2—冲垫；3—冲子；4—芯料

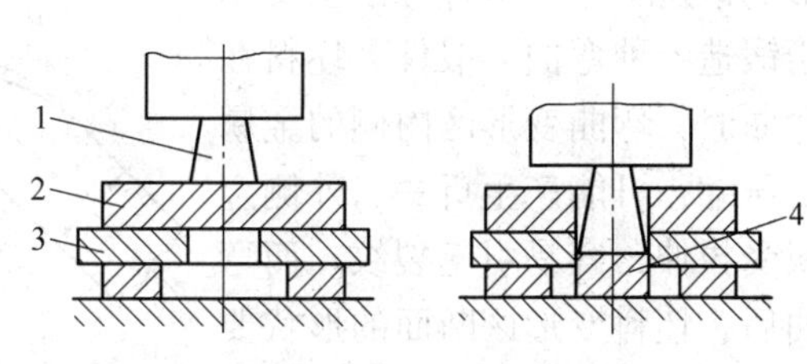

图3-8 在垫环上冲孔
1—冲子；2—坯料；3—垫环；4—芯料

D 扩孔

扩孔是减小空心坯料壁厚而使其外径和内径均增大的锻造工序。主要用于锻造各种空心类锻件。根据扩孔工具的不同，常用的扩孔方法有冲子扩孔和芯轴扩孔两种。

（1）冲子扩孔。冲子扩孔是采用直径比空心坯料内孔要大并带有锥度的冲子穿过坯料，利用其锥面引起的径向分力而使其内、外径扩大，如图3-9所示。冲子扩孔时，由于坯料切向受拉应力，容易胀裂，每次扩孔量不宜太大。冲子扩孔适用于$D/d>1.7$和$H\geqslant0.125D$的带孔饼块类锻件的扩孔。

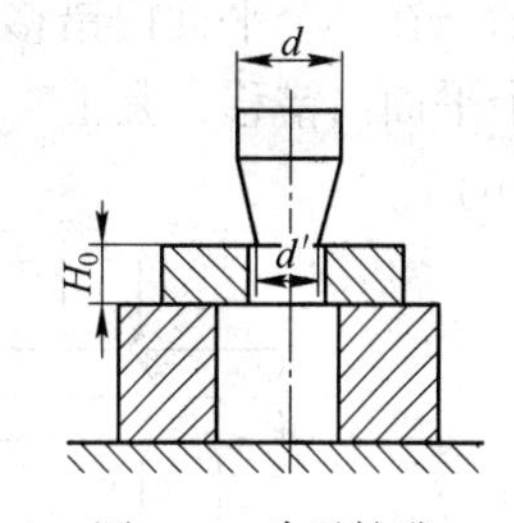

图3-9 冲子扩孔

（2）芯轴扩孔。芯轴扩孔利用上砧和芯轴对空心坯料沿圆周依次连续压缩而实现扩孔的方法，即将芯轴（又称为马杠）穿过空心坯料而放在支架（又称为马架）上，然后使坯料每转过一个角度压下一次，这样便逐渐将坯料的壁厚压薄，内、外径扩大。这种扩孔也称为马杠扩孔，如图3-10所示。在芯轴上扩孔时，坯料的切向拉应力很小，不易破裂，所以适宜锻造扩孔量大的薄壁环形锻件。

E 芯轴拔长

芯轴拔长是通过减小空心坯料外径（壁厚）而增加其长度的锻造工序，如图3-11所示，主要用于锻造各种长筒形锻件。芯轴拔长是空心坯料拔长，同实心坯料拔长一样，被上、下砧压缩的那一部分金属是变形区，其左右两侧为外端。芯轴拔长时，为使锻件获得均匀壁厚，要求坯料加热温度应均匀，锻造时转动和压下也要均匀。为防止锻件两端产生裂纹，应先锻坯料两端，然后再拔长中间部分，即按图 3-11 中①→②→③→④→⑤的顺序拔长。这样，不仅保证两端坯料在高温时成形，而且坯料容易从芯棒上取下。

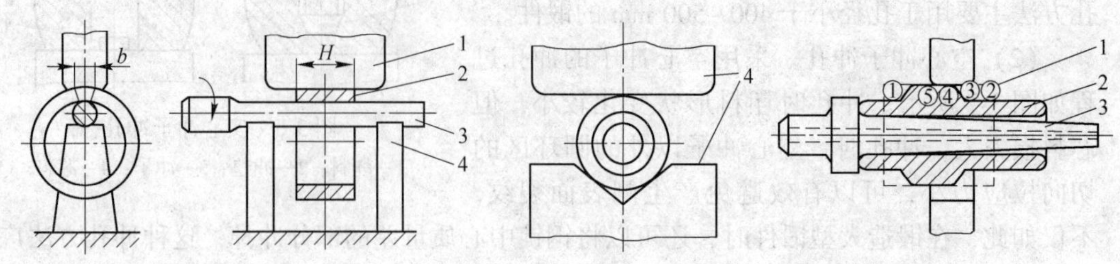

图 3-10 芯轴（马架）扩孔

1—扩孔钻子；2—锻件；3—芯轴（马杠）；4—支架

图 3-11 芯轴拔长

1—坯料；2—锻件；3—芯轴；4—砧子

F 弯曲

弯曲是将坯料弯折成规定外形的锻造工序，这种方法主要用于锻造各种弯曲类锻件。坯料在弯曲时，弯曲变形区内侧的金属受压缩，可能产生折叠，外侧金属受拉伸，容易引起裂纹。而弯曲后，坯料变形区断面的形状要发生畸变（图 3-12），断面面积减小，长度略有增加。弯曲半径越小，弯曲角度越大，该现象越严重。

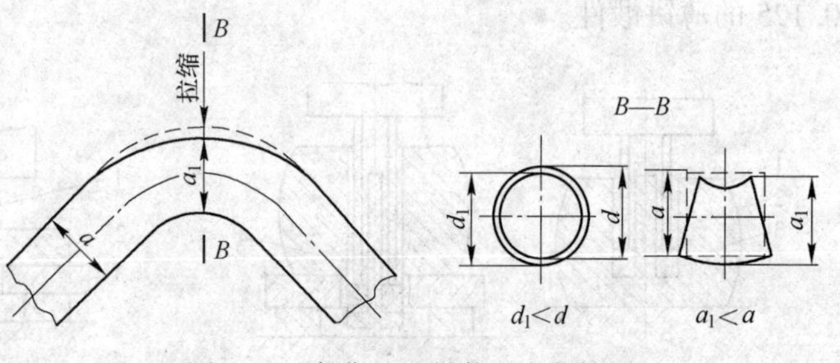

图 3-12 弯曲处坯料截面变化情况

G 错移

错移是将坯料的一部分相对另一部分平行错移开的锻造工序，这种方法主要用于锻造曲轴类锻件等。错移的方法有在一个平面内错移和在两个平面内错移两种，如图 3-13 所示。在一个平面内错移，是上、下压肩切口位置在同一垂直平面上（图 3-13（a））；在两个平面内错移，是上、下压肩切口位置相隔一段距离，其距离大小由工艺决定（图 3-13（b））。

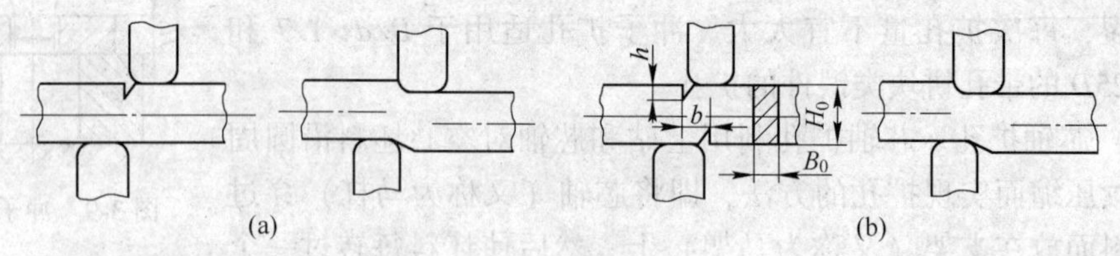

图 3-13 错移

（a）在一个平面内的错移；（b）在两个平面内的错移

H 扭转

扭转是将坯料的一部分相对另一部分绕其共同轴线旋转一定角度的锻造工序。这种方法主要用于锻造曲轴、麻花钻、地脚螺栓等锻件。

坯料在扭转时，变形区的长度略有缩短，直径略有增大。但其内外层长度缩短不均，内层长度缩短少，外层长度缩短多。因此，在内层产生轴向压应力，在外层产生轴向拉应力。当扭转角度过大时，或扭转低塑性金属时，就可能在坯料扭转处产生裂纹。扭转方法分小型锻件扭转和大型锻件扭转两种。

3.3.1.2 辅助工序

辅助工序是为了完成基本工序而使坯料预先变形的工序，如钢锭倒棱、预压钳把、分段压痕等，如图 3-14 所示。

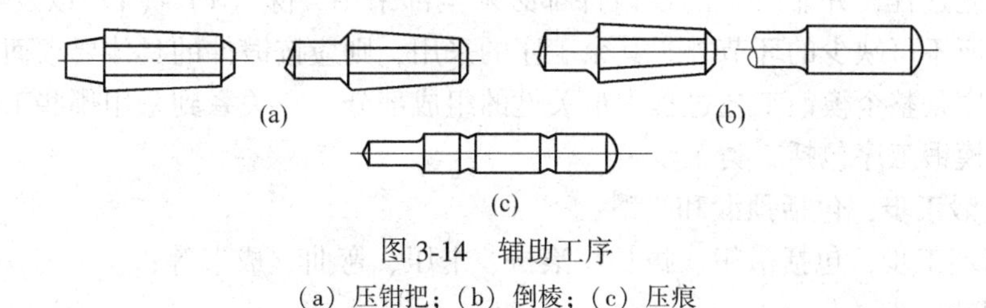

图 3-14 辅助工序
(a) 压钳把；(b) 倒棱；(c) 压痕

3.3.1.3 修整工序

用来精整锻件尺寸和形状而使其完全达到锻件图要求的工序称为修整工序，如弯曲校正、鼓形滚圆、端面平整等，如图 3-15 所示。通常，修整工序的变形量都很小。

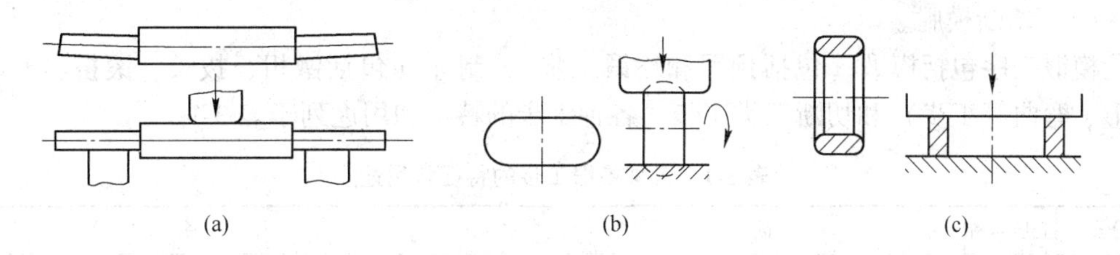

图 3-15 辅助工序
(a) 校正；(b) 滚圆；(c) 平整

3.3.2 模锻

模锻是利用专用工具（模具–锻模）使坯料变形而获得锻件的锻造方法。模锻时，将加热金属坯料放入固定于模锻设备上的锻模模膛内，施加压力，迫使金属坯料沿模膛流动，直至充满模膛，从而得到所要求的形状和尺寸的模锻件。它具有下列特点：

(1) 生产效率较高；

(2) 锻件形状复杂程度和尺寸精度高、表面粗糙度较小；

(3) 锻件的机械加工余量小、材料利用率高；

(4) 锻件流线清晰，分布合理；

(5) 易于实现工艺过程的机械化和自动化，生产操作方便，劳动强度小；

(6) 锻件成本较低。

但是，模锻设备投资比自由锻的大、生产准备及制模周期较长、锻模寿命较低、工艺灵活性不如自由锻等。因此，模锻适合于锻件的大批大量生产。

模锻工艺各式各样，但实质都是通过塑性变形迫使坯料在锻模模膛内成形。模锻按使用的模锻设备可以分为锤上模锻、热模锻压力机上的模锻、摩擦压力机上的模锻、平锻机上的模锻等。按锻件成形特点，模锻也可分为开式模锻和闭式模锻，开式模锻是带飞边的模锻，模锻后要进行切边工序；闭式模锻是不带飞边的模锻，模锻后只需打磨毛刺。

模锻工艺过程是指由坯料经过一系列变形工序制成模锻件的整个生产过程。模锻件的生产过程一般包括以下工序：（1）下料，即将坯料（钢材或钢坯）切断至一定尺寸；（2）加热坯料；（3）模锻；（4）切边或冲孔；（5）热校正；（6）锻件模锻后的冷却；（7）打磨毛刺；（8）锻件热处理；（9）锻件清理；（10）冷校正（或精压）；（11）检验等。上述工艺过程，并非所有的模锻件都必须全部采用，除（1）~（4）以及（11）为任何模锻过程所不可缺少的环节外，其余工序的采用，则应按锻件的具体要求而定。

模锻工序是整个模锻工艺过程中最关键的组成部分，它关系到采用哪些工步来锻制所需的锻件。模锻工序包括三类工步：

（1）模锻工步，包括预锻和终锻；

（2）制坯工步，包括镦粗、拔长、滚挤、卡压、弯曲、成形等；

（3）切断工步。

各个工步的变形是靠用模膛来实现的。模膛的名称和相应工步的名称是一致的，即：

（1）模锻模膛，包括预锻模膛和终锻模膛；

（2）制坯模膛，包括镦粗、拔长、滚挤、卡压、弯曲、成形等模膛；

（3）切断模膛。

模锻工序包括模锻（包括预锻和终锻工步）、制坯（包括镦粗、拔长、滚挤、卡压、成形、弯曲等工步）和切断三类工步。各种工步的特征和用途列于表3-1。

表3-1 各种模锻工步的特征和用途

分类	工步名称	简 图	用 途
制坯工步	镦粗	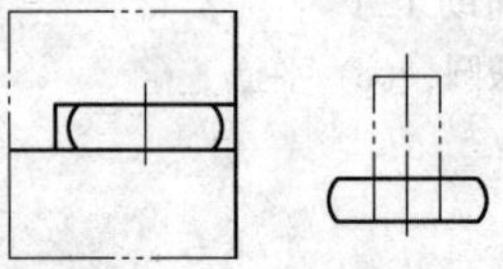	镦粗坯料，使坯料高度减小、直径增大。用于圆饼类锻件的制坯工步，其作用是清除氧化铁皮，有助于终锻时提高成形质量
	压扁	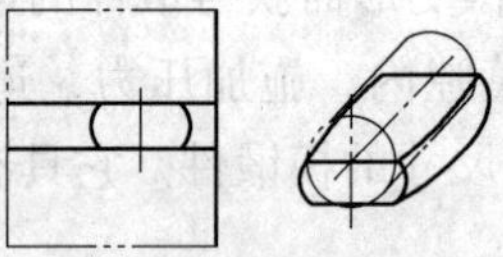	压扁坯料，用来增大水平面尺寸，多用于外形扁宽的锻件制坯
	拔长	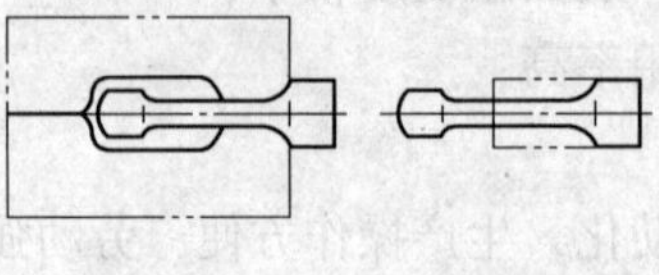	使坯料局部断面积减小，而增大其长度，从而使坯料的体积沿轴线重新分配。操作时，坯料绕坯料轴线作90°翻转并沿轴线向模膛进给
	滚挤	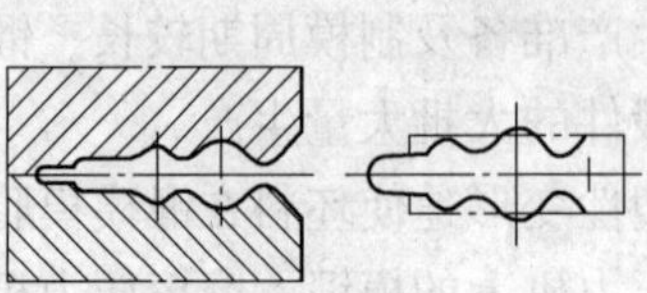	使坯料局部断面积减小，而另一部位断面积增大。经过滚挤制坯后，坯料沿轴线准确分配体积，表面光滑。操作时，坯料轴线做90°翻转，不做进给

续表 3-1

分类	工步名称	简 图	用 途
制坯工步	卡压	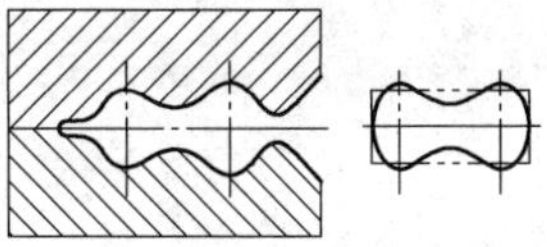	金属轴向流动不大，坯料局部聚积，局部压扁。操作时，坯料不翻转
	弯曲	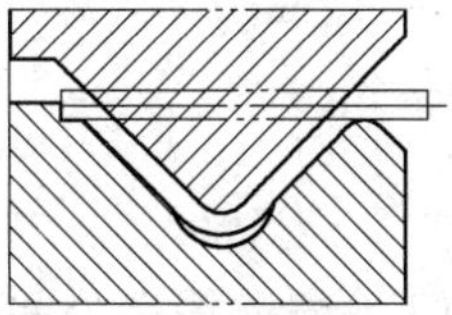	使坯料轴线弯曲，获得与锻件水平投影图形相近的形状，以适应轴线弯曲的锻件终锻成形要求
	成形	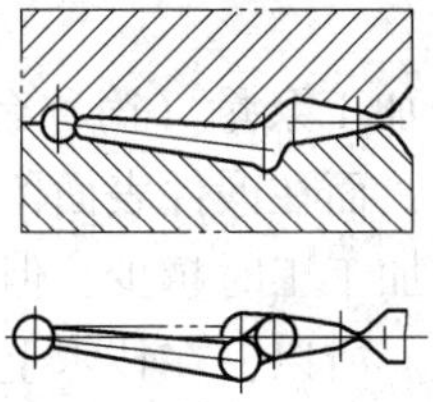	与弯曲作用相似，但坯料的弯曲程度较小，且金属在模膛的垂直方向上有转移，以便使锻件形状与终锻模膛的投影形状相吻合。适用于带枝芽锻件的制坯
模锻工步	预锻	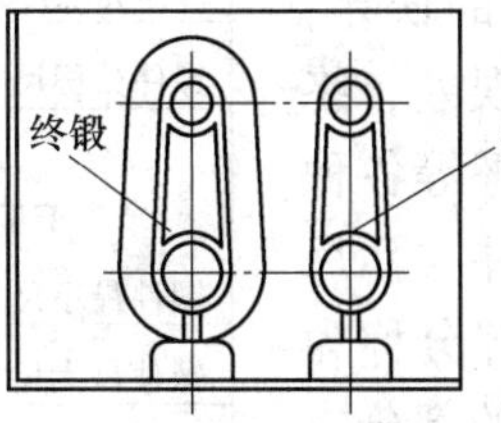 终锻 预锻	通过预锻获得与终锻接近的形状，以利锻件在终锻时的最终成形，能改善金属流动条件，有利终锻的充满，避免终锻产生折叠并提高终锻模膛寿命
	终锻		通过终锻获得最终的锻件形状，所有的锻件都必须经过终锻。终锻模膛周围有飞边槽，用以容纳多余的金属
切断工步	切断	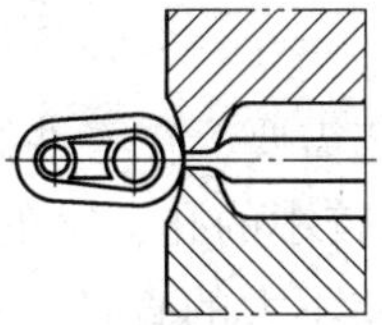	用来切断棒料上锻成的锻件，以便实现连续模锻，或一料多次模锻

3.4 自由锻工艺设计

在锻造生产中，自由锻的生产过程是按照一定的工艺规程，将坯料逐步锻成符合技术要求的锻件。自由锻工艺规程的制订原则是从现有生产条件、设备能力和技术水平的实际情况出发，力求技术上先进，经济上合理。通常，自由锻工艺规程包括以下内容：

(1) 自由锻件图的绘制；

(2) 坯料质量和尺寸的确定；

(3) 下料方法的确定；

(4) 锻造温度范围的确定;
(5) 锻造加热规范的制订;
(6) 变形工艺过程的制订;
(7) 自由锻设备吨位的选定;
(8) 锻后冷却规范的制订;
(9) 锻件热处理规范的制订;
(10) 锻件的技术条件和检验要求的提出;
(11) 工艺卡片的填写。

3.4.1 自由锻件图

自由锻件图是在零件图的基础上，考虑了加工余量、锻造公差、锻造余块、检验试样及工艺夹头等绘制而成。

锻件上凡是需要机械加工的部位，都应给予加工余量（简称余量）。余量是指由于锻件的尺寸精度和表面粗糙度达不到零件图的要求，而在锻件表面留有供机械加工用的金属层。机械加工余量越小，材料利用率越高，机械加工工时越少，但锻造难度随之增大；机械加工余量越大，机械加工量和金属消耗将增大。所以，在技术上可能和经济上合理的条件下，应尽量减小机械加工余量。

零件的公称尺寸加上机械加工余量称为锻件的公称尺寸。锻造公差是指锻件实际尺寸与公称尺寸的误差，这种误差是由于在实际锻造生产中，锻时测量误差、终锻温度的差异，工具与设备状态和操作技术水平等各种因素的影响造成的。其上偏差（正偏差）是锻件实际尺寸大于其公称尺寸的部分，小于其公称尺寸的部分称为下偏差（负偏差）。锻件上，不论需要机械加工的部分或不需要机械加工的黑皮部分，都应注明锻造公差。锻件的机械加工余量及其锻造公差的相互关系如图3-16所示。其值可查阅有关国家标准并结合实际情况选择。

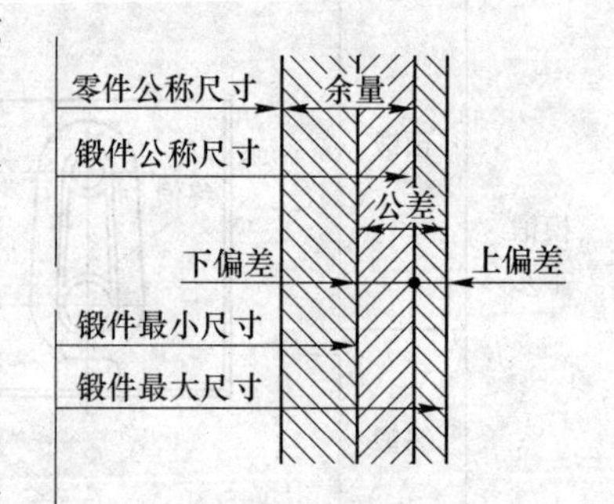

图3-16 锻件的各种尺寸和公差余量

锻造余块是为了简化锻件外形或根据锻造工艺需要，在零件的某些地方添加一部分大于余量的金属，如图3-17所示。例如，在零件上较小的孔，窄的凹档等难以锻造的复杂形状部位而增加的余块；在零件相邻台阶直径相差不大的直径较小部分而添加径向余块；为了防止锻造时零件较短凸缘变形而增加其长度的轴向余块等。由于添加了余块，方便了锻造成形，但增加了机械加工工时和金属材料损耗。因此，应根据锻造困难程度、机械加工工时、金属材料消耗、生产批量和工具制造等综合考虑确定是否添加锻造余块。试样余块是为检验锻件内部组织和力学性能，而在锻件的适当部位而留出的金属。其位置与尺寸应能反映锻件的组织与性能。如一般取在钢锭的冒口一端，其锻比应与所检验部分相同。对于需要进行垂直热处理的大型锻件，要求锻件留有吊挂工件的热处理夹头。此外，有的零件还要求锻件留有机械加工夹头。

当余量、公差和余块等确定之后，便可绘制锻件图。锻件图上的锻件形状用粗实线描绘。为了便于了解零件的形状和检查锻造后的实际余量，在锻件图上用双点划线画出零件

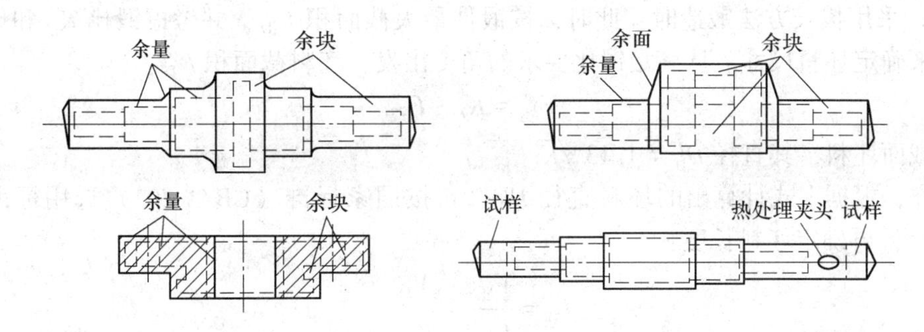

图 3-17 锻件的各种余块

的轮廓。锻件的公称尺寸和公差标注在尺寸线上面，零件的公称尺寸加括号标注在尺寸线下面。如锻件带有检验试样、热处理夹头时，在锻件图上应注明其尺寸和位置。对于在图上无法表示的某些要求，一般是以技术条件的方式加以说明。

3.4.2 坯料质量和尺寸

3.4.2.1 钢坯质量和尺寸

钢坯质量 $G_{坯}$ 为锻件质量 $G_{锻}$ 与锻造时各种金属损耗质量 $G_{损}$ 之和，即：

$$G_{坯} = G_{锻} + G_{损} \tag{3-1}$$

其中，锻件质量等于锻件体积与坯料的密度之积；各种金属损耗质量包括坯料加热烧损、冲孔芯料损失和端部切头损失。

当所采用的锻造工序不同时，确定钢坯尺寸的方法也不同：

(1) 采用镦粗方法锻造时：此时，为了避免产生弯曲现象，坯料高径比（H_0/D_0）不得超过 2.5。但坯料过短会使下料操作困难，坯料高径比（H_0/D_0）还应大于 1.25，即：

$$1.25D_0 \leqslant H_0 \leqslant 2.5\,D_0 \tag{3-2}$$

对于圆形截面的坯料，其计算直径 D_0'：

$$D_0' = (0.8 \sim 1.0)\ \sqrt[3]{V_1} \tag{3-3}$$

对于方形截面的坯料，其计算边长 A_0'：

$$A_0' = (0.75 \sim 0.90)\ \sqrt[3]{V_1} \tag{3-4}$$

根据上式，初步确定坯料直径 D_0'（或边长 A_0'）之后，再按国家标准（GB/T 702）选用标准直径 D_0（或边长 A_0）。

坯料直径或边长选定后，则可确定其对应的高度 H_0（即下料长度）。

对于圆形截面坯料：

$$H_0 = \frac{V_{坯}}{\frac{\pi}{4}D_0^2} \tag{3-5}$$

对于方形截面坯料：

$$H_0 = \frac{V_{坯}}{A_0^2} \tag{3-6}$$

（2）采用拔长方法锻造时：此时，按锻件最大截面积 $F_{锻}$，并考虑锻比 K_L 和修整量等要求来确定坯料尺寸。从满足锻比要求的角度出发，坯料截面积 $F_{坯}$：

$$F_{坯} = K_L \cdot F_{锻} \tag{3-7}$$

对圆形截面坯料，其直径 $D_0' = 1.13\sqrt{K_L F_{锻}}$。

同样，根据上式计算出的坯料直径 D_0'，再按国家标准（GB/T 702）选用标准直径 D_0。由此，再确定坯料长度：

$$L_0 = \frac{V_{坯}}{F_{坯}} = \frac{V_{坯}}{\frac{\pi}{4}D_0^2} \tag{3-8}$$

3.4.2.2 **钢锭规格的选择**

当以钢锭为原坯料时，钢锭规格的选择方法有两种：

（1）第一种方法：根据钢锭的各种损耗求出钢锭的利用率 η

$$\eta = [1 - (\delta_{冒口} + \delta_{锭底} + \delta_{烧损})] \times 100\% \tag{3-9}$$

式中，$\delta_{烧损}$ 为加热烧损率；$\delta_{冒口}$、$\delta_{锭底}$ 分别为保证锻件质量必须切去的冒口和锭底所占钢锭质量的百分比。对于碳素钢钢锭：$\delta_{冒口} = 18\% \sim 25\%$，$\delta_{锭底} = 5\% \sim 7\%$；对于合金钢钢锭：$\delta_{冒口} = 25\% \sim 30\%$，$\delta_{锭底} = 7\% \sim 10\%$。

然后，计算出钢锭的计算质量 $G_{锭}$：

$$G_{锭} = \frac{G_{锻} + G_{损}}{\eta} \tag{3-10}$$

式中，$G_{锻}$ 为锻件质量；$G_{损}$ 为除冒口、锭底及烧损外的损耗量。

根据钢锭计算质量 $G_{锭}$，参照有关钢锭规格表，选取相应规格的钢锭即可。

（2）第二种方法：根据锻件类型，参照经验资料先定出概略的钢锭利用率 η，然后求得钢锭的计算质量 $G_{锭} = G_{锻}/\eta$，再从有关钢锭规格表中，选取所需的钢锭规格。

3.4.3 变形工艺方案

制订变形工艺是编制自由锻工艺规程最重要的部分。其内容包括：锻件成形的基本工序、辅助工序和修整工序，工序顺序及工序尺寸等。

3.4.3.1 **变形工序及其顺序**

锻件变形工序的选择，主要是根据锻件的形状、尺寸和技术要求，结合各锻造工序的变形特点，参考有关典型工艺来确定。

对于饼块类锻件，自由锻变形的基本工序常选用镦粗，辅助工序和修整工序一般为倒棱、滚圆、平整等。当锻件带有凸肩时，可以根据凸肩尺寸，选取垫环镦粗或局部镦粗。如锻件需要冲孔，还需采用冲孔工序。

对于空心类锻件，自由锻的基本工序一般选用镦粗和冲孔，有的稍加修整便可以达到锻件尺寸，有的需要扩孔以扩大其内径及外径，有的还需芯轴拔长以增加其长度。辅助工序和修整工序一般为倒棱、滚圆、校正等工步。

对于轴杆类锻件，自由锻基本工序主要选用拔长工序，当坯料直接拔长不能满足锻比时，或锻件要求横向力学性能时，以及锻件带有台阶尺寸相差较大的法兰时，则选取镦粗-拔长变形工艺。辅助工序和修整工序一般为倒棱和滚圆。

3.4.3.2 工序尺寸

工序尺寸设计和工序选择是同时进行的，在确定工序尺寸时应注意以下几点：

（1）工序尺寸必须符合各工序变形的规则，如镦粗时 $H_0/D_0 \leqslant 2.5 \sim 3$ 等；

（2）必须预计到各工序变形时坯料尺寸的变化，如冲孔时坯料高度略有减小，扩孔时坯料高度略有增加等；

（3）应保证锻件各个部分有适当的体积，如拔长采用分段压痕或压肩；

（4）在锻件最后需要精整时，要有一定的修整量，如在压痕、压肩、错移、冲孔等工序中，坯料产生拉缩现象，因此在中间工序应留有适当的修整量；

（5）多火锻造大型锻件时，应注意中间各火次加热的可能性；

（6）对长度方向尺寸要求准确的长轴锻件，在设计工序尺寸时，需要考虑到修整时长度尺寸会略有伸长。

3.4.4 锻造比

锻造比（简称锻比）是锻件在锻造成形时变形程度的一种表示方法，锻比大小反映了锻造对锻件组织和力学性能的影响。一般规律是，随着锻比增大，由于内部孔隙的焊合，铸态树枝晶被打碎，锻件的纵向和横向力学性能均得到明显提高，当锻比超过一定数值时，由于形成纤维组织，横向力学性能（塑性 、韧性）急剧下降，导致锻件出现各向异性。可见，锻比是衡量锻件质量的一个重要指标。锻比过小，锻件就达不到性能要求；锻比过大，不但增加了锻造工作量，并且还会引起各向异性。因此，在制订锻造工艺规程时，应合理地选择锻比大小。

3.4.5 自由锻造设备吨位

锻造设备吨位的确定方法有理论计算法和经验类比法两种。目前，由理论计算公式计算得到的设备吨位还不够精确，但仍能给确定设备吨位提供一定依据。经验类比法是在统计分析生产实践数据的基础上，整理出经验公式、表格或图线，根据锻件某些主要参数（如质量、尺寸、接触面积等），直接通过公式、表格或图线选定所需锻造设备吨位。如锻锤锻造时，其吨位 G 可按下式计算：

镦粗时：

$$G = (0.002 \sim 0.003)kF \tag{3-11}$$

式中 k——与材料强度极限 σ_b 有关的系数，当 $\sigma_b = 400\text{MPa}$ 时，$k = 3 \sim 5$，当 $\sigma_b = 600\text{MPa}$ 时，$k = 5 \sim 8$，当 $\sigma_b = 800\text{MPa}$ 时，$k = 8 \sim 13$；

F——锻件镦粗后的横截面面积。

拔长时：

$$G = 2.5F \tag{3-12}$$

式中 F——坯料横截面面积。

3.4.6 自由锻工艺规程卡片

锻造工艺卡片是生产准备、锻造操作及锻件验收的依据，是保证锻件质量的基本文件。工艺卡片尚无统一格式，但其基本内容都应包括：锻件名称、锻件材料、锻件图、锻件质量、坯料质量和规格、锻造设备、变形过程（简图）、锻造温度范围、加热火次、锻后冷却方法和锻后热处理方法、工时定额、主要技术条件和验收方法等。表3-2为锻造工艺卡片的格式。

表3-2 锻造工艺卡片

<table>
<tr><td colspan="2" rowspan="2">______厂
______车间</td><td colspan="2" rowspan="2">______锻造工艺卡片</td><td>订货单位</td><td colspan="2"></td></tr>
<tr><td colspan="3">日期　　年　月　日</td></tr>
<tr><td>生产编号</td><td></td><td>锻件质量/kg</td><td></td><td rowspan="2">锻造比</td><td>拔长</td><td></td></tr>
<tr><td>零件图号</td><td></td><td>钢锭（坯料）质量/kg</td><td></td><td>镦粗</td><td></td></tr>
<tr><td>零件名称</td><td></td><td>钢锭利用率/%</td><td></td><td>锻件类别</td><td colspan="2"></td></tr>
<tr><td>材　质</td><td></td><td>设　备</td><td></td><td>单件台时</td><td colspan="2"></td></tr>
<tr><td>每锭（坯）锻件数</td><td></td><td>每锻件制零件数</td><td></td><td></td><td></td><td></td></tr>
<tr><td colspan="7">锻件图：</td></tr>
<tr><td colspan="7">技术要求：
生产路线：加热-锻造-锻后冷却-热处理-取样-发车间或订户
印记内容：生产编号、图号、熔炼炉号、底盘号、锭号、锭节号、件序号</td></tr>
<tr><td colspan="2">编制</td><td colspan="2">审核</td><td colspan="3">批准</td></tr>
<tr><td>火次</td><td>温度</td><td>操作说明</td><td colspan="2">变形过程</td><td>设备</td><td>工具</td></tr>
<tr><td></td><td></td><td></td><td colspan="2"></td><td></td><td></td></tr>
</table>

3.5 模锻工艺设计

模锻工艺设计是对具体的模锻零件，根据本单位的生产条件，制订出一种技术上可行、经济上合理的模锻压工艺。其设计需要考虑的问题是多方面的，其主要内容有：

(1) 模锻方法的选择；
(2) 模锻件图的绘制；
(3) 模锻工序及其他工序的确定；
(4) 坯料尺寸的计算；
(5) 模锻设备的选择；
(6) 模膛与锻模结构设计
(7) 编写工艺文件。

本节以锤上模锻为例，进行模锻工艺设计的介绍。

3.5.1 模锻件图设计

模锻件图是确定模锻工艺和设计锻模的依据，是组织模锻生产和锻件检验的主要技术文件。它根据零件图设计，分为冷锻件图和热锻件图两种。冷锻件图用于最终锻件检验和热锻件图设计；热锻件图用于锻模设计和加工制造。一般将冷锻件图称为锻件图。设计锻件图时，一般应考虑解决下列问题。

3.5.1.1 分模位置

锻模模膛通常是由两块或两块以上的模块所组成，各模块的分界面，即分模位置的合适与否，关系到锻件成形、锻件出模和材料利用率等一系列问题。分模位置的确定原则是：保证锻件形状尽可能与零件形状相同，锻件容易从锻模模膛中取出。此外，应争取获得镦粗充填成形的良好效果。为此，锻件分模位置应选在具有最大的水平投影尺寸的位置上。

3.5.1.2 模锻件公差及机械加工余量

由于受到各种工艺因素的影响，锻件的实际尺寸都会与锻件的公称尺寸有偏差，因而对锻件应规定允许的尺寸偏差范围，即锻件公差。同时，对于模锻后需要机械加工的锻件，还应在加工部位给予机械加工余量。

锻件的公差及机械加工余量的大小，与锻件的复杂程度、零件的精度要求、锻件材质、模锻设备、工艺条件、热处理的变形量、校正的难易程度、机械加工的工艺及设备等诸多因素有关。因此，要合理确定锻件的公差及机械加工余量。目前，主要按国家标准、部颁标准或企业标准来选用锻件公差及机械加工余量。

3.5.1.3 模锻斜度

模锻斜度为使锻件成形后能从模膛内顺利取出，而在锻件上与分模面垂直的平面或曲面所附加斜度的或固有的斜度（图 3-18）。但是，加上模锻斜度后会增加金属消耗和机械加工工时，因此应尽量选用最小值。

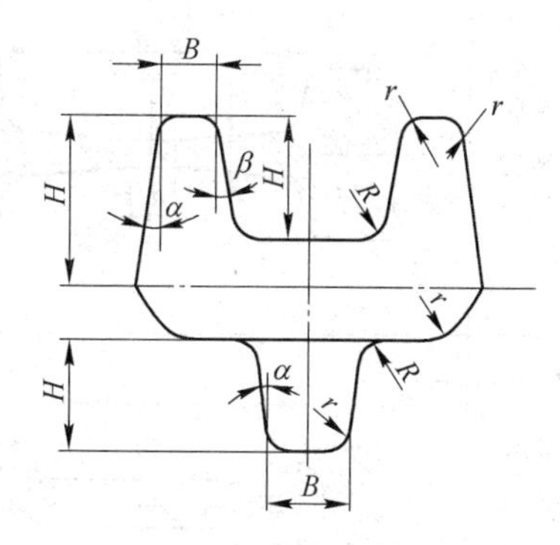

图 3-18 模锻斜度和圆角半径

锻件外壁上的斜度称为外模锻斜度 α，在冷却收缩时该部分趋向离开模壁。锻件内壁上的斜度称为内模锻斜度 β，在冷却收缩时该部分趋向贴紧模壁，阻碍锻件出模。所以在同一锻件上内模锻斜度 β 应比外模锻斜度大。为了采用标准刀具而方便模具制造，模锻斜度可按下列数值选用：3°、5°、7°、10°、12°、15°。同一锻件上的外模锻斜度或内模锻斜度不宜用多种斜度，一般情况下，内、外模锻斜度各取其统一数值。

3.5.1.4 圆角半径

为了便于金属在模膛内流动和考虑锻模强度，锻件上凸起和凹下的部位都不允许呈锐角状，应设计成适当的圆角，如图 3-18 所示。模锻生产中，把锻件上的凸圆角半径称为外圆角半径，用 r 表示；凹圆角半径称为内圆角半径，用 R 表示。外圆角半径的作用是避免锻模在热处理和模锻过程中因应力集中导致开裂，内圆角半径的作用是使金属易于流动充填模膛，防止模锻件产生折叠，防止模膛过早被压塌。

为了保证锻件外圆角半径处有必要的加工余量，外圆角半径 r 按下式确定：

$$r = \text{余量} + \text{零件相应处的圆角半径或倒角值}$$

内圆角半径 R 应比外圆角半径 r 大，一般取：

$$R = (2 \sim 3)r$$

为便于选用标准刀具，圆角半径应按标准值选用，如 1mm、1.5mm、2mm、3mm、4mm、5mm、6mm、8mm、10mm、12mm、15mm、20mm、25mm、30mm 等数值。应当指出，在同一锻件上选定的圆角半径不宜过多。

3.5.1.5 冲孔连皮

模锻时不能直接锻出透孔，必须在孔内保留一层较薄的金属，称为连皮。然后在切边压力机上冲除。连皮厚度 s 应适当，若过薄，锻件容易发生锻不足和要求较大的打击力，从而导致模膛凸出部分加速磨损或打塌；若连皮太厚，虽然有助于克服上述现象，但是冲除连皮困难，容易使锻件形状走样，而且浪费金属。常用的冲孔连皮形式有平底连皮、斜底连皮、带仓连皮、拱底连皮。各种冲孔连皮形式、尺寸及其特点列于表 3-3。

表 3-3 冲孔连皮的形式、尺寸及其特点 (mm)

连皮形式	连皮尺寸及特点
平底连皮	连皮尺寸： $s = 0.45\sqrt{d - 0.25h - 5} + 0.6\sqrt{h}$ $R_1 = R + 0.1h + 2$ 特点：常用的连皮形式
斜底连皮	连皮尺寸： $s_{max} = 1.35s$ $s_{min} = 0.65s$ $d_1 = (0.25 \sim 0.3)d$ 特点：斜底连皮周边的厚度大，既有助于排出多余金属，又可避免形成折叠。但切除连皮时容易引起锻件形状走样。常用于预锻模膛（d>2.5h 或 d>60mm）
带仓连皮	连皮尺寸： 厚度 s 和宽度 b，按飞边槽桥部高度 $h_{飞}$ 和桥部宽度 $b_{飞}$ 确定。 特点：带仓连皮周边较薄，易于冲除，且锻件形状不走样。常用于预锻时采用斜底连皮的终锻模膛
拱底连皮	连皮尺寸： $s = 0.4\sqrt{d}$ R_1 由作图确定 $R_2 = 5h$ 特点：拱底连皮可以容纳较多的金属，并且冲切省力。常用于内孔很大（d>15h）而高度又很小的锻件

对孔径小于 25mm 锻件，例如连杆小头的内孔，不是锻出连皮，而改用压凹形式，如图 3-19 所示。其目的不在于节省金属，而是通过压凹使连杆小头部分饱满成形。

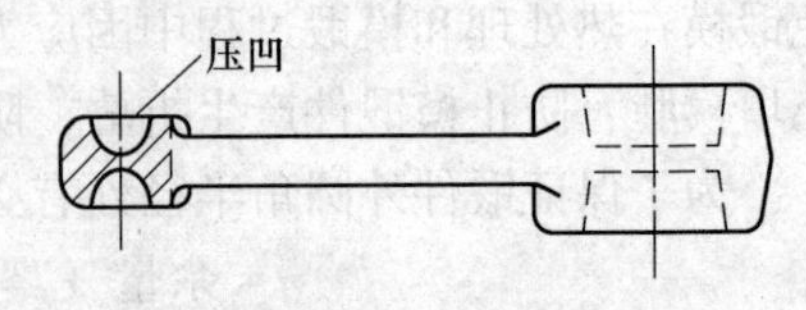

图 3-19 锻件压凹

3.5.1.6 模锻锻件图及锻件技术条件

上述各参数确定后，便可绘制锻件图。图中锻件轮廓线用粗实线表示，零件轮廓线用双点划线表示，锻件分模线用点划线表示，为了便于了解各处的加工余量是否满足要求，锻件的公称尺寸与公差注在尺寸线上面，而零件的尺寸注在尺寸线下面的括号内。

模锻锻件图上无法用绘图语言表示的有关锻件质量及其检验要求的内容，均应在锻件图的技术条件中加以说明。技术条件一般包含如下内容：

（1）未注模锻斜度；

（2）未注圆角半径；

（3）表面缺陷深度的允许值，必要时应分别注明锻件的加工面和非加工面的表面缺陷允许值；

（4）分模面错差的允许值；

（5）残留飞边与切入深度的允许值；

（6）锻件的热处理方法及硬度值；

（7）表面清理方法；

（8）锻件的检验。

3.5.2 模锻工序方案确定

3.5.2.1 圆饼类锻件的模锻工序选择

按圆饼类锻件成形的难易程度，模锻工序的选择分为普通锻件、高轮毂深孔锻件及高肋薄壁复杂锻件等三种情况：

（1）普通锻件。采用工步为：镦粗、终锻。这类锻件如齿轮、法兰、十字轴等，形状较为简单。

（2）高轮毂深孔锻件。采用工步为：镦粗、成形镦粗、终锻，如图3-20所示。

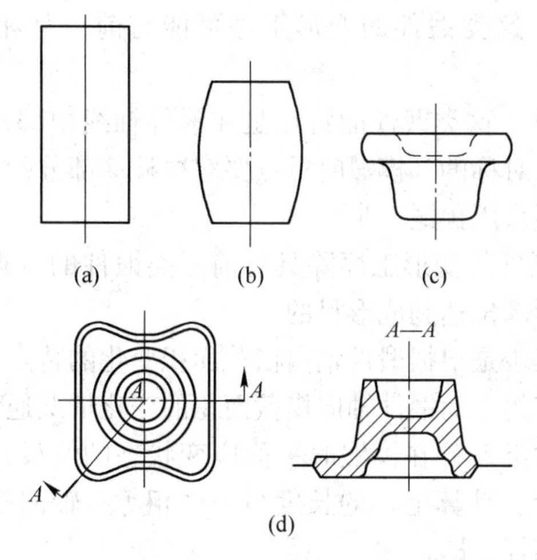

图3-20 高轮毂大凸缘锻件的模锻（采用成形镦粗工步）

（a）坯料；（b）镦粗；（c）成形镦粗；（d）终锻（未绘出飞边）

（3）高肋薄壁复杂锻件。采用工步为：镦粗、预锻、终锻，如图3-21所示。

3.5.2.2 长轴类锻件的模锻工序选择

长轴类模锻件有直长轴件、弯曲轴件、枝芽类和叉类锻件等。由于形状的需要，长轴类模锻件的模锻工序由拔长或滚挤、弯曲、卡压、成形等制坯工步，以及预锻、终锻和切

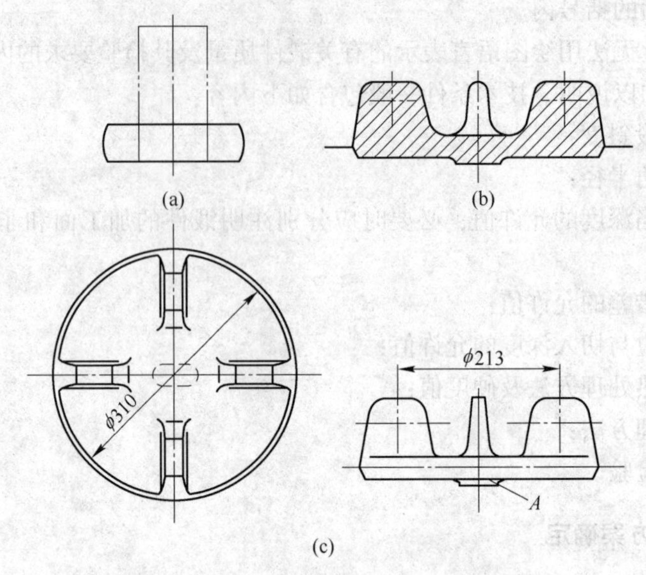

图 3-21 带窄而高突肋锻件的模锻（采用预锻工步）

（a）镦粗；（b）预锻；（c）终锻（未绘出飞边）

断工步所组成：

（1）直长轴线锻件。这类锻件的轴线较长，截面沿轴线往往有较大变化。所用坯料的长度较之锻件要短，一般需用拔长或滚挤、卡压、成形等制坯工步，以及预锻工步和终锻工步。其中预锻的选择视具体情况而定。

（2）弯曲轴线锻件。这类锻件的变形工序可能与前一种相同，但需增加一道弯曲工步。

（3）带枝芽的长轴件。这类锻件的特点是在锻件轴线中部一侧有凸出的枝芽，在这里金属沿轴线的分布是不对称的。模锻时重点要解决枝芽部分的充满问题，为此，往往采用成形制坯工步，同时还采用预锻工步。

（4）叉形件。这类锻件的变形工序除具有前三类锻件的特点外，还要用到弯曲工步或预锻工步，以劈开叉形部位达到成形目的。

长轴类模锻件制坯工步是根据锻件轴向横截面积变化的特点，为了使坯料的金属分布于锻件的要求相符而选定的。而锻件轴向横截面积的变化情况通常用计算毛坯来描述。

计算毛坯是根据长轴类锻件在模锻时平面应变状态的假设计算并修正得到的，如图 3-22 所示。由此可以确定，计算毛坯的长度与锻件相等，轴向横截面积与锻件上相应截面积和飞边截面积之和相等，即：

$$F_{i计} = F_{i锻} + 2\eta F_{i飞} \tag{3-13}$$

式中 $F_{i计}$——计算毛坯上第 i 个截面的面积；

$F_{i锻}$——锻件上第 i 个截面的面积；

$F_{i飞}$——锻件上第 i 个截面处飞边的面积；

η——充满系数，形状简单的锻件取 0.3～0.5，形状复杂的取 0.5～0.8，常取 0.7。

一般根据冷锻件图绘制计算毛坯图。首先，从锻件图上沿其轴线选取若干个具有代表

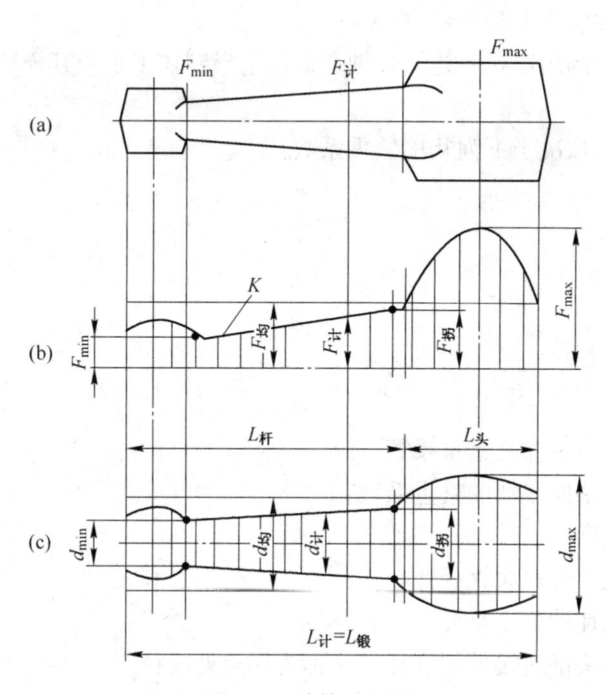

图 3-22 计算毛坯图

(a) 锻件；(b) 计算毛坯截面积图；(c) 计算毛坯直径图

性的截面，按式（4-1）计算出各截面的 $F_{i计}$。然后，以锻件的公称长度为横坐标，以 $F_{计}$ 为各点纵坐标，连接各 $F_{i计}$ 端点成光滑曲线，即得计算毛坯截面图，如图 3-22（b）所示。

根据 $F_{i计}$ 可以计算出计算毛坯上任一截面的直径 $d_{i计}$：

$$d_{i计} = 1.13\sqrt{F_{i计}} \quad (a_{i计} = \sqrt{F_{i计}}) \tag{3-14}$$

同样，以锻件公称长度为横坐标，以 $d_{i计}$（或 $a_{i计}$）为纵坐标，即可绘制出计算毛坯计算毛坯直径图，如图 3-22（c）所示。

计算毛坯的截面图的面积代表计算毛坯的体积，即截面图曲线下的整个面积 $F_{计}$ 就是计算毛坯的体积 $V_{计}$，即 $V_{计} = F_{计}$。由此可以计算出平均截面积 $F_{均}$ 和平均直径 $d_{均}$，即：

平均截面积：

$$F_{均} = \frac{V_{计}}{L_{计}} = \frac{V_{锻} + V_{毛}}{L_{计}} \tag{3-15}$$

平均直径：

$$d_{均} = 1.13\sqrt{F_{均}} \tag{3-16}$$

式中，$L_{计}$ 为计算毛坯长度，$L_{计} = L_{锻}$。

通常将平均截面积 $F_{均}$ 在截面图上用虚线绘出，这样便把截面图分成两部分，凡大于虚线的部分称为头部，小于虚线的部分称为杆部。同样，平均直径 $d_{均}$ 在直径图上也用虚线表示出来，对于 $d_{计} > d_{均}$ 的部分，称为头部；$d_{计} < d_{均}$ 的部分，则称为杆部。

如果选用的坯料直径恰与计算毛坯的平均直径相等，并且直接进行模锻，不难设想，头部金属不足而杆部金属有余，是无法使锻件符合要求的。为了使锻件顺利成形，必须选择合适的坯料直径和制坯工步。

因此，计算毛坯的用途：一是，长轴类锻件选择制坯工步及其模膛的依据；二是，确定坯料尺寸的依据。

制坯工步选择，取决于下列几项繁重系数：

$$\alpha = \frac{d_{max}}{d_{均}} \tag{3-17}$$

$$\beta = \frac{L_{计}}{d_{均}} \tag{3-18}$$

$$K = \frac{d_{拐} - d_{min}}{L_{计}} \tag{3-19}$$

式中 α——金属流向头部的繁重系数

β——金属沿轴向流动的繁重系数；

K——杆部锥度；

d_{max}——计算毛坯的最大直径；

d_{min}——计算毛坯的最小直径；

$d_{拐}$——杆部与头部转接处的直径，又称为拐点处直径。

拐点处直径按照杆部体积守恒转化成锥体的大头直径，在数值上可根据下式计算：

$$d_{拐} = \sqrt{\frac{3.82V_{杆}}{L_{杆}} - 0.75d_{min}^2} - 0.5d_{min} \tag{3-20}$$

式中 $V_{杆}$——计算毛坯杆部体积；

$L_{杆}$——计算毛坯杆部长度。

图 3-23 所示为根据生产经验的总结而绘制的图表，可将计算得到的工艺繁重系数代入查对，从中得出制坯初步方案。此方案应当做参考用，对具体情况经分析后做出修改。

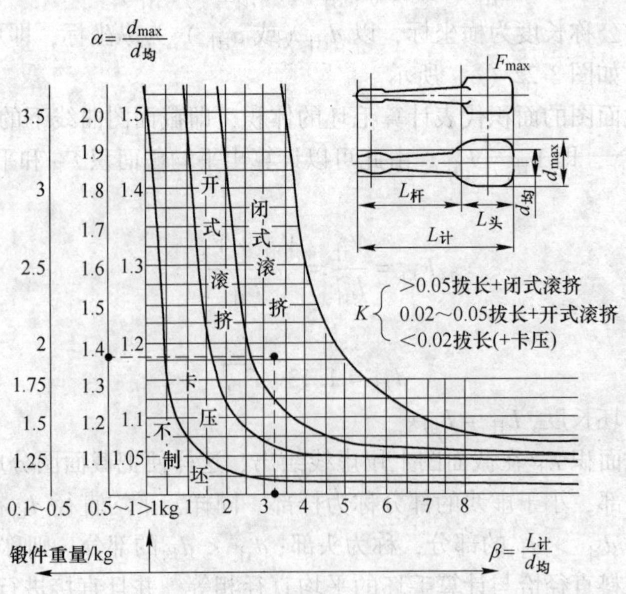

图 3-23 锤上模锻长轴类锻件制坯工步选用范围图表

图 3-22 所示为一个头部和一个杆部的简单计算毛坯图。当计算毛坯超过一头一杆时，则属于复杂的计算毛坯，如图 3-24 所示。对于复杂计算毛坯，则应先按体积相等的原则将它转变成简单计算毛坯，即从一端开始，使杆部多余的金属 $U_{1杆}$ 与头部缺少的金属 $U_{1头}$ (图 3-24（a）)相等，或头部缺少的金属 $U_{1头}$ 与杆部多余的金属 $U_{1杆}$（图 3-24（b）)相等，从而找出两个简单计算毛坯的划分线 f-f。然后分别确定每一个简单计算毛坯所需的制坯工步方案，并从中选择效率高的工步方案作为整个锻件的制坯工步方案。

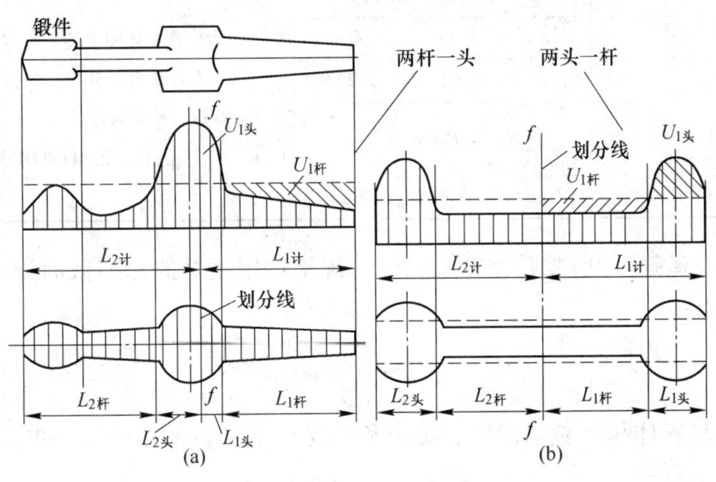

图 3-24 复杂计算毛坯

3.5.3 锤上模锻坯料尺寸

计算坯料尺寸时，一般根据模锻方法先计算出坯料体积和截面尺寸，再确定下料长度。坯料体积包括锻件、飞边、连皮、钳料头和氧化皮等部分。

3.5.3.1 圆饼类锻件

圆饼类锻件一般用镦粗制坯，所以坯料尺寸以镦粗变形为依据进行计算。

坯料体积 $V_{坯}$ 为：

$$V_{坯} = (1 + k) V_{锻} \tag{3-21}$$

坯料计算直径为：

$$d'_{坯} = 1.08 \sqrt[3]{\frac{(1 + k) V_{锻}}{m}} \tag{3-22}$$

式中 k——宽裕系数，考虑到锻件复杂程度对飞边的影响，并计其火耗，对于圆形锻件，k=0.12～0.25，对非圆形锻件，k=0.2～0.35；

$V_{锻}$——锻件体积，不包括飞边；

m——坯料高度与直径之比值，一般取 m=1.8～2.2。

初步确定坯料直径后，应再按材料的国家标准选用标准直径 $d_{坯}$。

坯料长度为：

$$L_{坯} = \frac{V_{坯}}{F_{坯}} = 1.27 \frac{V_{坯}}{d_{坯}^2} \tag{3-23}$$

3.5.3.2 长轴类锻件

长轴类锻件的坯料尺寸以“计算毛坯”截面图上的平均截面积为依据，并根据不同制坯的需要，计算出各种模锻方法所需的坯料截面积，具体计算方法见表3-4。

表3-4 长轴类锻件的坯料尺寸

制坯方法	坯料计算截面积	符号说明
不用制坯工步	$F'_{坯}=(1.02\sim1.05)F_{均}$	$F_{均}$ 为计算毛坯图上的平均截面积； $V_{头}$ 为锻件头部的体积，包括氧化铁皮在内； $L_{头}$ 为锻件头部长度； K 为计算毛坯直径图杆部的锥度
卡压或成形制坯	$F'_{坯}=(1.05\sim1.3)F_{均}$	
滚挤制坯	$F'_{坯}=F_{滚}=(1.05\sim1.2)F_{均}$	
拔长制坯	$F'_{坯}=F_{拔}=\dfrac{V_{头}}{L_{头}}$	
拔长与滚挤制坯	$F'_{坯}=F_{拔}-K(F_{拔}-F_{滚})$	

求得坯料计算截面积 $F'_{坯}$后，再按照材料规格选用钢材的标准截面积 $F_{坯}$，并由此来确定坯料长度 $L_{坯}$：

$$L_{坯}=\frac{V_{坯}}{F_{坯}}+l_{钳} \tag{3-24}$$

式中 $V_{坯}$——坯料体积（包括锻件、飞边和连皮），$V_{坯}=(V_{件}+V_{飞}+V_{连皮})(1+\delta)$；

δ——火耗；

$l_{钳}$——钳夹头长度。

3.5.4 模锻锤吨位

锻锤吨位的合理选择是获得优质锻件、保证工艺过程顺利进行的重要保证。由于模锻过程受到诸多因素的影响，这些因素不仅相互作用，而且具有随机特征，因此关于模锻变形力的计算，尽管有理论计算方法，但要全部考虑这些因素是不现实的。在生产上为方便起见，多用经验公式选择所需的锻锤吨位。例如，对于低、中碳结构钢和低碳低合金结构锻件，计算模锻锤吨位的经验公式为：

$$G=4A \tag{3-25}$$

式中 G——模锻锤落下部分的质量；

A——锻件和飞边（按50%计算）在水平面上的投影面积。

3.5.5 锤上模锻工步及其模膛

模锻工步的主要作用是使坯料按照所用模膛的形状形成锻件或基本形成锻件，这种工步所用模膛称为模锻模膛，有预锻、终锻两种。任何锻件的模锻工艺都必须有终锻，而预锻则不一定都需要，根据具体情况采用。

3.5.5.1 终锻工步及其模膛

终锻工步是用来完成锻件的最终成形。终锻模膛根据热锻件图设计与制造。对于开式模锻，其终锻模膛的周边设有飞边槽。

A 热锻件图

热锻件图是终锻模膛的设计依据。将冷锻件图的每个尺寸加上收缩量，便可绘制出热锻件图。热锻件尺寸 L 按下式计算：

$$L = l(1 + \delta) \tag{3-26}$$

式中 l——冷锻件尺寸；

δ——终锻温度下金属的收缩率。

为了能得到要求的锻件，终锻模膛尺寸应与热锻件图相同。但有时为保证锻件成形质量，根据模锻锤上模锻的工艺特点，将模膛尺寸做适当的改变。

B 飞边槽

开式模锻的终锻模膛周边设有飞边槽，其形式及尺寸大小是否合适对锻件成形影响很大。所以，设计终锻模膛的另一个重要任务便是确定飞边槽的形式及有关尺寸。

飞边槽一般由桥部和仓部组成。桥部的主要作用是阻止金属外流，迫使金属充满模膛，同时，使飞边厚度减薄，以便于切除；仓部的主要作用是用以容纳多余的金属。另外，飞边如同垫片能够缓冲锤击，从而防止分模面过早压陷或崩裂。为此，飞边槽的桥部高度应小些，宽度大些；仓部的高度和宽度都应适当。

目前，锻件常用的飞边槽的结构形式有四种，见表 3-5。

表 3-5 飞边槽基本结构形式及其尺寸

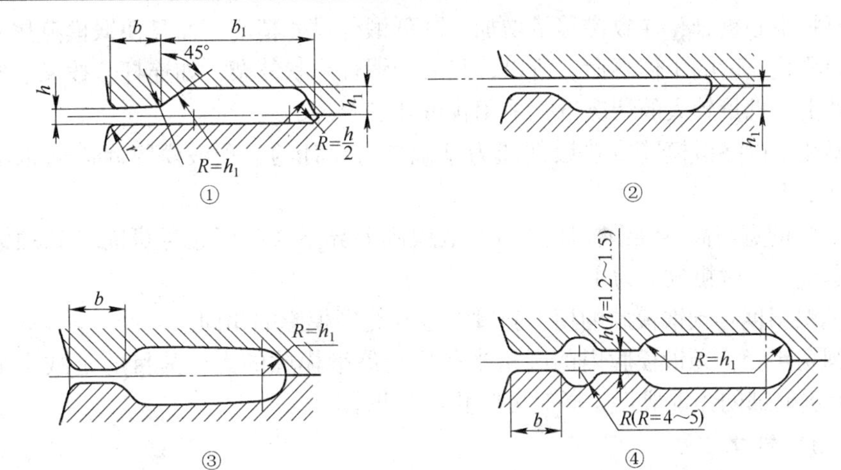

锻锤吨位/t	h/mm	b/mm	h_1/mm	b_1/mm	r/mm
1	1.0~1.6	8	4	22~25	1.0
2	1.8~2.2	10	4	25~30	1.5
3	2.5~3.0	12	5	30~40	1.5
5	3.0~4.0	12~14	6	40~50	2.0
10	4.0~6.0	14~16	8	50~60	2.5
16	6.0~9.0	16~18	10	60~80	3.0

(1) 标准型飞边（表 3-5 中①）。这是最常用的一种结构形式，其桥部设在上模块，与坯料接触时间短，吸收热量少，因而温升小，能减轻桥部磨损或避免压塌。

(2) 倒置型飞边（表 3-5 中②）。飞边桥部设在下模块，适用于高度方向上形状不对称的锻件。因复杂部分在上模，为简化切边冲头形状，常将锻件翻转 180°，故桥部设在下模，切边时锻件也容易定位。另外，当锻件全靠下模成形时，为简化上模而加工成平面状，也应采用这种形式的飞边槽。

(3) 双仓型飞边（表3-5中③）。该结构形式适用于形状复杂和坯料体积难免偏多的锻件，在这样的条件下，不得不增大仓部的容积，以便容纳更多的金属。

(4) 带阻尼沟型飞边（表3-5中④）。该结构形式只用于锻模局部。桥部增设阻尼沟，增加金属向仓部流动的阻力，迫使金属流向模膛深处或枝芽处。

飞边槽尺寸可以按照锻锤吨位来确定，见表3-5。飞边槽的主要尺寸是桥部高度 h、宽度 b 及入口圆角半径 R_1。如果 h 太小或 b 太大，会产生过大的水平面方向的阻力，导致锻不足，并使锻模过早磨损或压塌。如果 h 太大或 b 太小，模膛不易充满，产生大的飞边，同时，由于桥部强度差而易于压塌变形。入口处圆角半径 R_1 太小，容易压塌内陷，影响锻件出模；如果 R_1 太大，则影响切边质量。

3.5.5.2 预锻工步及其模膛

在模锻生产过程中，预锻的作用是使制坯后的坯料进一步变形，以便更合理地分配坯料各部分的金属体积，以保证终锻时获得成形饱满，无折叠、裂纹或其他缺陷的优质锻件。同时有助于减少终锻模膛的磨损。值得注意的是，并非所有的锻件都需要预锻工步。这是因为预锻会带来一些不良影响，如增大锻模平面尺寸，降低生产效率。特别是锻模中心不能与模膛中心重合，导致错移量增加，降低锻件尺寸精度，而且使锻模燕尾和锤杆受力状态更趋恶化，影响工作寿命。所以，只有当锻件形状复杂，如连杆、拨叉、叶片等成形困难，且生产批量较大的情况下，采用预锻才是合理的。

预锻模膛是以终锻模膛或热锻件图为基础进行设计的，预锻模膛周边通常不设飞边槽，其特点如下：

(1) 模膛的宽与高：预锻模膛虽与终锻模膛差异不大，但应尽可能做到预锻后的坯料在终锻模膛中以镦粗成形为主。

(2) 模锻斜度：预锻模膛的模锻斜度一般与终锻模膛的相同。

(3) 圆角半径：预锻模膛内的圆角半径应比终锻模膛的大，其目的是减小金属流动的阻力，促进筋部的预锻成形，同时可防止产生折叠。

3.5.5.3 钳口

终锻模膛和预锻模膛前端的特制凹腔，一般称为钳口（图3-25（a））。钳口主要用来容纳夹持坯料的夹钳和便于锻件从模膛中取出。制造锻模时，钳口还用作为浇注铅或金属盐的浇口，以复制模膛的形状，作检验用。钳口与模膛间的沟槽称为钳口颈，其作用不仅是为了浇铅水或金属盐，同时也是为了增加锻件与钳夹头连接的刚度，便于操作。图3-25（b）所示为常用的钳口形式。

3.5.6 锤上制坯工步及其模膛

制坯工步的主要作用是分配坯料体积或改变坯料轴线形状，使坯料沿轴线的截面积与锻件大致相适应。它包括镦粗、压扁、拔长、滚挤、成形、弯曲、卡压等工步。制坯工步所使用模膛称为制坯模膛。

3.5.6.1 拔长工步及其模膛

拔长工步是用来减小坯料的截面积，增加其长度，具有分配金属的作用。若拔长工步

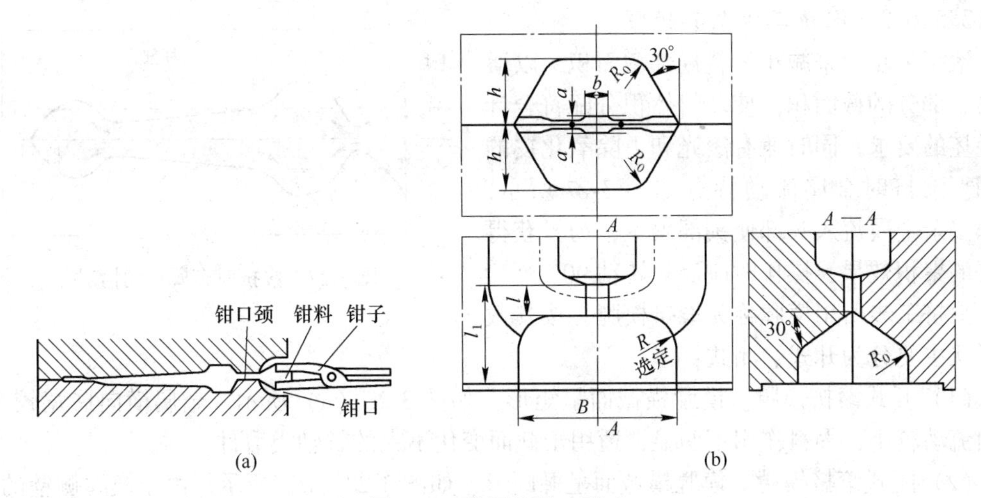

图 3-25 常用的钳口形式

为变形工步中的第一道，还兼有清除氧化皮的作用。拔长工步所使用的模膛称为拔长模膛，其位置一般设置在锻模的边缘，由坎部、仓部和钳口三部分组成。其中，坎部是使坯料变形用的工作部分，仓部用来容纳拔长后的坯料。拔长模膛按截面形状分为开式和闭式两种：

(1) 开式拔长模膛。其拔长坎断面呈矩形，如图 3-26（a）所示。这种型式结构简单，制造方便，应用较广。

(2) 闭式拔长模膛。其拔长坎断面呈椭圆形，如图 3-26（b）所示。这种型式的拔长效率较高，而且坯料光滑。

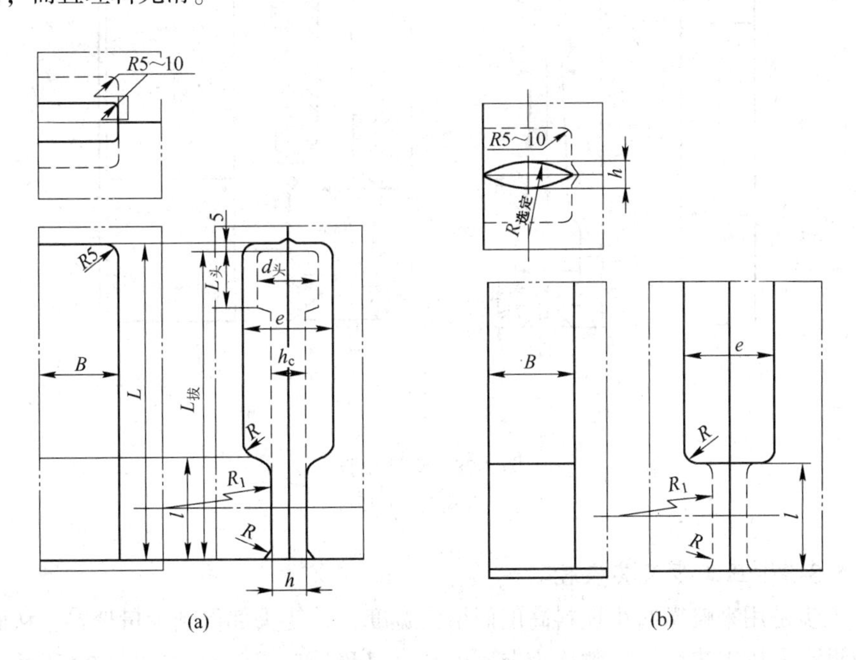

图 3-26 拔长模膛

（a）开式；（b）闭式

3.5.6.2 滚挤工步及其模膛

滚挤工步用来减小坯料局部截面积，以增大另一部分的截面积，使坯料体积分配符合计算毛坯的要求，同时兼有滚光和去除氧化皮的作用。滚挤时金属流动特点如图 3-27 所示，杆部多余金属流入头部使头部聚集，为了获得良好的聚积效果，操作时应反复转动 90°。

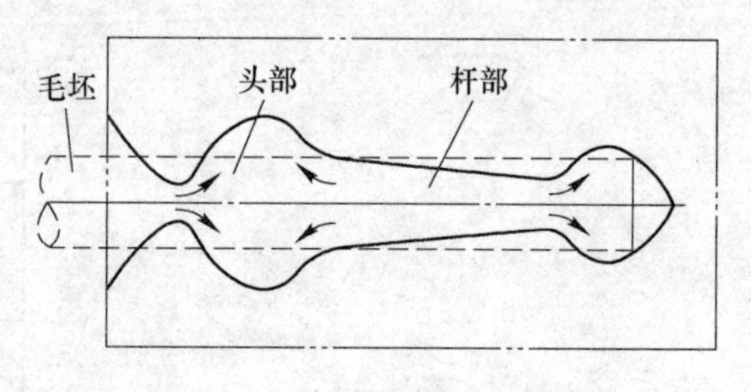

图 3-27 滚挤时金属流动情况

滚挤工步所用模膛称为滚挤模膛，按其截面形状主要分为开式、闭式：

（1）开式滚挤模膛。模膛横截面呈矩形，如图 3-28（a）所示。金属横向展宽较大，轴向流动较小，聚料作用不明显，适用于截面变化不大的长轴类锻件。

（2）闭式滚挤模膛。模膛横截面呈椭圆形，如图 3-28（b）所示。由于模膛侧壁的阻碍作用，金属沿轴向流动强烈，聚料效果好，滚挤后的坯料较圆滑，终锻时不易产生折叠，所以广泛用于截面变化较大的长轴类锻件。

滚挤模膛由钳口、本体、毛刺槽三部分组成，钳口不仅为了容纳夹钳，同时也是用来卡细坯料，减少料头消耗。毛刺槽用来容纳滚挤时产生的端部毛刺，本体使坯料变形。

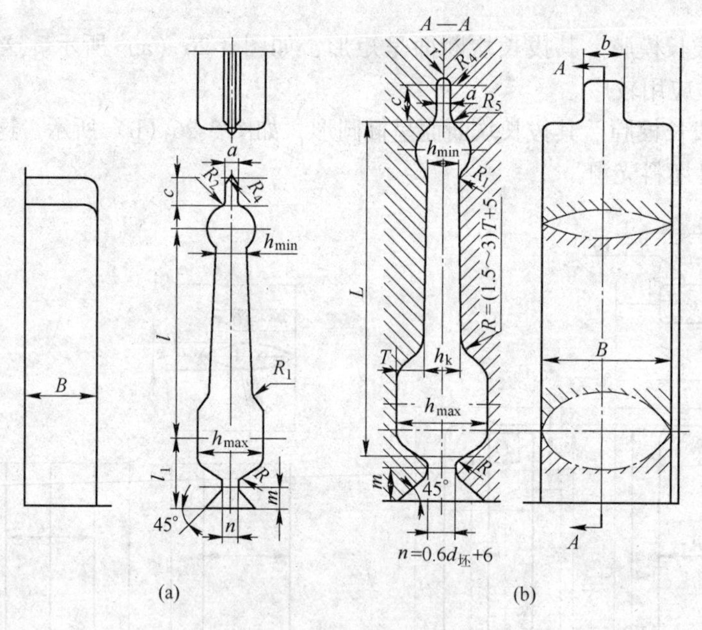

图 3-28 滚挤模膛
（a）开式；（b）闭式

3.5.6.3 卡压工步及其模膛

卡压工步是用来略微减小坯料高度而增大宽度，并使头部得到少量聚料，从而改善终锻成形效果。卡压工步所用模膛称为卡压模膛（又称压肩模膛），如图 3-29 所示。坯料在模膛中一般只锤击 1~2 次，不需翻转即直接将其移入预锻或终锻模膛。卡压模膛分开式和闭式两种，开式的应用较广。

3.5.6.4 成形工步及其模膛

成形工步用来使坯料获得近似锻件在水平面上的投影形状，它是通过局部金属转移来获得所需形状。成形工步是枝芽锻件采用的主要制坯方式，其所用模膛称为成形模膛。操作时一般只锤击一次，坯料经过成形制坯后，需翻转90°送入预锻或终锻模膛。

成形模膛按其纵断面的形状分为对称式和不对称式两种（如图3-30所示），常用的为不对称模膛。

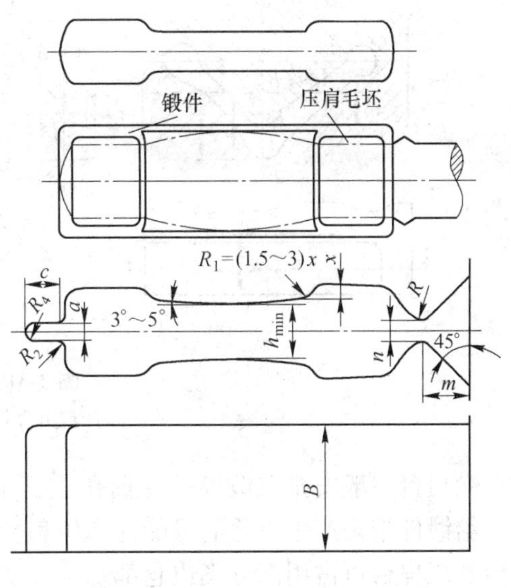

图3-29 卡压模膛

3.5.6.5 弯曲工步及其模膛

与成形工步相似，弯曲工步也是用来使坯料获得与锻件水平面投影相似的形状，但它是通过将坯料压弯来获得所需的形状，变形程度比成形工步大得多，且没有聚料作用。弯曲工步所使用模膛称为弯曲模膛，坯料在弯曲模膛制坯后，需翻转90°放在预锻或终锻模膛中。

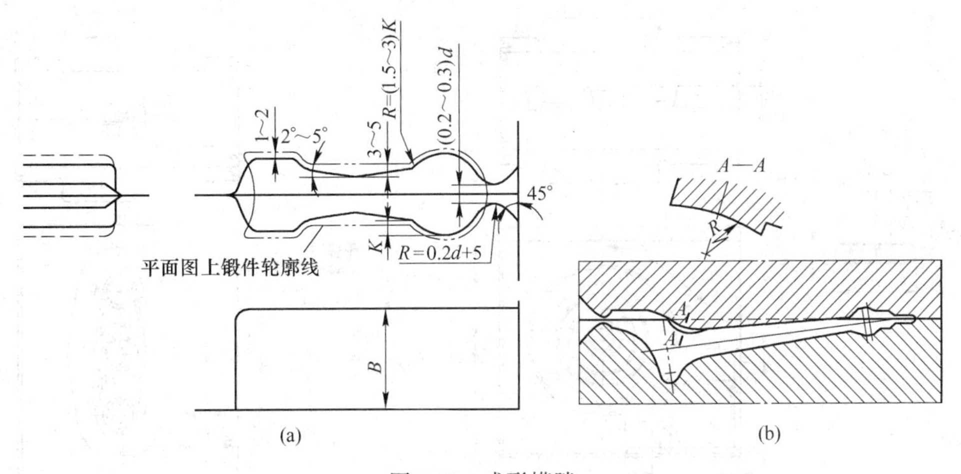

图3-30 成形模膛

（a）对称式；（b）不对称式

根据弯曲时坯料拉长的情况，弯曲模膛可分为自由弯曲和夹紧弯曲两种。自由弯曲时，坯料没有明显的拉长现象，适用于圆浑弯曲的锻件，一般只有一个弯角，如图3-31（a）所示。而夹紧弯曲时，坯料在模膛内除了弯曲成形外，还要有拉伸，这种弯曲适用于具有多个急突弯曲形状的锻件，如多拐曲轴等，如图3-31（b）所示。

3.5.6.6 镦粗工步及镦粗台

镦粗工步适用于圆饼类锻件，对应的模具结构为镦粗台（图3-32）。该平台的作用是减小坯料高度尺寸增大水平尺寸，以便在锤击变形前将终锻模膛覆盖，从而防止锻件折叠，并起到去除氧化皮的作用。

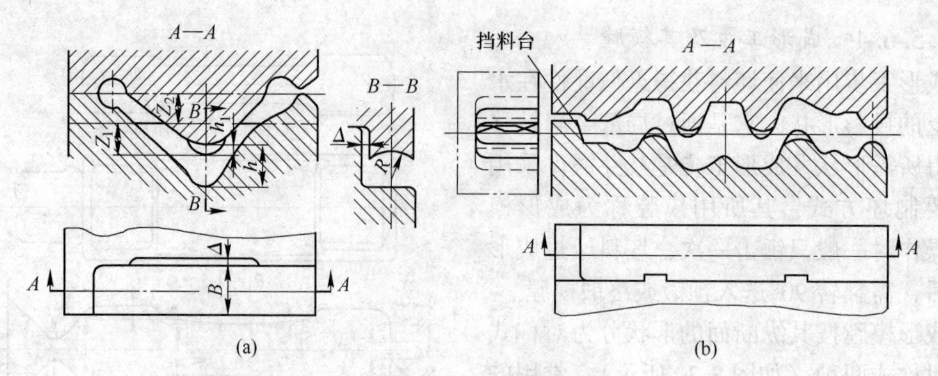

图 3-31 弯曲模膛

(a) 自由弯曲；(b) 夹紧弯曲

镦粗台一般安排在锻模的左前角上，平台边缘应倒圆，以防镦粗时在坯料上产生压痕，给锻件带来产生折叠的可能性。压扁台一般安装在锻模左边。为了节省锻模材料，镦粗台和压扁台可占用部分飞边仓部。

3.5.6.7 压扁工步及压扁台

压扁工步适用于锻件平面图近似矩形的情况，对应的模具结构为压扁台（图 3-33）。其作用与镦粗台一样，都是减小坯料高度尺寸增大水平尺寸。

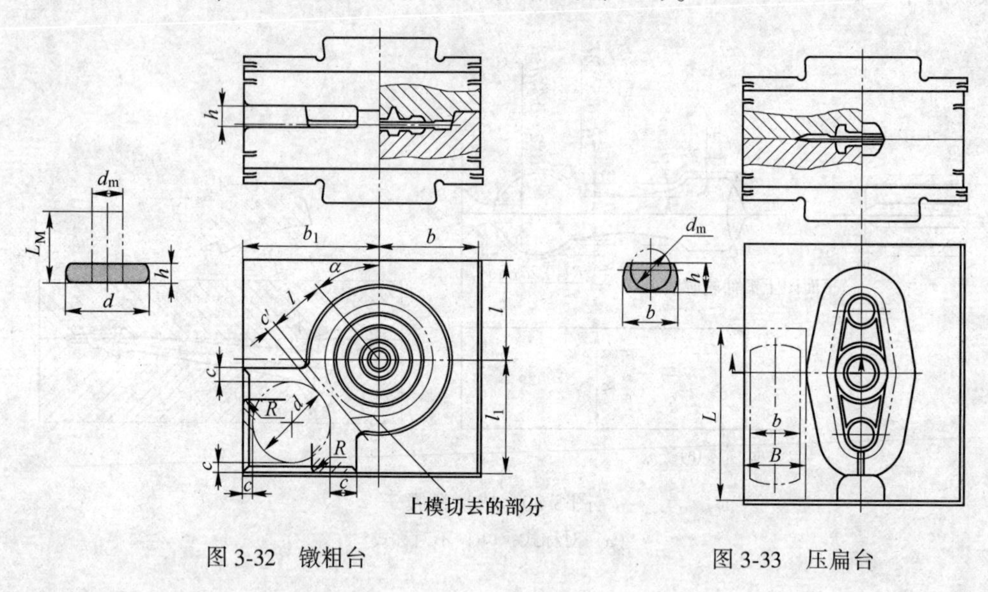

图 3-32 镦粗台　　图 3-33 压扁台

3.5.6.8 切断工步及其模膛

切断工步是用来切断棒料上锻成的锻件，以便实现连续模锻或一棒多次模锻。一般用于小型模锻件。切断工步所用模膛为切断模膛，根据其在锻模的位置不同可分为前切刀(图 3-34（a))和后切刀（图 3-34（b))两种型式。切断模膛一般与燕尾中心线交叉成一个角度 α，通常取 15°、20°、25°、30°等，视锻模上其他模膛位置安排情况而定。

3.5.7 锤锻模结构

锤锻模的结构对锻件质量、生产率、劳动强度、锻模和锻锤的使用寿命以及锻模的加

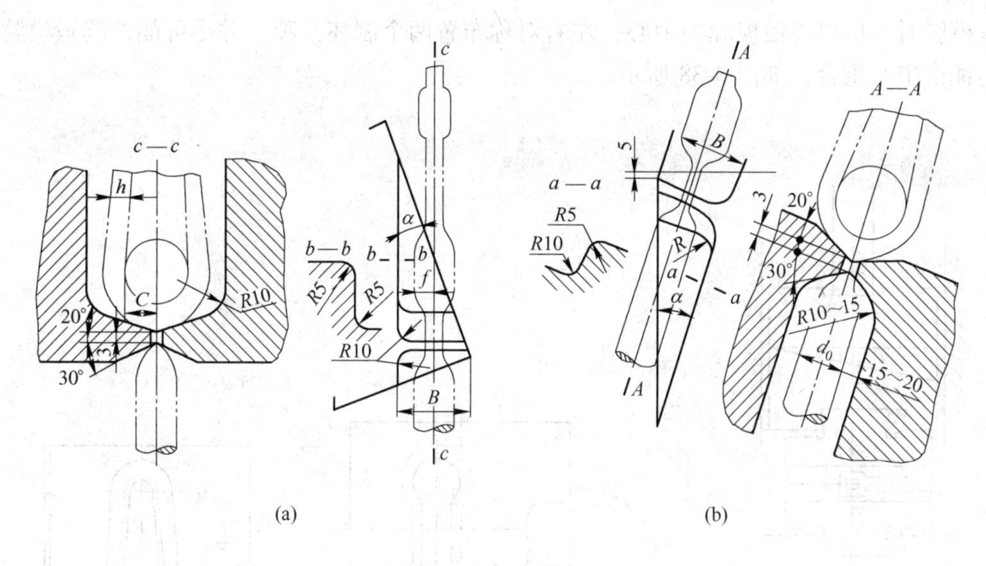

(a) (b)

图 3-34 切断模膛

(a) 前切刀；(b) 后切刀

工制造都有重要影响。

3.5.7.1 锻模的安装方式

锻模安装在下模座和锤头上，要求紧固可靠且安装调试方便。目前，普遍采用楔铁和键块配合燕尾紧固的方法，如图 3-35 所示。

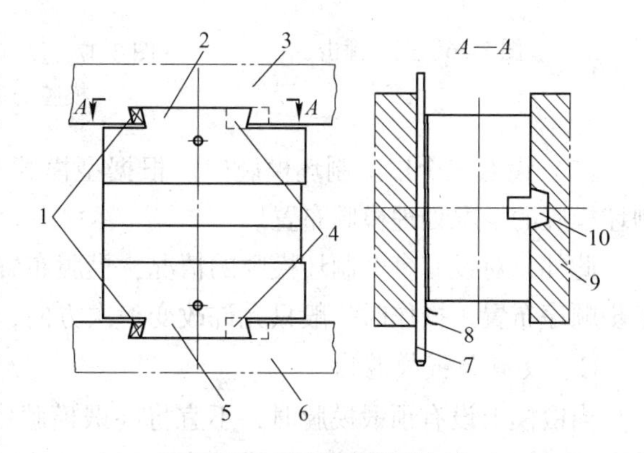

图 3-35 锤锻模紧固方法

1，7—楔铁；2，5—燕尾；3—锤头；4，10—定位键；6—砧座；8，9—垫片

3.5.7.2 模膛布置

模锻时，锻件的成形往往需要采用多个工步来实现。因此，需要布置各模膛在锻模分模面上的位置。根据模膛数及各模膛的作用，以及方便操作，模膛布置分为以下三种情况。

A 仅有终锻模膛的单模膛模锻时

单模膛模锻时，为防止产生锤击偏心力，应尽量使模膛中心（模膛承受锻件反作用力的合力中心）与锻模中心（燕尾中心线与键槽中心线的交点）重合，以便锤击力与锻件反作用力处于同一垂直线上，如图3-36所示。

B 设有制坯模膛时

(1) 只有一个制坯模膛。此时，锻模上有两个模膛：制坯模膛和终锻模膛。对于这种模膛模锻来讲，偏心打击实际上是不可避免的，只能设法减轻其程度。为此应控制终锻模膛的中心线与燕尾中心线的偏移的距离 e，使其小于模块宽度的 10%，即 $e<10\%B$，如图 3-37 所示。

(2) 设有两个制坯模膛。这时，锻模上有三个模膛，即两个制坯模膛和终锻模膛。

布置模膛时，应以终锻模膛为中心，左右对称布置两个制坯模膛。并尽可能使终锻模膛中心与锤击中心重合，如图 3-38 所示。

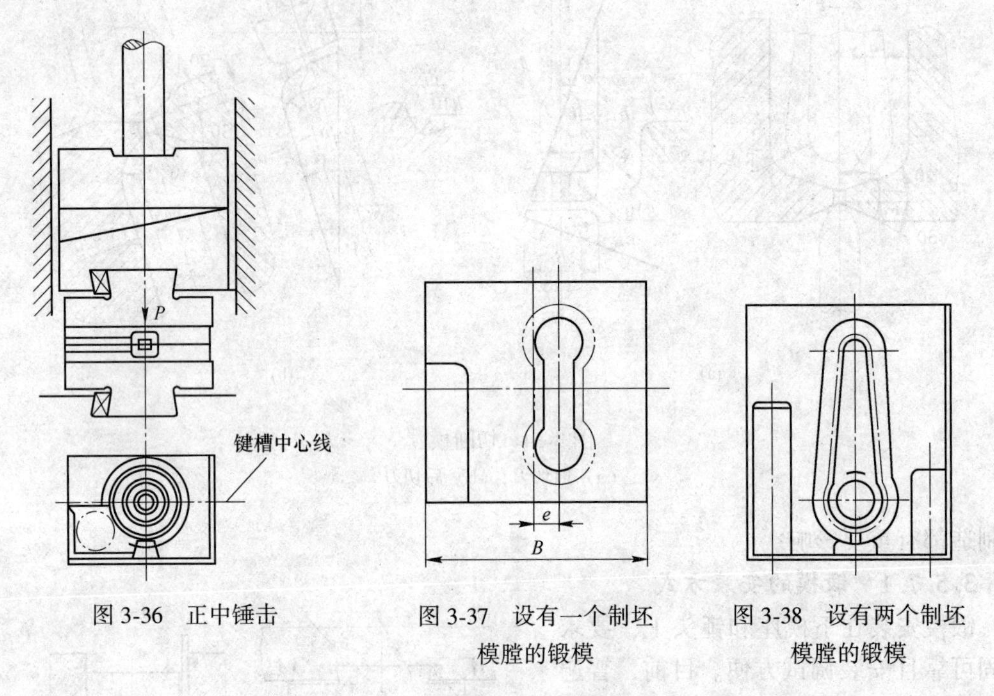

图 3-36 正中锤击

图 3-37 设有一个制坯模膛的锻模

图 3-38 设有两个制坯模膛的锻模

(3) 设有三个以上制坯模膛时。根据型模膛的奇偶，分别按有一个制坯模膛和两个制坯模膛的情况处理模膛布置。

此外，对设有多个制坯模膛的情况，模膛布置应与加热炉、切边机位置相适应，并按工步顺序布置。操作时一般只允许改变一次方向，以减少坯料往返次数。

C 设有预锻模膛时

当锻模上设有预锻模膛时，不宜将终锻模膛中心布置于打击中心上。因预锻模膛中心离打击中心若太远，预锻时，同样会造成偏心打击。预锻和终锻模膛通常布置在燕尾中心线两侧，终锻模膛中心至燕尾中心线的距离是预锻模膛中心线至燕尾中心线间的距离的 1/2，如图 3-39 所示。这主要是考虑到，终锻时的变形抗力约为预锻时的 2 倍。

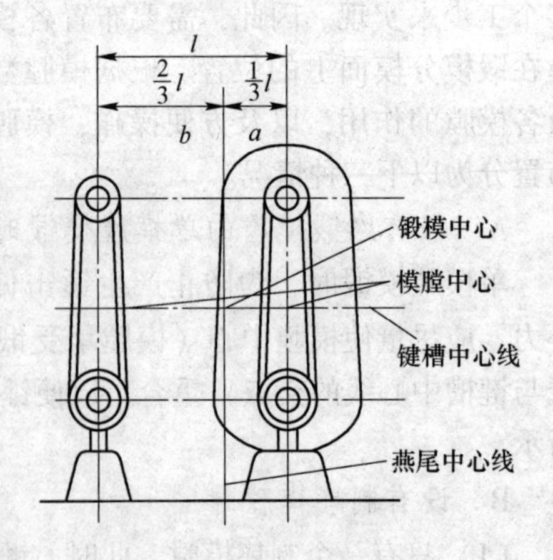

图 3-39 模膛中心安排

3.5.7.3 模膛壁厚

由模膛至模块边缘的距离，或模膛之间的距离都称为模膛壁厚，如图 3-40 所示。模膛壁厚应保证足够的强度和刚度，同时又要尽可能减小模块尺寸。

制坯模膛受力小，其壁厚一般可减小到 5~10mm。终锻模膛和预锻模膛受力大，模膛

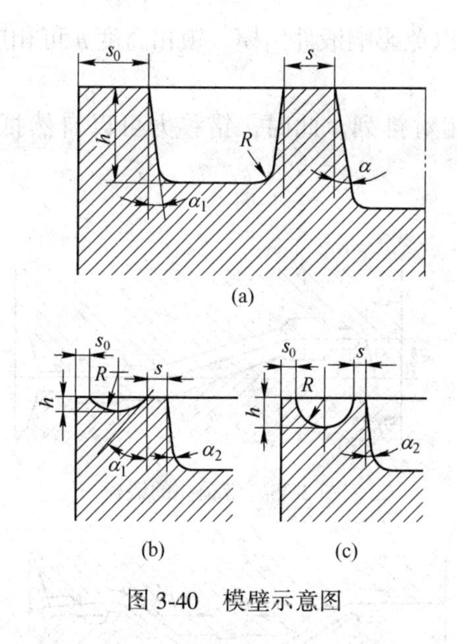

图 3-40 模壁示意图

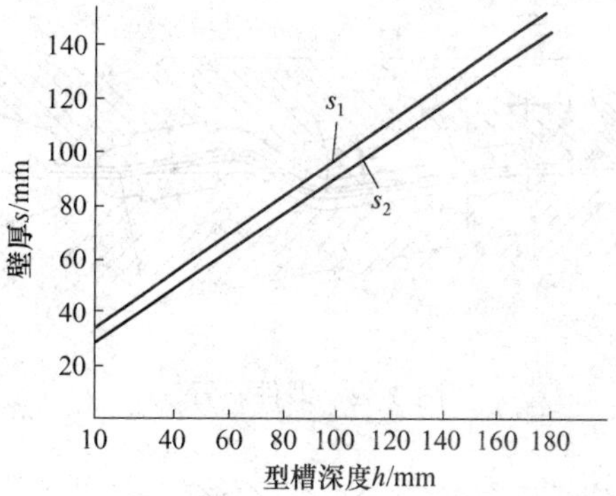

图 3-41 确定模膛壁厚曲线

壁厚与模膛深度、底部圆角半径、模锻斜度有关。其尺寸可按图 3-41 确定：

（1）s_1线用于 $R<0.5h$、$\alpha_1<20°$时模膛与模块边缘间的壁厚 s_0。当 $R=(0.5\sim1.0)h$ 或 $\alpha_1\geqslant20°$时，对应的壁厚 s_0可适当减小。

（2）s_2线用于下述两种情况：

1）$R\geqslant h$ 时，模膛与模块边缘间的壁厚 s_0（图 3-40（b）和图 3-62（c）左侧模膛外壁）；

2）$R<0.5h$、$\alpha<20°$时，模膛间的壁厚 s。

当 $R\geqslant h$ 时，则模膛间壁厚 $s=(0.8\sim0.9)s_2$；

多件模锻的模膛间壁厚 $s=0.5s_2$；

模膛至钳口间的壁厚 $s=0.7s_2$。

3.5.7.4 错移力平衡

错移力是指模锻时引起上、下模错移的水平分力，其产生原因主要当锻件的分模面为斜面、曲面或锻模中心与模膛中心的偏移量较大。锻模错移不仅影响锻件尺寸精度和加工余量，而且加速锻锤导轨磨损和锤杆过早折断。所以要设法采用适当的锻模结构形式来平衡错移力：

（1）当锻件分模面落差 H 不大（<15mm），可把锻件倾斜摆放，使模膛两端分模面处于同一高度，产生方向相反、大小相等的水平分力，达到自然消除锻模错移的目的，如图 3-42 所示。

（2）当锻件分模面落差 H 较大（>15mm）时，可在锻模模块上设置锁扣，其作用是在锤击过程中使上、下模块互相锁住，从而克服或消除错移，如图 3-43 所示。锁扣高度 h 应与锻件分模面落差 H 相等，即 $h=H$；锁扣厚度 $b>1.5h$；锁扣斜度 α 不能太小，否则，锤击时锁扣可能相撞击而损坏，太大又失去平衡作用，α 值一般根据分模面落差 H 大小确定，即当 $H=15\sim30$mm 时，取 $\alpha=5°$；当 $H=30\sim60$mm 时，取 $\alpha=3°$。

（3）当锻件分模面落差 $H>50$mm，为了减小锁扣高度和节省锻模材料，可把锻件斜放，并设置锁扣。锻件斜度不应大于模锻斜度，以免影响锻件出模。锁扣高度 h 可相应小些，如图 3-44 所示。

(4) 对小型锻件，可考虑成对锻造，模膛相对排列。此时，错移力可以自然抵消，如图 3-45 所示。

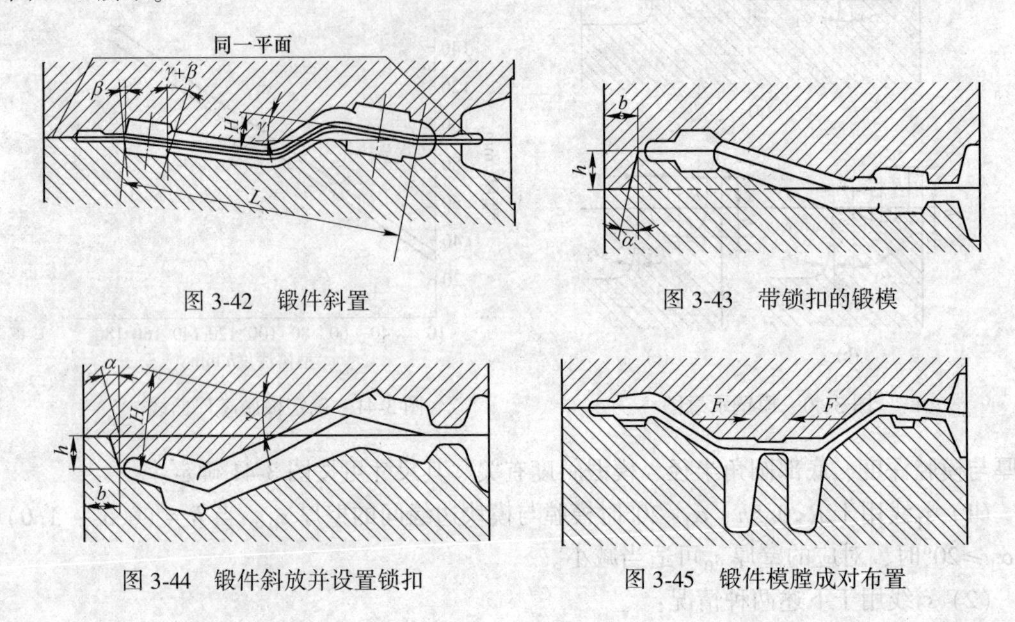

图 3-42　锻件斜置

图 3-43　带锁扣的锻模

图 3-44　锻件斜放并设置锁扣

图 3-45　锻件模膛成对布置

3.5.7.5　模块的结构

(1) 承击面。承击面是指锻锤空击时，上、下模块实际接触的面积（图 3-46 中剖面线部分）。因此，承击面积应为模块在分模平面上的面积减去各模膛、飞边槽、锁扣和钳口所占面积。承击面不能太小，否则容易压塌分模平面。承击面过大则会增加模具材料的消耗。

(2) 锻模中心与模块中心。锻模中心是燕尾中心线与键槽中心线的交点（即打击中心），而模块中心是对角线的交点。由于模锻及其布置的非对称性，锻模中心与模块中心一般不会重合，存在偏移量，但这个偏移量不能太大，否则，模块本体重量将使锤杆承受大的弯曲应力，不但对锻件精度不利，而且锻锤也受损害。偏移量应限制在横向偏移量 $a \leqslant 0.1A$ 和纵向偏移量 $b \leqslant 0.1B$ 的范围内，如图 3-47 所示。

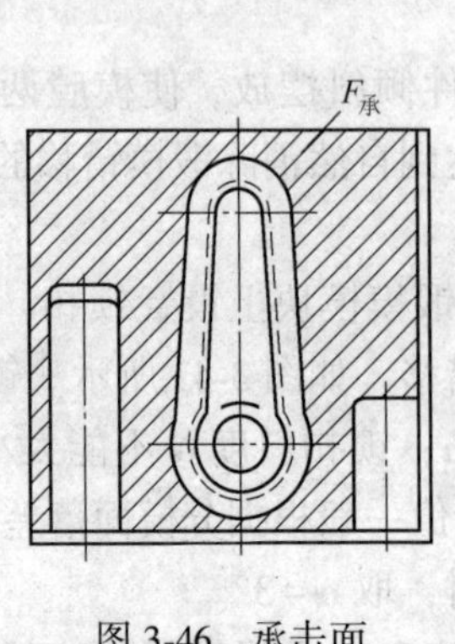

图 3-46　承击面

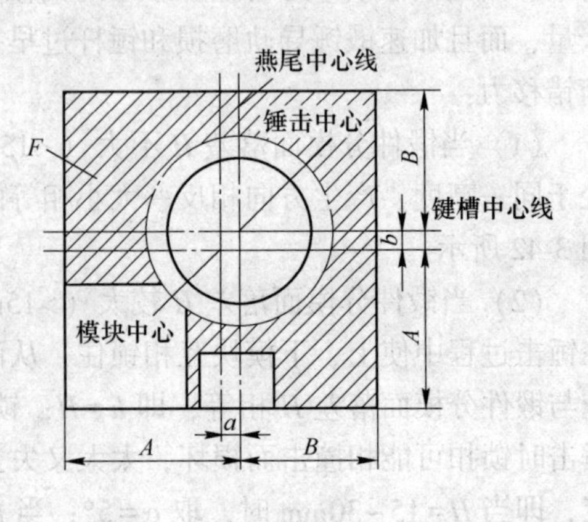

图 3-47　锻模中心与模块中心的关系

（3）锻模宽度。为保证锻模不与锻锤的导轨相碰，锻模最大宽度 B_1 应保证模块边缘与导轨之间的间隙大于20mm，如图3-48所示。锻模的最小宽度也有要求，至少超出燕尾边缘10mm，或者燕尾中心线到锻模边缘的最小尺寸为 $B_1 \geqslant B/2 + 20(\mathrm{mm})$。

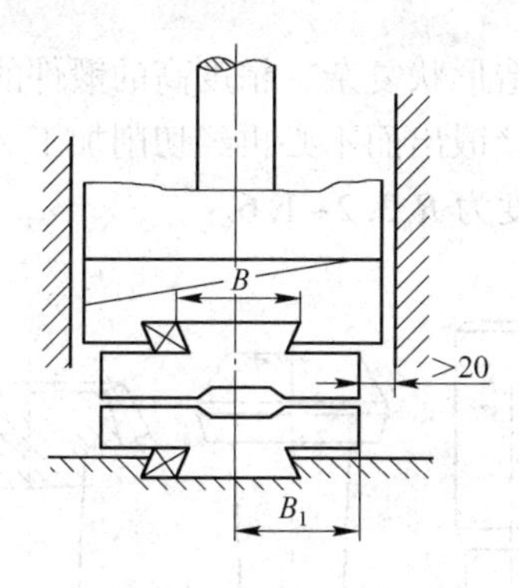

图3-48 锻模宽度

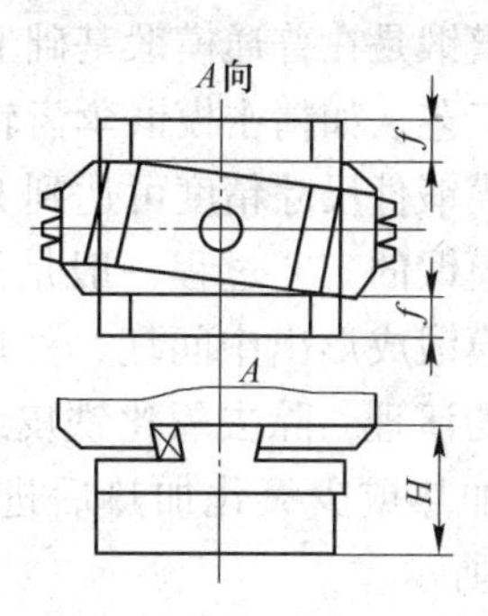

图3-49 锻模长度

（4）锻模长度。当锻件较长时，致使相应锻模的长度增加而伸到模座和锤头之外，两端呈悬空状态，如图3-49所示。这种状况对锻模受力不利，所以伸出长度 f 应当有所限制，规定 $f < H/3$（H 为模块高度）。

（5）锻模高度。锻模高度保证上、下模块的最小闭合高度不小于锻锤允许的最小闭合高度（即保证上、下模能够闭合打靠）。同时，考虑到锻模翻修的需要，锻模闭合高度是锻锤最小闭合高度的1.35~1.45倍（图3-50）。

（6）模块质量。为保证锤头的运动性能，上模块质量应有所限制，最大质量不得超过锻锤吨位的35%。

（7）检验角和检验面。为了给制造锻模时的划线作基准并作为上、下模对齐的基准，锻模上设有检验角。检验角是锻模上两个加工侧面所构成的90°角。构成检验角的表面即为检验面，如图3-51所示。检验角可以设在模块左边或右边，检验面要求刨平，刨进深度5mm。

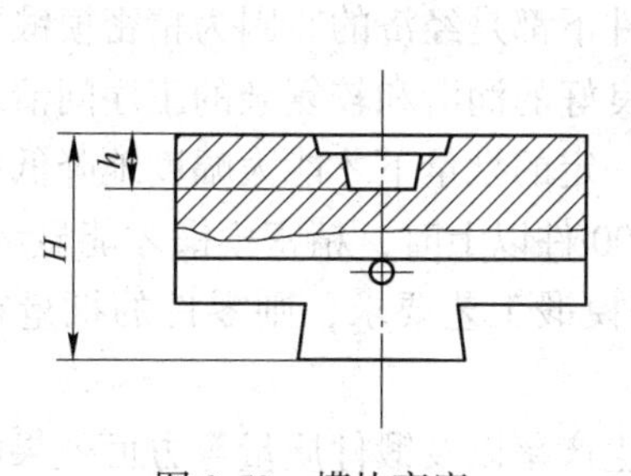

图3-50 模块高度

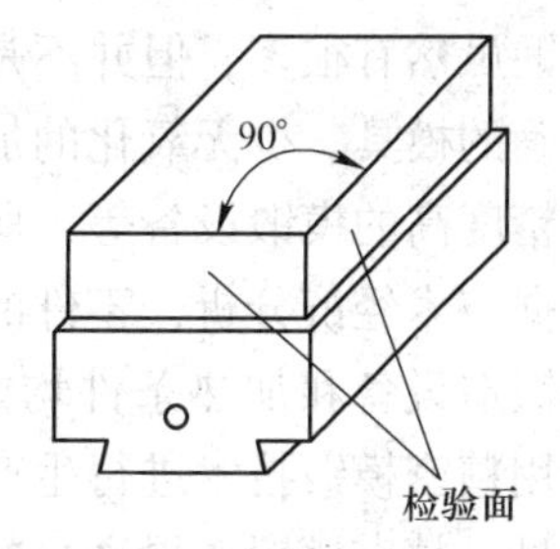

图3-51 检验面与检验角

（8）纤维方向。锻模寿命与其纤维方向密切相关。任何锻模的纤维方向都不允许与打击方向平行。否则，在分模面上不仅流线末端外露，加剧应力腐蚀，大大降低模具寿命，而且在打击力作用下，分模面上模膛两侧的金属将有沿纤维方向劈开或撕裂的危险，轻者也将造成分模面塌陷或使模壁金属剥落。

（9）模块规格。模块尺寸标准化，可减少模块品种，缩短模块准备周期。因此，设计锻模时应尽可能按标准模块来确定锻模的轮廓尺寸。

3.6 锻造工艺的新进展

3.6.1 精密模锻

精密模锻是在普通模锻基础上发展起来的一种锻造形状复杂、精度高的锻件的少无切削锻造新工艺。如精密模锻伞齿轮，其齿形部分可直接锻出而不必再经切削加工。在一般情况下，模锻件尺寸精度可达到IT12~15，表面粗糙度为R_a3.2~1.6。

精密模锻的工艺过程一般是先将原始坯料通过普通模锻成形出中间坯，然后再对中间坯进行严格的清理，除去氧化铁皮或缺陷，最后在无氧化加热或少氧化加热后进行精锻成形，如图3-52所示。

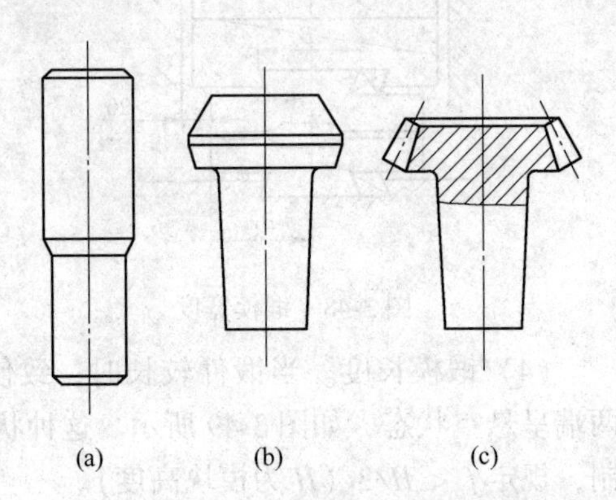

图3-52 精密模锻工艺流程
(a) 下料；(b) 普通模锻；(c) 精密模锻

精密模锻件具有下列优点：

(1) 可节约大量金属材料。与自由锻相比，材料利用率可提高80%以上，与普通模锻相比，材料利用率可提高60%以上。

(2) 可节省大量机械加工工时。精密模锻件一般不需要机械加工或只需少量机械加工就可装配使用。与自由锻相比，机械加工量减少80%以上。

(3) 生产效率高。尤其是对某些形状复杂和难于用机械加工方法成批生产的零件，采用精密模锻更显示其优越性，不仅生产效率高，而且在一定条件下，精确度也是能与机械加工相匹敌的。

(4) 金属流线能沿零件外形合理分布而不被切断。有利于提高零件的疲劳性能及抗应力腐蚀性能。

精密模锻虽然有很多，但并不是在任何条件下都是经济的。因为精密模锻要求高质量的坯料、精确的模具、少无氧化的加热条件、良好的润滑和较复杂的工序间清理，以及要求刚度大，精度高的模锻设备等，所以只有在一定的批量下才能大幅度地降低成品零件的总成本。根据技术经济分析，零件的批量在2000件以上时，精密模锻才能显示其优越性，如果现有的锻造设备和加热条件均能满足精密模锻工艺要求，则零件的批量在500件以上，就可采用精密模锻技术进行生产。

由此可见，精密模锻在提高材料利用率、生产率以及锻件质量等方面效果明显，因此精密模锻是锻压技术发展的一个重要方向。目前，国内外航空工业中的精密模锻件数量在日益增加，例如某新型飞机的结构中，采用的精密模锻件已占总锻件数的50%以上，发动机中的精密模锻件也不少于40%。

3.6.2 等温锻造

在常规锻造条件下，一些难成形金属，如航空航天等领域中铝合金、镁合金、钛合金及高温合金等金属材料，由于其成形温度范围较窄，特别是成形具有高筋、薄腹、长耳子和薄壁零件时，坯料热量损失严重，模具温度降低快，变形抗力迅速增大，材料塑形显著降低，不仅所需成形设备吨位高，也易造成锻件和模具开裂；另外，某些铝合金、高温合金等材料对成形温度很敏感，如温度较低，成形后为不完全再结晶组织，则在固溶处理后易形成粗晶，或晶粒不均匀，致使构件性能难以满足要求。为了解决这些问题，发展了等温锻造技术。

等温模锻是一种能实现少、无切削及精密成形的新工艺，因变形速率低、工件长时间与环境温度保持隔离状态，可使温度变化降低至最小。与常规模锻的本质区别在于：该方法能将成形温度控制在和毛坯加热温度大致相同的范围内，使坯料在温度基本不变的情况下完成全过程。成形时为了保持恒温条件，模具也需要与坯料同温加热，工艺原理如图3-53所示。

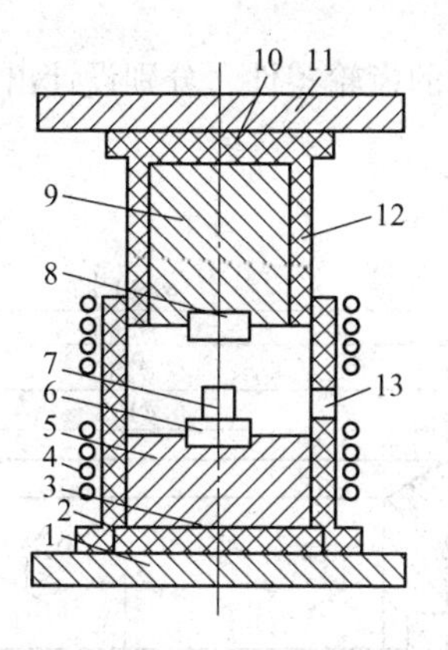

图3-53　等温模锻用的模具装置原理示意图

1，11—垫板；2，12—隔热罩；3，10—隔热垫板；4—感应加热器；5，9—模座；6—下模；7—坯料；8—上模；13—装卸料口

材料在等温锻造时，具有一定的黏性，即对应变速率非常敏感，因此，等温锻造时应变速度很低。为此，等温锻造一般在运动速度较低的液压机上进行，选择的活动横梁工作速度为0.2~2mm/s，坯料的应变速速低于$0.01s^{-1}$。此时，坯料的变形抗力降低，塑性大大增加，呈现超塑性现象。

思 考 题

1　列举锻造在冶金、机械类等企业中的应用。

2　简述锻造工艺的主要方法及其特点。

3　简述锻造生产的工艺流程。

4　简述锻造用主要原材料的种类。

5　简述可锻性及其衡量指标。

6　简述锻造时金属的宏观变形规律。

7　简述锻造变形对铸锭组织性能的影响规律。

8　简述锻前加热目的及其加热温度范围。

9　简述锻后冷却方法。

10　简述锻件热处理分类及其热处理方法与目的。

11 简述自由锻工艺设计内容。
12 简述减少镦粗鼓形、提高均匀变形的措施。
13 简述拔长操作技术要领或注意事项。
14 简述模锻工艺设计内容。
15 简述模锻锻件图的设计内容。
16 简述模锻分模面的确定遵循的原则。
17 简述模锻件设计模锻圆角目的。
18 简述带孔件模锻的冲孔连皮及其分类。
19 简述开式模锻设计飞边槽的作用及其种类。
20 简述锻造工艺卡片及其作用。
21 简述锻模典型结构及其特点。
22 对图 3-54 所示的材质为 45 钢的齿轮零件，分别设计出单件、小批量或大批量生产时的锻造工艺。

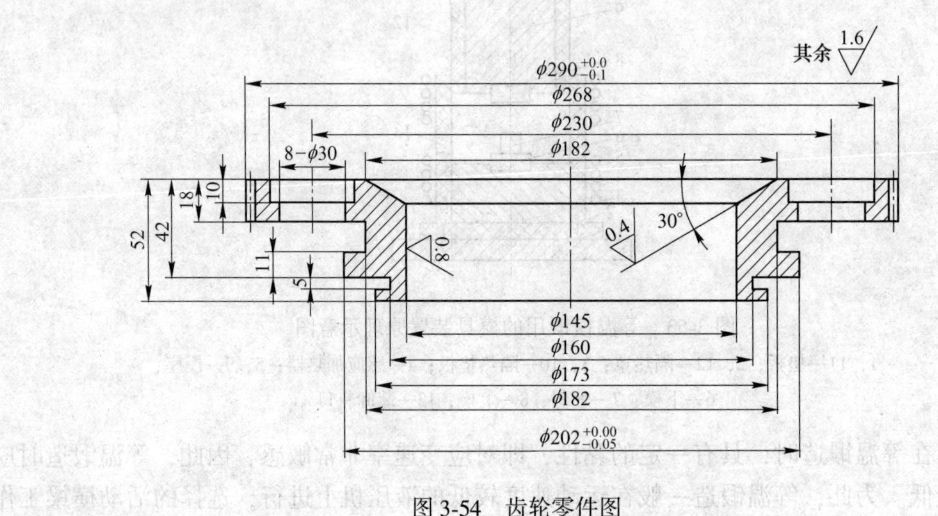

图 3-54 齿轮零件图

参考文献

[1] 中国机械工程学会锻压学会. 锻压手册（第 1 卷：锻造） [M]. 3 版. 北京：机械工业出版社，2013.
[2] 王以华. 锻模设计技术及实例 [M]. 北京：机械工业出版社，2009.
[3] 胡亚民，华林. 锻造工艺过程及模具设计 [M]. 北京：中国林业出版社，2006.
[4] 姚泽坤. 锻造工艺学与模具设计 [M]. 西安：西北工业大学出版社，2001.
[5] 吕炎. 锻造工艺学 [M]. 北京：机械工业出版社，1995.
[6] 李尚健. 锻造工艺及模具设计资料 [M]. 北京：机械工业出版社，1991.

4 冲压工艺

【本章概要】

冲压是以板料为原料进行的塑性加工，主要用于加工金属和非金属板料零件。冲压冲制的板料零件由于具有重量轻、强度高、刚性大，形状复杂、成本低等特点而在现代工业中得以广泛应用。本章主要叙述板料金属的冲裁、弯曲、拉深、胀形和翻边等冲压工艺，并着重于成形原理、特点、适用范围及其工艺参数计算、设备吨位与模具结构等内容叙述。

【关 键 词】

冲裁，弯曲，拉深，胀形，翻边，冲压工艺设计，冲压模具。

【章节重点】

本章应掌握冲压件生产工艺过程的主要工序及其作用，在此基础上了解冲压工艺设计方法及其模具结构。

冲压是使板料经分离或成形而得到制件的工艺统称（GB/T 8541）。它是利用压力机上的模具使材料产生局部或整体塑性变形，以实现分离或成形，从而获得一定形状和尺寸的零件的加工方法。

冲压加工因制件的形状、尺寸精度和其他技术要求的不同，而在生产中采用不同的冲压工序。这些工序按变形性质分为分离工序和成形工序。分离工序是在冲压过程中使冲压件与板料沿一定的轮廓线相互分离的工序。坯料在外力作用下产生变形，当变形部分的相当应力达到了材料的抗剪强度，材料便产生剪裂而分离。分离工序主要有剪裁和冲裁。成形工序是坯料在不被破坏的条件下产生塑性变形，形成所要求的形状和尺寸精度的制件。坯料在外力作用下，作用在变形部分的相当应力达到材料的屈服极限，但未达到强度极限，材料仅仅产生塑性变形，从而得到一定形状和尺寸精度制件的加工工序。成形工序主要有弯曲、拉深、翻边、胀形等。

4.1 冲压工艺原理

4.1.1 冲压成形的力学特点

在各种冲压成形工艺中毛坯变形区的应力状态和变形特点是制订工艺过程、设计模具和确定极限变形参数的主要依据，因此，有必要对变形毛坯的受力与变形特点进行分析。

4.1.1.1 变形毛坯的分区

在冲压成形时，可以把变形毛坯分成变形区和不变形区。不变形区可能是已经经历过变形的已变形区或是尚未参与变形的待变形区，也可能是在全部冲压过程中都不参与变形的不变形区。当不变形区受力的作用时，称为传力区。表 4-1 和图 4-1 列出拉深、翻孔与缩口时毛坯的变形区与不变形区的分布情况。

表 4-1 冲压变形毛坯的分区

冲压方法	变形区	不变形区		
		已变形区	待变形区	传力区
拉深	*A*	*B*	无	*B*
翻孔	*A*	*B*	无	*B*
缩口	*A*	*B*	*C*	*C*

4.1.1.2 变形区的应力与应变特点

从本质上看，各种冲压成形过程就是毛坯变形区在力的作用下产生变形的过程，所以毛坯变形区的受力情况和变形特点是决定各种冲压变形性质的主要依据。绝大多数冲压变形都是平面应力状态。一般在板料表面上不受力或受数值不大的力，所以可以认为在板厚方向上的应力数值为零。使毛坯变形区产生塑性变形均是在板料平面内相互垂直的两个主应力。除弯曲变形外，大多数情况下都可认为这两个主应力在厚度方向上的数值是不变的。因此，可以把所有冲压变形方式按毛坯变形区的受力情况和变形特点从变形力学理论的角度归纳为以下四种情况，并分别研究它们的变形特点：

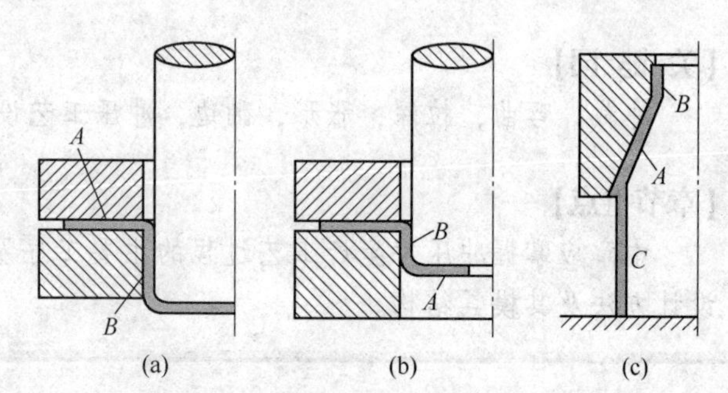

图 4-1 冲压变形毛坯各区划分举例

(a) 拉伸；(b) 翻孔；(c) 缩口

（1）冲压毛坯两向受拉应力的作用，可以分为以下两种情况：

$$\sigma_r > \sigma_\theta > 0，且\ \sigma_t = 0$$

$$\sigma_\theta > \sigma_r > 0，且\ \sigma_t = 0$$

相对应的变形是平板毛坯的局部胀形、内孔翻边、空心毛坯胀形等（图 4-2 Ⅰ象限）。这时由应力应变关系的全量理论可知，最大拉应力方向上的变形一定是伸长变形，应力为零的方向（一般为料厚方向）上的变形一定是压缩变形。因此，可以判断在两向拉应力作用下的变形，会产生材料变薄。在两个拉应力相等（双向等拉应力状态）时，$\varepsilon_\theta = \varepsilon_r > 0$，$\varepsilon_t = -2\varepsilon_\theta = -2\varepsilon_r$，厚向上的压缩变形是伸长变形的两倍，平板材料胀形时的中心部位就属于这种变形状况。

（2）冲压毛坯变形区受两向压应力的作用，可以分为下边两种情况：

$$\sigma_r < \sigma_\theta < 0，且\ \sigma_t = 0$$

$$\sigma_\theta < \sigma_r < 0，且\ \sigma_t = 0$$

与此相对应的变形是缩口和窄板弯曲内区（图 4-2Ⅲ象限）等。由应力应变关系的全量理论可知，在最小压应力（绝对值最大）方向（缩口的径向、弯曲的周向）上的变形一定是压缩变形，而在没有应力的方向（如缩口厚向、弯曲宽向）的变形一定是伸长变形。

（3）冲压毛坯变形区受异号应力的作用，且拉应力的绝对值大于压应力的绝对值，可以分为下边两种情况：

$\sigma_r > 0 > \sigma_\theta$，$\sigma_t = 0$ 且 $|\sigma_r| > |\sigma_\theta|$

$\sigma_\theta > 0 > \sigma_r$，$\sigma_t = 0$ 且 $|\sigma_\theta| > |\sigma_r|$

相对应的是无压边拉深凸缘的偏内位置、扩口、弯曲外区等，在冲压应力图 4-2 中处于Ⅱ、Ⅳ象限的 *AOH* 及 *COD* 范围内。同理可知，在拉应力（绝对值大）的方向上的变形一定是伸长变形，且为最大变形，而在压应力的方向（如拉深的周向、弯曲的径向）的变形一定是压缩变形，而无应力的方向（如拉深的厚向、弯曲的宽向）也是压缩变形。

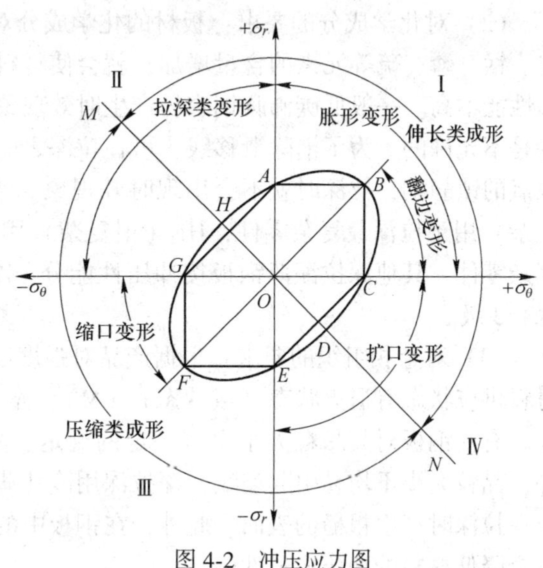

图 4-2 冲压应力图

（4）冲压毛坯变形区受异号应力的作用而且压应力的绝对值大于拉应力的绝对值，可以分为以下两种情况：

$$\sigma_r > 0 > \sigma_\theta,\ \sigma_t = 0 \text{ 且 } |\sigma_\theta| > |\sigma_r|$$

$$\sigma_\theta > 0 > \sigma_r,\ \sigma_t = 0 \text{ 且 } |\sigma_r| > |\sigma_\theta|$$

与其相对应的是无压边拉深凸缘的偏外位置等，在冲压应力图 4-2 中处于Ⅱ、Ⅳ象限的 *HOG* 及 *DOE* 范围内。同理，在压应力方向（如拉深外区周向，应力的绝对值大）的变形一定是压缩变形，且为最大变形，在拉应力方向为伸长变形，无应力方向（厚向）也为伸长变形（增厚）。

综上所述，可以把冲压变形概括为两大类：伸长类变形与压缩类变形。当作用于毛坯变形区内的绝对值最大应力、应变为正值时，称这种冲压变形为伸长类变形，如胀形翻孔与弯曲外侧变形等。成形主要是靠材料的伸长和厚度的减薄来实现。这时，拉应力的成分越多，数值越大，材料的伸长与厚度减薄越严重。当作用于毛坯变形区内的绝对值最大应力、应变为负值时，称这种冲压变形为压缩类变形，如拉深较外区和弯曲内侧变形等。成形主要是靠材料的压缩与增厚来实现，压应力的成分越多，数值越大，板料的缩短与增厚就越严重。

4.1.2 冲压工艺对板料的基本要求

冲压材料与冲压工艺的关系十分密切。材料的质量直接影响冲压生产和冲压件质量。在成批和大量生产中，材料的费用约占冲压件成本的 70%左右。由此可见，选用冲压件材料时，除要保证制件有最好的使用性能外，还必须充分考虑冲压工艺要求，以保证冲压生产的顺利进行。为此，不仅要从材料的力学性能方面考虑，同时还必须充分考虑工艺性能，即冲压成形性能。为此，冲压工艺对板料的基本要求如下：

(1) 对力学性能的要求：板料力学性能的指标很多，其中尤以伸长率（δ）、屈强比（σ_s/σ_b）、弹性模数（E）、硬化指数（n）和厚向异性系数（r）影响较大。一般来说，伸长率大、屈强比小、弹性模数大、硬化指数高和厚向异性系数大有利于各种冲压成形工序。

(2) 对化学成分的要求：板材的化学成分对冲压成形性能影响很大，如在钢中的碳、硅、锰、磷、硫等元素的含量增加，就会使材料的塑性降低、脆性增加，导致材料冲压成形性能不高。一般低碳沸腾钢容易产生时效现象，拉深成形时出现滑移线，这对汽车覆盖件是不允许的。为了消除滑移线，可在拉深之前增加一道辊压工序，或采用加入铝和钒等脱氧的镇静钢，拉深时就不会出现时效现象。铝镇静钢按其拉深质量分为 3 级：ZF（最复杂）用于拉深最复杂零件，HF（很复杂）用于拉深很复杂零件，F（复杂）用于拉深复杂零件。其他深拉深薄钢板按冲压性能分：Z（最深拉深）、S（深拉深）、P（普通拉深）3 级。

(3) 对金相组织的要求：根据产品对强度以及对材料成形性能的不同要求，相对应，材料供应状态有退火状态（或软态）（M）、淬火状态（C）、硬态（Y）和半硬态（Y_2）等。有些钢板对其晶粒大小也有一定的规定，晶粒大小合适、均匀的金相组织拉深性能好，晶粒大小不均易引起裂纹，深拉深用冷轧薄钢板的晶粒度等级为 6 至 8 级，过大的晶粒在拉深时产生粗糙的表面。此外，在钢板中的带状组织与游离碳化物和非金属夹杂物，也会降低材料的冲压成形性能。

(4) 对表面质量的要求：用于冲压的板料表面，应平整光洁，无缺陷。板料表面有麻点、划伤、擦伤等缺陷时，在冲压加工过程中，缺陷部位易产生应力集中而破坏，同时还严重影响外观质量。当板料表面产生翘曲或不平时，则影响剪切加工、定位不准和损坏凸模，使废品率增高。板料表面也不允许有锈蚀现象发生，因为锈蚀不仅对冲压加工不利，严重影响表面质量，而且使模具寿命降低，同时还给后续加工（如焊接、喷漆等）带来一定的困难。优质钢板表面质量分 3 组：Ⅰ组（高质量表面），Ⅱ组（较高质量表面）、Ⅲ组（一般质量表面）。

(5) 对材料厚度公差的要求：对板料的厚度公差有一定的要求，并在有关技术规格中予以规定。因为在一些冲压工序中，凸、凹模之间的间隙是根据材料厚度来确定的，尤其在校正弯曲和整形工序中，板料厚度公差对零件的精度、断面质量以及模具寿命会有很大的影响。厚度公差分：A（高级）、B（较高级）和 C（普通级）3 种。

4.1.3 常用冲压材料及其力学性能

在冲压生产中，常用材料的规格为各种条料、带料和块料。条料是根据冲压件尺寸的要求，用剪板机将整张板料剪裁成一定宽度的材料，主要用于中小件的冲压生产。带料又称卷料，它由专用的滚剪设备加工成具有不同宽度和长度，这种材料用于大批量生产。块料是根据冲压件的要求，用整张板料剪裁成单件加工所需的规格尺寸，这种材料主要用于小批量生产。

冲压加工常用的材料包括金属板料和非金属板料。金属板料又分黑色金属和有色金属两类。黑金属板料包括普通碳素钢钢板、优质碳素钢板、低合金钢板、不锈钢板和电工钢板等；有色金属有铜及铜合金、铝及铝合金、镁合金和钛合金等。非金属板料则有各种绝缘板、纸板、塑料板、橡胶板、纤维板、皮革、云母片和有机玻璃等。表 4-2 列出了常用金属板料的力学性能。

表 4-2 常用冲压材料的力学性能

材料名称	牌　号	材料状态	抗剪强度 τ/MPa	抗拉强度 σ_b/MPa	屈服强度 σ_s/MPa	伸长率 δ/%
普通碳素钢	Q195	未退火	260~320	320~400	195	28~33
	Q235		310~380	380~470	235	21~25
	Q275		400~500	500~620	275	15~19
优质碳素钢	08F	已退火	220~310	280~390	180	32
	08		260~360	330~450	200	32
	10		260~340	300~440	210	29
	20		280~400	360~510	250	25
	45		440~560	550~700	360	16
不锈钢	1Cr13	已退火	320~380	400~470	—	21
	1Cr18Ni9Ti		430~550	540~700	200	40
电工用纯铁 C<0.025	DT1、DT2、DT3	已退火	180	230	—	26
铝	1060、1050A、1200	已退火	80	75~110	50~80	25
		冷作硬化	100	120~150	—	4
硬铝	2A12	已退火	105~150	150~215	—	12
		淬硬后冷作硬化	280~320	400~600	340	10
纯铜	T1、T2、T3	软态	160	200	7	30
		硬态	240	300		3
黄铜	H68	软态	240	290~300	100	40
		半硬态	280	340~440	—	25
		硬态	400	390~400	250	13

4.2 冲压工艺方法

4.2.1 冲裁工艺

冲裁是利用模具在压力机上使板料沿着一定的轮廓形状产生分离的一种冲压工序，包括落料、冲孔、切断、剖切、修边等工序。利用该工序不仅可以制作零件，而且还可以为弯曲、拉深等成形等工序制备毛坯。

落料和冲孔是常用的两种工序。如果使板料沿封闭曲线相互分离，封闭曲线以内的部分作为冲裁件时，称为落料；封闭曲线以外的部分作为冲裁件时，则称为冲孔。图 4-3 所示的垫圈即由落料与冲孔两道工序完成。

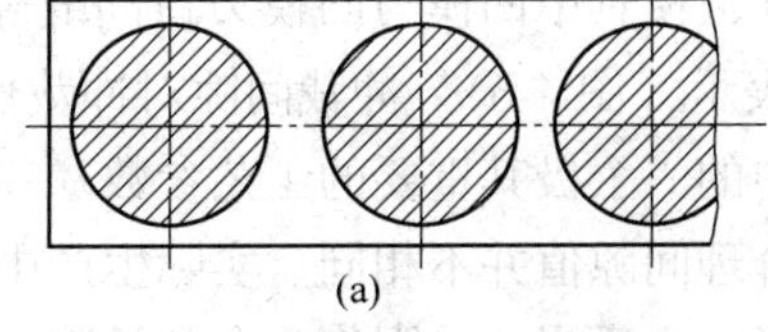

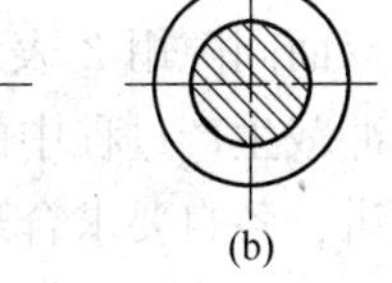

图 4-3 垫圈的落料与冲孔

(a) 落料；(b) 冲孔

4.2.1.1 冲裁变形过程

冲裁工序是在模具-冲裁模中实现的，模具中的凸模与凹模都制成与工件轮廓一样形状，其端面具有锋利刃口，且它们之间存在一定间隙。图4-4所示为模具对板料进行冲裁时的情形。

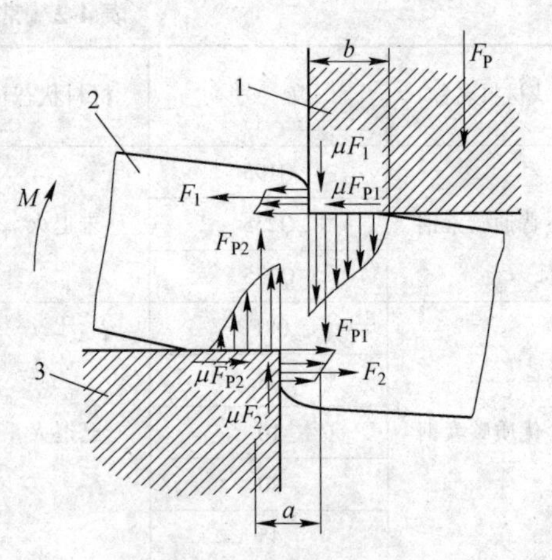

图4-4 冲裁变形示意图

1—凸模；2—材料；3—凹模

当凸模下行至与板料接触时，板料就受凸、凹模端面的作用力。由于凸、凹模之间存在间隙，使凸、凹模施加于板料的力产生一个力矩 M，其值等于凸、凹模作用的合力与稍大于间隙的力臂 a 的乘积。力矩使板料产生弯曲，故模具与板料仅在凸、凹模刃口附近的狭小区域内保持接触，接触面宽度约为板厚的20%~40%。因此，凸、凹模作用于板料的垂直压力呈不均匀分布，随着向模具刃口靠近而急剧增大。这样，坯料在外力作用下从弹性变形开始，进入塑性变形，最后以断裂分离为结束。

4.2.1.2 冲裁件断面特征

由于冲裁变形的特点，使冲出的工件断面明显地存在四个特征区，即圆角、光亮带、断裂带和毛刺（图4-5）。在四个特征区中，光亮带剪切面的质量最佳。各个部分在冲裁件断面上所占的比例，随材料的力学性能、厚度、凸模与凹模间隙、刃口状态及模具结构等不同而变化。要想提高冲裁件断面的光洁程度与尺寸精度，可通过增加光亮带的高度或采用整修工序来实现。增大光亮带高度的关键是延长塑性变形阶段，推迟裂纹的产生。还可以通过增加金属塑性和减少刃口附近的变形和应力集中来实现。

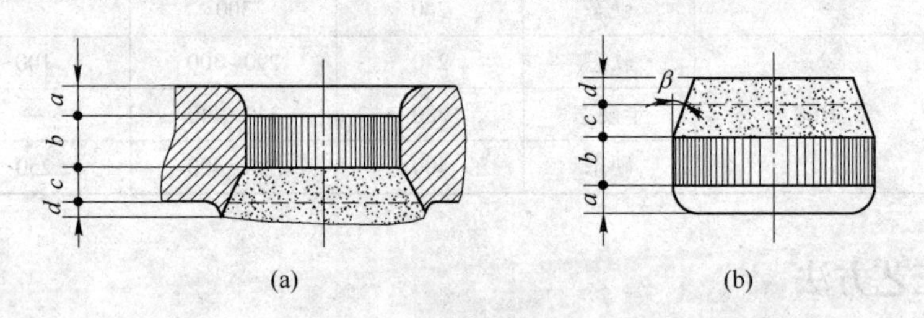

图4-5 冲裁件的断面特征

（a）冲孔件；（b）落料件

a—圆角带；b—光亮带；c—断裂带；d—毛刺

4.2.1.3 冲裁间隙

冲裁间隙是冲裁模具中凹模与凸模刃口间缝隙的距离，用 c 表示，又称为单面间隙。而双面间隙用 Z 表示（图4-6）。冲裁间隙对冲裁件质量、冲裁力、模具寿命的影响很大，是冲裁生产过程中的一个极其重要的工艺参数。一般来讲，从质量、精度、冲裁力等方面来讲，各自要求合理间隙值并不相同。实际生产中，考虑到模具制造中的偏差及使用中的磨损，通常是选择一个适当的范围作为合理间隙，只要间隙在这个范围内，就可冲出良好的零件。这个范围的最小值称为最小合理间隙 c_{min}，最大值称为最大合理间隙 c_{max}。考虑到模具在使用过程中的磨损使间隙增大，故设计与制造模具时应采用最小合理间隙值 c_{min}。确定合理间隙的方法有理论确定法与经验确定法。

理论确定法的主要依据是冲裁时板料中的上、下裂纹成直线会合。图 4-6 所示为冲裁过程中开始产生裂纹的瞬时状态。根据图中三角形 ABC 的几何关系，求得间隙值 c 为：

$$c = (t - h_0)\tan\beta = t(1 - h_0/t)\tan\beta \quad (4\text{-}1)$$

式中，h_0 为产生裂纹瞬间所对应的凸模切入板料的深度；β 为最大剪应力方向与垂线方向的夹角（即裂纹方向角）。

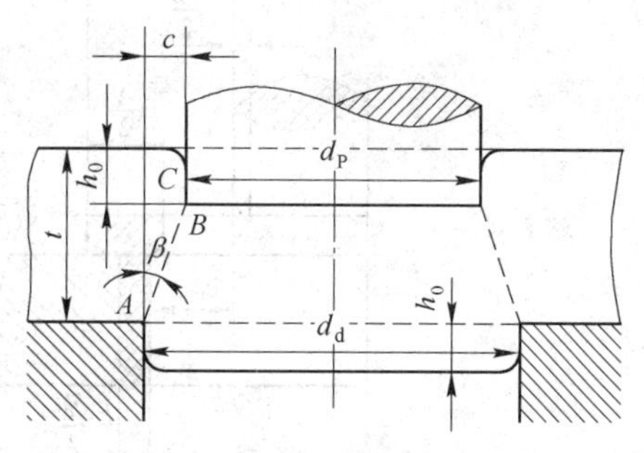

图 4-6 冲裁间隙及冲裁过程中产生裂纹的瞬时状态示意图

从上式看出，间隙 c 与材料厚度 t、相对切入深度 h_0/t 以及裂纹方向角 β 有关。而 h_0 与 β 又与材料性质有关。由于产生裂纹瞬间所对应的 h_0 值不易确定，故目前间隙值的确定广泛使用的是经验公式与图表，即经验确定法。实际生产中，间隙值按照使用要求进行分类选用。对尺寸精度、断面垂直度要求较高的工件，此时冲裁力与模具寿命作为次要因素考虑时，宜选用较小间隙值。对于断面垂直度与尺寸精度要求不高的工件，此时是以降低冲裁力、提高模具寿命为主要因素考虑时，宜选用用大间隙值。

4.2.1.4 凸模与凹模刃口尺寸的计算

根据模具加工方法的不同，凸、凹模刃口部分尺寸的计算公式方法及其制造公差的标注形式分为以下两种情形。

A 对于凸模与凹模分开加工的情形

此时，凸模和凹模分别按图纸加工至尺寸，分别标注凸模和凹模刃口尺寸与制造公差（凸模 δ_p、凹模 δ_d）。因此，凸、凹模具有互换性，便于成批制造，适合于圆形或简单形状的工件。但为了保证间隙值，必须满足下列条件：

$$\delta_p + \delta_d \leqslant 2(c_{max} - c_{min}) \quad (4\text{-}2)$$

或取：

$$\delta_p = 0.8(c_{max} - c_{min}) \quad (4\text{-}3)$$

$$\delta_d = 1.2(c_{max} - c_{min}) \quad (4\text{-}4)$$

对于圆形或简单规则形状的冲裁件，其落料、冲孔模的公称尺寸及其允许的偏差位置如图 4-7 所示，凸、凹模刃口尺寸计算按落料和冲孔两种情况分别进行：

（1）落料：设工件的外形尺寸为 $D_{-\Delta}$。根据计算原则，落料时以凹模为设计基准。首先确定凹模尺寸，使凹模公称尺寸接近或等于工件轮廓的最小极限尺寸，最小合理间隙值 c_{min} 在减小凸模尺寸的方向上取得。各部分分配位置如图 4-7（a）所示。其计算公式如下：

$$D_d = (D - x\Delta)^{+\delta_d}_{0} \quad (4\text{-}5)$$

$$D_p = (D_d - 2c_{min})^{0}_{-\delta_p} = (D - x\Delta - 2c_{min})^{0}_{-\delta_p} \quad (4\text{-}6)$$

（2）冲孔：设冲孔尺寸为 $d^{+\Delta}_{0}$。根据计算原则，冲孔时以凸模设计为基准，首先确定凸模刃口尺寸，使凸模公称尺寸接近或等于工件孔的最大极限尺寸，最小合理间隙值

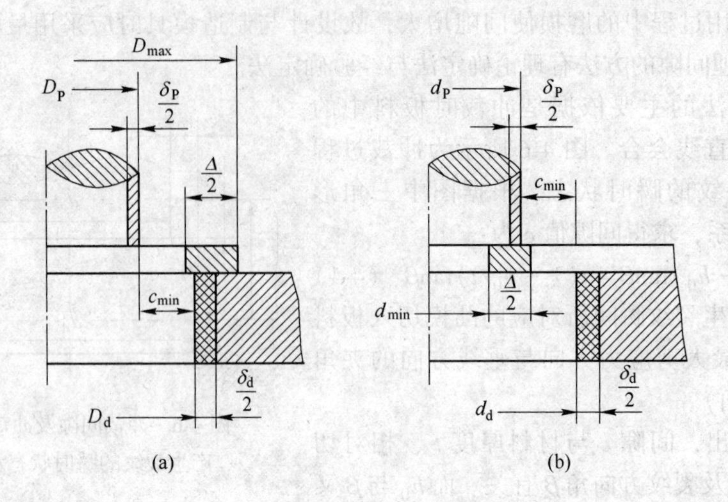

图 4-7 凸、凹模刃口尺寸的确定

(a) 落料；(b) 冲孔

c_{min} 在增大凹模尺寸的方向上取得，各部分分配位置如图 4-7（b）所示。其计算公式如下：

$$d_p = (d + x\Delta)_{-\delta_p}^{\ 0} \tag{4-7}$$

$$d_d = (d_p + 2c_{min})_{\ 0}^{+\delta_d} = (d + x\Delta + 2c_{min})_{\ 0}^{+\delta_d} \tag{4-8}$$

在同一工步中冲出工件两个以上孔时，凹模型孔中心距 L_d 按下式确定：

$$L_d = (L_{min} + 0.5\Delta) \pm \frac{\Delta}{8} \tag{4-9}$$

图 4-7 及式中 d_p，d_d——冲孔凸、凹模公称尺寸；

D_p，D_d——落料凸、凹模公称尺寸；

D_{max}——落料件外径的最大极限尺寸；

d_{min}——冲孔件的最小极限尺寸；

c_{min}——最小合理间隙（单面）；

δ_p，δ_d——凸、凹模的制造公差；

Δ——工件制造公差；

$x\Delta$——磨损量，其中系数 x 是为了使冲裁件的实际尺寸尽量接近冲裁件公差带的中间尺寸。x 值在 0.5~1 之间，与工件制造精度有关，可按下列关系取值：

工件精度 IT10 以上，取 $x=1$

工件精度 IT11~13，取 $x=0.75$

工件精度 IT14，取 $x=0.5$

B 对于凸模和凹模配合加工的情形

当工件形状复杂或凸、凹模之间的间隙较小时，采用分开加工较困难。此时，可以采用配合加工凸、凹模，即先加工其中的一件（凸模或凹模），然后以此为基准件来配做另一件。基准件在图纸上通常标注尺寸和制造公差，而与基准件配加工的另一件只标注公称尺寸并注明配做所留的间隙值。根据经验，普通模具的制造公差一般可取 $\delta = \Delta/4$。这种加工方法容易保证凸、凹模间的间隙，而且还可放大基准件的制造公差，其公差不受间隙的限制，使制造容易。

由于复杂形状工件，其各部分尺寸性质不同，凸模与凹模磨损情况也不相同，所以基准件的刃口尺寸需要按不同方法计算。如图 4-8（a）所示为一落料件，以凹模为基准件，凹模磨损情况可分成三类：

第一类是凹模磨损后增大尺寸（图中 A 类）；

第二类是凹模磨损后变小尺寸（图中 B 类）；

第三类是当凹模磨损后没有增减的尺寸（图中 C 类）。

同理，对于图 4-8（b）中的冲孔件，凸模磨损情况也分成 A、B、C 三类尺寸。

所以，对于形状复杂的落料件或冲孔件，其基准件（凹模或凸模）按 A、B、C 三类尺寸计算其相应部位的刃口尺寸：

$$\text{A 类：} A_j = (A_{max} - x\Delta)^{+\delta}_{0} \tag{4-10}$$

$$\text{B 类：} B_j = (B_{min} + x\Delta)^{0}_{-\delta} \tag{4-11}$$

$$\text{C 类：} C_j = (C_{min} + 0.5\Delta)^{+\delta}_{-\delta} \tag{4-12}$$

式中 A_j，B_j，C_j——基准件尺寸；

A_{max}，B_{min}，C_{min}——相应的工件极限尺寸；

Δ——工件公差，当刃口尺寸标注形式为 $+\delta$（或 $-\delta$）时，$\delta = \dfrac{\Delta}{4}$，当标注形式为 $\pm\delta$ 时，$\delta = \dfrac{\Delta}{8}$。

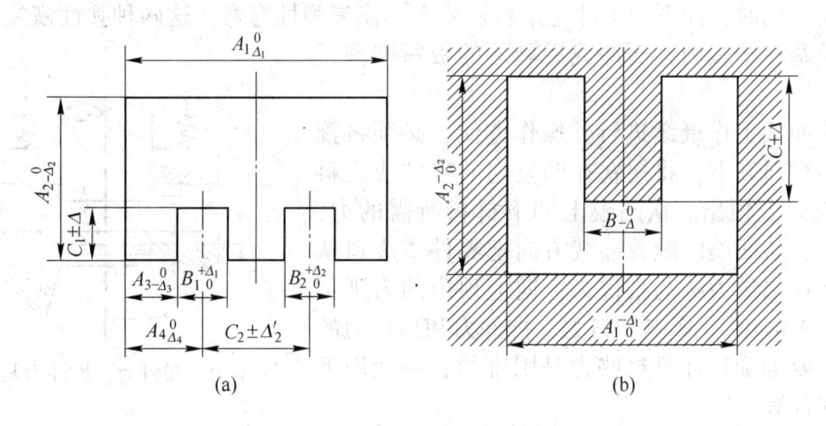

图 4-8 落料件和冲孔件

（a）落料件；（b）冲孔件

4.2.1.5 冲裁工艺力

冲裁工艺力除了指冲裁力以外，还包括卸料力、推件力和顶件力。计算冲裁工艺力的目的是合理地选用压力机和设计模具。

A 冲裁力

冲裁力是冲裁过程中凸模对板料施加的压力，它随凸模压入板料的深度（凸模行程）

而变化，如图 4-9 所示。图中 AB 段相当于冲裁的弹性变形阶段，凸模接触材料后，载荷增加，当刃口压入材料（一部分相对于另一部分移动的过程），即进入塑性变形阶段，如 BC 段所示。在刃口深入到一定深度时，虽然承受剪切力的板料面积减少了，但受材料加工硬化的影响，所以冲裁力仍缓慢上升。当剪切面积减小与硬化增加两种影响相等时，剪切力达到最大值，即图中的 C 点。此后，剪切面积减少的影响超过加工硬化的影响，材料内部的裂纹迅速扩张并会合，冲裁力急剧下降，如图 CD 段所示。随后材料分离，即 DE 段。

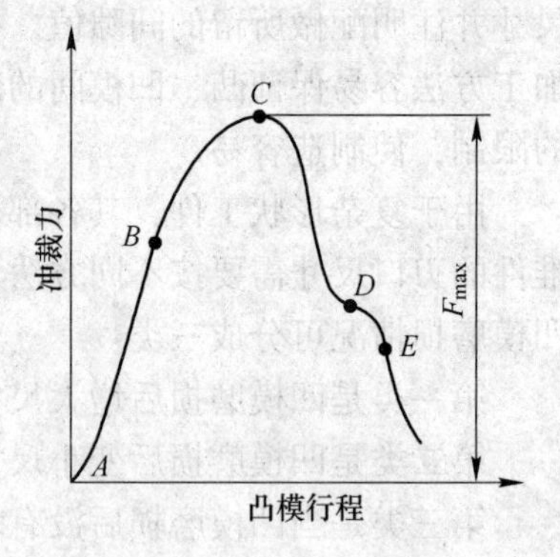

图 4-9 冲裁力曲线

通常所说的冲裁力是指冲裁力的最大值，其值的大小，主要与材料的性质、厚度和冲裁件分离的轮廓长度有关。普通平刃模具冲裁时，冲裁力 F_0 一般可按下式计算：

$$F_0 = Lt\tau \tag{4-13}$$

式中 τ——材料抗剪强度；

L——冲裁周边总长；

t——材料厚度。

考虑到模具刃口的磨损、凸、凹模间隙的波动、材料力学性能的变化、材料厚度偏差等因素，实际所需冲裁力 F 还须增加 30%，即：

$$F = 1.3F_0 = 1.3Lt\tau \tag{4-14}$$

B 卸料力、推件力与顶件力

一般情况下，从板料冲切下来的工件，其径向因弹性变形而扩张，板料上的孔则沿径向发生收缩。同时，冲下的工件与余料还要力图恢复弹性穹弯。这两种弹性恢复的结果，会使落料梗塞在凹模内，而冲裁后剩下的板料则箍紧在凸模上。

为了使冲裁工作继续进行，操作方便，必须将箍在凸模上的材料卸下，将梗塞在凹模内的零件或废料向下推出或向上顶出。从凸模上卸下材料所需的力，称为卸料力；从凹模内顺着冲裁方向把零件或废料从凹模腔向下推出的力称为推件力，向上顶出的力则称为顶件力（图 4-10）。影响卸料力、推件力和顶件力的因素很多，要准确地计算这些力是困难的，一般用下列经验公式计算：

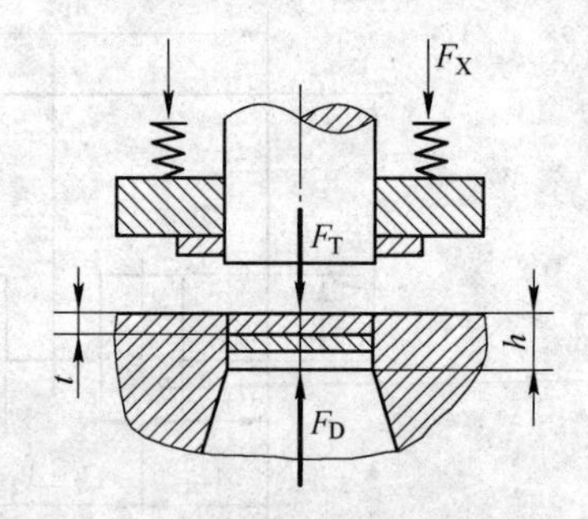

图 4-10 卸料力、推件力与顶件力

$$卸料力：F_X = K_X F \tag{4-15}$$

$$推件力：F_T = nK_T F \tag{4-16}$$

$$顶件力：F_D = K_D F \tag{4-17}$$

式中 F——冲裁力；

n——同时梗塞在凹模内的冲裁件（或废料）数，$n = h/t$；

t——材料厚度；

h——直刃口部分的高度；

K_X，K_T，K_D——卸料力、推件力、顶件力系数，见表 4-3。

表 4-3 卸料力、推件力与顶件力系数

料厚/mm		K_X	K_T	K_D
钢	≤0.1	0.065~0.075	0.1	0.14
	0.1~0.5	0.045~0.055	0.063	0.08
	0.5~2.5	0.04~0.05	0.055	0.06
	2.5~6.5	0.03~0.04	0.045	0.05
	6.5	0.02~0.03	0.025	0.03
铝、铝合金		0.025~0.08	0.03~0.07	0.03~0.07
紫铜、黄铜		0.02~0.06	0.03~0.09	0.03~0.09

注：卸料力系数在冲多孔、大搭边和轮廓复杂工件时取上限。

C 压力机公称压力的选取

冲裁时，压力机的公称压力必须大于或等于冲裁各工艺力的总和。卸料力、推件力和顶件力在选择压力机时是否考虑进去，要根据不同的模具结构区别对待，即：

采用弹压卸料装置和下出料方式的总冲裁力：

$$F_Z = F + F_X + F_T \tag{4-18}$$

采用弹压卸料装置和上出料方式的总冲裁力：

$$F_Z = F + F_X + F_D \tag{4-19}$$

采用刚性卸料装置和下出料方式的总冲裁力：

$$F_Z = F + F_T \tag{4-20}$$

在冲裁高强度材料或厚度大、周边长的工件时，所需冲裁力大，且如果超出车间现有压力机吨位时，可采用凸模的阶梯布置（各凸模工作端面不在一个平面），斜刃冲裁（冲孔凸模或落料凹模作成斜刃）或加热冲裁等措施以降低冲裁力。

4.2.1.6 排样设计

冲压件在条料或板料上的布置方法称为排样。排样不合理就会浪费材料，衡量排样经济性的指标是材料的利用率 η，它是工件的实际面积 A_0 与板料面积 A 的比值，即：

$$\eta = \frac{A_0}{A} \times 100\% \tag{4-21}$$

式中，板料面积 A 包括工件面积与废料面积。因此，若要提高材料利用率可考虑减少废料面积。废料可分为工艺废料与结构废料两种（图 4-11）。搭边和余料属工艺废料，这是与排样形式及冲压方式有关的废料；结构废料由工件的形状特点决定，一般不能改变。所以只有设计合理的排样方案，减少工艺废料，才能提高材料利用率。

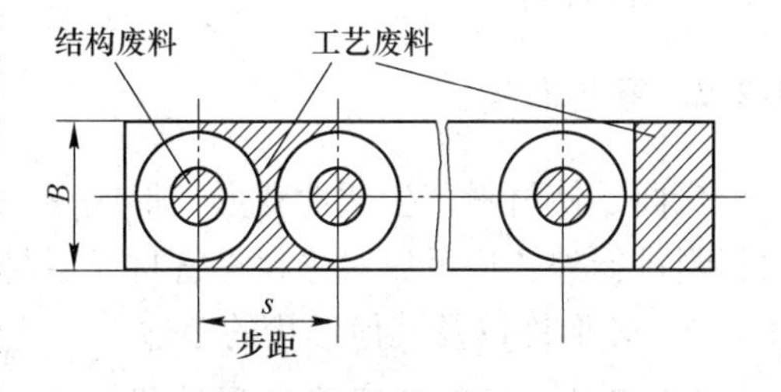

图 4-11 废料分类

根据材料的利用程度，排样方法可分为有废料、少废料和无废料排样三种（图4-12）：

(1) 有废料排样法。有废料排样法是沿工件全部外形冲裁，工件与工件之间，工件与条料之间都存在有搭边，即工件周边都留有搭边，如图 4-12（a）所示。因有搭边，这种排样能保证冲裁件的质量，模具寿命也长，但材料利用率低。

（2）少废料排样法。少废料排样法是沿工件部分外形冲裁，只局部有搭边与余料，如图 4-12（b）所示。因受条料质量和定位误差的影响，其工件质量稍差，同时边缘毛刺被凸模带入间隙也影响模具寿命，但材料利用率有所提高，模具结构简单。

（3）无废料排样法。无废料排样法就是无任何搭边的排样，工件直接由切断条料获得，如图 4-12（c）所示。工件的质量和模具寿命更差一些，但材料利用率最高。

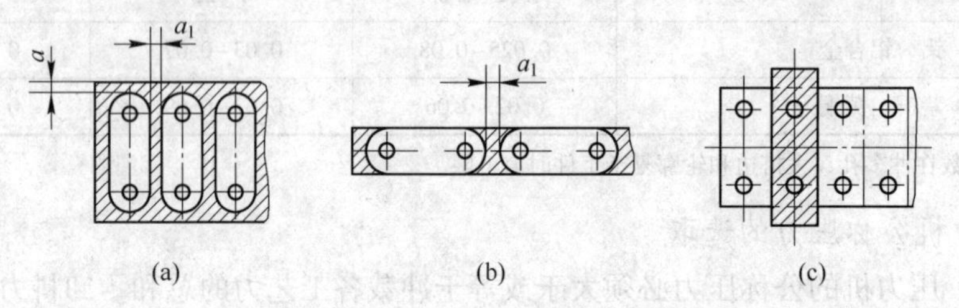

图 4-12　排样方法

（a）有废料排样；（b）少废料排样；（c）无废料排样

搭边是指排样时工件之间以及工件与条料侧边之间留下的余料。其作用一是补偿定位误差，保证冲出合格的工件；二是使条料有一定的刚度，便于送料。从节省材料出发，搭边值越小越好，但搭边小于一定数值后，对模具寿命和剪切表面质量不利。为了保证作用在坯料侧表面上的应力沿切离坯料周长的变化不大，必须使搭边的最小宽度大于塑变区的宽度，而塑变区的宽度一般约等于坯料厚度的一半，所以搭边的最小宽度可取大约等于坯料厚度。同时，冲裁过程中，如果搭边值小于材料厚度，搭边还可能被拉入凸、凹模间隙中，使零件产生毛刺，甚至损坏模具刃口，降低模具寿命。

排样图是排样设计的最终表达形式，它绘在冲压工艺规程卡片上和冲裁模总装图的右上角。一张完整的排样图应标注条料宽度尺寸 $B_{-\Delta}^{\ 0}$ 、条料长度 L、板料厚度 t 、端距 l、步距 s、工件间搭边和侧搭边 a，并习惯以剖面线表示冲压位置（图 4-13）。

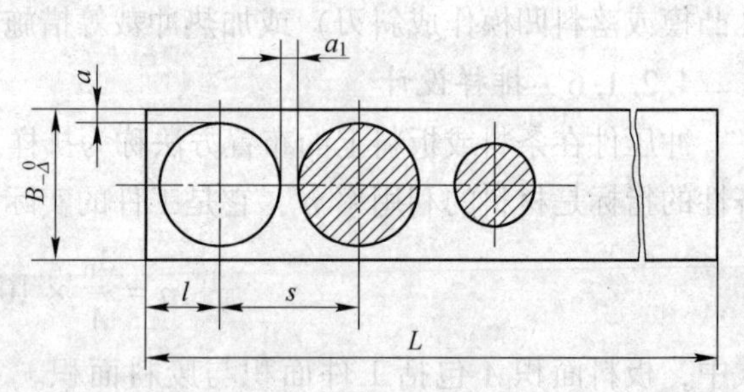

图 4-13　排样图

4.2.2　弯曲工艺

弯曲是使材料产生塑性变形，形成有一定形状和角度零件的冲压工序。弯曲除了可以对板料进行外，还可以对棒料、管材或型材进行。生产中的弯曲件形状很多，如 V 形件、U 形件、Z 形件以及其他形状的零件。

4.2.2.1　板料的弯曲变形过程

V 形弯曲是最基本的弯曲变形，任何复杂弯曲都可以看成是由若干个 V 形弯曲组成。因此，常以 V 形件弯曲为例分析弯曲变形过程（图 4-14）。

由图可以看出，弯曲开始时，模具的凸、凹模分别与板料在 A、B 处相接触。凸模在

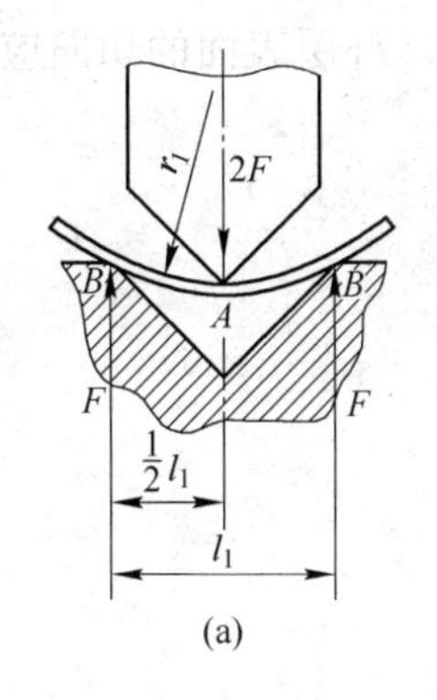

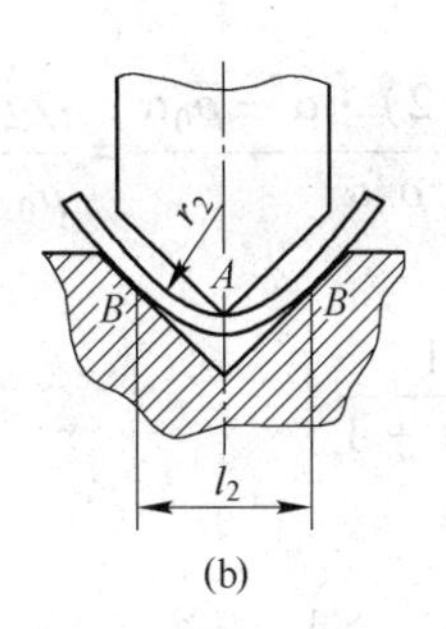

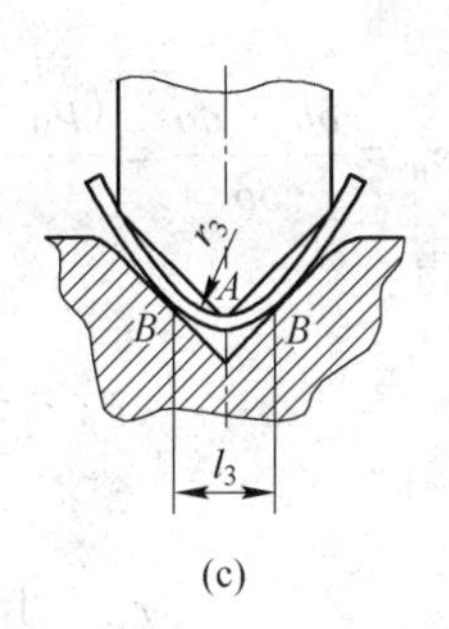

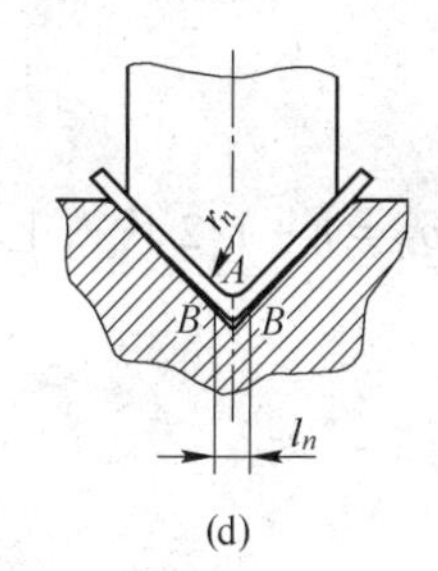

图 4-14 V 形件的弯曲变形过程

A 处施加的弯曲力为 $2F$。这时在 B 处（凹模与板料的接触支点）则产生反作用力并与弯曲力构成弯曲力矩 $M = F \cdot (l_1/2)$，使板料产生弯曲。变形区仅限为弯曲角 α 和支点距离 l 所对应的区域。板料在弯曲过程中随着 r/t 的不断减小，由弹性变形状态发展到弹塑性变形状态，最后使材料产生永久塑性变形三个阶段。

如果当板料与凸、凹模完全贴合时就结束弯曲过程，此时的弯曲称为自由弯曲。如果此时的凸模再下行，对板料再增加一定的压力，则称为校正弯曲，此时弯曲力急剧上升。

4.2.2.2 弯曲回弹

板料弯曲后的回弹现象总是存在的，其结果表现在弯曲件曲率和角度的变化，如图 4-15 所示。卸载前弯曲中性层的半径为 ρ，弯曲角为 α，回弹后的中性层半径为 ρ'，弯曲角为 α'，则弯曲件的曲率变化量为：

$$\Delta K = \frac{1}{\rho} - \frac{1}{\rho'} \tag{4-22}$$

角度变化量为：

$$\Delta\alpha = \alpha - \alpha' \tag{4-23}$$

曲率变化量 ΔK 和角度变化量 $\Delta\alpha$，统称为弯曲件的回弹量。

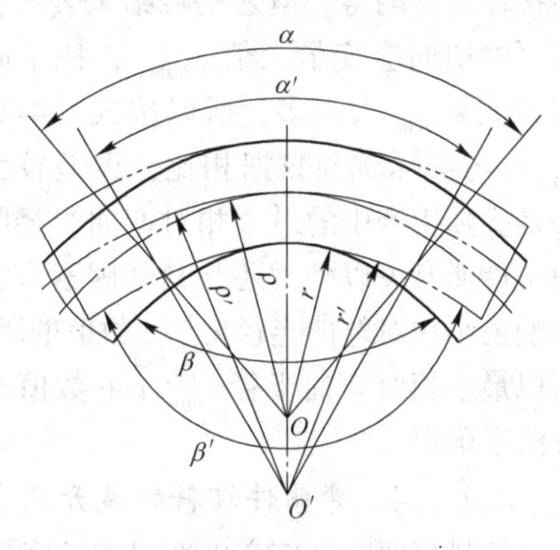

图 4-15 弯曲时的回弹

影响回弹的因素很多，如材料的力学性能、弯曲件的形状、相对弯曲半径、弯曲角、模具结构、弯曲方式等，而且各因素又互相影响，理论计算方法很难全面考虑这些因素的影响，得到的回弹量值一般与实际情况有差异，因此，在冲压生产中，往往是根据经验来确定回弹值，然后在试模时进行修正。

4.2.2.3 最小相对弯曲半径

弯曲时弯曲半径越小，板料外表面的变形程度越大，若弯曲半径过小，则板料的外表面将超过材料的变形极限而出现裂纹。在保证弯曲变形区材料外表面不发生破坏的条件下，弯曲件内表面所能形成的最小圆角半径称为最小弯曲半径。最小弯曲半径与弯曲板料厚度的比值 r_{min}/t 称为最小相对弯曲半径，是衡量弯曲变形程度的主要标志。

最小弯曲半径的数值，可以根据图 4-16 用下列近似计算方法求得。在厚度一定的条件下，设中性层所在位置的半径为$\rho_0 = r + t/2$，则弯曲圆角变形区最外层表面的切向应变ε_θ为：

$$\varepsilon_\theta = \frac{bb - oo}{oo} = \frac{(\rho_0 + t/2) \cdot \alpha - \rho_0 \alpha}{\rho_0 \alpha} = \frac{t/2}{\rho_0}$$

以$\rho_0 = r + t/2$代入上式得：

$$\varepsilon_\theta = \frac{1}{2r/t + 1}$$

即：

$$\frac{r}{t} = \frac{1}{2}\left(\frac{1}{\varepsilon_\theta} - 1\right)$$

当ε_θ达到材料拉应变的最大极限值$\varepsilon_{\theta\max}$时，则相对弯曲半径为最小值，即：

$$\frac{r_{\min}}{t} = \frac{1}{2}\left(\frac{1}{\varepsilon_{\theta\max}} - 1\right) \tag{4-24}$$

材料的$\varepsilon_{\theta\max}$值越大，则相对弯曲半径极限值$r_{\min}/t$越小，说明板料弯曲的性能越好。公式中的最大切向应变$\varepsilon_{\theta\max}$可以通过材料单向拉伸实验测得。但是实践结果表明，弯曲处许可的切向应变最大值$\varepsilon_{\theta\max}$，比单向拉伸的实验值$\varepsilon_{\theta\max}$大得多，所以按式（4-24）计算$r_{\min}/t$与实际试验数据相比，误差较大，其原因是实际生产中的最小相对弯曲半径除与材料力学性能有关以外，还与其他因素有关。由于影响最小相对弯曲半径$r_{\min}/t$数值的因素很多，所以最小相对弯曲半径$r_{\min}/t$的数值常用试验方法来确定。

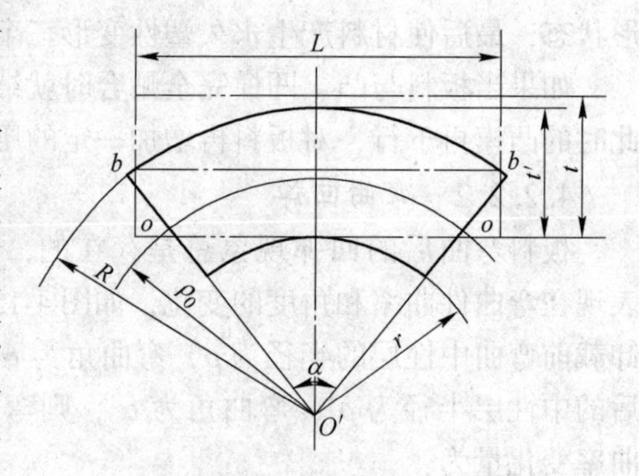

图 4-16　板料的弯曲状态及中性层

4.2.2.4　弯曲件坯料的展开尺寸

板料弯曲时，应变中性层的长度是不变的。因此，可以根据中性层长度不变的原则来确定弯曲件的坯料展开尺寸。而要想求得中性层的长度，必须先确定中性层的位置。中性层的位置可以用曲率半径ρ_0表示。

当弯曲变形程度很小时，可以认为中性层位于板料厚度的中心，即：

$$\rho_0 = r + t/2 \tag{4-25}$$

式中　r——弯曲件的内圆角半径；

　　　t——弯曲板料的厚度。

但当弯曲变形程度较大时，弯曲区厚度变薄，中性层位置将发生内移，从而使中性层的曲率半径$\rho_0 < r + t/2$。这时的中性层位置根据弯曲变形前后体积不变的原则来确定。

在生产实际中为了使用方便，通常采用下面的经验公式确定来中性层的位置：

$$\rho_0 = r + xt \tag{4-26}$$

式中，x为中性层位移系数，其值与变形程度有关，即相对弯曲半径r/t（表 4-4）。

表 4-4 中性层位移系数 x 的值

r/t	0.1	0.2	0.3	0.4	0.5	0.6	0.7	0.8	1	1.2
x	0.21	0.22	0.23	0.24	0.25	0.26	0.28	0.3	0.32	0.33
r/t	1.3	1.5	2	2.5	3	4	5	6	7	≥8
x	0.34	0.36	0.38	0.39	0.4	0.42	0.44	0.46	0.48	0.5

坯料展开尺寸的计算方法因弯曲件的形状、弯曲半径以及弯曲的方法等的不同而不同，主要有以下几种方法：

(1) 圆角半径 $r>0.5t$ 的弯曲件：这类弯曲件变薄不严重，其坯料展开长度可以根据中性层长度不变的原则进行计算。坯料长度 L 等于弯曲件直线部分长度与弯曲部分中性层展开长度的总和（图 4-17）：

$$L=\sum l_i+\sum \frac{\pi\alpha_i}{180°}(r_i+x_it) \tag{4-27}$$

式中 l_i——各段直线部分长度；

α_i——各段圆弧部分弯曲中心角；

r_i——各段圆弧部分弯曲半径；

x_i——各段圆弧部分中性层位移系数。

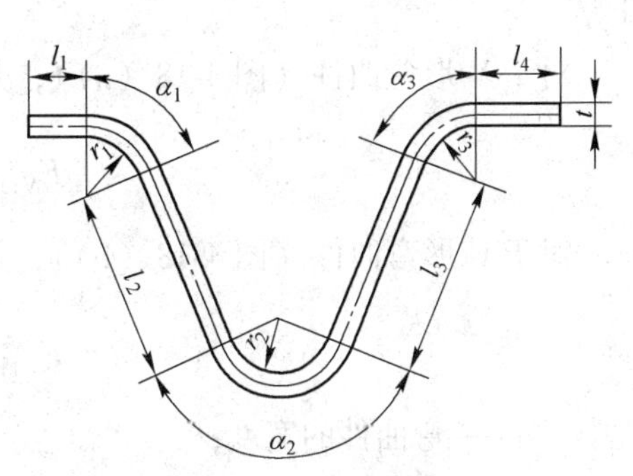

图 4-17 圆角半径 $r>0.5t$ 的弯曲件

(2) 圆角半径 $r<0.5t$ 的弯曲件：这类弯曲件，由于弯曲变形时，不仅圆角变形区产生严重变薄，而且与其相邻直边部分也产生变薄，因此，按弯曲前、后体积相等的原则计算坯料展开长度。生产中，通常采用经过修正的公式进行计算，见表 4-5 所列公式。

表 4-5 圆角半径 $r<0.5t$ 的弯曲件坯料长度计算公式

简 图	计算公式	简 图	计算公式
	一次弯一个角：$L=a+b+0.4t$		一次弯两个角：$L=a+b+c+0.6t$
	一次弯一个角：$L=a+b+\frac{\alpha}{90°}\times 0.5t$		一次弯三个角：$L=a+b+c+d+0.75t$ 两次弯三个角：$L=a+b+c+d+t$
	一次弯一个角：$L=a+b-0.43t$		一次弯四个角：$L=2a+b+2d+t$ 两次弯四个角：$L=2a+b+2d+1.2t$

对于形状比较简单、尺寸精度要求不高的弯曲件，可直接采用上面介绍的方法计算坯料长度。而对于形状比较复杂或精度要求高的弯曲件，利用上述公式计算的坯料长度，还

需在反复试弯不断修正之后，才能确定坯料的形状和尺寸。一般是先制作弯曲模具，按计算的坯料尺寸裁剪试样，并对其在弯曲模上试弯修正，尺寸修改正确后再制作落料模。

4.2.2.5 弯曲力计算

弯曲力是制订板料弯曲工艺和选择设备的重要依据之一，所以需要计算弯曲力。影响弯曲力的因素很多，如材料的性能、工件形状尺寸、板料厚度、弯曲方式、模具结构等，此外，模具间隙和模具工作表面质量也会影响弯曲力的大小。因此，理论分析的方法很难精确计算。在生产实际中，通常根据板料的力学性能以及厚度、宽度，按照经验公式进行计算。

对于V形弯曲件（图4-18（a）），其最大自由弯曲力 $F_{V自}$ 为：

$$F_{V自} = \frac{0.6kbt^2\sigma_b}{r+t} \tag{4-28}$$

对于U形弯曲件（图4-18（b）），其最大自由弯曲力 $F_{U自}$ 为：

$$F_{U自} = \frac{0.7kbt^2\sigma_b}{r+t} \tag{4-29}$$

式中 b——弯曲件的宽度；

t——弯曲件的厚度；

r——内圆弯曲半径（等于凸模圆角半径）；

σ_b——材料的抗拉强度；

k——安全系数，一般取1.3。

板料经自由弯曲阶段后，开始与凸、凹模表面全面接触，此时，如果凸模继续下行，零件受到模具挤压继续弯曲，称为校正弯曲（图4-19）。

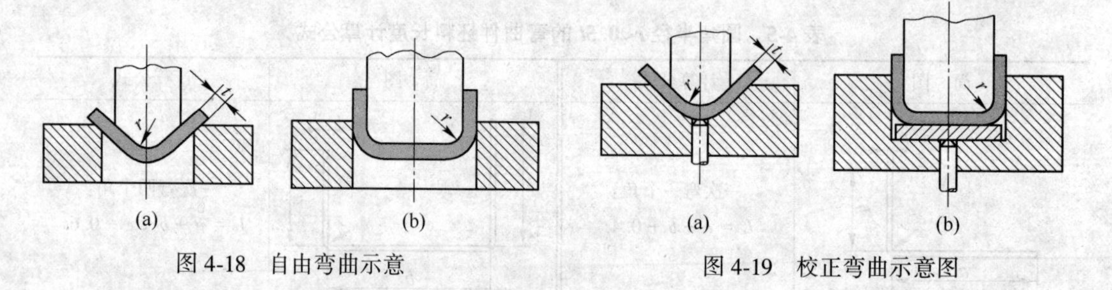

图4-18 自由弯曲示意　　图4-19 校正弯曲示意图

校正弯曲力比自由弯曲力大得多，而且两个力并非同时存在。因此，校正弯曲时只需计算校正弯曲力 $F_校$，即：

$$F_校 = A \cdot p \tag{4-30}$$

式中 p——单位面积上的校正力，其值见表4-6；

A——弯曲件校正部分的投影面积。

表4-6 单位面积校正力 （MPa）

材料	料厚/mm		材料	料厚/mm	
	<3	3~10		<3	3~10
10、20钢	80~100	100~120	铝	30~40	50~60
25、35钢	100~120	120~150	黄铜	60~80	80~100

选择冲压设备时，除考虑弯曲模尺寸、模具高度、模具结构和动作配合以外，还应考虑弯曲力的大小。选用的大致原则是：

对于自由弯曲，选用的压力机公称压力 $F_{压机}$：

$$F_{压机} \geqslant 1.3(F_{自} + F_Q) \tag{4-31}$$

式中 $F_{自}$——自由弯曲力；

F_Q——顶件力或压料力，约为自由弯曲力的 30%~80%（设置顶件或压料装置的弯曲模）。

对于校正弯曲时，由于校正弯曲力远大于自由弯曲力、顶件力和压料力，因此 $F_{自}$ 和 F_Q 可以忽略不计，主要考虑校正弯曲力。所以，压力机的公称压力可取：

$$F_{压机} \geqslant (1.5 \sim 2)F_{校} \tag{4-32}$$

4.2.3 拉深工艺

拉深是利用拉深模具在压力机的压力作用下，将平板坯料压制成各种开口的空心件，或将已制成的开口空心件加工成其他形状空心件的一种冲压加工方法。该方法不仅可以加工筒形、阶梯形、球形、锥形、抛物线形等旋转体零件，还可加工盒形等非旋转体零件及其他形状复杂的薄壁零件。若将拉深与其他成形工艺（如胀形、翻边等）复合，则可加工出形状非常复杂的零件，如汽车车门等。因此，拉深的应用非常广泛，在汽车、电子、日用品、仪表、航空和航天等各种工业部门的产品生产中都有应用。

拉深可分为不变薄拉深和变薄拉深。前者拉深成形后的制件，其各部分的壁厚与拉深前的坯料相比基本不变；后者拉深成形后的制件，其壁厚与拉深前的坯料相比有明显的变薄，这种变薄是产品要求的，零件呈现是底厚、壁薄的特点。它是利用材料的塑性变形，使制件底部材料的厚度不变，直壁部分的材料厚度显著地变薄的一种拉深方法。

由于拉深零件的形状尺寸不同，坯料在变形过程中的应力应变分布也不一样。故在确定工艺方案、工艺参数和模具设计时，应根据具体情况，进行分析计算，以决定合理的坯料尺寸和每一工步的几何尺寸、模具结构和设备型号，才能获得质量合格的零件。下面以圆筒件拉深为例，阐明拉深工艺的一般规律。

4.2.3.1 圆筒形件拉深的变形过程

圆筒形件是典型的拉深件，通常它是以圆形板料为原料利用模具在压力机上拉深而成（图 4-20）。坯料在模具作用下产生了塑性流动，其变形过程是：随着凸模的不断下行，留在凹模端面上的坯料外径不断缩小，平板坯料逐渐被拉进凸、凹模间隙中形成直壁，而处于凸模下面的材料则成为拉深件的底，当坯料全部进入凸、凹模间隙时拉深过程结束，平板坯料就变成具有一定的直径和高度的开口空心圆筒形件。

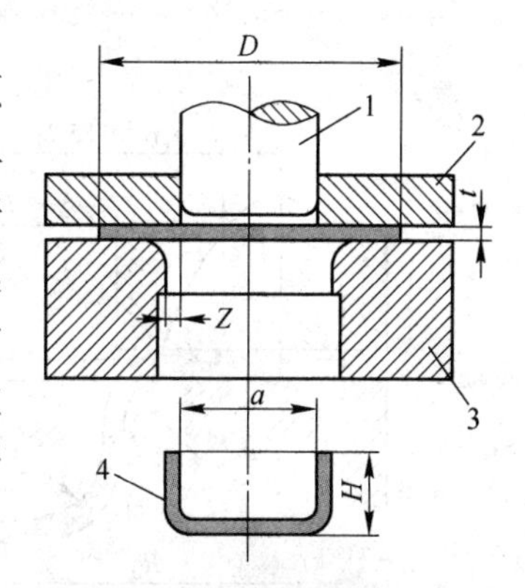

图 4-20 圆筒形件的拉深
1—凸模；2—压边圈；3—凹模；4—拉深件

4.2.3.2 圆筒件拉深过程中出现的起皱

拉深过程中，坯料的凸缘区在切向压应力作用下，可能产生塑性失稳而起皱，如图 4-21 所示。凸缘起皱严重时甚至使坯料不能通过凸、凹模间隙而被拉断。轻微时，坯料虽可通过间隙，但会在筒壁上留下皱痕，影响零件的表面质量。

起皱主要是由于凸缘的切向压应力超过了板料临界压应力所引起。最大切向压应力产生在坯料凸缘外缘处，起皱首先在此处开始。

生产中，采用压边圈是常见的防皱措施，其方法是利用压边圈把凸缘压紧在凹模表面上来实现防皱。通常采用表4-7来判断坯料是否起皱和采用压边圈。

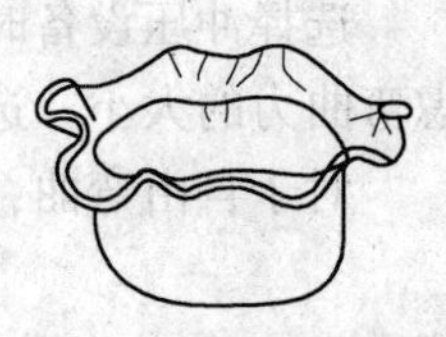

图4-21 坯料凸缘起皱情况

表4-7 采用压边圈的条件（平面凹模）

拉深方法	第一次拉深		以后各次拉深	
	$(t/D)\times 100$	m_1	$(t/D)\times 100$	m_n
用压边圈	<1.5	<0.6	<1.0	<0.8
可用，可不用	1.5~2.0	0.6	1.0~1.5	0.8
不用压边圈	>2.0	>0.6	>1.5	>0.8

压边力 Q 的大小对拉深力有很大影响，其值太大会增加"危险断面"的拉应力，导致拉裂或严重变薄，太小则防皱效果不好。在理论上，Q 的大小最好按图4-22所示的规律变化，即应随起皱的趋势变化，其变化规律与最大拉深力的变化一致，当坯料外径减至 $R_w=0.85R$ 时起皱最严重，压边力也应最大。

在生产中，常用的压边装置有刚性和弹性两种。刚性压边装置用于双动压力机上，其动作原理如图4-23所示。压边圈6装在外滑块3上。冲压时，曲轴1旋转时，首先通过凸轮2带动外滑块3使压边圈6下降将凹模7上的坯料压住，随后由内滑块4带动凸模5对坯料进行拉深。在拉深过程中，外滑块保持不动。刚性压边圈的压边力的大小，是靠调整压边圈与凹模间的间隙 c 来调节。因凸缘厚度会增大，应使 c 值略大于板料厚度，一般取 $c=1.03\sim1.07t$。

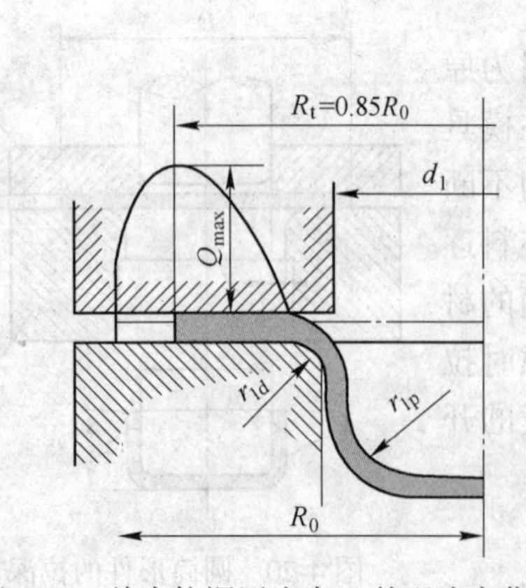

图4-22 首次拉深压边力 Q 的理论变化曲线

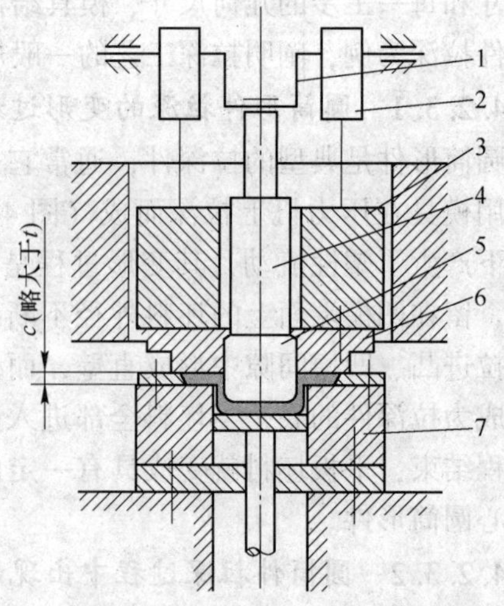

图4-23 双动压力机用拉深模刚性压边装置动作原理

1—曲轴；2—凸轮；3—外滑块；4—内滑块；5—凸模；6—压边圈；7—凹模

弹性压边装置多用于普通冲床。通常有三种型式：橡皮压边装置（图 4-24（a））、弹簧压边装置（图 4-24（b））、气垫式压边装置（图 4-24（c））、这三种压边装置压边力的变化曲线如图 4-24（d）所示。拉深时，随着拉深深度的增加，需要压边的凸缘部分不断减少，所需的压边力也就逐渐减小。由图 4-24（d）可以看出，橡皮及弹簧压边装置的压边力恰好与需要的相反，随行程增大而上升，对拉深不利，因此通常只适合拉深高度不大的零件。

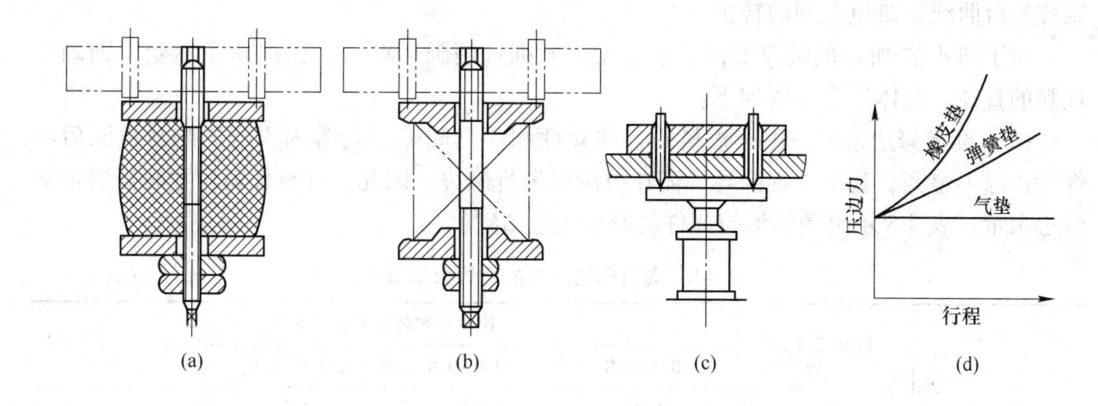

图 4-24 弹性压边装置

4.2.3.3 圆筒件拉深过程中出现的拉裂

圆筒形件拉深后的壁厚变化如图 4-25 所示。其厚度沿底部向口部方向是不同的，在圆筒件侧壁的上部厚度增加最多，约为 30%；而在筒壁与底部转角稍上的地方板料厚度最小，厚度减少了将近 10%，该处拉深时最容易被拉断。通常称此断面为“危险断面”，此处硬度也较低（图 4-25）。当在该断面的应力超过材料此时的强度极限时，拉深件就在此处产生破裂（图 4-26）。即使拉深件未被拉裂，由于材料变薄过于严重，也可能使产品报废。

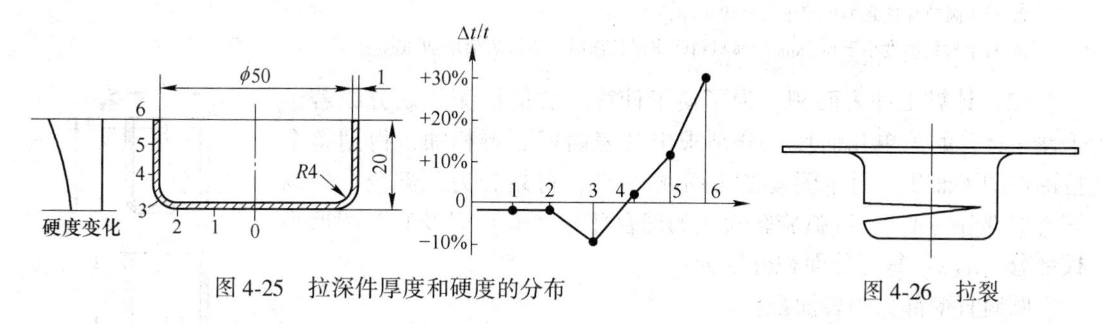

图 4-25 拉深件厚度和硬度的分布

图 4-26 拉裂

拉深时，圆筒形件产生破裂的原因，可能是由于凸缘起皱，坯料不能通过凸、凹模间隙，使径向应力 σ_ρ 增大；或者由于压边力过大，使 σ_ρ 增大；或者变形程度太大，即拉深比 D/d_1 大于极限值。其中，D 为坯料直径；d_1 为拉深件直径。

为防止筒壁的拉裂，可根据板材的成形性能，采用适当的拉深比和压边力，增加凸模的表面粗糙度，可以减小“危险断面”的过渡变薄，此外，材料的 σ_s/σ_b 比值小、n 值和 $\overline{R}$ 值大，较难产生拉裂。

4.2.3.4 圆筒形拉深件的坯料尺寸

坯料形状和尺寸是以拉深件的形状和尺寸为基础，按体积不变原则和相似原则确定：

（1）体积不变原则：拉深前、后坯料体积不变。对于不变薄拉深，因假设变形中材料厚度不变，则拉深前坯料的表面积与拉深后工件的表面积认为近似相等。

（2）相似原则：坯料的形状一般与拉深件截面形状相似。如拉深件的横断面是圆形的、椭圆形的，则拉深前坯料的形状基本上也是圆形的和椭圆形的，并且坯料的周边必须制成光滑曲线，避免急剧的转折。

对于图 4-27 所示的圆筒形件，根据相似原则选用圆形坯料，根据体积不变原则确定坯料的直径。具体计算步骤如下：

（1）确定修边余量：由于板料的各向异性和模具间隙不均等因素的影响，拉深后零件的边缘不整齐，甚至出现凸耳，需在拉深后进行修边。因此，计算坯料尺寸时需要增加修边余量。表 4-8 示出圆筒形拉深件的修边余量 Δh。

表 4-8 圆筒形拉深件的修边余量 Δh （mm）

拉深高度 h	拉深相对高度 h/d 或 h/B			
	>0.5~0.8	>0.8~0.6	>1.6~2.5	>2.5~4
≤10	1.0	1.2	1.5	2
10~20	1.2	1.6	2	2.5
20~50	2	2.5	3.3	4
50~100	3	3.8	5	6
100~150	4	5	6.5	8
150~200	5	6.3	8	10
200~250	6	7.5	9	11
>250	7	8.5	10	12

注：1. B 为正方形的边长或长方形的短边长度；
2. 对于高拉深件必须规定中间修边工序；
3. 对于材料厚度小于 0.5mm 的薄材料作多次拉深时，应按表值增加 30%。

（2）计算工件表面积：为了便于计算，常把拉深件划分成若干个便于计算的简单几何体，分别求出其表面积后再相加，得到整个拉深件的表面积。对于图 4-27 所示拉深件，可划分为三部分，即圆筒直壁部分（A_1）、圆弧旋转而成的球台部分（A_2）以及底部圆形平板部分（A_3）。每部分面积分别为：

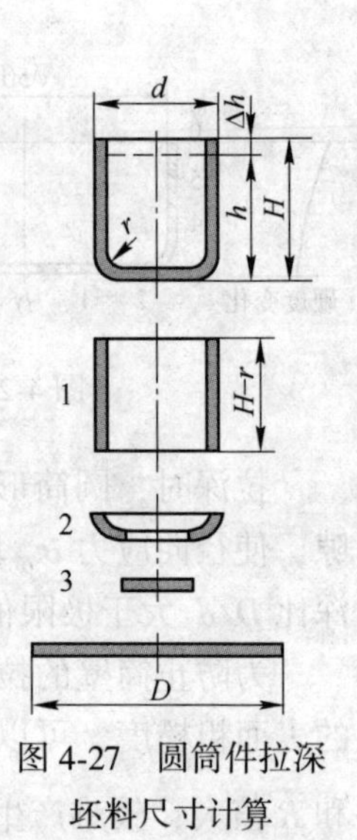

图 4-27 圆筒件拉深坯料尺寸计算

圆筒直壁部分的表面积：

$$A_1 = \pi d(h + \Delta h)$$

圆角球台部分的表面积：

$$A_2 = 2\pi\left(\frac{d_0}{2} + \frac{2r}{\pi}\right)\frac{\pi}{4}(2\pi r d_0 + 8r^2)$$

底部表面积：

$$A_3 = \frac{\pi}{4}d_0^2$$

拉深件的表面积为 A_1、A_2、A_3 部分之和，即：

$$A = \pi d(h + \delta) + \frac{\pi}{4}(2\pi r d_0 + 8r^2) + \frac{\pi}{4}d_0^2$$

(3) 求出坯料尺寸：设坯料的直径为 D，根据坯料坯表面积等于拉深件表面积的原则：

$$\frac{\pi}{4}D^2 = \pi d(h + \Delta h) + \frac{\pi}{4}(2\pi r d_0 + 8r^2) + \frac{\pi}{4}d_0^2$$

所以：

$$D = \sqrt{d_0^2 + 4d(h + \Delta h) + 2\pi r d_0 + 8r^2} \tag{4-33}$$

在计算中，拉深件尺寸均取坯料厚度中线尺寸，但当板料厚度小于 1mm 时，也可按外形或内形尺寸计算。

4.2.3.5 圆筒形件的拉深系数

拉深系数是指拉深后圆筒形件的直径与拉深前坯料（或半成品）的直径之比。图 4-28 所示是用直径为 D 的坯料拉成直径为 d_n、高度为 h_n 的拉深件的工艺顺序。第一次拉成 d_1 和 h_1 的尺寸，第二次半成品尺寸为 d_2 和 h_2，依此最后一次即得工件的尺寸 d_n 和 h_n。其各次的拉深系数为：

$$\begin{aligned} m_1 &= d_1/D \\ m_2 &= d_2/d_1 \\ &\vdots \\ m_{n-1} &= d_{n-1}/d_{n-2} \\ m_n &= d_n/d_{n-1} \end{aligned} \tag{4-34}$$

工件的直径 d_n 与坯料直径 D 之比称为总拉深系数 $m_{总}$：

$$m_{总} = \frac{d_n}{D} = \frac{d_1 d_2}{D d_1} = \cdots = \frac{d_{n-1} d_n}{d_{n-2} d_{n-1}} = m_1 m_2 \cdots m_{n-1} m_n$$

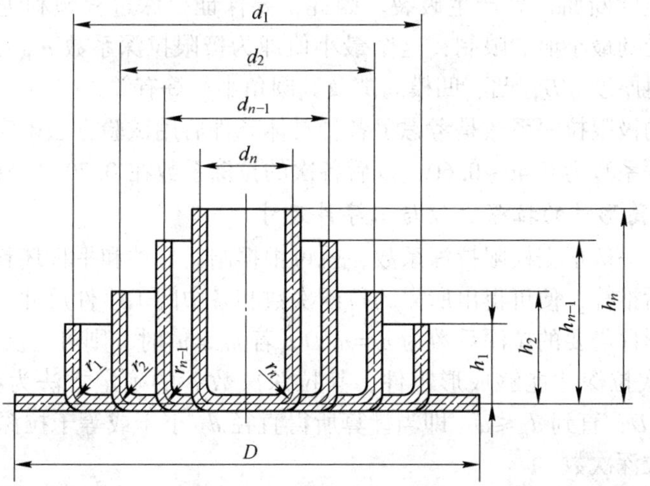

图 4-28 拉深工序示意图

拉深系数也可以用拉深后工件周长与拉深前坯料（或半成品）周长之比来表示，因为，由式（9-9）可以得出下列各式：

$$m_1 = \frac{\pi d_1}{\pi D} = \frac{\text{第一次半成品周长}}{\text{坯料周长}}$$

$$m_2 = \frac{\pi d_2}{\pi d_1} = \frac{\text{第二次半成品周长}}{\text{第一次半成品周长}}$$

$$\vdots$$

$$m_n = \frac{\pi d_n}{\pi d_{n-1}} = \frac{\text{拉深件周长(即第 } n \text{ 次拉深)}}{\text{第 } n-1 \text{ 次半成品周长}} \tag{4-35}$$

当拉深件不是圆筒形件时，其拉深系数可通过拉深前后的周长来计算。

根据拉深系数的定义可知，拉深系数表示了拉深前后坯料直径的变化量，反映了坯料外边缘在拉深时切向压缩变形的大小，因此常用它作为衡量拉深变形程度的指标。

拉深时坯料外边缘的切向压缩变形量为：

$$\varepsilon_1 = \frac{\pi D t - \pi d_1 t}{\pi D t} = 1 - \frac{d_1}{D} = 1 - m_1$$

$$\varepsilon_2 = \frac{\pi d_1 t - \pi d_2 t}{\pi d_1 t} = 1 - \frac{d_2}{d_1} = 1 - m_2$$

$$\vdots$$

$$\varepsilon_{n-1} = 1 - m_{n-1}$$

$$\varepsilon_n = 1 - m_n$$

即：

$$\varepsilon = 1 - m \tag{4-36}$$

由此可知，拉深系数的数值越大，表示拉深前后坯料的直径变化越小，即变形程度越小。相反，则坯料的直径变化越大，即变形程度越大。

制订拉深工艺时，为了减少拉深次数，希望采用小的拉深系数。但是拉深系数过小，将会在筒壁的“危险断面”处产生破裂。因此，要保证拉深过程顺利进行，每次拉深系数不能太小，应受到最小值的限制，这个最小值即为极限拉深系数 $m_{极限}$，其值与板材成形性能，坯料相对厚度 t/D，凸、凹模间隙及其圆角半径等有关。

生产上采用的极限拉深系数是考虑了各种具体条件后用试验方法确定的。通常是首次拉深时的极限拉深系数为0.46~0.60，以后各次的拉深系数在0.70~0.86之间。

4.2.3.6 圆筒形件的拉深次数与工序件尺寸

工艺设计时，一般根据极限拉深系数，就可根据圆筒形件和平板坯料尺寸，从第一次拉深开始依次向后推算，便可得出所需的拉深次数和各中间工序件尺寸。

例如：圆筒形件需要的拉深系数为 $m = d/D$。若 $m \geqslant m_1$ 时，则可一次拉深成形。若 $m < m_1$ 时，则需要多次拉深才能够成形零件，其拉深次数 n 的确定方法为：$d_1 = m_1 D$，$d_2 = m_2 D$，…，$d_n = m_n D$，直到 $d_n \leqslant d$。即当计算所得直径 d_n 小于或等于拉深件直径 d 时，计算的次数 n 即为拉深次数。

为了保证拉深工序的顺利进行，防止坯料在凸模圆角处过分变薄，一般实际采用的拉深系数稍大于极限值，即 $m_1' > m_1$，$m_2' > m_2$，…，$m_n' > m_n$，考虑到拉深过程中坯料有硬化现象，应使各次拉深系数依次增加，即：

$$m'_1 < m'_2 < m'_3 < \cdots < m'_n$$

且 $m_1 - m'_1 \approx m_2 - m'_2 \approx m_3 - m'_3 \approx \cdots \approx m_n - m'_n$。据此得到各次拉深时的工序件的直径为：

$$d_1 = m'_1 D$$
$$d_2 = m'_2 d_1 = m'_1 m'_2 D$$
$$\vdots$$
$$d_n = m'_n d_{n-1} = m'_1 m'_2 \cdots m'_n D = d$$

根据体积不变原则，可得到如下各次拉深时的工序件高度尺寸计算公式：

$$h_1 = 0.25\left(\frac{D^2}{d_1} - d_1\right) + 0.43\frac{r_1}{d_1}(d_1 + 0.32r_1)$$
$$h_2 = 0.25\left(\frac{D^2}{d_2} - d_2\right) + 0.43\frac{r_2}{d_2}(d_2 + 0.32r_2)$$
$$\vdots$$
$$h_n = 0.25\left(\frac{D^2}{d_n} - d_n\right) + 0.43\frac{r_n}{d_n}(d_n + 0.32r_n) \tag{4-37}$$

式中 $h_1, h_2, \cdots, h_n$——各次拉深工序件高度；
$d_1, d_2, \cdots, d_n$——各次拉深工序件的直径；
$r_1, r_2, \cdots, r_n$——各次拉深工序件的底部圆角半径；
D——毛坯直径。

4.2.3.7 拉深力与拉深功

A 拉深力

生产中，拉深力常按经验公式计算。采用压边圈拉深时，其拉深力：

首次拉深：
$$F_1 = \pi d_1 t \sigma_b k_1 \tag{4-38}$$

以后各次拉深：
$$F_i = \pi d_i t \sigma_b k_2 \quad (i = 2, \cdots, n) \tag{4-39}$$

式中，k_1，k_2 为系数，其值查表 4-9。

表 4-9 修正系数 k_1、λ_1、k_2、λ_2

拉深系数 m_1	0.55	0.57	0.60	0.62	0.65	0.77	0.70	0.72	0.75	0.75	0.80	—	—	—
修正系数 k_1	1.00	0.93	0.86	0.79	0.72	0.66	0.60	0.55	0.50	0.45	0.40	—	—	—
系数 λ_1	0.80	—	0.77	—	0.74	—	0.70	—	0.67	—	0.64	—	—	—
拉深系数 m_2	—	—	—	—	—	—	0.70	0.72	0.75	0.77	0.80	0.85	0.90	0.95
修正系数 k_2	—	—	—	—	—	—	1.00	0.95	0.90	0.85	0.80	0.70	0.60	0.50
系数 λ_2	—	—	—	—	—	—	0.80	—	0.80	—	0.75	—	0.70	—

不采用压边圈时，其拉深力：

首次拉深：
$$F_1 = 1.25\pi(D - d_1)t\sigma_b \tag{4-40}$$

以后各次拉深：$F_i = 1.3\pi(d_{i-1} - d_i)t\sigma_b \quad (i = 2, \cdots, n)$ (4-41)

在根据拉深力选择设备时，例如对于单动压力机，其公称压力应大于总工艺力。一般情况下，总工艺力 F_z 为：

$$F_z = F + Q \tag{4-42}$$

式中，F 为拉深力；Q 为压边力。

压力机公称压力 F_g 按下式来确定：

浅拉深时：$F_g \geq (1.6 \sim 1.8)F_z$ (4-43)

深拉深时：$F_g \geq (1.8 \sim 2.0)F_z$

B 拉深功

单次行程所需的拉深功可按下式计算：

第一次拉深：$A_1 = \dfrac{\lambda_1 F_{1\max} h_1}{1000}$ (4-44)

后续各次拉深：$A_n = \dfrac{\lambda_2 F_{n\max} h_n}{1000}$ (4-45)

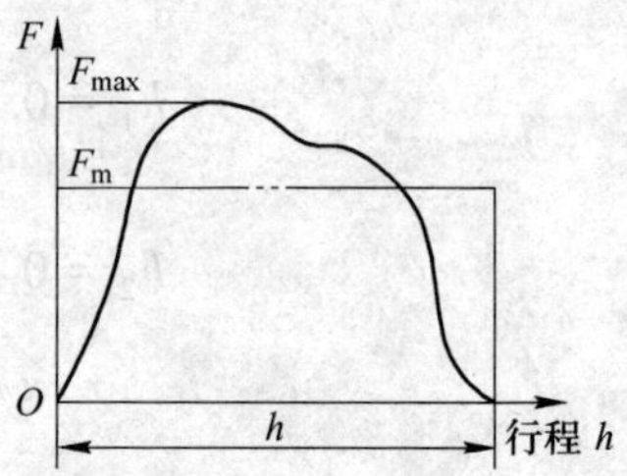

图 4-29 最大拉深力 $F_{\max}$ 和平均拉深力 F_m

式中 $F_{1\max}$，$F_{n\max}$——第一次和以后各次拉深的最大拉深力，如图 4-29 所示；

λ_1，λ_2——平均变形力与最大变形力的比值，它与拉深系数有关，见表 4-9；

h_1，h_n——第一次和以后各次的拉深高度。

拉深所需压力机的电动机功率为：

$$N = \frac{A\xi n}{60 \times 75 \times \eta_1\eta_2 \times 1.36 \times 10} \tag{4-46}$$

式中 A——拉深功；

ξ——不均衡系数，取 $\xi = 1.2 \sim 1.4$；

η_1，η_2——压力机效率、电动机效率，取 $\eta_1 = 0.6 \sim 0.8$，$\eta_2 = 0.9 \sim 0.95$；

n——压力机每分钟的行程次数。

若所选压力机的电动机功率小于计算值，则应另选功率较大的压力机。

4.2.4 胀形与翻边工艺

从变形特点来看，胀形与翻边既有其相似的一面，也有其区别的一面。胀形、圆孔翻孔和内曲翻边属于伸长类成形，成形极限主要受变形区过大拉应力而破裂的限制；外曲翻边属于压缩类成形，成形极限主要受变形区过大压应力而失稳起皱的限制。

4.2.4.1 胀形

胀形是利用模具使板料厚度减薄和表面积增大来获取零件几何形状的冲压加工方法。冲压生产中常用的胀形方法有起伏成形（如在平板坯料上压制加强筋、花纹图案、标记等，如图 4-30 所示）和圆柱形空心坯料的胀形（如波纹管、凸肚件等的成形，如图 4-31 所示）。

胀形时由于坯料受到较大压边力的作用或由于坯料的外径超过凹模孔直径的 3~4 倍，使塑性变形仅局限于一个固定的变形范围，板料不向变形区外转移也不从变形区外进入变形区。

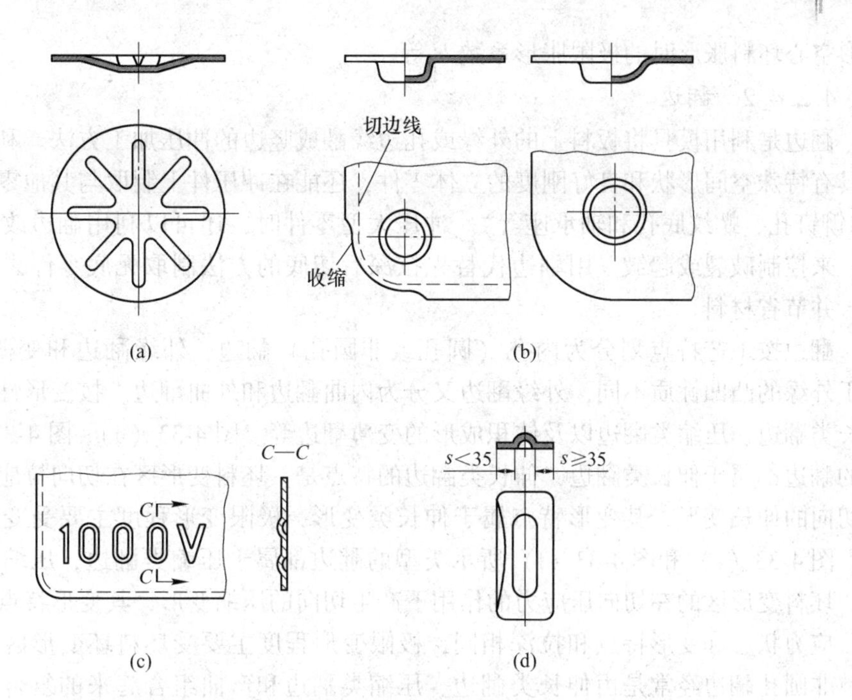

图 4-30 起伏成形

图 4-32 所示为球头凸模胀形平板坯料的示意图。坯料被带有拉深筋的压边圈压紧，变形区限制在拉深筋以内的坯料中部（图中黑色部分表示胀形变形区），在凸模作用力下，变形区大部分材料受双向拉应力作用（忽略板厚方向的应力），沿切向和径向产生拉伸应变，使材料厚度减薄、表面积增大，并在凹模内形成一个凸包。

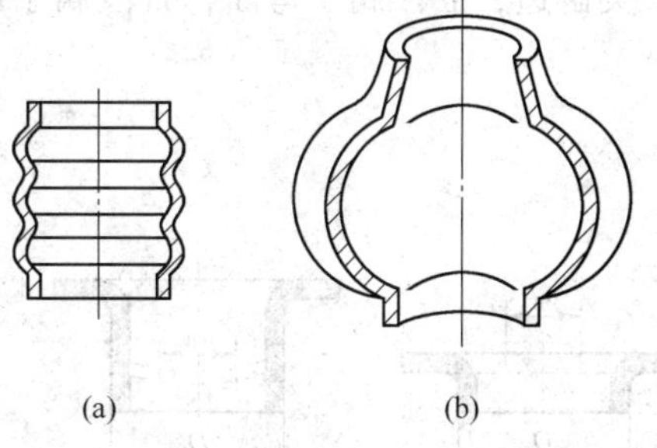

图 4-31 圆柱形空心坯料胀形
（a）波纹管；（b）凸肚件

由于胀形变形时材料板面方向处于双向受拉的应力状态，所以变形不易产生失稳起皱现象，成品零件表面光滑，质量好。同时，由于坯料的厚度相对于坯料的外形尺寸极小，胀形时拉应力沿板厚方向的变化很小，因此当胀形力卸除后回弹小，工件几何形状容易固定，尺寸精度容易保证。

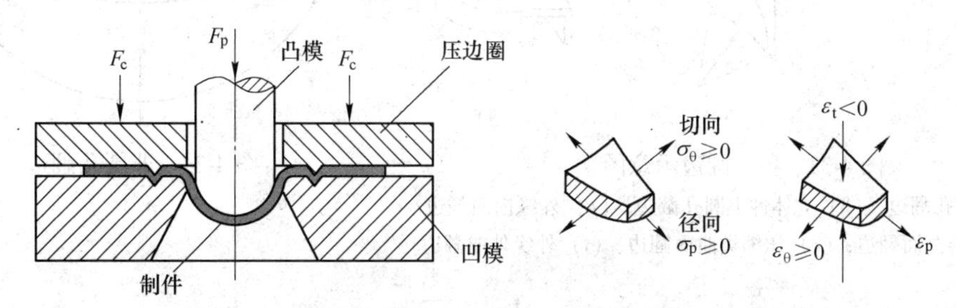

图 4-32 胀形变形区及其应力应变示意图

胀形极限变形程度是以零件是否发生破裂来判别。由于胀形方法不同，极限变形程度的表示方法也不同，如压筋时的许用断面变形程度 ε_{p}，压凸包时的许用凸包高度 h_{p}，圆柱形空心坯料胀形时的极限胀形系数 k_p 等。

4.2.4.2 翻边

翻边是利用模具将板料上的外缘或孔边缘翻成竖边的冲压加工方法。利用翻边可以加工具有特殊空间形状和良好刚度的立体零件，还能在冲压件上制取与其他零件装配的部位（如铆钉孔、螺纹底孔和轴承座等）。冲压大型零件时，还可以利用翻边改善材料塑性流动，来控制破裂或起皱。用翻边代替先拉深后切底的方法制取无底零件，可减少加工次数，并节省材料。

翻边按工艺特点划分为内孔（圆孔或非圆孔）翻边、外缘翻边和变薄翻边等方法。由于外缘的凸凹性质不同，外缘翻边又分为内曲翻边和外曲翻边。按变形性质划分时，有伸长类翻边、压缩类翻边以及体积成形的变薄翻边等。图 4-33（a）~图 4-33（d）所示类型的翻边都属于伸长类翻边，伸长类翻边的特点是：坯料变形区在切向拉应力的作用下产生切向的伸长变形，其变形特点属于伸长类变形，极限变形程度主要受变形区开裂的限制。图 4-33（e）和图 4-33（f）所示类型的翻边都属于压缩类翻边，压缩类翻边的特点是，坯料变形区的在切向压应力的作用下产生切向的压缩变形，其变形特点属于压缩类变形，应力状态和变形特点和拉深相同，极限变形程度主要受坯料坯变形区失稳起皱的限制。非圆孔翻边经常是由伸长类翻边、压缩类翻边和弯曲组合起来的复合成形。例如图 4-34 是由外凸弧线段Ⅰ、直线段Ⅱ和内凹弧线段Ⅲ组成的非圆孔，翻边时，Ⅰ段属于伸长类翻边，Ⅱ段属于弯曲，Ⅲ段属于压缩类翻边。

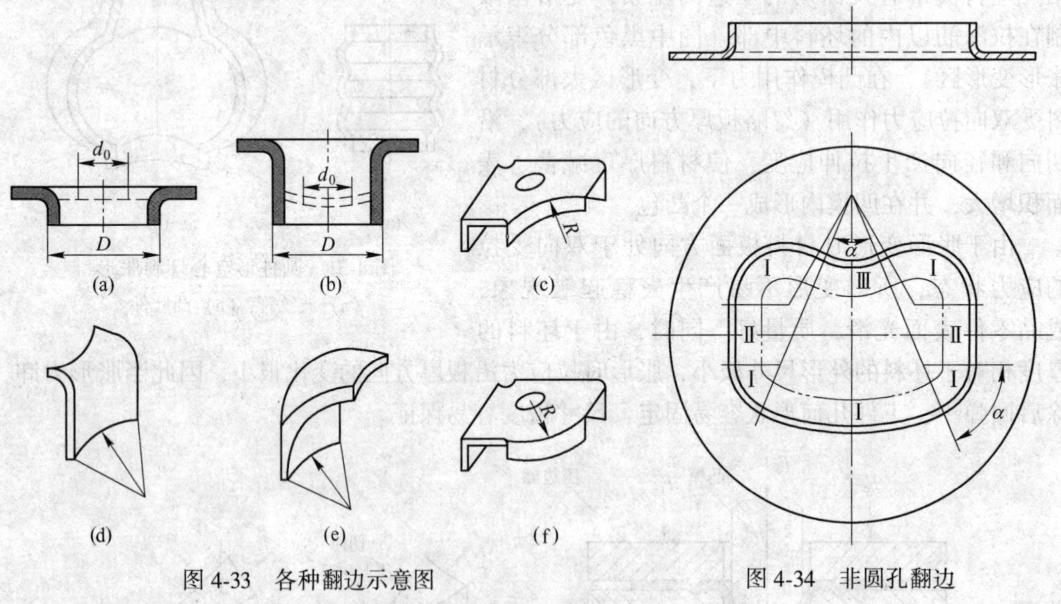

图 4-33 各种翻边示意图

（a）平面圆孔翻边；（b）立体件上圆孔翻边；（c）外缘内曲翻边；
（d）伸长类曲面翻边；（e）压缩类曲面翻边；（f）外缘外曲翻边

图 4-34 非圆孔翻边

4.3 冲压工艺设计

冲压工艺设计是对具体的冲压零件，根据本单位的生产条件，制订出一种技术上可行、经济上合理的冲压工艺。其设计需要考虑的问题是多方面的，其主要内容有冲压件工艺分析、冲压工艺方案制定与工艺计算、选择模具结构型式、选择冲压设备、编写工艺文件等。

4.3.1 冲压件的工艺性分析

冲压件的工艺性是指冲压件对冲压工艺的适应性，即设计的冲压件在结构、形状、尺寸大小及公差和尺寸基准等各方面是否符合冲压加工的工艺要求。冲压件的工艺性好坏，直接影响到加工的难易程度。工艺性差的冲压件，材料损耗和废品率会大量增加，甚至于无法正常生产出合格的产品。

产品零件图是编制和分析冲压工艺方案的重要依据。首先可以根据产品的零件图纸，分析研究冲压件的形状特点、尺寸大小、精度要求以及所用材料的力学性能、冲压成形性能和使用性能等对冲压加工难易程度的影响，分析产生回弹、畸变、翘曲、歪扭、偏移等质量问题的可能性。特别要注意零件的极限尺寸（如最小孔间距和孔边距、窄槽的最小宽度、冲孔最小尺寸、最小弯曲半径、最小拉深圆角半径）以及尺寸公差、设计基准等是否适合冲压工艺的要求。若发现冲压件的工艺性很差，则应会同产品的设计人员协商，提出建议。在不影响产品使用要求的前提下，对产品图纸做出适合冲压工艺性的修改。

4.3.2 确定冲压件的成形工艺方案

在冲压工艺性分析的基础上，再根据产品图纸，进行必要的工艺计算（如坯料尺寸、拉深次数等），以及分析冲压性质、冲压次数、冲压顺序和工序组合方式，提出各种可能的冲压工艺方案。然后，通过对产品质量、生产效率、设备条件、模具制造和寿命等方面的综合分析与比较，确定一个技术经济性最佳的工艺方案。因此，确定冲压工艺方案时需要考虑的问题，其主要内容如下：

（1）冲压件的工序性质。冲压件的工序性质是指该零件所需的冲压工序种类。冲裁、弯曲、拉深、翻边、胀形等是常见的冲压工序，各有其不同的性质、特点和用途。设计冲压工艺时，可以根据冲压件的结构形状、尺寸和精度要求，各工序的变形规律及某些具体条件的限制等，合理地选择这些工序。

（2）冲压次数和冲压顺序。冲压次数是指同一性质的工序重复进行的次数。对于拉深件，可根据它的形状和尺寸，以及板料许可的变形程度，计算出拉深次数；弯曲件或冲裁件的冲压次数也是根据具体形状和尺寸以及极限变形程度来确定。

冲压件各工序的先后顺序主要根据各工序的变形特点和质量要求等安排，其次要考虑到操作方便、毛坯定位可靠、模具简单等。

4.3.3 确定冲压模具的结构形式

根据已确定的冲压工艺方案，综合考虑冲压件的质量要求、生产批量大小、冲压加工成本以及冲压设备情况、模具制造能力等生产条件后，选择模具类型，最终确定是采用单工序模，还是复合模或级进模。确定模具的具体结构型式，绘出模具工作不分动作原理图。

值得注意的是，在使用复合模完成类似零件的冲压时，必须考虑复合模结构中的凸凹模壁厚的强度问题。当强度不够时，应根据实际情况改选级进模结构或者考虑其他模具结构。

级进模冲压可以完成冲裁、弯曲、拉深以及成形等多种性质工序的组合加工，但是工序越多，可能产生的累积误差越大，对模具的制造精度和维修提出了较高的要求。

4.3.4 选择冲压设备

冲压设备选择是工艺设计中的一项重要内容，它直接关系到设备的合理使用、安全、产品质量、模具寿命、生产效率及成本等一系列重要问题。设备选择主要包括设备类型和规格两个方面的选择。

设备类型的选择主要取决于冲压的工艺要求和生产批量。在设备类型选定之后，应进一步根据冲压工艺力（包括卸料力、压料力等）、变形功、模具闭合高度和模板平面轮廓尺寸等确定设备规格。设备规格主要是指压力机的公称压力、滑块行程、装模高度、工作台面尺寸及滑块模柄孔尺寸等技术参数。设备规格的选择与模具设计关系密切，必须使所设计的模具与所选设备的规格相适应。

4.3.5 冲压工艺文件的编写

冲压工艺文件一般以工艺过程卡的形式表示，它综合地表达了冲压工艺设计的具体内容，包括工序序号、工序名称或工序说明、加工工序草图（半成品形状和尺寸）、模具的结构形式和种类、选定的冲压设备、工序检验要求、工时定额、板料的规格性能以及毛坯的形状尺寸等。

冲压件的批量生产中，冲压工艺过程卡是指导生产正常进行的重要技术文件，起着生产的组织管理、调度、工序间的协调以及工时定额核算等作用。工艺卡片尚未有统一的格式，一般按照既简明扼要又有利于生产管理的原则进行制订。

4.4 冲压模具结构

冲压模具是冲压生产的主要工艺装备，其结构设计是否合理，直接影响到所生产冲裁件的质量与成本。因此，认识和研究冲压模具的结构特点和性能，对实现冲压加工和发展冲压技术是十分重要的。

冲模的结构型式很多，一般根据以下特征进行分类：

（1）按冲压工序性质分类：冲孔模、落料模、切边模、弯曲模、拉深模、翻边模等。

（2）按冲压工序的组合方式分类：单工序模的简单模和多工序的级进模（又称连续模或跳步模）、复合模等。

（3）按模具的结构形式分类：根据上、下模的导向方式，可分为无导向的敞开式模和有导向的导板模、导柱模等；根据卸料装置，可分为带固定卸料板和弹性卸料板冲模；根据挡料形式，可分为固定挡料销、活动挡料销、导正销和侧刃的冲模。

（4）按凸、凹模选用材料不同分类：硬质合金冲模、钢结硬质合金冲模、钢皮冲模、橡皮冲模、聚氨酯冲模等。

4.4.1 单工序模

单工序模又称简单模，是指在压力机的一次行程内，只完成单一工序的模具，如落料模、冲孔模、弯曲模和拉深模等。

图4-35所示为导柱式单工序落料模的典型结构，由上模和下模两部分组成。上模包括上模座11及装在其上的全部零件，其中，凸模12用凸模固定板5、螺钉、销钉与上模座紧固并定位，凸模背面垫上垫板8；压入式模柄7装入上模座并以止动销9防止其转动。下模包括下模座18及装在其上的所有零件，其中，凹模16用内六角螺钉和销钉与下模座18紧固并定位。冲模在压力机上安装时，通过模柄7夹紧在压力机滑块的模柄孔中，上模和滑块一起上下运动；下模则通过下模座18用螺钉，压板固定在压力机工作台面上。上、下模正确位置是利用导柱14和导套13的导向来保证。凸、凹模在进行冲裁之前，导柱已经进入导套，从而保证了在冲裁过程中凸模12和凹模16之间间隙的均匀性。上、下模座和导套、导柱装配组成的部件为模架。

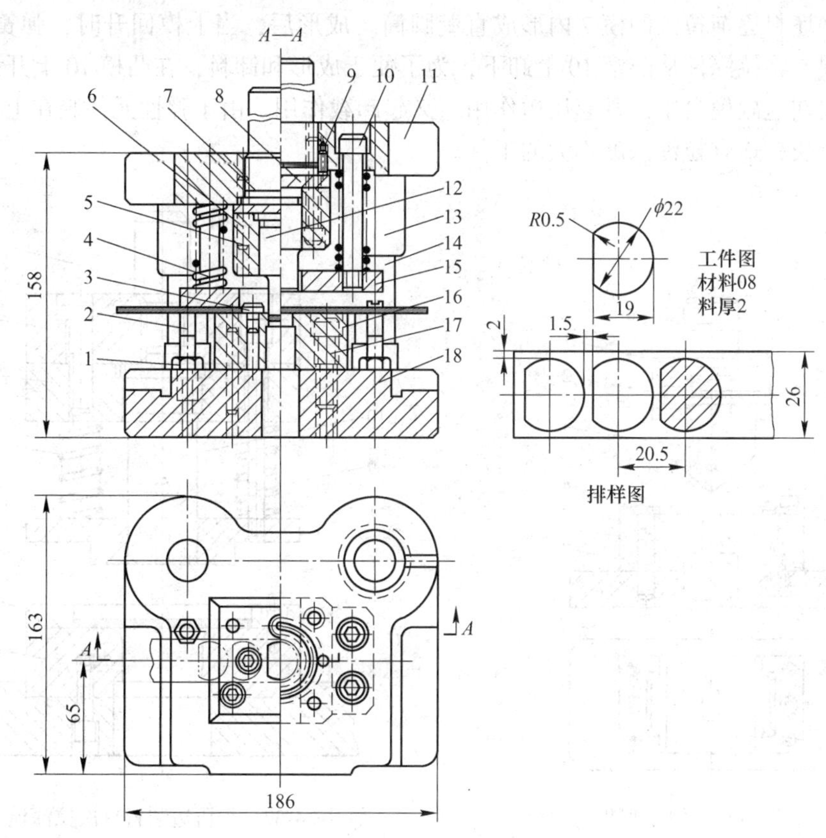

图4-35　导柱式单工序落料模

1—螺帽；2—导料销；3—挡料销；4—弹簧；5—凸模固定板；6—销钉；7—模柄；8—垫板；9—止动销；10—卸料螺钉；11—上模座；12—凸模；13—导套；14—导柱；15—卸料板；16—凹模；17—内六角螺钉；18—下模座

冲模的动作原理为：冲裁前，条料靠着两个导料销2送进。前方由固定挡料销3限位以实现其在模具中的定位。冲裁时，凸模12切入材料进行冲裁。冲下来的工件靠凸模从凹模16中依次推出，箍在凸模上的边料依靠弹性卸装置将其卸下。弹性卸料装置由卸料板15、卸料螺钉10和弹簧4组成。在凸、凹模进行冲裁工作之前，由于弹簧力的作用，卸料板先压住条料，上模下压进行冲裁分离时弹簧被压缩（如图4-35左半边所示）。上模回程时，弹簧恢复推动卸料板把箍在凸模上的边料卸下。第二次及后续各次送料依然由挡料销 3 定位，送进时须将条料抬起。

导柱式冲裁模的导向可靠，精度高，寿命长，使用安装方便，但轮廓尺寸较大，模具较重、制造工艺复杂、成本较高。它广泛用于生产批量大、精度要求高的冲裁件。

图 4-36 所示为 V 形件单工序弯曲模的基本结构型式，该模具适用于工件两直边等长，且沿着弯曲角的角平分线方向的单角弯曲，主要由凸模 3、凹模 5、顶杆 6 和定位板 4 等零件组成。顶杆 6 在凸模下行时有压料作用，用以防止板料偏移；而弯曲后，在弹簧 7 的作用下，又起顶件作用。

图 4-37 所示为弹性压边装置装在上模部分的正装拉深模，弹性压边装置由压边圈 5、弹簧 4 和卸料螺钉 9 等零件组成。坯料由定位板 6 定位，上模下行时，压缩弹簧 4 产生的压力作用在坯料上，由压边圈 5 和凹模 7 将坯料压住。凸模 10 继续下行，弹簧 4 不断压缩，凸模将坯料逐渐拉入凹模 7 内形成直壁圆筒。成形后，当上模回升时，弹簧 4 恢复，利用压边圈 5 将拉深件从凸模 10 上卸下，为了便于成形和卸料，在凸模 10 上开设有通气孔。压边圈在这副模具中，既起压边作用，又起卸载作用。由于弹性元件装在上模，因此凸模要比较长，适宜拉深深度不大的工件。

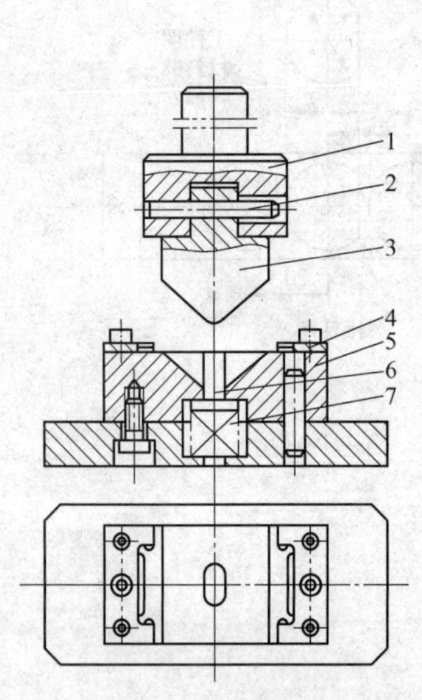

图 4-36　有压料装置的 V 形件弯曲模

1—模柄；2—销钉；3—凸模；4—定位板；5—凹模；6—顶杆；7—弹簧

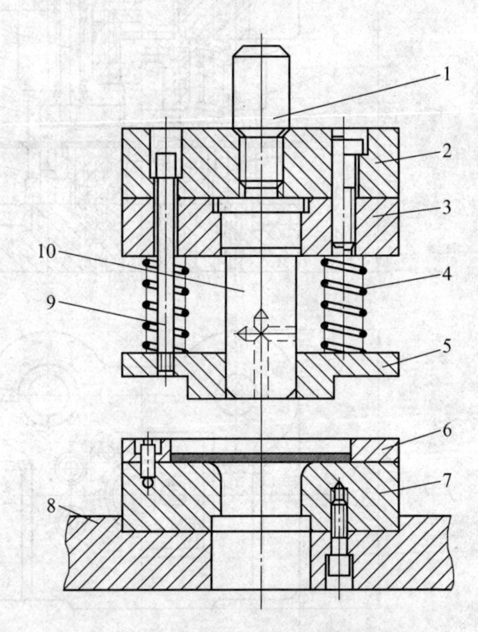

图 4-37　带压边装置首次拉深模

1—模柄；2—上模座；3—凸模固定板；4—弹簧；5—压边圈；6—定位板；7—凹模；8—下模座；9—卸料螺钉；10—凸模

4.4.2 复合模

复合模是一种多工序的冲模，是在压力机的一次工作行程中，在模具的一个工位上完成数道工序的模具。复合模的特点是生产率高，冲压件结构相对位置精度高。但复合模结构复杂，制造精度要求高，成本高。因此，它适于生产批量大、精度要求高的冲裁件。

复合模在结构上的主要特征是其工作零件中有一个凸凹模，以落料、冲孔复合模为例，这个凸凹模的外形相当于落料凸模，内孔则相当于冲孔凹模。按照复合模中凸凹模的安装位置不同，分为正装式复合模和倒装式复合模两种：

（1）正装式复合模（又称顺装式复合模）。图4-38所示的落料、冲孔模，凸凹模6在上模，落料凹模8和冲孔凸模11在下模，称为正装式复合模。冲压时，板料以导料销13和挡料销12定位，并由顶件块9和凸凹模6压紧。上模下压，凸凹模外形和凹模8进行落料，落下料卡在凹模中，同时冲孔凸模与凸凹模内孔进行冲孔，冲孔废料卡在凸凹模孔内。卡在凹模中的冲件由顶件装置顶出凹模面。顶件装置由带肩顶杆10和顶件块9及装在下模座底下的弹顶器组成。卡在凸凹模内的冲孔废料由推件装置推出。推件装置由打杆1、推板3和推杆4组成。当上模上行至上止点时，把废料推出。每冲裁一次，冲孔废料被推下一次，凸凹模孔内不积存废料，胀力小，不易破裂。每次冲压后的冲压件和冲孔废料都落在凹模上，清除麻烦，尤其孔较多时。边料由弹性卸料装置卸下。由于采用固定挡料销和导料销，在卸料板上需钻出让位孔。

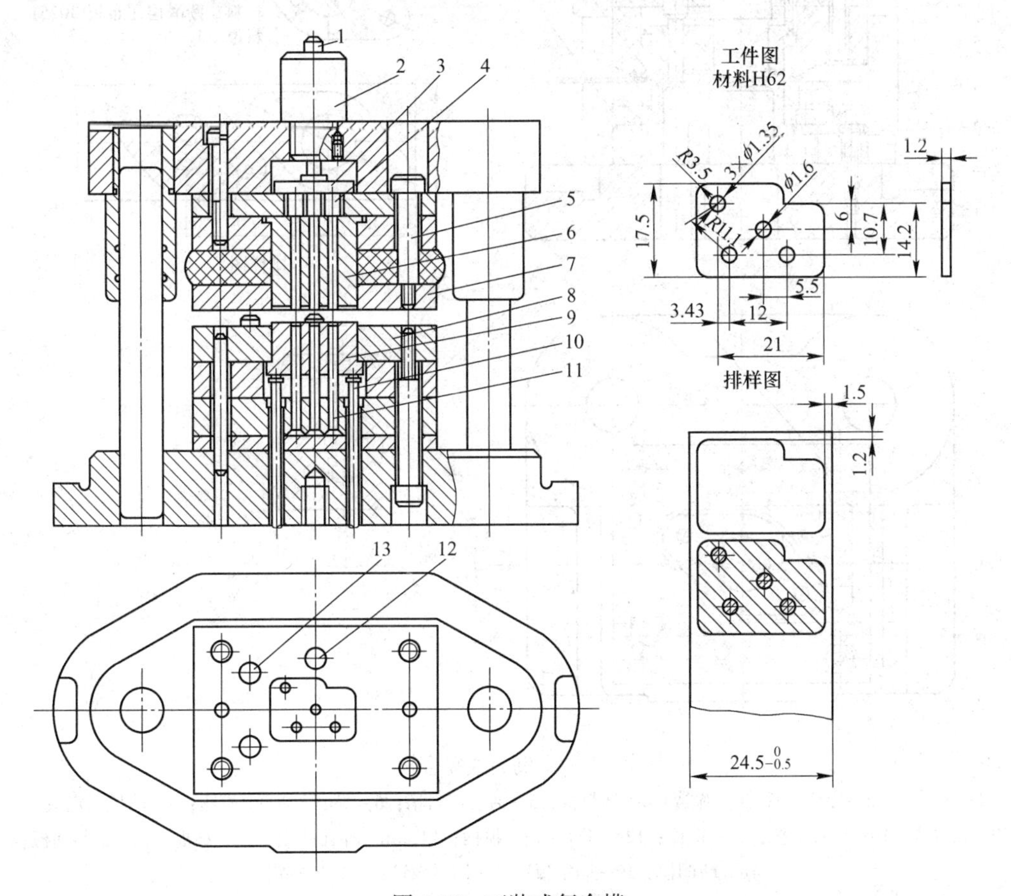

图4-38 正装式复合模

1—打杆；2—模柄；3—推板；4—推杆；5—卸料螺钉；6—凸凹模；7—卸料板；8—落料凹模；9—顶件块；10—带肩顶杆；11—冲孔凸模；12—挡料销；13—导料销

从上述工作过程可以看出，正装式复合模工作时，板料是在压紧的状态下分离，冲出的冲件平直度较高。因此，适用于冲制材质较软的或板料较薄的平直度要求较高的冲裁件，还可以冲制孔边距离较小的冲裁件。

（2）倒装式复合模。图4-39所示的落料、冲孔模，凸凹模18装在下模，落料凹模

17 和冲孔凸模 14 和 16 装在上模，称为倒装式复合模。倒装式模具通常采用刚性推件装置把卡在凹模中的冲件推下，刚性推件装置由打杆 12、推板 11、连接推杆 10 和推件块 9 组成。冲孔废料直接由冲孔凸模从凸凹模内孔推下，无顶件装置，结构简单，操作方便。但如果采用直刃壁凹模刃口，凸凹模内有积存废料，胀力较大，当凸凹模壁厚较小时，可能导致凸凹模破裂，因此，倒装式不宜冲制孔边距离较小的冲裁件。

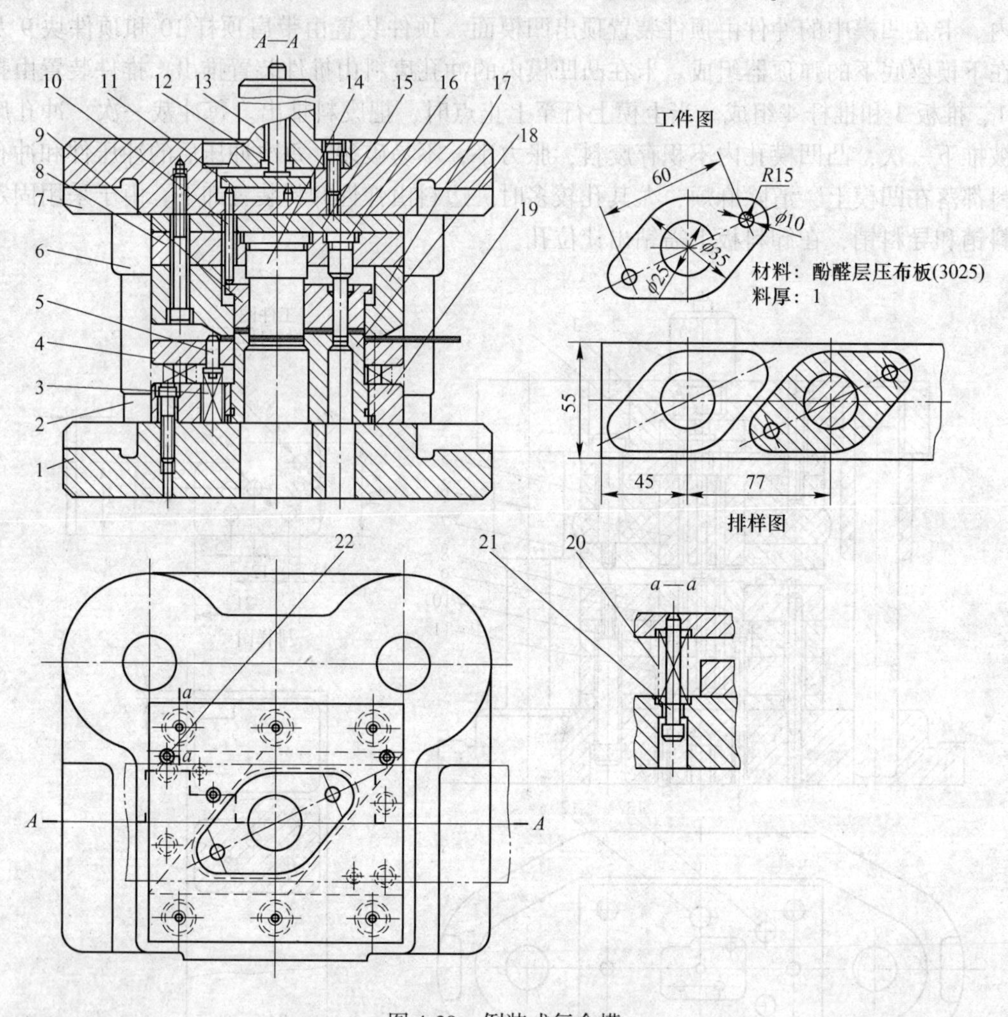

图 4-39 倒装式复合模

1—下模座；2—导柱；3，20—弹簧；4—卸料板；5—活动挡料销；6—导套；7—上模座；8—凸模固定板；9—推件块；10—连接推杆；11—推板；12—打杆；13—模柄；14，16—冲孔凸模；15—垫板；17—落料凹模；18—凸凹模；19—固定板；21—卸料螺钉；22—导料销

板料的定位靠导料销 22 和弹簧弹顶的活动挡料销 5 来完成。非工作行程时，挡料销 5 由弹簧 3 顶起，可供定位；工作时，挡料销被压下，上端面与板料平。由于采用弹簧弹顶挡料装置，所以在凹模上不必钻相应的让位孔。采用刚性推件的倒装式复合模，板料不是处在被压紧的状态下冲裁，因而平直度不高。因此，这种结构适用于冲裁较硬的或厚度大于 0.3mm 的板料。如果在上模内设置弹性元件，即采用弹性推件装置，这就可以用于冲制材质较软的或板料厚度小于 0.3mm，且平直度要求较高的冲裁件。

图 4-40 所示为正装落料拉深复合模。上模部分装有凸凹模 3（落料凸模、拉深凹模），下模部分装有落料凹模 7 与拉深凸模 8。为保证冲压时先落料再拉深，拉深凸模 8 的端面低于落料凹模 7 约一个料厚，以保证落料完毕后再进行拉深。

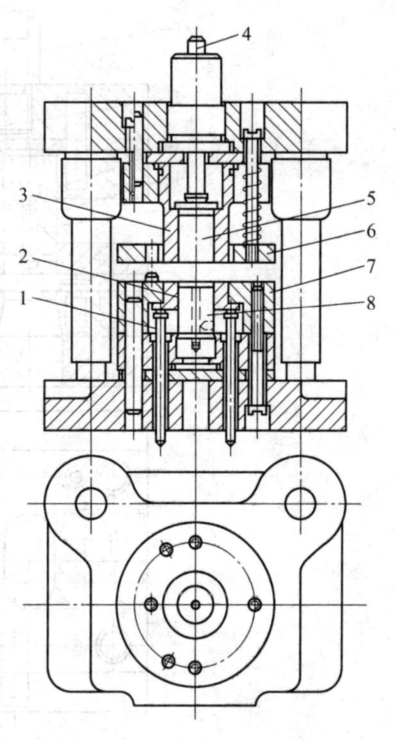

图 4-40 正装落料拉深复合模

1—顶杆；2—压边圈；3—凸凹模；4—打杆；5—推件板；6—卸料板；7—落料凹模；8—拉深凸模

4.4.3 连续模

连续模（又称级进模）是在单工序模的基础上发展起来的一种多工位、高效率冲模。在一副模具中有规律地安排多个工序（在连续模中称为工位）进行连续冲压。连续模冲裁可减少模具和设备数量，生产率高，操作方便安全，便于实现冲压生产自动化，在大批量生产中效果显著。由于连续模工位数较多，定位误差会影响工件的精度，因而用连续模冲制零件，必须解决条料或带料的准确定位问题，才有可能保证冲压件的质量。根据连续模定位零件的特征，连续模有以下两种典型结构：

（1）用导正销定位的连续模。图 4-41 所示为用导正销定距的冲孔落料连续模。上、下模用导板导向。冲孔凸模 3 与落料凸模 4 之间的距离就是送料步距 s。送料时由固定挡料销 6 进行初定位，由两个装在落料凸模 4 上的导正销 5 进行精定位。导正销与落料凸模的配合为 H7/r6，其连接应保证在修磨凸模时的装拆方便，为此，安装导正销的孔是个通孔。导正销头部的形状应有利于在导正时插入已冲的孔，它与孔的配合应略有间隙。为此，导正销由圆锥形的导入部分和圆柱形的导正部分组成。为了保证首件的正确定距，在带导正销的级进模中，常采用始用挡料装置。它安装在导板下的导料板中间。在条料上冲制首件时，始用挡料销 7 从导料板中伸出来，并抵住条料的前端来限制条料的位置，随后进行首次冲裁。以后各次冲裁时就都由固定挡料销 6 控制送料步距作粗定位。

为了保证导正销定距可靠，避免折断，导正销的直径一般大于 2mm，因此，孔径小于 2mm 的孔不宜用导正销导正，但可另冲直径大于 2mm 的工艺孔进行定距。此外，当板料太薄（$t<0.3$mm），特别是对于较软的材料，很容易将孔边冲弯，因此，这种定距方式多适用于较厚板料。

（2）侧刃定距的连续模。图 4-42 所示为双侧刃定距的冲孔落料级进模。它以侧刃 16 代替了始用挡料销、挡料销和导正销控制条料送进距离。侧刃是特殊功用的凸模，其作用是在压力机每次冲压行程中，沿条料边缘切下一块长度等于步距的料边。由于沿送料方向上，在侧刃前后，两导料板间距不同，前宽后窄形成一个凸肩，所以条料上只有切去料边的部分方能通过，通过的距离即等于步距。为了减少料尾损耗，尤其工位较多的级进模，可采用两个侧刃前后对角排列。该种定距方式可以冲裁较薄的板料（$t<0.3$mm）。

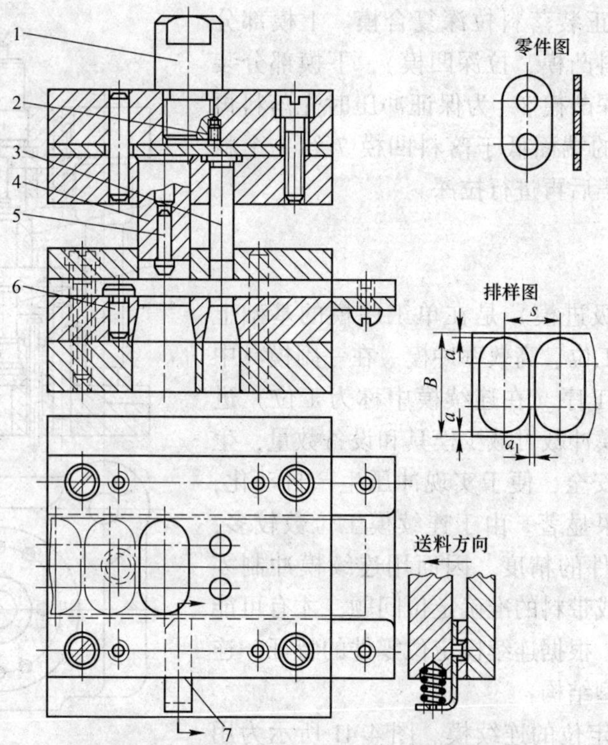

图 4-41 用导正销定距的冲孔落料连续模

1—模柄；2—螺钉；3—冲孔凸模；4—落料凸模；5—导正销；6—固定挡料销；7—始用挡料销

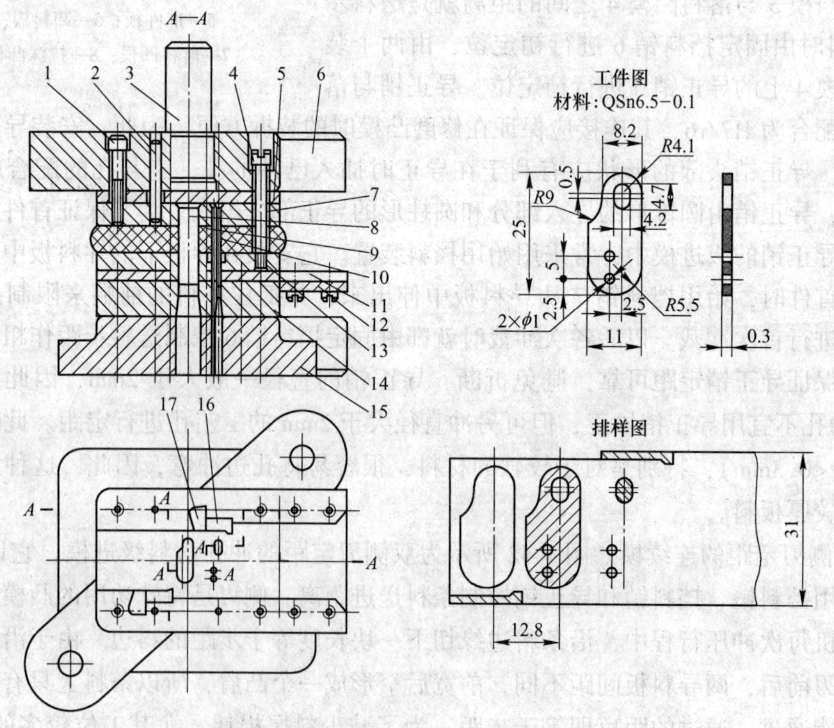

图 4-42 双侧刃定距的冲孔落料级进模

1—内六角螺钉；2—销钉；3—模柄；4—卸料螺钉；5—垫板；6—上模座；7—凸模固定板；8~10—凸模；11—导料板；12—承料板；13—卸料板；14—凹模；15—下模座；16—侧刃；17—侧刃挡块

4.5 冲压模具主要零部件的结构

按模具零件的不同作用，可将其分为工艺零件和结构零件两大类：

（1）工艺零件——在完成工序时，与材料或制件直接发生接触的零件。它包括工作零件、定位零件、压料与卸料零部件等。

（2）结构零件——在模具的制造和使用中起装配、安装作用的零件，以及制造和使用中起导向作用的零件。它包括导向零件、支撑与固定零件、紧固及其他零件。

4.5.1 工作零件

工作零件是直接使坯料产生分离或塑性变形的零件，它包括凸模、凹模、凸凹模。图4-43所示为最常见的冲孔、落料凸模结构型式及其固定，其结构型式主要为圆截面式、等截面式、护套式、快换式四种，工作时要求凸模可靠的固定与定位。

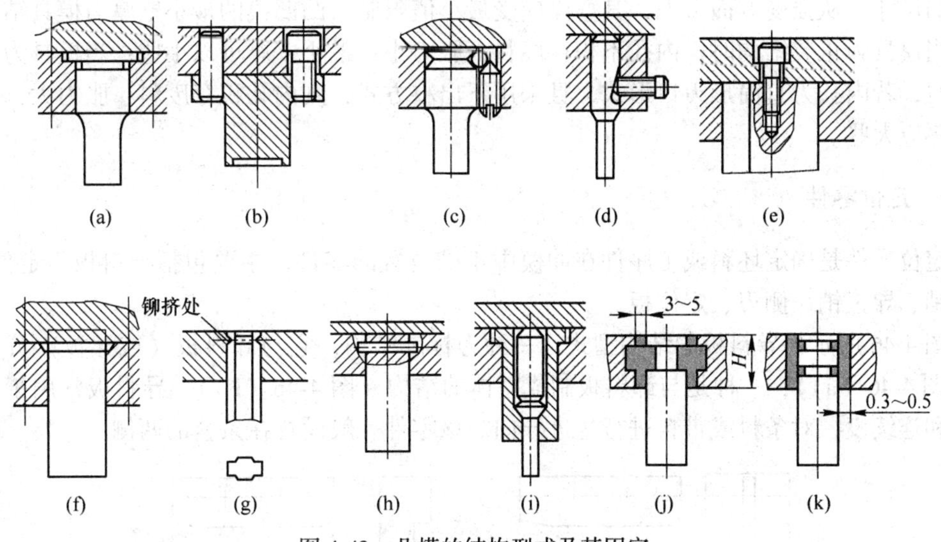

图4-43 凸模的结构型式及其固定

图4-44所示为冲裁凹模的刃口型式。主要为直筒型（图4-44（a）~（c））和锥形（图4-44（d）和（e））。

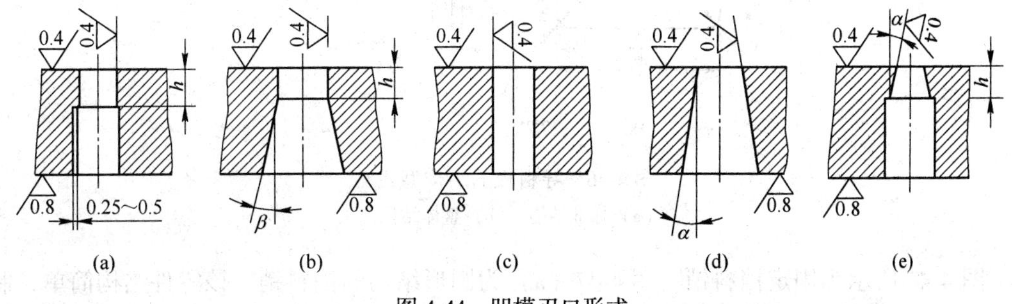

图4-44 凹模刃口形式

同凸模一样，凹模工作时也要求可靠的固定与定位。其固定形式如图4-45所示，图

4-45（a）是直接固定在模板上的，依靠螺钉固定，销钉定位，应用最为广泛。较小的凹模或凹模镶块可采用图 4-45（b）～（d）所示的固定形式，其中图 4-45（e）为快速更换式。

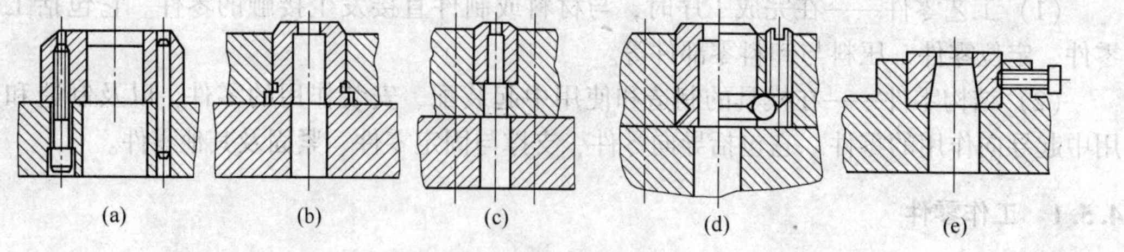

图 4-45 凹模的固定形式

复合模中同时具有凸模和凹模作用的工作零件。如冲裁复合模，它的内外缘均为刃口，其内形刃口起冲孔凹模作用，外形刃口起落料凸模作用。内外缘之间的壁厚取决于冲裁件的尺寸。从强度方面考虑，其壁厚应受最小值限制。凸凹模的最小壁厚与模具结构有关：当模具为正装结构时，内孔不积存废料，胀力小，最小壁厚可以小些；当模具为倒装结构时，若内孔为直筒形刃口形式，且采用下出料方式，则内孔积存废料，胀力大，故最小壁厚应大些。

4.5.2 定位零件

定位零件是确定坯料或工序件在冲模中正确位置的零件。主要包括导料板、定位销、挡料销、导正销、侧刃、定位板。

图 4-46 所示为导料板的结构型式，一种为标准结构，它与卸料板（或导板）分开制造（图 4-46（a））；一种是与卸料板制成整体的结构（图 4-46（b））。导料板常用于单工序模和连续模，对条料或带料进行送进导向。该零件一般设置在条料的两侧。

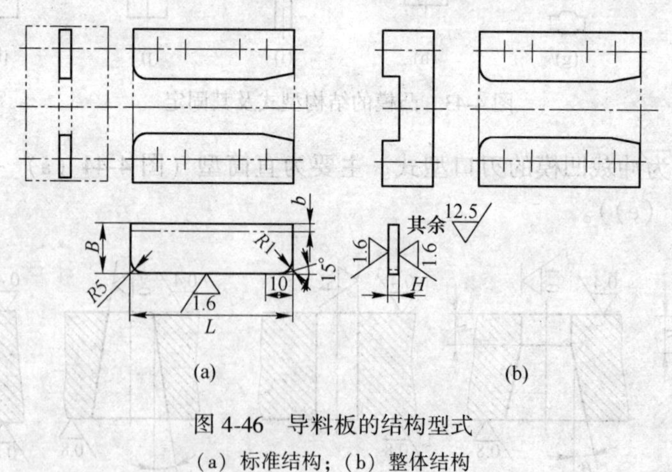

图 4-46 导料板的结构型式

（a）标准结构；（b）整体结构

图 4-47 所示为固定挡料销。图 4-47（a）为圆形结构的挡料销，该零件结构简单，制造容易，使用方便，广泛用于各类冲裁模具。一般装在凹模上，但销孔要尽量远离凹模刃口，以免削弱凹模强度；图 4-47（b）为钩形结构的挡料销，其销孔的位置可以离凹模刃

口较远，不削弱凹模强度，但因这种挡料销形状不对称，需要另外加设定向装置，以防止转动，常用于冲裁较厚的板材。

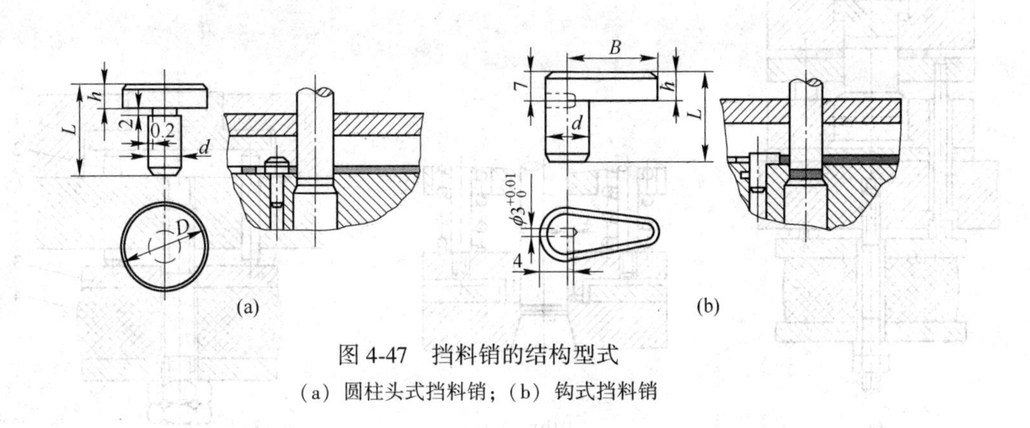

图 4-47　挡料销的结构型式

(a) 圆柱头式挡料销；(b) 钩式挡料销

4.5.3　出料与卸料零件

出料与卸料零件是将箍在凸模上或卡在凹模内的废料或冲件卸下、推出或顶出，以保证冲压工作继续进行。包括卸料板、推件装置、顶件装置、压料板、弹簧、橡胶等。

图 4-48 所示为常用固定卸料板。图 4-48 (a) 是与导料板为一体的整体式卸料板；图 4-48 (b) 是与导料板分开的组合式卸料板，在冲裁模中应用最广泛；图 4-48 (c) 是用于窄长零件的冲孔或切口卸件的悬臂式卸料板；图 4-48 (d) 是在冲底孔时用来卸空心件或弯曲件的拱形卸料板。

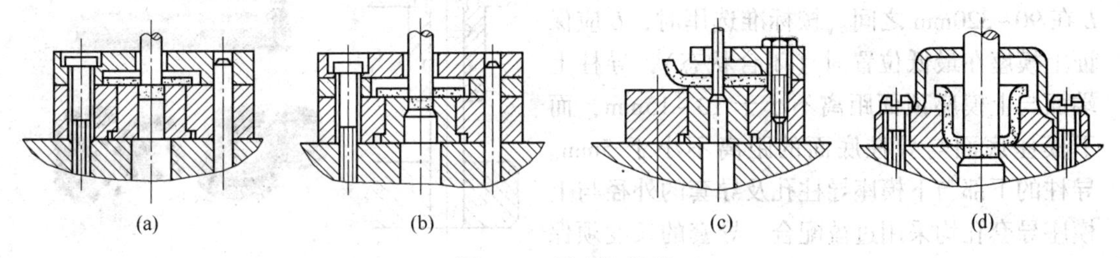

图 4-48　固定卸料板

图 4-49 所示为弹压卸料装置，主要由卸料板、弹性元件（弹簧或橡胶）、卸料螺钉等零件组成。弹压卸料板具有卸料和压料的双重作用，主要用在冲裁料厚在 1.5mm 以下的板料，由于有压料作用，冲裁件比较平整。弹压卸料板与弹性元件（弹簧或橡皮）、卸料螺钉组成弹压卸料装置。如卸料板与凸模之间的单边间隙选择 $(0.1\sim0.2)t$，若弹压卸料板还要起对凸模导向作用时，二者的配合间隙应小于冲裁间隙。弹性元件的选择，应满足卸料力和冲模结构的要求。

从凹模中卸下冲件或废料的过程是推件和顶件。向下推出的机构称为推件，一般装在上模内；向上顶出的机构称为顶件，一般装在下模内。图 4-50 所示为安装在压力机工作台孔内弹顶装置，通过内置的弹性元件 4 在模具冲压时贮存能量，模具回程时，能量的释放将制件或废料从凹模中顶出。

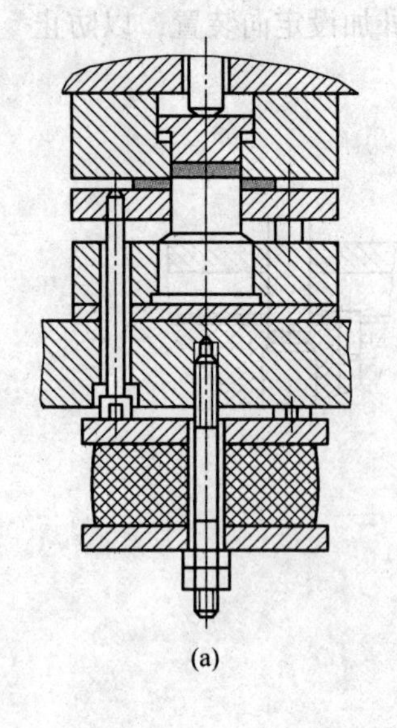

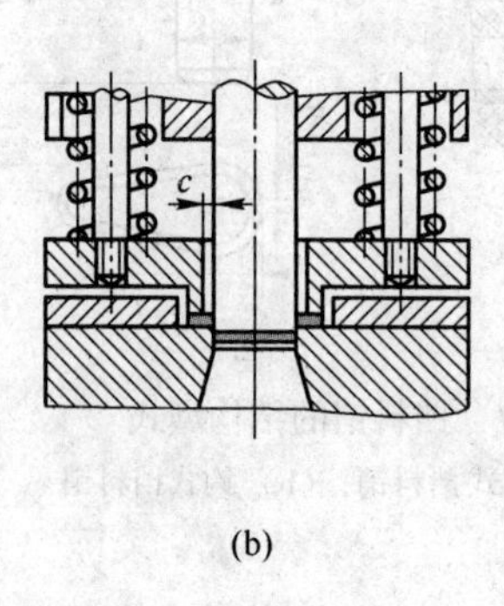

(a) (b)

图 4-49 弹性卸料装置
(a) 向上卸料；(b) 向下卸料

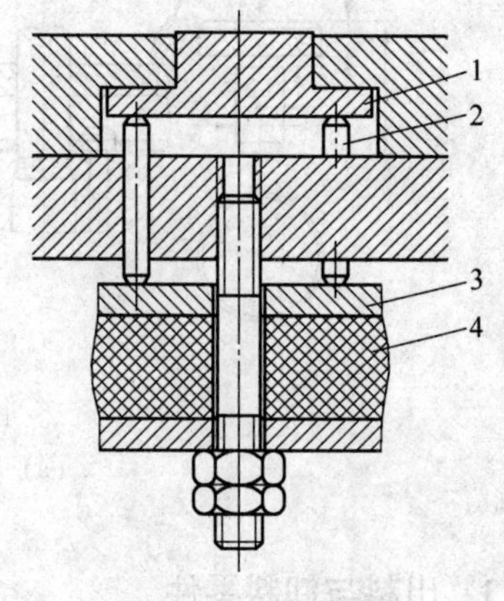

图 4-50 弹顶装置
1—顶件块；2—顶杆；3—压板；4—弹性元件

4.5.4 导向零件

导向零件是确定上、下模的相对位置，并保证运动导向精度的零件。主要包括导柱、导套、导板、导筒等。

图 4-51 所示为常用的导柱、导套结构型式。导柱的直径一般在 16~60mm 之间，长度 L 在 90~320mm 之间。按标准选用时，L 应保证上模座在最低位置时（闭合状态），导柱上端面与上模座顶面距离不小于 10~15mm，而下模座底面与导柱底面的距离不小于 5mm。导柱的下部与下模座导柱孔及导套的外径与上模座导套孔均采用过盈配合。导套的长度须保证在冲压刚开始时导柱要进入导套 10mm 以上。

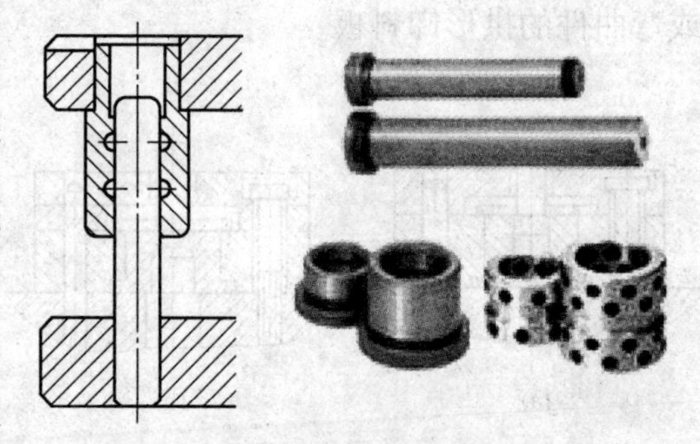

图 4-51 滑动导柱、导套

导柱与导套之间采用间隙配合，根据冲压工序性质、冲压件的精度及材料厚度等的不同，其配合间隙也稍有不同。例如：对于冲裁模，导柱和导套的配合可根据凸、凹模间隙选择。凸、凹模间隙小于 0.3mm 时，采用 H6/h5 配合；大于 0.3mm 时，采用 H7/h6 配合。

4.5.5 支撑与固定零件

支撑与固定零件是将各类零件固定在上下模上以及将上下模连接在压力机上的零件。主要包括模座、模柄、凸、凹模固定板、垫板等。

上、下模座与导柱、导套组成的模具的模架（图 4-52），这是整副模具的骨架，模具的全部零件都固定在它的上面，并承受冲压过程的全部载荷。上、下模座的作用是直接或间接地安装冲模的所有零件，分别与压力机滑块和工作台连接，传递压力。因此，必须十分重视上、下模座的强度和刚度。

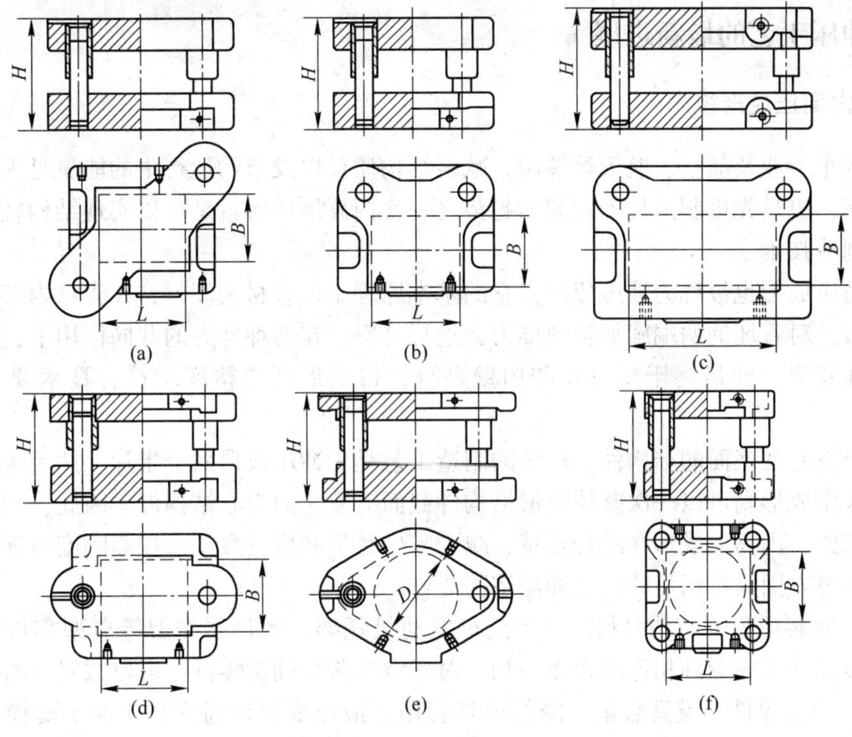

图 4-52　滑动导向模架

图 4-53 所示为中小型模具是用于固定上模用的模柄结构型式。图 4-53（a）所示的模柄与上模板做成整体，用于小型模具；图 4-53（b）所示的模柄采用压入式；图 4-53（c）所示的模柄采用螺纹旋入，图 4-53（b）和图 4-53（c）均适用于中小型模具。图 4-53（d）所示的模柄带法兰以螺钉固定，适用于较大的模具或有刚性推件装置不能采用其他形式时采用。图 4-53（e）称为浮动式模柄，适用于模具有精确导向，导向装置始终不脱开的情况，采用此形式可免除压力机导向不精确的影响。

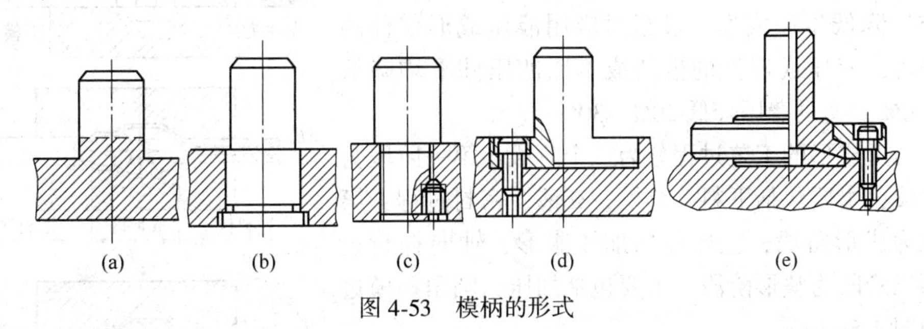

图 4-53　模柄的形式

4.5.6　紧固及其他零件

紧固及其他零件是指除上述零件以外的零件，如紧固件和模具中的特殊结构中用到的零件，如侧孔冲模中的滑块和斜楔等。冲模中用到的紧固件主要是螺钉和销钉，其中螺钉起联接固定作用，一般选用内六角螺钉，它紧固牢靠，螺钉头不外露，模具外形美观，装拆空间小；销钉起定位作用，常用圆柱销钉，设计时一般不能少于两个。

4.6 冲压工艺的最新进展

4.6.1 内高压成形技术

在汽车工业及航空、航天等领域，减轻结构质量以及节约运行中的能量是人们长期追求的目标，也是先进制造技术发展的趋势之一。内高压成形就是可以实现结构轻量化的一种先进制造技术。

内高压成形也被称为液压成形，它的基本原理是以管材为坯料，在管材内部施加高压液体同时，对管坯的两端施加轴向推力，进行补料。在两种外力的共同作用下，管材坯料发生塑性变形，并最终于模具型腔内壁贴合，得到形状与精度均符合技术要求的中空零件。

对于空心变截面的结构件，传统的制造工艺是先冲压成形两个半片，然后再焊接成整体。而液压成形则可以一次整体成形沿构件截面有变化的空心结构件。因此，与传统的冲压工艺相比，内高压成形在减轻重量、减少零件数量和模具数量、提高刚度与强度、降低生产成本等方面具有明显的技术和经济优势：

（1）减轻质量，节约材料。对于汽车发动机托架、散热器支架等典型零件，液压成形件比传统冲压成形件相比减轻 20~40；对于空气阶梯轴类零件，可以减轻 40%~50%。

（2）减少零件和模具数量，降低模具费用。液压成形件通常只需要 1 套模具，而用传统冲压工艺成形大多需要多套模具。液压成形的发动机托架零件由 6 个减少到 1 个，散热器支架零件由 17 个减少到 10 个。

（3）可以减少后续机械加工和组装的焊接工作量。以散热支架为例，散热面积增加 43%，焊点由 174 个减少到 20 个，工序由 13 道减少到 6 道，生产率提高 66%。

（4）提高强度与刚度，尤其是疲劳强度。例如液压成形的散热器支架，其刚度在垂直方向可提高 30%，水平方向可提高 50%。

（5）降低生产成本。根据对应用液压成形零件的统计分析，液压成形件的生产成本比冲压件平均降低 15%~20%，模具费用降低 20%~30%。

内高压成形的工艺过程分为三个阶段：第一阶段为填充阶段，主要包括下料、合模、充液、密封过程；第二阶段为成形阶段，主要包括加压胀形、轴向补料过程；第三阶段为整形阶段，主要包括加压、圆角贴模过程，如图 4-54 所示。

内高压成形工艺的适用材料包括碳钢、不锈钢、铝合金及镍合金等，原则上适用于冷成形的材料均适用于液压成形工艺。

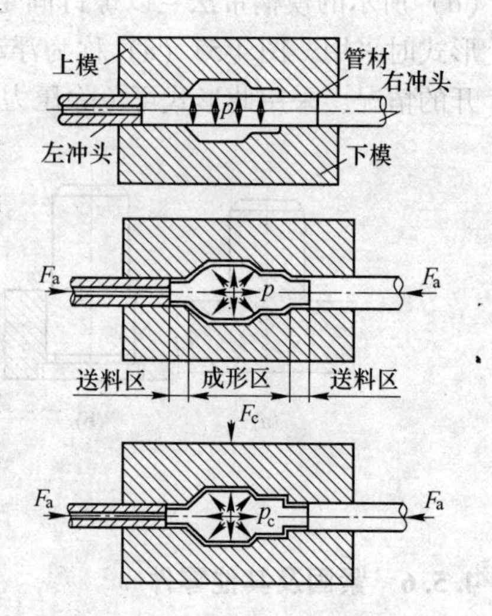

图 4-54 内高压成形工艺过程

4.6.2 热冲压成形技术

超高强度钢在室温下成形能力很差，这主要是因为，一方面，超高强度钢板强度高，在室温下塑性变形很窄，所需的冲压力大，而且容易开裂；另一方面，冲压成形后零件的回弹量增加，导致零件尺寸和形状稳定性变差。因此，传动的冲压方法难以解决超高强度钢板在成形过程遇到的问题。

热冲压成形技术一般是将板料加热到再结晶温度以上的一个适当的温度，使其完全奥氏体化后再进行冲压成形，而且在成形后还需对制件保压一段时间以使其形状尺寸趋于稳定。在成形和保压过程中，为了防止板料强度降低，同时进行模内淬火处理以获得室温下均匀马氏体组织的超高强度的制件。

由于热冲压是在板料冲压成形的同时进行了淬火处理，故热冲压用钢板的成形设计要适应热冲压过程的热循环，目前常用的是含硼钢板，在钢的组织转变时，延迟铁素体和贝氏体的形核进而增加了钢的强度。

图 4-55 所示为由瑞典 HARDTECH（现 GESTAMP-HARDTECH）公司用于汽车零件成形的非镀层钢板热冲压成形时采用的工艺流程。

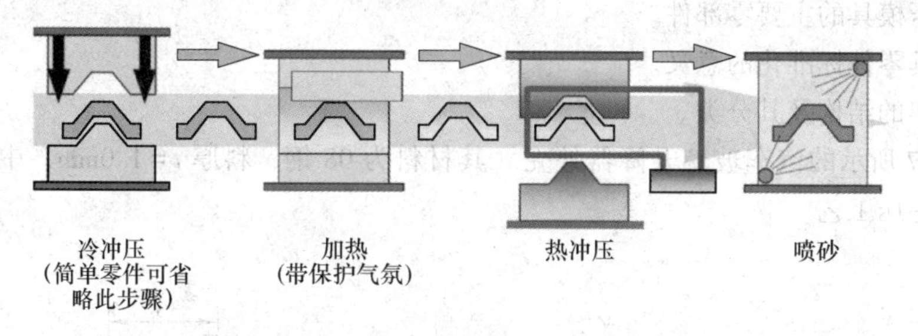

图 4-55 非镀层钢板热冲压成形工艺流程

图 4-56 所示为由法国 SOFEDIT 公司提出的对带有预镀层 USI BOR 1500P 进行直接热成形时采用的工艺流程。

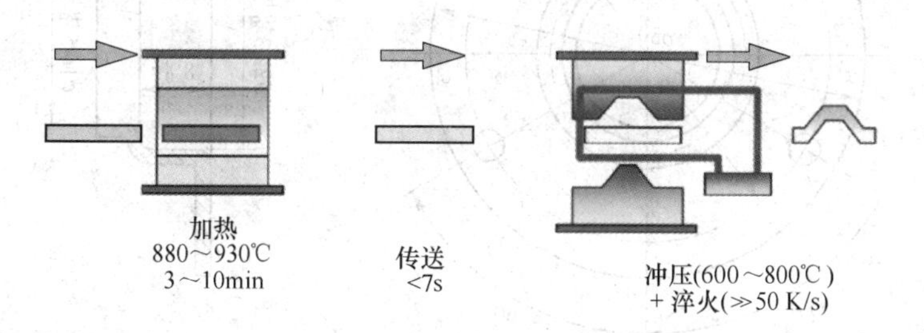

图 4-56 镀层钢板热冲压成形工艺流程

世界各国的汽车企业正在开展超高强度钢板的开发及热冲压成形技术的研究与生产，目前，欧美、日本以及国内的主要汽车制造企业已开始尝试采用热冲压成形技术生产高强度钢板的构件，如车门防撞杆，保险杠加强梁，A、B、C 柱，门框加强梁等。

思 考 题

1. 简述冲压生产的工艺流程。

2. 简述冲压成形力学特点。
3. 简述冲压成形对板料的基本要求。
4. 简述冲压工艺的主要方法及其特点。
5. 简述冲裁间隙对断面质量的影响。
6. 简述冲裁凸、凹模刃口尺寸计算方法。
7. 简述最小相对弯曲半径及其影响因素。
8. 简述弯曲回弹的影响因素及减少弯曲弹复的措施。
9. 简述拉深起皱的影响因素及防止拉深起皱的措施。
10. 简述拉深系数及其影响因素。
11. 简述拉深模的圆角半径和模具间隙对拉深质量的影响。
12. 简述胀形方法及其极限变形程度。
13. 简述翻边方法及其极限变形程度。
14. 简述冲压工艺设计内容。
15. 简述冲压工艺卡片及其作用。
16. 简述冲压模具的典型结构型式。
17. 简述冲压模具的主要零部件。
18. 简述模具零件标准化的意义。
19. 简述模架的结构及其分类。
20. 对图 4-57 所示的汽车玻璃升降器外壳（其材料为 08 钢，料厚 $t=1.0$mm，中批量生产），设计其冲压工艺。

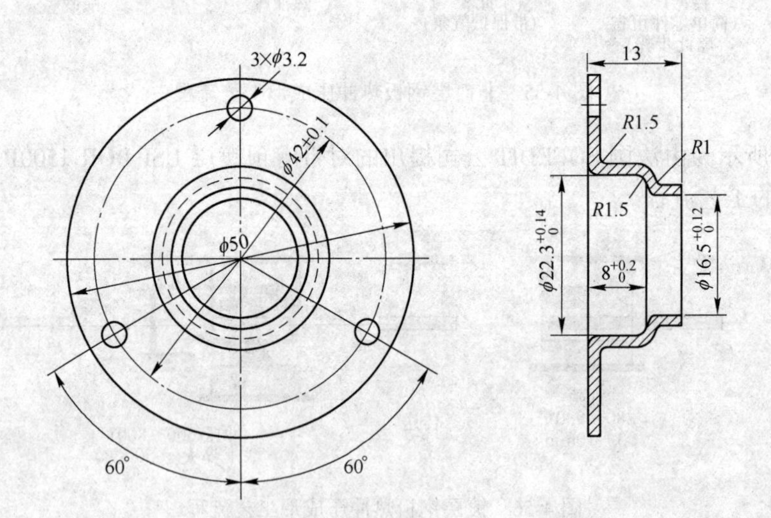

图 4-57 汽车玻璃升降器外壳零件图

参考文献

[1] 中国机械工程学会锻压学会. 锻压手册（第 2 卷：冲压） [M]. 3 版. 北京：机械工业出版社，2013.

[2] 王孝培. 实用冲压技术手册 [M]. 2 版. 北京：机械工业出版社，2013.

[3] 成虹. 冲压工艺与模具设计 [M]. 北京：机械工业出版社，2010.
[4] 翁其金，徐新成. 冲压工艺与模具设计 [M]. 北京：机械工业出版社，2004.
[5] 李硕本，等. 冲压工艺理论与新技术 [M]. 北京：机械工业出版社，2002.
[6] 吴诗惇. 冲压工艺学 [M]. 西安：西北工业大学出版社，2002.

5 拉拔工艺

【本章概要】

本章主要介绍材料拉拔过程中的工艺原理、工艺方法、工艺设计以及拉拔工艺的新进展。在工艺原理中重点介绍拉拔过程的建立、金属的流动规律、受力特点以及拉拔件的组织性能控制；工艺方法包括实心材拉拔工艺及空心材拉拔工艺；在工艺设计中介绍了工艺设计的内容、方案的确定、参数的确定以及拉拔工具设计；在拉拔工艺的新进展中介绍了反张力拉拔、辊式模拉拔等新的拉拔工艺。

【关 键 词】

拉拔，工艺设计，流动规律，受力特点，实心拉拔，空心拉拔，工艺方案，酸洗，压缩率，拉拔力，工作带，工艺参数，拉拔工具，新进展。

【章节重点】

本章应重点理解材料拉拔过程中的工艺原理，在此基础上掌握拉拔工艺的方法并熟悉拉拔工艺参数制定的依据和原则；拉拔工具的选择及使用。最后了解当前拉拔工艺的最新进展和未来的发展趋势。

5.1 拉拔工艺原理

5.1.1 拉拔过程的建立

5.1.1.1 金属拉拔时的受力分析

金属拉拔时一般受到三种力的作用，即拉拔力 P、模孔壁给金属的正压力 N、模孔与金属表面的接触摩擦力 T，如图 5-1 所示。

正压力（模壁对金属的反作用力）N 和摩擦力 T 是伴随拉拔力而产生的。反作用力方向总是垂直于模壁并对金属起压缩作用，而摩擦力则是金属前进的阻力。摩擦力可按下式计算：

$$T = fN = F\tau \tag{5-1}$$

式中 f——摩擦系数，$f=\tan\beta$；

β——摩擦角（合力与正压力之间的夹角）；

F——接触摩擦面积；

τ——单位摩擦力。

拉拔力 P 作用于被拉金属的前端。在拉拔力的作用下，金属在变形区内产生相应的内力，轴向则分别为压应力 σ_r 和 σ_θ。因此，在拉拔过程中，金属在变形区处于一向受拉和两向受压的应力状态。

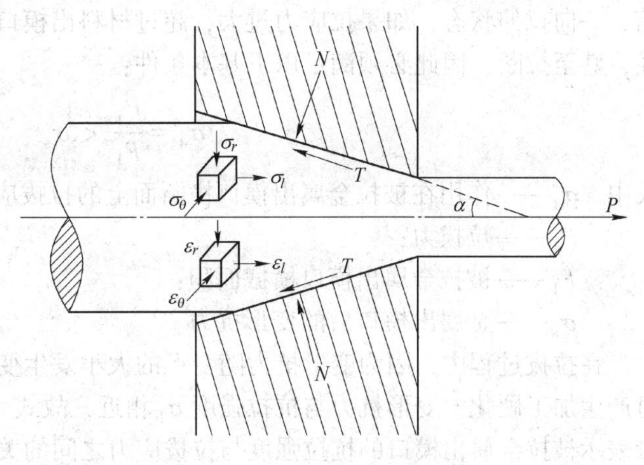

图 5-1　金属拉拔时的受力状态

作用力为拉力，变形时金属处于一向受拉、两向受压的应力状态是拉拔过程的基本力学特征。这些力学特征决定了拉拔这种压力加工方式的特点。主要表现在：

(1) 由于拉拔时金属受到一向受拉两向受压的应力状态，使拉拔时金属变形抗力较低。根据塑性方程式，有

$$\sigma_1 - \sigma_3 = \beta\sigma_s \tag{5-2}$$

式中 σ_1——最大主应力；

σ_3——最小主应力；

β——表示中间主应力 σ_2 影响的系数，一般等于 1～1.15；

σ_s——金属单向拉拔时的屈服极限。

由于拉拔时 σ_1 是拉应力，σ_3 是压应力，因此在变形过程中任一方向的主应力，其绝对值均不会大于 $\beta\sigma_s$，所以拉拔时变形抗力比轧制、挤压等其他压力加工方式低。

(2) 由于应力状态中存在拉应力，因而对于塑性较差的金属或因加工硬化使金属塑性降低时，拉拔比较困难。

(3) 当被拉拔金属的横截面为实心圆时，应力分布呈轴对称应力状态。即 $\sigma_r = \sigma_\psi$。

(4) 一向拉两向压的主应力状态使被拉金属引起相应的三向变形，即长度方向伸长，在径向和周向压缩。

5.1.1.2 拉拔时的变形指数

拉拔时坯料发生塑性变形，其形状和尺寸发生改变。以 F_q 和 L_q 表示拉拔前金属坯料的断面积及长度，F_h 和 L_h 表示拉拔后金属制品的断面积和长度，根据体积不变的条件可得到以下的变形指数和它们之间的关系式：

(1) 延伸系数 λ。λ 表示拉拔后金属材料长度与拉拔前金属材料长度之比，也等于拉拔前后横断面的面积之比，即

$$\lambda = \frac{L_h}{L_q} = \frac{F_q}{F_h} \tag{5-3}$$

(2) 断面减缩率 ψ。ψ 表示拉拔后金属材料横断面积减小量与初始面积之比，即

$$\psi = \frac{F_q - F_h}{F_q} \tag{5-4}$$

5.1.1.3 实现拉拔过程的基本条件

拉拔过程是借助于在被加工的坯料前端施以拉力实现的，变形区的受力特点为两向压

缩、一向拉伸状态，如果拉应力过大，超过材料出模口的屈服强度，则可引起制品出现细径，甚至拉断，因此必须满足以下基本条件：

$$\sigma_1 = \frac{P_1}{F_1} < \sigma_s \tag{5-5}$$

式中 σ_1——作用在被拉金属出模口横断面上的拉拔应力；

P_1——拉拔力；

F_1——被拉金属出模口横截面积；

σ_s——金属出模口后的变形抗力。

在拉拔过程中，因为变形抗力随变形的大小发生变化，确定起来比较困难，另外拉拔时产生加工硬化，变形抗力与抗拉强度 σ_b 相近，故式（5-5）也可以表示为 $\sigma_1<\sigma_b$。为定量表示被拉金属出模口的抗拉强度与拉拔应力之间的关系，引入安全系数 K：

$$K = \frac{\sigma_s}{\sigma_1} \tag{5-6}$$

因此，实现拉拔过程的基本条件是安全系数 K 大于 1。拉拔时的安全系数与被拉拔金属的直径、状态（退火或硬化）以及变形条件（温度、速度、反拉力等）有关。K 值一般在 1.4~2.0 之间。K 值取得过小，拉拔时对条件的变化的适应性较差，拉断的可能性增大，拉拔过程不易稳定。K 值过大，意味着选取的压缩率不大，拉拔生产效率太低。对钢材来说，主要考虑断头问题，一般安全系数 K>1.1。表 5-1 给出了拉拔不同钢丝直径时选取的 K 值范围。

表 5-1　K 值范围

钢丝直径/mm	0~0.015	0.05~0.1	0.1~0.4	0.4~1.0	1.0
K	≥2.0	≥1.8	≥1.6	≥1.5	≥1.4

5.1.2 金属的流动规律

为了研究金属在模孔内的变形分布及流动规律，传统的研究方法是采用网格法。通过拉拔前后坐标网格的变化情况，可以定性地分析和定量地计算出金属在模孔内的变形情况及其流动规律。

图 5-2 所示为采用网格法测得的在锥形模孔内拉拔圆棒材时坐标网格变化的图示。通过对坐标网格拉拔前后的变化分析，可以看到金属在变形区内的流动情况。

5.1.2.1 纵向网格的变化情况

拉拔前在轴线上的正方形格子 A 拉拔后变成矩形，内切圆变成正椭圆，其长轴和拉拔方向一致。由此可见，金属轴线上的变形是沿轴向延伸，在径向和周向上被压缩。

拉拔前在周边层的正方形格子 B 拉拔后变成平行四边形，在纵向上被拉长，径向上被压缩，方格的直角变成锐角和钝角。其内切圆变成斜椭圆，它的长轴线与拉拔轴线相交成 β 角，这个角度由入口端向出口端逐渐减小。由此可见，在周边上的格子除受到轴向拉长，径向和周向压缩外，还发生了剪切变形 γ。产生剪切变形的原因是由于金属在变形区中受到正压力 N 与摩擦力 T 的作用，而在其合力 R 方向上产生剪切变形，沿轴向被拉长，椭圆形的长轴（5-5、6-6、7-7 等）不与 1-2 线相重合，而是与模孔中心线（x-x）构成不

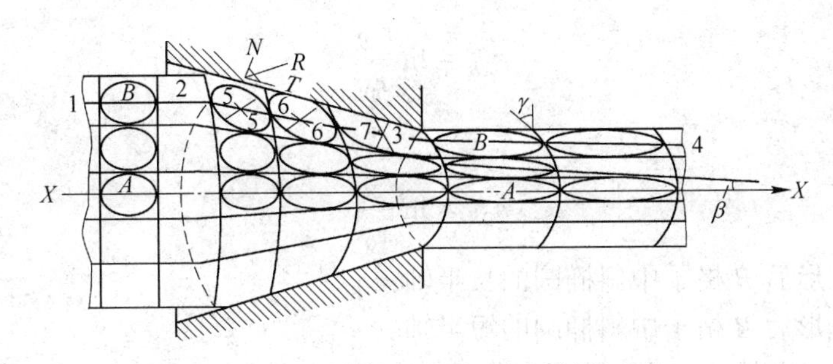

图 5-2 圆棒拉拔时截面坐标网格的变化

同的角度，这些角度由入口到出口端逐渐减小。

5.1.2.2 横向上的网格变化

在拉拔前，网格横线是直线，自进入变形区开始变成凸向拉拔方向的弧形线，表明平的横断面变成凸向拉拔方向的球形面。由图可见，这些弧形的曲率由入口到出口端逐渐增大，到出口端后保持不再变化。这说明在拉拔过程中周边层的金属流动速度小于中心层的，并且随模角、摩擦系数增大，这种不均匀流动更加明显。拉拔后往往在棒材后端面出现凹坑，就是由于周边层与中心层金属流动速度差造成的结果。

由网格还可看出，在同一横断面上椭圆长轴与拉拔轴线相交成β角，并由中心层向周边层逐渐增大，这说明在同一横断面上剪切变形不同，周边层的变形大于中心层。

综上所述，圆形实心材拉拔时，周边层的实际变形要大于中心层。这是因为在周边层除了延伸变形之外，还包括弯曲变形和剪切变形。

观察网格的变形可证明上述结论，见图 5-3。

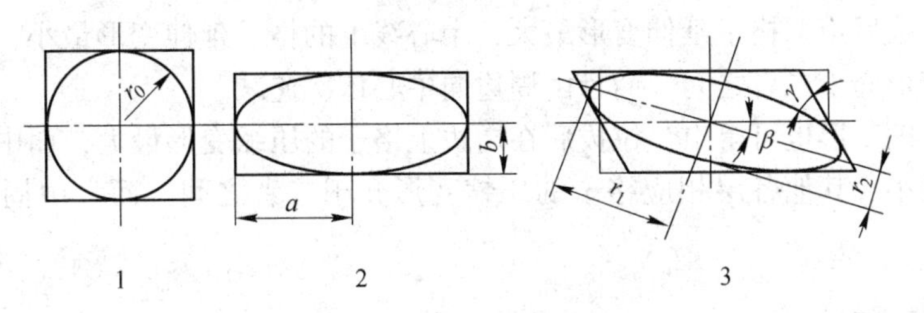

图 5-3 拉拔时方网格的变化

对正方形 A 格子来说，由于它位于轴线上，不发生剪切变形，所以延伸变形是它的最大主变形，即

$$\varepsilon_{1A} = \ln \frac{a}{r_0} \tag{5-7}$$

压缩变形为：

$$\varepsilon_{2A} = \ln \frac{b}{r_0} \tag{5-8}$$

式中 a——变形后格子中正椭圆的长半轴；

b——变形后格子中正椭圆的短半轴；

r_0——变形前格子的内切圆的半径。

对于正方形 B 格子来说，有剪切变形，其延伸变形为：

$$\varepsilon_{1B} = \ln \frac{r_{1B}}{r_0} \tag{5-9}$$

压缩变形为：

$$\varepsilon_{2B} = \ln \frac{r_{2B}}{r_0} \tag{5-10}$$

式中 r_{1B}——变形后 B 格子中斜椭圆的长半轴；

r_{2B}——变形后 B 格子中斜椭圆的短半轴。

同样，对于相应断面上的 n 格子（介于 A，B 格子中间）来说，延伸变形为：

$$\varepsilon_{1n} = \ln \frac{r_{1n}}{r_0} \tag{5-11}$$

压缩变形为：

$$\varepsilon_{2n} = \ln \frac{r_{2n}}{r_0} \tag{5-12}$$

式中 r_{1n}——变形后 n 格子中斜椭圆的长半轴；

r_{2n}——变形后 n 格子中斜椭圆的短半轴。

由实测得出，各层中椭圆的长、短轴变化情况是

$$r_{1B} > r_{1n} > a$$
$$r_{2B} < r_{2n} < b$$

对上述关系都取主变形，则有

$$\ln \frac{r_{1B}}{r_0} > \ln \frac{r_{1n}}{r_0} > \ln \frac{a}{r_0} \tag{5-13}$$

这说明拉拔后边部格子延伸变形最大，中心线上的格子延伸变形最小，其他各层相应格子的延伸变形介于二者之间，而且由周边向中心依次递减。

同样由压缩变形也可得出，拉拔后在周边上格子的压缩变形最大，而中心轴线上的格子压缩变形最小，其他各层相应格子的压缩变形介于二者之间，而且由周边向中心依次递减。

5.1.3 金属的受力特点

5.1.3.1 变形区内应力分布特点

研究变形区内应力分布离不开对金属在变形区内流动情况的分析。根据对网格法的分析，一般把拉拔变形区分为入口端不接触变形区、塑性变形区和定径区，分区情况如图 5-4 所示。

由坐标网格形状变化的测量中发现，试样在未进入模孔之前就已开始了变形，包括弹性变形和少量的塑性变形，形成了球面弧形的入口端非接触变形区。它的大小取决于拉伸条件和拉拔金属材料性质。模孔出口端的变形区也是呈球面弧形的弹、塑性变形区，只是球面朝着与拉拔方向相反弯曲，而且塑性变形量甚小，主要是弹性恢复，所以定径区主要是弹性变形区。处于入口端非接触变形区和定径区之间的是塑性变形区，拉拔变形主要是在此区内完成。下面着重分析塑性变形区应力分布的基本特点。

根据用赛璐珞板拉拔时做的光弹性实验，变形区内的应力分布如图 5-5 所示。

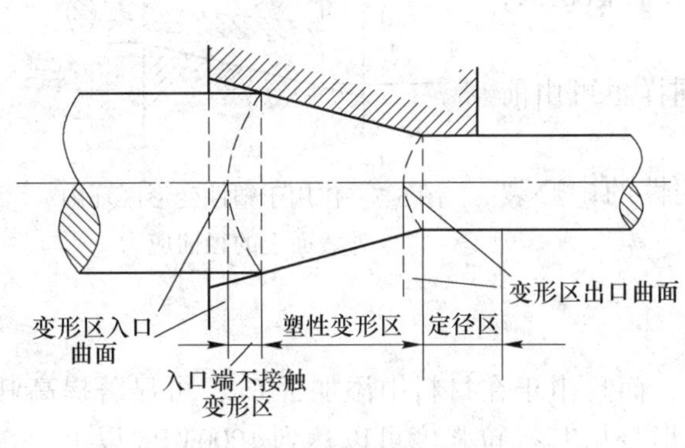

图 5-4 拉拔变形区图示

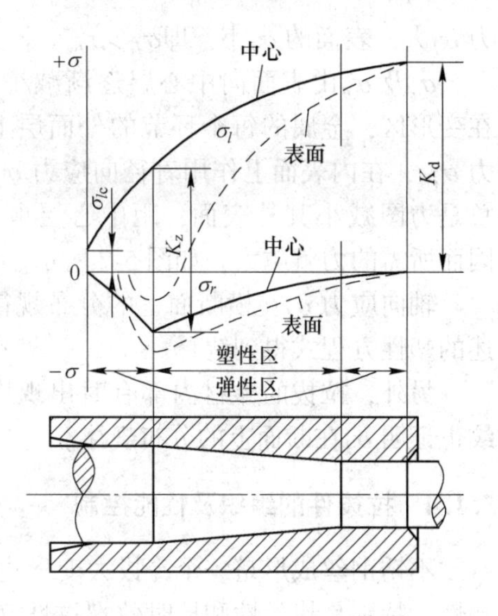

图 5-5 变形区内的应力分布

A 应力沿轴向的分布规律

轴向应力 σ_l 由变形区入口端向出口端逐渐增大，即 $\sigma_{lr}<\sigma_{lch}$，周向应力 σ_θ 及径向应力 σ_r 则从变形区入口端到出口端逐渐减小，即 $|\sigma_{\theta r}|>|\sigma_{\theta ch}|$，$|\sigma_{rr}|>|\sigma_{rch}|$。

轴向应力 σ_l 的此种分布规律可以做如下的解释：在稳定拉拔过程中，变形区内的任一横断面在向模孔出口端移动时面积逐渐减小，而此断面与变形区入口端球面间的变形体积不断增大。为了实现塑性变形，通过此断面作用于变形体的 σ_l 也必须逐渐增大。径向应力 σ_r 和周向应力 σ_θ 在变形区内的分布情况可由以下两方面得到证明：

（1）根据塑性方程式可得

$$\sigma_l-(-\sigma_r)=K_{zh}$$

$$\sigma_l+\sigma_r=K_{zh}$$

由于变形区内的任一断面的金属变形抗力可以认为是常数，而且在整个变形区内由于变形程度一般不大，金属硬化并不剧烈。这样，由上式可以看出，随着 σ_l 向出口端增大，σ_r 与 σ_θ 必然逐渐减小。

（2）在拉拔生产中观察模子的磨损情况发现当道次加工率大时模子出口处的磨损比道次加工率小时要轻。

这是因为道次加工率大，在模子出口处的拉应力 σ_l 也大，而径向力 σ_r 则小，从而产生的摩擦力和磨损也就小。

另外，还发现模子入口处一般磨损比较快，过早地出现环形槽沟。这也可以证明此处的 σ_r 在变形区内的分布以及二者间的关系表示于图 5-6 中。

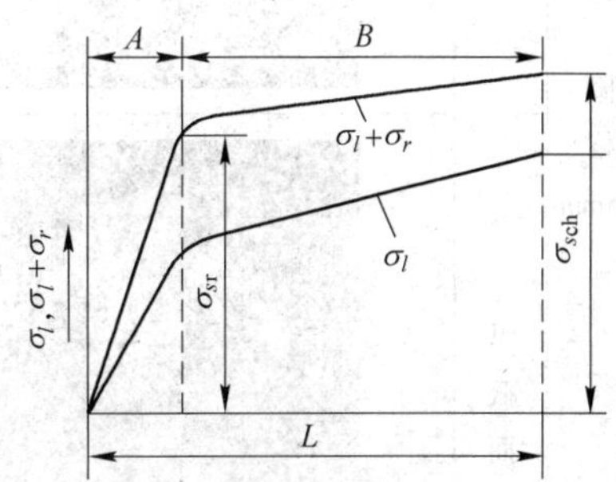

图 5-6 变形区内各断面上 σ_l 与 σ_r 间的关系
L—变形区全长；A—弹性区；B—塑性区；σ_{sr}—变形前金属屈服强度；σ_{sch}—变形后金属屈服强度

B 应力沿径向分布规律

径向应力 σ_r 与周向应力 σ_θ 由表面向中心逐渐减小，即 $|\sigma_{rw}|>|\sigma_{rn}|$，$|\sigma_{\theta w}|>|\sigma_{\theta n}|$，而轴向应力 σ_l 分布情况则相反，中心处的轴向应

力 σ_l 大，表面的 σ_l 小，即 $\sigma_{ln}>\sigma_{lw}$。

σ_r 及 σ_θ 由表面向中心层逐渐减小可做如下解释：在变形区，金属的每个环节的外面层上作用着径向应力 σ_{rw}，在内表面上作用着径向应力 σ_{rn}，而径向应力总是力图减小其外表面，距中心层愈远表面积越大，因而所需的力就越大，如图 5-7 所示。

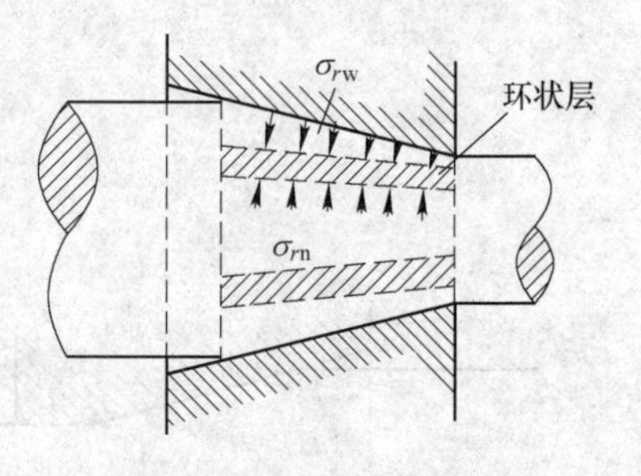

图 5-7　作用于塑性变形区环内、外表面上的径向应力

轴向应力 σ_l 在横断面上的分布规律同样也可由前述的塑性方程式得到解释。

另外，拉拔的棒材内部有时出现周期性的中心裂纹也证明 σ_l 在断面上的分布规律。

5.1.4　拉拔件的组织及性能控制

不锈钢丝成形是一个冷拔大变形过程，而且由于在材料中添加了 Cu，可显著提高其塑性，特别是拔丝性和抗时效裂纹性好。形变后其抗拉强度可以达到 1000MPa 以上，在这种大应变条件下，其微观组织结构和性能的演变都表现出很多特殊的地方。由于冷拔钢丝各项性能参数与组织密切相关，因此研究拉拔过程中的力学性能和微观组织的演变过程就显得非常重要。

本节从 304 奥氏体不锈钢钢丝微观组织入手，分析了不同变形量下钢丝组织及力学性能的影响，并分析其断裂机理。

5.1.4.1　金相组织分析

对 304 奥氏体不锈钢盘圆及硬线金相组织观察见表 5-2。

表 5-2　钢丝原料、硬线金相组织形貌

304		边　部	心　部
盘圆规格 $\phi5.5$mm	横截面	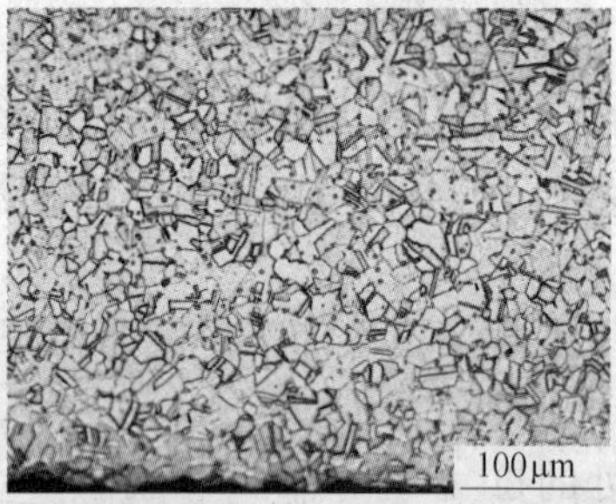 100μm	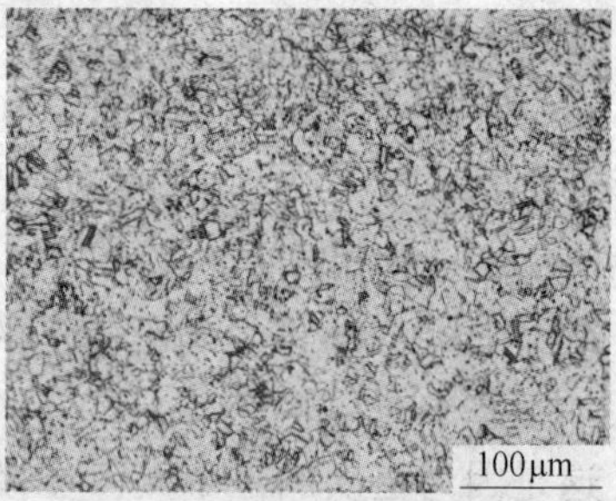 100μm
	纵截面	 100μm	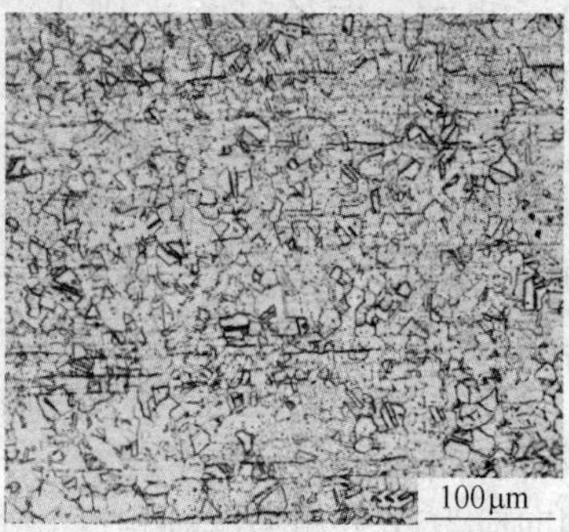 100μm

续表 5-2

304		边　部	心　部
硬线规格 ϕ4.5mm	横截面	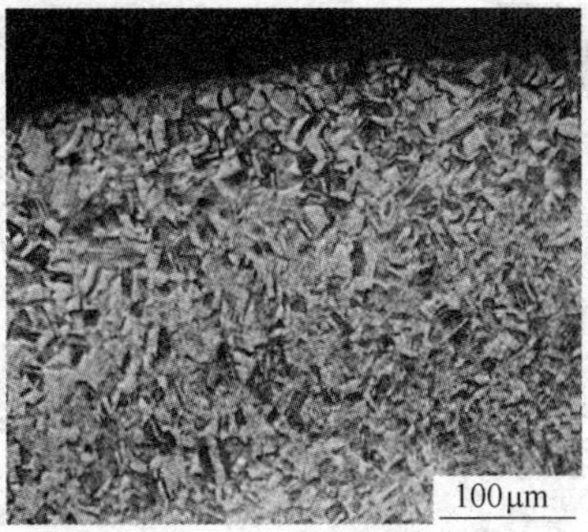	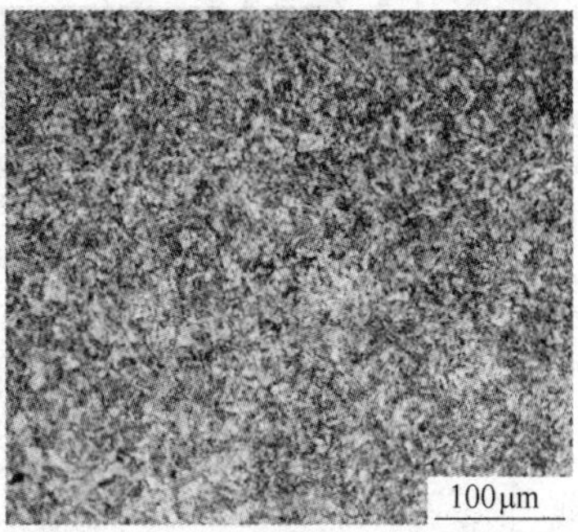
	纵截面		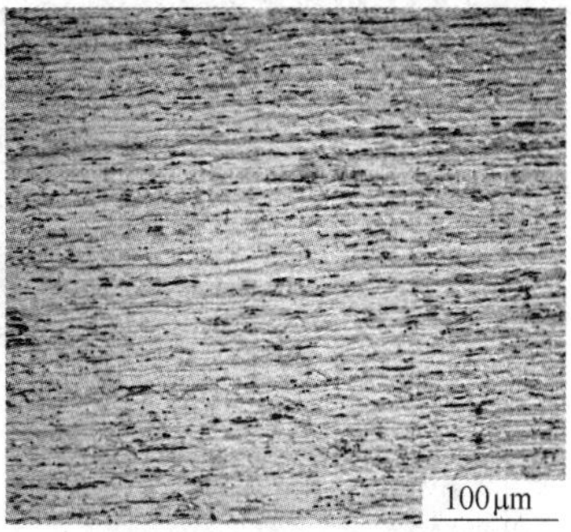
硬线规格 ϕ3.8mm	横截面		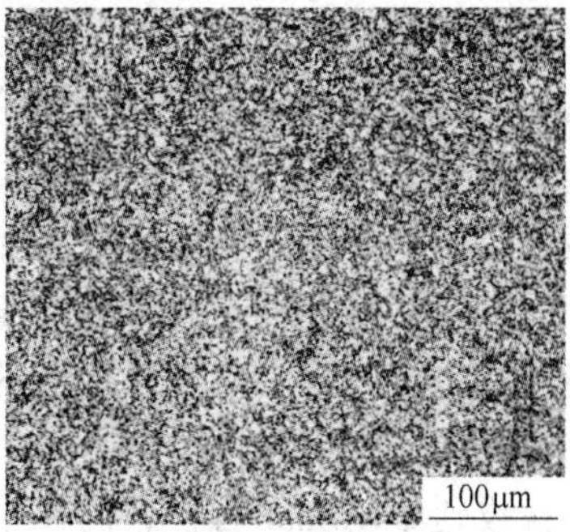
	纵截面	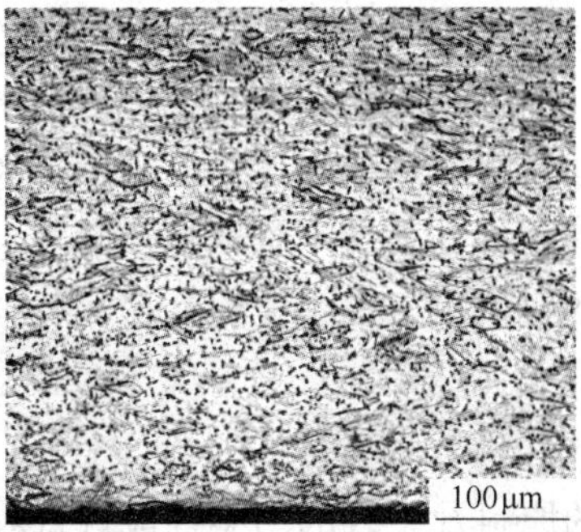	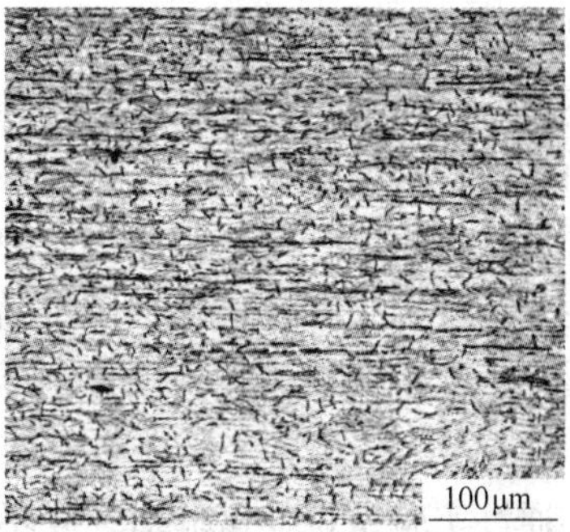

续表 5-2

304		边　部	心　部
硬线规格 ϕ3. 45mm	横截面	 100μm	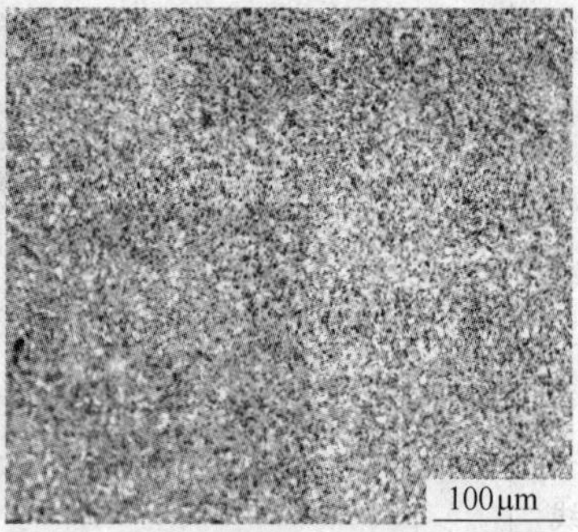 100μm
	纵截面	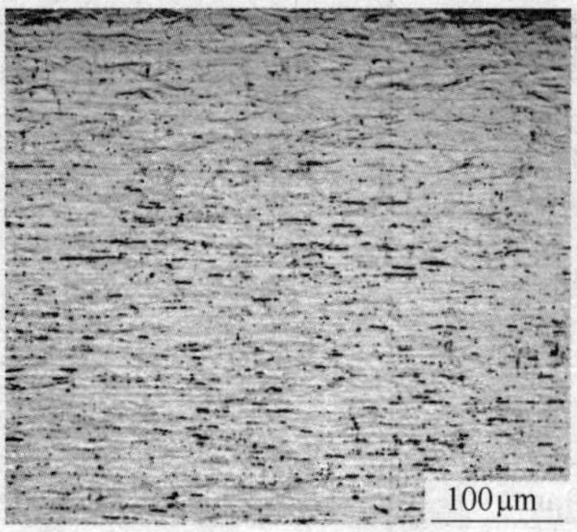 100μm	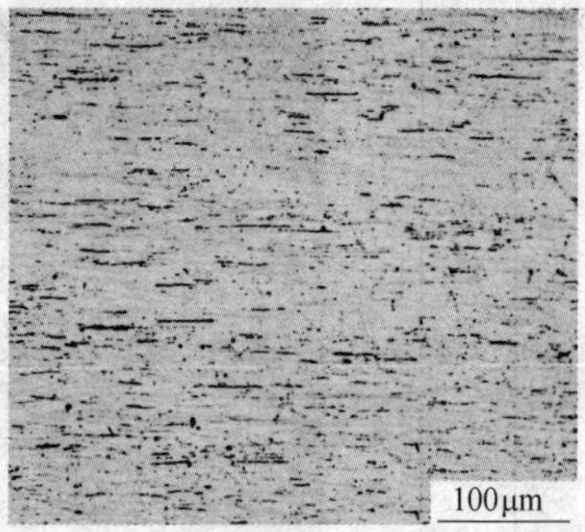 100μm

盘圆（ϕ5. 5mm）组织为等轴奥氏体晶粒，边部晶粒尺寸较大（晶粒尺寸达到20μm），而心部组织晶粒尺寸细小（晶粒尺寸达到 15μm），可以看到明显的退火孪晶；从金相照片中可以看到大量的第二相组织，呈黑色点状均匀分布在横截面心部，相对应在纵截面心部存在部分带状组织，沿变形方向分布。第二相产生的原因应该是在热轧后固溶处理时保温时间过短或加热温度偏低，使纤维组织中出现 α 铁素体。同时，形变过程中亚稳 γ 相也会转变为具有铁磁性的体心立方马氏体（α'）相，其影响是破坏了组织的均匀性，降低了组织的力学性能，并且使材料不能成为无磁性钢。

拉拔到 ϕ4. 5mm 后，晶粒尺寸缩小为 15μm，晶粒被拉长且出现较多的形变孪晶，心部组织变得更加细小，各晶粒的变形也呈现出不均匀性。盘圆中颗粒状的第二相组织被拉长呈条带状。继续拉拔至 ϕ3. 8mm 及 ϕ3. 45mm 时，材料的原始晶粒被彻底破碎，晶界模糊不清，原晶粒已被拉长形成纤维状组织，使不锈钢的塑性减弱，冷加工硬化率增大。同时由于晶粒被明显拉长，横截面晶粒尺寸变得更小，形变奥氏体与拉长的第二相组织构成了纤维状组织，纤维状组织也会使材料的强度升高塑性下降明显。晶界上的碳化物在金属塑性变形过程中钉扎位错，使位错活动性明显减少，产生位错塞积，材料的强度提高、塑性下降、产生明显的加工硬化。

5. 1. 4. 2　力学性能分析

通过实验室拉伸试验对 304 不锈钢丝的原料及硬线的力学性能进行对比，在相同的拉伸参数下测得性能数据见表 5-3，获得工程应力-应变曲线如图 5-8 所示。数据显示原料盘

表 5-3 盘圆及硬线力学性能数据

试样编号	试样直径 D/mm	最大力 F_m/kN	抗拉强度 R_m/MPa	断后伸长率 A/%	试验次数 /次
盘圆 ϕ5.5mm	5.5	13.13	552.5	53.2	5
硬线 ϕ4.5mm	4.5	14.27	897.3	11.1	5
硬线 ϕ3.8mm	3.8	13.14	1134.7	6.2	5
硬线 ϕ3.45mm	3.45	11.86	1268.0	6.12	5

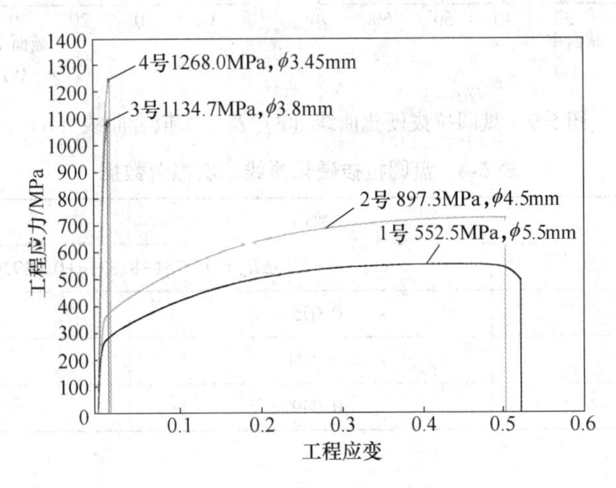

图 5-8 盘圆及硬线拉伸曲线

圆的抗拉强度为 552.5MPa，延伸率为 53.2%。经过现场拉拔由 ϕ5.5mm 减径到 ϕ4.5mm 后，硬线的抗拉强度为 897.3MPa，延伸率为 11.1%。经过拉拔再由 ϕ4.5mm 减径到 ϕ3.8mm，抗拉强度上升至 1134.7MPa，延伸率降至 6.2%。最后由 ϕ3.8mm 拉拔减径至 ϕ3.45mm，抗拉强度上升至 1268MPa，延伸率为 6.12%。为了更加直观地表现出盘圆在拉拔过程中的硬化规律，利用拉伸数据绘制拉拔硬化曲线，并做了二次曲线拟合，如图 5-9 所示，其拟合数据见表 5-4，得到二次函数式为：

$$\Delta R_m = 0.0751 + 8.821q + 0.0492q^2 \tag{5-14}$$

式中，ΔR_m 为抗拉强度增量；q 为减面率。

图 5-10（a）所示为拉拔减径后的硬线经拉伸试验测得的最大拉力随减面率的变化趋势，并对此曲线进行二次曲线拟合，如图 5-10（b）所示。发现硬线的最大拉力随减面率的增大呈现出先上升后下降的趋势，见表 5-5，其二次函数式为：

$$F_{max} = 13.1 + 0.1q - 0.00204q^2 \tag{5-15}$$

式中，F_{max} 为最大拉力；q 为减面率。

对式（5-14）的曲线求导，得到其导数零点时减面率为 25.13%，预计峰值可达到 14.4kN。因此，在各道次拉拔过程中必须考虑钢丝的抗拉能力，同时还需要综合考虑拉拔力和拉拔速度的最优化选取。随着道次的增加，钢丝的最大拉力先增后减，当拉拔速度保持不变时，为了避免断丝应该适当的减小电机的功率，从而降低牵引力。

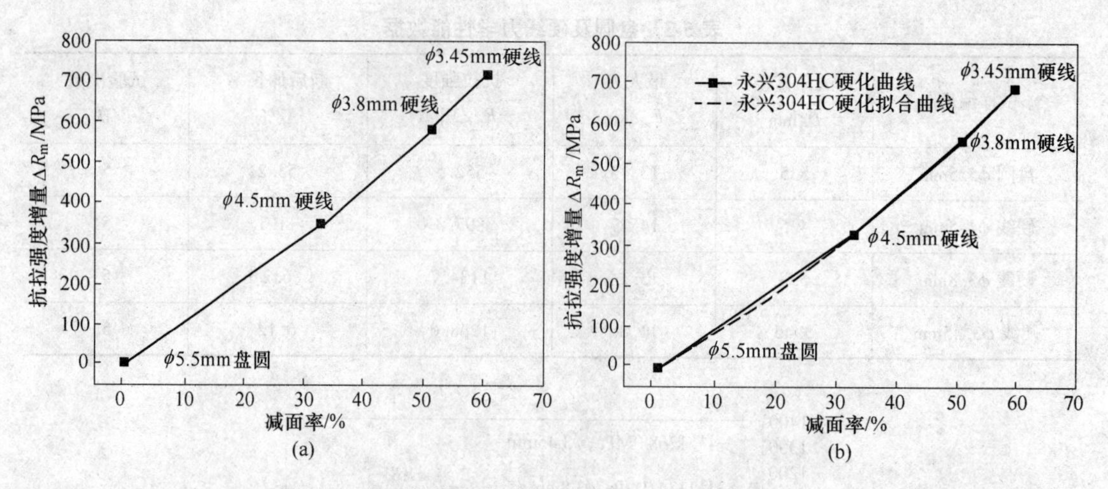

图 5-9 盘圆拉拔硬化曲线（a）及二次拟合曲线（b）

表 5-4 盘圆拉拔硬化曲线二次拟合数据

项目	数值	误差/%
公式	$\Delta R_m = 0.0751+8.821q+0.0492q^2$	
截距	0.0751	9.58
一次项系数	8.821	3.5
二次项系数	0.0492	1.47

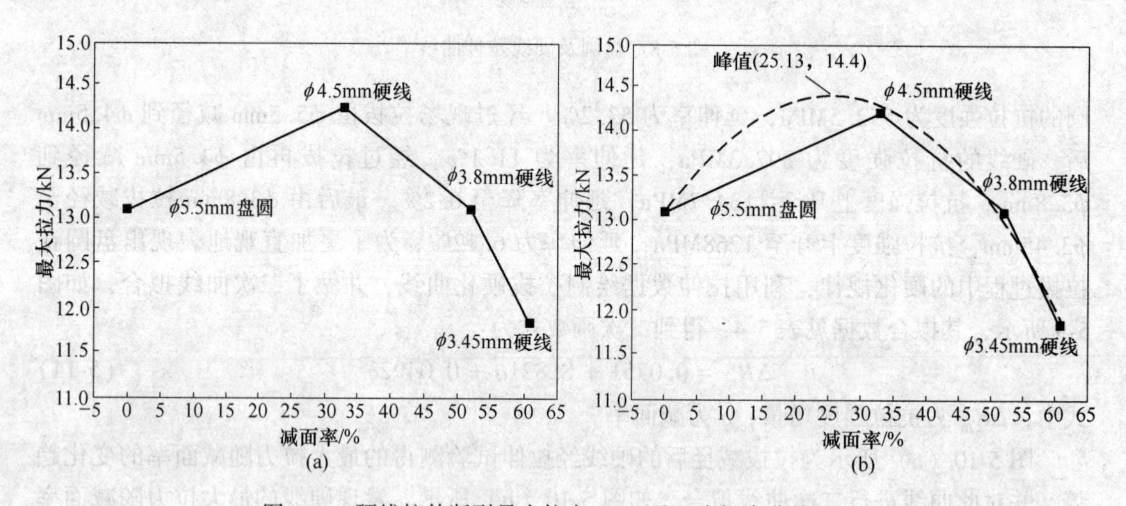

图 5-10 硬线拉伸断裂最大拉力（a）及二次拟合曲线（b）

表 5-5 硬线最大拉力变化二次拟合数据

项目	数值	误差/%
公式	$F_{max} = 13.1+0.1q-0.00204q^2$	
截距	13.1	7.6
一次项系数	0.1	1.4
二次项系数	-0.00204	0.023

5.1.4.3 断口形貌分析

对钢丝原料、硬线进行实验室拉伸试验，并在扫描电镜下观察其断口形貌，表5-6为钢丝拉断后的微观形貌。

表5-6 钢丝原料、硬线拉伸断口宏观形貌（SEM）

盘圆 ϕ5.5mm	硬线 ϕ4.5mm
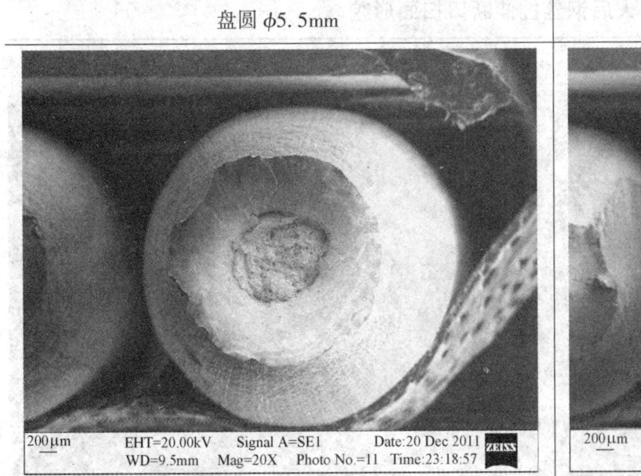	
硬线 ϕ3.8mm	硬线 ϕ3.45mm
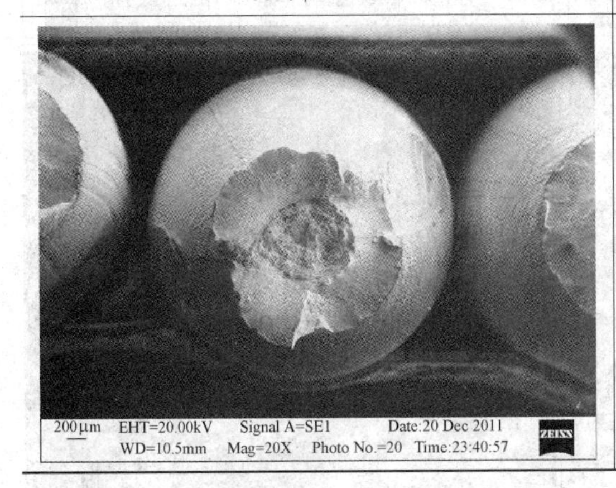	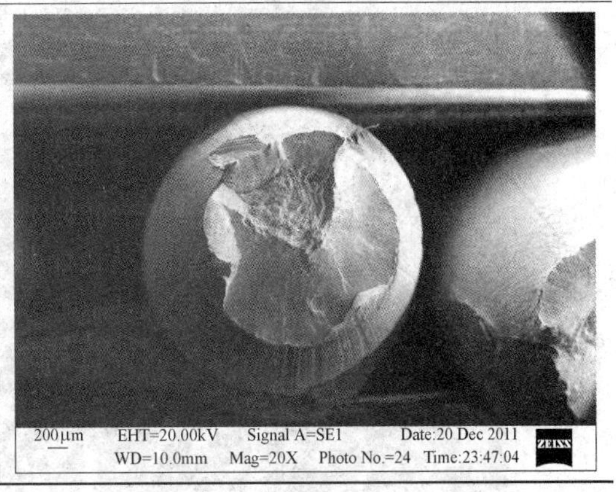

圆形光滑试样的拉伸断口多为杯锥状，其表面大致可分为三个区域：纤维区、放射区和剪切唇区。由于材料塑性的差异，各区所占的相对面积大小不同，单由一个区域组成的断口仅在极韧或极脆的条件下才出现；大多数情况下含有两个区域或者三个区域。在切割钢丝断口的宏观形貌下可以看到明显的剪切唇区和纤维区，放射区所占面积较小。研究拉伸断口在扫描电镜下的微观形貌有利于研究钢丝在拉拔过程中的塑性变化。

钢丝原料及硬线拉伸断口的宏观形貌反映了钢丝的塑性变化规律，随着钢丝直径的减小，韧性断裂区逐渐减小，ϕ3.45mm硬线断口出现台阶状韧性断裂区，表明钢丝的塑性随拉拔直径的减小而逐渐下降。

表5-7为断口剪切唇区与韧性断裂区的微观扫描形貌，其中存在大量的韧窝、撕裂棱。韧窝是金属延性断裂的主要微观特征。它是材料在微区范围内塑性变形产生的显微孔洞经形核、长大、聚集直至最后相互连接而导致断裂后在断口表面上所留下的痕迹。由于其他断裂模式上也可观察到韧窝，因此不能把韧窝特征作为韧性断裂的充分判据，而只能

作为必要判据来应用。韧窝的大小与深度决定于材料断裂时空穴核心的数量和材料本身的相对塑性。如韧窝的形核位置很多、材料的相对塑性较差，则断口上形成的韧窝尺寸较小、较浅；反之，则形成较大较深的韧窝。所以可以认为韧窝越大，其材料韧性越好，当有夹杂物存在时，则韧窝的尺寸取决于夹杂物的大小与间距。

表 5-7　退火后钢丝拉伸断口扫面形貌

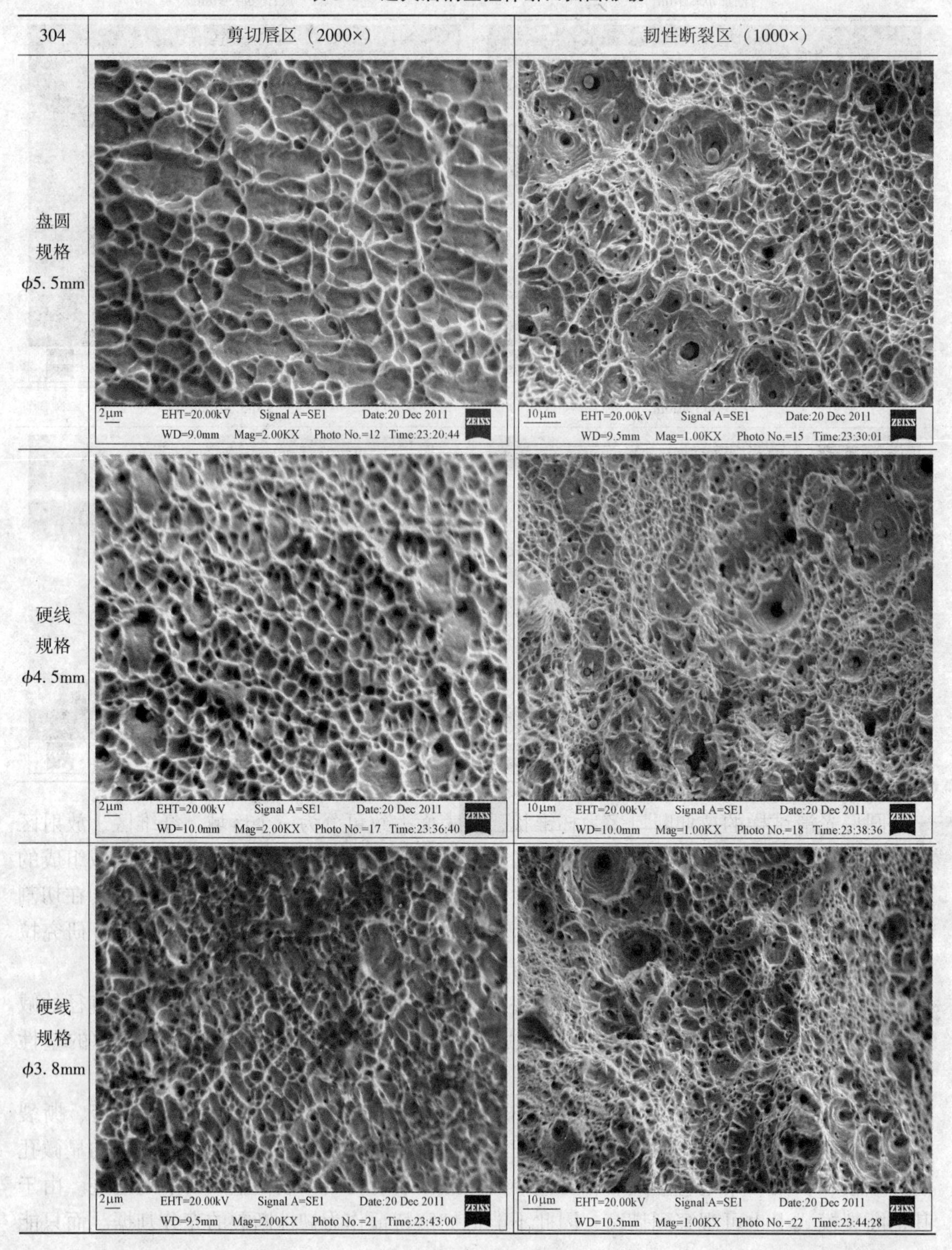

304	剪切唇区（2000×）	韧性断裂区（1000×）
盘圆规格 ϕ5.5mm		
硬线规格 ϕ4.5mm		
硬线规格 ϕ3.8mm		

续表 5-7

304	剪切唇区（2000×）	韧性断裂区（1000×）
硬线规格 φ3.45mm	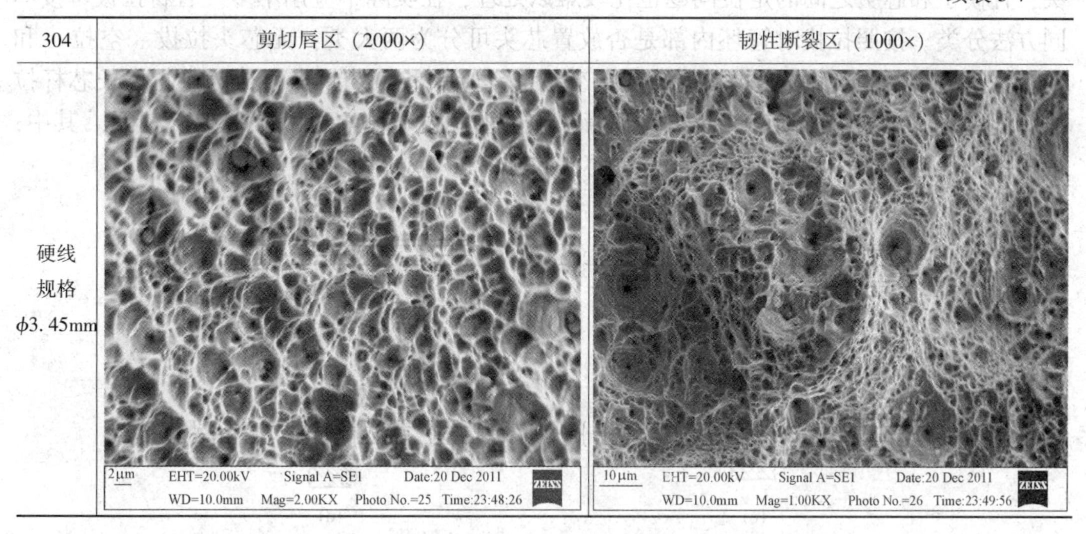	

从表 5-7 可以看出，拉伸断口的剪切唇区韧窝呈抛物线形状；韧性断裂区存在大量的断裂韧窝，在大尺寸韧窝附近出现大量细小韧窝，部分韧窝心部可以看到明显的夹杂物分布。韧窝的形状、尺寸、深度是钢丝塑性的重要表征，可以看出随着拉拔的进行，钢丝断口处韧窝变小、变浅，而 φ3.45mm 钢丝由于其塑性较差，其断口韧窝较小，且深度很小。

5.2 拉拔工艺方法

5.2.1 实心材拉拔工艺

实心材拉拔主要包括线材、棒材和异型材的拉拔，如图 5-11 所示。

圆棒材、线材拉拔时的操作相对比较简单，将坯料打头后直接从规定形状、尺寸的模孔中拉出即可实现。异型材的拉拔相对较复杂，除了模具设计方面的因素外，夹头的制作也是比较复杂的，操作方面的难度也比较大，通常用于精度要求很高的简单断面型材（如导轨型材等）的精度控制。普通型材基本上不采用拉拔方法生产。

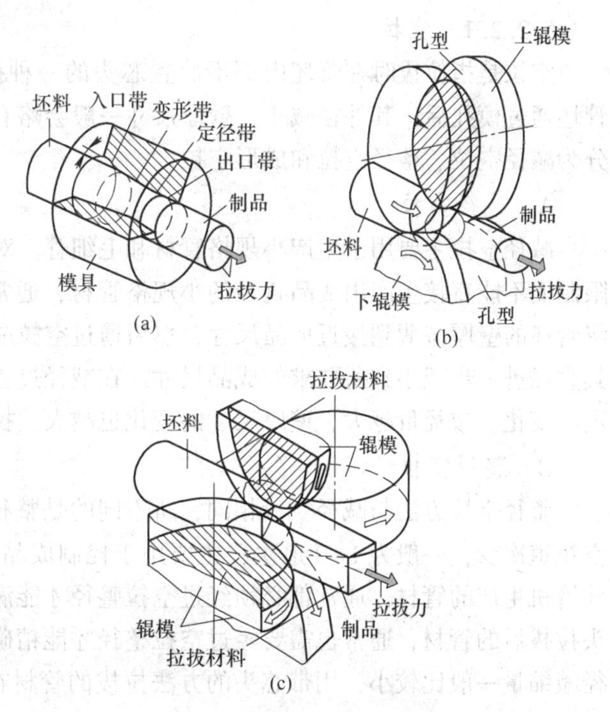

图 5-11 棒材、型材及线材的拉拔示意图
(a) 整体模拉拔；(b) 两辊模拉拔；(c) 四辊模拉拔

5.2.2 空心材拉拔工艺

空心材拉拔主要包括圆管及异型管材的拉拔。空心异型材的拉拔方法最为复杂，要根据产品的具体形状、尺寸及要求等，设计相应的模子和芯

头，且模子和芯头之间的定位问题也比较难以处理，在实际中应用不多。管材拉拔可按不同方法分类。按照拉拔时管坯内部是否放置芯头可分为两大类：无芯头拉拔（空拉）和带芯头拉拔（衬拉）。按照拉拔时金属的变形流动特点和工艺特点可分为空拉、长芯杆拉拔、固定芯头拉拔、游动芯头拉拔、顶管法和扩径拉拔6种方法，如图5-12所示。其中，最常用的是空拉、固定芯头拉拔和游动芯头拉拔。

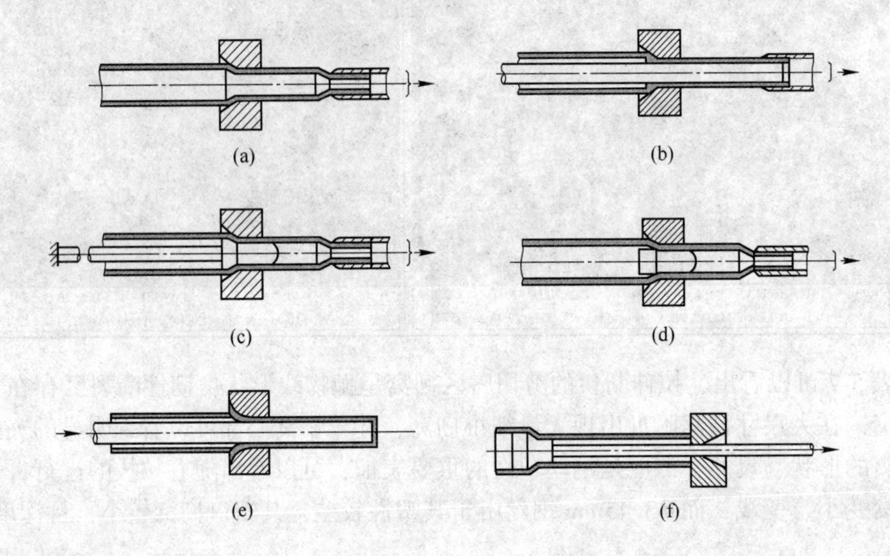

图5-12 管材拉拔的一般方法

(a) 空拉；(b) 长芯杆拉拔；(c) 固定芯头拉拔；(d) 游动芯头拉拔；(e) 顶管法；(f) 扩径拉拔

5.2.2.1 空拉

空拉是指拉拔时在管坯内部不放置芯头的一种拉拔生产方法，如图5-12（a）所示。管坯通过模孔后，其外径减小，壁厚尺寸一般会略有变化。根据拉拔的目的不同，空拉可分为减径空拉、整径空拉和成形空拉。

A 减径空拉

减径空拉主要用于生产小规格管材和毛细管。对于受轧管机孔型和拉拔芯头最小规格限制而不能直接生产出成品直径的小规格管材，通常是先采用轧制或带芯头拉拔的方法，将管坯的壁厚减薄到接近成品尺寸，然后通过空拉减径的方式，经过若干道次空拉，再将其直径进一步减小到所要求的成品尺寸。在减径过程中，管材的壁厚尺寸一般都会发生一定的变化。减径量越大，壁厚尺寸的变化也越大，拉拔后的管材内表面也越粗糙。

B 整径空拉

整径空拉方法与减径空拉相同，所不同的是整径空拉时的管材直径减缩量相对较小，空拉道次少，一般为1~2道次，主要用于控制成品管的外径尺寸精度。用周期式二辊冷轧管机生产的管材，通常都必须经过空拉整径才能满足其净尺寸和表面质量的要求。带芯头拉拔后的管材，通常也需要经过空拉整径才能精确地控制其直径尺寸精度。整径时的直径减缩量一般比较小，用带芯头的方法拉拔的管材在整径时的直径减缩量一般为1mm左右；用轧制方法生产的管材在整径时的直径减缩量一般为1~5mm。故与减径空拉相比，整径空拉后管壁尺寸的变化相对比较小，管材内表面质量相对较好。

C 成形空拉

成形空拉主要用于生产异形断面（如椭圆形、正方形、矩形、三角形、梯形、多边形等）无缝管材。将通过轧制、拉拔等方法生产的壁厚尺寸已经达到成品要求的圆断面管坯，再通过异形模孔，拉拔成所需要的断面形状、尺寸的异形管材。根据异形管材断面的宽厚比、复杂程度以及精度要求的不同，成形空拉可经过一个道次或多个道次完成。

5.2.2.2 长芯杆拉拔

将管坯自由的套在表面抛光的芯杆上，使芯杆与管坯一起拉过模孔，以实现减径和减壁的拉拔方法称为长芯杆拉拔，如图 5-12（b）所示。芯杆的长度应略大于管子的长度，在拉拔一道次后，需要用脱管法或滚轧使之扩径的方法取出芯杆。

长芯杆拉拔的特点是道次加工率较大，但由于需要准备很多不同直径的长芯杆并且增加脱管顺序，因此在通常生产中很少采用。长芯杆拉拔适用于薄壁管材以及塑性较差的钨、钼管材的生产。

5.2.2.3 固定芯头拉拔

拉拔时将带有芯头的芯杆固定，管坯通过模孔实现减径或减壁的拉拔生产方法称为固定芯头拉拔，如图 5-12（c）所示。固定芯头拉拔的管材内表面质量比空拉的要好，此法在管材生产中应用的最广泛，但拉拔细管比较困难，而且不能生产长管。

5.2.2.4 游动芯头拉拔

在拉拔过程中，芯头不固定在芯管上，而是靠本身的外形建立起来的力平衡被稳定在模孔中的拉拔方法称为游动芯头拉拔，如图 5-12（d）所示。游动芯头拉拔是管材拉拔较为先进的一种方法，与固定短芯头拉拔相比具有如下优点：

(1) 非常适合用长管坯拉拔长尺寸制品，特别是可直接利用盘卷管坯采用盘管拉拔方法生产长度达数千米长的管材，有利于提高生产效率，提高成品率。

(2) 适合生产直径较小的管材。

(3) 在管坯尺寸、摩擦条件发生变化时，芯头可在变形区内做适当的运动，从而有利于提高管材的内表面质量和减小拉拔力。在相同条件下，其拉拔力比固定短芯头拉拔时小 15%左右。

但是，与固定芯头拉拔相比，游动芯头拉拔的难度较大，工艺条件和技术要求较高，配模有一定限制，故不能完全取代固定芯头拉拔。采用盘管拉拔时，只能生产中小规格管材。

5.2.2.5 顶管法

顶管法又称艾尔哈特法，是将长芯棒套入带底的管坯中，操作时用芯棒将管坯从模孔中顶出，实现减径和减壁，如图 5-12（e）所示。顶管法适合大直径管材的生产。

5.2.2.6 扩径拉拔

管坯通过扩径后，直径增大，壁厚和长度减小，这种方法主要是由于受设备能力限制，不能生产大直径的管材时采用，如图 5-12（f）所示。

5.3 拉拔工艺设计

5.3.1 拉拔工艺设计的内容

拉拔是利用金属的塑性，借助拉拔模具并在外力作用下使金属变形，从而获得需要的形状、尺寸、机械及物理性能的一种金属压力加工方法。拉拔是钢丝生产中的一道主要工序。线材或半成品钢丝通过拉拔不仅可以得到所需的断面尺寸和形状，还由于钢丝拉拔的过程产生了加工硬化，故使钢丝的内部组织和机械性能等发生了质的变化，可以获得符合技术要求和性能要求的产品。

拉拔工艺设计的主要内容包括拉拔工艺方案的制定、拉拔工艺参数的确定以及拉拔工具的设计。其中拉拔工艺方案的制定具体包括原料及产品尺寸的设计、生产工艺流程，热处理和表面处理的确定；拉拔工艺参数主要包括总压缩率和道次压缩率、拉拔道次、热处理工艺具体参数，拉拔力的计算，钢丝抗拉强度的预测计算；拉拔工具的设计主要包括拉拔设备的确定、润滑剂的选择和拉拔模的设计。原料和成品的要求不同，拉拔工艺也不同，所以本节以410马氏体不锈钢丝的拉拔生产为例具体介绍拉拔工艺设计的内容。

5.3.2 拉拔工艺方案的确定

5.3.2.1 酸洗

原料在进行拉拔之前，首先要进行酸洗。酸洗是钢丝拉拔生产的重要工序。酸洗的目的是除去线材表面残留的氧化皮。因为氧化皮的存在，不但会给拉拔带来困难，而且对产品的性能和表面镀锌有极大的危害。酸洗是彻底去除氧化皮的有效方法，缺点是工艺比较复杂，挥发的气体危害人体健康。但是根据国内现有条件，在相当时期内，仍需采用酸洗的办法，尤其是对于热处理钢丝和某些表面要求很高的制品。

酸洗液主要有盐酸、硫酸、硝酸三种。硝酸用于合金钢丝的酸洗（镍铬钢丝等）。用于碳素钢丝的酸洗有盐酸和硫酸两种。大型工厂都使用硫酸。它的成本低，但速度较慢，要加热使用。盐酸颇适合中小工厂使用。它的效果良好，不需加热，但成本较高，它还适用于高级钢丝的二次精酸洗。

酸洗液与氧化铁皮的作用主要有溶解作用和剥离作用。氧化铁皮与酸液接触以后，互相起化学作用而生成新的物质，原来的物质都已不存在了，这就是溶解作用。当酸洗液从钢丝表面的缝隙渗入后，即与各种氧化物起化学反应。另一种剥离作用是当氧化铁皮浸入酸洗液后，酸液不但直接溶解氧化皮，还同时迅速从裂缝孔眼渗透到基铁上面，使基铁溶解。基铁在溶解过程中，一方面产生了铁盐（硫酸亚铁或氯化亚铁），一方面产生了氢气。氢气的位置在氧化层与基铁之间。由于氢气有逸出的性能，因此对氧化铁皮产生了压力。在氢气从四周逸出的同时，脆性氧化层就受到氢气的冲击而产生了机械剥离。

酸洗设备是酸洗池，对酸洗池结构的要求，主要是耐腐蚀和不渗漏。由于设计及施工上的原因，酸洗池出现渗漏并不少见。如果渗漏严重但又无法查明，时间一长，后果相当严重。轻则酸洗池局部的基础被破坏，重则使较大面积遭受破坏。酸洗池结构的要求，最根本的就是材料的耐腐蚀和耐高温。常用的耐酸材料有十多种，但耐酸程度和价格各有不同。常见的有耐酸陶瓷、花岗岩、塑料板、木材和耐酸钢板等。耐酸陶瓷有耐酸砖、铸石砖、耐酸缸等；而以花岗岩、塑料板使用最普遍。耐酸钢板虽能用于稀硫酸、盐酸和硝酸酸洗，但长期使用仍要腐蚀，用于磷化池则颇理想。另外还有铅板（铅锑合金）适用于硫酸酸洗（稀浓均可），但价格昂贵，安装要求高。本设计中采用塑料板制的耐酸槽。

5.3.2.2 涂层处理

原料酸洗之后的工序是涂层处理。涂层处理，是钢丝（酸洗后）表面浸涂润滑剂的工艺，系钢丝润滑的重要方法之一（属于拉拔前预涂润滑）。它不但对拉拔是否顺利、钢丝表面是否光洁有重大关系，而且还影响到钢丝变形的均匀程度。涂层处理可以使钢丝更易于吸附和携带润滑剂，拉丝时借助这层润滑载体将拉丝粉带入模具中，从而提高了减摩效果，增加摩擦，减少模具的振动。之后采用粉拉的方式在直进式拉丝机上进行冷拉拔。最后对拉拔后的钢丝清洗表面润滑粉烘干。

5.3.2.3 热处理

线材在拉拔过程中通常需要经过热处理，目的是增加材料的塑性和韧性，达到一定的强度，消除硬化和成分的不均匀状态。

钢丝热处理按工艺分有退火、正火和铅浴淬火三种。按产品种类分，有低碳钢丝热处理与中、高碳钢丝热处理两大类。这两类的热处理工艺与设备都不相同，前者以井式炉周期退火为主，后者则以连续炉铅浴淬火为主。本设计中的410马氏体不锈钢丝采用的是连续退火工艺，常用的退火工艺有再结晶退火、完全退火和不完全退火三种，其区别主要在于加热温度之不同。通常使用较多的是再结晶退火。退火工艺一般是加热、保温，然后冷却。冷却方法有两种，一种是将退火筒吊出炉膛，放入缓冷坑冷却；一种是随炉冷却。退火过程是一个整体，配合得好才能保证钢丝的退火质量。

综上所述，最终确定本设计中410马氏体不锈钢丝的工艺流程为：

钢丝 → 酸洗 → 涂层处理 → 直进式拉丝机（包括退火）→ 水洗 → 烘干 → 收线。

5.3.3 拉拔工艺参数的确定

在拉拔生产的过程中，主要的工艺参数包括拉模路线的确定与计算，拉拔力能参数的计算以及热处理工艺参数的确定。

5.3.3.1 拉模路线的确定与计算

钢丝生产，从线材到成品，要经过数次的拉拔，每次拉拔都需要一只拉丝模，多少次拉拔就需要多少只拉丝模，并按拉拔顺序排好。这些模子的配置路线称为拉丝模路线（简称拉模路线）。制订拉模路线，要根据总压缩率、部分压缩率和拉拔道次，也可以根据延伸系数来制订。本设计的拉模路线为 ϕ7.5mm→ϕ6.5mm→ϕ5.5mm→ϕ5.0mm。

A 压缩率（减面率）的确定与计算

钢丝的压缩率也就是钢丝的减面率，通常表示钢丝在拉拔后，截面积减小的绝对值与拉拔之前的截面积之百分比。压缩率与拉丝工艺有直接关系，总压缩率表明钢丝冷拉到什么程度，部分压缩率是计算拉模路线的依据。同一含碳量的钢丝，由于总压缩率的不同，就可判断它的性能和工艺的难易。压缩率的计算方法如下：

$$Q(q) = \frac{D^2 - d^2}{D^2} \times 100\% \tag{5-16}$$

式中 $Q(q)$ ——总压缩率（部分压缩率），%；

D——进线直径，mm；

d——出线直径，mm。

在实际生产中，压缩率的确定，不但要求它能保证拉拔的顺利进行和钢丝的质量，而且还能合理地减少拉拔道次，增加产量，提高生产效率。

a 总压缩率的确定与计算

总压缩率是指从钢丝盘条到成品，总的压缩百分比。低碳钢丝含碳量低，塑性好，机械性能要求不高，成品及半成品大多要经过退火。因此，其总压缩率的确定，总是从能够正常拉拔来考虑。本设计中 410 马氏体不锈钢丝的盘条直径 7.5mm，成品直径 5.0mm，将其代入式（5-16）可得总压缩率 Q 为 55.56%。

b 部分压缩率的确定与计算

部分压缩率即道次压缩率，是指在总压缩率不变的情况下，拉拔的道次和压缩量的大小，也即上下相邻的两只模子线径压缩的百分比。部分压缩率的大小对产量、断头率和钢丝的性能都有影响。一般低碳钢丝的部分压缩率范围在 15%~35%，中高碳钢丝的部分压缩率范围则在 10%~30%。同时也需考虑拉拔速度、制品的机械性能、金属的硬化和拉拔道次等的影响。本设计中的拉模路线为 ϕ7.5mm→ϕ6.5mm→ϕ5.5mm→ϕ5.0mm。将其代入式（5-16）计算可得部分压缩率 q_1、q_2、q_3 分别为 24.89%、28.40%、17.36%，均在允许范围内。

B 拉模路线的制订

钢丝的拉拔，应根据拉拔道次和部分压缩率来配置拉丝模。为了不使拉丝模的供应规格过于繁多，在不影响拉拔工艺的情况下，也可以适当调整部分压缩率，以便某些规格可以通用，通过以上计算最终制订拉模路线及部分压缩率见表 5-8。

表 5-8 配模与部分压缩率对照表

拉拔顺序	原料	1	2	3
配模/mm	7.5	6.5	5.5	5
部分压缩率/%		24.89	28.40	17.36
总压缩率/%	55.56			

5.3.3.2 拉拔的力能参数计算

拉拔的力能参数主要是拉拔力，它是表征拉拔变形过程的基本参数。对这一问题进行分析，不仅有利于制定合理的拉拔工艺规程，计算受拉钢丝的强度，选择与校核电动机容量，而且也是分析和研究拉拔过程所必不可少的基本方法和重要手段。

确定拉拔力方法很多，大致上可以分为两类：一是实际测定法，二是理论公式和经验公式计算法。

实际测定法获得的数据是一个综合值，反映了拉拔过程中各种因素对力能参数的影响。这种方法因为简单而又直观，在工程上得到广泛的应用。它的缺点是难以分析拉拔过程中各种单一因素对力能参数的影响，以及影响的程度和变化规律。实测法是利用装在拉丝机上的测力器测得拉拔力，通过测定电动机本身消耗的功率求得拉拔功率大小。

理论公式和经验公式计算主要是从理论上求解拉拔力，并分析各种因素对力能参数的影响及变化规律。但是由于拉拔力能参数不是单一因素的函数，而是所处工作条件多种因素的综合影响，因而即使在工作条件相同的条件下，由于不同公式考虑的因素各有侧重，它们计算的结果差别也是很大的。下面介绍一些有关公式计算。

计算拉拔力的公式很多，下面是一些比较常用的公式：

(1) 贝尔林公式：

$$\sigma_1 = \frac{1}{\cos^2\left(\frac{\alpha+\beta}{2}\right)} K_z \frac{a+1}{a}\left(1-\frac{F_1}{F_0}\right) + \sigma_q\left(\frac{F_1}{F_0}\right)^a \tag{5-17}$$

式中 K_z——变形区内金属的平均变形抗力，可以认为 $K_z=\sigma_b$；

a——系数，$a=\cos^2\beta(1+f\tan\alpha)-1$；

f——按库仑定律推定的摩擦系数；

β——摩擦角；

α——半模角；

σ_q——在塑性变形区后横界线上施加的反拉力；

F_0——拉拔前钢丝横截面积；

F_1——拉拔后钢丝横截面积。

(2) 兹别尔公式：

$$P = K_z F L_n \frac{F_0}{F_1}(1+f\tan\alpha+\cot\alpha) \tag{5-18}$$

式中 P——拉拔力；

K_z——平均抗拉强度；

f——摩擦系数；

α——半模角；

F_0——钢丝拉拔前截面积；

F_1——钢丝拉拔后截面积。

(3) 勒威士公式：

$$P = 43.56 d_1^2 \sigma_b K_q \tag{5-19}$$

式中 P——拉拔力；

σ_b——钢丝拉拔后抗拉强度；

d_1——钢丝拉拔后直径；

K_q——与减面率（压缩率）有关的系数，见表5-9。

表5-9 减面率系数 K_q

减面率/%	系数 K_q	减面率/%	系数 K_q	减面率/%	系数 K_q	减面率/%	系数 K_q
10	0.0054	21	0.0102	32	0.0134	43	0.0195
11	0.0058	22	0.0104	33	0.0139	44	0.0200
12	0.0066	23	0.0107	34	0.0146	45	0.0206
13	0.0070	24	0.0110	35	0.0150	46	0.0214
14	0.0072	25	0.0112	36	0.0155	47	0.0222
15	0.0081	26	0.0115	37	0.0161	48	0.0224
16	0.0082	27	0.0118	38	0.0166	49	0.0227
17	0.0084	28	0.0120	39	0.0172	50	0.0232
18	0.0090	29	0.0121	40	0.0178	51	0.0234
19	0.0092	30	0.0124	41	0.0184	52	0.0238
20	0.0097	31	0.0129	42	0.0190	53	0.0243

（4）加夫利林科公式：

$$P = \sigma_{bcp}(F_0 - F_1)(1 + f\cot\alpha) \tag{5-20}$$

式中 P——拉拔力；

σ_{bcp}——平均抗拉强度，$\sigma_{bcp} = \dfrac{\sigma_{b0} + \sigma_{b1}}{2}$；

σ_{b0}——拉拔前强度；

σ_{b1}——拉拔后强度；

f——摩擦系数；

α——半模角。

由于摩擦系数较难确定且在拉拔的过程中会有所变化，故为计算方便本设计中采用勒威士公式（5-19）来计算拉拔力。钢丝抗拉强度的预测计算较为复杂，此处采用比较具有代表性的波捷姆金公式。

该公式由以下几部分组成：

$$\sigma_b = \sigma_B + \Delta\sigma_b \tag{5-21}$$

$$\sigma_B = (100C + 53 - D) \times 9.8 \tag{5-22}$$

$$\Delta\sigma_b = \frac{0.6Q\left(C + \dfrac{D}{40} + 0.01q\right)}{\lg\sqrt{100 - Q} + 0.0005Q} \tag{5-23}$$

$$q = 1 - \sqrt[n]{1 - Q} \times 100\% \tag{5-24}$$

式中 σ_b——钢丝冷拉后的抗拉强度；

σ_B——钢丝冷拉前的抗拉强度；

C——钢丝含碳量，%；

Q——钢丝总压缩率，%；

q——钢丝道次压缩率，%；

D——钢丝拉拔前直径，mm；

n——拉拔道次。

分别将三个道次的道次压缩率 q_1、q_2、q_3 代入以上 4 个式子以及式（5-19）计算可得的拉拔力，见表 5-10。

表 5-10 配模与拉拔力对照表

拉拔道次	1	2	3
配模/mm	6.5	5.5	5
部分压缩率/%	24.89	28.40	17.36
K_q	0.0112	0.0121	0.0090
拉拔力/N	10920	8588	5365

变形效率是有效变形功、外摩擦损耗功和附加变形损耗功中有效变形功所占的比例。提高变形效率不仅能节省拉拔时的能量消耗，减少模具损耗，而且对提高拉拔产品质量有直接影响。变形效率的高低主要取决于外摩擦损耗功和附加变形损耗功的大小。因此，凡

是影响外摩擦损耗功和附加变形损耗功的因素都是影响变形效率的因素。影响变形效率的因素很多，如模角大小、润滑剂种类、变形程度、拉拔速度等，下面对一些影响因素进行讨论：

（1）摩擦系数的影响。在一般拉拔条件下，外摩擦消耗的功约占总耗功的35%~50%。因此减少这部分的能量损失是节约拉拔能量消耗、提高变形效率的主要方式。降低外摩擦损耗功应致力于降低摩擦系数、减小金属对模壁的正压力、实行反拉力拉拔等。拉拔过程中摩擦系数的大小与很多因素有关，如被拉金属材料的种类和表面状态、模具的材质和表面粗糙程度、润滑方式以及润滑剂类别和性质等。例如，采用YG6硬质合金模具并有良好的加工表面和较好的润滑条件时，摩擦系数可控制在0.03~0.06之间，若润滑条件不好，摩擦系数则波动在0.04~0.16之间。

值得注意的是，改善摩擦条件，减少外摩擦损耗功要选用合适的模角，模角选用过大，无用功中起主导作用的不是外摩擦损耗功而是附加变形损耗功。

（2）模角大小的影响。在每一个特定拉拔条件下，都存在着一个合适的模角，用这种模角拉拔力最小，钢丝在模孔内的不均匀变形程度最低，此时的模角即为最佳模角。在道次压缩率不变的条件下，增大模孔角度会使工作锥有效长度缩短，从而减小接触面积，使拉拔时的外摩擦力下降并减少外摩擦损耗功；另一方面，增大模角又会加大附加弯曲变形程度，并使横向应力分布更加不均匀，造成钢丝不均匀变形加重。结果导致附加变形损耗功增大，反而抵消了摩擦损耗功下降的好处。因此，选择模角要考虑两方面的因素：既要考虑外摩擦损耗功的减少，又要控制不均匀变形的增长，这样才能取得较好的效果。

此外，合适的模角与摩擦系数大小也有一定的关系。在普通拉拔条件下，摩擦系数和钢丝直径愈大，合适的模角也稍微增加。因为摩擦系数大时，由外摩擦引起的外摩擦损耗功增加，适当增大模角有助于降低这部分无用功的损耗。至于钢丝直径愈大，合适的模角也愈大，这是因为钢丝直径大时选用较大的道次压缩率的缘故。

5.3.3.3 热处理工艺参数的确定

410不锈钢丝在冷拉拔以后，金属变形抗力以及强度随变形而增加，塑性降低，从微观的角度看，大量的位错会在滑移面及晶界上形成，位错的产生会使得点阵产生畸变。变形量增加时，位错密度增大，内应力及点阵畸变越严重，使其强度随变形而增加，塑性降低，钢丝加工硬化效果更加明显。当钢丝的加工硬化达到一定的水平后，如果应变扩充继续增加，可能有开裂或脆断的危险；同时，环境气氛同样会对钢丝的性能产生影响，一段时间后，将自动生成晶间开裂的工件（通常被称为“季裂纹”）。因此，无论是对消除残余应力或是需要软化的材料，在实际的生产中，都必须要进行软化退火（即中间退火），降低金属硬度的同时消除钢丝内部的残余应力、提高材料的塑性、消除材料冷变形过程中的加工硬化，以便能够进行下一道加工。

410马氏体不锈钢的退火方式主要有三种：完全退火、等温退火以及低温退火。完全退火的加热温度一般在A_{c3}温度以上50~100℃，在保温足够时间后，采用炉冷或以不超过50℃/h的速度冷却至600℃左右出炉空冷。完全退火后，可较好地完成组织的转变，获得均匀的铁素体和碳化物平衡态组织。等温退火的工艺为将钢加热到奥氏体化温度，再冷却到钢奥氏体转变最快的温度范围，充分保温，使奥氏体充分转变后空冷。马氏体不锈钢的低温退火是把钢加热到A_{c1}温度以上至A_{c3}温度以下，然后空冷。这种退火可以使钢软化，便于下一步加工以及消除内应力。410 马氏体不锈钢的低温退火温度一般为 780~820℃，主要以消除应力为主要目的。消除内应力的退火主要有两个目的：（1）使加工硬化后的金属基本上保留加工硬化状态的硬度和强度；（2）使内应力消除，以稳定和改善性能，减少变形和开裂，提高耐腐蚀性。退火过程中如果退火温度过高，晶粒会异常长大，过大的晶粒会同时降低材料的塑性及强度。

综上所述，根据很多学者对 410 马氏体不锈钢丝的理论与实验研究成果，在其退火软化温度范围内（780~820℃），当退火时间相同时，随退火温度升高，钢丝抗拉强度减小，断后延伸率增加，晶粒尺寸增大。对于 ϕ5.0mm 的 410 马氏体不锈钢丝，选用退火温度 800℃、退火速度 3m/min 的退火工艺可以使钢丝充分再结晶，组织分布均匀，晶粒尺寸 24.5μm，材料获得较好的塑性，综合性能优异。其组织性能如下所示。

A　金相组织形貌

对退火后的 410 马氏体不锈钢丝切取试样，采用王水+甘油的混合溶液作为侵蚀试剂，观察其横截面与纵截面金相组织形貌，见表 5-11。

表 5-11　金相组织形貌

410	边　部	心　部
横截面	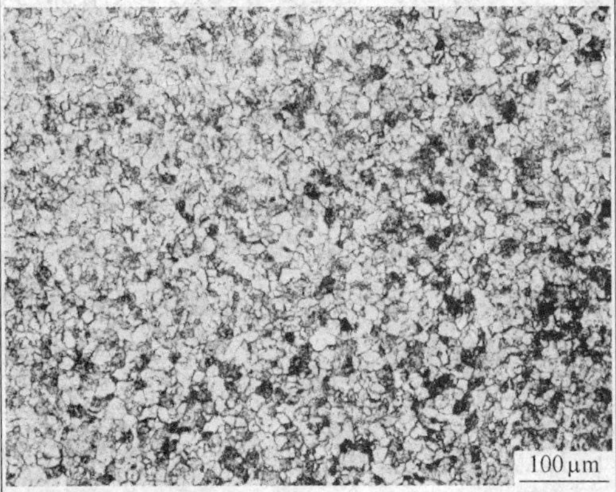 100μm	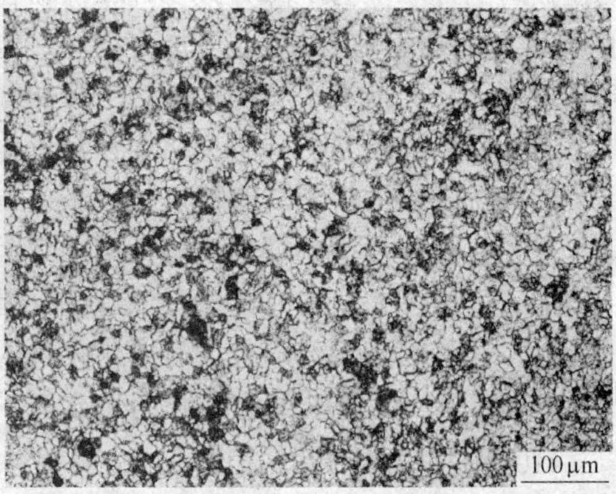 100μm
纵截面	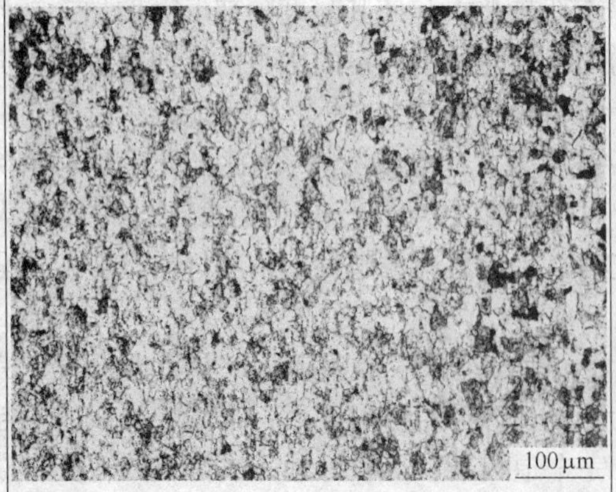 100μm	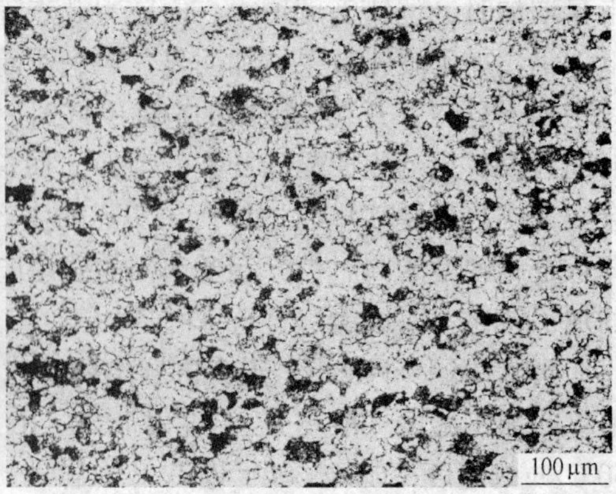 100μm

B　力学性能

对退火温度 800℃、走线速度 3m/min 的 410 钢丝试样进行拉伸试验，具体实验结果见表5-12。当退火温度800℃、走线速度3m/min时，钢丝再结晶进行的充分，残余应力消除，塑性提高，增加一道退火工艺可以较为明显的改善钢丝的塑性。

表5-12 退火试样拉伸数据

温度 T/℃	速度 /m·min^{-1}	直径 D/mm	抗拉强度 R_m/MPa	断后伸长率 A/%
800	3	5.0	476	37.28

5.3.4 拉拔工具设计

拉拔工具的设计主要包括拉拔设备的确定，拉拔润滑剂的选择以及拉拔模的设计，这三者是直接和拉拔金属接触并使其发生变形的。拉拔工具的材质、几何形状和表面状态以及润滑剂的合理选用对拉拔制品的质量、成品率、道次加工率、能量消耗、生产效率及成本都有很大的影响。因此，正确地设计、制造拉拔工具，合理地选择拉拔工具的材料是十分重要的。

5.3.4.1 拉拔设备的确定

本设计中，拉拔设备的确定主要是指拉拔机的合理选择，具体来讲由于是用来生产不锈钢钢丝，所以主要讨论拉丝机。

A 拉丝机的分类

按拉拔工作制度可将拉丝机分为单模拉丝机和多模拉丝机。

线坯在拉拔时只通过一个模的拉丝机称为单模拉丝机，也称一次拉丝机。根据其卷筒轴的配置又分为立式与卧式两类。一次拉丝机的特点是结构简单，制造容易，但它的拉拔速度慢，一般在0.1~3m/s的范围内，生产率较低，且设备占地面积较大。

多模连续拉丝机又称为多次拉丝机。在这种拉丝机上，线材在拉拔时连续同时通过多个模子，每两个模子之间有绞盘，线以一定的圈数缠绕于其上，借以建立起拉拔力。根据拉拔时线与绞盘间的运动速度关系可将多模连续拉丝机分为滑动式多模连续拉丝机与无滑动式多模连续拉丝机。

滑动式多模连续拉丝机的特点是除最后的收线盘外，线与绞盘圆周的线速度不相等，存在着滑动。用于粗拉的滑动式多模连续拉丝机的模子数目一般是5、7、11、13、15个，用于中拉和细拉的模子数为9~21个。根据纹盘的结构和布置形式可将滑动式多模连续拉丝机分为下列几种：

（1）立式圆柱形绞盘连续多模拉丝机。其结构形式如图5-13所示。在这种拉丝机上，绞盘轴垂直安装，所以速度受到限制，一般在2.8~5.5m/s。

（2）卧式圆柱形绞盘连续多模拉丝机。其结构如图5-14所示。圆柱形绞盘连续多模拉丝机机身长，其拉拔模子数一般不宜多于9个。为克服此缺点，可以使用两个卧式绞盘，将数个模子装在两个绞盘之间的模座上。另外也可将绞盘排列成圆形布置，如图5-15所示。

（3）卧式塔形纹盘连续多模拉丝机。卧式塔形绞盘连续多模拉丝机是滑动式拉丝机中应用最广泛的一种，其结构如图5-16所示。它主要用于拉细线。立式塔形绞盘连续多

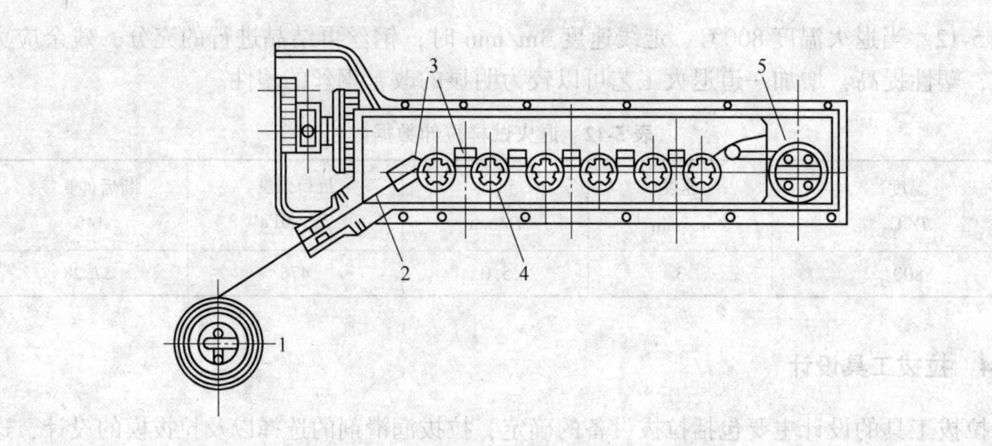

图 5-13 立式圆柱形绞盘连续多模拉丝机

1—坯料卷；2—线；3—模盒；4—绞盘；5—卷筒

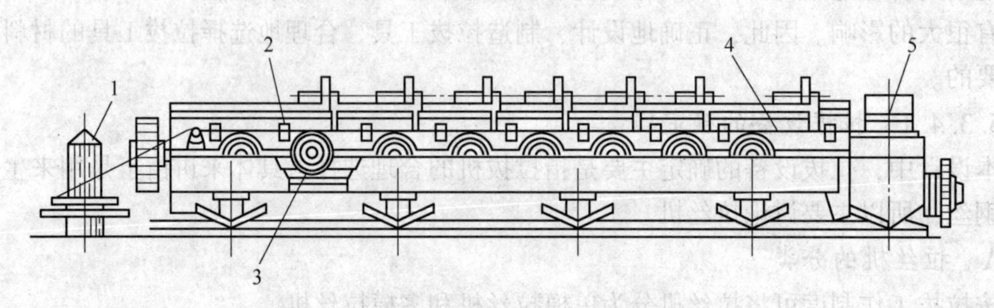

图 5-14 卧式圆柱形绞盘连续多模拉丝机

1—坯料卷；2—线；3—模盒；4—绞盘；5—卷筒

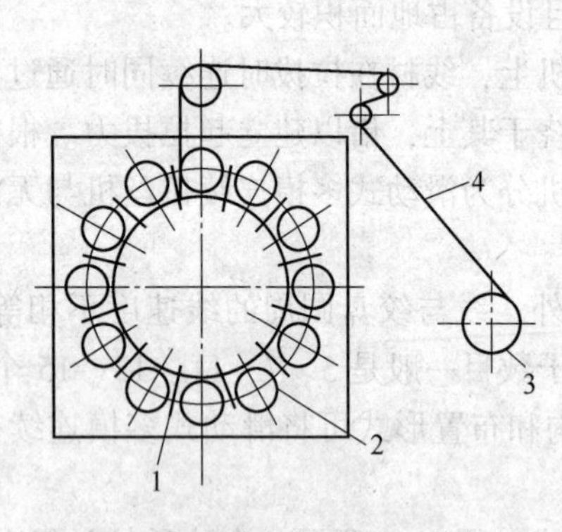

图 5-15 圆环形串联连续 12 模拉丝机

1—模；2—绞盘；3—卷筒；4—线

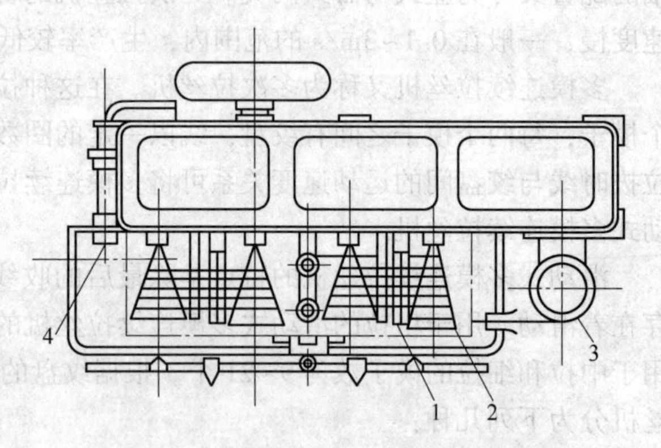

图 5-16 卧式塔形绞盘连续多模拉丝机

1—模；2—绞盘；3—卷筒；4—线

模拉丝机在长度上占地面积较大，拉线速度低，故很少使用。

（4）多头连续多模拉丝机。这种拉丝机可同时拉几根线，且每根线通过多个模连续拉拔，其拉拔速度最高可达 25~30m/s，使生产率大大提高。

滑动式多模连续拉丝机的特点是：第一，总延伸系数大；第二，拉拔速度快，生产率高；第三，易于实现机械化、自动化；第四，由于线材与绞盘间存在着滑动，绞盘易受磨损。

滑动式多模连续拉丝机主要适用于：第一，圆断面和异型线材的拉制；第二，承受较大的拉力和表面耐磨的低强度金属和合金的拉制；第三，塑性好，总加工率较大的金属和合金的拉制；第四，能承受高速变形的金属和合金的拉制。滑动式多模连续拉丝机主要用于拉拔铜线和铝线，但也用于拉拔钢线。

无滑动多模连续拉丝机在拉拔时线与绞盘之间没有相对滑动。实现无滑动多次拉拔的方法有两种：一种是在每个中间绞盘上积蓄一定数量的线材以调节线的速度及纹盘速度；另一种是通过绞盘自动调速来实现线材速度和绞盘的圆周速度完全一致。

无滑动的连续式多次拉丝机拉拔绞盘的自动调整范围大，延伸系数允许在 1.26~1.73 的范围内变动，因此既可拉制有色金属线材，也能拉制黑色金属线材。由于在拉拔过程中存在反拉力，模子的磨损和线材的变形热大大减少，可提高拉拔速度，制品质量也较好。但活套式无滑动多模连续拉丝机的电器系统比较复杂，且在拉拔大断面高强度钢线时，在张力轮和导向轮上绕线困难。

B 拉丝机的选择

直进式拉丝机是国内较为常用的多模连续拉丝机的一种，可对高、中、低碳钢丝、不锈钢丝、铜丝、合金铜丝、铝合金丝等进行加工。直进式拉丝机的主要特点有：卷筒采用窄缝式水冷，拉丝模采用直接水冷，冷却效果好，采用一级强力窄 V 带和一级平面二次包络蜗轮副传动，传动效率高、噪声低；采用全封闭防护系统，安全性好；采用气张力调谐，拉拔平稳；采用交流变频控制技术（或直流可编程序控制系统）、屏幕显示，自动化程度高、操作方便、拉拔的产品质量高。

直进式拉丝机适用于拉拔 ϕ16mm 以下的各种金属线材，特别适宜拉拔质量要求高的药丝焊丝、气保焊丝、铝包钢丝、预应力钢丝、胶管钢丝、弹簧钢丝、钢帘线钢丝等。

5.3.4.2 拉拔润滑剂的选择

性能优良的润滑剂必须兼有润滑性能和工艺性能，在各种恶劣的拉丝条件下都能形成稳定的润滑膜。因此优良的拉丝润滑剂应具有如下性能：附着性好，能充分覆盖新旧表面，形成连续、完整、并有一定厚度的润滑膜；充分利用低的摩擦系数；耐热性好，软化温度与变形区温度相适应，高温（300~400℃）下仍能保持良好的润滑性能；在高压下具有不造成润滑膜破断的高负荷能力；性能稳定，不易发生物理或化学变化，对钢丝和模具不腐蚀；不对后处理加工带来不好的影响；对人体和环境无害。

拉拔润滑剂分为干式、湿式和油质润滑剂三大类，其中干式润滑剂占 80%以上。它们的状态、性质和使用条件见表 5-13。

表 5-13 拉拔润滑剂的分类

类别	外观形状	适用条件	使用方法
干式润滑剂	粉末状	软钢、硬钢、不锈钢等合金钢	放在拉丝模盒内
湿式润滑剂	膏状或油状	软钢、硬钢、非镀层钢丝、铜及合金	掺水乳化作润滑液，以循环方式注入模具中，或将模具浸在润滑液中
油质润滑剂	油状	不锈钢等	放入模具内或用循环方式注入模具中

拉拔不同材质不同尺寸的产品所使用的润滑剂均有所不同，表 5-14 为几种润滑剂的主要使用区别。

表 5-14 拉丝用润滑剂使用区别

金属种类	表面预处理剂	干式润滑剂	油质润滑剂	水溶性润滑剂
铁线	◎	◎（粗-中）	△	◎（细）
钢线	◎	◎（粗-中）	△	◎（细）
不锈钢线	◎	◎（粗-中）	◎（细）	△（细）
铝及铝合金线	×	×	◎	△（细）
铜及铜合金线	×	△	△	◎
焊锡线	×	×	×	◎
钛及钛合金线	◎	◎	△	×
镍铬线及镍铬合金	◎	◎	○	×
镀锌线	○	◎（粗-中）	△	◎（细）
铜及黄铜电镀线	×	○	△	◎
镍电镀线	×	◎	△	×

注：◎—大部分；○——部分；△—极少部分；×—无；（粗-中）—原料线径在约 1.0mm 以上的拉丝；（细）—原料线径在约 1.0mm 以下的钢丝。

润滑剂的选择尚无明确的理论依据，一般是按拉拔的钢种、产品的最终用途和拉丝条件，结合润滑剂的特性及使用状态进行综合考虑。因此选择润滑剂之前，首先应考虑拉丝过程的各种因素：

(1) 按拉拔丝材的种类选择。拉拔丝材的化学成分、退火状态、直径是选择润滑剂时首先应该考虑的因素。在相似拉拔条件下，高碳钢比中碳钢产生更高的温度，高碳钢、高合金钢等加工难度大的钢丝，初拔和中拔应该选择高软化温度的高脂钙型润滑剂；中、低碳钢则选择低脂钙钠型润滑剂；在给定的减面率和拉拔速度下，粗钢丝表面温度较高，就应该采用含金属皂较低的钙基润滑剂来拉拔；不锈钢、精密合金丝材大多经酸洗、涂层处理，可选钙皂、钡皂为基的含二硫化钼、硫磺等极压添加剂的润滑剂干拔；小规格钢丝需采用湿式或油质润滑剂以获得光泽的表面。

(2) 按表面准备状况选择。机械去鳞未经酸洗、涂层处理的线材拉拔时，润滑剂要同时承担涂层和润滑双重作用，因此必须采用耐高温、高压的低脂高钙润滑剂，以便在拉丝过程中形成厚的润滑膜，并在此条件下保持延展性，防止润滑膜破裂。

机械去皮后辅以硼砂或石灰皂涂层可增加表面粗糙度，有利于润滑剂的导入，可选用中等脂肪高软化点的钙型润滑剂。

(3) 按产品的最终用途选择。选择时应着重考虑拉丝后表面残留润滑膜的附着量和去除难易等特性。焊丝、镀层丝及退火光亮状态交货的钢丝，要求残留润滑薄膜并易于去除，应选择易溶于水的钠基润滑剂，以方便清洗。

而对后续加工需要有较厚润滑膜的各种钢丝，如弹簧钢丝缠簧加工、铆钉钢丝冷顶锻、轴承钢丝冲球加工等，成品前最好采用磷酸锌涂层，再选择软化温度适中的钙皂、钡皂或钙钠复合皂为基的润滑剂拉拔。对不锈钢、精密合金等表面光泽度要求高的丝材宜采用湿式或油质润滑剂。

（4）按拉拔条件选择。拉丝厂通常根据产品性能要求来选择润滑剂。由表5-15可以看出，选择润滑剂首先考虑的是外观，其次是有利于后续加工，不影响电镀和焊接，实际生产中主要考虑模具寿命。

表 5-15 润滑剂考虑顺序

顺　　序		第1位/%	第2位/%	第3位/%	平均/%
线表面精加工	表面质量优劣	44	26	10	27
	黏附润滑剂的可洗性	8	4	6	6
	镀层附着性	6	18	4	9
	防锈性	0	16	18	11
润滑性	模具寿命	26	18	26	23
	精加工线材的强度和韧性	6	4	4	5
	钢丝的温升	0	4	4	3
作业性		10	2	16	9
润滑剂的消耗（包括焦块）		0	8	12	7

根据不同用途选择润滑剂的实例如下：

（1）用于机械除鳞钢线。低碳钢丝机械除鳞后可直接用低脂润滑剂拉拔，也可用石灰皂或硼砂涂层，使用金属皂为主的润滑剂。高碳钢丝机械除鳞后可用硼砂涂层，选钙皂为主，含无机物较多的无酸洗润滑剂。

（2）弹簧钢丝和制绳钢丝。高强度弹簧等硬钢丝因为要进行盘簧加工和发蓝处理，所以润滑剂越薄越好。弹簧和制绳钢丝用磷酸锌或硼砂涂层，拉拔时使用硬脂酸钙、硬脂酸钡为主要成分，且耐热耐压性好的润滑剂。

（3）轴承钢丝。轴承钢丝含碳量虽高，但较易加工，可使用石灰或硼砂涂层，配合中等脂肪的钙皂拉拔。为方便用户加工，成品前可经磷化或皂化处理，再用钙皂轻拉。

（4）高速工具钢丝。目前国内多采用酸洗去鳞，再用3%~5%钠皂液皂化，使用钙基润滑剂拉拔。如采用温拉加工，可选择含石墨、硫磺和金属皂制成的润滑膏拉拔。

（5）冷顶锻钢丝。最好经磷酸处理，选硬脂酸钙和硬脂酸铝等金属皂含量多的润滑剂，以利于下一步加工；如用石灰涂层，可选含有防湿、防锈添加剂的润滑剂。

（6）不锈钢丝、精密合金及电热合金丝。大规格的钢丝酸洗后，采用盐石灰、草酸盐、硼砂基或硫酸钠基混合盐等涂层，再用以钙皂、钡皂或铝皂为基，加硫磺、MoS_2或极压添加剂的润滑剂拉拔。中小规格的钢丝，用油质润滑剂加工，拉拔时应根据钢丝规格的大小改变黏度，钢丝越细，所用润滑剂的黏度越低。

（7）电镀钢丝。采用石灰皂或硼砂涂层，用钠型润滑剂拉拔，以使残留膜最小，并易于去除。

综上所述，本设计中对于410马氏体不锈钢丝的拉拔而言，最终选择的润滑剂为硫酸钠基混合盐、钙皂为基并加MoS_2这二者的混合粉。

5.3.4.3 拉拔模的设计

A 普通拉模

根据模孔纵断面的形状可将普通拉模分为弧线形模和锥形模，如图5-17所示。

弧线形模一般只用于细线的拉拔。拉拔管、棒型及粗线时，普遍采用锥形模。锥形模的模孔可分为四个带，各个带的作用和形状如下：

(1) 润滑带（入口锥、润滑锥）。润滑带的作用是在拉拔时使润滑剂容易进入模孔，减少拉拔过程中的摩擦，带走金属由于变形和摩擦产生的热量，还可以防止划伤坯料。

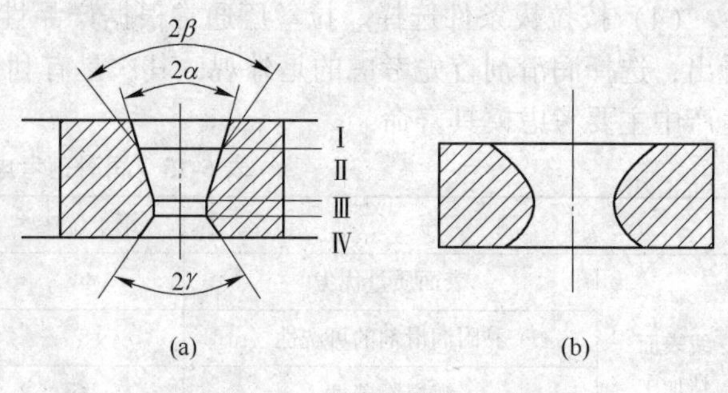

图 5-17 模孔的几何形状

(a) 锥形模；(b) 弧线形模

润滑锥角的角度大小应适当，角度过大，润滑剂不易储存，润滑效果不良；角度太小，拉拔过程产生的金属屑、粉末不易随润滑剂流掉而堆积在模孔中，会导致制品表面划伤、夹灰、拉断等缺陷。线材拉模的润滑角 β 一般等于 40°~60°，并且多呈圆弧形，其长度 l_r 可取制品直径的 1.1~1.5 倍；管、棒制品拉模的润滑锥常用半径为 4~8mm 的圆弧代替，也可取 $\beta=(2\sim3)\alpha$。

(2) 压缩带（压缩锥）。金属在此段进行塑性变形，并获得所需的形状与尺寸。

压缩带的形状有两种：锥形和弧线形。弧线形的压缩带对大变形率和小变形率都适合，在这两种情况下被拉拔金属与模子压缩锥面皆有足够的接触面积。锥形压缩带只适合于大变形率。当变形率很小时，金属与模子的接触面积不够大，从而导致模孔很快地磨损。在实际生产中，弧线形的压缩带多用于拉拔直径小于 1.0mm 的线材。拉拔较大的直径的制品时，变形区较长，将压缩带做成弧线形有困难，故多为锥形。

压缩带的模角 α 是拉模的主要参数之一。α 角过小，坯料与模壁的接触面积增大；α 角过大，金属在变形区中的流线急剧转弯，导致附加剪切变形增大，从而使拉拔力和非接触变形增大。因此，α 角存在一个最佳区间，在此区间拉拔力最小。

在不同的条件下，拉拔模压缩带 α 角的最佳区间也不相同。变形程度增加，最佳模角值增大。这是因为变形程度增加使接触面积增大，继而摩擦增大。为了减少接触面积，必须相应地增大模角 α。表 5-16 为拉拔不同材料时最佳模角与道次加工率的关系。

表 5-16 拉拔不同材料时最佳模角与道次加工率的关系

道次加工率 /%	2α/(°)					
	纯铁	软钢	硬钢	铝	铜	黄铜
10	5	3	2	7	5	4
15	7	5	4	11	8	6
20	9	7	6	16	11	9
25	12	9	8	21	15	12
30	15	12	10	26	18	15
35	19	15	12	32	22	18
40	23	18	15	—	—	—

金属与拉拔工具间的摩擦系数增加，最佳模角增大。

对于与芯头配合使用的管材拉模，其最佳模角比实心材拉模大。这是因为芯头与管内壁接触面间润滑条件较差，摩擦力较大，为了减小摩擦力，必须减小作用于此接触面上的径向压力，而增加模角 α 可达此目的。管材拉模的角度 α 一般为12°。

(3) 工作带。工作带的作用是使制品获得稳定而精确的形状与尺寸。

工作带的合理形状是圆柱形。在确定工作带直径（D_1）时应考虑制品的公差、弹性变形和模子的使用寿命，在设计模孔工作带直径时要进行计算，实际工作带的直径应比制品名义尺寸稍小。

工作带长度（l_d）的确定应保证模孔耐磨、拉断次数少和拉拔能耗低。金属由压缩带进入工作带后，由于发生弹性变形仍受到一定的压应力，故在金属与工作带表面间存在摩擦。因此，增加工作带长度使拉拔力增加。

对于不同的制品，其工作带的长度有不同的数值范围：

线材 $l_d = (0.5 \sim 0.65)D_1$

棒材 $l_d = (0.5 \sim 0.65)D_1$

空拉管材 $l_d = (0.25 \sim 0.5)D_1$

衬拉管材 $l_d = (0.5 \sim 0.65)D_1$

表5-17和表5-18所列数据可供参考。

表5-17 棒材拉模工作带长度与模孔直径间的关系 (mm)

模孔直径 d	5~15	15.1~25.0	25.1~40.0	40.0~60.0
工作带长度 l_d	3.5~5.0	4.5~6.5	6~8	10

表5-18 管材拉模工作带长度与模孔直径间的关系 (mm)

模孔直径 d	3~20	20.1~40.0	40.1~60.0	60.1~100.0	100.1~400
工作带长度 l_d	1.0~1.5	1.5~2.0	2~3	3~4	5~6

(4) 出口带。出口带的作用是防止金属出模孔时被划伤和模子定径带出口端因受力而引起的剥落。出口带的角度 2γ 一般为60°~90°。对拉制细线用的模子，有时将出口部分做成凹球面的。

出口带的长度 l_{ch} 一般取（0.2~0.3）D_1。

为了提高拉拔速度，近年来国外的一些企业对拉丝模的构造进行了一些改进。将润滑锥（β）减小到20°~40°，使润滑剂在进入压缩带之前，在润滑带内即开始受到一定的压力，有助于产生有效的润滑作用。同时，加长压缩带，使压缩带的前半部分仍然提供有效润滑，提高润滑的致密度，而在压缩带的后半部分才能进行压缩变形。这样，润滑带和压缩带前半部分建立起来楔形区，在拉拔时能更好地获得“楔角效应”，造成足够大的压力，将润滑剂牢固地压附在表面，达到高速拉拔的目的。

在拉拔过程中，拉模受到较大的摩擦。尤其在拉制线材时，拉拔速度很高，拉模的磨损很快。因此，要求拉模的材料具有高的硬度、高的耐磨性和足够的强度。常用的拉模材料有以下几种：

（1）金刚石。金刚石是目前世界上已知物质中硬度最高的材料，其显微硬度可达 $1\times10^6\sim1.1\times10^6$MPa。金刚石不仅具有高的耐磨性和极高的硬度，而且物理、化学性能极为稳定，具有高的耐蚀性。虽然金刚石有许多优点，但它非常脆且仅在孔很小时才能承受住拉拔金属的压力。因此，一般用金刚石模拉拔直径小于0.3~0.5mm的细线，有时也将其使用范围扩大到1.0~2.5mm的线材拉拔。加工后的金刚石模镶入模套中，如图5-18所示。

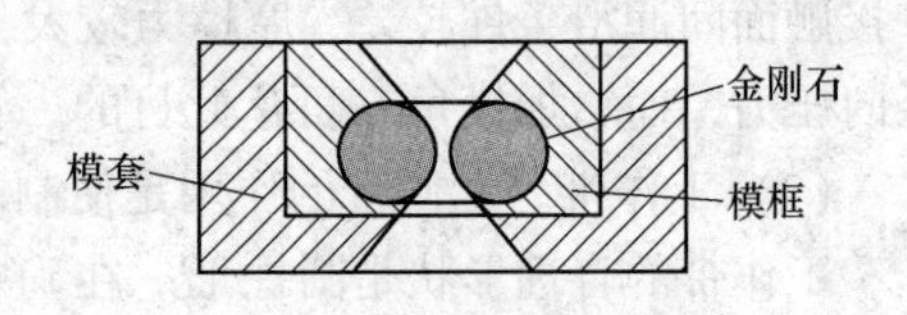

图5-18 金刚石模

在金属拉拔行业用金刚石制造拉丝模已有悠久的历史，但天然金刚石在地壳中储量极少，因此价格极为昂贵。科学工作者在很早以前就致力于开发性能接近天然金刚石的材料。近年来，相继研制出聚晶和单晶人造金刚石。人造金刚石不仅具有天然金刚石的耐磨性，而且还兼有硬质合金的高强度和韧性，用它制造的拉模寿命长，生产效率高，经济效益显著。小粒度人造金刚石制成的聚晶拉拔模一般用于中间拉拔，用大颗粒人造金刚石制成的单晶模作为最后一道成形模。

（2）硬质合金。在拉制 ϕ2.5~4.0mm的制品时，多采用硬质合金模。硬质合金具有较高的硬度，足够的韧性和耐磨性、耐蚀性。用硬质合金制作的模具寿命比钢模高百倍以上，且价格也较便宜。

拉模所用的硬质合金以碳化钨为基，用钴为黏结剂在高温下压制和烧结而成。硬质合金的牌号、成分性能列于表5-19。为了提高硬质合金的使用性能，有时在碳化物硬质合金中加一定量的Ti、Ta、Nb等元素，也有的添加一些稀有金属的碳化物如TiC、TaC、NbC等。含有微量碳化物的拉拔模硬度和耐磨性有所提高，但抗弯强度降低。

表5-19 硬质合金的牌号、成分、性能

合金牌号	成分/%		密度/g·cm^{-3}	性能	
	WC	Co		抗弯强度/MPa	硬度 HRC
YG3	97	3	14.9~15.3	1030	89.5
YG6	94	6	14.6~15.0	1324	88.5
YG8	92	8	14.0~14.8	1422	88.0
YG10	90	10	14.2~14.6		
YG15	85	15	13.9~14.1	1716	86.0

虽然硬质合金具有高的耐磨性和抗压强度，但它的抗张和抗冲击性能较低。在拉拔过程中拉模要承受很大的张力，因此必须在硬质合金模的外侧镶上一个钢质外套，给它以一定的预应力，减少或抵消拉拔模在拔制时所承受的工作应力，增加它的强度。硬质合金拉模镶套装配如图5-19所示。

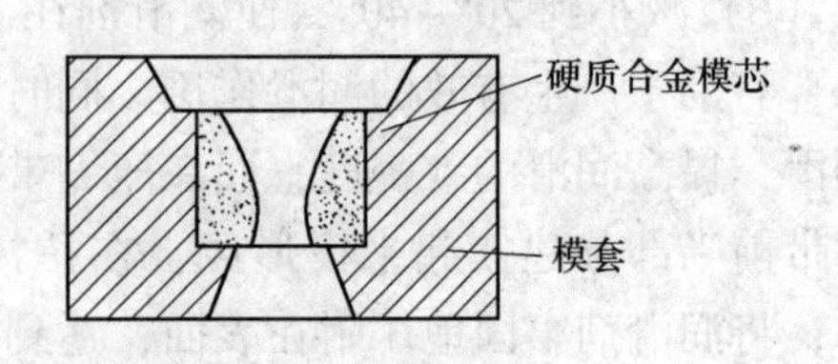

图5-19 硬质合金模

（3）钢。对于中、大规格的制品广泛采用钢制拉拔模，常用的钢号为T8A与T10A

优质工具钢，经热处理后硬度可达 HRC 58~65。为了提高工具的抗磨性能和减小黏结金属，除进行热处理外还可在工具表面上镀铬，其厚度为 0.02~0.05mm。镀铬后可使拉拔模具的使用寿命提高 4~5 倍。

（4）铸铁。用铸铁制成的拉模寿命短、性能差，但制作比较容易，价格低廉，适合于拉拔规格大、批量小的制品。

（5）刚玉陶瓷模。刚玉陶瓷是 Al_2O_3 和 MgO 混合烧结制得的一种金属陶瓷，它具有很高的硬度和耐磨性，但它材质脆，易碎裂。用刚玉陶瓷模可用来拉拔 ϕ0.37~2.00mm 的线材。

B 辊式拉模

辊式拉模是一种摩擦系数很小的拉模，如图 5-20 所示。辊式拉模的两个辊子上都有相应的孔型，且均是被动的。在拉拔时坯料与辊子没有相对运动，辊子随坯料的拔制而转动。

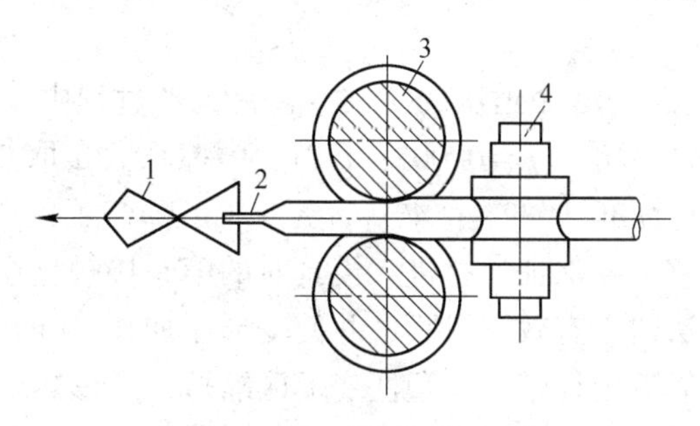

图 5-20 辊式拉模拉拔示意图

1—拉拔机小车夹钳；2—拉拔的材料；3—辊式拉模水平辊；4—辊式拉拔立辊

还有一种辊式模，其模孔工作表面由若干个自由旋转辊所构成，如图 5-21 所示，为 3 个辊子构成一个孔型，也有 4 个或 6 个辊子构成的孔型。这种模子主要用来拉拔型材。

用辊式拉模进行拉拔有以下优点：拉拔力小，消耗少，工具寿命长；可采用较大的变形量，道次压缩率可达 30%~40%；拉拔速度较高；在拉拔过程中能改变辊间的距离从而获得变断面型材。

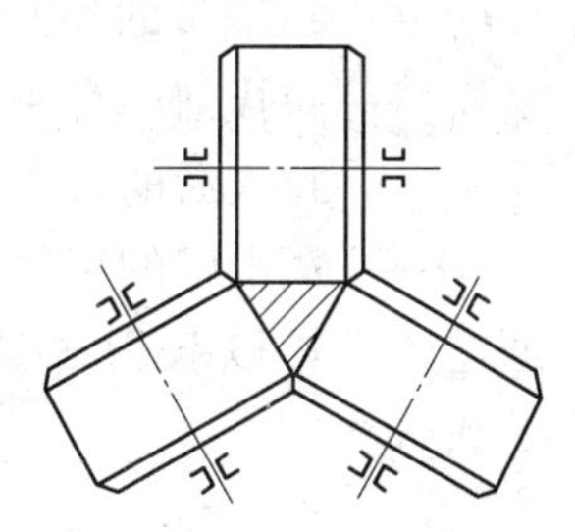

图 5-21 用于生产型材的辊式模示意图

5.3.4.4 410 马氏体不锈钢丝拉拔模孔型结构设计

拉拔采用的原材料为 ϕ7.5mm 的 410 马氏体不锈钢钢丝盘圆，冷拉拔最终获得的钢丝尺寸为 ϕ5.0mm，总共分三个拉拔道次完成，拉拔过程为 ϕ7.5mm→ϕ6.5mm→ϕ5.5mm→ϕ5.0mm。

A 润滑带

根据楔角效应的原理，润滑锥角适当减小有利于润滑膜的建立。在干拉润滑条件下，润滑锥角一般控制在 30°~40°范围内，角度过大楔角效应减弱，润滑剂容易沿入口角倒挤出来，压缩带内压力不足，无法形成完整的润滑膜。为保证丝材导入顺利，入口的倒角可增加到 120°。湿式拉拔时，由于拉丝模全部浸在润滑液中，润滑液可直接进入压缩带中，适当增大润滑锥角度有利于热量的散失，所以湿式拉拔用模具润滑锥角一般为90°~100°。

润滑带高度要适当，过短会减弱楔角效应，影响润滑效果，扩孔的余地也随之减少，一般认为在模芯高度的1/5左右比较合适。

B 压缩带

压缩带的角度要根据拉拔材料的软硬、道次减面率的大小和成品尺寸来确定，一般说来，材料越硬，压缩锥角度越小；道次减面率越大，压缩锥角越大；成品尺寸越大，压缩锥角越大；从分析塑性变形受力状况出发，有的资料提出了模孔压缩带最佳角度计算公式如下：

$$\alpha = \sqrt{1.5\mu\ln(d_0/d_1)} \tag{5-25}$$

式中 α——压缩带的半角，(°)；

d_0——拉拔前的直径，mm；

d_1——拉拔后的直径，mm；

μ——摩擦系数。

410马氏体不锈钢丝经过3个道次的拉拔，且在拉丝过程中，主要润滑状态为边界润滑（μ=0.1~0.3）和混合润滑（μ=0.005~0.1），摩擦系数μ取0.1，根据公式计算可得3道次拉拔模压缩锥角度为30°、32°、24°。

压缩带的长度要足够，要保证丝材进入模具时的第一接触点在压缩带中部。接触点如果靠近压缩带入口，无法建立有效润滑膜，并使变形区加长，外摩擦力更大，影响产品质量和生产效率。接触点靠近定径带，使塑性变形区缩短，变形热增高，模具压力增大，模具磨损加快。可按下列公式计算压缩带长度：

$$L_{03} = (1.1 \sim 1.2)(d_0 - d_1)/\tan\alpha \tag{5-26}$$

式中 L_{03}——压缩带的长度，mm；

d_0——拉拔前的直径，mm；

d_1——拉拔后的直径，mm；

α——润滑带的半角，(°)。

通过计算可以获得3道次拉拔模压缩带长度分别为7.5~8.1mm、6.9~7.5mm、4.6~5.0mm。

C 工作带

工作带的长度一般用直径的倍数（n_d）表示，其设计原则是：(1) 拉拔软钢丝比硬钢丝短；(2) 湿式拉拔比干式拉拔短；(3) 拉拔粗丝比拉拔细丝短。实际生产中往往根据拉拔前丝材表面处理状况、模具冷却条件和拉拔速度来选择工作带的长度：

$$l_d = (0.5 \sim 0.65)d_1 \tag{5-27}$$

式中 d_1——拉拔后的直径，mm。

通过计算可获得3道次拉拔模工作带长度分别为3.3~4.2mm、2.8~3.6mm、2.5~3.3mm。

D 出口带

出口带的角度，干式拉拔用模为60°~90°，湿式拉拔用模为90°~120°。出口带的长度l_{ch}一般取（0.2~0.3）d_1，通过计算可获得3道次拉拔模出口带长度分别为1.3~

2. 0mm、1. 1~1. 7mm、1. 0~1. 5mm。

5.4 拉拔工艺的新进展

近年来，不少学者对传统拉拔工艺进行了改进，开发了许多新的拉拔工艺。反张力拉拔是在拉拔时在拉模后端对坯料施以反方向拉力的加工方法，这种方法大大减少了拉拔模具的磨损，同时减少了拉线材或者型材被拉断现象。辊式模拉拔是日本学者五弓勇雄提出把拉拔和轧制结合在一起的生产工艺，即用孔型轧辊代替传统的孔模，把大部分的滑动摩擦变成了滚动摩擦，极大地减少了摩擦阻力，可实现高速拉拔，该项技术主要应用在复杂截面的异型钢管成形。强制润滑拉拔是拉模前端装一根细长的增压导管或增压模，拉拔时借助于运动着的坯料和润滑剂的黏性，将高黏度的润滑油带入拉模，迫使润滑剂进入模孔，在坯料与拉模之间形成一层润滑油膜，产生流体动力效应，从而产生减小摩擦的作用。另外，有人利用金属材料的超塑性开发出超塑性无模拉拔，在拉拔模上施加超声波振动制成超声波振动拉拔等。这些新工艺都对解决拉拔高能耗、提高制品质量等问题，有较高的理论和实用价值。

在拉拔的工艺以及宏观拉拔力的计算与仿真方面，人们已经取得了良好的发展，但是在模拟过程中，材料的动态本构方程研究与内部存在微观裂纹缺陷的金属拉拔时的力学理论，以及超细金属受力拉拔时，拉拔微观力学的研究等方面，还需要很多的提高。

金属内部不可避免地存在微观缺陷，在含缺陷的金属受拉拔时与理想化的拉拔有很大的差别。由于缺陷的存在，将导致材料内部某一局部的应力增大。而材料内部的微观缺陷尺度难以确定。由于微观裂纹的应力计算不同于宏观的数字仿真，因此微观裂纹受力计算及求解方面还有待于研究。目前对于裂纹动态扩展过程的模拟尚未实现，而迄今为止，人们对裂纹在大塑性变形条件下稳定扩展的规律仍知之不多。目前用以模拟裂纹扩展的数值方法中，采用有限元法有其不足之处，主要是在计算中对于裂纹尖端需要不断加密和重新划分单元。近年来，具有精度高、后处理方便、收敛快和可消除体积闭锁现象等优点的无网格法正在发展中，对于裂纹动态扩展过程的模拟可能具有优势。

随着电子信息业的发展，超细小或微小直径的金属导线要求也越来越高。超细金属受力时要考虑晶体或者晶格之间的相互作用等，传统的刚塑性或弹塑性理论数值法对超细或者微小直径金属导线拉拔过程就不能得出正确的仿真结果，因而对于微观仿真的拉拔技术还有待于发展。韩国的 Sang Min Byon 提出“尺寸效应”求解法，对于直径为 20μm 的导线进行有限元仿真，得出超细直径下的数值求解法。而超细直径导线由于承受拉力的限制，对于拉拔过程的技术，目前还在进一步优化之中。

思 考 题

1. 拉拔的基本概念是什么？
2. 拉拔的特点是什么？
3. 拉拔的基本方法是什么？
4. 拉拔的类型有哪些？
5. 实现拉拔的必要条件是什么？
6. 在热处理中，从哪些方面确保钢丝质量？列举各段工艺要求。

7. 拉丝模芯结构有哪些，影响模具寿命的因素有哪些？
8. 列举降低拉拔时发热的措施。
9. 简述拉丝粉回落、碳化及羽毛状的原因及解决方案。
10. 什么是残余应力？画图说明圆棒材拉拔制品中残余应力的分布及产生原因。
11. 滑动式多模连续拉拔过程建立的基本条件、必要条件和充分条件各是什么？
12. 拉拔制品主要缺陷的产生原因是什么？
13. 酸洗的目的、作用是什么，影响酸洗的因素有哪些？
14. 固定芯头拉拔管材时，减径量过大或过小会出现什么问题？
15. 为什么异型管材拉拔时管坯的外形尺寸要稍大于或等于异型管材的外形尺寸？
16. 实心型材拉拔时，成品的断面轮廓尺寸为什么要限于坯料轮廓之内？
17. 空拉为什么能够纠正管材的偏心？
18. 用固定芯头拉拔时，在一定程度上也能纠正管材的偏心，这是为什么？

参考文献

[1] 韩观昌，袁康，等. 钢丝生产工艺与理论 [M]. 北京：北京钢铁学院，1984.
[2] 徐效谦. 特殊钢钢丝 [M]. 北京：冶金工业出版社，2005.
[3] 温景林. 金属挤压与拉拔工艺学 [M]. 沈阳：东北大学出版社，2003.
[4] 蒋克昌. 钢丝拉拔技术 [M]. 北京：轻工业出版社，1994.
[5] 齐克敏，丁桦. 材料成型工艺学 [M]. 北京：冶金工业出版社，2006.
[6] 陆世英. 不锈钢概论 [M]. 北京：化学工业出版社，2013.
[7] 温景林，丁桦，曹富荣. 有色金属挤压与拉拔技术 [M]. 北京：化学工业出版社，2007.

6　挤 压 工 艺

【本章概要】

本章主要介绍挤压工艺中的基本问题、主要方法、组织控制和当前进展，在基本问题中重点介绍挤压成形工艺的原理、挤压件的组织和性能控制、工艺方案和参数的设计，在进展中介绍了 Conform 连续挤压、等温挤压和静液挤压工艺的新进展。

【关 键 词】

挤压成形，工艺原理，组织性能控制，工艺方案设计。

【章节重点】

本章应重点理解材料挤压成形工艺的原理，在此基础上掌握主要的挤压工艺方法，并能够在实际工艺设计中灵活应用，最后了解当前挤压工艺的最新成果和未来发展趋势。

6.1　挤压工艺原理

挤压是一种制造直长棒材、管材、型材、线材和板材的塑性加工工艺，它的基本原理是：挤压筒内的金属锭坯在高压力作用下从挤压模孔中被挤出，实现截面积减小或者截面积减小并且截面形状改变的效果。通过设计挤压模，可以获得复杂截面形状和多种截面尺寸的挤压制品。根据金属锭坯的种类和所采用的挤压工艺，可以在室温或者高温进行挤压。如图 6-1 所示，液压或机械驱动的挤压杆通过挤压垫向挤压筒中的金属锭坯施加轴向挤压力，挤压筒一般由数个厚壁圆筒组成以便承受较高的径向应力，在挤压筒内壁一般套上耐磨内衬。

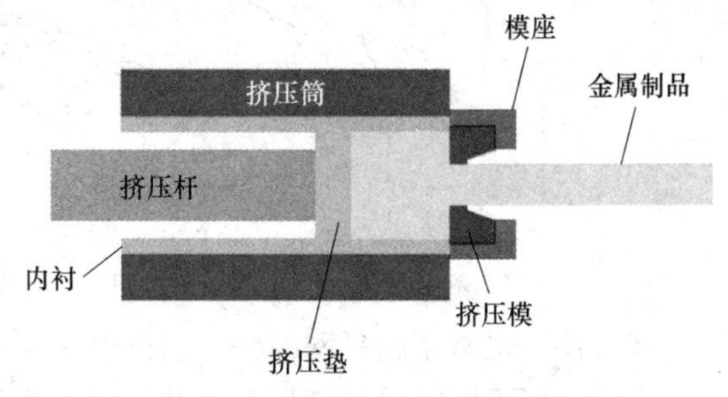

图 6-1　普通实心材正挤压原理示意图

1810 年英国人 S. Bramah 发明了液压挤压机，用于挤压铅。他的挤压机设计原理一直沿用至今用于铅管的制备。19 世纪 90 年代，德国人 A. Dick 首先将液压挤压成功用于挤压熔点较高的合金。在此之后，挤压机机械设计和模具用钢的不断优化使得挤压工艺发展到今天的水平。

多种多样的挤压工艺在以下几方面各有特色：

（1）金属锭坯与挤压杆的相对运动方向——正挤压、反挤压和径向挤压；

（2）挤压机轴线的位置——竖直或水平挤压；

（3）驱动力供给的方式——液压（水或油）或机械压机；

（4）挤压力作用的方式——传统或静液挤压。

6.1.1 金属的流动规律

一般情况下挤压是非连续的过程，也就是说在前一个挤压制品完成后，再放入后一个金属锭坯。金属锭坯中温度的不均匀分布，挤压筒的剩余金属锭坯长度的变化，金属锭坯与挤压筒之间的摩擦以及金属锭坯和挤压垫之间的摩擦都会导致金属流动的不稳定。从金属锭坯头部到尾部金属流动的非均匀性会造成挤压力的变化和温度的差异，它们将使挤压制品在轴向和径向均产生组织性能差异，更易形成缺陷。研究挤压筒内金属流动的重要目的之一就是寻找克服上述这些负面效应的方法。

研究挤压筒内的金属流动常采用“光塑性法”，其实验用材料包括以下几类：

（1）模型材料，包括蜡和橡皮泥；

（2）可在室温或稍高于室温的条件下容易挤压的金属，例如铅、锡和铋；

（3）商用金属或合金。

其在金属锭坯内设置参考系统的方法包括以下几类：

（1）叠盘法：将相似但可用金相显微镜区分的盘状实验样品层叠成一个锭坯；

（2）表层法：从锭坯表面插入塞子以推测挤压过程中锭坯表层金属的流动特征，该方法的缺点是无法得到锭坯芯部金属流动的信息；

（3）网格法：如图 6-2 所示，将锭坯沿轴向切开均分为两部分，在中分面上用网格标记，然后将这两部分组装到一起，然后进行挤压，在挤压过程中停机，取下锭坯观察中分面上网格的变化从而获得金属流动的特征。

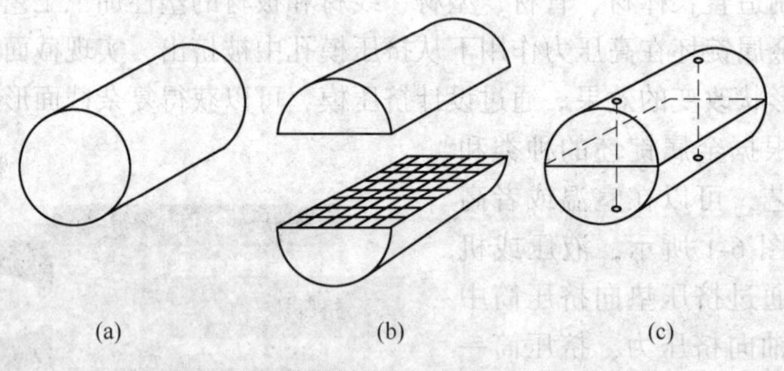

图 6-2 网格法研究挤压锭坯的金属流动规律

上述方法中最常用的是网格法，通过对多种材料在多种挤压工艺下金属流动规律的测量，发现因材料不同和采用的挤压工艺不同，金属流动的特征也会发生变化。影响金属流动最重要的因素就是金属锭坯与挤压筒内壁之间的摩擦，在热挤压时，金属锭坯的表层温度有可能因为散热而低于心部温度，由此导致的表层变形抗力升高将对金属流动产生显著影响。总的来说，可以将挤压过程中的金属流动分为 4 种类型，如图 6-3 所示，金属流动的不均匀性排序如下：S 型 < A 型 < B 型 < C 型。

S 型是金属流动最均匀的类型，塑性变形只在挤压模入口附近发生，而大部分未发生

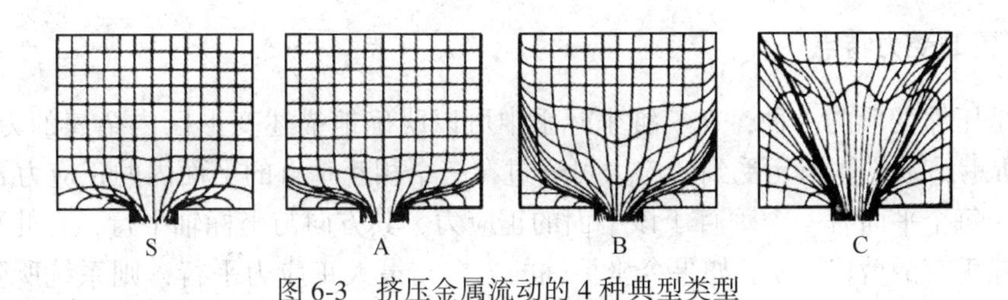

图 6-3 挤压金属流动的 4 种典型类型

塑性变形的锭坯可被视为刚性体受到挤压力作用朝挤压模移动。如图 6-3 所示，未发生塑性变形的锭坯部分的网格也未发生扭曲。因此，锭坯前端平齐地进入塑性变形区，这种非常均匀的金属流动只可能在金属锭坯与挤压筒内壁或者与模具接触表面之间没有摩擦力的条件下发生。当然，在实际挤压过程中，消除摩擦力是十分困难的，但是通过非常有效的润滑方式，例如静液挤压，可以实现接近 S 型的金属流动。即使不存在摩擦，在变形区内金属的应变速率和应变势能也不是均匀的，原因是金属在流向模孔的过程中流动方向必须改变。受到物理限制，金属难以绕过挤压筒与挤压模形成的直角流入模孔，因此金属将寻找最短的路径流入模孔，结果是在死区金属后方形成一个漏斗形的切变区，这个区域在 S 型金属流动中非常小。

当挤压筒内壁与金属锭坯之间没有摩擦，但是金属锭坯与挤压模和模座之间有很大的摩擦力时，金属流动呈现 A 型，如图 6-3 所示。这样的摩擦力阻碍了周向区域金属的径向流动，并增加了在此区域内剪切变形的程度。因此，与 S 型相比，A 型的死区稍有扩大，相应的其塑性变形区稍有变宽。但是在锭坯心部塑性变形依旧比较均匀。A 型金属流动常见于带润滑地挤压软金属或合金，例如铅、锡、α-黄铜和锡青铜。

当金属锭坯与挤压筒内壁、挤压模和模座之间均存在摩擦力时，金属流动呈现 B 型，如图 6-3 所示。周向区域金属因受到摩擦力阻碍流动得较慢，心部金属受到的阻力较小从而向挤压模流动得较快。自锭坯表面发展到心部的切变区域向后延伸至锭坯内部，造成很大的死区，切变区域延伸的深度取决于挤压工艺参数和合金种类。在挤压初期，切变区域集中在锭坯的周向区域内，但随着塑性变形的持续发生，切变区域向锭坯心部延展。这增加了锭坯表面的金属带着杂质或润滑剂沿着切变区域流入锭坯内部的风险。B 型金属流动出现在表面没有形成润滑性氧化皮的单相均匀铜合金和多数铝合金的挤压过程中。

C 型金属流动，如图 6-3 所示，出现在高摩擦的热挤压中。类似 B 型金属流动，在温度较低的周向区域内金属的变形抗力显著高于心部，以致在锭坯表面形成类似壳体的表层，这导致圆锥形的死区从锭坯前端一直扩展到末端。挤压初始阶段，塑性变形在漏斗形区域内发生，特别在切变区域塑性变形尤为剧烈，而锭坯表层和死区金属在锭坯不断被挤压的过程中受到轴向压应力，它们将沿阻力最小的路径朝挤压模流动，然后流向锭坯心部进入漏斗形变形区。C 型金属流动在热挤压金属锭坯易形成冷却外壳和挤压筒内壁摩擦力大的条件下出现，典型的例子是 200℃热挤压 α+β黄铜，对挤压筒外壁进行 10s 冷却，结果形成硬度显著大于心部的外壳。这是因为冷却过程中发生相变，形成的 α 相比β相的流变应力高得多，锭坯外壳的硬度约为心部的 8 倍。在没有相变发生时，如果锭坯外部和心部的温差很大，也能形成 C 型金属流动，常见于锡、铝及其合金的热挤压。

6.1.2 金属的受力特点

挤压是压缩变形的一种，在三维坐标系中可以明确地描述变形区内金属的力学行为，如图6-4所示，单位体积元受到的应力可通过在三个相互垂直的平面内的正应力 σ 和剪应力 τ 描述，每个平面有一个垂直于该平面的正应力，其方向与坐标轴平行，在此平面内另有两个相互垂直的剪应力 τ。如果令坐标轴的方向与最大正应力平行，则系统所受应力可简单地用三个正应力 σ_1、σ_2 和 σ_3 描述，如图6-5所示。这三个正应力又称为主应力，因为所有剪应力均为0。在上述坐标系中，压应力为负值，拉应力为正值。

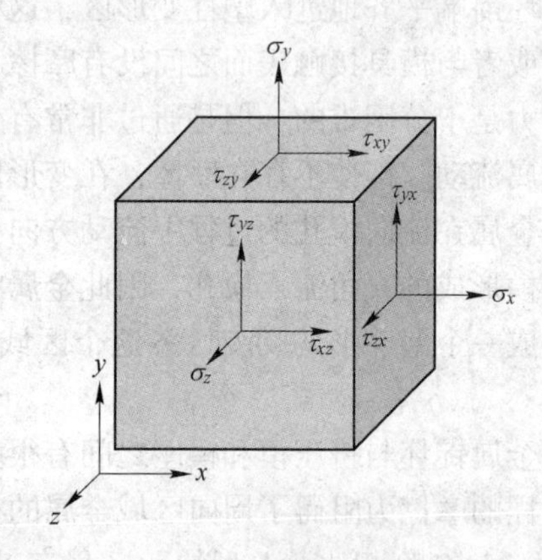

图6-4 在一个任意选定的坐标系中的正应力 σ 和剪应力 τ

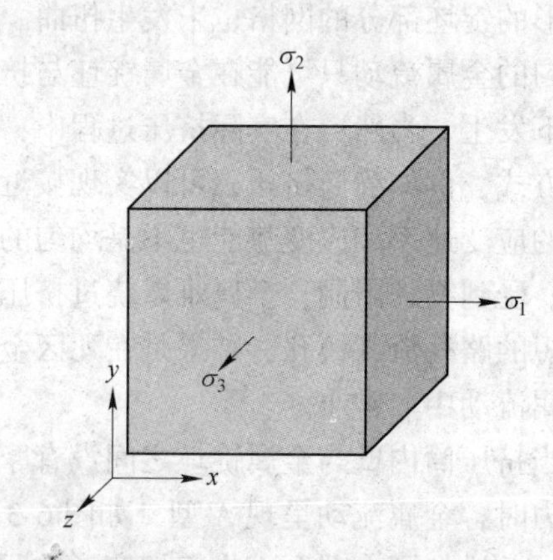

图6-5 选取主应力坐标系对应力状态进行最简明的描述

根据Tresca屈服准则，当最大主应力和最小主应力的差值达到某个临界值（应力梯度）时产生塑性流变，也就是开始塑性变形。不妨设 $\sigma_1 > \sigma_2 > \sigma_3$，则Tresca屈服准则可描述如下：

$$\sigma_1 - \sigma_3 = k_f \tag{6-1}$$

式中，k_f 为流变应力，是塑性变形技术中非常重要的材料参数之一。

根据Tresca屈服准则，只要应力梯度总能达到 k_f，则在压应力或拉应力作用下塑性流变就能持续进行。与大多数塑性变形技术不同的是，挤压过程中锭坯受到的是三向压应力，如图6-6所示。轴向应力 σ_3 的值最大，圆柱形锭坯的径向应力 σ_1 和 σ_2 相等，但是它们的值小于 σ_3。因为三个主应力都是负值（压应力），则有 $\sigma_1 = \sigma_2 > \sigma_3$ 和 $\sigma_1 - \sigma_3 = k_f$。忽略锭坯和挤压筒之间的摩擦力，则轴向应力为 $-\sigma_3 = k_f - \sigma_1$。如果某材料在挤压过程中的流变应力为100MPa，假设 $\sigma_1 = \sigma_3/2$，则忽略摩擦力可得轴向应力 $\sigma_3 = -2k_f = -200$MPa。这个例子说明即使不考虑摩擦力，施加于挤压杆的载荷通常也显著高于锭坯材料的屈服应力。挤压过程中，材料受到三向压应力而发生塑性变形的优势是裂纹不易扩展，材料能够获得很大的塑性变形。

挤压力是挤压杆通过挤压垫作用在锭坯上使之流出模孔的压力，它是制订挤压工艺、选择与校核挤压机能力以及检验零部件强度与工模具强度的重要依据。影响挤压力的因素有很多，大体可分为对材料变形抗力的影响因素和对材料变形状态的影响因素。挤压温度、变形程度和挤压速度通过影响材料变形抗力而影响挤压力。一般情况下，温度降低、

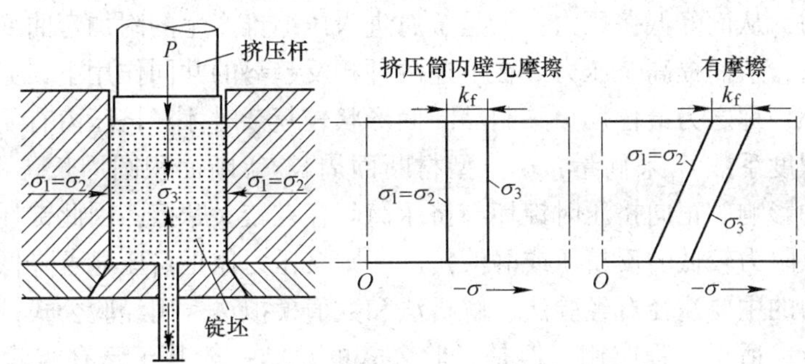

图 6-6 有润滑和无润滑的正挤压过程中沿挤压筒长度方向轴向压应力 σ_3 和径向压应力 $\sigma_1=\sigma_2$ 的变化示意图

变形程度增加或变形速度提高将使材料的变形抗力上升，从而使挤压力上升。图 6-7 所示为 AZ61 镁合金的流变应力随温度、应变速率和应变程度变化的情况。实际挤压过程中，上述因素之间的作用是相互影响的，需要考虑材料受挤压产生的变形热和散热情况，例如在开始挤压阶段，挤压速度较高时的挤压力较大，随着挤压继续进行，由于金属冷却较慢，变形区金属温度可能提高而产生软化效应，挤压力则逐渐降低；若采用较低的挤压速度，由于挤压筒内金属的冷却，变形抗力提高，挤压力可能一直上升甚至超过设备允许的最大挤压力。

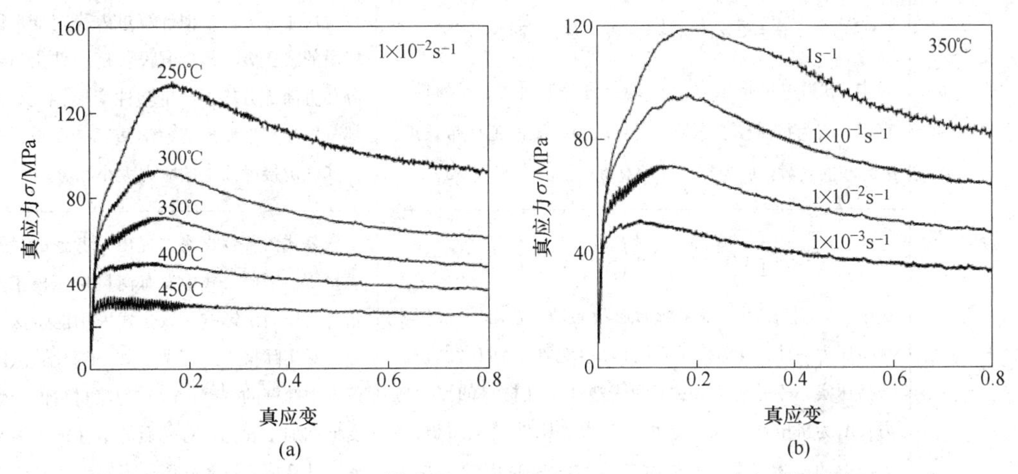

图 6-7 均匀化热处理后的 AZ61 镁合金（Mg-6.1Al-1.1Zn-0.18Mn）在不同温度（a）和不同应变速率（b）下的应力-应变曲线

摩擦、挤压模角、锭坯长度、制品断面形状和挤压方法可归纳为对材料变形状态的影响因素。普通正挤压中，挤压筒、变形区和工作带内的金属都承受了接触面上的摩擦作用，为克服摩擦阻力，挤压力需要升高，一方面造成能耗，另一方面引起挤压制品表、里组织和性能不均，因此减小摩擦力是降低能耗和提高挤压制品质量的重要措施之一，如后文提到的静液挤压。锥形挤压模的模角（α）对挤压力有显著影响，随着 α（图 6-8）由 0°逐渐增大至某一角度（一般在 45°~60°），挤压力逐渐下降至最小值；随着 α 继续增大，挤压力则逐渐上升。随着 α 由 0°增大，变形区压缩锥缩短，降低了挤压模

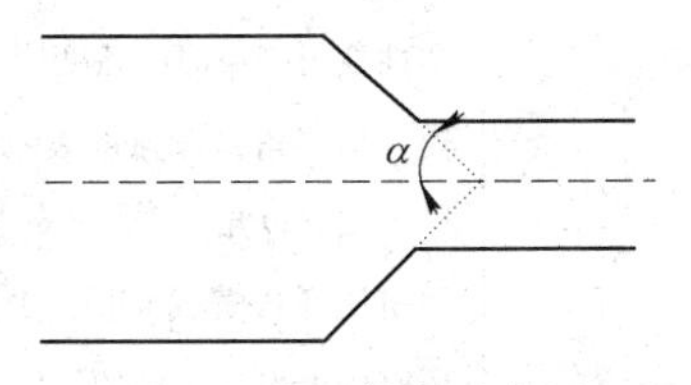

图 6-8 挤压模角示意图

锥面上的摩擦力，从而降低挤压力；但是金属进入压缩锥产生的附加弯曲变形也增大，使金属变形功升高，从而提高挤压力。在上述两种相反趋势的共同作用下，必然存在一个 α 值使挤压力最小，称之为最佳模角。制品断面形状较复杂时才对挤压力有明显影响，可用制品断面复杂程度系数 C_1 来衡量，C_1 = 型材断面周长/等断面积圆周长。当 $C_1 > 1.5$ 时，才有比较明显的影响。正向挤压时锭坯与挤压筒间存在较大摩擦，因此锭坯越长，挤压力越大。采用摩擦阻力较低的反挤压或静液挤压，则挤压力比正挤压显著降低。

计算挤压力的主要途径有经验法、解析法和数值模拟法。用经验公式计算挤压力具有简便易行的特点，适于工程应用。但是经验公式的总结一般基于已有实验结果的统计分析，对于超出统计范围的情况缺乏可靠的预测。解析法借助塑性方程求解应力平衡微分方程，或者利用滑移线法求解平衡方程式，或者根据最小功原理和采用变分法建立计算公式，为了获得解析解，一般根据实际挤压过程建立简化模型，即使如此也往往涉及繁杂计算过程，且通常只能解决简单情况（如轴对称问题），影响了其广泛应用。但是解析法有助于人们更清晰的认识挤压过程中发生的物理现象。常用的挤压力计算公式见表 6-1，实际生产中用计算精确度和可应用的条件来评价一个公式的适用性。

表 6-1 挤压力公式

工艺	挤压力公式	特 点
	$p = 2\sigma_0\left(\ln\frac{d}{d_1} + 2\mu\frac{h_1}{d_1}\right)e^{\frac{2\mu h_0}{d}}$ 式中，p 为单位挤压力；σ_0 为金属变形抗力；d 为锭坯直径；d_1 为挤压模工作带直径；h_1 为挤压模工作带长度；μ 为摩擦系数；h_0 为锭坯原始高度	应用主应力法近似计算进入稳定变形阶段后的挤压力。模型假设：挤压件出口部分和直筒部分均不产生塑性变形，仅锥形部分发生塑性变形。数学演算较简单，但只能确定接触面上的应力大小和分布
正挤压	$p = C\frac{\pi}{4}(D^2 - d^2)Y\ln\left(\frac{A_1}{A_2}\right)\left(1 + \mu\frac{L}{D}\right)$ 式中，p 为挤压力；C 为断面形状系数，$C>1$ 需根据实测挤压力估计；D 为挤压筒内径；d 为瓶式穿孔针直径，若挤压实心棒材则 $d=0$；Y 为刚塑性条件材料的流变应力；A_1 为挤压坯料横截面积；A_2 为挤压件横截面积；μ 为筒壁的摩擦系数；L 为挤压件与挤压筒内壁的接触长度	该公式由普罗卓洛夫提出，考虑的是平模挤压，因此公式中没有衡量挤压模半锥角对挤压力的影响。该公式采用能量法推导，对实际挤压过程做了如下简化：(1) 仅考虑筒壁的摩擦；(2) 忽略材料的弹性变形和加工硬化。对高强低塑性的难熔金属，计算值接近实际值，但对纯钛及锆合金，计算值明显低于实际值
	$\overline{F} = k_{fm}\frac{d_2^2\pi}{4}\left[\frac{2}{3}\hat{\alpha} + \left(1 + \frac{2\mu}{\sin 2\alpha}\right)\varphi\right] + \pi d_2 l\mu k_{f0}$ 式中，$\overline{F}$ 为成形力的平均值；k_{fm} 为平均流变应力，$k_{fm} = (k_{f0} + k_{f1})/2$；$k_{f0}$ 为塑性变形开始时的流变应力；k_{f1} 为塑性变形结束时的流变应力；d_2 为挤压坯料直径；$\hat{\alpha}$ 为凹模入口半角，以弧度表示；μ 为摩擦系数；α 为凹模入口半角，以角度表示；φ 为挤压比，$\varphi = \ln(A_2/A_1)$；A_2 为挤压坯料横截面积；A_1 为挤压制品横截面积；l 为挤压筒内壁发生摩擦的长度	该公式考虑了挤压模角对挤压力的影响。根据这个公式可知，当 $\alpha = 45°$ 时，$\sin 2\alpha = 1$，平均挤压力最小

续表 6-1

工艺	挤压力公式	特　点
静液挤压	$p=(a\cdot \mathrm{HV}+b)\ln\lambda$ 式中，p 为单位挤压力；a，b 为试验常数；HV 为挤压温度下坯料的维氏硬度值；λ 为挤压比	该公式为经验公式，根据挤压材料的不同，试验常数取值不同。例如，对硬度 HV 为 20~80 的铝及铝合金，$a=3.94$，$b=92$

6.1.3 挤压件的组织及性能控制

理想中挤压制品沿长度和截面均具有较为均匀的组织，整体具有均匀的性能，但实际中挤压筒内金属流动的不均匀性在不同程度上将导致下面的结果：

(1) 由于摩擦力和切变作用，锭坯周向区域比心部区域的塑性变形更剧烈；

(2) 如图 6-9 所示，随着挤压进行，周向区域内因摩擦和切变导致的变形也在增大，因此在挤压末期，锭坯尾部因上述原因导致的变形区占据更大面积；

(3) 周向区域和锭坯尾部的切变导致局部温升。

多数情况下，铸态组织在热挤压过程中由于发生再结晶而被彻底改变。但在挤压可时效强化铝合金时会抑制再结晶发生，因为热处理后沿挤压制品的轴向，合金可获得更好的力学性能。在挤压变形过程中发生的动态再结晶及其导致的晶粒尺寸分布取决于材料属性、变形区和产生挤压制品的应变、应变速率和温度场，因此可以通过对上述因素的研究解释挤压制品中的组织、性能差异和挤压缺陷产生的原因。

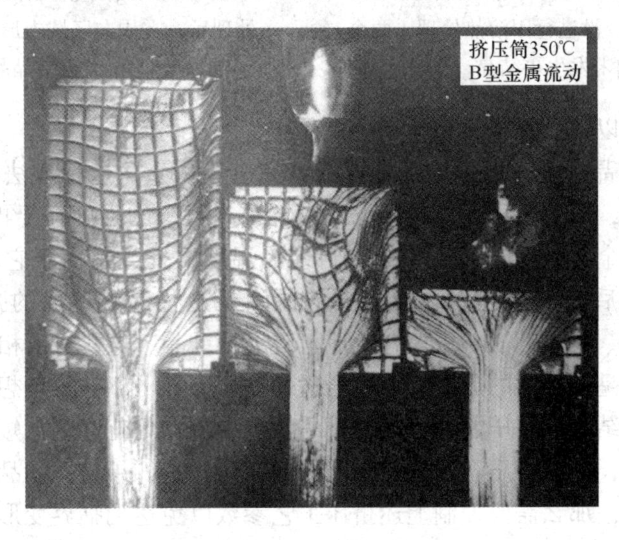

图 6-9 平模挤压 CuZn31Si 合金

（锭坯壳体厚度约为 0.5mm，挤压力为 5MN，挤压筒直径为 90mm，锭坯温度为 725℃）

低熔点金属例如铅（熔点为 327.5℃）和锡（熔点为 231.9℃）在冷挤压过程中即可发生再结晶。大截面挤压棒材再结晶后外层的晶粒尺寸比心部的晶粒尺寸小得多。如果在冷挤压中达到 5%~12%的临界变形量，则发生二次再结晶，在室温发生晶粒异常长大。

再结晶温度低的纯铝和铝合金在普通热挤压条件下即可发生完全再结晶，但另一方面如果合金中含有阻碍再结晶的合金元素，例如，在 Al-Mg-Si 或 Al-Cu-Mg 合金中添加 Mn、Cr 或 Zr，则再结晶温度提高以至于再结晶与变形不同步。如图 6-10 所示，AlMgSi1（含 0.4%~1.0% Mn）挤压棒材没有发生再结晶，由于采用多孔模挤压，变形程度更大的周向区域形成新月形与心部区域产生直观可见的组织差异。如图 6-11 所示，将该挤压棒材在 530℃进行固溶热处理，周向区域与心部区域的再结晶行为显著不同，心部区域不发生再结晶，而周向区域再结晶后生成非常粗大的晶粒，这是因为阻碍再结晶发生的合金元素和周向区域的变形条件使得其中部分区域达到二次再结晶的临界变形量，致使晶粒异常长大。

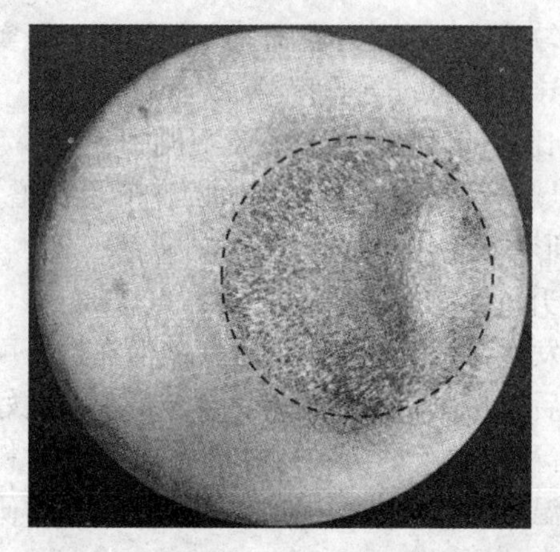

图 6-10 AlMgSi1 挤压棒材截面的新月形周向区域和芯部区域，没进行固溶热处理，两个区域均未发生再结晶

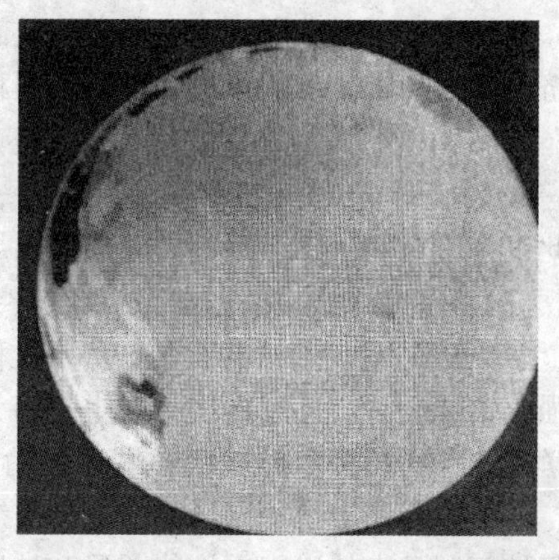

图 6-11 AlMgSi1 挤压棒材经过 530℃固溶热处理后，在周向区域内形成新月形分布的粗大再结晶晶粒

有几种方法可以防止铝合金挤压产生粗晶：

（1）提高再结晶温度使得再结晶延迟或者完全不发生。这种方法特别适于高强可热处理铝合金的挤压，因为挤压后沿挤压方向未再结晶组织的强度高于再结晶组织的强度。最初，人们认为合金元素 Mn、Cr 和 Zr 对再结晶温度的提高是由于它们在铝基体中固溶后产生的效果，但后来的研究发现更主要的原因是这些元素形成的弥散分布的析出相（Al_6Mn、AlMnFeSi、Al_3Zr、Mg_2Si）有效地阻碍了再结晶。这些析出相的尺寸、分布、化学成分和析出时间是较重要的因素。通过合适的挤压参数可以获得理想分布的析出相，阻碍再结晶获得未再结晶的挤压制品，具体可采用适中的均匀化温度，短的均匀化时间或者甚至不进行均匀化，高的挤压温度和尽可能低的挤压比。如果挤压制品后续要进行热处理或者进一步热加工，那么需要控制上述挤压工艺参数以免达到临界变形量促使二次再结晶导致的晶粒粗大。

（2）降低再结晶温度使得整个挤压制品的截面发生再结晶形成细小的晶粒组织。在这种情况下，应该避免加入阻碍再结晶的合金元素，或者通过合适的热处理工艺使特定种类的析出相从过饱和固溶体中析出，例如，通过高温长时均匀化析出粗大的含 Mn 或 Mg_2Si第二相。这些粗大的析出相降低再结晶温度并且与细小弥散的析出相相比更能促进再结晶晶粒形核，此外需采用尽可能高的挤压比使得塑性变形尽可能大的超过临界变形量，这样才能得到由细小再结晶晶粒组成的挤压制品。

钢材以及其他重金属材料在热挤压过程中往往会发生动态再结晶，金属锭坯与挤压设备之间巨大的温度梯度造成锭坯表面温度的快速下降，因此从形成粗晶的风险方面考虑，这些合金与铝合金大不相同。挤压过程开始时的高挤压温度在不稳定变形足够大的条件下可能导致粗晶形成，而力学性能更好的细晶组织往往在挤压过程的后期形成，此时温度已下降。如果在挤压过程中不能通过其他手段避免粗晶和不均匀的组织生成，肯定能将组织均匀化的后续手段是将挤压制品进行面缩率不小于15%的冷拉拔，然后再结晶退火。这个方法尤其适用于需要后续进行热处理温度高于再结晶温度的固溶热处理或热锻造的合金。如同通过冶金方法防止粗晶形成，通过改变挤压工艺也能达到同样的目的，例如使用反挤压或带润滑的挤压将金属流从C或B型变为更加均匀的A或S型。

6.2 挤压工艺方法

6.2.1 正挤压工艺

将挤压时金属产品流出方向与挤压杆运动方向相同的挤压称为正向挤压或简称正挤压，它是最基本的挤压方法，具有技术成熟、工艺操作简单、生产灵活性大（更换模具简单迅速)、制品表面质量好等优点，被广泛应用于挤压钢材和多种有色金属材料。

6.2.1.1 实心材正挤压

普通实心材正挤压的原理如下：挤压杆在挤压设备提供的动力下向模孔运动，迫使挤压筒内的金属流出模孔形成挤压制品。挤压垫可以减少挤压杆端部的磨损，减轻金属锭坯对挤压杆的热影响，对挤压杆起到保护作用。

挤压过程中金属锭坯与挤压筒内衬发生摩擦，摩擦力使金属变形不均导致挤压制品头部与尾部、表层与中心的组织性能差异；摩擦力做功损耗挤压能量，一般情况下可造成30%~40%的能量损失；该过程中产生的摩擦热量限制了低熔点金属挤压速度的提高，加剧了挤压筒内衬和挤压模的磨损。为了防止挤压后期脏物进入挤压制品内部，需将金属锭坯的一部分（一般为10%~15%）留在挤压筒内，称为“压余”。压余导致金属坯料利用率降低、生产成本上升、生产效率降低。为了减轻摩擦力对挤压制品的负面影响，人们发展了“蜕皮挤压”工艺，将挤压垫制作的比挤压筒内衬的内径小2~4mm，即可在正挤压过程中把金属锭坯表层金属切离而滞留在挤压筒内实现蜕皮。蜕皮挤压可将压余减少约10%，挤压制品的表面与心部的组织性能更均匀。黏性大的金属，如铝及铝合金，不适合采用蜕皮挤压；黏性不大且易形成大挤压缩尾的金属，如铝青铜和一些黄铜，非常适合采用蜕皮挤压。

当要求挤压制品的横截面尺寸发生变化时，需要设计相应的挤压模以实现变断面棒材或型材的挤压。断面形状或尺寸突然发生变化的型材称为阶段变断面型材，断面形状逐渐改变的称为逐渐变断面型材。阶段变断面棒、型材的正挤压方法之一是“双位楔”挤压法，其原理如图6-12所示，金属先从小模的模孔流出形成制品小断面的部分，然后移出小模，金属继而从大模的模孔流出形成制品大断面的部分。

另一种挤压模的设计是将其分成可组装和拆卸的几部分，如图6-13所示，先装上小孔可拆卸模挤压金属制品小断面的部分，然后将模具拆卸下换成大孔可拆卸挤压模挤压金属制品大断面的部分，这种方法称为“可拆卸模”挤压法。

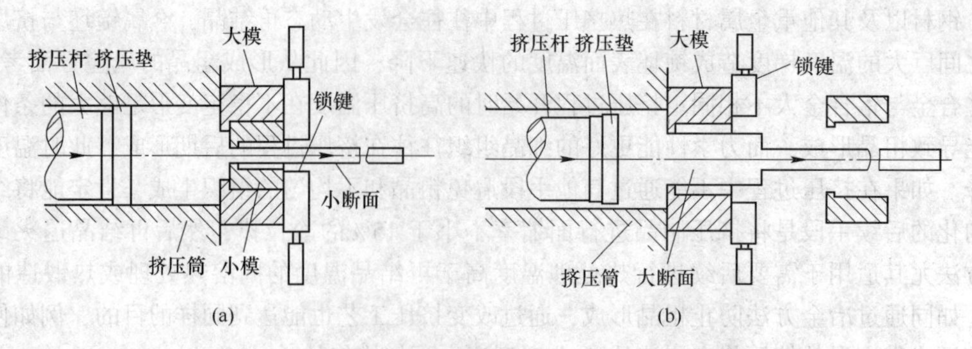

图 6-12　阶段变断面棒、型材“双位楔”法示意图

（a）挤压小断面；（b）挤压大断面

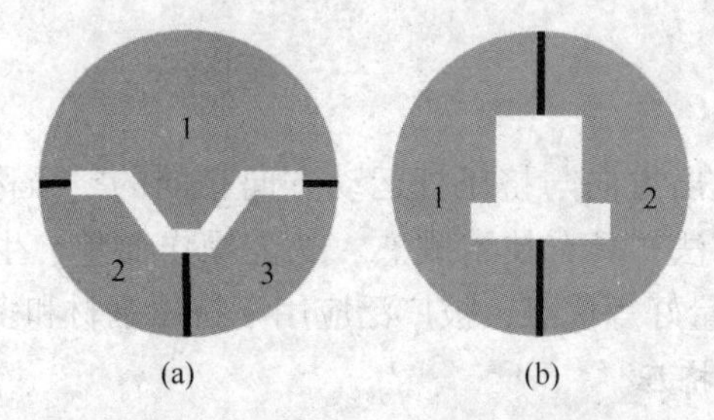

图 6-13　阶段变断面型材的可拆卸模

（a）小孔模具；（b）大孔模具

对于截面只在一个维度变化的情况，可以将挤压模分成固定部分和可动部分，通过控制可动部分的开合实现挤压件断面的阶段或连续改变，可以挤压阶段变断面、逐渐变断面或者两者兼具的金属制品，这种可动模挤压的示意图及挤压制品如图 6-14 所示。

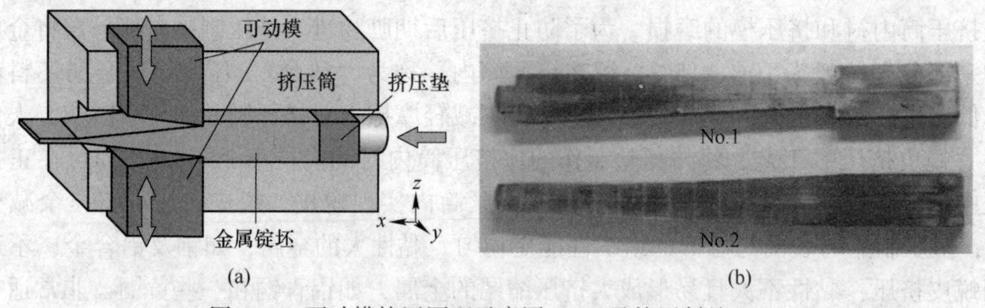

图 6-14　可动模挤压原理示意图（a）及挤压制品（b）

6.2.1.2　空心材正挤压

空心材正挤压通常需要借助穿孔针，如图 6-15 所示，如果穿孔针与挤压杆是独立的部件，则它们分别由不同的缸体驱动，称之为带独立穿孔装置的挤压法；如果穿孔针固定在挤压杆上，则称之为不带独立穿孔装置的挤压法。两种方法的执行步骤不同，带独立穿孔装置的挤压分为三个阶段：（1）充挤压阶段，不带挤压针挤压实心锭坯，待其充满挤压筒后用穿孔针进行穿孔；（2）正常挤压阶段，穿孔针停留于挤压模的模孔内，形成环形截面；（3）分离压余阶段，将压余与挤压模分离。而不带穿孔装置的挤压一般采用空心锭坯，挤压过程较直接。

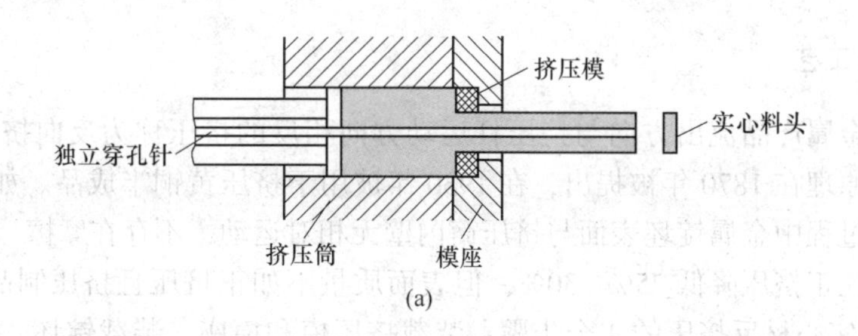

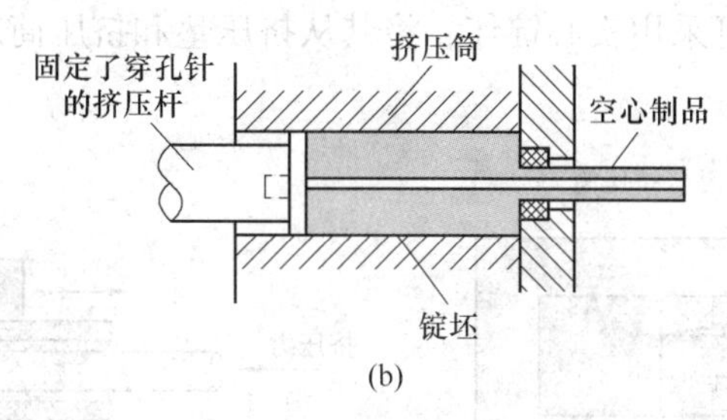

图 6-15 空心材正挤压原理示意图

(a) 带独立穿孔装置；(b) 不带独立穿孔装置

穿孔针在挤压过程中与锭坯在较大长度范围产生摩擦，既增加能耗又造成穿孔针的磨损，导致挤压制品的尺寸精度降低。采用分流组合模的焊合挤压法可以不用穿孔针就能正挤压空心材，其原理如图 6-16 所示，锭坯受挤压杆推动朝分流组合模流动，被分流孔分为对应的几股金属流，它们在焊合室内相遇并在压力和热的作用下产生焊合，然后进入芯棒与模孔构成的环形截面间隙，出模后成为空心挤压制品。由加热装置和测温热电偶组成的控温装置可以保持挤压过程中锭坯的温度恒定。这种方法可生产复杂断面的空心材，制品尺寸精确、壁厚偏差小、组织性能较均匀。但是在挤压制品上有焊缝，不适于生产焊接性能差的金属，适用于生产焊接性能良好的铝、锌、铅及其合金。实际生产中，可以将锭坯连续放入挤压筒内，使得总压余显著降低，提高材料的利用率和生产效率。

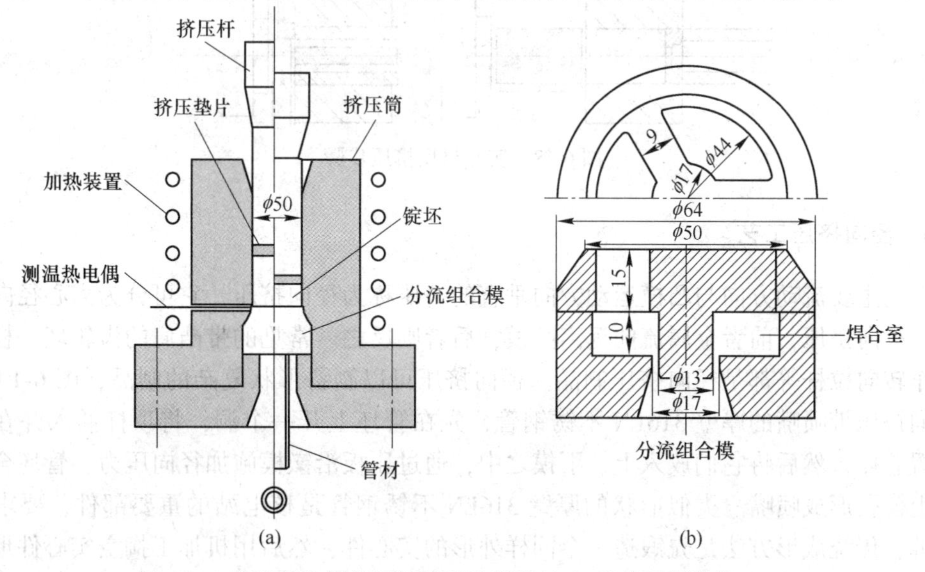

图 6-16 分流组合模挤压的装置示意图（a）及挤压模结构（b）

6.2.2 反挤压工艺

将挤压时金属产品流出方向与挤压杆运动方向相反的挤压称为反向挤压或简称反挤压，反挤压的原理在1870年被提出，在1930年被用于挤压黄铜半成品。如图6-17所示，实心材反挤压过程中金属锭坯表面与挤压筒内壁无相对运动，不存在摩擦，因此变形较均匀，挤压力可比正挤压降低25%~30%，但表面质量不如正挤压且挤压制品的长度受限。图6-18所示为实心材反挤压的4个步骤：装载挤压模和模座、装载锭坯、进行反挤压和退余料。空心材的反挤压可采用实心锭坯，将其从挤压垫和挤压筒之间的空隙挤出形成大内径管材。

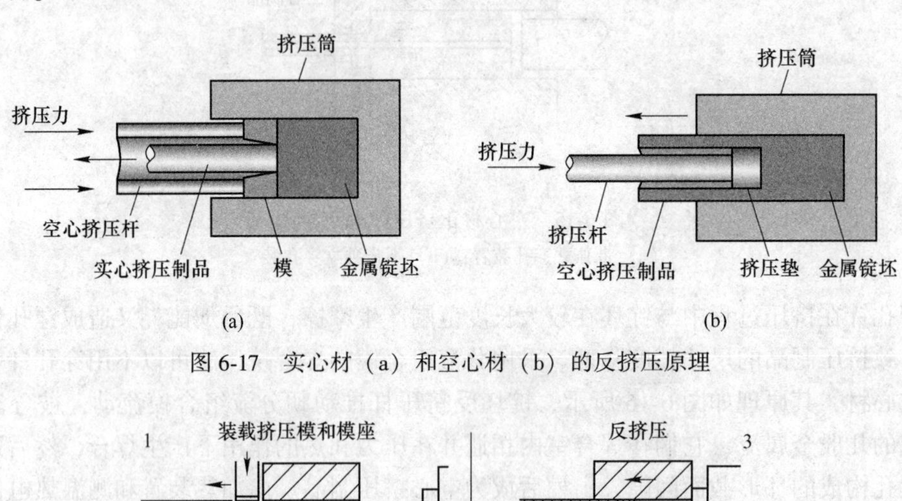

图6-17 实心材（a）和空心材（b）的反挤压原理

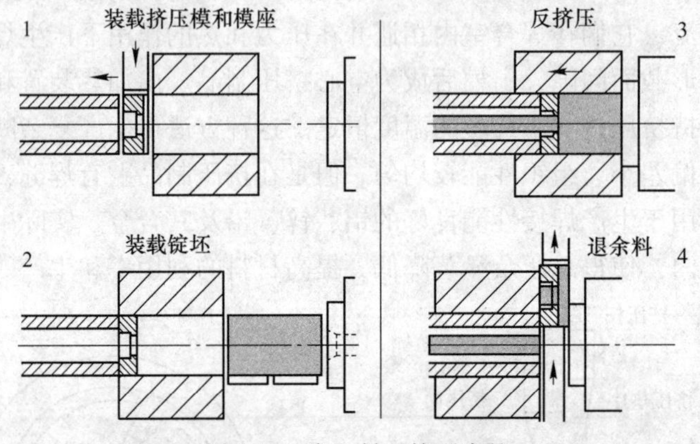

图6-18 实心材反挤压步骤

6.2.3 径向挤压工艺

金属主要流动方向与凸模运动方向垂直的挤压称为径向挤压，它可分为离心径向挤压和向心径向挤压，前者金属流向远离凸模，后者则反之。常见的带凸肩的齿轮坯、枝状件和汽车转向拉杆等都是径向挤压制品。径向挤压可以制备形状复杂的制品，图6-19所示为径向挤压带喷嘴的厚壁316LN不锈钢管，先在管坯上开一个洞，将顶杆插入并在管坯内放置芯棒，然后将它们放入上、下模之中，通过压板沿镦模施加径向压力，管坯金属被挤入上模孔形成喷嘴。类似形状的厚壁316LN不锈钢管是核电站的重要部件，要求管身无焊缝，传统成形方法是先锻造一个同样外形的实心件，然后用机加工掏空实心件形成带喷嘴的管材。这种方法的问题是材料利用率很低、加工周期长、锻造需经过多火多道次致使材料的组织不易控制。

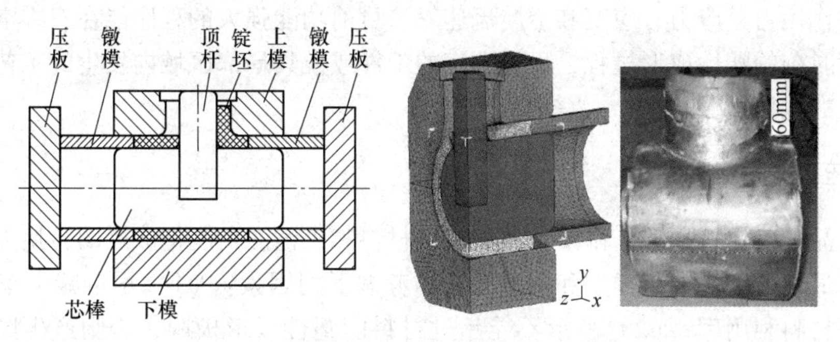

图 6-19 径向挤压带喷嘴的厚壁 316LN 不锈钢管

6.3 挤压工艺设计

挤压工艺设计的最终目的是高效、高质量、低成本地制备形状和尺寸精确、表面质量好、力学性能高的挤压制品。基于对挤压过程中金属流动特点的了解，结合金属锭坯本身的属性，以正挤压、反挤压和径向挤压为基础，可以设计各种先进的挤压工艺。当挤压工艺确定后，挤压工具的设计对实现工艺效果起到至关重要的作用，其中涉及结构设计和材料选择等多方面内容。在生产具体的挤压制品时，还需要根据金属锭坯种类、形状和尺寸要求、表面质量和力学性能要求设计挤压工艺步骤，针对每个工艺步骤选取最合适的挤压工艺参数，主要包括挤压温度、速度、变形量和润滑方式等。

6.3.1 挤压工艺设计的内容

挤压工艺设计的内容主要包括挤压工艺方案和工艺参数的确定。在设计挤压工艺时必须考虑成形中材料、工艺、模具和设备之间的相互影响。在工件成形前通过计算了解材料成形极限和成形趋势，确定下列因素的极限值：

(1) 材料：其极限是变形能力，取决于原材料的屈服应力 k_{f0} 和冷加工硬化后的屈服应力 k_{f1}；

(2) 工艺：其极限是最大许用变形程度 φ_{max} 和最大断面缩减率 ε_{Amax}，在杯形件反挤压时还需考虑最小断面缩减率 ε_{Amin}，这样金属会在整个壁部截面上流动，当薄壁杯形件的凸模在挤入和拔出时不会发生断裂；

(3) 模具：其极限是模具工作部件的弹性和塑性变形，描述这些特征的是凸模上的平均压力 $\bar{p}_{st}$ 和凹模内壁上的平均压力 $\bar{p}_{i}$，超过这些极限值后模具零件可能发生破裂或镦粗；

(4) 设备：其极限是压力机的最大承压力和动能，进行塑性成形时挤压所需的力和成形功必须位于压力机的压力–行程极限曲线以下。

现在绝大部分计算借助计算机程序进行，解析法中理想化的思考方式以简化假设为基础，只能粗略反映挤压时的真实变形过程。利用离散近似法计算已经得到了实践的检验，一种有效的方法就是有限元法，这种方法将所要计算的结构（挤压件、模具、压力机等）划分为大量的有限个小单元（离散化），它们之间通过共同的节点互相连接在一起，在相当于作用在真实模具和工件位置结构节点上的载荷（模拟载荷）作用下，可以通过网络结构中所产生的节点位移，利用材料法则和真实材料参数（弹性模量、流动曲线）来计算所要求的作用力、应力、应变和金属流速等。目前功能强大的程序能在三维空间以高精度计算任何时刻的塑性成形过程，显示选定的工件或模具局部区域内发生的工艺过程，以便有针对性的优化。

6.3.2 挤压工艺方案的确定

根据成品图确定挤压工艺方案，首先要从材料和工艺的角度把成品图转换为挤压件设计图，确定最佳的工步数、类型和顺序，需要考虑下列因素：（1）尽量减少车削精加工的量，提高材料利用率；（2）变形不能超过材料的塑性成形极限，否则产生废品；（3）模具受力不超过抗压极限，否则因过载或疲劳裂纹而失效；（4）采用易成形、低成本的毛坯。挤压工艺方案的确定包括工步序列及组合，需要经验积累及创新，其描述了一个挤压件的成形过程，从标注尺寸的毛坯到完工的挤压件，对每一个成形工步都需要确定几何形状以及尺寸公差、几何公差和表面粗糙度，还有必要的热处理和化学处理步骤、成形温度、变形程度、变形速度以及每一工位大致需要的力。图 6-20 所示为材料为 100Cr6 的滚珠轴承外圈的冷挤压工艺方案，从中可见毛坯尺寸及材料用量和预处理方法，挤压分为两个工步，每个工步的所需的成形力以及成形后半成品的尺寸，并附有挤压与上述各步骤对应的实物图。

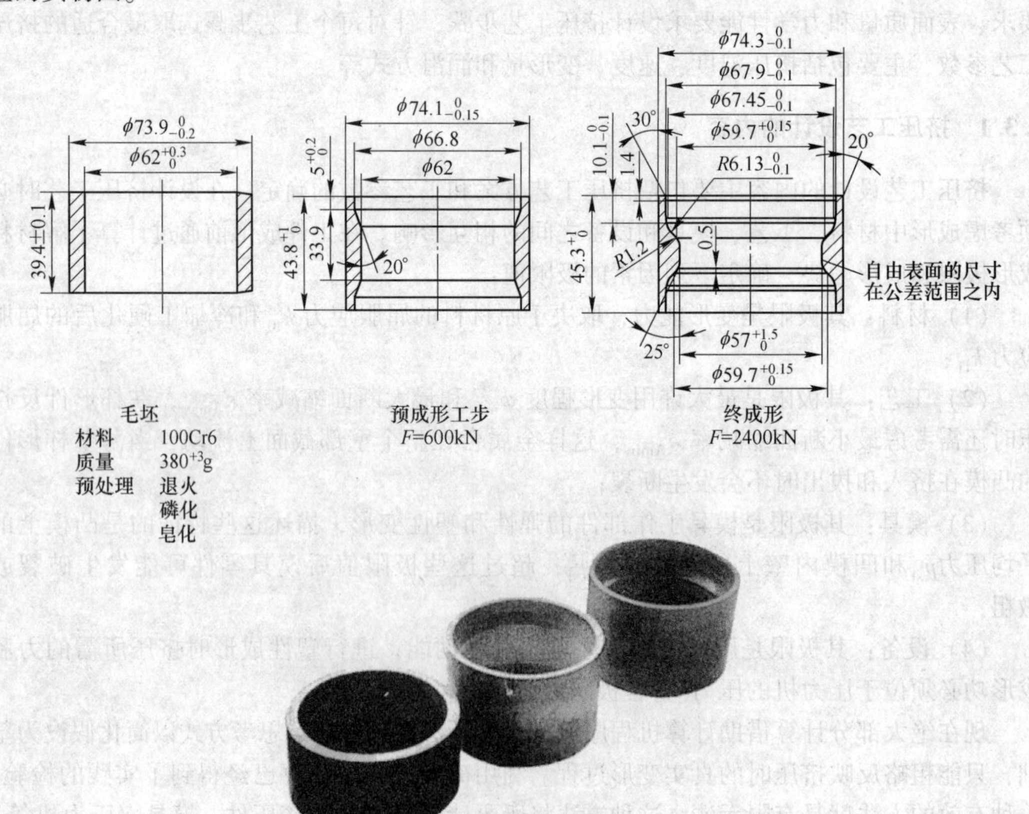

图 6-20 滚珠轴承外圈的挤压工艺

设计挤压工艺方案的一般步骤是以挤压件图样出发反向确定各个工步直到毛坯，可以应用计算机模拟以自动或半自动的方式进行设计，原则上材料经过各个工步保持体积不变，这是方案设计中的不变量，如图 6-20 所示，从一个壁厚约 6mm 的管状毛坯开始，随着壁厚减小工件变长。采用多工位模具时，确定工艺方案后还要分析工件的输送过程，同时考虑顶料器的运动、润滑剂以及冷却剂供给的情况下协调整个挤压流程。

一个好的挤压工艺方案可采用以下标准评判：（1）材料在不受约束的情况下尽量同时到达挤压模的端面；（2）材料在最低的压力下流动；（3）采用尽量少的工序，包括成形以及中间处理工序；（4）考虑经济性，包括多种成形方案以及全部设备的生产能力，仍以图 6-20 为例，如果有感应加热系统将毛坯加热至 700℃，则用温挤压可以一步成形，而无需采用冷挤压的 2 个工位；（5）模具设计和确定工件输入、输出以及传送的基础；（6）确定所需压力机的基础，需考虑挤压力、顶料器压力、动能、模具的安装空间以及压力行程特征等重要参数；（7）工艺及模具试验的基础；（8）产品检查精度，需考虑表面公差、尺寸公差、几何公差等重要参数。

图 6-21 所示为 16MnCr5 拔杆的挤压工艺方案，包括三个工步，前两步为冷挤压，最后一步为温挤压。在设计方案时要考虑材料性能，16MnCr5 是成形性能较差的钢材，其成形极限值为：挤压件断面缩减率的最大值 $\varepsilon_{\mathrm{Amax}} = (A_0 - A_1)/A_0 = 0.67$，变形程度的最大值

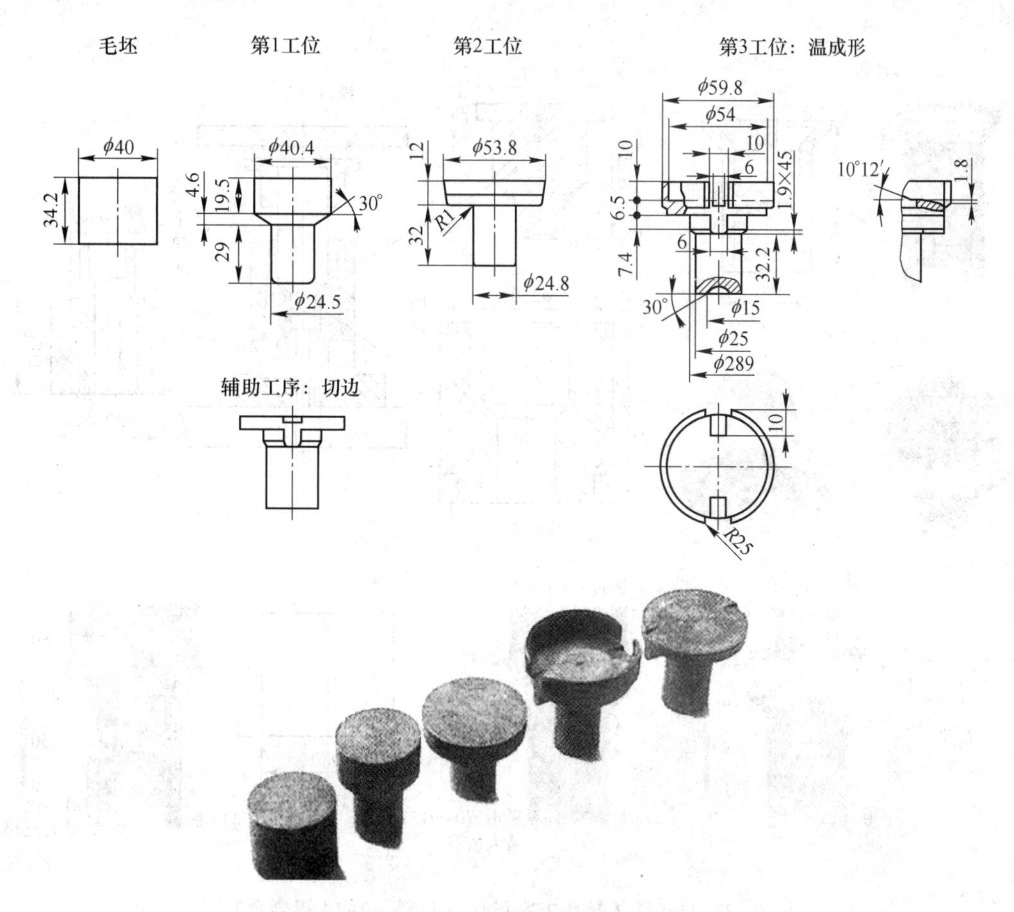

图 6-21 拔杆的挤压工艺方案（材料：16MnCr5）

$\varphi_{\max}=\ln(A_1/A_0)=1.1$，毛坯长度 L_0 与毛坯直径 d_0 比值的最大值 $(L_0/d_0)_{\max}=6$。第 1 步将直径为 40mm 的毛坯通过正挤压变为直径为 24.5mm 的实心件，对应的变形程度 $\varphi=0.98<\varphi_{\max}=1.1$，断面收缩率 $\varepsilon_A=0.62<\varepsilon_{A\max}=0.67$。第 3 步中拔杆上的小隔板只能通过温挤压成形，为了减轻挤压模具的承受的载荷，在模具上设计了减压开口让材料溢出，因此在这个工步中还同时挤出了一个薄壁杯体。最后一道工序通过切边将其去除。

图 6-22 所示为 2A14 超硬铝双孔壳体的挤压成形方案，根据零件设计图提出双孔正反挤压结合一次成形的设想，比传统用实心件机加工的方法省料约 60%，提高工作效率约 80%。该成形方案的难点是上凸模与下凸模之间的金属流动易发生紊乱从而产生缺陷，因此有必要采用模拟的方法评估挤压方案的可行性。采用两种尺寸的圆柱形坯料进行模拟对比，它们的尺寸分别为 ϕ120mm ×35mm 和 ϕ80mm ×73mm。如图 6-22 所示，尺寸为 ϕ120mm ×35mm 的坯料在模拟挤压中会出现横向剪断，而尺寸为 ϕ80mm ×73mm 的坯料在模拟挤压过程中金属流速恰当，当金属正向流动接触到下模腔底部时，金属正好反向流动至上模腔顶部镦压成形出 4 个凸台，不会造成挤压力的急速攀升。由此确定坯料尺寸为 ϕ80mm ×73mm，采用如下成形方案：下料→车坯→加热→润滑→挤压→清理→热处理→精加工，为使坯料变形均匀，对坯料和模具进行充分预热，在挤压前对它们进行充分润滑。

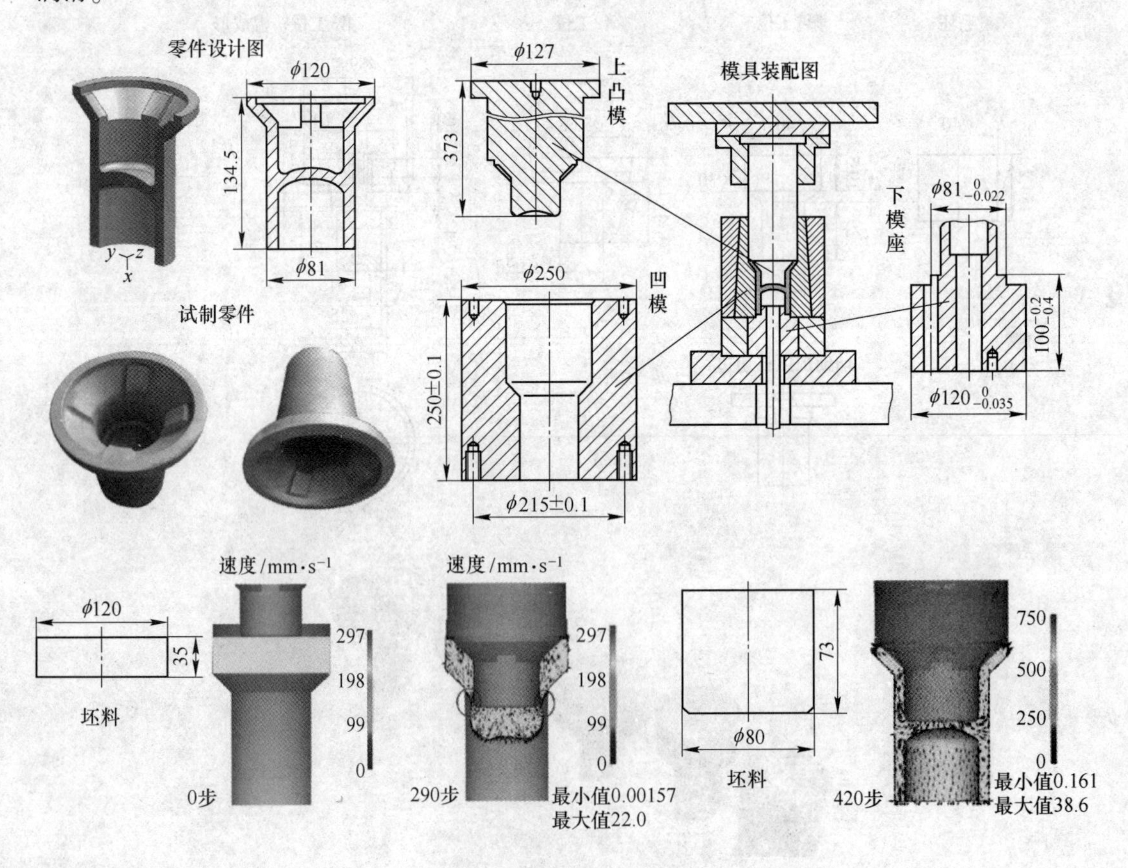

图 6-22 双孔壳体挤压方案设计（材料：2A14 铝合金）

6.3.3 挤压工艺参数的确定

6.3.3.1 挤压温度的确定

确定挤压温度的原则是保证金属具有最好的塑性及较低的变形抗力，同时保证制品获得均匀良好的组织性能，一般根据合金相图、塑性图和再结晶图确定合理的挤压温度范围。

合金相图是确定挤压温度的基础，合金的固相线温度为 T_0，为防止铸锭加热时过热或过烧，挤压上限温度一般不超过 $0.9T_0$，对单相合金挤压下限温度一般不低于 $0.65T_0$，而对两相及多相合金，挤压温度一般要高于相变温度至少 50℃，以防止挤压过程中产生相变。挤压过程中如果发生相变，通常会造成组织不均匀，由此导致变形和应力的不均匀，降低合金的加工性能，因此热加工通常在单相区进行。图 6-23 所示为根据 Al-Mg 相图选择挤压温度，工业纯铝的商用热挤压温度为 580～600℃，5005 金的商用热挤压温度为 550～560℃，而 AZ31、AZ61 和 AZ80 镁合金均可在 370～410℃ 热挤压。但也有例外，有的合金在单相区硬而脆，在两相区反而塑性高，这往往是因为相变导致的晶粒细化提高了塑性，此时需要在两相区热挤压。

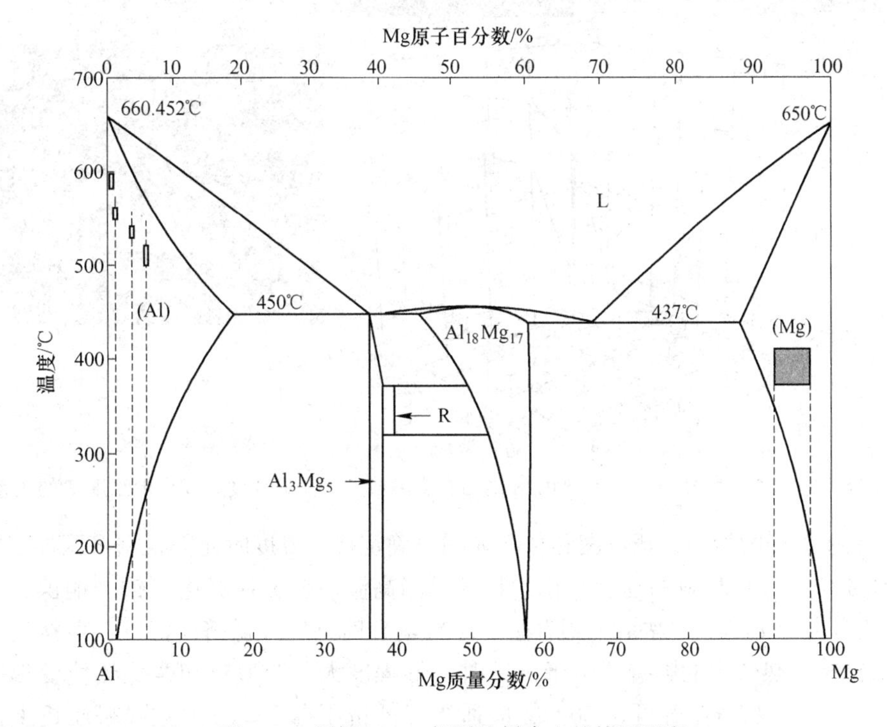

图 6-23 根据 Al-Mg 相图选择合金的挤压温度

在相图基础上，还要根据塑性图确定合金最高塑性对应的温度区间。塑性图是合金的塑性随温度、变形条件和变形状态而变化的综合曲线图。反应合金塑性的指标可以选取冲击韧性、断面收缩率、延伸率、扭转角以及镦粗时出现第一个裂纹时的压缩率等。选择热挤压温度时，通常可根据拉伸断裂的断面收缩率和镦粗时出现第一个裂纹时的压缩率来衡量热挤压的塑性。虽然塑性图能给出合金最高塑性温区，但是它不能反映挤压后制品的组织与性能，因此还要参考再结晶图，以控制制品的晶粒度。

图 6-24 所示为 Ni-Fe-Cr 型 GH984G18 高温合金在应变速率为 1/s 时的再结晶图，从中可见当变形温度为 1000℃时，变形量达到 30%时晶粒发生显著细化，金相组织多为混晶组织，使材料性能不均匀、力学性能下降；而当变形量达到 60%时，晶粒尺寸达到最小值，说明发生完全再结晶，金相组织多为细小均匀的等轴晶组织。随温度升高，动态再结晶晶粒开始迅速长大，至 1100℃时，晶粒尺寸已显著增大，金相组织为粗大等轴晶。而当变形温度不超过 900℃时，热变形无法导致动态再结晶，晶粒度几乎不变，晶粒仅在变形中拉长。由此可见，为获得强度和塑性都较好的细小等轴晶组织，在这个应变速率下，1000℃是最佳的变形温度。

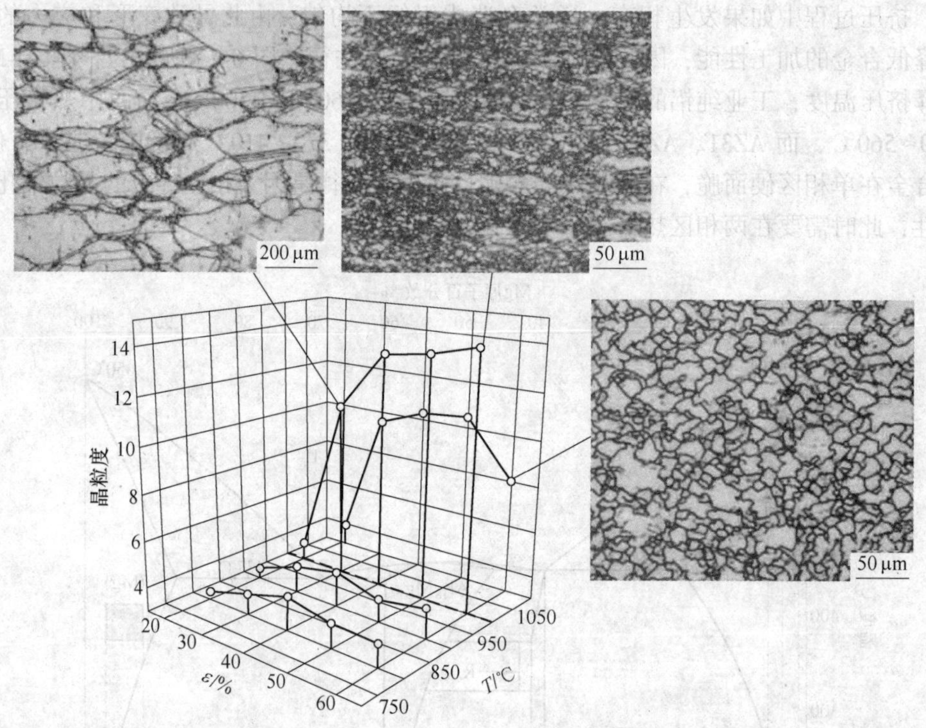

图 6-24　应变速率为 1/s 时，GH984G18 高温合金晶粒度与变形程度 ε 和变形温度 T 的关系

除了上述提到的相图、塑性图和再结晶图，确定挤压温度时还需根据挤压加工的特点考虑下列因素：（1）材料的物理和化学特性：当高温下合金易氧化（铜、铜镍合金和钛合金），或者易与工具产生黏结（铝合金、铝青铜）时，应降低挤压温度，取接近下限的温度；（2）挤压热效应的影响：由于挤压时变形程度大，变形热和摩擦热使变形区的温度升高，有的合金挤压温升可达 50℃，应适当降低挤压温度。一般立式挤压机上锭坯的温升效应大于卧式挤压机，因为前者挤压速度较快，锭坯冷却慢，产生的热效应更大；（3）合金相的影响：挤压 α 单相黄铜时加热到任何温度都没有相变，则挤压温度的确定较简单，在不获得粗大晶粒组织的情况下，挤压温度的上限尽可能接近固相线，而它的下限高于脆性区的界限即可。挤压会发生 α→β相变的黄铜，挤压温度在相变温度以上 10~20℃可以得到较好的制品。仅以此来说明，每种材料的挤压温度选择时都需要考虑材料本身的组织性能变化。

6.3.3.2 挤压速度的确定

挤压速度可用下面几种方式描述：（1）挤压速度，也就是挤压杆与挤压垫前进的速度；（2）出口速度，也就是金属流出模孔的速度；（3）变形速度，指最大主变形与变形时间之比，也称应变速度。在工厂中多采用出口速度，因为它对不同的金属或合金都有一定的数值范围，该值取决于金属或合金的塑性。例如，商业生产中，易挤压的工业纯铝的出口速度为 50~100 m/min，而难挤压的 AlCuMg1 合金的出口速度仅为 1.5~3m/min。

在确定出口速度时需要综合考虑下列各因素的影响，它们包括界面几何形状和尺寸、变形程度、变形温度场、变形应力场、挤压工具的结构和状态、润滑、设备条件以及经济因素等。在挤压时，如果出口速度选择不当，会在制品上产生裂纹。根据实践经验，确定出口速度时应考虑如下因素：（1）金属塑性变形区温度范围越宽则出口速度也越大；（2）复杂断面比简单断面的出口速度低，挤压大断面型材的出口速度应低于小断面型材的；（3）改善润滑条件可以提高挤压速度；（4）当其他条件相同时，纯金属的出口速度可高于合金的，低温的合金应慢些，高温的金属与合金（合金钢、钛合金等）可用较高的出口速度。

挤压速度会造成锭坯升温，如图 6-25 所示，挤压 AZ31 镁合金，挤压比为 22，锭坯初始温度为 450℃，模具初始温度为 400℃，挤压杆速度范围为 1~8mm/s，随着挤压杆速度 v 提高，在挤压杆位移 60mm 处的温升 ΔT 也提高，但是提高的速度逐渐变慢，通过分析可得 ΔT 与 $\ln v$ 存在线性关系，可用来预测挤压速度造成的温升。类似的 ΔT 与 $\ln v$ 之间的线性关系在铝合金中也存在。

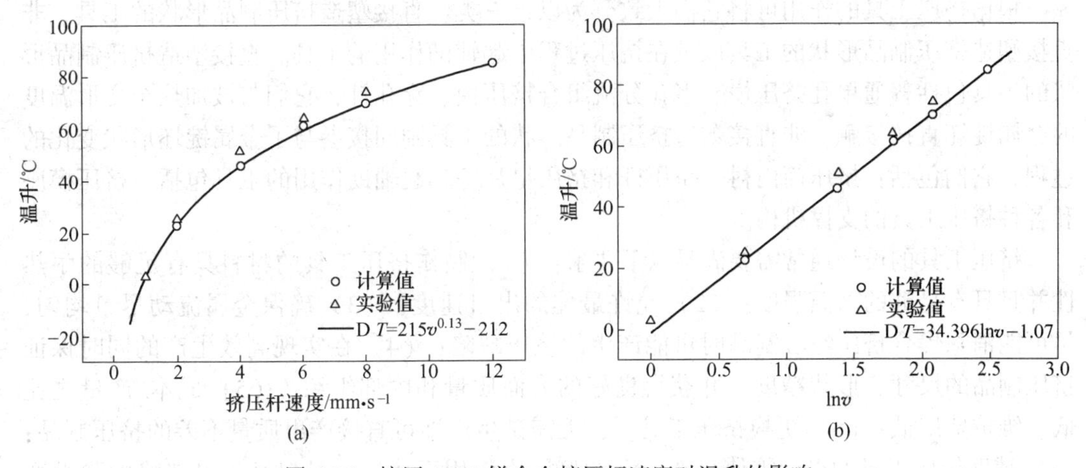

图 6-25 挤压 AZ31 镁合金挤压杆速度对温升的影响

6.3.3.3 挤压比的确定

挤压比的确定应考虑合金塑性、产品性能以及设备能力等因素，实际生产中主要考虑挤压工具的强度和挤压机允许的最大压力。为了获得均匀和较高的力学性能，应尽量选用大的挤压比进行挤压，一般要求一次挤压的棒、型材，挤压比 $\lambda>10$；锻造用毛坯的 $\lambda>5$。挤压比确定后，就可初步确定锭坯断面积或直径，实心棒的锭坯直径 $D_0=\lambda d$，式中，d 为挤压制品的直径；挤压管的锭坯直径 $D_0=\sqrt{\lambda(d^2-d_1^2)+d_1^2}$，式中，$d_1$ 为穿孔针的直径。在确定锭坯直径时还需要考虑金属受热的膨胀效应，在挤压筒与锭坯之间、空心锭坯的内径与穿孔针之间，都应留有一定间隙。根据经验，热挤压铝合金时，采用卧式挤压机，挤压筒内径与锭坯外径间的间隙$\Delta_{外}$约为6~10mm，空心锭坯内径与穿孔针外径间的间隙$\Delta_{内}$约为4~8mm；而采用立式挤压机，$\Delta_{外}$约为2~3mm，$\Delta_{内}$约为3~4mm。

挤压比不仅会影响制品的力学性能，对其他性能也有显著影响。如图6-26所示，随着挤压比提高，热挤压SiC增强6061铝合金复合材料的磨损率降低。这是因为随着挤压比提高，该材料的显微硬度和抗拉强度均提高，因此更耐磨。

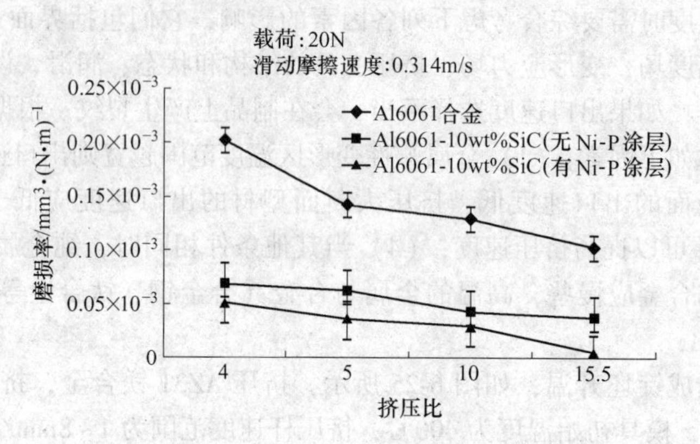

图6-26 挤压比对SiC增强6061铝合金复合材料耐磨性能的影响

6.3.4 挤压工具设计

根据挤压工具的作用可将它们大致分为以下三类：直接塑造挤压制品形状的工具、非直接塑造挤压制品形状的工具以及在挤压过程中起辅助作用的工具。直接塑造挤压制品形状的工具包括普通单孔挤压模、多孔分流组合挤压模、穿孔针，它们与被加热至变形温度的金属锭坯直接接触。非直接塑造挤压制品形状的工具则间接参与了金属锭坯形状变化的过程，它们包括：挤压筒内衬、挤压杆和挤压垫片等。起辅助作用的工具包括：挤压模座和各种挤压工具的支撑机构。

挤压工具的设计通常需要满足以下要求：（1）制作挤压工具的材料具有足够的耐热性并且具有足够的高温强度；（2）允许最佳的出口速度；（3）确保金属流动尽量均匀，尽可能消除焊合挤压空心制品时可能产生的挤压缺陷；（4）在实现高效生产的同时保证挤压制品的尺寸、形状精度，并获得良好的表面质量和内部组织；（5）成本/产量之比低、维护费用低；（6）更换挤压工具后，无需试生产即可直接产出质量不差的挤压制品；（7）辅助挤压工具的设计需使得在巨大的挤压力作用下挤压工具仅发生可忽略的弹性变形，确保金属流和挤压制品形状不受负面影响。

根据金属锭坯的不同，挤压工具材料承受的热应力和机械应力也不同。当挤压周期短时，挤压导致的变形热应力可被视为连续载荷；而当挤压周期长时，它可被视为间断作用的蠕变载荷。挤压工具中承受变形热应力最大的部分就是与高温金属直接接触的区域，它不仅承受挤压力还承受摩擦力和剪切力，这又对总挤压力产生显著影响，其影响程度取决于金属锭坯的种类。在无润滑的正挤压中，摩擦力和剪切力在总挤压力中所占比例可高达60%。挤压工具表面的磨损和金属黏附使得它们难以长期使用。相互接触的挤压工具和锭坯构成一个摩擦系统，要消除它们之间的摩擦力非常困难，但是可以通过挤压工艺的设计降低摩擦力的负面影响。

挤压工具表面易发生滑动磨损，它包括磨粒磨损和黏着磨损。磨粒磨损会降低挤压制品的表面质量，而黏着磨损会降低挤压制品的形状和尺寸精度，情况严重时将导致挤压失败。因此需要采取措施尽量减少滑动磨损，比如使用润滑剂，或者对工具表面进行热化学处理（如渗氮处理），或者采用化学气相沉积在挤压工具表面沉积抗磨损覆层，或者采用高温强度高的材料制造挤压模具和穿孔针。取决于变形温度，挤压工具的表面可能承受很高的工作温度，这要求选取合适的热作材料并针对具体工作环境设计热处理工艺提高材料性能以延长使用寿命。适于制作挤压工具的材料通常须具有以下特点：（1）在工作温度区间内具有高的抗热性、抗蠕变强度和疲劳强度；（2）具有热韧性；（3）良好的抗热磨损性；（4）能承受温度波动；（5）可以散热；（6）与被挤压材料不发生化学反应。

在挤压工具和锭坯构成的摩擦系统中，挤压工具是静止件，金属锭坯是运动件，挤压工具发生弹性变形，金属锭坯发生塑性变形，对这个摩擦系统的分析需要考虑以下方面：（1）在接触面，将与之垂直的有效力作为接触力；（2）接触面的温度变化；（3）接触面上挤压材料的流动速率；（4）挤压过程中锭坯材料组织和性能发生的变化；（5）应力作用的时间范围。对上述方面的考虑导致下面的结果：（1）挤压工具表面的软化会导致热应力作用下挤压工具材料发生蠕变或塑性变形；（2）在极端条件下，金属锭坯的表面可能因热应力作用而熔化；（3）当无润滑剂时发生黏着磨损，较软的金属锭坯材料会黏附在较硬的挤压工具表面；（4）即使有润滑剂，磨粒磨损也难以避免。

正挤压的成套模具如图 6-27 所示，挤压过程中金属锭坯受液压驱动的压杆挤压而流出模孔成形，挤压模组被固定在嵌于前板中的压力环和挤压筒之间，同时挤压筒被密封以防金属漏出。根据挤压制品截面的几何，可将挤压模具分为以下几类：（1）平模，有也可以没有导流室，有导流室的如图 6-27 所示，用于挤压棒材或者实心型材，这种挤压模具可用于挤压所有适于挤压的金属材料；（2）用于挤压空心圆管或空心型材的模具，也可用于挤压所有适于挤压的金属材料；（3）用于挤压空心制品或薄壁管的分流组合模和桥式模，锭坯在这种挤压方式下通常不适于承受很高的热变形应力，尤其在高温时，因此

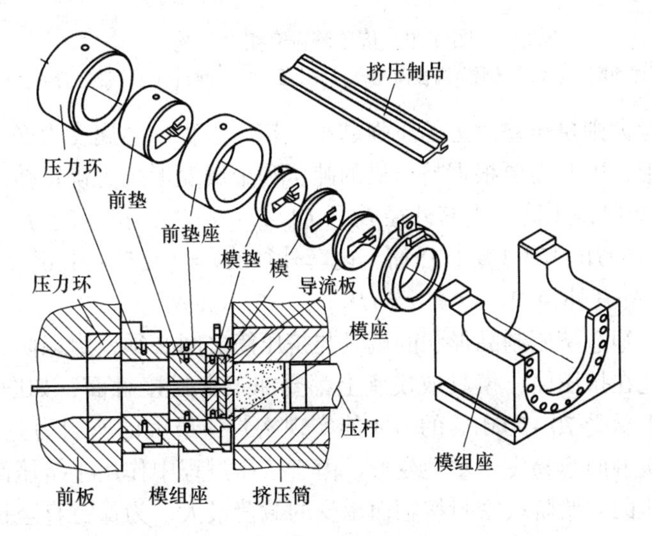

图 6-27　平模正挤压的模具装配示意图

一般适于挤压铅、锡、镁和铝等熔点低且焊接性能较好的材料。尽管如此，这种模具也少量用于挤压纯铜和Cu-Zn合金，如图6-28所示，此时模具承受很高的热变形应力。

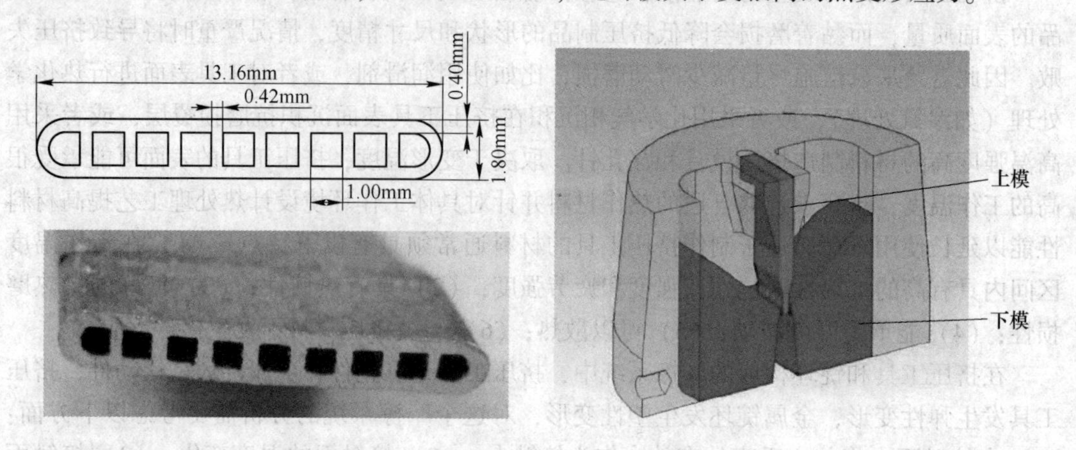

图6-28 分流组合模正挤压多孔纯铜扁管

6.3.4.1 挤压筒的设计

挤压筒是挤压机的重要工具之一，通常处在高温（400~500℃）和高压（250~1300MPa）条件下反复工作，通过选用优质钢材和合理的结构设计来提高挤压筒的寿命十分有必要。为改善受力条件使挤压筒中的应力分布均匀，增加承受载荷的能力，并且考虑到磨损后更换挤压筒的经济性，通常将挤压筒设计为以至少2层衬套组合而成的结构，如图6-29所示。

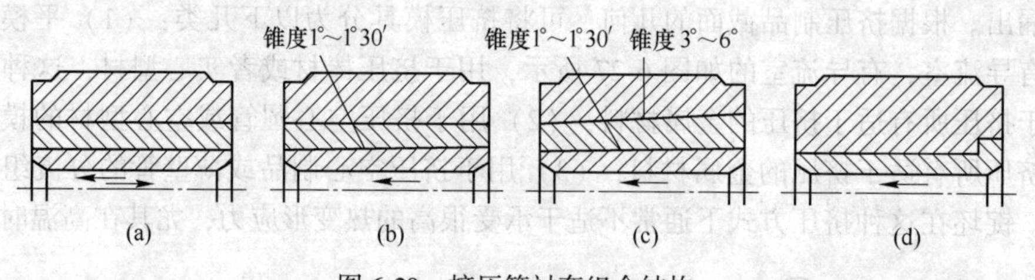

图6-29 挤压筒衬套组合结构

（a）圆柱面配合；（b）圆锥-圆柱面配合；（c）圆锥面配合；（d）带台阶的圆柱面配合

挤压筒内径越大则挤压垫片上的压强越小，挤压过程中金属受力必须超过其变形抗力才能发生塑性变形，因此需要根据挤压机的吨位和金属变形抗力确定挤压筒内径。设挤压筒内径为D_1，对2层挤压筒，内套外径$D_2=(1.4\sim2)D_1$，挤压应力越大则D_2越大，外套外径$D_4=(4\sim5)D_1$；对3层挤压筒，内套外径$D_2=(1.5\sim1.6)D_1$，中套外径$D_3=(1.5\sim1.8)D_2$，外套外径$D_4=(4\sim5)D_1$。

在正挤压中，塑造挤压制品形状的模具与挤压筒之间必须密封以防金属锭坯在挤压力作用下侧漏，因此在挤压筒、模具或模座上都要加工密封接触面，如图6-30所示。这些密封接触面至少需承受70~90MPa的力才能实现密封，最大的密封力是350MPa，如果密封力更大则密封接触面容易发生塑性变形。由于挤压过程中作用于挤压筒内衬的摩擦力或剪切力，在正挤压的初始阶段密封接触面承受的载荷最大。为保持直至挤压结束，密封效果依旧良好，向挤压筒提供液压力的系统常设计为可提供高达16%挤压力的密封压力。

在密封过程中，模组必须被夹在压力环和挤压筒之间，以保证模组的中心线与加压机的中心线重合。如图 6-30 所示，平封和圆柱封的方法不会对挤压模施加径向压力，因此在挤压过程中不会造成挤压模的弹性变形从而能够保证挤压制品尺寸的稳定性。容易挤压的铝及铝合金往往采用上述密封方法。挤压管材时，要求挤压模、挤压筒和挤压机的中心线精确重合，平封法难以满足此要求，此时必须采用圆柱封法。不管采用何种密封法，在多次挤压后密封接触面的塑性变形往往难以避免，这需要进行恰当的机加工以保证密封完好。

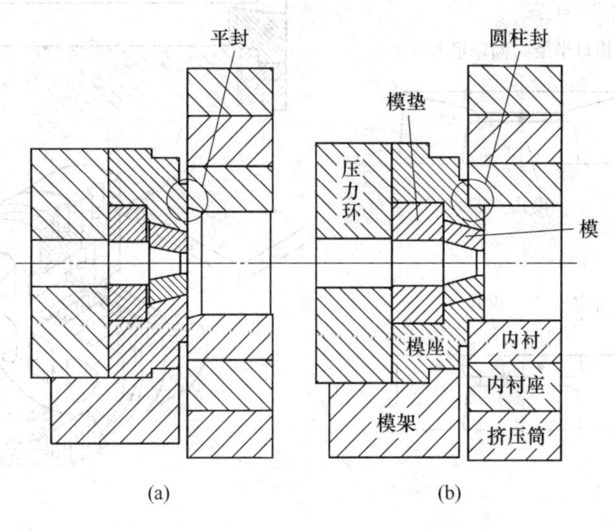

图 6-30　密封挤压筒和挤压模的方式
（a）平封法；（b）圆柱封法

6.3.4.2　挤压模的设计

挤压模具既要塑造挤压制品的外部形状，也要塑造它的内部形状，这需要借助不同形式的模具组合，如图 6-31 所示。常见的挤压模入口有平入口和圆锥形入口，前者适于不带润滑的挤压，而后者适于带润滑的挤压。挤压模至少有 1 个模孔用于塑造挤压件的外形，用于制造实心件的挤压模的模孔可多达 8 个，特殊条件下模孔数还可更多。如果用外接圆描述挤压制品截面的几何，那么这个外接圆的直径并不等于挤压筒的孔径，通常前者只有后者的 80%~85%以避免不洁净的金属锭坯外皮流入塑性变形区。当制品截面从模孔出来后，制品的最终尺寸就确定了。为使金属流出顺利，模出口的直径设计的比模孔大，如图 6-31 所示。而挤压模后用于支撑的各个模具的尺寸渐次增大以防刮擦挤压制品，如图 6-27 所示。根据挤压温度的不同，模孔在挤压过程中或多或少受到大的热变形应力，这可能导致几次挤压后模孔周边就发生塑性变形，比如铜合金挤压。仅有少数材料可用分流组合模和桥式模挤压管材或空心型材，对多数材料均可采用挤压模塑造制品外形，用穿孔针塑造制品内部形状，如图 6-31 所示。穿孔针主要在正挤压中使用，但其也可用于反挤压。

最简单的挤压过程就是棒材的挤压，通常使用单孔挤压模即可顺利完成任务。挤压过程中金属的流动很大程度上取决于锭坯金属的性质，挤压模入口的形状和尺寸依据锭坯金属的类别而变化，如图 6-32 所示。挤压模的设计要考虑以下因素：（1）模孔的尺寸和形状；（2）挤压比，这将决定挤压机的尺寸以及模孔数目；（3）模孔的分布；（4）最大压强以及计算挤压模受到的应力。

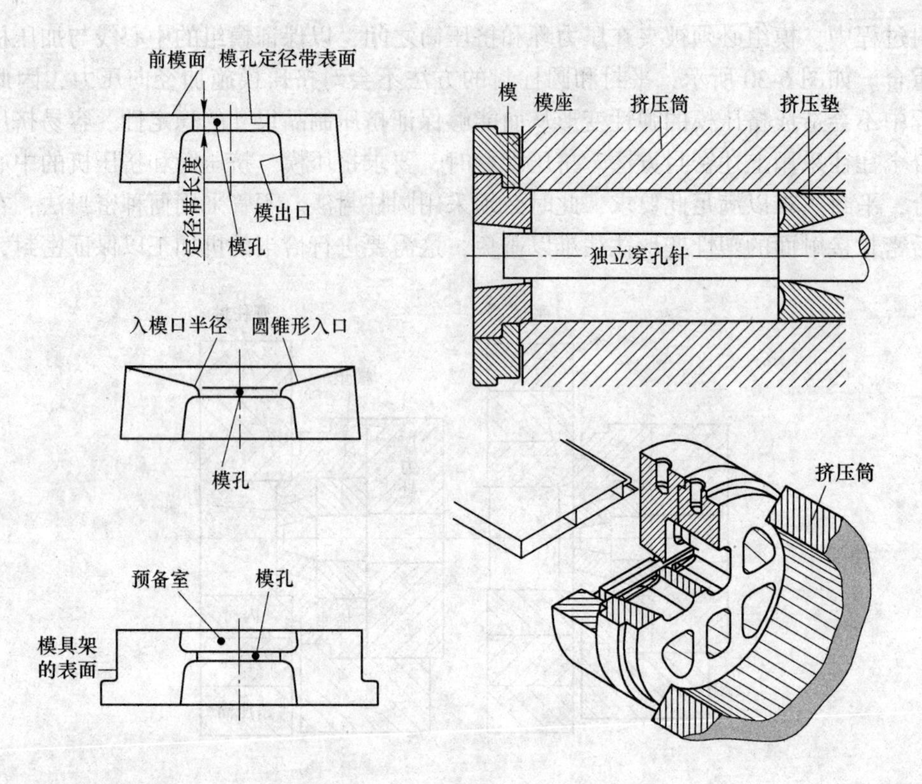
前模面
模孔定径带表面
定径带长度
模出口
模孔
入模口半径
圆锥形入口
模孔
预备室
模孔
模具架
的表面
模
模座
挤压筒
挤压垫
独立穿孔针
挤压筒

图 6-31 几种挤压模具

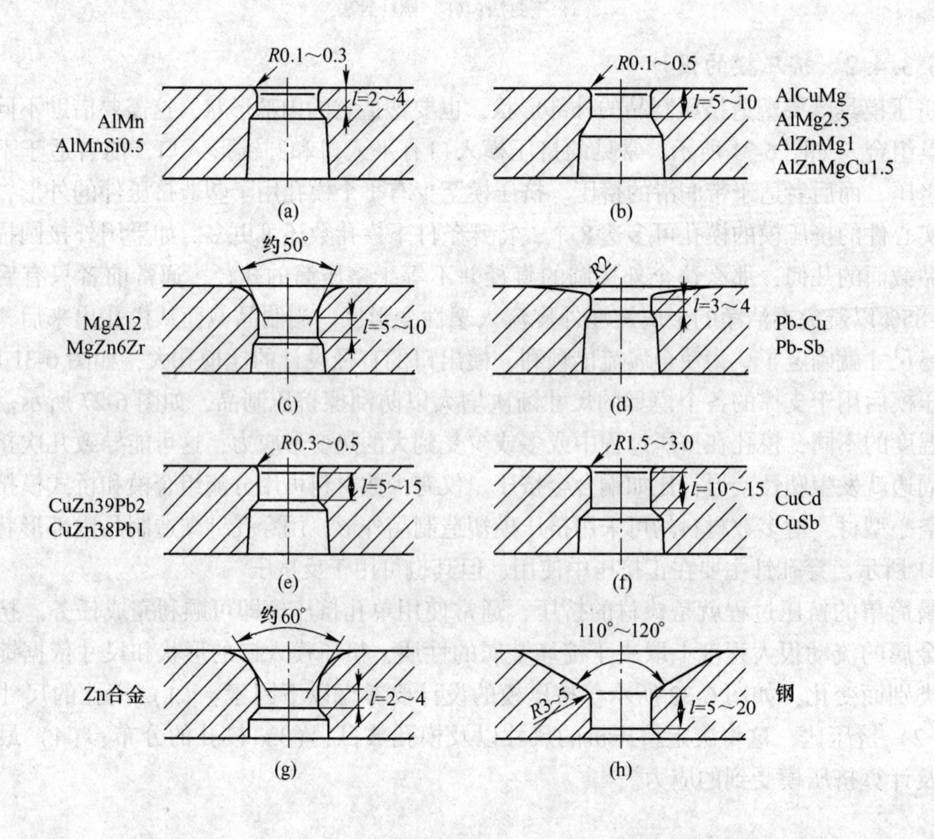
R0.1～0.3
l=2～4
AlMn
AlMnSi0.5
(a)
R0.1～0.5
l=5～10
AlCuMg
AlMg2.5
AlZnMg1
AlZnMgCu1.5
(b)
约50°
l=5～10
MgAl2
MgZn6Zr
(c)
R2
l=3～4
Pb-Cu
Pb-Sb
(d)
R0.3～0.5
l=5～15
CuZn39Pb2
CuZn38Pb1
(e)
R1.5～3.0
l=10～15
CuCd
CuSb
(f)
约60°
Zn合金
l=2～4
(g)
110°～120°
R3～5
l=5～20
钢
(h)

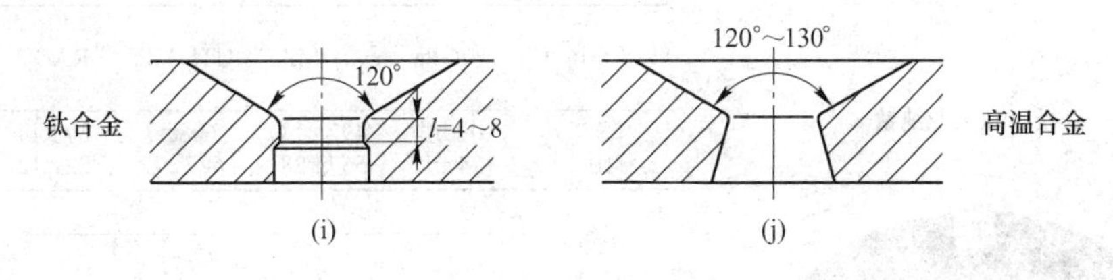

图 6-32 多种材料的挤压模设计

6.4 挤压工艺的新进展

6.4.1 Conform 连续挤压

1972 年英国原子能管理局 Springfield 核实验室的金属先进成形加工研究团队研发出了连续挤压技术，其原理如图 6-33 所示，料斗中的金属坯料经由导料板进入挤压轮槽，在摩擦力作用下随挤压轮旋转受堵头阻挡而聚集，累积的压力超过屈服强度而充满轮槽，摩擦力随之增大直至将坯料挤出模孔。

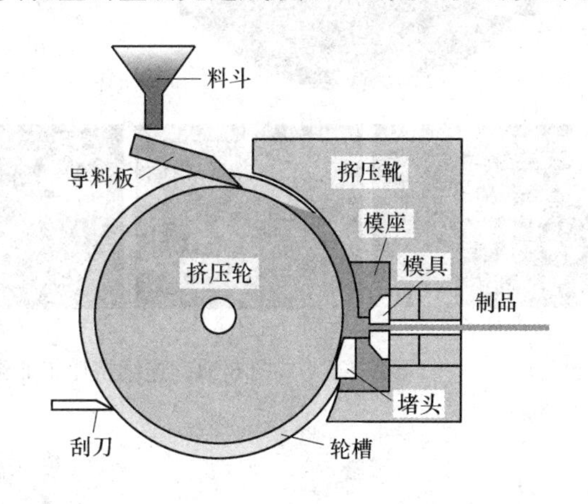

图 6-33 连续挤压原理图

在连续挤压中，挤压设备的构造和挤压工艺参数对最终挤压制品的组织和性能都有显著影响。以连续挤压工业纯钛线材为例，如图 6-34 所示，原料为 45 ~ 150μm 粒度的纯钛粉末，挤压前先将挤压工具在 450℃ 保温 15min 以保证温度均匀分布，挤压轮的转速越快则挤压制品截面的组织不均匀性越小，且晶粒细化，挤压制品的强度提高、塑性降低。

连续挤压的原料可以是金属粉体也可以是金属棒材，如图 6-35 所示，连续挤压的进料为直径为 10mm 的 AZ31 镁合金棒材，挤压制品的直径为 8mm，挤压比约为 1.6，挤压轮转速为 8r/min，挤压槽温度约为 350℃。以传统正挤压进行对比，锭坯为直径 165mm 的铸锭，锭坯的预热温度为 350℃，一次挤压出 4 个直径 18mm 的棒材，挤压比为 21。对比挤压制品的组织发现，虽然连续挤压的挤压比远低于传统正挤压，但连续挤压后 AZ31 棒材的晶粒分布更均匀、更细小。尽管如此，连续挤压后材料的强度却较低，这是因为连续挤压过程中晶粒转动导致的织构软化。

反复连续挤压可以显著细化铝合金的晶粒，如图 6-36 所示，挤压轮的转速为 7.5m/min，冷却水流速为 14L/min，每次挤压之后制品的温度约为 300℃，水冷后进行下一次挤压，反复 4 次连续挤压之后，Al-0.2Sc-0.1Zr 合金的晶粒因为动态再结晶从 100μm 细化至 800nm，合金中的纳米尺寸 Al_3(Sc，Zr) 析出相有效地组织了晶粒长大，对晶粒细化有重要作用。

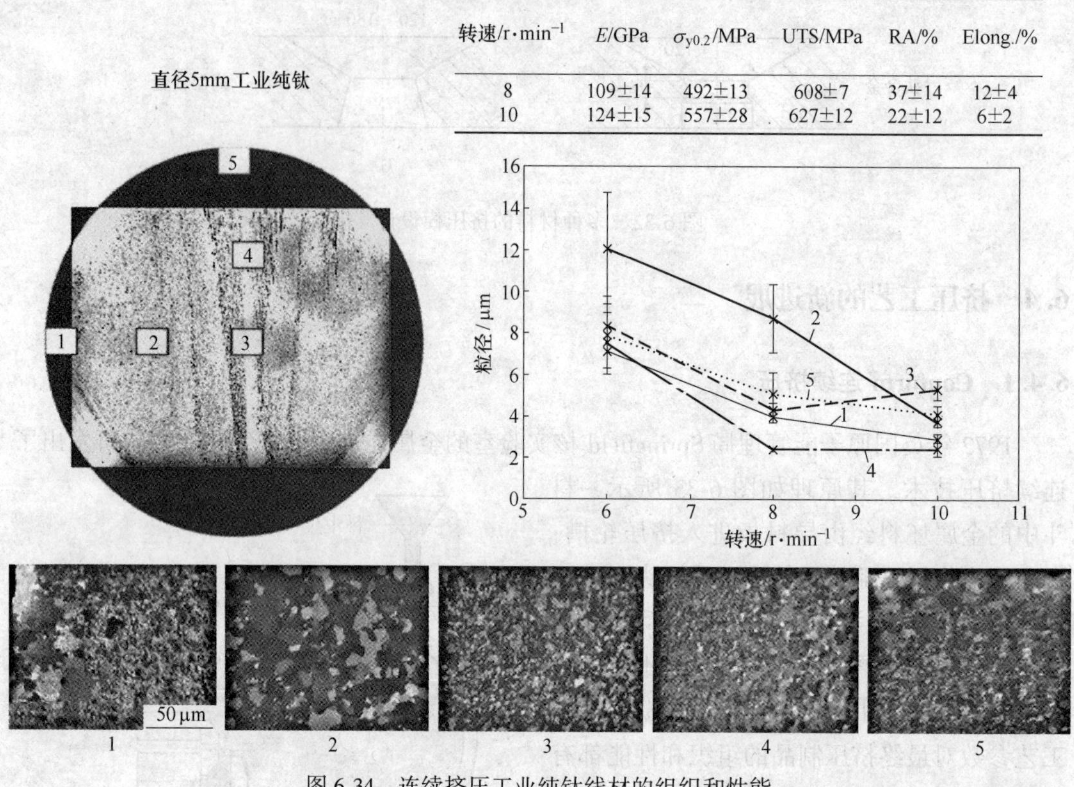

转速/r·min^{-1}	E/GPa	$\sigma_{y0.2}$/MPa	UTS/MPa	RA/%	Elong./%
8	109±14	492±13	608±7	37±14	12±4
10	124±15	557±28	627±12	22±12	6±2

图 6-34 连续挤压工业纯钛线材的组织和性能

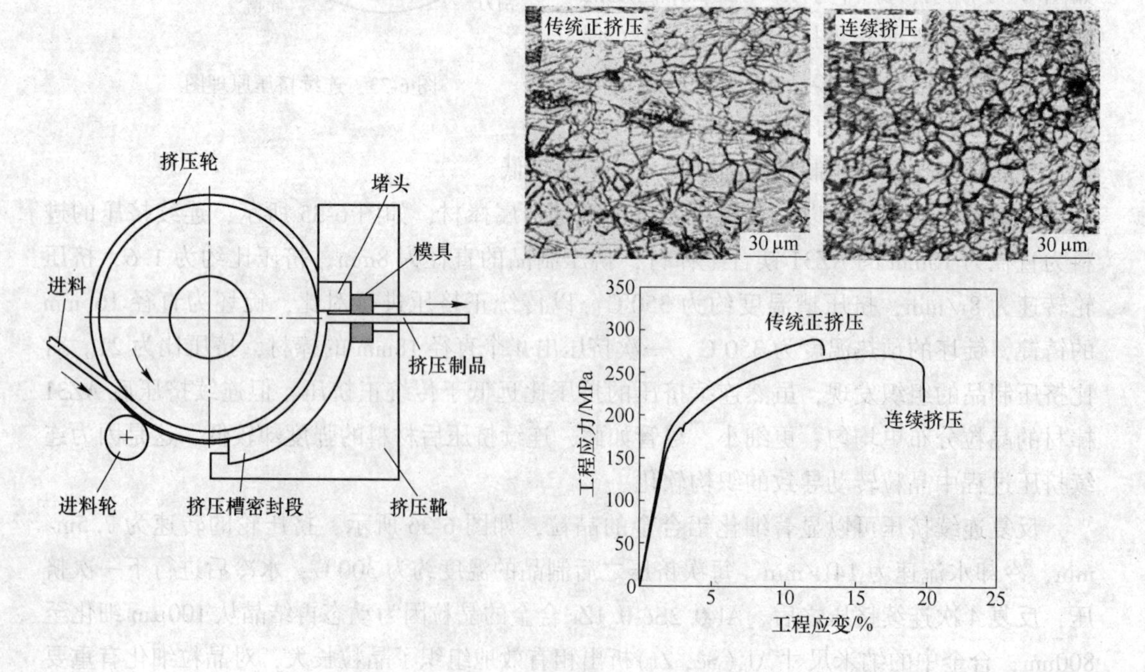

图 6-35 连续挤压 AZ31 镁合金

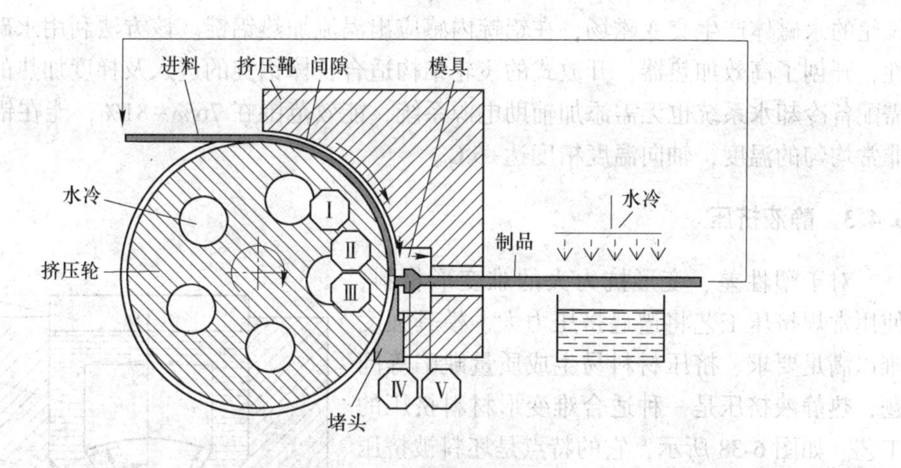

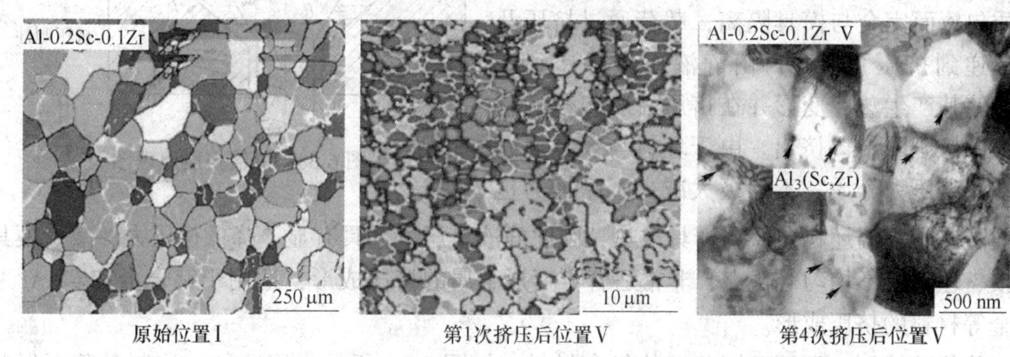

图 6-36 反复连续挤压 Al-0.2Sc-0.1Zr 合金

6.4.2 等温挤压

传统挤压过程中，金属的温度和变形通常不均匀，可能导致挤压制品的尺寸、形状、组织和性能发生波动或产生缺陷，等温挤压是减少或消除这些缺陷的理想方法，它是指金属锭坯在恒定出口温度（温度波动不超过±10℃）的条件下挤压成形，在挤压过程中模孔变形区金属的温度保持恒定，金属变形抗力和流动均匀。由此可见，等温挤压的关键是对挤压模的控温，如图 6-37 所示，可以通过电热套和测温孔实现这个目的。

锭坯
电热套
测温孔
挤压筒
挤压模
定位键

图 6-37 等温挤压模

对金属锭坯进行梯温加热或冷却是实现大型铝材快速等温挤压的有效途径，传统的快速加热手段是采用水冷铜线圈，利用交变电流产生的电磁场在金属锭坯中引发涡流，因金属锭坯自身的电阻生热而加热锭坯。但是这种方法会将很大一部分电能消耗于感应线圈自身的电阻损耗以及运行冷却水的能耗，故而加热效率一般只有 40%~60%。芬兰物理学家 Pekka Suominen 发明了 Effmag 永磁梯度加热系统，近年来已在部分铝合金挤压生产线上使用，该加热系统使用飞轮，在飞轮上嵌入永磁体，当加热器工作时两台高性能永磁同步电机在变频器的驱动下带动飞轮高速旋转，嵌入飞轮的永磁体产生交变磁场，在铝锭内感应出涡流加热铝锭。该方法利用永磁铁的磁场特性，开创了高效加热器，开放式的飞轮结构适合长棒铝锭的进入及梯度加热的实现，且无需配备冷却水系统也无需添加辅助电源系统，能效范围在76%~81%，能在铝锭内部产生非常均匀的温度，轴向温度精度达±5℃。

6.4.3 静液挤压

对于塑性差、变形抗力大的难变形材料，使用常规挤压工艺将遭遇挤压力大、模具强度难以满足要求、挤压材料易生成质量缺陷等问题，热静液挤压是一种适合难变形材料挤压的工艺。如图6-38所示，它的特点是坯料被挤压介质包覆而完全与模具隔离，载荷通过挤压凸模传递到挤压介质，再由静液压力传递到坯料，使其产生塑性变形并在挤压介质包覆的状态下由挤压凹模口挤出。由于坯料与模具之间存在润滑压力介质，不但极大减少了摩擦力也有效阻碍了高温坯料向低温模具散热，因此静液挤压工艺具有显著降低挤压力、减少模具磨损、坯料变形均匀等优点，非常适合难变形金属的挤压成形，适用于钨合金和γ-TiAl基合金等材料的挤压成形。

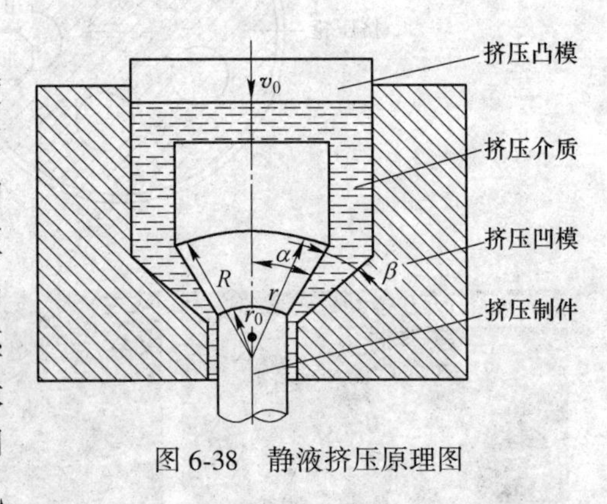

图6-38 静液挤压原理图

热静液挤压也可用于制备层状复合材料，如图6-39所示为用这种方法制备截面形状为六边形的Cu/Al层状复合棒。原材料为外径60mm、内径54mm的磷脱氧铜管和直径为53.5mm的1060工业纯铝棒材，将它们套好后放入挤压筒，挤压温度为200℃，采用筒形加热器加热，挤压设备提供6MN压力。挤压介质非常重要，体积不易被压缩且在高温高压下润滑效果好，这里采用高温润滑液。

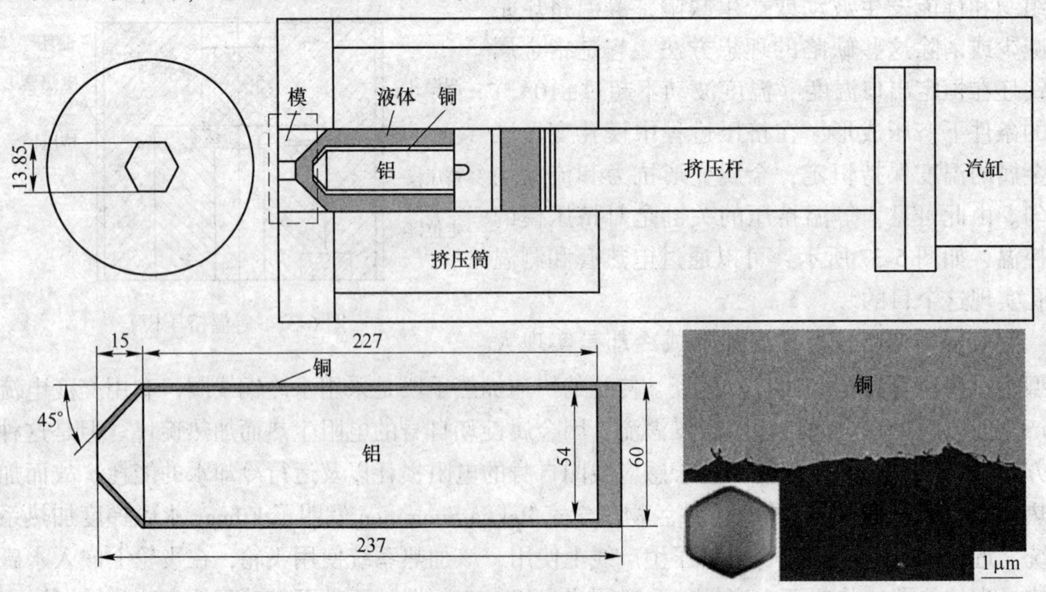

图6-39 热静液挤压制备Al/Cu复合棒

对传统反挤压进行改进可得静液反挤压工艺，如图 6-40 所示。挤压模由固定冲头和挤压筒组成，在固定冲头口用橡胶圈密封防止液体泄漏，这种方法成功用于反挤压外径 63mm、内径 57mm 的商用高纯铅管，挤压力只有传统反挤压的约 1/5。

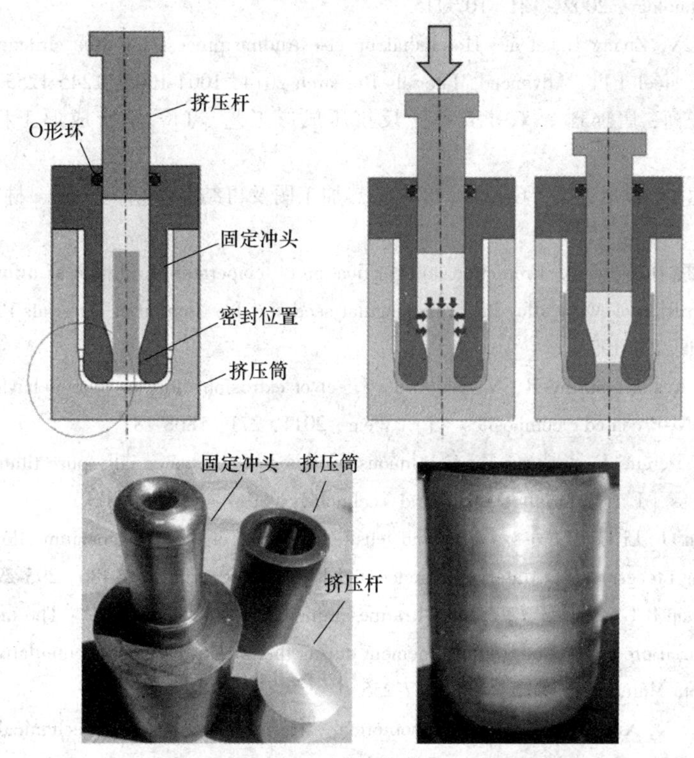

图 6-40　静液反挤压原理、工具及制品

思考题

1. 挤压过程中金属流动可分为几种类型，各有什么特点？
2. 影响挤压力的因素有哪些？
3. 简述挤压制品粗晶生成的原因及抑制方法。
4. 简述正挤压、反挤压和径向挤压工艺的原理。
5. 确定挤压温度的依据是什么？
6. 挤压工具的设计需要满足哪些要求？

参考文献

[1] Wu H Y, Yang J C, Zhu F J, et al. Hot compressive flow stress modeling of homogenized AZ61 Mg alloy using strain-dependent constitutive equations [J]. Materials Science and Engineering, 2013, A 574: 17-24.
[2] 吴诗惇. 挤压理论 [M]. 北京：国防工业出版社，1994.
[3] 张仲仁，张琦. 省力与近均匀成形：原理及应用 [M]. 北京：高等教育出版社，2010.
[4] 马怀宪. 金属塑性加工学——挤压、拉拔与管材冷轧 [M]. 北京：冶金工业出版社，1991.
[5] 杜国辉. 挤压技术：金属精密件的经济制造工艺 [M]. 赵震，译. 北京：机械工业出版社，2014.

[6] 王富耻，张朝晖．静液挤压技术［M］．北京：国防工业出版社，2008．
[7] Makiyama T, Murata M. A technical note on the development of prototype CNC variable vertical section extrusion machine [J]. Journal of Materials Processing Technology, 2005, 159: 139-144.
[8] Kim Y T, Ikeda K, Murakami T. Metal flow in porthole die extrusion of aluminium [J]. Journal of Materials Processing Technology, 2002, 121: 107-115.
[9] Wang X, Feng X, Zhang L, et al. Hot radial upset-extruding process for tube structure with a nozzle of 316LN stainless steel [J]. Advanced Materials Research 2014, 1004-1005: 1245-1255.
[10] 赵志翔，田晓柯，唐瑶瑶．双孔壳体正反挤压成形工艺［J］．精密成形工程，2015，7（5）：120-124.
[11] 谢碧君，郭逸丰，徐斌，等．GH984G18 合金热加工图及再结晶图研究［J］．材料工程，2016，44（9）：16-23.
[12] Liu G, Zhou J, Duszczyk J. Prediction and verification of temperature evolution as a function of ram speed during the extrusion of AZ31 alloy into a rectangular section [J]. Journal of Materials Processing Technology, 2007, 186: 191-199.
[13] Ramesh C S, Keshavamurthy R, Naveen G J. Effect of extrusion ratio on wear behaviour of hot extruded Al6061-SiC (Ni-P coated) composites [J]. Wear, 2011, 271: 1868-1877.
[14] Thomas B M, Derguti F, Jackson M. Continuous extrusion of a commercially pure titanium powder via the Conform process [J]. Materials Science and Technology, 2017, 33: 899-903.
[15] Zhang H, Yan Q, Li L. Microstructures and tensile properties of AZ31 magnesium alloy by continuous extrusion forming process [J]. Materials Science and Engineering, 2008, A 486: 295-299.
[16] Shen Y F, Guan R G, Zhao Z Y, et al. Ultrafine-grained Al-0. 2Sc-0. 1Zr alloy: The mechanistic contribution of nano-sized precipitates on grain refinement during the novel process of accumulative continuous extrusion [J]. Acta Materialia, 2015, 100: 247-255.
[17] Deng L, Wang X, Xia J, et al. Effect of isothermal extrusion parameters on mechanical properties of Al-Si eutectic alloy [J]. Materials Science and Engineering: A, 2011, 528: 6504-6509.
[18] 刘佩成，李展志，严荣庆，等．论铝锭线性梯度加热对实现快速等温挤压和产业升级的影响——芬兰埃弗马格永磁梯度加热器应用实例［J］．有色金属加工，2016（1）：8-14.
[19] 胡连喜，王尔德．粉末冶金难变形材料热静液挤压技术进展［J］．中国材料进展，2011，30：48-55.
[20] Lee T H, Lee Y J, Park K T, et al. Mechanical and asymmetrical thermal properties of Al/Cu composite fabricated by repeated hydrostatic extrusion process [J]. Metals and Materials International, 2015, 21: 402-407.
[21] Manafi B, Shatermashhadi V, Abrinia K, et al. Development of a novel bulk plastic deformation method: hydrostatic backward extrusion [J]. The International Journal of Advanced Manufacturing Technology, 2016, 82: 1823-1830.

7 轧制工艺

【本章概要】

本章首先介绍了轧制工艺原理以及轧制工艺方法，其中包括轧制过程的建立、金属的变形规律、金属的运动和力学条件、轧件的组织性能控制、典型产品的轧制工艺；以4种典型轧材的轧制工艺为例，介绍了常见轧制工艺设计的主要内容和步骤，其中包括型材轧制工艺设计、板带材轧制工艺设计及管材轧制工艺设计。设计主要内容和步骤包括轧制工艺流程的制定、轧机的力能参数计算及电机设备校核，以及针对具体轧钢类型所需的特殊步骤，如孔型设计、编制轧制表、辊型设计等。

【关 键 词】

型钢，板带钢，钢管，冷轧，热轧，轧制工艺，孔型设计，辊型设计，轧制压下规程，轧制表，变形抗力，摩擦系数，能力校核，加热温度，加热速度，加热时间，变形温度，变形速度，控轧控冷，精整。

【章节重点】

本章应重点掌握轧制过程的建立及金属的变形规律、轧制工艺方法、型材孔型设计及工艺参数制定、板带材轧机机组布置型式及轧制规程制定、管材生产工艺流程及轧制表的编制；熟悉轧制工艺产品方案编制、轧制设备选择及生产能力校核；了解轧制工艺的新进展。

7.1 轧制工艺原理

7.1.1 轧制过程的建立

轧制过程是轧件靠旋转的轧辊与轧件之间形成的摩擦力将轧件拖进辊缝之间，使其受到压缩而产生塑性变形的过程。通过轧制可使金属获得一定的形状和尺寸，并且在一定程度上改善了组织和性能。要了解轧制过程的建立，就需要先理解轧制过程形成的变形区。

7.1.1.1 轧制变形区

轧制变形区是指轧制时，轧件在轧辊作用下发生变形的体积。实际的轧制变形区分成弹性变形区、塑性变形区和弹性恢复区三个区域，分析起来比较复杂；而在实际分析中，一般将轧制变形区简化为轧辊与轧件接触面之间的几何区，如图7-1所示。

在图7-1中，轧制变形区为从轧件入辊的垂直平面到轧件出辊的垂直平面所围成的区

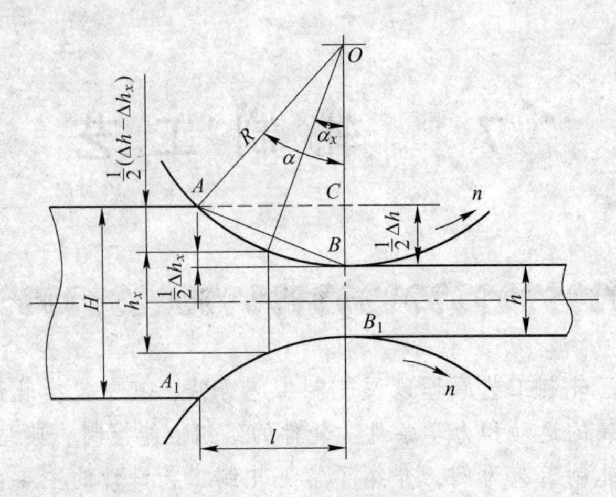

图 7-1 轧件的变形区

域 AA_1B_1B，通常又把它称为几何变形区。轧制变形区主要参数有咬入角和接触弧长度。

A 咬入角

如图 7-1 所示，轧件与轧辊相接触的圆弧所对应的圆心角称为咬入角 α。利用图中几何关系，可以得到：

$$\Delta h = 2(R - R\cos\alpha)$$

因此得到

$$\Delta h = D(1 - \cos\alpha) \tag{7-1}$$

又有

$$\cos\alpha = 1 - \frac{\Delta h}{D}$$

得到

$$\sin\frac{\alpha}{2} = \frac{1}{2}\sqrt{\frac{\Delta h}{R}} \tag{7-2}$$

当 α 很小时（$\alpha<10°\sim15°$），取 $\sin\frac{\alpha}{2}=\frac{\alpha}{2}$，此时则有：

$$\alpha = \sqrt{\frac{\Delta h}{R}} \tag{7-3}$$

式中 D，R——轧辊的直径和半径；

Δh ——压下量；

B 接触弧长度

轧件与轧辊相接触的圆弧的水平投影长度称为接触弧长度，也叫咬入弧长度 l，即图 7-1 中的 AC 段。通常又把 AC 段称为变形区长度。

接触弧长度随轧制条件的不同而不同，这里只讨论简单轧制过程中两轧辊直径相等时的接触弧长度。从图 7-1 的几何关系可知：

$$l^2 = R^2 - \left(R - \frac{\Delta h}{2}\right)^2$$

所以

$$l = \sqrt{R\Delta h - \frac{\Delta h^2}{4}} \tag{7-4}$$

由于式（7-4）根号里的第二项比第一项小得多，因此可以忽略不计，则接触弧长度公式就变为：

$$l = \sqrt{R\Delta h} \tag{7-5}$$

用式（7-5）求出的接触弧长度实际上是 AB 弦的长度，可用它近似代替 AC 长度。

7.1.1.2 咬入条件

在轧钢生产过程中，轧制过程能否建立的先决条件是轧件能否被轧辊咬入。而要使轧辊咬入轧件，只有当轧件上作用有外力，使其紧贴在轧辊上时才有可能咬入。这种使轧件紧贴轧辊的力，可能是轧件运动的惯性力，也可能是由施力装置给的，还可能是轧钢工喂钢时的撞击力。在这种力作用下，轧辊与轧件前端接触，前端边缘被挤压时产生摩擦力，由摩擦力把轧件曳入辊缝中。分析轧件曳入时的平衡条件（图 7-2），应该是有利于咬入的水平投影力的总和大于阻碍咬入的水平投影力的总和：

$$(Q - F) + 2T_x > 2P_x \tag{7-6}$$

式中 P_x——正压力 P 的水平投影；

T_x——摩擦力 T 的水平投影；

Q——外推力；

F——惯性力。

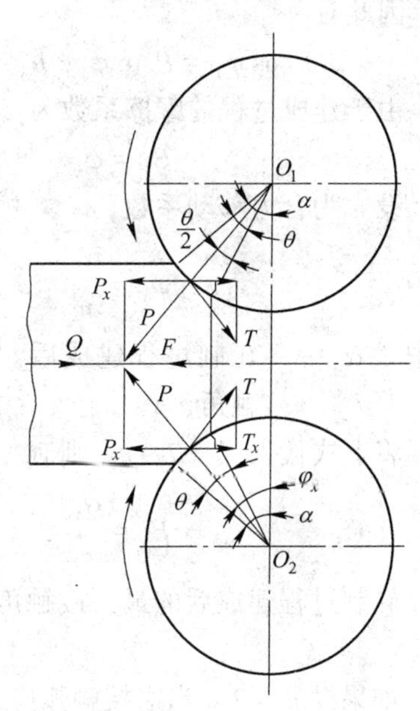

图 7-2 轧件进入轧辊时的作用力图示

采用库仑摩擦定律，则有

$$T_x = \mu P\cos\left(\alpha - \frac{\theta}{2}\right),\ P_x = P\sin\left(\alpha - \frac{\theta}{2}\right)$$

式中 α——咬入角；

θ——边缘挤压角。

把 T_x 和 P_x 代入式（7-6），得出 μ，则轧件被轧辊咬入的条件是：

$$\mu \gg \tan\left(\alpha - \frac{\theta}{2}\right) - \frac{Q - F}{2P\cos\left(\alpha - \frac{\theta}{2}\right)}$$

如果没有水平外力的作用，Q 可以忽略，且不考虑惯性力 F，那么轧入条件可以写成

$$\mu \gg \tan\alpha \tag{7-7}$$

如果用咬入时摩擦角 β 的正切来表示 μ，咬入条件又可以写成

$$\beta \gg \alpha \tag{7-8}$$

这个条件意味着只有当咬入时的摩擦角 β 等于或者大于咬入角 α 时才能实现轧件进入辊缝的过程（$\beta = \alpha$ 为咬入的临界条件）。

7.1.1.3 轧制过程建成条件

当轧件前端到达轧辊中心线后，轧制过程建成。在轧制过程建成时，假设接触表面的摩擦条件和其他参数均保持不变，合力作用点将由入口平面移向接触区内。

在 x 轴上列出轧件-轧辊的力学平衡条件（图 7-3），其临界条件是

$$2T_x - 2P_x = 0$$

采用库仑摩擦条件 $T=\mu P$ 并考虑到

$$P_x = P\sin\varphi_x,\ T_x = T\cos\varphi_x = \mu_y P\cos\varphi_x$$

式中 φ_x ——合力作用角；

μ_y ——轧制过程建成后的摩擦系数。

因此有

$$\mu_y P\cos\varphi_x = P\sin\varphi_x,\ \mu_y = \tan\varphi_x$$

由于建成过程的摩擦系数为 $\mu_y=\tan\beta_y$，则有

$$\beta_y = \varphi_x \tag{7-9}$$

设 n 为合力移动系数，$n \gg 1$，则 φ_x 可表示为

$$\varphi_x = \frac{\alpha_y}{n}$$

式中 α_y ——轧制过程建成后，轧辊与轧件的接触角。

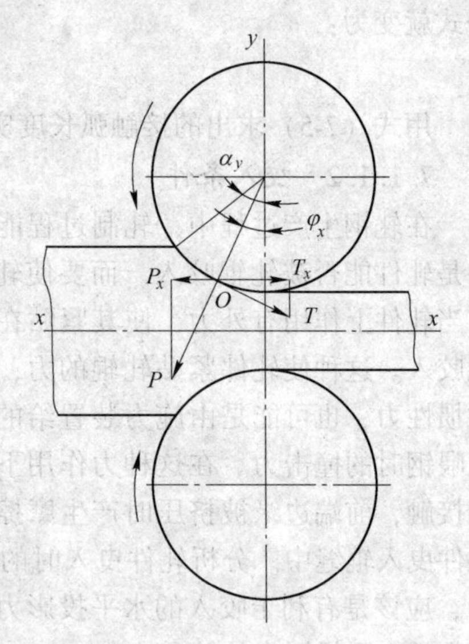

图 7-3 轧件-轧辊的平衡条件

将上式代入式（7-9），则有

$$\beta_y = \frac{\alpha_y}{n}$$

轧制过程建成后的最大接触角为

$$\alpha_{y\max} = n\beta_y \tag{7-10}$$

如果设 $n=2$（当沿接触弧应力均匀分布时有这种可能，在这种情况下，合力作用点在接触弧的中点），则轧制过程建成后的最大接触角为

$$\alpha_{y\max} = 2\beta_y \tag{7-11}$$

由式（7-8）得最大咬入角为

$$\alpha_{\max} = \beta \tag{7-12}$$

因此，轧制过程建成的综合条件乃是

$$\alpha_y \ll n\beta_y$$

当 $\alpha_y > n\beta_y$ 时，轧制过程不能进行，并且轧件在轧辊上打滑，用式（7-10）除以式（7-12），得到

$$\frac{\alpha_{y\max}}{\alpha_{\max}} = n\frac{\beta_y}{\beta} \tag{7-13}$$

从上式可以看出，轧制过程建成时的最大接触角与最大咬入角的比值，可以由合力移动系数 n 与摩擦角的比值决定。

当 $n=2$ 且 $\beta=\beta_y$ 时

$$\alpha_{y\max} = 2\alpha_{\max} \tag{7-14}$$

可见，轧制过程建成的最大接触角是咬入时最大咬入角的两倍。研究指出，轧制条件决定了最大接触角与最大咬入角的比值变化在 1~2。

7.1.2 金属的变形规律

当轧件在变形区内沿高（厚）度方向上受到压缩时，金属向纵向及横向流动，导致轧制后轧件在长度和宽度方向上尺寸增大。由于变形区几何形状及力学和摩擦作用的关

系，轧制时金属主要是纵向流动，与纵向变形相比宽向变形通常很小。通常，将轧制时轧件在高、宽、纵向三个方向的变形分别称为压下、宽展和延伸。

7.1.2.1 轧制变形的表示方法

A 绝对变形量

绝对压下量，即轧制前、后轧件厚度 H、h 之差，表示为 $\Delta h = H - h$；

绝对宽展量，即轧制前、后轧件宽度 B、b 之差，表示为 $\Delta b = b - B$；

绝对伸长量，即轧制前、后轧件长度 L、l 之差，表示为 $\Delta b = l - L$。

B 相对变形量

用轧制前、后轧件尺寸的相对变化表示的变形量称为相对变形量。

相对压下量：$\varepsilon_h = \dfrac{H-h}{H}$，相对宽展量：$\varepsilon_b = \dfrac{b-B}{B}$，相对伸长量：$\varepsilon_l = \dfrac{l-L}{L}$。

C 变形系数

用轧件前、后轧件尺寸的比值表示变形程度，此比值称为变形系数。

压下系数：$\eta = \dfrac{H}{h}$，宽展系数：$\beta = \dfrac{b}{B}$，延伸系数：$\mu = \dfrac{l}{L}$。

根据体积不变原理，三者之间存在如下关系，即 $\eta = \mu \cdot \beta$。变形系数能够简单而正确地反映变形的大小，因此在轧制变形方面得到了极为广泛的应用。

7.1.2.2 轧制时金属的宽展

轧制过程中，宽展可能是希望得到的，也可能是不希望得到的，视轧制产品的断面特点而定。当从窄的坯轧成宽成品时希望有宽展，如果用宽度较小的坯轧成宽度较大的成品，则必须设法增大宽展。若是从大断面坯轧成小断面成品时，不希望有宽展。因为消耗于横变形的功是多余的，在这种情况下，应该力求以最小的宽展轧制。

在不同的轧制条件下，坯料在轧制过程的宽展形式是不同的。根据金属横向流动的自由程度，宽展可以分为自由宽展、限制宽展和强制宽展。

自由宽展：坯料在轧制过程中，被压下的金属体积其金属质点横向移动时具有垂直于轧制方向的两侧自由移动的可能性，此时金属流动除受轧辊接触摩擦的影响外，不受其他任何的阻碍和限制，如孔型侧壁、立辊等，结果明确地表现出轧件宽度尺寸的增加，这种情况称为自由宽展，如图 7-4 所示。自由宽展发生于变形比较均匀的条件下，如平辊上轧制矩形断面轧件，以及宽度有很大富裕的扁平孔型内轧制。自由宽展轧制是最简单的轧制情况。

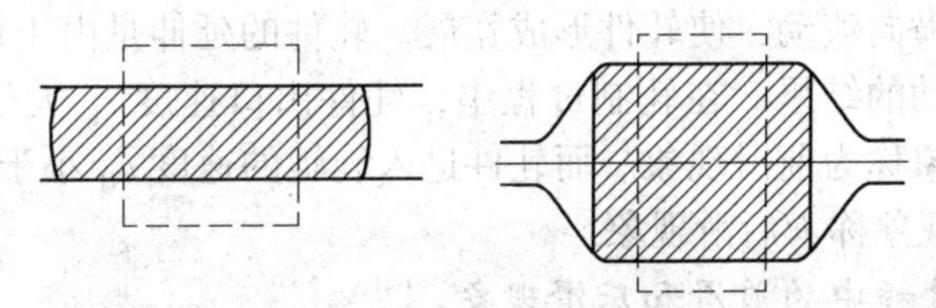

图 7-4 自由宽展轧制
（虚线表示轧件轧前尺寸，剖面线表示轧件轧后尺寸）

限制宽展：坯料在轧制过程中，金属质点横向移动时，除受接触摩擦的影响外，还承受孔型侧壁的限制作用，因而破坏了自由流动条件，此时产生的宽展称为限制宽展。如在孔型侧壁起作用的凹型孔型中轧制时即属于此类宽展，如图 7-5 所示。由于孔型侧壁的限制作用，横向移动体积减小，故所形成的宽展小于自由宽展。

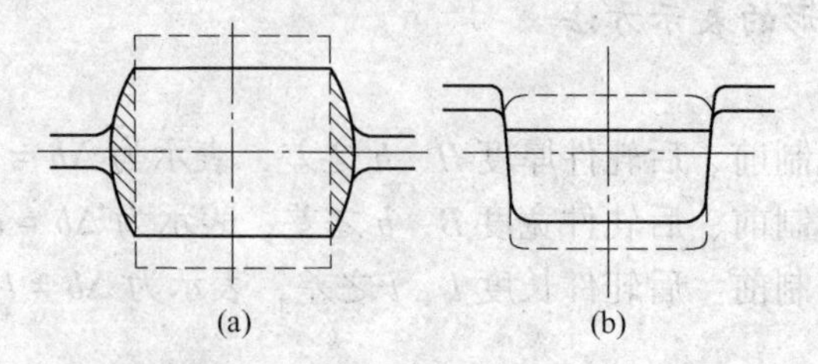

图 7-5 限制宽展
（a）箱型孔内的宽展；（b）闭口孔内的宽展

强制宽展：坯料在轧制过程中，金属质点横向移动时，不仅不受任何阻碍且受到强烈的推动作用，轧件宽度产生附加的增长，此时产生的宽展称为强制宽展。由于出现有利于金属质点横向流动的条件，所以强制宽展大于自由宽展。

在凸型孔型中轧制及有强烈局部压缩的孔型条件是强制宽展的典型例子，如图 7-6 所示。

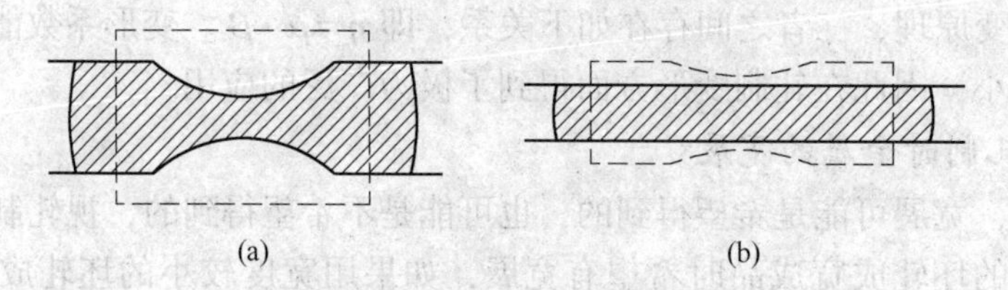

图 7-6 强制宽展轧制
（a）孔型凸出部分强烈压缩；（b）孔型两侧部分强烈压缩

如图 7-6（a）所示，由于孔型凸出部分强烈的局部压缩，强迫金属横向流动。轧制宽扁钢时采用的切深孔型就是这个强制宽展的实例。而在图 7-6（b）中所示的是由两侧部分的强烈压缩形成强制宽展。

在孔型中轧制时，由于孔型侧壁的作用和轧件宽度上压缩的不均匀性，确定金属在孔型内轧制时的宽展是十分复杂的。

7.1.3 金属的运动特点

在轧制过程中，轧件在高度方向受到压缩的金属，一部分纵向流动，使轧件形成延伸，而另一部分金属横向流动，使轧件形成宽展。轧件的延伸是由于被压下金属向轧辊入口和出口两个方向流动的结果。在轧制过程中，轧件出口速度 v_h 大于轧辊在该处的线速度 v，即 $v_h > v$ 的现象称为前滑现象。而轧件进入轧辊的速度 v_H 小于轧辊在该处线速度 v 的水平分量 $v\cos\alpha$ 的现象称为后滑现象。

7.1.3.1 轧制过程中的前滑和后滑现象

在轧制理论中，通常将轧件出口速度 v_h 与对应点的轧辊圆周速度的线速度之差与轧辊圆周速度的线速度之比值称为前滑值，即

$$S_h = \frac{v_h - v}{v} \times 100\% \tag{7-15}$$

式中 S_h ——前滑值；

v_h ——在轧辊出口处轧件的速度；

v ——轧辊的圆周速度。

同样，后滑值是指轧件入口断面轧件的速度与轧辊在该点处圆周速度的水平分量之差同轧辊圆周速度水平分量之比值来表示，即

$$S_H = \frac{v\cos\alpha - v_H}{v\cos\alpha} \times 100\% \tag{7-16}$$

式中 S_H ——后滑值；

v_H ——在轧辊入口处轧件的速度。

通过实验方法也可以求出前滑值。将式（7-15）中的分子和分母分别各乘以轧制时间 t，则

$$S_h = \frac{v_h t - vt}{vt} = \frac{L_h - L_H}{L_H} \tag{7-17}$$

如果事先在轧辊表面刻出距离为 L_H 的两个小坑，则轧制后测量 L_h，即可用实验方法计算出轧制时的前滑值。实测前滑时量出轧件上的 L_h' 是冷尺寸，换算成热态尺寸时，可用下面公式完成

$$L_h = L_h'[1 + \alpha(t_1 - t_2)] \tag{7-18}$$

式中 L_h' ——轧件冷却后测得的长度；

t_1，t_2 ——轧件轧制时的温度和测量时的温度；

α ——膨胀系数，见表 7-1。

表 7-1 碳素钢的温度膨胀系数

温度/℃	膨胀系数 α/℃$^{-1}$
0~1200	$(15\sim20)\times10^{-6}$
0~1000	$(13.3\sim17.5)\times10^{-6}$
0~800	$(13.5\sim17.0)\times10^{-6}$

由式（7-17）可看出，前滑可用长度表示，所以在轧制原理中有人把前滑、后滑作为纵向变形来讨论。下面用总延伸表示前滑、后滑及有关工艺参数的关系。

按秒流量相等的条件，则

$$F_H v_H = F_h v_h \quad 或 \quad v_H = \frac{F_h}{F_H} v_h = \frac{v_h}{\mu}$$

式中，$\mu = F_H / F_h$。将式（7-15）改写成

$$v_h = v(1 + S_h) \tag{7-19}$$

将上式代入 $v_H = \frac{v_h}{\mu}$ 中去，得

$$v_H = \frac{v}{\mu}(1 + S_h) \tag{7-20}$$

由式（7-16）可知
$$S_{\mathrm{H}}=1-\frac{v_{\mathrm{H}}}{v\cos\alpha}=1-\frac{\frac{v}{\mu}(1+S_{\mathrm{h}})}{v\cos\alpha}$$

或
$$\mu=\frac{1+S_{\mathrm{h}}}{(1-S_{\mathrm{H}})\cos\alpha} \tag{7-21}$$

由式（7-19）~式（7-21）可知，前滑和后滑是延伸的组成部分。当延伸系数μ和轧辊圆周速度v已知时，轧件进出辊的实际速度v_{H}和v_{h}决定于前滑值S_{h}，或知道前滑值便可求出后滑值；此外，还可看出，当μ和咬入角α一定时，前滑值增加，后滑值就必然减少。

既然轧件进出辊实际速度之间或前滑值与后滑值之间存在上述的明确关系，所以下面可以只讨论前滑问题。

7.1.3.2 前滑的计算公式

欲确定轧制过程中前滑值的大小，必须找出轧制过程中轧制参数与前滑的关系式。此式的推导是以变形区各横断面秒流量体积不变的条件为出发点的。变形区内各横断面秒流量相等的条件，即$F_x v_x=$常数，这里的水平速度v_x是沿轧件断面高度上的平均值。按秒流量不变条件，变形区出口断面金属的秒流量应等于中性面处金属的秒流量，由此得出

$$v_{\mathrm{h}}h=v_\gamma h_\gamma \quad 或 \quad v_{\mathrm{h}}=v_\gamma\frac{h_\gamma}{h} \tag{7-22}$$

式中 v_{h}，v_γ——轧件出口处和中性面的水平速度；

h，h_γ——轧件出口处和中性面的高度。

因为
$$v_\gamma=v\cos\gamma,\quad h_\gamma=h+D(1-\cos\gamma)$$

由式（7-22）可得

$$\frac{v_{\mathrm{h}}}{v}=\frac{h_\gamma\cos\gamma}{h}=\frac{h+D(1-\cos\gamma)}{h}\cos\gamma$$

由前滑的定义得到：
$$S_{\mathrm{h}}=\frac{v_{\mathrm{h}}-v}{v}=\frac{v_{\mathrm{h}}}{v}-1$$

将前面式代入上式后得

$$S_{\mathrm{h}}=\frac{h\cos\gamma+D(1-\cos\gamma)\cos\gamma}{h}-1=\frac{D(1-\cos\gamma)\cos\gamma-h(1-\cos\gamma)}{h}$$
$$=\frac{(D\cos\gamma-h)(1-\cos\gamma)}{h} \tag{7-23}$$

此式即为艾·芬克（E. Fink）前滑公式。由此公式反映出，影响前滑值的主要工艺参数为轧辊直径D、轧件厚度h以及中性角γ。

当中性角γ很小时，可取：$1-\cos\gamma=2\sin^2\frac{\gamma}{2}=\frac{\gamma^2}{2}$，$\cos\gamma=1$。

则式（7-23）可简化为：

$$S_{\mathrm{h}}=\frac{\gamma^2}{2}\left(\frac{D}{h}-1\right) \tag{7-24}$$

此式即为S. 艾克伦德（S. Ekelund）前滑公式。因为$\frac{D}{h}\gg1$，故上式括号中的1可

以忽略不计，则该式又变为

$$S=\frac{\gamma^2}{2}\frac{D}{h}=\frac{\gamma^2}{2}R \tag{7-25}$$

此即D. 得里斯顿公式。此式所反映的函数关系式与式（7-23）是一致的。这些都是在不考虑宽展时求前滑的近似公式。当存在宽展时，实际所得的前滑值将小于上述公式所算得的结果。在一般生产条件下，前滑值在2%～10%波动，但某些特殊情况也有超出此范围的。

7.1.4 金属的力学条件

与轧制过程息息相关的力学因素有摩擦力和轧制力。

7.1.4.1 摩擦力

金属塑性成形时，在金属和成形工具（如轧件和轧辊）的接触面之间产生阻碍金属流动或者滑动的界面阻力，这种界面阻力称为接触摩擦（外摩擦）。

实际上，工具和工件的微观表面是由无数参差不齐的凸牙和凹坑构成的。当其接触时，凸牙和凹坑无规则地相互插入，在整个宏观相接范围（摩擦场）内，只有极少数相对孤立的点直接接触，真实接触率只占摩擦场面积的1%～10%。在压力的作用下，接触面相对滑动时，这些相互嵌入的部分发生弹-塑性变形或切断，因而构成阻碍相互滑动的摩擦阻力。这是最简单的摩擦机理。而实际塑性加工过程中，由于变形热以及润滑等多因素的作用，摩擦机理往往变得非常复杂。

在塑性加工过程中，根据接触表面摩擦的特征提出了干摩擦、半干摩擦、边界摩擦和液体摩擦等各种摩擦机理的假设。

干摩擦：在轧辊与轧件两洁净的表面之间，不存在其他物质。这种摩擦方式在轧制过程中不可能出现，因为在接触表面上有被氧化物污染、吸附氧气、水分以及其他物质的存在。但在真空条件下，表面进行适当处理后，在实验室条件下，一定程度上可以再现这种干摩擦过程。

边界摩擦：在接触表面内，存在一层厚度为百分之一微米数量级的薄油膜。当用带有表面活性的物质进行润滑时（例如用脂肪酸），在轧辊或金属表面上，形成致密而坚固的油膜。

液体摩擦：在轧件与轧辊之间存在较厚的润滑层（油膜），接触表面不再直接接触。在一定情况下，这种润滑具有一定的实际意义。例如在高速冷轧润滑情况下，属此类润滑。

在实际中最常遇到的是混合摩擦，即半干摩擦和半液体摩擦。半干摩擦是干摩擦与边界摩擦的混合，而半液体摩擦可以理解为液体摩擦与干摩擦或者边界摩擦的混合。

为了定量描述塑性加工过程中的摩擦规律，研究者们提出了各种摩擦理论。

干摩擦理论（库仑Coulomb定律）：接触表面上的切应力与正应力成正比，即单位摩擦为

$$\tau=\mu p \tag{7-26}$$

式中，μ为摩擦系数；p为接触表面正压力。库仑定律适合干摩擦条件，在多数情况下，认为它可以反映混合摩擦力与正压力之间的规律。

常摩擦理论（西贝尔 Siebel 理论）：接触面上的切应力与正应力无关，是一个常数：

$$\tau = mk \tag{7-27}$$

式中，m 为摩擦因子，$0 \ll m \ll 1$；k 为剪切屈服应力，$k = 0.577\sigma_s$。

常摩擦理论通常用于塑性加工中的黏着状态条件（如热轧、热锻）。如在轧制中沿接触弧上金属与工具间无滑动，此时称为黏着。一般都把产生黏着的条件定为单位摩擦力最大值 τ_{max} 不应该超过剪切屈服应力

$$\tau_{max} = k$$

液体摩擦理论（Nadai 理论）：认为摩擦阻力来自于液体润滑层的内摩擦，切应力与润滑剂黏度及相对速度成正比：

$$\tau = \eta \frac{\Delta v}{h} \tag{7-28}$$

式中，η 为润滑剂黏度；Δv 为润滑层内相对运动速度；h 为润滑层厚度。这一理论是针对良好润滑条件下的高速轧制（$v \geqslant 10 \sim 40\text{m/s}$）的。

7.1.4.2 轧制力

当金属在轧辊间变形时，在变形区内，沿轧辊与轧件接触面产生接触应力（图 7-7）。通常将轧辊表面法向应力称为轧制单位压力，将切应力称为单位摩擦力。

研究单位压力的大小及其在接触弧上的分布规律，对于从理论上正确确定金属轧制时的力学参数——轧制力、传动轧辊的转矩和功率具有重大意义。因为计算轧辊及工作机架的主要部件的强度和计算传动轧辊所需的转矩及电机功率，一定要了解金属作用在轧辊上的总压力，而作用在轧辊上的总压力大小分布及其合力作用点位置完全取决于单位压力值及其分布特征。

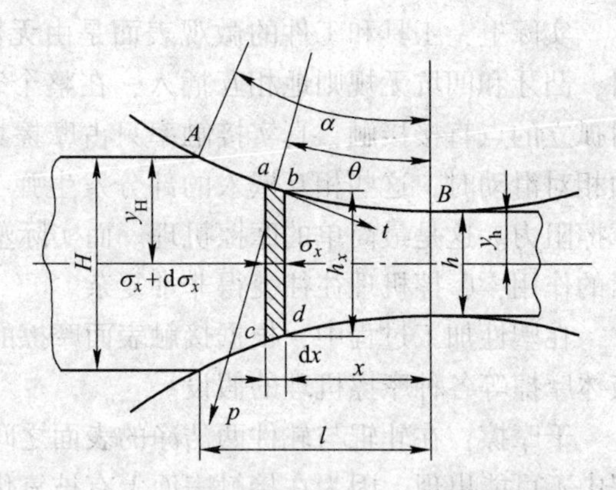

图 7-7 变形区内任意微分体上受力情况

下面介绍一种轧制时的平衡微分方程——卡尔曼（T. Karman）单位压力。

现代轧制理论中，单位压力的数学-力学理论的出发点是在一定的假设条件下，在变形区内任意取一微分体（图 7-7）。分析作用在此微分体上的各种作用力，在力平衡条件的基础上，将各力通过微分平衡方程式联系起来，同时运用屈服条件或塑性方程式、接触弧方程、摩擦规律和边界条件来建立单位压力微分方程并求解。

A 卡尔曼微分方程的假设条件

（1）轧件金属性质均匀，可宏观地看作均匀连续介质；

（2）变形区内沿轧件横断面上无剪切力作用，各点的金属流动速度、正应力及变形均匀分布；

（3）轧制时，轧件的纵向、横向和厚度方向与主应力方向一致；

（4）轧制过程为平面变形（无宽展），塑性方程式可写成

$$\sigma_1 - \sigma_3 = 1.15\sigma_s = 2k = K \tag{7-29}$$

（5）轧辊和机架为刚性。

B 单位压力微分方程式

如图7-7所示，在后滑区取一微分体积 $abcd$，其厚度为 $\mathrm{d}x$，其高度由 $2y$ 变化到 $2(y+\mathrm{d}y)$，轧件宽度为 B，弧长近似视为弦长，$\overset{\frown}{ab} \approx \overline{ab} = \dfrac{\mathrm{d}x}{\cos\theta}$。

作用在 ab 弧长的力有径向单位压力 p 及单位摩擦力 t，在后滑区，接触面上金属质点向着轧辊转向相反的方向滑动，它们在接触弧 ab 上的合力的水平投影为

$$2B\left(p\frac{\mathrm{d}x}{\cos\theta}\sin\theta - t\frac{\mathrm{d}x}{\cos\theta}\cos\theta\right)$$

式中 θ——ab 弧切线与水平面所成的夹角，也即相对应的圆心角。

根据纵向应力分布均匀的假设，作用在微分体积两侧的应力各为 σ_x 及 $\sigma_x + \mathrm{d}\sigma_x$，而其合力为 $2B\sigma_x y - 2B(\sigma_x + \mathrm{d}\sigma_x)(y + \mathrm{d}y)$

根据力之平衡条件，所有作用在水平轴 X 上力的投影代数和应等于零。亦即

$$\sum X = 0$$

$$2B\sigma_x y - 2B(\sigma_x + \mathrm{d}\sigma_x)(y + \mathrm{d}y) + 2Bp\tan\theta\mathrm{d}x - 2Bt\mathrm{d}x = 0 \tag{7-30}$$

原假设没有宽展，并取 $\tan\theta = \mathrm{d}y/\mathrm{d}x$，忽略高阶项，对上式进行简化，可以得到

$$\frac{\mathrm{d}\sigma_x}{\mathrm{d}x} - \frac{p-\sigma_x}{y}\cdot\frac{\mathrm{d}y}{\mathrm{d}x} + \frac{t}{y} = 0 \tag{7-31}$$

同理，前滑区中金属的质点沿接触表面向着轧制方向滑动，与上式相同，但摩擦力的方向相反，故可如上面相同的方式得出下式

$$\frac{\mathrm{d}\sigma_x}{\mathrm{d}x} - \frac{p-\sigma_x}{y}\cdot\frac{\mathrm{d}y}{\mathrm{d}x} - \frac{t}{y} = 0 \tag{7-32}$$

为了对方程（7-31）、方程（7-32）求解，须找出单位压力 p 与应力 σ_x 之间的关系。根据假设，设水平压应力 σ_x 和垂直压应力 σ_y 为主应力，则可写成

$$\sigma_3 = -\sigma_y = \left(p\frac{\mathrm{d}x}{\cos\theta}B\cos\theta \pm t\frac{\mathrm{d}x}{\cos\theta}B\sin\theta\right)\frac{1}{B\mathrm{d}x}$$

忽略第二项，则 $\sigma_3 \approx p\dfrac{\mathrm{d}x}{\cos\theta}B\cos\theta\dfrac{1}{B\mathrm{d}x} = -p$

同时 $\sigma_1 = -\sigma_x$，代入塑性方程式（7-29），则

$$p - \sigma_x = K \tag{7-33}$$

式中 K——平面变形抗力，$K = 1.15\sigma_s$。

上式可写成 $\sigma_x = p - K$

对其微分，则得 $\mathrm{d}\sigma_x = \mathrm{d}p$

代入式（7-31）和式（7-32），则可得出下式

$$\frac{\mathrm{d}p}{\mathrm{d}x} - \frac{K}{y}\frac{\mathrm{d}y}{\mathrm{d}x} \pm \frac{t}{y} = 0 \tag{7-34}$$

上式即为单位微分方程的一般形式。

C 卡尔曼微分方程的采利柯夫解

如欲对式（7-34）求解，必须知道式中单位摩擦力 t 沿接触弧长的变化规律、接触弧方程、边界上的单位压力（边界条件）。由于各研究者所取的求解条件不同，因而存在着

大量的不同解法。下面直接给出卡尔曼微分方程的采利柯夫解，由于篇幅原因，就不详述求解过程。

有前后张力时：

在后滑区
$$p_{\mathrm{H}} = \frac{K}{\delta}\left[(\xi_{\mathrm{H}}\delta - 1)\left(\frac{H}{h_x}\right)^{\delta} + 1\right] \tag{7-35}$$

在前滑区
$$p_{\mathrm{h}} = \frac{K}{\delta}\left[(\xi_{\mathrm{h}}\delta + 1)\left(\frac{h_x}{h}\right)^{\delta} - 1\right] \tag{7-36}$$

无前后张力时：

在后滑区
$$p_{\mathrm{H}} = \frac{K}{\delta}\left[(\delta - 1)\left(\frac{H}{h_x}\right)^{\delta} + 1\right] \tag{7-37}$$

在前滑区
$$p_{\mathrm{h}} = \frac{K}{\delta}\left[(\delta + 1)\left(\frac{h_x}{h}\right)^{\delta} - 1\right] \tag{7-38}$$

式中，p_{H}，p_{h} 分别为在轧件入口、出口处单位压力值；$\xi_{\mathrm{H}} = 1 - \frac{q_{\mathrm{H}}}{K}$；$\xi_{\mathrm{h}} = 1 - \frac{q_{\mathrm{h}}}{K}$；$q_{\mathrm{h}}$，$q_{\mathrm{H}}$ 分别为前后张力；$\delta = \frac{2l\mu}{\Delta h}$；$\mu$ 为干摩擦定律的摩擦系数。

由式（7-35）~式（7-38）可看出，在公式中考虑了外摩擦、轧件厚度、压下量、轧辊直径以及轧件在进出口所受张力的影响。

7.1.5 连续轧制理论

7.1.5.1 连轧的基本规律

在两机架以上连续配置的轧机上同时轧制的状态称为连续轧制，简称连轧。连轧过程中由于机架间张力的引入，使得各种轧制因素间相互影响，因此产生了连轧所特有的轧制现象，其特征与单机轧制时的轧制现象不同。例如，带钢冷连轧过程中，就辊缝变化对成品板厚的影响来说，末架辊缝所产生的影响小于第一机架辊缝变化所产生的影响。

在轧制向连续化、高速化和自动化发展的过程中，首要问题就是要掌握某一参数变化对产品精度影响的同时能快速有效地进行调整。对于连轧生产工艺，只有了解动态变化规律，才能制订合理的控制方案。因此，了解连轧动态过程并建立相应的理论是轧制技术人员所面临的重要课题。

保证连轧过程正常进行，必须满足的条件包括：

（1）秒流量或秒体积 V 保持不变，即

$$V = B_1 h_1 v_1 = B_2 h_2 v_2 = \cdots = B_n h_n v_n = C \tag{7-39}$$

（2）前一机架轧件的出口速度等于后一机架轧件的入口速度，即

$$v_{\mathrm{h}_i} = v_{\mathrm{H}_{i+1}} \tag{7-40}$$

（3）机架间的张力保持恒定，即

$$q = C \tag{7-41}$$

上述三式是连轧过程稳定状态下的基本方程。

在连轧生产过程中，稳定状态是相对的，而不稳定状态是绝对的，这是因为轧制工艺参数是经常变化和波动的。而在非稳定状态下，上述三式不再成立。因此，对于连轧过程

来说，更重要的是研究其动态过程，即对动态特性的分析，亦即：

（1）当外部扰动量或调节量发生变化，并从一个稳定状态变化到另一个新的稳定状态时，参数变化的规律；

（2）从一个稳定状态向另一个稳定状态过渡的动态特性。

7.1.5.2 连轧张力公式

在两个机架上进行张力轧制的情况，假设轧件进入下一个机架的速度 v_{H_2} 大于前一机架的出口速度 v_{h_1}，则机架间的轧件将被拉长，轧件的拉长量 ΔL 等于机架间距离与轧件自然长度之差，即

$$\Delta L = L - L_{件} \tag{7-42}$$

式中 L ——机架间距（考虑变形区长度或忽略变形区长度）；

ΔL ——轧件伸长量；

$L_{件}$ ——轧件的自然长度。

轧件的相对延伸率

$$\varepsilon = \frac{\Delta L}{L_{件}} = \frac{\Delta L}{L - \Delta L} \tag{7-43}$$

在任意时刻 t，轧件被拉长的速度应为拉长长度对时间的导数，其值应该等于后一机架的入口速度与前一机架出口速度之差，即

$$\frac{\mathrm{d}\Delta L}{\mathrm{d}t} = v_{H_2} - v_{h_1} \tag{7-44}$$

由式（7-43）可得

$$\Delta L = \frac{\varepsilon}{1 + \varepsilon} L \tag{7-45}$$

将式（7-45）对时间微分，则可得

$$\frac{\mathrm{d}\Delta L}{\mathrm{d}t} = \frac{L}{(1 + \varepsilon)^2} \frac{\mathrm{d}\varepsilon}{\mathrm{d}t}$$

或

$$\frac{\mathrm{d}\varepsilon}{\mathrm{d}t} = \frac{(1 + \varepsilon)^2}{L} \frac{\mathrm{d}\Delta L}{\mathrm{d}t} \tag{7-46}$$

将式（7-44）代入式（7-46），可得

$$\frac{\mathrm{d}\varepsilon}{\mathrm{d}t} = \frac{(1 + \varepsilon)^2}{L} (v_{H_2} - v_{h_1}) \tag{7-47}$$

机架间轧件被拉长属于弹性变形，应服从虎克定律，于是应该有

$$\varepsilon = \frac{q}{E} \tag{7-48}$$

式中 q ——机架间张应力，MPa；

E ——轧件的弹性模量，MPa。

将式（7-48）对时间求导：

$$\mathrm{d}\varepsilon = \frac{\mathrm{d}q}{E} \tag{7-49}$$

将式（7-48）和式（7-49）代入式（7-47），得到

$$\frac{\mathrm{d}q}{\mathrm{d}t} = \frac{E}{L}(v_{H_2} - v_{h_1})\left(1 + \frac{q}{E}\right)^2 \tag{7-50}$$

当张应力较小时，上式可简化为

$$\frac{\mathrm{d}q}{\mathrm{d}t} = \frac{E}{L}(v_{H_2} - v_{h_1}) \tag{7-51}$$

式（7-51）为工程上应用的张力公式。

从上述分析可以看出，张力公式的推导是基于轧件受到弹性拉伸时，利用力学条件推导的。

7.1.6 轧件的组织及性能控制

控制轧制技术打破了热轧只保证钢材成形的传统观念。热轧不仅使钢材得到期望的形状和尺寸，而且还能细化钢材的晶粒，获得所期望的组织及性能。

控制轧制是通过热轧条件（加热温度、各轧制道次的轧制温度、压下量）的优化，使奥氏体状态利于相变成为细晶组织的技术。运用控制轧制技术能够使得钢材获得强度与低温韧性均优的性能。

控制冷却是在奥氏体的温度区间进行某种程度的快速冷却，使相变组织比单纯控制轧制更加细小，同时获得更高的强度。组合的控制轧制和控制冷却技术称为热机械控制技术（TMCP，Thermo-Mechanical Control Process），它是在控制奥氏体状态的基础上，再对被控制的奥氏体进行相变控制。

控制轧制与控制冷却技术经过多年的理论研究与工程实践，现已成功地在热轧型材、板材和管材生产领域广泛应用，并取得了十分可观的经济效益和社会效益。

7.1.6.1 钢材的强化机制

工程结构用钢最重要的力学性能指标是室温屈服强度 σ_s 和冲击韧脆转变温度 T_c 。随着工程应用对钢材性能要求的提高，钢的强韧化成了研究的重点课题。

钢材的强韧化机制主要有细晶强化、固溶强化、析出强化、相变强化、位错强化和亚晶强化。

细晶强化：通过细化晶粒而使金属材料力学性能提高的方法称为细晶强化。晶粒越细，晶界越多，晶界处的原子排列由于杂质元素多，且存在大量的晶格缺陷，很难与相邻晶粒内原子排列的取向相同，同时相邻晶粒内原子排列取向也不尽相同，使得变形困难。当多晶体变形时，各晶粒的变形不均匀性以及变形时晶粒间的协同动作，使得晶粒发生塑性变形更加困难，需要施加更大的外力才能使多晶体变形。实践证明，晶界可使金属强化，晶粒细化引起晶界面积增大，导致金属的强度提高。晶界是位错运动的障碍，因此细化晶粒可使钢的屈服强度提高；晶界可把塑性变形限定在一定的范围内，使变形趋于均匀化，因此细化晶粒可提高钢材的塑性；晶界又是裂纹扩展的阻力，因此细化晶粒可以改善钢材的韧性。由于细晶既可以提高强度又可以改善韧塑性，所以，控制轧制的目的之一就是获得细小均匀的铁素体组织。

固溶强化：一种金属与另一种金属（或非金属）形成固溶体，其强度通常高于单一的强度，这种添加溶质元素使固溶体强度升高的现象称之为固溶强化。根据溶质元素在基体元素的溶解度，固溶强化可分为间隙式固溶强化和置换式固溶强化。

析出强化：在低合金钢中为了提高钢材的综合性能通常添加微合金元素 Nb、V、Ti。这些元素在钢中的溶解度很低，且与 C、N 的亲和力强，极易形成碳氮化物。这些碳氮化物在轧制过程中或在冷却过程中析出，在一定区域内聚集，沉淀形成第二相，使基体强化，这种强化称为析出强化或沉淀强化。第二相析出引起的强化效果与质点的平均直径成反比，质点越小且其体积百分数越大，则第二相引起的强化效果越大。另外，析出相的部位、析出相的形状对强化均有影响，一般情况下析出颗粒分布在基体中比在晶界处的析出强化效果好，颗粒呈球状比片状有利于强化。微量元素 Nb、V、Ti 的加入可以起到细晶强化和沉淀强化的双重作用，但对强韧性的影响各不相同。

图 7-8 所示为 Heisterkamp 等人对含 Nb、V、Ti 三种钢控制轧制后得到的细晶强化和析出强化对屈服强度增加量的影响规律图。由图可知，Nb、V、Ti 对屈服强度的贡献均有两部分，即细晶强化增量 $\Delta\sigma_y$ 和析出强化增量 $\Delta\sigma_0$，但增量大小差异很大；Nb 钢细晶强化增量最大，析出强化增量居中；V 钢的析出强化贡献大于细晶强化；Ti 钢的细晶强化增量和析出强化增量均最小。

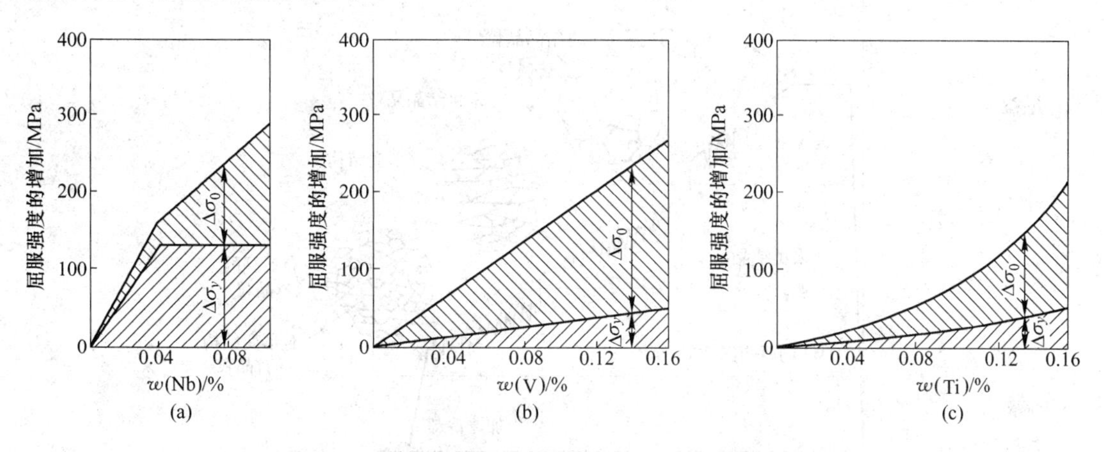

图 7-8　晶粒细化和碳化物沉淀分别对含铌、钒、钛钢屈服强度的影响

(a) 含铌钢；(b) 含钒钢；(c) 含钛钢

$\Delta\sigma_y$ —细晶强化增量；$\Delta\sigma_0$ —析出强化增量

相变强化：热轧后的钢材在冷却过程中会产生相变，根据原始组织的状态和冷却速度的快慢，可以生成马氏体、贝氏体、珠光体和铁素体，相变后产生马氏体和贝氏体是可以强化基体、使钢材强度提高的。钢的相变热处理就是要制定合理的冷却制度，充分利用马氏体和贝氏体强化的作用以获得综合力学性能优良的材料，同时可以控制夹杂物的形状及分布。因此，相变强化是控轧控冷工艺中很重要的强化机制。

位错强化：金属变形主要是通过原有位错和许多附加位错而进行的，位错在滑移过程中受到临近位错的阻碍，使其他位错一次塞积，从而增加了继续变形所需的剪切力。位错强化本身对金属强度有很大的贡献，同时，位错的滑移也是造成固溶强化、晶界强化和析出强化的主要原因。位错对金属的塑性和韧性有双重作用：一方面，位错的合并以及在障碍处的塞积会促使裂纹形核，而使塑性和韧性降低；另一方面，由于位错在裂纹尖端塑性区内的滑动，可缓解尖端的应力集中，又可使塑性和韧性升高。

亚晶强化：奥氏体未再结晶区域轧制时，会因动态或静态回复形成亚晶，如果此时立即淬火，这些亚晶被低温转变产物所继承，对钢材起强化作用；若不立即淬火，在铁素体、珠光体转变过程中，原来的奥氏体亚晶会消失。在γ+β两相区或在A_{r_1}以下的α区轧制时形成的亚晶将会保留在室温组织中，对钢材起强化作用。亚晶的数量、大小与变形温度、变形量有关。变形越大，亚晶的数量越多，尺寸也更细小；变形温度越低，同样亚晶尺寸也越小。亚晶强化的原因是位错密度增高，亚晶本身就是位错墙，亚晶细小，位错密度也越高，且有些亚晶间位向差稍大，也如同晶界一样阻止位错运动。亚晶的形成不仅使屈服强度提高，而且使脆性转变温度下降。材料的强韧性亦可得到改善。

7.1.6.2 控轧控冷工艺基础

A 控制轧制工艺基础

根据变形温度和所处的相区不同，控制轧制可分为四阶段（图7-9）以及三种类型：

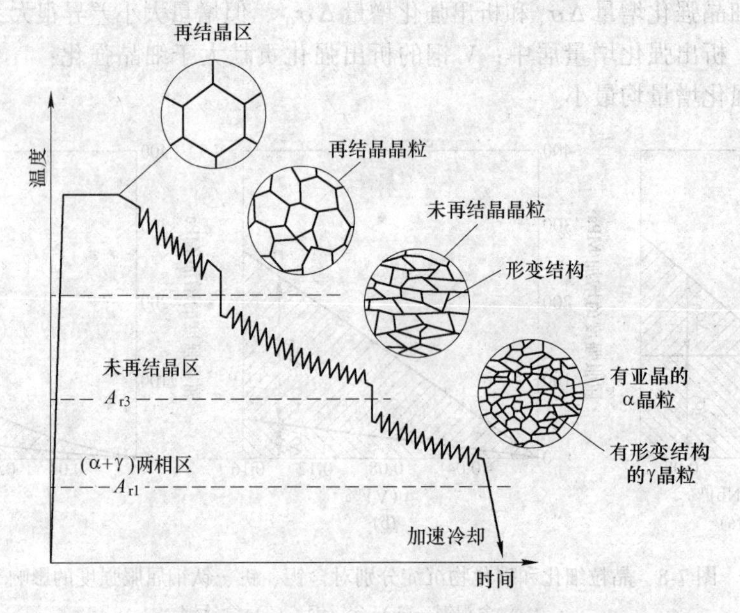

图7-9 控制轧制控制冷却的四个阶段

(1) Ⅰ型控制轧制，即奥氏体再结晶区控制轧制。奥氏体再结晶区的控制轧制的主要目的是通过对加热后粗化的奥氏体进行轧制，经反复再结晶后得到细化的奥氏体组织，这种细化的奥氏体组织经后续的相变后，得到细化的铁素体组织，但是其细化有一定的极限。因此，再结晶区轧制只是通过再结晶使得奥氏体晶粒细化，实际上是控制轧制的准备阶段，要想获得期望的最终组织，还必须配有合适的轧后冷却工艺。奥氏体再结晶区控制轧制的温度范围，普碳钢在950℃以上，含Nb钢在1000℃以上。

(2) Ⅱ型控制轧制，即奥氏体未再结晶区轧制。在奥氏体未再结晶区进行轧制时，奥氏体晶粒沿轧制方向被拉长，晶粒的扁平化使得晶界的有效面积增加；同时，在奥氏体晶粒内产生变形带，进而显著增加了铁素体晶粒的形核密度，并且随着压下量的增加，形核率进一步增加，相变后就获得了细晶组织。因此，在未结晶区的总压下量越大，应变累积效果越好，相变时的形核率越高，经冷却后越容易获得细晶组织。

(3) (γ+α)两相区控制轧制。在A_{r3}温度以下的两相区轧制，未相变的奥氏体晶粒被拉长，在其内形成更多的变形带，大幅度地增加了相变时铁素体的形核率；另外，已相变的铁素体晶粒在变形时，其内形成了亚结构。在轧后的冷却过程中，前者相变后形成微细的多边形铁素体，而后者因回复变成内部含有亚晶的铁素体晶粒，因此在两相区轧制后的组织为大角度晶粒和亚晶的混合组织。两相区轧制与奥氏体单相区轧制相比，钢材的强度有很大提高，低温韧性也有很大改善。但是在两相区轧制可能会产生织构，使得钢材在厚度方向的强度降低。

在控制轧制中通常可以把以上三种控制方式一起进行连续控制轧制，亦可根据需要选择合适的控轧技术路线。

B 控制冷却工艺基础

钢材热轧后控制冷却的目的是为了获得所要求的组织状态和理想的力学性能。热轧过程由于采用了控制轧制工艺，其轧后的组织多由细小均匀的奥氏体晶粒或由细小的奥氏体+少量铁素体晶粒组成。由于形变能的作用，使得奥氏体向铁素体转变温度提高，因此，铁素体在较高温度下提前析出。如果在高温区终轧，在相变前奥氏体处在完全再结晶状态时，轧后空冷或堆冷，则变形奥氏体晶粒将在冷却过程中长大，相变后得到粗大的铁素体组织。同时由于相变温度的提高，使得铁素体处于高温段的时间增加，已经粗大的铁素体晶粒还将继续长大，形成更加粗大化的铁素体组织。另外，由于奥氏体粗大，转变点上升，使得珠光体片层间距加大，力学性能明显降低。

如果终轧时变形奥氏体处于部分再结晶区，轧后慢冷容易引起奥氏体晶粒严重不均。如果终轧处于未再结晶区，则轧后很快发生铁素体相变，慢冷时铁素体晶粒迅速壮大，且冷却至室温时组织不均匀，因此降低了钢材的强韧性能。所以，轧后必须配合控制冷却，通过冷却路径的控制获得所要求的组织。

控制冷却过程是通过控制轧后三个不同冷却阶段的工艺参数，来得到不同的相变组织。这三个阶段分别称为一次冷却、二次冷却和三次冷却。

一次冷却是指终轧温度到A_{r3}温度范围内的冷却，其目的是控制热变形后的奥氏体晶粒状态，阻止奥氏体晶粒长大和碳化物析出，固定由于变形引起的位错，增大过冷度，降低相变温度，为奥氏体-铁素体相变做准备。一次冷却的开冷温度越接近终轧温度，细化奥氏体和增大有效晶界面积的效果越明显。

二次冷却是指钢材经一次冷却后进入由奥氏体向铁素体或碳化物析出的相变阶段。通过控制相变开始冷却温度、冷却速度和终止温度等，可达到控制相变产物的目的。

三次冷却或空冷是指对相变结束到室温这一温度区间的冷却速度的控制。

根据实际经验，一次冷却过程对铁素体晶粒细化虽然有一定效果，但是并不明显。在对未再结晶奥氏体进行控制冷却即二次冷却时，会产生明显的铁素体晶粒细化效果。在实际生产过程中常把控制轧制的三种方式和控制冷却联系在一起进行轧制。

7.2 轧制工艺方法

7.2.1 型材轧制工艺

7.2.1.1 型材的分类及生产特点

金属经过塑性加工成形、具有一定断面形状和尺寸的实心直条称为型材。型材的品种规格繁多，用途广泛，在轧制生产中占有非常重要的位置。

型材常见的分类方法有以下几种：

(1) 按断面特点分。型材按其横断面形状可分为简单断面型材和复杂断面型材。简单断面型材的横截面对称、外形比较均匀、简单，如方钢、圆钢、扁钢和线材等。复杂断面型材又叫异型断面型材，其特征是横断面具有明显凹凸分支，因此又可以进一步分成凸缘型材、多台阶型材、宽薄型材、局部特殊加工型材、不规则曲线型材、复合型材、周期断面型材和金属丝材等。

(2) 按断面尺寸大小分。型材按断面尺寸大小可分为大型、中型和小型型材，其划分常以它们分别适合在大型、中型和小型轧机上轧制来分类。大型、中型和小型的区分实际上并不严格。另外还有用单重（单位为kg/m）来区分的方法。一般认为，单重在5kg/m以下的是小型材，单重在5~20kg/m的是中型材，单重超过20kg/m的是大型材。

(3) 按生产方式分。型材按生产方式可以分为热轧型材、冷轧型材、冷拔型材、挤压型材、锻压型材、热弯型材、焊接型材和特殊轧制型材等。因为热轧具有生产规模大、生产效率高、能量消耗少和生产成本低等优点，是当今型材最主要的生产工艺。

型材生产具有以下特点：

(1) 产品种类多。在实际生产中，除少数专业化型钢轧机外，大多数轧机都进行多品种规格的生产，因此造成轧辊储备量大、换辊频繁、导卫装置数量多、管理工作比较复杂的问题。

(2) 产品断面比较复杂。在型材产品中，除了方、扁、圆钢断面形状简单且差异不大以外，大多数都是复杂断面型材，如工字钢、H型钢、Z字钢、槽钢等，且相互之间差异较大，这些产品的孔型设计和轧制生产都有其特殊性；断面形状的复杂性使得在轧制过程中金属各部分变形、断面温度分布以及轧辊磨损等都不均匀。

(3) 轧机类别和布置方式多。轧机在结构形式上有二辊式轧机、三辊式轧机、四辊万能孔型轧机、多辊孔型轧机、Y型轧机、45°轧机和悬臂式轧机等。在轧机布置形式上有横列式轧机、顺列式轧机、棋盘式轧机、半连续式轧机和连续式轧机等。

7.2.1.2 型材的生产工艺

由于型钢品种规格多，钢种和用途不同，其工艺过程也各有不同。一般来说，热轧型材生产工艺过程可以由以下几个基本工序组成。

A 开坯

开坯工艺流程如图7-10所示。

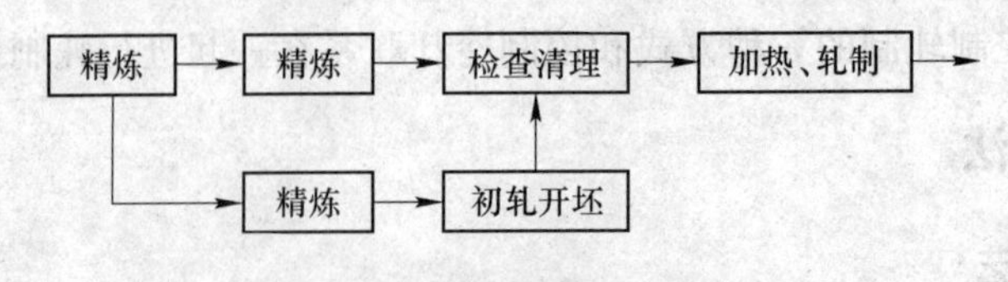

图7-10 型钢轧制的开坯工艺

B 加热

将坯料加热到所需要的温度，如全奥氏体区、两相区、再结晶区等。

C 轧制

通用型材的轧制工艺流程的举例如图 7-11 所示。型材轧制分为粗轧、中轧和精轧。粗轧的任务是将坯料轧成适用的雏形中间坯。在粗轧阶段，轧件温度较高，应该将不均匀变形尽可能的放在粗轧孔型轧制的阶段；中轧的任务是使轧件迅速延伸，接近成品尺寸；精轧是为了保证产品的尺寸精度，延伸量较小。成品孔和成前孔的延伸系数一般分别为 1.1~1.2 和 1.2~1.3。现代化的型钢生产对轧制过程通常有以下要求：

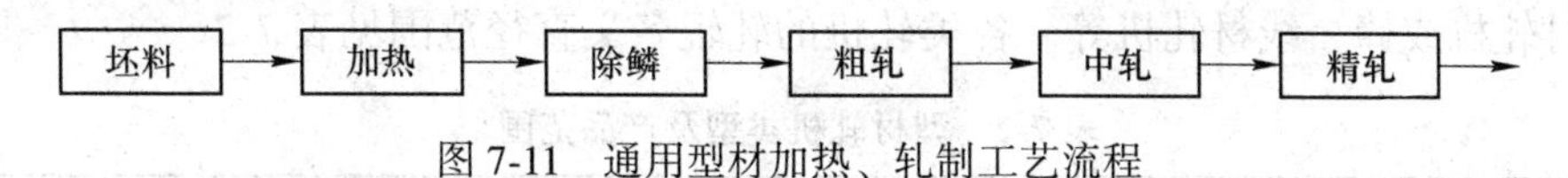

图 7-11 通用型材加热、轧制工艺流程

（1）一种规格的坯料在粗轧阶段轧成多种尺寸规格的中间坯。型钢的粗轧一般都是在二辊孔型轧机中进行。如果型钢坯料全部使用连铸坯，从炼钢和连铸生产的组织来看，连铸坯的尺寸规格越少越好，最好是只要求一种规格。而型钢成品却是尺寸规格越多，企业开拓市场的能力越强。这就要求粗轧具有将一种坯料开成多种规格坯料的能力。粗轧既可以对异形坯进行扩腰扩边轧制，也可以进行缩腰缩边轧制。其典型例子就是板坯轧制 H 型钢。

（2）对于异型材，在中轧和精轧阶段尽量多使用万能孔型轧机和多辊孔型轧机。由于多辊孔型轧机和万能孔型轧机有利于轧制薄而高的边，并且容易单独调整轧件断面上各部分的压下量，可以有效减少轧辊的不均匀磨损，提高尺寸精度。

（3）型钢连轧，由于轧件的断面截面系数大，不能使用活塞。机架件的张力控制一般是采用驱动主电机的电流记忆法或力矩记忆法进行。

（4）对于大多数型钢，在使用上一般都要求低温韧性好和具有良好的可焊接性，为了保证这些性能，在材质上就要求碳当量低。对这些钢材，实行低温加热和低温轧制可以细化晶粒，提高材料的机械性能。在精轧后进行水冷，对于提高材料性能和减少在冷床上的冷却时间也有明显好处。

D 精整

型材的轧后精整有两种工艺，一种是传统的热锯切定尺，定尺矫直工艺；一种是较新式的长直冷却、长尺矫直、冷锯切工艺。工艺流程的例子如图 7-12 所示。

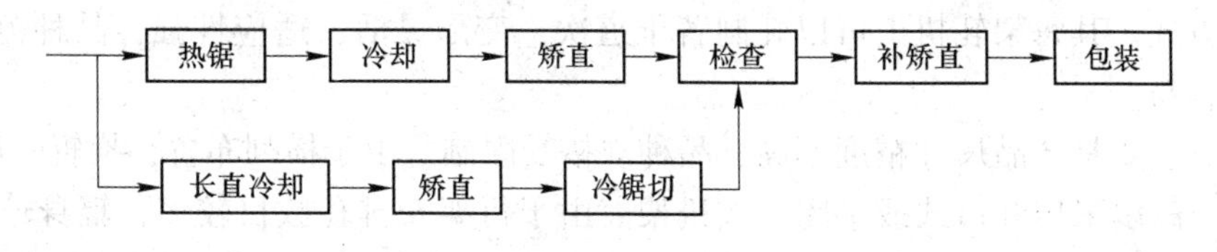

图 7-12 型材的精整工艺流程

型材精整，比较突出的地方在于矫直。型材的矫直难度大于板材和管材，其原因是：其一是在冷却过程中，由于断面不对称和温度不均匀造成的弯曲大；其二是型材的断面系数大，需要的矫直力大。由于轧件的断面比较大，因此矫直机的辊距也必须大，矫直的盲区大，在有些条件下，对钢材的使用造成很大的影响，例如：重轨的矫直盲区明显降低了重轨的全长平直度。减少矫直盲区，在设备上的措施是使用变截距矫直机，在工艺上的措

施是长尺矫直。

7.2.1.3 型材轧机的类型及布置方式

A 型材轧机的类型

型材轧机一般用轧辊名义直径（或传动轧辊的人字齿轮节圆直径）来划分。如有若干列或若干架轧机，通常以最后一架精轧机的轧辊名义直径作为轧机的标称。型材轧机按其用途和轧辊名义直径不同可分为轨梁轧机、大型型材轧机、中型型材轧机、小型型材轧机、线材轧机或棒、线材轧机等。各类轧机的轧辊名义直径范围见表 7-2。

表 7-2 型材轧机类型及产品范围

轧机名称	轧辊名义直径 /mm	产品范围
中小型开坯机	450~750	(40mm×40mm)~(150mm×150mm)钢坯；直径为 50~100mm；(6.5~18mm)×(240~280)mm 薄板坯；40~90mm 方钢、圆钢
轨梁轧机	750~950	33kg/m 以上重轨，20#以上的工字钢、槽钢
大型轧机	650 以上	直径为 80~150mm 的圆钢；12#以下的工字钢、槽钢；18~20kg/m 轻轨
中型轧机	350~650	40~80mm 的圆钢、方钢；12~20#的工字钢、槽钢；160mm 以下的型钢
小型轧机	250~350	10~40mm 的圆钢、方钢；异形断面型材；小角钢和小扁钢
线材轧机	250 以下	5~9mm 线材（不包括高速线材轧机）

B 型材轧机的布置形式

根据轧机的相对排列位置和轧件在轧制过程的不同方式，型材轧机的布置形式通常有横列式、顺列式（跟踪式）、棋盘式、连续式和半连续式等，如图 7-13 所示。一般，轧机的排列形式不同，轧机的生产率、产品质量、轧制过程的机械化、自动化的程度以及经济效果等随之有所不同。

a 横列式

横列式是由一台或两台交流电机同时传动数架三辊式轧机横向排列，因而在同一列轧机的轧辊转速相同，轧制速度基本一致。为提升轧机生产率，一般采用多道次穿梭轧制或活套轧制方式。其每架轧机上可以轧制若干道次，变形灵活，适应性强，品种范围较广，控制操作容易。

其缺点主要是产品尺寸精度不高，品种规格受限制。由于横列布置，换辊一般在机架上部进行，故多采用开口式或半闭口式机架。由于每架安排孔数目较多，辊身较长，*L/D* 值可达 3 左右，故整个轧机刚性不高，不但影响产品精度，而且难以轧制宽度很宽的产品；间隙时间长，轧件温降大，轧件长度和壁厚均受限制；不利于实现自动化。

b 顺列式

顺列式布置是轧机一架接一架按轧制道次顺序纵向排列，轧件依次通过各机架，一般轧制道次等于机架数，但轧件在同一时间内只能在一个机架中进行轧制。

优点：各架轧机采用不同的轧制速度，即随轧件长度的增加而提高，具有轧制时间短、横移次数少、温降慢、生产率高、能耗少等特点；各类轧机之间不存在连轧关系，一

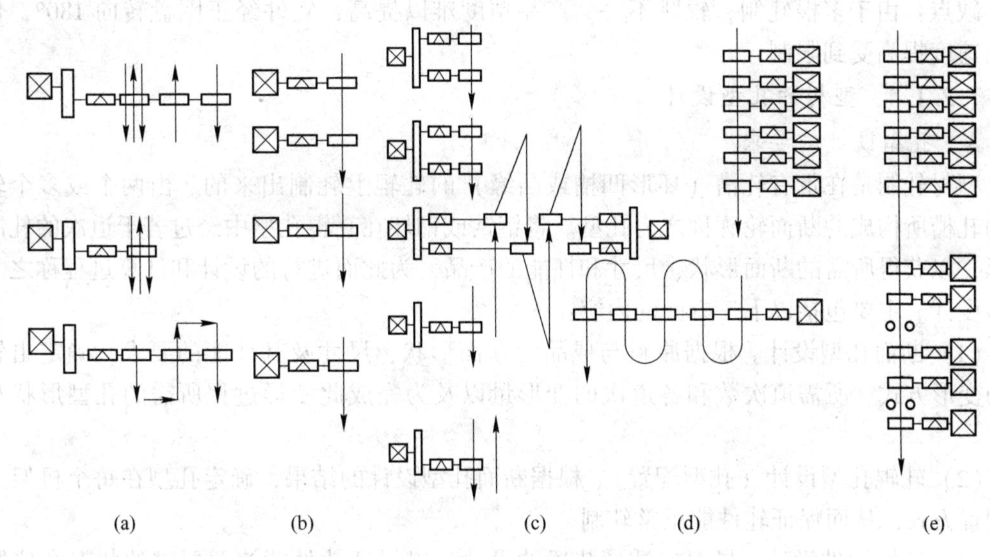

图 7-13 型材轧机的若干典型布置形式

（a）横列式；（b）顺列式；（c）棋盘式；（d）半连续式；（e）连续式

架轧一道，没有交叉或多条轧制的情况，并采用闭口式轧机，刚性大，因此轧机调整简单，能生产断面形状复杂和尺寸精度高的钢材；各机架间不互相干扰，较易实现机械化和自动化。

缺点：轧机台数多，机架间距大，占用较大面积的厂房，同时设备重量大，投资多，因此更适合生产大中型型材。

c 棋盘式

棋盘式布置特点是介于横列式和顺列式之间，前几架轧件较短时顺列式，后几架精轧机布置成两横列，各架轧机互相错开，两列轧辗转向相反，各架轧机可单独传动或两架成组传动，轧件在机架间靠斜辊道横移。这种轧机布置紧凑，适于中小型型钢生产。

d 连续式

连续式指轧机按轧制顺序纵向紧密排列为连轧机组。可用单独传动或集体传动，每架只轧一道。一根轧件可在数架轧机内同时轧制，各架间遵循秒流量相等的原则。

优点：轧制速度快、产量高、轧机紧密排列，间隙时间短，轧件温降小，对轧制小规格和轻型薄壁产品有利，由于轧件长度不受机架间距限制，故在保证轧件首尾温差不超过允许值的前提下，可尽量增大坯料重量，使轧机产量和金属收得率均提高。

缺点：这种轧机一般采用微张力轧制，要求自动化程度和调整精度高，机械、电气设备较为复杂，投资较大，且品种比较单一。目前有的厂已成功地实现了 H 型钢连轧、小型钢材连轧。

e 半连续式

半连续式介于连轧和其他形式轧机之间。常用于轧制合金钢或旧有设备改造。其中一种粗轧为连续式，精轧为横列式；另一种粗轧为横列式或其他形式、精轧为连续式。

优点：其设备布置比较紧凑，调整较为方便。此种轧机往往采用多根轧制，产量也较高。

缺点：由于多根轧制，辊跳不一，产品精度难以提高，轧件经正围盘转向180°，使轧制速度提高受到限制。

7.2.1.4 型材的孔型设计

A 孔型设计的要求

型材轧制是在带有轧槽（环形凹槽或凸缘）的轧辊上轧制出来的。由两个或多个轧辊的轧槽所构成的断面轮廓称之为孔型。将钢锭或钢坯在轧辊孔型中经过若干道次的轧制变形，以获得所需的断面形状、尺寸和性能的产品，为此而进行的设计和计算过程称之为孔型设计。主要包括以下三方面的内容：

(1) 断面孔型设计。根据原料与成品的断面形状、尺寸及其性能的要求，确定出轧件的变形方式、所需道次数和各道次的变形量以及为完成此变形过程所需的孔型形状和尺寸。

(2) 轧辊孔型设计（孔型配置）。根据断面孔型设计的结果，确定孔型在每个机架上的配置方式，从而保证轧件能正常轧制。

(3) 轧辊辅件设计。导卫或诱导装置的设计，以保证轧件能按照要求的状态和位置进出孔型，对轧件起矫正或翻转作用。

按孔型的直观形状可分为圆形、方形、菱形、椭圆形、立椭圆形、六角形、工字形、槽形、轨形和蝶形等孔型，如图7-14所示。

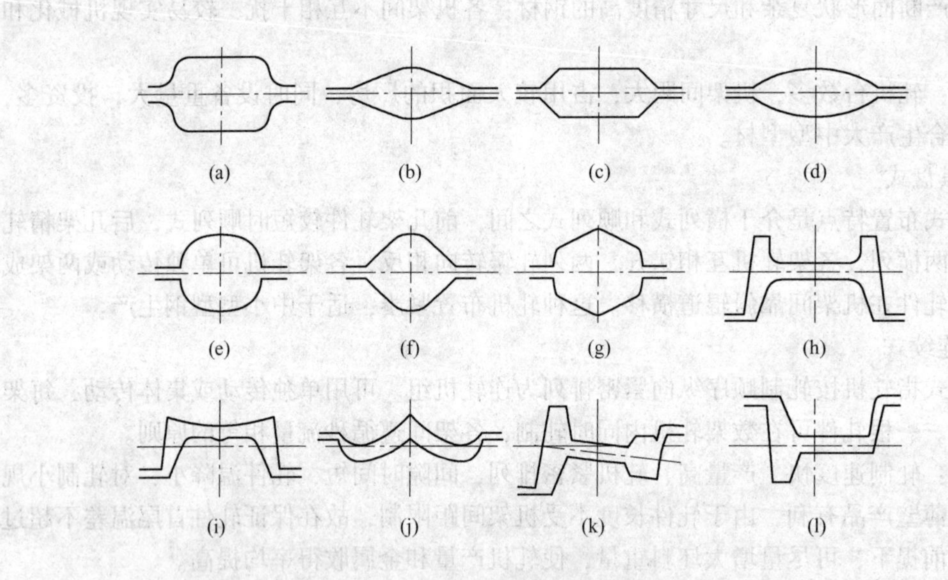

图7-14 孔型按形状分类

(a) 箱形孔型；(b) 菱形孔型；(c) 六角孔型；(d) 椭圆形孔型；(e) 圆孔型；(f) 方孔型；(g) 六边形孔型；(h) 工字形孔型；(i) 槽形孔型；(j) 角形孔型；(k) 轨形孔型；(l) 丁字形孔型

B 延伸孔型系统

为了获得某种型钢，通常在精轧孔型之前有一定数量的延伸孔型或开坯孔型。延伸孔型系统就是这些延伸孔型的组合。常见的延伸孔型系统有：箱形孔型系统、菱-方孔型系统、菱-菱孔型系统、椭圆-方孔型系统、六角-方孔型系统、椭圆-圆孔型系统、椭圆-立椭圆孔型系统等。

a 箱形孔型系统

箱形孔型系统用调整辊缝的方法可以轧制多种尺寸不同的轧件，公用性好；允许使用大变形，广泛地应用在初轧机、三辊式开坯机、中小型或线材轧机的开坯孔型。组合方案如图 7-15 所示，具体选用何种轧制方式，应根据设备条件和产品质量要求而定。在这些组合中，可看出一类是每隔一道翻钢一次，增加翻钢次数可提高表面质量；另一类，轧两道后翻钢，这样能提高轧机产量，但如果钢坯表面质量不好，会产生折叠。

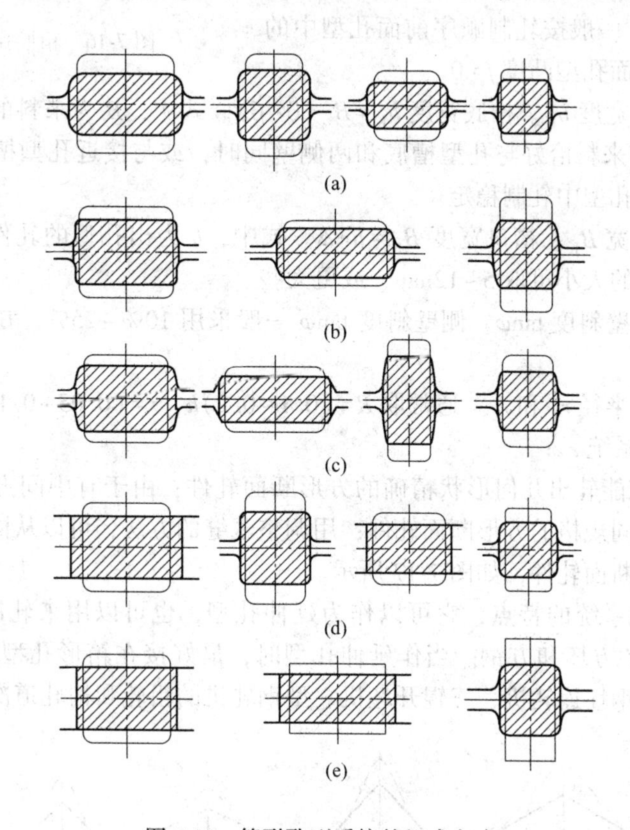

图 7-15 箱形孔型系统的组成方式

(a) 方-矩形-方；(b) 方-矩形-矩形；(c) 方-矩形-矩形-立-方；(d) 方-平辊-方；(e) 方-平辊-平辊-方

箱形孔型系统分为立箱形孔型、方箱形孔型和矩形箱形孔型，其构成原理相同。变形过程中，轧件的延伸系数一般采用 1.15~1.4，平均延伸系数可取 1.15~1.34；轧件的宽展系数 $\beta=0\sim0.45$，不同情况下的取值范围见表 7-3。箱形孔型的主要参数有以下几个，如图 7-16 所示：

(1) 孔型高度 h。等于轧后轧件的高度。

表 7-3 轧件在箱形孔型系统中的宽展系数

轧制条件	中小型开坯机轧制钢锭或钢坯		型钢轧机轧制钢坯		
	前 1-道轧锭	扁箱形孔型	方箱形孔型	扁箱形孔型	方箱形孔型
宽展系数	0~0.1	0.15~0.30	0.15~0.25	0.25~0.45	0.2~0.3

（2）凸度f。采用凸度的目的是为了使轧件在辊道上行进时稳定；也是为了使轧件进入下一个孔型时状态稳定，避免轧件左右倾倒，同时也给轧件翻钢后在下一个孔型中轧制时多一些展宽的余量。

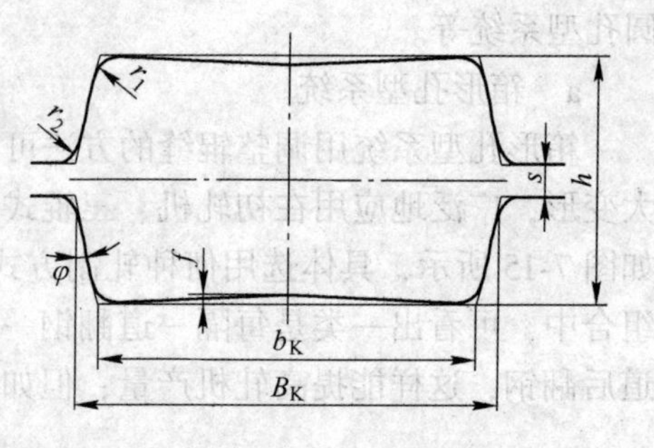

图 7-16　箱形孔型的构成

凸度的大小应视轧机及其轧制条件而定，如在初轧机上的凸度值可取 5～10mm；在三辊开坯机上可用 2～6mm；一般按轧制顺序前面孔型中的凸度可取大些，后面孔型凸度$f=0$。

（3）孔型槽底宽度b_K。槽底宽度$b_K=B-(0\sim6)$。式中，B为来料的宽度。一般在确定b_K值时，最好使来料恰好与孔型槽底和两侧壁同时，或与接近孔型槽底的两侧壁先接触，以保证轧件在孔型中轧制稳定。

（4）孔型槽口宽B_K。槽口宽度$B_K=b+\Delta$。式中，b为出孔型的轧件宽度；Δ为展宽余量，随轧件尺寸的大小可取 5～12mm，或更大些。

（5）孔型的侧壁斜度$\tan\varphi$。侧壁斜度$\tan\varphi$一般采用 10%～25%，在个别情况中可取 30%或更大些。

（6）内外圆角半径r_1和r_2。通常取$R=(0.1\sim0.2)h$，$r=(0.05\sim0.15)h$。

b　菱-方孔型系统

菱-方孔型系统能轧出几何形状精确的方形断面轧件；由于有中间方形孔，所以能从一套孔型中轧出不同规格的方形断面轧件；用调整辊缝的方法，可以从同一孔型中轧出几种相邻尺寸的方形断面轧件，如图 7-17 所示。

根据菱-方孔型系统的特点，它可以作为延伸孔型，也可以用来轧制 60mm×60mm～80mm×80mm 以下的方坯和方钢。当作延伸孔型时，最好接在箱形孔型之后。菱-方孔型系统被广泛应用在钢坯连轧机、三辊开坯机、型钢轧机的粗轧和精轧道次。

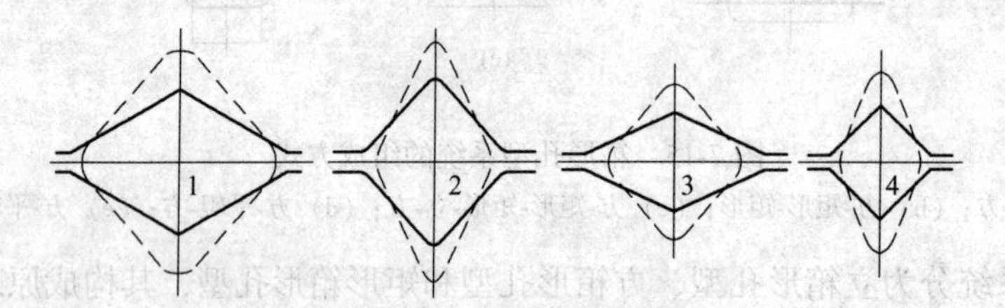

图 7-17　菱-方孔型系统
1，3—菱孔；2，4—方孔

c　菱-菱孔型系统

菱-菱孔型系统主要用于中小型粗轧孔型。当产品尺寸规格较多时，通过调整可以在任意一个菱形系统中，往返轧制一次就可以获得各种尺寸的中间方坯。另外，轧制系统中有时要在奇数道次上获得方坯，往往采用菱-菱孔型系统作为过渡孔型，如图 7-18 所示。

d　椭圆-方孔型系统

椭圆-方孔型系统延伸系数比较大，被广泛应用到小型和线材轧机上做延伸孔型轧制

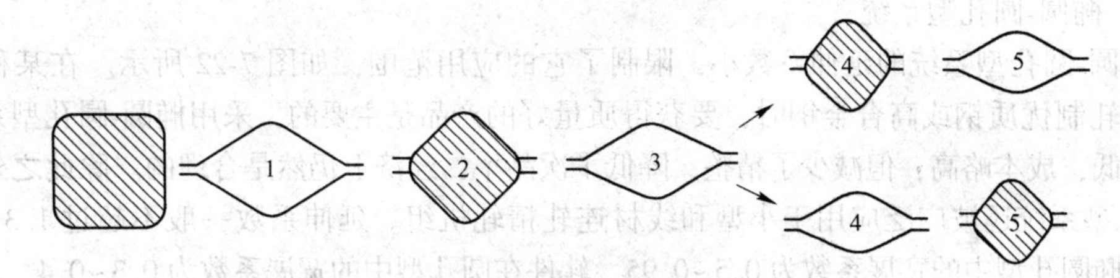

图 7-18 菱形系统在菱-菱孔型系统中的作用

40mm×40mm~75mm×75mm 以下的轧件，如图 7-19 所示。

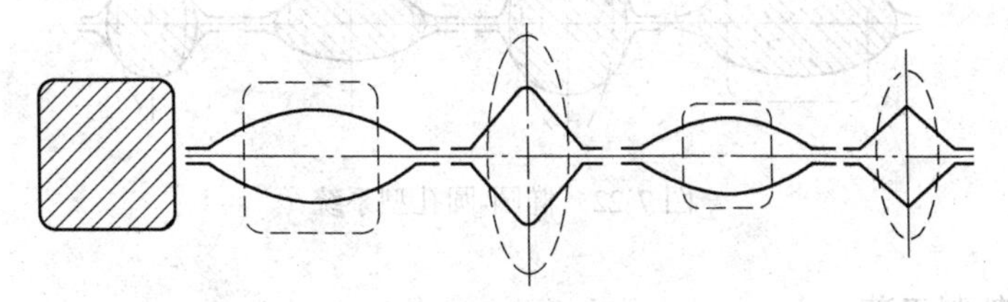

图 7-19 椭圆-方孔型系统

e 六角-方孔型系统

六角-方孔型系统被广泛应用到粗轧和毛轧机上，所轧制的方件边长为 17mm×17mm~60mm×60mm 之间，如图 7-20 所示。常用在箱形孔型系统之后和椭圆-方孔之前，组成混合孔型系统，这就克服了小断面轧件在箱形孔型中轧制不稳定和大断面轧件在椭圆孔型中轧制有严重不均匀变形的缺点。

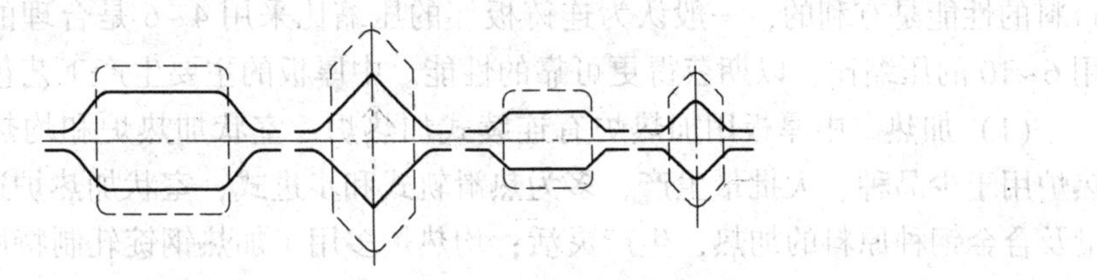

图 7-20 六角-方孔型系统

f 椭圆-立椭圆孔型系统

椭圆-立椭圆孔型系统主要用于轧制塑性极低的钢材，如图 7-21 所示。近来，由于连轧机的广泛应用，特别是在水平机架和立辊机架交替布置的连轧机和 45°轧机上，为了使轧件在机架间不进行翻钢，以保证轧制过程的稳定和消除卡钢事故，因而椭圆-立椭圆孔型系统代替椭圆-方孔型系统被广泛用于小型和线材连轧机上。

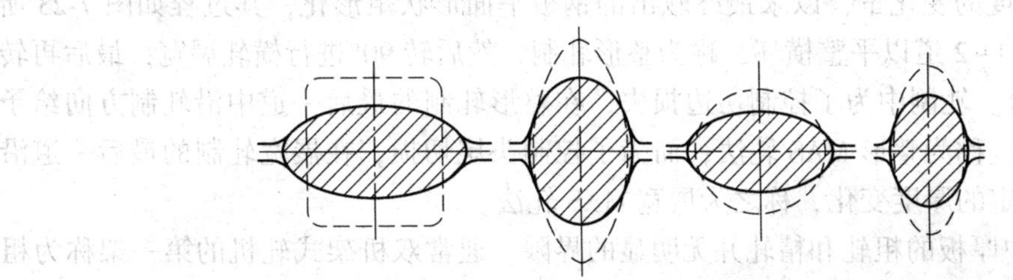

图 7-21 椭圆-立椭圆孔型系统

g 椭圆-圆孔型系统

椭圆-圆孔型系统的延伸系数小，限制了它的应用范围，如图 7-22 所示。在某种情况下，如轧制优质钢或高合金钢时，要获得质量好的产品是主要的，采用椭圆-圆孔型系统尽管产量低，成本略高，但减少了精整、降低了次品率，经济上仍然是合理的。除此之外，椭圆-圆孔型系统还被广泛应用于小型和线材连轧精轧机组。延伸系数一般不超过 1.3~1.4，轧件在椭圆孔型中的宽展系数为 0.5~0.95，轧件在圆孔型中的宽展系数为 0.3~0.4。

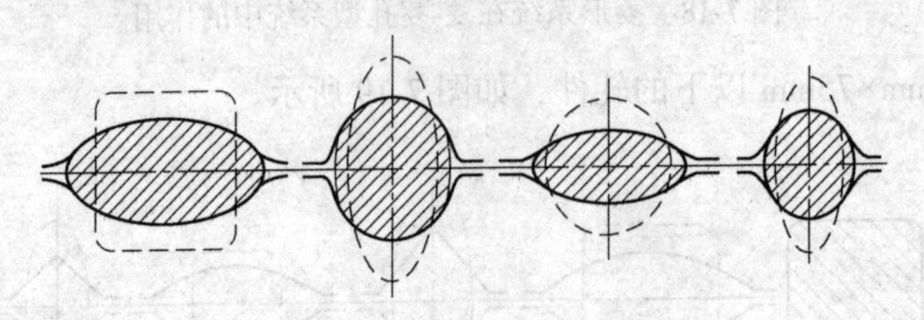

图 7-22 椭圆-圆孔型系统

7.2.2 板带材轧制工艺

7.2.2.1 中厚板生产工艺

A 中厚板生产工艺概述

中厚板产品的高强度、高耐磨性以及良好的韧性和焊接性，使得中厚板产品涉及很多领域，如锅炉和压力容器用钢、机械用钢、船舶用钢、大直径输送管等领域。随着连铸技术应用日趋广泛，连铸板坯已逐渐成为中厚板材的主要原料。无疑，较大的压缩比对提高材料的性能是有利的，一般认为连铸板坯的压缩比采用 4~6 是合理的。在实际生产中采用 6~10 的压缩比，以期获得更可靠的性能。中厚板的主要生产工艺包括：

(1) 加热。中厚板用加热炉有连续式加热炉、室状加热炉和均热炉三种。连续式加热炉用于少品种、大批量生产，多为热滑轨式和步进式；室状加热炉适用于多品种、少批量及合金钢种原料的加热，生产灵活；均热炉多用于加热钢锭轧制特厚板。

(2) 轧制。中厚板的轧制过程可分为除鳞、粗轧和精轧几个阶段：

1) 除鳞。除鳞是要将炉生铁皮和次生铁皮除尽以免压入表面产生缺陷。实践证明，现代工厂只采用投资很少的高压水除鳞箱及轧机前后的高压水喷头即可满足除鳞要求。

2) 粗轧。粗轧阶段的主要任务是将板坯或扁锭展宽到所需要的宽度并进行大压缩延伸，主要有纵轧法、横轧法、角轧法、综合轧法以及平面控制法（MAS）。

其中 MAS 轧制法根据每种尺寸的钢板在终轧后桶形平面形状的变化量，计算出粗轧展宽阶段坯料厚度的变化量，以求最终轧出的钢板平面形状矩形化，其过程如图 7-23 所示：首先是纵轧 1~2 道以平整横坯，称为整形轧制，然后转 90°进行横轧展宽，最后再转 90°进行纵轧成材。轧制中为了控制切边损失，在整形轧制的最后一道中沿轧制方向给予预定的厚度变化，称为整形 MAS 轧法；而为了控制头尾切损，在展宽轧制的最后一道沿轧制方向给予预定的厚度变化，称之为展宽 MAS 轧法。

3) 精轧。中厚板的粗轧和精轧并无明显的界限。通常双机架式轧机的第一架称为粗轧机，第二架为精轧机。精轧的任务是延伸和质量控制，包括厚度、板形、性能及表面质量的控制，主要取决于精轧辊面的精度和硬度。精轧机在厚度控制方面大多采用厚度自动控制系统（AGC）。

（3）精整与热处理。精整工序主要包括矫直、冷却、划线、剪切、检查、缺陷清理、包装入库等。根据钢材技术条件要求，有的还需要进行热处理和酸洗。中厚板厂通常在作业线上设计热矫直机，多采用带支撑辊的四重式矫直机，为了补充热矫直机的不足，还离线设置拉力矫直机或压力矫直机等冷矫设备。板厚25mm以下是侧边使用圆盘剪，头尾使用铡头剪或摇摆剪。50mm以上的钢板多采用在线连续气割的方式。中厚板的热处理最常采用的退火、正火、正火加回火、淬火加回火处理。

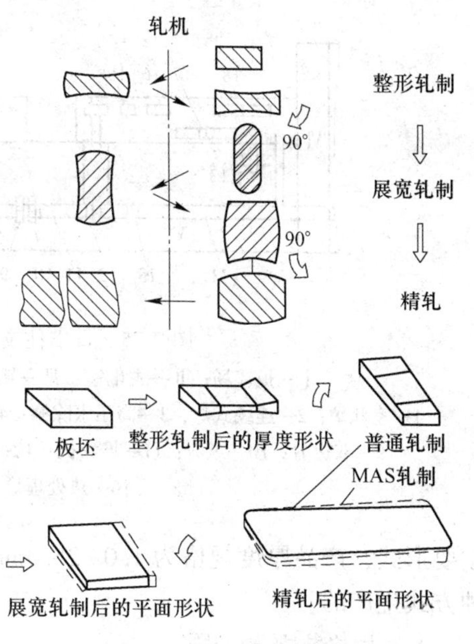

图7-23 MAS轧制过程示意图

B 中厚板轧机形式及布置

中厚板轧机形式不一，从机架结构来看有二辊可逆式、三辊劳特式、四辊可逆式、万能式和复合式之分。二辊可逆式由于辊系的刚性差，轧制精度不高，目前已不再单独兴建，而只是有时作为粗轧或开坯机使用；三辊劳特式轧机同样由于辊系的刚性不足、咬入能力弱已逐渐被四辊轧机所代替；四辊可逆式轧机是现代应用最广泛的中厚板机，适用于轧制各种尺寸规格的中厚板，尤其轧制精度和板形要求较严的宽厚板，更是非用它不可，如图7-24所示；万能式轧机现在主要是在一侧（或两侧）具有一对（或两对）立辊的四辊（或二辊）可逆式轧机。

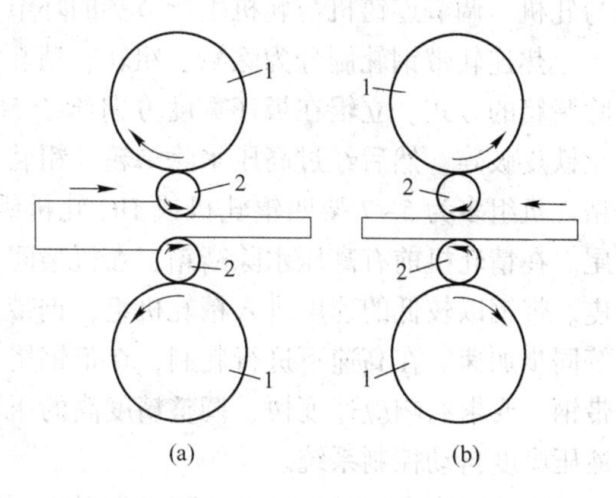

图7-24 四辊可逆式轧机轧制过程示意图
（a）第一道次；（b）第二道次
1—支撑辊；2—工作辊

中厚板轧机的布置目前占主要地位的是双机架式，它是把粗轧和精轧两个阶段的不同任务和要求分别放到两个机架上去完成。其主要优点是：产量高，表面质量、尺寸精度和板形都较好，可延长轧辊寿命，缩短换辊次数等。我国双机架式以二辊粗轧机加四辊精轧机的顺序布置较普遍。美国、加拿大等多采用二辊加四辊，而欧洲和日本多采用四辊加四辊式。

图7-25所示为日本住友金属鹿岛厚板工厂的平面布置。该厂采用双机架四辊可逆式轧机，轧辊尺寸为（ϕ1005/2005）mm×5340mm，最大轧制力为9000t，粗轧、精轧机电机容量分别为2×5000kW及2×14490kW。全场面积137780m^2，年产192万吨。

7.2.2.2 热轧板生产工艺

热轧薄板具有产品薄、表面积大的特点，主要有带钢热连轧机、炉卷轧机、行星轧机三种生产设备，其中使用带钢热连轧机的热连轧带钢生产方式是目前世界上生产板带钢的

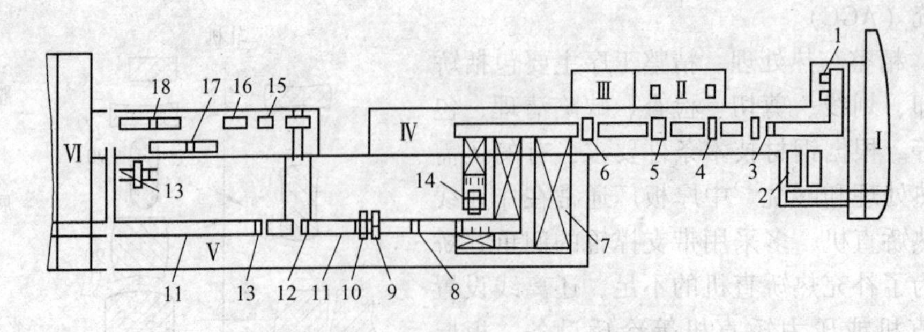

图 7-25 日本住友金属鹿岛厚板工厂的平面布置

Ⅰ—板坯场；Ⅱ—主电室；Ⅲ—轧辊间；Ⅳ—轧钢跨；Ⅴ—精整跨；Ⅵ—成品库；
1—室状炉；2—连续式炉；3—高压水除鳞；4—粗轧机；5—精轧机；6—矫直机；7—冷床；8—切头剪；
9—双边剪；10—纵剪；11—堆垛机；12—端剪；13—超声探伤；14—压力矫直机；15—淬火机；
16—热处理炉；17—涂装机；18—喷砂机

主要形式，产品厚度规格为 1.0~25.4mm，绝大多数的薄板（厚度 4mm 以下）是采用这种方式生产的。

A 热连轧带钢生产

热连轧带钢生产一般使用 200~360mm 连铸坯，由于带钢连轧机采用全纵轧法，板坯宽度比成品宽度宽 50mm。采用步进式连续加热炉，多段供热方式。从连铸机拉出来板坯直接用保温轨道和保温车热送至加热炉进行热装炉。板坯加热炉起补充加热、衔接连铸机与轧机、调节连铸机与轧机生产节奏的环节。

热连轧带钢轧制分为除鳞、粗轧、精轧等几个阶段。除鳞一般采用立辊轧机和高压水除鳞箱的方式。立辊在板坯宽度方向给予 50~100mm 压下量，可使板坯表面上一部分氧化铁皮破碎，然后经过高压水除鳞箱。粗轧采用全纵轧的方式，一般需轧制 5 道次以上。精轧机组多为 5~7 架四辊轧机或 HC 轧机组成，精轧机前设置一台飞剪，用于切头、去尾。在精轧机前有高压水除鳞箱，在机架间有的还设有高压水喷嘴，用来清除二次氧化铁皮。带钢以较低的速度进入精轧机组，钢带头部进入卷取机后，精轧机组、轨道、卷取机等同步加速，在高速下进行轧制，在带钢尾部抛出前减速抛出。为了获得高精度板厚的板带钢，要求有响应速度快、调整精度高的压下系统和板形调整、控制系统，目前广泛采用液压厚度自动控制系统。

终轧温度在 800~900℃，而成卷温度不能高于 600~650℃，从末架轧机到卷取机之间轧件要快速降温。轧后强化冷却的设备有高压喷嘴冷却、层流冷却、水幕冷却等不同的形式，广泛采用的是层流冷却和水幕冷却。冷却后钢带温度在 550~650℃进行卷曲，通常设置 2~3 台卷取机交替使用，卷曲后经卸卷和运输送往精整作业线，经过纵剪、横剪、平整、检验、包装等工序后出厂。

B 薄板坯连铸直接轧制生产

薄板坯连铸直接轧制技术的工艺流程为：冶炼→薄板坯连铸→（粗轧）→调温→精轧→卷曲→精整，使冶炼、二次精炼、连铸、轧制、卷曲紧凑地布置在一条生产线上。从冶炼到成材生产过程连续进行，解决了各工序生产能力、生产节奏的匹配和缓冲环节的调控能力的问题。使生产热轧带钢的物流系统发生了巨大的变化，去除各工序间的中间仓库，减少了中间滞留环节，仓储情况发生巨大变化，物流更加合理。同时大大缩短了生产周期，具有极强的竞争力。

C 炉卷轧机生产

炉卷轧机为单机架、多道次工作方式，一般布置在一台四辊可逆式中板轧机后面，板带开坯机分为中板生产线和炉卷生产线，由此提供 15~20mm 厚热轧板作为炉卷轧机的坯料，生产 2.5~6.0mm 厚的成品。炉卷轧机结构的特点是在四辊可逆式带钢轧机的前后分别设置板卷加热炉，其作用是在轧制过程中对板卷进行补充加热。适用于变形温度范围较窄的不锈钢、硅钢等钢种的生产。典型炉卷轧机布置如图 7-26 所示。

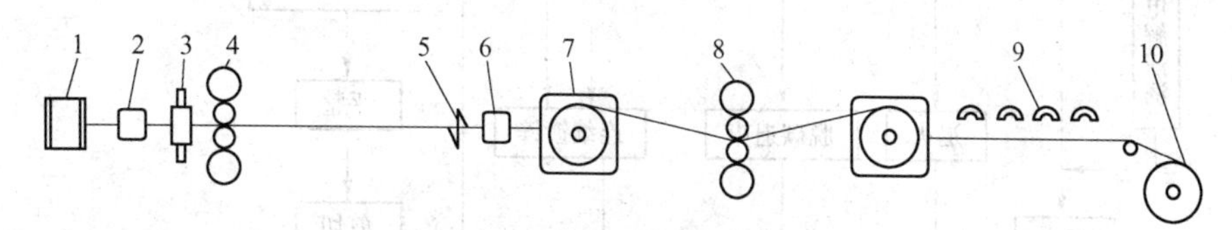

图 7-26 典型炉卷轧机布置简图

1—加热炉；2，6—除鳞机；3—立辊机架；4—四辊可逆式粗轧机；5—剪切机；
7—卷曲加热炉；8—四辊可逆式精轧机；9—层流冷却系统；10—卷取机

D 行星轧机生产

行星轧机结构类似恒星和行星，在一个支撑辊的周围布置 12~24 根工作辊（又称行星辊），支撑辊为主动辊，沿轧制方向转动，行星围绕支撑辊做行星式公转，也靠摩擦力自传。变形过程是靠上下工作辊同步地、在垂直面上同时与轧件方向相反，咬入过程不能靠工作辊与轧件的摩擦来实现，要用送料辊将坯料推入行星轧机。

行星轧机的轧制压力小，仅为四辊轧机的 1/5~1/10。通过多个工作辊的小变形的累积实现总变形，一道次轧制可实现非常大的变形，一次压下可达 90%以上。轧制过程变形速度高，轧件轧制时不是降温，而是温度略有升高（50~100℃）。生产设备少，占地面积小，节省投资是行星轧机的长处，但设备结构复杂，加工精度要求高造成维修难度大、事故多、调整困难，此外轧制时轧机振动造成产品表面波纹缺陷，这些问题成为行星轧机发展的制约因素。

7.2.2.3 冷轧板生产工艺

冷轧是指金属在再结晶温度以下的轧制过程，也即室温轧制。轧制时不会发生再结晶过程，但产生加工硬化。与热轧相比，冷轧板带材具有尺寸精度高，表面好，组织性能好，有利于生产组织性能好的产品，如硅钢板、汽车板等。冷轧工艺特点是：加工温度低，轧制中产生不同程度的加工硬化；冷轧过程中采用工艺润滑和冷却；张力轧制（防止跑偏，保持板形，降低抗力，调整电机负荷）；冷轧产品需采用退火或中间退火。

冷轧板带钢品种繁多，工艺复杂，最基本、最不可缺少的工序为热轧板卷的酸洗或碱洗、冷轧、热处理、平整、剪切、检验、包装、入库等。典型生产工艺流程如图 7-27 所示。

现代冷轧轧机形式按辊系设置一般可分为四辊式与多辊式两大类型。由于普通四辊轧机对板形控制能力的局限性，近年来相继出现以 HC 轧机为基础形式的 HC 轧机、UC 轧

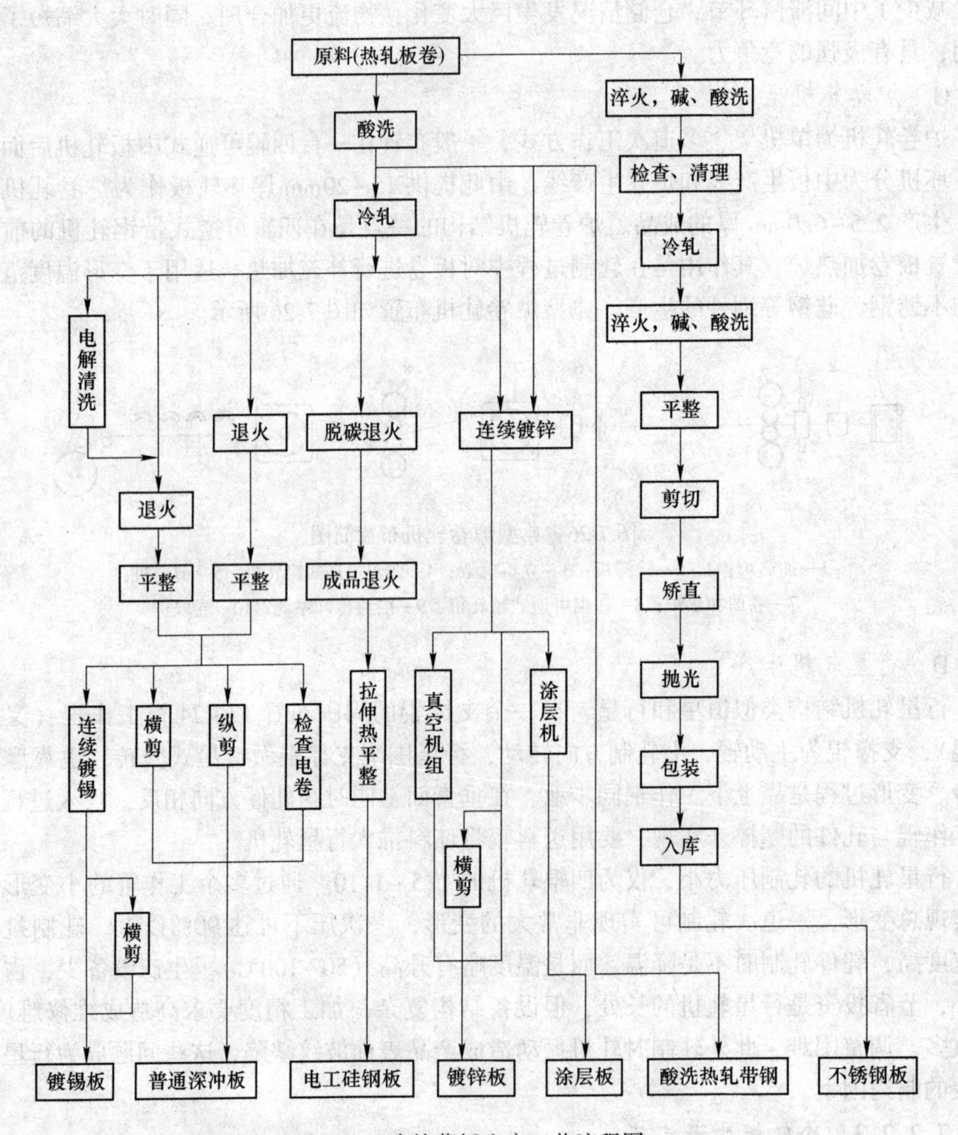

图 7-27 冷轧薄板生产工艺流程图

机、UCMW 轧机和以 CVC 轧机为基础形式的四辊 CVC 轧机、六辊 CVC 轧机、UPC 轧机，还有 PC 轧机和 VC 辊轧机等。

减小工作辊直径可以减小轧制力和轧制力矩，有利于轧出更薄的带材，因此就出现了支撑辊数量大于 2 的多辊轧机，如十二辊轧机、二十辊轧机、复合八辊轧机、复合十二辊轧机、偏八辊轧机、三十六辊轧机等多辊轧机，如图 7-28 所示。轧制精度高，特别适用于各种难变形金属的轧制，如不锈钢、耐热合金钢和硅钢轧制等。

冷轧板带钢的轧机布置形式从简单的单机座可逆式冷轧机发展到多机座的常规冷连轧机，又发展到全连续式冷连轧机，实现了无头轧制，使连轧机的生产能力大幅度提高；随后又出现了联合全连续式冷轧机组，如酸洗全连续式轧机、酸洗-轧制-退火联合全连续式轧机。

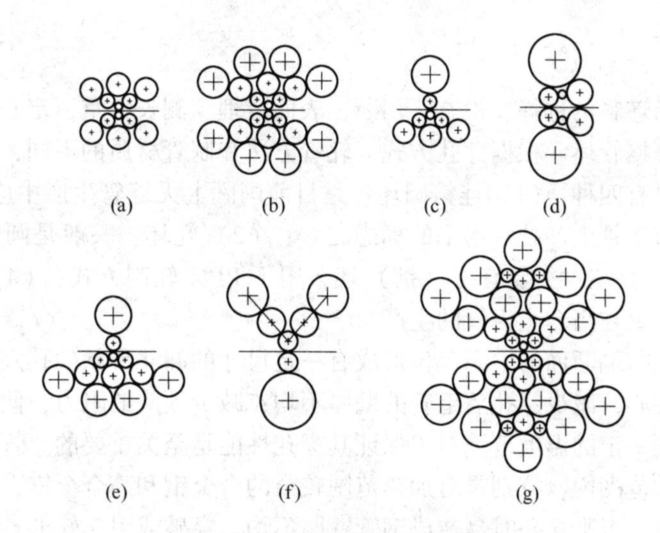

图 7-28 多辊冷带轧机的形式

（a）十二辊轧机；（b）二十辊轧机；（c）复合式八辊轧制；（d）偏八辊轧机；
（e）复合式十二辊轧机；（f）七辊轧机；（g）三十六辊轧机

7.2.3 管材轧制工艺

7.2.3.1 钢管的特性及分类

凡是两端开口并具有中空封闭型断面，而且长度与断面周长成较大比例的钢材，都可以称为钢管。钢管被广泛用于工业及民用等领域，是与其特性分不开的。钢管的特性有两个方面：具有封闭的中空几何形状，可以作为液体、气体及固体的输送管道；在同样的重量下，钢管相对于其他钢材产品具有更大的截面模数，也就是说它具有更大的抗弯、抗扭能力，属于经济断面钢材、高效钢材。

钢管的种类繁多，性能也各不相同，按其生产的方式可分为：

（1）热轧无缝管：其生产过程是将实心管坯（或钢锭）穿轧成具有要求的形状、尺寸和性能的钢管。目前生产的热轧无缝钢管外径 D 为 8~1066mm，D/S 为 4~43。

（2）焊接钢管（有缝管）：其生产过程是将管坯（钢板或钢带）用各种成形方法弯卷成要求的横截面形状，然后用不同的焊接方法将接缝焊合。焊管的产品范围是外径 D 为 0.5~3600mm，壁厚 S 为 0.1~40mm，D/S 为 5~100。

（3）冷加工管：冷加工管有冷轧、冷拔和冷旋压三类。冷轧管的产品范围是外径 D 为 0.1~450mm，壁厚 S 为 0.01~60mm，D/S 在 2.1~2000，旋压管的 D/S 可在 12000 以上。

此外，还有按产品的用途分为管道用管、结构管、石油管、热工用管及其他特殊用途管；按材质分为普通碳素钢管、碳素结构钢管、合金钢管、轴承钢管、不锈钢管以及双金属管、涂镀层管；按管端形状分为圆管和异形管；按纵向断面形状分为等断面钢管、变断面钢管。

7.2.3.2 无缝钢管生产的基本工艺

热轧无缝钢管生产工艺可以概括为六大工艺：坯料制备、加热、穿孔、轧管、定减径、精整。

A 管坯及轧前加热

坯料制备包括坯料的选择、检查、切断、表面清理、测长称重，定心等，目的是为后续生产工序提供合格管坯。根据穿孔方式、轧管方法和制管材质的不同，热轧无缝钢管生产所用的坯料主要有四种：(1) 连铸圆坯：是目前国际上无缝管生产中应用较多的坯料，也是衡量一个国家钢管生产技术水平的标志之一；(2) 轧坯：一般是圆坯，生产中经常使用；(3) 铸（锭）坯：主要有方（锭）坯，用于 PPM 轧制方式；(4) 锻坯：用于穿孔性能较差的合金钢与高合金钢管的生产。

定心指在管坯前端断面的中心部位形成有一定尺寸的漏斗形状的孔穴，便于穿孔时顶头对准坯料断面中心，减少穿孔后毛管的壁厚不均；减少顶头的阻力，便于二次咬入。

将坯料加热到一定的温度范围对于保证其穿孔性能是至关重要的。管坯加热时应保证加热温度在规定的范围内，特别是对加热范围较窄的合金钢和高合金钢，同时沿管坯纵向和横向加热要均匀，否则穿孔时易造成钢管壁厚不均、穿破或引起轧卡。管坯的加热制度包括加热温度、加热时间和加热速度。

B 无缝钢管的穿孔

无缝钢管的生产一般以实心坯为原料，从管坯到中空钢管的断面收缩率是非常大的，为此变形需要分阶段才能完成，一般情况下要经过穿孔、轧管、定减径三个阶段。无缝钢管生产的变形过程如图 7-29 所示。

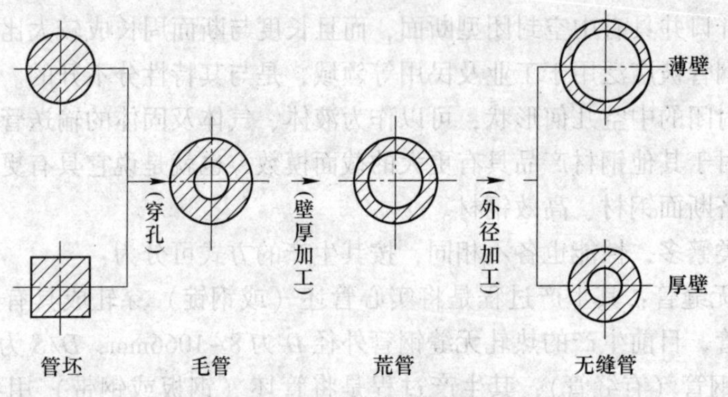

图 7-29 钢管生产的变形过程示意图

管坯穿孔的目的是将实心的管坯穿成要求规格的空心毛管，对穿孔工艺的要求是：(1) 要保证穿出的毛管壁厚均匀，椭圆度小，几何尺寸精度高；(2) 毛管的内外表面较光滑，不得有结疤、折叠、裂纹等缺陷；(3) 要有相应的穿孔速度和轧制周期，以适应整个机组的生产节奏，使毛管终轧温度能满足轧管机的要求。常见管坯穿孔方法有斜轧穿孔（二辊、三辊、狄舍尔）、压力穿孔和推轧穿孔（PPM）等三种，如图 7-30 所示。另外，还有直接采用离心浇铸、连铸与电渣重熔等方法获得空心管坯，而省去穿孔工序。

C 毛管的轧制延伸理论及工艺

毛管轧制是热轧无缝钢管生产中的核心工序，作用是减小毛管壁厚至成品要求，并消除纵向壁厚不均；另外还可提高荒管内外表面质量、控制荒管外径和真圆度。

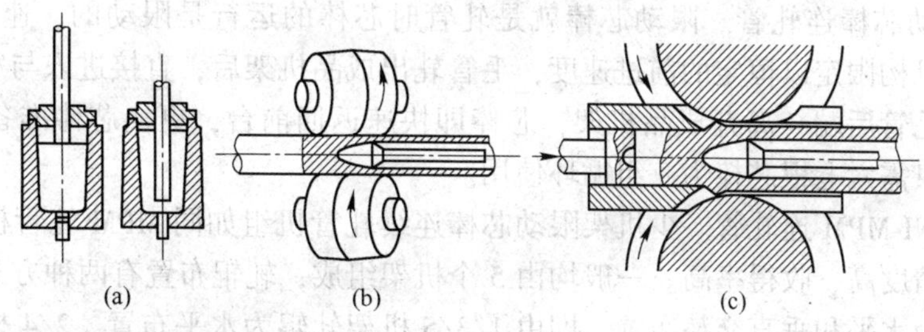

图 7-30 穿孔方式示意图

(a) 压力穿孔；(b) 斜轧穿孔；(c) 推轧穿孔

a 自动轧管机

其轧管过程如图 7-31 所示。主要结构特点是：在工作辊后增设一对速度较高的反向旋转的回送辊，将轧到后台的钢管自动回送到前台来，故称该机组为自动轧管机组；在机座内设置有上工作辊和下回送辊的升降与调整机构，以满足钢管回送的要求。轧辊由主电机通过减速齿轮、齿轮机架及万向（梅花）接轴传动。由于轧制速度高，轧件短，每道纯轧时间短，故装有飞轮。

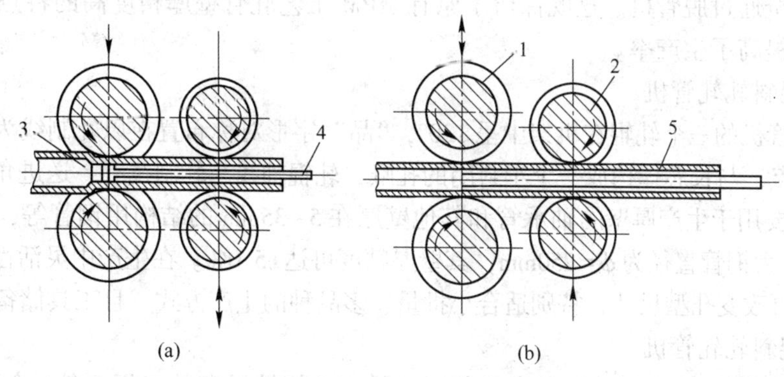

图 7-31 自动轧管机工作示意图

(a) 轧制情况；(b) 回送情况；

1—轧辊；2—回送辊；3—顶头；4—顶杆；5—轧制毛管

b 连轧管机

连轧管机组生产能力高，自动化程度高，所生产毛管质量高。按其芯棒运行方式不同，可把连轧管机分为全浮动芯棒连轧管机（MM）、半浮动芯棒连轧管机（NM）和限动芯棒连轧管机（MPM）等类型：

(1) 全浮动芯棒连轧管机。轧制过程中芯棒随轧件自由运行，芯棒运行速度不受控，且随着各机架的咬入、抛钢有波动，从而引起管子壁厚的波动；轧制结束后，芯棒随荒管轧出至连轧机后的输出辊道，轧制时芯棒的全长几乎都在荒管内，芯棒较长，产品规格较大，芯棒自重也越大，所以只能在小型机组中推广采用，可生产钢管的最大外径为 157.8mm；带有芯棒的荒管横移至脱棒线，先松棒后再由脱棒机将芯棒从荒管中抽出以便冷却、润滑后循环使用，生产时需一组（10~15 根）芯棒轮流工作。

它的优点是轧制节奏快，每分钟可轧制 4 根钢管，机组产量高，比较有代表性的是我国宝钢的 ϕ140mm 机组，年产量在 80 万吨以上。它的主要缺点是壁厚均匀性无论是横抛面上还是纵向都稍差些，存在“竹节现象”。

(2) 限动芯棒连轧管。限动芯棒就是轧管时芯棒的运行是限动的，速度是可控的，芯棒有限动机构限定以恒定的前进速度，毛管轧出成品机架后，直接进入与它相连的脱管机脱管，当毛管后端一离开成品机架，芯棒即快速返回前台，更换芯棒准备下一周期轧制。生产时只需六七根芯棒为一组循环使用。

(3) MINI-MPM 连轧管。少机架限动芯棒连续轧管机组如同 MPM 轧管机组，可轧薄管壁、尺寸精度高、收得率高。一般均由 5 个机架组成，轧辊布置有两种方式：一种为轧辊轴线依次为水平和垂直交替布置，即由 1/3/5 机架轧辊为水平布置，2/4 机架轧辊为垂直布置。另一种为轧辊轴线呈 45°角布置，相邻机架呈 90°。

(4) 三辊连轧管 (PQF)。三辊限动芯棒连续轧管机一般由 4~7 架三辊可调式机架组成，采用限动芯棒运行方式，整个轧制过程中芯棒的速度是恒定的，从而确保管子壁厚的精度，轧制不同的管子时芯棒的速度可在一定范围内调节。轧制结束后，即荒管尾部出精轧机后，芯棒停止前进（芯棒头部位于脱管机前，未进入脱管机）随后脱管机将荒管脱出，间隔几秒钟后芯棒继续向前运行，穿过脱管机，然后拔出轧制线进入冷却站冷却。为此机组需要配置具备辊缝快速打开、闭合功能的三辊可调辊缝脱管机，以确保在轧制薄壁管时芯棒安全通过脱管机。这既保留了原有 MPM 工艺轧管壁厚精度高的特点，又加快了轧制节奏，提高了生产率。

c 三辊斜轧轧管机

三辊轧管机的三个轧辊在机架中呈 120°，"品"字形对称布置在以轧制线为中心的等边三角形的顶点，与长芯棒构成一个半封闭的孔喉，轧辊轴线与轧制线有一送进角 α，如图 7-32 所示。主要用于生产厚壁的轴承管和其他壁厚在 5~35mm 的结构用钢管等，最大壁厚可达 60mm，最大钢管直径为 $\phi=250$mm，其壁厚精度可达±5.0%。在生产中灵活性大，借助轧辊的离合就可改变孔型尺寸，特别适合小批量、多品种的生产方式，且工具储备数量少。

d 二辊斜轧轧管机

狄舍尔轧管机 1929 年首先问世于美国，是主动旋转导盘的二辊斜轧轧管机，主要用于生产高精度中薄壁管，外径与壁厚比可达 30，壁厚公差可控制在±5%左右。1980 年以后，美国 Aetna Standard 公司又进一步将狄舍尔轧管机改进开发了新型二辊斜轧 Accu-roll 轧管机。轧辊改为锥形，增设辗轧角，改善了变形条件，使最大延伸率达到 3.0，外径壁厚比达到 40，产品的表面质量和尺寸精度均有提高，可生产的产品品种多，包括油井管、锅炉管、轴承管及机械结构管等，设备费用低，特别适合中小企业改造。图 7-33 所示为其操作过程示意图。

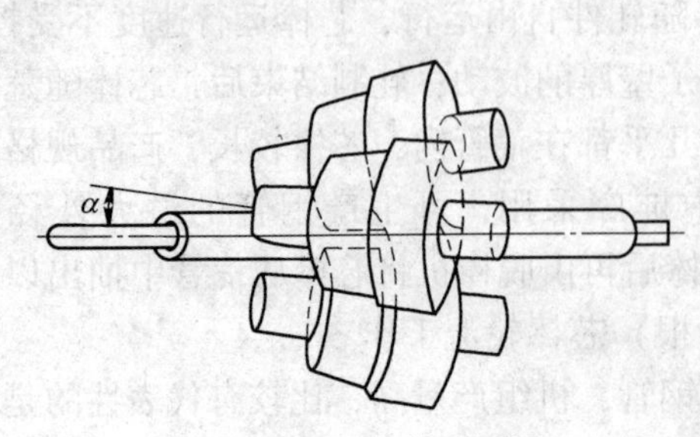

图 7-32 三辊轧管原理图

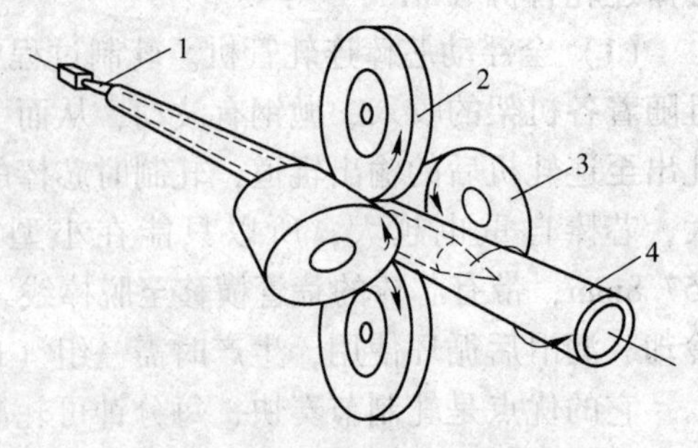

图 7-33 Accu-roll 轧管机示意图

1—芯棒；2—导盘；3—轧辊；4—钢管

这种改进的二辊斜轧产品精度高，表面质量好是其突出优点，壁厚偏差精度可达±5%以下，是一种精密轧管机。使二辊斜轧速度低，产品比同规格连轧管机组和新型顶管机组小。

D　钢管的定、减径工艺

a　定径机

定径的目的是在较小的总减径率和单机架减径率条件下，将钢管轧成有一定要求的尺寸精度和真圆度，并进一步提高钢管外表面质量。经过定径后的钢管，直径偏差较小，椭圆度较小，直度较好，表面光洁。钢管在每架定径机中获得1%~3%的直径压缩量，考虑轧管后轧管尺寸和温度波动，第一架予以较小的压缩；末架不给压缩只起到平整的作用，以改进钢管的质量。由最后一架出的钢管即具有要求的形状和尺寸。定径机的工作机架数较少，一般为5~14架，总减径率约3%~35%，增加定径机机架数可扩大产品规格，在一定程度上也起到减径的作用。

定径机的形式很多，按辊数可分为二辊、三辊、四辊式定径机；按轧制方式又分为纵轧定径和斜轧定径机。二辊纵轧定径机工作机架安放在同一台架上，轧辊与地平线成45°交角，而相邻两对轧辊轴线彼此垂直，其目的在于钢管定径时轧辊辊缝互相交错，钢管在两个垂直方向受压，保证钢管横断面各部分都获得良好的定径。为使轧件正确导入定径机孔型，在第一架定径机前装有入口导管，各机架间也装有入口导管，而最后机架出口端则安装有出口导管。

b　减径机

减径除了有定径的作用外，还能使产品规格范围向小口径发展。减径机工作机架数较多，一般为9~24架。减径时空心荒管在轧制过程中形成连轧。在所有方向都受到径向压缩，直至达到成品要求的外径热尺寸和断面形状。减径不仅扩大了机组生产的产品规格，增加轧制长度，而且减少前部工序要求的毛管规格数量、相应的管坯规格和工具备品等，简化生产管理，另外还会减少前部工序更换生产规格次数，提高机组生产能力。

减径机的形式很多，按辊数可分为二辊、三辊、四辊式减径机，如图7-34所示。二辊式前后相邻机架轧辊轴线互垂90°，三辊式轧辊轴线互错60°。当电机能力和轧辊强度一定时，可以加大每机架的变形量，减径机辊数越多，轧槽深度越浅，各轧辊受力越小，孔型各点速度差越小，改善了钢管表面质量。

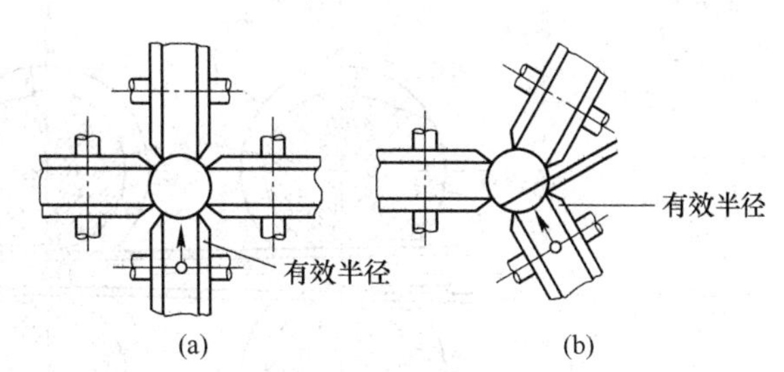

图7-34　多辊式减径机示意图
（a）四辊式；（b）三辊式

减径机有两种形式：一是微张力减径，减径过程中壁厚增加，横截面上的壁厚均匀性恶化，所以总减径率限制在40%~50%；二是张力减径，减径时机架间存在张力，使得缩颈的同时减壁，进一步扩大生产产品的规格范围、横截面壁厚均匀性也比同样减径率下的微张力减径好。

c 张力减径

张力减径机实际上是一种空心轧制的多机架连轧机，荒管不仅受到径向压缩，同时还受到纵向拉伸，即存在张力。在张力的作用下钢管在减径的同时还可实现减壁。总减径率最大达75%~80%，减径率一般可达35%~45%，总延伸系数一般在6~8，最大可达9以上，因此其工作机架数更多，一般9~24架，甚至多达28架。

近年来，三辊式张力减径机采用日益普遍，二辊式只用于壁厚大于10~20mm的厚壁管；减径率有所提高，入口荒管管径日益增大，最大直径现在可达30mm；出口速度也日益提高，现已达到16~18m/s。

7.2.3.3 钢管的冷轧生产

钢管的冷加工就是以热轧无缝管及焊管为原料，通过冷轧、冷拔、旋压等加工方式制成产品，具有独特的变形方式和工艺流程，本部分主要介绍钢管的冷轧生产。

冷轧一般都采用周期式轧管法，即通过轧辊组成的孔型断面的周期性变化和管料的送进旋转动作，实现钢管在芯棒上的轧制。二辊冷轧管如图7-35所示。当管料从芯棒前部装入芯棒-芯杆系统中后，芯棒-芯杆系统只能旋转而轴向不能自由移动。由变断面轧槽构成孔型最大处比被加工的管料直径略大一点，最小处相当于管材产品外径。轧制开始时，孔型处于孔型开口的最大极限位置处（Ⅰ），此时管料5由送进机构向前送进一段距离，称为送进量；然后轧辊2向前滚动，圆形轧槽1的孔型由大变小，并对管料进行轧制直到轧辊处于孔型开口的最小极限位置（Ⅱ）；接着管料与芯棒3同时被回转机构转动60°~90°（芯棒的转动角度略小于或略大于轧件），便于其磨损均匀；然后机架带动轧辊往回滚动，芯棒的工作锥对刚轧过的管料进行整形和辗轧，直到回到最大极限位置（Ⅰ）；完成一个轧制周期，管料又被送进一段，进入下一循环轧制。在整个过程中，轧辊只需转动220°左右，如此重复过程，直到完成整根钢管的轧制。由于这一过程是在冷状态下周而复始地进行的，所以称为周期式冷轧管机。为了避免进料和转料时管子与轧槽接触，并保证进料和转料的顺利进行，在轧槽的两端都留有空口。

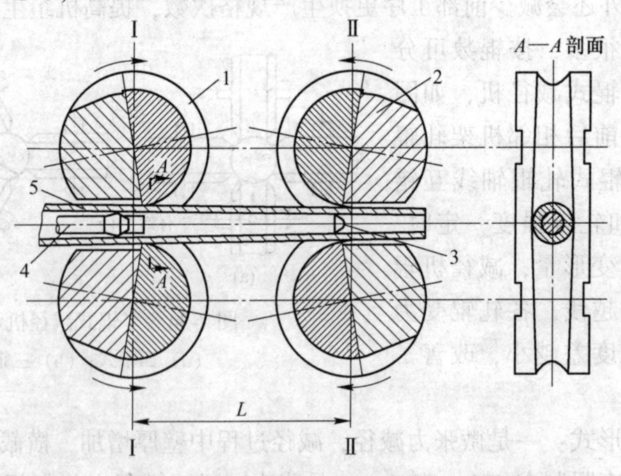

图7-35 二辊周期式冷轧管机示意图

Ⅰ—Ⅰ—孔径开口最大的极限位置；Ⅱ—Ⅱ—孔型开口最小的极限位置；
1—圆形轧槽的孔型块；2—轧辊；3—锥形芯棒；4—芯棒杆；5—管坯

7.3 轧制工艺设计

7.3.1 轧制工艺设计的内容

7.3.1.1 型材轧制工艺设计的内容

型钢是具有确定断面形状且长度和截面周长之比相当大的直条钢材。根据断面形状，型钢分为简单断面型钢和复杂断面型钢（异型钢）。前者指方钢、圆钢、扁钢、角钢、六角钢等；后者指工字钢、槽钢、钢轨、窗框钢、弯曲型钢等。

型材轧制主要用于各种型钢生产。大多数有色金属型材主要采用挤压、拉拔的方法生产。型钢的轧制方法：在轧辊上加工出轧槽，把两个或两个以上轧辊的轧槽对应装配起来，形成孔型。轧制时，轧件通过一系列孔型，一般断面积由大变小，长度由短变长，以达到所要求的形状和尺寸。

型材轧制工艺设计的主要内容包括：轧制工艺流程的制定、孔型设计、轧机的力能参数计算及电机设备校核。

7.3.1.2 板带材轧制工艺设计的内容

热轧带钢按宽度尺寸分为宽带钢（700~2300mm）及窄带钢（50~250mm）两类。热连轧机生产的热轧宽带钢厚度为或0.8~25mm。带钢热连轧生产作业线，按生产过程划分为加热、粗轧、精轧及卷取四个区域，另外还有精整工段，其中设有横切、纵切和热平整等专业机组，根据需要进行热处理。

热轧板带钢轧制工艺设计的主要内容包括：轧制工艺流程的制定、轧制工艺参数计算、主要设备（轧辊和电机）的能力校核。

冷轧带钢一般厚度为0.1~3mm，宽度为100~2000mm，均以热轧带钢或钢板为原料，在室温下经冷轧机轧制成材。普通薄钢板一般采用厚度为1.5~6mm的热轧带钢作为冷轧坯料。主要工序有酸洗、冷轧、脱脂、退火、平整、剪切（横切、纵切），如果生产镀层板，还有电镀锡、热涂锡、热涂锌等镀层或涂层工序。

板带材轧制工艺设计的主要内容包括：轧制工艺流程的制定、轧辊辊型设计、轧制工艺参数的计算及主要设备的能力校核。

7.3.1.3 管材轧制工艺设计的内容

钢管包括焊管和无缝管，其产品主要用于石油工业、天然气输送、城市输气、电力和通讯网、工程建筑和汽车、机械等制造业。无缝钢管以轧制方法生产为主，热轧无缝钢管生产是将实心管坯穿孔并轧制成符合产品标准的钢管。整个过程有以下三个变形工序：

（1）穿孔。将实心管坯穿孔，形成空心毛管。常见的穿孔方法有斜轧穿孔和压力穿孔。管坯经穿孔制作成空心毛管，毛管的内外表面和壁厚均匀性，都将直接影响到成品质量的好坏，所以根据产品技术条件要求，考虑可能的供坯情况，正确选用穿孔方法是重要的一环。

（2）轧管。轧管是将穿孔后的毛管壁厚轧薄，达到符合热尺寸和均匀性要求的荒管。常见的轧管方法有自动轧管、连续轧管、皮尔格轧管、三辊斜轧、二辊斜轧等。轧管是制管的主要延伸工序，它的选型以及与穿孔工序之间变形量的合理匹配，是决定机组产品质量、产品和技术经济指标好坏的关键。

（3）定（减）径。定径是毛管的最后精轧工序，使毛管获得成品要求的外径热尺寸和精度。减径是将大管径缩减到要求的规格尺寸和精度，也是最后的精轧工序。为使在减径的同时进行减壁，可令其在前后张力的作用下进行减径，即张力减径。

管材轧制工艺设计的主要内容包括：轧制工艺流程的确定、编制轧制表、轧机的力能参数计算及电机设备校核。

7.3.2 轧制工艺流程的确定

7.3.2.1 型材轧制工艺流程

型材轧制分为粗轧、中轧和精轧。粗轧的任务是将坯料轧成通用的雏形中间坯，在粗轧阶段，轧件温度高，应将不均匀变形尽可能放在粗轧孔型轧制阶段，中轧的任务是使轧件迅速延伸，接近成品尺寸。精轧是为保证产品的尺寸精度，延伸量较小。成品孔和成品前孔的延伸系数分别为 1.1~1.2 和 1.2~1.3。以轧制 ϕ50mm 规格的 20MnSi 圆钢为例，制定其轧制工艺流程如下：

根据轧制坯料的不同，上料方式可分为热装上料和冷坯上料。热坯上料是连铸机拉出的热连铸坯经过热送辊道，然后经提升机提升后单根送到上料辊道上，称重、测长后送往步进式加热炉内进行加热。冷坯上料是吊车从轧钢原料堆场将冷坯成组（6 支坯为一组）吊放到步进式冷坯上料台架上，由冷坯上料台架将钢坯单根送到上料辊道上，经称重、测长后，送入加热炉进行加热。

钢坯在加热炉内步进加热，当钢坯步进至加热炉出炉辊道时，被均匀地加热到 950~1050℃左右（开轧温度取为 1050℃），然后由炉内出炉辊道送到炉外出炉辊道上。出炉后的钢坯由出炉辊道运送至粗轧机组进入第一架轧机进行轧制。如果由于某种原因，钢坯不能送入轧机，则由设置在出炉辊道旁的返回坯收集装置剔除至轧线外的钢坯收集台架上，当钢坯收集台架上收集到一定数量钢坯后，送回原料跨进行加热。

钢坯在粗轧机组中轧制 2 个道次，根据产品规格不同轧成不同规格的圆断面，经粗轧机组后飞剪切去肥大且温度较低的头尾，再进入中轧机组中轧制 4 个道次，轧成 ϕ60~75mm 的圆断面或成品断面。切头后轧件继续进入精轧机组，依产品规格不同，分别轧制 2~6 个道次轧成要求的成品断面。中等规格圆钢产品采用两切分轧制生产，较大规格产品采用单根轧制生产。

粗、中轧机组各机架间以及粗、中轧机组间轧件采用微张力控制轧制；在精轧机组前以及在精轧机组各机架间设有活套，轧件可实现无张力活套控制轧制；全轧线轧机采用平立交替布置，实现无扭转轧制。机架间椭圆轧件用滚动导卫装置进入下一架轧机轧制，轧制圆钢时采用全线平-立交替布置。

精轧机组轧出的轧件，需要穿水冷却，进入设置在精轧机组后的穿水水冷装置进行在线余热淬火处理，即轧件经过水冷，使其表面温度急剧降低至 300℃左右或更低，形成马氏体组织。出水冷箱后，轧件芯部的热量散出对表面马氏体组织进行回火，最终获得表面为回火马氏体组织、芯部为细粒珠光体组织，这种组织的产品具有较高的抗拉强度，可使产品提高强度等级。水冷后的轧件继续送往倍尺分段飞剪机处，由倍尺分段飞剪机前夹送辊夹住送入曲柄回转组合式分段飞剪，剪切成适应冷床长度的商品材倍尺长度。速度高的小断面轧件用回转式剪刃剪切，速度低的大断面轧件用曲柄式剪刃剪切。不需要穿水冷却的轧件通过辊道直接输送到倍尺剪，进行分段剪切。

分段后的倍尺轧件由冷床输入辊道和液压驱动的制动拨料装置送到步进式冷床的齿槽内。轧件在矫直钢板段过渡过高温阶段后，被送至冷床的齿条段上进行冷却，之后存入成品堆场存放等待发货。轧制工艺流程如图 7-36 所示。

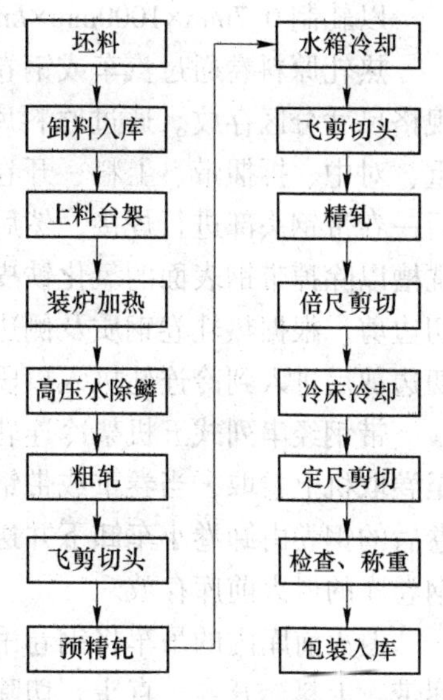

图 7-36　型材轧制工艺设计流程图

7.3.2.2　板带材轧制工艺流程

A　热轧板带钢

以轧制 6mm×1200mm×Lmm 规格的 DP500 热轧带钢为例，其轧制工艺流程如下：

轧钢车间所用板坯从连铸机通过输送辊道直接送到板坯库。从加热炉出来的板坯首先通过一次除鳞机，经过高压水的作用除去表面的炉生氧化铁皮后送往压力定宽机，在减宽之后进入粗轧机进行粗轧。中间坯经过保温罩保温，减少温度散失以及保持板坯温度的均匀性，有特殊需要的可进行边部加热，然后经过飞剪剪去中间坯头尾以及高压水除鳞除去中间坯的次生氧化铁皮，送入精轧机轧制。

精轧机设置 6 架：F1～F6，在精轧机的前面布置一对立辊，能够对进入的板坯起到导向对中的作用。中间坯经过 6 架四辊式精轧机，轧制成厚度为 1.8～25.4mm 的成品带钢（具体厚度由钢种决定），精轧出口温度为 900℃ 左右。为保证板型精度，F1～F6 工作辊辊型全部为 CVC PLUS 型（连续可变凸度）；其中，F1～F3 和 F4～F6 的凸度调整范围不同。在 F1～F6 精轧机上还设有动作灵敏、控制精度高的液压 AGC 厚度自动控制系统。

带钢经精轧机轧制到最终厚度后，通过输出辊道送到卷取机。输送过程中，带钢上下表面经安装在输出辊道上的层流冷却系统冷却，以降温到要求的卷取温度（一般在 600℃ 左右，钢种不同，温度范围变化很大）。在被地下卷取机卷成钢卷后，由卸卷小车将钢卷托出卷取机，经卧式自动打捆机打捆后，再由卧式翻卷机将钢卷翻卷成立卷放在链式运输机中心位置上，由链式运输机和步进梁运送钢卷，必要时将钢卷送到检查机组打开钢卷头部进行检查。钢卷经称重打印后根据下一工序决定钢卷的流向。去精整线的钢卷先翻成卧卷再由运输机送到本车间热钢卷库分别进行加工；去冷轧厂的钢卷由运输机运到钢卷转运站，再由钢卷运输小车送至冷轧厂。轧制工艺流程如图 7-37 所示。

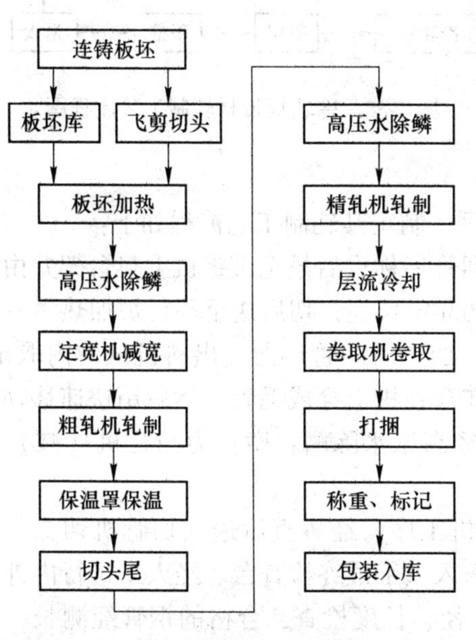

图 7-37　热轧板带材轧制工艺流程图

B 冷轧板带钢

以轧制 0.7mm×1000mm×*L*mm 规格的 SPCC 冷轧带钢为例，其轧制工艺流程如下：

热轧原料卷通过汽车或钢卷运输机直接送入冷轧厂原料库，用吊车卸下按不同钢种和规格尺寸分区存放。通过原料库吊车把钢卷吊运至酸轧机组入口步进梁上。热轧卷经称重、对中、拆捆带、上料、开卷、直头、切除带钢头尾超差部分后，将前一卷带钢尾部与后一卷带钢头部进行焊接，然后通过入口活套，经过拉伸破鳞机矫直破鳞后，进入盐酸酸洗槽以除掉带钢表面的氧化铁皮。经过酸洗、漂洗、烘干后的带钢通过酸洗出口活套送到切边剪。根据热轧卷钢质及侧边的状况，带钢可以选择剪切侧边或不剪切侧边。带钢通过切边剪后进入到冷连轧机入口段的活套内，供冷连轧机轧制。

带钢经串列式五机架冷连轧机轧制到所要求的成品厚度。经冷连轧机轧制后的带钢送至卷取机上卷取，当卷重或带钢长度达到所规定值时，由轧机出口段的飞剪进行分卷。分卷后的钢卷由卸卷小车卸下并送至出口步进梁，经过称重、打捆后，将钢卷送至作为中间钢卷库的退火前库存放。

退火前库内的吊车将钢卷吊运到连续退火机组入口步进梁上。钢卷经称重、对中、拆捆带、上料、开卷、直头、切除带钢头尾超差部分后，将前一卷带钢尾部与后一卷带钢头部进行焊接。带钢在清洗段进行热碱液喷淋洗、热碱液刷洗、电解清洗、热水刷洗、热水漂洗、热风干燥等处理后进入入口活套。

从入口活套出来的带钢，进入退火炉段，根据不同产品性能要求，带钢经预热、加热、均热、缓冷、快冷、过时效和水淬等工艺处理后进入出口活套。

从出口活套出来的带钢进入平整机进行湿平整，平整干燥后的带钢经检查活套进入切边剪切边。之后带钢进入检查台进行检查，检查后的带钢经静电涂油后送至卷取机进行卷取。当卷重或带钢长度达到所规定值时，飞剪进行分卷，分卷后的钢卷由出口钢卷小车卸到出口步进梁运输机上，经过称重、打捆、标签打印后，直接出成品的钢卷，进入半自动包装机组。包装后的钢卷由吊车存入冷轧商品卷库，等待发货。轧制工艺流程如图 7-38 所示。

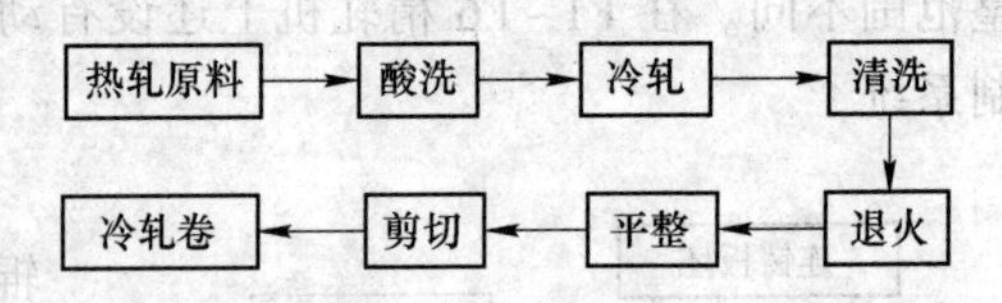

图 7-38 冷轧板带材轧制工艺流程图

7.3.2.3 管材轧制工艺流程

以轧制 ϕ165×12mm 规格的 40Cr 无缝钢管为例，制定其轧制工艺流程如下：

将合格的长圆管坯运至钢管厂，用行车将成捆管坯称重后吊至带锯机上料台架并由带锯机按生产规格计算好的坯料长度切成 1.35~4.50m 定尺坯，切后送至环行炉加热。管坯由装料机装入环形炉并将其加热到 1230~1280℃，加热后的管坯通过出料机从炉内取出，经辊道输送到含有机内定心装置的穿孔机，管坯在穿孔机上穿成毛管，然后用快速移动机构将毛管送入自动轧管机轧成荒管。轧出的荒管经高压水除鳞，微张力减径机（减）定径后经输送辊道送入热处理区域。

钢管热处理后经冷床冷却到常温后送入矫直机工序，经矫直后送入切管机切头、切尾，经吸灰装置抽去钢管内的氧化铁皮，钢管再送入人工最终检查台。经人工进行内外表面、弯曲度、钢管端面（坡口、钝边）、壁厚及外径、长度检查，合格的钢管经测长、称重、喷印后进行打捆收集，再由行车运入成品库堆放。人工检查不合格的钢管如有缺陷需要返切的由收集料筐统一收集后，可吊入改尺机切除。需要探伤的钢管由输送辊道送到探伤机进行探伤后送入人工最终成品检查台，经人工进行内外表面、弯曲度、钢管端面（坡口、钝边）、壁厚及外径、长度检查，合格的钢管经测长、称重、喷印后进行打捆收集，再由行车运入成品库堆放。套管光管料等需要进行水压、探伤的钢管经水压、探伤及人工进行内外表面、弯曲度、钢管端面（坡口、钝边）、壁厚及外径、长度检查后还需进行通径试验，合格钢管经测长、称重、喷印后进行打捆收集，再由行车运入成品库堆放。轧制工艺流程如图 7-39 所示。

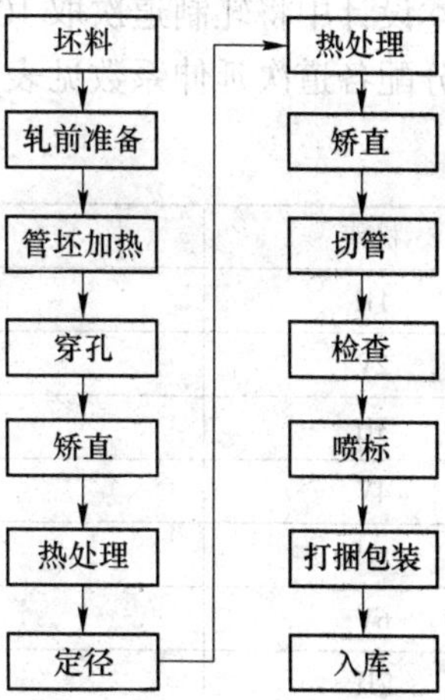

图 7-39 管材轧制工艺流程图

7.3.3 轧制工艺参数的确定

7.3.3.1 型材轧制工艺参数

A 孔型设计

ϕ50mm 圆钢全线采用十架轧机连续式布置，粗轧共使用 2 架轧机、中轧使用 4 架轧机，精轧使用 7~10 架轧机平立交替轧制。

粗轧 1 架轧机孔型设计为双半径椭圆孔型，主要是考虑圆坯易于咬入，但压下量又不能太小，变形又要均匀，因此 1 架孔型采用双半径椭圆孔型。2 架孔型采用立轧孔，3 架孔型采用双半径椭圆孔主要也是考虑轧件在孔型中变形要平缓、均匀，避免出现细小的褶皱，四架以后采用圆-椭圆-圆孔型系统。

粗轧 1 架-2 架轧机孔型采用双半径椭圆-立轧孔，中轧 3 架-6 架采用双半径椭圆-圆-椭圆-圆孔型系统，精轧 7 架-10 架轧机为椭圆-圆孔型系统。成品架 10 架轧机料型：$d = 50$mm。

a 确定轧制道次和各道次延伸系数

用延伸系数确定轧制道次：

$$N = \frac{\lg \mu_Z}{\lg \mu_p} = \frac{\lg F_0 / F_n}{\lg \mu} \tag{7-52}$$

式中 μ_Z ——总延伸系数，其值为 $\mu_Z = F_0 / F_n$；

F_0 ——坯料断面积，mm^2；

F_n ——成品断面积，mm^2；

μ_p ——平均延伸系数，与轧机能力和轧制产品有关。

将典型产品的具体数值代入：

$$N = \frac{\lg \dfrac{\pi \times 90^2}{\pi \times 25^2}}{\lg 1.3} = 9.76 \tag{7-53}$$

本设计中将轧制道次取 10。

分配各道次延伸系数见表 7-4。

表 7-4 各道次孔型和延伸系数

机架	孔型形状	延伸系数
1H	双半径椭圆	1.11
2V	立轧孔	1.26
3H	双半径椭圆	1.33
4V	圆	1.47
5H	椭圆	1.33
6V	圆	1.40
7H	椭圆	1.25
8V	圆	1.21
9H	椭圆	1.24
10V	圆	1.17

b 确定中间圆孔

(1) 第十架成品孔型：

成品孔的主要尺寸为高度尺寸 h_K 和宽度尺寸 b_K。因为成品孔垂直方向的温度低于水平方向的温度，又由于宽展条件的变化，因此为防止成品出现过充满出现耳子缺陷，应使 $b_K > h_K$。

孔型高度有两种选择，一种是按部分负公差或负公差设计，即

$$h_K = (1.007 \sim 1.02)[d_0 - (0 \sim 1.0)\Delta^-] \quad (7\text{-}54)$$

另一种按标准尺寸设计，即

$$h_K = (1.007 \sim 1.02)d_0 \quad (7\text{-}55)$$

式中，d_0为圆钢的公称直径或称之为标准直径；Δ^- 为允许负偏差；1.007~1.02 为热膨胀系数，其具体数值根据终轧温度和钢种而定，各钢种可根据表 7-5 取。

表 7-5 常用钢种的热膨胀系数

普碳钢	碳素工具钢	滚珠轴承钢	高速钢
1.011~1.015	1.015~1.018	1.018~1.02	1.007~1.009

本设计中热膨胀系数取 1.01。

成品孔的宽度 b_{K10}为：

$$b_{K10} = (1.007 \sim 1.02)[d + (0.5 \sim 1.0)\Delta^+]$$

将具体数值代入：

$$h_{10} = 1.01 \times (50 - 0.5 \times 0.4) = 50.3\text{mm}$$

$$b_{K10} = 1.01 \times (50 + 0.5 \times 0.4) = 50.7\text{mm}$$

成品扩张角 20°~30°，本设计取 30°。

辊缝：$s_{10} = 3.5\text{mm}$。

其中辊缝 s 与 d 的关系见表 7-6。

表 7-6 圆钢成品孔辊缝 s 与 d 的关系

d/mm	8~11	12~22	23~45	45~70	70~200
s/mm	1	1.2~1.5	2~3	3~4	4~8

成品孔的扩张半径 R 应按照如下步骤确定：

首先确定侧壁角 ρ，其值为：

$$\rho = \tan^{-1}\frac{b_K - 2R\cos\theta}{2R\sin\theta - s} \tag{7-56}$$

$$\rho_{10} = \tan^{-1}\frac{50.70 - 50\times\cos30°}{50\times\sin30° - 3.5} = 18.99°$$

当按式求出 $\rho < \theta$ 时，才能求扩张半径 R：

$$R_{10} = \frac{50\times\sin30° - 3.5}{4\cos18.99°\sin(30 - 18.99)} = 29.8\text{mm}$$

第十道次孔型图如图 7-40 所示。

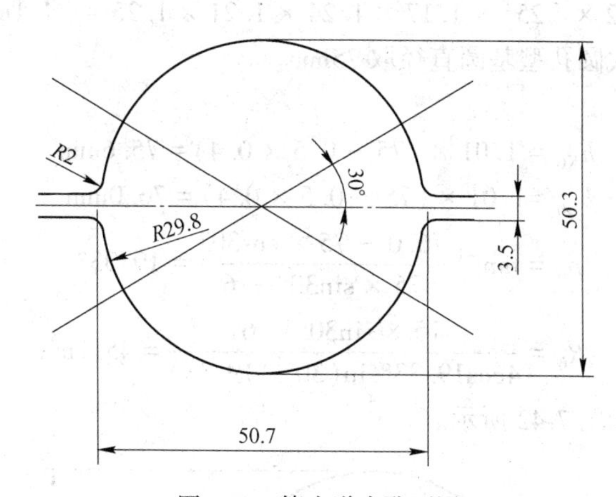

图 7-40 第十道次孔型图

（2）第八架孔型：

$$F_8 = F_1 \times \mu_{10} \times \mu_9$$

$$d_8 = 2\times\sqrt[2]{\frac{F_8}{\pi}}$$

代入具体数值：

$$d_8 = 2\times\sqrt[2]{25^2\times1.17\times1.24} = 60.2\text{mm}$$

本设计中第八道次圆孔型基圆直径取 60mm。

辊缝：$s_8 = 4$mm。

$$h_{K8} = 1.01\times(60 - 0.5\times0.4) = 60.4\text{mm}$$

$$b_{K8} = 1.01\times(60 + 0.5\times0.4) = 60.8\text{mm}$$

$$\rho_8 = \tan^{-1}\frac{60.8 - 60\times\cos30°}{60\times\sin30° - 4} = 18.77°$$

$$R_8 = \frac{60 \times \sin 30° - 4}{4\cos 18.77° \sin(30° - 18.77°)} = 35.2\text{mm}$$

第八道次孔型图如图 7-41 所示。

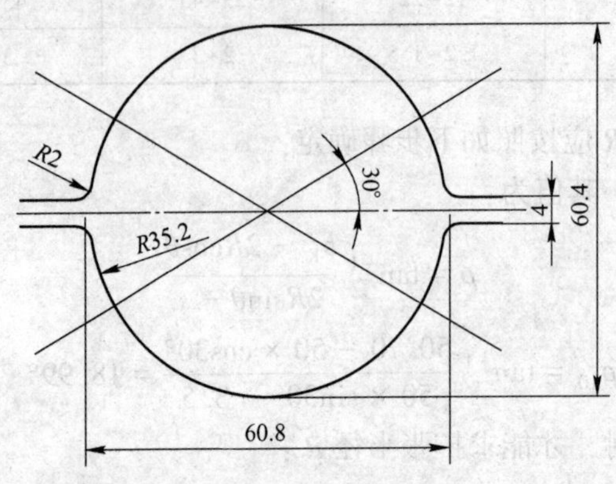

图 7-41 第八道次孔型图

(3) 第六架孔型：

$$d_6 = 2 \times \sqrt[2]{25^2 \times 1.17 \times 1.24 \times 1.21 \times 1.25} = 74.1\text{mm}$$

本设计中第六道次圆孔型基圆直径取 75mm。

辊缝：$s_6 = 6\text{mm}$。

$$h_{K6} = 1.01 \times (75 - 0.5 \times 0.4) = 75.6\text{mm}$$

$$b_{K6} = 1.01 \times (75 + 0.5 \times 0.4) = 76.0\text{mm}$$

$$\rho_6 = \tan^{-1} \frac{76.0 - 75 \times \cos 30°}{75 \times \sin 30° - 6} = 19.33°$$

$$R_6 = \frac{75 \times \sin 30° - 6}{4\cos 19.33° \sin(30 - 19.33)} = 45.1\text{mm}$$

第六道次孔型图如图 7-42 所示。

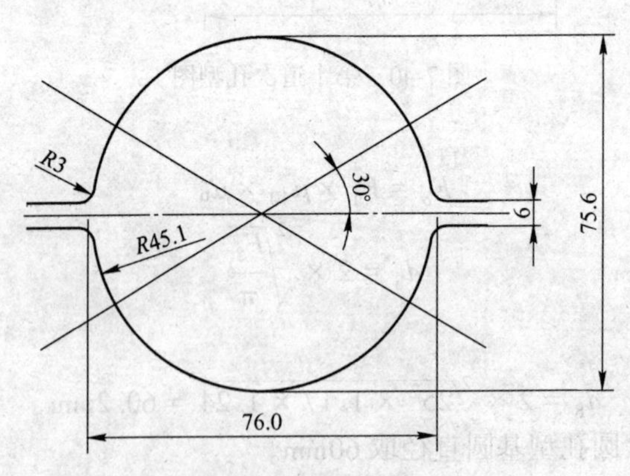

图 7-42 第六道次孔型图

(4) 第四架孔型：

$$d_4 = 2 \times \sqrt[2]{25^2 \times 1.17 \times 1.24 \times 1.21 \times 1.25 \times 1.40 \times 1.33} = 101.1\text{mm}$$

本设计中第四道次圆孔型基圆半径取 102mm。

辊缝：$s_4 = 8\text{mm}$。

$$h_{K4} = 1.01 \times (102 - 0.5 \times 0.4) = 102.8\text{mm}$$

$$b_{K4} = 1.01 \times (102 + 0.5 \times 0.4) = 103.2\text{mm}$$

$$\rho_4 = \tan^{-1}\frac{103.2 - 102 \times \cos30°}{102 \times \sin30° - 8} = 19.07°$$

$$R_4 = \frac{102 \times \sin30° - 8}{4\cos19.07°\sin(30 - 19.07)} = 60.0\text{mm}$$

第四道次孔型图如图 7-43 所示。

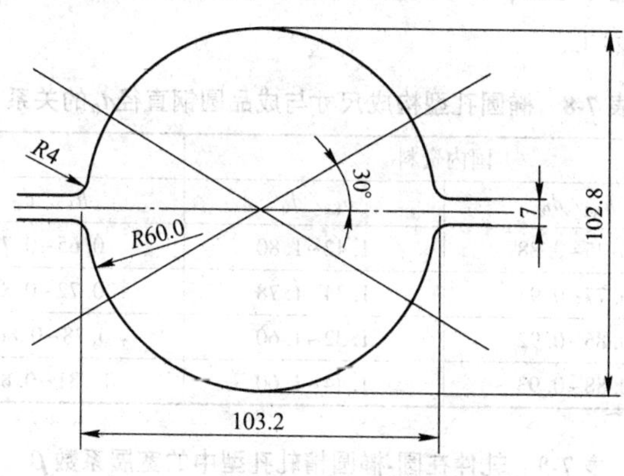

图 7-43 第四道次孔型图

中间圆孔尺寸见表 7-7。

表 7-7 第六道次孔型图

架次	10	8	6	4
基圆直径/mm	50	60	75	102

c 确定中间扁孔

圆钢轧制成品前椭圆孔的构成和尺寸对成品的质量有很大影响。为了获得精确的成品断面，椭圆断面的宽高比 b_{K2}/h_{K2} 越接近 1 越好，因这时轧件进成品孔的强迫宽展小，成品尺寸容易控制，但是成品孔进口夹板难夹持轧件，轧件在成品孔内的稳定性下降，因此从提高夹板的夹持作用来说，b_{K2}/h_{K2} 应该大些，特别是轧制小直径圆钢时更是如此。实际生产中，对轧制小直径圆钢的 K2 孔，b_{K2}/h_{K2} 取大些，轧制大直径圆钢则应该取小些（图 7-44）。

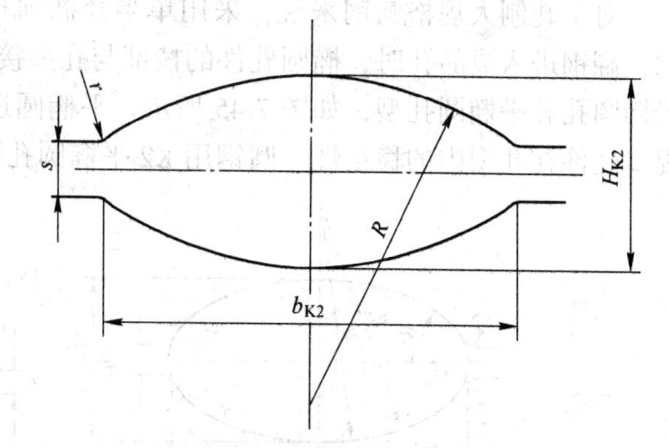

图 7-44 K2 椭圆孔型的构成

对于轧制 ϕ80mm 以下圆钢的 K2 孔均采用单半径椭圆孔型。根据压下量和宽展系数的关系来确定椭圆件的高度和宽度，再根据轧件尺寸考虑孔型的充满度来确定椭圆孔型的尺寸（表 7-8）。其计算公式如下：

当圆孔直径大于 50mm 时，采用如下经验公式：

$$h_K = (0.80 \sim 0.95)d \tag{7-57}$$

$$b_K = (1.21 \sim 1.500)D \tag{7-58}$$

式中，d 为椭圆孔后圆孔直径；D 为椭圆孔前圆孔直径。

$$b_{K2} = \frac{D(1+\beta_2) - d_0\beta_2(1+\beta_1)}{1-\beta_1\beta_2} \tag{7-59}$$

$$h_{K10} = d_0(1+\beta_1) - b_2\beta_1 \tag{7-60}$$

式中，d_0 为成品圆钢直径，mm；D 为孔方的边长或圆的直径，mm；β_1，β_2 为 K1 和 K2 孔的宽展系数，由表 7-9 选定。

表 7-8 椭圆孔型构成尺寸与成品圆钢直径d_0的关系

成品规格 d_0/mm	国内资料		国外资料	
	h_{K2}/d_0	b_{K2}/d_0	h_{K2}/d_0	b_{K2}/d_0
12~19	0.75~0.88	1.42~1.80	0.65~0.77	1.56~1.82
20~29	0.77~0.91	1.34~1.78	0.72~0.83	1.54~1.81
30~39	0.86~0.92	1.32~1.60	0.78~0.863	1.62~1.781
40~50	0.88~0.93	1.44~1.60	0.781~0.861	1.505~1.723

表 7-9 轧件在圆-椭圆精轧孔型中的宽展系数β

孔型	成品孔型 β_1	椭圆孔型 β_2	圆孔型 β_3	椭圆孔型 β_4
				d = 15 ~ 20mm
β	0.3~0.5	0.8~1.2	0.4~0.5	0.85~1.2

槽口圆角为 r=1.0~1.5mm；辊缝 s 可参照表 7-5 选取或取得更大些。

椭圆半径由下式确定：

$$R_2 = \frac{(h_{K2}-s)^2 + B_K^2}{4(h_{K2}-s)} \tag{7-61}$$

对于轧制大规格圆钢来说，采用单半径椭圆孔，当孔型充不满时，椭圆两侧边是平的，翻钢进入成品孔时，椭圆轧件的棱部与孔型接触，使孔型磨损加快，因而常采用多半径椭圆孔和平椭圆孔型，如图 7-45 所示。平椭圆还可以是 K1 孔进口夹板容易夹持轧件，提高轧件在孔型内的稳定性。圆钢用 K2 平椭圆孔型构成参数见表 7-10。

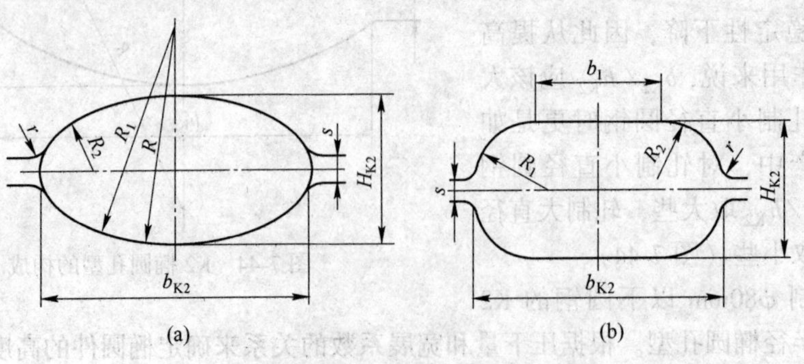

图 7-45 大规格圆钢采用的 K2 孔型
（a）多半径椭圆孔；（b）椭圆孔

表 7-10 圆钢用 K2 平椭圆孔型构成参数 (mm)

圆钢直径 d_0	槽口宽度 B_K	槽底宽度 b_K	椭圆圆弧半径 R_1	槽底圆弧半径 R_2	槽口圆弧半径 r	辊缝 s
50~60	$1.26d_0$	(0.5~0.53) d_0	$0.5d_0$	8~10	6	6~8
65~80		(0.48~0.52) d_0		10~12	6	6~8
85~115		(0.46~0.48) d_0		12~15	6~8	6~8
120~150		(0.40~0.44) d_0		15~18	6~8	6~8

(1) 第九架成品前椭圆孔型:

第九道次选用单半径椭圆孔型，参数如下:

$$h_{K9} = 0.9 \times 50 = 45\text{mm}$$

$$b_{K9} = 1.46 \times 50 = 73\text{mm}$$

辊缝取 $s=5$mm,

$$R_9 = \frac{(45-5)^2 + 73^2}{4 \times (45-5)} = 43.3\text{mm}$$

第九道次孔型图如图 7-46 所示。

(2) 第七架孔型:

第七道次选用单半径椭圆孔型，参数如下:

$$h_{K7} = 0.87 \times 60 = 52\text{mm}$$

$$b_{K7} = 1.24 \times 75 = 93\text{mm}$$

辊缝取 $s=9$mm,

$$R_7 = \frac{(52-9)^2 + 93^2}{4 \times (52-9)} = 61.0\text{mm}$$

第七道次孔型图如图 7-47 所示。

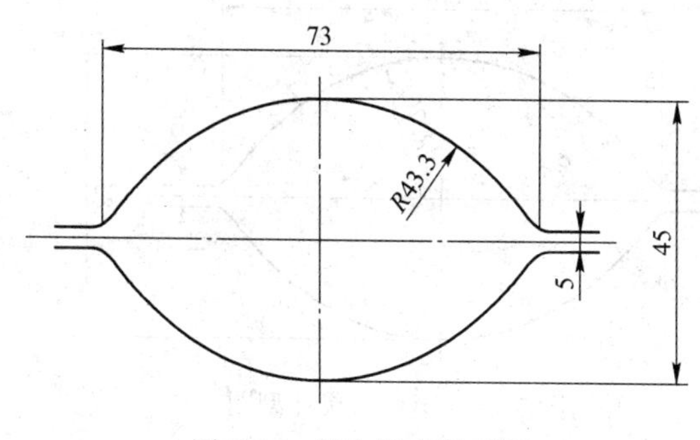

图 7-46 第九道次孔型图

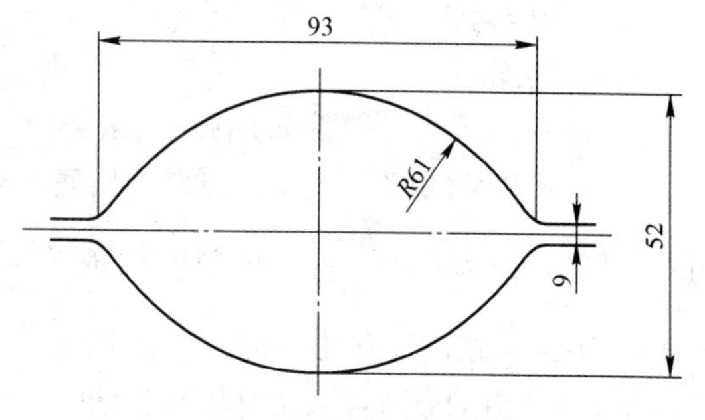

图 7-47 第七道次孔型图

(3) 第五架孔型:

第五道次选用单半径椭圆孔型，参数如下:

$$h_{K5} = 0.87 \times 75 = 65\text{mm}$$

$$b_{K5} = 1.38 \times 102 = 141\text{mm}$$

辊缝取 $s=9$mm,

$$R_5 = \frac{(52-9)^2 + 141^2}{4 \times (52-9)} = 126.3\text{mm}$$

第五道次孔型图如图 7-48 所示。

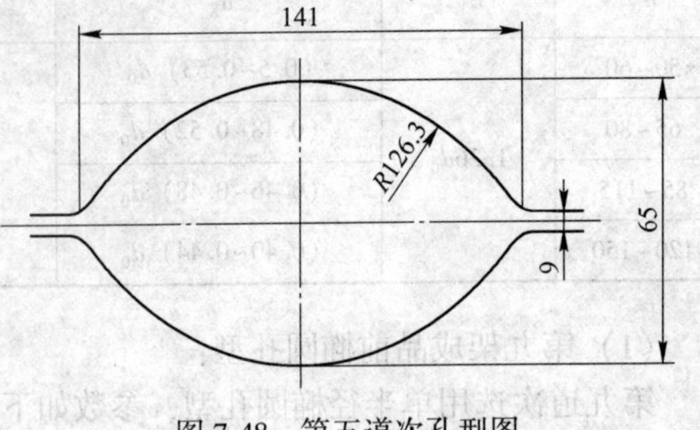

图 7-48 第五道次孔型图

(4) 第三架孔型：

第三道次选用双半径椭圆孔型，用这种双半径椭圆孔轧出的轧件，在下一圆孔轧制时，变形更加均匀，延伸系数也可以大些，同时双半径椭圆最大的缺点是在圆孔中轧制不稳定，对入口导卫要求较严。

双半径椭圆按如下尺寸构成：

孔型高度和宽度的确定方法与单半径椭圆孔相同。

小圆弧半径为设定值，一般取

$$R_2 = (0.4 \sim 0.47)H \tag{7-62}$$

$$R = \frac{b_K^2 - s^2 + h_K^2 - 2b_K\sqrt{4R_2^2 - s^2}}{4(H - 2R_2)} \tag{7-63}$$

计算参数如下：

$$h_{K3} = 0.83 \times 102 = 85\text{mm}$$
$$b_{K3} = 1.38 \times 102 = 178\text{mm}$$

辊缝取 $s = 12$mm，

$$R_2 = 0.43 \times 85 = 36.6\text{mm}$$

$$R = \frac{178^2 - 12^2 + 85^2 - 2 \times 178 \times \sqrt{4 \times 36.6^2 - 12^2}}{4 \times (85 - 2 \times 36.6)} = 276.6\text{mm}$$

第三道次孔型图如图 7-49 所示。

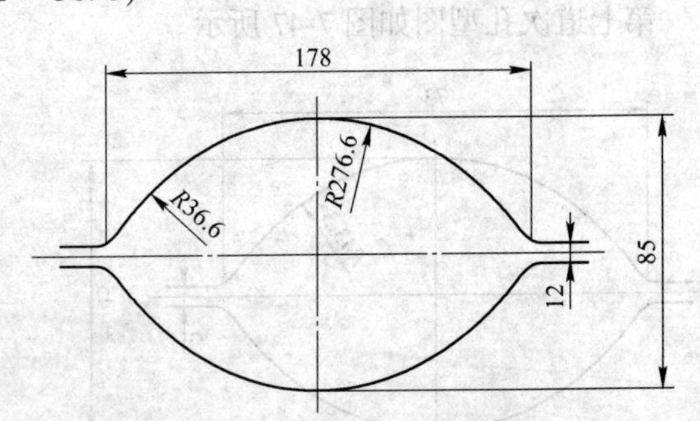

图 7-49 第三道次孔型图

d 确定初轧孔型

(1) 立轧孔：

立压孔型槽底一般都采用弧形，$R \approx 0.75h_{K2}$ 或 $R \approx (0.7 \sim 1)d$；侧壁与槽底的过度圆弧取 $R_2 \approx \frac{R}{3}$；侧壁斜度取 $\phi = 30\% \sim 50\%$。在设计立压孔时，要注意使 $h_{K2} > b_{K2}$，并且使 h_{K2} 大于立压孔型任一方向的尺寸，以保证轧件在立压孔型中轧制时较为稳定。

$$h_{K2} = 1.34 \times 102 = 137\text{mm}$$
$$b_{K2} = 1.33 \times 102 = 136\text{mm}$$

辊缝取 $s = 14$mm，侧壁斜度 $\varphi = 45°$，

$$R = 0.75 \times 137 = 102.8\text{mm}$$

$$R_2 = 102.8 \div 3 = 34.3\text{mm}$$

第二道次孔型图如图 7-50 所示。

(2) 双半径椭圆孔：

$$h_{K1} = 0.70 \times 180 = 125\text{mm}$$

$$b_{K1} = 1.33 \times 180 = 188\text{mm}$$

辊缝取 $s = 17\text{mm}$，

$$R_1 = 0.43 \times 125 = 53.8\text{mm}$$

$$R = \frac{188^2 - 17^2 + 125^2 - 2 \times 188 \times \sqrt{4 \times 53.8^2 - 17^2}}{4 \times (125 - 2 \times 53.8)} = 154.2\text{mm}$$

第一道次孔型图如图 7-51 所示。

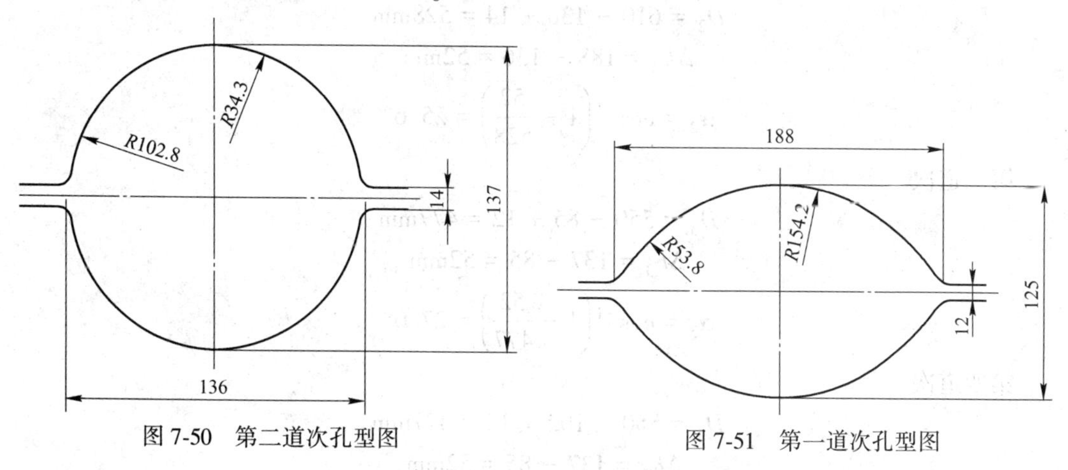

图 7-50 第二道次孔型图

图 7-51 第一道次孔型图

轧制表见表 7-11。

表 7-11 ϕ50mm 圆钢轧制表

机架	孔型形状	轧件尺寸 /mm	延伸系数	轧件面积 /mm^2	压下量 /mm	辊缝 /mm	速度 /$m \cdot s^{-1}$	孔型个数	工作辊径 D_K/mm
1H	双半径椭圆	125×188	1.106	20350	55	17	0.239	3	542
2V	立轧孔	137×136	1.256	16199	52	14	0.300	3	528
3H	双半径椭圆	85×178	1.332	12161	52	12	0.400	3	477
4V	圆	102×102	1.475	8247	76	8	0.590	3	456
5H	椭圆	67×141	1.334	6184	35	9	0.786	3	492
6V	圆	75×75	1.401	4416	66	6	1.101	3	481
7H	椭圆	52×93	1.248	3539	17	9	1.374	3	407
8V	圆	60×60	1.212	2921	33	4	1.665	3	394
9H	椭圆	45×73	1.238	2360	15	5	2.061	3	410
10V	圆	50×50	1.174	2010	23	3.5	2.420	3	404

B 参数校核

a 轧制过程参数计算

(1) 咬入角的计算：

钢坯与轧辊接触时，只有满足咬入条件，才能稳定轧制。箱形孔的临界咬入角为

28°~30°，连续式轧机的临界咬入角为20°~30°。

由咬入角公式

$$\alpha = \cos^{-1}\left(1 - \frac{\Delta h}{D_K}\right) \tag{7-64}$$

第一道次

$$D_1 = 610 - 125 + 17 = 502\text{mm}$$
$$\Delta h_1 = 180 - 125 = 55\text{mm}$$
$$\alpha_1 = \cos^{-1}\left(1 - \frac{55}{502}\right) = 27°$$

第二道次

$$D_2 = 610 - 136 + 14 = 528\text{mm}$$
$$\Delta h_2 = 188 - 136 = 52\text{mm}$$
$$\alpha_2 = \cos^{-1}\left(1 - \frac{52}{528}\right) = 25.6°$$

第三道次

$$D_3 = 550 - 85 + 12 = 477\text{mm}$$
$$\Delta h_3 = 137 - 85 = 52\text{mm}$$
$$\alpha_3 = \cos^{-1}\left(1 - \frac{52}{477}\right) = 27.0°$$

第四道次

$$D_4 = 550 - 102 + 12 = 477\text{mm}$$
$$\Delta h_4 = 137 - 85 = 52\text{mm}$$
$$\alpha_4 = \cos^{-1}\left(1 - \frac{52}{477}\right) = 24.0°$$

第五道次

$$D_5 = 550 - 67 + 9 = 492\text{mm}$$
$$\Delta h_5 = 102 - 67 = 35\text{mm}$$
$$\alpha_5 = \cos^{-1}\left(1 - \frac{35}{492}\right) = 21.7°$$

第六道次

$$D_6 = 550 - 75 + 6 = 481\text{mm}$$
$$\Delta h_6 = 141 - 75 = 66\text{mm}$$
$$\alpha_6 = \cos^{-1}\left(1 - \frac{66}{481}\right) = 24.6°$$

第七道次

$$D_7 = 450 - 52 + 9 = 407\text{mm}$$
$$\Delta h_7 = 75 - 52 = 23\text{mm}$$
$$\alpha_7 = \cos^{-1}\left(1 - \frac{23}{407}\right) = 21.7°$$

第八道次

$$D_8 = 450 - 60 + 4 = 394\text{mm}$$
$$\Delta h_8 = 93 - 60 = 33\text{mm}$$
$$\alpha_8 = \cos^{-1}\left(1 - \frac{33}{394}\right) = 23.6°$$

第九道次

$$D_9 = 450 - 45 + 5 = 410\text{mm}$$
$$\Delta h_9 = 60 - 45 = 15\text{mm}$$
$$\alpha_9 = \cos^{-1}\left(1 - \frac{15}{410}\right) = 15.5°$$

第十道次

$$D_{10} = 450 - 50 + 3.5 = 404\text{mm}$$
$$\Delta h_{10} = 73 - 50 = 23\text{mm}$$
$$\alpha_{10} = \cos^{-1}\left(1 - \frac{23}{404}\right) = 20.0°$$

（2）前滑值的计算：

1）摩擦系数f的选择：根据大量咬入条件的实际数据统计，发现热轧时的摩擦系数受轧辊材质、轧制速度和轧件化学成分的影响。本设计参考同类规格的棒材车间，轧制过程中摩擦系数的选取见表7-12。

表 7-12 各道次摩擦系数

道次	1	2	3	4	5	6	7	8	9	10
摩擦系数f	0.54	0.54	0.43	0.45	0.44	0.44	0.45	0.45	0.45	0.45

2）中性角γ的计算：由中性角计算公式

$$\gamma = \sin^{-1}\left(\frac{\sin\alpha}{2} - \frac{1 - \cos\alpha}{2f}\right) \tag{7-65}$$

代入各道次数值：

$$\gamma_1 = \sin^{-1}\left(\frac{\sin26°}{2} - \frac{1 - \cos26°}{2 \times 0.42}\right) = 5.7°$$
$$\gamma_2 = \sin^{-1}\left(\frac{\sin25.6°}{2} - \frac{1 - \cos25.6°}{2 \times 0.43}\right) = 5.8°$$
$$\gamma_3 = \sin^{-1}\left(\frac{\sin27°}{2} - \frac{1 - \cos27°}{2 \times 0.43}\right) = 5.8°$$
$$\gamma_4 = \sin^{-1}\left(\frac{\sin34°}{2} - \frac{1 - \cos34°}{2 \times 0.44}\right) = 5.9°$$
$$\gamma_5 = \sin^{-1}\left(\frac{\sin21.7°}{2} - \frac{1 - \cos21.7°}{2 \times 0.44}\right) = 5.9°$$

同理可算出各道次中性角，计算结果见表7-13。

表 7-13 各道次中性角

道次	1	2	3	4	5	6	7	8	9	10
中性角/(°)	5.6	5.8	5.7	5.9	5.9	5.6	6.0	6.1	5.9	6.0

3）前滑值的计算：前滑值计算公式为

$$S_h = \frac{(D\cos\gamma - h)(1 - \cos\gamma)}{h} \tag{7-66}$$

$$S_{h1} = \frac{(542 \times \cos5.6° - 125)(1 - \cos5.6)}{125} \times 100\% = 1.6\%$$

同理可算出各道次前滑值，计算结果见表 7-14。

表 7-14　各道次前滑值

道次	1	2	3	4	5	6	7	8	9	10
前滑值/%	1.6	1.5	2.3	1.8	3.4	2.6	3.8	3.2	0	0

由计算可看出，前滑值均较小，故可忽略。认为本连轧设计中忽略张力影响，从而计算出轧制速度和电机转速。

（3）轧辊转速及电机速度的确定：

不考虑后滑，轧辊转速即等于轧件出口时的速度，需要确定轧件的轧制速度。参考同类车间及加热炉冷床等相关设备要求，确定成品机架的轧制速度。

对于 ϕ50mm 圆钢，成品机架第 10 道次轧制速度为 $v_{10} = 2.42\text{m/s}$，故连轧常数：

$$C = F_{10} \times v_{10} = 2010 \times 2.42 = 4864.2$$

轧辊转速计算公式为：

$$n = \frac{v \times 1000 \times 60}{\pi \times D_g} \tag{7-67}$$

故第十道次轧辊转速为：

$$n_{10} = \frac{2.42 \times 1000 \times 60}{\pi \times 404} = 114.4\text{r/min}$$

根据连轧原理可以推算出其余各道次轧制速度和轧辊转速：

$$v_9 = \frac{C}{F_9} = \frac{4864.2}{2360} = 2.06\text{m/s}$$

$$n_9 = \frac{2.06 \times 1000 \times 60}{\pi \times 410} = 96.0\text{r/min}$$

$$v_8 = \frac{C}{F_8} = \frac{4864.2}{2921} = 1.66\text{m/s}$$

$$n_8 = \frac{1.66 \times 1000 \times 60}{\pi \times 394} = 80.5\text{r/min}$$

$$v_7 = \frac{C}{F_7} = \frac{4864.2}{3539} = 1.37\text{m/s}$$

$$n_7 = \frac{1.37 \times 1000 \times 60}{\pi \times 407} = 64.5\text{r/min}$$

$$v_6 = \frac{C}{F_6} = \frac{4864.2}{4416} = 1.10\text{m/s}$$

$$n_6 = \frac{1.10 \times 1000 \times 60}{\pi \times 481} = 43.47\text{r/min}$$

$$v_5 = \frac{C}{F_5} = \frac{4864.2}{6184} = 0.79\text{m/s}$$

$$n_5 = \frac{0.79 \times 1000 \times 60}{\pi \times 492} = 30.53\text{r/min}$$

$$v_4 = \frac{C}{F_4} = \frac{4864.2}{8247} = 0.59\text{m/s}$$

$$n_4 = \frac{0.59 \times 1000 \times 60}{\pi \times 456} = 24.7\text{r/min}$$

$$v_3 = \frac{C}{F_3} = \frac{4864.2}{12161} = 0.40\text{m/s}$$

$$n_3 = \frac{0.4 \times 1000 \times 60}{\pi \times 477} = 16.01\text{r/min}$$

$$v_2 = \frac{C}{F_2} = \frac{4864.2}{16199} = 0.30\text{m/s}$$

$$n_2 = \frac{0.30 \times 1000 \times 60}{\pi \times 528} = 10.86\text{r/min}$$

$$v_1 = \frac{C}{F_1} = \frac{4864.2}{20350} = 0.24\text{m/s}$$

$$n_1 = \frac{0.24 \times 1000 \times 60}{\pi \times 542} = 8.42\text{r/min}$$

(4) 轧制节奏的计算：

轧制过程中，每一道次的轧制时间可表示为：

$$T_{zhn} = L_n / V_n \tag{7-68}$$

因维持连轧关系的轧机每架只轧一道且保持单位时间内通过各机架的金属秒流量相等的原则，可得到每架轧机的轧制速度。各道次纯轧时间相等，即：

$$T_{zh1} = T_{zh2} = T_{zh3} = \cdots = T_{zh10} \tag{7-69}$$

代入具体数值：

$$T_{zhn} = T_{zh1} = L_1 / V_1 = \frac{14}{0.24} = 58.3\text{s}$$

根据棒材厂设计经验，取两根钢间隙时间：

$$T_{jn} = 5\text{s}$$

所以轧制节奏为：

$$T = T_{zhn} + T_{jn} = 58.3 + 5 = 63.3\text{s}$$

(5) 轧制总延续时间的计算：

本设计中，粗轧机区的机架间距取决于轧机尺寸而非电气控制因素，取第1架到第6架相邻轧机的距离为3m；第6架到第7架之间设置有事故剪，距离为6m；第7架到第12架相邻轧机的距离为4m。

$$T_{j1} = \frac{l_1}{v_1} = \frac{3}{0.24} = 12.5\text{s}$$

其他各道次轧制间隙时间见表7-15。

表 7-15 各道次轧制间隙时间 (s)

道次	1	2	3	4	5	6	7	8	9	10
T_j	12.55	9.99	7.50	5.09	3.81	5.45	2.18	1.80	1.46	1.24

则轧制总间隙时间为：

$$\sum T_j = T_{j1} + T_{j2} + \cdots + T_{j10} = 51.1\text{s}$$

由此可计算出轧制总延续时间为：

$$T_z = T_{zh10} + \sum T_j = 58.3 + 51.1 = 109.4\text{s}$$

轧制节奏图如图 7-52 所示。

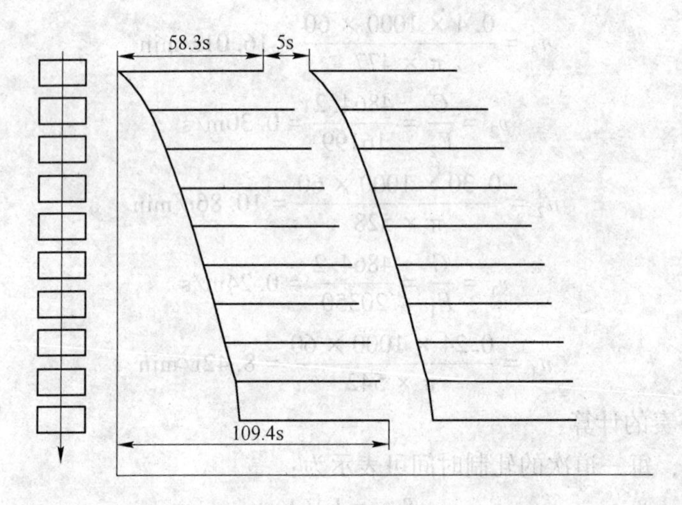

图 7-52 轧制节奏图

b 力能参数计算

(1) 轧制温度计算：

确定开轧温度时，由于棒材最后几道次是升温轧制，故从开轧到终轧总温降不会太大，根据铁碳相图，可确定开轧温度在 950~1050℃左右。取开轧温度为 1050℃。

终轧温度因钢种不同而不同，它主要取决于产品技术要求中规定的组织性能，本车间所轧钢种大部分为低合金钢，属于亚共析钢，其终轧温度应高于铁碳相图中的 A_{r3} 线 50~100℃，以获得较细的晶粒组织。终轧温度在 950℃左右。

轧件在轧制过程中的温度变化，是由于辐射、传导、对流引起的温度下降和金属变形热所产生的温度升高合成的，可以用下式表示：

$$\Delta t = \Delta t_f + \Delta t_z + \Delta t_d + \Delta t_b \tag{7-70}$$

以上四项主要起作用的是辐射损失和变形热所产生的温度上升。由于传导和对流对温度影响较小，甚至可以忽略不计。因此，在本设计中采用采利柯夫方法计算轧制温度，轧件温度的变化为：

$$\Delta t = t_0 - \frac{1000}{\sqrt[3]{\frac{0.0255\Pi\tau}{\omega} + \left(\frac{1000}{t_0 + \Delta t_b + 273}\right)^3}} - 273 \tag{7-71}$$

式中 t_0——进入该孔型前的轧件温度,℃;

Π——轧后轧件横截面周边长, mm;

ω——轧后轧件横截面面积, mm^2;

τ——轧件冷却时间, s;

Δt_b——在该孔型中金属温度的升高,℃。

每个道次轧件的温度计算公式为:

$$t_{i+1} = \frac{1000}{\sqrt[3]{\frac{0.0255\Pi\tau}{\omega} + \left(\frac{1000}{t_i + \Delta t_{bi} + 273}\right)^3}} \quad (7\text{-}72)$$

式中 t_{i+1}——第 i+1 道次轧制轧后温度,℃;

t_i——第 i 道次轧制后温度,℃;

Δt_{bi}——第 i 道次孔型中轧件升高的温度,℃。

本设计典型产品为20MnSi, ϕ50mm 圆钢, 当开轧温度 T=1050℃, 计算得

$$\sigma = 48.60\text{MPa}$$

由上可得

$$\Delta t_1 = 15.5℃$$

故

$$t_1 = 1050 - 15.5 = 1034.5℃$$

同理可得其他道次的轧制温度, 各道次温度见表7-16。

表7-16 各道次轧制温度

道次	1	2	3	4	5	6	7	8	9	10
各道次温度/℃	1050	1034.5	1018.4	1006.9	998.55	990.78	985.07	978.91	975.36	973.44

(2) 轧制力计算:

1) 单位轧制力的计算: 本设计以直径为50mm 的20MnSi 为标准产品进行计算校核, 采用艾克隆德单位压力公式:

$$p = (1 + m)(k + \eta\mu) \quad (7\text{-}73)$$

其中

$$m = \frac{1.6f(\sqrt{R\Delta h} - 1.2\Delta h)}{H + h} \quad (7\text{-}74)$$

$$k = 9.8 \times (14 - 0.01t)(1.4 + C + Cr + Mn) \quad (7\text{-}75)$$

$$\eta = 0.1 \times (14 - 0.01t) \quad (7\text{-}76)$$

$$\mu = \frac{2v\sqrt{\frac{\Delta h}{R}}}{H + h} \quad (7\text{-}77)$$

$$f = a(1.05 - 0.0005t) \quad (7\text{-}78)$$

式中 t——轧制温度,℃;

C——以百分数表示的碳含量,%;

Mn——以百分数表示的锰含量,%;

Cr——以百分数表示的铬含量,%;

k——静压力下单位变形抗力；

η——被轧钢材的黏度系数；

f——轧件与轧辊间的摩擦系数；

H，h——坯料轧前后的高度；

R——轧辊的工作半径；

Δh——道次的平均压下量。

对于铸铁轧辊，选取 $a=0.8$。

以第一道次为例，代入具体数值，则有：

$$R = 0.5 \times (D - h + s) = 0.5 \times (650 - 125 + 17) = 271\text{mm}$$

$$\eta = 0.1 \times (14 - 0.01 \times 1050) = 0.35\text{MPa} \cdot \text{s}$$

$$f = 0.8 \times (1.05 - 0.0005 \times 1050) = 0.42$$

$$m = \frac{1.6 \times 0.42 \times (\sqrt{271 \times 55} - 1.2 \times 55)}{125 + 180} = 0.124$$

$$\mu = \frac{1000 \times 2 \times 0.24 \times \sqrt{\dfrac{55}{271}}}{125 + 180} = 0.71\text{s}^{-1}$$

$$k = 9.8 \times (14 - 0.01 \times 1050) \times (1.4 + 0.2\% + 1.5\%) = 48.1\text{mm}^2$$

$$p = (1 + 0.124)(48.1 + 0.35 \times 0.71) = 54.3\text{MPa}$$

同理可得其他道次的单位压力见表 7-17。

表 7-17 各道次单位压力 (MPa)

道次	1	2	3	4	5	6	7	8	9	10
p	54.37	57.86	61.24	63.90	68.62	73.55	72.55	79.61	79.07	86.32

2）总轧制压力的计算：

$$P = p \times F \tag{7-79}$$

式中 p——单位压力，N；

F——轧件与轧辊的接触面积，mm^2。

接触面积是指轧件与轧辊接触面的水平投影，它取决于轧件与孔型的几何尺寸和轧辊直径，在孔型中轧制时接触面积为：

$$F = \frac{B + b}{2}\sqrt{R\Delta h_c} \tag{7-80}$$

其中

$$\Delta h_c = \frac{F_0}{B} - \frac{F_1}{b} \tag{7-81}$$

式中 Δh_c——平均绝对压下量；

F_0，F_1——轧前、轧后的轧件断面面积。

故

$$\Delta h_c = \frac{\pi \times 90^2}{180} - \frac{20350}{188} = 33.1$$

$$F_1 = \frac{188 + 180}{2} \times \sqrt{271 \times 33.1} = 17426.7\text{mm}^2$$

则轧制压力为：

$$P_1 = 54.37 \times 17426.7 = 947\text{kN}$$

同理可计算其余 9 道次的轧制压力，结果如图 7-53 所示。

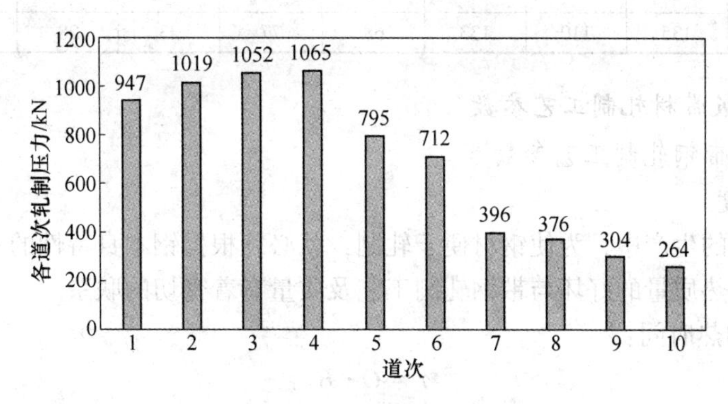

图 7-53　各道次轧制压力

（3）轧制力矩的计算：

根据金属对轧辊的作用力计算轧制力矩：

$$M_z = 2Pa = 2P\psi l \tag{7-82}$$

式中　P——垂直压力；

ψ——轧制力臂系数，可按照经验公式选取；

l——接触弧长度。

$$l = \sqrt{R \times \Delta h} \tag{7-83}$$

$$\psi = \frac{0.18}{n} + S + 0.3 \tag{7-84}$$

$$n = \frac{l}{h_c} \tag{7-85}$$

修正量 S 可根据以下经验公式确定：

$$S = \frac{0.2}{n(n+3)},\ n \geqslant 1 \tag{7-86}$$

$$S = \frac{0.2}{3n+1},\ n = 0.5 \sim 1 \tag{7-87}$$

第一道次轧制力矩如下：

$$l = \sqrt{R \times \Delta h} = \sqrt{271 \times 55} = 122\text{mm}$$

$$n = \frac{l}{h_c} = \frac{122}{125} = 0.97 < 1;$$

则：

$$S = \frac{0.2}{3 \times 0.97 + 1} = 0.05$$

$$\psi = \frac{0.18}{0.97} + 0.05 + 0.3 = 0.53$$

$$M_z = 2 \times 947.43 \times 0.53 \times 122 = 123\text{kN} \cdot \text{m}$$

同理可计算其余各道次轧制力矩，计算结果见表 7-18。

表 7-18 各道次轧制力矩 (kN · m)

道次	1	2	3	4	5	6	7	8	9	10
力矩	123	135	110	133	68	77	23	28	16	16

7.3.3.2 板带材轧制工艺参数

A 热轧板带钢轧制工艺参数

a 加热制度

在热轧带钢的生产中，为使钢材便于轧制，就必须根据钢本身特性的不同而采取不同的加热制度。加热质量的好坏与带钢轧制工艺及质量有着密切的联系。

(1) 冷装加热时间：

$$\tau = C \cdot B \tag{7-88}$$

式中 τ——加热时间，h；

B——钢坯厚度，cm；

C——系数，参见表 7-19 选取。

表 7-19 系数 C 的选择

钢 种	C
碳素钢	0.1~0.15
低合金结构钢	0.15~0.20
高合金结构钢	0.20~0.30
高合金工具钢	0.30~0.40

(2) 热装加热时间：

钢坯热装时加热时间取决于其入炉温度，温度越高，加热时间越短。故热装加热时间可按下面公式确定：

$$t_1 = C \cdot B - 0.0016(T - 200) \tag{7-89}$$

式中 T——装炉时金属温度，℃。

本设计采用热装加热，依据典型产品 DP500 属于低合金结构钢，取 $C = 0.15$。同时，本设计中原料板坯厚度为 230mm，装炉时金属温度为 550℃，故有：$B = 23$cm，$T = 550$℃。则加热时间 $t_1 = 0.15 \times 23 - 0.0016 \times (550 - 230) = 2.94$h。

b 压下制度

(1) 粗轧压下制度：

粗轧阶段压下量分配原则为：粗轧机组变形量一般要占总变形量的 70%~80%；为保证精轧机组的终轧温度，应尽可能提高精轧机组轧出的带坯温度；一般粗轧机轧出的带坯厚度为 20~40mm；第一道考虑咬入及坯料厚度偏差不能给以最大压下量，中间道次应以设备能力所允许的最大压下量轧制，最后道次为了控制出口厚度和带坯的板形，应适当减小压下量。

本次设计的典型产品是：DP500，6mm×1200mm×Lmm；因此，根据产品选择所用原料连铸坯的规格为：230mm×1250mm×11000mm。

1）确定精轧目标宽度：

可由下面公式确定：

$$B_F = B_C \times (1 + C_1 \times T_{F7}) + \beta \tag{7-90}$$

式中 B_F——精轧目标宽度，mm；

B_C——成品板宽，mm；

C_1——热膨胀率，1.45×10^{-5}；

T_{F7}——精轧末架出口温度，取880℃；

β——宽展边余量，一般为6~8mm。

则可知：$B_F = B_C \times (1 + C_1 \times T_{F7}) + \beta = 1200 \times (1 + 1.45 \times 10^{-5} \times 880) + 6 =$ 1221.31mm。

2）确定粗轧的目标宽度 B_{F1E}：

可由下面公式确定：

$$B_{F1E} = B_F - \Delta B_F \tag{7-91}$$

式中 B_{F1E}——粗轧目标宽度，mm；

ΔB_F——精轧机组的总宽展量，mm。

由于粗轧出来的中间坯宽度与成品宽度相差不大，精轧机组的宽展量较小，为方便计算，忽略不计，故 $\Delta B_F = 0$，则可知：$B_{F1E} = B_F = 1221.31$mm。

3）粗轧各道次压下量分配：

各道次压下率分配的范围见表7-20。

表7-20 粗轧各道次压下率分配范围

轧制道次	1	2	3	4	5	6
轧制5道次的压下率 ε/%	20	30	35~40	35~50	30~50	—
轧制6道次的压下率 ε/%	15~23	22~30	26~35	27~40	30~50	32~35

在本设计中，由两架四辊可逆轧机各轧制3道次，整个粗轧共轧6道次，而根据实际经验可知：一般中间坯厚度范围在20~40mm，故本设计中间坯厚度取36mm，粗轧总压下量为194mm。

根据粗轧阶段压下量分配原则设计各道次压下分配量见表7-21。

表7-21 粗轧各道次压下分配

道次	1	2	3	4	5	6
入口厚度 H/mm	230	192	149	104	69	48
出口厚度 h/mm	192	149	104	69	48	36
压下量 Δh/mm	38	43	45	35	21	12
压下率 ε/%	16.5	22.4	30.2	33.7	30.4	25.0

粗轧各道次宽展计算可由下面公式确定：

$$\Delta B_i = K_i \times \Delta h_i \tag{7-92}$$

式中 ΔB_i——第 i 道次的宽展量，mm；

Δh_i——第 i 道次的压下量，mm；

K_i——各轧机宽展系数，取 $K=0.30$。

则有：

$$\Delta B_1 = K \times \Delta h_1 = 0.30 \times 38 = 11.40\text{mm}$$
$$\Delta B_2 = K \times \Delta h_2 = 0.30 \times 43 = 12.90\text{mm}$$
$$\Delta B_3 = K \times \Delta h_3 = 0.30 \times 45 = 13.50\text{mm}$$
$$\Delta B_4 = K \times \Delta h_4 = 0.30 \times 35 = 10.50\text{mm}$$
$$\Delta B_5 = K \times \Delta h_5 = 0.30 \times 21 = 6.30\text{mm}$$
$$\Delta B_6 = K \times \Delta h_6 = 0.30 \times 12 = 3.60\text{mm}$$
$$\sum \Delta B_i = \Delta B_1 + \Delta B_2 + \Delta B_3 + \Delta B_4 + \Delta B_5 + \Delta B_6 = 58.20\text{mm}$$

宽向所需的总侧压量可由下面公式确定：

$$\sum \Delta B' = (C_2 \times B_{坯} - B_F) + \sum \Delta B_i \tag{7-93}$$

式中 $\sum\Delta B'$——宽向的总侧压量，mm；

C_2——热膨胀系数，取 1.015；

$B_{坯}$——常温下的坯料宽度，mm。

则
$$\sum \Delta B' = (C_2 \times B_{坯} - B_{\mathrm{F}}) + \sum \Delta B_i$$
$$= (1.015 \times 1250 - 1221.31) + 58.20 = 105.64\text{mm}$$

4）轧后各道次宽度计算：

坯料在加热过程中会发生膨胀，热膨胀系数取 $C_2=1.015$，故加热后坯料宽度为：

$$B = 1250 \times 1.015 = 1268.75\text{mm}$$

由理论分析可知，轧后各道次宽度等于轧前宽度减去侧压量再加上宽展量。通过计算可得轧后各道次宽度，具体数据见表 7-22。

表 7-22 轧后各道次宽度 (mm)

道次	1	2	3	4	5	6
轧前宽度	1268.75	1240.15	1253.05	1236.55	1222.05	1228.35
侧压量	40	—	30	25	—	10.64
宽展量	11.40	12.90	13.50	10.50	6.30	3.60
轧后宽度	1240.15	1253.05	1236.55	1222.05	1228.35	1221.31

（2）精轧压下制度：

精轧机组充分利用高温的有利条件，把压下量尽量集中在前几道，在后几架轧机上为了保证板形、厚度精度及表面质量，压下量逐渐减小。第一架可以留有适当余量，即考虑到带坯厚度的可能波动和可能产生咬入困难等，而使压下量略小于设备允许的最大压下量；第 2~3 架，为了充分利用设备能力，尽可能给以大的压下量轧制；以后各架，随着轧件温度降低，变形抗力增大，应逐渐减小压下量；为控制带钢的板形、厚度精度及性能质量，最后一架的压下量一般在 10%~15%。

表 7-23 为连轧机组各架压下率一般分配范围。

根据经验数据结合相关要求，制定出本设计的精轧机组压下规程，见表 7-24。

表 7-23 精轧机组压下率分配经验数据

机架号	1	2	3	4	5	6	7
ε（6 机架）/%	40~50	35~45	30~40	25~35	15~25	10~15	—
ε（7 机架）/%	40~50	35~45	30~40	25~40	25~35	20~28	10~15

表 7-24 精轧机组压下规程

机架号	1	2	3	4	5	6
轧前厚度 H/mm	36	22.4	14.6	10.2	8.0	6.8
轧后厚度 h/mm	22.4	14.6	10.2	8.0	6.8	6
Δh/mm	13.6	7.8	4.4	2.2	1.2	0.8
ε/%	37.8	34.8	30.1	21.6	15.0	11.8

c 速度制度

(1) 粗轧速度制度：

根据体积不变原理可以粗略得出各道次连铸坯的长度，见表 7-25。

表 7-25 各道次连铸坯的长度

道次	0	1	2	3	4	5	6
B/mm	1268.75	1240.15	1253.05	1236.55	1222.05	1228.35	1221.31
H/mm	230	192	149	104	69	48	36
L/m	11.0	13.5	17.2	25.0	38.1	54.4	73.0

本设计粗轧机共需轧制 6 道次，根据经验数据可取平均加速度 $a=40$r/min，平均减速度为 $b=60$r/min。采用梯形速度图如图 7-54 所示。

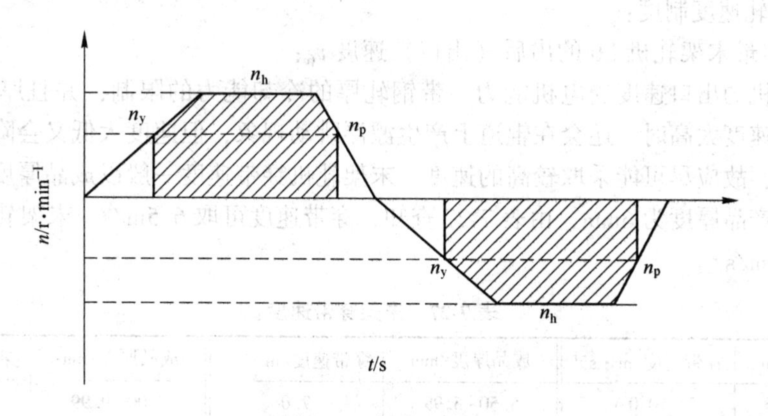

图 7-54 粗轧速度图

各道次的纯轧时间可由下面的公式确定：

$$t_{zh}=\frac{n_h-n_y}{a}+\frac{n_h-n_p}{b}+\frac{1}{n_h}\left(\frac{60L}{\pi D}-\frac{n_h^2-n_y^2}{2a}-\frac{n_h^2-n_p^2}{2b}\right) \tag{7-94}$$

式中 L——该道次轧后的轧件长度，m；

n_h——梯形速度图的恒定转速，r/min；

n_y——轧件的咬入速度，r/min；

n_p——轧件的抛出速度，r/min；

D——工作辊的直径，m，取 $D=1.20$m。

根据计算结果可得出粗轧机速度制度见表 7-26。

表 7-26 粗轧机速度制度

道次	1	2	3	4	5	6
L/m	13.5	17.2	25.0	38.1	54.4	73.0
n_h/r·min^{-1}	40	40	40	40	40	40
n_y/r·min^{-1}	20	20	20	20	20	20
n_p/r·min^{-1}	20	20	20	20	20	20
t_{zh}/s	5.58	7.05	10.16	15.37	21.86	29.26
t_j/s	10	10	10	10	10	—

注：t_j为道次间隙时间。

轧件出粗轧机的速度可由公式求出：

$$v=\frac{\pi D n_h}{60}=\frac{3.14\times1.20\times40}{60}=2.51\text{m/s}$$

粗轧完后的带坯长度为 73.0m，速度为 2.51m/s，粗轧机到精轧机组的距离共 120m，因此，尾部轧完后，带坯从 2.51m/s 的速度逐渐降到精轧第一架的咬入速度 0.5m/s，减速段运行距离共 120-73.0=47.0m，视此段减速为匀减速运动，可由运动学公式求得此段运行时间为 31.2s。

（2）精轧速度制度：

1）确定最末架轧机 F6 的出后（出口）速度 v_6：

末架轧机的出口速度受电机能力、带钢轧厚的冷却能力的限制，并且厚度小于 2mm 的薄带钢在速度太高时，还会在辊道上产生漂浮跳动现象，但速度太低又会降低产量且影响轧制速度，故应尽可能采取较高的速度。末架轧机穿带速度一般以成品厚度为依据，而本设计典型产品厚度为 6mm，由表 7-27 查知，穿带速度可取 6.5m/s。末架轧机最高轧制速度取为 15m/s。

表 7-27 末架穿带速度

成品厚度/mm	穿带速度/m·s^{-1}	成品厚度/mm	穿带速度/m·s^{-1}	成品厚度/mm	穿带速度/m·s^{-1}
<4.00	10.0	5.50~5.99	7.0	8.00~9.99	5.5
4.01~4.59	9.5	6.00~6.49	6.5	10.00~12.50	5.0
4.60~4.99	9.0	6.50~6.99	6.0	—	—
5.00~5.49	7.5	7.00~7.99	5.75	—	—

带钢热连轧机组的速度曲线图如图 7-55 所示。

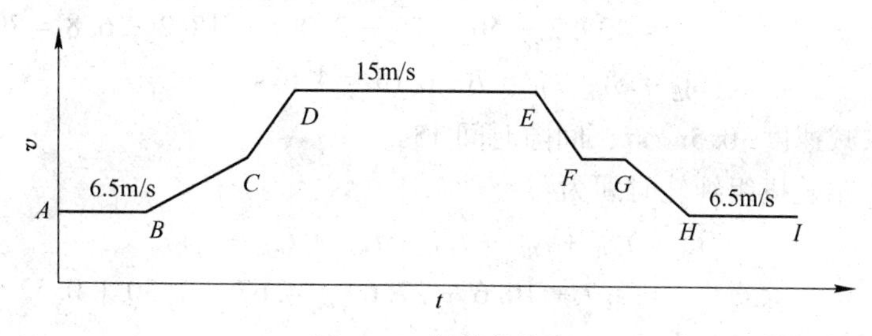

图 7-55　粗轧速度图

如图所示，其中 A 点：穿带开始时刻，穿带速度为 6.5m/s；B 点：带钢头部出末架至其头部达到计数器设定值点后（0~50mm）开始第一级加速，加速度 0.05~0.15m/s²；C 点：带钢头部咬入卷取机后开始第二级加速，加速度为 0.05~0.25m/s²；D 点：带钢以工艺制度设置的最高速度轧制，取 15m/s；E 点：带钢尾部离开第三架时，机组开始减速，减到 13m/s；F 点：带钢尾部离开第五架，以 13m/s 速度等待抛出；G 点：带钢尾部离开精轧机组，开始第二次降速；H 点：轧机以穿带速度等待下一条带钢；I 点：第二条带钢开始穿带。

2）轧制时间计算：

AB 段：取 $S_{AB}=50\text{m}$，$t_{AB}=S_{AB}/v_A=50/6.5=7.7\text{s}$

BC 段：精轧机组末架轧机至卷曲机的距离为 125m，则

$$S_{BC}=125-S_{AB}=125-50=75\text{m}$$

可取加速度 $a_1=0.15\text{m/s}^2$，则

$$v_C=(2a_1S_{BC}+v_B^2)^{1/2}=(2\times0.15\times75+6.5^2)^{1/2}=8.09\text{m/s}$$

$$t_{BC}=(v_C-v_B)/a_1=(8.09-6.5)/0.15=10.6\text{s}$$

CD 段：可取加速度 $a_2=0.25\text{m/s}^2$，则

$$S_{CD}=(v_D^2-v_C^2)/(2a_2)=(15^2-8.09^2)/(2\times0.25)=219.1\text{m}$$

$$t_{CD}=(v_D-v_C)a_2=(15-8.09)/0.25=27.64\text{s}$$

EF 段：$S_0=6\text{m}$

$$L_1=(h_3+h_4+h_5)\times S_0/h_6=(10.2+8.0+6.8)\times6/6=25.0\text{m}$$

$$L_2=h_5\times S_0/h_6=6.8\times6/6=6.8\text{m}$$

式中　L_1, L_2——带钢尾部出第三架，六架轧机时，这时还能轧出的带钢长度；

h_i——第 i 架轧机轧出厚度；

S_0——精轧机各架间距。

$$S_{EF}=L_1-L_2=18.2\text{m}\,,\ v_E=15\text{m/s}\,,\ v_F=13\text{m/s}$$

则有　$a_3=(v_F^2-v_E^2)/(2S_{EF})=(13^2-15^2)/(2\times18.2)=-1.54\text{m/s}^2$

$$t_{EF}=(v_E-v_F)/a_3=(15-13)/1.54=1.30\text{s}$$

FG 段：$S_{FG}=L_2=6.8\text{m}$，$t_{FG}=S_{FG}/v_F=6.8/13=0.52\text{s}$

DE 段：由体积不变原理可算出整个成品带钢长度：

$$L=(230\times1250\times11)/(6\times1200)=439.2\text{m}$$

则 DE 段带钢长度为：

$$S_{DE} = L - S_{AB} - S_{BC} - S_{CD} - S_{EF} - S_{FG}$$
$$= 439.2 - 50 - 75 - 219.1 - 18.2 - 6.8 = 70.1\text{m}$$
$$t_{DE} = S_{DE}/v_D = 70.1/15 = 4.67\text{s}$$

GHI 段：取减速度-0.5m/s²，间隙时间 15s。

综上所述，精轧机组纯轧时间为：

$$t_{zh} = t_{AB} + t_{BC} + t_{CD} + t_{DE} + t_{EF} + t_{FG}$$
$$= 7.7 + 10.6 + 27.64 + 4.67 + 1.30 + 0.52 = 52.43\text{s}$$

由秒流量相等的原则，即

$$h_1 v_1 (1 + S_1) = h_2 v_2 (1 + S_2) = \cdots = h_6 v_6 (1 + S_6)$$

式中，S_i为第 i 架的前值；h_i为第 i 架的轧出厚度。

由于热轧过程中前滑很小，可以忽略不计，故上式可转化为 $h_1v_1 = h_2v_2 = \cdots = h_6v_6$。从而得出其他各架的速度见表 7-28。

表 7-28　精轧机组各机架轧机速度　（m/s）

机架	1	2	3	4	5	6	v_0
稳定轧速	4.02	6.16	8.82	11.25	13.24	15	0.75
穿带轧速	1.74	2.67	3.82	4.88	5.74	6.5	0.5

注：v_0为精轧机组的咬入速度。

d　温度制度

板坯的加热温度，可取为 1230℃，考虑到板坯出炉后运输到粗轧机 R1 中间的温降，尤其是高压水除鳞时的温降较大，第一道次的开轧温度定为 1150℃。由于轧件头部和尾部的温降不同，考虑到设备安全问题，确定各道次温降时应以尾部温度为准。

(1) 粗轧温度制度：

对于粗轧，各道次的温降可采用下面的公式：

$$t_F = t_0 - 12.9 \frac{z}{h} \left(\frac{t_0 + 273}{1000} \right)^4 \tag{7-95}$$

式中　t_F——道次轧后温度，℃；

t_0——前一道次温度，℃；

h——该道次轧前厚度，mm；

z——该道次间隙时间和纯轧时间。

则有如下计算：

第 1 道次轧后尾部温度为：

$$t_{F1} = 1150 - 12.9 \times (5.58/230) \times [(1150 + 273)/1000]^4 = 1148.72℃$$

第 2 道次轧后尾部温度：

$$t_{F2} = 1148.72 - 12.9 \times [(7.05 + 10)/192] \times [(1148.72 + 273)/1000]^4 = 1144.04℃$$

第 3 道次轧后尾部温度：

$$t_{F3} = 1144.04 - 12.9 \times [(10.16 + 10)/149] \times [(1144.04 + 273)/1000]^4 = 1137.00℃$$

第 4 道次轧后尾部温度：

$t_{F4} = 1137.00 - 12.9 \times [(15.37 + 10)/104] \times [(1137.00 + 273)/1000]^4 = 1124.56℃$

第5道次轧后尾部温度：

$t_{F5} = 1124.56 - 12.9 \times [(21.86 + 10)/69] \times [(1124.56 + 273)/1000]^4 = 1101.84℃$

第6道次轧后尾部温度：

$t_{F6} = 1101.84 - 12.9 \times [(29.26 + 10)/48] \times [(1101.84 + 273)/1000]^4 = 1064.14℃$

整理各道次的尾部温度见表7-29。

表7-29 粗轧各道次温度 （℃）

道次	1	2	3	4	5	6
温度	1148.72	1144.04	1137.00	1124.56	1101.84	1064.14

（2）精轧温度制度：

粗轧后的带坯需要经过保温罩保温、切头尾和精轧前除鳞等工艺流程才能够进入精轧机精轧。在这个阶段中，辊道温降约为10℃，除鳞时的温降约为30℃，那么带坯头部进入精轧机的温度为1064.14-10-30=1024.14℃。精轧末架的出口温度为880℃。考虑到轧制过程中塑性变形热和摩擦热，以冷却水降温，辐射散热等多重因素的影响，结合现场实际，可采用下列温降公式：

$$t_i = t_0 - c_0\left(\frac{h_0}{h_i} - 1\right) \tag{7-96}$$

$$c_0 = \frac{(t_0 - t_n)h_n}{h_0 - h_n} \tag{7-97}$$

式中 t_0, t_n ——轧件精轧前的温度和终轧温度，℃；

h_0, h_n ——轧件精轧前的厚度和终轧厚度，mm。

根据分析则有：

$$c_0 = \frac{(t_0 - t_n)h_n}{h_0 - h_n} = \frac{(1024.14 - 880) \times 6}{36 - 6} = 28.83℃$$

$$t_1 = t_0 - c_0\left(\frac{h_0}{h_1} - 1\right) = 1024.14 - 28.83 \times \left(\frac{36}{22.4} - 1\right) = 1006.64℃$$

$$t_2 = t_0 - c_0\left(\frac{h_0}{h_2} - 1\right) = 1024.14 - 28.83 \times \left(\frac{36}{14.6} - 1\right) = 981.88℃$$

$$t_3 = t_0 - c_0\left(\frac{h_0}{h_3} - 1\right) = 1024.14 - 28.83 \times \left(\frac{36}{10.2} - 1\right) = 951.22℃$$

$$t_4 = t_0 - c_0\left(\frac{h_0}{h_4} - 1\right) = 1024.14 - 28.83 \times \left(\frac{36}{8.0} - 1\right) = 923.24℃$$

$$t_5 = t_0 - c_0\left(\frac{h_0}{h_5} - 1\right) = 1024.14 - 28.83 \times \left(\frac{36}{6.8} - 1\right) = 900.34℃$$

$$t_6 = t_0 - c_0\left(\frac{h_0}{h_6} - 1\right) = 1024.14 - 28.83 \times \left(\frac{36}{6} - 1\right) = 879.99℃$$

考虑到现场轧制生产中，精轧机组间采用冷却水控制温度，根据生产需要，调节精轧各机架轧件温度见表 7-30。

表 7-30 精轧各机架温度变化 （℃）

机架号	1	2	3	4	5	6
温度	1006.64	981.88	951.22	923.24	900.34	879.99

e 中温卷取工艺制度

（1）变形温度的制定：为了保证在实际生产条件下的三阶段控制轧制的温度范围，并保证终轧温度不会过低而破坏板型，选择开轧温度为 1150℃。双相钢的终轧温度应控制在两相区，以促进奥氏体向铁素体转变，但温度不能太低，以防止出现变形的铁素体组织。终轧温度也不能太高，否则铁素体晶粒粗大易形成奥氏体向贝氏体转变。本设计中选择的终轧温度为 880℃。

（2）冷却速度的制定：本设计中采用三段式控冷工艺——“水冷-空冷-水冷”：首先，带钢经 800~900℃温度终轧完，空冷 1~2s 后以 50℃/s 的冷速使带钢冷却到 740℃，进入铁素体区域空冷 5~12s 至 700℃，带钢在此区域完成大部分（80%~90%）铁素体转变，再以 50℃/s 的冷速快速冷却到 600℃，以避开珠光体转变。出层流冷却区后空冷 2~4s 至 500~600℃卷取，残余奥氏体在卷完后的空冷过程中转变成体积分数为 10%~20%马氏体。工艺图如图 7-56 所示。

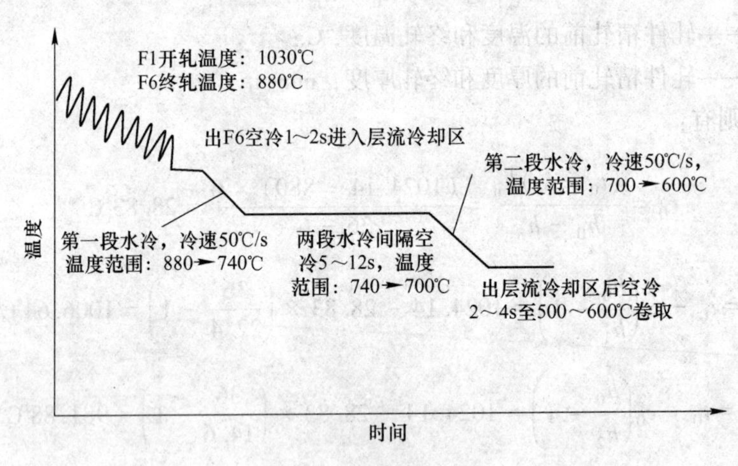

图 7-56 控轧控冷工艺图

（3）卷取温度的制定：传统的卷取温度控制在 500~600℃。卷取温度过高会因卷取后的再结晶和缓慢冷却而产生粗晶粒和碳化物的聚积。尤其是合金元素含量较多的带材，若不降到相变完成温度以下，则卷取后的冷却速度随钢卷内位置的不同而不同，此时钢卷内力学性能的不均匀性就会增大。卷取温度对双相钢力学性能影响十分显著，抗拉强度决定第二相的性质，随着卷取温度降低，抗拉强度升高，屈强比较小；如果卷取温度过低，则生成的马氏体增多，塑性下降，屈强比增高。经过资料查找分析综合考虑，本设计中的卷取温度定为560℃。

f 轧制力与轧制力矩的计算

(1) 轧制力计算:

S. Ekelund 公式是用于热轧时计算平均单位压力的半经验公式，其公式为:

$$\overline{P} = (1 + m)(k + \eta\varepsilon) \tag{7-98}$$

当 $t \geqslant 800$℃，Mn≤1.0%时，

$$k = 10 \times (14 - 0.01t)(1.4 + C + Mn + 0.3Cr) \quad (MPa)$$

式中 m——外摩擦时对 P 影响的系数，$m = \dfrac{1.6f\sqrt{R\Delta h} - 1.2\Delta h}{H + h}$;

f——摩擦系数，$f = a(1.05 - 0.0005 \times t)$，对钢辊 $a=1$，对铸铁辊 $a=0.8$;

η——黏度系数，MPa·s，$\eta = 0.1(14 - 0.01 \times t)C'$;

ε——平均变形系数，$\varepsilon = \dfrac{2v\sqrt{\dfrac{\Delta h}{R}}}{H + h}$;

t——轧制温度;

C，Mn，Cr——以百分数表示的碳、锰、铬的含量，本设计C取0.03，Mn取1.00，Cr取0.5;

C'——决定于轧制速度的系数，根据表7-31经验选取。

表7-31 C'与速度的关系

轧制速度/$m \cdot s^{-1}$	<6	6~10	10~15	15~20
系数 C'	1	0.80	0.65	0.60

各道轧制力计算公式为

$$P = F\overline{p} = \frac{B_H + b_h}{2} \times \sqrt{R\Delta h}\,\overline{p} \tag{7-99}$$

计算得到粗轧机轧制力见表7-32。

表7-32 粗轧机轧制力计算结果

道次	1	2	3	4	5	6
t/℃	1148.72	1143.21	1135.19	1125.33	1096.83	1069.14
H/mm	230	192	149	104	69	48
h/mm	192	149	104	69	48	36
Δh/mm	38	43	45	35	21	12
R/mm	600	600	600	600	600	600
f	0.476	0.478	0.482	0.487	0.502	0.515
m	0.164	0.209	0.287	0.410	0.555	0.661
k/MPa	64.83	66.25	68.32	70.86	78.22	85.36
C'	1	1	1	1	1	1
η	0.251	0.257	0.265	0.275	0.303	0.331

续表 7-32

道次	1	2	3	4	5	6
$v/\mathrm{mm \cdot s^{-1}}$	1880	1880	1880	1880	1880	1880
ε	2.24	2.95	4.07	5.25	6.01	6.33
$\bar{p}$/MPa	76.12	81.01	89.32	101.95	124.46	145.26
B_H/mm	1268.75	1240.15	1253.05	1236.55	1222.05	1228.35
b_h/mm	1240.15	1253.05	1236.55	1222.05	1228.35	1221.31
P/kN	14418	16221	18267	18162	17117	15097

计算得到精轧机轧制力见表 7-33。

表 7-33 精轧机轧制力计算结果

道次	1	2	3	4	5	6
t/℃	1011.03	985.42	953.69	924.74	901.05	879.99
H/mm	36	22.4	14.6	10.2	8.0	6.8
h/mm	22.4	14.6	10.2	8.0	6.8	6
Δh/mm	13.6	7.8	4.4	2.2	1.2	0.8
R/mm	400	400	400	340	340	340
f	0.544	0.557	0.573	0.588	0.599	0.610
m	0.820	1.092	1.338	1.269	1.211	1.183
k/ MPa	100.35	106.96	115.15	122.62	128.73	134.16
C'	1	0.80	0.80	0.65	0.65	0.60
η	0.389	0.332	0.357	0.309	0.324	0.312
$v/\mathrm{mm \cdot s^{-1}}$	4020	6160	8820	11250	13240	15000
ε	25.38	46.50	74.60	99.45	106.29	113.69
$\bar{p}$/MPa	200.61	256.06	331.49	347.95	360.76	370.31
$\frac{1}{2}(B_H+b_h)$/mm	1221.31	1221.31	1221.31	1221.31	1221.31	1221.31
P/kN	18071	17468	16984	11622	8900	7459

（2）轧制力矩的计算：

传动两个轧辊所需要的轧制力矩为：

$$M_Z = 2Pxl = 2Px\sqrt{R\Delta h} \tag{7-100}$$

式中 P——轧制力，kN；

x——力臂系数，与压下率有关；

R——轧辊直径，m；

l——咬入区的长度，m；

Δh——压下量，m。

式（7-100）中的力臂系数 x 根据大量实验数据统计，其范围为热轧板带时 0.3~0.6。

一般的，轧制力臂系数随着轧制厚度的减小而减小。粗轧机轧制力矩见表 7-34。

表 7-34 粗轧机轧制力矩计算结果

道次	1	2	3	4	5	6
R/m	0.6	0.6	0.6	0.6	0.6	0.6
Δh/m	0.038	0.043	0.045	0.035	0.021	0.012
P/kN	14418	16221	18267	18162	17117	15097
x	0.56	0.51	0.45	0.40	0.35	0.32
M_Z/kN·m	2438.32	2657.59	2701.42	2105.54	1344.96	819.85

计算得到精轧机轧制力矩见表 7-35。

表 7-35 精轧机轧制力矩计算结果

道次	1	2	3	4	5	6
R/m	0.4	0.4	0.4	0.34	0.34	0.34
Δh/m	0.0136	0.0078	0.0044	0.0022	0.0012	0.0008
P/kN	18071	17468	16984	11622	8900	7459
x	0.35	0.34	0.33	0.325	0.32	0.316
M_Z/kN·m	933.00	663.48	470.26	206.61	115.05	77.75

g 咬入角校核

在轧制板带设计时，必须保证其能稳定咬入。其咬入角主要取决于轧机的形式、轧制速度、轧辊材质、表面状态、钢板的温度、钢种特性及轧制润滑等因素的影响。热轧带钢的最大咬入角一般为 15°~20°，低速轧制时为 15°。轧件能被咬入的条件为摩擦角大于咬入角，即 $\tan\beta \geqslant \tan\alpha$，并且一般情况下，轧制速度高时，咬入能力低。

根据压下量和咬入角的关系有如下公式：

$$\Delta h = D(1 - \cos a) \quad (7\text{-}101)$$

由此公式可以推算出 $\tan\alpha$ 的值；再根据公式 $\tan\beta = f$ 知 $\tan\beta$ 的值即为摩擦系数 f 的大小，而在材质为钢辊时，$f = 1.05 - 0.0005 \times t$，由此可以计算出 $\tan\beta$ 的值。注意，D 取辊径最小值。由以上公式可以得到结果见表 7-36。

表 7-36 咬入角校核计算结果

项目	R1 第三道	F1~F3 第一道	F4~F7 第四道
$\tan\alpha$	0.292	0.191	0.084
$\tan\beta$	0.476	0.544	0.588

显然，由上表中的计算结果可以看出，粗轧和精轧都将满足 $\tan\beta \geqslant \tan\alpha$ 这一咬入条件，故咬入角校核结果符合要求。

B 冷轧板带钢轧制工艺参数

a 压下量的分配

冷连轧各机架压下量的分配，基本上仍应遵循制定轧制规程的一般原则和要求。在第一机架，由于后张力太小，而且热轧来料的板形和厚度偏差不均匀，甚至呈现浪形、瓢曲、镰刀弯或楔形断面，致使轧件对中难以保证，给轧制带来一定的困难；此外，前几道有时还要受咬入条件的限制，第一机架压下率不宜过大，但也不应过小。中间各机架的压下分配，基本上可以从充分利用轧机能力出发，或者按经验资料确定各架压下量。最后1~2架为了保证板形和厚度精度，一般按照经验采用较小的压下量。

所以，根据经验采用压下分配系数（表7-37），令轧制中的总压下量为$\sum \Delta h$，则各机架的压下量Δh_i为：

$$\Delta h_i = b_i \sum \Delta h \tag{7-102}$$

式中 b_i—压下分配系数（表7-37）。

表7-37 冷连轧机压下分配系数

机架号	1	2	3	4	5
b_i	0.3	0.25	0.25	0.15	0.05

b 轧制速度

冷连轧机最大特点是速度高，生产能力大，轧制板卷重。轧制时先采用低速度穿带（1~3m/s），待通过各机架并由张力卷取机卷上之后，同步加速到轧制速度，进入稳定轧制阶段。在焊缝进入轧机之前，为避免损伤辊面和断带，一般要降速至稳定轧制速度的40%~70%。焊缝过后又自动升至稳定轧速。在一卷带钢轧制即将完成之前，应及时减速至甩尾速度，以通过尾部。冷连轧的最高速度限制，主要是由轧制工艺润滑和冷却能否保证带钢表面质量和板型。

（1）前滑值：在轧制过程中存在轧辊转动、轧件运动以及轧件金属本身的流动，由此产生轧制时的前滑和后滑现象。这种现象使轧件的出口速度与轧辊圆周速度不一致，而且这个速度在轧制过程中并非始终不变，它受很多因素影响而变化。为了准确的求出轧制速度，在误差允许范围内，对前滑值进行简化计算。

在不考虑宽展时求前滑的近似值，由D·德里斯顿公式知：

$$S_{h_i} = \frac{\gamma_i^2}{2} \cdot \frac{D}{h_i} \tag{7-103}$$

式中 S_{h_i}——轧件在第i架的前滑值；

h_i——轧件通过第i架轧机出口厚度；

γ_i——第i架的中性角；

D——轧辊直径。

对简单的理想轧制过程，在假定接触面全滑动和遵守库伦干摩擦定律以及单位压力沿接触弧的均匀分布和无宽展的情况下，按变形区内水平力平衡条件导出确定中性角γ_i的计算式：

$$\gamma_i = \frac{\alpha_i}{2}\left(1 - \frac{\alpha_i}{2f}\right) \tag{7-104}$$

冷轧的咬入角通常很小，因此可得：

$$\Delta h_i = \frac{D}{2} \cdot \alpha_i^2 \tag{7-105}$$

式中 Δh_i ——第 i 架压下量；

α_i ——第 i 架咬入角。

当压下规程制定后，则各架轧件出口厚度 h_i 和压下量 Δh_i 见表 7-38。

表 7-38 轧件出口厚度和压下量

机架号	1	2	3	4	5
h_i /mm	1.61	1.285	0.96	0.765	0.7
Δh_i /mm	0.39	0.325	0.325	0.195	0.065

该车间采用光滑研磨辊，并使用矿物油润滑，第 1 架不喷油，2~5 喷油。具体取值见表 7-39。

表 7-39 各机架摩擦系数

机架号	1	2	3	4	5
f	0.08	0.05	0.05	0.05	0.05

在冷连轧过程中，为了减小轧制力，各机架的工作辊直径是逐步减小的，考虑到磨辊等因素直径改变相对于原始尺寸很小，假设轧制过程中直径不变，故设计以下轧辊直径，见表 7-40。

表 7-40 各机架工作辊直径

机架号	1	2	3	4	5
D/mm	450	435	420	405	390

第 1 机架咬入角：

$$\alpha_1 = \cos^{-1}(1 - \Delta h_1 / D_1) = \cos^{-1}(1 - 0.39/450) = 0.042\text{rad}$$

中性角：

$$\gamma_1 = \frac{\alpha_1}{2}\left(1 - \frac{\alpha_1}{2f_1}\right) = \frac{0.042}{2} \times \left(1 - \frac{0.042}{2 \times 0.08}\right) = 0.015\text{rad}$$

前滑值：

$$S_{h_1} = \frac{{\gamma_1}^2}{2} \cdot \frac{D_1}{h_1} = \frac{0.015^2}{2} \times \frac{450}{1.61} = 3.3\%$$

第 2 机架咬入角：

$$\alpha_2 = \cos^{-1}(1 - \Delta h_2 / D_2) = \cos^{-1}(1 - 0.325/435) = 0.039\text{rad}$$

中性角：

$$\gamma_2 = \frac{\alpha_2}{2}\left(1 - \frac{\alpha_2}{2f_2}\right) = \frac{0.039}{2}\left(1 - \frac{0.039}{2 \times 0.05}\right) = 0.012\text{rad}$$

前滑值：

$$S_{h_2} = \frac{{\gamma_2}^2}{2} \cdot \frac{D_3}{h_2} = \frac{0.012^2}{2} \times \frac{435}{1.285} = 2.4\%$$

第 3 机架咬入角：

$$\alpha_3 = \cos^{-1}(1 - \Delta h_3 / D_3) = \cos^{-1}(1 - 0.825/420) = 0.039\text{rad}$$

中性角：

$$\gamma_3 = \frac{\alpha_3}{2}\left(1 - \frac{\alpha_3}{2f_3}\right) = \frac{0.039}{2} \times \left(1 - \frac{0.039}{2 \times 0.05}\right) = 0.012\text{rad}$$

前滑值：

$$S_{h_3} = \frac{{\gamma_3}^2}{2} \cdot \frac{D_3}{h_3} = \frac{0.012^2}{2} \times \frac{420}{0.96} = 3.1\%$$

第4机架咬入角：

$$\alpha_4 = \cos^{-1}(1 - \Delta h_4 / D_4) = \cos^{-1}(1 - 0.195/450) = 0.031\text{rad}$$

中性角：

$$\gamma_4 = \frac{\alpha_4}{2}\left(1 - \frac{\alpha_4}{2f_4}\right) = \frac{0.031}{2} \times \left(1 - \frac{0.031}{2 \times 0.05}\right) = 0.011\text{rad}$$

前滑值：

$$S_{h_4} = \frac{{\gamma_4}^2}{2} \cdot \frac{D_4}{h_4} = \frac{0.011^2}{2} \times \frac{405}{0.765} = 3.0\%$$

第5机架咬入角：

$$\alpha_5 = \cos^{-1}(1 - \Delta h_5 / D_5) = \cos^{-1}(1 - 0.065/390) = 0.018\text{rad}$$

中性角：

$$\gamma_5 = \frac{\alpha_5}{2}\left(1 - \frac{\alpha_5}{2f_5}\right) = \frac{0.018}{2} \times \left(1 - \frac{0.018}{2 \times 0.05}\right) = 0.008\text{rad}$$

前滑值：

$$S_{h_5} = \frac{{\gamma_5}^2}{2} \cdot \frac{D_5}{h_5} = \frac{0.008^2}{2} \times \frac{390}{0.7} = 1.6\%$$

所以，各机架前滑值见表7-41。

表7-41 各机架前滑值

机架号	1	2	3	4	5
前滑值/%	3.3	2.4	3.1	3.0	1.6

（2）轧辊速度：随着轧件厚度的减小，轧制速度递增，保证正常的轧制条件是轧件在轧制线上每一机架的秒流量相等原则，即：

$$v_i h_i = C \tag{7-106}$$

式中 v_i——轧件通过第 i 架轧机时的轧制速度；

C——常数。

但是，在实际生产中，冷连轧机各机架速度调节及设定皆采用轧辊速度。轧件的出口速度由前滑值和轧辊线速度来决定，即：

$$v_{h_i} = (1 + S_{h_i})\, v_{R_i} \tag{7-107}$$

式中 v_{R_i}——第 i 架轧机的轧辊速度。

根据经验，一般取末机架轧机出口处轧件水平速度为不大于22.5m/s。现取第5机架轧机出口速度为 $v_5 = 20\text{m/s}$ 。

第1机架轧件出口速度：

$$v_{h_1}=\frac{v_{h_5}h_5}{h_1}=\frac{20\times0.7}{1.61}=8.696\text{m/s}$$

轧辊速度：

$$v_{R_1}=\frac{v_{h_1}}{1+S_{h_1}}=\frac{8.696}{1+0.033}=8.417\text{m/s}$$

第 2 机架轧件出口速度：

$$v_{h_2}=\frac{v_{h_5}h_5}{h_2}=\frac{20\times0.7}{1.285}=10.895\text{m/s}$$

轧辊速度：

$$v_{R_2}=\frac{v_{h_2}}{1+S_{h_2}}=\frac{10.895}{1+0.024}=10.642\text{m/s}$$

第 3 机架轧件出口速度：

$$v_{h_3}=\frac{v_{h_5}h_5}{h_3}=\frac{20\times0.7}{0.96}=14.583\text{m/s}$$

轧辊速度：

$$v_{R_3}=\frac{v_{h_3}}{1+S_{h_3}}=\frac{14.583}{1+0.031}=14.143\text{m/s}$$

第 4 机架轧件出口速度：

$$v_{h_4}=\frac{v_{h_5}h_5}{h_4}=\frac{20\times0.7}{0.765}=18.301\text{m/s}$$

轧辊速度：

$$v_{R_4}=\frac{v_{h_4}}{1+S_{h_4}}=\frac{18.301}{1+0.030}=17.762\text{m/s}$$

第 5 机架轧件轧辊速度：

$$v_{R_5}=\frac{v_{h_5}}{1+S_{h_5}}=\frac{20}{1+0.016}=19.695\text{m/s}$$

所以，各机架轧制速度见表 7-42。

表 7-42 各机架轧制速度

机架号	1	2	3	4	5
出口速度/$m \cdot s^{-1}$	8.696	10.895	14.583	18.301	20
轧辊速度/$m \cdot s^{-1}$	8.418	10.642	14.143	17.762	19.695

c 张力制度

张力制度就是合理的选择轧制中各道次张力的数值。实际生产中若张力过大会把带钢拉断或产生拉伸变形，若张力过小则起不到应有作用。因此作用在带钢上的最大张应力应满足：

$$\sigma_{max}=\sigma_s \tag{7-108}$$

式中 σ_{max}——作用在带钢单位截面积上的最大张应力；

σ_s ——带钢的屈服极限。

冷连轧的特点之一是采用大张力轧制，一般单位张力 $q=(0.3\sim0.5)\sigma_s$，由于轧机不同、轧制道次不同、钢种不同、规格不同，张力变化范围较宽。后张力与前张力相比对减少单位轧制压力效果明显，足够大的后张力能使单位轧制压力降低35%，而前张力只能降低20%左右。

冷轧带钢张应力的分配原则见表7-43。

表7-43 冷轧带钢张应力的分配原则

带钢厚度/mm	0.3~1	1~2	2~4
单位张应力 σ_s	0.5~0.8	0.2~0.5	0.1~0.2

d 轧制压力

该车间采用斯通公式计算：

$$P=\bar{p}Bl'=(K-\bar{q})\frac{e^x-1}{x}Bl' \tag{7-109}$$

$$x=\frac{fl'}{\bar{h}}$$

式中 B——轧件宽度；

l' ——轧辊弹性压扁的变形区长度；

K——平面变形抗力；

$\bar{q}$ ——前后张力平均值，$\bar{q}=\frac{q_1+q_0}{2}$；

q_1 ——前张力；

q_0 ——后张力。

计算各个机架的轧制压力的步骤如下：

第1机架：

$$H=2\text{mm},\ h_1=1.61\text{mm},\ \Delta h_1=0.39\text{mm},\ \bar{h}_1=1.805\text{mm}$$

前面机架的总压下率：

$$\varepsilon_{H_1}=\frac{\Delta h_0}{H}=\frac{0}{2}=0$$

本机架的压下率：

$$\varepsilon_1=\frac{\Delta h_1}{H}=\frac{0.39}{2}=0.195$$

该机架后累计压下率的平均值：

$$\bar{\varepsilon}_1=\varepsilon_{H_1}+0.6\varepsilon_1(1-\varepsilon_1)=0+0.6\times0.195\times(1-0.195)=0.094$$

根据 $\bar{\varepsilon}_1$，由SPCC（含碳量小于0.08%）加工硬化曲线知，该道次的平均 $\sigma_{s1}=$ 365MPa，所以平面变形抗力为：

$$K_1=1.15\sigma_{s1}=1.15\times365=420\text{MPa}$$

本车间取前张力 q_1 为 $0.3\sigma_{s1}$，后张力 q_0 为 $0.5\sigma_{s2}$，故：

$$q_{11} = 0.3\,\sigma_{s1} = 110\text{MPa}\ ,\ q_{10} = 0.5\,\sigma_{s2} = 183\text{MPa}$$

$$K_1 - \bar{q}_1 = 274\text{MPa}$$

变形区长度：

$$l_1 = \sqrt{R\Delta h_1} = \sqrt{450 \times 0.39/2} = 9.368\text{mm}$$

计算 z 和 y：

$$z_1 = \frac{f_1 l_1}{\bar{h}_1} = \frac{0.08 \times 9.368}{1.795} = 0.415$$

轧辊弹性模量：$E = 220\text{GPa}$ ，泊松比：$\nu = 0.3$，

$$c_1 = \frac{4D_1(1-\nu^2)}{\pi E} = \frac{4 \times 450 \times (1-0.3^2)}{\pi \times 220} = 0.0024\text{mm/MPa}$$

$$y_1 = 2c_1 f_1(K_1 - \bar{q}_1)/\bar{h}_1 = 2 \times 0.0024 \times 0.08 \times 274/1.805 = 0.058$$

由 z^2 和 y 通过斯通图求出 $x_1 = 0.68$，

$$l_1' = \frac{x_1 \bar{h}_1}{f_1} = \frac{0.68 \times 1.805}{0.08} = 15.343\text{mm}$$

故：

$$P_1 = B l_1'(K_1 - \bar{q}_1)\frac{e^{x_1}-1}{x_1} = 1000 \times 15.343 \times 274 \times \frac{e^{0.68}-1}{0.68} = 6021\text{N}$$

第 2 机架：

$$h_1 = 1.61\text{mm}\ ,\ h_2 = 1.285\text{mm}\ ,\ \Delta h_2 = 0.325\text{mm}\ ,\ \bar{h}_2 = 1.4475\text{mm}$$

前面机架的总压下率：

$$\varepsilon_{H_2} = \frac{\Delta h_1}{H} = \frac{0.39}{2} = 0.195$$

该机架的压下率：

$$\varepsilon_2 = \frac{\Delta h_2}{h_1} = \frac{0.325}{1.61} = 0.202$$

该机架后累计压下率的平均值：

$$\bar{\varepsilon}_2 = \varepsilon_{H_2} + 0.6\varepsilon_2(1-\varepsilon_2) = 0.195 + 0.6 \times 0.202 \times (1-0.202) = 0.292$$

根据 $\bar{\varepsilon}_2$ ，由 SPCC（含碳量小于 0.08%）加工硬化曲线知，该道次之平均 $\sigma_{s2} = 539\text{MPa}$ ，所以平面变形抗力为：

$$K_2 = 1.15\,\sigma_{s2} = 1.15 \times 539 = 620\text{MPa}$$

本车间取前张力 q_1 为 $0.5\,\sigma_{s1}$，后张力 q_0 为 $0.5\,\sigma_{s2}$ ，故：

$$q_{21} = 0.5\,\sigma_{s1} = 183\text{MPa},\ q_{20} = 0.5\,\sigma_{s2} = 270\text{MPa}$$

$$K_2 - \bar{q}_2 = 394\text{MPa}$$

变形区长度：

$$l_2 = \sqrt{R\Delta h_2} = \sqrt{435 \times 0.325/2} = 8.4078\text{mm}$$

计算 z 和 y：

$$z_2 = \frac{f_2 l_2}{\bar{h}_2} = \frac{0.05 \times 8.408}{1.4475} = 0.290$$

轧辊弹性模量：$E = 220\text{GPa}$，泊松比：$\nu = 0.3$，

$$c_2 = \frac{4D_2(1-\nu^2)}{\pi E} = \frac{4 \times 435 \times (1-0.3^2)}{\pi \times 220} = 0.0023\text{mm/MPa}$$

$$y_2 = 2c_2 f_2(K_2 - \bar{q}_2)/\bar{h}_2 = 2 \times 0.0023 \times 0.05 \times 394/1.4475 = 0.062$$

由 z^2 和 y 通过斯通图求出 $x_2 = 0.585$，

$$l'_2 = \frac{x_2 \bar{h}_2}{f_2} = \frac{0.585 \times 1.4475}{0.05} = 16.936\text{mm}$$

故：

$$P_2 = Bl'_2(K_2 - \bar{q}_2)\frac{e^{x_2}-1}{x_2} = 1000 \times 16.936 \times 394 \times \frac{e^{0.585}-1}{0.585} = 9068\text{kN}$$

第3机架：

$$h_2 = 1.285\text{mm},\ h_3 = 0.96\text{mm},\ \Delta h_3 = 0.325\text{mm},\ \bar{h}_3 = 1.1225\text{mm}$$

前面机架的总压下率：

$$\varepsilon_{H_3} = \frac{\Delta h_1 + \Delta h_2}{H} = \frac{0.39 + 0.325}{2} = 0.3575$$

该机架的压下率：

$$\varepsilon_3 = \frac{\Delta h_3}{h_2} = \frac{0.325}{1.285} = 0.253$$

该机架后累计压下率的平均值：

$$\bar{\varepsilon}_3 = \varepsilon_{H_3} + 0.6\varepsilon_3(1-\varepsilon_3) = 0.3575 + 0.6 \times 0.253 \times (1-0.253) = 0.471$$

根据 $\bar{\varepsilon}_3$，由 SPCC（含碳量小于 0.08%）加工硬化曲线知，该道次之平均 $\sigma_{s3} = 617\text{MPa}$，所以平面变形抗力为：

$$K_3 = 1.15\sigma_{s3} = 1.15 \times 617 = 710\text{MPa}$$

本车间取前张力 q_1 为 $0.5\sigma_{s2}$，后张力 q_0 为 $0.5\sigma_{s3}$，故：

$$q_{31} = 0.5\sigma_{s2} = 270\text{MPa},\ q_{30} = 0.5\sigma_{s3} = 309\text{MPa}$$

$$K_3 - \bar{q}_3 = 421\text{MPa}$$

变形区长度：

$$l_3 = \sqrt{R\Delta h_3} = \sqrt{420 \times 0.325/2} = 8.216\text{mm}$$

计算 z 和 y：

$$z_3 = \frac{f_3 l_3}{\bar{h}_3} = \frac{0.05 \times 8.216}{1.1225} = 0.368$$

轧辊弹性模量：$E = 220\text{GPa}$，泊松比：$\nu = 0.3$，

$$c_3 = \frac{4D_3(1-\nu^2)}{\pi E} = \frac{4 \times 420 \times (1-0.3^2)}{\pi \times 220} = 0.0022\text{mm/MPa}$$

$$y_3 = 2c_3 f_3(K_3 - \bar{q}_3)/\bar{h}_3 = 2 \times 0.0022 \times 0.05 \times 421/1.1225 = 0.083$$

由 z^2 和 y 通过斯通图求出 $x_3 = 0.65$，

$$l_3' = \frac{x_3 \bar{h}_3}{f_3} = \frac{0.65 \times 1.1225}{0.05} = 14.593\text{mm}$$

故：

$$P_3 = B l_3'(K_3 - \bar{q}_3) \frac{e^{x_3} - 1}{x_3} = 1000 \times 14.593 \times 421 \times \frac{e^{0.65} - 1}{0.65} = 8653\text{kN}$$

第 4 机架：

$$h_3 = 0.96\text{mm}, h_4 = 0.765\text{mm}, \Delta h_4 = 0.195\text{mm}, \bar{h}_4 = 0.8625\text{mm}$$

前面机架的总压下率：

$$\varepsilon_{H_4} = \frac{\Delta h_1 + \Delta h_2 + \Delta h_3}{H} = \frac{0.39 + 0.325 + 0.325}{2} = 0.52$$

本机架的压下率：

$$\varepsilon_4 = \frac{\Delta h_4}{h_3} = \frac{0.195}{0.96} = 0.203$$

该机架后累计压下率的平均值：

$$\bar{\varepsilon}_4 = \varepsilon_{H_4} + 0.6\varepsilon_4(1 - \varepsilon_4) = 0.52 + 0.6 \times 0.203 \times (1 - 0.203) = 0.617$$

根据 $\bar{\varepsilon}_4$，由 SPCC（含碳量小于 0.08%）加工硬化曲线知，该道次之平均 $\sigma_{s4} = 652\text{MPa}$，所以平面变形抗力为：

$$K_4 = 1.15\sigma_{s4} = 1.15 \times 652 = 750\text{MPa}$$

本车间取前张力 q_1 为 $0.5\sigma_{s3}$，后张力 q_0 为 $0.5\sigma_{s4}$，故：

$$q_{41} = 0.5\sigma_{s3} = 309\text{MPa}, q_{40} = 0.5\sigma_{s4} = 326\text{MPa}$$

$$K_4 - \bar{q}_4 = 433\text{MPa}$$

变形区长度：

$$l_4 = \sqrt{R\Delta h_4} = \sqrt{405 \times 0.195/2} = 6.284\text{mm}$$

计算 z 和 y：

$$z_4 = \frac{f_4 l_4}{\bar{h}_4} = \frac{0.05 \times 6.284}{0.8625} = 0.364$$

轧辊弹性模量：$E = 220\text{GPa}$，泊松比：$\nu = 0.3$，

$$c_4 = \frac{4D_4(1 - \nu^2)}{\pi E} = \frac{4 \times 405 \times (1 - 0.3^2)}{\pi \times 220} = 0.0021\text{mm/MPa}$$

$$y_4 = 2c_4 f_4(K_4 - \bar{q}_4)/\bar{h}_4 = 2 \times 0.0021 \times 0.05 \times 433/0.8625 = 0.107$$

由 z^2 和 y 通过斯通图求出 $x_4 = 0.68$，

$$l_4' = \frac{x_4 \bar{h}_4}{f_4} = \frac{0.68 \times 0.8625}{0.05} = 11.73\text{mm}$$

故：

$$P_4 = B l_4'(K_4 - \bar{q}_4) \frac{e^{x_4} - 1}{x_4} = 1000 \times 11.73 \times 433 \times \frac{e^{0.68} - 1}{0.68} = 7274\text{kN}$$

第5机架：

$$h_4 = 0.765\text{mm}\ ,\ h_5 = 0.7\text{mm}\ ,\ \Delta h_5 = 0.065\text{mm}\ ,\ \bar{h}_5 = 0.7325\text{mm}$$

前面机架的总压下率：

$$\varepsilon_{H_5} = \frac{\Delta h_1 + \Delta h_2 + \Delta h_3 + \Delta h_4}{H} = \frac{0.39 + 0.325 + 0.325 + 0.065}{2} = 0.6175$$

本机架的压下率：

$$\varepsilon_5 = \frac{\Delta h_5}{h_4} = \frac{0.065}{0.765} = 0.085$$

该机架后累计压下率的平均值：

$$\bar{\varepsilon}_4 = \varepsilon_{H_4} + 0.6\varepsilon_4(1 - \varepsilon_4) = 0.6175 + 0.6 \times 0.085 \times (1 - 0.085) = 0.644$$

根据 $\bar{\varepsilon}_4$，由 SPCC（含碳量小于 0.08%）加工硬化曲线知，该道次之平均 σ_{s5} = 678MPa，所以平面变形抗力为：

$$K_5 = 1.15\sigma_{s5} = 1.15 \times 678 = 750\text{MPa}$$

本车间取前张力 q_1 为 $0.5\sigma_{s4}$，后张力 q_0 为 $0.5\sigma_{s5}$，故：

$$q_{51} = 0.5\sigma_{s4} = 326\text{MPa},\ q_{50} = 0.5\sigma_{s5} = 339\text{MPa}$$

$$K_5 - \bar{q}_5 = 447\text{MPa}$$

变形区长度：

$$l_5 = \sqrt{R\Delta h_5} = \sqrt{390 \times 0.065/2} = 3.560\text{mm}$$

计算 z 和 y：

$$z_5 = \frac{f_5 l_5}{\bar{h}_5} = \frac{0.05 \times 5.408}{0.7325} = 0.243$$

轧辊弹性模量：$E = 220\text{GPa}$，泊松比：$\nu = 0.3$，

$$c_5 = \frac{4D_5(1 - \nu^2)}{\pi E} = \frac{4 \times 390 \times (1 - 0.3^2)}{\pi \times 220} = 0.0021\text{mm/MPa}$$

$$y_5 = 2c_5 f_5(K_5 - \bar{q}_5)/\bar{h}_5 = 2 \times 0.0021 \times 0.05 \times 447/0.7325 = 0.126$$

由 z^2 和 y 通过斯通图求出 $x_5 = 0.59$，

$$l'_5 = \frac{x_5 \bar{h}_5}{f_5} = \frac{0.59 \times 0.7325}{0.05} = 8.644\text{mm}$$

故：

$$P_5 = Bl'_5(K_5 - \bar{q}_5)\frac{e^{x5} - 1}{x_5} = 1000 \times 8.644 \times 447 \times \frac{e^{0.59} - 1}{0.59} = 5265\text{kN}$$

所以，各机架轧制压力见表 7-44。

表 7-44 各机架轧制压力

机架号	1	2	3	4	5
P/kN	6021	9068	8653	7274	5265

e 压下规程

该车间压下规程见表 7-45。

表 7-45 车间压下规程

机架号	h_i /mm	Δh_i /mm	ε	出口速度 /m·s^{-1}	轧速 /m·s^{-1}	前张力 /MPa	后张力 /MPa	轧制力 /kN
1	1.61	0.39	0.195	8.696	8.417	110	183	6019
2	1.285	0.325	0.202	10.895	10.641	183	270	9066
3	0.96	0.325	0.252	14.583	14.143	270	309	8651
4	0.765	0.195	0.203	18.301	17.762	309	326	7268
5	0.7	0.065	0.085	20	19.695	326	339	5270

f 咬入角校核

轧机要能够顺利进行轧制，必须保证咬入符合轧制规律，所以要对咬入条件进行校核。接下来，以第一机架为例，进行咬入能力的校核。

摩擦角：

$$\beta_1 = \tan^{-1} f_1 = \tan^{-1} 0.08 = 4.574°$$

咬入角：

$$\alpha_1 = \cos^{-1}(1 - \Delta h_1 / D_1) = \cos^{-1}(1 - 0.39/450) = 2.386°$$

同理，计算出其余机架的咬入角和摩擦角，见表 7-46。

表 7-46 机架的咬入角和摩擦角

机架号	1	2	3	4	5
α/(°)	2.386	2.215	2.254	1.778	1.046
β/(°)	4.574	2.862	2.862	2.862	2.862

由表可知，$\alpha \leqslant \beta$，所以可以实现咬入。

7.3.3.3 管材轧制工艺参数

A 典型产品轧制表的计算

a 成品管热尺寸

成品公差：$D^{+1.5\%}_{-1.5\%}$，$S^{+10\%}_{-10\%}$；

外径： $D_c = D_G(1 + \alpha t) = 165 \times (1.01 \sim 1.013) = 166.65\text{mm}$

壁厚： $S_c = S_G(1 + \alpha t) = 12 \times (1.01 \sim 1.013) = 12.12\text{mm}$

内径： $d_c = D_c - 2S_c = 166.65 - 2 \times 12.12 = 142.41\text{mm}$

式中 D_G，S_G——成品管相应的外径和壁厚；

α——热膨胀系数，$(1+\alpha t)$ 的值与金属的终轧温度有关，一般取 1.01 ~ 1.013。

b 定径机轧制表编制

定径工序的任务仅在于获得具有所要求精度和真圆度的成品管。因此，定径机（纵轧）的工作机架较少，一般为 3~12 架，总减径率和单机减径率都比较小，且孔型椭圆度小，壁厚保持不变。

(1) 确定定径前的钢管的尺寸：

由定径出来的钢管外径 D_d 和壁厚 S_d 是成品管的热尺寸。

钢管外径： $D_d = D_c = 166.65\text{mm}$

轧后壁厚： $S_d = S_c = 12.12\text{mm}$

钢管内径： $d_d = D_d - 2S_d = 166.65 - 2 \times 12.12 = 142.41\text{mm}$

定径前的钢管直径 D_j：

$$D_j = D_d + \Delta D_d = D_d + \left(1 + \frac{D_d}{7\sqrt{S_d}}\right) = 166.65 + \left(1 + \frac{166.65}{7\sqrt{12.12}}\right) = 174.49\text{mm}$$

定径前的钢管壁厚 S_j：

$$S_j = S_d = S_z = 12.12\text{mm}$$

定径前的钢管内径 d_j：

$$d_j = D_j - 2S_j = 174.49 - 2 \times 12.12 = 150.25\text{mm}$$

（2）计算各架上钢管的外径及内径：

减径量： $\Delta D_j = D_j - D_d = 174.49 - 166.65 = 7.84\text{mm}$

减径率： $\varepsilon_j = \Delta D_j / D_j = 7.84/174.49 = 4.5\%$

延伸系数： $\mu_d = \dfrac{(D_j - S_j)S_j}{(D_d - S_d)S_d} = \dfrac{(174.49 - 12.12) \times 12.12}{(166.65 - 12.12) \times 12.12} = 1.05$

减径率分配：

无张力定减径机上除第一架和最后两架外，变形量采用均分法，即第一架考虑来料外径的波动和咬入的方便，取平均减径率的一半。

为保证获得圆形成品，成品前架的减径率也取平均值的一半，成品架不给减径率；其他各架均取平均减径率的值。由上可得，无张力定减径时：

$$D_d/D_j = 166.65/174.49 = 0.955$$

则 $1 - \varepsilon_{D\Sigma} = (1 - \varepsilon_D)^{n-2} = D_d/D_j = 0.955$

推出 $\varepsilon_{D\Sigma} = 4.5\%,\ n = 5,\ \varepsilon_D = 1.52\%$

$$\bar{\varepsilon}_D = (1 - \sqrt[n-2]{D_d/D_j}) \times 100\% = (1 - \sqrt[3]{166.65/174.49}) \times 100\% = 1.52\%$$

$$\overline{D}_1 = D_j(1 - 0.5\bar{\varepsilon}_D) \approx D_j(1 - \bar{\varepsilon}_D)^{0.5} = 173.16\text{mm}$$

$$\overline{D}_2 = D_1(1 - \bar{\varepsilon}_D) \approx D_j(1 - \bar{\varepsilon}_D)^{1.5} = 170.53\text{mm}$$

$$\overline{D}_3 = D_2(1 - \bar{\varepsilon}_D) \approx D_j(1 - \bar{\varepsilon}_D)^{2.5} = 167.93\text{mm}$$

$$\overline{D}_4 = D_3(1 - 0.5\varepsilon_D) \approx D_3(1 - \varepsilon_D)^{0.5} = D_j(1 - \bar{\varepsilon}_D)^3 = 166.65\text{mm}$$

$$\overline{D}_5 = D_4 = D_j(1 - \bar{\varepsilon}_D)^3 = 166.65\text{mm}$$

定径时钢管壁厚视为不变，故壁厚仍为 12.12mm。

（3）孔型设计：

定径机为单独驱动的二辊式连轧机，工作机架与地面呈 45°布置，相邻机架呈 90°布置。轧制时，轧件在孔型高度方向受到压缩，而在孔型宽度方向有宽展。

i 架的压下量为前一架孔型宽减去该架孔型高，i 架宽展量为该架孔型宽减去前一架孔型高。

定径机轧辊尺寸和设计数据：

辊身直径： $D_\sigma = D_{\text{pmax}} + (240 \sim 300)\text{mm} = 180 + 280 = 460\text{mm}$

式中 D_{pmax}——穿孔机可穿出最大管径。

辊身长度： $l_\sigma = D_{pmax} + (80 \sim 150)mm = 180 + 120 = 300mm$

轧辊之间距离：根据实际资料 $\Delta = 3 \sim 5mm$，在本设计中取 4mm。

孔型半径： $r_n = \overline{D}_n / 2$

所以各道孔型的半径依次为：

$$r_1 = \overline{D}_1/2 = 173.16/2 = 86.58mm$$

$$r_2 = \overline{D}_2/2 = 170.53/2 = 85.27mm$$

$$r_3 = \overline{D}_3/2 = 167.93/2 = 83.97mm$$

$$r_4 = \overline{D}_4/2 = 166.65/2 = 83.33mm$$

$$r_5 = r_4 = 83.33mm$$

椭圆孔型中的偏心： $e_n = \dfrac{r_n}{2}(\theta^2 - 1)$

式中 θ——孔型椭圆度系数，$\theta = 1.05 \sim 1.10$，在本设计中，取 $\theta = 1.08$。

故各孔型的椭圆孔型中的偏心值为：

$$e_1 = \frac{r_1}{2}(\theta^2 - 1) = (86.58/2)(1.08^2 - 1) = 7.20mm$$

同理可得 $e_2 = 7.31mm$，$e_3 = 7.43mm$，$e_4 = 7.374mm$，$e_5 = e_4 = 7.37mm$。

定径机轧制表见表 7-47。

表 7-47 定径机轧制表

机架数	外径/mm	内径/mm	厚度/mm	延伸系数	偏心距/mm	各孔型半径/mm
1	173.16	148.92	12.12	1.00826	7.2	86.58
2	170.53	146.29	12.12	1.016602	7.31	85.27
3	167.93	143.69	12.12	1.016687	7.43	83.97
4	166.65	142.41	12.12	1.008283	7.37	83.33
5	166.65	142.41	12.12	1	7.37	83.33

c 均整机轧制表编制

均整机通过少量的变形改善钢管质量，可采用二辊斜轧机，轧辊选用圆柱形的，采用两台均整机。均整机轧制分表的主要内容是均整前后钢管尺寸、顶头尺寸和调整参数。均整过程为斜轧钢管过程，钢管在均整机上的主要变形是扩径变形，通过少量减壁和长度缩短来增加直径。

(1) 确定均整前钢管尺寸：

均整后钢管尺寸为定径机入口钢管尺寸，即

$$D_j = 174.49mm, S_j = 12.12mm, d_j = 150.25mm$$

均整前的钢管尺寸与均整变形量有关，二辊均整机扩径量有经验式：

$$\Delta D_j = \frac{D_j}{7\sqrt{S_j}} \tag{7-110}$$

从而均整机入口钢管尺寸为：

$$\text{外径}\ D_z = a = D_j - \Delta D_j = D_j\left(1 - \frac{1}{7\sqrt{S_j}}\right) = 174.49\left(1 - \frac{1}{7\sqrt{12.12}}\right) = 167.33\text{mm}$$

根据现场孔型，取168mm。

二辊均整机的减壁量一般为0.2~0.5mm，取 $S_z = 12.32$mm：

$$\text{内径}\ d_z = a - 2S_z = 168 - 2 \times 12.32 = 143.36\text{mm}$$

均整机的延伸系数为：

$$\mu_j = \frac{(D_z - S_z)S_z}{(D_j - S_j)S_j} = \frac{(168 - 12.32) \times 12.32}{(174.49 - 12.12) \times 12.12} = 0.975$$

（2）轧辊及顶头尺寸：

1）轧辊：

均整机的辊径 D 和辊身长 L 按经验公式确定：

250中型机组 $D = (3 \sim 4)D_j = 697.96$mm

辊身长 $L = (0.8 \sim 0.9)D = 558.37$mm

轧辊圆柱部分长度 $L_2 = (0.3 \sim 0.4)L = 167.51$mm

轧辊进口部分长度 $L_1 = (0.32 \sim 0.35)L = 178.68$mm

轧辊出口部分长度 $L_3 = L - (L_1 + L_2) = 212.18$mm

入口部分半径 $R_1 = (0.7 \sim 0.75)L = 390.86$mm

出口部分半径 $R_2 = (0.3 \sim 0.4)L = 167.51$mm

2）顶头：

顶头工作直径 $\delta_j = 150.25$mm

长度 $l_0 = (1.8 \sim 2.2)\delta_j = 300.5$mm

圆柱形工作部分长度 $l_2 = (0.8 \sim 1.0)\delta_j = 120.2$mm

入口部分长度 $l_1 = (0.4 \sim 0.45)l_0 = 120.2$mm

出口部分长度 $l_3 = (0.15 \sim 0.2)l_0 = 45.075$mm

入口部分圆角半径 $r_1 = (1.0 \sim 2.0)\delta_j = 150.25$mm

出口部分圆角半径 $r_3 = (0.5 \sim 1.5)\delta_j = 75.125$mm

轧辊间距和导板距 $B_j = 2S_j + \delta_j = 174.49$mm，$L_j = 2D_j - B_j = 174.49$mm

顶杆直径 $D_{jr} = \delta_j - 10\text{mm} = 140.25$mm

均整机轧制表见表7-48。

表7-48 均整机轧制表 (mm)

钢管尺寸		调整参数		顶头直径 δ_j	顶杆直径 D_{jr}	延伸系数/%
外径 D_z	壁厚 S_z	辊间距 B_j	导板距 L_j			
168	12.32	174.49	174.49	150.25	140.25	0.975

d 自动轧管机轧制表编制

选用两台轧管机，串列布置，在每台轧机上只轧一个道次。串列布置的轧管机有较高的机械化水平和较好的产品质量。机架是单孔槽的，毛管在第一台轧机上轧制，接着进入第二台轧机，在机架之间的运行过程中，毛管翻转90°。这种轧机不设轧辊升降装置和钢管返送辊，因此结构简单，生产效率高。单机架轧管机有单孔槽和多空槽之分。单孔槽轧机牌坊的主立柱受力均匀，产品质量好，可实现更换顶头机械化，机架轻。

自动轧管机一般轧二道，但每道的孔型是一样的，顶头直径则不等。

（1）钢管尺寸计算：

荒管直径等于入均整机的钢管直径，即

$$D_z = a = 167.33\text{mm}$$

根据现场孔型，取 168mm，

$$d_z = 143.36\text{mm}$$

第二道顶头直径等于荒管内径 D_{tz2}：

$$D_{tz2} = d_z = 143.36\text{mm}$$

第一道顶头直径 D_{tz1}（第二道顶头直径通常比第一道顶头直径大 0~2mm）：

$$D_{tz1} = D_{tz2} - (0 \sim 2) = 143.76 - 1 = 142.36\text{mm}$$

轧管机的总减壁量一般在 2.8~5.5mm，轧出荒管壁越厚，壁厚压下量越大，经验式为：

$$\Delta S_z = 2\sqrt[3]{S_z} \tag{7-111}$$

因而入口钢管的壁厚为：

$$S_m = S_z + \Delta S_z = S_z + 2\sqrt[3]{S_z} = 12.32 + 2 \times \sqrt[3]{12.32} = 16.94\text{mm}$$

入轧管机钢管的内径比第一道顶头直径大，其值范围为 2~6mm，经验式为：

$$\Delta = 0.58(\sqrt[3]{d_{z1}} + \sqrt[3]{S_z}) \tag{7-112}$$

因而

$$\begin{aligned} d_m &= D_{tz1} + \Delta_m = D_{tz1} + 0.58(\sqrt[3]{D_{tz1}} + \sqrt[3]{S_z}) \\ &= 142.36 + 0.58 \times (\sqrt[3]{142.36} + \sqrt[3]{12.32}) = 146.73\text{mm} \end{aligned}$$

$$D_m = d_m + 2S_m = 146.73 + 2 \times 16.94 = 180.58\text{mm}$$

第一道轧后壁厚 S_{z1}：

$$S_{z1} = 0.5(D_z - D_{tz1}) = 0.5 \times (167.33 - 142.36) = 12.49\text{mm}$$

轧管机的延伸系数为：

$$\mu_z = \frac{(D_m - S_m)S_m}{(D_z - S_z)S_z} = \frac{(180.58 - 16.94) \times 16.94}{(168 - 12.32) \times 12.32} = 1.45$$

第一道延伸系数：

$$\mu_{z1} = \frac{(D_m - S_m)S_m}{(D_{z1} - S_{z1})S_{z1}} = \frac{(180.58 - 16.94) \times 16.94}{(142.36 - 12.49) \times 12.49} = 1.33$$

第二道延伸系数：

$$\mu_{z2} = \frac{(D_{z1} - S_{z1})S_{z1}}{(D_z - S_z)S_z} = \frac{(142.36 - 12.49) \times 12.49}{(167.33 - 12.32) \times 12.32} = 1.09$$

（2）轧辊尺寸设计：

工作辊名义直径：

$$D_0 = K_D \times D_Z \tag{7-113}$$

式中 D_Z——轧后荒管直径，以最大值 180mm 代入；

K_D——系数，K_D对于中型机组3~4，此处取4。

则 $D_0=720$mm。

轧辊之间间隙 $\Delta=3\sim10$mm，本设计中取 $\Delta=7$mm，故

$$D_1=D_0+\Delta=720+7=727\text{mm}$$

孔型顶部的轧辊直径 $D_a=D_1-a$

式中 a——自动轧辊机上孔型高度，等于轧后钢管外径，本设计中 $a=167.33$mm。

故 $D_a=D_1-a=727-167.33=559.67\text{mm}$

单槽轧辊辊身长 $L_0=D_r+(160-200)=167.33+181.67=349\text{mm}$

轧辊凸缘宽度：边部凸缘宽度取100mm，孔型之间凸缘宽度取50mm。

（3）工作辊孔型尺寸：

孔型半径 $r_z=0.5D_r=0.5\times167.33=83.67\text{mm}$

孔型宽度 b：一般略大于来料钢管外径，即 $b=\theta\times a$，$\theta=1.05\sim1.15$，本设计中取 $\theta=1.10$，故

$$b=\theta\times a=1.10\times167.33=184.06\text{mm}$$

孔型侧壁半径 $\rho=(1.3\sim1.8)r_z=1.5\times83.67=125.51\text{mm}$

孔型侧壁角 $\alpha=30°$

轧辊间隙 $\Delta=4$mm

（4）顶头尺寸设计：

顶杆直径 $D_{cr}=\delta_{z1}-10=143.36-10=133.36\text{mm}$

自动轧管机轧制表见表7-49。

表7-49 自动轧管机轧制表

钢管尺寸/mm			顶头直径/mm		延伸系数		
外径	内径	厚度	一道	二道	一道	二道	总计
167.3	143.4	12.32	142.4	143	1.33	1.09	1.45

e 穿孔机轧制表编制

（1）钢管和坯料尺寸确定：

当只有一次穿孔时，穿孔后钢管尺寸等于进入轧管机的钢管尺寸，即毛管尺寸为进入轧管机的钢管尺寸：

$$S_m=16.94\text{mm},\ d_m=146.73\text{mm},\ D_m=180.58\text{mm}$$

顶头直径

$$D_t=d_m-\frac{D_m}{5\sqrt{S_m}}=147.73-\frac{180.58}{5\sqrt{16.94}}=138.96\text{mm}$$

管坯直径

$$D_p=D_m-\frac{D_m}{10\sqrt{S_m}}=180.58-\frac{180.58}{10\sqrt{16.94}}=176.19\text{mm}$$

按现有管坯规格取 $\phi177$mm。

管坯长度根据体积不变原理进行计算：

$$L_p=\frac{\pi(L_G+\Delta L)(D_G-S_G)S_G}{K_{sh}F_p}=\frac{\pi(8000+450)(165-12)\times 12}{0.978\times\pi/4\times 177^2}=1981\text{mm}$$

式中 L_p——管坯长度，mm；

L_G——成品管长度，mm；

D_G——成品管外径，mm；

S_G——成品管壁厚，mm；

ΔL——切头切尾长度，mm；

K_{sh}——烧损系数；

F_p——管坯横断面积，mm^2。

穿孔机的延伸系数：

$$\mu_{ck}=\frac{D_p^2}{4(D_m-S_m)S_m}=\frac{177^2}{4\times(180.58-16.94)\times 16.94}=2.83$$

（2）穿孔机尺寸选择与计算：

$$D_g=i\times D_{pmax}=(6\sim 7.5)D_{pmax}$$

对180机组 $D_{pmax}=180$mm，则 $D_g=6\times180=1080$mm。

$\beta_1=3°$，$\beta_2=3.5°$，$\Delta D_{pmax}=30$mm，$(\Delta D_K+\Delta D_p)_{max}=40$mm。

$$L_1=\frac{\Delta D_{pmax}}{2tg\beta_1}+R_1$$

$$L_2=\frac{(\Delta D_K+\Delta D_p)_{max}}{2\tan\beta_2}+R_2$$

$$L=L_1+L_2+L_3+R_1+R_2$$

参考宝钢资料，取 $R_1=R_2=25$mm；L_3为压缩带宽度，取 $L_3=30$mm。

计算得 $L_1=312$mm，$L_2=352.0$mm，$L=734$mm。

辊颈直径 $d=(0.5\sim0.55)D$，取 $d=540$mm。

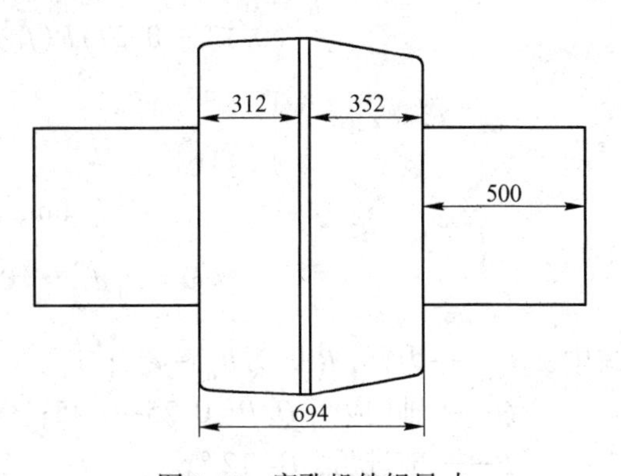

图7-57 穿孔机轧辊尺寸

辊颈长度 $l=(0.8\sim1.0)d$，取 $l=500$mm。

穿孔机轧辊尺寸如图7-57所示。

总延伸系数

$$\mu_\Sigma=\frac{D_p^2}{4(D_d-S_d)S_d}=\frac{177^2}{4\times(166.65-12.12)\times 12.12}=4.18$$

自动轧管机轧制表见表7-50。

表7-50 自动轧管机轧制表

管坯/mm		毛管/mm			延伸系数	轧辊间距/mm	导板间距/mm
直径 D_p	长度 L_p	外径	内径	壁厚			
177	2450	180.58	146.73	16.94	2.83	153.49	165.49

B 力能参数计算及咬入条件校核

(1) 轧制压力:

轧制压力可由下式计算

$$P = P_c F \tag{7-114}$$

式中 P_c——平均单位压力, MPa;

F——金属与轧辊的接触面积, mm^2。

根据统计资料, 对中小型轧机有以下经验公式:

$$F = 54D_p \ mm^2 \tag{7-115}$$

式中 D_p——坯料直径。

平均单位压力: 碳钢 70~120MPa, 合金钢 90~150MPa, 不锈钢 140~180MPa。

则 $$P = 100 \times 54 \times 177 = 955.8kN$$

(2) 轧制力矩:

轧制力矩可由下式计算:

$$M = 0.002\left[P(e + \tan\varphi \cdot R_x\cos\beta) + \left(\frac{Q}{2} + E\right)\sin\beta \cdot R_x + \frac{R_x}{R_n}(0.13 - 0.27)P\left(f_L\cos\beta \cdot \frac{L}{2} - e'\right)\right] \tag{7-116}$$

$$e = \psi b_c$$

$$\tan\varphi = e/R_n$$

$$E = P_L f_L = (0.13 \sim 0.27)Pf_L$$

式中 R_x——力臂, $R_x = \sqrt{R_n^2 - e^2}$;

Q——轴向力, $Q/P = 0.25 \sim 0.45$;

β——前进角, $\beta = 12°$;

R_n——压缩带处轧辊半径, mm;

L——压缩带处导板间距;

e'——力臂, 可取 $b/8$;

ψ——沿接触弧上合力作用点位置, 一般取 0.4~0.45;

b_c——接触面积的平均宽度, $b_c/b = 0.25 \sim 0.35$, 其中 b 为轧辊间距;

f_L——轧件和导板间的摩擦系数, 取 0.5;

P_L——垂直的导板力。

计算轧辊间距 $b = D_m - \Delta h$, $\Delta h/D_m = 12\% \sim 16\%$

推出 $b = 153.49$mm, $e = 0.4 \times 0.3 \times 153.49 = 18.42$mm。

导板间距:

$$L = b\left(1 + 0.75 \times \frac{D_p - b}{D_p} \times \frac{D_t}{D_p}\right) = 153.49 \times \left(1 + 0.75 \times \frac{177 - 153.49}{177} \times \frac{138.96}{177}\right) = 165.49\text{mm}$$

$$e' = b/8 = 19.19\text{mm}$$

$$E = 0.2 \times 0.5 \times 955.8 = 95.58\text{kN}$$

$$R_n = D_g/2 = 6D_p/2 = 531\text{mm}$$

$$R_x = \sqrt{R_n^2 - e^2} = 530.65\text{mm}$$

$$\tan\varphi = e/R_n = 0.04$$

$$Q = 0.4P = 382.32\text{kN}$$

得到轧制力矩为： $M = 132.51\text{kN} \cdot \text{m}$

(3) 咬入条件的校核：

1) 一次咬入条件：

满足旋转条件，前进条件，一次咬入条件公式为：

$$f = \sqrt{\tan^2\beta_1 + \frac{\pi}{n}(1 + i)\tan\beta_1\tan\alpha} \tag{7-117}$$

$$i = D_p/D_g = 1/6$$

式中 f——咬入时金属与轧辊间的摩擦系数；

β_1——轧辊入口锥角，取3°；

n——轧辊数目；

α——送进角，5°~12°，暂取12°。

式（7-117）反映了一次咬入的综合情况，带入数值得f=0.21<0.3，实现一次咬入没有问题。

2) 二次咬入条件：

二次咬入是管坯受力分析，由于顶头参与变形，在旋转条件中比一次咬入时增加了一项克服顶头—顶杆系统的惯性阻力矩，但因其值很小，故基本上与一次咬入的旋转条件公式相同，因此，二次咬入的关键是前进角。

二次咬入条件为：

$$\varepsilon_{min} < \varepsilon_{dp} \tag{7-118}$$

式中 ε_{min}——顶头前最小压缩率；

ε_{dp}——顶头前压缩率，取6%。

根据文献资料介绍，ε_{min}值可根据经验公式确定：

$$\varepsilon_{min} = 0.01 \times \left[(100 - 0.17R_g)\frac{D_p{}^2 D_t}{(D_t + 2S_m)^3} + 0.087R_g - 36\right]\sqrt{\tan\beta_1} \tag{7-119}$$

式中 R_g——轧辊半径，取540mm；

S_m——毛管壁厚，取16.94mm；

D_t——穿孔顶头直径，取138.96mm；

β_1——轧辊入口锥锥角，取3°。

计算得：

$$\varepsilon_{min} = 0.01 \times \left[(100 - 0.17 \times 540) \times \frac{177^2 \times 138.96}{(138.96 + 2 \times 16.94)^3} + 0.087 \times 540 - 36\right]\sqrt{\tan 3^\circ}$$

$$= 4.10\% < 6\%$$

上式反映了二次咬入的综合情况，可以实现二次咬入。

7.4 轧制工艺的新进展

7.4.1 型材轧制工艺新进展

世界钢铁工业普遍实现连续、高速、自动化发展的今天，型材轧制新工艺也不断涌现。

连铸-连轧是发展的方向。尤其近几十年来高速无扭线材轧机的发展更可观。型钢的品种不断扩大和质量不断提高，而不可缺少相应的新技术作保证。新技术如下：

（1）为提高型钢生产率，保证质量和品种，所以不断提高自动化水平为实现型钢生产的高速化、连续化、自动化和多程化，从而为高产、优质、低消耗创造了条件。

（2）采用平-立和万能轧机机架，生产经济断面钢材（如 H 型钢），扩大品种，免轧件因扭转而产生表面缺陷，轧机广泛采用滚珠轴承和预应力机架及短应力线机架，提高轧件精度。

（3）在坯料检验上普遍采用磁力探伤法、涡流探伤法。它为连铸-连轧及无头轧制提供了有利条件。检验出的缺陷必须经过铲除、砂轮修磨或火焰清理等再进行轧制。如有不可清理的应报废。

（4）在加热炉方面的新技术，广泛采用步进式加热炉及连续式加热炉。以保证钢坯四面均匀加热，无划痕、少脱碳、产量高、燃料消耗低，能适应多钢种，操作方便。在控制方面，已利用电视及计算机来监视炉内情况，可自动调节炉温压，使加热质量不断提高。

（5）轧件的检测，随着轧制速度的提高，对轧件检测与控制的要求也更加严格。而现代化高速线材轧机中轧件通过两架轧机之间的时间仅为几分之一秒，在这样短的时间内要完成多种检测与控制，显然只有提高自动化水平才有可能。

（6）为了节省换辊时间，采取各种快速换辊和更换导卫措施，有利于多品种生产。例如，在粗轧和中间轧机机组上采用换辊小车或回转台等方式快速换辊，成品机组则采用整体机架更换方式来更换轧辊和导卫（如在小型、线材成品机架用短应力线轧机整体更换）。在各机组上还配备有油、冷却水、电、高压水等管线快速接脱的自动连接器，并设置轴承清洗和轧辊装配间对轧辊和导卫进行预装，大大节约换辊时间。

（7）轧制线上普通装有高压水除鳞设备，压力在 $9.8\times10^6\sim19.6\times10^6$MPa 左右，保证成品表面质量。在多线轧制的线材生产线上，中轧与精轧机架之间设有立活套或侧活套，用形成活套办法来补偿延伸之差。由于高速线材的轧制速度高，所以活套挑的电气-机械装置必须反应灵活，动作迅速，以便在极短的时间内形成正确的活套量。活套检测控制也采用光电扫描方法，即当轧件遮住扫描光电管时会发出与活套量有关的电信号，再通过电控信号使活套臂上、下或左右摆动，臂端的自由辊便可轻轻地顶起运动中的轧件而形成活套，然后根据管动偏转角，通过转换系统与调节装置作用到精轧机组的控制系统，改变轧机速度以保持前后轧机“同步”，并将活套控制在一定范围内，例如±0.5m 内。

（8）在线精整方面，为解决锯断及矫直能力不足，采用长尺冷却-长倍尺矫直技术，这样，减少矫直机咬入次数，矫直速度可提高到 8m/s。考虑短尺及其余轧件长度的切断作为补充，还有设置冷锯机的倾向，冷床则趋于步进式或链条运输式。此外，还采用悬臂式可变节距的辊式矫直机、自动打印机、自动堆垛装置及打捆机等。

(9) 大量采用计算机，对整个生产过程实现自动控制。如对加热炉从坯料装入到推出的空位控制；对加热炉燃烧控制及各种监视系统；对轧制自动程序控制（APC)；对轧机及其前后辊道正反运转和速度控制；对连轧机的张力自动控制（AMTC)；对测速装置，活套检测器、测压元件等自动检测各轧制参数直接用计算机控制；对剪切、冷却和精整等各个环节实行最佳控制和综合管理。

(10) 通过采用控制轧制和控制冷却新技术，大大提高钢材的综合力学性能和表面质量。

7.4.2 板带材轧制工艺新进展

7.4.2.1 热轧板带材轧制工艺新进展

热连轧带钢轧制工艺新进展主要有四方面：

(1) 薄板坯连铸直接轧制。采用连铸薄板坯，不经加热炉加热，只对温度较低的部位进行补偿加热，直接进精轧机连续轧制成热带钢，可以大幅度节能，简化工艺过程，缩短工艺流程。

(2) 自动化和计算机控制技术。热连轧带钢生产中采用的各种AGC系统和液压控制技术，各种板型控制技术，利用升速轧制和层流冷却控制钢板温度与性能等，使用了高度自动化技术和全面计算机控制技术。

(3) 保温技术。热连轧带钢经粗轧机轧制之后，在入精轧机前应使温降越小越好，以便于轧制薄规格产品。为使粗轧后带坯温降小，减小精轧机轧制时的头尾温差，采取如下措施：

1) 增加送入精轧机的坯料厚度，所以现代化的热连轧机机架数目有逐渐增多的趋势；

2) 尽量缩短轧制线，采取辊道保温措施；

3) 在粗、精轧机之间设热卷取箱，以保温、减少头尾温差及缩短轧制线。

(4) 板坯低温加热轧制技术。适当降低板坯的加热温度可以大幅度地节能，同时低温加热还可以减少烧损，提高钢材的表面质量、提高成材率。

热连轧带钢的生产规模不断扩大，轧制速度也在不断提高，目前可高达30m/s，卷重达45t，而产品规格在扩大，带钢厚度已到0.8~25mm。热连轧带钢的质量也在不断提高，尺寸公差在减小，轧制头尾温差、终轧温度偏差、卷取温度偏差都在减小。

7.4.2.2 冷轧板带材轧制工艺新进展

冷轧板带钢生产新技术有五方面：

(1) 全过程连续生产线。全过程连续生产线是将酸洗、冷轧、脱脂、退火、平整等生产过程全部实现连续化生产，这些工序全部串联起来，实现了整体全过程连续生产线。

(2) 新型辊系轧机。为提高冷轧板带的质量，保持良好的板型，出现许多新型辊系轧机。如MKW轧机、HC轧机、异步轧机、泰勒轧机、偏六辊轧机等。

(3) 机架冷连轧机。为使冷轧实现全连续轧制，采用5/6机架。即轧制线上安装六个机架，生产中使用五个机架。多出的一个轧机轮流替换其他轧机在轧制时交替进行换辊，生产操作不停止。

（4）辊型控制技术。为使冷轧带钢的板型好，必须要灵活地控制辊型。控制辊型的方法有液压弯辊、可变凸度轧辊、成对交叉轧辊、水平弯曲轧辊等。

（5）自动控制技术。冷轧板带轧机的自动化控制最为完善。弯辊力控制、数字速度调节系统、张力补偿系统、自动制动控制、自动厚度控制系统。在生产线上还有进出料自动控制、开卷和卷取控制等。

7.4.3 管材轧制工艺新进展

近年来，世界上新建无缝钢管生产机组主要为限动芯棒连轧管机（MPM）、Accu-Roll轧管机、CPE顶管机及新式Assel轧管机。其中限动芯棒连轧管机组在数量上最多，分布地域也更广。

7.4.3.1 少机架限动芯棒连轧管机组的发展

少机架限动芯棒连轧管机组（MINI-MPM）的发展是在连铸管坯质量提高、锥形辊穿孔技术取得重大进步的前提下实现的。MINI-MPM是在确保限动芯棒轧制优点的条件下，将通常采用的7~8架连轧管机减少2~3架。这一技术的基础是合理改变金属变形分配，也就是将连轧管机承担的纵向大延伸向横向变形的穿孔机上转移。

MINI-MPM限动芯棒连轧管机较典型的技术改进有：

（1）减少机架数量。机架数量的减少使得设备重量显著减少，电机容量减小，机组建设投资大幅降低。

（2）采用液压压下装置。采用液压压下可以实现辊缝的动态调整，提高了钢管尺寸精度，改善了表面质量。

（3）机架平立布置。将机架由45°倾斜交叉布置改为平立交叉布置，主传动电机等设备布置在机架同一侧，可以减少土建工程及管线敷设费用，使连轧机结构更为合理。

（4）采用快速换辊装置。在更换产品规格时，过去用轧辊和机架整体更换的办法，换辊时间长（约1.5h），备用机架多。采用新装置换辊时，只需更换轴承座和轧辊，而机架固定不动，更换全套轧辊只需15min，无需成套备用机架。

7.4.3.2 限动芯棒连轧管机的开发

三辊可调式限动芯棒连轧管机（PQF）是意大利INNSE公司为克服二辊连轧管机的固有局限性而研制开发的。PQF连轧管机由4~7架三辊可调式机架组成，所有机架均沿轴向布置在一个刚性圆筒中。机架的3个轧辊均为传动，采用限动芯棒方式轧制。其主要特点是：

（1）采用三辊孔型轧制。三辊孔型各点间线速度差小，金属横向流动少，变形更加均匀，改善了钢管表面质量，提高了壁厚精度；三辊封闭孔型轧制，使金属处于更高的压应力状态，减少了缺陷的产生，提高了轧制薄壁、高钢级钢管及难变形钢管的能力，轧制钢管的径壁比可达5∶8。三辊轧制使得单位轧制压力分布均匀，压力峰值低，提高了轧辊及芯棒寿命，同时也为控制轧制创造了条件；另外由于三辊轧制变形均匀，减少了荒管尾端鳍状的产生，提高了金属收得率及轧制流畅程度。

（2）辊缝可调。由于3个轧辊可同时或单独调整，允许有较大的辊缝开口调节范围，且不影响钢管壁厚的同心度，因此可以采用相同直径的芯棒来轧制更多厚度规格的钢管，减少了芯棒规格、穿孔毛管规格和顶头规格，使机组生产灵活性增加，不但可实现少规格、大批量生产，也适于多品种、多规格、小批量轧制。

(3) 轧辊均设有单独的液压压下装置，可以更加有效地使用自动控制模型，更加精确地控制钢管壁厚同心度，还可对进入张力减径机前的荒管两端适当轧薄，以减少张力减径机后钢管两端增厚带来的金属损失。

(4) 机架间距缩短，可减少芯棒长度和建设费用。三辊孔型轧制及机架的紧凑式设计，使得钢管沿横断面及全长方向上温度分布更加均匀，轧制过程温度损失更少，金属流动更稳定，便于实现在线常化、在线淬火等工艺。

7.4.3.3 半浮-脱棒技术的开发

连轧管机组按照芯棒从钢管中脱离方式的不同，分为浮动芯棒连轧管机组、限动芯棒连轧管机组和半浮动芯棒连轧管机组三种。浮动芯棒生产方式近年来基本不再应用，而限动芯棒方式由于生产时间长，生产小口径无缝钢管时产量偏低。因此主要应用于大中口径无缝钢管的生产。但由于限动芯棒连轧管机生产的钢管尺寸精度要高于半浮动芯棒，为保留限动芯棒轧制尺寸精度高的优点，同时解决其轧制小规格无缝钢管生产能力低的弱点，意大利 INNSE 公司开发出了“半浮、在线脱棒”技术，即在连轧管机轧制过程中芯棒保持限动状态，当轧制结束钢管尾部离开轧机末架机架后，芯棒停止运动（芯棒头部位于末架机架与脱管机之间)，钢管在脱管机内继续前进，最终与芯棒完全脱离，然后芯棒限动系统松开芯棒，芯棒前行并通过脱管机，在脱管机后台拨出轧制线并进入芯棒循环系统。显然，这种方式的轧制状态与限动芯棒连轧管机完全相同，但由于节省了芯棒回退时间，轧制周期大为缩短，使其生产能力达到半浮动芯棒的水平，而钢管尺寸精度则较半浮动芯棒要高。值得注意的是，半浮-在线脱棒技术只有在采用轧辊快开式脱管机才得以实现，因为只有脱管机轧辊在打开的状态下，芯棒才能顺利通过，否则会出现芯棒毁坏脱管机轧辊的现象。

7.4.3.4 MINI-MILL 轧管技术的开发

近年来，紧凑式轧机概念在轧钢各类型生产车间得到开发应用，无缝钢管生产亦不例外。除我国试验了穿轧组合生产技术外，SMS Meer 公司也开发出轧管机组的 MINI-MILL 概念型轧机（也称 3RCM 组合式轧管机)，均可实现在 1 个设备上完成 2 个工序的变形任务。两者的不同点只在于，我国开发的技术是在特殊形状顶头及轧辊组成的孔腔中，管坯一次变形即完成穿孔及轧管 2 个变形任务。而 SMS Meer 公司的技术则是首先管坯正向通过轧机完成穿孔，然后轧件反向运行，进入该轧机进行轧管，即仍维持 2 个变形道次。另外，德国 KOCKS 公司开发出另一种型式的紧凑式轧机。其特点是：轧管机采用新型四辊行星式轧管机（可轧出长达 50m 的荒管)，其后紧凑布置张力减径机及回转式飞锯。这种配置由于轧管机与张力减径机的轧制是连续进行的，该工艺生产线无需设置再加热设备。同时张力减径机轧出的超长钢管立即由飞锯定尺分段，无需设置大型宽冷床。另外轧管机轧出的荒管长度达 50m，使得钢管经张力减径机的端部增厚损失降至最小。显然，采用紧凑式轧管技术及设备可大幅度降低投资，特别适用于小型钢管企业的建设。

思 考 题

1. 在什么轧制条件下应考虑轧辊弹性压扁，为什么？
2. 简述三种宽展类型的特征，并说明如何控制各类型宽展量的大小。

3. 孔型轧制时，引起轧件不均匀变形的主要因素是什么？
4. 利用前滑公式和中性角公式来说明各因素对前滑的影响趋势。
5. 实际轧制中常见的是哪一种摩擦类型？
6. 对简单理想轧制过程，假定接触面全滑动并遵守库仑干摩擦定律，单位压力沿接触弧均匀分布、轧件无宽展，按变形区内水平力平衡条件导出中性角 γ 与咬入角 α 及摩擦角 β 的关系式 $\gamma = \frac{\alpha}{2}\left(1 - \frac{\alpha}{\beta}\right)$。
7. 金属材料的实际变形抗力由哪几部分组成？
8. 当成分一定时，冷变形抗力与晶粒直径具有怎样的关系，为什么？
9. 钢材强化机制有哪几种，分别是什么机理？
10. 简述控制轧制控制冷却工艺。
11. 型材的生产特点是什么，有哪些分类方法？
12. 中厚板生产工艺的关键工序是什么？
13. 热轧带钢连轧机有哪几种布置形式，其主要差别是什么？
14. 型钢生产的新技术有哪些？
15. 孔型设计的内容与要求有哪些？
16. 简述孔型设计的基本原则及程序。
17. 何为延伸孔型，其种类有哪些？
18. 简述热连轧板带钢轧制规程的制定方法。
19. 冷轧带钢工艺特点有哪些？
20. 板带钢轧制新工艺及新技术有哪些？
21. 热连轧无缝钢管的主要工序有哪些？
22. 简述钢管生产发展及新技术现状。

参考文献

[1] 宋仁伯．轧制工艺学［M］．北京：冶金工业出版社，2014.
[2] 宋仁伯．材料成型工艺设计实例教程［M］．北京：冶金工业出版社，2017.
[3] 康永林．轧制工程学［M］．北京：冶金工业出版社，2004.
[4] 王廷溥，齐克敏．金属塑性加工学：轧制理论与工艺［M］．北京：冶金工业出版社，2012.
[5] 王廷溥．现代轧钢学［M］．北京：冶金工业出版社，2014.
[6] 胡彬．型钢孔型设计［M］．北京：冶金工业出版社，2010.
[7] 刘鸿文．材料力学［M］．北京：高等教育出版社，2010.
[8] 赵松筠，唐文林．型钢孔型设计［M］．2 版．北京：冶金工业出版社，1993.
[9] 曹建国，张杰，陈先霖，等．宽带钢热连轧机选型配置与板形控制［J］．钢铁，2005，40（6）：40-43.
[10] 杨富强，宋仁伯，孙挺，等．Fe-Mn-Al 轻质高强钢组织和力学性能研究［J］．金属学报，2014，50（8）：897-904.
[11] 李佳，丁勇生，王文浩．宝钢自主集成热连续镀锌机组的设计特点［J］．轧钢，2011，28（3）：34-37.
[12] 宋维锡．金属学［M］．北京：冶金工业出版社，2011.
[13] 尹常治．机械设计制图［M］．北京：高等教育出版社，2004.

[14] 赵志业．金属塑性变形与轧制理论［M］．2版．北京：冶金工业出版社，2006.
[15] 康永林，朱国明．热轧板带无头轧制技术［J］．钢铁，2012，47（2）：1-6.
[16] 唐荻，江海涛，米振莉，等．国内冷轧汽车用钢的研发历史、现状及发展趋势［J］．鞍钢技术，2010（361）：1-6.
[17] 毛燕．新一代高效节能热轧带钢生产线——无头带钢生产线［J］．冶金设备，2014（214）：45-49.
[18] 王廷溥．金属塑性加工学［M］．北京：冶金工业出版社，2007.
[19] 傅作宝．冷轧薄钢板生产［M］．2版．北京：冶金工业出版社，2005.
[20] 连家创，戚向东．板带轧制理论与板形控制理论［M］．北京：机械工业出版社，2013.
[21] 陈林，定巍，方琪．板带钢生产技术1000问［M］．北京：化学工业出版社，2014.
[22] 魏明贺．型钢生产［M］．北京：化学工业出版社，2014.
[23] 黄长清，赵旻．冷轧板带板形识别及控制的研究进展［J］．钢铁研究学报，2013，25（12）：1-7.
[24] 李国祯．现代钢管轧制与工具设计原理［M］．北京：冶金工业出版社，2006.
[25] 张桉．无缝钢管生产技术［M］．重庆：重庆大学出版社，1997.
[26] 崔学芳．斜轧穿孔机力能参数的分析及试验研究［D］．重庆：重庆大学，2004.

8　电弧熔化焊接工艺

【本章概要】

本章主要介绍电弧熔化焊接的基本原理、主要焊接方法、工艺设计的基本问题和当前的最新进展。在熔化焊接基本原理中主要介绍焊接传热过程、焊接冶金基本原理和焊接应力与变形的基本原理；在电弧熔化焊接方法中主要介绍当前主流的熔化焊接方法，包括钨极氩弧焊、等离子弧焊、熔化极气体保护焊和埋弧焊的基本原理、特点与工艺；在焊接工艺设计中主要介绍到了焊接方法、焊接材料与焊接结构设计的基本原则，最后介绍了当前熔化焊接的最新研究进展。

【关 键 词】

电弧焊接，熔化焊接，焊接传热，焊接冶金，焊接应力与变形，钨极氩弧焊，等离子弧焊，熔化极气体保护焊，埋弧焊，焊接方法，焊接材料，焊接结构，焊接工艺。

【章节重点】

本章重点理解电弧熔化焊接的基本原理，掌握各种焊接方法的特点及应用，以及焊接工艺设计的基本原则，能够对实际的焊接结构提出工艺方案。

电弧熔化焊接是最重要的一类冶金连接方法，也是应用最多的一类焊接方法。按被加工的金属质量粗略估计，熔化焊接的加工量应占整个焊接与连接加工量的80%以上，实际工程建造和安装中应用的基本都是熔化焊接。因此，掌握电弧熔化焊接的基本原理、工艺特点与工艺设计原则对于解决焊接结构的实际问题具有重要的意义。

8.1　熔化焊接理论基础

熔化焊是指焊接过程中，采用合适的热源将需要连接的部位加热至熔化状态并且混合，在随后的冷却过程中熔化部位凝固，使彼此相互分离的工件形成牢固连接的一种焊接方法。采用局部热源加热工件是实现熔化焊的一个必要条件，即熔化焊接必须要通过热源对工件局部注入热量。不难理解，注入到工件中的热量及其作用模式，和热量在工件的分布与传输现象，必然会对保护介质（保护气体和熔渣）与液态金属的相互作用、焊接熔池凝固和焊接热影响区固态相变等焊接冶金过程产生决定性的影响。此外，作为一种局部热源的焊接方法，焊接应力与变形是焊接裂纹与焊接结构设计必须要考虑的主要因素，也是焊接过程的主要研究课题之一。

8.1.1 焊接热过程

8.1.1.1 焊接热源

能量高度集中焊接热源能够确保加热区熔化，是形成熔化焊接焊缝的必要条件。焊接热源作用在焊件上的重要的特征是形成时变或准稳定的焊接温度场。这种焊接温度场必然会对接头的组织转变规律乃至力学性能产生重要的影响。因此，焊接热源是焊接温度场存在的基础，是影响焊接温度场的分布的主要因素之一。一般地，对焊接热源的要求是：热源高度集中、快速实现焊接过程，保证得到高质量焊缝和最小的热影响区。当前，能够实现焊接过程的热源形式主要有电弧热、电阻热、摩擦热和化学热等所代表的传统焊接热源和以激光束、电子束和等离子束流所代表的高能束焊接热源。

每种焊接热源都有它本身的特点，一些常用焊接热源的最小加热面积、最大功率密度和正常焊接规范条件下的温度见表 8-1。

表 8-1 各种焊接热源的主要特性

热源	最小加热面积/cm^2	最大功率密度/$W\cdot cm^{-2}$	正常焊接规范下温度/℃
乙炔火焰	10^{-2}	2×10^3	3200
金属极电弧	10^{-3}	10^4	6000
钨极氩弧焊	10^{-3}	1.5×10^4	8000
埋弧自动焊	10^{-3}	2×10^4	6400
电渣焊	10^{-3}	10^4	2000
熔化极氩弧焊	10^{-4}	$10^4\sim10^5$	—
CO_2气体保护焊			
等离子弧焊	10^{-5}	1.5×10^5	18000~24000K
电子束	10^{-7}	$10^7\sim10^9$	—
激光	10^{-8}		—

8.1.1.2 焊接传热学基础

局部集中热源是形成熔化焊的前提条件，由局部热源导致的热传输现象将对熔化焊接工艺、组织性能和焊接应力及变形具有重要的影响。一般地，热总是从物体的高温部分向低温部分或者是从高温物体向低温物体流动，热量的传输可以认为是通过热流的传输实现的。通常，可把单位时间单位面积上传递的热量定义为热流密度，记作 q，单位为 W/m^2。热流密度是一个向量，其方向是某点最大的热流方向。

在热传导过程中，给定截面的热流密度正比于该截面法线方向上的温度梯度，被称为傅里叶定律，是热传导的基本定律。傅里叶定律的数学表达式为：

$$\boldsymbol{q} = -\lambda \mathrm{grad}T = -\lambda \frac{\partial T}{\partial n}\boldsymbol{n} \tag{8-1}$$

式中，λ 为导热系数，W/(m·K)；T 为温度，K；grad$T$ 为温度梯度，K/m；$\boldsymbol{n}$ 为单位法向矢量；$\partial T/\partial n$ 为温度在 $\boldsymbol{n}$ 方向上的导热系数。式中的负号表示热量传递方向指向温度降低的方向。导热系数 λ 表征材料的导热能力，其值与温度有关，且不同的材料的 λ 值随温度变化的特性也不尽相同。

在实践过程中，人们关心的是工件上的某点温度随时间的变化，即 $T=f(x,\ y,\ z,\ t)$。但是，傅里叶定律仅揭示出物体中某点温度梯度与热流向量之间的关系，并不能直接回答这个问题。为揭示连续温度场在时间与空间领域的内在联系，需要建立一个能够描述该问题的导热方程，即

$$\rho c_p \frac{\partial T}{\partial t} = \frac{\partial}{\partial x}\left(\lambda \frac{\partial T}{\partial x}\right) + \frac{\partial}{\partial y}\left(\lambda \frac{\partial T}{\partial y}\right) + \frac{\partial}{\partial z}\left(\lambda \frac{\partial T}{\partial z}\right) \tag{8-2}$$

一般情况下，ρc_p 和 λ 都是 x，y，z，T 的函数。如果认为二者均为常数，则式（8-2）可化简为：

$$\frac{\partial T}{\partial t} = \frac{\lambda}{\rho c_p}\left(\frac{\partial^2 T}{\partial x^2} + \frac{\partial^2 T}{\partial y^2} + \frac{\partial^2 T}{\partial z^2}\right) = \alpha \nabla^2 T \tag{8-3}$$

式中，α 为导温系数或热扩散系数，m^2/s，$\alpha = \frac{\lambda}{\rho c_p}$。在不稳定导热过程中，各点温度受到了两个方面的制约：一方面是热量的热传输过程，在一定的温度梯度条件下取决于导热系数 λ，反映了材料的散热能力，其本质遵循傅里叶定律；另一方面是温度的变化过程，在吸收一定热量的条件下主要取决于体积热熔 ρc_p，反映了材料存储热量的能力，其本质是遵循热力学第一定律。热扩散系数 α 正是把这两个因素，即材料的热散失与存储热量的能力联系起来，使我们可以获得温度在空间与时间领域的变化。式（8-2）或式（8-3）是求解焊接温度场的理论基础。

8.1.1.3 焊接温度场的计算与分析

焊接温度场是焊缝及热影响区组织性能控制的依据。焊接温度场的计算主要由解析法和数值法两种方法求解。解析法需要做一些理想化的假设处理，虽然假设条件与焊接传热过程有较大的差异，但是由于解析法能够将焊接温度场的主要影响因素综合在一个计算公式内，其物理意义比较清晰，计算过程相对简单、快速，而且还具有较强的理论意义。

为了建立焊接温度场的解析模型，考虑到热源的尺寸，并方便数学处理，可将热源分为：

点热源，是将热源看成是集中在加热斑点中心的一点，如果焊件尺寸很大可近似看成是半无限体时，可以将热源看作是点热源处理；

线热源，是将加热看作为施加在垂直于板面的一条线上，如果工件很薄，并且在长宽很大时可以将加热看作线热源处理；

面热源，是将加热看作为施加在一个平面上，在杆件对焊时可以将加热看作面热源处理。

针对大厚焊件，焊接热源可以看作为运动点热源。通过对导热微分方程的求解，其温度计算公式为：

$$T(x,\ y,\ z,\ t) - T_0 = \frac{2P}{\rho c_p\ (4\pi\alpha)^{3/2}} \exp\left(-\frac{v_0 x}{2a}\right) \int_0^t \frac{1}{t''^{3/2}} \exp\left(-\frac{v_0^2 t''}{4\alpha} - \frac{R}{4\alpha t''}\right) dt'' \tag{8-4}$$

同集中热源运动有关的温度场，在加热开始时，温度升高的范围会逐渐扩大；而达到一定尺寸后，运动温度场的形态达到饱和状态，其形态相对于热源保持不变，仅随热源一起运动。换句话说，热源周围的温度分布很快变为恒定，当热源移动时，位于热源中心的

观察者不会注意到在它周围的温度变化，这种状态成为准稳态。从理论上来讲，当恒定功率热源作用时间无限长时，即当 $t \to \infty$时，热传播趋于准稳态。

对于式（8-4）中，当$t \to \infty$，可得点热源加热半无限体表面的准稳态方程式。以等速沿半无限体表面运动的、有恒定功率的点热源的热传播过程准稳定态方程式，在动坐标系下为：

$$T(R,\ x) - T_0 = \frac{P}{\lambda \pi R}\exp\left(-\frac{v_0 x}{2\alpha} - \frac{v_0 R}{2\alpha}\right) \tag{8-5}$$

式中，R 为所考虑的点 A 到动坐标系原点 O 的距离；x 为 A 点在动坐标系中的横坐标。

对于无限大薄板的熔透焊接，可以看作运动线热源过程，通过求解导热微分方程可得：

$$T(x_0,\ y_0,\ t) - T_0 = \frac{P}{4\pi\lambda H}\exp\left(-\frac{v_0 x}{2\alpha}\right)\int_0^t \frac{1}{t''}\exp\left[-\left(\frac{v_0^2}{4\alpha} + b_c\right)t'' - \frac{r^2}{4\alpha t''}\right]\mathrm{d}t'' \tag{8-6}$$

式中，$r^2 = x^2 + y^2$。

在式（8-6）中，令 $t = \infty$，得到运动热源加热板的准稳态方程式：

$$T(r,\ t) - T_0 = \frac{P}{4\pi\lambda H}\exp\left(-\frac{v_0 x}{2\alpha}\right)\int_0^{\infty} \frac{\mathrm{d}w}{w}\exp\left(-w - \frac{u^2}{4w}\right) \tag{8-7}$$

然而，温度场解析法是在如下一些假设条件的基础上推导出来的：

（1）热源集中于一点、一线或一面；

（2）材料无论在什么温度下都是固体，不发生相变；

（3）材料的热物理性能参数不随温度变化；

（4）焊件的几何尺寸是无限的（对应于点热源和线热源，焊件分别为半无限大体和无限大薄板）。

这些假设条件与焊接传热过程的实际情况有较大的差异，致使距离热源较近的部位的温度计算发生了较大的偏差。但是这里恰恰是我们最关心的部位。因为从工艺上讲，确定熔化区域的尺寸及形状是十分有意义的；而从冶金科学上来说，相变点以上的加热范围是研究的重点。随着高速度电子计算机的广泛应用，以有限差分法和有限单元法代表的数值解法在焊接热过程计算中得到了应用。由于这两类数值分析方法能够从根本上避免温度场解析公式所固有的缺陷，在焊接热过程的计算方面得到了越来越广泛的应用，详见相关专著。

8.1.2 焊接冶金原理

在熔化焊接过程中，金属材料经过焊接热源的高温作用，会经历熔化、凝固、固态相变等化学与物理冶金过程，这些过程必然会对焊缝的组织性能产生重要的影响。在熔化焊接过程中，无论是否使用填充材料，在焊缝（接头）形成过程和机理方面并没有差异，只是熔池液态金属的来源略有差异而已。在图 8-1 中，熔化极气体保护电弧焊焊缝（接头）的形成过程可简单描述为：一方面，母材（被焊材料）和焊接材料（焊丝）被加热熔化形成熔池，随着焊接热源的连接前移，热源后端的熔池凝固形成焊缝；另一方面，焊接热源对母材的加热除形成熔池外，在焊缝临近区域还将形成一个“热影响区”，该区域由于被加热到较高的温度，组织和性能发生变化；另外，无论什么材料和/或焊接方法，在焊缝和热影响区之间通常还会存在一个“熔合区”。一般认为，该区在焊接过程中介于固相和液相之间，组织和性能既有别于焊缝，又有别于热影响区，如图 8-1 所示。由此可见，一个焊接接头通常由焊缝、熔合区和热影响区构成。在服役过程中，焊缝、熔合区和热影响区在结构逻辑上属于“串联”关系，即任何一个区域的失效都将导致整个焊接接头的失效。因此，对焊接接头的性能和服役可靠性来说，焊缝、热影响区和熔合区具有同等重要的地位。

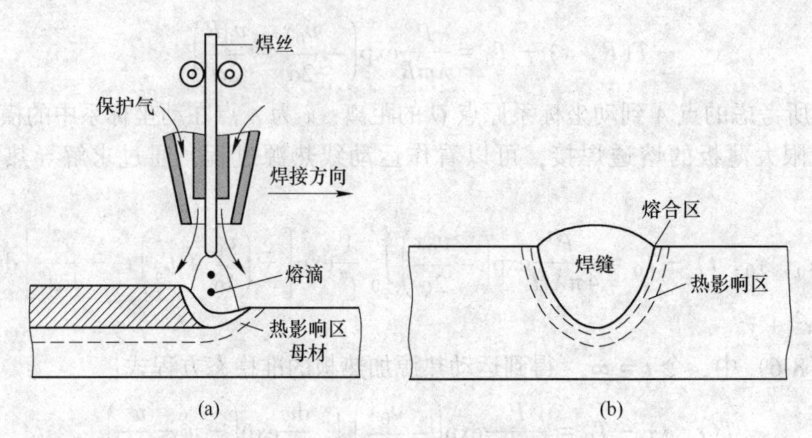

图 8-1 熔化焊接焊缝（接头）的形成和结构

（a）焊缝的形成；（b）接头结构

8.1.2.1 焊接化学冶金

熔焊过程中焊接区内各种物质之间在焊接高温下的相互作用统称为焊接化学冶金。熔化焊接时通常都需要对焊接区金属加以保护。事实上，保护方式的创新一直是电弧焊方法发展的路径之一。在熔化焊接高温下，焊接区内各种物质（母材金属、填充金属、熔渣、保护气体、空气等）不可避免地要发生相互作用（溶解、反应、扩散等），因此，即便被焊母材和填充金属确定，即焊缝的主体成分确定，焊缝（接头）中的一些低含量成分（如氢、氧、氮、硫、磷、合金元素等）仍然是非常不确定的，这些低含量成分（元素）受控于焊接过程中的化学冶金反应。焊缝（接头）中的低含量的成分（元素）直接影响焊接熔池的凝固、焊缝和热影响区的固态相变、焊接缺陷等焊接物理冶金过程和行为，因而对材料的焊接性及接头的组织结构和性能有重要的影响。

焊接化学冶金体系是指焊接过程中热源作用区域内金属、熔渣、气体等物质的总和。焊接化学冶金体系主要取决于焊接方法，特别是与焊接保护方式有关。上述五种保护方式大致可以分为金属-熔渣、金属-气体和金属-熔渣-气体等三种化学冶金体系：

（1）“金属-熔渣”体系。焊接的化学冶金过程主要涉及金属与熔渣之间的相互作用，焊条电弧焊（药皮中不含造气成分）、电渣焊和埋弧焊等“熔渣保护”类的焊接方法属于该类体系。由于焊接过程中难免有少量空气混入焊接区，且熔渣不可避免地会释放一些气体，因此，实际中该体系的化学冶金过程多少还会涉及一些气体的作用，但其化学冶金过程主要受控于金属与熔渣的作用。

（2）“金属-气体”体系。焊接的化学冶金过程主要是焊接区金属与气体间的作用，“气体保护”“真空保护”和“自保护”类的焊接方法均属于该类体系。理论上，真空和惰性气体保护不存在气体与金属的作用问题，但实际上限于真空室的真空度水平、保护气的纯度及紊流等现象的存在，其焊接区难免存在一定数量的空气、水分等物质，因此它们的焊接化学冶金体系仍可归为“金属-气体”体系。

（3）“金属-熔渣-气体”体系。焊接区既有熔渣，又有气氛参与冶金反应，焊接化学冶金过程涉及焊接区金属、熔渣和气体之间的相互作用。焊条电弧焊（药皮中含造气剂）和药芯焊丝电弧焊等“渣-气联合保护”类的焊接方法属于该类体系。

焊接化学冶金系统是由焊接区母材、焊丝（或焊条）、熔池、熔滴、熔渣和气体等构成的高温固态、液态和气态系统。熔化焊接过程中，焊接熔池由熔化的焊接材料（填充金属和熔渣等）和部分母材组成，其中，填充金属在进入熔池之前的加热熔化、熔滴形成和长大、熔滴过渡等阶段都将经历强烈的化学冶金过程，因此，实际焊接过程中的化学冶金反应过程是分区域（阶段）连续进行的，这也是焊接化学冶金系统的一个重要特点。

熔化焊接的化学冶金系统结构（反应过程）与焊接方法有关，不同焊接方法的化学冶金系统结构不尽相同。如图 8-2（a）和图 8-2（b）所示，焊条电弧焊的化学冶金系统结构可以分为药皮反应区、熔滴反应区和熔池反应区等三个反应区（阶段）；熔化极气体保护电弧焊的化学冶金过程可分为熔滴反应区和熔池反应区两个反应区，但不填丝的钨极氩弧焊和电子束焊接等焊接冶金过程只有熔池反应一个反应区。另外，同一种焊接方法、不同区域（阶段）化学冶金反应的热力学和动力学条件（如反应物质、浓度、温度、时间、接触面积、对流和搅拌条件等）也有较大的差异，因而其反应方向和程度也往往存在较大差异。各反应区具体如下：

（1）药皮反应区。药皮反应区是指焊条端部药皮开始发生变化的温度到药皮熔点之间的区域。药皮反应区是焊条电弧焊特有的反应区，但在埋弧焊和药芯焊丝电弧焊中也有类似性质的反应区（阶段）。药皮反应区的反应产物将作为熔滴反应区和熔池反应区的反应物质，因此，药皮反应阶段实际上是熔滴反应和熔池反应的准备阶段，对整个焊接化学冶金过程和焊接质量有一定的影响。

药皮反应区的温度较低，对钢焊条而言，该区的温度范围约为 100～1200℃。焊接过程中，药皮反应区的物理和化学变化（反应）主要有水分的蒸发、药皮组分的分解和铁合金的氧化等。

（2）熔滴反应区。熔滴反应区是指从焊条（或焊丝）端部熔滴形成、长大到过渡至熔池前的整个区域，是所有使用焊条或焊丝的熔化焊接方法都具有的反应区。焊接过程中该区域的反应主要有：气体的分解和溶解、金属的蒸发、合金元素的氧化和还原，以及熔滴金属的合金化等。从反应条件来看，反应温度高、反应时间短、反应相（物质）之间的接触面积大且混合强烈等是熔滴反应区的突出特点。在熔滴反应区虽然反应时间短，但反应温度高、反应相之间的接触面积大，并伴有强烈的混合效应，因此冶金反应最激烈，不但反应速度快，而且反应最完全，对焊缝成分和性能影响最大。

（3）熔池反应区。熔池反应区是所有熔化焊接方法共有的反应区，随焊接方法的不同，其反应体系既有“金属-熔渣”“金属-气体”体系，也有“金属-熔渣-气体”体系。与熔滴反应区相比，熔池反应区的反应速率相对较低，熔池温度分布是不均匀并且在一定的搅拌作用下进行。尽管熔池阶段的反应时间比熔滴阶段长（数秒到数十秒），但由于反应温度低、反应相之间接触面积小，使得熔池阶段反应速率比熔滴阶段低，对整个化学冶金反应的贡献也较熔滴阶段小。

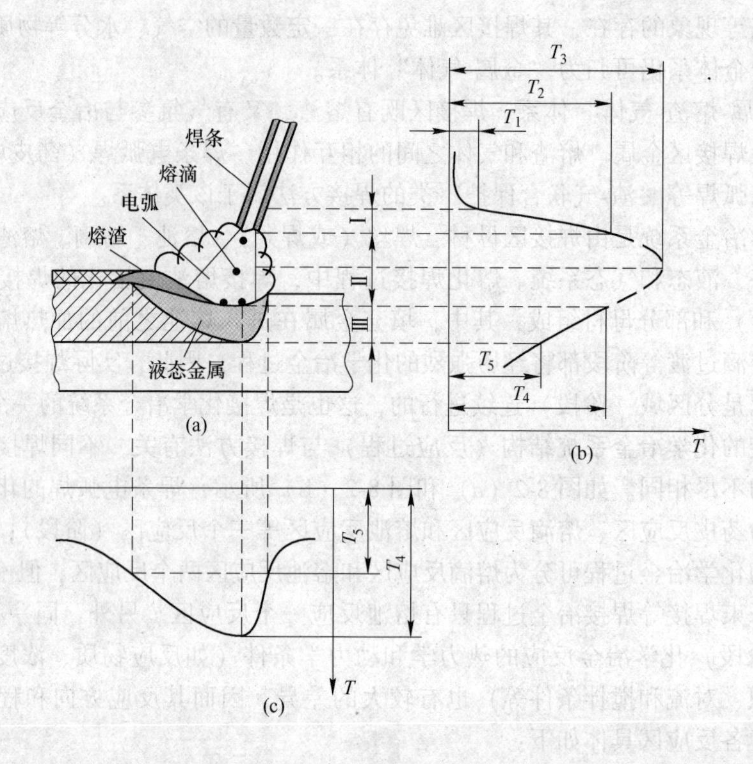

图 8-2 焊条电弧焊的焊接冶金反应区示意图

(a) 焊接区要素；(b) 焊接区温度在垂直方向的分布；(c) 熔池温度在焊接方向的分布

Ⅰ—药皮反应区；Ⅱ—熔滴反应区；Ⅲ—熔池反应区；T_1—药皮开始反应温度；

T_2—焊条端熔滴温度；T_3—弧柱间熔滴温度；T_4—熔池最高温度；T_5—熔池凝固温度

8.1.2.2 熔池凝固与焊缝组织

A 焊接熔池的特征

焊件在焊接热源作用下发生局部熔化，是能够形成熔化焊接接头的前提条件。因此，焊接熔池的结构特征对焊缝凝固行为、凝固组织和焊接缺陷等均有重要影响。焊接熔池通常指的是以液相线温度 T_L 等温线（面）围成的完全熔化区，其形状与焊接速度和热输入有关，一般类似鸡蛋状，快速焊接时类似泪滴状。在熔池外围有一个 T_L 与 T_S 等温线（面）围成的环带为固/液混合区。图 8-3 中同时定性地给出了熔池中心线、熔化边界及非熔化边界对应的温度分布。

研究表明，焊接过程中熔池结晶形核的主导机制是非自发形核。熔合区现有基体金属表面、部分凝固区的破碎枝晶、部分熔化区游离出来的晶粒和高熔点异质颗粒等都可能成为发生非自发形核的条件。

B 焊接熔池的结晶形态与焊缝凝固组织

不同焊缝的显微组织不同，即使在同一焊缝中，不同位置的显微组织也不同，这种差异缘于不同焊接熔池及其不同位置的结晶行为的差异。凝固过程中的微观结晶形态取决于固液界面前沿的成分过冷程度，而成分过冷程度又与固液界面前沿温度梯度 G 和凝固速率 R 等因素有关。G/R 值越小，越容易形成成分过冷，成分过冷程度越大。在焊接熔池

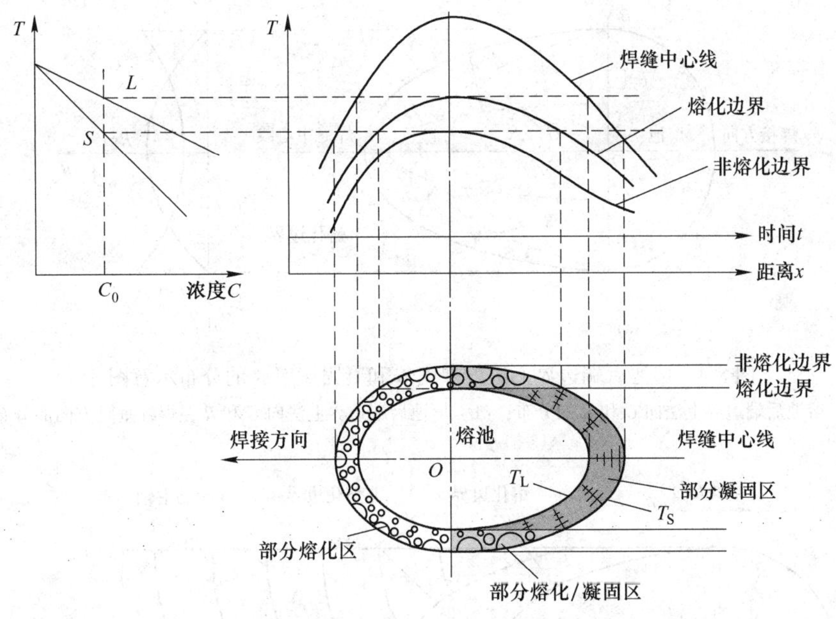

图 8-3 焊接熔池的结构

中，不同位置的温度梯度和凝固速率可能都有差异，因此，熔池中不同位置的结晶行为和形态也表现出较大的差异。

图 8-4 所示为沿熔池边界凝固速率与温度梯度示意图。由于熔池边界的温度均为被焊金属的熔点，因此具有相同的温度。由于熔池两侧 B 点与 O 点的距离（最高温度、热源中心）要小于熔池尾部 C 点与 O 点的距离，因此可以推知 B 点的温度梯度 G 大于 C 点，沿熔池边界的温度梯度定性分布如图 8-4（a）所示。另外，由于熔池两侧的 B 点处于熔池熔化（BOB 线的前方）和凝固（BOB 线的后方）的交界位置，这就意味着该处熔池凝固速率 R 为 0，而在熔池尾部的 C 的凝固速率显然不为 0，于是沿熔池边界凝固速率的定性分布如图 8-4（a）所示。

可以看到，在焊缝中心线熔池边界（C 点），R 最大，而 G 最小；在焊缝两侧熔池边界（B 点），R 最小（≈ 0），而 G 最大。由此可以得出结论：

$$\left(\frac{G}{R}\right)_C = \left(\frac{G}{R}\right)_B \tag{8-8}$$

从焊缝两侧熔池边界到焊缝中心线熔池边界，G/R 值是减小的。

上述分析进一步的结论是，从焊缝两侧熔池边界到焊缝中心线熔池边界，成分过冷的程度是增大的；在焊缝两侧熔池边界位置，几乎不存在成分过冷，而在焊缝中心线熔池边界位置，成分过冷非常大。

上述熔池不同位置成分过冷程度的差异，将引起熔池不同位置结晶形态的变化，如图 8-5 所示。在焊缝两侧熔池边界，由于基本不存在成分过冷，凝固结晶只能以平面形态缓慢推进；而在焊缝中心线熔池边界，由于过冷度非常大，凝固常常以等轴晶（等轴树枝晶）形态进行。从焊缝两侧熔池边界位置到焊缝中心线熔池边界位置，显微结晶形态依次是平面晶、胞状晶、树枝晶和等轴晶等，在胞状晶和树枝状晶之间，有时还会出现胞状

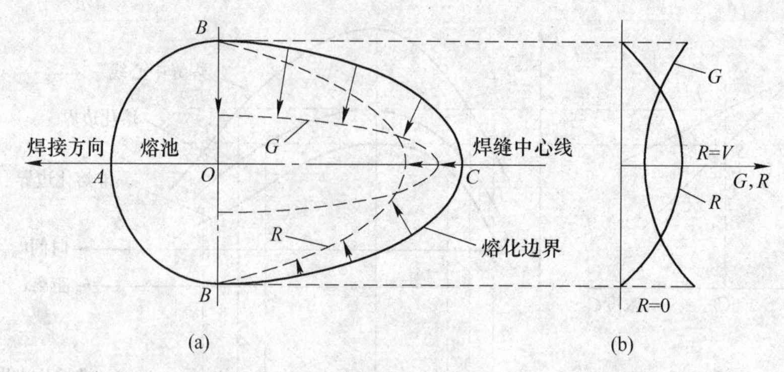

图 8-4　熔池后端边界上温度梯度 G 和凝固速率 R 的分布示意图

（a）熔池后端边界上法向 G 和 R 的分布；（b）熔池后端边界上法向 G 和 R 在焊缝垂直方向的分布

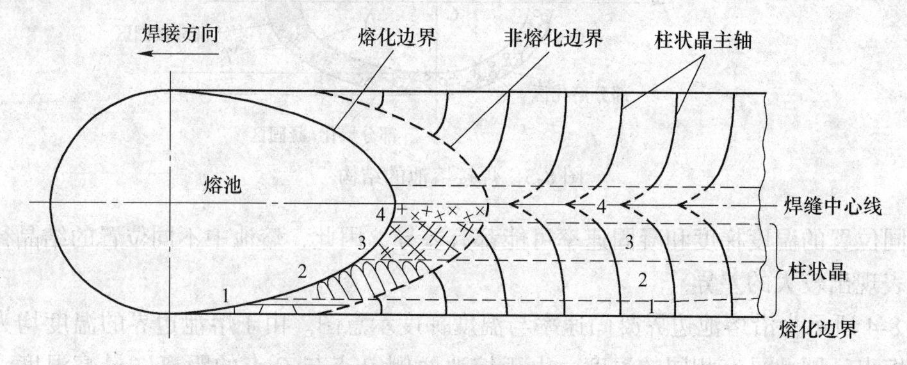

图 8-5　焊缝组织与熔池凝固行为的关系

1—平面晶；2—胞状晶；3—树枝状晶；4—等轴晶

树枝晶。其中，平面晶、胞状晶、胞状树枝晶和树枝晶均呈现柱状晶形态。

由熔池凝固与焊缝组织之间的关系不难理解，焊缝凝固组织一般由柱状晶和等轴晶组成：在焊缝中心区域，由于过冷度大，温度梯度小，时常形成等轴晶；从焊缝边界到中心等轴晶区之间是柱状晶。理论上，从焊缝熔化边界到焊缝中心，柱状晶的显微结晶形态依次是平面晶、胞状晶、树枝晶（在胞状晶和树枝状晶之间，有时还会出现胞状树枝晶），焊缝中心等轴晶的显微结晶形态为等轴树枝晶，如图 8-5 所示。但在实际中，上述显微结晶形态并不一定都出现，例如在有些条件下焊缝中心区等轴晶有可能不存在，此时，柱状晶可以一直长到焊缝中心；另外，柱状晶并不总是连续生长的，只有少数柱状晶通过竞争生长，可以一直连续长到焊缝中心。由于熔池的边界通常是弯曲的，焊缝柱状晶的主轴方向（生长方向）也必然是弯曲的。在焊缝边界，柱状晶生长方向与焊缝垂直，而在焊缝中心线，如果等轴晶不存在，柱状晶生长方向与焊接方向一致。

8.1.2.3　熔合区组织与性能

熔合区是焊缝与热影响区之间的过渡区域。在焊接研究的早期阶段，由于显微分析手段的缺乏，人们对于熔合区的认识不够充分，认为熔合区对接头的力学性能影响不大，并没有引起足够的重视。但是，随着研究的深入，人们发现在焊接接头服役的过程中，很多接头的破坏与失效都是从焊缝熔合区开始的。因此，人们才开始对熔合区给予了足够的关注，并进行了大量的研究。研究发现，熔合区既是成分、组织与性能等极不均匀区域，又可能是应力集中区域。在很多材料的熔合区常常会出现液化裂纹、氢致裂纹和偏析等缺陷，而且会出现强度与韧性损伤等现象。

熔合区的组织结构比较复杂，而且其组成结构在历史上曾经存在着较大的分歧。随着人们对熔合区认识不断深入，人们对熔合区的组成结构逐渐形成了统一的认识。一般情况下，熔合区在组成结构上大体上可以划分为非对流混合区、熔合线和部分熔化区三个部分，如图 8-6 所示。

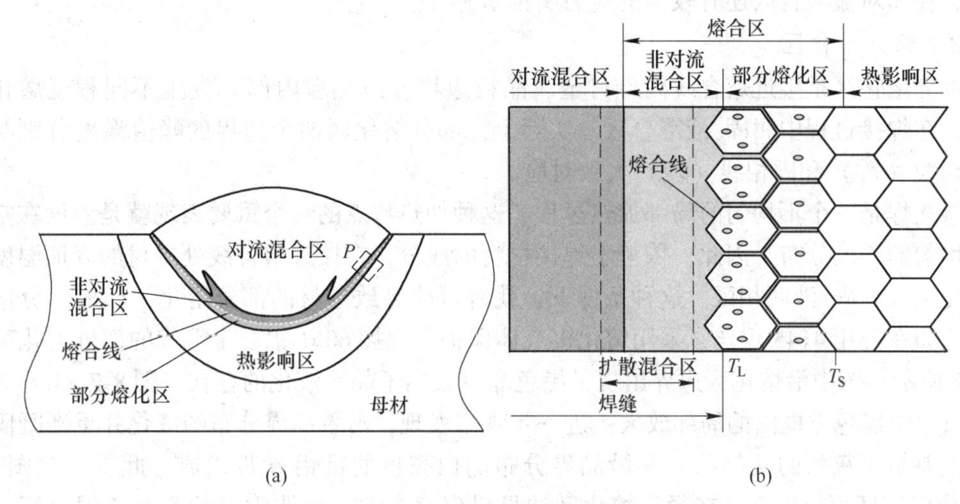

图 8-6 典型的焊接接头结构示意图

（a）宏观结构；（b）微观结构

实际上，对于一个具体的焊接接头的熔合区，其三个组成结构有时并不是同时存在的。特别是部分熔化区，主要取决于固相线与液相线的宽度。熔合区具体由哪几种结构组成主要依赖于母材的化学成分、填充材料的成分、焊接工艺条件以及焊缝方法等。在焊接过程中，如果填充焊接材料与母材成分不同，溶质原子在化学位梯度的作用下，对流混合区与非对流混合区还会出现扩散混合的现象。

A 非对流混合区

非对流混合区是接近熔合线（T_L）处熔化但未充分与填充材料混合的母材金属，基本上未经过对流混合而可能经扩散混合的熔池边界区，凝固后形成的以母材成分为主的化学成分不均匀区域。

在熔化焊过程中，母材金属与填充金属在热源的加热下熔化并混合形成熔池。随着填充金属的加入，在熔池的内部存在着激烈的对流传质，熔化的填充金属很快与大部分熔融态的母材混合均匀。但是，在未熔化的母材显然处于静止状态，当流动的熔池金属在未熔化母材上沿固/液界面流动时，必须满足壁面无滑移条件，那么固/液界面处的液态金属切向流动速度为零。虽然熔池的对流非常激烈，必然会存在一个流动速度由 0 到熔池本身流动速度的一个过渡区。因此，在固/液界面附近的熔池区域必然存在一个几乎不与填充金属混合，且以母材成分为主导的过渡区。该过渡区虽然不与熔池之间发生对流传质过程，但是元素的扩散是可以持续进行的。在很多的研究过程中，在该区域的元素浓度分布是渐变的，这主要是元素的扩散作用，甚至还有可能在该区域发生偏析的现象。在熔池凝固后，该过渡区将保留下来，形成非对流混合区。

焊接接头中的非对流混合区在一些特殊的服役结构中对接头性能是有害的。现在已经确认，在适当的氧化环境中，当焊缝金属比基体金属惰性大时，非对流混合区是焊接接头中腐蚀速度最快的区域。为了使超级不锈钢在腐蚀环境中应用，一般会在其中加入6%的Mo以提高其抗点蚀的能力。但是，由于偏析的影响将导致在非对流混合区极端贫钼，非对流混合区的耐腐蚀性急剧下降。此外，304不锈钢与310不锈钢采用312型填充材料焊接时，在非对流混合区还有较强的应力腐蚀敏感性。

B 部分熔化区

部分熔化区是接近熔合线处母材金属晶粒边界（或晶粒内部）发生不同程度熔化的区域，在焊接过程中属固/液混合区。实际上，部分熔化区两个边界的峰值温度分别与母材液相线（T_L）和固相线（T_S）大致对应。

熔化焊是一个不均匀的局部加热过程，这种加热特点的一个重要表现就是温度在空间上不均匀的连续分布。因此，依赖于焊接材料的成分，在接近熔合线处母材的峰值温度很有可能进入到固/液两相区。这种条件下，就有可能导致母材的部分熔化，形成部分熔化区。比如在使用4145焊丝，采用熔化极气体保护焊焊接6061铝合金形成的部分熔化区如图8-7所示。图中沿熔化区边界出现了黑色晶界表明了晶界液化的存在。图8-7（b）为图8-7（a）中黑色方框内的局部放大。进一步观察发现，沿着晶界分布的液化并重新凝固的组织主要是由灰色的共晶晶界和沿晶界分布的白亮色的富铝α带组成。此外，在图8-7（b）中我们还可以发现，在紧邻熔化区的母材也存在着一层非常薄的非对流混合区，该区也主要是由富铝α带组成。

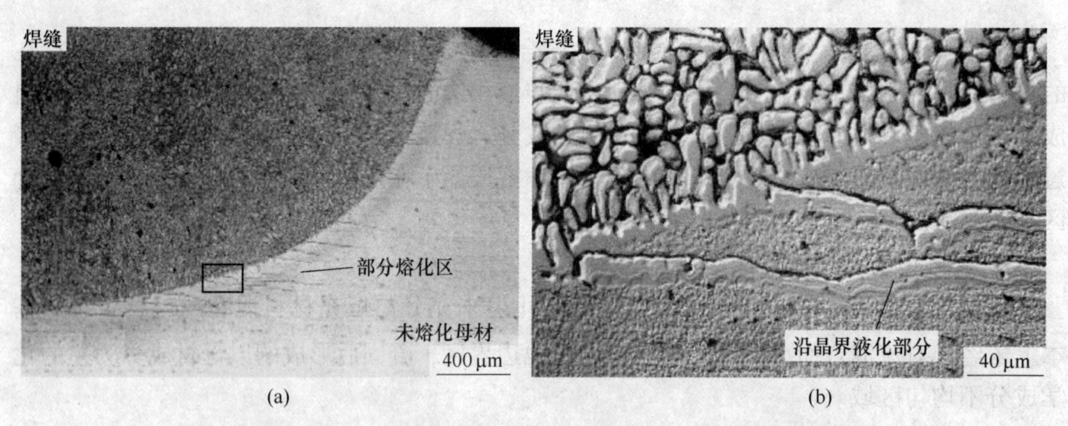

图8-7 填充4145焊丝的熔化极气体保护焊接6061铝合金形成的部分熔化区组织形貌，（b）为（a）中方框区域的局部放大

部分熔化区峰值温度的边界大致与母材的液相线温度T_L和固相线温度T_S相对应。因此部分熔化区的大小取决于材料的固/液温度范围、被焊材料本身的物理性质和组织状态。一般情况下，部分熔化区的宽度可以由下式估计：

$$A = \frac{T_L - T_S}{\frac{\Delta T}{\Delta Y}} \tag{8-9}$$

式中 A——部分熔化区的宽度，mm；

$\Delta T/\Delta Y$——温度梯度,℃/mm。

部分熔化区是焊接接头比较脆弱的区域，经常会出现液化裂纹和强度与韧性损失等问题。

C 熔合线

熔合线为焊接接头横截面上焊缝和母材金属的分界线，即熔化焊时，未熔化的母材金属晶粒上的边缘连线。熔合线的峰值温度与母材的液相线大致对应。

在焊接过程中，熔化的熔池金属（冷却后凝固）与固态母材金属之间的分界线被称为熔合线。如果存在部分熔化区时，熔合线则为熔化金属与部分熔化区的界线。在实际的焊接过程中，熔池前部的母材金属，在熔池液态金属的热传导作用下不断熔化。这样，在熔池形成过程中，熔池液态金属和其下方的固态母材金属之间的界面是不断变化的，即在熔池的形成过程与移动过程中，固/液界面的位置是不断变化的。这里的熔合线指的是焊接过程中固/液界面的最终形态。

应该指出，熔合线不等同于熔合区或半熔化区，不是一个特征区。熔合线是熔池液态金属凝固时非均匀形核的现成表面，熔池底部总能找到这个表面。所以，在熔池阶段，它不是一个区。但从原子排列来看，熔合线由熔池底部几排原子排列不规则的原子层构成，但本质上不等于熔合区或半熔化区。

8.1.2.4 热影响区组织与性能

一般的，焊缝两侧的固态母材发生明显的组织或性能变化的区域，称为焊接热影响区。焊接热影响区与熔合区相邻，二者界线的峰值温度一般认为与材料的固相线大致吻合。在焊接过程中，热影响区的显微组织发生了明显的变化，其性能有可能发生严重的损伤。根据不同的材料特性，热影响区可能发生软化、硬化、脆化和耐腐蚀性下降等问题。焊接热影响区的组织和性能不像焊缝那样可以通过调控焊丝成分进行控制，仅能通过焊后热处理或控制焊接工艺条件来解决。

A 热影响区组织转变

在实际应用的结构材料当中，基本上都是经过强化的金属材料。金属材料强化的方法主要有固溶强化、细晶强化、形变强化、沉淀强化和相变强化五种形式。焊接热影响区的峰值温度虽然达不到熔化温度，但仍然很高，足以引起材料的微观组织与性能发生明显的变化。对于单纯的固溶强化和细晶强化材料，在近缝区一般仅存在晶粒长大的问题。而后三种强化材料的焊接热影响区除了存在晶粒长大问题之外，还存在着如下组织转变问题。

a 形变强化材料

由于材料基体经受了冷变形，因此在焊接过程中近缝会出现回复和再结晶的问题。因此，形变强化材料热影响区的结构从母材到焊缝根据再结晶程度的不同，大体上可依次划分为部分再结晶区、完全再结晶区和过热区三个部分。其中，过热区是指接近焊缝晶粒剧烈长大的区域。

b 沉淀强化材料

单纯沉淀强化金属热影响区的组织转变主要有沉淀相溶解与长大、过热区晶粒长大和淬火三个主要问题。在结构上，其热影响区可大体上划分为过时效区和淬火区。过时效区是指当热影响区温度超过母材时效温度时，一些较大的沉淀相可能开始发生长大，同时可能伴随着细小的沉淀相溶解的区域。淬火区是指随着温度的进一步升高到亚稳相溶解温度时，无论是大颗粒的沉淀相还是细小弥散的沉淀相颗粒均进入溶解阶段，焊接过程冷却速度很快，该区域沉淀相不会析出，呈过饱和状态的区域。由于焊接的快速加热与冷却过程，以及沉淀相颗粒的溶解也需要一定的时间，峰值温度超过亚稳相溶解温度时，大颗粒沉淀相也不会立刻完全溶解掉，需要一个过程。但是距离焊缝越近，溶解越剧烈，沉淀相颗粒越少。因此，在过时效区与淬火区没有一个非常严格的界线。此外，由于淬火区处于严重过热状态，晶粒将发生明显的长大。

c 相变强化材料

相变强化材料的组织转变不仅依赖于热过程，还依赖于材料的成分和组织状态，其焊接热影响区比较复杂。钢铁材料是当今最主要的相变强化材料，这里仅对钢铁材料的热影响区进行简单的介绍。

根据钢铁材料的淬火倾向可大体上分为不易淬火钢和易淬火钢两类，其焊接热影响结构如图 8-8 所示。

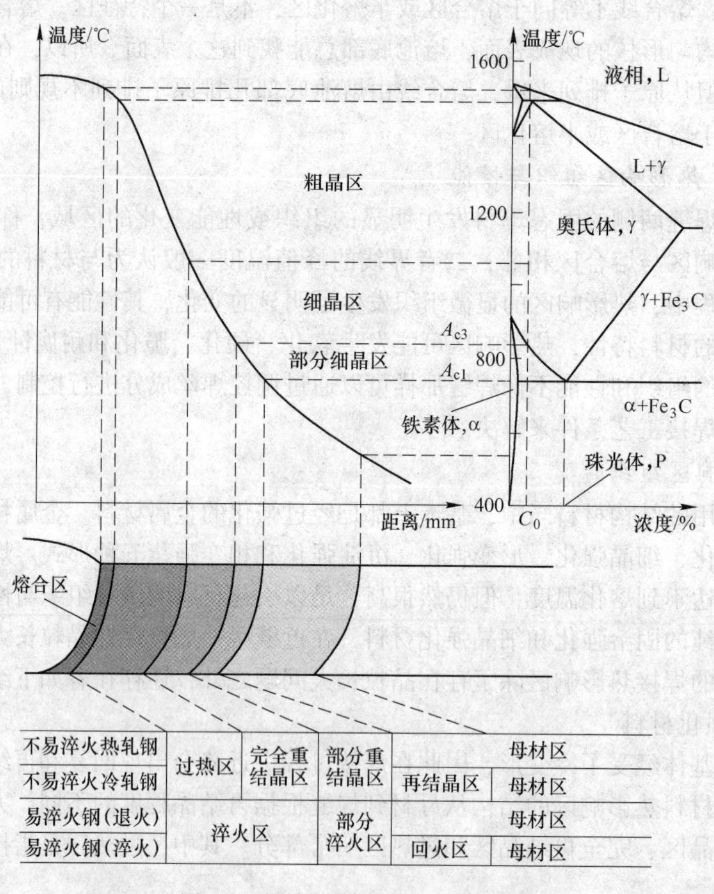

图 8-8 焊接热影响区的结构特征

对于不易淬火钢的焊接热影响区可分为过热区、相变重结晶区和部分重结晶区，若母材处于冷轧状态又存在再结晶区。

过热区又称粗晶区。该区紧邻熔合区，它的温度范围包括了从晶粒急剧长大的温度开始一直到固相线温度，对普通的低碳钢来说，大约在1100～1490℃，由于加热温度很高，特别是在固相线附近处，一些难溶质点（如碳化物和氮化物等）也都溶入奥氏体，因此奥氏体晶粒长得非常粗大。这种粗大的奥氏体在较快的冷却速度下形成一种特殊的过热组织——魏氏组织。魏氏体组织是由结晶位向相近的铁素体片形成的粗大组织单元，严重地降低了热影响区的韧性。

重结晶区又称正火区或细晶区。对普通的低碳钢来说，该区加热到的峰值温度范围在A_{c3}到晶粒开始急剧长大以前的温度区间，大约在900～1100℃，该区的组织特征是由于在加热和冷却过程中经受了两次重结晶相变的作用，使晶粒得到显著的细化。对于不易淬火钢来说，该区冷却下来后的组织为均匀而细小的铁素体和珠光体，相当于低碳钢正火处理后的细晶粒组织。因此，该区具有较高的综合力学性能，甚至还优于母材的性能。

部分重结晶区又称不完全正火区、部分相变区和部分细晶区。在焊接过程中，该区对应于焊接热循环峰值温度在A_{c1}到A_{c3}之间的区域，普通低碳钢约为750～900℃。该区特点为，只有部分金属经受了重结晶相变，剩余部分为未经重结晶的原始铁素体晶粒。因此，它是一个粗晶粒和细晶粒的混合区。该区的组织为在未经重结晶的粗大铁素体之间分布着经重结晶后形成的细小铁素体和粒状珠光体的混合组织。

易淬火钢的焊接热影响区可大体分为淬火区（粗晶淬火区+细晶淬火区）和部分淬火区（部分细晶区)，若母材处于淬火状态又存在回火区。

易淬火钢在焊接过程中近缝区的峰值温度被加热到A_{c3}以上时，将彻底地进行了奥氏体转变，在焊接快冷后形成的淬火组织的区域，被称为完全淬火区。该区域包括了相当于不易淬火钢焊接热影响区的过热区和正火区（重结晶区）两部分，分别称为粗晶淬火区和细晶淬火区。其中，在粗晶淬火区，由于晶粒严重长大以及奥氏体均质化程度高而增大了淬火倾向，易于形成粗大的马氏体组织；在细晶淬火区，由于淬火倾向较低而能够形成细小的马氏体组织。

在焊接过程中，近缝区的峰值温度被加热到A_{c1}～A_{c3}之间时，铁素体基本上不发生变化，只有珠光体及贝氏体等转变为含碳量较高的奥氏体，若焊接冷却速度较快时奥氏体转变为马氏体，若焊接冷却速度较慢时也可能形成铁素体与碳化物构成的中间体，这种发生不完全淬火的区域称为不完全淬火区。不完全淬火区相当于不易淬火钢中的不完全重结晶区。

焊前处于调质态或淬火态的母材，焊接热循环峰值温度低于A_{c1}，但高于原来调质处理的回火温度的区域被称为回火区。焊前是完全淬火态时，距焊缝越近的点，经历的峰值越高，回火作用越大，硬度越低。焊前是调质状态时，组织和性能发生的变化程度决定于焊前调质状态的回火温度，峰值温度低于回火温度的区域其组织性能不发生变化；峰值温度高于回火温度的区域将会出现软化现象。

B 热影响区的性能

焊接热影响区的性能损伤主要包括软化、硬化、脆化、抗腐性能和疲劳性能等。由于焊接热影响区范围小，各处性能又极不均匀，为了方便起见，常常用硬度的变化来判定热影响区的性能变化，硬度高的区域，强度也高，塑性与韧性下降，测定热影响区的硬度分布可以间接估计热影响区的强度、塑性和裂纹倾向等问题。

a 热影响区的软化问题

对于形变强化状态材料的焊接热影响区，焊接热循环将产生退火热处理效果，使得一定范围的热影响区组织发生回复与再结晶过程，使该区的硬度与强度硬度低于母材。而对于时效的金属，焊接热影响区会出现沉淀相的溶解和长大问题，使强化效果下降，导致硬度低于母材。

钢的焊接热影响区的硬度与钢的本身的材质和焊前热处理工艺有关。对于易淬火的调质钢而言，为获得良好的综合力学性能，通常采用调质处理，即淬火+回火的热处理工艺。因此，这类钢在焊接过程中，在近缝区的峰值温度高于焊前回火温度的局部区域有可能会出现软化现象。图 8-9 所示为低合金钢不同处理状态下焊接接头的硬度分布。在图中可以明显地看出在接近焊缝区域由于其峰值温度高且冷却速度快，发生了较强的淬硬倾向。但是热影响区的峰值温度在 A_{c1}附近时，根据不同的热处理状态，将出现不同程度的软化倾向。当焊前为退火状态时，热影响区不出现软化区域；若焊前为淬火+回火处理状态，则焊接热影响区的硬度降低的程度和范围随回火温度降低而增大。因此，低合金调质钢的焊接热影响区具有一定的软化倾向，造成了接头强度的损失，而且软化程度随着母材焊前强化程度的增加而增大。

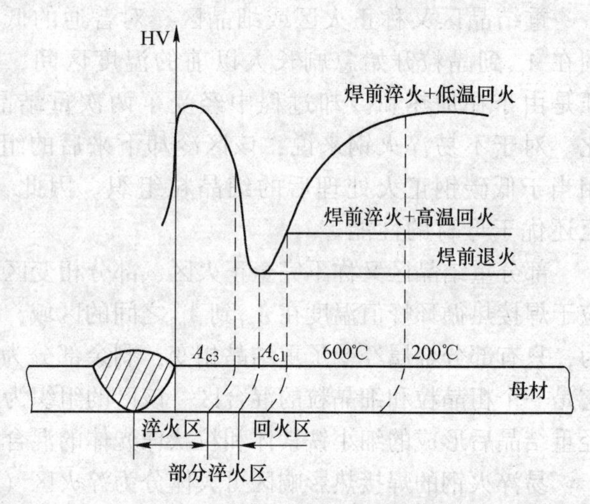

图 8-9 低合金钢不同处理状态下焊接接头的硬度分布

b 热影响区的硬化问题

硬化是钢焊接热影响区的一个比较普遍的现象。热影响区硬化可以明显地提高热影响区冷裂倾向，脆性增大。图 8-10 所示为低合金不易淬火钢焊接接头的硬度分布，在图中可以明显地看出，在热影响区发生了硬化现象。对于易淬火钢在正火或退火条件下焊接，其热影响区的淬火区必然会发生较大的淬硬倾向，这种淬硬倾向与回火软化恰恰相反，焊前强化程度越低，淬硬倾向也就越明显。

钢的热影响区的淬硬倾向，必然会造成热影响区脆性及冷裂敏感性的增大，因此常用热影响区的最高硬度 H_{max} 来间接判断热影响区的性能。

c 热影响区的脆化问题

焊接热影响区的脆化是焊接接头力学性能损伤的最重要表现之一。焊接热影响区是组织分布极其不均匀的区域，这种组织的不均匀性必然会导致韧性的不均匀。图 8-11 所示为 16Mn 钢焊接热影响区脆性转变温度分布。可以看出，在整个焊接接头，细晶区（峰值温度 900℃左右）的韧性最好，过热粗晶区的韧性最差，同时存在峰值温度较低的时效脆化区。根据被焊钢种的不同和焊接时的冷却条件不同，在焊接热影响区可能出现不同的脆性组织。这些脆性组织需要根据具体的焊接条件与材料成分进行具体判断。大体上来说，焊接热影响区的脆化有多种类型，如粗晶脆化、组织脆化、析出脆化、热应变时效脆

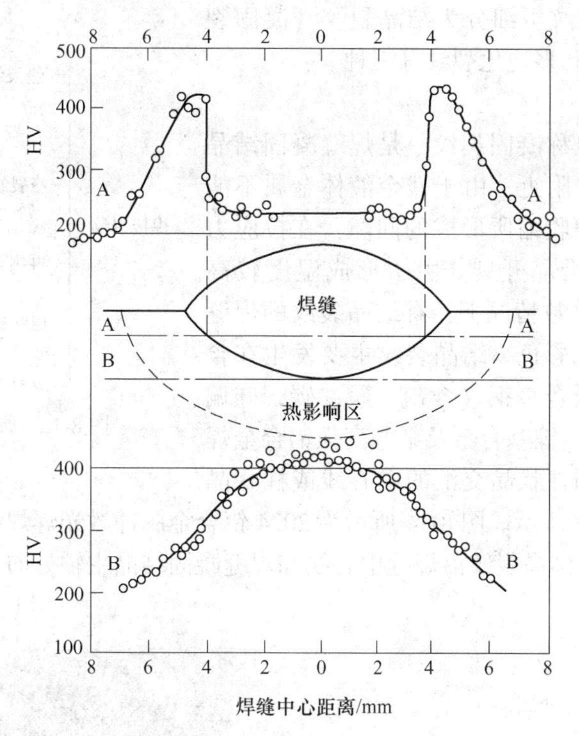

图 8-10　低合金钢焊接接头的硬度分布

（基体金属为 20mm 钢板；0.20%C，1.38%Mn，0.2%Si；170A，25V，15cm/min）

化等。

8.1.2.5　焊接裂纹

由于焊接材料、结构和工艺不同，焊接接头可能出现各种裂纹。按裂纹的走向分类，有横向裂纹、纵向裂纹和星形裂纹等；按裂纹的位置分类，有焊缝裂纹、熔合区裂纹和热影响区裂纹等；按裂纹形成的本质特征分类，有热裂纹、冷裂纹、再热裂纹、层状撕裂和应力腐蚀裂纹等五大类，如图 8-12 所示。

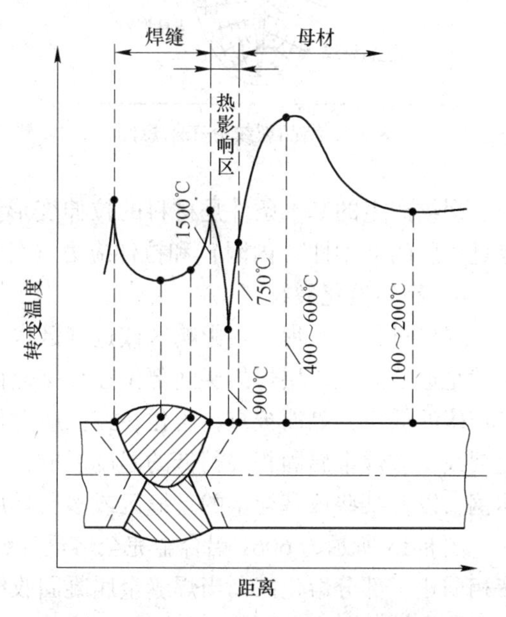

图 8-11　不易淬火钢焊接接头的韧性分布

A　焊接热裂纹

热裂纹形成于焊接冷却过程的高温阶段(固相线附近)，故称为热裂纹。宏观上，焊接热裂纹的位置主要在焊缝区，但少量也出现在热影响区（近缝区），由于形成温度较高，断口上一般可见明显的氧化色彩；微观上，焊接热裂纹一般沿晶界分布，属于沿晶开裂性质。

根据被焊金属材料和焊接工艺条件不同，产生热裂纹的形态、温度区间和主要原因也有所不同，焊接热裂纹可细分为结晶裂纹（凝固裂纹）、高温液化裂纹和多边化裂纹等三种。

a 结晶裂纹

焊接结晶裂纹也称凝固裂纹，是焊缝凝固结晶最后阶段，在固相线附近，由于残余液体金属不能及时填充因金属凝固收缩所形成的间隙，在拉应力作用下发生的一种沿晶开裂。由于形成温度较高（稍高于固相线），多数情况下，有结晶裂纹的焊缝断面上可以看到氧化彩色。结晶裂纹主要发生在含杂质较多的碳钢、低合金钢（含硫、磷、碳，硅偏高）、单相奥氏体钢、镍基合金及某些高强铝合金焊缝中，多沿焊缝两侧柱状晶交汇的中心线或柱状晶晶间分布，如图 8-13 所示。图 8-14 所示为 2024 铝合金脉冲激光焊焊缝结晶裂纹照片，图中可以清楚地看到，结晶裂纹沿焊缝中心线和焊缝凝固结晶主轴方向分布。

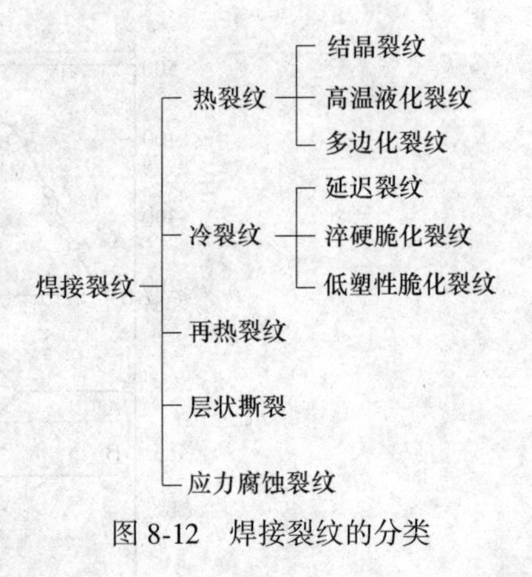

图 8-12 焊接裂纹的分类

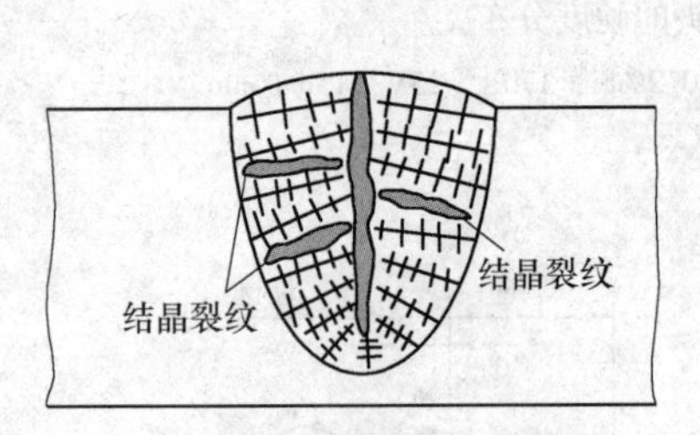

图 8-13 结晶裂纹分布示意图

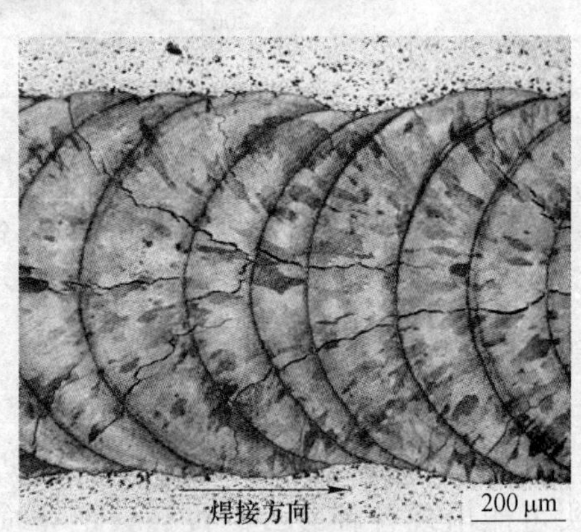

图 8-14 2024 铝合金脉冲激光焊结晶裂纹

裂纹产生的基本条件是材料的拉伸变形量超过它的塑性变形能力（$\varepsilon>p$），结晶裂纹也是金属的低塑性（内因）和拉伸应力（外因，也是必要条件）共同作用下的结果。

b 高温液化裂纹

焊接过程中，焊接热影响区或近缝区也会因晶界存在液膜而产生热裂纹。高温液化裂纹就是近缝区或多层焊的层间部位在焊接热循环峰值温度的作用下，由于被焊金属晶界含有较多的低熔共晶而被重新熔化，在拉应力作用下沿晶界发生开裂而形成的一种裂纹。液化裂纹在被焊金属固相线稍低的温度形成，主要发生在铝合金、含有铬镍的高强钢、奥氏体钢，以及某些镍基合金的近缝区或多层焊层间部位。

图 8-15 所示为 6061 铝合金完全熔透焊缝部分熔化区液化裂纹形成示意图。由于晶间液相弱化了部分熔化区，当焊缝金属凝固收缩而使之受拉时产生开裂。大多数铝合金对液化裂纹的敏感性高，这主要是由于铝合金具有较宽的部分熔化区（铝合金具有大的凝固温度区间、高的热导率）、大的凝固收缩能力（铝合金的固态金属密度明显大于液相金属密度），以及比较大的热收缩能力（铝合金具有比较高的热膨胀系数）。铝合金的凝固收

缩高达6.6%，而且铝合金的热膨胀系数大约为铁基合金的2倍。图中沿着晶界白亮的α带是晶界液化的明显特征，焊接时，这种晶界液化弱化了部分熔化区。

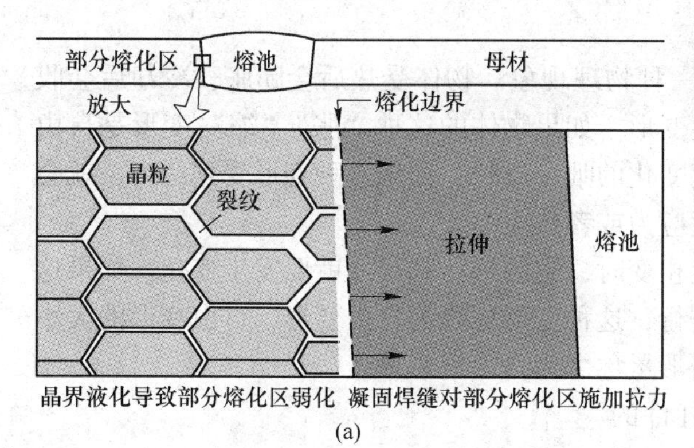

(a)

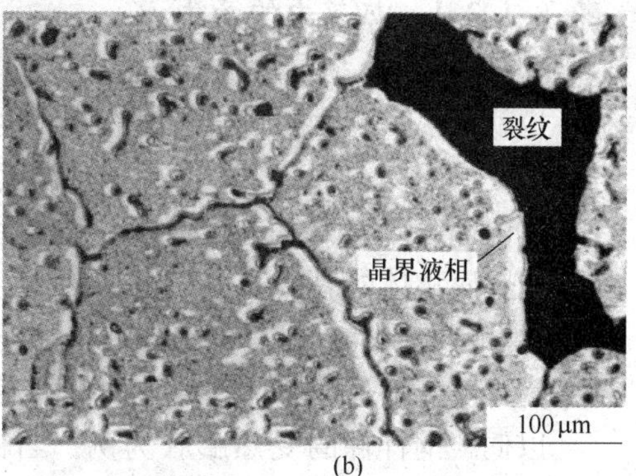

(b)

图8-15 全熔透焊接部分熔化区液化裂纹的形成
（a）示意图；（b）6061铝合金部分熔化区裂纹

B 焊接冷裂纹

焊接冷裂纹是相对热裂纹而言，通常是指焊后冷至较低温度下产生的一类裂纹，对于低合金高强钢，其形成温度大约在马氏体转变温度（M_s）附近。焊接冷裂纹主要发生在低合金钢、中合金钢、中碳和高碳钢的焊接热影响区，个别情况下，如焊接超高强钢或某些钛合金时，冷裂纹也出现在焊缝金属上。冷裂纹的断口宏观上呈具有金属光泽的脆性断裂特征，微观上既有晶间（沿晶）断裂，也有穿晶（晶内）断裂，常常是晶间和穿晶的混合断裂。根据被焊材料和形成行为的不同，冷裂纹可分为延迟裂纹、淬硬脆化裂纹和低塑性脆化裂纹三种。延迟裂纹是冷裂纹中最常见的一种裂纹，其形成温度在马氏体转变温度（M_s）以下，主要特点是不在焊后立即出现，而是有一段孕育期，从数小时到数天，甚至更长，即具有延迟明显的延迟特征，故称延迟裂纹。

从分布的具体位置来看，焊趾附近、焊道下和焊缝根部是延迟裂纹常见的形成区域，分别称为焊趾裂纹、焊道下裂纹和根部裂纹，如图8-16所示。焊趾裂纹一般起源于焊趾（焊缝与母材交界）应力集中的部位，由焊趾表面向母材内部扩展，裂纹走向多与焊缝平行。焊道下裂纹位于焊缝底部焊接热影响区，其走向多与熔合线平行；该类裂纹主要发生在淬硬倾向较大、含氢量较高的焊接热影响区。根部裂纹是高强钢焊接时最常见的一种裂纹，尤其当焊缝金属含氢量较高且预热温度不足时更容易形成；该类裂纹常起源于焊缝根部应力集中最大的部位，焊缝及热影响区均有可能出现。

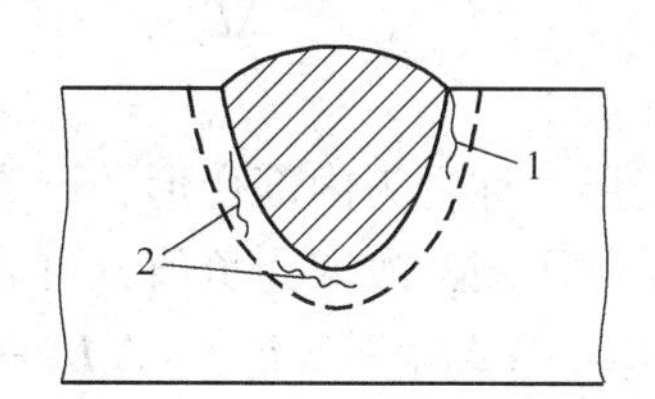

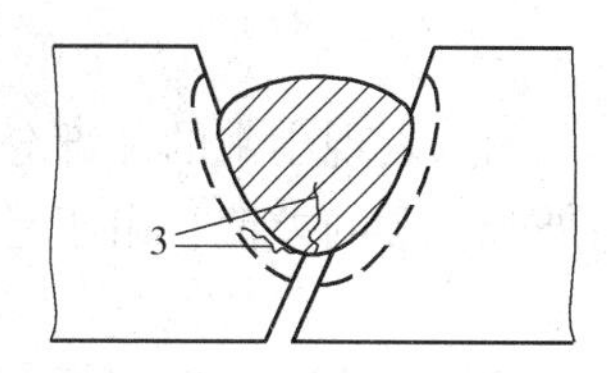

图8-16 焊接延迟裂纹分布示意图
1—焊趾裂纹；2—焊道下裂纹；3—根部裂纹

研究表明，焊接延迟裂纹的形成与接头中的含氢量、淬硬组织以及接头所处的拘束应力状态具有密切的关系，而且，这三方面因素是相互联系和作用的，因此，氢、组织和应力也被称为延迟裂纹的三大要素。

8.1.3 焊接应力与变形原理

8.1.3.1 热应力的产生

“热胀冷缩”是自然界中普遍存在的一种物理现象。物体受热后会膨胀，冷却后会收缩，也就是说，温度的变化会使物体产生变形。如果物体的这种“胀”“缩”变形是自由的，即变形不受约束，则说明变形是温度变化的唯一反映；如果这种变形受到约束，就会在物体内部产生应力，这种应力称为温度应力或者热应力。

当金属物体的温度发生变化或者发生相变时，它的形状和尺寸就要发生变化。如果这种变化没有受到外界的任何阻碍而自由进行，这种变形称之为自由变形，自由变形的大小称之为自由变形量，单位长度上的自由变形量称之为自由变形率。

以低碳钢杆件的受热膨胀为例，当杆件的温度为 T_0时，其长度为 L_0；当其受热使温度升高到 T_1时，如果杆件伸长不受阻碍，则其长度变为 L_1，如图 8-17（a）所示，则此时的自由变形量 ΔL_T为

$$\Delta L_T = L_1 - L_0 = \alpha L_0(T_1 - T_0) \quad (8\text{-}10)$$

式中，α 为杆件的热膨胀系数。而其自由形变率 ε_T为

$$\varepsilon_T = \Delta L_T / L_0 = \alpha(T_1 - T_0) \quad (8\text{-}11)$$

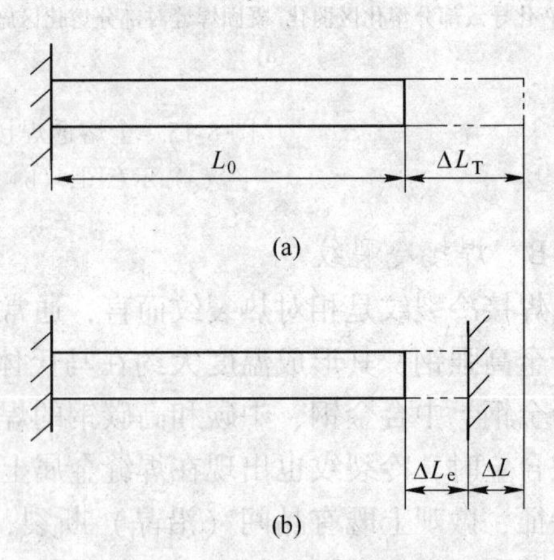

图 8-17 金属杆件受热变形

（a）自由形变量；（b）外观形变量

当杆件的伸长受阻碍，使其不能完全自变形时，如图 8-17（b）所示，变形量只能部分表现出来，则所变现出来的部分变形称为外观变形或可见变形，用 ΔL_e表示。其外观变形率 ε_e可用下式表示

$$\varepsilon_e = \frac{\Delta L_e}{L_0} \quad (8\text{-}12)$$

而未表现出来的那部分变形，称之为内部变形，记为 ΔL_0内部变形的数值是自由变形与外观变形的差值，由于是受到压缩，故取为负值，可表示为

$$\Delta L = -(\Delta L_T - \Delta L_e) = \Delta L_e - \Delta L_T \quad (8\text{-}13)$$

同样，内部变形率 ε 可表示为

$$\varepsilon = \frac{\Delta L}{L_0} = \frac{\Delta L_e - \Delta L_T}{L_0} = \varepsilon_e - \varepsilon_T \quad (8\text{-}14)$$

由胡克定律可知，在弹性范围内应力与应变之间应满足如下的线性关系

$$\sigma = E\varepsilon = E(\varepsilon_e - \varepsilon_T) \quad (8\text{-}15)$$

如果金属杆件在 T_1温度下所产生的内部变形率 ε_1小于材料屈服时的变形率 ε_s，即 $|\varepsilon_1| < \varepsilon_s$，则杆件中的应力值小于材料的屈服强度，$\sigma < \sigma_s$。若使杆件温度恢复到 T_0，并且杆件中也不存在应力。如果使杆件的温度升高到 T_2，使杆件中内部变形率 ε_2大于材料屈服时的变形率 ε_s，即 $|\varepsilon_2| < \varepsilon_s$，则杆件中的应力会达到材料的屈服强度，即 $\sigma = \sigma_s$，同时还会产生压缩塑性变形 $\varepsilon_p(|\varepsilon_e - \varepsilon_T| - \varepsilon_s)$。在杆件的温度恢复到 T_0时，若允

许其自由收缩，杆件中也不存在内应力，但杆件的最终长度将比初始长度缩短 ΔL_p（ΔL_p 为塑性变形量）。

8.1.3.2 焊接引起的内应力与变形

A 焊接应力与变形的特殊性

焊接应力与变形与不均匀的温度场引起的应力与变形的基本规律是一致的，但是前者更为复杂。其复杂性表现在以下三方面：

第一，焊接时的温度变化范围比前面分析的情况要大得多，焊缝上的最高温度可达到材料的沸点，而离开热源后温度急剧下降至室温。图 8-18 所示为薄板在焊接时的一个典型温度场，用垂直于平板面的坐标表示温度。从图中可以看出，由于焊接热源并不是沿焊缝全长同时加热。因此，平面假设的准确性受到影响。但是，在焊接速度较快，材料导热性较差的情况下（如低碳钢、合金结构钢等），在焊接温度场的后部还有一个相当长的区域纵向的温度梯度较小，仍可用平面假设来做近似的分析。

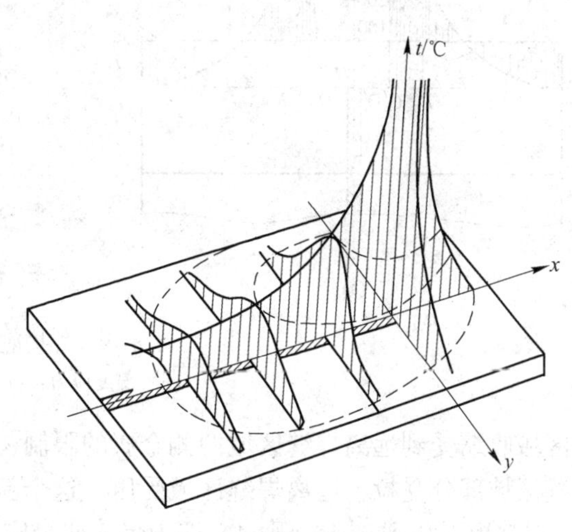

图 8-18 焊接温度场

第二，金属在高温下性能随温度变化而变化，如膨胀系数 α 和屈服强度 σ_s。这些变化必然会影响这个过程中的应力分布，使问题复杂化。为了分析方便，通常用一条水平线和一条斜线组成的折线来简化实际的 σ_s 随温度变化的曲线。假设在 500℃以下 σ_s 为一常量。而 500~600℃范围内 σ_s 直线下降到零。

第三，由于焊接时温度变化范围大，可能出现固态相变，相变结果将引起许多物理和力学性能的变化，也会产生相变应力。应该指出，在上述应力和应变分析中没有考虑相变的体积变化对焊接应力和变形的影响。这是由于低碳钢的相变温度高于 600℃，在相变时金属处于塑性状态，这部分金属不参与内应力的平衡，因此对以后的应力和变形不参与影响。当然，对相变温度低于塑性温度的材料，它对残余应力和变形的影响是不能忽视的。

B 焊接应力与变形

设有一低碳钢平板条，沿其中心线进行焊接，在焊接过程中出现一个温度场。在接近热源处取一截面，该截面上的温度如图 8-19（a）所示。在 DD' 区域内，金属的温度超过 600℃，ε_s 可视为零，不产生应力，因此这个区域不参与内应力的平衡。在 DC 和 $D'C'$ 区域，温度从 600℃降至 500℃，屈服极限迅速从零上升到室温时的数值，因此在这两个区域里内应力的大小是随 ε_e 的增加而增加的。在 CB 和 $C'B'$ 区域，$|\varepsilon_e - \varepsilon_T| > \varepsilon_s$，故内应力保持不变，$AB$ 和 $A'B'$ 区域中金属完全处于弹性状态，内应力正比于内部应变值。

在焊接冷却过程中，焊缝近焊缝区中产生压塑性变形，当温度恢复到室温以后，如果允许其自由收缩，这个区域的长度将比原来短，其缩短量等于温度场存在时所产生的压塑性变形量。同时由于焊缝是由液态金属冷却而形成的固态焊缝，会产生大量的收缩。这两

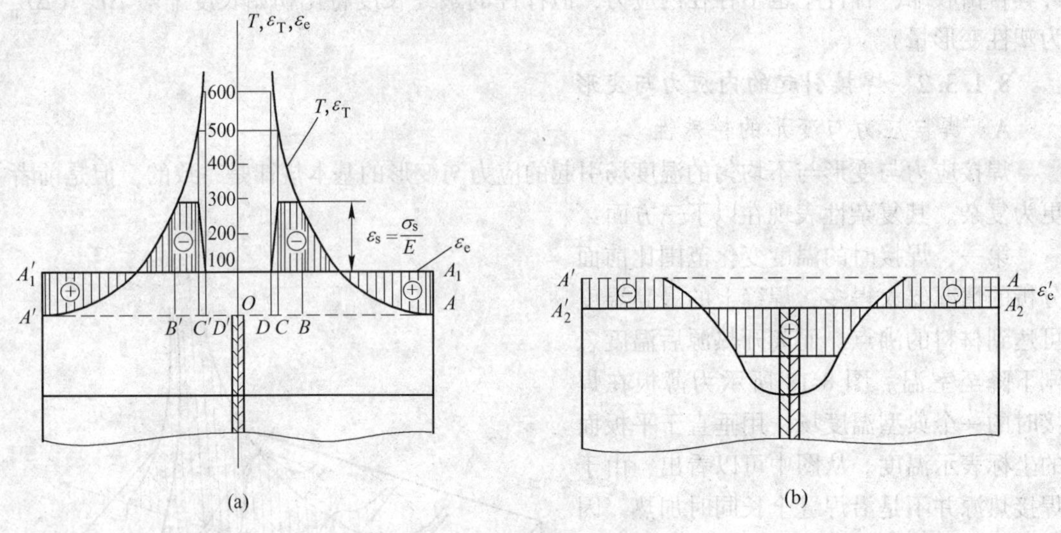

图 8-19 焊接应力与变形

（a）温度应力；（b）残余变形

个区域收缩受到远离焊缝区域两侧金属的限制，因此出现了新的变形和应力。焊缝及其近焊缝区域部分受拉，远离焊缝区域受压，这个新的平衡焊缝系统就是焊接残余应力。端面从 AA'缩短平移到 A_2A_2'，则 AA_2 即为焊接残余应力 ε_e'，如图 8-19 所示。

焊接残余变形是焊接后残存于结构中的变形，是由于构件不均匀受热，在加热或冷却过程中出现不均匀加热的热胀冷缩而引起的焊接残余变形，也称为焊接变形。

8.2 电弧熔化焊接方法

8.2.1 钨极氩弧焊

8.2.1.1 钨极氩弧焊的原理

钨极氩弧焊是以钨材料或钨的合金材料做电极，在惰性气体下进行的焊接，又称 TIG（Tungsten Inert Gas）焊或 GTA 焊接（Gas Tungsten Arc Welding）。钨的熔点约为 3380℃，是熔点最高的一种金属，与其他金属相比，具有难熔化、可长时间处于高温的性质。氩气是惰性气体中的一种。惰性气体也称作非活性气体，具有不与其他物质产生化学反应的性质，泛指氦、氩、氖等气体。TIG 焊中利用这一性质，以惰性气体完全覆盖电弧和熔化金属，使电弧不受周围空气的影响及保护熔化金属不与空气中的氧、氮等发生反应。

TIG 的焊接原理如图 8-20 所示。钨电极被夹持在电极上，从 TIG 焊焊枪喷嘴中伸出一定的长度，在钨电极端部与被焊母材间产生电弧对母材（焊缝）进行焊接，在钨电极的周围通过喷嘴送进保护气，保护钨电极、电弧及熔池，使其免受大气的侵害。

在需要填充金属到熔池中时，如图所示，是从电弧的前面把填充金属（填充焊丝）以手动或者自动的方式按一定的速度向熔池中送进。

8.2.1.2 钨极氩弧焊的特点

TIG 焊的优点是能够实现高品质的焊接，得到优良焊缝。这是由于保护气对电弧及熔池的可靠保护完全排除了氧、氮、氢等气体对焊接金属的侵害；钨电极和母材间产生的电弧在惰性气氛中极为稳定，焊缝很美观、很平滑。焊接电流在10～500A范围内，电弧都很稳定，电弧电压仅有8～15V。对热输入量的调节很容易，可以进行薄板及多种姿态下的焊接，以及精密焊接等。由于电弧稳定、熔池可见性好，焊接操作也容易进行。

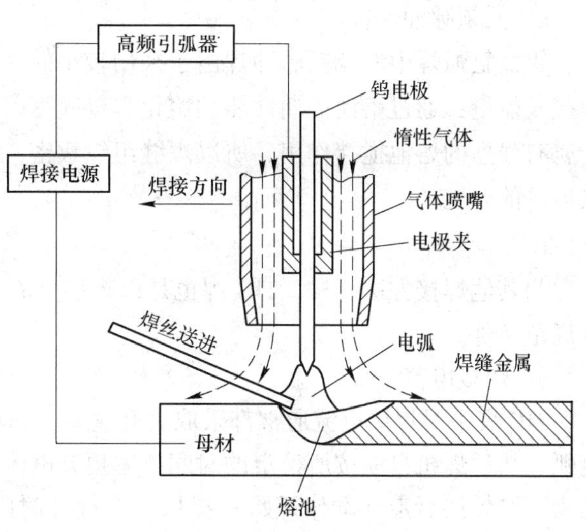

图 8-20 钨极氩弧焊的原理

TIG焊的缺点是焊接效率低于其他方法，氩气等其他惰性气体的价格稍稍高一些。由于钨电极承载电流的能力有限，电弧功率受到制约，致使焊缝熔深浅，焊接速度低。然而就目前的焊接情况来看，许多产品对焊接品质的要求高于对焊接效率的要求，比如精密焊接和非铁金属的焊接。

8.2.1.3 钨极氩弧焊工艺

A 焊接电流加热方式

a 直流焊接

直流焊接是钨极氩弧焊最常采用的一种焊接方式。直流焊接通常有直流反极性（钨极接正）和正极性（钨极接负）两种接法。反极性焊接时，电弧在工件上的产热量少，焊缝熔深浅而熔宽大，生产率低。因此，钨极氩弧焊直流反极性焊接只有对薄件铝、镁及其合金才可以采用。钨极氩弧焊直流正电极性焊接是所有电弧焊接方法中电弧过程最为稳定的。直流正极性焊接母材产热量高，熔深较大，除去焊接铝、镁合金外，在焊接其他金属材料时一般均使用直流正极性。

b 交流TIG电流

因为交流电弧的阴极清理作用，在焊接应用中，对铝、镁及其合金的焊接推荐使用交流。然而交流焊接表现出的突出问题是电流过零，不采取稳弧措施的话电弧会熄灭，或者电流不连续，影响焊接过程中的稳定和焊缝形态的稳定。

对于像铝及其合金这样电子发射能力很弱、材料导热性很强的金属，稳弧的基本原则是在铝从阳极向阴极转换、电流过零的瞬间，在工件与钨极之间施加一个高电场，可以是高频高压振荡，也可以是高压脉冲，高压数值依据电流数值、焊接电流波形（波形过零速率）、母材状态（尺寸与散热量）而定。

为使电弧燃烧更为稳定，在电流从负半波（钨电极为正、母材为负）向正半波（钨电极为负、母材为正）转换的瞬间最好也施加同样的稳压电弧。满足正半波向负半波极性转换的稳弧电压足以满足负半波向正半波的可靠转换。

对于钢材料，如果采用交流焊接，母材熔深和焊接效率不如直流正极性焊接，而且钨电极状态不好，故很少采用。对于铝合金，由于氧化膜的问题而无法采用直流正极性焊接，同时由于钨电极电流容量问题无法进行大电流焊接，故没有比较意义。

c 低频脉冲焊接

钨极氩弧焊中的低频脉冲焊由于采用较小的平均电流进行焊接，所以可以有效地降低焊接线能量；通过熔池周期性能的熔化与凝固可以精确地控制焊缝成形；脉冲电流对熔池金属有强烈的熔池搅拌作用，所以焊缝组织致密，树枝状结晶不明显，可减少热敏材料焊接裂纹的产生。

B 焊接规范条件

与其他焊接方法一样，TIG 焊也是以焊接电流、电弧电压、焊接速度作为三个基本焊接规范条件。

a 焊接电流

TIG 焊中对焊接电流通常都采取缓升缓降，即在焊接引弧时采用较小的引弧电流引燃电弧，然后焊机自动按所设定的时间速率提升电流至所要使用的焊接电流值，这一点主要是为了给焊接行走（动作开始）提供一个缓冲时间，也有利于对电弧引燃后初始状态进行观察（比如电弧是否燃烧在焊接线上）。在焊接结束时，焊接电流按设定的时间速率下降，最后熄灭，这一点主要是使电弧下方的熔池凹陷区有一个金属回填的过程，防止大电流熄弧在焊缝上形成弧坑，同时在封闭形焊缝焊接时，使焊缝的最后连接部位不致产生过量熔化。

b 电弧电压

TIG 焊多是以电弧长度作为规范参数。此外，如果电弧长度增加，电极与母材间的距离过大，会使电弧对母材的熔透能力降低，也会增加焊接保护的难度，引起电极的异常烧损，在焊缝中发生气孔。反之，如果电极过于接近母材，电弧长度过短，容易造成电极与熔池的接触，钨极被污染或者断弧，在焊缝中出现夹钨缺陷。

TIG 焊电弧长度根据电流值的大小通常选择 1.2~5mm 之间。需要填加焊丝时，要选择较长的电弧长度。

c 焊接速度

TIG 焊在 5~50cm/min 的焊接速度下能够维持比其他焊接方法更为稳定的电弧形态。利用这一特点，TIG 焊常被使用在高速自动焊中。

在通常情况下，高速电弧焊接容易产生咬边及焊缝不均匀等缺陷。咬边不仅使焊缝外观恶化，还会引起应力集中，对接头力学性能有不良影响。比如 200A 焊接电流、50cm/min 焊接速度下可以得到正常的焊缝，当速度增加到 100cm/min 时将会出现咬边。因此在进行高速 TIG 焊时，必须均衡确定焊接电流和焊接速度。

d 保护气流

TIG 焊决定保护效果的主要因素有喷嘴尺寸、喷嘴与母材的距离、保护气流量、外来风等。保护气流量的选择通常首先考虑焊枪喷嘴尺寸和所需保护的范围以及和所使用焊接电流的大小。

喷嘴尺寸的选择要求对熔池周围的高温母材区给予充分的保护。对一种直径的喷嘴，如果保护气流量过大，将会形成紊流流动，并导致空气的卷入。喷嘴形状也具有同等重要的作用，自己随意制作的喷嘴，即使在较小的气流量下也可能出现紊流。表 8-2 给出喷嘴尺寸及气流量的推荐选择。

表 8-2 钨极氩弧焊喷嘴孔径与保护气流量的选用范围

焊接电流/A	直流正极性焊接		直流反极性焊接	
	喷嘴孔径/mm	保护气流量 /L·min^{-1}	喷嘴孔径/mm	保护气流量 /L·min^{-1}
10~100	4~9.5	4~5	8~9.5	6~8
100~150	4~9.5	4~7	9.5~11	7~10
150~200	6~13	6~8	11~13	7~10
200~300	8~13	8~9	13~16	8~15
300~500	13~16	9~12	16~19	8~15

8.2.2 等离子弧焊

8.2.2.1 等离子弧焊原理

通常情况下的电弧如 GTA 电弧和 GMA 电弧，除受到电弧自身磁场拘束和周围环境的冷却拘束外，不受其他条件的束缚，电弧形态相对比较扩展，电弧能量密度和电弧温度较低，可以称作自由电弧。如果把上述电弧的一极伸进喷嘴里，喷嘴的孔径比较小，则电弧通过喷嘴孔时，电弧弧柱截面积受到限制，电弧不能自由扩展，即产生了外部拘束作用，电弧在径向上被强烈压缩，从而形成等离子弧。所以也把等离子弧称为“拘束电弧”或“压缩电弧”。图 8-21 所示为等离子弧与 TIG 电弧受拘束情况及形态的比较。

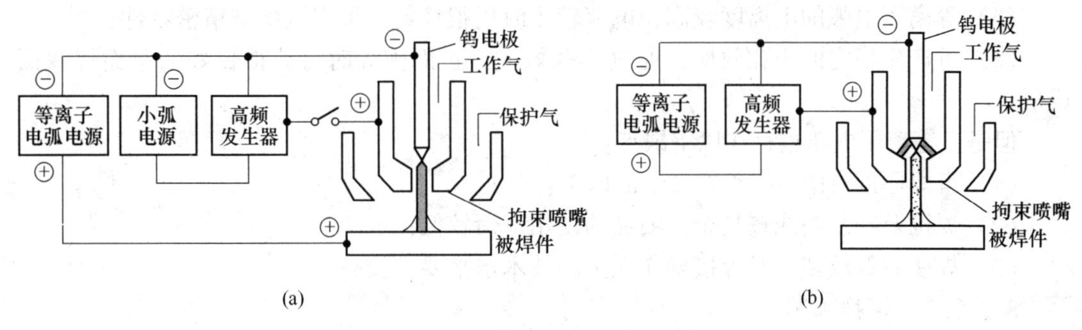

图 8-21 等离子电弧示意图

(a) 转移型的等离子弧；(b) 等离子焰流

自由电弧受到外部拘束形成等离子弧后，电弧的温度、能量密度、等离子流速等显著增加，对喷嘴的热作用也会增强，因此从保证拘束能力和自身使用性能考虑，等离子弧喷嘴需要采取水冷。

等离子弧有如下三种工作形式：

(1) 转移型的等离子弧。如图 8-21 (a) 所示，在喷嘴内电极与被加工工件间产生等离子弧，主电源正负极分别接续到工件和电极上。由于电极到工件的距离较长，引燃电弧时，首先在电极与喷嘴内壁间引燃一个小电弧，称作“引燃弧”，电极被加热，空间温度升高，高温气流从喷嘴孔道中流出，喷射到孔道表面，在电极与工件间有了高温气层，其间也含有带电粒子，随后在主电源较高的空载电压下，电弧能够自动转移到电极与工件之间燃烧，称作“主弧”或“转移弧”。主弧引燃后，通过开关切断引燃弧。

（2）等离子焰流。如图 8-21（b）所示，在钨极与喷嘴内壁之间引燃等离子弧，电弧电源正负极分别接续到电极和喷嘴上。由于保护气通过电弧区被加热，流出喷嘴时带出高温等离子焰流，对被加工工件进行加热，因此称作“等离子焰流”。电极与喷嘴内壁间的电弧，其电流值较小，电弧温度低，因此等离子焰流的温度也明显低于电弧，指向性不如等离子弧。

（3）混合型等离子弧。图 8-21（a）中，当电弧引燃并形成转移弧后仍然保持引燃弧（这时称作“小弧”）的存在，即形成两个电弧同时燃烧的局面，效果是转移弧的燃烧更为稳定。

混合型等离子弧和转移型都需要有两套电源供电（可以是一体式），引燃弧电源相对功率较小，一般只需要几安培的输出。

8.2.2.2 等离子弧的焊接的特点

由于等离子电弧具有较高的能量密度、温度及刚直性，因此与一般电弧焊相比，等离子电弧具有下列优点：

（1）熔透能力强，与 TIG 焊相比，等离子弧温度更高，能量密度更大，在不开坡口、不加填充焊丝的情况下可一次焊透 8~10mm 厚的不锈钢板；

（2）焊缝质量对弧长的变化不敏感，这是由于电弧的形态接近圆柱形，且挺直度好，弧长变化对加热斑点面积的影响很小，易获得均匀的焊缝形状；

（3）钨极缩在水冷铜喷嘴内部，不会与工件接触，因此可避免焊缝金属产生夹钨现象；

（4）等离子电弧的电离度较高，电流较小时仍很稳定，可焊接微型精密零件；

（5）可产生稳定的小孔效应，通过小孔效应，正面施焊时可获得良好的单面焊双面成形。

但是，等离子电弧也存在以下缺点：

（1）可焊厚度有限，一般在 25mm 以下；

（2）焊枪及控制路线较复杂，喷嘴的使用寿命较低；

（3）焊接参数较多，对焊接操作人员的技术水平要求较高。

8.2.2.3 焊接工艺

A 焊接模式

a 小孔型等离子弧焊接

利用等离子弧能量密度和等离子流力大的特点，可在适当的参数条件下实现熔化型穿孔焊接。这时等离子弧把工件完全熔透并在等离子流力的作用下形成一个穿透工件的小孔，熔化金属被排挤在小孔的周围，随着等离子弧在焊接方向上移动，熔化金属沿电弧周围熔池壁向熔池后方流动，于是小孔也就跟着等离子弧向前移动，于是小孔也就跟着等离子弧向前移动。稳定的小孔焊接过程是不采用衬垫实现单面焊双面成形的好方法，一般大电流（100~300A）大都是采用这种方法。图 8-22 所示为等离子弧小孔法焊接中小孔的形成和熔池熔化状态。

穿孔现象只有在足够的能量密度下才能出现。板厚增加时所需的能量密度也增加。由于等离子弧的能量密度难以进一步提高，因此穿孔型等离子弧焊接只能在有限板厚内进行。

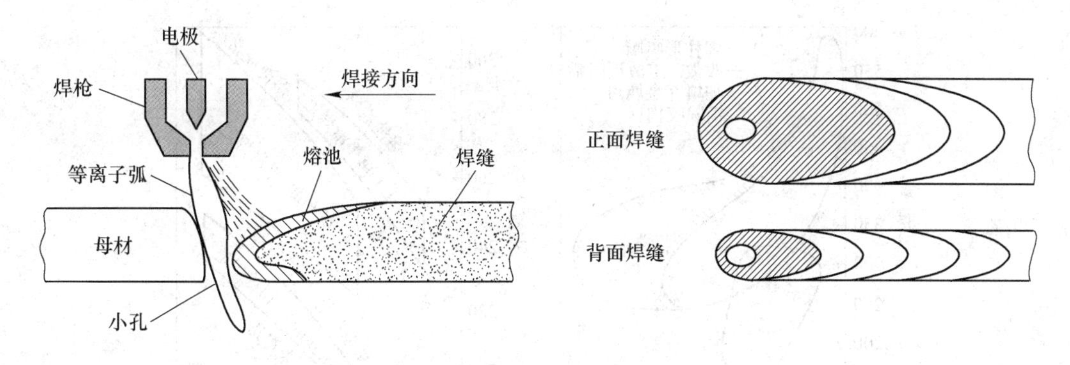

图 8-22 穿孔型等离子弧焊接

b 熔入型等离子弧焊接

当离子气流量减小、穿孔效应消失时，等离子弧仍然可以进行对接、角接焊。熔池状态与 TIG 焊相似，称作熔入型焊接，可适用于薄板、多层焊缝的上层面、角焊缝焊接等，可填加焊丝或不加焊丝，优点是焊接速度比 TIG 电弧快。

B 焊接参数的选择

由于小孔型焊接模式最能够体现等离子弧焊接的特点，并且其焊接参数的选择也比较复杂，这里仅对小孔型等离子弧焊接模式的焊接规范进行介绍。

a 离子气流量

离子气流量增加可以使等离子流力和电弧穿透能力增大。其他条件给定时，为形成穿孔需要有足够的离子气流量，但过大时不能保证焊缝成形，应根据焊接电流、焊速、喷嘴尺寸和高度等参数条件确定。采用不同种类或混合比的气体时，所需流量也是不相同的。用得最多的是氩气，焊不锈钢时可采用 Ar+(5%～15%)H_2，焊钛时可采用 Ar+(50%～75%)He，焊铜时也可采用 100%N_2或 100%He。

b 焊接电流

其他条件给定时，焊接电流增加，等离子弧传统能力提高。同其他电弧焊方法一样，焊接电流总是根据板厚或焊透要求首先选定的。电流过小，小孔直径减小或者不能形成小孔；电流过大，小孔直径过大，熔池脱落，也不能形成稳定的穿孔焊过程。因此在喷嘴结构尺寸确定的条件下，实现稳步穿孔焊过程的电流都有一个适宜的范围。离子气流量也有一个适用范围，而且与电流是相互制约的。图 8-23（a）为喷嘴结构、焊速等参数给定后，用试验方法对 8mm 厚的不锈钢板焊接测定的小孔焊接电流和离子气流量的规范匹配关系。喷嘴结构不同时，这个范围是不同的。

c 焊接速度

其他条件给定时，焊接速度增加，焊缝热输入量减小，小孔直径减小，因此只能在一定速度范围内获得小孔焊接过程。焊接速度太慢会造成熔池脱落，正面咬边，反面突出太多。对于给定厚度的焊件，为了获得小孔焊接过程，离子气流量、焊接电流、焊接速度这三个参数要保持适当的匹配，如图 8-23（b）所示。可见随焊速增加，为维持小孔焊接过程，应调整焊接电流或离子气流量，即离子气流量在小孔法等离子弧焊接中起到能量参数（能量控制）的作用。

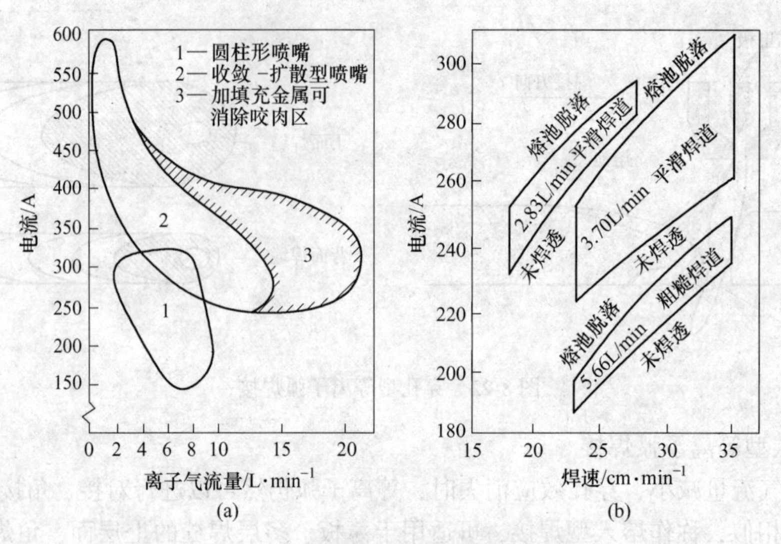

图 8-23 穿孔型焊接规范参数匹配条件

d 喷嘴高度

喷嘴到工件表面的距离一般取 3~5mm。过高会使电弧穿透能力降低，过低会使喷嘴更多受到金属蒸气的污染，易形成双孔，也不利于对焊接状态的观察。

e 保护气流量

保护气流量应与离子气有一个恰当的比例，保护气流太大会造成气流的紊乱，影响等离子弧的稳定性和保护效果。

8.2.3 熔化极气体保护焊原理

8.2.3.1 熔化极气体保护焊原理

熔化极气体保护电弧焊（Gas Metal Arc Welding，GMAW）是以连续送进的焊丝为电弧的一极，被焊母材为电弧的另一极，同时加热、熔化焊丝和母材而形成焊缝的一类焊接方法。图 8-24 所示为熔化极气体保护电弧焊的工作原理。焊丝由送丝机匀速送出，电源通过导电嘴为焊丝供电，保护气体从导电嘴和喷嘴间均匀喷出，笼罩电弧和熔池，在保护气形成的电弧热的作用下，母材熔化形成熔池，焊丝熔化进行过渡。随着电弧的移动，熔池凝固形成焊缝。

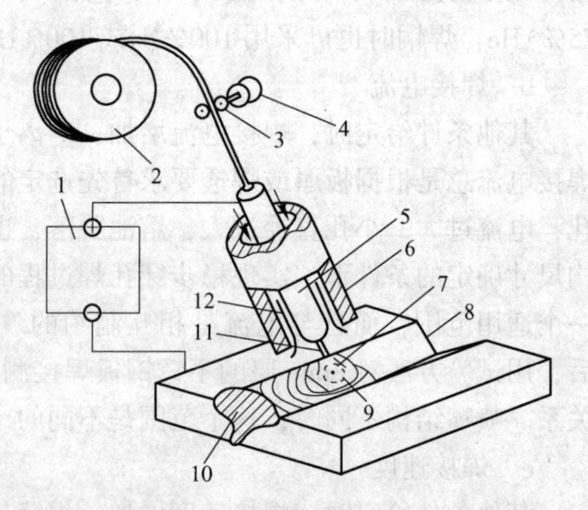

图 8-24 熔化极气体保护电弧焊的工作原理

1—电源；2—焊丝盘；3—送丝盘；4—送丝电极；5—导电嘴；6—气体喷嘴；7—电弧；8—母材；9—熔池；10—焊缝；11—焊丝；12—保护气

熔化极气体保护电弧焊还具有可灵活选择保护气的特点，因此，其工艺调控灵活，方法变化丰富。典型的熔化极气体保护电弧焊是熔化极惰性气体保护电弧焊（Melting Inert Gas Welding，MIG）和 CO_2气体保护电弧焊，在此基础上又发展成了活性混合气体保护电弧焊（Melting Active Gas Welding，MAG）和药芯焊丝电弧焊（FCAW）等。

按照自动化程度的不同，熔化极气体保护焊分为半自动焊，机械化焊接和全自动焊接。因为焊接过程中焊丝自动送进，弧长自动调节，所以手持焊枪进行的焊接是半自动气体保护焊。将焊枪固定于自动移动的机械装置上的焊接为机械化焊接。将焊枪与机器人组合在程序控制下进行的焊接是全自动焊接。

8.2.3.2 熔化极气体保护焊的熔滴过渡

与非熔化极电弧焊相比，熔化极电弧焊最突出的特点是存在着各种形式的熔滴过渡。焊丝（条）端头的金属在电弧热作用下被加热熔化，并在各种力的作用下以滴状形式脱离焊丝（条）过渡到熔池中的现象，称之为熔滴过渡。熔滴过渡的特点、规律及其控制，是直接影响焊接过程、提高焊接质量和生产效率的重要因素。

熔滴过渡现象十分复杂，而且当焊接条件及工艺参数发生变化时，各种过渡形式又可相互转化。按照熔滴过渡方式及过渡时电弧形态的特点，熔滴过渡大体上可分为三种类型，即自由过渡、接触过渡和渣壁过渡，见表 8-3。

表 8-3 电弧焊熔滴过渡形态的分类

熔滴过渡类型		形　态	焊接方法（例）
滴状过渡	大滴过渡		低电流 GMA 焊接
	排斥过渡	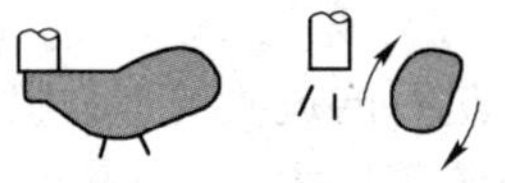	长弧 CO_2 电弧焊
	细颗粒过渡		中间电流区 MAG 焊
喷射过渡	射滴过渡		铝 MIG 焊及脉冲焊
	射流过渡		钢 MIG 焊
	旋转射流过渡		特大电流钢 MIG 焊
爆炸过渡			焊条电弧焊 CO_2 电弧焊
短路过渡			短弧 CO_2 电弧焊 铝亚射流过渡焊接
连续桥络过渡		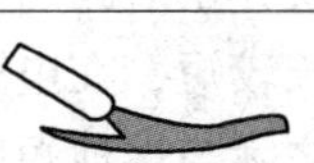	非熔化极填丝

续表 8-3

熔滴过渡类型	形　态	焊接方法（例）
渣壁过渡		埋弧焊
套筒壁过渡		焊条电弧焊

自由过渡是指熔滴脱离焊丝端部后，经过电弧空间自由运动一段距离后而落入熔池的过渡形式。当焊接条件不同时，自由过渡又可区分为滴状过渡、喷射过渡和爆炸过渡等三种形式。接触过渡是焊丝端部的熔滴通过与熔池表面相接触而过渡到熔池中去。在熔化极气体保护焊时，这种接触短路过渡后又重新引燃电弧的接触短路过渡形式也称之为短路过渡。TIG 焊时，焊丝作为填充金属，它与工件之间不产生电弧，也有称为搭桥过渡的。渣壁过渡常常出现于埋弧焊和手弧焊的情况。熔滴是通过熔渣的空腔壁上或沿药皮套筒过渡到熔池中去。下面就焊接过程中几种典型的熔滴过渡形式进行分析和讨论。

A　滴状过渡

滴状过渡形式一般出现在电流较小和电弧电压较高的情况。由于弧长较长，熔滴不易与熔池接触短路；又因电流较小，熔滴与焊丝之间产生的电磁力难于形成缩颈，弧根面积小又使得斑点压力阻碍熔滴过渡。随着焊丝熔化，熔滴逐渐长大，最后熔滴本身重力克服表面张力而形成大滴滴状过渡。

B　喷射过渡

熔滴以小于焊丝直径的尺寸进行的过渡通称为喷射过渡。根据不同的工艺条件，这类过渡又可分为射滴、射流、亚射流等形式：

（1）射滴过渡。对于电导率及热导率较大的铝和铜焊丝的熔滴过渡情况，其熔滴尺寸接近于焊丝直径，过渡频率在每秒 100~200 次左右，每一滴都规则过渡，把这种过渡称为射滴过渡。

过渡熔滴的特点是直径同焊丝直径相近，并沿焊丝轴线方向过渡到熔池中，过渡时的加速度大于重力加速度。滴状过渡转变为射滴过渡的电流值称为射滴过渡临界电流。该电流大小与焊丝直径、焊丝材料、伸出长度和保护气体成分有关。

（2）射流过渡。对于钢系焊丝，如果焊接过程中焊丝前端在电弧中被削成铅笔状，熔滴从前端流出，以很小的颗粒进行过渡，其过渡频率最大可达到每秒 500 次，把这种过渡称为射流过渡。

当焊丝的伸出长度较大、焊接电流比临界电流高出很多时，焊丝端部的电磁收缩力很大，使得液态金属长度增加。射流过渡时高速喷出的金属细滴所产生的反作用力施加在较长的金属液体柱上，一旦该力偏离轴线，则金属液柱端头产生偏斜，持续作用的反作用力将使金属液柱旋转，即产生了所谓的旋转射流过渡。

（3）亚射流过渡。铝合金 MIG 焊时，按其工艺参数的不同，通常可将熔滴过渡分为大滴状过渡、射滴过渡、短路过渡及介于短路与射滴之间的亚射滴过渡等形式。亚射滴过渡习惯上称为亚射流过渡。因其弧长较短，在电弧热作用下形成熔滴并长大，后形成缩颈并在即将以射滴形式脱离焊丝端部之际与熔池短路，在电磁收缩力的作用下细颈破断，并重燃电弧完成过渡。亚射流过渡时产生的短路时间极短，并且是在熔滴已长大形成细颈即将脱离焊丝之前与熔池接触，因此电流上升不大就使熔滴细颈破断，这是亚射流过渡与正常的短路过渡时电流的重要差别。因已形成缩颈短路峰值电流很小，所以破断时冲击力小而发出轻微的“啪啪”声。

C 短路过渡

采用较小电流和低电压焊接时，熔滴在未脱离焊丝端头前就与熔池直接接触，电弧瞬时熄灭短路，熔滴在短路电流产生的电磁收缩力及液体金属的表面张力作用下过渡到熔池中，这种熔滴过渡方式称之为短路过渡。短路过渡形式的电弧稳定，飞溅较小，成形良好，是目前薄板件和全位置焊接生产中常用的方式。

为保持短路过渡焊接过程的稳定进行，不但要求焊接电源有合适的静特性，同时还要具有合适的动特性。它主要包括以下三个方面：

（1）对不同直径的焊丝和工艺参数，要保证合适的短路电流上升速度，以使得“小桥”柔顺的断开，达到减少飞溅的目的。

（2）短路电流的峰值 I_m 要适当，I_m 一般为焊接电流 I_0 的 2~3 倍。I_m 值过大会引起缩颈“小桥”激烈地爆断，并造成飞溅；过小时则对引弧不利，甚至影响焊接过程的稳定性。

（3）短路过后，空载电压恢复速度要快，以便及时引燃电弧，避免熄弧现象。一般硅整流焊接电源电压恢复速度较快，都能满足短路过渡焊接时的要求。短路过渡时对短路电流上升速度及短路电流峰值的要求，主要是通过焊接回路的感抗来调节，一般焊机都在直流回路中串联电感来调节电源的动特性。

D 渣壁过渡

渣壁过渡是指在涂料焊条手弧焊和埋弧焊时的熔滴过渡形式。使用涂料焊条焊接时，通常有四种过渡形式：渣壁过渡、大颗粒过渡、细颗粒过渡和短路过渡。过渡形式决定于涂料成分和药皮厚度、焊接工艺参数、电流种类和极性等。

用厚皮涂料焊条焊接时，焊条端头形成带一定角度的药皮套筒，它可以控制气流的方向和熔滴过渡的方向。套筒的长短与涂料厚度有关，通常涂料越厚，套筒越长，吹送力也大。但涂料层厚度应适当，过厚和过薄都不好，均可产生较大的熔滴。当涂料层厚度为 1.2mm 时，熔滴的颗粒最小。用薄皮焊条焊接时，不生成套筒，熔渣很少，不能包围熔化金属，而成为大滴或短路过渡。

埋弧焊时，电弧是在熔渣形成的空腔（气泡）内燃烧。这时熔滴是通过渣壁流入熔池，只有少数熔滴是通过气泡内的电弧空间过渡。埋弧焊熔滴过渡与焊接速度、极性、电弧电压和焊接电流有关。在直流反极性时，若电弧电压较低，焊丝端头呈尖锥状，其液体锥面大致与熔池的前方壁面相平行。这时气泡较小，焊丝端头的金属熔滴较细，熔滴将沿渣壁以小滴状过渡。相反，在直流正接的情况下，焊丝端头的熔滴较大，在斑点压力的作用下，熔滴不停摆动，这时熔滴呈大滴状过渡，每秒钟仅 10 滴左右，而直流反接时每秒钟可达几十滴。焊接电流对熔滴过渡频率有很大的影响。随着电流的增加，熔滴过渡频率增加，其中以直流反接时更为明显。

8.2.3.3 熔化极氩弧焊工艺

A 熔化极氩弧焊原理与特点

熔化极氩弧焊（Metal Argon Arc Welding）是使用焊丝作为熔化电极，采用氩气或富氩混合气体作为保护气体的电弧焊方法。当保护气体是惰性气体 Ar 或 Ar+He 时，通常称为熔化极惰性气体保护电弧焊，简称 MIG 焊；当保护气体以 Ar 为主，加入少量气体如 O_2 或 CO_2，或 CO_2+O_2 时，通常称为熔化极活性气体保护电弧焊，简称 MAG 焊。由于 MAG 焊电弧也呈氩弧特征，因此也归入熔化极氩弧焊。其主要特点如下：

(1) 熔化极氩弧焊采用焊丝作电极，电流密度可大大提高。因而母材熔深大、焊丝熔化速度快、比 TIG 焊具有更高的生产率，适用于中等厚度和大厚度板材的焊接。

(2) 采用惰性气体保护，电弧燃烧稳定，熔滴过渡平稳，无激烈飞溅，焊接质量好。

(3) 和 TIG 焊一样，几乎可焊接所有的金属，尤其适合于焊接铝及铝合金、铜及铜合金以及不锈钢等材料。

(4) 熔化极氩弧焊焊接铝及铝合金时，一般采用直流反接，具有良好的阴极雾化作用。可实现亚射流过渡，其电弧具有很强的固有自调节作用。

熔化极氩弧焊在 20 世纪 50 年代初应用于铝及铝合金焊接，以后扩大到铜和不锈钢。现在亦广泛用于低合金钢等黑色金属的焊接，可焊接各种板厚的材料。

B 熔化极氩弧焊工艺

a 射流过渡熔化极氩弧焊

熔化极氩弧焊时，对于一定的焊丝和保护气体，当焊接电流增大到射流过渡的临界电流值，且匹配合适的电弧电压时，便可实现稳定的射流过渡焊接。射流过渡时，电弧成形清晰，电弧状态及其参数非常稳定，发出特有的“咝咝”声响。同时电弧热流和压力均集中于电弧轴线附近，熔透能力很强，生产率高。但在大电流下存在着焊缝起皱、气体保护变差以及射流过渡的“指状”熔深等问题。

b 铝合金亚射流过渡氩弧焊

铝及其合金熔化极氩弧焊时，若采用喷射过渡电弧，其可见弧长较长，电弧形态仍呈钟罩形，并伴随发出“咝咝”声。这时若降低电弧电压，可见弧长变短，电弧在焊丝端头逐渐向外侧扩展形成碟状，并发出轻轻的“啪啪”声；此时焊丝端部逐渐变钝，甚至会出现焊丝末端的熔滴上挠，使熔滴过渡频率减小，过渡的熔滴尺寸增大，这种熔滴过渡形态称之为亚射流过渡形式。

采用亚射流过渡电弧焊接时，弧长调节范围不宽（例如直径 1.6mm 铝焊丝在氩气中弧长约 2~8mm）。对于一定的焊接电流，最佳送丝速度范围较窄，如图 8-25 所示。送丝速度过小，易引起焊丝回烧；送丝速度过大，又会使焊丝黏着在焊件上。因此，采用普通的等速送丝焊机是很难用亚射流过渡电弧来进行焊接，要求焊机必须带有特殊的控制系统，即送丝速度与焊接电流同步控制系统，以保证电弧在图 8-25 中阴影部分的中心线上燃烧，而且这根中心线的斜率可以调节。目前出售

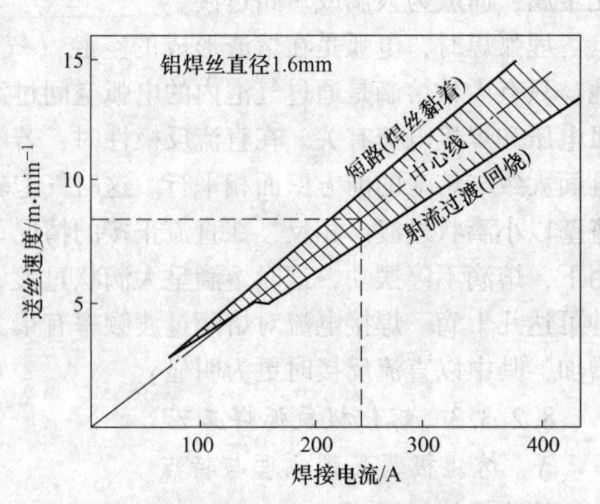

图 8-25 不同电流时亚射流过渡最佳的送丝范围

的可用于亚射流电弧焊接的 MIG 焊机，都是规范一元化调节，只要选定了焊接电流，送丝速度就自动调整到对应于这个电流值的最合适的电弧长度上，操作十分方便。

c 脉冲喷射过渡氩弧焊

熔化极脉冲喷射过渡氩弧焊和连续喷射过渡氩弧焊的主要区别，在于焊接过程采用脉动电流取代连续导电的恒定直流。因此，在脉冲喷射过渡氩弧焊时，脉冲电流的导通及熔滴过渡是呈间歇进行而又可控的。当脉冲电流导通时，其峰值电流应大于产生喷射过渡的临界电流值，此时电弧成形相似于连续喷射过渡的电弧成形，对焊丝和焊件进行强烈的加热熔化，促使熔滴过渡与熔池形成。在脉冲电流间歇的时间，由于导通的是小的基值电流，其主要作用是维持电弧的导电状态，并能对焊丝进行一定的预热，此时电弧形态变细且暗，对脉冲电流通过时形成的熔池将产生散热与冷凝。脉冲喷射过渡氩弧焊与连续喷射过渡氩弧焊相比，在工艺上具有以下特点：

第一，具有较宽的电流调节范围。采用脉冲电流后，可在平均电流小于临界电流值的条件下获得喷射过渡。因而脉冲喷射过渡氩弧焊的工作电流范围包括了从短路过渡到射流过渡所有的电流区域，可用于短路过渡和射流过渡所能焊接的一切场合。既能焊接厚板，又能焊接薄板。

第二，有利于实现全位置焊接。采用脉冲电流后，可用较小的平均电流进行焊接，因而母材热输入低，熔池体积小。加上熔滴过渡和熔池金属的加热是间歇的，所以熔池金属不易流淌。在脉冲电流作用下，熔滴的过渡力强，轴向性比较好。所以进行全位置焊接时，在控制焊缝成形方面脉冲氩弧焊比普通氩弧焊有利。

第三，可有效地控制输入热量，改善接头性能。在焊接高强钢及某些铝合金时，由于这些材料热敏感性较大，因而对母材输入的热量有一定的限制。采用脉冲电弧，既可使母材得到较大的熔深，又可控制总的平均电流在较低的水平。焊缝金属及热影响区过热都比较小，使焊接接头具有良好的韧性，减小了产生裂纹的倾向。此外，脉冲电弧还具有加强熔池搅拌的作用，可以改善熔池冶金性能以及有助于消除气孔等缺陷。

8.2.3.4 CO_2气体保护电弧焊工艺

A CO_2气体保护焊的原理与特点

与熔化极亚弧焊相比，CO_2气体保护电弧焊（简称CO_2焊）在形式上是采用CO_2气体作为保护气。在CO_2气体保护电弧焊初期，由于CO_2氧化性的问题，难以保证焊接质量。后来焊接黑色金属时，采用含有一定量脱氧剂的焊丝或采用带有脱氧剂成分的药芯焊丝，是脱氧剂在焊接过程中参与冶金反应进行脱氧，就可以消除CO_2气体氧化作用的影响。加之CO_2气体还能充分隔绝空气中氮对融化金属的有害作用，更能促使焊缝金属获得良好的冶金质量。因此，目前CO_2气体保护焊，除了不适用于焊接容易氧化的有色金属及其合金之外，可以焊接碳钢和合金结构钢构件，甚至还用来焊接不锈钢也取得较好的效果。其特点如下：

（1）高效节能。CO_2气体保护电弧焊是一种高效节能的焊接方法，例如水平对接10mm厚的低碳钢时，CO_2气体保护电弧焊的耗电量比手工电弧焊低三分之二左右，与埋弧焊相比也略低些。同时考虑到高生产率和原材料价格低廉等特点，CO_2气体保护电弧焊的经济效益是很高的。

（2）生产效率高。用粗丝（焊丝直径大于1.6mm）焊接时可以使用较大的电流，实现射滴过渡。CO_2气体保护电弧焊的焊丝熔化系数较大，焊件的熔深也较大，可以不开或开较小的坡口焊接；另外，基本上没有焊渣，焊后不需要清渣，节省了许多工时，因此可以较大地提高焊接生产率。

(3) 焊接变形小。用细丝（焊丝直径不大于1.6mm）焊接时可以用较小的电流，实现短路过渡方式。这时电弧对焊件是间断加热，电弧稳定，热量集中，焊接热输入小，适合于焊接薄板。同时焊接变形也很小，甚至不需要焊后矫正工序，还可以用于全位置焊接。

(4) 抗锈能力强。CO_2气体保护电弧焊是一种低氢型的焊接方法，抗锈能力较强，焊缝的含氢量极低，所以焊接低合金钢时，不易产生冷裂纹，同时也不易产生氢气孔。

(5) 成本低。CO_2气体保护电弧焊所使用的气体和焊丝价格便宜，来源广泛，焊接设备在国内已定型生产，为该法的应用创造了十分有利的条件。

(6) 易于实现自动化。CO_2气体保护电弧焊是一种明弧焊接方法，便于监视和控制电弧和熔池，有利于实现焊接过程中的机械化和自动化。用半自动焊焊接曲线焊缝和空间位置焊缝也十分方便。

但是，CO_2气体保护电弧焊与焊条电弧焊及埋弧焊相比也有许多不足之处：

(1) 焊接过程中金属飞溅较多，焊缝外形较为粗糙，特别是焊接参数匹配不当时，飞溅就更严重。

(2) 不能焊接易氧化的金属材料，且不适于在有风的地方施焊。

(3) 焊接过程中弧光较强，尤其采用大电流焊接时，电弧的辐射较强，故要特别重视对操作人员的劳动保护。

(4) 设备比较复杂，需要有专业的人员负责维修。

B CO_2焊接冶金问题

CO_2气体保护电弧焊过程中涉及的化学冶金问题主要有：焊接区金属的氧化与脱氧、焊缝金属的增碳与减碳等。

a 焊接区金属的氧化与脱氧

与单原子氩气相比，二氧化碳分子中含有1个碳原子和两个氧原子。常温下二氧化碳是惰性的；然而在高温下它将分解成一氧化碳（CO）和氧气（O_2）。如前所述，在焊接电弧温度（3000℃）下CO_2分解度很高，分解得到的氧的分压超过空气中氧的分压，其氧化性超过了空气。焊接区金属的氧化程度取决于焊接区内合金元素的浓度和它们对氧的亲和性。熔滴和熔池金属中铁的浓度最大，铁的氧化激烈；硅、锰、碳的浓度虽然比较低，但由于它们与氧的亲和力比铁大，因此也将氧化烧损。

焊接氧化产物中SiO_2和MnO将形成渣，但FeO却可以溶解在液态铁中。在焊接温度下，溶解在熔滴或熔池中的FeO又将与碳发生还原反应，即：

$$[FeO] + [C] = [Fe] + CO \tag{8-16}$$

在熔滴中，上述反应形成的CO将被迅速加热膨胀、爆破，从而形成焊接飞溅；在熔池中，上述反应形成的CO将随温度的降低、溶解度的下降，而在焊缝中形成气孔。因此，当采用CO_2作为保护气氛时，其氧化作用除导致焊接区金属中合金元素烧损外，更重要的还将导致强烈的焊接飞溅并使焊缝产生气孔，严重影响焊接过程的稳定性和焊接质量。

CO_2气体保护电弧焊时，合金元素的烧损、飞溅和气孔等问题的关键共性原因是焊接区金属的氧化问题。实践证明，解决上述氧化问题的有效方法是在焊接材料（焊丝）中添加脱氧剂进行脱氧。常用的脱氧剂主要有硅、锰等，有的焊丝中还添加有钛、铝等强脱氧剂。

CO_2气体保护电弧焊最常采用的脱氧方式是锰和硅联合脱氧，脱氧产物 MnO 和 SiO_2 可以形成低熔点的复合氧化物，有利于脱氧和排渣。研究表明，采用含猛和硅的低碳钢焊丝进行 CO_2气体保护电弧焊时，熔渣的主要成分是 MnO 和 SiO_2，焊缝金属中夹杂物的量与焊丝中锰和硅的比例密切相关，见表 8-4。据此，国内外 CO_2焊丝中锰和硅的比例一般控制在 1.5~3.0 左右。

表 8-4 低碳钢 CO_2气体保护电弧焊焊缝金属夹杂物含量焊丝与焊丝中锰和硅比例的关系

焊 丝	焊缝成分/%				渣的成分/%				焊缝夹杂物/%
	[Mn]/[Si]	C	Mn	Si	MnO	SiO_2	FeO	S	
H08MnSiA	2.6	0.13	0.78	0.29	38.7	48.2	10.6	0.016	0.014
	1.7	0.14	0.82	0.47					
H08Mn2SiA	2.74	0.12	0.85	0.31	47.6	41.9	8.5	0.050	0.009
	3.1	0.14	0.72	0.23					

b 焊缝金属的增碳与减碳

熔敷金属相对于焊丝碳含量的变化是 CO_2气体保护电弧焊中的另一个重要的化学冶金现象，其具体表现为：当焊丝碳含量较高时，焊后熔敷金属中碳含量降低；当焊丝中碳含量较低时，焊后熔敷金属中碳含量升高。表 8-5 中，当钢焊丝中碳含量高于 0.07%时，熔敷金属碳含量低于焊丝原碳含量，当钢焊丝中碳含量低于 0.07%时，熔敷金属碳含量高于焊丝原碳含量；尤其对于不锈钢焊丝，增碳现象更加明显。

表 8-5 CO_2气体保护电弧焊焊丝与熔敷金属碳含量变化 （%）

钢焊丝含碳量	熔敷金属含碳量	不锈钢焊丝含碳量	熔敷金属含碳量
0.19	0.11	0.07	0.12
0.12	0.09	0.06	0.11
0.07	0.07	0.04	0.10
0.05	0.06		
0.03	0.04		

CO_2气体中含有碳元素，因此 CO_2气体保护电弧焊气氛具有一定的碳势（化学位），当熔滴和熔池中碳含量较低，导致电弧气氛中的碳势高于熔滴和熔池中的碳势时，碳将向熔滴和熔池迁移（熔滴和熔池增碳），反之碳将向电弧气氛迁移（熔滴和熔池减碳）；对于高合金钢，当合金元素的存在降低碳在钢中的碳势（化学位）时，将进一步促进增碳。

C CO_2气体保护焊工艺

在常用的焊接工艺参数内，CO_2气体保护焊的熔滴过渡形式有两种，即细颗粒过渡和短路过渡。

a 细颗粒过渡 CO_2 气体保护焊

细颗粒状过渡 CO_2气体保护焊采用大电流，高电压进行焊接时，熔滴呈颗粒状过渡。当颗粒尺寸增加时，会使焊缝成型恶化，飞溅加大，并使电弧不稳定。因此常用的是细颗粒状过渡，此时熔滴直径约比焊丝直径小 2~3 倍。其特点是电流大、直流反接。

细颗粒状过渡时的工艺参数：细颗粒状过渡大都采用较粗的焊丝，ϕ1.2mm 以上，其主要的规范如下：

焊丝直径/mm	1.2	1.6	2.0
最低电流/A	300	400	500
电弧电压/V	34~45		

b 短路过渡 CO_2气体保护焊

短路过渡 CO_2气体保护焊采用小电流，低电压焊接时，熔滴呈短路过渡。短路过渡时，熔滴细小而过渡频率高（一般在 250~300L/s），此时焊缝成形美观，适宜于焊接薄件。

短路过渡焊接采用细丝焊，常用焊丝直径为 ϕ0.6~1.2mm，随着焊丝直径增大，飞溅颗粒都相应增大。短路过渡焊接时，主要的焊接工艺参数有电弧电压、焊接电流、焊接速度、气体流量及纯度、焊丝伸出长度。

电弧电压是短路过渡时的关键参数，短路过渡的特点是采用低电压。电弧电压与焊接电流相匹配，可以获得飞溅小，焊缝成形良好的稳定焊接过程。ϕ1.2mm 的一般参数为电压 19V，电流 120~135A。

随着焊接速度的增加，焊缝熔宽、熔深和余高均减小。焊速过高，容易产生咬边和未焊透等缺陷，同时气体保护效果变坏，易产生气孔。焊接速度过低，易产生烧穿，组织粗大等缺陷，并且变形增大，生产效率降低。因此，应根据生产实践对焊接速度进行正确的选择。通常半自动焊的速度不超过 0.5m/min，自动焊的速度不超过 1.5m/min。

气体流量过小时，保护气体的挺度不足，焊缝容易产生气孔等缺陷；气体流量过大时，不仅浪费气体，而且氧化性增强，焊缝表面上会形成一层暗灰色的氧化皮，使焊缝质量下降。为保证焊接区免受空气的污染，当焊接电流大或焊接速度快，焊丝伸出长度较长以及室外焊接时，应增大气体流量。通常细丝焊接时，气体流量在 15~25L/min 之间。CO_2气体的纯度不得低于 99.5%。同时，当气瓶内的压力低于 1MPa，就应停止使用，以免产生气孔。这是因为气瓶内压力降低时，溶于液态 CO_2中的水分汽化量也随之增大，从而混入 CO_2气体中的水蒸气就越多。

由于短路过渡均采用细焊丝，所以焊丝伸出长度上所产生的电阻热影响很大。伸出长度增加，焊丝上的电阻热增加，焊丝熔化加快，生产率提高。但伸出长度过大时，焊丝容易发生过热而成段熔断，飞溅严重，焊接过程不稳定。同时伸出增大后，喷嘴与焊件间的距离也增大，因此气体保护效果变差。但伸出长度过小势必缩短喷嘴与焊件间的距离，飞溅金属容易堵塞喷嘴。合适的伸出长度应为焊丝直径的 10~12 倍，细丝焊时以 8~15mm 为宜。

8.2.4 埋弧自动焊

8.2.4.1 埋弧焊原理

埋弧焊（Submerged Arc Welding，SAW）的原理如图 8-26 所示。预先把颗粒状焊剂散布在焊接部位，焊丝通过送丝装置，自动连续地向焊剂中送进，在焊丝前端与母材间引燃电弧，电弧热使母材、焊丝和焊剂熔化，以致部分焊剂蒸发，熔化的金属和焊剂蒸发的气体形成了气泡，电弧在气泡中燃烧。气泡上部被一层熔化的焊剂-熔渣所覆盖，不仅隔绝了空气与电弧和熔池的接触，同时具有稳弧和冶金作用，而且隔绝了电弧弧光辐射出来。

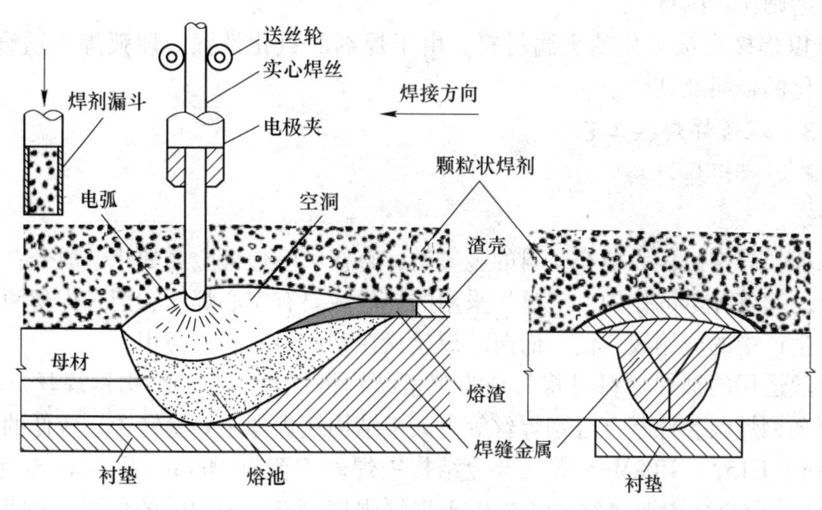

图 8-26 埋弧焊接原理

8.2.4.2 埋弧焊的特点

埋弧焊是目前广泛使用的一种生产效率较高的机械化焊接方法。主要有以下优点：

（1）焊接生产效率高，焊接成本低。埋弧焊使用较大的焊接电流，即使焊接电流达到2000A，电弧仍能维持稳定的燃烧；较厚的焊件不开坡口也能焊透，节省了加工坡口的费用和时间，并减少了填充焊丝的消耗量，使焊接时间大大缩短；另外，电弧因受到焊剂的保护，热量集中，热能利用率高，所以焊接速度也就可以增加。

（2）焊接质量高。埋弧焊时，焊剂及熔渣不仅能有效地防止有害气体侵入熔池，使焊缝中含氮量和含氧量都大大降低，而且可以降低焊缝的冷却速度，从而可提高焊接接头机械性能。由于埋弧焊焊接速度快，线能量集中，故热影响区宽度窄，焊接变形小，焊缝外观光滑平整。另外，埋弧焊焊接规范比较稳定，焊缝表面光洁平滑，化学成分和机械性能也比较均匀。

（3）劳动条件好。由于埋弧焊实现了焊接过程的机械化，操作较简便，因而大大减轻了焊工的劳动强度。另外，埋弧焊时电弧是在焊剂层下燃烧，没有弧光的有害影响，放出的烟尘和有害气体也较少，所以焊工的劳动条件大为改善。

除了上述优点之外，埋弧焊也存在着如下不足：

（1）难以在空间位置施焊。这主要是因为采用颗粒状焊剂，而且埋弧焊的熔池也比焊条电弧焊的大得多，为保证焊剂、熔池金属的熔渣不流失，埋弧焊通常只适用于平焊或平角焊，其他位置（如横焊和立焊）的埋弧焊须采用特殊措施保证焊剂能覆盖在焊接区时才能进行焊接，但应用均不普遍。

（2）对焊件装配质量要求高。由于电弧埋在焊剂层下，操作人员不能直接观察电弧和坡口的相对位置，当焊件装配质量不好时易焊偏而影响焊接质量。因此，埋弧焊时焊件装配必须保证接口中间隙均匀、焊件平整无错边现象。

(3) 不适合焊接薄板和短焊缝。这是由于埋弧焊电弧的电场强度较高，焊接电流小于100A时电弧稳定性不好，故不适合焊接太薄的焊件。另外，埋弧焊由于受焊接小车的限制，机动灵活性差，一般只适合焊接长直焊缝或大圆弧焊缝；对于焊接弯曲、不规则的焊缝或短焊缝则比较困难。

(4) 难以焊接易被氧化的金属材料。由于焊剂的氧化性强，埋弧焊不适合焊接铝、镁等易被氧化的金属及其合金。

8.2.4.3 埋弧焊焊接工艺

A 埋弧焊用焊接材料

a 焊丝

焊丝在埋弧焊中是作为填充材料的金属丝，直接影响焊缝金属的化学成分；此外，未熔化的焊丝还起着导电的作用。埋弧焊采用的焊丝主要有实心焊丝和药芯焊丝两种，实心焊丝在实际生产中的应用较广泛，而药芯焊丝只在某些特殊场合应用。

根据焊丝适用的被焊材料可将其分为碳素结构钢焊丝、合金结构钢焊丝、不锈钢焊丝、特殊合金钢焊丝、镍基合金钢焊丝等。碳素结构钢焊丝主要是锰含量较低的低碳钢焊丝，如H08A、H15A、H08MnA等。合金结构钢焊丝主要有Mn-Mo系、Mn-Si系、Cr-Mo系等。Mn-Si系合金结构钢焊丝主要应用于焊缝强度低于500MPa的低合金钢焊接；Mn-Mo系合金结构钢焊丝主要应用于焊缝强度大于590MPa的合金钢焊接；Cr-Mo系合金钢焊丝主要应用于焊缝强度达到690~780MPa的合金钢焊接。如果对焊缝的韧性要求较高时，可采用含镍的Cr-Mo系合金结构钢焊丝。

焊丝一般成卷供应，使用前要盘卷到焊丝盘上，在盘卷及清理过程中，要防止焊丝产生局部小弯曲或在焊丝盘中相互重叠。否则，会影响焊接时正常送进焊丝，破坏焊接过程的稳定，严重时会迫使焊接过程中断。不同牌号的焊丝应分类妥善保管，不能混用。使用时应优先选用外表镀铜焊丝，否则使用前应对焊丝仔细清理，去除铁锈和油污等杂质，防止焊接时产生气孔等缺陷。

b 焊剂

在埋弧焊过程中，焊剂除能够隔绝空气保护熔池金属外，还有稳弧、调控焊缝成分、脱去有害杂质与保证焊缝成形的作用。按照制造方法的不同，可以把焊剂分成熔炼焊剂和非熔炼焊剂两大类。

熔炼焊剂：熔炼焊剂是将一定比例的各种配料放在炉内熔炼，然后经过水冷粒化、烘干、筛选而制成的焊剂。在熔炼焊剂中，根据颗粒结构的不同，又分为玻璃状焊剂、结晶状焊剂和浮石状焊剂。玻璃状焊剂和结晶状焊剂都比较致密，其松装比为1.1~1.8g/cm^3。浮石状焊剂的结构比较疏松，松装比为0.7~1.0g/cm^3。

由于熔炼焊剂化学成分均匀，吸湿性小，颗粒的强度高，不易粉化，故可多次重复使用，同时具有良好的焊接工艺性能和冶金性能，故在国内外得到广泛应用。

非熔炼焊剂：非熔炼焊剂根据焊剂烘焙温度不同又分为黏结焊剂和烧结焊剂。黏结焊剂也成为陶瓷焊剂，其制造方法是将各种粉料按配方规定的比例混拌在一起，然后加水玻璃制成湿料，再把湿料制成一定尺寸的颗粒，经烘干（烘干温度在400~500℃）以后即可使用。烧结焊剂与黏结焊剂的制造方法相似，主要差别是前者的烘干温度较高（称之为烧结），通常在700~900℃，烧结之后再粉碎成一定尺寸的颗粒即可使用。在日本，把黏结焊剂称为低温烧结焊剂，而把700~900℃烧结的焊剂称为高温烧结焊剂。

黏结焊剂优点是通过在焊剂中加入大量的合金成分或变质剂，已改善焊缝的组织和性能，克服熔炼焊剂脱氧不完全，不能大量渗合金等缺点。其特点是：制造简单，成本低；能加入脱氧剂，脱氧较充分，同时可提高焊剂的碱度，减少焊缝的含氧量，可提高焊缝的韧性；可加入合金剂，用普通低碳钢焊丝配合适当的黏结焊剂几乎可以得到任意化学成分的焊缝金属，而熔炼焊剂只有配合合金钢焊丝才能实现；黏结焊剂抗气孔能力强。缺点是容易吸潮，会增加焊缝含氧量；反复使用易粉化；焊剂成分均匀程度比熔炼焊剂差以及对工艺参数的波动比较敏感，因而易引起焊缝化学成分不均匀。黏结焊剂和烧结焊剂在国外应用广泛，目前国内已批量生产，并已用于焊接生产中。

B 埋弧焊工艺参数的选择

a 焊剂和焊丝的选用和配合

焊剂和焊丝的正确选用及两者之间的合理配合是获得高质量焊缝的关键，也是埋弧焊工艺过程的重要环节。埋弧焊主要依据被焊材料的类别和焊接接头的性能要求来选配焊丝和焊剂：

（1）在焊接低碳钢和强度较低的合金钢时，选配焊剂与焊丝时按照等强原则，使焊缝强度达到与母材等强度，同时还要满足其他力学性能指标要求。例如可选用高锰高硅焊剂（HJ430、HJ431、HJ433、HJ434）与低碳钢焊丝（如H08A）或含锰的焊丝（如H08Mn、H08MnA）相配合。

（2）焊接低合金高强度钢时，提高焊缝的塑性和韧性。例如可以选用低锰中硅型或中锰中硅型焊剂与相应的合金钢焊丝配合。

（3）焊接奥氏体或铁素体高合金钢时，主要是保证焊缝的化学成分与母材相近，使焊缝具有与母材相匹配的特殊性能，同时满足力学性能和抗裂性能等方面的要求。一般选用碱度较高的中硅或低硅型熔炼焊剂与相应的高合金钢焊丝配合，以降低合金元素的烧损及掺加较多的合金元素。如果没有合金成分较高的焊丝，有时配合专用的黏结焊剂或烧结焊剂进行焊接，使所需的合金元素从焊剂中过渡到金属熔池，达到焊缝的化学成分和性能的要求。

（4）焊接耐热钢、低温钢和耐蚀钢时，除了遵循等强原则外，还要使焊缝具有与母材相同或相近的特殊性能（如耐热性、耐低温性和耐蚀性），可选用中硅型或低硅型焊剂配合相应的合金钢焊丝。

在进行埋弧焊焊剂与焊丝的选配时，除了考虑上述几方面因素外，还应该考虑埋弧焊的稀释率高、热输入高和焊接速度快等工艺特点的影响。

埋弧焊的焊接参数主要有：焊接电流、电弧电压、焊接速度、焊丝直径和伸出长度等。

b 焊接电流

当其他参数不变时，焊接电流对焊缝形状和尺寸的影响如图8-27所示。

一般焊接条件下，焊缝熔深与焊接电流成正比：

$$H = K_a I$$

式中 H——焊接熔深；

I——焊接电流；

K_a——比例系数，由电流种类、极性、焊丝直径以及焊剂等来决定。

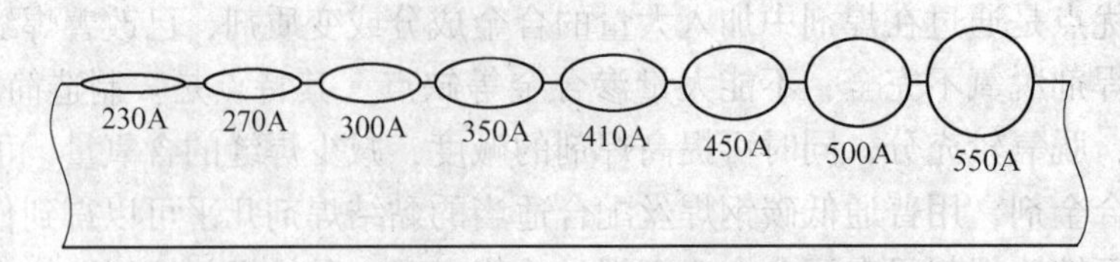

图 8-27 焊接电流对焊缝成形的影响示意图

从图中可以看出，随着焊接电流的增加，熔深和焊缝余高都有显著增加，而焊缝的宽度变化不大。这是由于焊接电流增加时，电弧产生的热量也增加，传给焊件的热量也增加，电弧对熔池的作用力也增加，所以熔深相应也增加。同时，随着焊接电流的增加，焊丝的熔化量也相应增加，这就使焊缝的余高增加。当焊接电流太大时，由于熔深较深，而焊缝宽度变化不大，会使熔池中的气体和夹杂物上浮及逸出困难，焊缝易产生气孔、夹渣和裂纹等缺陷。因此为了提高焊接质量，在增加焊接电流的同时，必须相应的提高电弧电压，以保证相应的焊缝宽度。

c 电弧电压

当其他参数不变时，随着电弧电压的增加，焊缝宽度明显增加，而熔深和焊缝余高则有所下降。这是由于电弧电压与电弧长度成正比，电弧电压增加，焊件被电弧加热的面积也增加，结果使焊缝的宽度增加。同时，电弧长度的增加会使较多的热量用来熔化焊剂，而焊丝的熔化量并没有增加，并且熔化的焊丝要分配在较大的面积上，所以焊缝的余高会降低。另外，随着电弧长度的增加，电弧摆动作用加剧，电弧对熔池的作用力相对减弱，从而使焊缝熔深减小。但是电弧电压太大时，不仅使熔深变小，可能产生未焊透，而且会导致焊缝成形差、脱渣困难，甚至产生咬边等缺陷。所以在增加电弧电压的同时，还应适当增加焊接电流。

d 焊接速度

当其他焊接参数不变而焊接速度增加时，焊接热输入量相应减小，从而使焊缝的熔深也减小。同时，焊缝单位长度内所得到的焊丝熔化量减少，所以焊缝的宽度及余高也相应地减小，焊接速度太大时会造成未焊透等缺陷。为保证焊接质量必须保证一定的焊接热输入量，即为了提高生产率而提高焊接速度的同时，应相应提高焊接电流和电弧电压。

e 焊丝直径

当其他焊接参数不变而焊丝长度增加时，弧柱直径随之增加，及电流密度减小，会造成焊缝宽度增加，熔深减小，反之，则熔深增加及焊缝宽度减小。

f 焊丝伸出长度

当其他焊接参数不变而焊丝长度增加时，电阻也随之增大，伸出部分焊丝所受到的预热作用增加，焊丝熔化速度加快，结果使熔深变浅，焊缝余高增加，因此须控制焊丝伸出长度，不宜过长。

g 焊丝倾角

焊丝的倾斜方向分为前倾和后倾。倾角的方向和大小不同，电弧对熔池的力和热作用也不同，从而影响焊缝成形。当焊丝后倾一定角度时，由于电弧方向指向焊接方向，使熔池前面的焊件收到了预热作用，电弧对熔池的液态金属排出作用减弱，从而导致焊缝变宽而熔深变浅。反之，焊缝宽度较小而熔深较大。但易使焊缝边缘产生未熔合和咬边，并且使焊缝成形变差。

h 其他因素

(1) 坡口形状：当其他焊接参数不变增加坡口的深度和宽度时，焊缝熔深增加，焊缝余高和熔合比显著减小。

(2) 根部间隙：在对接焊缝中，焊件的根部间隙增加，熔深也随之增加。

(3) 焊件厚度和焊件散热条件：当焊件较厚和散热条件好时，焊缝宽度会减小，并且余高会增加。

8.2.5 焊条电弧焊

8.2.5.1 焊条电弧焊原理

焊条电弧焊（Shielded Metal Arc Welding，SMAW）也称手工电弧焊，其工艺原理是：焊接过程中电弧存在于母材与焊条之间，母材和焊条同时被加热、熔化，其中熔化的母材与焊条焊芯熔合形成焊缝金属，焊条药皮熔化形成熔渣保护高温下焊接区金属不被氧化。实际上，除渣保护外，焊条电弧焊接过程中，焊条药皮产生的气体也对焊缝金属有保护作用，如图 8-28 所示。

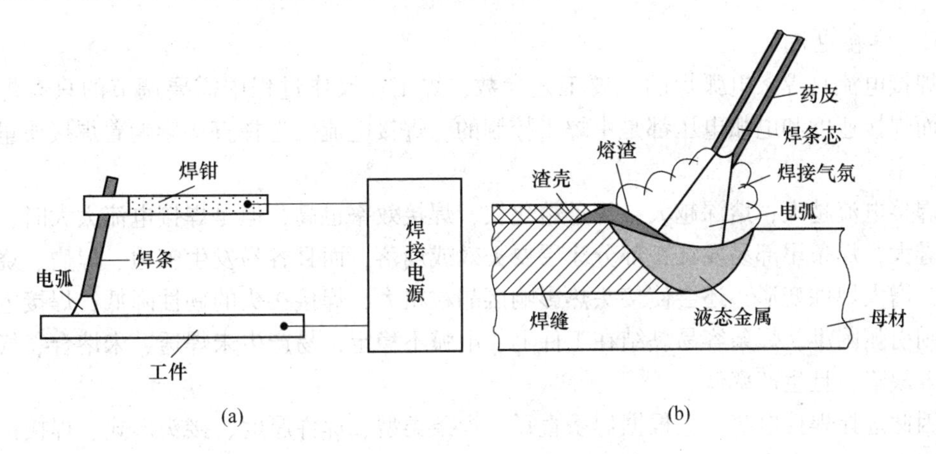

图 8-28 焊条电弧焊工艺原理示意图
(a) 焊接系统要素构成；(b) 工艺原理

8.2.5.2 焊条电弧焊的特点

焊条电弧焊是最早被发明的焊接方法之一，至今仍在工程实际被广泛地应用，其主要特点是：(1) 操作灵活，适应性强；(2) 对焊接接头的装配要求低；(3) 不需要辅助气体保护；(4) 设备结构简单，价格便宜，携带方便；(5) 应用范围广，适用于大多数工业金属材料的焊接等；但也存在一些局限性：(1) 对焊工操作要求高，焊工培训费用大；(2) 劳动条件差；(3) 生产效率低；(4) 焊接质量不够稳定；(5) 不适用于薄板的焊接（1mm 以下）等。

正是因为存在焊接质量不稳定、焊接效率低等局限性，近年来国内外焊条电弧焊的应用比例一直在不断地降低。截至2012年，美国和欧洲等发达国家焊条消耗量占熔化焊接材料（包括焊条、实心焊丝、药芯焊丝等）消耗量的比例已降到20%左右，日本已经下降到13.3%，我国也已降到46.4%[2,3]。即便如此，焊条电弧焊仍然是工程焊接尤其是野外工程建造和安装中不可或缺的主要焊接方法之一。

8.2.5.3 焊条电弧焊工艺

选择合适的焊接工艺参数，对提高焊接质量和提高生产效率十分重要。焊条电弧焊的焊接工艺参数主要包括焊条直径、焊接电流、电弧电压、焊接速度和预热温度等。

A 焊接电源种类和极性的选择

手工电弧焊焊接电源种类包括交流与直流两种，电源的极性可以选择正接和反接。碱性焊条常采用直流反接，否则，电弧燃烧不稳定，飞溅严重，噪声大，酸性焊条使用直流电源时通常采用直流正接。

B 焊条直径

焊条直径是根据焊件厚度、焊接位置、接头形式、焊接层数等进行选择。一般厚度越大，选用的焊条直径越粗，焊条直径与焊件的关系见表8-6。

表8-6 焊条与焊件的关系

焊件厚度/mm	2	3	4~5	6~12	>13
焊条直径/mm	2	3.2	3.2~4	4~5	4~6

C 焊接电流

焊接电流是焊条电弧焊的主要工艺参数，焊工在操作过程中需要调节的只有焊接电流，而焊接速度和电弧电压都是由焊工控制的。焊接电流的选择直接影响着焊接质量和劳动生产率。

焊接电流越大，熔深越大，焊条熔化快，焊接效率也高，但是焊接电流太大时，飞溅和烟雾大，焊条尾部易发红，部分涂层要失效或崩落，而且容易发生咬边、焊瘤、烧穿等缺陷，增大焊件变形，还会使接头热影响区晶粒粗大，焊接接头的韧性降低；焊接电流太小，则引弧困难，焊条容易黏结在工件上，电弧不稳定，易产生未焊透、未熔合、气孔和夹渣等缺陷，且生产率低。

因此选择焊接电流，应根据焊条直径、焊条类型、焊件厚度、接头形式、焊接位置及焊道层次来综合考虑。首先应保证焊接质量，其次应尽量采用较大的电流，以提高生产效率。T形接头和搭接头，在施焊环境温度较低时，由于导热较快，所以焊接电流要大一些。但主要由焊条直径、焊接位置、焊道层次等因素来决定。

焊接电流一般可根据焊条直径进行初步选择，焊接电流初步选定后，要经过试焊，检查焊缝成形和缺陷，才可确定。对于有力学性能要求的如锅炉、压力容器等重要结构，要经过焊接工艺评定合格以后，才能最后确定焊接电流等工艺参数。

D 电弧电压

当焊接电流调好以后，焊接的外特性曲线就决定了。实际上电弧电压主要是由于电弧长度来决定的。电弧长，则电弧电压高；反之则低。焊接过程中，电弧不宜过长，否则会出现电弧燃烧不稳定、飞溅大、熔深浅及产生咬边、气孔等缺陷；若电弧太短，容易黏焊条。一般情况下，电弧长度等于焊条直径的 0.5~1 倍为好，相应的电弧电压为 16~25V。碱性焊条的电弧长度不超过焊条的直径，为焊条直径的一半较好，尽可能地选择短弧焊；酸性焊条的电弧长度应等于焊条直径。

E 焊接速度

焊条电弧焊的焊接速度是指焊接过程中焊条沿焊接方向移动的速度，即单位时间内完成的焊缝长度。焊接速度过快会造成焊缝变窄，严重凸凹不平，容易产生咬边及焊缝波形变尖；焊接速度过慢会使焊缝变宽，余高增加，功效降低，焊接速度还直接决定着热输入量的大小，在保证焊缝所要求尺寸和质量的前提下，由操作者灵活掌握。速度过慢，热影响区加宽，晶粒粗大，变形也大；速度过快，易造成未焊透，未熔合，焊缝成型不良好等缺陷。

F 焊缝层数

厚板的焊接，一般要开坡口并采用多层焊或多层多道焊。多层焊和多层多道焊接头的显微组织较细，热影响区较窄。前一条焊道对后一条焊道起预热作用，而后一条焊道对前一条焊道起热处理作用，因此，接头的延性和韧性都比较好，特别是对于易淬火钢，后焊道对前焊道的回火作用，可改善接头组织和性能。

对于低合金高强钢等钢种，焊缝层数对接头性能有明显影响。焊缝层数少，每层焊缝厚度太大时，由于晶粒粗化，将导致焊接接头的延性和韧性下降。

8.3 焊接工艺设计

8.3.1 金属焊接性

8.3.1.1 焊接性的概念

金属作为最常用的工程结构材料，通常要求具备如高温强度、低温韧性、耐蚀性以及其他基本性能，并要求在焊后仍能够保持这些基本性能。但是材料在焊接时要经受加热、熔化、化学反应、结晶、冷却、固态相变等一系列复杂的过程，这些过程又是在温度、成分以及应力极度不平衡的条件下发生，这就可能造成焊接区域内产生各种类型的缺陷，使接头丧失其连续性。即使没有产生缺陷，也可能降低某些性能，导致焊接结构的使用寿命受到影响。为了研究金属在焊接时的某些特有性能，就提出了焊接性（weldability）的概念。

焊接性包括两方面的内容：一是焊成的构件符合设计的要求；二是满足预定的使用条件，能够安全运行。从这两个方面来看，优质的焊接接头需具备的条件是接头中不存在超过质量标准规定的缺陷，同时具有预期的使用性能。根据讨论问题的着眼点不同，焊接性可分为工艺焊接性和使用焊接性。

A 工艺焊接性

工艺焊接性是指金属材料对各种焊接方法的适应能力。工艺焊接性不是金属本身固有的性能，不仅取决于金属本身的成分与性能，而且要根据某种焊接方法和所采用的具体工艺措施来进行评定。它决定于以下三个因素：

第一，对被焊金属的热作用，这与焊接方法和焊接参数有关。熔焊的热作用过程随焊接方法和参数变化而变化，因此影响焊接接头的组织、性能及应力状态，使接头质量发生变化。

第二，熔池金属的冶金处理，这与焊接材料有关。焊接材料的选定决定着熔池焊接的冶金过程，从而使焊缝成分、杂质含量等发生变化，进而影响到焊接接头的抗缺陷能力以及最终的质量。

第三，预热及后热等工艺措施。预热及后热相当于热源外的附加热作用，也对接头性能造成影响。

可见工艺焊接性所侧重的是工艺条件对焊接接头的影响。不同的焊接工艺条件，可以使被焊金属表现出不同的焊接性。如用气焊焊接钛合金不可能焊好，而用 TIG 则比较容易。

对于熔焊而言，焊接过程一般包括冶金过程和热过程这两个必不可少的过程。在焊接接头区域，冶金过程主要影响焊缝金属的组织和性能，热过程则主要影响热影响区的组织和性能，由此提出了冶金焊接性和热焊接性的概念。

B 使用焊接性

使用焊接性是指焊接接头或整体结构满足技术条件所规定的各项使用性能的程度。其中包括常规的力学性能、低温性能、抗脆断性能、高温蠕变、疲劳性能、持久强度以及抗腐蚀性、耐磨性等。

焊接性是一个相对的概念。如果一种金属材料可以在很简单的工艺条件下焊接并获得完好的接头，且能够满足使用要求，就可以说焊接性良好；反之，如果必须在保证很复杂的工艺条件（如高温预热、高能量密度、高纯度保护气体或高真空度、焊后复杂的热处理）下焊接，才能满足使用要求，就可以说是焊接性较差。

8.3.1.2 焊接性的影响因素

焊接性主要取决于金属材料本身固有的性能，同时工艺条件也有着重要的影响。以下所列为影响焊接性的因素：

(1) 材料因素。材料除被焊母材本身外，还包括焊接材料，如焊条、焊丝、焊剂、保护气体等。这些材料在焊接时直接参与熔池或熔合区的物理化学反应，其中，母材的材质对热影响区的性能起着决定性的影响。焊接材料与焊缝的成分和性能是否匹配也是关键的因素。如果焊接材料与母材匹配不当，则可能引起焊接区内的裂纹、气孔等各种缺陷，也可能引起脆化、软化或耐腐蚀性能变化。所以，为保证良好的焊接性，必须对材料因素予以充分的重视。

(2) 工艺因素。焊接方法对焊接性的影响，首先表现在焊接热源能量密度、温度以及热能量输入上，其次表现在保护熔池及接头附近区域的方式上，如渣保护、气体保护、渣-气联合保护以及在真空中焊接等。对于有过热敏感性的高强度钢，从防止过热出发，可选用窄间隙气体保护焊、脉冲电弧焊、等离子弧焊等，有利于改善其焊接性。

(3) 工艺措施。对防止焊接缺陷，提高接头使用性能有重要的作用。最常见的工艺措施是焊前预热、缓冷和焊后热处理，这些工艺措施对防止热影响区淬硬变脆、减少焊接应力、避免氢致冷裂纹等都是比较有效的措施。合理安排焊接顺序也能减少应力和变形，原则上应该使被焊工件在整个过程中尽量处于无拘束而自由膨胀和收缩的状态。焊后热处理可以消除残余应力，也可以使氢逸出而防止延迟裂纹。

(4) 结构因素。焊接接头的结构设计影响其受力状态。设计焊接结构时，应尽量使结构处于拘束度较小、能够较为自由地伸缩的状态，这样有利于防止焊接裂纹；应避免缺口、截面突变、堆高过大、焊缝交叉等情况出现，否则会造成应力集中，降低接头性能。母材厚度或焊缝体积很大时会造成多轴应力状态，实际上影响承载能力，也就会影响工艺焊接性。

(5) 工作条件。焊接结构的使用结构多种多样，有在高温或低温下工作，在腐蚀介质中工作或者在静载或动载条件下工作等。在高温下工作时，可能会发生蠕变；在低温下工作时，容易发生脆断；在腐蚀介质中工作时，接头易被腐蚀。总之，在越严酷的环境下工作，焊接性就越不容易保证。

8.3.1.3 金属材料的焊接性分析

A 利用化学成分分析

a 碳当量法（Carbon Equivalent）

钢材的化学成分对焊接热影响区的淬硬性及冷裂纹倾向有直接影响。因此，可以用化学成分来分析其裂纹敏感性。碳是引起钢材淬硬的主要元素，其他元素对淬硬也有一定影响。将各种元素的焊接性的影响换算成碳当量后，碳当量越高，则焊接性越差。这个方法使用简便，所以被广泛应用于低合金钢焊接性的估算中。

碳当量计算公式较多，国际焊接协会推荐公式为：

$$CE = \omega(C) + \frac{\omega(Mn)}{6} + \frac{\omega(Cr) + \omega(Mo) + \omega(V)}{5} + \frac{\omega(Ni) + \omega(Cu)}{15}$$

式中元素符号表示该元素在钢中的质量分数，计算碳当量时，应取其成分上限。此式适用中、高强度的非调质低合金高强钢。CE ≤ 0.45% 时，焊接厚度 25mm 的板可以不预热。CE<0.41%且含 C<0.207%时，焊接厚度小于 37mm 的钢板可以不预热。

CE 值越大，冷裂纹倾向也越大。但是用 CE 估计焊接性是比较粗略的，原因是公式中只包括了几种元素，而实际钢材中还有其他元素。同时在不同含量和不同合金系统中元素作用的大小也不可能是相同的。元素之间相互抵消和加强影响也不能用公式简单反映。所以这种方法判断钢材的焊接性只能作近似的估计。焊接条件与碳当量的关系如图 8-29 所示。焊接预热条件见表 8-7。

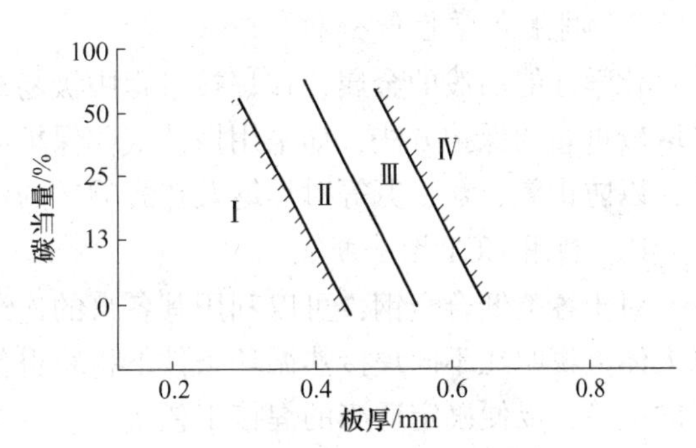

图 8-29 焊接条件与碳当量的关系

表 8-7 不同条件下的预热要求

焊接性	普通酸性焊条	低氢焊条	消除应力	敲击处理
Ⅰ. 优良	不需预热	不需预热	不需	不需
Ⅱ. 较好	预热 40~100℃	-10℃以上不需预热	任意	任意
Ⅲ. 尚好	预热 150℃	预热 40~100℃	希望	希望
Ⅳ. 难焊	预热 150~200℃	预热 100℃	必要	希望

b 焊接冷裂纹敏感指数（P_c）

P_c值不仅包括了母材的化学成分，而且考虑了扩散氢与拘束条件的作用。根据P_c值可以通过经验公式得出为防止冷裂纹所需的最低预热温度。有人对200多种不同成分的钢材、不同的厚度以及不同的焊缝含氢量进行试验，得到焊接冷裂纹敏感指数公式：

$$P_c = C + \frac{Si}{30} + \frac{Mn}{20} + \frac{Cu}{20} + \frac{Ni}{20} + \frac{Cr}{20} + \frac{Mo}{15} + \frac{V}{10} + 5B + \frac{\delta}{600} + \frac{H}{60}(\%)$$

式中 δ——板厚，mm；

H——焊缝中扩散氢含量，mL/100g。

此式需满足一定的成分含量条件，即 C 0.07%～0.22%，Si≤0.60%，Mn 0.40%～1.40%，Cu≤0.50%，Ni≤1.20%，Cr≤1.20%，Mo≤0.70%，V≤0.12%，Nb≤0.04%，Ti≤0.05%，B≤0.005%，δ = 19～50mm，H = 1.0～5.0mL/100g（GB 3965—83《测氢法》）。

求得P_c之后，利用以下公式求得斜Y坡口对接裂纹试验条件下，为防止冷裂所需要的最低预热温度T_0（℃）：

$$T_0 = 1440 P_c - 392$$

B 利用物理性能分析

金属的熔点、热导率、线膨胀系数、热容以及密度等物理性能，对焊接热循环、熔化、结晶、相变等过程产生明显影响，从而影响焊接性。如焊接热导率高的铜时，其散热快，很容易产生熔透不足等缺陷，凝固过程中又极易产生气孔。有些材料导热系数低，焊接时温度梯度陡，残余应力高、变形大，而且在高温停留时间较长会导致热影响区晶粒长大，对接头性能造成不利影响。

C 利用化学性能分析

化学性能活泼的金属，在焊接过程中极易氧化（如铝、钛及它们的合金），因此需要采取较可靠的保护方法，如采用惰性气体保护或在真空中焊接等，有时焊缝背面也需要保护，以防止氧、氢、氮等对焊缝及热影响区的污染。

D 利用CCT图分析

对于各类低合金钢，可以利用其各自的连续冷却曲线分析其焊接性问题。这些曲线可以大体上说明在不同焊接热循环条件下将获得什么样的金相组织和硬度，可以估计有无冷裂的危险，以便确定适当的焊接工艺条件。

8.3.2 焊接方法的选择

熔焊方法虽然在原理上各不相同，但其共同之处都是将被焊母材熔化。现代工业领域中得到实际应用的熔焊方法已经有十几种。一般倾向于按热源的不同进行分类。

在实际生产中，应对各种焊接方法进行考量，综合各方面因素，选择合适的方法。焊接方法选择的总体原则是：以最小的成本去获得所需的焊接接头质量。生产成本是由众多因素决定的，其中主要包括焊接方法可能达到的最高熔敷率、最高的焊接速度、焊接材料的消耗量、焊接结构外形、接头的壁厚、接头的形式和坡口形状、所焊金属材料的种类及其焊接性、焊件组装的难易程度、焊前清理的要求、焊接位置、对焊工技能等级要求，焊缝焊后清理和处理，以及焊接设备和辅助设施的投资费用和折旧回收期。因此可以说，焊接方法的选择，也是一项经济估算工作。一般情况下，对某项具体的焊接工程选用经济且高质量的焊接方法，可以从以下五个方面进行分析：

第一，被焊金属种类及其焊接性。选择焊接工艺方法时，首先应该从被焊金属种类及其焊接性进行分析。因为对于某些金属材料，焊接工艺方法是首要的决定因素，例如，对于铝合金和镁合金焊件的焊接，适用的焊接方法只有 TIG 和 MIG 两种；对于某些超高强度钢、高合金钢及镍基合金等，为保证符合规程要求的接头质量，只能焊接热输入量低的焊接方法；焊接氧化性强的金属材料，如钛及其合金等，只能选用惰性气体保护焊和真空电子束焊；对于普通碳钢和低合金钢，几乎可以采用所有的熔焊方法进行焊接。

第二，接头形式和焊接位置。接头形式和焊接位置是选择焊接方法的重要因素之一。图 8-30 所示为四种典型的接头形式：图 8-30（a）代表所有开宽坡口，需填充大量熔敷金属的对接和角接接头，焊接这类接头时，首先应考虑采用熔敷率高的焊接方法，如埋弧焊，药芯焊丝电弧焊和多丝 MIG/MAG 焊等；图 8-30（b）则相反，要求焊缝金属体积小，焊接速度很快，并保证焊缝成形良好，对于这种接头，应当选择热量高度集中的焊接方法，如高频 TIG 焊、等离子弧焊和激光焊等；图 8-30（c）属于难焊位置和接头形式，这些焊接位置包括立焊、仰焊和横焊，能适应全位置焊的焊接工艺方法有焊条电弧焊、CO_2 气体保护焊、脉冲电弧 MIG/MAG 焊，以及钨极氩弧焊等；图 8-30（d）是开浅坡口留大钝边，或不开破开的直边对接接头，为了得到焊透的焊缝，必须采用具有深熔特性的焊接工艺方法，如埋弧焊、等离子弧焊和电子束焊等。

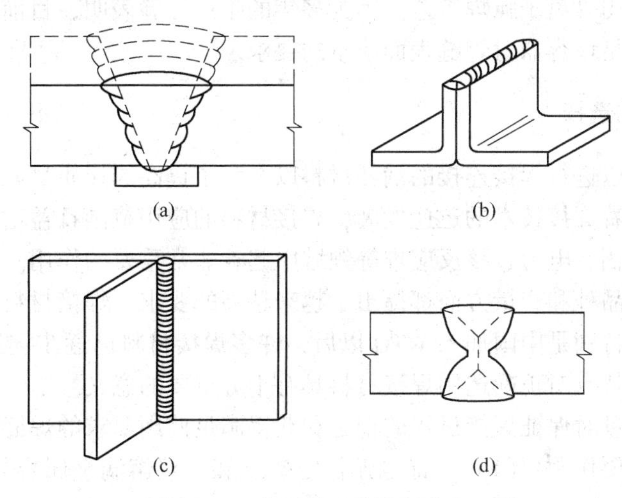

图 8-30 典型的四种接头形式

第三，焊接的结构特点和焊缝的布置。焊接的结构大体上可分为简单和复杂两大类。如平板和管子的拼接，压力容器筒体和管道的纵环缝，焊接 H 型钢和箱形梁角焊缝，以及各种肋板的角焊缝等，即为结构简单的焊件。对于这类焊件，可以采用各种高效的、易于实现机械化和自动化的焊接方法，如单丝、多丝埋弧焊，高效 MIG/MAG 焊，等离子弧焊及激光焊等。结构复杂的构件，如内燃机机体、汽车车身框架、车厢结构、船体机构、工程机械部件和工程建筑构架等，这些结构部件大都由不同方位、长度不等的短焊缝连接，只能采用操作灵活性较好的焊条电弧焊和半自动 MAG 焊。对于大批量生产，且设备投资回收率快的焊件，如轿车车身的焊接，可以采用机器人或机械手与变位机械组成的

MAG 焊机器人工作站。

第四，生产模式和产量。焊接结构的生产模式可分为单件、小批量、批量和大批量。焊接结构的产量通常指年产量或月产量。某些焊接结构，如大型船舶、大型电站锅炉和重型容器等，虽然产量较低，但焊接工作量巨大。在这种情况下，可以按焊接工作量作为选择焊接工艺方法的依据。

对于单件或小批量生产，且结构多变的焊件，应采用机动、灵活性较好的焊接方法，如焊条电弧焊、药芯焊丝电弧焊及半自动 MIG/MAG 焊。而对于结构类似的焊件，接头形式基本相同，例如焊件结构均为圆柱形，只是直径不同和长度不同；筒体的纵、环缝均为对接接头，则应考虑采用各种高效焊接工艺方法；对于厚壁接头，可采用多丝埋弧焊或高效 MIG/MAG 焊。

对于批量和大批量生产的焊接，无疑应当选用效率最高、经济性最好的，且易于实现焊接生产过程机械化和自动化的焊接工艺方法。同时应通过详细的经济核算和周密的对比分析，在所适用的各种焊接工艺方法中进行优化选择。对于大批量生产的焊件，在保证焊缝质量的前提下，经济指标是决定企业发展的关键。

第五，对焊缝性能和质量的要求。现代工业中的焊接结构，大多数对焊缝的质量提出了严格要求。一些重要焊接结构的制造规程，都对所应采用的焊接工艺方法做出了明确的规定。有的甚至在产品的施工图样中，规定必须采用的焊接工艺方法。例如，欧洲某些工业发达国家，对食品和饮料加工所有的不锈钢薄壁容器筒身的纵环缝，在产品的施工图样中，强制性规定采用等离子弧焊工艺。因为多年的生产经验表明，目前只有等离子弧焊焊制的焊缝，才能满足该容器对焊缝表面质量的要求。

8.3.3 焊接材料的选择

焊接过程中用以进行焊接连接的消耗材料以及为了提高焊接质量而附加的保护物质统称为焊接材料。随着焊接技术的迅速发展，焊接材料的应用范围日益增大。焊接材料在造船、石油化工、车辆、电力、核反应堆等领域中起着非常重要的作用。而且，焊接技术的发展对焊接材料的品种和产量方面都提出了越来越高的要求。焊接材料种类繁多，在应用中容易引起混乱。特别是中国加入 WTO 以后，许多焊接材料已逐步向国际标准靠拢，了解各种焊接材料的特点对正确选用焊接材料具有十分重要的意义。

焊接材料的质量对保证焊接过程的稳定和获得满足使用要求的焊缝金属起着决定性的作用。焊接材料主要作用：(1) 保证电弧稳定燃烧和焊接熔滴金属容易过渡；(2) 在焊接电弧的周围造成一种还原性或中性的气氛，保护液态熔池金属，以防止空气中氧、氮等侵入熔敷金属；(3) 通过冶金反应和过渡合金元素，调整和控制焊缝金属的成分与性能；(4) 生产的熔渣均匀覆盖在焊缝金属表面，防止气孔、裂纹等焊接缺陷产生，并获得良好的焊缝外形；(5) 改善焊接工艺性能，在保证焊接质量的前提下尽可能提高焊接效率。

8.3.3.1 焊条的选用

焊条的选用须在确保焊接结构安全、可靠使用的前提下，根据被焊材料的化学成分、力学性能、板厚及接头形式、焊接结构特点、受力状态、结构使用条件对焊缝性能的要求、焊接施工条件和技术经济效益等综合考查后，有针对性地选用焊条，必要时还需进行焊接性试验。其具体选择原则如下：

(1) 按所焊工件材料种类选择。首先按被焊材料的种类确定所用焊条的大类，如碳钢焊条、低合金高强度焊条、耐热钢焊条、不锈钢焊条、铸铁焊条、堆焊焊条、铜合金焊条、铝合金焊条和镍基合金焊条等。

(2) 按对接头力学性能要求选择。对于承载和受压焊接结构，对接头均提出了等强性和等韧性的要求，即所选焊条熔敷金属的抗拉强度和冲击韧度应基本等同于所焊母材金属对应的性能指标。对于非承载部件的连系焊缝，如加强筋板与结构元件之间的连接角焊缝，容许采用非等强级的焊条。对于在低温下工作的焊件，或对于结构拘束度相当大的焊件，应考虑选用韧性好的低氢型碱性药皮焊条。

(3) 按所焊母材的合金成分选择。对于在高温下或在腐蚀介质中工作的焊件，应保证熔敷金属的合金成分与母材金属基本相同是十分重要的。对于这类焊件必须按母材的合金成分选择药皮焊条。

(4) 按焊件所承受载荷种类选择。对承受动载荷和冲击载荷的焊件，如船体、桥梁、起重机大梁、车辆和锻压机械等，应当选用塑性和韧性较高的焊条。当焊条熔敷金属的抗拉强度与韧性不同时满足要求时，则应以韧性达到要求为准则。

(5) 按施工条件和加工工艺选择。当在湿度较高的环境下施焊时，应选用药皮耐潮性较好的药皮焊条，而0℃以下的低温环境下施焊时，则应选用抗裂纹性较高的低氢型焊条。如在加工过程中焊件需经正火或回火等热处理，则应按母材的强度等级较高一级的药皮焊条，以保证接头经热处理后的强度性能基本与母材相等。

8.3.3.2 焊丝的选用

焊丝的选择要根据被焊钢材种类、焊接部件的质量要求、焊接施工条件（板厚、坡口、形状、焊接位置、焊接条件、焊后热处理及焊接操作等）、成本等综合考虑。焊丝选用要考虑的顺序如下：

(1) 根据被焊结构的钢种选择焊丝。对于碳钢及低合金高强钢，主要是“等强匹配”的原则，选择满足力学性能要求的焊丝。对于耐热钢和耐候钢，主要是侧重考虑焊缝金属与母材化学成分的一致或相似，以满足对耐热性和耐蚀性等方面的要求。

(2) 根据被焊部件的质量要求（特别是冲击韧性）选择焊丝。与焊接条件、坡口形状、保护气体混合比等工艺条件有关，要在确保焊接接头性能的前提下，选择达到最大焊接效率及降低焊接成本的焊接材料。

(3) 根据现场焊接位置。对应于被焊工件的板厚选择所使用的焊丝直径，确定所使用的电流值，参考各生产厂的产品介绍资料及使用经验，选择适合于焊接位置及使用电流的焊丝牌号。

8.3.3.3 焊剂的选择

焊剂是具有一定粒度的颗粒状物质，焊接时能够熔化形成熔渣和气体，是埋弧焊和电渣焊不可缺少的焊接材料。在焊接过程中，焊剂的作用相当于焊条药皮，熔化形成熔渣，对焊接熔池起保护、冶金治理和改善工艺性能的作用，烧结焊剂还具有渗合金作用，焊剂与焊丝相组合，即为埋弧焊和电渣焊所需的焊接材料。目前我国焊丝和焊剂的产量占焊接材料总量的15%左右。

焊剂的工艺性能和化学冶金性能是决定焊缝金属化学成分和性能的主要因素，采用同样的焊丝和同样的焊接参数，而匹配的焊剂不同，所得焊缝的性能将有很大的区别。一种焊丝可与多种焊剂合理组合，无论是在低碳钢还是低合金钢上都有这种合理组合。焊剂的设计原则与一般要求如下：

（1）焊剂应具有良好的冶金性能。焊剂配以适宜的焊丝，选用合理的焊接参数，焊缝金属应具有适宜的化学成分和良好的力学性能，以满足国际或焊接产品的设计要求。还应有较强的抗气孔和抗裂纹能力。

（2）焊剂应具有良好的焊接工艺性。在规定的工艺参数下进行焊接，焊接过程中应保证电弧燃烧稳定。熔合良好，过渡平滑焊缝成形好，脱渣容易。

（3）焊剂应有一定的颗粒度。焊剂的粒度一般分为两种，一是普通粒度为2.5~0.45mm（8~40目），二是细粒度1.25~0.28mm（14~60目）。小于规定粒度的细粉一般不大于5%，大于规定粒度的粗粉不大于2%。

（4）焊剂应具有较低的含水量和良好的抗潮性。出厂焊剂的水的质量分数不得大于0.20%；焊剂在温度25℃，相对湿度70%的环境条件下，放置24h，吸潮率不应大于0.15%。

（5）焊剂中机械夹杂物（碳粒、铁屑、原料颗粒及其他杂物）质量分数不应大于0.30%。

（6）焊剂应有较低的硫、磷，质量分数一般为S≤0.06%，P≤0.08%。

焊丝的选用应根据产品的技术要求（如坡口和接头形式、焊后加工工艺）和生产条件，选择合适的焊剂和焊丝的组合。选择焊剂必须与选择焊丝同时进行，因为焊剂与焊丝的不同组合，可获得不同性能或不同化学成分的熔敷金属。埋弧焊用的焊剂和焊丝，通常都是根据被焊金属的材料及对焊缝金属的性能要求加以选择。一般来说，对于结构钢（包括碳钢和低合金高强度钢）的焊接，选用与母材强度相匹配的焊丝；对耐热钢、不锈钢的焊接，选用与母材成分相匹配的焊丝；堆焊时应根据堆焊层的技术要求，使用性能等选定合金系统及相近成分的焊丝。然后选择与产品结构特点相适应，又能与焊丝合理配合的焊剂。选配焊剂时，除须考虑钢种外，还要考虑产品的各项焊接技术要求和焊接工艺因素。因为不同类型焊剂的工艺性能、抗裂性能和抗气孔性能有较大差别。例如，焊接强度级别高而低温韧性好的低合金钢时，就应选配碱度较高的焊剂，焊接厚板窄坡口对接多层焊缝时，应选用脱渣性能好的焊剂。

8.3.3.4 保护气体的选用

保护气体的选用的总原则是含有氧化性的气体，如CO_2气体、Ar+CO_2混合气体、Ar+O_2混合气体、He+Ar+CO_2混合气体等，可用于黑色金属的焊接，如焊接碳钢及低合金钢等，而不能用于焊接铝、镁、钛、铜、镍等有色金属。即使是镍合金，采用这种具有氧化性的保护气体焊接，也会引起严重氧化及焊缝表面成形不良。因此，对于这些对氧化敏感的金属，应当采用惰性气体保护。非熔化极气体保护焊的气体选择较为简单，通常只有氩、氦两种气体；而熔化极气体保护焊的气体选择相对复杂一些。

为某一给定的用途选择保护气体时，要考虑下面几方面因素：母材的种类和厚度、气体的费用与效果、接头形式、焊接位置、所采用的具体焊接方法、焊接速度等。表8-8为焊接方法与气体的选用。

如上所述，选用气体还应该从被焊材料进行考虑，在气体保护焊中，无论是实芯焊丝还是药芯焊丝，均有一个与保护气体适当组合的问题。这一组合带来的影响比较明确，没有焊丝-焊剂组合那样复杂，因为保护气体只有惰性气体与活性气体两类。

表 8-8 熔焊焊接方法与气体的选用

焊接方法		焊接气体		
气焊		$C_2H_2+O_2$		H_2
钨极惰性气体保护焊（TIG）		Ar	He	Ar+He
实芯焊丝	熔化极惰性气体保护焊（MIG）	Ar	He	Ar+He
	熔化极活性气体保护焊（MAG）	$Ar+O_2$	$Ar+CO_2$	$Ar+CO_2+O_2$
	CO_2 气体保护焊	CO_2	CO_2+O_2	
药芯焊丝		CO_2	$Ar+O_2$	$Ar+CO_2$

惰性气体保护焊时，焊丝成分与熔敷金属成分相近，合金元素基本没有什么损失；而活性气体保护焊时，由于 CO_2 气体的强氧化作用，焊丝合金过渡系数降低，熔敷金属成分与焊丝成分产生较大差异。保护气氛中 CO_2 气体所占比例越大，氧化性越强，合金过渡系数越低。因此，采用 CO_2 作为保护气时，焊丝中必须含有足够量的脱氧合金元素，满足 Mn、Si 联合脱氧要求，以保证焊缝金属中合适的含氧量，改善焊缝的组织和性能。

保护气体须根据被焊金属性质、接头质量要求及焊接工艺方法等因素选用。对于低碳钢、低合金高强钢、不锈钢和耐热钢等，焊接时宜选用活性气体（如 CO_2、$Ar+CO_2$ 或 $Ar+O_2$）保护，以细化过渡熔滴，克服电弧阴极斑点飘移及焊道边缘咬边等缺陷。有时也采用惰性气体保护。但对于氧化性强的保护气体，须匹配高锰高硅焊丝，而对于富 Ar 混合气体，则应匹配低硅焊丝。

保护气体必须与焊丝相匹配。含较高 Mn、Si 含量的 CO_2 焊焊丝用于富氩条件时，熔敷金属合金含量偏高，强度增高；反之，富氩条件所用的焊丝用 CO_2 气体保护时，由于合金元素的氧化烧损，合金过渡系数低，焊缝性能下降。对于铝及铝合金、钛及钛合金、铜及铜合金、镍及镍合金、高温合金等容易氧化或难熔的金属，焊接时应选用惰性气体作为保护气，以获得优质的焊缝金属。

保护气体的电离电位对弧柱电场强度及母材热输入等影响轻微，起保护作用的是保护气体的传热系数、比热容和热分解等性质。熔化极反极性焊接时，保护气体对电弧的冷却作用越大，母材输入热量也越大。表 8-9 为不同材料焊接时保护气体的适用范围。

表 8-9 不同材料焊接时保护气体的适用范围

被焊材料	保护气体	化学性质	焊接方法	主要特性
铝及铝合金	Ar	惰性	TIG、MIG	TIG 焊采用交流。MIG 焊直流反接，起阴极破碎作用，焊缝表面光洁
钛及其合金	Ar	惰性	TIG、MIG	电弧稳定燃烧，保护效果好
铜及铜合金	Ar	惰性	TIG、MIG	产生稳定的射流电弧
	N_2	—	熔化极气体保护焊	输入热量大，可降低或取消预热，有飞溅及烟雾，一般仅在脱氧铜焊接时使用氮弧焊，氮气价格便宜

续表 8-9

被焊材料	保护气体	化学性质	焊接方法	主 要 特 性
不锈钢及高强度钢	Ar	惰性	TIG	适于薄板焊接
碳钢及低合金钢	CO_2	氧化性	MAG	适于短路电弧，有一定飞溅
镍基合金	Ar	惰性	TIG、MIG	对于射流脉冲及短路电弧均适用，是焊接镍基合金的主要气体

8.3.4 焊接结构设计

8.3.4.1 焊接结构的特点

焊接结构在航空航天、能源、化工、船舶、汽车、建筑等领域都有着广泛应用。焊接结构已取代铆接结构，部分取代了铸造和锻造结构，这与其优点是紧密相关的，主要有以下方面：

(1) 强度高、重量轻。现代焊接技术已经能够使接头与母材等强度，同时具有良好的疲劳性能和抗断裂性能。与铸件或机械连接件相比，焊接结构节省材料，重量减轻。

(2) 水密性和气密性好。铆接结构在使用中难以保证可靠的水密性和气密性，而焊接结构具有良好的水密性和气密性，广泛应用于压力容器、船舶等领域。

(3) 焊接结构尺寸和形状不受限制。现代焊接技术几乎可以实现任何板厚与结构形式的焊接，焊接厚度最大可以达到数百毫米，最小可以是几个微米；通过焊接可以生产各种复杂结构。

(4) 结构简单，生产效率高。使用简单的对接和角焊缝连接，就可以制造出各种复杂结构。生产效率高，周期短，成本低。

同时，焊接结构的缺点也是不可忽视的，主要有以下几点：

(1) 焊接应力与焊接变形。焊接过程是局部加热，不可避免地会产生热应力和变形。若加热时产生的拉伸应力过大，会导致焊缝裂纹或开裂。焊后的残余应力对结构的强度、刚度、稳定性以及尺寸精度都有较大的影响。

(2) 焊接接头性能不均匀。焊缝、热影响区和母材的强度、韧性不均匀，会对整个结构的强度和断裂行为产生显著影响。

(3) 焊接缺陷。焊接过程中快速加热和冷却会使局部材料在非平衡条件下发生熔化、凝固和固态相变，在焊接区产生裂纹、气孔、未焊透和夹杂等焊接缺陷，往往是结构破坏的根源。

(4) 焊接结构刚度大、整体性强。整体性是焊接结构具有良好的水密性和气密性，同时也为裂纹的扩展提供了方便。

8.3.4.2 焊接应力

没有外力作用的情况下，平衡于物体内的应力称为内应力。引起内应力的原因很多，由焊接引起的内应力称为焊接应力。

按应力产生的原因分热应力、相变应力、塑变应力。热应力是焊接过程中焊件内部温度有差异所引起的应力，故又称温差应力，它随温差消失而消失。热应力是引起热裂纹的力学原因。相变应力是焊接过程中局部金属发生相变，其比容增加或减小而引起的应力。塑变应力是金属局部发生拉伸或压缩塑性变形后引起的内应力。焊接过程中在近缝高温区的金属热膨和冷缩受阻时产生这种塑性变形，从而引起焊接的内应力。

按应力存在的时间分焊接瞬时应力和焊接残余应力。焊接瞬时应力是在焊接过程中，某一瞬时的焊接应力，随时间而变化。它和焊接热应力没有本质区别，当温度也随时间而变化时，热应力也是瞬时应力，统称暂时应力。焊接残余应力是焊完冷却后残留在焊件内的应力。它对焊接结构的强度、腐蚀和尺寸稳定性等使用性能有影响。

熔化焊必然会带来焊接残余应力，焊接残余应力在钢结构中并非都是有害的。根据钢结构在工程中的受力情况、使用的材料、不同的结构设计等，正确选择焊接工艺，将不利的因素变为有利的因素，同时要做到具体情况具体分析：

（1）对静载强度的影响。塑性良好的金属材料，焊接残余应力的存在并不影响焊接结构的静载强度。在塑性差的焊件上，因塑性变形困难，当残余应力峰值达到材料的抗拉强度时，局部首先发生开裂，最后导致钢结构整体破坏。

（2）对构件加工尺寸精度的影响。对尺寸精度要求高的焊接结构，焊后一般都采用切削加工来保证构件的技术条件和装配精度。通过切削加工把一部分材料从构件上去除，使截面面积相应减小，同时也释放了部分残余应力，使构件中原有残余应力的平衡得到破坏，引起构件变形。

（3）对应力腐蚀裂纹的影响。金属材料在某些特定介质和拉应力的共同作用下发生的延迟开裂现象，称为应力腐蚀裂纹。应力腐蚀裂纹主要是由材质、腐蚀介质和拉应力共同作用的结果。

采用熔化焊焊接的构件，焊接残余应力是不可避免的。焊件在特定的腐蚀介质中，尽管拉应力不一定很高都会产生应力腐蚀开裂。其中残余拉应力大小对腐蚀速度有很大的影响，当焊接残余应力与外载荷产生的拉应力叠加后的拉应力值越高，产生应力腐蚀裂纹的倾向就高，产生应力腐蚀开裂的时间就越短。所以，在腐蚀介质中服役的焊件，首先要选择抗介质腐蚀性能好的材料，此外对钢结构的焊缝及其周围处进行锤击，使焊缝延展开，消除焊接残余应力。对条件允许焊接加工的钢结构，在使用前进行消除应力退火等。

焊接内应力是可以通过结构设计和焊接工艺措施等进行调节与控制：（1）尽量减少结构上焊缝的数量和焊缝尺寸。多一条焊缝就多一处内应力源；过大的焊缝尺寸，焊接时受热区加大。使引起残余应力与变形的压缩塑变区或变形量增大。（2）避免焊缝过分集中，焊缝间应保持足够的距离。焊缝过分集中不仅使应力分布更不均匀，而且可能出现双向或三向复杂的应力状态。（3）采用刚性较小的接头形式。

8.3.4.3 焊接变形

焊件由于焊接而产生的变形称焊接变形。焊接变形与焊件形状尺寸、材料的热物理性能及加热条件等因素有关。如果是简单的金属杆件在自由状态下均匀的加热或冷却，该杆件将按热胀冷缩的基本规律在长度上产生伸长或缩短的变形，焊接时不均匀加热过程，热源只集中在焊接部位，且以一定速度向前移动。局部受热金属的膨胀能引起整个焊件发生平面内或平面外的各种形态的变形。变形是从焊接时便产生，并随焊接热源的移动和焊件上温度分布的变化而变化。一般情况下一条焊缝在施焊处受热发生膨胀变形，后面开始在凝固和冷却处发生收缩。膨胀和收缩在这条焊缝上不同部位分别产生，直至焊接结束并冷至室温，变形才停止。

焊接过程中随时间而变的变形称为焊接瞬时变形，它对焊接施工过程产生影响。焊完冷后，焊件上残留下来的变形称为焊接残余变形，它对结构质量和使用性能产生影响。我们关心最多的是焊接残余变形，因为它直接影响结构的使用性能。所以在没有特别说明情况下，一般所说的焊接变形，多是指焊接残余变形。

焊接残余变形也可以从焊接设计方面加以控制：

（1）合理选择构件截面提高构件的抗变形能力。设计结构时要尽量使构件稳定、截面对称，薄壁箱形构建的内板布置要合理，特别是两端的内隔板要尽量向端部布置；构件的悬出部分不宜过长；构件放置或吊起时，支承部位应具有足够的刚度等。较容易变形或不易被矫正的结构形式要避免采用。可采用各种型钢、弯曲件和冲压件（如工字梁、槽钢和角钢）代替焊接结构，对焊接变形大的结构尽量采用铆接和螺栓连接。

对一些易变形的细长杆件或结构可采用临时工艺筋板、冲压加强筋、增加板厚等形式提高板件的刚度。如从控制变形的角度考虑，钢桥结构的箱形薄壁结构的板材不宜太薄，焊成箱形后，无论整体变形还是局部变形都比较大，而且矫正困难。因此，箱形钢结构的强度不但要考虑板厚、刚度和稳定性，而且制造和安装过程中的变形也是很重要的。

（2）合理选择焊缝尺寸和布置焊缝的位置。焊缝尺寸过大不但增加了焊接工作量，对焊件输入的热量也多，而且也增加了焊接变形。所以，在满足强度和工艺要求的前提下，尽可能地减少焊缝长度尺寸和焊缝数量，对联系焊缝在保证工件不相互窜动的前提下，可采用局部点固焊缝；对无密封要求的焊缝，尽可能采用断续焊缝。但对易淬火钢要防止焊缝尺寸过小产生淬硬组织等。

设计焊缝时，尽量设计在构件截面中心轴的附近和对称于中性轴的位置，使产生的焊接变形尽可能地相互抵消。如工字梁其截面是对称的，焊缝也对称于工字梁截面的中性轴。焊接时只要焊接顺序选用合理，焊接变形就可以得到有效的控制，特别是挠曲变形可以得到有效的控制。

（3）合理选择焊缝的截面和坡口形式。要做到在保证焊缝承载能力的前提下，设计时应尽量采用焊缝截面尺寸小的焊缝。但要防止因焊缝尺寸过小，热量输入少，焊缝冷却速度快易造成裂纹、气孔、夹渣等缺陷。因此，应根据板厚、焊接方法、焊接工艺等合理的选择焊缝尺寸。

此外，要根据钢结构的形状、尺寸大小等选择坡口形式。如平板对接焊缝，一般选用对称的坡口，对于直径和板厚都较大的圆形对接筒体，可采用非对称坡口形式控制变形。在选择坡口形式时还应考虑坡口加工的难易、焊接材料用量、焊接时工件是否能够翻转及焊工的操作方便等问题。如直径比较小的筒体，由于在内部操作困难，所以纵焊缝或环焊缝可开单面 V 或 U 形坡口。

（4）尽量减少不必要的焊缝。焊缝数量与填充金属量成正比，所以，在保证强度的前提下，钢结构中应尽量减少焊缝数量，避免不必要的焊缝。为防止薄板产生波浪变形，可适当采用筋板增加钢结构的刚度，用型钢和冲压件代替焊件。

8.3.4.4 焊接接头构造的设计与选择

接头是指将构成焊件的各个工件之间的结合部位。而接缝是指装配后，工件之间的待焊接口。焊件中的工件可能是热轧板、结构型材、管道、铸件或锻件。将构件装配好后形成接缝，焊接后形成焊缝和接头。连接接头有对接、角接、T形、搭接和端接等几种基本形式，如图8-31所示。焊接接头的性能好坏直接影响整个焊接结构的质量，所以选择合理的接头形式是十分重要的。在保证焊接质量的前提下，接头设计应遵循以下原则。

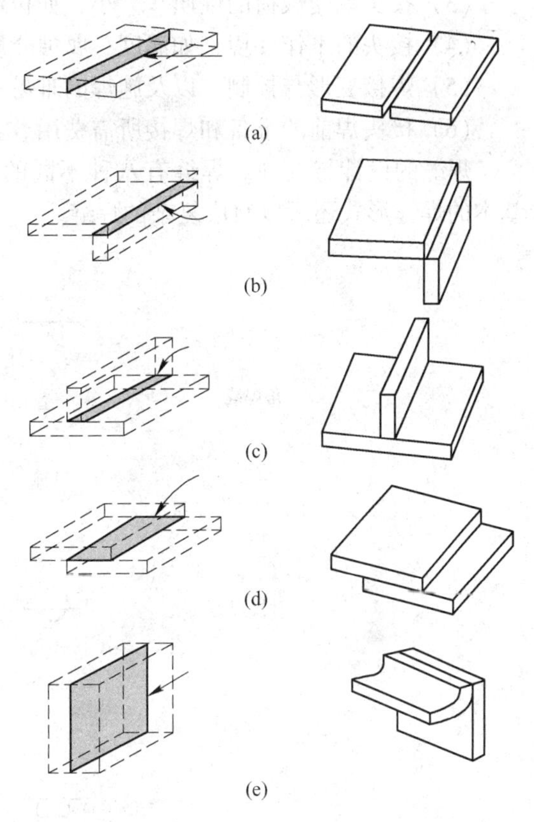

图8-31 基本接头类型
(a) 对接接头；(b) 角接接头；
(c) T形接头；(d) 搭接接头；(e) 端接接头

接头形式应尽量简单，焊缝填充金属要尽可能少，接头应避开工作应力最大的位置，例如承受弯矩的梁，对接接头应避开弯矩最大的截面。对于工作条件恶劣的结构，焊接接头应尽量避免截面突变的位置，至少应采取措施避免产生严重的应力集中。接头设计要使焊接工作量尽量少，且便于制造和检验。

对接接头用于连接在同一平面的金属板，其传力效率最高，应力集中较低，易保证焊透和排除工艺缺陷，具有良好的综合性能，是重要零件和结构连接的首选接头。其缺点是焊前准备量大，组装费工时，而且焊接变形较大。

角接头承载能力很低，一般用于组成箱体结构、容器结构，设计焊接结构时应该尽量少使用。

T形接头用于连接端面构成直角或近似直角的工件，焊缝向母材过渡急剧，接头在外力作用下扭曲很大，造成极不均匀的应力分布，在角焊缝的根部和过渡处有很大的应力集中。对重要结构，尤其是在动载下工作的T形接口应开坡口或用深熔焊使之焊透。

搭接接头是两平板部分地相互搭置，用角焊缝进行连接的接头。该接头使构件形状发生较大变化，所以应力变化比较大；接头的动载强度较低；搭接面有间隙，易产生腐蚀，不能在高温下工作。但搭接接头焊前准备工作少，装配较容易，对焊工技术水平要求较低，且横向收缩量较小，因此广泛应用于工作环境良好、不重要的结构中。

合理的接头设计和选择不仅能保证结构的局部和整体强度，还可以简化生产工艺，节省制造成本；反之，则可能影响结构的安全使用，甚至无法施焊。下列为设计和选择焊接接头形式时须考虑的几个因素：

(1) 产品结构形状、尺寸、材质及技术要求；

(2) 焊接方法及接头的基本特性；

(3) 接头承受载荷的性质、大小，如拉伸、压缩、弯曲、交变载荷和冲击等；

(4) 接头的工作环境，如温度、腐蚀介质等；

(5) 焊接变形与控制，以及施焊的难易程度；

(6) 接头焊前的准备和焊接所需费用。

焊缝的设计与选择。焊缝有八种不同的形式，每种还有一些变种，如图 8-32 所示。基本的焊缝形式还可以组成复杂的焊缝。

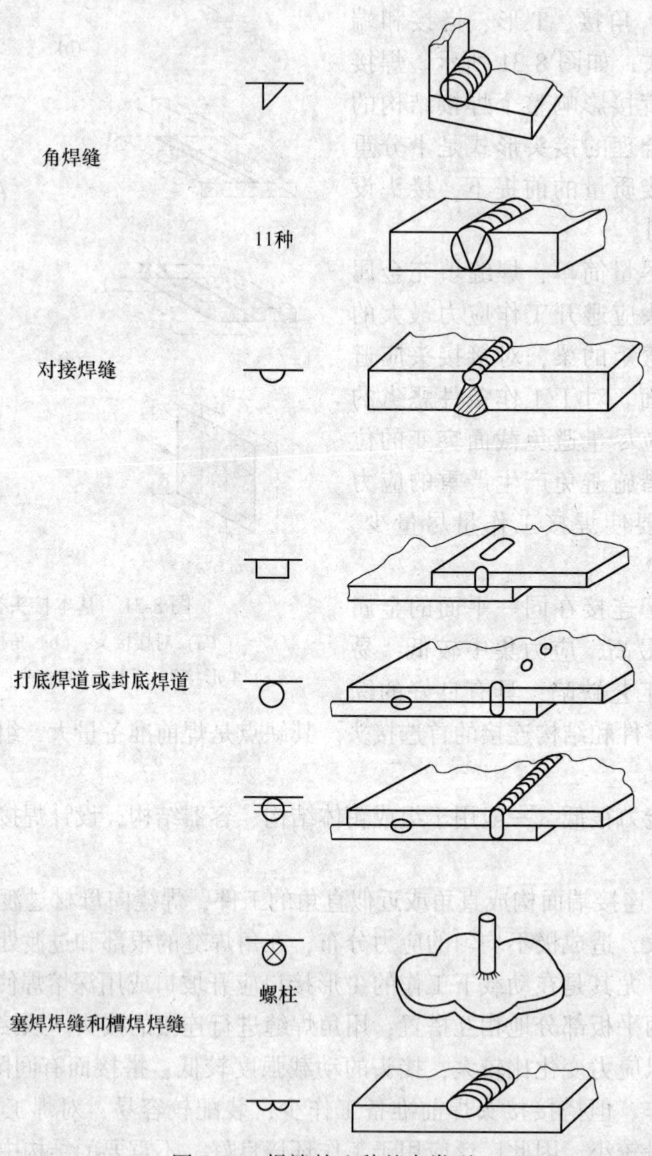

图 8-32 焊缝的八种基本类型

角焊缝是最常见的焊缝类型。角焊缝是相交成直角的两工件之间的焊缝，其横截面形状接近三角形。

坡口对接焊缝是两个对接工件之间的坡口内熔敷的焊缝。对接焊缝被认为是熔敷到接缝内的。单面对接焊缝和双面对接焊缝使用的坡口有 11 种基本类型，如图 8-33 所示。

对接、T形接头和角接接头中为了保证焊透常在焊前对待焊边缘加工出各种形状的坡口，如何设计和选择坡口，主要取决于被焊件的厚度、焊接方法、焊接位置和焊接工艺程序。

此外，还应尽量做到：

(1) 填充材料应最少，例如，同样厚度平板对接，双面V形坡口比单面V形坡口节省一半的填充金属材料；

(2) 具有好的可达性，例如，有些情况不便或不能两面施焊时，宜选择单面V形或U形坡口；

(3) 坡口容易加工，且费用低。

打底焊道和封底焊道。在单面坡口中对接焊中，在工件背面熔敷的第一道焊道成为打底焊道。在单面坡口对接焊中，封完正面焊缝后，在其根部熔敷的一个焊道称为封底焊道。

表面堆焊焊缝是由一道或多道熔敷在母材表面上的直线或摆动焊道构成的焊缝。这种焊缝不能用来连接工件。主要用于修正表面尺寸，或制备具有特殊性能的界面，保护母材不受恶劣环境的影响，提高焊件寿命。

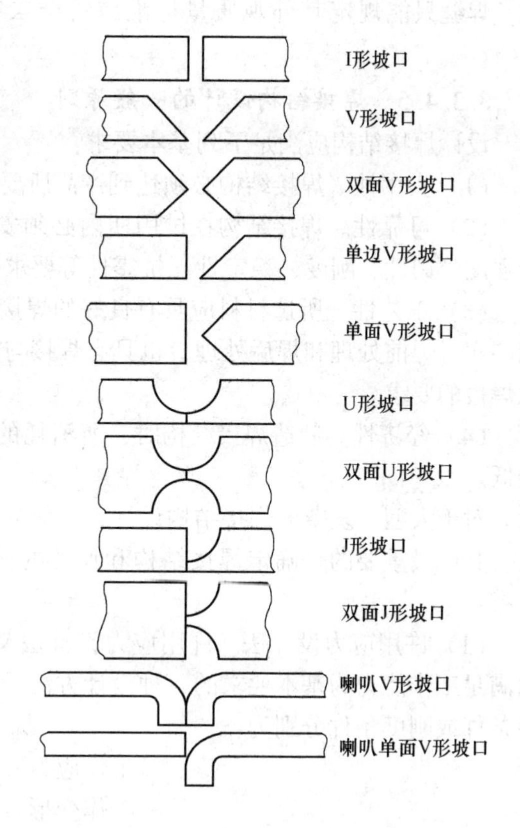

图 8-33 坡口对接焊缝的基本类型

焊缝应根据结构的重要性、载荷特性、焊缝形式、工作环境以及应力状态等情况，按下述原则分别选用不同的质量等级：

(1) 在需要计算疲劳结构中，凡对接焊缝均应焊透。作用力垂直于焊缝长度方向的横向对接焊缝或T形对接与角接组合焊缝，受拉时应为一级，受压时应为二级；纵向对接焊缝应为二级。

(2) 在不需要计算疲劳的构件中，凡要求与母材等强的对接焊缝，受拉时不应低于二级。受压时宜为二级。因一级或二级对接焊缝的抗拉强度正好与母材的相等，而三级焊缝只有母材强度的85%。

(3) 重级工作制和$Q \geqslant 50$t的中级工作制吊车梁腹板与上翼缘之间以及吊车桁架上弦杆与节点板之间的T形接头焊缝处于构件的弯曲受压区，主要承受剪应力和轮压产生的局部压应力，没有受到明确的拉应力作用，按理不会产生疲劳破坏，但由于承担轨道偏心等带来的不利影响，国内外均发现连接及附近经常开裂。所以规定，应予焊透，质量等级不低于二级。焊缝形式一般为对接与角接的组合焊缝。

(4) 不要求焊透T形接头采用的角焊缝，不焊透的对接与角接组合焊缝，以及搭接连接采用的角焊缝，由于内部探伤困难，不能要求其质量等级为一级或二级。因此，对直接承受动力载荷且需要验算疲劳的结构和吊车起重量等于或大于50t的中级工作制吊车梁，焊缝只能规定其外观质量标准应符合二级；其他结构，焊缝的外观质量标准可为三级。

8.3.4.5 焊接结构设计的一般原则

设计焊接结构应满足下列基本要求：

(1) 实用性。焊接结构必须达到产品所要求的使用性能和预期效果。

(2) 可靠性。焊接结构在试用期内必须安全可靠，受力合理，能满足静载强度、疲劳强度、韧性、刚度、稳定性、抗震性等要求。

(3) 工艺性。所选材料应具有良好的焊接性能，焊接结构能够方便地进行焊接操作，能够实行焊前处理和焊后处理，也具有焊接与检验操作的可达性，易于实现机械化和自动化焊接的要求。

(4) 经济性。制造焊接结构时，所消耗的原材料、能源和工时应最少，其综合成本最低。

对于大型、复杂的焊接结构设计，一般分为初步设计、技术设计和工作图设计三个阶段，其中最重要的是确定焊接结构和尺寸的任务，应在技术设计阶段完成。主要设计方法有：

(1) 许用应力设计法。许用应力设计法又称安全系数设计法或常规定值设计法，是以满足工作能力为基本要求的一种设计方法。对于一般用途的构件，设计时需要满足的强度条件或刚度条件分别为：

工作应力≤许用应力

工作变形≤许用变形

或者　　安全系数≥许用安全系数

许用应力、许用变形和许用安全系数一般由国家工程主管部门根据安全和经济的原则，按照材料的强度、载荷、环境情况、加工质量、计算精确度和构件的重要性予以确定。

(2) 可靠性设计法。在机械工程中，可靠性设计是保证机械及零部件满足给定的可靠性指标的一种机械设计方法。可靠性设计把与设计有关的载荷、强度、尺寸和寿命等数据如实地当作随机变量，运用概率论和数理统计的方法进行处理，因而其设计结果更符合实际，同时实现了安全可靠和经济。对于重要的机械或要求质量小、可靠性高的构件都应采用这种设计法。

在我国，按照《钢结构设计规范》(GB 50017—2003) 的规定，工业及民用房屋及一般构筑物的钢结构设计，除疲劳强度计算外，应采用以概率理论危机为基础的极限状态设计方法，并用分项系数的设计表达式进行计算。该表达式是为了保证所设计的构件能满足预期的可靠性要求，必须使载荷在构件截面或连接中引起的引力效应小于或等于其强度设计值。

(3) 有限元数值模拟辅助设计法。采用有限元数值模拟辅助设计法来分析已设计焊接结构静态或动态的物理系统。可以得出焊接结构局部区域的工作应力分布，尤其是焊接接头的工作应力分布和应力集中状态，从而改进连接节点和焊缝的形状及尺寸设计。结合焊接热过程，可以模拟焊接过程中应力和变形的演变过程，改进焊接接头位置和焊接顺序的设计，进一步通过重新设计调控焊接残余应力分布；结合断裂力学，可以分析焊接缺陷甚至潜在缺陷区域的塑性变形范围，评价接头的安全可靠性，改进焊接结构的局部设计。目前，常用的软件有ANSYS、ABQUS、SAP2000等。

除此之外，还有一些特殊或专用的设计方法，例如许多结构都是从铸造或锻造结构改变为焊接结构的，这时一般采用等价截面法进行设计，如减速器铸造箱体改为焊接箱体后，其箱体壁厚应与原来设计保持一致。

焊接结构种类繁多，焊接接头形式多样，设计时选择充分，但是选择时必须考虑焊接结构的实用性和焊接接头的可靠性，以便选择合理的基体材料和焊接材料，确定合理的焊接结构及接头形式，尽可能发挥焊接结构的承载能力，提高其使用寿命。归纳起来，焊接结构设计应遵循如下的原则：

（1）合理设计焊接结构形式。结构要具有良好的受力状态。根据强度或刚度要求，以最理想的受力状态来确定结构的结构尺寸，如应采用应力集中小、残余应力小及焊接变形小的焊接结构形式。

要重视局部构造。既要重视结构的整体设计，又要重视结构的细部处理，焊接结构的整体性意味着任何部位的构造都同等重要，许多焊接结构的破坏事故就是起源于局部构造不合理的薄弱环节，如局部节点部位、截面变化部位及焊接接头的形状变化部位等。

要有利于实现机械化和自动化。尽量采用简单平直的构造形式，减少短而不规则的焊缝，要避免采用具有复杂空间曲面的结构。

（2）合理选择基体材料和焊接材料。所使用的金属材料必须同时满足结构使用性能和加工性能的要求。使用性能包括材料强度、塑性、耐磨性、耐腐蚀性、耐高温以及抗蠕变性能等。对承受交变载荷的结构，还需要考虑材料的疲劳性能；对大型构件和低温环境下工作的构件还需要考虑断裂韧性的要求。加工性能主要是指材料的焊接性能，同时也要考虑其冷、热机械加工的性能。

选择基体材料要全面考虑结构的使用性能，有特殊要求的结构可以采用特种金属，其余部位则采用能满足一般要求的廉价金属。例如，有耐腐蚀要求的结构可以采用以普通碳钢为基体、以不锈钢为工作面的复合钢板，或者在基体表面堆焊耐蚀层；有耐磨要求的结构可以在工作面上堆焊耐磨合金或热喷涂耐磨层。基体材料选择时，应当充分发挥异种材料焊接的优势。

焊接材料的选择取决于与基体材料的匹配状态，一般有成分匹配和强度匹配两种形式。对于有耐腐蚀性要求的结构，按照成分匹配选择焊接材料，即要求焊接材料熔敷金属的化学成分与基体材料的成分相当，可以抵抗化学腐蚀、电化学腐蚀。大多数焊接结构以强度匹配要求为主，按照焊缝金属与母材金属的屈服或断裂强度的大小，分为高强度匹配、等强度匹配和低强度匹配三种形式。完全的等强度匹配是不存在的，考虑到断裂韧性的要求，往往采用低强度匹配，可以获得等强度高韧性的接头。

（3）合理设计焊接接头形式。焊接接头形式是焊接结构设计时需重点考虑的内容。在各种焊接接头中，对接接头应力集中程度最小，是最为理想的接头形式，应尽量采用，质量优良的对接接头可以与母材等强度。角焊缝接头应力分布不均匀，应力集中程度大，动载强度低，但这种形式的接头是不可避免的，采用时应当采取适当措施提高其动载强度。

（4）合理布置焊接接头位置。焊接接头的布置合理与否对于结构的强度有较大影响。

尽管质量优良的对接接头可以与母材等强度，但是考虑到焊缝中可能存在的工艺缺陷会降低焊缝的承载能力，设计者往往使焊接接头避开工作应力最大的位置，例如承受弯矩的梁，对接接头应避开弯矩最大的截面。对于工作条件恶劣的结构，焊接接头应尽量避免截面突变的位置，至少应采取措施避免产生严重的应力集中。

8.4 熔化焊接工艺新进展

随着现代工业对焊接效率与焊接质量提出了更高的要求，出现了一些新的焊接技术，这里将对这些新的焊接技术的特点与应用进行简要的介绍。

8.4.1 激光-电弧复合热源焊接技术

结合了激光和电弧两个独立热源各自的优点（如激光热源具有高的能量密度、极优的指向性及透明介质传导的特性，电弧等离子体具有高的热-电转化效率、低廉的设备成本和运行成本、技术发展成熟等优势），极大程度地避免了二者的缺点（如金属材料对激光的高反射率造成的激光能量损失、激光设备高的设备成本、低的电-光转化效率等，电弧热源较低的能量密度、高速移动时放电稳定性差等），同时二者的有机结合衍生出了很多新的特点（高能量密度、高能量利用率、高的电弧稳定性、较低的工装准备精度以及待焊接工件表面质量等），使之成为具有极大应用前景的新型焊接热源。与传统的电弧焊相比，激光-电弧复合焊接，具有更快的焊接速度，获得更优质的焊接接头，实现了高效率、高质量的焊接过程，是当前最有发展前景的焊接技术，根据电弧热源选择的不同，激光-电弧复合焊接可分为以下几类。

8.4.1.1 激光-TIG 复合热源

激光与 TIG 电弧进行复合是最早的一种复合焊形式，其复合原理如图 8-34 所示。早期研究也大多以旁轴方式进行，电弧可以在激光前方，也可以在激光后方。同激光焊相比，复合热源的焊接速度提高了 100%，同时明显降低了咬边程度。为了实现全位置空间焊接，激光与 TIG 也可以采用同轴的复合方式，如图 8-35 所示。

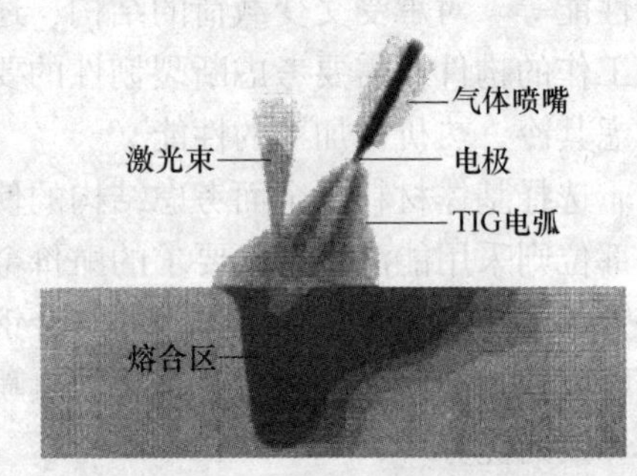

图 8-34 激光-TIG 电弧旁轴复合焊接原理

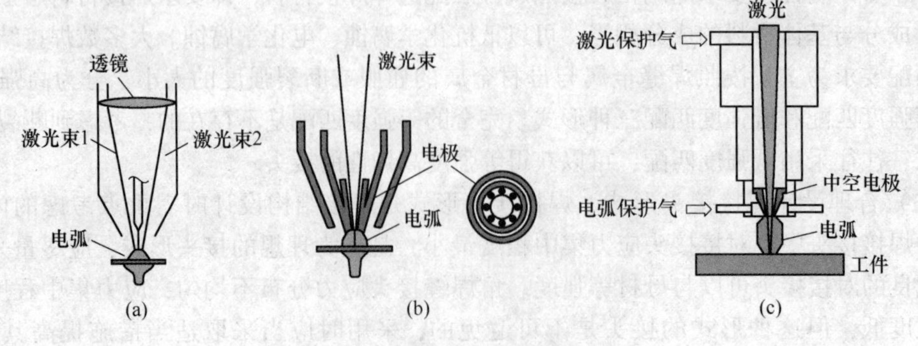

图 8-35 激光-TIG 同轴复合方式

（a）双束激光-TIG 电弧同轴复合焊接原理；（b）激光-多电极 TIG 电弧同轴复合焊接原理；（c）激光-空心钨极 TIG 电弧同轴复合焊接原理

8.4.1.2 激光-MIG电弧复合热源

激光-MIG复合热源焊接技术是近年来最热门的复合焊接技术之一。激光-GMA复合焊接原理如图8-36所示。激光-MIG复合焊炬绝大多数采用旁轴复合，但也有同轴复合方式。

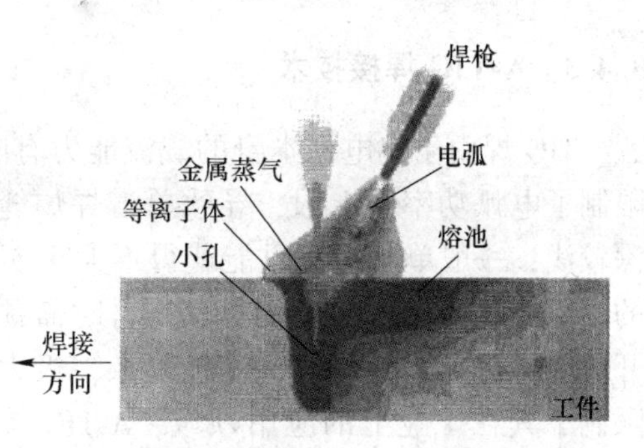

图8-36 激光-MIG复合焊接原理

8.4.2 双丝及多丝电弧焊接技术

传统的单丝电弧焊很难通过增加焊接电流来提高焊接速度，对于一定直径的焊丝来说，其电流容量是有限的，过大的电流不仅影响焊接工艺的稳定性和可控性，也不利于焊缝成形和接头质量；焊接速度也不能简单无限制地增加，过快的焊接速度容易产生驼峰焊道和咬边等缺陷，影响焊缝成形质量和接头力学性能。而双丝或多丝电弧焊可以在保持对熔池足够的瞬时输入功率的前提下，将更多的瞬时输入功率用于焊丝的熔化，从而保证了焊丝的熔化速率，实现了稳定的高速焊接过程。多丝电弧焊作为一种高效焊接方法，特别适合于中、厚板对接和高速焊管等场合。

根据焊丝、电弧和电源数量及电弧燃烧方式，多丝电弧焊技术可以分为多丝单电弧、多丝多电弧两大类。

双丝单弧气体保护焊的基本原理如图8-37所示。两根焊丝分别接电源的正极和负极，工件不接电源，焊接时，在两根焊丝的端部之间形成单一电弧。该方法的阴极、阳极活性斑点区分别位于两根焊丝端部，大部分电弧热用来熔化焊丝，只有很少一部分电弧热直接用于熔化母材，焊缝熔深浅、熔合比小，适用于高碳钢和高合金钢堆焊。该方法阴极焊丝熔化速度相对较快，送丝机构需采取特定的控制措施，以保证两个电极（焊丝）的送进速度与各自的熔化速度一致。

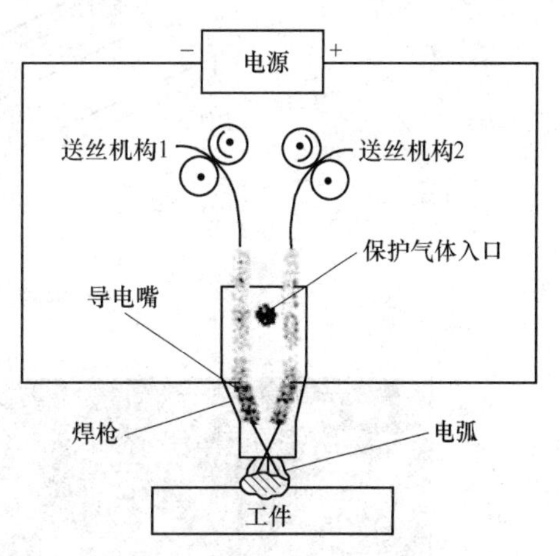

图8-37 双丝单弧气体保护焊示意图

多丝单弧气体保护焊的工作原理为：多根焊丝以特定的角度进入同一导电嘴，并保证集中相交于一点，形成单一电弧。主要优点是其所形成的共同电弧能显著提高焊丝熔覆率，通过有效控制可获得无飞溅焊接。缺点是导电嘴加工相对复杂，同时必须确保多根焊丝的送丝速度协调一致，才能保持焊接过程稳定。

双弧焊接的两根焊丝由各自独立的电源供电，有独立的送丝机构和导电嘴，可分别进行独立调节，具有很高的灵活性，如图8-38所示。其前导焊丝采用较大工艺参数，熔化母材和焊丝，有利于形成较大熔深；而跟随焊丝控制熔池形态，有利于焊缝成形，起填充盖面作用。双弧焊的优点在于其电弧具有自身调节特性，电流自动从回路阻抗较小的通路流过，当某一电弧弧长较短时，该电弧将会流过更多的电流，使焊丝熔化速度加快，从而使电弧长度增加，两根焊丝的电流又趋于平衡。缺点是对回路接触电阻要求较高，且电弧抗扰动能力较差。

8.4.3 A-TIG 焊接技术

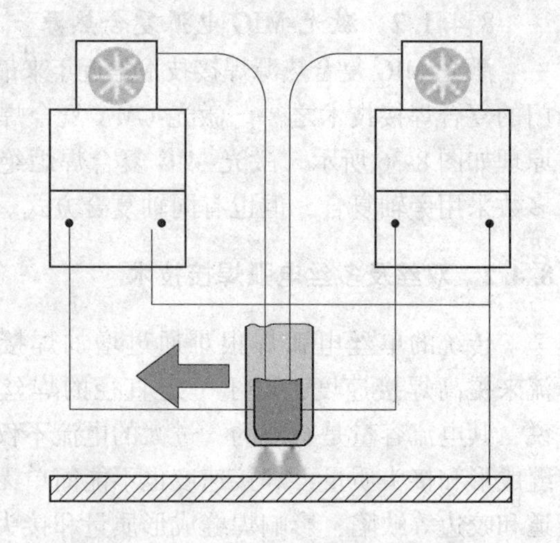

图 8-38 双弧焊接工艺原理示意图

TIG 焊由于钨电极本身的载流能力有限，限制了电弧功率的上限，导致单道焊焊缝熔深较浅，一般单层焊接只能获得不大于 5mm 的熔深；在焊接大厚度板材、管材时需预先开设坡口进行多层焊接，工艺复杂，极大地限制了其在工业上的应用领域。A-TIG 焊技术（活性化 TIG 焊）正是为解决 TIG 焊的这种缺点而研发出来的，其工艺是在传统 TIG 焊施焊样件的表面涂上一层薄的表面活性剂进行 TIG 焊接，如图 8-39 所示。在活性剂的作用下，电弧的能量更为集中并且熔池的流动行为发生变化，导致焊缝熔深变大。图 8-40 所示为普通 TIG 焊与 A-TIG 焊接不锈钢的对比。可见，A-TIG 焊接方法可使焊接熔深得到大幅度提高。

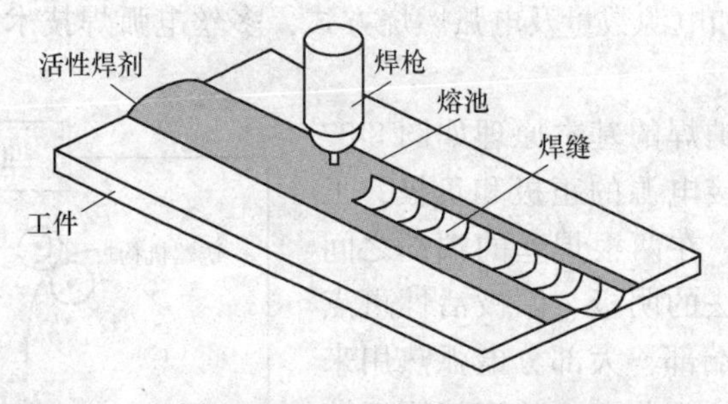

图 8-39 A-TIG 焊接示意图

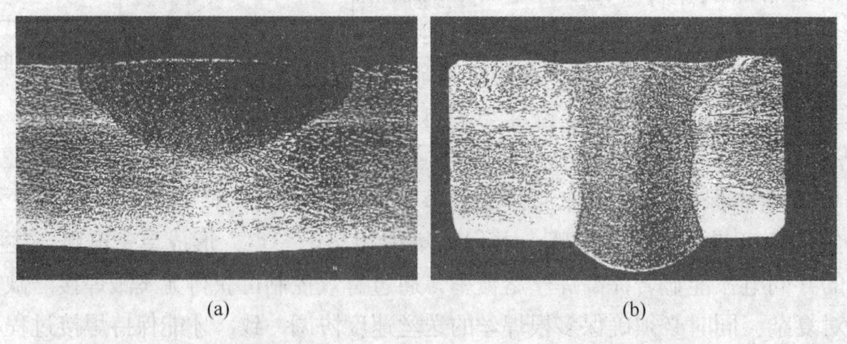

图 8-40 普通 TIG（a）与 A-TIG（b）焊接不锈钢熔深对比

活性焊剂一般为细粉状，为便于涂敷及防止焊接时被保护气体吹散，应用易挥发的溶剂将其溶解成糊状，焊接前均匀地涂覆在焊缝两侧。工业生产中则多把活性剂配制成可以直接使用的溶剂或喷剂，其用量应根据工件的厚度、焊接条件和所需解决的技术问题决定。A-TIG 焊典型的应用是较厚工件（8~16mm）的精密焊接，活性剂对焊缝最主要的影响表现在熔深增加效应上。该项技术可以在保持 TIG 焊接强度、抗晶间腐蚀性能等优点的前提下，增加焊接熔深、减小变形、消除气孔、提高生产效率，这极大地拓宽了 TIG 焊的使用范围。与传统手工电弧焊、钨极氩弧焊等方法相比，A-TIG 焊具有焊接熔深大、生产效率高、质量可靠的优点；与先进的激光焊接、电子束焊接相比，A-TIG 焊因活性剂材料来源丰富、价格便宜，而且无需昂贵的焊接设备，使其具有良好的经济效益和广泛的应用前景。

8.4.4 CMT 焊接技术

CMT（Cold Metal Transfer）冷金属过渡技术是一种新型的熔化极气体保护电弧焊方法。该方法通过采用数字化电源和过程的精密控制技术，使得在焊接过程中可大幅度降低焊接热输入量，从而减小焊接残余应力和焊接变形。

CMT 技术将送丝与焊接过程控制直接地联系起来。当数字化的过程控制监测到一个短路信号，就会反馈给送丝机，送丝机做出回应回抽焊丝，从而使得焊丝与熔滴分离，如图 8-41 所示。在全数字化的控制下，这种过渡方式完全区别于传统的熔滴过渡方式，CMT 技术实现了无电流状态下的熔滴过渡。当短路电流产生，焊丝即停止前进并自动地回抽，在这种方式中，电弧自身输入热量的过程很短，短路发生，电弧即熄灭，热输入量迅速地减少，整个焊接过程即在冷热交替中循环往复。

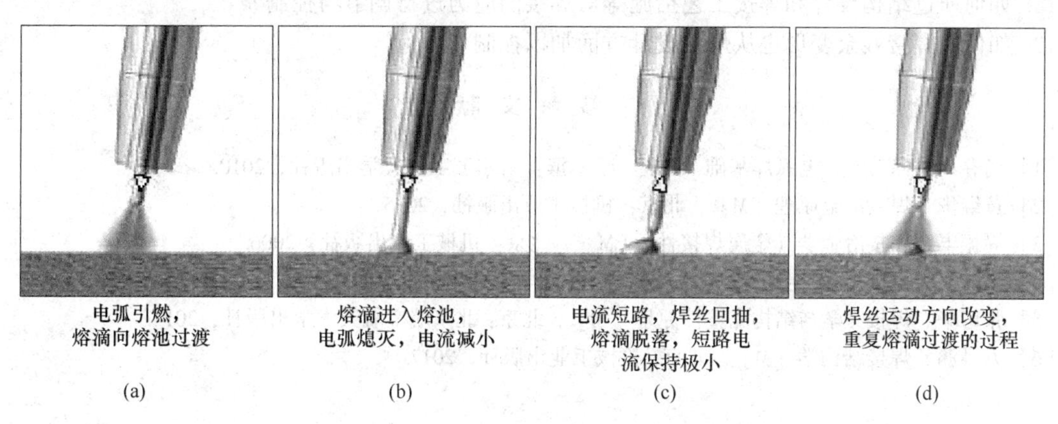

图 8-41 CMT 焊接过程示意图

（a）电弧加热，向前送丝；（b）熔滴短路，电弧熄灭；（c）焊丝回抽，帮助熔滴脱落；（d）向前送丝，焊接重新开始

与普通的 MIG/MAG 焊相比，CMT 技术具有许多优良特性。MIG/MAG 焊是目前世界上应用广泛、经济、有效的焊接工艺，但其热输入量高、变形大、飞溅无法避免，限制了它在某些领域的应用，尤其是 1mm 以下的薄板更是 MIG/MAG 焊难以解决的难题。而 CMT 技术可以实现无飞溅起弧，减少了焊后清理工作；弧长控制精确，电弧更稳定；焊接过程中热输入量小，能够进行薄板（可达 0.3mm）对接焊而不需要对工件进行背面气体保护；较高的装配间隙容忍度使得焊接过程操作容易，特别适用于自动焊。

思 考 题

1. 熔化焊接对焊接热源的一般要求是什么？
2. 焊接化学冶金可以划分哪几个体系，各体系有何特点？
3. 焊接熔池的一般特征是什么？

4. 焊缝凝固组织的一般特征及其形成机理是什么？
5. 简述焊接熔合区一般结构及其特征。
6. 形变强化材料、沉淀强化材料与相变强化材料热影响区的组织转变有何特征，对其力学性能有何影响？
7. 简述焊接裂纹的分类。
8. 简述焊接结晶裂纹、高温液化裂纹与焊接冷裂纹的形成机理。
9. 简述薄板焊接结构焊接应力与变形的一般特征。
10. 简述钨极氩弧焊原理、特点及应用。
11. 简述等离子弧焊原理、特点及应用。
12. 简述熔化极氩弧焊原理、特点及应用。
13. 简述二氧化碳电弧焊原理、特点及应用。
14. 简述埋弧自动焊原理、特点及应用。
15. 如何理解焊接性的概念，其影响因素都有什么？
16. 对于给定焊接结构如何选择合适的焊接方法？
17. 焊条、焊丝、焊剂和保护气如何进行选择？
18. 如何通过结构设计和焊接工艺措施等对焊接内应力进行调节与控制？
19. 如何对焊接残余变形也从焊接设计方面加以控制？

参考文献

[1] 杨春利，林三宝．电弧焊基础［M］．哈尔滨：哈尔滨工业大学出版社，2010.
[2] 黄继华．焊接冶金原理［M］．北京：机械工业出版社，2015.
[3] 周振丰．焊接冶金学（金属焊接性）［M］．北京：机械工业出版社，2006.
[4] 李亚江．先进焊接/连接工艺［M］．北京：化学工业出版社，2016.
[5] 张彦华．焊接力学与结构完整性原理［M］．北京：北京航空航天大学出版社，2014.
[6] 方洪渊．焊接结构学［M］．北京：机械工业出版社，2017.

9 特种成形工艺

【本章概要】

本章主要介绍特殊凝固、增材制造、半固态、超塑性、特种轧制和先进连接六种特种成形工艺。

【关 键 词】

特种成形，增材制造，半固态，超塑性，轧制，连接。

【章节重点】

本章应重点理解六种材料特种成形工艺的原理、理论和工艺方法，在此基础上了解工艺设计新进展。

9.1 特殊凝固成形工艺

随着社会经济的快速发展，传统的液态成形方法，如砂型铸造等工艺已不能满足人们对于材料性能日渐多样的要求和期许，近年来，一大批金属液态成形新方法、新工艺不断地涌现出来，在实现材料多重功能的同时，也推动了社会的进步，改善了人们的生活。本章系统地介绍了快速凝固成形、定向凝固成形、电磁约束铸造等几种具有现代科技含量的特殊凝固成形工艺。

9.1.1 快速凝固成形工艺

1959~1960 年，美国加州理工学院的 Duwez 及其合作者首次采用溅射法获得 Au70-Si30 金属玻璃，这标志着快速凝固技术的诞生。用此技术可获得高达 106 ~108℃/s 的液态合金冷却速率。

Duwez 等人为了获得更快的冷却速率，采取了两种措施：一是将金属液高速抛向冷却面，金属就会溅成薄膜；二是使金属滴和冷却面之间在凝固的瞬间保持良好的接触。其主要贡献体现在两方面：第一，提出比之前更快的冷却方法，实现了液态合金快速冷却，从而避开平衡相成核、生长的凝固程序。第二，确认了快速凝固对合金相组成和显微组织的影响。经过快速凝固而获得的合金，包括非晶态或亚稳态合金，由于其结构上的特征而具有各种各样的远比常规合金优异的使用性能，因而正在成为一种具有重要发展前景的新材料。

9.1.1.1 快速凝固技术的原理及分类

实现快速凝固的方法和相应的设备与装置有许多种，但从技术原理上讲，主要有以下两种。

A 动力学急冷法

增加熔体凝固时的传热速率，提高其冷却速率，使熔体形核时间很短、凝固速率很高，来不及在平衡熔点附近凝固，而只能在远离平衡熔点的较低温度凝固。具体实现这一方法的技术称为急冷凝固技术或熔体淬火技术。

急冷凝固技术的核心是要提高凝固过程中熔体的冷速。这一技术的主要特点是设法把熔体分成尺寸很小的部分，增大熔体与冷却介质的接触面积。在急冷凝固技术中根据熔体分离和冷却方式的不同可以分为模冷技术、雾化技术、表面熔化与沉积技术三类。

B 大过冷凝固技术

提供近似均质形核的条件以提高过冷度，从而在凝固前将熔体过冷到较低的温度，获得大的凝固过冷度，实现快速凝固。具体实现这一方法的技术一般称为大过冷技术。

大过冷主要是通过使合金熔体纯净化，设法消除异质晶核的方法来实现，主要技术方法有熔滴弥散法快速凝固和经过特殊净化处理的大体积液态金属的快速凝固。熔滴弥散法是在细小熔滴中达到大凝固过冷度的方法，包括雾化法、乳化法、熔滴基底法和落管法。在大体积熔体中获得大的过冷度的方法主要有玻璃体包裹法、嵌入熔体法或两相区法和电磁悬浮熔炼法，具体快速凝固技术分类如图 9-1 所示。

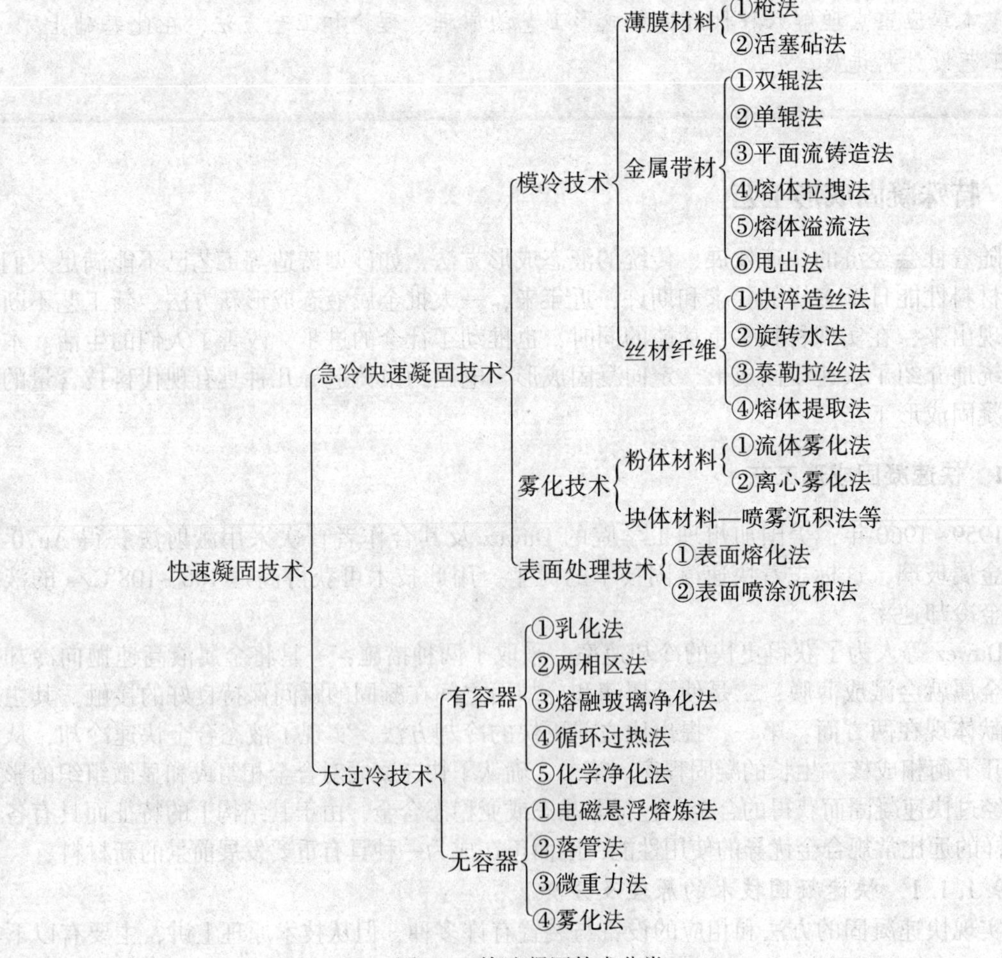

图 9-1 快速凝固技术分类

9.1.1.2 急冷凝固技术

A 模冷技术

模冷技术是通过高热导率材料衬底上薄层熔体的快速冷却，使合金熔体中形成大的起始形核过冷度，从而实现高的凝固速率，具体实现方法有如下手段。

a 枪法（Gun Technique）

枪法是一种实验室制取快速凝固合金样品的方法，图 9-2 所示为这种方法的示意图。其基本原理是在气枪中高压（>5MPa）惰性气体流（Ar 或 He）的突发冲击作用下，将熔融的合金液滴（常为数克重）射向用高导热系数材料（常为纯铜）制成的急冷衬底上。由于极薄的液态合金与衬底紧密接触，因而能获得很高的冷却速度（>107K/s）。用高速摄影对液滴射出过程的研究表明，在气枪出口处液滴发生了雾化，因而在撞击衬底后，得到一块外形不甚规则、厚度不均匀的多孔薄膜，其最薄处的厚度可小于 200nm，局部冷却速度可达 109K/s。这种方法可提供极高的冷却速度，所得样品可供 X 射线衍射（XRD）及透射电子显微镜进行结构分析，但因不能提供具有规则几何形状的致密样品，所以难以对样品进行力学或其他物理性能的测试。由于该方法每次只能制备少量样品，故只适合在实验室研究中使用。

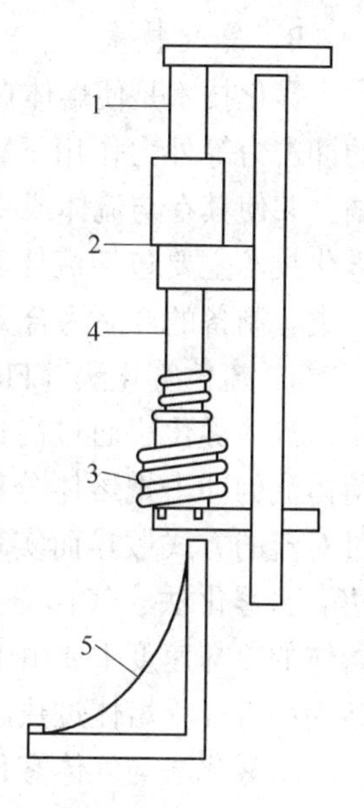

图 9-2 枪法示意图
1—高压室；2—聚酯薄膜；3—感应线圈；4—低压室；5—铜模

b 熔体旋转法

熔体旋转法是广泛用来制备合金薄带的方法，分为单辊法、双辊法。单辊法广泛用于生产非晶和微晶薄带，如图 9-3 所示。感应熔化的合金液在气体压力作用下，通过特制形状的喷嘴喷射到高速旋转的辊面上而形成连续的条带，并在辊轮转动离心力作用下以薄带的形式向前抛出。此工艺较简单、易于控制。熔体喷射温度可控制在熔点以上的 10~200℃；喷射压力为 0.5~2kg/cm^2；喷管与辊面的法线约成 14°角；辊面线速度一般为 10~35m/s。当喷射时，喷嘴距离辊面应尽量小，最好小到与条带的厚度相近。辊子材料最好采用铍青铜，也可用不锈钢或滚珠钢。通常用石英管作喷嘴，如熔化高熔点金属，则可用氧化铝或碳、氮化硼管等。由于离心力的作用，熔体与辊面的热接触不理想。此法的冷却速度约为 106℃/s，如需制备活性元素（如 Ti、Re 等）的合金条带，则整个过程应在真空或惰性气氛中进行。

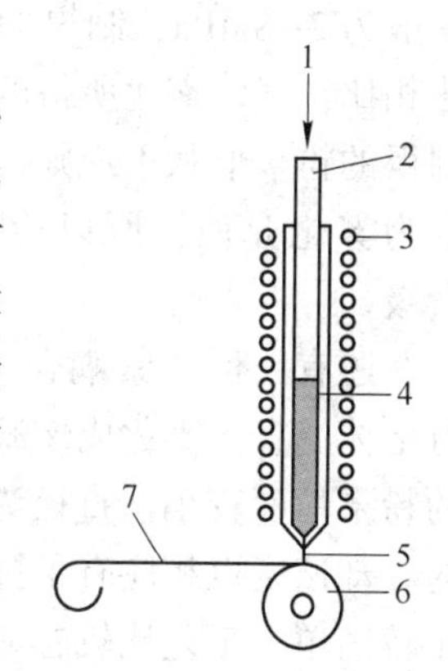

图 9-3 单辊法示意图
1—气体；2—石英管；3—感应线圈；4—熔体；5—喷嘴；6—辊轮；7—薄带

双辊法是在单辊法基础上发展起来的，此法是将合金流注入两个反向旋转的导热辊缝中，经轧后形成短带。合金流可自上而下，双辊中心连线和水平线也可成一定角度，以利于盛有合金液的坩埚或容器将合金液倒入辊缝，如图 9-4 所示。

目前，此法从最初的冷却速度为 105K/s 降至目前的 103K/s 左右，生产的产品也从厚度为 10~200μm 的薄带，发展到用途更为广泛的、厚度为毫米级的钢带、不锈钢带以及其他材质的带材。

B 雾化技术

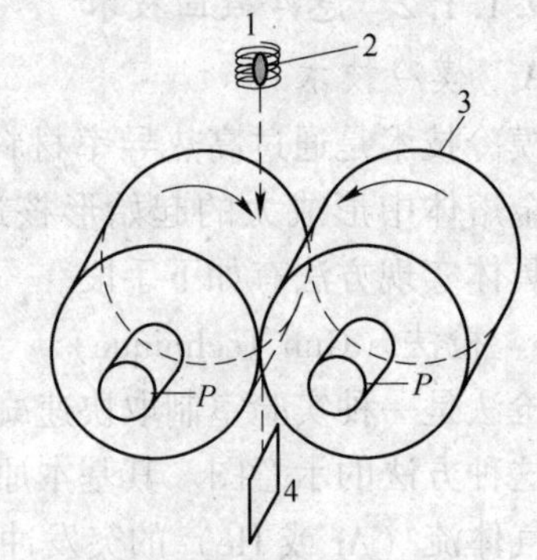

图 9-4 双辊法示意图
1—加热器；2—熔体；3—辊；4—快凝薄带

雾化技术是使熔体在离心力、机械力或高速流体的冲击力等外力作用下，分散成尺寸极小的雾状熔滴，并使其在与流体或冷却模接触后迅速冷却凝固。雾化技术主要包括流体雾化、离心雾化和机械雾化三类，制备的产品为合金粉末。

a 流体雾化法（Fluid Atomization）

流体雾化法通过高速、高压的工作介质流体对熔体流的冲击把熔体分离成很细的熔滴，并主要通过对流的方式散热而实现迅速冷却凝固。其典型方法有水雾化法、气体雾化法、超声气体雾化法等。熔体的冷却速度主要由工作介质的密度、熔体和工作介质的传热能力、熔滴的直径决定。熔滴的直径受熔体过热温度、熔体流直径雾化压力和喷嘴设计等雾化参数控制。

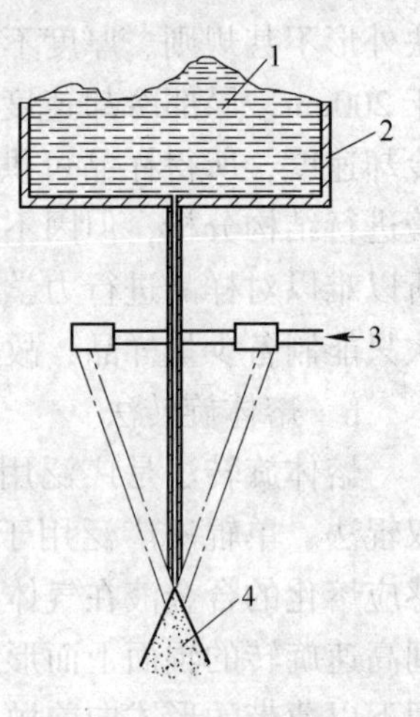

图 9-5 水雾化法示意图
1—熔体；2—石英管；
3—水流；4—熔滴

水雾化法与气体雾化法：图 9-5 所示为水雾化法的基本原理。熔体流在高压高速水流的冲击下，经过片状、线状、熔滴状三个阶段逐步分离雾化，并在水流冷却下凝固成粉末。雾化时所用的水流压力高达 8~20MPa，获得的雾化粉末直径为 75~200μm。如果雾化熔体的流体不用水而用空气或惰性气体（如氩气），则为气体雾化法或惰性气体雾化法，所用的雾化压力一般为 2~8MPa，制得的粉末直径为 50~100μm。两种雾化方法相比，气体雾化所得的粉末多为表面光滑的球形，水雾化法制得的粉末形状不规则，但是水雾化法由于采用了密度较高的水为雾化介质，所以冷却速率比一般气体雾化法高一个数量级。

还有一种"紧耦合（Close Coupled）气体雾化法"，可以将熔体流直接雾化成熔滴而不必经过上述三个阶段，因而制成的粉末粒度较小，直径为 30~40μm 的粉末占 75%左右，粉末的冷却速度也相应有了提高。水雾化法和气体雾化法由于设备比较简单、工艺比较容易操作、可以成吨大量连续生产，已广泛应用于高温合金、铝、铜合金等有色金属和低合金钢、工具钢等粉末的生产。主要缺点是能达到的冷速较低，粉末的粒度及其分布的影响因素较多，不易精确控制，此外，当用非惰性气体做工作介质时，粉末容易氧化。

超声气体雾化法（USGA）：20 世纪 70 年代，Grant 发展了超声气体雾化技术。超声气体雾化法的主要设备与图 9-5 所示的水雾化法相似，但是用速度高达 2. 5Ma 的高速高频（80~100kHz）脉冲气流代替了水流。这种超声气流由一系列 Hartman 冲击波管产生，气体多用氩气等惰性气体，以便防止粉末氧化污染。高速高频脉动气流可以把熔体流分离成更细、更均匀的熔滴，并且熔体也不像水雾化方法中经过三个阶段，而是直接分离成细小熔滴冷却凝固成粉末，制备的粉末更细。例如，采用超声气体雾化法可以制备平均直径为 8μm 的锡合金粉末和平均直径为 20μm 的铝合金粉末，而且在这种铝合金粉末中，直径小于50μm的粉占95%。此外采用超声气体雾化法制备粉末的收得率也高达90%。此法已成功地应用于高温合金和铝合金粉末制备。

b 离心雾化法（Centrifugal Atomization）

离心雾化法中，熔体在旋转衬底的冲击和离心力作用下雾化，同时通过传导和对流的方式传热。离心雾化方法的生产效率高，可以连续运转，适用于大批量生产。主要包括快速凝固雾化法和旋转电极雾化法。

快速凝固雾化法（RSR）：快速凝固雾化法也称为离心雾化法（CAP）。如图9-6所示，熔化的合金熔体从石英坩埚中喷到一个表面刻有沟槽的圆盘形雾化器上，圆盘以高达3500r/min的速度旋转，使喷到盘上的熔体雾化成细小的熔滴并在离心力作用下向外飞出，同时惰性气体流沿与熔滴运动几乎垂直的方向高速流动，使熔滴迅速凝固成粉末。由于在这种方法中旋转雾化器的转速约比熔体旋转法中的辊轮转速大10倍，所以熔体与雾化器接触时间很短，熔滴主要是在与气流接触时通过对流传热冷却凝固的，因而凝固冷速一般可达10^5K/s。通过改变熔体喷出的速度和雾化器的尺寸及转速，可以控制粉末的尺寸与分布。用此法制成的铝合金和镍基合金粉末直径一般为25~80μm。这种方法的缺点是，当合金的熔点较高时，石英管喷嘴容易损坏。

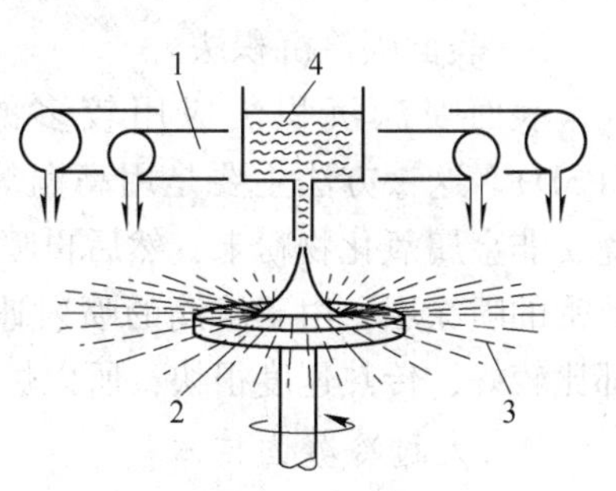

图9-6 离心雾化法示意图
1—冷却气体；2—旋转雾化器；3—粉末；4—熔体

旋转电极雾化法（REP）：旋转电极雾化法雾化过程如图9-7所示，用直径约50mm的棒状母合金作为自耗电极并且高速旋转，同时在用钨制成的另一固定电极与旋转电极之间接上高压，电极之间产生的电弧把母合金棒尖端熔化，熔滴在离心力作用下沿径向甩出，并在流入的惰性气体冷却下凝固成粉末。旋转电极雾化法的优点是不用雾化器和石英坩埚，很适于钛、锆、铌等活性金属和高熔点金属及其合金高纯度粉末的制备。此外还可以用激光束、电子束等能源代替电弧熔化母合金以便减小钨电极对熔体的污染。这种方法的冷速较小，一般只有10^3K/s。

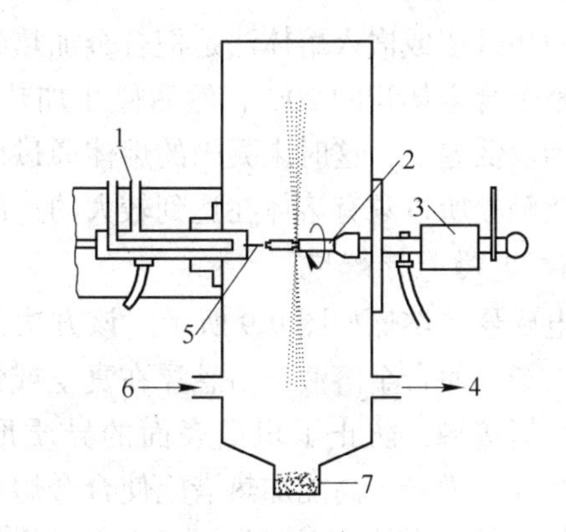

图9-7 旋转电极雾化法示意图
1—水冷系统；2—旋转自耗电极；3—轴心；4—真空；5—非旋转钨电极；6—惰性气体；7—收集器

C 表面处理技术

表面处理技术是使待加工的材料或半成形、已成形的工件表面层实现快速凝固的技术，它适用于对表面性能有特殊要求的材料或工件。表面处理技术可分为表面熔化和表面喷涂沉积两种方法。

a 表面熔化法

将激光或电子束高密度能束聚焦于工件表面并迅速扫描，瞬间在工件表面形成很薄的熔池，熔池深一般为10~1000μm。由基底材料迅速吸收热量，实现快速凝固。图9-8所示为该方法示意图，根据测算，表面的冷却速度可达 10^8K/s 以上。由于基底材料/熔池界面常有比较强烈的非均质形核作用，因而凝固时起始形核过冷一般并不显著。

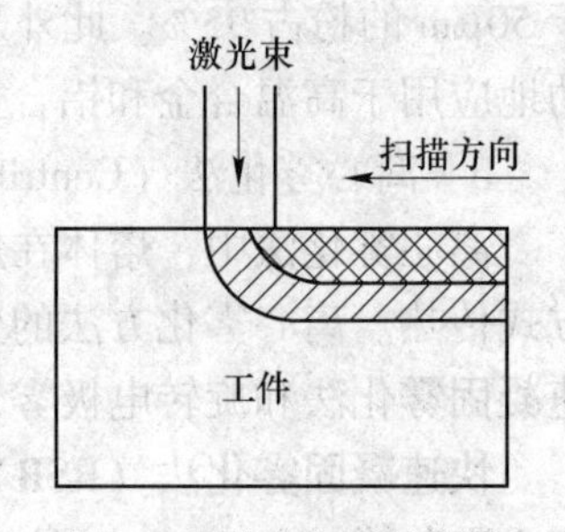

图 9-8 激光表面熔凝法

激光或电子束表面快速熔凝可用于在大尺寸工件表面得到快速凝固的显微结构与性能特征，也可用于在基底材料表面的异质熔覆，现均已得到工业应用。

b 表面喷涂沉积法

表面喷涂沉积法应用较多的是等离子体喷涂沉积法（PSD）。这一方法主要是用高温等离子体火焰熔化合金或陶瓷、非金属氧化物粉末，然后再喷射到基体表面，熔滴迅速冷凝沉积成与基体结合牢固、致密的喷涂层。由于熔滴的喷射速度高达 1000m/s 左右，熔滴与基体表面的热接触一般都比较好，传热速度很快，所以熔滴的冷却速度可高达 10^7K/s。

D 大过冷凝固技术

a 乳化法

乳化法是将熔体在惰性气氛下与作为载体的纯净有机液体混合、搅拌，使熔体分散成直径约为 1~10μm 数量级的熔滴并与有机液体形成乳浊液，然后进行冷凝。正确采用乳化法一般可以得到 0.3~0.4T_m（T_m为合金熔体的熔点）的大过冷。这种方法应用比较广泛。

b 两相区法

两相区法或嵌入熔体法是把合金加热到固、液两相区或糊状区，控制温度使熔体的体积占整个合金体积的 20%，然后停止加热，使固、液相在此温度下达到平衡后再把样品淬火到较低温度，这时未凝固的熔体通过已凝固的固相传出热量，由于熔体不与空气和容器壁接触，所以只有熔体在达到较大的过冷度后才能稳定地形核凝固。

c 电磁悬浮熔炼

电磁悬浮熔炼如图 9-9 所示。该方法依靠高频电磁场或其他悬浮力场，使合金溶液自由悬浮在真空或惰性气体中。合金熔体不与坩埚接触，防止了坩埚表面的异质形核作用，利用高频感应、红外或激光等高能加热措施使合金熔化并过热，使合金熔体中的某些异质形核核心熔化，不再起异质形核作用。电磁悬浮法可以使体积较大的熔体实现大过冷，其优点是在缓慢的冷却过程中，可以较准确地测得实际的起始形核过冷，而根据温度回升还可计算在不同起始过冷下试件中的平均晶体生长速率，因此，可以定量地研究合金的凝固过程。

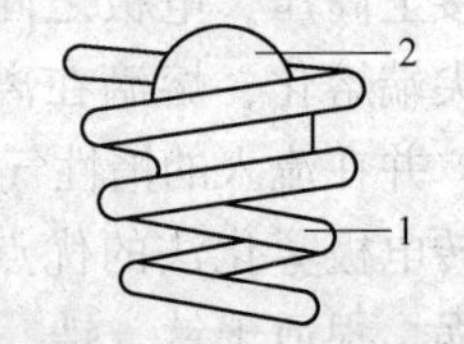

图 9-9 电磁悬浮示意图
1—感应线圈；2—试样

以上介绍了快速凝固技术的各种具体方法，实际应用中可根据合金本身的特性、所要达到的冷却速率、产品的尺寸形状等选择合适的方法。具体可参考表 9-1 和表 9-2。

快速凝固的研究始于 20 世纪 50 年代末 60 年代初，是在比常规工艺过程快得多的冷却速度（例如 10^4~10^9K/s）或大得多的过冷度（可达几十至几百开尔文）下，合金以极快的凝固速率（常大于 10cm/s，甚至高达 100cm/s）由液态转变为固态的过程。1959 年美国加州理工学院的 P. Duwez 等采用一种独特的熔体急冷技术，第一次使液态合金在大于 10^7K/s 的冷却速度下凝固。他们发现，在这样快的冷却速度下，本来是属于共晶体系的

表 9-1 主要工艺的冷却速率和产品尺寸

合金特性	工 艺	冷却速率/$K \cdot s^{-1}$	产 品	厚度或直径/μm
粉末	气体雾化	$10^2 \sim 10^3$	光滑球形粉末	50~100
	水雾化	$10^2 \sim 10^4$	粗糙多角形粉末	25~100
	旋转电极（REP）	$10^2 \sim 10^3$	光滑球形粉末	125~200
	旋转盘（RSR）	10^5	光滑球形粉末	25~80
	快速旋转杯（RSC）	10^5	各种形状粉末	5~20
片状	杜韦兹（Duwez）枪	$10^8 \sim 10^{10}$	薄膜	0.1~10
	活塞-砧	$10^4 \sim 10^6$	圆片（直径达 25mm）	5~300
	电子束喷溅淬冷（EBSQ）	$10^4 \sim 10^7$	长喷溅片	40~100
	鼓喷溅	$10^4 \sim 10^6$	圆片（直径 1~3mm）	100
喷雾沉积	喷雾成形	$10^3 \sim 10^6$	沉积体	$>3\times10^3$
	奥斯普雷（Osprey）	$10^3 \sim 10^4$	沉积体	$>3\times10^3$
	控制喷雾沉积（CSD）	$10^3 \sim 10^6$	沉积体	$>3\times10^3$
丝或线	泰勒（Taylor）丝	$10^3 \sim 10^5$	圆断面线	2~100
	自由飞行熔液提取（PDME）	$10^3 \sim 10^4$	圆断面线	20~600
纤维	熔液提取	$10^5 \sim 10^7$	纤维	125~500
	垂直滴落熔液提取（PDME）	$10^5 \sim 10^7$	纤维	20~100
薄带或薄膜	熔液自旋	$10^5 \sim 10^7$	薄带宽至 3mm	10~100
	平面流铸（PFC）	$10^5 \sim 10^7$	薄带宽至 300mm	20~100
	熔液拖拽	$10^3 \sim 10^6$	薄带宽至 300mm	20~100
	熔液溢流	$10^3 \sim 10^6$	带材宽至 250mm	100~1000

表 9-2 各快速凝固工艺生产合金的主要种类

合金特性	工 艺	Fe	Mo	Cu	Al	Ti	非晶
粉末	气体雾化	●	●	●	●	●	
	水雾化	●		●	●		
	旋转电极	●	●			●	
	旋转盘		●		●		
	快速旋转杯	●	●	●	●		
片状	杜韦兹（Duwez）枪	●	●	●	●		●
	活塞-砧	●	●	●	●	●	●
	电子束喷溅淬冷（EBSQ）					●	
	鼓喷溅				●		
喷雾沉积	喷雾成形	●	●		●		
	奥斯普雷（Osprey）	●	●		●		
	控制喷雾沉积（CSD）	●					

续表 9-2

合金特性	工艺	Fe	Mo	Cu	Al	Ti	非晶
丝或线	泰勒（Taylor）丝	●			●		
	自由飞行熔液提取（PDME）			●	●		
纤维	熔液提取	●	●		●	●	●
	垂直滴落熔液提取（PDME）	●	●		●	●	●
薄带或薄膜	熔液自旋	●	●	●	●	●	●
	平面流铸（PFC）	●	●		●	●	●
	熔液拖拽	●	●		●		●
	熔液溢流	●	●		●		

Cu-Ag 合金中，出现了无限固溶的连续固溶体；在 Ag-Ge 合金系中，出现了新的亚稳相；而共晶成分为 Au-Si 合金竟然凝固为非晶态的结构。这些发现，在世界的物理冶金和材料学工作者面前展开了一个新的广阔的研究领域。

20 世纪 70 年代以后，从生产制取快速凝固合金的需要出发，美国 MIT 的 Garnt 发展了超声气体雾化技术。在该方法中，使流动速度达到了 2 个马赫数，脉冲频率为 60000～80000r/s 的惰性气体（N_2、Ar、He）冲击金属流，从而达到更强的雾化效果，并使冷却速度提高到 10^4～10^5K/s。

9.1.2 定向凝固成形工艺

定向凝固技术是指在凝固过程中采用强制手段，在凝固金属和未凝熔体中建立起沿特定方向的温度梯度，从而使熔体形核后沿着与热流相反的方向凝固，最终得到具有特定取向柱状晶组织的技术。

定向凝固技术可较好地控制凝固组织晶粒取向，消除横向晶界，获得柱晶或单晶组织，提高材料的纵向力学性能。20 世纪 60 年代成功地运用定向凝固技术生产燃气涡轮发动机叶片，大大提高了叶片的使用寿命和使用温度，震动了当时的冶金界和工业界。该技术除用于高温合金的研制外，还逐渐应用到半导体材料、磁性材料、复合材料的研制中，并成为凝固过程理论研究的重要手段之一。

热流控制是定向凝固技术中的重要环节，获得并保持单向热流是定向凝固成功的重要保证。伴随着热流控制技术（不同的加热、冷却方式）的发展，定向凝固技术经历了发热剂法（EP）、功率降低法（PD）、高速凝固法（HRS）、液态金属冷却法（LMC）等。其目的就是通过改变已凝固金属的冷却方式来有效控制单向热流，获得理想的定向凝固组织。

9.1.2.1 发热剂法（EP 法）

发热剂法是定向凝固最初的工艺，其工艺原理如图 9-10 所示。为了形成一个温度梯度，把结晶器预热或在顶部加发热剂，然后迅速放置于水

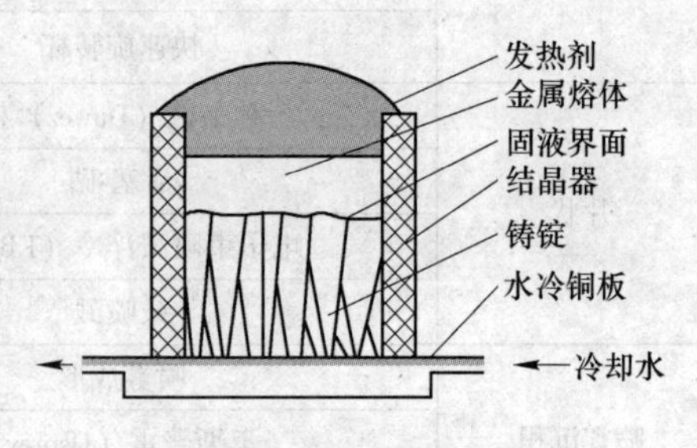

图 9-10 发热剂法装置图

冷铜板上。这种工艺简单易行，生产成本低，已在小批量零件生产上获得应用。但由于温度梯度不大而且很难控制，且无法保证重复性，难以成形各种高质量的零件。

9.1.2.2 功率降低法（PD 法）

图 9-11 所示为功率降低法定向凝固原理示意图。把开底的结晶器放在水冷铜板上，结晶器外部为由上下两段组成的感应加热区。加热时上下两段感应圈同时通电，在结晶器内建立起所要求的温度场，然后注入过热的合金溶液。此时下段感应圈停电，通过调节上段感应圈的功率，使之产生一个轴向温度梯度。在功率降低法中，热量主要通过已凝固部分及冷却铜板由冷却水带走。与发热剂法相比，这种方法获得的冷却速度较大，在控制单向热流及所获得组织方面有所改善。但由于其设备相对比较复杂，能耗较大，故应用不太广泛。

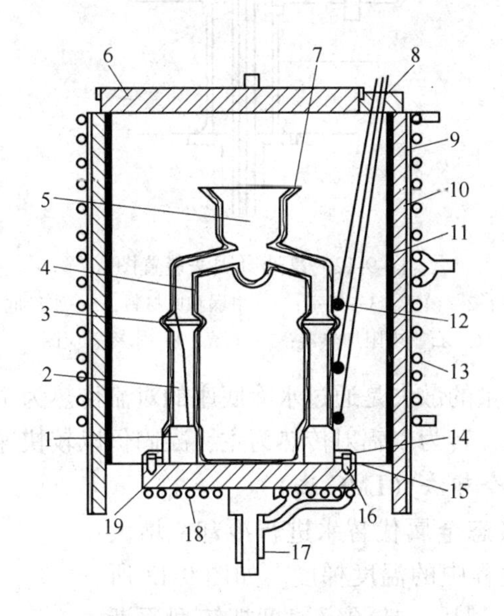

图 9-11 功率降低法装置图

1—叶片根部；2—叶身；3—叶冠；4—浇道；5—浇口杯；6—模盖；7—精铸模壳；8—热电偶；9—轴套；10—碳毡；11—石墨感受器；12—Al_2O_3管；13—感应圈；14—Al_2O_3管泥封；15—模壳缘盘；16—螺栓；17—轴；18—冷却水管；19—铜座

这种工艺可达到的温度梯度最小，在 10℃/cm 左右，因此制出的合金叶片，其长度受到限制，并且柱状晶之间的平行度差，甚至产生放射形凝固组织。合金的显微组织在不同部位差异较大。同时，具有柱状晶组织的材料持久性能在 1050℃、160MPa 时一般只能提高到 228.3h。由于此种工艺所产生的柱状晶在高度上的粗化比较严重，设备复杂，不易控制等，所以只适用于高度在 120mm 以下的定向凝固铸件。目前一般不采用此工艺。

9.1.2.3 高速凝固法（HRS 法）

功率降低法的缺点在于其热传导能力随着离结晶器底座的距离的增加而明显下降。为了改善热传导条件，发展了高速凝固法。该工艺是通过一个拉锭机构使结晶器按一定速度移出加热器，或者加热器以一定速度移离铸件，然后空冷，从而获得柱状晶组织铸件，如图 9-12 所示。这种方法比功率降低法具有更大的温度梯度，可获得更致密的显微组织和更高的凝固速率，成形铸件的性能也更好。

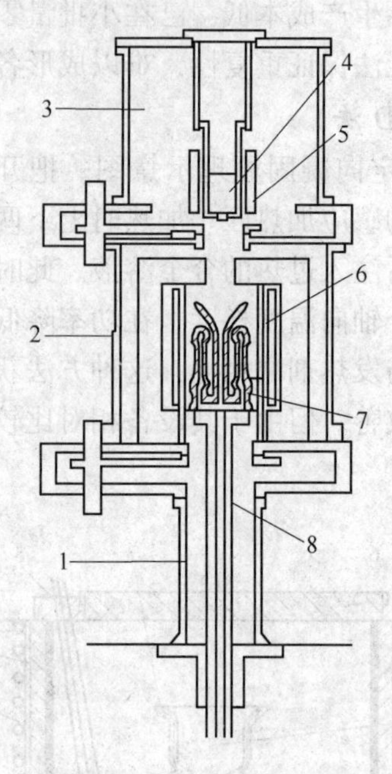

图 9-12 高速凝固法装置图

1—拉模室；2—模室；3—熔室；4—坩埚和原材料；5—水冷底座和杆；
6—石墨电阻加热器；7—模壳；8—水冷感应圈

在前凝固阶段，其热量的散失是通过水冷底座的对流传热为主，到离开结晶器某一距离后，对流传热方式减小，转为以辐射传热为主，凝固仍以较快速度进行。

9.1.2.4 液态金属冷却法（LMC 法）

液态金属冷却法以液态金属代替水进行冷却，增大了铸件冷却速度和凝固过程中的温度梯度。如图 9-13 所示，将熔融金属浇注入铸型后，按预定速度把铸型逐渐浸入液态金属冷却剂中，使冷却液面保持在金属凝固界面附近。液态金属冷却剂可以是静止的或流动的。该法已被美国、俄罗斯等国用于航空发动机叶片的生产，是目前工业应用较理想的一种定向凝固技术。

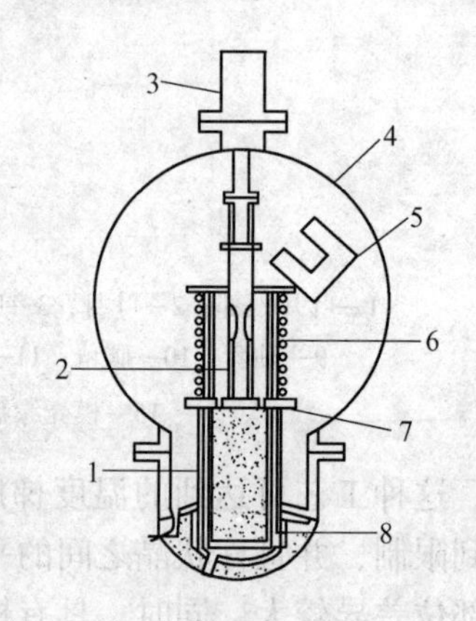

图 9-13 液态金属冷却法定向凝固装置

1—液态 Sn；2—模壳；3—浸入机构；
4—真空室；5—坩埚；6—炉高温区；
7—挡板；8—加热线圈

9.1.2.5 区域熔化液态金属冷却法（ZMLMC 法）

区域熔化液态金属冷却法是在 LMC 法的基础上通过改变加热方式发展而来的。如图 9-14 所示，加热部分可以是电子束或高频感应电场。将区域熔化与液态金属冷却相结合，利用感应加热集中对凝固界面前沿液相进行加热，充分发挥了过热度对温度梯度的贡献，从而有效地提高了凝固过程的温度梯度。由于加热与冷却装置之间由绝热板隔开，固液界面始终靠近冷却区，使固液界面前沿金属熔体所受激冷强度基本不变。

在凝固 ZMLMC 法的冷却速度达到了亚快速凝固水平（冷却速率大于 1000K/s），它的冷却速度是 PD 法的七倍以上。它的最大特点是速度快的同时铸件自下到上可获得侧向分枝生长受到抑制、一次枝晶间距超细化（22μm 左右）的致密均匀的超细柱状晶组织。

9.1.2.6 深过冷定向凝固（DUDS）

过冷熔体中的定向凝固首先由 B. Lux 等在 1981 年提出，其基本原理是将盛有金属液的坩埚置于一激冷基座上，在金属液被动力学过冷的同时，金属液内建立起一个自下而上的温度梯度，冷却过程中温度最低的底部先形核，晶体自下而上生长，形成定向排列的树枝晶骨架，其间是残余的金属液。在随后的冷却过程中，这些金属液依靠向外界散热而向已有的枝晶骨架上凝固，最终获得了定向凝固组织。与传统定向凝固工艺相比，深过冷定向凝固法具有下述特点：

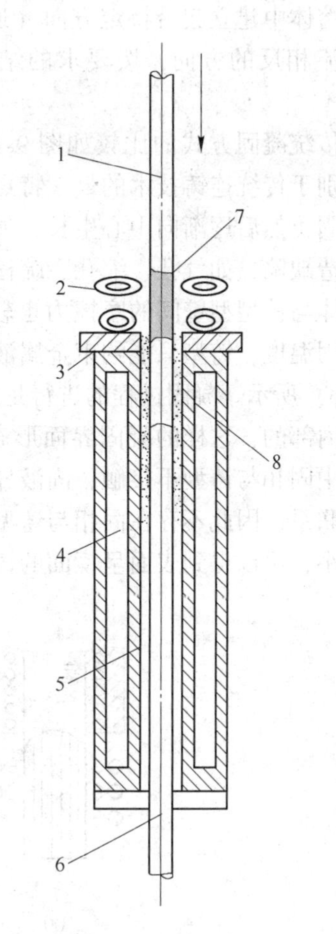

图 9-14 区域熔化液态金属冷却法定向凝固装置

1—试样；2—感应圈；3—隔热板；4—冷却水；5—液态金属；6—拉锭机构；7—熔区；8—坩埚

(1) 铸件和炉子间无相对运动，省去了复杂的传动和控制装置，大大降低了设备要求。

(2) 凝固过程中热量散失快，铸件生产率高。传统的定向凝固技术是一端加热，一端冷却，需要导出的热量不仅包括结晶潜热和熔体的过热热量，还要导出加热炉不断传输给铸件热端的热量，且传热过程严格限制在一维方向，故生产率极低。在深过冷定向凝固中，导出的热量只包括结晶潜热和熔体的过热热量，而且铸件的散热可在三维方向进行，故铸件的生产周期短。

(3) 更重要的是，定向凝固组织形成过程中的晶体生长速度高，组织结构细小，微观成分偏析程度低，促使铸件的各种力学性能大幅度提高。如用深过冷定向凝固法生产的 MAR-M-200 叶片，其常温极限抗拉强度提高 14%，高温极限抗拉强度提高 40%，抗高温蠕变能力也得到了改善。

9.1.2.7 OCC 技术

A 技术原理

1978 年，日本千叶工业大学大野笃美（Ohno）教授构想了一种新型的连续铸造方法——Ohno Continuous Casting（简称 OCC 法）。它的理论基础是大野长期研究金属凝固过程中等轴晶的形成机制所提出的“游离形核理论”。

连续定向凝固技术的基本原理如下：对铸型进行加热，使其温度高于被铸金属的凝固温度，并通过在铸型出口附近的强制冷却，或同时对铸型进行分区加热与控制，在凝固金属和未凝熔体中建立起沿特定方向（通常为铸坯方向）的温度梯度，从而使熔体形核后沿着与热流相反的方向，按要求的结晶取向进行凝固，获得定向结晶组织，甚至单晶组织。

其与传统凝固方式的比较如图 9-15 所示。该技术采用加热铸型，而不是冷却铸型，这是它区别于传统连铸技术的最大特点。传统的连铸过程，金属液首先在水冷铸型的急冷作用下凝固，然后逐渐向中心生长，如图 9-15（a）所示。因此，最后得到的铸锭中心容易产生铸造缺陷，如气孔、缩孔、疏松及低熔点合金与杂质元素的偏析等。并且，已凝固的金属壳体与铸型型壁间的摩擦力也较大。而 OCC 法连铸过程中，控制铸型温度高于金属液的凝固温度，铸型只能约束金属液的形状，金属不会在型壁表面凝固。其凝固方式如图 9-15（b）所示。凝固过程的进行是通过热流沿固相的导出来维持的。凝固界面通常是凸向液相内部的，这样的凝固界面形态有利于获得定向或单晶凝固组织。此外，OCC 法连铸过程中固相与铸型不接触，固液界面处于自由状态，固相与铸型之间是靠金属液的表面张力来联系，因此不存在固相与铸型之间的摩擦力，可以连续拉延铸坯，并且所需的拉延力也很小，可以得到表面呈镜面的铸坯。

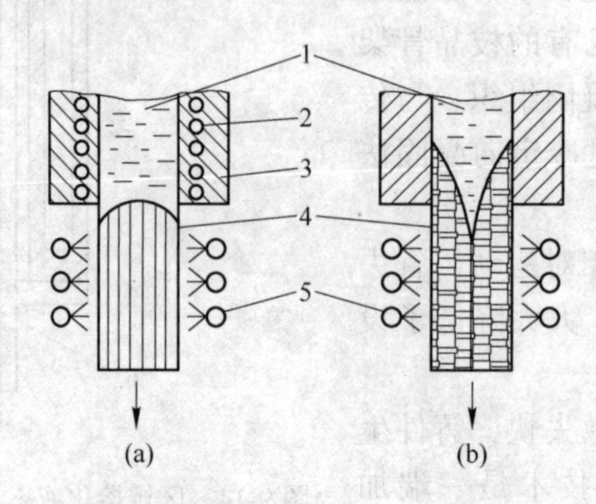

图 9-15 OCC 法连续铸造技术与传统连铸技术凝固过程的比较
（a）OCC 连铸技术的凝固方式；（b）传统连铸技术的凝固方式
1—合金液；2—电加热器；3—热铸型；4—铸锭；5—冷却水

B OCC 技术特点

OCC 技术具有如下特点：

（1）理论上可以制备具有无限长柱状晶组织或者单晶组织的杆坯。通过铸型顶部热源强制加热铸型，使铸型温度高于金属熔体的凝固温度，可以避免金属熔体在铸型内壁形核，同时通过铸型出口附近的强制冷却，在固液界面附近建立较高的温度梯度，使热流沿已凝固的固相一维导出，保证固液界面是凸向液相的，从而满足定向凝固的条件，得到定向生长的无限长柱状晶组织或者单晶组织。

（2）铸坯的表面质量可以接近或达到镜面状态，断面形状不受限制。连续定向凝固过程中固液界面位置控制在铸型出口以上的某一位置，固相与铸型之间的摩擦力小，需要的牵引力也小，所得铸件的表面质量好，甚至可以得到镜面质量；同时，可以制备任意复杂形状截面型材或通过塑性加工难以成形的线、板、管材等。

（3）铸坯组织致密。定向凝固过程中，固液界面始终凸向液相，并且采用下引方式，利于排气和排渣；同时，铸坯中心先于表面凝固，不存在铸坯中心补缩问题，利于消除疏松、缩孔等缺陷，故所得铸坯缺陷少，组织致密，纯净度高。

(4) 铸坯的性能显著提高。由于铸坯缺陷少，组织致密，并且消除了横向晶界，所以铸坯塑性加工性能好，可以减少甚至消除中间退火等工序，减少能源损耗，提高生产率；抗腐蚀性能、抗疲劳性能以及导电性能等均得到显著改善。

C OCC 连铸方式

OCC 连铸过程中，铸锭的引出方式主要分为三种：上引式、下引式及水平式。

上引式（图 9-16（a））不会产生拉漏现象，有利于成形，但排气、排渣与冷却水的密封困难。此法在实际实验中仍有采用。下引式（图 9-16（b）左侧）排气排渣容易，冷却措施也容易实现，只要控制下引式的合金液不发生泄漏，这种方法所得的铸坯质量是最好的。虹吸管式下引式中（图 9-16（b）右侧），固液界面与合金液面在同一平面上，合金液压头小，便于连铸过程控制，但是工业上实施难度较大。水平式（图 9-16（c））的优点介于前二者之间，其设备简单，容易实现连续单向凝固，但是凝固时排气排渣较困难。它适于生产细线、棒材、直径较小的管材及薄壁板类型材。该法是目前应用最多、最为成功的方法。日本和加拿大铸造界的大部分研究均是在水平定向凝固连铸设备上开展的。

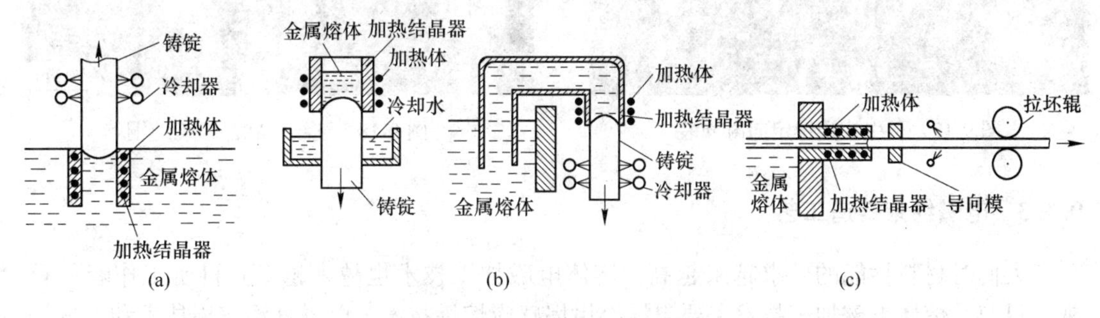

图 9-16 OCC 技术的三种连铸方式

（a）上引式；（b）下引式；（c）水平式

D OCC 技术的发展

在定向凝固连续铸造工艺特性方面，国内外均开展了大量的研究工作。加拿大、韩国等国家的研究工作主要集中在定向晶体生长过程的数值模拟方面，对各参数的交互作用机理及控制的研究尚未见报道。H. Soda 和 A. McLean 推导出了单晶生长的传热系数，建立了单晶生长的模型。Y. H. Wang 和 Y. J. Kim 等测定了熔体和结晶体中心的温度曲线，并通过采用传热方程和流函数的方法建立了晶体生长的计算模型，初步模拟了 OCC 法的凝固过程。J. C. Liu，J. D. Hwang、K. L. Su 和 Lce Y-J 等也做了类似的工作。国内的广东工业大学、西北工业大学、北京科技大学、上海大学、兰州理工大学和西安理工大学等也在热型连铸方面展开研究。

随着 OCC 法的不断进步，上海大学研制了上引式高梯度定向连续铸造装置，并在此基础开展亚快速定向凝固连续铸造理论与技术研究，研制了单晶铜线和自生复合铜电车线的连续制备技术。西北工业大学研制了水平式单晶连铸设备，建立了水平连铸时决定单晶形成的两大因素——液面高度和固液界面位置的静力学模型，并测定了单晶铝材料的组织及性能。

北京科技大学先后开发了电渣感应连续定向凝固技术、真空熔炼连续定向凝固技术以及低温强加工技术复合制备高性能金属材料的技术。采用自行研制开发的连续定向凝固设备成功（图9-17）制备了直径ϕ5~39mm、具有连续柱状晶或单晶组织的纯铜（图9-18）、铜铬合金、不锈钢、普碳钢、铝硅合金杆坯以及铜管坯等。其中，制备的ϕ17mm的连续定向凝固纯铜杆坯在室温下进行拉拔加工，不需任何中间退火处理，可直接制备直径为19.7μm的超细铜线，其延伸倍数达到74万倍，累积真应变大于13.5，连续柱状晶组织铜杆显示了优异的塑性延伸变形能力。针对上述材料，研究了连续定向凝固过程中定向组织的演变规律，获得了合理的制备工艺参数。此外，还总结出材料的取向对性能的影响规律，尤其是取向对优异的塑性加工性能的影响规律。

图9-17 下引式连续定向凝固装

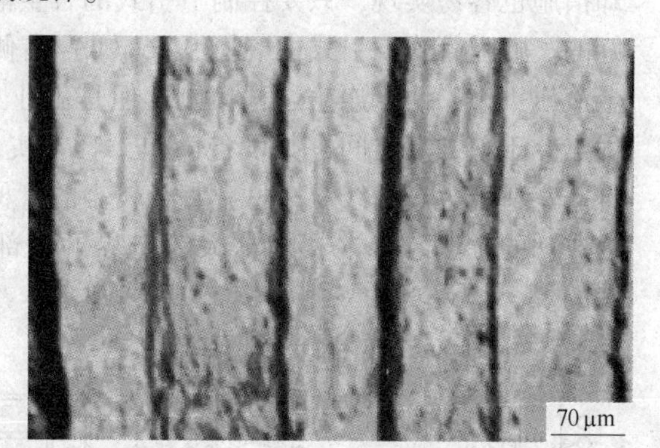

图9-18 连续柱状晶组织纯铜

9.1.3 电磁约束铸造工艺

人们对材料性能的要求越来越高，熔体电磁加工技术也越来越受到科研工作者的重视。目前，熔体电磁加工技术主要包括冷坩埚感应熔炼技术、电磁悬浮熔炼技术和电磁铸造技术，如丁宏升等通过冷坩埚熔体电磁约束完成了TiAl-W-Si合金的定向凝固制备，日本京都大学Lee等在制备TiAl合金定向全片层组织时主要采用的就是光悬浮区熔技术。

作为一种新型的熔体电磁加工技术，电磁约束成形技术（Electromagnetic Confinement and Shaping，EMCS）集材料的加热熔化、无接触约束成形及组织定向凝固于一体，特别适用于高熔点、易氧化、高活性材料的无污染近终成形制备，与其他电磁加工技术相比，电磁约束成形技术结合了电磁铸造和电磁悬浮熔炼的优点，并利用液态金属冷却定向凝固技术，形成了无坩埚熔炼、成形及定向凝固的无污染区域熔化定向凝固技术，为材料的电磁加工技术开辟了新的领域。

9.1.3.1 基本原理及理论模型

电磁约束成形技术是利用Maxmall理论和电磁感应原理，在成形感应器中加载高频电流，使放入成形感应器中的金属试样感应熔化。与此同时，在感应磁场及感应电流的共同作用下，在熔体表面产生一个指向熔体内部的电磁压力。当作用在熔体上的电磁压力、熔体表面张力形成的压力和流体动力与静压力达到动态平衡，即满足下列公式时，金属熔体可形成一定高度的熔区，并在设定的抽拉速度下稳定成形：

$$\rho gh = \frac{B^2}{2\mu} + \kappa\psi + \rho(V \cdot V)$$

式中，ρ 为熔体密度；g 为重力加速度；h 为熔区高度；B 为磁感应强度；μ 为磁导率；κ 为表面曲率；ψ 为表面张力系数；V 为熔体流动速率。其中，等式左边为熔体静压力，右边第一项为电磁压力，第二项为表面张力形成的压力，第三项为流体运动所产生的力。一般情况下，由流体运动产生的力与其他两项相比可以忽略不计。当试样横截面为圆形且直径较大时，由表面张力形成的压力很小，也可忽略不计，此时公式右端仅考虑电磁压力项对熔区高度的影响。而随着直径的减小，表面张力所起的作用将逐渐增大，此时必须考虑表面张力对熔区高度的影响。当试样横截面为矩形、椭圆形及大宽厚比形状时，其角部处表面张力的作用非常明显，熔体在表面张力的作用下不可避免地向曲率方向收缩，使角部趋向于圆弧状，此时，表面张力形成的压力对熔区形状的影响同样不可忽略。

电磁约束成形技术的发展经历了单频电磁约束成形技术、双频电磁约束成形技术、软接触电磁成形技术等阶段。

A 单频电磁约束成形技术

沈军等在 1996 年首次提出电磁约束成形技术的原理及其理论模型，并利用单频电磁约束成形技术成功制备出圆柱状纯铝试样，其原理如图 9-19 所示，制备出表面质量较好、具有定向凝固组织特征的圆形、扁矩形、弯月面形等多种截面形状的纯铝及铝合金试样。同时，考察了试样加热熔化、熔体约束成形和组织定向凝固之间的相互关系，探索了感应器结构和工艺参数等对电磁约束定向凝固基本规律的影响。

单频电磁约束成形技术工艺参数的可调节范围相对较窄，在金属的熔化过热及约束成形间较难实现很好的耦合。当试样尺寸较大或者抽拉速率较快时，单频电磁约束成形的加热熔化能力往往不够，很难将试样迅速熔化。要想将试样熔化，就必须增加电流，熔体表面受到的电磁力也会相应增强，使熔区形状变差，从而降低试样成形的稳定性。

B 双频电磁约束成形技术

利用双频电磁约束成形技术使得电磁约束成形过程中试样的感应熔化和约束成形相对较为独立，一定程度上克服了单频电磁成形定向凝固过程中工艺参数范围较窄的不足，其工作原理如图 9-20 所示。

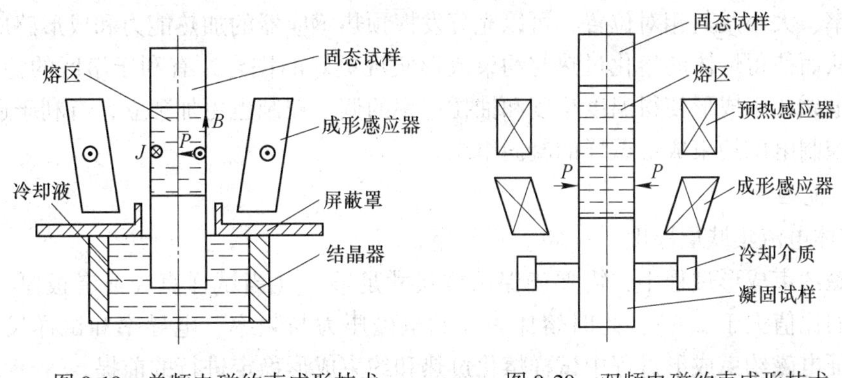

图 9-19 单频电磁约束成形技术　　图 9-20 双频电磁约束成形技术

C 软接触电磁约束成形技术

电磁约束软接触成形是指利用交变电磁场在金属中产生的涡流加热熔化合金坯料，熔体成形是在电磁力和磁模（铸型）的共同作用下实现的。磁模作为软接触结晶器，在电磁压力作用下，磁模中的熔体处于半悬浮状态，熔体与磁模的接触高度减小、接触减轻，在成形过程中熔体与磁模的接触时间很短，从而避免了磁模对熔体的污染；而在成形时，由于磁模和电磁压力的共同作用，熔体的形状取决于磁模的形状，因此，可以实现各类复杂形状坯、构件的少或无余量成形。由此可以看出，该技术适合于高熔点、大比重、高活性及难变形的金属及合金的复杂形状坯、构件的成形，特别是对应用于航空、航天、能源、交通及化工等高科技产业的先进材料（如 Ni、Ti、Zr 及其合金等）具有特别重要的意义。

9.1.3.2 电磁约束成形的影响因素

A 成形感应器

横截面形状作为成形感应器的关键参数之一，在横截面上对应产生的等磁感应强度线决定了电磁约束过程中熔区横截面的大致形状。在电磁约束成形技术中，成形感应器横截面形状、宽高比及其倾角共同决定了成形感应器内磁场的分布特征。其中，由横截面形状对应产生的等磁感应线与表面张力共同作用决定了熔区的横截面形状，宽高比及其倾角则基本决定了成形感应器内沿轴向的磁场分布，由此而产生的电磁压力与熔体静压力、表面张力等一起作用决定了电磁约束成形过程中熔区的稳定性。

B 屏蔽罩插入深度

在电磁约束成形过程中，屏蔽罩有调整成形感应器中轴向磁场分布特征和峰值位置的作用。屏蔽罩的插入可以使磁场下峰面迅速衰减，且变得更为平直，随着屏蔽罩插入成形感应器深度的增加，磁感应强度的峰值位置逐渐上移，同时最大值则有所下降。由于磁场下峰面的电磁压力分布与静压力分布规律完全相反，熔体极容易从此处塌漏，不利于电磁成形的稳定性。因此理想的磁场分布为磁感应强度的峰值位置正好处于或者稍低于固/液界面处，从而使得熔区下端静压力的最大值处对应的电磁压力也达到最大，此时，屏蔽罩对磁场的调整作用显得尤为重要。

C 预热感应器

在成形感应器上方增加预热感应器，并通过改变预热感应器的形状、通入两个感应器的电流频率、大小及其相对位置，可以充分发挥预热感应器的加热能力和成形感应器的成形能力，从而使得熔体的熔化过热与约束成形实现更好的耦合，有利于熔区的稳定成形。同时双频电磁约束成形使得温度梯度和抽拉速率的调节控制也更加独立，有利于通过改变凝固参数控制电磁约束成形试样的凝固组织。

D 其他因素

a 熔体电流集肤层厚度

在电磁约束成形过程中，需要确保试样尺寸足够大（当试样直径或者板厚与电流集肤层厚度的比值大于 2.2），此时熔体表面的电磁压力与频率、电导率和试样尺寸无关，这也是保证电磁约束成形过程中试样熔化过热和约束成形稳定进行的前提。

b 有效热力比

考虑了感应器结构、屏蔽罩引入、冷却能力等因素引起的热量散失对电磁约束成形的影响，有效热力比能更真实地反映电磁约束成形过程中试样受到的有效加热份额与电磁压力之间的耦合关系。同时可以得知，在材料、试样尺寸和电源频率一定的条件下，通过调节感应器结构、屏蔽罩位置、成形感应器及预热感应器电流强度以及冷却液位置等参数，可以有效地调节有效热力比，使其达到良好的耦合效果，最终获得成形良好的金属试样。

c 抽拉速率

电磁约束过程中，感应器的加热效率和熔体的散热速率决定了上下两个固液界面的相对位置，而上下两个液/固界面的相对位置直接决定了熔区在感应器中的位置和静压力，从而影响金属熔体电磁成形过程的稳定性。其中，感应器加热效率和熔体散热速率与试样的抽拉速率密切相关。由于感应加热的速率非常快，在实验条件下可以忽略速率变化对感应加热效率的影响。由于电磁成形过程中试样直接与液态金属冷却液接触，冷却能力很强，使得试样上部的感应加热和下部的强制冷却共同作用建立了沿抽拉方向的单向传热条件，并且在下液/固界面处获得了很高的温度梯度，有利于电磁成形过程中定向凝固组织的形成。

d 熔体表面张力

在电磁铸造中，由于铸锭直径很大，表面张力项与液态金属静压力项及电磁压力项相比可忽略不计。同样，当电磁约束成形试样的截面形状简单、尺寸很大（如直径较大的圆形试样）时，表面张力也可以忽略不计，此时成形试样形状与感应器内同一高度上的等磁感应强度线的形状基本相同。当成形试样直径较小或者横截面为椭圆形、弯月形及大宽厚比形状时，表面张力的作用就十分显著，使得成形试样形状与感应器内的等磁感应强度线的形状不可能完全相同。

9.1.3.3 电磁约束成形的优缺点及发展前景

电磁约束成形的最大特点是集加热、融化、无接触成形及组织定向凝固于一体，特别适合高熔点、易氧化、高活性特种合金的无污染近终成形制备。电磁约束成形过程是一个线圈加热能力与约束成形能力耦合作用的动态稳定过程，与成形感应器形状、屏蔽罩位置、抽拉速率等因素密切相关。

然而，在电磁约束成形过程中，调节其中一个参数，其他的参数也会做相应的变化，使得熔区维持动态稳定的参数的可调节范围较窄，定向凝固过程中的温度梯度、抽拉速率等关键凝固参数的独立调节控制很难实现。双频电磁约束成形虽然解决了在凝固速率稍快时试样较难熔化的难题，且使得线圈加热能力与约束能力相对较为独立，但是其参数的可调节范围依然相对较窄，这也是电磁约束成形技术长期停留在控制成形阶段的主要原因。

在前人对电磁约束成形技术的研究中，大部分工作都集中在成形稳定性方面，而关于组织控制方面的研究很少。与一般定向凝固实验不同，在电磁约束成形过程中，熔区内部不可避免地会出现因强烈电磁搅拌而引起的对流，从而对凝固组织产生较大的影响。如何在较窄参数范围内有效调节电磁约束成形的参数，同时抑制电磁搅拌或者利用电磁搅拌实现溶质的均匀化，探究在电磁约束成形过程中不同参数下的组织控制规律，最终实现定向凝固组织的控制，还需要做更多深入的研究与探索。

9.2 增材制造成形工艺

金属增材制造成形工艺是增材制造成形工艺的一个分支，其分类方法的依据也同样为按照结合机理、热源、原料等，其独特之处在于金属增材制造成形的结合机制为冶金结合，即焊接机制，包括熔焊、固相焊和钎焊。简略的金属增材制造成形工艺分类如图 9-21 所示。

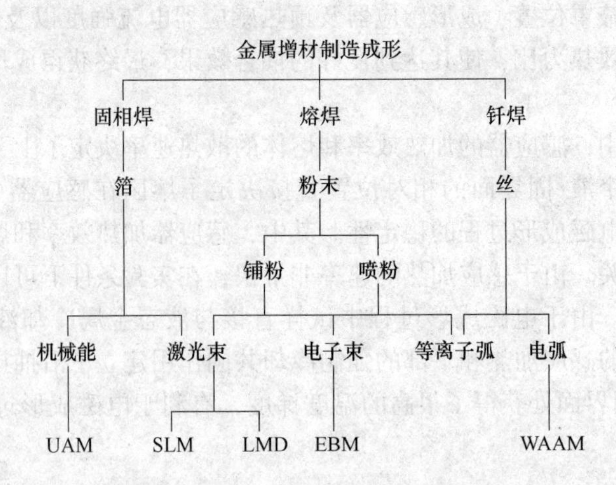

图 9-21 金属增材制造成形工艺分类简图
UAM—超声波增材制造；SLM—选区激光熔合；EBM—电子束增材制造；
LMD—激光直接金属沉积；WAAM—丝材电弧增材制造

各种金属增材制造成形工艺有其各自的优点和不足。一般来讲，采用激光、电子束等高能束增材制造成形工艺可以获得更高的尺寸精度和表面质量，更适合制造精密复杂的构件，但是生产效率低、成本高；而电弧增材制造技术的应用目标在于大尺寸、形状较复杂的构件，其优势在于低成本和高效率，几种常见金属增材制造成形工艺性比较见表 9-3。

表 9-3 几种金属增材制造成形工艺性比较

工艺	精度	速率	尺寸	后加工	力学性能	成本
SLM	高	低	小	少	优	高
LMD	较高	较高	大	较多	良	较高
EBM	高	低	小	少	优	高
WAAM	低	高	大	多	中	低

同属于激光增材制造的 LMD 和 SLM，前者采用喷嘴送粉方式将粉末高速填充到激光在基板或上一层金属表面熔池中，熔池的尺寸通常为毫米尺度，远大于后者激光斑点在铺粉层上形成的熔池尺寸（≤0.1mm），因此前者得增材制造成形效率高于后者，而成形精度不及后者。就成形精度而言，LMD 属于“近净成形”，成形件通常需要一定的后续机械加工；而 SLM 因激光聚焦光斑微细化、铺粉厚度精细化等优势，制造精度高，可实现复杂精密构件的直接“净成形”，表面粗糙度与铸件相当，一般不需要机械加工，仅需喷丸和抛光处理即可使用。

9.2.1 选区激光熔合增材成形工艺

9.2.1.1 选区激光熔合增材成形原理

SLM 成形工作原理如图 9-22 所示。计算机对零件的数字模型进行分层处理，铺粉系统控制粉床平台上铺展一个片层厚度的金属粉末，扫描系统控制激光束在粉末层表面有选择性地辐照加热，粉末颗粒在激光束作用下发生熔化而焊合在一起。一层扫描结束后，铺粉平台下降一个铺粉层高度，铺粉系统再铺展一层金属粉末将已成形区完全覆盖，继续激光扫描和粉末熔融过程。重复上述铺粉-激光选择辐照过程，实现粉末原料的层层熔化与堆积，直至完成所有切片的扫描，形成具有冶金结合的致密金属零件。

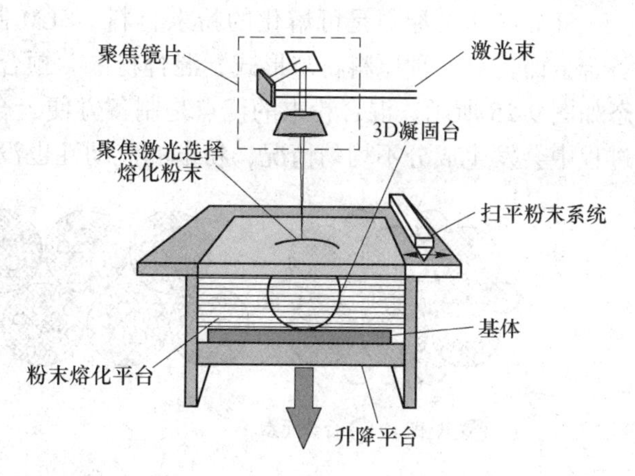

图 9-22 SLM 工作原理图

SLM 技术是利用金属粉末在激光束的热作用下完全熔化、经冷却凝固而成形的一种技术。当激光作用于金属粉末表面，粉末材料将发生温度升高、熔化、凝固结晶等一系列物理过程，这些物理过程与激光束的热作用密切相关。激光束与材料的热作用一般有热传递、热反射和热吸收等形式，如图 9-23 所示。

热吸收获得的激光能量对材料具有加热作用，并通过热扩散在材料内部形成一定形态的温度场。激光束光斑处的温度最高，距离光斑位置越远温度越低。当激光束以一定速度沿着 X 轴方向扫描时，温度场随之变化，沿 Z 轴方向的热量扩散就会依次叠加，形成如图 9-24 所示的热扩散层。对于 SLM 工艺而言，粉末层的熔化深度就是热扩散层温度达到粉末材料熔点的深度。

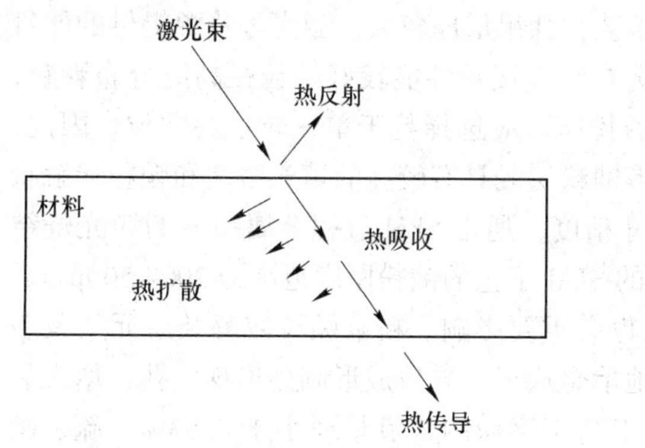

图 9-23 激光束与材料的热作用模型

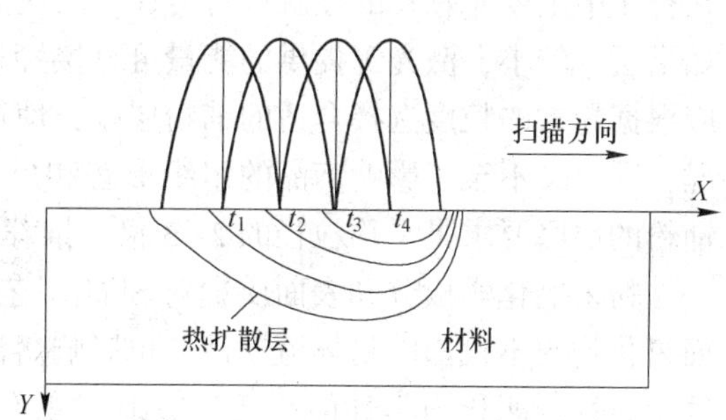

图 9-24 激光扫描材料热传导模型

激光束的能量密度对粉末金属的熔化行为有重要影响。当激光束能量密度较低时（$\leqslant 10^4 W/cm^2$），激光加热仅引起金属材料表面温度升高，而不能使其发生熔化形成有效的液体金属；当激光束能量密度过高时（$\geqslant 10^6 W/cm^2$），激光加热将使金属材料表面发生强烈汽化刻蚀作用，也不能形成有效的液体金属。因此，只有激光通过光学系统后形成光斑具有合适的激光能量密度，才可以使粉末层发生熔化，形成粉末之间以及粉末层间的熔合。实际上，由于 SLM 加工过程中激光束扫描速度很快，为了保证铺粉层厚度方向所有粉末颗粒都能熔化，应尽量保证材料熔化的热量来自于激光的直接辐射，而不是靠热传导，这也就意味着需要发生一定程度的金属粉末汽化现象。

SLM 技术的原料是可熔化的粉末材料。SLM 制造领域很少使用纯金属原料，对于制备合金而言有三种原料粉末形式，混合粉末、预合金粉末和合金粉末，三类粉末的微观形态如图 9-25 所示。混合粉末的优点是制备方便、合金成分容易调整，缺点是在 SLM 成形过程中会发生成分不均匀情况，粉末的流动性也没有后两种粉末好。

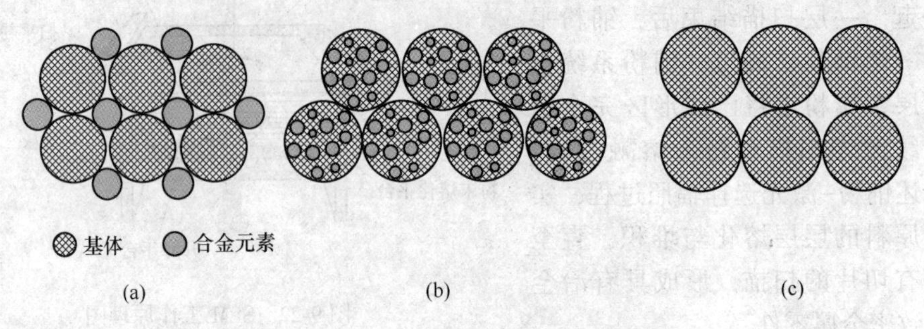

图 9-25 SLM 工艺使用的金属粉末种类示意图

(a) 混合粉；(b) 预合金粉末；(c) 单质粉末

粉末颗粒的几何形态，如粒径大小、粒径分布、颗粒球形度等，对 SLM 成形工艺和制品都有很大影响。如果粉末粒径较大，则粉末的松装密度较小，激光束难于完全将其熔化，成形后零件的致密度较低，表面比较粗糙；相反地，如果粉末粒径太小，则粉末流动性不好，铺粉层厚度不均匀。实践证明，SLM 工艺的粉末粒径范围为 15~80μm，同时满足球形度高、流动性好和松装密度高等要求。

粉床的密度和颗粒间的接触状况等对成形过程有重要的影响。粒径高斯分布粉床的密度高于单一粒径粉床的密度，而单一粒径粉床中颗粒的接触状况优于粒径高斯分布粉床中颗粒的接触状况。对于层厚一定的增材制造工艺，如果层厚较大，激光等热源提供的能量在粉床中主要靠颗粒的接触进行传递，故应选择颗粒接触性能较好的粒径高斯分布颗粒；如果层厚较小，激光等提供的能量可直接穿透粉床，应选择趋于单一粒径的颗粒。因此，应根据粉末的粒度选择合适的铺粉层厚，使得铺粉层既具有较高的填充密度和颗粒接触状况，同时又不至于影响产品的组织形态和尺寸精度。通常 SLM 过程金属粉末的激光烧结铺粉的层厚要求是平均粒径的 2~3 倍，推荐的 SLM 工艺的铺粉厚度范围为 200~500μm。

粉末的化学成分和表面质量对 SLM 工艺也有重要影响。粉末颗粒溶解杂质元素及表面氧化物膜不仅影响粉体流动性，也影响熔池冶金成形，导致成形制品出现气孔，增大裂纹敏感性，恶化力学性能等。一般地，SLM 工艺用钢粉的含氧量要小于 0.03%，硫、磷含量小于 0.015%。

SLM 成形过程中，熔融金属液体在表面张力、重力及周边介质共同作用下，不能均匀地在基板或已成形层铺展开，熔液表面形状向球形转变，容易形成彼此隔离金属球，这种现象习惯上称之为球化现象，而成形中由于残余应力也很容易造成翘曲等变形，球化和翘曲将导致扫描道出现间隙和表面凹凸不平等缺陷。间隙的出现将使得最终得到的制件致密度降低，无法满足使用要求；而当凸起部分高于下一层的铺粉厚度时，将与铺粉机构发生干涉，导致铺粉过程中铺粉机构被卡住，影响铺粉效果和制件精度，严重时将导致成形失败，甚至造成零件已成形部分或铺粉机构损坏。因此要求设备中的粉末系统对这些缺陷具有一定的容错性和纠错性。

9.2.1.2 选区激光熔合增材成形工艺

SLM 加工是一个激光与金属粉末相互作用的复杂热加工过程，因此影响成形质量的因素众多，大约有 130 个，比如粉末的性质、激光功率、扫描速度、粉床厚度、扫描方式、成形方向等，如图 9-26 所示。其中粉末床预热温度、激光功率、激光束扫描速度、激光束扫描间距和铺粉厚度是关键参数。

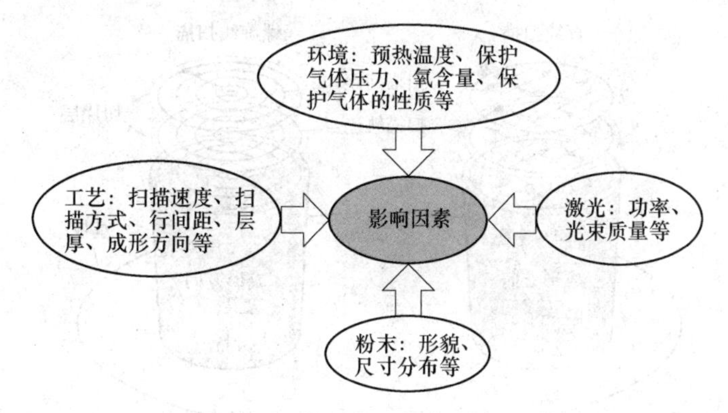

图 9-26 SLM 工艺影响因素示意图

A 能量参数

激光能量决定了热输入量的大小。粉末表面激光能量输入可通过下式计算确定：

$$\mathrm{ED} = \frac{P}{vld}$$

式中 ED——粉末表面能量输入，J/mm³；
P——激光功率，W；
v——激光束扫描速度，mm/s；
l——激光扫描间距，mm；
d——铺粉层厚，mm。

激光能量与熔池深度有关，激光功率与粉层相匹配，有利于控制激光热量输入对下层已成形粉末的影响深度，确定单层铺粉厚度，避免因能量输入过大造成的大面积重熔，形成翘曲、裂纹等缺陷。常用的 SLM 工艺参数及其成形特征参数列于表 9-4。

表 9-4 SLM 技术不同工艺方案及其成形特性比较

成形工艺		光斑直径 /μm	激光功率 /W	层厚 /mm	扫描速度 /mm·s^{-1}	沉积效率 /cm^3·h^{-1}	成形精度 /mm
微光斑	高功率 SLM	100~200	>1000	0.06~0.15	1500~3000	10~80	±0.1~0.2
	低功率 SLM	50~150	100~1000	0.02~0.06	500~1500	0.5~2	±0.02~0.05

低功率 SLM 工艺的成形精度较高，但是由于铺粉层较薄，成效率低，因此适合成形小型、精密金属零部件。相反地，对于精度要求不高的零件，可以选择较大的铺粉厚度、较高的激光能量，以提高成形效率。

B 扫描策略

扫描策略包括扫描速度、扫描间距和扫描轨迹等。合适的激光扫描策略有利于降低熔化时的热变形和球化影响，同时也影响成形金属的微观组织和力学性能。实践表明，采用较高激光功率和较低扫描速度组合有利于扫描线的连续，促进沉积金属的致密化。

扫描轨迹通常分为直线轨迹和螺旋形轨迹两种，如图 9-27 所示。螺旋形轨迹通过不断改变扫描方向而避免了同一种变形模式的累加从而减小沉积金属层的热变形和残余应力，提高成形质量。

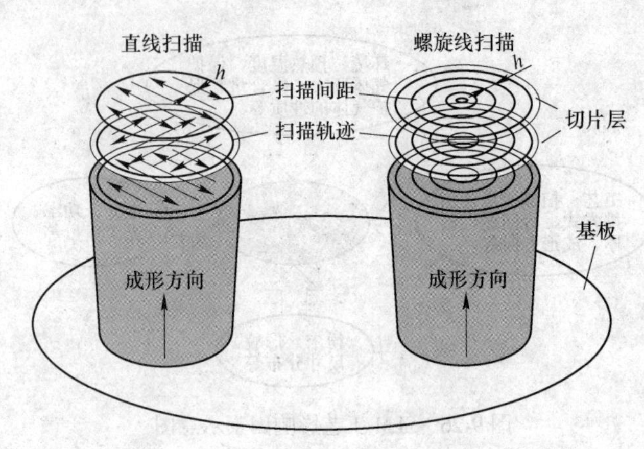

图 9-27 两种激光束扫描轨迹示意图

C 材料参数

粉末物性因素包括粉末颗粒形状、颗粒度及其分布、粉末材料属性等。在其他参数相同的条件下，粉末颗粒度越小，越容易在成形过程中出现过热现象，即熔池温度过高、熔池内金属液体流动状态复杂、产生飞溅等。另外过高的熔池温度还加剧合金元素的烧损。焊道的球化现象与粉末颗粒度有关，粉末中细粉的比例增大则更易发生焊道球化。SLM 增材制造成形用的粉末材料粒度分布应在一个比较窄的范围内。

在 SLM 成形过程中，基体在粉末承载与固定方面有重要作用。选择合适的基体不仅能够保证粉末与基体之间的牢固结合，也可有效减少缺陷的发生。为了选择合适的基体，需要遵循两个原则：一是基体与成形金属的热膨胀系数相近，可以减小成形过程中的热应力，避免沉积层出现裂纹或者翘曲变形等缺陷；二是基体与成形金属熔点相近，在选择激光能量时可以保证沉积层良好成形，并与基体产生牢固的冶金结合，避免成形金属零件翘曲变形甚至剥落。

总之，使用 SLM 增材制造成形时，首先要根据成形件的技术要求选定粉末材料种类和铺粉层厚度，然后再选定激光功率、扫描速度、扫描策略等工艺参数。SLM 增材制造成形质量的关键是保证 SLM 成形过程的稳定性。成形过程越稳定，则成形尺寸和冶金反应也越稳定，越容易获得尺寸精度、表面质量、微观组织和性能等各方面都优良的零部件。

9.2.1.3 常见问题及其影响因素

增材制造成形过程中，材料的熔化、凝固和冷却都是在极快的条件下进行的，金属本身较高的熔点以及在熔融状态下的高化学活性，以致在成形过程中如果工艺（功率波动、粉末状态、形状及尺寸和工艺不匹配等）或环境控制不当，容易产生各种各样的成形缺陷和冶金缺陷。

A 成形缺陷

SLM 成形缺陷包括焊道球化、飞溅、尺寸精度和表面粗糙度等。

激光焊道球化是指铺粉表面沿激光扫描轨迹分布的不连续金属球现象。造成焊道球化的内因是液体金属的表面张力，外因则是液相在基板或上一层沉积层表面的润湿性不良。优化 SLM 工艺参数匹配，特别是适当提高基板的温度，有利于消除焊道球化现象。

SLM 成形过程中的飞溅分为两类：一是液滴飞溅，二是粉末飞溅，两者都是由于熔池内的金属蒸汽引起。粉末金属中的氧含量会加剧飞溅现象。飞溅的存在严重降低了 SLM 成形的精度和表面质量，增加了后续加工量，同时也危害成形件的力学性能。

成形精度包括成形金属件的形状精度和尺寸精度。SLM 的成形精度与铸件相当，低于精密机械加工。SLM 成形件的精度受多方面因素的影响，如图 9-28 所示。这些因素包括前期数据处理误差（STL 文件格式转换、支撑添加不当、切片分层）、设备精度（成形缸升降、铺粉系统、光路及扫描系统、基板安装平面）、加工原理误差（激光深穿透、光斑直径、粉末黏附、球化）、工艺参数产生的误差（激光功率、扫描速度、扫描间距、扫描策略等）、材料性能误差（材料收缩、颗粒直径、流动性、杂质）、后处理误差（支撑去除、打磨、抛光和喷砂等）。

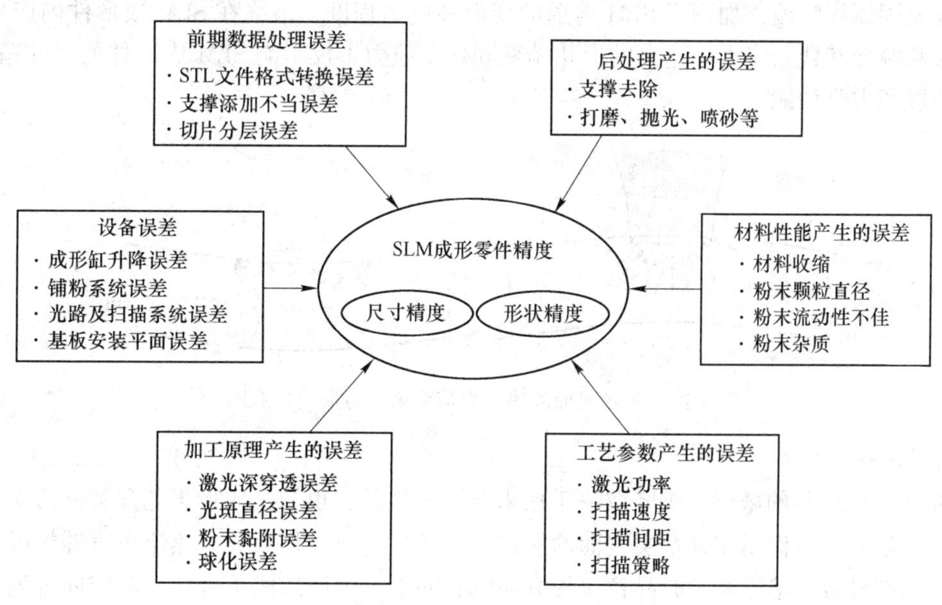

图 9-28 SLM 成形精度的影响因素

SLM 成形件的表面粗糙度主要由熔道宽度、扫描间距和铺粉层厚度等因素决定，而熔道宽度又由激光功率和扫描速度决定，因此表面粗糙度主要受到激光功率、扫描速度、扫描间距和铺粉层厚度四个因素影响。适当增加激光功率、降低扫描速度，热输入增大，金属粉末熔化充分，有利于增加润湿性、使熔道表面变得更加光滑；但过高的功率会使得表面出现球化现象，使表面粗糙度降低。激光表面重熔不仅能改善表面粗糙度，还能极大地提高零件的致密度。研究表明，激光表面重熔过程中采用低的搭接率，中等的扫描速度和中高等的激光功率，能够使得重熔后的金属零件表面质量有很大的改善。此外，喷砂和电解抛光两种后处理方式都能大幅度改善成形件的表面质量，是常用的后加工方法。

B 冶金缺陷

SLM 成形的冶金缺陷包括致密性、内应力和残余应力等。

SLM 成形的致密性问题主要来源于气孔、缩孔和微裂纹等。气孔的形成与熔池吸收气体数量和熔池凝固行为有关，通过干燥粉末、优化工艺参数、重熔表面等方法均可一定程度抑制气孔的产生，提高致密度。

预热和重熔均可以有效降低成形过程的裂纹倾向。一方面，粉末流动性差和激光对松装粉末的冲击抑制成形件致密度的提高；另一方面，工艺参数选用不当会使某成形层表面粗糙，进而由“连锁效应”导致成形件形成孔隙缺陷，降低成形件致密度。

SLM 成形件的致密性与成形过程的稳定性有紧密联系，熔道球化会显著降低 SLM 成形的致密性。在一定的范围内，适当增加激光功率、减小扫面间距、降低扫描速度和铺粉厚度有利于提高 SLM 成形的致密性。通过优化 SLM 成形参数匹配可以获得几乎完全致密（>99.5%）的 SLM 成形金属件。

热应力在 SLM 成形过程中不可避免。这是由于粉末铺层在激光斑点加热作用下经历一个极不均匀的加热-冷却过程，加热过程中熔池及其周围材料因热膨胀变形受限而被热压缩、冷却过程中冷收缩变形同样受限而产生拉应力，如图 9-29 所示。特别是熔池金属还存在凝固体积收缩，加剧了 SLM 熔道的变形和应力程度，最终在 SLM 成形件内产生较大的形状畸变和残余应力。过大的形状畸变和残余应力不仅影响 SLM 成形件的尺寸精度、形状精度和力学性能。

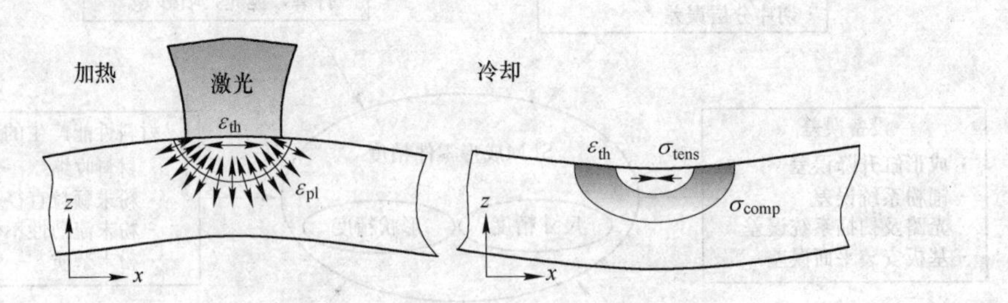

图 9-29 SLM 成形的热应力与残余应力形成示意图

C 微观组织

SLM 成形材料的微观组织既取决于粉末金属属性外，也受到成形工艺参数的影响。

由于激光斑点作用在铺粉层表面的热量主要通过基板向外散失，热流垂直铺粉层向下传导，这就导致了熔池凝固时晶粒生长方向垂直向上，因而形成了由柱状晶定向排列组织形态，这是几乎所有 SLM 成形材料的典型组织结构。

与激光焊接过程一样，SLM 成形的熔池凝固也是基于通过熔池底部半熔化晶粒的外延生长机制。作为金属基体的上一层熔敷金属的组织结构为垂直排列柱状晶，这些柱状晶顶部被加热至半熔化状态后作为熔池的金属基体将继续向上外延生长，柱状晶贯穿层间，使上下层构成一个整体，如图 9-30 所示。同时由于各层成形过程中传热导致的多次热循环，下层的柱状晶会有一定的长大粗化现象。

激光扫描路径对温度场有重要影响，因此可以显著改变熔池中晶粒生长行为与最终成形材料的微观组织。通过往复激光扫描方式可以细化晶粒。图 9-30 所示为 In718 合金 SLM 成形件水平与竖直方向微观组织的高分辨扫描图像，通过扫描过程中路径的规划与

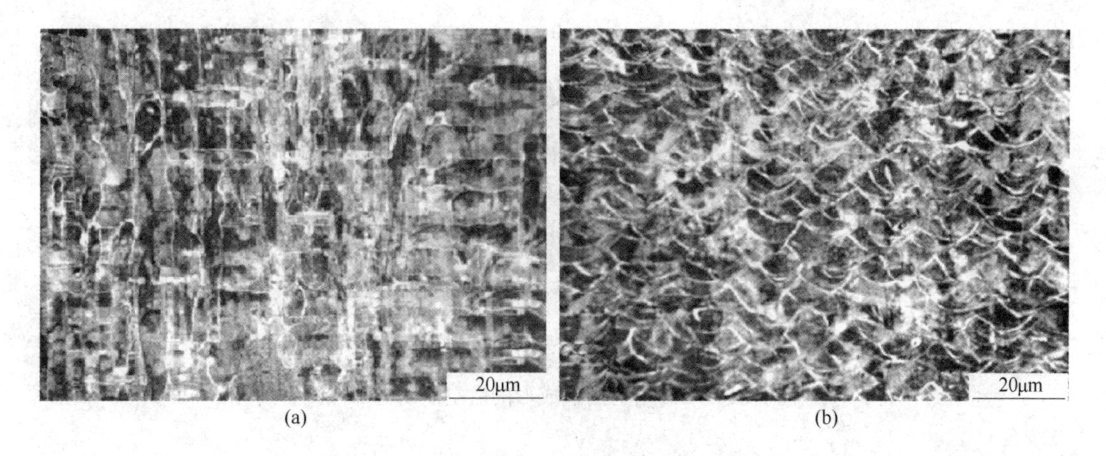

图 9-30 SLM 成形 GH4169 合金的显微组织
（a）横截面；（b）纵截面

扫描的策略，使水平横截面上枝状结构混乱。

D 力学性能

SLM 成形材料特有的穿层柱状晶组织结构，使得 SLM 成形材料沉积态的力学性能呈现各向异性，通常沿沉积方向（垂直层面）的强度较低而延伸性较好，而垂直于沉积方向的性能则相反。后续的热处理，如热等静压、退火、固溶+时效处理等，有助于消除 SLM 成形材料的各向异性问题。

SLM 成形材料的力学性能与材质有关。SLM 成形 TC4 钛合金毛坯组织与铸造组织相似，但晶粒细小，因此，其力学性能高于铸造钛合金、与锻造钛合金相当。SLM 成形 In718 镍基高温合金经热等静压处理后硬度比铸件高 18%，其他力学性能与铸件没有明显差异。

9.2.1.4 选区激光熔合增材成形应用进展

目前 SLM 成形工艺的加工精度可以达到 0.02mm，理论上，SLM 成形工艺可以方便制造任意形状、任意内部微结构的零件，特别适用于复杂精密、薄壁和镂空等零件的制造成形。SLM 成形工艺不足之处主要在零件尺寸受到粉床限制，另外对原料粉末的要求较高，可加工的材料品种不多。

A 复杂精密零件

叶轮、涡轮盘、泵阀壳体等是航空发动机的重要部件，其结构复杂、形状精度和表面粗糙度要求高。常规制造工艺流程为：铸造—数控机床加工—电火花特种加工—表面光整，加工难度大、生产效率低。采用 SLM 增材制造成形工艺可以实现快速净成形，仅需后续少量表面加工，大幅度缩短加工周期，并且节约材料和能源。图 9-31 所示为 SLM 增材制造成形的航空发动机的一些部件产品。

B 轻量化材料

内部轻量化异形精密构件航天产品采用点阵、蜂窝、薄壁、中空等轻量化设计（图 9-32），可实现大幅减重的同时保证构件的机械性能和力学性能，传统机械加工方法几乎无法实现，增材制造是唯一制造解决方案。

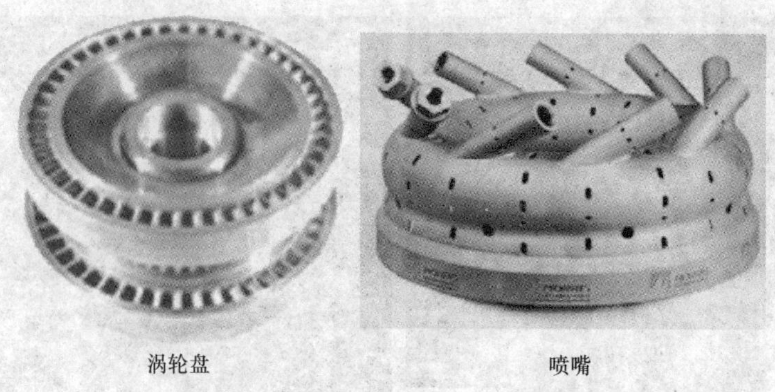

涡轮盘　　喷嘴

图 9-31　SLM 增材制造成形的航空发动机部件

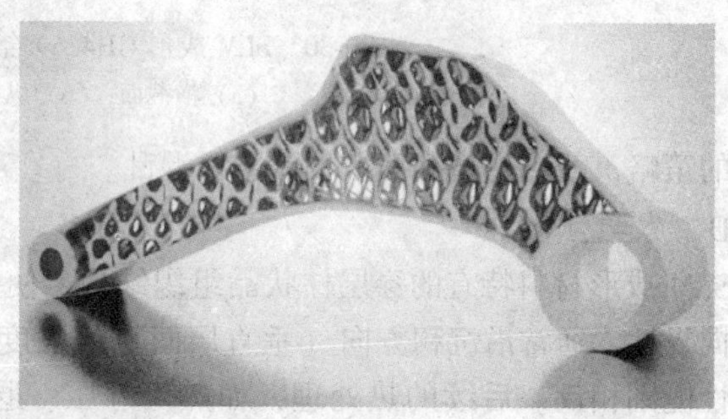

图 9-32　SLM 增材制造成形的轻质、散热、流动等多功能一体化构件

C　生物医学植入体

借助医学 CT 扫描图像、采用 SLM 增材制造成形工艺制造金属植入体，以施行人体硬组织的替换、修复和正畸等治疗。这种快速成形工艺可以满足患者私人定制需求，提高治疗效果，减轻患者不适。图 9-33 所示为 SLM 成形的多孔钛合金结构的人工股骨，通过孔隙率可以人工股骨的力学性能，以达到生物力学匹配的效果。

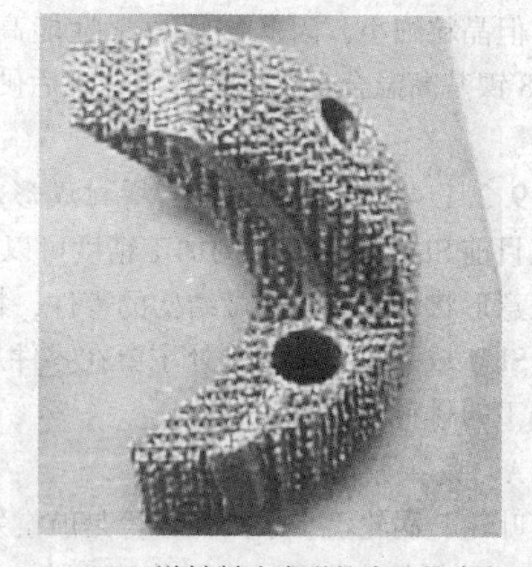

图 9-33　SLM 增材制造成形的多孔钛合金股骨

9.2.2　激光沉积增材成形工艺

9.2.2.1　激光沉积增材成形原理

激光沉积增材成形工艺是在激光熔覆技术的基础上发展起来的。该技术利用高能量激光束将同轴喷射或侧向喷射的金属粉末直接熔化为液态，并按照预定的轨迹将其逐层沉积，从而形成近形的金属零件。由于该技术曾在很多单位独立研制，因此出现了很多不同技术命名，如激光熔融沉积 LMD（Laser Melting Deposition）、激光近净成形技术 LENS（Laser Engineered Net Shaping）、直接金属沉积 DMD（Direct Metal Deposition）、直接激光成形 DLF（Directed Laser Fabrication）、激光快速成形 LRF（Laser Rapid Forming）、定向能量沉积 DED（Directional Energy Deposition）等。

激光沉积增材成形的原理如图 9-34 所示，通过成形控制软件将零件模型按一定间距切割成一系列平行薄片，根据薄片轮廓设计出合理的激光扫描轨迹，并转换为数控工作台的二维运动指令，实现聚焦激光束按设定路径在工作台基板表面二维扫描运动。在激光扫描的同时，金属粉末通过喷嘴输送到基板由表面激光光斑加热所产生的熔池中，快速熔化、随后熔池凝固，在基板表面形成一层冶金熔覆层，即沉积层。当激光束完成该片层的轮廓扫描、形成单层沉积金属后，激光聚焦镜与喷嘴上升一个沉积层厚度的高度，开始下一层薄片轮廓的激光扫描和熔敷金属沉积。如此逐层沉积，直至完成所有切层，堆积出与模型形状一致的三维实体金属零件。为了提高零件的性能，防止合金粉末在成形过程中被氧化而造成冶金缺陷，整个成形过程通常处于惰性气体保护环境下进行。

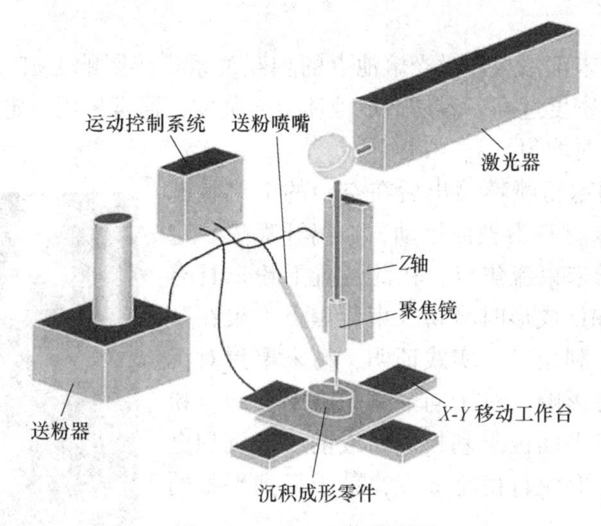

图 9-34 LMD 工作原理图

基于上述成形原理，LMD 成形工艺有以下特点：(1) 无需模具，借助 CAD/CAM 快速实现三维任意形状型面结构件的整体近净成形；(2) 开放式成形方式，成形尺寸不受限制，可实现大型复杂结构件的快速制造，制造精度一般在 1~2mm 左右；(3) 原料粉末来源广，能实现钛合金、高温合金等难加工材料及金属间化合物、稀有金属材料等整体零件的快速成形；(4) 生产效率高，能大大缩短难加工材料复杂型面大型结构件的制造周期，适合新产品的快速研制；(5) 成形组织均匀，具有良好的力学性能，可实现定向组织的制造；(6) 通过增材送粉器等装置可实现梯度材料、金属基复合材料的制备，实现材料、结构的一体化制造；(7) 可对损伤零件实现快速修复。

9.2.2.2 激光沉积增材成形工艺

A 激光功率与扫描速度

LMD 成形过程顺利进行的前提是高能聚焦激光束对金属材料（基板或沉积层）表面产生加热作用，获得具有一定形状和体积的稳定的熔池。聚焦激光束与使金属材料的相互作用分为如下几种情况：(1) 当激光功率较低时，激光束与材料相互作用较弱，金属基板与金属粉末金属材料吸收的激光能量较少，金属材料的温度升高，但没有达到熔化程度，不能在基板表面形成熔池；(2) 当激光功率较高时，基材吸收足够的激光能量，聚焦激光束斑点处熔化形成熔池，并且熔池足够大，能够容纳同步送入的金属粉末，并使这些粉末熔化其内；（3）当激光功率过大或停留时间太长时，激光束斑点处形成的熔池体积过大、温度过高，熔池液体金属发生明显汽化，以致金属材料大量烧蚀（汽化损失）。第一种和第三种情况都不利于 LMD 增材制造成形加工。

除了受激光功率和扫描速度的影响外，熔池体积和液体金属温度还与 LMD 增材制造成形金属材料的热物理性质、构件尺寸、加工层数以及环境温度有关。若形成同样尺寸的熔池，高热导率材料（如铜）要比低热导率材料（如不锈钢）需要更高的激光功率；大尺寸构件要比小尺寸构件需要更大的激光功率；随着沉积层数增加，构件的散热效率降低，激光功率需要逐层降低；环境温度越高，则所采用的激光功率也要相应降低。加强层次之间的冷却不仅可以保证成形过程稳定，还有助于改善 LMD 成形构件的微观组织。

B 束流聚焦

激光束焦距、粉末汇聚点和激光熔池点的相互关系直接影响 LMD 成形质量。由于激光聚焦光斑中心功率密度过高，容易造成液体金属蒸发，通常采用一定的离焦量，此次的激光功率密度分布相对均匀。

粉末材料从同轴送粉喷嘴喷出后在空中的汇聚状态如图 9-35 所示，粉末材料沿轴向运动，在离开喷嘴一定距离处汇聚成一个粉末束流焦点，在此位置上粉末具有最大的浓度分布。LMD 成形时将粉末束流焦点汇聚在基材表面可以提高粉末利用率。实践证明，粉末聚焦对沉积层表面形貌有重要影响。对于同轴送粉喷嘴系统，粉末负离焦（即粉末焦平面位于基板表面或前一层沉积金属表面下方）将产生形貌自稳定效应，易于得到平整的沉积层表面。

图 9-35 聚集的粉末束流

在 LMD 成形过程中，通常由于工艺参数不稳定而产生表面凹凸，影响成形质量。开环激光金属直接成形系统存在形貌自稳定机制，下一层熔覆时，上一层表面凹陷处熔覆层厚度将增加，而凸起处熔覆层厚度会减小，从而使激光成形表面形貌的凹凸现象消失，形成平整、稳定的堆积成形。当采用粉末负离焦和逐层降低功率相结合的方法，激光直接成形二维垂直方向薄壁零件，表面粗糙度平均达到 10μm。

C 送粉量

送粉量是沉积层厚度和 LMD 成形加工生产率的重要因素。适当增加送粉量有利于提高沉积层厚度和 LMD 成形加工生产率。然而随着送粉量的增加，送粉喷嘴喷出的粉末在激光通道中的浓度增加，粉末对激光束能量的吸收和散射效应增强，从而衰减了更多的激光能量，熔池的体积变小、温度降低。

粉末颗粒粒径变大，则粉末的比表面积减少从而导致对激光能量的吸收、反射和散射作用减弱。因此金属粉末的粒径分布可能会影响 LMD 成形加工过程的稳定性，并进而影响 LMD 成形质量。

各种因素（如载流气体压力、流量、输送管道波动等）导致的金属粉末流动特性的改变，将影响同轴送粉喷嘴喷出后的粉末汇聚特性，进而影响激光与粉末金属的相互作用以及由此产生的沉积层形貌变化。此外，随着堆积层数增加，成形件结构尺寸（主要包括高度和宽度）发生变化，粉末颗粒与成形件和基板发生碰撞和反弹行为发生改变，进而导致粉末流场出现波动。与自由射流状态相比，激光金属直接成形中（受阻射流），粉末流场汇聚点浓度增大且汇聚焦点上移，粉末汇聚焦距减小；随着成形件高度增加，熔覆点处粉末流场浓度降低，粉末流场汇聚性变差；随着成形件宽度增加，熔覆点处粉末浓度增加，汇聚特性变好。

9.2.2.3 常见问题及其影响因素

LMD成形因其固有的瞬态熔凝过程，因此容易产生各种冶金缺陷，如致密性（包括气孔、熔合不良、微裂纹）、内应力、显微组织不均匀以及力学性能各向异性等问题。这些问题主要受控于三个方面因素，即粉体材料属性、成形工艺参数优化匹配和成形构件结构特征。

A 致密度

LMD成形过程中金属粉末在载流气体带动下从喷嘴高速运动，途中被激光束加热到一定温度后，以一定的动能进入熔池。这种送粉方式相比铺粉成形的SLM工艺更有利于提高制品的致密度。LMD成形制品致密度主要是熔池凝固过程中可能形成的气孔和局部未熔合现象。

LMD成形件内部的气孔多为规则的球形或类球形，内壁光滑，在成形件内部的分布具有随机性。气孔敏感性主要取决于金属粉末材料的特性，如化学成分、松装密度等。形成气孔的气体来源于空心粉末包裹的气体以及粉末表面吸附或随粉末卷入到熔池内的气体。气孔的形成过程经历熔池内气泡的形核、生长、上浮运动及表面散逸等阶段。如果气体在熔池凝固过程中未能及时溢出，则滞留在固体沉积金属中形成气孔。通过调节激光增材制造工艺参数，延长熔池存在的时间，使气泡从熔池中溢出的时间增加，可以有效减少气孔的数量。

熔合不良缺陷形貌一般呈不规则状，主要分布在各熔覆层的层间和道间，其是否产生取决于成形特征参量是否匹配，其中最显著的影响因素是激光功率、激光光斑尺寸、多道间搭接率以及Z轴单层行程（金属沉积层厚度）。通过优化工艺参数匹配可以有效减少熔合不良缺陷的形成。

对于LMD成形小型构件，通过热等静压处理，可以愈合消除其内部的闭合气孔和裂纹，组织致密化，构件的强度和塑性均可以得到一定程度的提高。

B 内应力与变形开裂

LMD成形过程是一个局部区域的瞬态熔化-凝固过程，所产生的极高温度梯度、极高变温速度条件下，金属沉积层及最终成形件内部形成复杂内应力。这些应力（热应力、组织应力和机械约束应力）使金属材料产生相应变形，当变形量超过材料的极限变形量时就会发生开裂现象。合理控制层厚并在成形前对基板进行预热、成形后进行后热处理，能有效减小基板热变形和增材制造层的内应力，从而减小工件的变形。

LMD成形制件内部的残余应力以拉应力作用为主，垂直于扫描方向的残余内应力相较于平行方向要小一些。LMD成形制件的残余内应力还与制件的高度有关，靠近基材处的残余应力为较大的压应力，随着制件高度的增加，到顶部转变为较小的拉应力。并且有改变为压应力的趋势。

采用基板预热可以控制薄壁制件内应力以及内应力引起的变形。利用喷丸强化的辅助方法对成形过程中所产生的内应力进行实时处理，制件内沿着扫描方向残余应力消除达到93.6%；垂直于扫描方向的残余应力受超声冲击作用由拉应力变为压应力。TC4 制件去应力热处理后残余应力分布趋于平缓，垂直方向和平行方向的残余应力分别降低 59.8%和72.3%，是 LMD 成形制件残余应力的有效手段。

316 不锈钢 LMD 成形件内的裂纹多发生在树枝晶的晶界，呈现出典型的沿晶开裂特征。这种沉积层内的裂纹是凝固裂纹，属于热裂纹范畴。凝固裂纹产生的主要原因是沉积金属层组织在凝固温度区间晶界处的残余液相受到拉应力作用所导致的液膜分离的结果。K418 高温合金 LMD 成形制件也发现了这种凝固裂纹现象。通过优化激光增材制造工艺参数、成形之前预热、成形后缓慢冷却或热处理、合理设计粉末成分等措施来控制裂纹的形成。

C 成形精度与沉积效率

成形精度和沉积效率对 LMD 成形工艺参数的要求通常是相互矛盾的。例如，增加激光热输入和送粉量，则熔池液体体积增大，金属沉积层的深度和宽度增加，有利于提高沉积效率，但是却降低了 LMD 成形制品的精度。表 9-5 给出了 3 种 LMD 成形工艺参数的沉积效率和成形精度，采用大的激光功率、大的光斑（或离焦）、慢的扫描速度，则沉积效率高而成形精度低。需要根据零件的结构尺寸和精度要求合理选择 LMD 成形工艺参数。小光斑工艺参数可以保证成形零件的精度达到普通铸件水平；而采用大光斑、高功率激光尽管成形精度有所下降，但沉积效率却大幅提升，适用于大尺寸金属构件的 LMD 成形制造。

表 9-5 LMD 成形工艺参数与成形特性比较

成形工艺	光斑直径 /mm	激光功率 /W	单层厚度 /mm	扫描速度 /mm · s^{-1}	沉积效率 /cm^3 · h^{-1}	成形精度 /mm
大光斑 LCD	>10	>4000	1.5~2.0	5~10	>80	±1~2
中光斑 LCD	3~10	2000~4000	1.0~1.5	10~15	40~80	±1~1.5
小光斑 LCD	1~3	500~2000	0.5~1.0	15~30	10~40	±0.5~1

D 穿层柱状晶

LMD 成形金属的宏观组织通常为多层沉积层组织以及穿越沉积层呈外延生长的柱状晶，柱状晶的尺寸主要受激光功率及扫描速率的影响。LMD 成形 TC4 钛合金的宏观组织如图 9-36 所示，所有工艺参数下均为外延生长的粗大柱状晶，晶粒宽约 300~1000μm，高约几毫米，贯穿多个沉积层，柱状晶略向激光扫描方向倾斜。在激光功率不变情况下，随着激光扫描速度降低，激光热输入增加，沉积层厚度增大，穿层柱状晶数量减少；进一步降低激光扫描速度，增加激光热输入则柱状晶被细小等轴晶取代。

激光扫描方向对柱状晶形态有重要影响。单向扫描时柱状晶单向外延生长；当扫描方向改变 180°时，柱状晶的生长方向随之发生转变，形成弯曲折返的穿层柱状晶，如图 9-37 所示，并在出现较多的等轴晶。

E 力学性能

LMD 成形金属粗大穿层晶柱状晶形态决定了其力学性能的各向异性。对于 LMD 成形

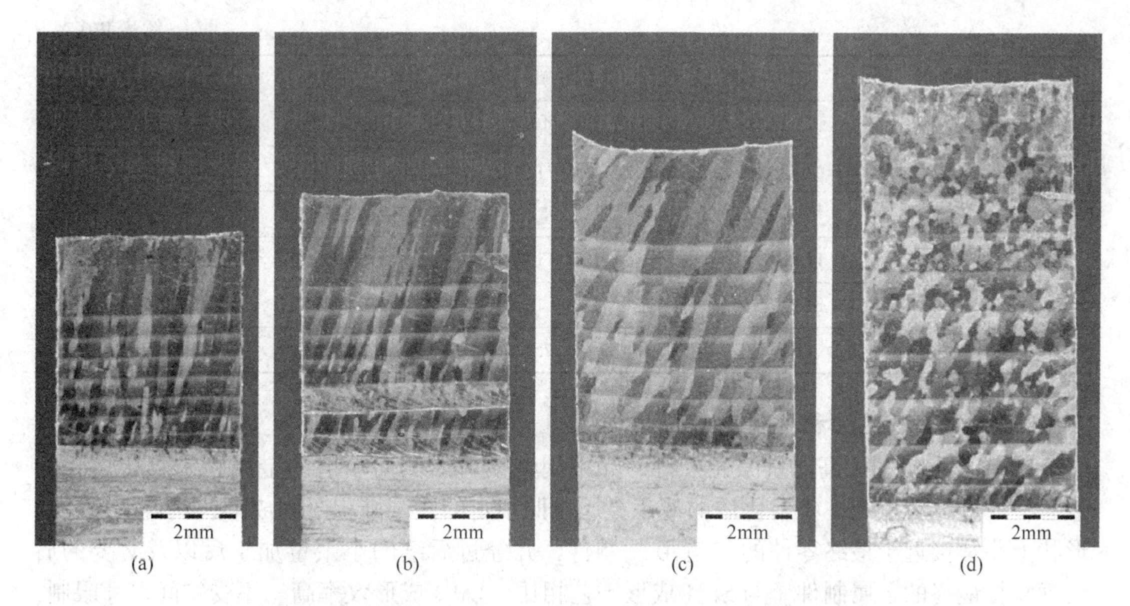

图 9-36　不同激光扫描速度下 LMD 成形钛合金的柱状晶形态

（a）0.6m/min；（b）0.48m/min；（c）0.36m/min；（d）0.24m/min

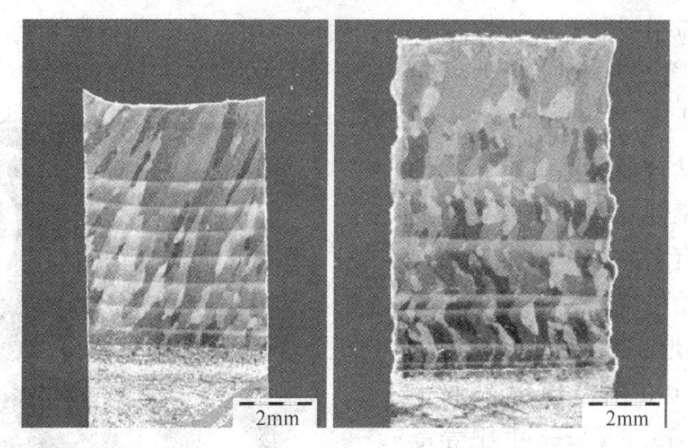

图 9-37　单向和双向扫描 LMD 成形 TC4 合金的晶粒形态

TC4 合金而言，沿沉积方向的强度低而延伸性好，垂直于沉积方向的性能则正好相反。当制品经过退火及固溶、时效强化等热处理后，各向异性现象基本消失。由于 LMD 成形金属凝固组织，与铸造组织相似，但晶粒更加细小，因此，LMD 成形 TC4 合金的强度要高于铸造合金的强度，而与锻造合金相近。然而，由于存在如前所述的各类不致密组织缺陷，使得 LMD 成形金属材料的塑形和疲劳寿命较低，几种常见材料的 LMD 成形、SLM 成形和锻造成形状态的力学性能列于表 9-6。

表 9-6　几种常见材料的 LMD 成形、SLM 成形和锻造成形状态的力学性能对比

材　料	成形技术	UTS/MPa	$\sigma_{0.2}$/MPa	EL/%
不锈钢（316L）	LCD	605	400	53
	SLM	707～723	638～661	20～30
	锻造	586	245	40

续表 9-6

材　料	成形技术	UTS/MPa	$\sigma_{0.2}$/MPa	EL/%
钛合金(Ti-6Al-4V)	LCD	955~1050	890~955	10~18
	SLM	1310~1331	1121~1181	6~10
	锻造	895	825	8~10
镍基高温合金(Inconel 718)	LCD+热处理	1250~1350	1150~1190	6~9
	SLM+热处理	1200~1350	1100~1250	5~8
	锻造	1275	1030	12~21

9.2.2.4 激光沉积增材成形应用进展

LMD 成形是利用高能量激光束将与光束同轴喷射或侧向喷射的金属粉末直接熔化为液态，通过运动控制，将熔化后的液态金属按照预定的轨迹堆积凝固成形，获得从尺寸和形状上非常接近于最终零件的“近形”制件，并经过后续的小余量加工后以及必要的后处理获得最终的金属制件。与 SLM 成形工艺相比，LMD 成形效率高、不受空间尺寸限制，因此在快速制造大型复杂结构、成分梯度材料与复合材料，以及零件表面修复方面有独特优势。由于具有极高的制造效率、材料利用率以及良好的成形性能等优势，LMD 成形技术从一开始便被应用于航空航天等高端制造领域的高性能金属材料和稀有金属材料的零部件制造。

A　钛合金结构

航空航天用钛合金零件具有超大外形尺寸、成形加工性能差、制造工艺复杂的特点，且具有多品种、小批量和快速响应等要求，给传统加工带来了很大的困难，LMD 成形工艺刚好满足这些要求。TC4 钛合金在航空航天工业中主要用于框架、梁、接头、叶片等部件，该合金具有良好的热塑性和可焊性，非常适合 LMD 增材成形加工。目前，一些飞机大型整体主承力关键结构件、航空发动的机整体叶盘等关键部件都已经采用 LMD 增材成形工艺制造生产。图 9-38 所示为英国 Rolls Royce 公司制备的发动机整体叶片。

图 9-38　英国 Rolls Royce 公司制备的航空发动机部件

B　镍基高温合金结构

汽轮机和火箭液体燃料中的零部件需要在较高的温度（如 700℃）下具有高强度、良好的韧性和耐腐蚀性，通常采用镍基高温合金加工制造。这类合金的可焊性较好，适用于 LMD 成形工艺。利用 LMD 成形工艺技术可实现镍基高温合金任意复杂的流道以及气膜冷却孔的航天发动机直接制造，从而大大提高耐高温性能，如 SpaceX 公司的 Inconel 合金增材制造 Super Draco 引擎，如图 9-39 所示，将由多个零件连接而成的装配组件变成单件整体结构，从而实现结构效率最优化。

图 9-39 美国 SpaceX 公司采用 Inconel 合金制造的整体结构航天发动机

C 铜合金结构

铜合金具有良好的导热、导电性能和较好的耐磨与减磨性能，是发动机燃烧室及其他零件内衬的理想材料。然而，这种属性却给铜合金增材制造带来挑战，而且铜粉具有较高的反射率，加上容易被氧化，激光很难连续熔化铜合金粉末，因此，为了改变粉材热物特性、提高铜合金的 LMD 成形工艺性，在铜粉里适量添加合金元素成形至关重要。美国 NASA 通过 LMD 成形工艺打印了全尺寸铜合金火箭发动机零件，如图 9-40 所示。

D 其他材料及混合材料结构

常规制造工艺难以加工的难熔金属材料，如钨合金、钼合金、钽合金、钒合金，金属间化合物，以及梯度材料、复合材料构件也都逐渐发展出 LMD 成形工艺。图 9-41 所示为中国西北工业大学采用 LMD 成形技术在 In961 合金铸件上成形了 GH4169 合金的复杂结构，形成一个高性能结合的整体构件。

图 9-40 美国 NASA 制备的铜合金火箭发动机零件

图 9-41 西北工业大学制备的复合金属轴承机匣

E 表面修复

采用 LMD 成形技术修复，不仅降低成本，而且修复部位的性能更高，已用于航空发动机重要零部件的高质量修复。LMD 成形技术修复的工艺流程为：几何检查（逆向工程）—修复区 3D 数模采集及处理—修复前清理及数控加工—LMD 成形修复—修复后热处理—修复后数控加工—喷丸及抛光处理。图 9-42 所示为 LMD 成形技术修复 LMD 成形技术修复航空发动机叶片。

图 9-42　LMD 成形技术修复航空发动机叶片

9.3　半固态成形

半固态成形（Semisolid Forming）工艺，泛指对温度处于固相线温度与液相线温度之间的半固态金属坯料进行的成形工艺。20 世纪 70 年代美国麻省理工学院（MIT）的 David Spencer 与 Flemings 在研究半固态 Sn-15%Pb 合金高温热裂特性时偶然发现半固态组织，并在其博士论文中首次提出半固态成形的概念。此后，Flemings 研究团队投入了大量的人力物力，对半固态组织的形成机制、半固态浆料的力学行为和成形特点进行了系统研究，创立了半固态金属成形的概念、理论和技术。

金属半固态成形，是在金属凝固过程中对其实施剧烈的搅拌作用，充分破碎初生枝晶，得到一种液态金属母液中均匀悬浮着一定球形固相的固/液混合浆料（图 9-43），即半固态流变浆料，利用这种流变浆料直接成形加工的方法称为金属半固态流变成形（Rheoforming）；如果将半固态流变浆料凝固成坯锭，然后重新加热至金属半固态温度区间，再进行成形加工称为触变成形（Thixoforming），这两种方法统称为金属半固态成形，如图 9-44 所示。

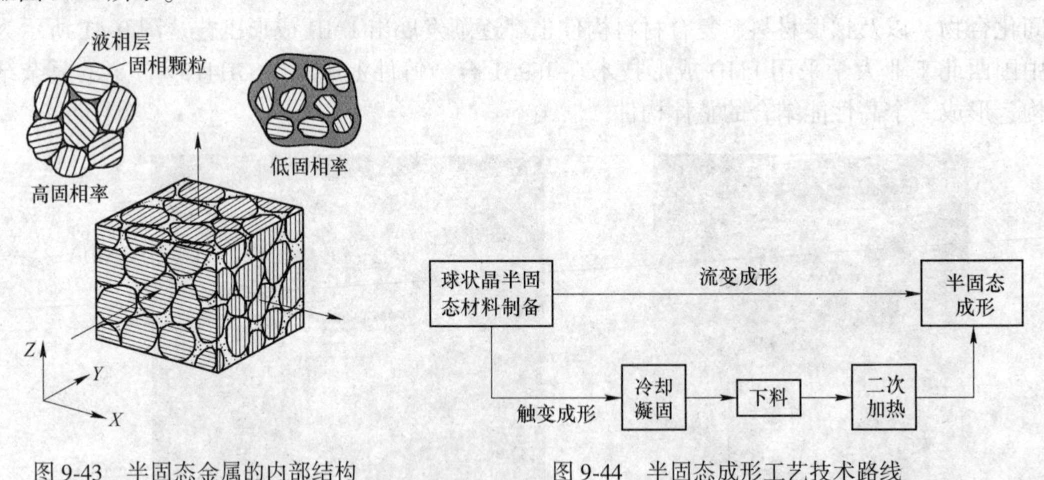

图 9-43　半固态金属的内部结构　　　图 9-44　半固态成形工艺技术路线

图 9-45 所示为半固态成形与传统材料加工成形方式的温度区别。半固态成形有别于传统的铸造和锻造过程，可以明显克服铸造的缩孔缩松和锻造的高变形力、高残留应力的缺点，结合了两者的优点。因此，半固态加工技术被称为现代冶金新技术，被誉为 21 世纪前沿性金属加工技术。金属半固态成形技术的特征可以概括为：（1）加工成形的合金状态是固液混合物，而不是纯液体或纯固体；（2）加工温度范围在合金的固相线温度和液相线温度之间；（3）合金中的固相是非枝晶形态，而不是常见的树枝晶；（4）成形过

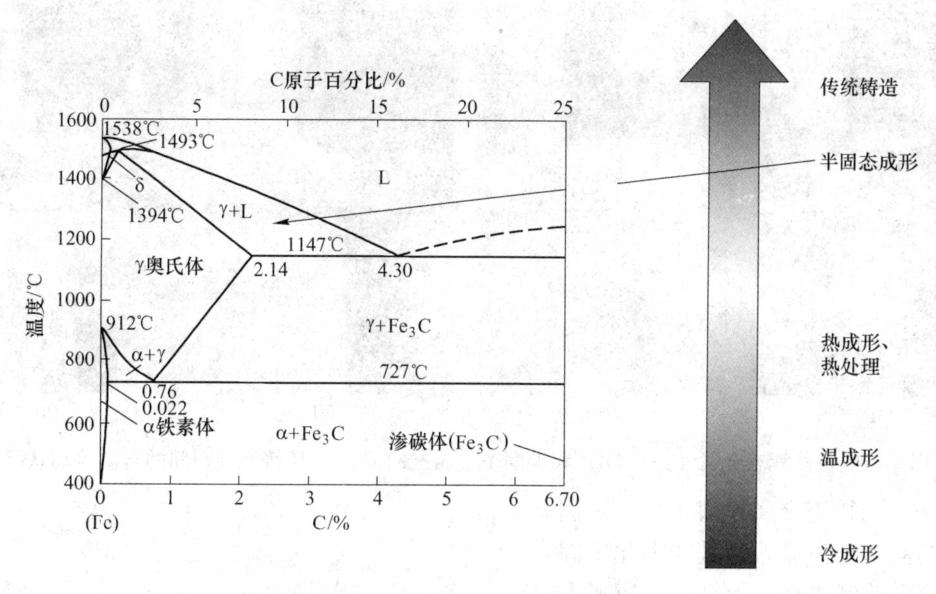

图 9-45　半固态成形与传统材料加工成形的温度关系

程中可以有外力作用（如半固态压铸），也可以只有重力作用（如半固态连铸）。在传统固态成形过程中，晶粒之间相互接触，塑性变形受到一定的限制。而半固态成形过程中，固相颗粒与液相金属共同存在，变形过程中熔融液相在固相颗粒间隙流动，固相颗粒转动、滑动予以协调，半固态变形机制包括液相金属流动、固相颗粒的转动、滑动以及固相颗粒的塑性变形，如图 9-46 所示。

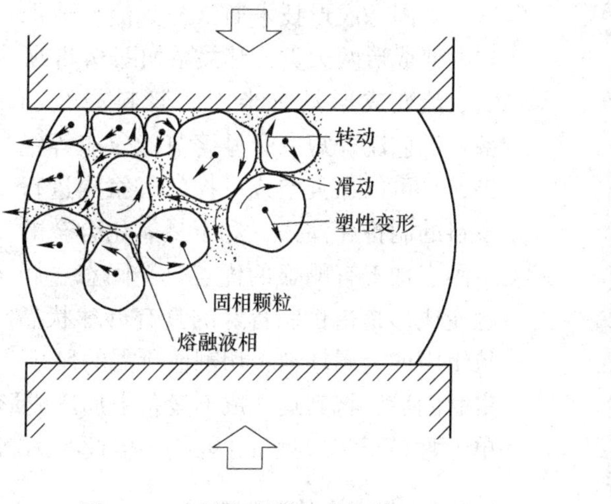

图 9-46　半固态成形变形机制

金属半固态成形的上述特征使其具有许多独特的优点：

（1）应用范围广泛，凡具有固液两相区的合金均可实现半固态成形。

（2）半固态成形充形平稳、无湍流和喷溅、加工温度低，凝固收缩小，因而铸件尺寸精度高，如图 9-47 所示。半固态成形件尺寸与成品零件几乎相同，可实现近净成形，极大地减少了机械加工量，做到少或无切屑加工，从而节约了资源。同时半固态成形件凝固时间短，从而有利于提高生产率。

（3）半固态合金已释放了部分结晶潜热，因而减轻了对成形装置，尤其是模具的热冲击，使其寿命大幅度提高。

（4）半固态成形件表面平整光滑，铸件内部组织致密、内部气孔、偏析等缺陷少，晶粒细小，力学性能高，可接近或达到锻件的性能。

（5）应用半固态成形工艺可改善制备复合材料中非金属材料的漂浮、偏析以及与金属基体不润湿的技术难题，这为复合材料的制备和成形提供了有利条件。

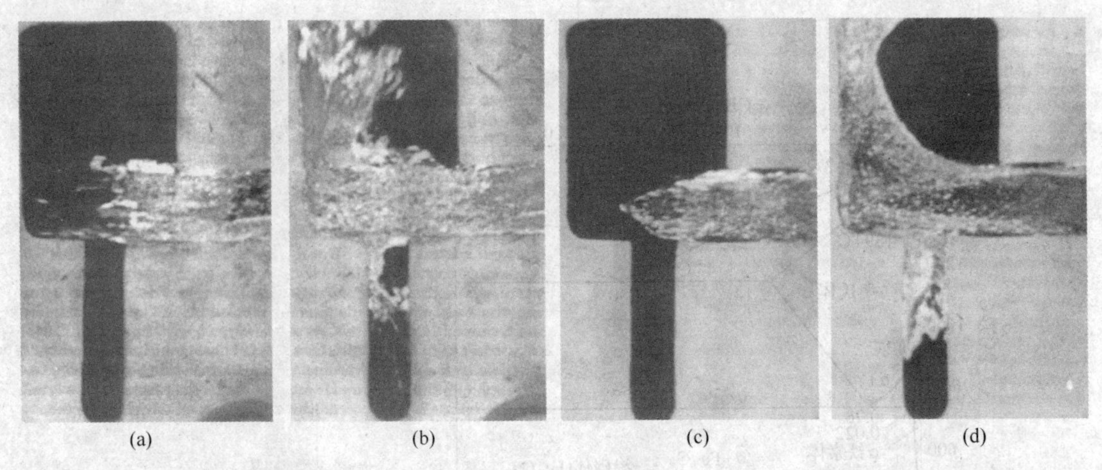

图 9-47 过热液态金属（a）、（b）和半固态金属（c）、（d）压铸充型瞬间的金属流动状况

（6）与固态金属模锻相比，半固态浆料的流动应力显著降低，因此半固态模锻成形速度更高，而且可以成形十分复杂的零件。

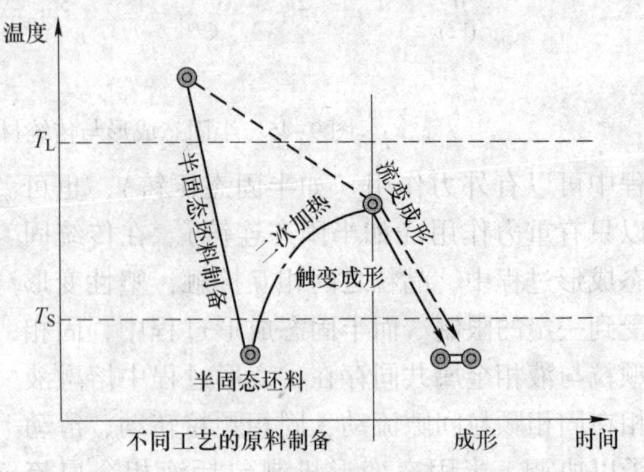

图 9-48 流变成形与触变成形关系图

半固态成形技术通常分为流变成形和触变成形两大类，其关系如图 9-48 所示。流变成形具有半固态浆料在线制备、工艺流程短、有显著节能效应等优势，且可以在真空或可控的气氛内进行浆料的制备和注入，对于易氧化合金的半固态加工有明显的优点。半固态金属触变成形是指将制备好的具有近球状晶粒组织的金属坯料，切割成所需的尺寸，将这种固态坯料重新加热至半固态温度并保温一定时间后，将其运入成形设备中加压成形。由于半固态金属坯料的加热和输送过程较为简单，且易于实现批量化操作，因此半固态金属触变成形技术得到了较为广泛的应用。

9.3.1 半固态坯料制备

半固态金属坯料或浆料的制备是金属半固态成形的基础与关键。因此，相关学者对半固态成形技术的研究很大部分集中在坯料制备的工艺优化和工艺开发等方面。目前，半固态成形浆料制备主要可分为搅拌法和非搅拌法两大类。搅拌制备技术主要包括机械搅拌法和电磁搅拌法。非搅拌制备技术主要包括：应变诱发熔化激活（SIMA）法、再结晶重熔（RAP）法、喷射沉积法、倾斜板冷却法、液相线浇注法、双管混合浇注方法、自孕育法等。这些工艺各具特色，其中某些技术已成功应用于工业化生产中，下文介绍几种典型的制备方法。

9.3.1.1 机械搅拌法

机械搅拌法（Mechanical Stirring，MS）是最早应用于制备半固态金属坯料的方法。该方法利用叶片或搅拌棒的机械旋转，对金属液施加剧烈的搅拌作用，使树枝晶组织充分地破碎，并改变金属凝固初生相的产生与长大过程，以得到液态金属母液中均匀地悬浮着一定近球状固相颗粒的半固态金属浆料。MS 法可分为非连续机械搅拌法（Batch Method）和连续机械搅拌法（Continuous Method）。图 9-49 所示为连续机械搅拌法工艺原理示意图。

机械搅拌法目前在实验室应用广泛，这是因为机械搅拌装置结构简单、造价低、操作方便，非常适合实验室的研究工作。但是机械搅拌法生产效率低、搅拌棒易污染半固态金属，这是机械搅拌法的主要缺点，也导致机械搅拌法无法满足商业生产的需要。

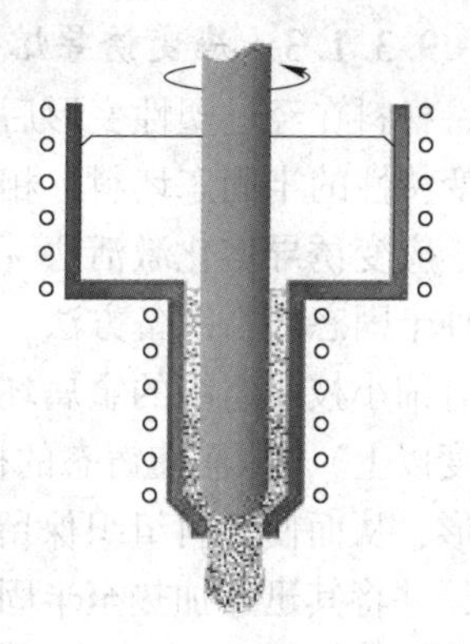

图 9-49 机械搅拌装置示意图

关于机械搅拌过程中半固态金属球晶组织的形成机制，Flemings 等学者认为这种球晶组织是在树枝晶形成后，再折断、破碎、球化形成的，其初生相形态的演化过程为树枝晶→短枝晶→枝晶碎块→球状晶→晶粒均匀化→晶粒长大。近年来，李涛等学者采用丁二腈-水透明模型对其机械搅拌过程中半固态组织的形成演化过程进行了实时观察研究，并在此基础上对球晶形成的机理进行了理论分析。研究发现，由于半固态搅拌改变了金属液凝固界面前沿的凝固条件，球晶是直接由液相形核并保持球形稳定生长产生的，而非以往所认为的枝晶断裂-球化机制。

9.3.1.2 电磁搅拌法

电磁搅拌法（Magneto Hydrodynamic Stirring，MHD）是利用感应线圈产生的电磁场（垂直或平行于铸型的轴线方向）在处于固-液相间的金属液中产生感应电流，感应电流又受到洛伦兹力的驱动，从而对金属液产生剧烈的搅拌作用，使金属凝固形成的枝晶组织充分破碎。图 9-50 所示为电磁搅拌方法示意图。电磁搅拌法是现在半固态加工中应用最广泛的制坯方法，该法使用电磁力进行搅拌，因此所制坯料无污染，无搅拌器腐蚀和气体卷入搅拌过程精确控制，生产效率高，可以实现连续铸造，极大地推动了金属半固态成形技术的应用，并已实现了工业化生产。国内外许多厂家能够提供电磁搅拌坯料，如美国的 Alumax、法国的 Pechiney 和瑞士的 Alusuisse-Lonza 公司等。北京科技大学等单位也可提供 ϕ50~110mm 的半固态铝合金连续搅拌铸锭。

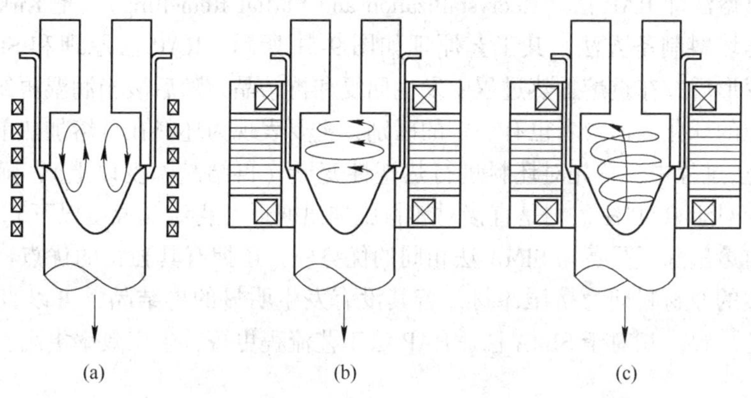

图 9-50 电磁搅拌方法示意图

（a）垂直流动搅拌；（b）水平流动搅拌；（c）螺旋流动搅拌

但是，电磁搅拌的效率低，耗能高，设备投资大，因此半固态坯料的制备成本较高。此外由于集肤效应，导致浆料组织不均匀，且生产的铸锭坯料尺寸受到限制，尚有待在技术途径上取得进一步突破。

9.3.1.3 应变诱导熔化激活法和再结晶重熔法

材料在经过塑性变形后积累变形储能，利用在重熔加热中发生回复和再结晶得到具有触变特性的半固态坯料，相关学者先后提出了应变诱导熔化激活法和再结晶重熔法。

应变诱导熔化激活法（Strain Induced Melt Activation，SIMA）是 Young 等学者提出的一种半固态坯料制备方法，其工艺原理如图 9-51 所示。SIMA 法工艺路线是：首先铸造出具有细小枝晶组织的金属坯料；随后将该金属坯料进行大变形量的热塑性变形（再结晶温度以上），从而使铸态的树枝晶组织充分地破碎；然后将热变形后的坯料进行少量的冷变形，从而使坯料组织保留一定的变形能量；最后将冷变形后的金属坯料切成所需的尺寸，并将其迅速加热至半固态温度区间并保温一定时间，从而得到具有球状晶粒组织的半固态坯料。

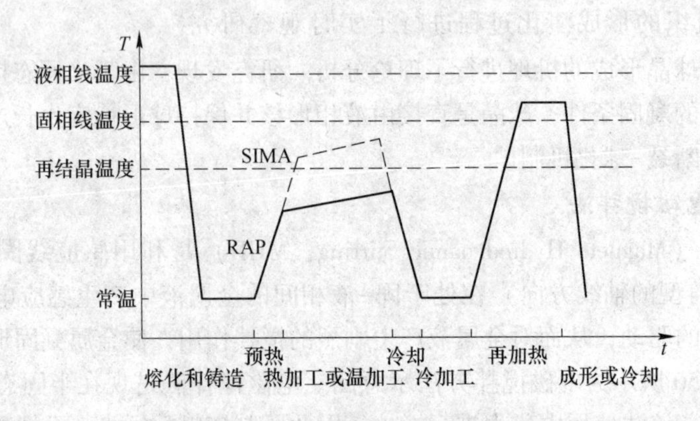

图 9-51 应变诱导熔化激活法和再结晶重熔法的原理示意图

应变诱导熔化激活法制备半固态坯料的优势主要包括：可制备高熔点金属半固态坯料，坯料纯净、生产效率高，且 SIMA 法所获得的球晶组织更加细小、圆整。但是，SIMA 法需要使坯料进行大变形量的塑性变形，因此该方法难以制备大尺寸的半固态金属坯料。

再结晶重熔法即 RAP 法（Recrystallization and Partial Remelting），是 Kirkwood 等学者提出的半固态坯料制备方法，其工艺原理如图 9-51 所示。RAP 法原理和 SIMA 法相似，坯料经塑性变形后，在重熔加热过程中发生回复和再结晶，随后液相润湿再结晶晶界并导致再结晶晶粒的球化。但二者也有一定的区别，主要表现为坯料在重熔加热前的塑性变形方式。SIMA 法过程中，首先对坯料进行热塑性变形（再结晶温度以上），随后施加少量的冷变形；而对于 RAP 法，则是直接对坯料施加温变形（再结晶温度以下）。

再结晶重熔法除了具备与 SIMA 法相同的优势外，还拥有其独特的优点：在工业市场中，许多合金的原材料即为挤压棒材，若其没有发生明显的再结晶，可以直接利用 RAP 法制备半固态坯料。相对于 SIMA 法，RAP 法工艺流程更短，生产效率更高，工业化应用潜力更大。

9.3.1.4 倾斜板冷却法

倾斜板冷却法是指液态金属流经倾斜板，冷却形核，并通过流动过程的剪切碰撞作用破碎枝晶组织，得到圆整的半固态坯料的方法，其工艺原理如图 9-52 所示。倾斜板冷却法具有原理简单、工艺简捷、设备成本低廉、易于实现等优点。自从 1998 年日本宇部株式会社发明倾斜板法用于制备铝合金和镁合金的半固态浆料以来，该方法已经得到了广泛的研究。管仁国等采用波浪形倾斜板振动装置制备了具有细小等轴晶或近球晶组织的 A356、Al-6Si-2Mg 等合金的半固态坯料，并实现了触变成形。宋仁伯等研究了倾斜板冷却法制备高熔点 9Cr18 不锈钢半固态坯料的可行性，得到了圆整的半固态组织。

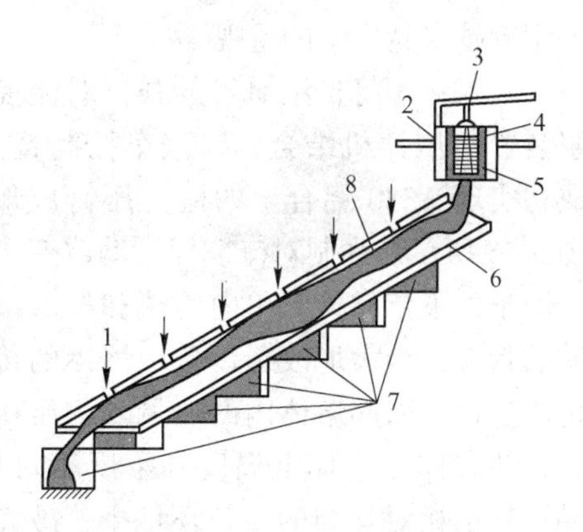

图 9-52 倾斜板法装置示意图

1—取样口；2—保温炉；3—锥形棒；4—熔体；5—坩埚；6—取样板；7—水槽；8—浆料

自 20 世纪 70 年代提出以来，半固态金属加工技术得到了广泛的发展，其中轻合金（尤其是铝合金）已实现产业化应用，但产业化推广速度相对较慢。产业领域半固态坯料制备目前仅局限于 A356 等铸造铝合金的电磁搅拌技术，以及 SIMA 法在一些小型、小批量零件的应用。

钢铁材料由于存在成形温度高等难点，仍未投入到实际生产中，但钢铁材料半固态成形具有节省原材料、短流程以及近净成形等优点。钢铁材料半固态加工技术发展的一个关键是开发出高效、低成本的半固态坯料制备技术。目前，相关研究采用 SIMA 法以及 RAP 法制备的半固态坯料组织较为理想，晶粒圆整，且晶粒尺寸较小。近年来，研究学者力图将等通道挤压（ECAP）技术引入到半固态坯料制备过程中，辅助制备晶粒尺寸细小的钢铁材料半固态组织，这无疑是一种新的研究探讨。

9.3.2 半固态流变成形

流变成形是将经过预处理的半固态金属浆料，在保持其半固态温度的条件下直接压铸、挤压或轧制等加工成形的工艺方法。图 9-53 所示为流变压铸成形工艺，该工艺方法利用半固态金属良好的流动性，采用压铸的方法实现复杂制件的近净成形（图 9-54），是最早进行研究的半固态金属加工技术。然而由于直接获得的半固态金属浆料的保存和输送很不方便，在实际应用中受到较大限制，因此半固态金属流变成形技术的研究进展较为缓慢。但流变成形具有半固态浆料在线制备、工艺流程短、有显著节能效应等优势，且可以在真空或可控的气氛内进行浆料的制备和注入的优点。因此，流变成形技术研究受到国内

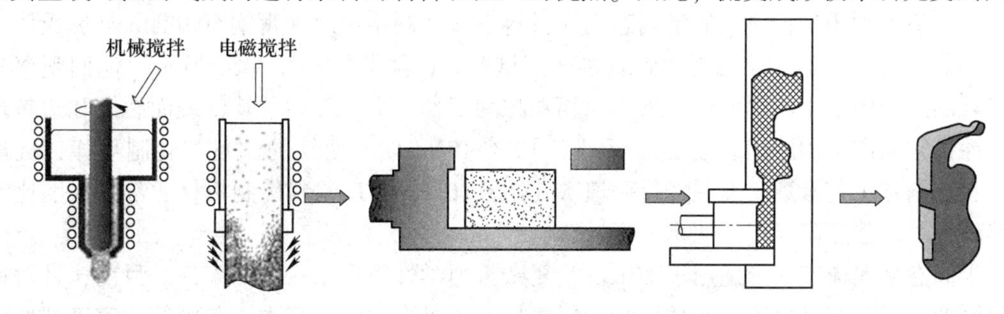

图 9-53 流变压铸成形工艺原理图

外学者越来越广泛的重视。

康永林等将自主研发的强制对流搅拌制浆装置与压铸机结合，以汽车控制臂为例，成功实现 A380 铝合金的流变压铸成形，如图 9-55 所示。强制对流搅拌运动改变了传统凝固条件下依靠传导单向传热和扩散缓慢传质的状态，极大地改善设备中熔体的传热和传质过程，引起熔体内的热量和物质快速混合，使熔体在整体上温度和浓度相对均匀，晶粒处于相对均匀的生长环境中，破坏枝晶生长环境，使得晶粒往各个方向均匀生长。传统压铸件相比，强制对流搅拌流变压铸件的抗拉强度、屈服强度和伸长率分别提高了 10%、4%和 140%。

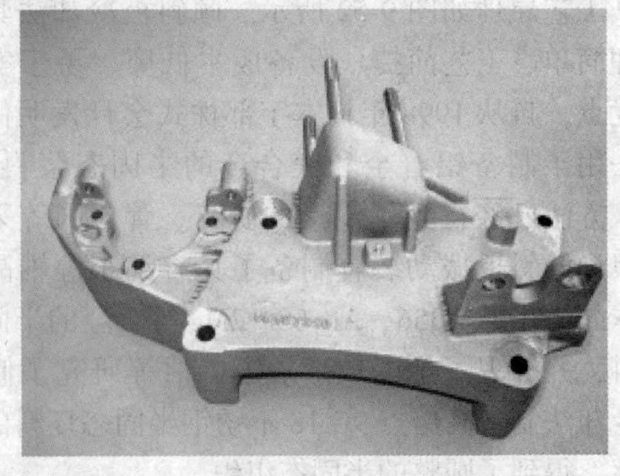

图 9-54　流变成形的铝合金汽车发动机支撑件

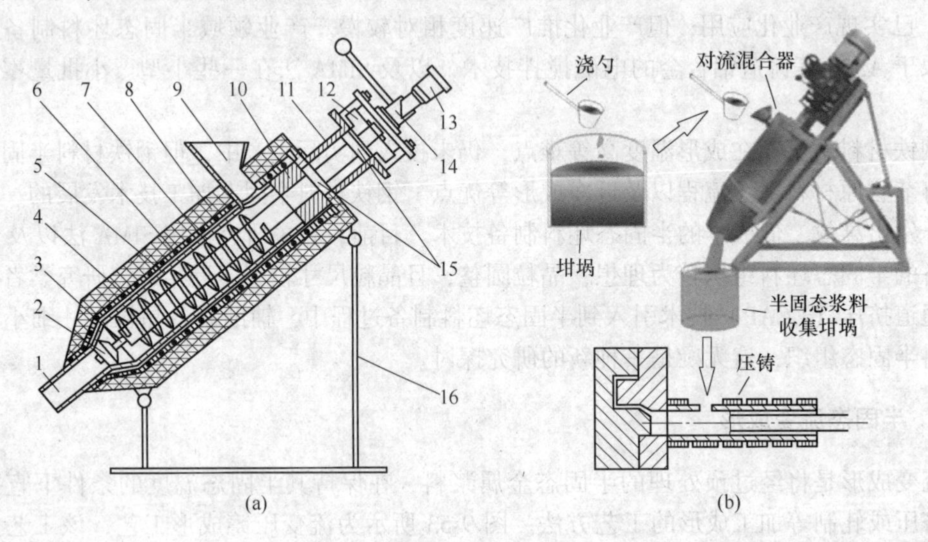

图 9-55　强制对流搅拌流变压铸装置示意图

1—浆料出口；2—石墨挡板；3—中空中心棒；4—加热冷却系统；5—内桶；
6—石墨衬层；7—螺旋搅拌棒；8—绝缘系统；9—漏斗；10—石墨绝缘圈；
11—轴承座；12—齿轮；13—调整把手；14—卸料把手；15—轴承；16—调整托架

宋仁伯等利用自行设计的半固态钢铁材料直接轧制系统对弹簧钢 60Si2Mn 与奥氏体不锈钢 1Cr18Ni9Ti 进行了半固态浆料直接轧制试验，所用装置如图 9-56 所示。他们观察到浆料轧制过程中发生的固液相分离和固相颗粒的塑性变形，发现了轧件表面裂纹和边裂现象并探讨它们产生的原因。毛卫民等研究了 1Cr18Ni9Ti 不锈钢的制备和轧制规律，提出了浆料的制备工艺参数，发现经过一道次轧制，1Cr18Ni9Ti 浆料轧制板材的常温强度比常规热轧板材的强度高，但延伸率下降。

半固态金属流变成形适用于加工形状复杂且力学性能要求较高的零件。目前，针对铝合金流变成形已开发出多种有效可行的制浆技术，且在欧洲、日本、美国等国家已开始了

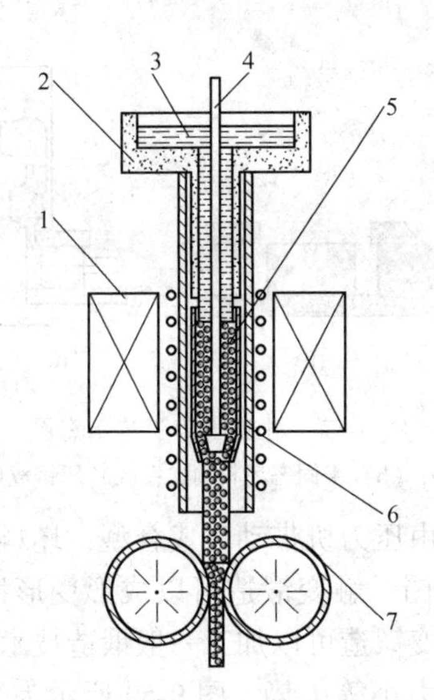

图 9-56 半固态浆料制备和流变轧制设备简图

1 电磁搅拌绕组；2—浇口；3—钢液；4—塞杆；5—半固态浆料；6—搅拌坩埚；7—水冷空心辊

工业化应用。铝合金流变成形技术可以充分体现技术优势，实现合理的定位，获得更快的发展和更广阔的应用空间。

9.3.3 半固态触变成形

触变成形是将经搅拌等特殊工艺获得的半固态坯料冷却凝固后，按照所需要的尺寸下料，再重新加热至半固态温度，然后放入模具型腔中进行成形的方法。由于在触变成形时，半固态金属坯料的加热、传输过程易于实现，成形过程容易控制，便于实现自动化的生产。因此在实际生产中应用比较广泛。其中触变压铸（Thixo Die-casting）和触变锻造（Thixoforging）是目前实际生产中应用最成熟的工艺。

9.3.3.1 触变压铸

触变压铸（Thixo Die-casting）过程将预先制备的半固态金属坯料进行重熔加热以获得所需的液相分数，待坯料各处的温度和液相分数基本均匀后，将其送入压铸机压室，使半固态坯料高速充填模具型腔，随后在一定的压力作用下凝固成形，如图 9-57 所示。触变压铸坯料的固相体积分数比流变压铸略高一些。高压和高速填充压铸型腔是半固态触变压铸的两大特点。半固态坯料在压铸前，表现出类似固体的性质，可以像固体一样搬运。但是当对半固态坯料施加压力时，半固态坯料表现出类似液体的特征，可以以一种连续均匀的层流方式充填模具型腔。触变压铸就是有效地利用了半固态金属所特有的触变性进行成形。铝合金触变压铸具有很多独特的优点：可实现无湍流填充；可以压铸形状复杂和壁厚相差较大的零件；零件内部缺陷少，可以进行热处理强化；既可以使用铸造铝合金，也可以使用变形铝合金；可以实现近净化成形；容易实现自动化等。铝合金触变压铸是目前得到最广泛关注和最大规模实际应用的半固态加工技术。由于压铸机压室承温能力的限制，钢铁材料触变压铸的相关研究较少，钢铁材料触变成形主要集中在触变锻造工艺。

9.3.3.2 触变锻造

触变锻造是将半固态坯料用压力机的压头压入预合型的模具中，先将半固态金属置于

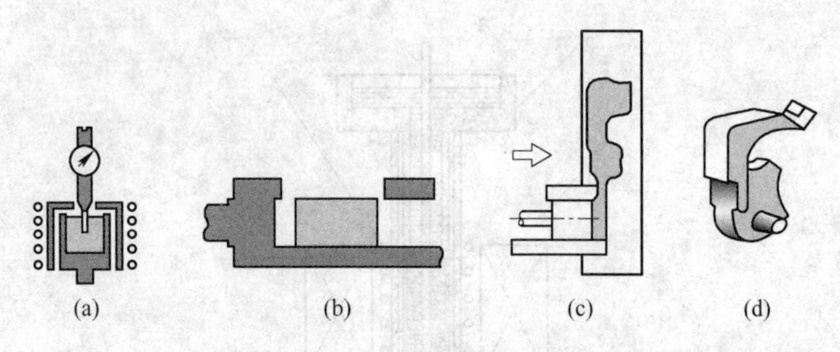

图 9-57 触变压铸工艺示意图
(a) 坯料重熔加热；(b) 半固态坯料输送；(c) 压铸成形；(d) 成品铸件

半开型的模具中，另一半模具由压力机带动完成合型，坯料受压变形而得到所需形状，图 9-58 所示为触变锻造工艺示意图。触变锻造可以成形变形抗力较大的高固相率半固态材料；相对于普通锻造成形，触变锻造可以加工一般锻造技术难以成形的超硬合金，且具有可成形形状复杂零件和成形压力小等优势，图 9-59 所示为半固态铝合金触变成形的汽车发动机支架。目前，钢铁材料半固态成形研究主要集中在触变锻造工艺。

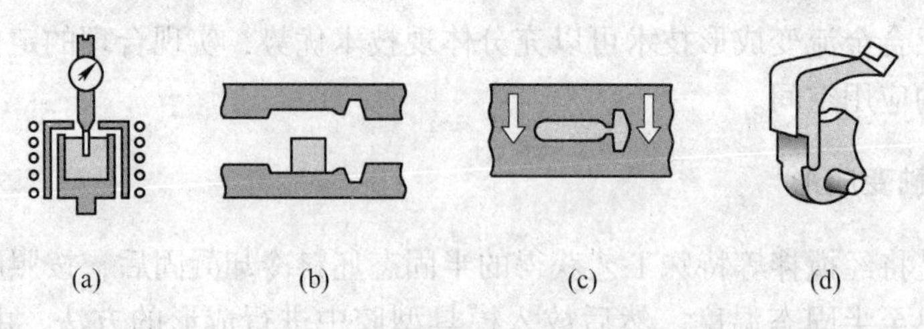

图 9-58 触变锻造工艺示意图
(a) 坯料重熔加热；(b) 半固态坯料输送；(c) 锻造成形；(d) 成品锻件

Chen 等研究了半固态锻造的变形行为，提出了半固态变形机理，将其划分成液相区的变形行为、固相晶粒的相互接触和固相晶粒的塑性变形。Pierret 等探讨了钢铁材料触变锻造的适用性，设计了高熔点合金触变锻造的工艺路线，并通过本构关系以及模拟仿真方面分析了高熔点合金触变锻造的基础性问题。Kang 等研究了铝合金半固态压缩过程中应变速率对制件宏观行为的影响，认为半固态状态下合金的行为显著依赖于锻压时所施加的应力状态和相的形态。在压缩过程中，坯料中的液相将向制件的表面移动，同时固相颗粒也随着液相一起流动；压缩速度较大时，其制件的宏观组织将更加均匀；在半固态压缩试验中，由于液相向制件的外表面流动，固相与液相之间出现了宏观的分离现象。一般而言，这种宏观的固液分离现象被看作为半固态加工导致的一种缺陷；但是，另一方面，这种固液分离导致材料组织以及化学成分的不均匀有时也可以加以利用，可用于制备

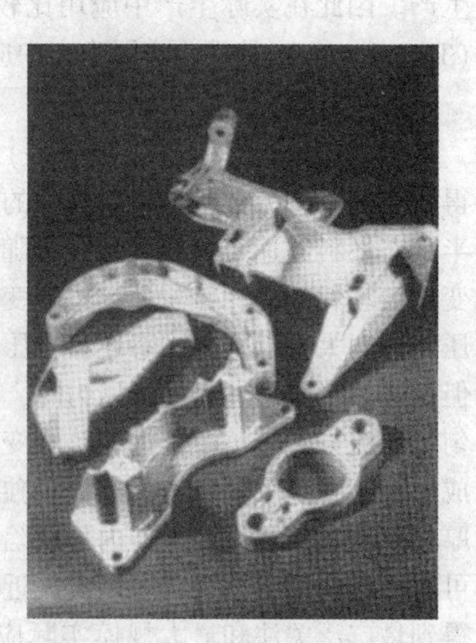

图 9-59 半固态铝合金触变成形的汽车发动机支架

表层到内部的力学性能要求不同的制件。

9.3.4 半固态成形技术应用

经过40多年的发展，半固态金属材料的研究也从最初的Sn-Pb合金、铝合金等低熔点合金发展到铜合金、钢铁等高熔点合金及复合材料等，应用领域也从最初的汽车零部件扩大到电子产品等领域中，部分企业还能够批量制造适用于半固态金属成形的专用设备。半固态金属成形技术非常适合于制造高质量的轻合金零件，半固态成形技术已经成功生产了很多汽车零部件等产品，如图9-60所示。由此可以预见，半固态金属成形技术的应用前景非常光明。

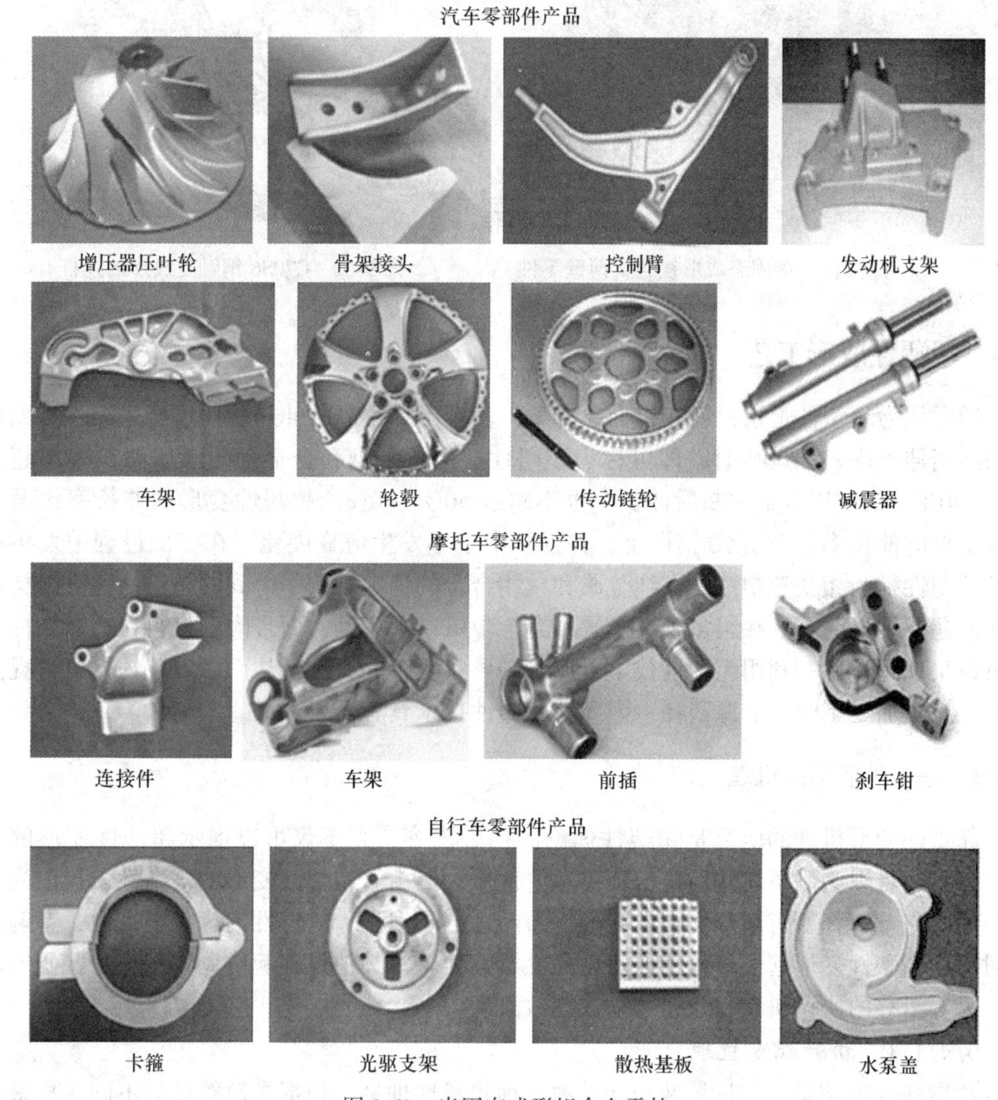

图9-60　半固态成形铝合金零件

目前镁合金半固态加工的典型领域在通讯和汽车等领域，另外在体育器材、医疗器械和航空航天等领域也有所发展。结合半固态成形技术与注射成形，半固态镁合金制件具有轻质、薄壁，且内壁光滑等优点，产品的密实度增加，使用寿命延长，而且节约材料，降低生产成本（图 9-61）。

半固态成形加工技术应用于钢铁材料，尤其是一些强度硬度高、塑性差和较难成形的特殊钢及铸铁等高熔点材料的半固态加工方法得到越来越多的重视。采用传统的加工成形方法较难生产，或者加工成本高，因此探索应用半固态加工技术进行钢铁材料的触变成形已取得了显著进展。目前采用半固态加工成形的钢铁材料主要有：C70S6（图 9-62）、HS6-5-2、304、60Si2Mn、100Cr6、440C、灰口铸铁等。

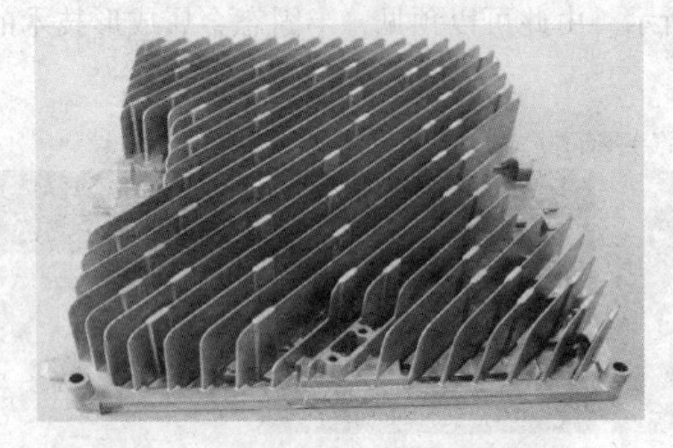

图 9-61 半固态成形镁合金薄壁零件

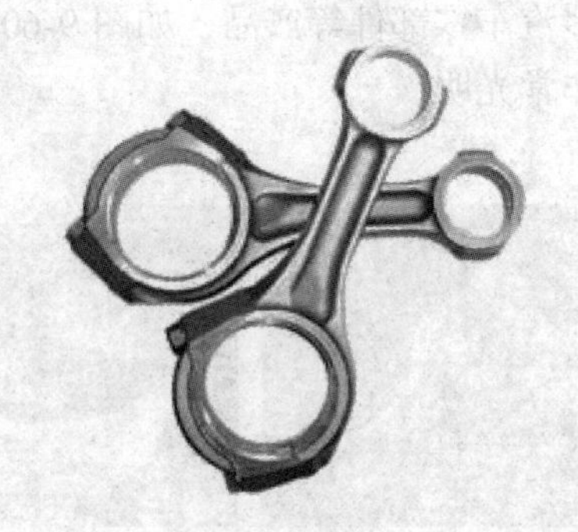

图 9-62 C70S6 钢触变成形的连杆

9.4 超塑性成形工艺

通常认为超塑性是指材料在拉伸条件下，表现出异常高的伸长率而不产生缩颈与断裂现象。当伸长率 $\delta \geqslant 100\%$ 时，即可称为超塑性。通常碳钢和合金钢的断后伸长率不超过 30%~40%，铝及铝合金的断后伸长率也不超过 50%~60%。超塑性变形的伸长率比通常塑性变形的伸长率要高出 10 倍以上，并且基本上不发生应变硬化。在变形过程中发生相变的超塑性称为相变超塑性，在纯金属和单相合金的稳定结构中得到的超塑性称为结构超塑性。超塑性现象不仅在很多种纯金属和合金中可以观察到，而且陶瓷材料在适当条件下也可以呈现超塑性。利用超塑性技术可以压制形状复杂的机件，从而可以节约材料，提高精度，减少加工工时及能源消耗。因此，超塑性技术具有重要意义。

9.4.1 超塑性变形的机理

超塑性变形机理的研究是超塑性理论的核心内容，它不仅可以揭示超塑性变形的本质，而且还可以为制备超塑性合金提供理论依据。但由于超塑性变形的复杂性，目前尚无一个能够完善解释所有超塑性合金变形行为的理论。但是，从定性的意义上来说，普遍认为对组织超塑性变形起主导作用的是以晶界滑移为主，其他过程起协调作用。一些研究表明，晶界滑移的协调机制是位错运动或扩散流动。

9.4.1.1 扩散蠕变机理

扩散蠕变机理是以空位扩散为基础的一种超塑性理论。根据扩散路径的不同，扩散蠕变机理有两种，即 Nabaro-Herring 提出的体扩散机理和 Coble 提出的晶界扩散机理。

扩散蠕变机理只能初步说明超塑性变形中的某些行为，与实际情况相比，存在诸多问题，如：(1) m 值为 1 与实际不符；(2) 应变速率低于试验值；(3) 根据蠕变机理，变形后晶粒将被拉长，但实际上，超塑性变形后晶粒仍保持等轴形状。

实际上，在超塑性变形过程中，变形的产生不仅仅是由于扩散蠕变引起的。

9.4.1.2 位错蠕变机理

位错蠕变机理的基本出发点都源于 Weertman 的恢复蠕变理论。Weertman 认为，恢复蠕变时，晶内发生多滑移，结果产生了 Roman 位错。晶内位错要继续运动就要在晶内攀移，打开闭锁的 Frank-Read 源，位错不断产生，导致稳定流动。但是，由于位错蠕变理论都是以晶内位错攀移为速控过程，因此，位错蠕变机理不能正确预测应变速率-应力关系。

9.4.1.3 伴随扩散蠕变的晶界滑移机理

这一机理是由 Ashby 和 Verrall 提出的模型，即 Ashby-Verrall 模型。此模型由一组二维的四个六边形晶粒组成，如图 9-63 所示。在垂直方向作用着拉伸应力 σ ，则由图 9-63（a）所示的初始状态过渡到图 9-63（b）所示的中间状态，然后达到图 9-63（c）所示的最终状态。结果晶粒位置发生了变化，提供了 0.55 的真应变，但晶粒形状没有变化，外力对此晶粒组所做的功消耗在以下四个不可逆的过程：

（1）扩散过程：由晶界或体积扩散造成晶粒形状的临时变化以达到相适应的目的。

（2）界面反应：空位扩散进入晶界或离开晶界要消耗能量以克服界面势垒。

（3）晶界滑移：在滑移前需消耗能量克服晶界黏滞性。

（4）界面区的增减：晶粒组的面积增加和减少也要消耗能量。

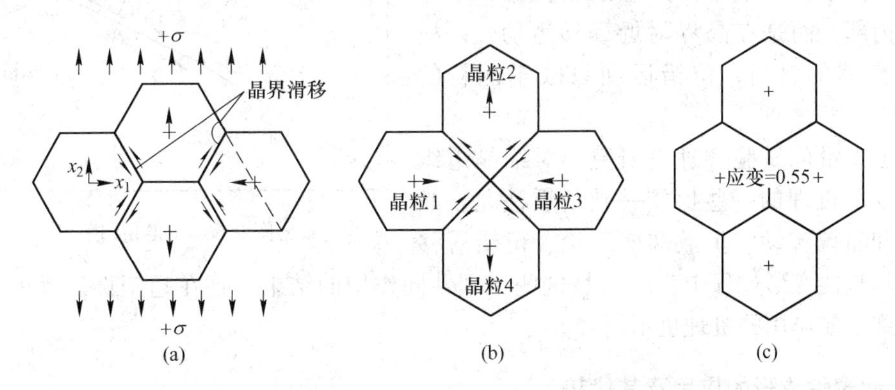

图 9-63 Ashby-Verrall 理论晶粒重排过程示意图

（a）初始状态；（b）中间状态；（c）最终状态

Ashby-Verrall 理论认为晶粒变化主要由晶界扩散来完成，同时伴随着少量的体积扩散，超塑性变形的主要机理是晶界滑移变形，在晶界滑移的同时伴随晶粒的转动和晶界迁移。晶界滑移在三叉晶界处形成空洞，这些空洞主要依赖强烈的扩散蠕变才能消除，扩散蠕变与晶界滑移的协调适应使得晶粒位置结构发生变化，最终达到晶粒的换位。许多试验也基本证实了这一理论的主要内容。但是，Ashby-Verrall 模型也存在不合理之处，如对扩散路径的考虑。

9.4.1.4 伴随位错运动的晶界滑移机理

对于这一机理的研究，Ball-Hutchison、Mukherjee 及 Gifkins 分别提出了各自的模型。Ball-Hutchinson 根据多晶体晶界处形成的三角晶界是晶界滑移的障碍这一现象，提出了一种以位错运动调节晶界滑移的超塑性流动模型。图 9-64 所示为 Ball-Hutchinson 模型的示意图。Mukherjee 认为晶界滑动是在单个晶粒之间进行的，不是以晶粒群为单位进行的。其模型如图 9-65 所示。

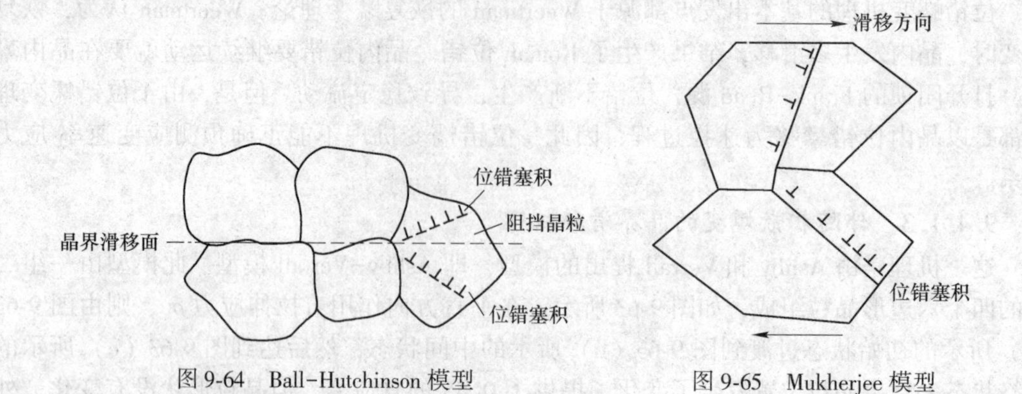

图 9-64 Ball-Hutchinson 模型

图 9-65 Mukherjee 模型

Ball-Hutchison 模型和 Mukherjee 模型都假定晶界滑移受阻，被迫停止以后，位错通过晶粒内部而塞积到对面的晶界上。Gifkins 模型相反，如图 9-66 所示，假定在三角晶界处或晶界滑移受阻处，由于应力集中而产生的新位错，不穿过晶粒内部，而是在晶界附近攀移运动，以配合晶界滑移的进行。位错运动只限于晶粒的外部。

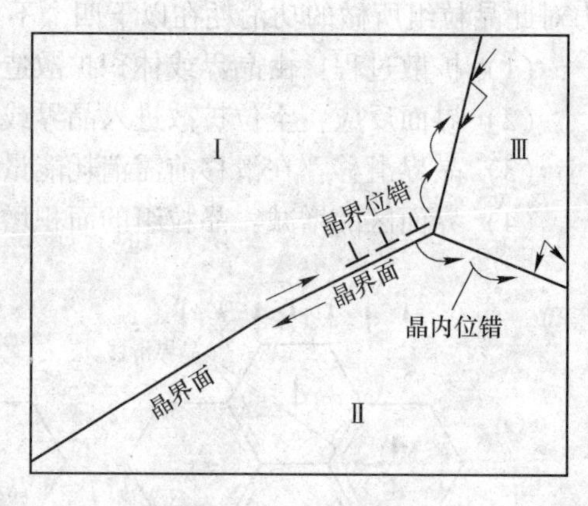

图 9-66 Gifkins 模型

根据大量的试验和理论研究，对细晶组织超塑性变形机理的一些比较一致的看法是：晶界滑移和晶粒转动、扩散蠕变理论、位错滑移理论。超塑性变形过程中，应该是这些机理共同作用的结果，且在超塑性流动的不同阶段，起到主要作用的机理也不同。

9.4.2 超塑性成形的应用及其优势

大部分金属材料及烧结后的陶瓷等的可塑性较差，难以采用常规的塑性加工方法制成较复杂的产品。而在超塑性状态下，金属材料具有良好的塑性和流动性，变形抗力小且不发生加工硬化，可以像塑料那样进行挤压和吹塑成形。对于脆性材料，一般认为无塑性可言，同样可以产生塑性变形，成形出一定形状的制品。在超塑状态下，材料具有很高的塑性，且不发生加工硬化，所以能成形非常复杂的零件，可以使原来需要很多道工序才能成形的零件一次成形，也可以使原来因工艺上的要求需分部设计的组合零件改为整体零件；超塑性成形压力很低，需要的设备吨位低，费用小；超塑成形在较低的速度下进行，冲击小，且材料变形抗力小，使模具的使用寿命延长；成形后材料组织致密，无各向异性，不产生残余应力，从而使零件尺寸稳定，不变形，产品质量好。超塑性成形时材料的充填性能好，成形精度高，材料利用率高。因而超塑性成形工艺已经成为一种主要的先进的精密成形技术。

应用超塑性成形可以一步成形出形状复杂的工件，尺寸精度一般可达到LT8~10级以上，表面粗糙度 R_a 可达到0.2~0.8μm，公差与精密机加工相近，表面质量能达到用试样精密反印法获得的镜面粗糙度，棱角沟槽清晰，倾角半径小于0.1~0.7mm，一般无需后续研磨或抛光加工；可节约材料50%以上，节约工时50%~90%；由于晶粒细化到1~16级，模具寿命可提高3~6倍，甚至10倍以上。还可修旧利废，重新超塑成形得到原来的尺寸和精度，重新使用。

超塑性在塑性加工工程中已得到较为广泛的应用。超塑性成形工艺主要有超塑性体积成形和超塑性板料成形等。其中，超塑性体积成形应用最多，超塑性用于挤压成形称为超塑性挤压成形工艺，可以成形零件和模具型腔；模锻时采用超塑性称为超塑性模锻工艺；采用超塑性可实现无模拉伸，生产出任意断面的棒材与管材的零件；还可以进行超塑性轧制。本章将主要介绍超塑性挤压工艺和超塑性模锻工艺。

9.4.3 超塑性挤压工艺

9.4.3.1 超塑性挤压成形工艺

挤压是将材料毛坯放入模具模腔内，在较大压力和一定速度作用下，迫使金属产生塑性流动，充满模腔或从模腔中挤出，从而获得所需形状、尺寸以及具有一定力学性能的挤压件。根据挤压毛坯温度的不同，挤压可分为冷挤压、温挤压和热挤压。

冷挤压成形时，金属的塑性较差，变形抗力大，模具使用寿命短，难以成形复杂的挤压件。温挤压时，金属的塑性提高，变形抗力下降，但在将毛坯从加热炉往模具内移送的过程中，毛坯温度要降低，加上模具温度低，致使坯料温度进一步下降。另外，如变形速度慢，则毛坯在模具内停留时间长，毛坯温度下降也较多。坯料温度下降，使变形抗力增加，这将降低锻件质量和加速模具损坏。等温挤压是将加热后的毛坯在预先加热至成形温度的模具内的等温成形，坯料的变形能力比常规温热挤压好。

超塑性挤压成形可用于型腔模制造，先用预先制造的凸模将超塑性的模块型腔反挤压出来，然后将压形后的半成品进行机械加工。该法可用于冲模、塑料注射模、锻模等的型腔制造。由于超塑性合金变形拉力小，塑性好，所以能制造出形状复杂的型腔。

超塑性状态下，材料的变形抗力极低，塑性极好，可以成形非常复杂的制件。超塑性成形除要求坯料处于超细晶粒组织状态外，还要求较低的变形速度和一定的成形温度，故超塑性挤压属于等温挤压成形。超塑性挤压成形具有以下特点：

（1）超塑状态下材料的塑性和流动性非常好，无明显加工硬化，因此，有可能使高强度、低塑性材料获得极大的变形量，实现一次加压成形，从而减少成形工序与中间热处理等辅助工序；可用于形状复杂，不对称零件的成形，特别适用于锐利边缘、沟槽、尖角及花纹图案的成形，甚至可直接压出螺纹。

（2）在超塑状态下材料的变形抗力极低，故可选用较小吨位的成形设备，节约能源，减少设备投资。

（3）超塑成形的温度恒定，变形速度较慢，成形后制件没有残余应力，尺寸精度和稳定性高，并具有抗腐蚀能力。

（4）超塑成形制件的组织由细小均匀的等轴晶粒构成，不存在纤维组织，不显示各向异性，在常温下具有较高的强度和韧性。某些材料在超塑性成形后还可直接进行热处理强化。

(5) 超塑成形需要较低的应变速率，生产效率降低，这是超塑成形不易规模化生产的原因之一。但与机械加工工艺相比，制件总的生产周期与总成本均明显降低，经济效益十分显著，零件形状越复杂，其效果与明显。

(6) 超塑成形要求毛坯的晶粒微细化，需要采用超塑性材料，或对材料毛坯进行超塑性预处理，使成本增加。

9.4.3.2 超塑性挤压成形工艺过程

超塑性挤压成形的工艺大致为：(1) 设计超塑性挤压件，使其形状符合工艺要求；(2) 检验材料，确认其是否适用于超塑成形；(3) 计算毛坯尺寸，满足加工前后体积不变原则；(4) 制坯，通过锯切、车削、剪切等方法加工到规定尺寸；(5) 加热毛坯；(6) 对毛坯进行润滑，增加流动均匀性；(7) 在超塑性温度（一般在200~900℃）下合模加压，成形后脱模；(8) 对成形件进行清理与表面处理。

A 超塑性挤压件的设计

在进行超塑性挤压件结构设计时，应在保证产品使用要求的前提下，使其形状尽可能适合超塑性成形的工艺要求。为此，进行挤压件设计时应考虑以下几点：

(1) 在超塑性状态下制件的变形抗力很低，顶出脱模时易变形，为防止制件脱模时变形和脱模顺利，制件应增设加强筋，以提高刚度；对于高度较高的部位，应留有1°左右的脱模斜度。

(2) 具有侧壁的壳形件的深度不易过大，其深度与直径的比值一般不大于1。

(3) 超塑性挤压成形可获得较高的制件精度和表面质量，在多数情况下可直接使用，但对于精度要求高，需要进行后续机械加工的部位，应留下加工余量。

(4) 超塑性挤压成形时金属的填充性。

(5) 超塑成形时金属的流动性好，反挤压时能获得很薄的壁厚，可成形精细的花纹图案及螺纹，还可以像注塑成形一样，在制件的内部镶入嵌件。

(6) 超塑性挤压时孔的成形方法有两种，一种是在毛坯上预先钻出较小的孔，成形时挤到所需尺寸，较适用于通孔的成形；另一种是直接成形，较适用于不通孔的成形，当需要通孔时，可在孔底制成连皮，厚度为0.5~1mm，而后在机加工时将连皮去掉。

(7) 超塑性挤压成形是一种精密成形方法，对毛坯的尺寸精度要求较高，尺寸过大时，在封闭挤压的后期，会使成形压力上升，损坏模具；过小则会造成零件缺料。为此，应在制件上增加工艺余料，以减小对毛坯的尺寸精度要求。工艺余料应设置在挤压成形时最后充满的部位，并要保证后续加工最容易切除。

B 材料检验

对于已商品化的超塑性材料，可根据预处理工艺和成形参数直接使用；对于文献已详细报道的材料，其预处理工艺和成形参数可按文献要求；对于未见超塑性研究报道的材料，应参考有关文献进行预处理及超塑性工艺试验，以便确定该材料是否适用于超塑成形。

C 毛坯尺寸计算

超塑性挤压成形是一种精密成形技术，对毛坯尺寸精度要求也较高。毛坯尺寸可根据体积不变原则计算，并经过试压进行修正。毛坯的外形一般与模腔平面形状相似，为便于将毛坯放入模腔内，毛坯尺寸与模腔尺寸（单位为 mm）有如下关系：

$$D + \alpha D\Delta t = D_1 + \alpha_1 D_1 \Delta t - A \tag{9-1}$$

式中，D 为毛坯外形尺寸；α 为毛坯材料在成形温度下的线膨胀系数；Δt 为超塑成形温度与室温之差；D_1 为模腔尺寸；α_1 为模具材料在成形温度下的线膨胀系数；A 为在成形温度下模腔和毛坯间的间隙，$A \approx 0.1 \sim 0.5\text{mm}$，模腔尺寸大时取上限，反之取下限。

将上式进行整理后得

$$D = D_1 \frac{1 + \alpha_1 \Delta t}{1 + \alpha \Delta t} - A/(1 + \alpha \Delta t) \tag{9-2}$$

金属材料超塑性成形温度一般在 200~900℃之间，在成形温度下的线膨胀系数一般在（10~20）$\times 10^{-6}$范围内，$\alpha\Delta t$ 值一般$\leqslant 1.8\times 10^{-2}$，由此引起的 A 的变化量$\leqslant$0.01mm，可以忽略不计，因此式（9-2）可以写成

$$D = D_1 \frac{1 + \alpha_1 \Delta t}{1 + \alpha \Delta t} - A \tag{9-3}$$

如果要在制件上压出通孔，则在毛坯上预制孔的尺寸（单位为 mm）为

$$d = d_1 \frac{1 + \alpha_1 \Delta t}{1 + \alpha \Delta t} - A \tag{9-4}$$

式中，d 为毛坯内形尺寸；d_1 为型芯尺寸。

D 制坯

毛坯下料时应将其重量严格控制在一定范围内，同时应使毛坯端面平整，表面光洁，不得有氧化皮、毛刺、尖角、尖棱等缺陷。

超塑性挤压成形工艺常采用棒材毛坯，常用下料方法有锯切、车削、剪切等。

（1）锯切。锯切所得到的毛坯长度精确的不需要校正，但锯切比剪切速度慢，材料利用率低。一般来说，所有材料均可锯切。锯切后必须去除卷边毛刺和硬棱，并进行倒角或倒钝，必要时，还应去除氧化皮，或将毛坯表面加工到所需尺寸。

（2）车削。车削可得到表面平整光洁的圆毛坯，主要用于小批量生产与大直径扁平状毛坯的下料。但该法加工效率和材料利用率较低，且毛坯直径越大，其缺点越明显。

（3）剪切。剪切是最迅速和最经济的一种下料方法，常用于小直径毛坯。剪切时，几乎没有材料消耗，生产批量越大，其优越性越明显。但是剪切毛坯是偏心，而且边缘变形，要经过校形并加工到规定尺寸才能使用。

E 毛坯加热

可以将毛坯放入模具中直接加热，但为了提高生产效率，批量生产时一般都将毛坯放入预热炉内直接进行加热。加热温度不得高于超塑性成形温度。

F 毛坯的润滑

挤压前应对毛坯涂以润滑剂，以减少金属流动阻力，增加金属流动均匀性，防止金属贴附于模具工作表面，并使成形件的表面光洁。超塑性挤压成形工艺除要求选用合适的润滑剂外，润滑剂的涂覆效果也很重要。一般情况下，希望在毛坯表面或模具的工作面均匀地涂上一薄层润滑剂，涂层过厚在成形时会使润滑剂聚集，造成金属充不满型腔或产生折

叠；过薄则影响润滑效果。

G 挤压成形与脱模

将涂有润滑剂的毛坯放入模具中，在超塑温度下合模加压，压力和行程应选择适当。通过时间和压下量的控制来实现挤压过程。

顶出脱模时应防止成形件的变形，必要时可采用降温顶出。脱模后成形件大多在空气中冷却，也可与后续热处理合理衔接。

H 成形件的清理与表面处理

成形后应对制件的飞边、毛刺等进行清理，以免影响后续加工；对制件的非后续加工表面黏附的润滑剂，应采用化学方法或机械方法进行清理。

9.4.3.3 超塑性挤压成形工艺应用实例

A 铁路轴承保持架的超塑性挤压成形

轴承是铁路机车和车辆的基础部件，轴承的质量对铁路运输以及乘客的生命安全具有重要的影响。铁路轴承保持架的材料为铝青铜，常见结构由本体、端盖和铆钉三部分。其传统的加工工艺为机械加工，即采用离心铸造方法制成管坯，再经多道机械加工工序成形。主要的不足是：轴承的承载能力低，寿命短，加工工序多，生产成本高，材料利用率一般不足20%。为提高保持架的性能，降低其制造成本，故采用超塑性挤压成形技术加工铁路轴承保持架的基本方法，针对超塑性成形技术，重新设计了保持架的结构，使其更合理，承载能力更强。

采用超塑挤压技术，根据超塑成形的要求，对保持架的结构进行了优化设计，优化前后的保持架结构如图9-67所示。优化后的保持架结构去掉了专用铆钉，采用自带铆钉结构，可以有效地提高铆接强度，并且去掉铆钉后，可适当增大滚柱的直径，有利于提高轴承的承载能力。

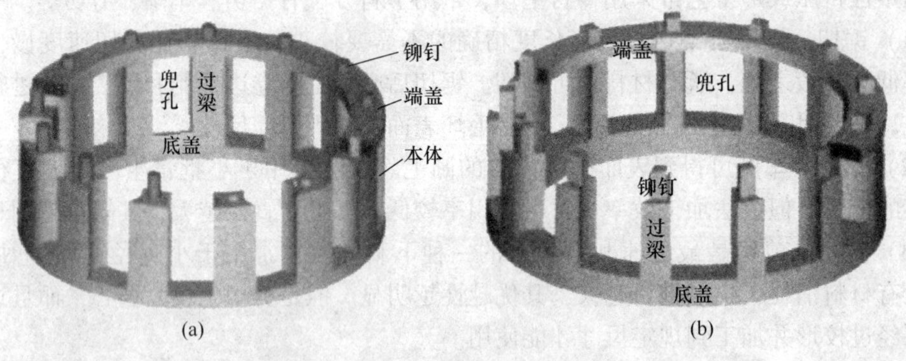

图9-67 超塑成形保持架结构示意图

(a) 优化前；(b) 优化后

保持架超塑挤压时，本体和端盖一次挤压成形。毛坯选用离心铸造管材，材料为铝青铜，试验设备为YA32-315油压机，采用电阻炉加热，XCT101温控仪控温，控温精度为±5℃。为提高效率，另外设置了加热炉对毛坯加热。采用胶体水基石墨润滑剂润滑。根据材料超塑性工艺参数的优化结果，挤压温度定为865℃。毛坯预热到120~160℃后涂润滑剂，此时涂敷效果较好，润滑剂与毛坯结合牢固，且操作方便干燥快。涂敷润滑剂后的毛坯放入加热炉中加热到865℃，并保温10~15min。模具的加热温度为865℃，挤压速度为 0.3mm/s。

保持架超塑性挤压工艺过程比较稳定，单个保持架的挤压成形时间为 2~3min，成形的制件如图 9-68 所示。结果表明，用超塑性挤压方法加工铁路轴承保持架是完全可行的。所成形的保持架组织致密，力学性能好，可以提高整个轴承的刚度、强度和承载能力。采用超塑性挤压方法加工轴承保持架，加工效率高，加工工时短，节约原材料，具有明显的经济效益。

图 9-68 保持架超塑挤压件图

B 装定环超塑性挤压成形

装定环是特需品零件，某厂原本采用的是压铸锌合金 ZZnAlD4。但是由于该压铸件经常出现变形、裂纹、缩松等缺陷，品质很不稳定，无法达到特需品的生产要求，产品大量报废。由于常温下呈脆性的锌合金难以锻压成形形状复杂的第一装定环，故考虑采用超塑性挤压成形。常温下 ZnAl22 共析合金的物理性能明显优于锌铝压铸合金 ZZnAlD4，采用 ZnAl22 代替 ZZnAlD4，能更好地满足装定环的使用要求。而且 ZnAl22 共析合金的超塑性较好，实现超塑性的条件比较容易满足。所以采用 ZnAl22 共析合金代替锌铝压铸合金 ZZnAlD4。

装定环如图 9-69 所示，右侧位置的通孔无法挤压成形，故上方必须留加工余量，通过后续的车削工序成形。装定环通孔以上的壁厚很薄，如果挤压直接成形，会大大增加成形力，也容易出现充不满。故留出加工余量，增大壁厚。加工余量由后续的车削加工去除。

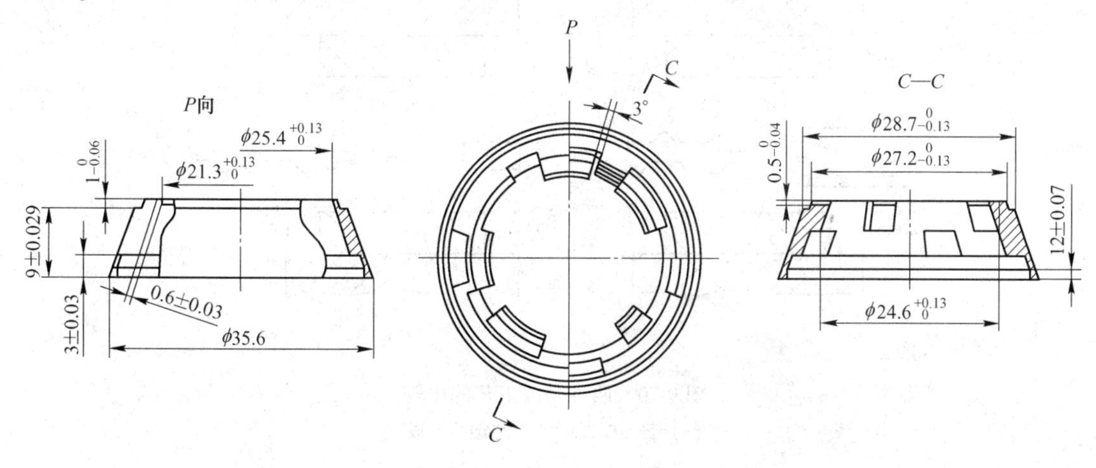

图 9-69 装定环零件

装定环超塑性挤压的工艺流程如下：

棒材→超塑化处理→回火处理（温度采用200~250℃，时间为1h)→挤压成形→退火处理（温度采用300~350℃，时间为1h)→车削加工→成品。

由于成形温度较低（250℃)，采用该温度范围超塑性成形常用的润滑剂：硅油。该润滑剂润滑效果好，且无残留物。要求毛坯放入模腔加热前先后完成表面清理和硅油的滚涂。

采用超塑性挤压代替压铸生产形状复杂的装定环，能更好地满足装定环的使用要求。

9.4.4 超塑性模锻工艺

9.4.4.1 超塑性模锻成形工艺

模锻是利用模具使坯料产生塑性成形，以获得一定几何尺寸、形状和质量的锻件的锻造方法。在成形过程中使坯料处于超塑性状态的模锻称为超塑性模锻。

A 基本条件

(1) 变形前毛坯需经处理，使晶粒超细化和等轴化，在变形期间晶粒保持稳定。晶粒超细化程度要达到0.5~5μm的晶粒尺寸，一般不超过10μm。

(2) 超塑性变形在恒温下进行，一般在（0.5~0.7）T_m的温度下进行变形（T_m为材料的绝对熔化温度)。

(3) 变形速度缓慢，应变速率一般在10^{-4}~10^{-2}/s之间。

超塑性模锻工艺必须满足以上三个基本条件，其工艺过程是：首先使合金在接近正常再结晶温度下进行变形，如挤压、轧制或锻造等，以获得超细的晶粒组织；然后在超塑性变形温度下，在预热的模具中以缓慢的变形速度模锻成形；最后对锻件进行热处理，以恢复合金的高强度状态。

超塑性模锻的实质是利用某些金属的超塑特性进行低应变速率等温模锻，所得到的锻件形状一般比较复杂，尺寸也接近成品。普通模锻毛坯比超塑性模锻大得多，锻件留的加工余量也大，而超塑性锻件基本接近于零件尺寸。图9-70表示两种模锻工艺的比较。

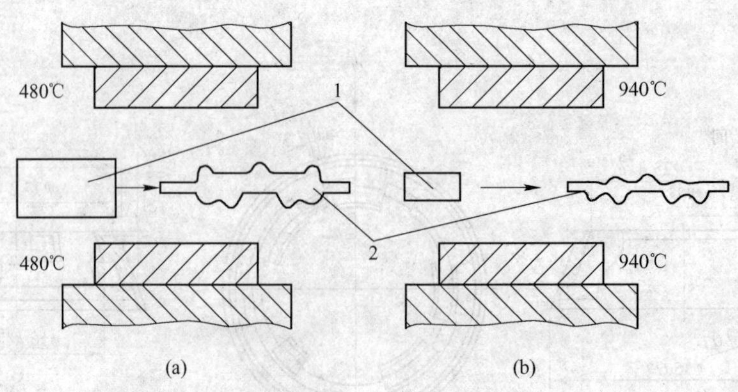

图9-70 两种模锻工艺的比较

(a) 普通模锻；(b) 超塑性模锻

1—毛坯；2—锻件

B 超塑性模锻成形的特点

超塑性模锻成形具有如下特点：

（1）成形抗力明显减小。一般超塑性模锻的总压力只相当于普通模锻的几分之一到十分之一，因此在吨位较小的锻造设备上可实现较大工作的模锻，模具的寿命也较普通模锻高。

（2）能使形状复杂、薄壁、高筋的锻件一次模锻成形，而普通模锻则需要多次锻打，甚至很难锻成。这样既能减少加热次数及节约燃料，锻件表面氧化缺陷也明显减少。

（3）可以实现难变形材料的模锻成形。

（4）超塑性成形模锻成形后，锻件组织仍能保持均匀细小的等轴晶粒组织，强度、抗疲劳及抗应力腐蚀能力均较高。常规模锻件往往呈各向异性，使工件的横向疲劳性能和断裂韧性有所降低。

（5）在超塑性状态下材料的充填性好，所得锻件形状尺寸精度高，机械加工量很小甚至可不加工，材料利用率与普通模锻相比明显提高，这对很难机械加工的高温合金和钛合金特别有利。

（6）未充满型腔的锻件可重新进行超塑模锻而不影响合金的性能，从而大大减少废品率。

（7）超塑模锻的成形速率较慢，故锻件中残余应力和储存能较常规模锻明显减小，无回弹问题，后续热处理时尺寸稳定。

超塑性模锻是近年来发展起来的一种少无切削和精密的模锻新工艺，它利用材料的超塑性得到形状复杂以尺寸较精确的锻件。超塑性模锻目前主要用于钛合金和高温合金的成形，因为这类合金流变抗力高，可塑性低，具有不均匀变形所引起力学性能各向异性的敏感性，难于机械加工及成本高昂。

9.4.4.2 超塑性模锻成形工艺过程

超塑性模锻成形的工艺大致为：（1）将合金在接近再结晶温度下进行热变形（挤压、轧制或锻造）以获得超细的晶粒组织；（2）在超塑性温度下，在预热的模具中模锻成所需的形状；（3）对锻件进行热处理，以恢复合金的高强度状态。

与常规模锻相比，超塑性模锻成形速度较低，温度较高，在800℃以上，最好采用可调速慢速液压机和耐高温模具材料。超塑性模锻要求坯料在成形过程中保持恒温，即将模具和坯料加热到同样的温度。表9-7表示两种模锻件工艺参数比较，可以看出超塑性模锻成形零件精度高；零件力学性能显著提高；零件材料利用率显著提高。超塑性模锻比普通模锻节省材料约50%。由于材料在超塑性状态锻造时，变形抗力极小，模具受力状况良好，不易变形、损坏，因而模锻件尺寸稳定，不产生废品。

表9-7 两种模锻件工艺参数比较

工艺参数	普通模锻	超塑性模锻	工艺参数	普通模锻	超塑性模锻
模锻斜度/(°)	5	0~1	错移/mm	1.27	0.51
外圆角半径/mm	22	10	扭曲/mm	1.52	0.38
内圆角半径/mm	10	3.3	长度及宽度公差/mm	±1.0	±3.8
锻不足量/mm	0.76~3.3	0~1	能锻出筋的最小厚度/mm	12.7	2.5~3.2

模锻型腔超塑性成形工艺中，关键的因素之一是润滑保护，它直接影响充型能力、型腔质量及冲头寿命。润滑剂的功能如下：

(1) 润滑功能：润滑剂自身的塑性流动使模坯与冲头之间的外摩擦转化为润滑剂自身的内摩擦，大大降低了成形摩擦力。润滑剂工作时的黏度值 Z 越小，摩擦力越小，润滑性能也就越好。

(2) 防氧化脱碳功能：钢质锻模超塑性成形强度较高，要得到高质量的型腔表面，所用的润滑保护剂必须具有优良的抗氧化脱碳性能。

(3) 脱模功能：只有成形后冲头能够顺利脱模，无粘模现象，型腔表面的质量才能够高。

9.4.4.3 超塑性模锻成形工艺应用实例

A 梅花对轮超塑性模锻

梅花对轮（图9-71），重量约106kg，一般为铸造毛坯，使用寿命较短，要求改为自由锻件毛坯，然后再加工成图示形状，毛坯材料浪费极大。直接模锻又需要足够大的锻压设备。因此，对梅花对轮采用超塑性模锻成形工艺。对梅花对轮进行超塑性模锻前，必须先选择既具有金属超塑性，又满足各项力学性能指标的材料来代替原设计材料。对于梅花对轮，采用微细晶粒超塑性锻造作为理论指导。通过分析常用超塑性结构合金，并查阅有关材料手册发现，合金 Fe-1.37%C-1.04%Mn-0.12%V 是接近于梅花对轮所要求力学性能的最佳选择。

超塑性变形过程需要以极低的速度进行，因此选取现有的10000kN液压机，可调速，使得材料最大限度地充满模腔。经反复试验，确定合金 Fe-1.37%C-1.04%Mn-0.12%V 的超塑性等温变形温度在650℃左右。由于在此温度下工作，因此模具材料必须满足如下要求：红硬性好；较高的疲劳强度和抗氧化性能；有一定的冲击韧度；淬透性、散热性均要好。此次超塑性模锻的模具材料采用铸造合金 ZG40CrMnMo，铸造后，经过加工，然后进行淬火处理。普通模锻与超塑性模锻主要工艺参数比较见表9-8。

图9-71 梅花对轮

表9-8 梅花对轮的普通模锻与超塑性模锻主要工艺参数比较

工艺参数	毛坯加热温度 /℃	模具加热温度 /℃	变形速度 /$mm \cdot s^{-1}$	平均单位压力 /MPa	模锻时工步数
普通模锻	1120	480	12.7~42.3	50.0~58.3	4
超塑性模锻	650	650	0.025	11.7	1

通过对梅花对轮超塑性模锻过程的试验，得出超塑性模锻工艺的优点为：大幅降低了变形抗力，梅花对轮要用普通模锻需50000kN液压机或模锻锤，超塑性模锻需10000kN液压机就足够了。超塑性模锻可一火锻出形状复杂的零件，与普通模锻相比，省去了多次

加热，节约了燃料费用。超塑性模锻过程不改变小而均匀的等轴晶粒组织，与普通模锻相比不产生各向异性。但也存在一些不足：（1）成形需要恒温条件，模具上需加保温装置，模具工装复杂，以及恒温难以把控等；（2）高温成形时工件和模具容易被氧化，需要有抗氧化措施（如氩气保护）；（3）成形速度低，模具需要有持续的耐高温性。

B 镁合金汽车轮毂超塑性模锻

利用镁合金制造汽车轮毂，在轻量化、安全性、舒适性、操作灵活性方面，均优于铝合金轮毂。采用等温超塑性挤压模锻成形复合工艺，在单台大型液压机上制成了高强度的薄壁镁合金汽车轮毂，经过表面处理后耐腐蚀性好、抗冲击振动能力强。生产成品率超过90%，单只轮毂近净成形时间达到8min。镁合金汽车轮毂在技术、市场、环境、能源和政策等多个领域均将发挥重要的产业推动作用。

采用AZ80、AZ80RE高强度镁合金半连续铸锭为原料。坯料为圆盘状，进行均匀化退火处理后，在等温的组合成形模具中进行超塑性模锻成形。轮辋部位的最小厚度在4~6mm之间，最大厚度在轮辐部位，约25mm。单只轮毂从装模到脱模时间约8min，锻后室温自然冷却。润滑采用自行配制的石墨基膏状混合润滑-防护剂。

热处理工艺为（380~420）℃×(4~12)h加热固溶水淬，再经（120~220）℃×(8~24)h人工时效处理、精密加工、螺栓孔加工、插件装配、微弧氧化、涂装（或电镀铬，或真空蒸镀铬），成为轮毂成品，如图9-72所示。

图9-72 超塑性模锻成形镁合金汽车轮毂实物样品

由于轮毂在自然环境下服役，经受寒暑交替的温度变化，因此，需要检测其低温和高温性能，见表9-9。可以看出，AZ80超塑性锻造镁合金轮毂的低温、高温强度和塑性性能优良，高温未显著软化，低温未脆化，可以满足自然环境使用。

表9-9 不同温度条件下轮毂的力学特性

温度/℃	R_m/MPa	$R_{p0.2}$/MPa	A/%
-73	386	259	8.15
-18	355	252	10.5
21	338	248	11.0
93	307	221	18.0
150	241	176	25.5
200	197	121	35.5
260	110	76	57.0

采用等温超塑性模锻方法，在组合模具中将AZ80盘状毛坯一次性成形为接近最终形状和尺寸的40.6~45.7cm（16~18in）汽车轮毂，T6热处理后经检测各部位抗拉强度超

过307MPa，屈服强度超过208MPa，平均伸长率10.6%。可以得出，经过超塑性模锻成形和热处理后，镁合金强度提高了约60%，塑性大幅度改善。由表9-9知，在-73~260℃拉伸试验中，其高温和低温性能良好。

超塑性应用技术作为崭露头角的材料加工新技术，有着传统加工技术不可比拟的优势：其成形力小，可以降低成形设备吨位，节约能源；充型能力强，可成形出复杂形状的工件；可将多道次的塑性成形改为一次成形，提高了材料利用率；同时，成形后金属组织性能也显著改善，晶粒细小，残余应力小，不会产生裂纹和加工硬化。然而，上述优点是在比较理想的超塑性状态下才能充分展现的，实际上超塑性成形技术也存在着不足或局限性。其实，生产中易于实现超塑性的材料目前还不是很多，其次，组织超塑性要求材料具有微细的等轴晶粒组织，因此成形前一般需进行组织超细化预处理，工艺繁琐；另外，超塑成形的速度也比常规塑性加工慢，生产效率较低。

综上所述，超塑性在金属塑性加工中的应用已取得了很大成就，但同时也存在一些亟待解决和攻克的问题。因此，目前超塑性的应用技术还存在着非常广阔的研发和应用前景。

9.5 特种轧制成形工艺

特种轧制是钢材深加工技术的重要方式之一，通常是对板带材、线棒材和钢管等轧制材料再次以轧制的方式进行深度加工。特种轧制主要用于机械零件的制造，是一种少切屑或无切屑、高质量、高效率的生产方式，在材料加工和机械制造等行业中具有越来越重要的作用。尤其是在批量机械零件的生产过程中，如汽车、电子电器、纺机、农机、轻工、高低压容器等领域，这种轧制技术的应用十分广泛。特种轧制也是提高产品质量，降低生产成本的重要手段。对于一些高技术领域的产品如航天航空器、兵器制造中的特殊零件，特种轧制更是唯一的加工手段。此外，由于可对钢材进行深度加工，特种轧制技术可大幅度地增加钢材的附加值，提高了材料的利用率。所以特种轧制技术对国民经济的发展，提高企业经济效益和社会效益有着十分重要的意义。

随着特种轧制技术的进步和所加工产品的演进，特种轧制设备也在不断发展，尤其是由于计算机技术的广泛应用，以数控技术和工具的CAD技术为代表的特种轧制设备已经在逐步取代传统的设备。特种轧制新工艺的不断出现，新型的特种轧制设备也随之出现，并不断发展完善。特种轧制具有工艺形式多、应用范围广等特点，因此，在开发新工艺、研制新设备和提高设备的装备水平方面有着广阔的发展空间。各种新技术的采用，使得特种轧制设备得到了迅速发展，从而使特种轧制技术得到了更广泛的应用和推广。本章主要介绍多辊轧制工艺、楔横轧制工艺、辊锻轧制工艺、旋压工艺和铸轧工艺。

9.5.1 多辊轧制工艺

多辊轧机主要用于高强度钢和精密合金的冷轧薄板和薄带钢轧制生产，在薄板带的生产中占有特殊地位。在生产薄板带的冷轧机中，约有10%以上的设备是多辊轧机。几乎所有的不锈钢薄板都是由多辊轧机生产，电工钢板、超硬合金、铝合金、铜合金等薄带的生产也使用多辊轧机。多辊轧机也用于稀有金属、双金属和贵金属的生产。

随着国民经济规模的扩大，特别是高新技术的发展，各个工业部门对各种金属及合金薄带和极薄带材的需求增长很快，对薄带材的质量要求也越来越高。例如彩色显像管中使用的荫罩带钢，厚度为0.15mm，厚度的公差范围在带钢600mm的宽度上为±3μm。在一些电器和仪器仪表的元件中需要厚度为1~3μm的铝、钽和铍青铜等箔材。这些带材或薄板材用四辊轧机生产是不经济的，而且通常在技术上也是无法实现的。因为在轧制极薄带材时，工作辊的弹性压扁将等于或大于带材的厚度，此时轧件的压缩是不可能的，因此必须使用直径更小的工作辊才能生产极薄带材。此外由于工作辊直径小，接触变形区也小，相应的轧制力也小，所以同样的轧制压力可以产生较大的压下量。然而对于四辊轧机来说，当工作辊直径很小时，其轧制方向的刚度和强度将不能满足轧制过程的要求，因此必须加以支撑。这样，不同形式的多辊轧机便产生了。

多辊轧机的工作机座是一个复杂的整体，其主要组成部分与常用的板带轧机相同，包括轧机牌坊、支撑辊和工作辊构成的辊系、压下装置、轧辊磨损补偿机构、轧辊和支撑辊的辊型控制和平衡装置、轧辊传动装置、固定式和可卸式导卫、润滑和冷却系统、工艺参数控制设备及轧机自动化装置等。多辊轧机的使用能够保证小直径工作辊在垂直面和水平面上获得较高的刚度，并能够在相当大的轧制力的情况下将所需的轧制扭矩传递给工作辊。由于支撑辊的数量可以在两个以上，所以人们能够根据不同的轧制要求采用不同形式的辊系和机架结构形式。常用的有Y形轧机、六辊轧机、偏八辊轧机、十二辊轧机和二十辊轧机，其中最典型的是二十辊轧机。

1925年，W·罗恩设计了有10个或18个支撑辊的轧机，并获得了第一台多辊轧机的专利权。这种轧机采用塔形支撑辊系，能够保证工作辊有较大的横向刚度。该轧机的工作辊直径为10mm，中间辊辊径为20mm，外围支撑辊辊径为24mm，用于轧制镍带，最小轧制厚度为0.010mm。在这种辊系配置中，下一列的每一个轧辊自由地靠在上一列的两个轧辊上。支撑辊是由安装在固定心轴上的轴承组构成的，轴承的外圈即为支撑辊辊面，中间辊传动，工作辊没有辊径，可以方便地从辊系中取出。塔形支撑辊系安装在上下两个横梁中，横梁的一端采用铰接方式连接，另一端用拉杆连接，调整拉杆可以使横梁绕铰接中心转动，从而满足不同轧辊直径的要求。后来，W·罗恩的发明被Sundwig公司购买并加以改进，形成了四柱式的开式机架的二十辊轧机。

9.5.1.1 森吉米尔轧机

1932年，T·森吉米尔制造了第一台森吉米尔多辊轧机，其结构特点是采用了整体机架，辊系安装在机架内部。与罗恩型二十辊轧机相比，森吉米尔轧机工作机座的刚度较高，因而可以轧制厚度公差范围更窄的带材。为了采用更小直径的工作辊，实现尽可能大的压下量，20世纪50年代以来发展了1-2-3-4型森吉米尔轧机（图9-73），即二十

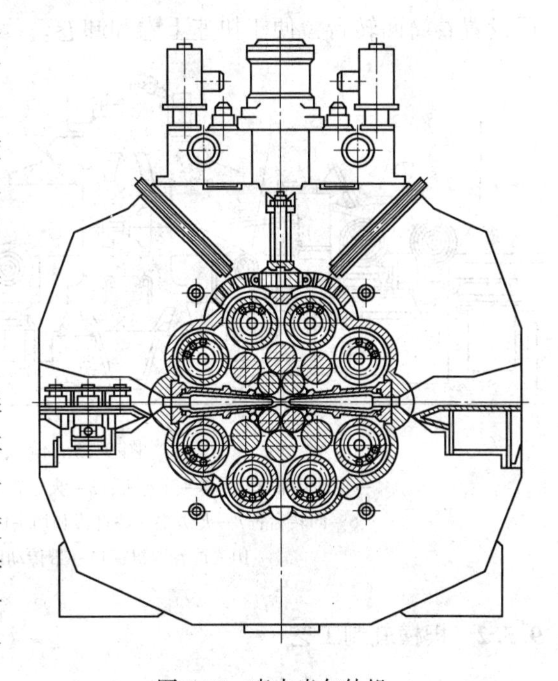

图9-73 森吉米尔轧机

辊轧机。该类型的轧机结构已经十分成熟，装备水平不断提高，已经成为各种金属及合金的高精度薄带和极薄带材的主要生产设备。目前，全世界已有400多套森吉米尔轧机，有工作辊径只有几毫米、辊身长100mm左右的微型森吉米尔轧机，也有工作辊径为150mm左右、辊身长2300mm以上的大型森吉米尔轧机。

与其他多辊轧机相比，森吉米尔轧机的突出特点是轧机刚性好，轧制精度高。由于轧机采用整体铸钢轧制，因而轧机有很高的刚度，同时采用了特殊的辊型调整机构，轧制产品的厚度精度很高，板形良好。例如，森吉米尔轧机轧制0.2mm厚的不锈钢带材，公差为0.003~0.005mm，而四辊轧机的一般精度为0.01~0.03mm，相差约5倍。

9.5.1.2 偏八辊轧机

偏八辊轧机，是德国施罗曼公司制造的一种使用小直径工作辊的轧机，故又称施罗曼轧机。为了防止工作辊过度横向弯曲，在轧机的出口侧安装辅助的支撑辊，如图9-74所示，因此支撑辊与工作辊的直径比可以达到6∶1或更大。轧机的工作辊没有轴承座，只是固定在简易的夹紧装置中，又因为采用支撑辊传动，所以很容易换辊，工作辊采用液压平衡。支撑辊采用滚柱式轴承，使得支撑辊的轴向位置得以保证，所以能够使轧机在加速和减速期间轧辊辊缝保持恒定。

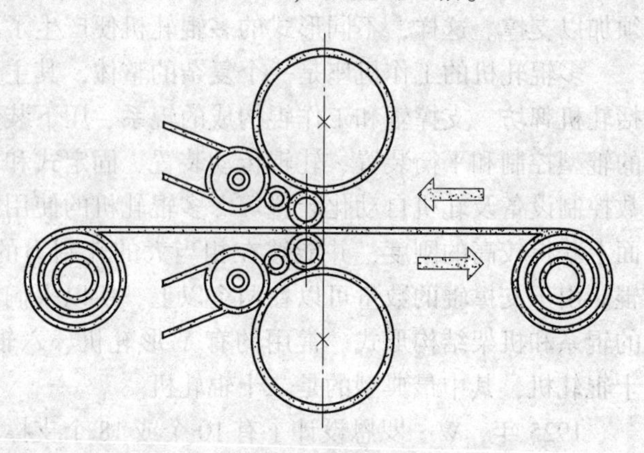

图9-74 偏八辊轧机的辊系

图9-75所示为偏八辊轧机组的设备布置，该轧机配备有辊型调整装置，在轧机的前后设置卷筒回转台，便于快速上卷和卸卷。

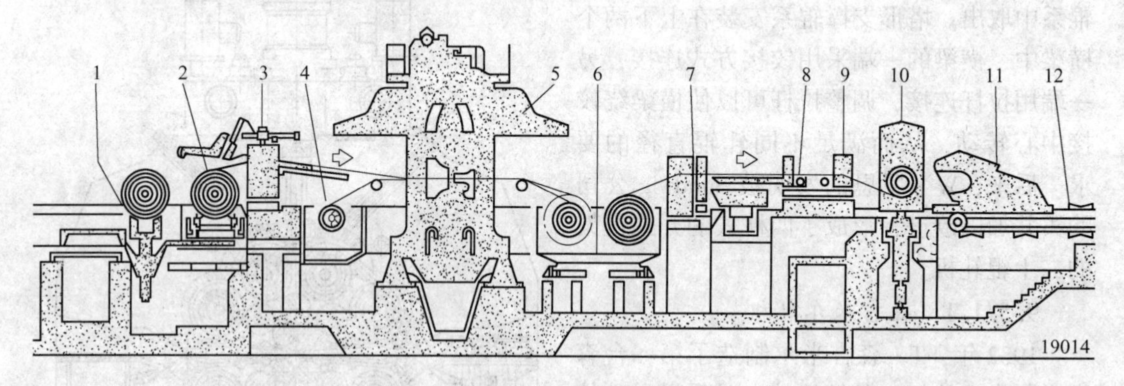

图9-75 偏八辊轧机布置

1—步进式输送机；2—开卷机；3—夹送辊和矫直辊；4—张力辊；5—偏八辊轧机；6—回转台；7—夹送辊、矫直辊和切头剪；8—厚度仪与张力仪；9—夹送辊；10—再卷取机；11—带传动助卷器；12—链式输送机

9.5.2 楔横轧制工艺

楔横轧制是生产回转类零件的有效方法，在日本称为回转锻造，在19世纪楔横轧制

的生产方法就被提出来，希望用该方法加工阶梯轴类零件。从20世纪60年代开始，这一技术首先由捷克用于生产，随后英国、日本、苏联及中国等都引进了该项技术。随着工业的发展和技术进步，楔横轧制技术逐渐发展成熟起来，成为加工阶梯形轴类零件的主要生产方式。目前，世界上最大的三辊楔横轧机为 ϕ1060mm 轧机，可加工零件尺寸为 ϕ100mm×700mm，生产效率为6 ~10件/min。

我国的楔横轧制技术从20世纪70年代开始应用，各种形式的楔横轧机都有使用。目前，国内拥有近百台楔横轧机，其中以分体式二辊楔横轧机的数量最多，其最大轧辊直径为 ϕ1200mm。

楔横轧制技术可以用于热轧，也可以用于冷轧。与锻造相比，生产率提高4倍以上；材料利用率大于90%；轧辊寿命高达40000~120000件；可以生产上百种轴类零件；加工工件的尺寸可以从直径几毫米到100mm以上，长度可达630mm以上。由于楔横轧制工艺具有产品质量好，生产效率高，少切屑、无切屑的特点，因此已经成为大批量轴类零件生产中重要的加工方式，广泛应用于汽车、拖拉机、摩托车和五金工具行业中的各种台阶轴、连杆、球头销和扳手等零件的生产。

9.5.2.1 楔横轧制工艺形成原理

楔横轧制工艺的主要形成原理如图9-76所示，在两个或三个平行布置（无送进角，工件轴向不前进）的轧辊或平板上安装凸起的楔形变形工具，轧辊或平板相对轧件转动或搓动，所产生摩擦力使轧件转动。

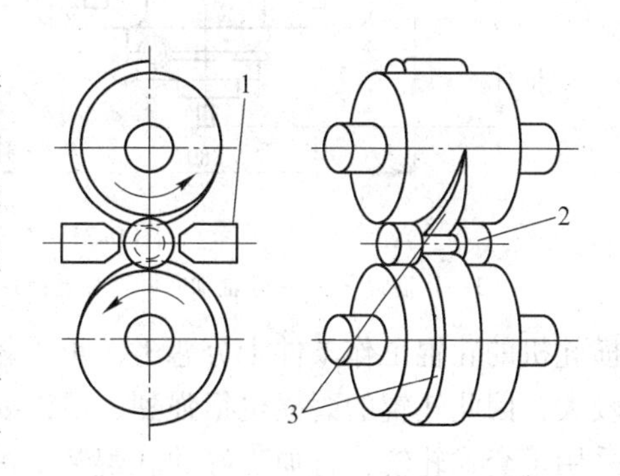

图9-76 楔横轧制工作原理
1—导板；2—轧件；3—带楔形模的轧辊

其间，变形楔楔入轧件中，使其受到连续压缩变形，轧件的直径减小，长度增加形成所要求的零件形状。轧辊每旋转一周，轧出一件产品，因此生产效率很高。其生产方式可以是单件生产，也可以是连续生产。连续生产的过程中，轧件根据轧辊的回转节奏作轴向送进，轧出的轧件由剪切机剪断后送入料仓。由于楔横轧制生产的产品精度由楔形工具来保证，受工艺和人为因素的影响很小。所以，只要楔形工具的型面设计合理，即能够保证生产出高精度的产品。

9.5.2.2 楔横轧机的主要结构

楔横轧机的主要构成如图9-77所示，包括主机座、轧辊调整机构、主传动、送料装置电控系统。

A 主机座

主机座由左、右机架，上、下轧辊和轧机底座与连杆组成。机架通常为焊接闭式结构，大型楔横轧机的机架则采用铸钢件。机架的结构形式有闭式、开式和侧开式等。为了在轧制时保持工件的轴线位置不变，机器上设置了径向挡料装置。挡料装置由安装在挡料座上的挡料板及其压板、销轴和调整螺栓组成。挡料板的位置可以前后调整，以保证轧制时挡料板与工件有合适的间隙。

B 轧辊

轧辊安装在轴承座内，上、下轴承座之间用弹簧或液压缸分开，实现轧辊的平衡。楔

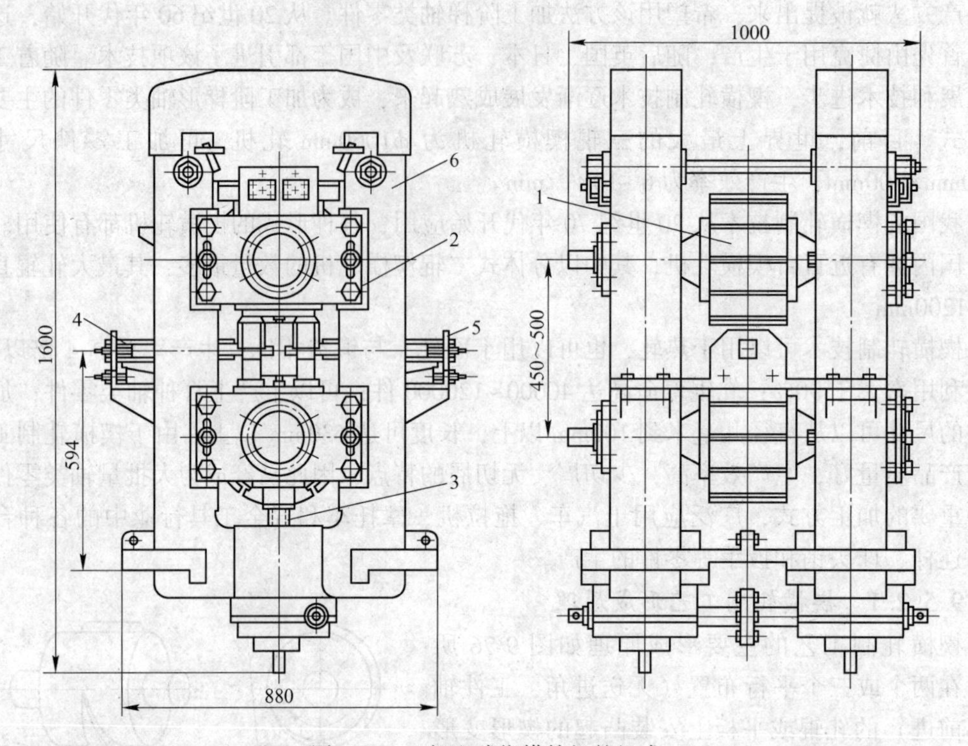

图 9-77 二辊立式楔横轧机的组成

1—轧辊辊系；2—轧辊轴向调整装置；3—轧辊径向调整装置；4，5—导板装置；6—机架部件

横轧机的轧辊工作条件十分恶劣，承受较高的轧制压力和轧制温度，又由于轧辊的直径差较大，因此轧辊的磨损也很强烈，所以要求轧辊材料应有较高的硬度和强度。楔横轧机多采用辊套式轧辊，将加工好的轧辊装上楔形模后装在轧辊轴上。楔横轧机的轧辊是分块装配式的。这样模块可以加工的小一些，利于加工和安装，模具损坏后易于局部更换和修补。

C 轧辊轴承

楔横轧机的轧辊轴承承受的单位压力较大，这是因为轧辊的中心距相对于轧辊辊径较小，安装轴承的空间有限。由于楔横轧机的冲击载荷较大，所以多采用双列圆锥或圆柱滚子轴承。

D 轧辊轴向调整机构

为了保证两个轧辊型模的轴向位置对中，楔横轧机的轧辊应该能够方便地进行调整，即使单孔型轧制也应该设置轴向调整机构。楔横轧机的轴向调整机构与普通二辊轧机的类似，主要有压板式、杠杆式、顶丝式、滑块式、拉杆式等调整机构。

E 轧辊径向调整机构

与普通轧机的压下装置类似，楔横轧机也需要设置轧辊径向调整机构，用以调整上下轧辊的辊缝。轧辊径向调整机构可以采用手动或电动两种方式经过蜗轮蜗杆机构进行操作。轧辊的平衡则采用弹簧来实现。轧辊辊缝的调节也可以通过改变模具的厚度来实现，以调整工件的轧制直径。对于轧辊调整量较小且动作不频繁的楔横轧机多采用手动调整方式。

F 传动系统

机床式楔横轧机的主传动系统由主电机、皮带轮、离合器与制动器和齿轮箱组成。由于楔横轧机承受的冲击载荷较大，采用皮带传动对电机有一定的保护作用。离合器与制动器采用组合形式，以保证轧辊停在准确位置。齿轮箱用于将扭矩分配到两个轧辊上，为减少设备重量，可以采用联合减速箱，箱体通常为分体式焊接结构。

G 送料装置

送料装置有两种形式：一种为单汽缸式，工件从加热炉出炉后，顺滑道进入送料支架，由汽缸推入轧模；另一种为双汽缸式，由汽缸、辊道、减速器组成，工件出炉后由辊道送进，经前汽缸推至送料支架，再由后送料汽缸推入轧模。

H 电控系统

由于楔横轧机是单件生产，且需要经常试轧，电控系统应保证轧辊的点动、单周、自动单周和连续运转的要求。点动用于模具的安装调整；自动单周用于单件的自动轧制，并与送料机连锁。目前，楔横轧机大多采用 PC 轧机，具备了较高的可靠性。

9.5.2.3 楔横轧制工艺技术特点

楔横轧制能直接生产形状复杂、尺寸精确的阶梯轴类产品，并且可以轧制出纵向沟槽、花键等；金属消耗低，仅为 2%~5%，在一些情况下材料利用率接近 100%；产品质量好，由于金属流线连续，提高了零件的综合机械性能；同时其生产效率高，一般轧制周期为 3~25s，每小时产量能达到 100~1000 件；工具寿命长，由于轧件与轧辊滚动，磨损量小，加之变形力小，所以工具寿命得以延长。一套工具可以生产 $(5\sim10)\times10^4$ 件产品；轧机结构简单，能量消耗少，生产成本低，经济效益好。此外楔横轧机结构简单，能量消耗少，生产成本低，经济效益好；轧制过程平稳，设备冲击振动小，劳动环境好，易于连续化自动化生产。

与其他特种轧制过程相比，楔横轧制技术的短处是轧机的模具加工困难，由于工件形状复杂，易变形。通常采取的方法是将模具分割成扇形块加工，然后采用表面强化方法来提高模具寿命。此外模具的设计和轧机的调整试轧也较为复杂，因此楔横轧技术主要适用于大批量机械零件的生产。

9.5.2.4 应用实例

目前，楔横轧制技术的生产应用已经从单机生产发展为机械零件的综合生产线，从而显著地提高了产品质量和产量。例如，济南铸造锻压机械研究所利用 D47 型平板式楔横轧机组建汽车连杆、转向节精密锻造生产线。核心设备包括程控消振电液模锻锤、平板式楔横轧机、热切边热校正双功能复合模具、成套锻造软件技术及连杆技术。该生产线与进口的先进成套技术相比水平相当，某些性能及水平还有所提高。该生产线采用了新工艺、新设备、新模具，如采用楔横轧制坯，一模两件，效率高，毛坯精化，节材率高；主要设备从原理、结构、性能控制等方面都具有先进性，装机功率低（国外 55kW，该机 30kW）且消振；双功能复合模具简化了工艺，减少一台设备投资，提高了锻件质量。该生产线年生产能力为 80×10^4 件，锻件质量误差±5%，节材 10%~25%，生产率提高一倍。

又如，北京机电研究所研制开发的一体式整体结构的系列楔横轧机，其主要特点是：采用气动摩擦离合器和制动器，操作灵活可靠；利用偏心齿轮调节轧辊中心距，调整简单方便；模具相位角调整简便可行；采用PC控制，具有计数和故障显示系统。可与其他锻压设备组成复合工艺和生产线，用于机械零件的精密成形和回转形加工。

9.5.3 辊锻工艺

辊锻是采用轧辊作为工具，用轧制方法来生产锻造工件。其辊锻机的工作原理如图9-78所示，是由一对装有弧形模具的轧辊连续轧制，使毛坯在轴线方向产生连续周期性的塑性变形，形成具有所要求形状的工件。辊锻工艺主要适用于棒料的拔长、板坯的辗片以及杆件轴向变断面成形。有些连续变断面的零件，如变断面弹簧扁钢只能采用辊锻工艺生产。

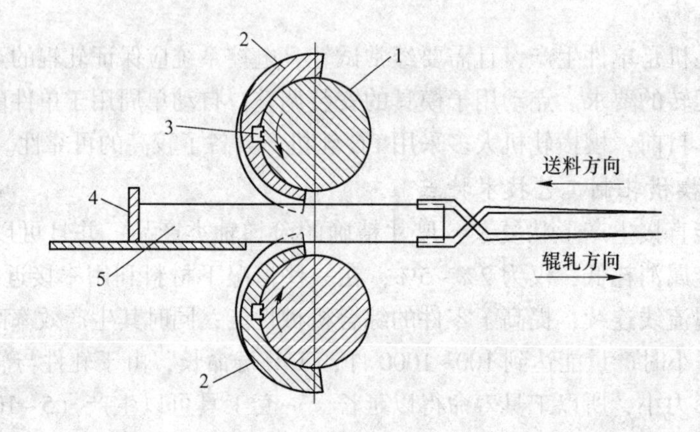

图9-78 辊锻机工作原理

1—轧辊；2—扇形模；3—定位键；4—挡板；5—坯料

9.5.3.1 辊锻工艺的优点

(1) 设备质量轻，驱动功率小。由于变形是连续的局部接触变形，虽然变形量很大，但是变形力较小，因此，设备的质量和电机功率较小。例如250t的辊锻机相当于2000t以上的锻造机。

(2) 生产效率高，产品质量好。多槽成形的辊锻机其生产效率与锻锤相当。单槽成形的辊锻机其生产效率很高，一般比锻锤高2倍以上。辊锻的变形过程连续，残余变形和附加应力小，产品的力学性能均匀。

(3) 劳动强度低，工作环境好。由于辊锻是连续静压变形，生产过程的设备冲击，振动和噪声小，并且生产过程易于实现机械化和自动化，因此显著地降低了劳动强度，并改善了工作环境。

(4) 材料和工具消耗少，工件尺寸稳定。由于辊锻的工具与工件之间的摩擦系数较小，工具的磨损较轻，与锻模相比寿命大大提高。这样降低了工具消耗，也保证了工件尺寸的稳定，可以减少工件的加工余量。

9.5.3.2 辊锻的工作原理

A 坯料的咬入

只有坯料被辊锻咬入并在辊锻间顺利地通过，才能建立起辊锻过程。先分析简单的轧制情况下的咬入条件，在此基础上再研究辊锻时坯料的咬入条件。图9-79 (a) 所示为当坯料靠紧旋转的轧辊时，受到轧辊径向压力 p 和摩擦力 T 的作用，根据几何关系有：

$$p_x = p\sin\alpha$$

$$T_x = T\cos\alpha$$

$$T = \mu p$$

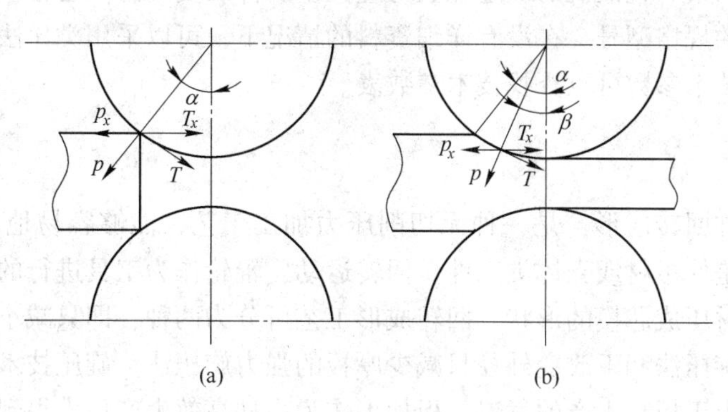

图 9-79 坯料咬入受力分析

（a）开始咬入；（b）已经咬入

欲使坯料实现咬入，必须有 $T_x > p_x$，于是得坯料开始咬入的条件为：

$$\tan\alpha < \mu \quad 或 \quad \tan\alpha < \tan\beta$$

式中，α 为咬入时坯料与轧辊间的摩擦系数；β 为咬入时的摩擦角，$\beta = \arctan\mu$。

已知咬入轧辊的坯料受到压缩，接触弧长增加且合力 p 的作用点发生变化，咬入角从开始的 α 减至 δ，如图 9-79（b）所示。一般情况下 $\delta = (1/2 \sim 1/3)\alpha$，故仍能满足 $T_x > p_x$。所以，只要坯料一经咬入，可以实现连续咬入，既可建立起辊锻过程。

B 辊锻变形分析

a 前滑和后滑

金属坯料在通过两锻辊间的缝隙时，入料口大，出料口小。由于在同一时间内进入锻辊间的材料体积应等于流出锻辊间的体积材料，因此金属质点进入锻辊间的速度小于流出锻辊间的速度（金属体积不变），即 $v_H < v_h$。当辊锻的圆周线速度为 v，实际上有 $v_H < v\cos\varphi < v_h$。也就是说，在出料口处金属的流动速度大于辊锻圆周线速度 $v(\varphi = 0)$，即坯料相对锻辊产生“前滑”，在入料口处金属的流动速度 v_H 小于锻辊的圆周线速度水平分量 $v\cos\varphi$，即坯料相对锻辊产生“后滑”，于入料口和出料口之间存在有与锻辊不产生相对滑动的中性面，它将辊锻时的变形区划分为前滑区和后滑区。在中性面上有 $v_\gamma = v\cos\gamma$。实际生产中，一般只考虑前滑，除成形辊锻中的个别情况外，不考虑后滑，因为后滑的坯料还未最后辊锻成形。

b 宽展

塑性变形时，金属总是沿最小阻力方向流动。辊锻过程中，坯料在高度方向上被压缩而引起金属流动，除纵向流动使长度增加外，还有横向流动在宽度方向上得到宽展，如图 9-80 所示。通常以绝对绝对宽展量 Δb、相对宽展量 $\Delta b/b_0$ 以及宽展

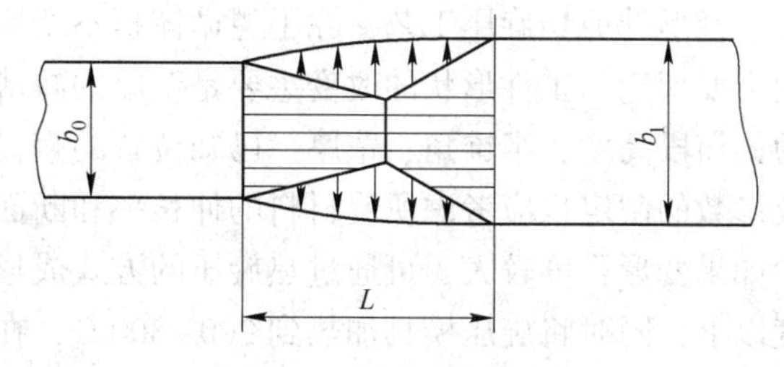

图 9-80 辊锻过程的宽展

$\beta(\beta=b_1/b_0)$ 等表示坯料宽度尺寸的变化。

9.5.3.3 辊锻机的选用

在辊锻机的设备选择中，主要考虑工件的形状和尺寸以及复杂程度、产量的大小和工件的技术要求等因素。辊锻机的额定轧制力应大于工件的变形力。通常应在工艺分析的基础上选择辊锻机的规格型号。在没有详细资料的情况下，可以采用类比法初步选择。辊锻机的规格型号与技术参数可以查找技术参数表。

9.5.4 旋压工艺

旋压成形又称回转成形，是一种无切削压力加工工艺，能够容易地制作无缝环状制件，其工艺过程是使板材或壳体类工件做回转运动，辊轮作为工具进行的成形。成形过程中辊轮逐渐将板材压成芯模的形状。回转成形工艺可分为两种，即只减小圆板坯料外径而不减壁厚的普通旋压法和不改变外径只减少厚板的强力旋压法。旋压技术是板金属加工的一个重要领域，由于板材生产的发展，板加工作为一种高效生产技术得到越来越广泛的应用。旋压技术是由车床上的手工擀压金属板发展起来的，将金属板夹持在车床上使其旋转，然后用擀棒逐渐地加以擀压，金属板一点一点地变形，最后成为回转体类的零件。这种工艺称为手工擀压。随着技术的发展和产品品种的扩大，自动旋压机代替了手工旋压的普通车床。目前，自动旋压机已成为具有多种功能的系列化机床产品。随着计算机应用的普及，数控自动旋压机已成为旋压技术的主流。

9.5.4.1 典型旋压成形技术

A 筒形件强力旋压

强力旋压被认为是制造薄壁筒形件最有效的工艺方法之一。采用强力旋压工艺所得到的薄壁筒形件产品成形精度高、表面粗糙度好、材料利用率高、工艺装备简单、所需设备吨位小、且成本较低、各项力学性能都优于切削加工。由于该项加工工艺存在诸多优点，强力旋压越来越为人们所重视。利用强力旋压技术可以旋制各种型号的战斗机壳体、整流罩、喷管等军品零件，还可以旋制车辆制动缸等民用零件。因此，筒形件强力旋压成形技术在国民经济的许多部门，特别是航空航天、兵器工业和运载工具的生产中，已占有十分重要的地位。

筒形件强力旋压材料变形过程始终遵循体积不变原则，工件形状的改变为旋压前后圆筒壁厚的减薄、直径的变小、长度的增加，同时产品内径也会因工艺参数的不同而有不同程度的改变。

B 锥形件剪切旋压

锥形件剪切旋压工艺，除了遵循体积不变原则外，正弦理论是该工艺过程中必须依据的主要理论。工件形状的改变主要是壁厚的减薄、锥度减小和高度的增加，最终产品要素为锥筒段高度、半锥角、壁厚、已知位置的直径、锥筒段母线直线度、圆度等。工艺方案及参数的制定也应考虑所旋材料的伸长率和断面收缩率等因素。在铝合金材料的剪切旋压中如果变形程度较大，可通过热旋压的方式成形工件，具体是将毛坯均匀预热到再结晶温度以上，同时将旋压模具加热到200~300℃，在旋压过程中可用乙炔焰加热毛坯，以保证温度不会过快降低，使材料处于软化状态，有利于旋压成形。

C 车轮辋旋压

车轮辋旋压技术是最近几年才发展起来的轮辋成形新工艺方法，主要针对铝、镁合金材料的轮毂，也有部分轮毂采用钢质。国外17in（in为英尺，1 in≈25.4mm）以上轿车铝轮的生产以锻坯或环坯经旋压成形已成为主流。近几年，国外锻造、旋压工艺制造了22.5in载重汽车无内胎车轮，以其造型美观、质量轻、强度高成为钢轮的强劲竞争点。车轮旋压一般可采用板材劈开旋压（图9-81（a））、管材轮辋旋压（图9-81（b））、铸(锻）件毛坯强力旋压（图9-81（c）、(d)）三种成形工艺方式。劈开式旋压工艺是将圆盘状板坯用劈开轮通过分层工艺，使毛坯在厚度方向中部被劈成两份，再用成形轮渐进普旋成形即可。

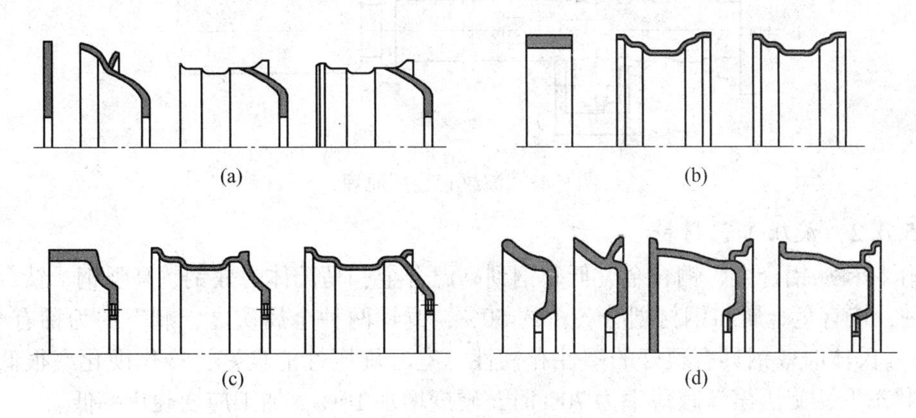

图9-81 车轮旋压示意图

(a) 板料劈开旋压整体车轮；(b) 无缝管旋压车轮；(c) 预制锻坯强力旋压整体车轮；(d) 预制锻坯劈开旋压整体车轮

D 带内外纵向齿筒体旋压

带纵齿工件的旋压成形主要应考虑的工艺因素有工件材料、模具材料、内外齿形、模具齿形、摩擦情况、工艺过程和热处理等。带齿轮工件多种多样，主要齿轮如图9-82所示。制造带纵齿薄壁零件的毛坯一般采用平板坯料，先进性拉深、模锻或管断面成形等方式的预成形加工，然后再将筒形件安装于专用成形模具而旋压成形。零件的成形在通常情况下仅需要一个旋压道次就可完成，只有在特殊情况的工件几何形状或较长工件时才需要先对材料采用多道次预成形加工，然后再进行终旋精加工成形。外纵齿形也可以通过旋压工艺高精度加工制造，借助于旋轮和带有内齿的空心模具，采用内旋压法来成形，但这种方法受到直径的限制。另外一种方法是借助于一个或多个相适应的带齿旋轮，通过唯一的径向进给运动来旋压成形工件的外形齿形。

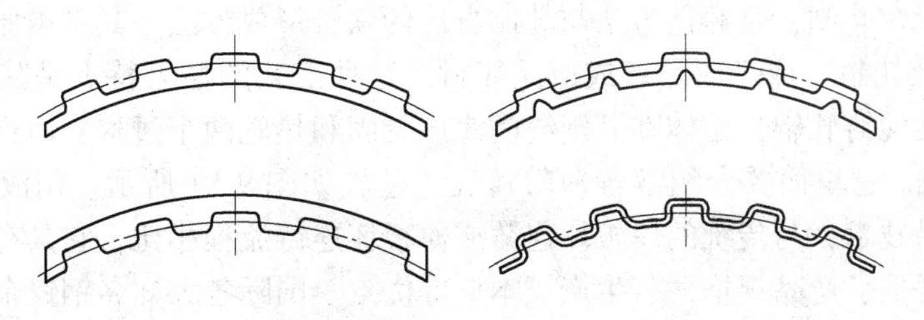

图9-82 带纵齿工件齿形

E 波纹管旋压

波纹管式节能换热器具有换热效率高、体积小、质量轻、能够自身吸收热变形等特点，深受用户的欢迎。旋压成形波纹管是一种新的加工技术。自20世纪90年代初发明成功以来，其工艺得到广泛应用。旋压工艺过程如图9-83所示，工艺要素为旋轮形面形状、旋轮进给速度、主轴转速、加热温度及热影响范围单波轴向压缩量Δl。旋压中易产生缩径效应，导致局部壁厚超差。主要工艺参数为直线度、波距精度和波深精度等。

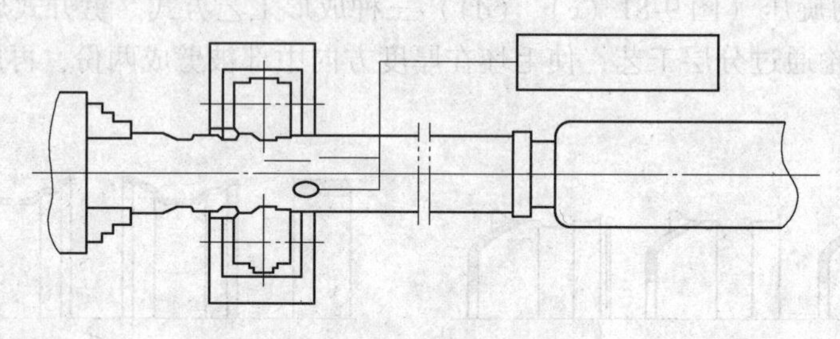

图9-83 波纹管旋压原理

9.5.4.2 旋压工艺材料

旋压材料从铝合金、铜合金、低碳钢到高温合金、马氏体时效钢、高强钢、钛合金等200多种，按有色金属与钢材划分各占约50%，铜钛两种金属次之，剩下的为稀有金属。如18Ni马氏体时效钢具有很好的塑性和韧性，室温旋压性能良好，冷作硬化率很低。金属固溶状态下，旋压累计减薄率为70%时，硬度增加10%，加工应变硬化率低。

9.5.4.3 旋压工艺特点

(1) 在旋压过程中，旋轮（或钢球）对坯料逐点压下，单位压下力可达2500~3500MPa，适于加工高强度难变形材料，且所需总变形力较小，从而使功率消耗降低；

(2) 坯料的金属晶粒在变形力的作用下，沿变形区滑移面错移；

(3) 强力旋压可使制品达到较高的尺寸精度和较小的表面粗糙度值；

(4) 制品范围广，同一台旋压机可进行旋压、接缝、卷边、颈缩、精整等加工，因而可生产多种产品；

(5) 坯料来源广，可采用空心的冲压件、挤压件、铸件、焊接件机锻件和轧制件以及圆板作坯料；

(6) 旋压是一种少无切削工艺，因此，材料利用率高、省工时、低成本。

9.5.5 铸轧工艺

铸轧也称无锭轧制，是铸造方法与轧制方法的联合形成方法，其基本原理是直接将金属熔体“铸造及轧制”成半成品坯或成品坯材。这种工艺的显著特点是其结晶器为两个带水冷系统的旋转铸轧辊，熔体在其辊缝间完成凝固和热轧两个过程，而且在很短的时间(2~3s)内完成。这里简要介绍双辊薄带铸轧工艺，如图9-84所示。用液态金属直接生产薄带钢的前沿技术，与传统的厚板坯连铸或薄板坯连铸流程相比，它具有显著的生产流程短、能源消耗低、产品规格薄、生产成本低等优点。国际各大知名钢铁企业纷纷投入巨资竞相研发：新日铁、蒂森克虏伯、钢联等独资或合资建立了双辊薄带铸轧中试线，用于生产碳钢、不锈钢或者镁铝合金产品；美国纽克钢铁公司建立了世界首条薄带铸轧碳钢商业化生产线；宝钢建成了国内首条1200mm双辊薄带连铸不锈钢中试线。在双辊薄带铸轧条件下，亚快速凝固与轧轧制变形同时存在，且冷却速度高达102~104℃/s，只能进行一道次热轧。整个过程的凝固、热流动、变形量等显著区别于传统生产流程，可能给产品的组织演变和力学性能带来新的变化。

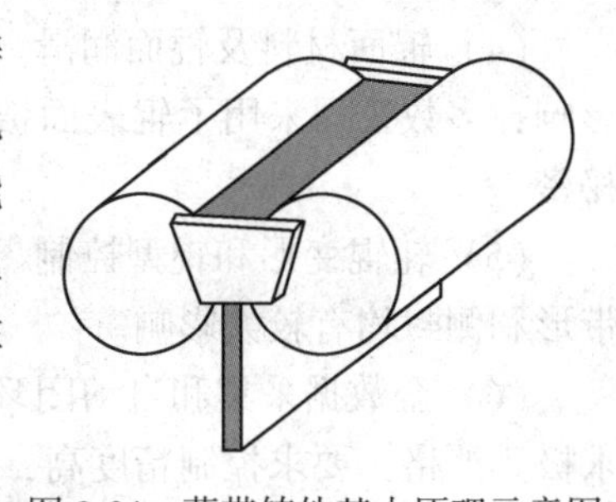

图9-84　薄带铸轧基本原理示意图

9.5.5.1　铸轧技术的发展

20世纪50年代初，美国亨特公司最先研制成功双辊式连铸机，熔化的铝液经过铸嘴，通过两个转动的水冷辊的辊缝，冷却凝固成为“铸轧板”。60年代初，相继出现3C铸轧机和亨特铸轧机。到1990年，世界上约20%铝轧制产品的坯料是由铸轧法生产的。我国从1964年就开始研究铸轧法生产卷材，1977年东北轻合金加工厂研制成功第一台ϕ80mm下铸式铸轧机，并试轧出铸轧板，后来由于某些原因使研究中断。70年代末，由原技术骨干人员在涿州建立了铝加工试验厂（华北铝业有限公司的前身）继续研制，终于自己设计、制造出我国第一台“ϕ650mm”倾斜式铸轧机，成功地铸轧出铝卷材，用作生产铝板带箔的坯料，从此我国的铸轧机开始正式投入工业性生产。

十几年来铸轧技术飞速发展，铸轧机的型号不断改进，式样也推出多种，有不同辊径的（如铸轧辊规格有ϕ650mm×1400mm、ϕ980mm×1600mm等），有倾斜式铸轧机，水平式铸轧机，可倾转牌坊铸轧机，双辊单驱动和双辊双驱动铸轧机等。在工艺技术上也有长足的进步，增加了在线除气、过滤装置、细化晶粒装置等手段，从而提高了金属的纯洁度，使铸轧板质量得到很大的提高。

主要发达国家的钢铁生产厂家都在该技术上投入了大量资金和开发人员，建立自己的试验性工厂，在其技术领域内展开了激烈的竞争。日本新日铁和欧洲AST宣称实现了不锈钢的工业化生产；澳大利亚BHP首先取得了碳钢工业化生产试验的成功；美国纽柯（Nucor）建设了世界首条薄带连铸技术商业化生产线；我们需要紧密跟踪薄带高速铸轧这一前沿发展趋势，整合已有的研成果，并在双辊薄带铸轧方面投入更大的研究力量，开发创新，以形成自己的关键技术。

9.5.5.2　双辊薄带铸轧工艺的关键技术

（1）注流分配和流动控制。注流在水冷辊宽度方向上的分配均匀性影响薄带在宽度方向的质量，在生产宽带时，注流分配的设计是最重要的问题，通常的扁水口很难达到均匀分配的要求。

（2）开浇和初期凝固。开浇是个不稳定的浇铸过程，连铸时的失败主要发生在开浇和启动过程中，开浇时的注流冲击和初期凝固是与辊速增加相协调变化的，开浇策略和初始阶段的注流，速度与冷却控制是非常重要的问题。

（3）侧封材料与形式。侧封与薄带的侧面质量和部分漏钢有关。目前的侧封材料在双辊铸轧的高温和磨损条件下消耗很快，使铸轧生产率难以提高。因而，在近期内铜的双辊铸轧的难点主要是边部侧封的问题，目前还没有找到一种材料具有足够的经济性，可望的解决办法是磁侧封技，以及新型陶瓷材料的应用，寻找一种适用和经济的侧封材料和侧封方式在今后一段时间内将是一个主要课题。

（4）辊面材料及辊面润滑。双辊铸轧时辊面的磨损对传热和薄带表面质量均有较大影响，多数公司采用了辊表面镀镍铬或镀铬钼合金的技术，其具体材料和方法仍是技术秘密。

（5）轧辊变形和辊型控制。双辊铸轧时，辊面在热应力作用下产生不均匀变形，对带形和侧封均有较大影响。

（6）全数据采集和自动闭环控制。双辊薄带铸轧对铸点、铸速、铸轧压力等控制要求极其严格，要求控制精度高，响应速度快。

9.5.5.3 铸轧工艺的优缺点

（1）铸轧比热轧省去了铸锭的二次加热，节省了大量的能源；

（2）铸轧法比热轧法省去了铸锭铣面，提高了成品率；

（3）铸轧设备简单，省去了热轧的加热炉、铸锭铣面机床等设备，一次投资少，占地面积小；

（4）铸轧的生产流程短，投入的人力较少，生产周期短，能够稳定连续的生产，降低了生产成本，提高了生产效率；

（5）热轧经过了均匀化退火，内部组织较均匀，而铸轧属于定向快速结晶，结晶速度快，内部容易出现偏析、枝晶等非均匀组织，且后续冷轧时织构现象比较严重；

（6）热轧经过铣面，铣面后的面一般较平整、光洁，成品的板面质量较好，铸轧板受轧辊表面质量影响较大，而影响轧辊表面质量的因素较多。

9.6 先进连接成形工艺

9.6.1 激光连接工艺

激光具有光束平行且高度集中的特性，可以通过反射镜或光纤传导到焊接位置，再由透镜或反射镜聚焦到焊件表面，高能量密度的激光束聚焦斑点使焊件材料立即熔化而形成焊接熔池，随后激光束聚焦斑点移动而离开熔池，液体金属快速凝固而形成激光焊缝。由于激光束聚焦斑点很小（通常 0.2~2mm），形成的焊缝和焊接热影响区窄，焊件的焊接变形小。

9.6.1.1 激光焊接基本原理

激光焊接速度快，焊接过程短暂，却涉及许多复杂的物理过程，包括金属熔化和凝固；小孔形成和塌陷；小孔等离子形成和激光-等离子体相互作用，这导致焊接过程中非常复杂的传输现象。

A 金属对激光的吸收

激光实际上是电磁辐射传播的一种相干形式，具有波-粒二相性。聚焦激光光束作用在材料表面时可以发生诸如反射、透射、吸收等现象。通过吸收，激光的能量传递到材料，材料因而被加热升温。因此，材料对激光的吸收是激光焊的前提条件。减少激光表面反射率、激光透射率可以提高材料对激光的吸收率。材料对激光的吸收率受激光波长、材料性质、材料温度、材料表面状态等因素的影响。在室温条件下，金属对激光的吸收率随波长而变化，波长越短，吸收率越好（图 9-85）。因此，相同功率和光斑尺寸的 Nd：YAG 激光器可以比 CO_2 激光器更快地焊接。

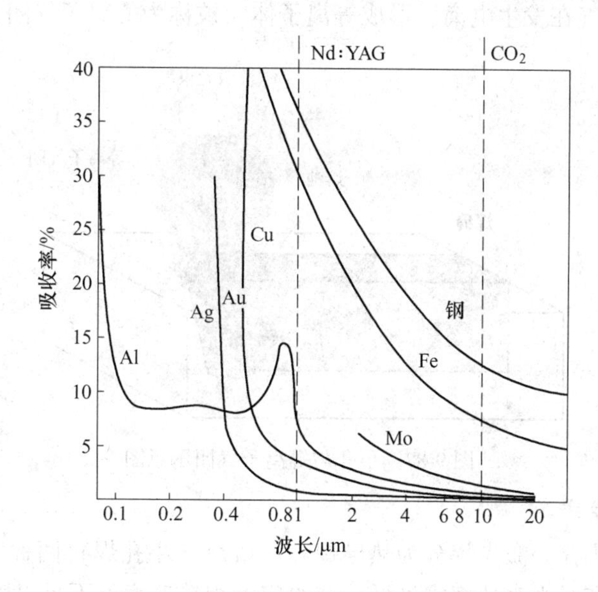

图 9-85 几种金属的激光吸收率曲线

B 热导传热与小孔传热

一定功率的激光束聚焦作用在焊件表面，能够引起焊件局部快速升温。并且随局部温度升高，材料对激光的吸收率提高，升温速度更快。当激光聚焦斑点处材料温度达到材料的熔点时，材料熔化形成液体金属组成的焊接熔池。熔池液体表面吸收激光能量并转化成热能，并通过液体金属的热对流传递到熔池边缘，使熔池边缘相邻固体材料熔化成为液体，熔池体积因此扩大。对于一定的激光能量，熔池体积不可能无限扩大，激光输入热量与焊件散失的热量相等时，熔池体积将保持不变。随激光能量增加，熔池体积增加。当激光能量密度提高，使熔池表面液体金属的温度达到金属的沸点时，液体金属发生显著挥发。当金属蒸气从液态金属逸出时，它向液体金属表面施加一个反冲压力，使熔池液体金属表面下凹成为液态金属内部空腔，被称为小孔或钥匙孔（图 9-86）。激光束潜入到小孔内部，在小孔壁表面发生多次反射，而几乎全部被液体金属吸收。与此同时，大量金属蒸气由小孔内部喷出，聚集在小孔内及上方一定高度。激光束与该金属蒸气相互作用，部分激光能量被金属蒸气吸收，使金属蒸气温度进一步提高。当金属蒸气温度超过 8000～

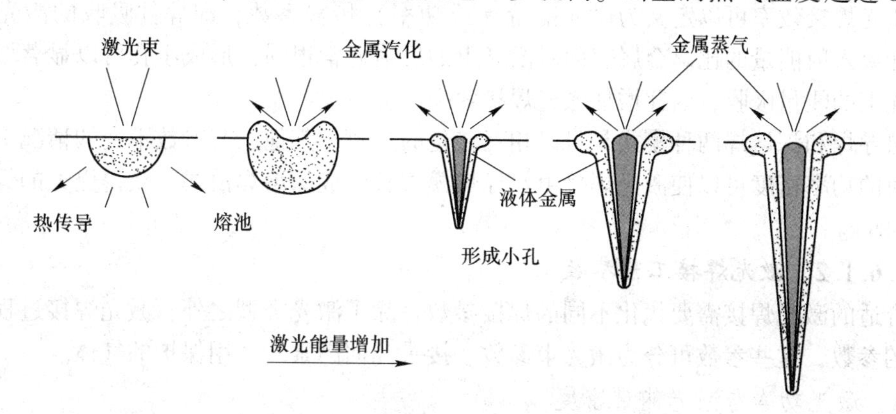

图 9-86 激光束聚焦斑点作用下材料的熔化与汽化

10000K 时，金属蒸气在发生电离，形成等离子体，被称为等离子气团，如图 9-87 所示。

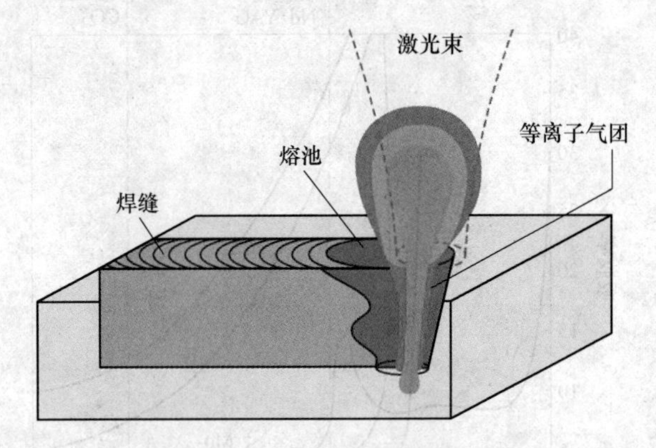

图 9-87 小孔与等离子气团示意图

C 激光焊接模式

根据是否形成小孔，激光焊分为热导焊和深熔焊（小孔焊）两种模式（图 9-88）。热导焊是激光束离焦和激光束功率密度低，在给定的焊接速度下不足以引起金属沸腾。深熔焊或小孔焊是指有足够能量使金属沸腾，从而在液体熔池中形成一个小孔。小孔就像一个黑体，使作用在其内部的激光经历多次反射而吸收。激光焊接过程中通过增加激光束功率密度或激光脉冲停留时间，可以使激光焊从热导焊模式转为深熔焊模式。

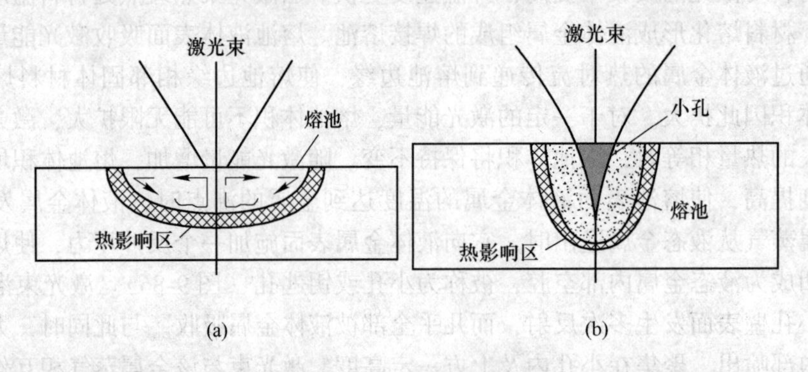

图 9-88 激光热导焊（a）与激光深熔焊（b）示意图

激光焊接效率可以定义为激光能量（或功率）传输系数，即焊件吸收的激光束能量与激光束入射能量的比。金属表面对激光束的反射通常很强，形成小孔可以显著增加焊件对激光束的能量吸收，因此增加激光焊接效率。

热导焊和深熔焊两种模式是可以相互转化的。对于其他工艺参数不变的情况下，提高激光束的功率密度可以使激光焊接由热导焊模式转化成深熔焊模式，获得更大的焊接熔深（图 9-89）。

9.6.1.2 激光焊接工艺参数

合适的激光焊接需要优化不同的焊接参数。除了激光类型之外，激光焊接过程取决于不同的参数，这些参数可分为激光束参数、接头几何因素和使用保护的气体。

A 激光功率与激光能量密度

激光功率直接决定了对给定焊件材料的穿透深度和焊接速度，从而提供有效的焊接。

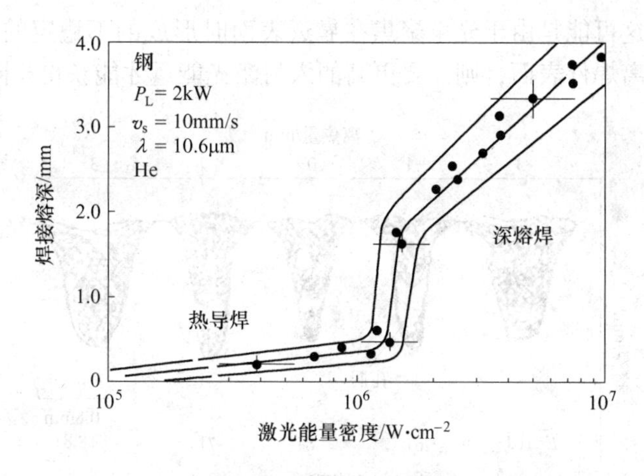

图 9-89 焊接熔深随激光功率密度的变化曲线

图 9-90 给出了对于不同焊件材料激光焊接的最小功率要求。对于给定厚度的材料，焊接铜比钢需要更高的功率。这主要是因为铜对激光的反射率高，吸收率低。难于建立初始焊接熔池。一般而言，焊缝穿透深度随激光功率的增加而增加；而对于给定厚度的焊件，可以通过增加激光功率来实现更高的焊接速度。

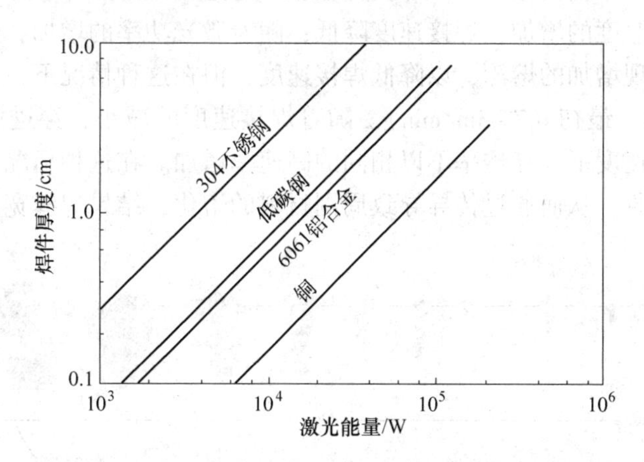

图 9-90 几种焊件材料激光焊接所需的最小激光功率

此外，聚焦激光束斑点对焊件表面的加热作用主要不是取决于激光的功率，而是激光的能量密度，即，聚焦激光束斑点单位面积上的激光能量。对于一定的激光功率而言，聚焦光斑越小，则激光能量密度越高，激光在焊件上的穿透性就越强。在光纤传输激光器中，焊件上的光斑直径取决于光纤直径、焊接系统光学元件的焦距和工作距离。

B 离焦量

离焦量用来表征焊接时激光束聚焦斑点与焊件表面的相对位置。通常规定聚焦斑点处于焊件表面时离焦量为零，在焊件表面以内时离焦量为正值、而在焊件表面以外时离焦量为负值。

离焦量对焊缝形状以及焊缝内部缺陷有很大影响。图 9-91 给出了铝在各种聚焦条件下获得的熔池形状的示意图。当焦点远离表面（±3mm 和 3mm）时，获得无缺陷和均匀的焊接区；当光束聚焦在靠近表面（焦点位置：±1mm，0mm，1mm）时，焊缝区由若干不规则孔隙组成。这可能是由于光束聚焦在靠近表面时形成的不稳定的小孔。需要指出，如果焦点的位置远离焊件表面，则需要更高的入射激光能量才能获得相同的穿透深度。

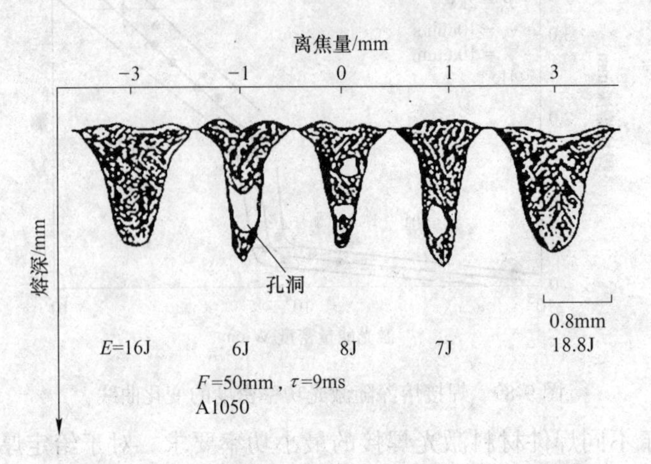

图 9-91 离焦量对激光焊缝形状和焊缝孔洞的影响

C 焊接速度

焊接速度与焊件厚度（熔深）和激光束参数（包括激光波长、功率和离焦量等）。一般来说，随着焊件厚度的增加，焊接速度降低；随着激光功率的增加，穿透深度行为的线性增量。还可以实现增加的熔深，以降低焊接速度，但在这种情况下，其行为是相对不同的，如图 9-92 所示。最初（7~3m/min），随着焊接速度的减小，穿透深度迅速增加，然而，在较低的焊接速度下，穿透率不以相同的高速率增加。在这种情况下，来自激光束的能量被熔融金属吸收，从而通过传导导致周围材料的熔化，结果焊缝宽度较宽，而熔深没有继续增加。

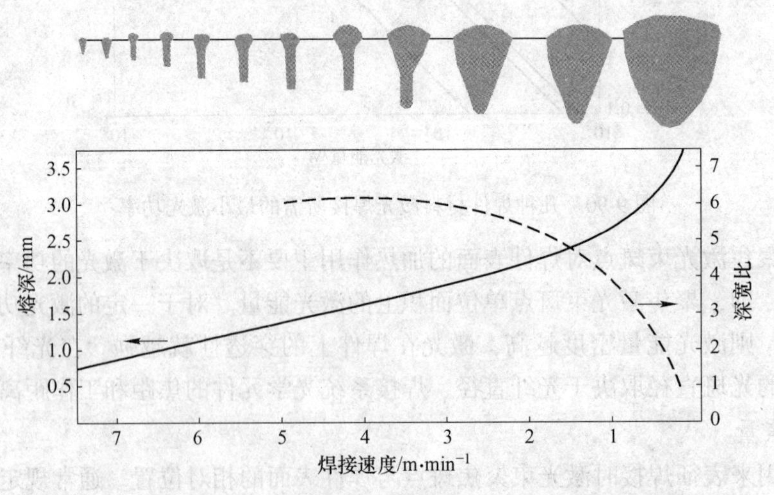

图 9-92 焊接速度对熔深和焊缝纵横比的影响

D 保护气体

为了焊接诸如钛的活性材料（在熔融状态钛与氧引起强烈的氧化，从而导致金属氧化，从而导致材料性能的损失），需要保护气体以避免焊缝氧化。在这种情况下，气体的类型、焊接方向和焊炬角度的相对保护位置是影响激光焊接过程的主要因素。

用于激光焊接应用的最常见的保护气体是氩、氦（混合氦/氩气）、氮气和二氧化碳。通常，氩是最常用的保护气体，因为它的焊料质量和成本之间的比率很高。氦比氩贵得多，所以它被应用在需要高质量的应用中。氮特别适用于汽车焊接中的钢焊接。在低焊接速度下焊接奥氏体不锈钢以避免气孔形成也是足够的。图 9-93 所示为在所有情况下使用相同的焊接参数的钢板上进行的激光焊接的保护气体的穿透深度的变化。保护气体也影响表面质量，氦提供比其他保护气体更高的穿透深度和更光滑的表面。

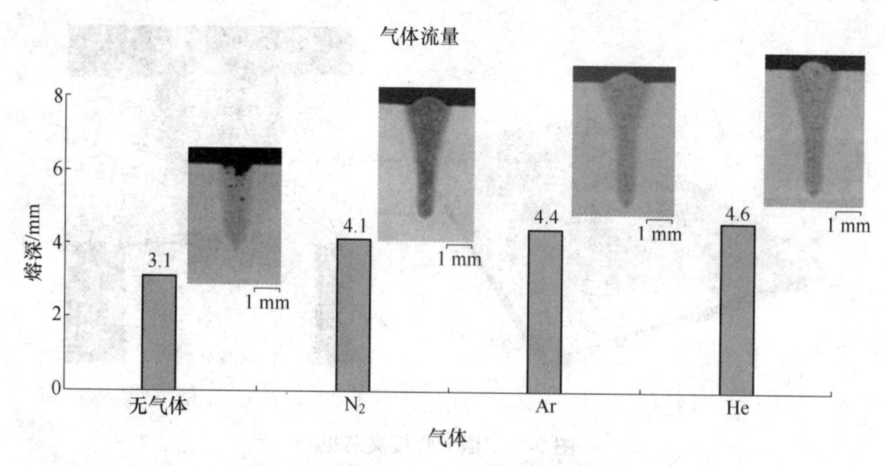

图 9-93　保护气体对激光焊接熔深的影响

另外，在小孔焊模式下，产生的等离子体气团阻挡和吸收激光能量，影响熔深以及小孔的稳定性。使用保护气体以一定角度和流量吹向等离子气团，使等离子气团偏离有利于提高激光焊接熔深（图 9-94）。

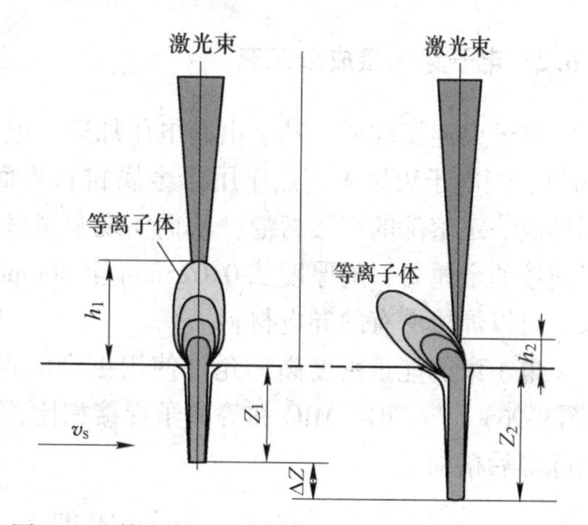

图 9-94　等离子气团对激光焊接熔深的影响示意图

9.6.1.3　激光焊接研究与应用进展

A　汽车工业

从 20 世纪 70 年代末到 80 年代，CO_2 激光焊接在汽车工业中的应用开始。包括传动齿轮、轮毂和轴在内的动力传动系统的各个部分用 CO_2 激光器焊接（Petri，2004）。与其他工艺相比，激光焊接的主要优点是生产率高、热输入低、变形小。CO_2 激光器仍在这些应用中使用。激光拼焊板广泛应用于汽车车身零件的制造，如车门、前、侧板、侧梁、轮拱等。通过激光焊接将具有不同规格、强度和涂层的平板金属片连接起来。不同金属板的组合可以减少重量、部件数量和总制造成本，并改善抗碰撞性能。

B　航空工业

空客在 20 世纪 90 年代末期采用 CO_2 激光焊接铝合金桁架结构用于飞机机身面板。采用激光点焊代替传统的铆接，同时从两侧将连接件连接到飞机蒙皮上。采用激光焊接代替传统铆接工艺的主要优点是重量减轻、生产率高、耐腐蚀性好、成本低。

C 造船工业

第一次激光焊接在造船工业中的应用是在 20 世纪 90 年代中期。到 90 年代后期欧洲很多造船公司安装了厚钢板的长直对接和圆角焊接激光线，其主要由 12~18kW 的高功率 CO_2激光器的龙门架组成，同时包括监控和反馈控制系统、焊件板边加工和/或送丝系统。采用激光焊接制造夹心板型材可以减少变形（图 9-95），显著减少了额外的矫直操作的总工时消耗。通过提高了机械精度，实现了生产线的自动化，提高了生产率。

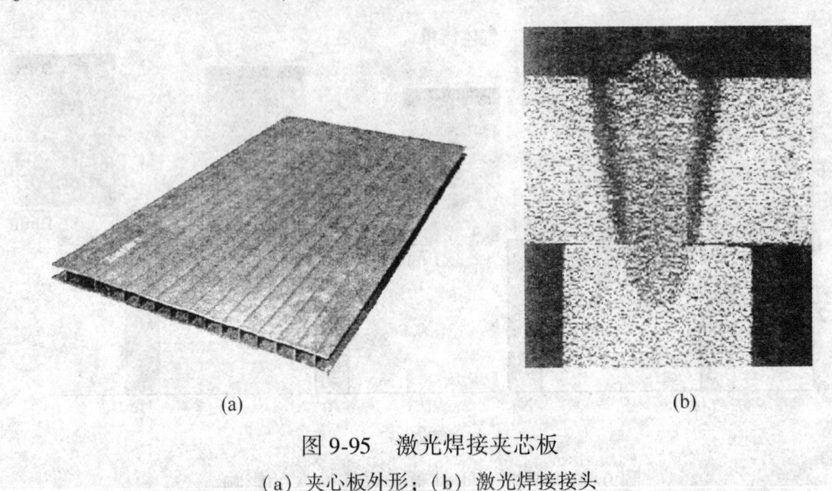

(a) (b)

图 9-95 激光焊接夹芯板

(a) 夹心板外形；(b) 激光焊接接头

9.6.2 电子束连接成形工艺

电子束连接成形是基于由高电压加速的电子束通过聚焦获得极高的能量密度（10^8W/cm^2），当电子束聚焦斑点作用于金属材料表面时，能够迅速熔化、汽化金属，在金属内部形成一定熔深的焊接熔池，从而实现金属材料的熔焊连接。通过电子束流的能量密度可以连接的金属材料的厚度从 0.025mm 至 300mm 宽的范围内的结构金属中的高质量焊接接头。可以焊接所有的导电材料。

电子束的能量密度高，允许使用更高的焊接速度，从而获得导致焊缝和热影响区窄（图 9-96）。与 TIG、MIG 和等离子焊接相比，变形程度降低，因此在许多实际应用中可以消除焊后精加工。

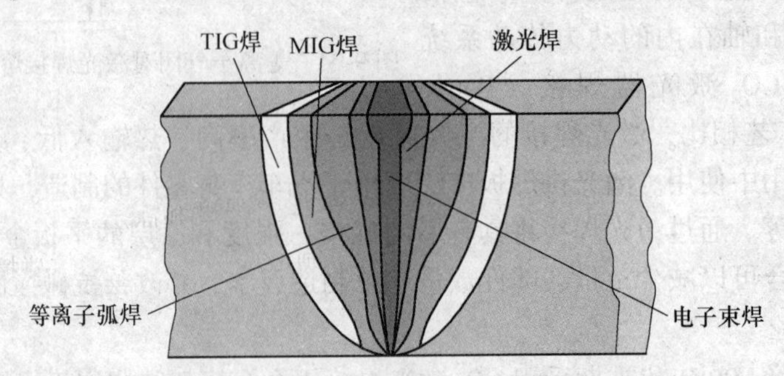

图 9-96 不同焊接方法对接接头几何形状比较

9.6.2.1 电子束连接成形原理

当电子撞击焊件表面时，它们的动能被转换成热能。虽然电子质量很低（大约 9.1×

10^{-28} g）电子具有很高的电压电势，在加速电压为150kV时，电子加速到大约2×10^8 m/s的速度，这是光速的三分之二。并非所有的电子束都渗入到焊件中，并将其能量释放到材料中。以背散射电子、二次电子和X射线辐射的形式发射部分的电子（图9-97）。另外一些能量通过热辐射和材料蒸发散失。

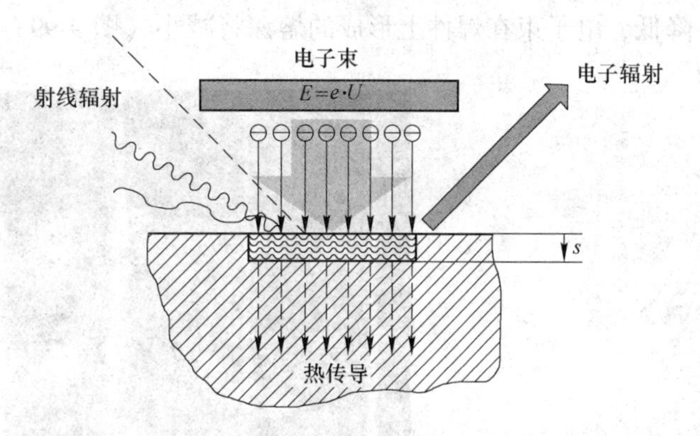

图9-97 电子束与焊接材料表面相互作用的示意图

由于电子的质量小，电子束对金属材料的穿透能力小，电子束与材料的相互作用仅发生在非常浅的深度（最多150μm）。然而，高能量密度的电子束能够造成材料的熔化和蒸发，从而形成小孔传热模式。金属蒸气压力将熔融金属压向上并向两侧挤压。当电子与未蒸发的金属接触并进一步加热时，就会出现空穴。这导致了一个蒸汽腔，蒸汽腔的直径大致对应于电子束直径（图9-98）。随着电子束移动离开，小孔被液体金属填充，液体金属随后凝固而形成固态焊缝金属。

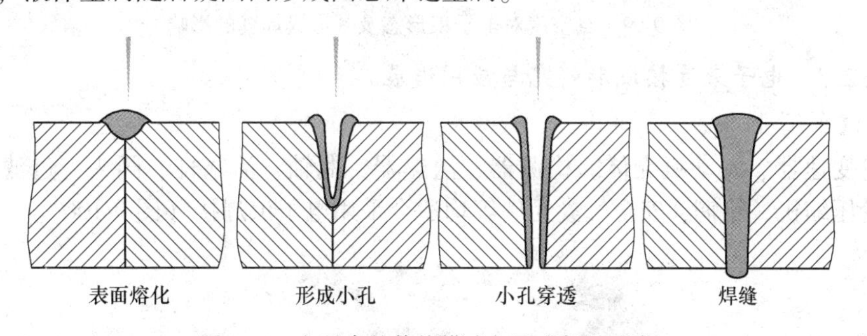

图9-98 电子束的传热模式与形成焊缝形态

9.6.2.2 电子束连接成形工艺参数

A 工作电压

工作电压，又称电子加速电压，决定了电子束的能量高低。而电子束能量的需要根据焊件厚度进行选择。采用较低加速电压，电子束能量基本处于材料表面，焊接过程与一般电弧焊相似；当采用较大的电子束能量密度时，材料在瞬间熔化并蒸发，强烈的金属蒸气流可以将部分液体金属排出电子束作用区，形成深细的被液相围成的空腔。电子束深入空腔内部，聚焦于空腔底部固体金属，持续的气化作用使空腔深度不断增加，形成很深的焊接熔深，对于200mm以内的金属材料可以一次穿透，形成深宽比大的焊缝。电子束焊这种高穿透性焊接特性可以用于将本来角焊接头实现非角接焊接。

B 真空度

电子束的穿透能力与电子束的能量大小有关（加速电压），另外还受环境真空度的影响。当环境的真空度较低时，意味着在电子束流的通道上存在较多的气体分子。高速运动的电子将与这些气体分子发生碰撞，电子将发生折射，电子束的能量也因此降低。环境的真空度越低，这电子束发生折射的程度就越大，能量密度降低也就越大。由于能量密度的降低，电子束在焊件上形成的熔深将减小（图 9-99）。

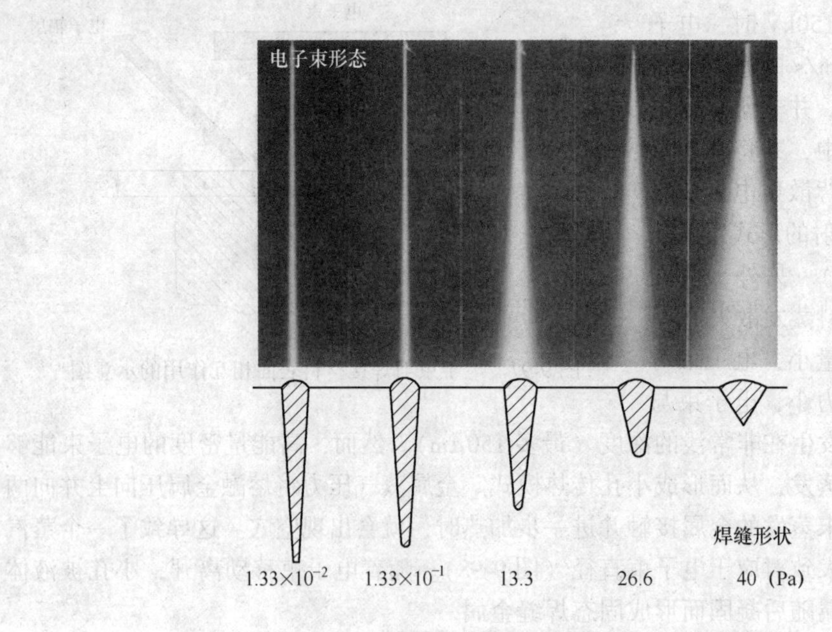

图 9-99 真空度对电子束形态及其形成焊缝的影响

9.6.2.3 电子束连接成形研究与应用进展

A 汽车工业

齿轮变速器、发动机壳体、检测器、散热器、曲轴、活塞杆、阀头、过滤器、催化剂、涡轮压缩机、轮辋、安全气囊元件等均适合采用电子束焊接（图 9-100）。

图 9-100 一些采用电子束焊接的汽车零件

B 航空航天工业

电子束焊接可以用于卫星和火箭的丙烯用钛罐、铝容器、推力射流、燃料喷射、钛制、机身、定子、涡轮叶片和外壳的机身元件、火箭轴流式压缩机、鼓形底部鼓形转子盘涡轮机元件、叶片、大电流柔性连接器、核废料容器等器件的焊接成形。图 9-101 所示为电子束焊接成形的航天器用铜储罐盖体构件。

(a)

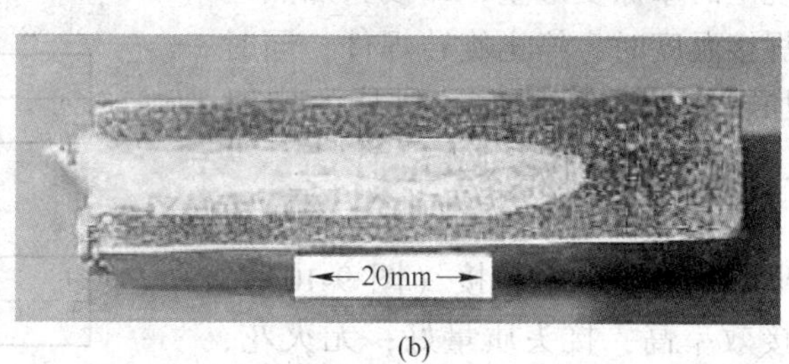

(b)

图 9-101 铜储罐盖体焊接构件与焊缝截面

(a) 铜储罐焊接结构; (b) 焊缝截面

C 机械工业

船用发动机的运输钩元件的焊接；销毁旧弹药、车轮和齿轮的熔炉、液压缸、温度和变形传感器、铝合金制显微镜架、换向器、带锯机、钻具、连续铸钢用催化剂、高压阀等。

9.6.3 摩擦焊接工艺

摩擦焊是一类固态焊接方法过程，利用摩擦热加热焊件待焊部位，使其到达塑形状态，在顶锻力或挤压力作用下，焊件待焊部位发生金属原子的扩散、再结晶等过程，从而实现界面的冶金结合。

目前常用的摩擦焊工艺有旋转摩擦焊、线性摩擦焊和搅拌摩擦焊。前两种摩擦焊工艺的摩擦热源自两焊件之间的相对摩擦运动，施加的是正向顶锻力；后一种摩擦焊工艺的摩擦热源自外加工具（摩擦头）对焊件的相对摩擦运动，施加的是挤压力。

摩擦焊主要技术优点可以归纳为：焊接过程不发生熔化，属固相热压焊，避免了熔化焊接头可能出现的气孔、偏析、夹杂、裂纹、粗大柱状晶等凝固组织，焊接接头强度高，有些情况下甚至超过母材的强度；生产效率高。对焊件准备通常要求不高，焊接设备自动化程度高，可在流水线上生产；节能、节材、低耗。所需功率仅及传统焊接工艺的 1/5 ~ 1/15，不需填加金属、不需要保护气体和电极等消耗材料；适合焊接性差的异种材料、金属基复合材料等焊接；环保，无污染。焊接过程没有烟尘、弧光、放射等污染。

9.6.3.1 旋转摩擦焊

旋转摩擦焊是摩擦焊的基本形式，又称为传统摩擦焊。这种焊接方法的起源可追溯到 1891 年，当时美国批准了这种焊接方法的第一个专利。该专利是利用摩擦热来连接钢缆。随后德国、英国、苏联、日本等国家先后开展了摩擦焊接的生产与应用。

A 旋转摩擦焊的原理

旋转摩擦焊利用焊件相对回旋运动，界面相互摩擦所产生的热，使端面达到热塑性状态，然后迅速顶锻，完成焊接的一类压焊方法。在旋转摩擦焊中，两个焊件分别用两个夹头加持，其中一个夹头是固定的，而另一个夹头是旋转的。在焊件相对高速旋转的同时，施加一定大小的轴向载荷，使两个焊件发生摩擦，摩擦产生的热量加热两焊件的界面。当达到给定的摩擦时间或规定的摩擦变形量，即接头加热达到焊接温度时，停止旋转焊件，同时施加更大的顶锻压力并保持一定时间，完成焊接（图 9-102）。

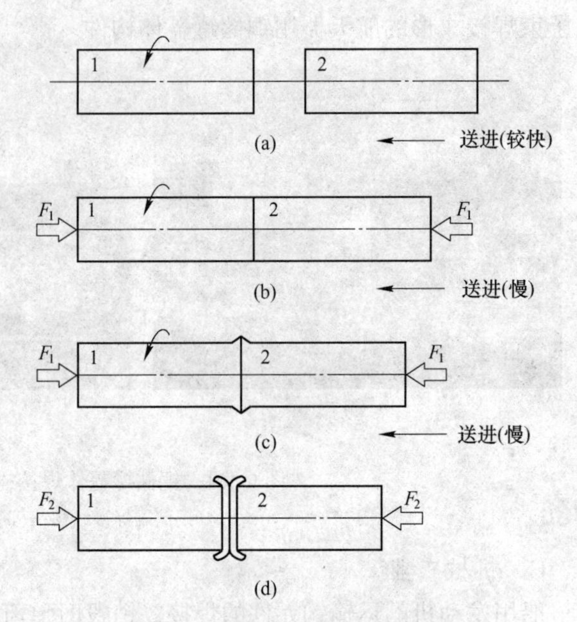

图 9-102 旋转摩擦焊过程示意图

旋转摩擦焊特别适合于具有回旋（圆、环）截面的对接（图 9-103），焊接效率高，接头质量好；无火花、弧光及有害气体，操作简便，易于实现机械化，自动化，适合大批量生产；可以焊接异种钢和异种金属。焊件的结构和尺寸受限制，单件或小批量加工成本高。

B 连续摩擦焊

旋转摩擦焊有连续驱动和惯性驱动两种方式，相应地，旋转摩擦焊有两种基本类型：连续摩擦焊和惯性摩擦焊。

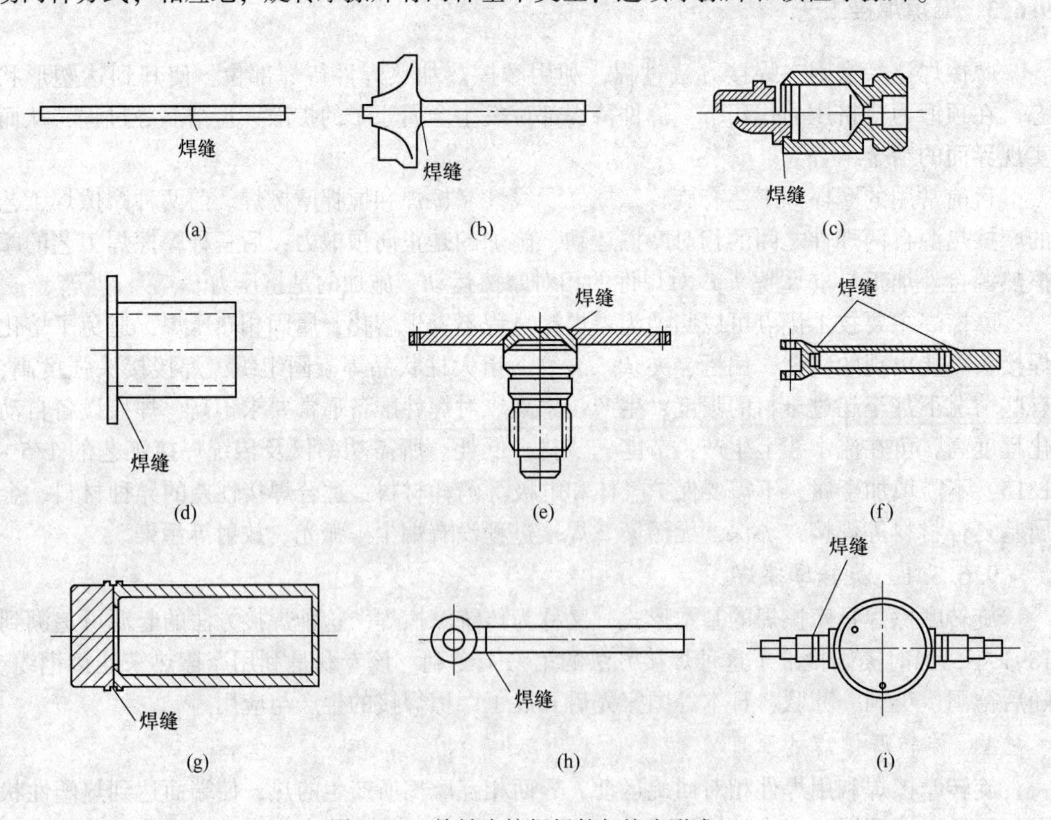

图 9-103 旋转摩擦焊焊件与接头形式

摩擦焊接过程的一个周期，可分成初始摩擦、过渡摩擦、稳定摩擦、减速和顶锻等几个阶段（图 9-104）：（1）初始摩擦与过渡摩擦阶段：凸起部分首先产生摩擦、剪切与黏结，摩擦产热，实际接触面积不断增加。摩擦界面温度不断升高，摩擦区域材料开始软化，黏塑性金属层内的塑性变形产热，两工件实际接触面积达到100%。工件开始轴向缩短。（2）稳定阶段：产热量趋于稳定，热量由摩擦界面向工件内部传导，焊接面两侧的金属开始塑性流动，不断被挤出形成飞边，轴向缩短开始增加。（3）减速与顶锻阶段：当接头温度和变形都达到合适值后开始刹车，与此同时施加较大的顶锻力，焊件轴向缩短量急剧增加，相对速度急剧降低至零。焊合区金属通过相互扩散和再结晶使两侧工件实现可靠连接。每个阶段依次发生，前一阶段的充分进行是下一阶段的前提和基础。连续驱动摩擦焊焊机结构如图 9-105 所示。

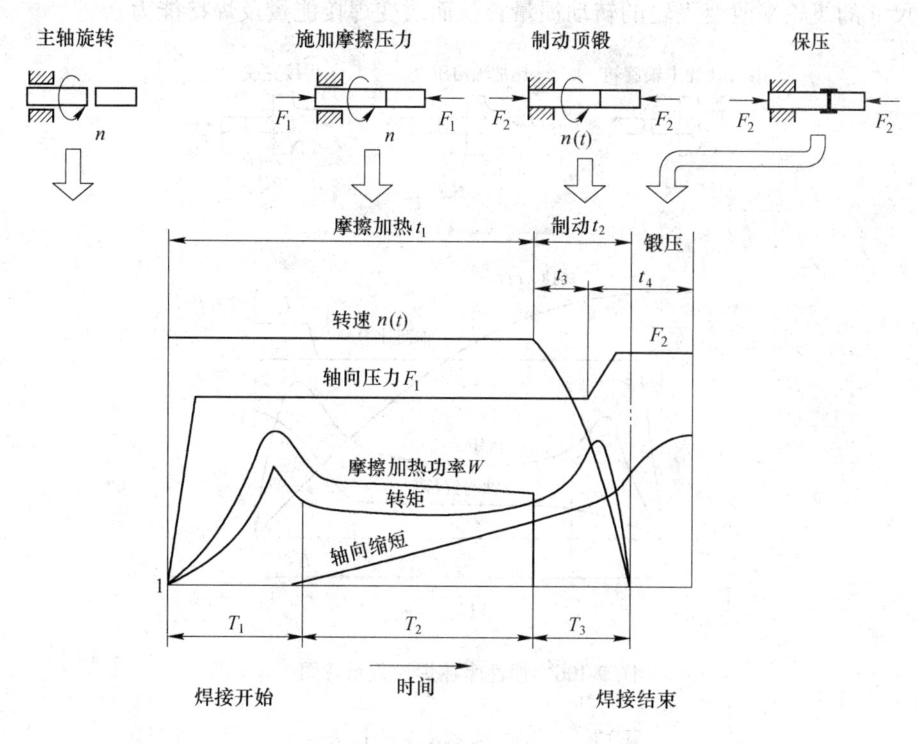

图 9-104　连续摩擦焊过程示意图

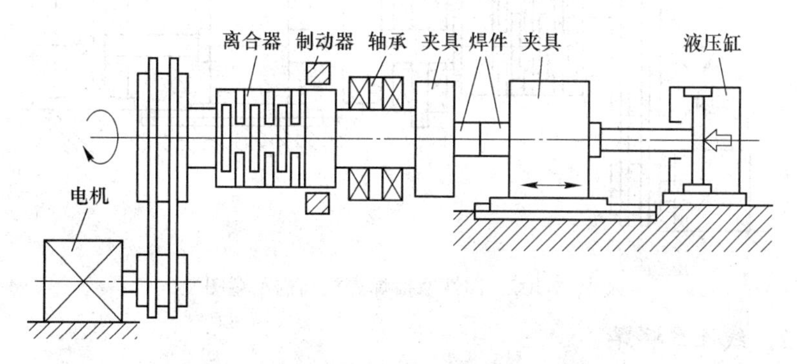

图 9-105　连续摩擦焊焊机结构示意图

C 惯性摩擦焊

惯性摩擦焊是摩擦焊工艺中较典型的一种，卡特彼勒公司在20世纪60年代初发明了惯性摩擦焊，目前世界上比较著名的惯性摩擦焊设备制造商为美国MTI公司。惯性摩擦焊通过在待焊材料之间摩擦，产生热量，在顶锻力的作用下材料发生塑性变形与流动，进而连接焊件。惯性摩擦焊又称储能焊，惯性摩擦焊一般装有飞轮（图9-106和图9-107），飞轮可储存旋转的动能，用以提供工件摩擦时需要的能量。惯性摩擦焊在焊接前，将工件分别装入旋转端和滑移端，再将旋转端加速，当旋转端转速达到设定值时，主轴的驱动马达与旋转端分离。滑移端一般由液压伺服驱动，朝旋转端方向移动，工件接触后开始摩擦同时切断飞轮的驱动电机供电；当旋转端的转速下降到一定值时，开始对待焊工件进行顶锻，保持一定时间后，滑移端退出，焊接过程结束。在实际生产中，可通过更换飞轮或组合不同尺寸的飞轮来改变飞轮的转动惯量，从而改变焊接能量及焊接能力。

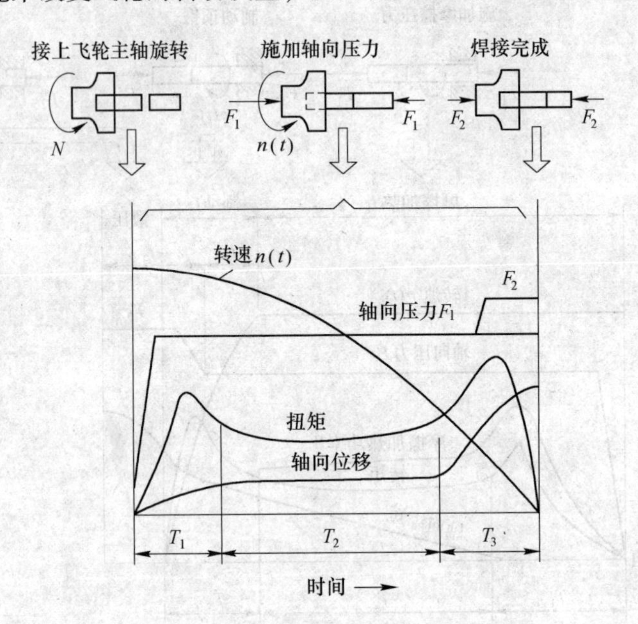

图9-106 惯性摩擦焊过程示意图

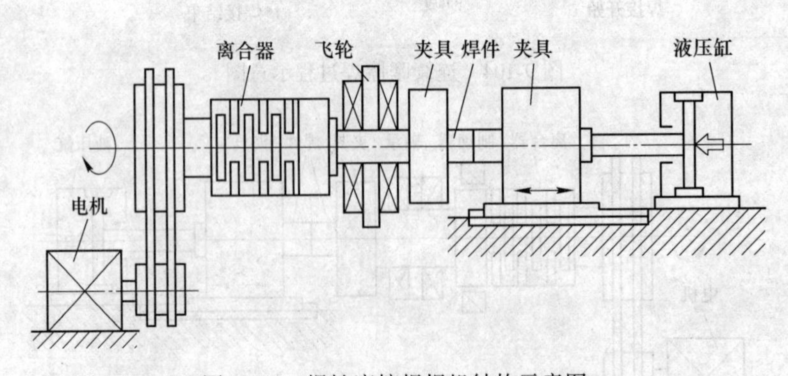

图9-107 惯性摩擦焊焊机结构示意图

9.6.3.2 线性摩擦焊

线性摩擦焊是一种利用被焊工件接触面在压力作用下相对往复运动摩擦产生热量，从

而实现焊接的固态连接方法。与其他摩擦焊如旋转摩擦焊相比。更加适合焊接非圆形截面、形状不规则，以及材料、尺寸差异大的焊件。

A 线性摩擦焊基本原理

线性摩擦焊过程中，摩擦副中一个焊件被往复机构驱动，相对于另一侧被夹紧的表面做相对运动。在垂直于往复运动方向的压力作用下，随摩擦运动的进行，摩擦表面被清理并产生摩擦热，摩擦表面的金属逐渐达到黏塑性状态并产生变形。然后，停止往复运动、施加顶锻力，完成焊接，如图 9-108 所示。

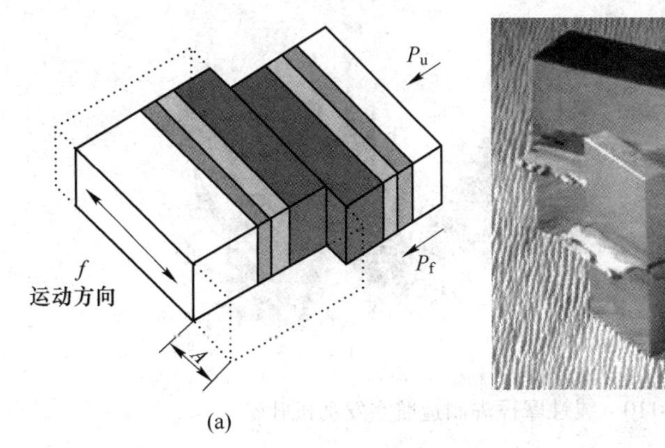

(a) (b)

图 9-108 线性摩擦焊原理与焊件

（a）原理图；（b）焊件

线性摩擦焊接类似于旋转焊接，除了移动卡盘横向摆动而不是旋转，这要求工件在压力下连续保持，并且还要求零件具有高剪切强度。这种焊接方法需要比旋转焊接更复杂的机械，但是这样，任何形状的部件都可以接合，而不像在旋转焊接中只有圆形截面的部件。另一个优点是，在该方法中，焊接接头的质量优于使用旋转技术获得的焊接接头质量。

B 线性摩擦焊工艺过程

线性摩擦焊可以分为焊件加持、线性振动和顶锻三个阶段（图 9-109）：首先，焊件使用专用焊接夹具以保证在焊接过程中稳定和施加压力。焊接夹具对线性摩擦焊性能有重要影响。然后，其中一个焊件开始做线性振动，到达稳定后，用适当压力将两焊接待焊表面接触。摩擦使得界面温度升高，界面金属到达塑性状态，不断被挤压到界面外面，形成金属飞边。焊件也因此轴向缩短。最后，当经历设定的焊接时间（线性振动周期），或焊件轴向缩短量达到设定值（耗量）后，停止振动，迅速施加顶锻力，并保持一定时间以保证接头冷却强化。

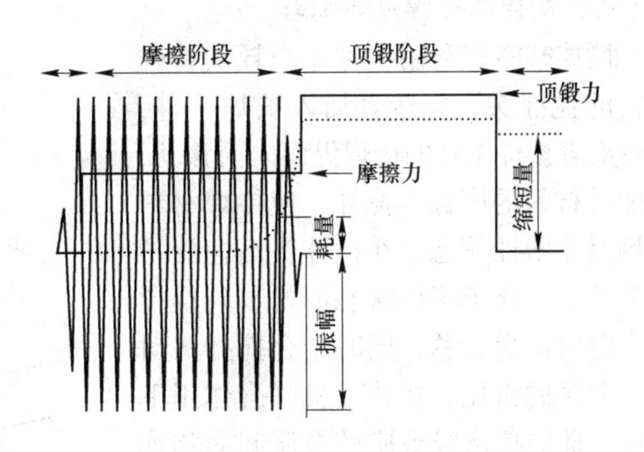

图 9-109 线性摩擦焊工艺曲线

C 线性摩擦焊应用举例

线性摩擦焊的潜在用途包括齿轮、链环、行李箱盖和地板块等塑料部件，双金属叶片以及金属与塑料的复合连接。图 9-110 所示为采用线性摩擦焊制造航空发动机叶轮。首先加工单个叶片与轮盘，轮盘轮缘加工凸座，而叶片根部处作有较厚的裙边；然后将叶片紧压在轮盘轮缘的凸座上，并使其高频振荡，产生摩擦加热，达到所需的高温；停止振荡并保持将叶片紧压在轮盘轮缘上，直到两者结合成一体为止。采用线性摩擦焊加工的整体叶盘少了榫头与榫槽，重量减轻很多，有利于提高发动机的推重比。

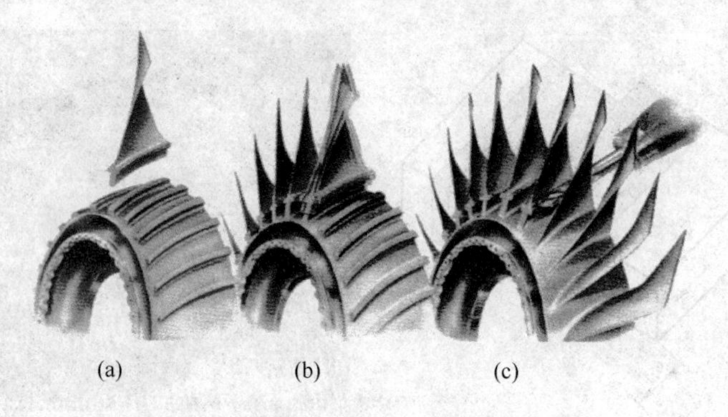

图 9-110 线性摩擦焊制造航空发动机叶轮

9.6.3.3 搅拌摩擦焊

搅拌摩擦焊是英国焊接研究所于 1990 年发明的，随后获得快速推广应用。搅拌摩擦焊是一种利用第三者工具（搅拌头）与焊件摩擦产热而实现金属固相连接的方法。作为一种纯机械化的固相连接方法，搅拌摩擦焊焊接过程较低的焊接温度和较少的热输入，使其特别适用于对焊接热影响较敏感的所谓“难焊”或熔化焊“不能焊”的金属材料。因此，对于采用熔化焊焊接性很差，且钎焊及其他固相焊接方法均不能很好解决其焊接问题的铝基复合材料，搅拌摩擦焊无疑是一种理想的焊接方法。

A 搅拌摩擦焊基本原理

搅拌摩擦焊利用一种非损耗的特殊形式的搅拌头，旋转着插入被焊工件，然后沿着被焊工件的待焊界面向前移动，通过对材料的摩擦、搅拌，使待焊材料加热至热塑性状态，在搅拌头高速旋转的带动下，处于塑性状态的材料环绕搅拌头由前向后转移，同时结合搅拌头对焊缝金属的挤压，在热一机联合作用下材料扩散连接形成致密的金属间固相连接接头（图 9-111）。

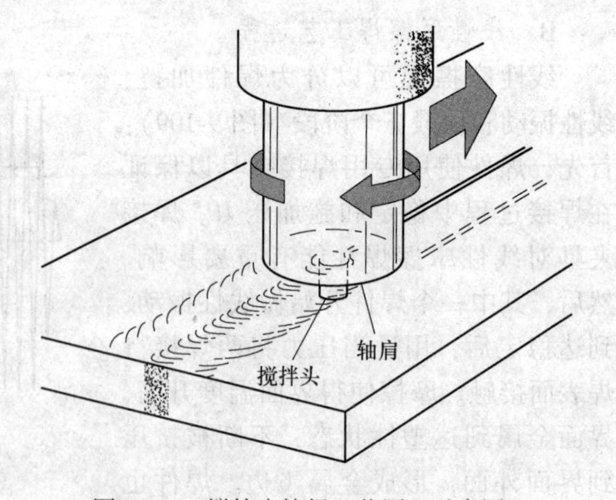

图 9-111 搅拌摩擦焊工艺原理示意图

B 搅拌摩擦焊工艺过程

搅拌摩擦焊接过程大致分为三个阶段（图 9-112）：首先高速旋转的搅拌头垂直压在静止的焊件表面，两者的接触面因摩擦生热而导致温度升高，达到焊件材料的软化温度以后，在压力作用下，搅拌头逐渐潜入焊件表面。当搅拌头的潜入使得轴肩与焊件表面接触后，压力与摩擦阻力显著增大，摩擦热功率增加，焊接热输入使搅拌头周围的软化区域逐渐扩大。然后，当搅拌头周围软化区域的范围达到一定后，启动焊接速度（焊件移动或搅拌头移动），使搅拌头沿焊件待焊部位运动而形成焊缝。最后，当搅拌头移动的焊件待焊部位末端后，焊接速度停止，搅拌头向上移动，从焊件中逐渐拔出，从而完成整个搅拌摩擦焊过程。

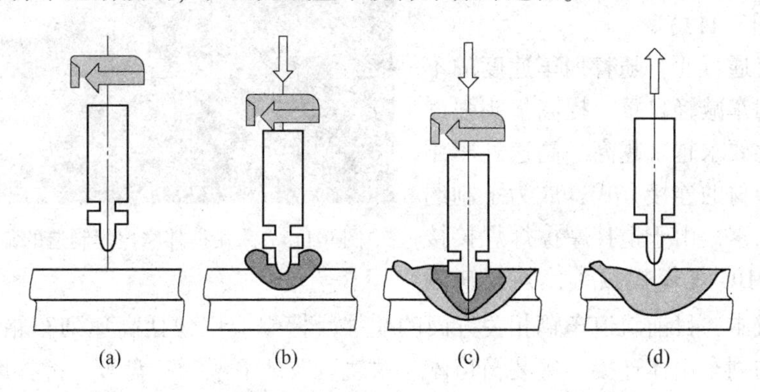

图 9-112 搅拌摩擦焊的工艺过程示意图

（a）旋转摩擦；（b）摩擦插入；（c）搅拌锻造；（d）搅拌回撤

C 搅拌摩擦焊的技术特点

搅拌摩擦焊的固态连接机制赋予其在很多方面优于熔焊方法：（1）没有熔焊时容易产生的气孔、夹渣和凝固裂纹等；小的焊接变形；（2）可以实现大型框架结构和精密焊接；（3）不需要添丝和保护气，生产过程不需要额外消耗；没有烟尘、飞溅物、辐射；（4）过程参数容易实现自动化、减少对焊接工人的技术要求；（5）可以实现全位置焊接；（6）具有优良的接头性能，等于或优于母材性能等。

基于搅拌摩擦焊的工艺特点，在具备较多优点的同时，也存在一定的局限性。焊接过程中需要向搅拌头施加足够大的顶锻压力和向前的驱动力，要求焊接设备要有足够的稳定性和刚性；被焊零件须刚性固定，在焊接过程中不能产生位移，这对焊接工装要求很高；由于搅拌头的回抽，焊接末尾会存在“匙孔”，所以必要时. 焊接工艺上需要添加“引焊板和出焊板”。

D 搅拌摩擦焊的应用

航空航天飞行器铝合金结构件，如飞机机翼壁板、运载火箭燃料储箱等，选材多为熔焊焊接性较差的 2000 及 7000 系列铝合金材料，而搅拌摩擦焊可以实现这些系列铝合金的优质连接，国外已经在飞机、火箭等宇航飞行器上得到应用。采用搅拌摩擦焊提高了生产效率，降低了生产成本，对航空航天工业来说有着明显的经济效益。“火星探索号”采用搅拌摩擦焊技术，压力贮箱焊缝接头强度提高了 30%，标志着搅拌摩擦焊制造技术首次在压力结构件上得到可靠的应用。

搅拌摩擦焊技术用于 Ariane 5 发动机主承力框的制造，承力框的材料为 7075-T7351，主体结构由 12 块整体加工的带翼状加强的平板连接而成，结构制造中用搅拌摩擦焊代替了螺栓连接，为零件之间的连接和装配提供了较大的裕度，并可减轻结构重量，提高生产效率。第一架搅拌摩擦焊商用喷气客机（Eclipse500）进行了首飞测试，其机身蒙皮、翼肋、弦状支撑、飞机地板以及结构件的装配等铆接工序均由搅拌摩擦焊替代，提高了生产效率、节约了制造成本并且减轻了机身重量。运载火箭猎鹰9罐壁和穹顶由搅拌摩擦焊接铝锂合金AA2198制成，被称为世界上最大的全搅拌摩擦焊接结构。55m长的车辆水平组装，然后滚出到垫上垂直放置以发射（图9-113）。

图9-113 采用搅拌摩擦焊制造的猎鹰9罐体

在轨道交通行业，随着列车速度的不断提高，对列车减轻自重，提高接头强度及结构安全性要求越来越高。高速列车用铝合金挤压型材的连接方式，成为了制约发展的主导因素。由于搅拌摩擦焊焊接接头强度优于MIG焊焊接接头，并且缺陷率低，节约成本，目前轨道车辆相关方面的搅拌摩擦焊应用包括高速列车箱体型材连接、油罐车及货物列车箱体连接、集装箱箱体、铁轨以及地下滚动托盘等。搅拌摩擦焊在汽车制造工业中的应用主要为发动机引擎和汽车底盘车身支架、汽车轮毂、液压成形管附件、汽车车门预成形件、轿车车体空间框架、卡车车体、载货车的尾部升降平台汽车起重器、汽车燃料箱、旅行车车体、公共汽车和机场运输车、摩托车和自行车框架、铝合金电梯、逃生交通工具等。

搅拌摩擦焊在造船工业的应用主要体现在大型铝合金型材加工方面。铝合金型材结构是成熟的工业化产品，铝合金型材在船舶制造中的使用可以有效地提高船舶制造的标准化、批量化和节省时间，所以船舶制造所使用型材的形状和尺寸应尽量满足工业化标准，以提高船用铝合金型材的批量和降低材料成本。目前，船舶制造用铝合金结构件主要有两种形式：一种是先挤压出一定设计形状的铝合金型材，然后用搅拌摩擦焊连接，这种方法适合于型材大批量的制造和使用；另外一种是直接利用铝合金工业板材，通过剪切和折弯成形制造加强肋条，然后采用搅拌摩擦焊把肋条和板材焊接在一起。图9-114所示为挪威海洋铝公司采用搅拌摩擦制造的铝合金型材以及利用该型材制造的“世界号”邮轮。

(a)

(b)

图9-114 采用搅拌摩擦制造的铝合金型材以及“世界号”邮轮

(a) 铝合金型材；(b) “世界号”邮轮

9.6.4 扩散连接成形工艺

扩散连接是指在一定的温度和压力下，被连接表面相互靠近、相互接触，通过使局部发生微观塑性变形，或通过被连接表面产生的微观液相而扩大被连接表面的物理接触，然后界面层原子之间经过一定时间的相互扩散，形成冶金结合的过程。根据连接过程中有无液相存在，扩散连接方法分为固相扩散连接和瞬时液相扩散连接两大类。

9.6.4.1 固相扩散连接成形

固相扩散连接是在苏联 Kazakov 于 1953 年提出的，通过采用特别设计的连接接装夹具将两个焊件在高温下紧密固定在一起，最终实现固相连接的。固相扩散连接的实质是在较高温度和较长时间通过原子扩散实现连接。固相扩散连接的特征是连接过程中焊件在连接前后没有宏观程度的原子流动（塑性变形或液体流动）。

A 固相扩散连接原理

固相扩散连接过程可以大致分为两个阶段，物理接触阶段（局部接触、界面接触）和冶金接触阶段（界面消失、空洞消失），如图 9-115 所示。

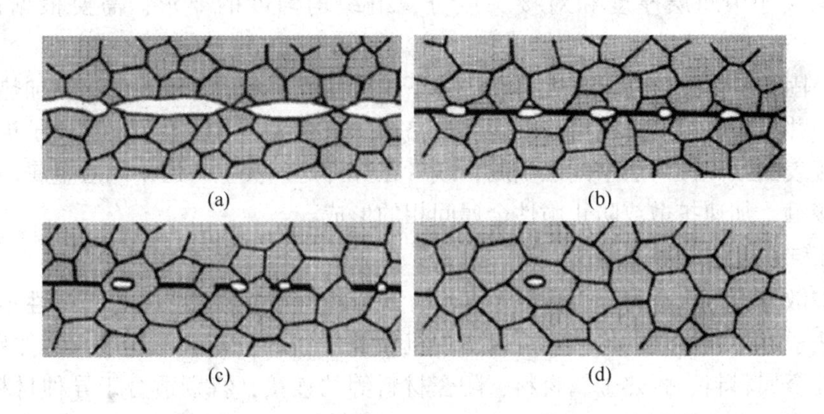

图 9-115 固相扩散连接过程示意图
(a) 局部接触；(b) 界面接触；(c) 界面消失；(d) 空洞消失

固相扩散连接过程涉及构成接头的材料之间的相互扩散。扩散动力学几乎总是通过升高温度和施加压力来加速。加热可以使用炉、真空蒸馏器、真空或惰性气体高压釜、热压板或电阻或感应来完成。压力可通过自重加载、压力机、差压气体压力或待接合部件的差热膨胀或工具保持或支撑部件来施加。将压力极限连接应用于与负载方向大致垂直的平面、平行、平面的单轴方法。等静压，使用封装，或“包套”，提供更好的压力均匀性，并适用于更复杂的形状部件。施加压力的主要目的是在接合表面上获得接触以接合。这种接触最初是由微观凹凸的塑性变形引起的，后来是由蠕变引起的。

B 固相扩散连接的工艺参数

固相扩散连接的连接参数主要有温度、压力、保温时间。对于有相变的材料以及陶瓷等脆性材料的扩散连接，还应控制加热和冷却速度。

温度是扩散连接最重要的连接参数。在一定温度范围内，扩散过程随温度的提高而加快，接头强度也能相应增加。但温度的提高受工夹具高温强度、焊件的相变和再结晶等条件所限。一般范围为（0.5~0.9）T_m（T_m为焊件材料的熔点，K）。

压力主要影响扩散连接的物理接触阶段，为了减小变形可以适当降低固相扩散连接后期的压力。适当提高压力有利于提高连接接头的性能，压力的上限受焊件总体变形量及设备能力的限制，除热等静压扩散连接外，通常取0.5~50MPa。当焊件晶粒度较大或表面粗糙度较大时，所需压力也较高。几种常见材料固相扩散连接压力见表9-10。

表9-10 几种金属材料固相扩散连接压力 （MPa）

材料	碳钢	不锈钢	铝合金	钛合金
普通扩散连接	5~10	7~12	3~7	—
热等静压扩散连接	100	—	75	50

保温扩散时间并非独立变量，而与温度、压力密切相关，且可在相当宽的范围内变化。采用较高温度和压力时，只需数分钟；反之，就要数小时。对于有中间层的扩散连接，还取决于中间层厚度和对接头成分、组织均匀度的要求，需要根据试验结果确定。

此外，固相扩散连接通常是在真空环境下进行的以避免焊件长时间高温加热条件下的氧化问题，并且连接前对焊件待连接表面严格清除氧化膜。有时为了促进原子扩散，会在焊件待连接表面预先镀一层中间层金属，或者在焊件之间夹上一层中间层金属箔，以改善焊件物理接触、加速扩散或防止脆性金属间相的形成。

C 固相扩散连接技术特点

固相扩散连接可以进行构件内部及多点、大面积的连接，以及电弧可达性不好，或用熔连接方法根本不能实现的连接。可以实现机械加工后的精密装配连接，工件变性很小。适合于活性金属材料、耐热金属材料、陶瓷材料等的连接，特别适合于异种材料的连接，扩散连接的70%涉及异种材料连接。

然而，固相扩散技术对焊件被连接表面的制备和装配质量的要求较高，特别对接合表面要求严格；连接加热时间长；生产设备一次性投资较大，且被连接工件的尺寸受到设备的限制，无法进行连续式批量生产。

9.6.4.2 过渡液相扩散连接

过渡液相扩散连接是一类特殊的扩散连接方法，它是在连接温度条件下界面处形成少量的液相金属，这部分液相金属能够改善固/固界面接触、并加速原子的扩散过程，获得更好的扩散连接效果。由于有液相出现，可以降低连接的装配精度、减小甚至不需要压力，连接时间也大大缩短。

A 过渡液相扩散连接原理

过渡液相扩散连接的主要特征是在扩散连接温度下界面的少量液相金属发生等温凝固。液相金属之所以能够发生等温凝固是因为伴随原子扩散过程其成分发生了改变，导致液相金属的熔点不断提高，当熔点达到扩散连接的连接温度时，伴随原子扩散液相金属发生等温凝固过程，直至液相完全消失（图9-116）。

通过原子扩散提高液相金属熔点的方式有两种：一是能够降低液相金属熔点合金元素

（又称降熔元素）由液相扩散到周围固体中；另一个是能够提高液相金属熔点的合金元素（又称升熔元素）由周围固体向液体金属中扩散，两种液相金属等温凝固过程分别如图9-117和图9-118所示。

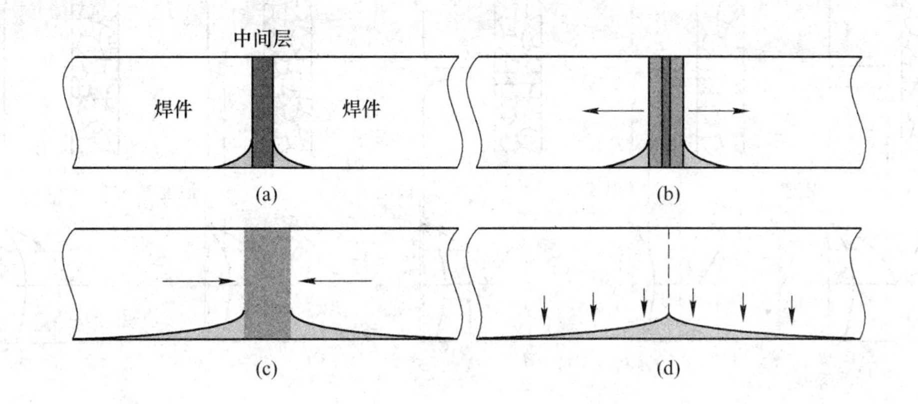

图9-116 过渡液相扩散连接过程示意图

（a）中间层熔化；（b）溶解导致液相区增大；（c）等温凝固导致液相区缩小；（d）成分均匀化

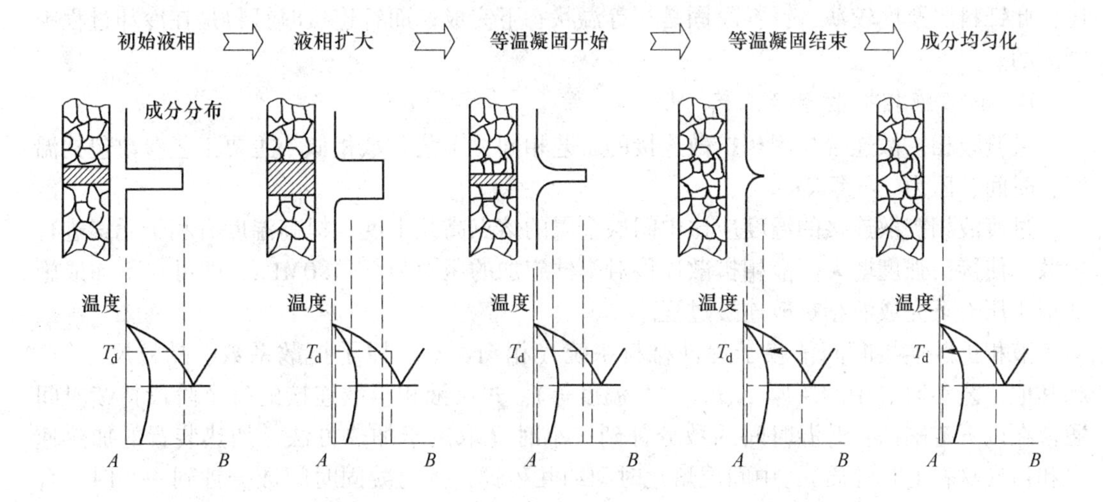

图9-117 降熔元素扩散引起的等温凝固过程示意图

过渡液相的要求是熔点较低，通常要求低于焊件材料熔点100℃，以减少连接加热对焊件材料的影响；与焊件材料的冶金相容好，液相在连接温度下能对焊件表面良好润湿性，润湿角通常要求低于30°，并且与焊件不形成有害的金属间化合物；等温凝固快，可以较短时间完成凝固过程。

获得合适数量和成分的液相是过渡液相扩散连接的技术关键。液相获得方法主要有两种：一是利用某些异种材料之间可能形成低熔点共晶的特点进行液相扩散连接（称为共晶反应扩散连接）。将共晶反应扩散连接原理应用于加中间层扩散连接时，液相总量可通过中间层厚度来控制，这种方法称为瞬间液相扩散连接（或过渡液相扩散连接）。二是添加特殊钎料，采用与焊件成分接近但含有少量既能降低熔点又能在焊件中快速扩散的元素

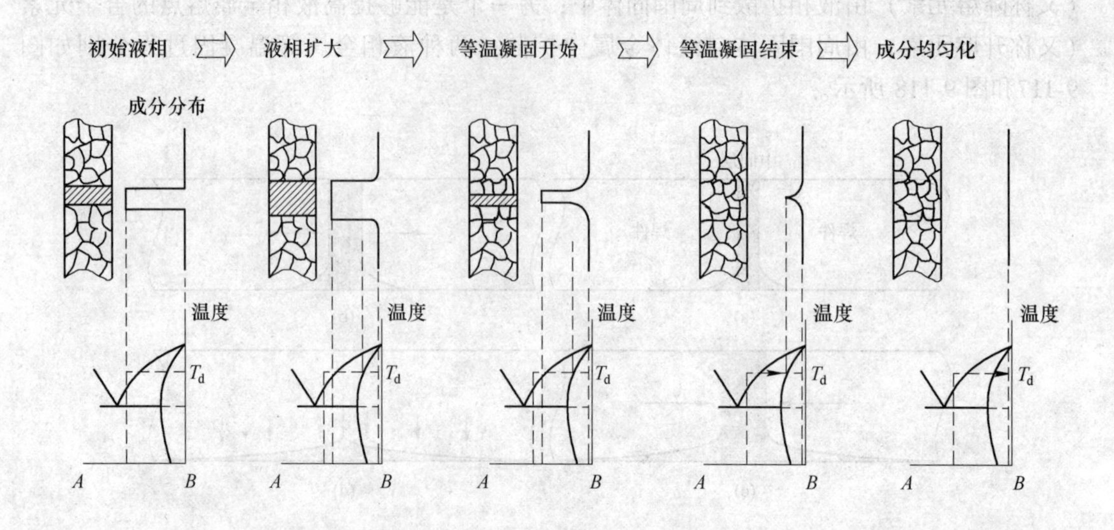

图 9-118 升熔元素扩散引起的等温凝固过程示意图

(如 B、Si、Be 等)，用此钎料作为中间层，以箔片或涂层方式加入。与普通钎焊连接相比，此钎料层厚度较薄，钎料凝固是在等温状态下完成，而钎连接时钎料是在冷却过程中凝固的。

B 过渡液相扩散连接工艺

过渡液相扩散连接与固相扩散连接的工艺相同，工艺参数相似。主要工艺参数包括温度、时间、压力、气氛等。

过渡液相扩散连接的温度应比中间层金属的熔点高几十度，提高温度有利于元素进行扩散，使接头强度增大。液相扩散连接对工件施加的压力为 0~1.0MPa。即可在不加或施加很小压力下完成液相扩散连接过程。

液相扩散连接时间依赖于焊件材料系统（相图类型、原子扩散系数、晶粒尺寸等）和其他工艺参数（中间层厚度、压力、温度等）。过渡液相扩散连接的每个阶段持续时间通常在以下范围内：升温时间约数分钟到一小时（取决于加热方法、加热装置的加热速率和衬底材料的热性质）；中间层熔化时间约几秒钟；等温凝固时间数分钟到一小时；合金成分均匀化约数小时到数天。

9.6.4.3 扩散连接成形研究与应用进展

A 固相扩散连接制造板式换热器

图 9-119 所示为板式换热器，其中许多相对薄的含有流体流动通道的材料层被夹在一起，以提供高效的热交换。这种热交换器具有流体动力学好，结构紧凑，成本低等优点。各层板间是通过固相扩散连接加工的。

B 过渡液相扩散连接管道

用过渡液相扩散连接替代焊条电弧焊，对管道进行连接（图 9-120)，具有生产率高、焊接时间短等优点，生产效率是传统焊接方法的 10 倍以上。特别适于条件较差的施工环境，大大节省了人力、物力和能源。在大气条件下惰性气体保护的瞬时液相扩散焊不用真空炉，节约了设备投资，也适合在野外施工的场合。

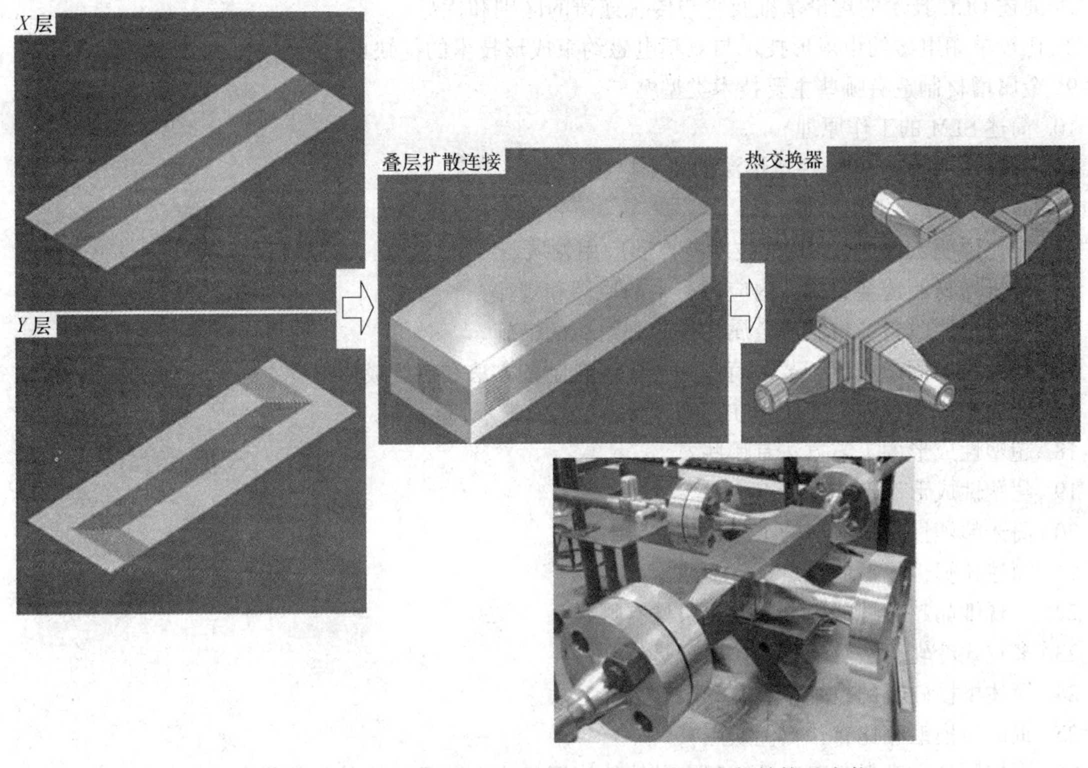

图 9-119　固相扩散连接制造的层板型热交换器内部结构及实物

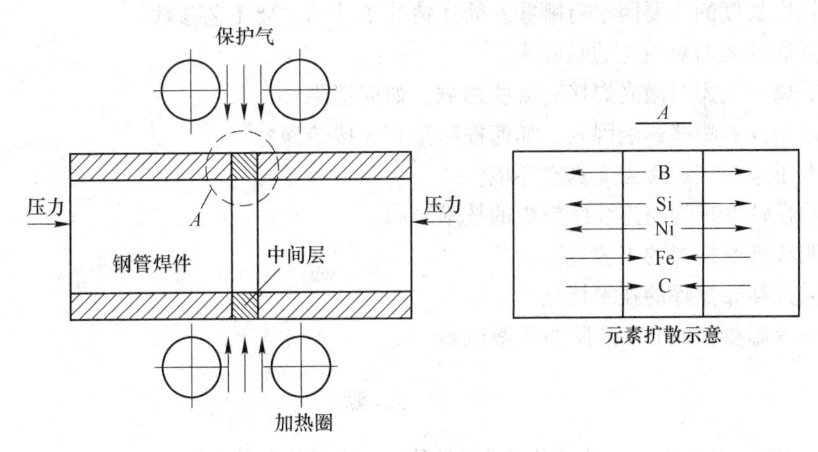

图 9-120　过渡液相扩散连接示意图

思　考　题

1. 模冷技术实现高凝固速率的方法有哪些，其各自的特点是什么？
2. 雾化技术的原理及其分类有哪些？试分析各个技术之间的联系和区别。
3. 大过冷凝固技术包括哪几种工艺？试阐释其原理和特点。
4. 什么是定向凝固技术，需要采取哪些措施来实现？
5. 定向凝固技术经历了哪些发展阶段，各阶段有何优缺点？
6. 区域熔化液态金属冷却法与液态金属冷却法的原理有何区别？

7. 简述 OCC 技术的理论基础及它与传统连铸的区别和优势。
8. 比较单频电磁约束成形技术与双频电磁约束成形技术的优缺点。
9. 金属增材制造有哪些主要技术类型?
10. 简述 SLM 的工作原理。
11. 分析说明控制 SLM 焊道熔深的技术措施。
12. 简述 LMD 的工作原理。
13. 对比说明 SLM 和 LMD 的技术特点和应用领域。
14. 分析增材制造金属构件内应力产生的原因和规律。
15. 分析说明改善增材制造金属构件微观组织的措施。
16. 什么是半固态成形工艺?简述其主要坯料制备方法和后续成形方式。
17. 半固态成形技术主要应用在哪些领域?
18. 超塑性成形的工艺方法有哪些?
19. 超塑性成形有何工艺特点?
20. 简述超塑性挤压成形的工艺过程。
21. 简述超塑性模锻的特点。
22. 实现细晶超塑性的内在和外在条件有哪些?
23. 多辊式冷轧管法及轧机工作原理是什么?
24. 简述楔横轧制的技术特点及局限性。
25. 辊锻与模锻相比有什么优缺点?
26. 当旋压件生产任务确定后,制定最佳的旋压工艺方案需要综合考虑哪些因素?
27. 决定铸轧区长度的主要因素有哪些?简述铸轧工艺的主要工艺参数。
28. 如何提高焊件表面对激光的吸收率?
29. 激光致等离子气团对激光焊接有哪些影响,如何消除?
30. 激光焊接熔深有哪些影响因素,如何提高激光焊接熔深?
31. 为什么电子束焊接通常需要真空环境?
32. 图示说明惯性摩擦焊与连续摩擦焊的技术异同。
33. 图示说明线性摩擦焊的工艺过程。
34. 举例说明搅拌摩擦焊的技术特点。
35. 图示说明等温凝固的升熔和降熔扩散机制。

参考文献

[1] 杜玉俊,沈军,熊义龙,等. 电磁约束成形的技术特点及其发展前景 [J]. 材料导报 A:综述篇,2012,26 (4):118-121.

[2] 傅恒志,张军. 电磁流体力学与材料工程 [C]. 1998 中国科学技术前沿 (中国工程院版),北京:高等教育出版社,1998:187-224.

[3] 沈军. 电磁约束成形过程研究 [D]. 西安:西北工业大学,1996.

[4] 张丰收. 特种合金软接触电磁成形定向凝固技术研究 [D]. 西安:西北工业大学,2003.

[5] 郭景杰,张铁军,苏彦庆,等. 电磁技术在铸造中的研究与应用 [J]. 特种铸造及有色合金,2002 (3):37-38.

[6] Ding H S, Nie G, Chen R R. Directional solidification of TiAl-W-Si alloy by electromagnetic confinement of melt in cold crucible [J]. Intermetallics, 2012, 31 (6): 264-273.

[7] Omiya Y, Muto S, Yamanaka T, et al. Alignment of the lamellar orientation of multi-component TiAl alloys by directional solidification (DS) and mechanical properties of DS ingots [J]. Mrs Proceedings, 2002, 753 (3): 301-308.

[8] Jared B H, Aguilo M A, Beghini L L, et al. Additive manufacturing: Toward holistic design [J]. Scripta Materialia, 2017 (135): 141-147.

[9] Fujii H T, Shimizu S, Sato Y S, et al. High-strain-rate deformation in ultrasonic additive manufacturing [J]. Scripta Materialia, 2017 (135): 125-129.

[10] 闫雪，阮雪茜．增材制造技术在航空发动机中的应用及发展［J］．航空制造技术，2016，21：70-74.

[11] Lewis M, Stamp R, Brooks W K, et al. Selective laser melting a regular unit cell approach for the manufacture of porous titanium bone in-growth constructs [J]. Journal of Biomedical Materials Research Part B Applied Biomaterials, 2009, 89 (2): 325-334.

[12] 章敏．送粉式和送丝式的钛合金激光增材制造特性研究［D］．哈尔滨：哈尔滨工业大学，2013.

[13] 杨全占，魏彦鹏，高鹏，等．金属增材制造技术及其专用材料研究进展［J］．材料导报，2016，30（27）：107-124.

[14] 吴楷，张敬霖，吴滨，等．激光增材制造镍基高温合金研究进展［J］．钢铁研究学报，2017，29（12）：953-959.

[15] 朱红，陈森昌．3D 打印技术基础［M］．武汉：华中科技大学出版社，2017.

[16] 蔡志楷，梁家辉．3D 打印和增材制造的原理及应用［M］．陈继民，陈晓佳，译．北京：国防工业出版社，2017.

[17] 周伟民，闵国全．3D 打印技术［M］．北京：科学出版社，2016.

[18] 魏青松．增材制造技术原理及应用［M］．北京：科学出版社，2017.

[19] Flemings M C. Behavior of metal alloys in the semisolid state [J]. Metallurgical Transactions A, 1991, 22 (5): 957-981.

[20] Spencer D B, Mehrabian R, Flemings M C. Reological behavior of Sn-15%Pb in the crystallization range [J]. Metallurgical Transactions, 1972, 3 (7): 1925-1932.

[21] 康永林，毛卫民，胡壮麒．金属材料半固态加工理论与技术［M］．北京：科学出版社，2004.

[22] 毛卫民．半固态金属成形技术［M］．北京：机械工业出版社，2004.

[23] 谢水生，李兴刚，王浩．金属半固态加工技术［M］．北京：冶金工业出版社，2012.

[24] 罗守靖，姜巨福，杜之明．半固态金属成形研究的新进展、工业应用及其思考［J］．机械工程学报，2003（11）：52-60.

[25] Kirkwood D H, Su E Ry M, Kapranos P, et al. Semi-solid processing of alloys [M]. Berlin: Springer, 2010.

[26] Midson S P. Industrial applications for aluminum Semi-solid castings [J]. Semi-Solid Processing of Alloys and Composites XIII, 2014, 217-218: 487-495.

[27] Jorstad J. SSM provides importang advantages; So, why has SSM failed to achieve greater market share? [J]. Semi-Solid Processing of Alloys and Composites XIII, 2014, 217-218: 481-486.

[28] Young K P, Kyonka C P, Courtois J A. Fine grained metal composition: US, 4415374 [P]. 1983.

[29] 刘尧，李风，胡永俊．金属半固态成形技术的应用现状及发展前景［J］．材料研究与应用，2008（4）：304-308.

[30] 陈刚．高强变形铝合金触变成形及缺陷控制研究［D］．哈尔滨：哈尔滨工业大学，2013.

[31] 文九巴．超塑性应用技术［M］．北京：机械工业出版社，2005.

[32] 李峰．特种塑性成形理论及技术［M］．北京：北京大学出版社，2011.

[33] 陈拂晓，李贺军，徐国忠，等．铁路轴承保持架的超塑成形工艺参数优化及成形试验［J］．塑性工程学报，2007，14（6）：142-147.
[34] 赖周艺，张钰成，胡亚民．装定环超塑性挤压成形研究［J］．模具技术，2006（3）：49-52.
[35] 李跃军．梅花对轮超塑性模锻工艺研究［J］．金属加工（热加工），2011（11）：21-23.
[36] 权高峰，刘绍东．超塑性模锻镁合金汽车轮毂应用研究［J］．兵器材料科学与工程，2012，35（4）：22-27.
[37] 张立业．超塑性在金属材料塑性加工中的应用［J］．科技致富向导，2012（32）：89.
[38] 秦建平，帅美荣．特种轧制技术［M］．北京：化学工业出版社，2007.
[39] 李峰．特种塑性成形理论及技术［M］．北京：北京大学出版社，2011.
[40] 周存龙，等．特种轧制设备［M］．北京：冶金工业出版社，2006.
[41]［日］塑性加工学会．压力加工手册［M］．江国屏，等译．北京：机械工业出版社，1984.
[42] 王延溥．轧钢工艺学［M］．北京：冶金工业出版社，1980.
[43] 波卢欣．多辊轧机轧制［M］．郭鸿运，等译．北京：冶金工业出版社，1987.
[44] 姜军生．楔横轧模具的安装与调试［J］．锻压技术，2002（1）：2.
[45] 赵云豪，樊桂森，张锐．旋压设备及工艺技术的应用与发展［J］．新技术新工艺，2007，2：6-8.
[46] 张承鉴．辊锻技术［M］．北京：机械工业出版社，1986.
[47] 张洪涛，陈玉华．特种焊接技术［M］．哈尔滨：哈尔滨工业大学出版社，2013.
[48] Tsukamoto S. Developments in CO_2 laser welding [M]. Woodhead Publishing Limited, 2013.
[49] St. Weglowski M, Błacha S, Phillips A. Electron beam welding—Techniques and trends—Review [J]. Vacuum, 2016 (130): 72-92.
[50] Nothdurft S, Springer A, Kaierle S. Influencing the weld pool during laser welding [J]. Advances in Laser Materials Processing, Elsevier Ltd., 2018.
[51] Jia S, Nastac L. The influence of ultrasonic stirring on the solidification microstructure and mechanical properties of A356 alloy [J]. Chem. Mater. Eng., 2013 (1): 69-73.
[52] Katayama S. Laser welding in the McGraw Hill Encyclopedia of Science and Technology [J]. 2012 (9): 707-714.
[53] Norbert Wolf. Tailored Light 2nd edition. Springer-Verlag Berlin Heidelberg, 2011.
[54] 刘春飞，张益坤．电子束焊接技术发展历史、现状及展望［J］．航天制造技术，2003，1：33-36.
[55] 陈国庆，树西，柳峻鹏，等．真空电子束焊接技术应用研究现状［J］．精密成形工程．2018，1：31-38.
[56] Lancaster J F. Metallurgy of Welding [M]. Berlin: Springer, 1980.
[57] 赵兴科．现代焊接与连接技术［M］．北京：冶金工业出版社，2016.

复核检